干细胞组织工程技术

——基础理论与临床应用

王佃亮　主编

科学出版社

北　京

内 容 简 介

本书较为系统地介绍了现代组织工程的基本理论、实验方法及临床应用情况，突出了本领域的最新进展与发展趋势，理论讲解深入浅出，方法叙述简洁实用，临床应用具体全面。主要内容包括现代组织工程的发展历程、研究领域、基本概念及理论基础、组织工程相关性干细胞理论及实验方法、组织工程支架材料及其制备方法、干细胞三维培养技术、组织工程生物反应器及其应用、组织工程化组织的种类及研究实验方法、组织工程化组织的动物及临床实验、组织工程化组织的应用现状与发展趋势、组织工程面临的伦理及技术挑战等。

本书可作为临床医生、高等院校生物医学领域师生、生命科学研究机构职员，以及从事干细胞、组织工程、生物材料、生物反应器等领域研究人员的参考用书。

图书在版编目(CIP)数据

干细胞组织工程技术：基础理论与临床应用/王佃亮主编. —北京：科学出版社，2011

ISBN 978-7-03-030060-7

Ⅰ.①干…　Ⅱ.①王…　Ⅲ.①干细胞-组织（生物学）-生物医学工程　Ⅳ.①Q24

中国版本图书馆 CIP 数据核字（2011）第 010289 号

责任编辑：田慎鹏　贾明月　刘　晶/责任校对：邹慧卿

责任印制：张　伟/封面设计：耕者设计工作室

科学出版社 出版

北京东黄城根北街 16 号

邮政编码：100717

http://www.sciencep.com

北京建宏印刷有限公司 印刷

科学出版社发行　各地新华书店经销

*

2011 年 3 月第　一　版　　开本：787×1092　1/16

2023 年 1 月第二次印刷　　印张：38 1/2　插页：2

字数：870 000

定价：198.00 元

（如有印装质量问题，我社负责调换）

《干细胞组织工程技术——基础理论与临床应用》编委会

序

组织器官缺失及机能障碍是导致人类疾病和死亡的最主要原因。目前在临床上用于组织器官缺失或机能障碍治疗的方法主要是利用外科手术进行器官移植。供体组织器官来源主要包括自体、同种异体、异种及人工替代物等。自体移植虽然不存在免疫原性，但是“以损伤修复损伤”的代价较大。同种异体移植存在免疫原性，且器官来源有限。异种移植的免疫反应较为强烈，而且异种来源的组织器官有携带致命病毒或其他致病微生物的风险。用机械、电子及物理材料制成的人工替代物也存在生物相容性差及寿命短等重大缺陷。利用组织工程技术再生的与天然组织器官结构功能类似的人工组织器官可在很大程度上解决这些难题。因而，组织工程的兴起将促进器官移植技术的变革，对外科手术具有里程碑式的意义。

组织工程是20世纪80年代后期诞生的，仅有30年左右的历史。它是利用支架材料、种子细胞、细胞因子在体外的生物反应器内（体外组织工程）或生物体内（体内组织工程）进行组织器官再生。因而它是一门边缘交叉学科，融合了众多学科发展的最新成果，涉及细胞生物学、发育生物学、生物化学、遗传学、生物信息学、工程学、计算机科学、材料学、生物力学及临床医学等领域。由于组织工程吸取了不同学科中的先进技术，是相关高技术交叉、渗透和融合发展的产物，可以认为它是衡量一个国家医学发展水平的重要标志之一。

组织工程诞生的历史虽不长，但取得的成绩和展示的美好前景令世人瞩目。迄今为止，某些组织工程皮肤、软骨产品已被FDA批准用于临床，为相关企业带来了丰厚利润。然而更多的组织工程产品还在实验室里研究或正在进行临床试验，如组织工程化骨、肌腱、神经、角膜、肌肉、血液、心脏瓣膜、椎间盘、尿道、生殖道、气管、血管、膀胱、乳房、手、生物人工肝、生物人工肾等。

组织工程一诞生就受到了许多国家政府和科学家的高度重视，尤其是近年来随着国际上再生医学的兴起，组织工程已成为当今世界再生医学研究应用的热门领域，也是我国重点发展的高技术领域。1994年，上海市科学技术委员会将组织工程研究作为重点资助方向，组织工程重大研究项目正式立项，标志着我国组织工程研究正式起步。一批组织工程项目受到了国家自然科学基金、国家“863”计划和“973”计划的资助。经过多年研究积累，目前在组织工程的某些方面，我国已处国际先进水平。

在这一大背景下，第二炮兵总医院组织军内外相关领域专家编写了《干细胞组织工程技术——基础理论与临床应用》一书，主要目的是较为系统地总结近年来国内外组织工程发展的最新成就，在学术层面上促进组织工程的交流与合作，以期繁荣我国的组织工程事业。

有鉴于此，本书较为系统地介绍了现代组织工程的基础理论及临床应用情况、某些关键方面的研究进展及发展趋势，同时还精心选编了一些成熟的操作实例，具有一定的实用性。

希望本书的出版能对从事干细胞与组织工程研究应用的医院医护人员、科研院所研究人员及高校师生有所帮助，同时对于书中的不足之处，也请广大读者不吝指正。

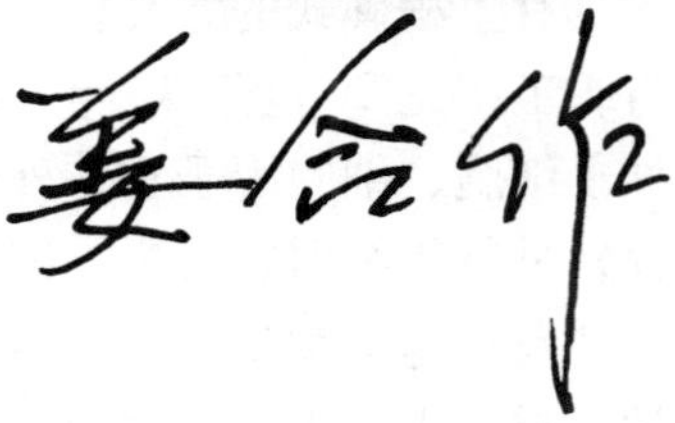

2011 年 1 月 8 日

前　言

目前组织工程已成为生物医学及其临床应用的热门前沿学科，它的诞生和发展标志着临床器官移植步入了制造组织和器官的新时代。组织工程是我国国家高技术研究发展计划（“863”计划）、国家重点基础研究发展规划（“973”计划）的重点支持领域，具有广阔的发展前景。

本书是由国内一些相关领域的专家学者编写的，他们都有从事相关研究或教学工作的丰富经验。医院管理及外科专家姜合作任编委会主任并作序。第一章由王佃亮编写；第二章由江其生、董书魁、马威、龙宪连编写；第三章由曾虹燕、王佃亮、张艳梅编写；第四章由陈昭烈、何文俊编写；第五章由曾虹燕、张海智、孙晋伟编写；第六章由傅捷编写；第七章由刘咏梅、蔡春梅编写；第八章由刘咏梅、周丁华、吉王明编写，同时，刘咏梅还编写了本书附录部分；第九章由刘丽宏、陈慧编写；第十章由王佃亮、姜合作、王烈明编著。内容简介、目录、前言、组织工程大事年表、后记由王佃亮编写。

王佃亮起草了本书写作大纲，多次组织专家对大纲及各位编著者的稿件进行讨论修改，并对全书最后统稿。王烈明参与了部分编辑组织工作。科学出版社田慎鹏编辑参与讨论书稿，他作为责任编辑，对本书提出了一些良好建议。

本书在编写过程中还得到了国内外一些相关领域院士及权威学者的热情帮助。第二炮兵总医院的领导们给予了大力支持。

在本书付梓之际，对于以上参编人员的辛勤劳动及领导们的大力支持帮助，编委会深表感谢。

目　　录

第一章　绪　　论

缺失或功能障碍组织器官的修复重建依然是生物医学面临的重大难题。全世界每年约有上千万人遭受各种形式的创伤，有数百万人因疾病康复过程中重要器官发生纤维化而导致功能丧失，有数十万人迫切希望进行各种器官移植。然而无论是体表还是内脏，目前的组织器官修复还主要是纤维化修复（瘢痕愈合），离理想的“再生出一个完整的受损器官”差距甚远。器官移植作为一种不可或缺的临床治疗手段，主要还是采取“拆东墙补西墙”的损伤治疗模式，并且由于受到器官来源、伦理及机体免疫排斥等方面的限制而难以满足临床救治的需要。在这种情况下，组织工程得以诞生和发展。

第一节　组织工程的诞生与发展

组织工程是 20 世纪 80 年代后期兴起的，最初以各种体细胞为种子细胞，如成纤维细胞、内皮细胞、成骨细胞等。但随着干细胞研究的深入，各种类型的干细胞已成为组织工程主要的种子细胞，并且其他学科的高新技术也被陆续应用到组织工程中来，使现代组织工程获得了快速发展。

一、组织工程概念的提出

1980 年，Yannas 及其同事以胶原和黏多糖为原料设计制造出了人造皮肤类似物，这可能是最早的组织工程实践（Yannas et al.，1980）。1984 年，Wolter 和 Meyer（1984）在眼科聚甲基丙烯酸甲酯（PMMA）假体上培养出内皮样结构物质，他将该项研究称为“tissue engineering”（组织工程）。之后，组织工程的含义逐渐发展为联合使用细胞、支架材料和生物活性因子以促进组织的修复和再生。

1987 年，美国麻省理工学院的化学工程师 Langer 和美国马萨诸塞州立大学医院临床医师 Vacanti 等（1988）较为系统地提出了“tissue engineering”的概念，其核心是建立由细胞和生物材料构成的三维空间复合体，这与传统的二维结构（如细胞培养）有着本质区别。组织工程的最大优点是：①可形成具有生命力的活体组织，对病损组织进行形态、结构和功能的重建并达到永久性替代；②用最少的组织细胞通过在体外培养扩增后，进行大块组织缺损的修复；③可按组织器官缺损情况任意塑形，达到完美的形态修复。组织工程的研究包括种子细胞、支架材料和调节因子等（Langer and Vacanti，1993）。组织工程概念提出后，很快获得了美国国家科学基金会认可，组织工程学作为一门学科得以确立和发展。

Langer 和 Vacanti（1993）发表在美国 *Science* 上的对组织工程的定义为：组织工程学是一门利用工程学和生命科学的原理，研究和开发具有生物活性的人工替代物，以维持、恢复或提高人体受损组织的功能的交叉学科。中国学者商讨并以标准形式形成的组织工程定义是：利用生命科学和工程学的原理与技术，在正确认识哺乳动物正常及病理状态下组织结构与功能关系的基础上，研究、开发用于修复、维护和促进人体各种组织或器官损伤后功能和形态生物替代物的学科。

目前，组织工程发展迅速，各种概念也在不断发展。随着组织工程研究的深入，组织工程的定义也将不断完善。

二、组织工程的简要发展历程

（一）国外组织工程的发展

组织工程概念提出后，受到了各国学者的广泛关注。美国在 1988 年以基金和资助形式建立了一系列实验室，有相当数量的研究机构和大学参与了组织工程研究。美国国家卫生研究所建立了 4 个组织工程研究中心，大力推动这一学科发展，取得一系列成果。

Cima 等（1991）将培养的软骨细胞同 PGA 相结合进行软骨组织的培养工作，从此拉开了软骨组织工程学研究的序幕，并很快扩展到其他组织，如骨、韧带和肌腱等。Freed 等（1997）将新生鼠心肌细胞接种到可降解聚合物支架——PGA 支架上，形成两者的复合体，并将复合体在旋转生物反应器内进行培育，体外培育数周后，在生物反应器内形成了具有收缩能力的心肌组织。1997 年，中国学者曹谊林博士在 Vacanti 的实验室中，第一次成功地在裸鼠背部培养出带有皮肤的组织工程化人耳（图 1.1），引起了各国对组织工程学研究的关注（Haisch，2010；Cao et al.，1997）。1997 年，美国食品与药品管理局（Food and Drug Administration，FDA）批准自体软骨细胞移植修复关节软骨缺损，后形成了产业。

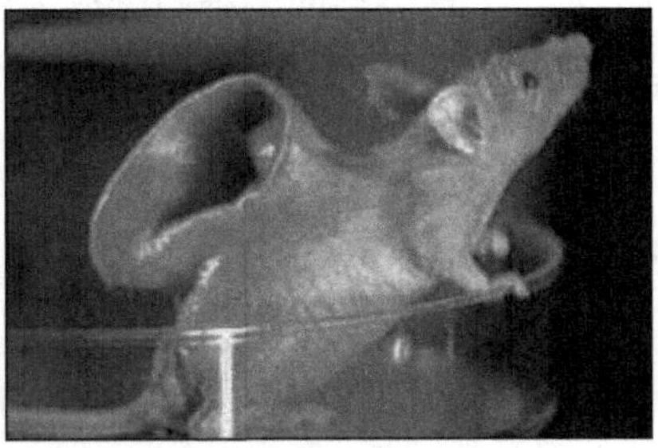

图 1.1 曹谊林博士培养出的组织工程化人耳（Cao et al.，1997）

1997 年 3 月，美国加利福尼亚州 Advanced Tissue Sciences 公司开发的世界上第一个组织工程产品——含有成纤维细胞的组织工程真皮 Dermagraf，由 FDA 批准上市，用于治疗 II 级和 III 级烧伤。1998 年，FDA 批准美国 Organogenesis 公司生产的 Apligraf 组织工程皮肤应用于临床，这是迄今最成熟的组织工程复合皮。

2006 年，美国科学家在北卡罗来纳州再生医学研究所的实验室里，用患者自身干细胞在可降解生物材料支架上培育出了膀胱（图 1.2）并成功移入患者体内（Atala et al.，2006）。7 名接受了新膀胱移植的患者恢复了器官功能，预计这种被修复的膀胱可使用 7 年之久。这一研究证明了再生医学的巨大潜力——用干细胞再生自己的组织、器官并用于相应疾病治疗。同时，该研究所的科学家们正致力于 20 多种人体组织、器官的培养，包括血管和心脏。2007 年，国际组织工程学会与再生医学学会合并后的“组织工程再生医学学会”，创办了 *Journal of Tissue Engineering and Regenerative Medicine*（《组织工程与再生医学杂志》），极大地拓展了组织工程的内涵、研究内容和应用领域。

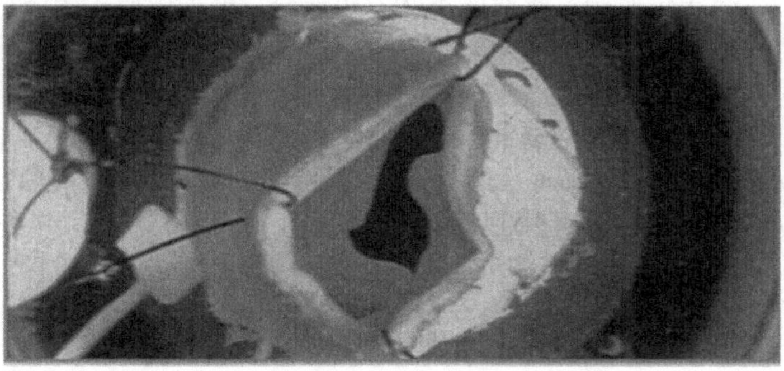

图 1.2 美国科学家将实验室里培育的新膀胱植入患者体内（Atala et al.，2006）

2008 年 6 月，由西班牙、英国、意大利等国科研人员组成的团队在巴塞罗那完成了全球首例“人造气管”（组织工程气管）移植手术。“人造气管”由自身干细胞培养而成，术后 5 个月这名有两个孩子的 30 岁女患者克劳迪娅·卡斯蒂略（Claud Castillo）彻底康复（Macchiarini et al.，2008）。这次手术的成功实施是组织工程领域的重大突破，具有里程碑意义，有可能因此改变外科手术的未来。英国布里斯托尔大学（University of Bristol）的 Birchall 教授表示，干细胞再生器官移植技术大约需要 20 年的时间就可以发展成为常规手术。

2009 年 1 月 23 日，美国总统奥巴马撤销布什发布的限制胚胎干细胞研究的行政命令，随后 FDA 批准了全球首宗人类胚胎干细胞治疗临床实验。

（二）国内组织工程的发展

中国组织工程研究起步稍晚，但发展很快，在某些领域的研究已居于国际领先水平。1994 年，上海市科学技术委员会将组织工程研究作为重点资助方向，组织工程重大研究项目正式立项，标志着中国组织工程研究正式起步。

1997 年，组织工程课题在中国国家自然科学基金正式立项，标志着组织工程研究受到了国家层面的重视；同年，上海成立中国第一个组织工程实验室——上海组织工程研究重点实验室［后发展为“组织工程（上海）国家工程研究中心”］。1998 年，中国国家“973”重点基础研究计划正式立项研究“组织工程的基本科学问题”，标志着国家已将组织工程研究列为高新技术领域的重点发展项目。2001 年、2002 年，中国国家“863”高技术研究发展计划对组织工程的应用研究与产品开发进行了持续资助，标志着国家已将组织工程作为生物领域的国家性产业发展方向。借助于国家“973”计划和“863”计划的资助，中国学者以敏锐的科研意识与思维，不约而同地掀起了一股组织工程热，在软骨、骨、肌腱、血管、皮肤、角膜等领域取得了可喜进展，初步形成了以组织构建和临床应用为特色的中国组织工程学研究道路。

虽然国内组织工程研究的总体水平与美国有一定差距，但与欧洲、日本的研究水平相当。2007 年 11 月 13 日，中国国家食品药品监督管理局（SFDA）下发注册证书，批准中国第一个组织工程产品上市，商品名为“安体肤”，由第四军医大学口腔医学院组织工程中心金岩教授主持研制，陕西艾尔肤公司参与。继美国后，中国成为第二个拥有组织工程皮肤产品的国家。此外，已有 3 种组织工程神经产品和 1 种组织工程角膜产品进入临床研究，同时还有 3 种组织工程皮肤产品、3 种组织工程软骨产品、2 种组织工程骨产品及 2 种组织工程肌腱产品正在中国药品生物制品检定所进行产品注册检验或已完成检验。中国组织工程的研究发展受到了国际关注。

组织工程的兴起说明，随着发育生物学、组织胚胎学、材料学、基因组学、蛋白质组学、信息学、计算机科学的发展，工程学将为生物医学作出新的贡献。组织工程的发展，将从根本上解决组织器官缺损所致的功能障碍或丧失的治疗问题。

（三）组织工程的发展阶段

组织工程诞生 20 多年来，它的发展大致经历了三个阶段。第一阶段，结构组织的组织工程化构建与应用，其标志是 1997 年 FDA 批准组织工程皮肤上市，同时，在美国、意大利、德国、中国等国家都有组织工程骨、软骨、肌腱等临床应用的初步报道。第二阶段，具有复杂功能的器官的组织工程构建与应用，其标志是 2006 年 Atala 在 *Lancet* 上发表的有关组织工程膀胱临床应用的学术论文。同时，也有接种细胞的生物人工肝、生物人工肾、心脏瓣膜、内分泌器官的组织工程化构建研究，证明多细胞结构的组织工程化器官有可能通过组织工程技术获得成功。第三阶段，组织工程概念融入到再生医学的新概念中，其标志是国际组织工程学会与再生医学学会合并、融合成为统一的“组织工程再生医学学会”，并于 2007 年 1 月创办了 *Journal of Tissue Engineering and Regenerative Medicine* 杂志，从此组织工程的内涵更加丰富，研究范围更加广阔，应用领域更加广泛。

第二节　组织工程与再生医学

组织工程的深入研究促进了再生医学发展，使外科学进入了再生医学的新时代。现代组织工程已成为再生医学研究的核心内容和主要发展方向，它体现了再生医学的优越性，是完美的组织或器官再生。

一、再生医学的概念

再生医学是 20 世纪 90 年代后诞生的，它的概念有广义和狭义之分。

广义上讲，再生医学是一门研究如何进行功能障碍或缺失的组织器官修复，以及如何进行组织器官再生与功能重建的新兴学科，可以理解为通过研究机体的正常组织特征与生理功能、创伤修复与再生的机制及干细胞分化的机制，寻找有效的生物治疗方法，进行机体自我修复与再生，或构建新的组织与器官以维持、修复、再生或改善损伤组织器官的功能。

狭义上讲，再生医学是指利用生命科学、材料科学、生物力学、信息学、计算机科学和工程学等学科的原理与方法，研究和开发用于替代、修复、改善或再生人体各种组织器官的信息技术，其技术和产品可用于因疾病、创伤、衰老或遗传因素所造成的组织器官缺失或功能障碍的再生治疗。

事实上，人体的再生潜能是巨大的，如创伤皮肤平均每天再生 0.45 mm^2、周围神经每天再生 1～2 mm 等。但这种再生能力又是有限的，如关节软骨不能再生、骨缺损大于 1 cm 不能愈合等。在临床工作中发现有再生过度现象，如皮肤再生愈合后的瘢痕形成，慢性骨髓炎过度再生形成的永久性骨硬化，脊柱、关节过度增生形成的骨刺、骨桥等，均可导致一系列病理生理改变。

如何使缺失或功能障碍的组织器官获得完全再生，或在体外复制出所需要的组织器官进行替代性治疗，这是再生医学的研究范畴。

与传统医学“以损伤修复损伤”相比，再生医学具有巨大的优越性和临床应用潜力，是医学技术的一次革命。

二、再生医学的不同发展阶段

从易到难，再生医学的发展需经过三个阶段。

1）从细胞到细胞。细胞是组成人体器官的最基本要素，利用种子细胞生成各种不同类型、功能的细胞，如神经细胞、心肌细胞等，这是再生医学的第一步。

2）从细胞到组织。许多同类细胞集合在一起可以构成某类组织，如肌组织、腺体组织等。目前的组织工程研究还主要是不同组织的再生，如组织工程皮肤、软骨等都是由单一细胞构成的组织。当然，人体皮肤是一种器官，包括表皮层、真皮层，以及皮脂腺、汗腺、毛囊等附属器，但现有组织工程皮肤还无法再生附属器，不具有真正人体皮肤的全部生理功能。

3）从细胞到器官。不同组织融合构成某种器官，如心脏、前列腺、肾脏、肝脏等，这是组织工程真正吸引人的地方。但是，由于器官结构复杂，完全再生的难度很大，目前这方面的进展较慢。

在再生医学不同发展阶段上，均可研发相应的组织工程产品，应用于临床诊断或治疗。

三、组织工程与再生医学的关系

从再生医学的概念看，它涵盖了干细胞治疗、基因治疗、组织工程治疗、组织器官移植、组织器官缺损的再生与生理性修复及活体组织器官的再造与功能重建，并涉及克隆技术及体细胞重编程技术等高新技术领域，其中干细胞和组织工程是再生医学研究的热点。

从外科学的发展历程看，先后经历了 3 个“R”阶段，即切除（resection）、修补

(repair) 和替代 (replacement)。组织工程学的出现，意味着外科学已进入“再生医学”(regenerative medicine) 的新阶段，是第 4 个 “R”。因此，组织工程学是再生医学的外延和分支，它拓宽了再生医学的广度和深度。组织工程已成为再生医学研究发展的主要方向，含有再生医学研究的核心内容（种子细胞、生物材料及组织构建技术），体现了再生医学的优越性，是完美的组织再生。

组织工程的内涵正在不断扩大，凡是能引导组织再生的各种方法和技术均被列入到组织工程的范畴内。组织工程的科学意义不仅在于提出了一个新的治疗手段，更主要的是提出了复制组织、器官的新理念，使再生医学面临重大机遇与挑战。

目前再生医学的基本概念、研究范畴等仍在不断发展中，对于某些问题科学界还没有形成统一认识。

2008 年 12 月 18 日，美国 *Science* 杂志评出了本年度十大科学进展，细胞重新编程成为十大科学进展之首。之所以把细胞重新编程列为 2008 年十大科学进展之冠，是因为这一方式开辟了再生医学的新天地，研究人员可以绕过胚胎干细胞的伦理争论而直接让细胞重新编程，成为各种类型的干细胞，并可以生长为各种组织和器官，为再生医学奠定物质基础。

再生医学作为一门新兴边缘学科，受到了许多国家重视。中国在再生医学方面取得的成绩受到了世界瞩目。据 McMahon 等 (2010) 在英国 *Regeneration Medicine* 杂志发表的研究报道，中国再生医学领域的研究进入 21 世纪以来快速发展，在国际学术期刊上发表的相关论文的数量已跃居世界第五，中国的一些研究成果夺得世界第一，其快速发展的经验值得其他发展中国家借鉴。这份由加拿大麦克劳克林-罗特曼全球卫生中心完成的报告说，该中心检索到的中国研究人员在国际学术期刊上发表的再生医学相关论文在 2000 年为 37 篇，但到 2008 年已增加到 1116 篇，超过了法国、加拿大、澳大利亚等国（图 1.3）。报告还指出，中国再生医学研究近年来取得了一些世界第一，比如，首次成功进行人兔间核转移胚胎干细胞研究，首次利用患者大脑组织培养出的干细胞治疗该患者自身的大脑创伤等。中国再生医学研究比较活跃的城市是北京、天津、上海、重庆、深圳、广州、长沙。

四、干细胞与组织工程的关系

干细胞存在于胚胎及成体组织中，是一类具有高度自我更新、增殖和多向分化潜能等优势的未分化细胞，可能贯穿于从单个受精卵细胞发育到由 250 多种细胞类型、数以亿计细胞组成的成体及整个生命过程中。迄今，已从成年人骨髓、软骨、血液、神经、肌肉、脂肪、皮肤、角膜缘、肝脏、胰岛等组织器官中发现了干细胞。

根据发育进程，干细胞可分为胚胎干细胞 (embryonic stem cell) 和成体干细胞 (adult stem cell)。前者来源于胚胎或胎儿组织，可以分化为 3 个胚层的各种细胞；后者来源于出生后器官或成年人体组织，能够产生所在特定组织的各种细胞。目前发现的成体干细胞主要有造血干细胞、骨髓间质干细胞 (bone marrow stromal stem cell)、神经干细胞 (neural stem cell)、肝脏干细胞、皮肤干细胞、肠上皮干细胞、脂肪干细胞、

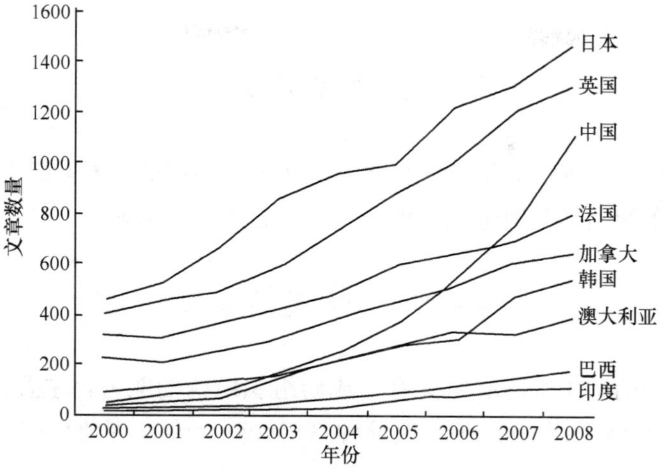

图 1.3　2000～2008 年一些国家发表的与干细胞有关的 SCI 文章数量（McMahon et al.，2010）

视网膜干细胞及角膜缘干细胞等。成体干细胞是非常有价值的研究对象，其相对胚胎干细胞的优势在于可对临床应用有更实际的表现。近来又提出了亚全能干细胞学说，这种细胞刚脱离胚胎干细胞特征，但又不是成体干细胞。通过实验证明，人体亚全能干细胞能够诱导分化为各种组织细胞，通过移植给受者参与组织的再生与修复，为恶性血液病、心血管疾病、糖尿病、肝功能衰竭等多种严重疾病拓展了新的治疗途径。干细胞可用于许多疾病或损伤的治疗，其在疾病治疗中可能出现的重大突破包括皮肤附件再生、退行性疾病治疗、心血管疾病治疗等，目前临床应用已初步观察到在特定条件下骨髓干细胞有可能发育成汗腺、皮脂腺及毛囊等。

干细胞是目前组织工程最理想的种子细胞，通过组织工程学技术，理论上可以将干细胞在人为条件下诱导、分化、培养成为任何一种人体细胞、组织或器官。将培养成功的组织器官进行体内移植，可以完美地修复或替代缺损的组织器官。

随着干细胞技术的发展，各种不同来源的干细胞已成为组织工程的主要种子细胞，再生医学也进入了干细胞组织工程时代（图 1.4）。

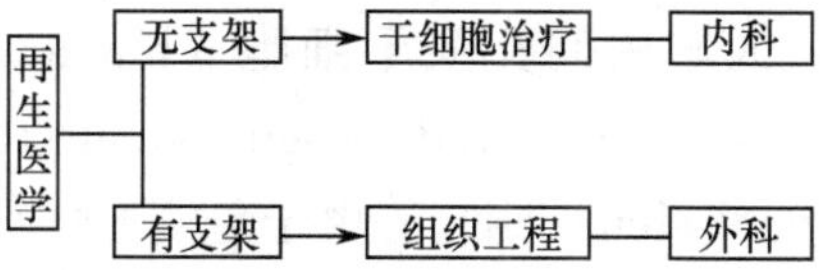

图 1.4　再生医学、干细胞治疗与组织工程的关系

第三节　组织工程的主要内容及研究方法

组织工程的研究内容主要包括种子细胞、生物材料支架（scaffold biomaterial）或细胞外基质微环境、组织器官三维构建及移植应用 4 个方面，并与生物活性因子和生物

反应器密切相关。

一、种子细胞

种子细胞是组织工程三大核心内容之一。获得足够数量、不引起免疫排斥反应并具有再生活力的种子细胞是开展组织工程研究的前提和必要基础。

（一）种子细胞的来源

用于组织工程的种子细胞必须具有形成新组织结构的能力，主要来源于自体（autogenous）、同种异体（allogenous）或异种（xenogenous），它们在具体应用时各有利弊（表 1.1）。

表 1.1 组织工程种子细胞比较

来源	细胞类型	优点	缺点
自体	自体细胞	患者自己的细胞 不会发生免疫排斥	需要临时采集 会给患者造成创伤和痛苦 不适合自身干细胞或基因有缺陷的患者 不适合传染病患者
同种异体	同种异基因细胞	细胞来自别人 可以是事先制备好的	可能发生免疫排斥反应
异种	异种异基因细胞	来自不同的物种	需要抗免疫排斥反应 有动物病毒传染风险

同种异体或异种细胞来源广泛，但由于存在免疫排斥反应等问题，限制了其临床应用。目前真正用于修复组织缺损的细胞主要来源于自体。但是，由于组织工程细胞培养多需要高浓度的细胞接种，自体组织细胞存在数量上的局限性及长期传代后细胞功能老化的问题，尤其对于自体细胞有免疫缺陷或基因缺陷的患者，异体来源的种子细胞就显得特别重要。近年来发现，人羊膜间充质干细胞（human amnion mesenchyme stem cell）、胎盘间充质干细胞（placenta-derived mesenchymal stem cell）、骨髓间充质干细胞（bone marrow mesenchymal stem cell）等由于免疫原性很小，不易被宿主免疫系统识别，同种异体甚至异种移植都具有较好的治疗效果，是一些很有潜力、值得深入研究的组织工程种子细胞。

（二）理想种子细胞的标准

作为组织构建或器官再生的种子细胞，必须满足一定条件，理想种子细胞的标准主要包括：①来源广，数量充足；②容易培养，黏附力大，增殖力强，可大量扩增；③遗传背景稳定，具备特定生物学功能；④纯度高，具备特定功能的细胞占主导；⑤免疫排斥反应极小或无免疫排斥反应；⑥分子结构和功能与再生组织的正常细胞相似；⑦临床上易取得，供体损伤小，具有实用性。满足这些条件，是种子细胞能够再生特定组织或修复特定组织缺损的重要保证。

（三）种子细胞的种类

用于组织工程的细胞包括干细胞及其他一些细胞，但干细胞是最重要的组织工程种子细胞。

按照发育阶段，干细胞分为胚胎干细胞和成体干细胞。相对于胚胎干细胞，成体干细胞由于不存在伦理争议及发育分化条件相对简单等优势，是最具有临床应用价值的组织工程种子细胞。

成体干细胞是人和动物成熟组织中存在的具有高度更新和多向分化能力并尚未分化的一些干细胞。体内研究结果显示，即使干细胞已经专门化，在某些条件下，它们的分化潜能可能比人们想象的还要大。例如，骨髓间充质干细胞可以在体外被诱导分化为8种以上类型的成熟细胞；将小鼠神经干细胞置入骨髓时可产生多种类型的血细胞；造血干细胞移植到脑内可转变为神经细胞等。从发生机制来看，干细胞所处微环境对干细胞分化的影响极为重要，干细胞分化依赖于一组相邻细胞相互作用的组合，细胞处于一种三维空间结构中，接受的分化信号也是三维的——干细胞分化受细胞-细胞、细胞-细胞外基质间相互作用及机械作用力等多重因素的影响。组织中的干细胞可能并不直接分化成终末细胞，而是先分化成定向祖细胞，然后再经过多次的分裂后定向分化，进一步准确无误地分化为有丝分裂后细胞及终末分化细胞。细胞因子在传递细胞与胞外基质之间、细胞与细胞之间的信息中起重要作用，这些细胞因子包括白细胞介素、各类生长因子、分化调控因子等。

成体干细胞主要包括造血干细胞、骨髓干细胞、神经干细胞、脂肪干细胞、皮肤干细胞等。

造血干细胞（hemopoietic stem cell）是发现较早、研究最多、应用最广的成体干细胞之一，也是生成各种血细胞的原始细胞，又称多能干细胞（multipotential stem cell）。造血干细胞是造血细胞的“种子”，体内所有血细胞都由它分化发育而来，主要存在于骨髓、外周血、脐带血中。造血干细胞在一定的微环境和某些因素的调节下，增殖分化为定向干细胞（committed stem cell），即红细胞系、粒细胞系、单核细胞系和巨核细胞血小板系。造血干细胞最早是在胚胎卵黄囊壁的血岛生成，胚胎第6周，从卵黄囊迁入肝的造血干细胞开始造血，第4～5月，脾内造血干细胞增殖分化产生各种血细胞。从胚胎后期至生后终身，骨髓为主要的造血器官。造血干细胞分化的各系、各级子代细胞，即造血干细胞分化的“时”、“空”上，均有特异的细胞表面标志，可以方便地进行细胞的分离和鉴定。造血干细胞的体外扩增和定向诱导分化在临床上用于重建长期造血免疫功能，除用于恶性血液病移植治疗外，还用于各种实体肿瘤，如乳腺癌、肺癌、肝癌、脑肿瘤等的辅助治疗，可能成为某些感染性疾病（如艾滋病等）患者免疫重建的主要措施。造血干细胞在合适条件下可以转变为肝细胞、神经细胞等血液系统以外的细胞，可能成为肝硬化、脑神经细胞退行性变等难治性疾病的移植治疗的种子细胞，为这些疾病的治疗开辟一条全新的治疗途径。由于来源广泛（从骨髓、外周血、胎肝等均可获取），移植安全性好（尤其是外周血干细胞、脐血干细胞），造血干细胞在临床上备受关注，有望取代骨髓移植。

间充质干细胞（mesenchymal stem cell）最初是由 Friedenstein 等（1987）发现的一类成纤维细胞样细胞，易于贴附于塑料培养板表面，具有向骨、软骨、脂肪、肌肉及肌腱等组织分化的潜能。在机体内间充质干细胞存在于胎盘、脐带、羊膜、骨髓、脂肪等许多组织中，尤以骨髓、脂肪中较多。

骨髓间充质干细胞具有向多种中胚层和神经外胚层来源的组织细胞分化的能力，这些细胞包括成肌细胞、肝细胞、成骨细胞、软骨细胞、成纤维细胞、神经胶质细胞、神经细胞、造血干细胞、基质细胞等，在两性霉素 B 和 5-氮胞苷作用下，还可形成肌小管和肌腱。由于骨髓间充质干细胞移植具有不发生免疫排斥反应（或程度较低）的优点，用于中胚层和神经外胚层来源的组织损伤及退行性疾病的治疗前景很大。动物实验已证实，骨髓间充质干细胞单独应用可以较好地促进骨折愈合和软骨损伤的修复，通过体外培养使其覆盖于陶瓷支架或碳纤维网等再植入患处效果更明显。骨髓间充质干细胞体外培养，因具有黏附于塑料培养皿壁的能力而易于分离，体外经过长期连续培养和冷冻保存后不会改变其分化潜能，植入体内后可在多种造血以外的组织（如肺、骨软骨、皮肤等）处定位和分化，并表现出相应组织细胞的表型。将骨髓间充质干细胞植入小鼠体内，发现其可向受损肌肉组织处迁移并参与新肌的再生；而将人的骨髓间充质干细胞植入大鼠的脑内，发现其分化为星形胶质细胞并较好地与受体组织整合。将流产胎儿体内的骨髓干细胞植入人为诱发病变的实验鼠肝脏内，发现干细胞在实验鼠体内渐渐长为肝细胞，病鼠肝脏恢复正常功能。骨髓间充质干细胞易于外源基因的导入和表达，可作为基因载体，从而将组织工程治疗和基因治疗有机地结合在一起。

利用间充质干细胞进行组织工程研究有以下优势：①取材方便，且对机体无害，间充质干细胞可取自自体骨髓，简单的骨髓穿刺即可获得；②间充质干细胞取自自体，由它诱导而来的组织在进行移植时不存在组织配型及免疫排斥问题；③间充质干细胞分化的组织类型广泛，理论上它能分化为所有的间充质组织类型，如软骨、脂肪、肌肉及肌腱等。目前用于分离间充质干细胞的方法主要有密度梯度离心法、贴壁筛选法和流式细胞仪分离法三种。

脂肪干细胞（adipose-derived stem cell）是存在于人或动物（鼠、猪、犬、兔等）不同部位脂肪组织中的一种间充质干细胞，具有多向分化潜能（Kuhbier et al.，2010；Estes et al.，2010）。该细胞首次由 Zuk（2001）从人抽脂术抽取的脂肪组织悬液中分离获得，在相应诱导剂作用下，能分化成具有中胚层组织特殊标志的功能性细胞（脂肪细胞、软骨细胞、骨细胞、肌肉细胞、心肌细胞和血管内皮细胞），也能分化成内胚层细胞（肝细胞和胰腺细胞）及外胚层细胞（神经元）。脂肪组织可能是机体最大的成体干细胞库，有可能彻底解决干细胞来源困难的问题，所以脂肪干细胞研究很受重视。脂肪干细胞研究起步相对较晚，但在组织工程研究应用中具有很多宝贵优势，主要包括：

①来源广泛，获取容易；②衰老、死亡细胞所占比例低；③扩增迅速，多次传代后遗传稳定；④可连续传代培养130代之多，有非常优越的体外增殖能力，完全可以满足临床对种子细胞数量上的要求，甚至可不经过体外扩增过程直接用于临床细胞治疗，如Zuk（2001）从300 ml人脂肪抽吸物分离纯化出（2～6）$\times 10^8$个成纤维细胞，经鉴定绝大多数细胞（85%±12.8%）为间充质干细胞；⑤脂肪组织比骨髓中所含的间充质干细胞比例大，成纤维细胞集落形成单位试验表明，脂肪组织中干细胞数目至少是骨髓的500多倍；⑥脂肪干细胞作为基因治疗载体，能够对外源基因进行表达，转染后的脂肪干细胞诱导分化成脂肪细胞和成骨细胞，仍有外源基因表达，与载体结合后可作为基因治疗的有力工具；⑦脂肪干细胞体外培养条件要求较低，在不同厂家和批次的血清培养基中都能稳定生长。人脂肪干细胞能够很容易地从外科切除术、肿大脂肪抽吸术和超声辅助的脂肪抽吸术中获得，用于各种骨、软骨、脂肪及肌肉等组织的重建。脂肪干细胞是继骨髓间充质干细胞后组织工程种子细胞研究的又一热点。

神经干细胞（neural stem cell）存在于胚胎和成人脑组织及外周神经系统中，分别称为中枢神经干细胞和外周神经干细胞，其特征性生物学标志为神经巢蛋白。这类干细胞具有向神经元、星形胶质细胞和少突胶质细胞分化并表现相应形态学和电生理学特征的能力。大多数神经生物学家以前都坚定不移地确信：成人的脑有时能够通过制造存活的神经元之间的新连接物来补偿损伤，但是它不能修复自己。

1998年11月，瑞典Sahlgranska大学医学院的Eriksson和美国加州霍亚索尔克生物研究所的Gage发表了令人吃惊的报道：成熟的人脑确实定期地至少在脑的一个部位——海马产生神经元，海马是对学习和记忆都很重要的区域（Eriksson et al.，1998）。这一发现表明人脑的确在成年期由神经干细胞分化产生新的神经元；这些神经干细胞分布在脑的一些部位，如海马、纹状体、齿状脑回、侧脑室脑腔壁（在嗅觉系统中产生新神经元）等处。从成年哺乳动物脑中分离出的干细胞，能在体外长期培养并保持多向分化潜能。将体外培养、扩增后的神经干细胞注入成年大鼠的海马、小脑等处，可在海马、嗅球等处分化成与环境相对应的神经元细胞。从成年人嗅球部位分离到的神经干细胞，在体外诱导扩增后建立了持续性的干细胞系，表明成人的嗅球有再生的潜能，可作为移植神经干细胞的来源。在体外培养条件下，胶质细胞的前体在特定情况下可发生逆分化而形成多能神经干细胞，后者则可分化成为神经元，这一发现为获得神经干细胞提供了又一新途径。将从成年小鼠前脑分离出的干细胞输入丧失了造血功能的小鼠体内可以产生造血细胞，表明神经干细胞并非只能产生神经细胞，有可能成为移植重建造血功能和临床输血治疗材料的新来源。成人脑组织中神经干细胞的发现，为治疗神经系统疾病，特别是一些退行性疾病（如帕金森病、Huntington病及脑萎缩等）提供了新的来源。

皮肤干细胞与皮肤具有极强的修复和再生能力直接相关。目前对皮肤干细胞的位置、种类和数量报道不一，但研究较多的主要有表皮干细胞（epidermal stem cell）和毛囊干细胞（follilar stem cell）。表皮干细胞存在于皮肤皮脂腺开口处与立毛肌毛囊附着处之间的毛囊外根鞘处。在表皮基底层，表皮干细胞呈片状分布。在没有毛发的部位，如手掌、脚掌，表皮干细胞位于与真皮乳头顶部相连的基底层；其他有毛发的皮肤，表皮干细胞位于表皮脚处的基底层。表皮基底层中有的基底细胞为干细胞，目前体外分离、纯化表皮干细胞主要利用其对细胞外基质的黏附性来进行。正常情况下，大部分的表皮干细胞处于静息状态，只有部分干细胞脱离干细胞群落进入分化周期，维持皮肤的更新。毛囊干细胞是一种比基底部表皮干细胞增殖能力更强、分化方向更广的皮肤干细胞，定位于毛囊外根鞘中的隆突部。毛囊干细胞最重要的特点之一也是慢周期性，而且可以有无限多次细胞周期。一个完整的毛囊周期要经过生长期、退化期和休止期。在毛囊生长期时，位于隆突部的细胞可快速增殖，产生基质细胞，并分化出髓质、皮质和毛小皮等，之后毛基质细胞突然停止增殖，进入退化期。最后毛乳头被结缔组织鞘迁拉，定位于毛囊底部，在毛囊处于休止期时，通过毛乳头上移，使毛囊进入下一个循环。皮肤干细胞可用于自体和异体移植治疗大面积烧伤、严重创伤、整形术后创面覆盖及慢性溃疡等，已成为利用组织工程技术解决临床治疗中皮源缺乏问题的根本途径。

此外，胰腺干细胞、眼角膜缘干细胞等也可用作组织工程种子细胞。胰腺干细胞是从胰导管分离获得的，并可在体外诱导分化为胰岛素分泌细胞。将鼠胰腺干细胞经体外诱导分化为成熟胰岛后移植到非肥胖型糖尿病模型鼠体内，可以缓解模型鼠对胰岛素的依赖。眼角膜缘含有丰富的干细胞，有人用自体眼角膜缘干细胞培养后形成的细胞层移植到患眼角膜表面，成功实现了眼表面重建。

成体干细胞是一种介于全能细胞和分化成熟细胞之间的中间体，是目前最具有临床应用优势的组织过程种子细胞，但利用成体干细胞作为种子细胞需要克服一些困难。第一，含量少、特异性标志不清楚是成体干细胞研究及临床应用的一大难点。由于缺乏特异性标志，仅从细胞形态和生长特征来分离干细胞不容易。虽然可以通过细胞周期缓慢、呈克隆性生长等特点识别成体干细胞，但利用这些特性分离培养成体干细胞不实用。成体干细胞分离的最好方法是单克隆抗体免疫分离法，利用单克隆免疫吸附能识别细胞类型或细胞谱系的表面抗原的特点，可以通过免疫磁珠筛选、流式细胞分离等方法将成体干细胞分离出来，而且其分离纯度和细胞活力都很高，这种方法已广泛用于各种成体干细胞的分离和纯化。第二，生长缓慢，扩增困难是成体干细胞研究及临床应用的又一大难点，可利用微载体、生物反应器及灌流技术解决（Wang et al.，2005）。微载体配合灌流技术，可使贴壁细胞的培养密度达到 10^7 个/ml 以上，是干细胞扩增的有利手段。

胚胎干细胞（embryonic stem cell）是在胚胎发育早期囊胚（受精后 5～7 d）内细胞团中未分化的细胞。整个囊胚含有约 140 个细胞，最外层是“滋养层”，由一层扁平细胞构成，可发育成胚胎的支持组织（如胎盘）等。囊胚中心的腔称“囊胚腔”，腔内一侧的细胞群是“内细胞团”（inner cell mass）。内细胞团中存在着胚胎干细胞。

内细胞团在形成内、中、外三个胚层时开始分化。每个胚层将分别分化形成人体的各种组织、器官。例如，外胚层分化为皮肤、眼睛和神经系统等；中胚层将形成骨骼、血液和肌肉等组织；内胚层将分化为肝、肺和肠等。按分化潜能大小，干细胞可分为三种类型：第一类是全能干细胞，具有形成完整个体的分化潜能；第二类是多能干细胞，具有分化出多种细胞组织的潜能，但失去了发育成完整个体的能力；第三类是专能干细胞，只能向一种类型或密切相关的两种类型的细胞分化。内细胞团中的胚胎干细胞就属于全能干细胞，是已知分化潜能最广的一类干细胞，具有与早期胚胎细胞相似的形态特征和很强的分化能力，可以无限增殖并分化成为全身 200 多种细胞类型，从而可以进一步形成机体的任何组织或器官。

胚胎干细胞可以从早期胚胎桑椹胚或胚泡内细胞团的原始胚细胞（prodromal germ cell）中分离获得。在体外培养条件下，胚胎干细胞呈“巢状”生长。胚胎干细胞定向分化的尝试在动物中已取得了可喜结果，神经细胞、造血细胞及心肌细胞等已在体外获得。胚胎干细胞是“多能性的”，意思是说它们能够形成所有各种组织，在许多方面与内细胞群的细胞（体内所有的细胞之母）有共同之处，但又不是完全相同的。自 1981 年人们成功培养小鼠胚胎干细胞以来，现已相继成功建立了小鼠、金黄地鼠、猪、牛和恒河猴等多种动物的胚胎干细胞系；目前对小鼠胚胎干细胞向造血细胞、内皮细胞及肌细胞甚至神经细胞（神经元）的体外分化研究取得了可喜的结果，初步建立了一些体外诱导分化体系和发现了一些特异的诱导分化物质。比如，近年来的研究发现，胚胎干细胞的多种功能是依赖剪切力的。剪切力作为一种调节因子，调节胚胎干细胞的基因表达。Kim 和 Uon Recum（2010）提出了动态培养的概念，在旋转或振荡中培养，增加了细胞贴壁的机会。研究发现，胚胎干细胞在流动培养下生长良好，在血管中胚胎干细胞被拉长，其长轴方向与流场方向趋于一致。在不同流动培养方式作用下，胚胎干细胞能适应剪切力递增式和阶跃式增加的作用，阶跃式增加剪切力更加方便，在流动培养中切实可行。

人胚胎干细胞及其组织工程要真正在人类医学中得到应用，尚需相当长时间。这是因为：①人们还不能有效地诱导胚胎干细胞向特定的细胞类型分化；②更困难的是，还不能有效地建立无免疫原性的胚胎干细胞；③胚胎干细胞在体外培养时有形成畸胎瘤的倾向，其安全性受到关注；④胚胎干细胞应用涉及伦理道德方面观念的制约。但是，随着 2009 年 1 月 23 日美国总统奥巴马撤销布什发布的限制胚胎干细胞研究的行政命令，美国食品和药品管理局（FDA）批准了全球首例人类胚胎干细胞治疗临床实验，使胚胎干细胞应用于组织工程有了较为光明的发展前景。

其他一些细胞也可以作为组织工程种子细胞，如内皮细胞、上皮细胞、成纤维细胞、骨细胞、成骨细胞、角质细胞、前脂肪细胞、脂肪细胞、肌腱细胞等。这些细胞已分化，分裂能力有限，但仍应用于组织工程，以下以血管内皮细胞为例进行简要介绍。

自 Herring 等（1978）首先提出内皮细胞应用于组织工程的设想以来，该技术在发展上经历了三个阶段：静脉内皮细胞单期种植；微血管内皮细胞单期种植；自体内皮细胞扩增培养种植。Muneretto 等（1999）对动脉和毛细血管系统进行了研究，他们分别提取了主动脉、心耳毛细血管、动脉滋养血管内皮细胞在体外培养，发现三种不同来源的内皮细胞在组织形态学和内皮细胞标志物（CD34、VIII、Fc、Vlex、Lectin）表达上基本相似，但在功能表达上存在差异。主动脉内皮细胞具有最好的体外培养动力学表现，同时主动脉内皮细胞所形成的毛细血管结构比其他两种细胞形成的结构更稳定持久。所以主动脉内皮细胞被认为更适合成为组织工程的细胞来源，但是主动脉组织在临床难以获取，最终应用存在一定问题。

（四）种子细胞的分离培养与种植

组织工程细胞技术可分为三类：①分别提取、分别培养、分层种植；②混合提取、分别培养、分层种植；③混合提取、联合培养、混合种植。

以构建含有内皮细胞和间质细胞的组织为例说明如下。在第一种方法中，取来新鲜组织，对内皮细胞和间质细胞分别提取，然后各自培养，种植时先种间质细胞，再种内皮细胞。在第二种方法中，细胞提取时将内皮细胞和间质细胞一起取下，体外将细胞分离，分别加以培养扩增，分层种植。在第三种方法中，两种细胞一并提取，不分离，联合培养，并一起无序地种植到支架材料表面。至于哪种方法较好，目前尚无定论。

二、生物材料支架

在组织器官重建时，用于种子细胞再生组织之前赖以生存和依附的三维结构，称为支架（scaffold），主要为可降解吸收的生物材料，称为生物材料支架。它能将细胞固定于一定位置，为其生长、繁殖、新陈代谢及细胞外基质（extracelluar matrix）分泌等生理活动提供场所，并引导再生组织形成基本形状。生物材料支架是组织工程又一核心内容。

（一）支架的分类

组织工程支架是根据需要重建的不同人体组织及具体替代组织具有的功能所设计的，可应用于骨、软骨、血管、神经、皮肤和人工器官（如肝、脾、肾、膀胱）等的再生。

现有支架可根据制作材料分为三大类，它们各有优缺点。

1. 天然生物材料支架

天然生物材料支架的制作材料包括胶原、明胶、弹性蛋白（Leach et al.，2005）、蚕丝、蛛丝、几丁质、甲壳素、壳聚糖、琼脂糖、透明质酸、纤维素、血纤维、纤维蛋白原、硫酸软骨素、藻酸盐、氨基葡聚糖、脂质体、天然珊瑚、海螵蛸、脱细胞细胞外基质（acellular extracellular matrix）［即天然细胞外基质（nature extracellular matrix），或脱细胞组织基质（acellular tissue matrix）］等（Valarmathi et al.，2008；George et al.，2008；Linnes et al.，2007）。细胞外基质是一种特殊的天然生物材料，它是通过去除生物体原型组织中的实质细胞制备而得，除含有胶原蛋白、糖蛋白和蛋白多糖之外，还含有各种生物因子和细胞因子，对于调节细胞在材料上的黏附、生长和增殖具有重要作用。天然材料生物相容性好，具有细胞识别信号，利于细胞黏附、增殖和分化，并有很好的生物相容性，有些材料具有天然的孔隙结构系统。其中胶原是自然界哺乳动物体内含量最丰富的蛋白质，抗原性小，植入人体只引起轻微的炎性反应和异物反应，由其制备的人工皮肤等已通过 FDA 认证用于临床。天然生物材料的缺点在于力学性能差，缺乏足够的物理强度。

2. 合成有机材料支架

合成有机材料支架主要有藻酸盐多聚物、聚乙烯醇、聚羟基乙酸、聚氨基酸、聚己酸内酯（PCL）、聚酸酐、聚磷酸酯（PPE）、聚乳酸（PEA）、聚乙醇酸（PGA）及其共聚物 PLA、乳酸-羟基乙酸共聚物（PLGA）、聚羟基丁酸酯与聚醚复合物等（Zhang et al.，2009；Jaklenec et al.，2008；Kanczler et al.，2007；Yang et al.，2006）。它们具有较好的组织相容性，可以控制机械性能、降解率、微结构，并能按设计要求大规模生产；缺点在于缺少细胞外基质中的各种生物信号而影响细胞的黏附。该类材料降解速度和强度可以调节，易构建高孔隙率三维支架，但材料本身对细胞的亲和力弱，往往需要引入适量能促进细胞黏附和增殖的活性基团、生长因子或黏附因子等。

3. 无机材料支架

无机材料支架包括羟基磷灰石（hydroxyapatite，HA）、磷酸钙、α-磷酸三钙（tricaleium phosphate，TCP）、偏磷酸钙玻璃陶瓷、陶瓷、生物陶瓷、生物玻璃（Lopez-Heredia et al.，2008；Chen et al.，2007；Jones et al.，2006），如尼龙、硅胶管、聚氨酯等。HA、磷酸钙、TCP 等具有较高的压缩强度、耐磨性和化学稳定性，并可在生物体内发生降解，被新生骨组织吸收和替代，是骨组织支架常使用的材料；但存在多孔体强度较差、加工困难、形成的支架孔隙率低、脆性大等缺点，临床上常与有机高分子聚合物材料复合应用。尼龙、硅胶管、聚氨酯为不可降解吸收的非生物材料。

（二）支架的应用

支架作为组织工程的基础，近年来研究十分活跃。人们不仅在组织工程的最早产品人工皮肤领域进行了更为完善的研究和开发，同时在诸如人工骨、软骨、神经、血管、皮肤、肝、脾、肾、膀胱材料等各系统，都进行了大量的研究和探索。

1. 骨组织工程

骨头具有支撑人体重量，维持人体力学平衡的功能。人工骨的支架材料必须具备以下两个功能：第一，有一定机械强度以支撑组织，以保证材料植入人体后能支撑人体的重量，不改变骨骼形状；第二，有一定生物活性，可诱导细胞生长、分化，并可被人体降解吸收。具有第一种功能的材料为非降解性材料，仅起到支撑固定的作用。存在的一个问题是：在骨头愈合后，必须进行二次手术取出这种材料。早期的人工骨支架材料都是非生物降解型的，这类材料有高聚物（碳素纤维、涤纶、特氟隆）、金属材料（不锈钢、钴基合金、钛合金）、生物惰性陶瓷（氧化铝、氧化锌、碳化硅）、生物活性陶瓷（生物玻璃、羟基磷灰石、磷酸三钙、磷酸钙骨水泥）等。这些材料的特点是机械强度高（耐磨、耐疲劳、不变形等），具有生物惰性（耐酸碱、耐老化、不降解）。具有第二种功能的材料主要是给细胞提供三维生长空间，其本身具有生物活性，可诱导细胞分化生长和血管的长入，以形成活的骨组织，使其具有人骨的功能和作用。这类材料有人工合成的有机材料［如聚乳酸（PLA）、聚乙醇酸（PGA）、PLGA 和聚羟基酸类等，其中 PGA 应用较为广泛］及天然生物材料（如白凝胶、胶原凝胶、纤维素、琼脂糖、壳聚糖和透明质酸等多糖类）。合成材料的优点是在组织生长过程中材料的张力、降解速度、超微结构、通透性等指标可控制。目前被广泛采用的细胞基质材料是 PGA＋PLA，但其亲水性较差，细胞附着力弱。天然成分支架往往更易于细胞的附着。目前研究和使用的骨组织支架材料是降解材料或降解-非降解材料复合物。

实验证明多种细胞通过黏结精氨酸-甘氨酸-天冬氨酸（Arg-Gly-Asp，RGD）从而与纤维连接蛋白结合，而纤维连接蛋白（FN）对细胞黏附、调节细胞运动具有重要作用。动物实验证明，作为细胞基质的成分，FN 可明显影响细胞的活性，所以 RGD 类聚合物为细胞生长提供了一个更为适宜的环境。RGD 序列结构可被成骨细胞膜上的整合素受体识别，并参与细胞分裂分化过程，按此氨基酸序列结构排列，有可能提高人工合成材料的骨诱导活性。

2. 神经组织工程

理想的人工神经是一种特定的三维结构支架的神经导管，可接纳再生轴突长入，对轴突起机械引导作用。雪旺细胞在支架内有序地分布，分泌神经营养因子等发挥神经营养作用，并表达 CAM、分泌 ECM，支持引导轴突再生。

神经修复的支架材料主要有：天然活性材料，取自自体的神经、骨骼肌、血管、膜管；非生物活性材料，包括脱钙骨管、尼龙纤维管、硅胶管、聚氨酯等。支架材料的功能包括：第一，必须为神经的恢复提供所需的三维空间，既要保证神经导管具有合适的强度、硬度和弹性，又要使神经具有再生的通道；第二，要保证有理想的双层结构，即外层提供必要的强度，为毛细血管和纤维组织长入提供营养的大孔结构，内层则为紧密结构，可起到防止结缔组织长入的屏障作用。所以，神经修复所用支架材料一般为：外层是强度大、降解速率慢的可降解材料；内层为具细胞生长活性的可降解材料，多为胶原和多糖，其中研究和使用较多的为胶原和聚乳酸的杂化材料。

以往用于桥接神经缺损的神经套管材料有硅胶管、聚四氟乙烯、聚交酯、壳聚糖等。例如，以硅胶管为外支架，管内平行放置 8 根尼龙线作为内支架的“生物性人工神经移植体”。目前用于人工神经导管研究的可降解吸收材料有聚乙醇酸（PGA）、聚乳酸（PLA）及其共聚物等。也有用聚丙烯腈（PAN）和聚氯乙烯（PVC）的共聚物制作神经导管，内壁具有半透膜性质，仅能允许分子质量小于 50 kDa 的物质通过，使再生轴突能从导管外获取营养物质和生长因子，并避免纤维疤痕组织的侵入。但因其不能降解，在完成引导再生轴突通过神经缺损段之后，仍将长期留存于体内，有可能造成神经卡压。

选择适宜的生物材料，使 SC 与生物材料黏附，加入生长因子，对细胞外基质与可降解吸收生物材料经体外培养，在体内预制成类似神经样 SC 基膜管结构（众多纵行中空管桨结构），使人工神经血管化或预制带血管蒂，并保证 SC 存活、增殖且有活性，这将成为今后的研究热点。

3. 血管组织工程

与神经支架材料类似，血管支架材料结构上也分为双层，但不同于神经支架材料的是，其内层为与血液相容性好的生物活性材料，该类材料要求不仅具有生物活性，同时还要具有抗凝血和抗溶血作用。这类材料一般为经过表面修饰的降解材料，外层材料必须为保证内层材料细胞生长提供一定的支撑强度、抗拉强度和韧性。最早的外层材料一般为尼龙、聚酯等无纺布或无纺网等。目前，该类材料应用较多的是胶原或明胶蛋白包埋的或表面处理的可降解材料的无纺网，如聚乳酸、聚羟基酸和多肽等的无纺布或无纺网等。

4. 肌腱组织工程

肌腱是最为典型的致密结缔组织，由平行排列的胶原束、腱胶质、腱细胞组成。在生长发育中，未分化间充质细胞逐步分化为表层的腱外膜细胞和肌腱细胞。肌腱细胞是肌腱的基本功能单位，分化程度高，合成和分泌胶原，接受机体的神经-体液调节，维持肌腱组织的新陈代谢。羟脯氨酸是胶原蛋白特征的氨基酸之一。常用作检测胶原合成水平的指标肌腱与韧带组织中的功能细胞分别是肌腱细胞和成纤维细胞，二者在组织来源上均属成纤维细胞型，但肌腱细胞分泌 I 型胶原，而成纤维细胞分泌 I、II 型胶原。所以肌腱组织支架材料必须可降解，并且一定要是降解时间较长的材料。在 20 世纪 70 年代，肌腱支架材料一般使用硅橡胶、尼龙聚酯、碳纤维等，目前使用的多是聚酯聚二氧杂环烷等。

5. 角膜组织工程

人工角膜材料要求具有透明、吸水、有一定的机械强度、屈光性好等特点，同时要可降解。以前常用的材料为聚甲基丙烯酸羟乙酯（PHEMA）、甲基丙烯酸乙酯（HEMA）、聚甲基丙烯酸甲酯（PMMA）、陶瓷、聚四氟乙烯等。近来来，多采用胶原、羊膜、脱细胞角膜基质、聚乳酸（PLA）和聚乙醇酸（PGA）、聚乳酸-羟基乙酸共聚物（PLGA）等材料。

6. 肝、胰、肾、泌尿系统组织工程

肝、胰、肾、泌尿系统使用的组织工程支架材料多为可降解材料，目前这方面研究和使用的材料主要为天然蛋白、多糖与合成高聚物杂化的可降解材料。例如，用于肝组织工程支架的血纤维和 PLA、用于泌尿系统的 PGA 等。PLGA 是由乳酸（LA）和羟基乙酸（GA）直接熔融共聚而成的一种高分子材料。可根据不同组织工程支架材料的要求改变乳酸（LA）与羟基乙酸（GA）的组分比，有效调节其降解速率，从而制备不同用途的 PLGA 支架。例如，PLGA (50/50)（其中，50/50 为支架中 LA 与 GA 的质量比，下同）一般用作各种药物缓释载体。

（三）理想支架的标准

在组织工程中，理想支架及其制作材料的主要标准包括以下几个方面。

1）良好的生物相容性和细胞亲和性，即无明显的毒性和免疫原性，不发生排斥反应。

2）特定的三维外形以获得所需的组织或器官形状。

3）合适的可生物降解吸收性，即与细胞、组织生长速率相适应的降解吸收速率。支架材料为细胞增殖营造环境，随着细胞的增殖而逐渐降解、消失，将空间让位于细胞，使所形成的组织和器官具有与细胞支架相似的几何形状。因此，作为细胞支架的高分子材料必须具有生物降解性，即在生理或体内环境下，组成材料的高分子链能自行断裂，由此形成的小分子能逐渐被机体代谢或吸收。此外，还要求材料的降解速度与细胞的增殖速度相匹配，由降解所形成的小分子不对细胞增殖产生不利影响。

4）具有较好的润滑性、抗感染性和抗凝性，使细胞在材料表面生长，恢复病变组织的组织功能、免疫识别能力和生物催化活性等（Mushy and Mooney，2002）。

5）具有良好的可塑性、柔韧性，以及与植入部位组织的力学性能相匹配的结构强度，以期在体内生物力学微环境中保持结构的稳定性和完整性，为植入细胞提供合适的微应力环境，并能调节细胞黏附、增殖、转移和分化，同时也要容易塑造成型，具有一定的柔韧性，能与机体缝合、贴合，并具有不会对机体组织形成机械损伤的力学性能。

6）有易于设计和修饰的基本单元，具有能特异促进或抑制细胞-材料相互作用的特性。

7）具有高的比表面积和合适的表面理化性质以利于细胞黏附、增殖和分化，以及负载生长因子等生物信号分子。

8）材料的生产、纯化和处理很容易并可升级。

9）有与水溶液和生理条件的化学相容性。

10）具有较大的比表面积、合适的孔尺寸、高的孔隙率和相连的孔形态，以利于大量细胞的种植、细胞和组织的生长、细胞外基质的形成、氧气和营养的传输、代谢物的排泄及血管和神经的内生长。细胞的长入与生物支架孔径关系很密切，大于100μm，易于细胞长入，长入率随孔径的增加而增加，孔隙率要在90％以上。

（四）支架的三维结构

组织工程的关键技术之一在于将生物材料制成具有特定形状和孔结构的三维多孔支架。在组织工程中多孔支架起到细胞外基质的作用，是对细胞外基质的结构和功能的仿生。除某些可注射性材料以外，大多数组织工程支架必须预先制成多孔支架。

组织工程多孔支架孔结构具有4个尺寸等级：解剖外形和尺寸（cm）、大孔尺寸（$10^2\mu$m）、孔壁尺寸（μm）、孔壁内微细结构尺寸（如微纤、微孔，50～500 nm）。从制备方法上看，大孔尺寸、孔壁尺寸、孔壁内微细结构尺寸取决于制孔方法，而解剖外形和尺寸则取决于成型方法。支架中孔的大小直接影响组织的重建，一般情况下，直径20μm的孔有利于成纤维细胞生长；直径20～125μm的孔对成年哺乳动物皮肤的再生有利；直径100～250μm的孔有益于骨的再生。无纺织物/纤维黏结法、溶剂浇铸/粒子洗出法、气体成孔法产生的孔较大，可用于骨、软骨修复；相分离/冻干法产生的孔较小，可用于皮肤等的再生。因此，组织工程多孔支架的制备主要涉及两个基本问题，即获得相连的多孔结构和合适的外形。

多孔支架的制备技术尽管已从初期的探索逐渐向临床应用阶段发展，但仍有许多问题有待解决，主要包括以下几个方面。

1）各种制备方法中如何对多孔结构，如孔径、孔隙率等性能进行精确控制。

2）多孔材料性能（物化性能、力学性能等）的表征方法有待进一步完善。

3）由于多孔支架的制备中要综合考虑材料的物化性能、力学性能、细胞亲和性、降解性，必然涉及胶体化学、有机/无机化学、生物工程等众多学科，有必要加强学科间的交流合作。

4）现有多孔支架主要是形状不规则的片状（Papenburg et al.，2007）、块状（Tiöli and Gümüsderelioölu，2008）、实心微球状（Blaker et al.，2008）、圆盘状（Wang et al.，2005）、管状（Nieponice et al.，2008）、纤维状（Danielsson et al.，2006）等形状，这些形状的支架比表面积小，不利于细胞生长分化，在实际应用中会有一定限制。

5）由于制作方法的原因，支架内孔的几何结构不利于细胞三维培养和组织再生。

6）由于支架形状不规则和内部几何结构不合理，再生组织中缺乏血管和神经发育的自然空间。

今后，有必要研制形状规则、比表面积大、内部孔结构合理并预留血管和神经发育空间的可降解吸收的三维多孔支架。

（五）可注射支架

普通组织工程支架都是需要预先制备并在体外成型的。与此不同，近年来在骨和软骨组织工程实践中兴起的可注射支架（injectable scaffold）则在体内成型（Kretlow et al.，2009）。Westhaus 和 Messersmith（2001）通过引发金属离子从脂质体中释放，开发了从含有聚糖和蛋白质的前体溶液中快速形成水凝胶的通用方法。他们用饱和的磷脂酰胆碱的二元混合物，制备了在环境条件下能有效束缚钙离子，但加热到体温时能快速释放钙离子的脂质体，升高温度时，脂质体中释放出钙离子，通过钙离子直接交联形成藻酸盐水凝胶。他们认为该方法有助于开发快速凝胶化的可注射水凝胶，用于制备生物材料，进行组织修复和重建。

这种可注射支架的优势是：第一，如果支架形成后再种植细胞，细胞的种植效率就很低，因为支架高度交联，细胞不易通过基质，且易造成细胞的死亡；第二，移植时，支架必须填满受损部位，这就需先知道受损部位的几何尺寸，再按照该几何尺寸在体外进行支架制作，然而由于受损部位的不规则使支架制作非常困难，且需进行外科操作，相比之下，通过注射器直接把水凝胶送入体内就方便得多，同时聚合物在送入体内后通过引发信号（如温度变化、紫外线照射）形成凝胶，这样的体系可以填满任何形状的受损部位，达到支架和周围组织密切接触的目的；第三，由于植入过程无需外科手术，在临床应用时具有微创、患者痛苦小、医疗费用低等优势，已在临床中得到初步应用。可注射支架除满足一般组织工程支架的要求外，还应满足：①体外具有一定的流动性，能通过穿刺或注射针头，植入体内能很好地固定于缺陷部位，阻止细胞迁移出移植区；②有可靠的成骨效应，最好具有一定的力学强度；③工艺简单，易消毒、保存和操作等。

这种可注射支架可防止细胞在体内的流失，并提供了细胞增殖和分化的微环境。实际上，可注射水凝胶支架是对机体环境的模仿。众所周知，除骨、齿、指甲和皮肤外层之外，哺乳动物组织大多是由蛋白质和聚多糖网络组成的含有大量水的凝胶材料，这样就保证器官能够高效地输送离子和分子，同时又保持固态，这对于生命具有重要意义。可注射水凝胶是不可溶的聚合物网络，可含有大量的水，允许养分和废物扩散，具有良好的生物相容性，通过它可给细胞提供信号，因此是理想的组织再生支架材料。

用于可注射支架的材料主要有富血小板血浆（platelet-rich plasma）、藻酸盐（alginates）、胶原（collagen）、聚氧乙烯类、纤维蛋白凝胶（fibrin glue）、脱钙骨基质（demineralized bone matrix）、羟基磷灰石（hydroxyapatite granules calcified）、三磷酸钙类、几丁质（chitin）及其衍生物、富马酸及其衍生物与乙二醇的共聚物、琼脂糖凝胶（agarosegel）、聚丙烯延胡索酸酯（PPF）、聚乙烯吡咯烷酮（PVP）、聚乳酸（PLA）、聚酯类（聚羟基丁酸酯、聚氨基甲酸酯、聚反丁烯二酸酯）等，种类很多，但真正开发成商品的并不多。加拿大 Biosyntech 公司是开发壳聚糖温敏凝胶产品平台的“领头羊”，该公司的主要产品是以壳聚糖为基质的再生医学组织工程医疗器械，包括可注射软骨修复支架 BST-CarGel™、可注射真皮填充类产品 BST-Derm™、可注射足底修复支架 BST-InPod™等。

从实际应用情况来看，现有可注射支架及其材料还面临一些亟待解决的问题：①这类材料绝大部分还处于试验阶段，应用于临床的报道极少；②材料缺乏机械强度，大量获取困难，降解吸收时间难以控制；③体内降解与组织形成速率如何适应，降解产物的不均匀吸收和残留，支架注射的时间和频率，以及注射的最适细胞浓度；④有些材料的质量直接影响组织再生，需要在材料成分及细胞研究方面分析确认；⑤一些非自体材料多存有免疫原性，可能激发宿主的免疫反应，影响组织再生；⑥现有可注射支架主要是应用于骨或软骨的再生，应用面较窄。相信随着新的可注射材料的深入研究和材料之间的互相联合应用，理想的可选择的支架材料必将广泛应用于组织缺损修复或辅助修复。

三、生长因子

生长因子是一类可有效调节和促进细胞生长的多肽或蛋白质性质的细胞因子。体内生长因子在组织损伤修复中发挥多效性调节功能，其中包括细胞的生长、增殖、迁移、分化、趋化、蛋白质表达及细胞基质形成，并在组织再生中具有治疗作用。Langer 和 Vacanti 早在 1993 年就明确提出，生长因子、信号分子等产生或传递组织诱导物质是组织工程研究的重要方面之一。

（一）生长因子种类

生长因子主要包括碱性成纤维细胞生长因子（basic fibroblast growth factor，bFGF）、神经生长因子（nerve growth factor，NGF）、肝细胞生长因子（hepatocyte growth factor，HGF）、血管生长素（angiogenin，ANG）、血小板衍化生长因子（platelet-derived growth factor，PDGF）、转化生长因子（transforming growth factor-β，TGF-β）、血管内皮生长因子（vascular endothelial growth factor，VEGF）、骨形态发生蛋白（bone morphogenetic protein，BMPS）、纤维结合蛋白（fibronectin，FN）、表皮生长因子（epidermal growth factor，EGF）、胰岛素样生长因子（insulin-like growth factor，IGF）、神经胶质生长因子（glial growth factor，GGF）等。许多未以生长因子命名的细胞因子也具有刺激细胞生长的作用，如 IL-2 是 T 细胞的生长因子、TNF 是成纤维细胞的生长因子。在一定条件下，某些生长因子可表现出对免疫应答的抑制效应，如 TGF-β 可抑制 Tc 细胞的成熟和巨噬细胞的激活。

（二）代表性生长因子

生长因子种类很多，以下是几种在组织工程中常用的生长因子。

1. bFGF

bFGF 是一种含 155 个氨基酸残基的肝素黏合阳离子多肽，主要分布于垂体、脑、神经组织、视网膜、肾上腺、胎盘等处，尤以垂体含量最高。bFGF 具有促进细胞增殖、分化和黏附等多种生物活性，在机体胚胎发育、骨骼形成、血管新生、创伤修复及肿瘤形成过程中起重要作用。作为血管生成因子的成员，促进血管生成是 bFGF 重要的生物学功能之一。bFGF 在体内可以趋化血管内膜的各类细胞，并诱导这些细胞表达组织重建所需的血浆酶原激活剂、胶原酶、蛋白水解酶等。这些酶类通过促使血管基底膜降解和刺激内膜中各类细胞增殖与迁移，诱导血管内皮细胞在胶原基质中形成管腔，并促进神经元与新生血管共同生长。有实验证明，经培养的牛骨细胞能分泌 bFGF，并储存于骨细胞外基质中，调节和促进骨的再生。Wang（1996）用脱钙骨和外源性 bFGF 联合修复缺损牙槽骨，结果表明，bFGF 还能促进牙周膜冠向生长。bFGF 可促进内皮细胞在细胞外基质上的黏附，利用其黏附特性寻求在牙周骨组织工程技术中调节成骨细胞在基质材料上黏附特性的有效途径。bFGF 对成骨细胞黏附特性的影响与浓度有关，在 0.1～10 ng/ml 促进成骨细胞在支架材料的黏附，10 ng/ml 时达到最大黏附率，并非随浓度的增加而无限增大黏附率。

2. ANG

ANG 是一种产生于内皮细胞及内皮前体细胞，能有效促进新生血管形成的刺激因子。其最初从人结肠癌细胞株 HT-29 的培养液中分离而得，随后在人血浆和牛乳中检测到它的存在。ANG 主要包括 ANG-1、ANG-2、ANG-3、ANG-4，其中与血管生成关系密切的是 ANG-1 和 ANG-2。血管生成素在多种疾病的血管发生方面起重要作用，可促进血管发生、重塑、成熟和维持。ANG-1 主要由血管旁支持细胞［包括周细胞(pericyte)、血管平滑肌细胞和肿瘤细胞等］合成，通过旁分泌作用，与附近内皮细胞膜上的 Tie-2 受体特异性结合，引起其受体磷酸化和随后的信号传递。迄今对调控其表达的因素知之甚少。ANG-1 的主要生物学功能有：①抑制内皮细胞凋亡，促进内皮细胞生存，减少血管的萎缩和退化；②促进内皮细胞出芽、迁移、趋化；③稳定血管，防止渗漏。ANG-2 是 ANG-1 的天然拮抗剂，它也能与 Tie-2 以高亲和力结合，但不引起 Tie-2 的磷酸化，从而竞争性阻断 ANG-1 的生物效应。ANG-2 对血管生成的影响与局部微环境有关，当 VEGF 存在时，ANG-2 可拮抗 ANG-1 促血管结构稳定的作用，消除血管基底膜和周细胞对血管形成的限制，并增加内皮细胞对 VEGF 的敏感性，有利于血管出芽、生长；当 VEGF 缺乏时，ANG-2 通过抑制 ANG-1 诱导 Tie-2 的磷酸化发生退行性病变，导致血管发生断裂，血管数目减少，同时伴有内皮细胞凋亡、α-平滑肌抗体的断裂，也可能在发展过程中形成原始血管。

3. VEGF

VEGF 可由内皮细胞、平滑肌细胞及一些间质和基质细胞分泌，是一种具有高度生物活性的糖蛋白。血管内皮细胞生长因子家族包括六大成员，分别为 VEGF-A、VEGF-B、VEGF-C、VEGF-D、VEGF-E 和胎盘生长因子（placental growth factor，PGF)，为血管生成初期最重要的促进因子，具高度保守性，是血管内皮细胞高度特异的促有丝分裂素。VEGF 具有 5 种亚型，分别由 121、145、165、189、206 个氨基酸组成。VEGF121 含量最多，而 VEGF165 活性最强。VEGF 作为特异内皮细胞分裂素，能够刺激体外培养的内皮细胞增殖、迁移和体内血管的形成，是一个特殊的促内皮细胞分裂素，已经明确促内皮细胞分裂的主要是 VEGF121 和 VEGF165。另外，VEGF 能诱发 Ca^{2+} 快速内流进入培养的血管内皮细胞，重组人 VEGF 尚能致细胞内肌醇三磷酸(IP3) 增加，提示 VEGF 能够刺激内皮细胞的磷脂酶 C 活性，通过肌醇酯的水解促进第二信使形成，可能与 VEGF 促分裂作用和血管形成信号产生有关。在核酸和蛋白质水平诱导纤维蛋白溶解酶原的降解，参与细胞外蛋白水解和基底膜的降解，利于血管内皮细胞的迁移和增生。VEGF 促血管生成作用具有剂量依赖关系。当在纤维蛋白凝胶中加入不同浓度的 VEGF165 (5 μg/L、10 μg/L、20 μg/L) 与血管内皮细胞复合培养，结果证实：在 VEGF165 为 10 μg/L 组和 20 μg/L 组中，血管内皮细胞在立体培养中形成血管样结构。VEGF165 为 20 μg/L 组比 10 μg/L 组形成血管样结构的时间更早、结构更长。VEGF165 为 5 μg/L 组和对照组均无血管样结构形成，但可见细胞团聚。VEGF 的剂量主要影响新生血管形成的距离，而非新血管的密度，血管密度主要受因子种类的影响。

4. TGF-β

TGF-β 是一族广泛存在、对多种细胞有广泛生物学效应的多肽生长因子，特别对细胞外基质（extracellular matrixc，ECM）合成有明显的增殖效应，而 MSC 易于分离、培养、扩增，具有多分化潜力，可分化为骨、软骨、成纤维细胞等多种组织细胞。牙周组织的免疫组织化学研究表明，TGF-β 表达较多出现在成骨细胞内和牙骨质中的成牙骨质细胞中，而无细胞牙骨质周围的牙骨质细胞内侧无 TGF-β 表达。此结果证明 TGF-β 与牙槽骨、牙骨质等牙周硬组织再生密切相关。Sodek 和 Overall（1992）的研究结果显示，TGF-β 通过抑制胶原酶、组织蛋白酶、基质溶解素的活性而有效促进牙周软组织再生。此外，TGF-β 抑制多种免疫排斥反应及炎症反应等多种生物学效应，为生长因子应用于牙周组织工程技术提供良好的免疫学基础。

5. BMP

BMP 由 Urist 于 1965 年发现并提出，由多个亚型组成，是目前已知最有效的促骨生成因子，可以诱导异位间充质细胞向成骨细胞分化。近年来研究表明，BMP 不仅具有较好的骨诱导活性，还能通过上调成骨细胞中 VEGF 的表达而促进血管生长。BMP 在骨组织中含量丰富，包括骨细胞在内的许多细胞类型均产生 BMP。BMP 在骨的诱导和形成方面发挥重要作用，在骨形成时诱导非分化间叶细胞的有丝分裂，增加骨细胞中 AIP 活性，诱导成骨细胞显性的表达。BMP 有很多种克隆，其中以 *BMP-2* 诱导骨化活性最强。Lieberman 等（1998）还成功地将 *BMP-2* 基因转染骨髓基质细胞，结果显示成骨能力更强。基因重组人骨形成蛋白-2（rhBMP-2）对培养骨髓细胞生物学活性影响的研究结果显示：低浓度的 rhBMP-2（0.16 mg/L）对培养骨髓细胞的碱性磷酸酶活性、蛋白质含量均有明显的促进作用，且呈剂量依赖性；高浓度的 rhBMP-2（>0.16 mg/L）对培养骨髓细胞的增殖也有一定促进作用。BMP-2、BMP-7 还可诱导间充质干细胞向软骨细胞方向分化，亦能促进关节软骨细胞的增殖和软骨特异性细胞外基质的合成，可能是促进软骨缺损后愈合的有用的细胞因子。BMP 与适宜载体复合后植入体内，能达到修复和促进骨组织再生的目的（即非细胞型组织工程）。经天然提取的牛 BMP 与脱抗原牛松质骨复合而制成重组合异种骨，植入体内诱导骨形成即基于此原理，临床应用治疗骨缺损和骨不连等已取得良好效果。

6. EGF

EGF 有刺激角质细胞生长的作用，但研究发现它并非是该细胞的促分裂剂，只是在角质细胞克隆中心发生分化和复层出现时，能促进细胞的迁移而使克隆增大。不同浓度的 EGF 对角质细胞的作用不同：生理浓度时（0.001～0.1 g/ml），它使角质细胞生长亢进；高浓度时则无促进作用甚至发生抑制。EGF 和 TGF-β 还对早期角朊细胞具有协同作用。

（三）生长因子在组织工程中应用的发展趋势

直接将生长因子加入损伤组织，促进细胞的增殖分化，这是最简单的方法，然而效果却不理想，因为在 1d 之内，生长因子会被迅速地弥散、降解。鉴于此，近年来倾向于将生长因子复合使用，以提高组织工程的效率。

1. 将生长因子与药物缓释系统结合

要发挥生长因子的生物作用，可应用药物缓释系统（DDS），这种方法具有广阔的前景，就是将生长因子加入到合适的载体，使生长因子能在需要的地方长时间地可控释放。通过与合适的载体结合，生长因子免受蛋白酶水解而保持生物活性。已经开发生长因子的可控释放系统，如利用传统材料投递血管生成生长因子促进血管的修复，或者投递神经生长和分化因子治疗神经退行性疾病。可通过加入或调节这些重要活性因子，研制特殊用途的生物材料，如可通过投递转化生长因子达到骨修复的目的。在细胞外基质中，许多生长因子可与肝素或者硫化肝素相结合，比如，将肝素和用于骨修复的胶原基质相结合，则被固定的肝素缓慢释放自身所结合的生长因子。

2. 将生长因子与水凝胶复合

将含 bFGF 的水凝胶植入鼠皮下，在植入周围可观察到新血管形成，以无 bFGF 水凝胶、bFGF 水溶剂作对照，未观察到新生血管，可能与 bFGF 从植入部位被迅速消除有关。将复合 bFGF 水凝胶的微球注入狗的心脏梗塞处，不仅可诱导冠状动脉的再生，而且提高了缺血区心肌的运动，这种血管生成技术可用于器官替代，提高移植细胞的生存及功能。在生物人工胰腺中，胰岛移植已被广泛研究，其中最大的问题，一方面是免疫隔离，另一方面是移植胰岛细胞的氧气及养分的供应。可通过使用复合 bFGF 水凝胶的微球预先血管化，这对提高胰岛细胞的生存是有效的。通过使用兔或猴的颅骨缺损模型，评估复合 bFGF 水凝胶促进骨再生的作用时发现，bFGF 水凝胶加速了颅骨缺损处的骨形成，并在 21 周时几乎使缺损闭合；相反，无 bFGF 水凝胶和 bFGF 水溶剂无骨再生，在骨缺损处生长大量的纤维细胞。组织切片观察，复合水凝胶的植入提高了骨缺损周围成骨细胞的数量，并且长时间保持，保持时间与水凝胶的含水量相关。因此，用水凝胶控制 bFGF 的释放而激活成骨细胞是可行的。

3. 向种子细胞中转入生长因子基因自分泌生长因子

为防止生长因子在体内酶解，可用编码的基因替代蛋白质的生长因子。最近证实质粒 DNA 能被细胞有效吸收，并且当质粒出现在材料表面时，其编码的基因可以在细胞中表达，用 ANG、VEGF、bFGF 的基因治疗已有报道。Labhasetwar 等（1998）用这种方法修复心肌及骨骼肌修复区细胞，导入 DNA 的程度取决于细胞和 DNA 与支架材料的相互作用；Bonadio 等（1999）用胶原海绵持续释放质粒 DNA 促进骨组织的再生，证明复合编码甲状旁腺素（hPTH）质粒 DNA 的胶原海绵能够有至少皮克级的表达，并维持 6 周，促进了狗长骨缺损修复。复合质粒 DNA 的材料可改变与材料接触细胞的行为，使与之接触的细胞能长期表达其生物活性。在这里关键的问题是发展用于基因转导的质粒，因为目前的质粒尚不同时具有生物安全性及有效性。

4. 将生长因子与支架材料结合

生长因子可直接促进移植细胞的增殖分化，维持它们的生物功能。细胞外基质在存储、显示及释放生长因子中起关键作用。模拟细胞外基质功能制作的复合生长因子支架可加速组织的再生。今后，单独以生物活性因子应用于实验的情况将逐渐被种子细胞、支架材料、生物活性因子联合应用所替代。如何将三者中诸多种类因素合理、高效、完美结合，达到临床能够应用的程度，还需要大量的实验、摸索。生长因子对组织工程的作用非常重要。复合生长因子的生物材料将是未来组织工程支架的发展方向。

在组织再生中，大量的生长因子与细胞、细胞外基质作用形成复杂的网络，其作用的时间性、位点及浓度在体内受到微妙的调节。生长因子的效应与生长因子的来源、浓度、剂量和种子细胞来源、分化状态、培养条件及有无其他生长因子参与等多种因素有关，需要进行反复实验才能确定产生最佳效应的各项条件。而如何在身体环境下保持并尽可能延长生长因子的生物活性，是使其能真正在临床发挥作用的关键。

随着细胞生物学、分子生物学及组织胚胎学的发展，人体系统机制将被阐明，有助于理解生长因子在组织再生中的重要作用。如何将生长因子真正用于促进组织修复，目前的研究已提供了很好依据，它们的可控性释放系统将是关键技术。复合生长因子的生物材料不仅可应用于临床，还可用于各种组织的修复，而且将是未来生物材料及组织工程支架的发展趋势。

四、组织器官构建

组织或器官构建属于组织工程三大核心内容，最能体现组织工程的技术水平。它是一个精细的系统工程，需要根据预先的工程化设计方案或路线图进行操作，需要充分地理解和掌握种子细胞、支架材料、生长因子、生物反应器及彼此的相互关系，才能有的放矢地进行三维构建。同时，由于各类组织或器官的结构、功能差别很大，不同组织或器官构建需要的种子细胞、支架材料、生长因子、生物反应器及构建方法也存在很大差别。组织或器官的构建因应用于不同的方面，方法也不同，但本质都是把种子细胞和支架材料结合，从而得到设计的组织或器官。下面分别介绍血管和气管的构建。

（一）血管构建

组织工程血管是在体外构建有生理活性的血管移植物，为心血管外科临床提供新的血管替代物来源。血管组织工程的种子细胞主要是血管壁的内皮细胞（blood endothelial cell）、平滑肌细胞（smooth muscle cell）及可定向分化的干细胞。Levenberg 等（2002）证实人类胚胎干细胞可以分化为血管内皮细胞，同时在基质胶原上形成管样结构，移植入重度联合免疫缺陷鼠的体内后可以形成微血管。Weinberg 和 Bell（1986）首次用体外培养的牛主动脉的血管内皮细胞、平滑肌细胞及外膜的成纤维细胞构建组织工程化血管。近年来，各种干细胞被越来越多地应用于组织工程血管的种子细胞。内皮祖细胞（endothelial progenitor cell）是成体干细胞的一种，为内皮细胞的前体细胞，能够分化为成熟的内皮细胞，并且扩增 20 代以上仍维持其分化潜能。Kaushal 等（2001）将内皮祖细胞作为种子细胞种植到猪髂动脉的脱细胞血管支架上，修复羊的颈动脉缺损，130 d 后血管仍保持通畅。骨髓间充质干细胞（bone mesenchymal stem cell）在体外具有分化为血管平滑肌的能力。东京女子医科大学的 Matsumura 等（2003）将骨髓间充质干细胞作为细胞来源制成了组织工程血管，进行了 22 例临床实验，没有形成管道血栓和狭窄，且没有因该项技术而致死患者。Cho 等（2005）利用犬骨髓来源的骨髓间充质干细胞和平滑肌细胞成功构建了小口径的组织工程化血管，移植入犬颈动脉，保持通畅达 8 周。

组织工程血管的支架可以是天然材料，也可以是合成化学材料。Weinberg 和 Bell（1986）培养的组织工程血管用的是胶原凝胶做支架，由于胶原等天然生物材料力学强度较差，构建的血管远不能达到正常血管的生物力学性能。而脱细胞基质类生物材料完全由天然的细胞外基质构成，可以用来维持血管的力学特性，同种异体脱细胞血管已经用来成功修复了犬股动脉和颈总动脉。Niklason 等（1999）应用聚羟基乙酸（PGA）支架成功构建了组织工程化血管，但由于降解速度太快，导致构建的血管移植物的生物力学性能下降。可以在制作 PGA 支架时加入降解速度相对较慢的人工合成的聚合物，以此来提高移植物的生物力学强度。通过理化方法对人工合成材料的表面进行修饰改性，可以提高支架的生物相容性。应用 NaOH 将 PGA 纤维表面处理后，血管平滑肌细胞的黏附能力提高到未处理前的 2 倍。Vaz 等（2005）应用多层电纺丝技术制备了分别由 ε-己内酯（PCL）和 PLA 构成的内、外层的血管支架，在静态培养 30 d 后发现，大部分细胞黏附于外层 PLA 纤维并分泌细胞外基质，血管可承受的最大压力达到 4.3 MPa 强度，通过模仿正常血管的形态学和机械特性，有效地提高了组织工程血管的力学强度。

天然脉管在机体内一直处于流体动力学环境中，即管壁始终承受着液体层流产生的切应力，其对管壁细胞的形态、增殖及细胞外基质的合成与分布都有重要影响。为了提高构建的脉管的生物力学性能，需要模拟脉管的生理环境和力学环境。Niklason 等（1999）首先利用生物反应器模拟体内血流动力学环境，构建了具有一定生物力学性能的组织工程化血管。Williams 和 Wick（2004）也在生物反应器灌注条件下构建组织工程化血管，并且证实了随着培养时间的延长，可以提高该血管的生物力学性能。

组织工程血管的类型主要有以下几种。①全生物化组织工程血管。1998 年，L'Huereux 等报道了第一例能耐受 2000 mmHg 以上暴发力冲击的完全生物化组织工程血管。用脱细胞基质制备成无活性细胞生物材料移植物，方法简单，设备及实验条件要求低，基质材料可提前制作，冷冻保存备用即可，手术前制备期短，故可应急。②非血管细胞构建组织工程化血管。Tsukagoshi 等（1999）取大鼠自体背筋膜，缠绕在直径 1.5 mm 硅胶棒上，将绕有背筋膜的棒植入大鼠大腿中部皮下，4 周后取出。分离出硅胶棒，筋膜制成的纤维胶原管经抗凝血处理后，将此胶原管（作为动脉支架）接入股动脉。术后 15 例移植管均保持通畅，无动脉瘤生成。③可吸收材料支架的组织工程血管。Zilla 等（2005）发明的人工血管内皮细胞离体衬里技术，将内皮细胞种植于纤维蛋白预衬的人工血管内壁形成完整的具有良好抗切力和抗血栓形成的内膜。

血管组织工程学的目的就是在体外构建理想的血管移植物，使之具有高度的组织相容性、可生长性、可塑性、无血栓形成、不易感染等潜在优势，而且移植后无免疫排斥反应并能维持管腔的长期通畅，从而提高移植血管的长期疗效。目前的组织工程血管距离这一目标还有很长的路要走。

（二）气管构建

气管重建是气管外科学中的一个重要课题（Roomans，2010）。1994 年，美国麻省综合医院的 Vacanti 等首次使用组织工程软骨研制成第一个组织工程气管替代物，并进行了气管重建的动物实验，为气管重建的研究开拓了一条新路。参与气管软骨重建的生长因子主要有骨形态发生蛋白（BMP）、软骨源性形态发生蛋白（CDMP）、转化生长因子-β（TGF-β）、胰岛素样生长因子（IGF）等，种子细胞主要有异体或自体的关节软骨细胞、胚胎干细胞、成体干细胞等，支架材料主要有天然材料和合成材料。天然材料包括胶原、藻酸盐等；合成材料有聚乳酸（PLA）、聚羟基乙酸（PGA）、聚乳乙醇酸（PLGA）等，使用这些高分子支架，可容易地制成不同形状、大小的软骨。

要创造一个有活性的组织工程气管替代物，气管上皮的功能，尤其是纤毛运输固体颗粒和液体的能力，是一个必须考虑的问题。而在人呼吸道上皮细胞的体外培养中，经常遇到的问题是纤毛功能丢失和纤毛细胞本身的去分化。管腔内缺乏有功能的呼吸道上皮细胞株是人工气管假体移植失败的主要原因之一。生物支架材料的选择是呼吸道上皮生长和分化的一个主要因素。在众多的生物材料中，胶原被认为是比较理想的选择。胶原作为组织支架启动上皮-间质反应，对于呼吸道上皮细胞的分化有重要作用，而且可以保持细胞的形态和促进纤毛生成。然而，如何将软骨和呼吸道上皮细胞共同培养以便形成有完整上皮细胞覆盖的气管假体，尚需深入研究。有人尝试一种生物羊毛状膜，这种羊毛状膜由非编织性支架加单面固体膜组成，使用时将软骨细胞接种于羊毛状膜表面，呼吸道上皮细胞接种于固体膜表面，达到共同培养的目的。1881 年，Gluck 和 ZeUer 首次采用气管端端吻合的方法修复了一个犬的气管缺损。但是，当缺损气管长度超过自身气管长度的一半时（如大面积烧伤、肿瘤切除、外伤、气管插管后损伤及先天性气管闭锁或狭窄），往往难以修复。有鉴于此，各种替代物的研制随之出现，包括气管假体的应用、自体组织移植、同种异体移植等，但这些方法均不理想。研究者开始寻找新的理想的气管替代材料。

1988 年，组织工程软骨研制成功。这种技术随后在气管替代的研究中得以应用。1994 年，Vacanti 等首次报道采用组织工程学方法研制成气管替代物的动物实验。他用来源于新生小牛的软骨细胞作为种子细胞，以 PGA 网作为支架，构建成细胞-支架复合物，先于体外培养扩增，用溴脱氧尿苷（BrDU）标记种子细胞，然后将其缠绕硅胶管制成管状并置于裸鼠背部皮下，数月后可生成稳定的管状软骨，经大体和组织学观察，其性质与正常牛软骨极为相似，且能抵抗负压。镜下观察见管腔内外表面均有一层已血管化的连续组织，与软骨膜相似，说明其已具备提供良好血运的解剖基础。接着将此

“气管”用于修补裸鼠的大范围颈部气管缺损，6 只裸鼠中有 4 只存活，并可不需机械通气而自由呼吸。Sakata 等（1994）报道，用组织工程化管状软骨内衬以呼吸道上皮细胞共同培养得到一个功能较完整的人工气管。他们也用新生小牛的软骨细胞作为种子细胞，并将其种植于 2cm×4cm×100μm 的人工合成生物可降解聚合物支架上，体外培养扩增后塑成管状并置于裸鼠背部皮下体内生长。用酶解法获得呼吸道上皮细胞悬液，并将其注入管状气管软骨内，共同培养得到组织工程气管。组织学检查显示，腔内有上皮结构，包括黏膜下连续组织及丰富的小血管，内表面的上皮包含不同阶段的未成熟假复层柱状上皮混合物，部分细胞有纤毛。

直到 2008 年，组织工程气管终于有了突破性进展。Macchiarini 等（2008）成功地用一段组织工程气管将一例 30 岁女性患者的左主支气管予以置换，从而使该患者避免了左肺切除。构建组织工程气管的支架材料（移植气管基质）是来源于颅内出血死亡的 51 岁白人妇女的一段 7cm 长气管，并成功去除了细胞和主要组织相容性抗原复合体(MHC)，种子细胞是来源于患者自身的上皮细胞及间充质干细胞源性软骨细胞。种子细胞经适当培养后分别种植于组织工程气管生物反应器内移植物基质的不同部分，然后经过三维培养再生气管，通过外科手术进行移植。

五、原位组织工程与离体组织工程

能够按照患者需要，在体外的实验室或工厂里大批量地重建组织，是组织工程最理想的治疗方法。然而，在体外再生组织、器官，需要模拟体内环境在体外提供组织工程所需各种条件，这是非常困难的。迄今为止，只有少数组织可在体外重建，如皮肤（真皮和表皮）、角膜、骨、软骨和血管等。由于传统组织工程存在的缺陷，Shimizu 于 1998 年首先提出了原位组织工程（*in situ* tissue engineering）的概念，它是运用组织工程学基本原理，通过各种方法诱导移植的外源性种子细胞或内源性缺损组织局部细胞(包括体细胞及成体干细胞）发生迁移、增殖、分化，形成新生组织修复缺损（Hori et al., 2001)。原位组织工程最大的特点是不依赖体外的细胞培养装置——生物反应器。

原位组织工程是相对而言的，它是根据工程化组织产生的位置，将当前开展的组织工程分为原位组织工程和离体组织工程（*ex vivo* tissue engineering)，后者又叫做体外组织工程（*in vitro* tissue engineering)，前者又称为体内组织工程（*in vivo* tissue engineering)。如图 1.5 所示，可按照工程化组织依赖体外生物反应器的程度及体外培养时间，依次划分为 a、b、c、d 4 个等级。a 级是仅移植无细胞的支架材料，由支架材料在体内富集种子细胞进行组织再生；b 级是移植接种有种子细胞的支架材料，种子细胞在体内环境中发育、再生组织。a 级、b 级属于原位组织工程，它们不依赖体外的生物反应器，而是借助于患者体内环境再生组织，进行修复治疗。c 级是接种在支架材料上的种子细胞在生物反应器中培养扩增，形成细胞外基质、合成生长因子，然后移植到患者体内进一步发育，再生组织；d 级是将在体外生物反应器中再生的完整组织移植到患者体内进行治疗。

原位组织工程的种子细胞包括体细胞和干细胞。①体细胞。Omori 等（2005）以管

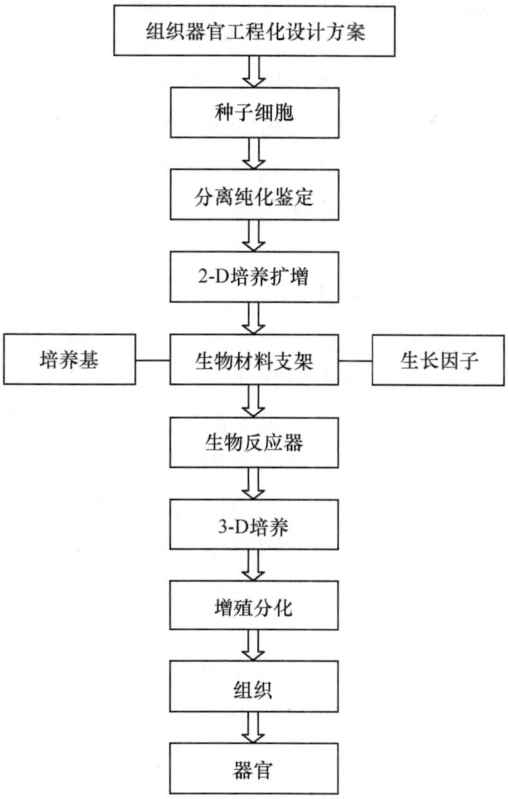

图 1.5　组织器官构建路线图

状聚丙烯网包绕胶原海绵为支架，用于治疗狗声门下狭窄。手术切除狗环状软骨前 1/3 及气管内黏膜，将支架用动脉血浸湿后置于缺损处，上下缘分别与甲状软骨及气管环缝合，术后 3～7 个月分别用内窥镜检查气管。5 只实验动物术后均未出现气管狭窄，4 个月后支架表面即为光滑气管黏膜覆盖，2 只动物气管内有少量肉芽，一般状况良好，无任何不良症状。这说明，气管内黏膜可以通过支架在局部修复因子作用下在原位得到再生。在此基础上，他们对这种方法进行了临床试用，一位 78 岁女性甲状腺癌患者，进行了部分甲状腺切除及部分气管切除后，用上述支架进行修复，术后内镜检查发现，2 个月后支架表面即有部分黏膜覆盖，2 年后完全覆盖，未发生任何并发症。②干细胞。Allegrini 等（2004）将 BMP 与多孔羟基磷灰石骨复合形成支架，用于修复兔上颌窦骨壁破坏，组织学检查发现，这种附有 BMP 的支架材料形成了新生的骨组织，而对照组不能形成。这说明 BMP 可诱导周围组织中的成体干细胞发生迁移、分化、增殖，使其成为成骨细胞，形成新骨。Cook 等（2003）在狗关节面软骨制造缺损，在 I 型胶原材料中加入 BMP，用于修复关节软骨。在术后不同时间段取材料观察，结果发现，加入 BMP 的胶原纤维完全被机体吸收，关节缺损部位有新生透明软骨形成，关节面修复良好，表面平滑并具有一定机械强度。对照组只有纤维组织或少量纤维软骨形成，表面粗糙不平，颜色暗黄不透明。这说明骨髓来源的间充质干细胞在 BMP 及缺损周围组织共同作用下，向成软骨细胞分化并形成了新的软骨组织。

原位组织工程在某些方面具有独特优势。某些组织细胞的再生能力较强，如黏膜上皮、骨骼组织等，尤其适用于原位组织工程修复。在某些解剖结构复杂、组织成分多样、存在含气结构等部位（如耳鼻咽喉、胃肠道等）的组织缺损，运用传统离体组织工程培养的细胞常需与外界接触，且难以在短期内形成血管化，得到足够的营养来源，应用原位组织工程将极大地降低修复难度，减轻患者痛苦。应用原位组织工程，利用体内微环境和精细的调节机制在组织缺损局部培养“种子细胞”，可以避免离体组织工程中种子细胞来源、免疫排斥反应、变异、功能退化、培养、保存等一系列问题，并且更贴近临床实际，具有很好的研究应用前景。

今后原位组织工程研究主要集中在三个方向：①支架材料的研究，所用支架应适用不同部位、不同组织的物理学要求及组织再生需要，并具有生物相容性和降解可控性；②局部组织再生机制研究，研究局部损伤再生的启动与刺激因素，尤其是研究局部生长因子的作用，以及支架材料与生长因子相结合用于促进局部缺损修复；③成体干细胞研究，研究成体干细胞分化特性及体内分化调控机制，利用成体干细胞多向分化特性，使多种组织缺损在局部精细调节因素作用下同时得到完整修复。

原位组织工程只是传统的离体组织工程的有益补充，离体组织工程仍具有广阔的发展前景。

离体组织工程的进一步应用是通过使用同种或异种细胞替代器官功能，称为生物人工器官。用人造膜或多孔微囊对异种细胞进行隔离，使细胞免受宿主免疫系统攻击而保持功能，肝和胰腺是最受关注的生物人工器官（图 1.6）。

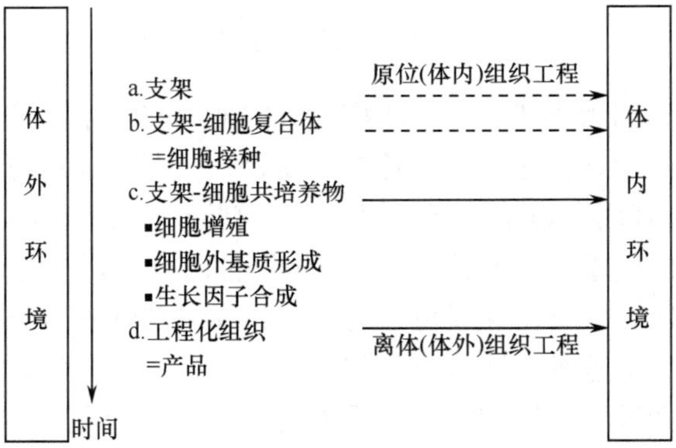

图 1.6　根据组织再生位置进行的组织工程分类

第四节　组织工程的临床研究及应用

组织工程经过 20 多年的发展，受到了各国科研人员、政府和企业家的高度重视，取得了举世瞩目的成就。一批组织工程产品已开始应用于临床，更多产品仍在实验室里研究或正在进行临床实验。组织工程作为多学科交叉的前沿研究领域，极大地丰富了外科治疗手段，促进了临床医学发展。

一、组织工程的临床研究

经过多年发展，人体许多组织器官都已开展了组织工程的研究和探索，其中包括骨、软骨、皮肤、肌肉、肌腱、角膜、脂肪、血管、耳朵、手、鼻、喉、气管、神经、肝脏、胰脏等，涉及骨科、普外科、五官科、康复医学科、泌尿科、口腔颌面外科、神经外科、整形外科、胸外科等众多临床学科。以下按不同组织类型进行介绍。

（一）软骨组织工程

软骨是组织工程研究最多也最深入的组织。机体软骨是无血管、无神经、无淋巴的组织，其主要功能是缓冲机体的负载。软骨通过其各种基质成分形成具有高强度生物力学特性的组织。软骨只含有一种细胞——软骨细胞，它易于分离、生存和培养。人体关节内的软骨一旦受损，通常不太容易再生。将软骨组织工程制品植入受损的关节部位，使其得以再生修复，就不用换上人造的髋关节或膝关节，而只要根据人体受损部位来定做工程化软骨制品就可以了（Pelttari et al.，2009）。

1988 年，Vacanti 等应用聚合物作为细胞外基质，结合细胞分离和组织培养技术，在裸鼠皮下组织中形成了新软骨组织。之后，将牛肩关节软骨细胞接种在非编织的可降解缝合线上，植入裸鼠体内，形成了新的透明软骨；1993 年将软骨细胞接种到一些具有特定形态的聚合物支架上，再植入体内，形成了与聚合物支架大小、形态相似的软骨（Vacanti et al.，1993）；1994 年又在裸鼠体内成功地形成了衬有纤毛柱状上皮的管状软骨复合组织，进行了气管替代的动物实验研究（Vacanti et al.，1994）。德国慕尼黑大学头颈外科医院，也在体外成功地构建人耳软骨和鼻软骨。1997 年，曹谊林在 3 岁儿童外耳形状的支架材料上接种软骨细胞，经体外培养后植入裸鼠背部皮下，成功地再造了有精细三维结构人耳廓外形的软骨，并指出在 12 周的移植培养中，4 周的固定十分重要。这虽只是动物模型，但它为耳廓缺损患者临床手术应用提供了潜在的可能，因为大多数患者自体的肋软骨都是适用于做支架的。上海国睿生命科技有限公司等单位发明的基于软骨细胞的软骨修复术已基本成熟，正研究采用骨髓间充质干细胞等成体干细胞与 PGA 材料在体外生物反应器内构建软骨，攻关成体干细胞作为软骨种子细胞来源的关键问题。

1994 年开始了真正意义上的组织工程软骨的临床应用，美国一位 12 岁患 Poland 综合征的儿童，由于胸廓畸形，导致心脏功能障碍。采用软骨细胞与 PGA 支架材料复合构建的组织工程化软骨修复获得成功。经 4 年随访，患儿心肺功能恢复正常，生长发育良好，能像正常儿童一样参加体育活动。

迄今已成功研制出一些可用作人体关节衬里的软骨片。可以根据患者需要更换的组织或器官的具体要求，先在电脑上设计出大小、形状与之相同的网状织物，然后从患者身上的有关部位取下一点点细胞来加以培植，再将它们均匀地播撒在多聚乙醇酸微丝制成的网状织物上，置于含有培养液的器皿中。经过几周时间培养后，人的软骨细胞在培养器皿中不断繁殖，迅速填满了网状织物为其生长所提供的全部空间。与此同时，这层网状织物在培养液中也逐渐水解成水和二氧化碳。最后，在培养器皿中，就会生成一块与原先要求的大小、形状一模一样的软骨工程制品。现在已制出的最大的软骨片，比一角硬币略小，厚度可达 3.2 mm。将这种人造软骨片移植到兔子受损的关节部位，7 周后该处的软骨组织便出现再生情况，而未做软骨片移植的受损关节仍然没有愈合。

美国 FDA 已批准自体关节软骨细胞移植用于修复关节小区软骨缺损。其方法是通过关节镜技术，确认需要修复关节软骨的部位及大小。在关节非负重面或边缘切取关节软骨，进到专门从事软骨细胞分离培养的公司，扩增到一定数量后，再经过关节镜技术，打磨损伤的关节软骨至软骨下骨，将软骨细胞接种在软骨缺损区，早期临床效果尚好。软骨成为组织工程第一种获得成功的组织。

（二）皮肤组织工程

组织工程皮肤是组织工程领域研究最早的组织之一，取得的成果也十分丰富。

1975 年，美国 Rheinwald 和 Green 首次报道体外培养人表皮角朊细胞获得成功，发表了具有里程碑意义的“人角朊细胞的培养，从单个细胞到克隆形成”之后，表皮细胞培养得到了普及，为大面积创面的覆盖和瘢痕整形手术等提供皮源成为可能。1996 年，美国 Integra Life Science 公司开发的人工皮肤产品 Integra 获 FDA 批准，用于临床 III 度或更严重的烧伤治疗。这种由 Burke 等研制的产品能够明显缩短创面愈合时间，它是一种双层的人工皮肤，上层是 0.22 mm 厚的有机硅橡胶薄膜构成的“表皮”，可防止体液丧失和微生物入侵；下层是 2 mm 厚的由戊二醛交联的牛 I 型胶原、葡糖胺聚糖与 6-硫酸软骨素构成的“真皮”。应用于创面后，“真皮”可逐渐自行降解，而患者自己的内皮细胞和成纤维细胞长入形成新的真皮结构，几周后用薄层网状自体皮代替硅膜。Integra 是异种来源的永久性真皮替代物，不含活性细胞。1997 年，美国 Advanced Tissue Sciences 公司生产的一种人真皮替代物 Dermagraft 被 FDA 批准用于临床，作为大面积烧伤患者的暂时性皮肤覆盖及慢性皮肤溃疡的治疗。Dermagraft 含活细胞，是第一代组织工程皮肤。这种活细胞皮肤能够自己分泌细胞外基质蛋白、生长因子，同时它又缺乏一些天然皮肤所具有的细胞成分，如黑色素细胞、内皮细胞及郎罕氏细胞等，较好地防止了植皮术后的排异，具有抗感染力强、抗皱缩及耐磨等优点。Dermagraft 主要由可降解材料支架复合生长因子接种胎儿皮肤成纤维细胞，通过体外构建而成。它可−70℃保存，复苏后，有 50%以上细胞存活，用于治疗糖尿病溃疡，在 12 周内 50.8%的创面达到愈合。Dermagraft 与真正意义上的组织工程皮肤还有差距，它缺乏表皮层。Valle 研制了一种双层皮肤代用品（hSE），通过活检获取少量皮肤，分离培养上皮细胞和成纤维细胞，经扩增后，与人源性胶原制成的支架材料复合，构成组织工程化皮肤，临床用于修复皮肤缺损，皮肤愈合的效果较好，收缩现象减少，较其他方法显著地提高了创面的修复效果。1998 年 5 月，美国 Organogenesis 公司注册生产的目前第一个含活细胞的真正意义的组织工程皮肤 Apligraf 被 FDA 批准用于临床。它是一种既含有表皮层又含有真皮层的组织工程复合皮，细胞成分均来源于新生儿包皮。Apligraf

以胶原为支架，在胶原的下层接种新生儿包皮的成纤维细胞，在胶原的表层接种新生儿包皮的表皮细胞，这种具有双面细胞的组织工程皮肤用于治疗静脉性溃疡，在 24 周内，有 47％完全愈合，而用传统方法治疗，只有 19％愈合。Apligraf 具有与人皮肤相似的复层结构，是第二代组织工程皮肤，已实现产业化。但 Apligraf 仍然缺少许多正常皮肤组织的结构，如汗腺、毛囊和皮脂腺等，这些都是需要继续克服的难题。瑞士苏黎世的科学家发明了一种生物反应器，能迅速而廉价地培养出人体皮肤。迄今为止，医生已用这种方法培植的皮肤治疗了 30 名患者，效果良好。这种生物反应器由计算机操作，把人体表皮的细胞放置在有控制的培养液中培养，每次能再生 0.4m^2 的皮肤。这种方法的新颖之处在于使用一种透明的塑料薄膜，让皮肤细胞附着在上面，移动时只需把薄膜覆盖在伤口上，皮肤细胞便能同伤口结合。这种人造皮肤还能用在美容外科或其他皮肤病的治疗中。

近年来，国内的多家高等院校、科研院所与医疗机构也相继在组织工程皮肤的研究中进行了卓有成效的探索与尝试，取得了一批高质量的研究成果。

第三军医大学王旭等，应用新鲜尸体皮肤制成大片的真皮组织，制成固体胶原膜，并在其两面分别种植表皮细胞和成纤维细胞，培养后移植于烧伤创面，他们在 10 名患者中试用，成活 7 例。组织工程（上海）国家工程研究中心初步建成了表皮细胞库、皮肤成纤维细胞库，解决了产品的种子细胞来源问题，正在开展种子细胞与壳聚糖-明胶薄膜材料体外构建含汗腺的组织工程皮肤的研究，目前正在中国药品生物制品检定所进行产品注册。2007 年 11 月 13 日，由第四军医大学组织工程中心主任金岩主持的国家“863”重大专项“组织工程皮肤”项目所研发的中国第一个组织工程产品“安体肤”获得国家食品药品监督管理局（SFDA）批准，现已完成 160 例皮肤移植的试验，全部获得成功。其产品质量与美国的 Apligraf 相比，成本更低（1/6），保存时间更长（美国：1 周；中国：3 个月），治愈能力更强。但这种组织工程皮肤仍缺乏皮肤的附属结构和免疫功能。重庆大坪医院的伍津津教授于 1992 年开展组织工程皮肤研究，率先开展了毛囊干细胞研究，通过组织工程方法在体外重建毛囊，建立了毛囊器官型培养模型。接着他在胶原凝胶中利用毛囊真皮细胞，首次在体外培养条件下诱导了毛囊上段角质形成毛囊结构；在此基础上，又建立了活性皮肤替代物的培养模型及动物移植模型；采用凝胶法，研制出壳聚糖的凝胶制备方法，将胶原、硫酸软骨素、壳聚糖等及成纤维细胞按比例分布混合在一起，形成真皮替代物，再接种表皮细胞，生产出组织工程皮肤。这种皮肤在组织学和功能上完全接近天然皮肤，具有分化良好的表皮层和真皮层；力学性能较好，有一定弹性，可随意剪切和缝合。更为重要的，它是目前唯一具有主动抗感染作用的组织工程产品。通过对兔、裸鼠的动物移植实验，表明人工皮肤移植后能很好地与动物皮肤融合，人工真皮内新生血管明显，表皮分化良好，3 cm^2 的人工皮肤移植 3 个月后即与天然皮肤融为一体。目前，研究者已经开始研究组织工程化皮肤自动化生产中的几个关键技术，并从人工皮肤临床前期的基础研究，逐步向临床应用过渡。

（三）骨组织工程

骨组织工程是继软骨组织工程之后，开展得较早、成果也较丰富的组织工程又一分支。骨骼损伤、缺损是骨科每天都要面临的临床问题。用于骨缺损修复的植骨术，在美国已成为仅次于输血的组织移植技术。组织工程骨的研究已取得显著进展，在基础研究取得初步成果的基础上，已有组织工程骨临床应用的报道。

最初 Vacanti 等于 1993 年将小牛骨膜细胞接种于 PGA 支架移植到裸鼠体内，形成了新生骨。之后 Crane 等于 1995 年全面提出了骨组织工程研究的概念、方法和前景。Vacanti 等于 1998 年用患者自体骨髓基质干细胞和多孔珊瑚做成的支架材料在体外成功地构建了组织工程骨，这是组织工程骨临床应用的最早尝试。意大利医生 Quarto 于 2000 年报道 3 例长骨缺损患者用组织工程骨修复（Cancedda et al.，2000），患者年龄为 16～41 岁，骨缺损位于胫骨 1 例、尺骨 1 例、肱骨 1 例，缺损范围为 3.0～28.3 cm^3。采用自体髂骨穿刺，抽取骨髓，分离培养骨髓基质干细胞，经体外扩增，与由羟基磷灰石形成的管状支架材料复合，构建成为组织工程骨，植入骨缺损区，用外固定支架固定。经术后随访 14～26 个月，其中 2 例 5 个半月及 6 个月去除外固定，6～7 个月内完全恢复肢体功能。另 1 例由于外固定支架松动，6 个月后改用其他外固定，再经 6 个月后去除外固定，获得功能恢复。

1999 年 7 月至 2001 年 3 月，华西医科大学附属第一医院组织工程研究协作组，应用人胚胎骨膜成骨细胞与生物衍生骨支架构建的组织工程骨修复各种骨缺损 20 例，其中男 15 例、女 5 例，年龄 6～52 岁，平均 28 岁。骨良性囊性病灶清除术后植骨 3 例，陈旧骨折不愈合伴骨缺损植骨术 5 例，新鲜骨折骨缺损 12 例。经全部 20 例平均 10 个月随访，移植骨均与受体骨愈合，未发现明显组织反应及其他并发症，均达到骨愈合。骨囊性病变未见复发，肢体功能均恢复正常，早期效果良好。临床应用的组织工程骨种子细胞为自愿捐赠的早期引产胚胎，并确认无感染性疾病、遗传性疾病、肿瘤、先天畸形等。生物衍生骨支架材料的制备方法是，将长骨骨膜剥离后，剖开骨髓腔，反复冲洗，用物理、化学方法尽可能去掉骨细胞成分，并经去基质、去抗原处理，按需要制成不同大小和形状，经冻干后备用。2000 年 5 月，杨志明用组织工程骨治疗 1 名女性患者，因左胸壁巨大韧带样纤维瘤手术后复发，有 5 条肋骨被肿瘤侵蚀，并突向胸内压迫心、肺，与心包、膈肌粘连。术前 6 周，采用自体髂骨穿刺获得骨髓，分离培养骨髓基质干细胞经诱导分化为成骨样细胞作为种子细胞，以经过物理、化学方法处理的去细胞、去抗原的生物衍生骨作为支架，经过体外联合培养构建成功 3 条长 10 cm 的组织工程肋骨，在切除重达 26 kg 肿瘤及被侵犯的肋骨之后，用 3 条组织工程肋骨重建肋骨支架，用同侧腹部带蒂皮瓣修复胸壁皮肤缺损。术后 2 周恢复了心、肺功能，术后 2 个月参加农业劳动，术后 1 年肿瘤无复发，心肺功能正常。

骨组织工程学要求被种植的种子细胞必须是有成骨潜能的细胞，目前已分别有研究利用骨外膜成骨细胞、松质骨组织来源的成骨细胞、软骨细胞及骨髓基质细胞作为骨组织工程学的种子细胞。其中骨髓间充质干细胞具有取材方便、对供体部位损伤小等优点，临床应用前景更广阔。

随着骨组织工程技术的日益成熟，组织工程骨有可能成为骨缺损修复的主要方法。

（四）肌肉组织工程

成熟个体的心肌组织和平滑肌组织都不合成肌细胞。骨骼肌组织中的成肌细胞是以骨骼肌卫星细胞的形式存在的。哺乳动物的骨骼肌卫星细胞位于肌纤维的肌膜与基底膜之间。一旦骨骼肌组织受到损伤，卫星细胞就会被激活，大量分裂、增殖，相互融合形成再生肌纤维。目前成肌细胞体外培养已是一个成熟的方法，其体内与体外的生物学特征已研究得较清楚，它与胶原等生物材料有良好的生物相容性，体外能在胶原的诱导下良好地分化，也有将其用于心肌、血管及骨骼肌组织工程方面的研究。

Dar 等（2002）将心肌细胞种植在多孔的藻酸盐支架上，获得细胞分布均匀的高密度的三维心肌组织，某些细胞群在支架孔内可以自发收缩。Kofidis 等（2002）将新生大鼠心肌细胞种植到三维胶原基质中，在 MEM 培养基中培养，构建出人工心肌组织。这种人工心肌组织持续有节奏地同步收缩长达 13 周之久，植入的心肌细胞在三维支架中分布均匀，通过应用 Ca^{2+} 和肾上腺素，可以促进工程化心肌组织的收缩。Bursac 等（1999）用生物反应器在聚合物支架上培养新生大鼠心室肌细胞，1 周后，所有结构的外周都有一组织样区（厚 50～70μm），在该区域内分化的心肌细胞有序地排列成多层，形成三维结构。

成肌细胞与材料复合研究最多的是成肌细胞与Ⅰ型胶原凝胶复合。Okano 和 Matsuda（1997，1998）将成肌细胞混合于Ⅰ型胶原溶液中，并置于37℃孵箱内，形成含成肌细胞的Ⅰ型胶原凝胶。在凝胶过程中，根据不同的模型铸成盘状、管状或片状结构。体外培养发现成肌细胞仍能在凝胶铸形中分化形成肌小管。如果施加周期性应力，管形结构的胶原与成肌细胞能沿管的轴线排列。这些体外合成的成肌细胞-胶原凝腔可用于各种实体软组织或血管的修补与替代。

日本国立循环疾病研究中心生物工程部和京都府立医科大学合作，成功地将肌肉细胞和蛋白质合成人造肌肉。这种人造肌肉的细胞结构与生物肌肉几乎完全相似，将它植入生物体内不会产生排异反应，并使受伤丧失的肌肉有可能得到再生。研究人员将老鼠骨骼细胞和一种胶原蛋白培养液混合，并将它们凝固成棒状和环状，在凝固时稍加压力以提高细胞密度，使之接近生物肌肉的构造。然后将得到的琼脂状人造肌肉放在特殊培养液中培养，使人造肌肉内部的骨骼细胞增殖。再在同一方向上反复拉伸，使人造细胞和骨骼细胞贴近。这种人造肌肉由肌纤维和管状肌细胞组成，排列方向一致，几乎和生物体内骨骼肌的构造相同。

尽管人造肌肉能否固定在生物体内还是个研究课题，但据说用从患者身上取出的细胞制成的人造肌肉用于移植可以避免排异反应。过去，肌肉因受伤而大部分缺损的话，几乎无法再生，只能取其他肌肉用于移植，但即使能移植也难以完全再生。另外，没有再造能力的心肌在疾病丧失功能时，目前还无法修复，只能靠人工心脏辅助，或者进行心脏移植。人们希望对这种类型的肌肉缺损和功能失调，能利用组织工程方法再生肌肉来进行替换。

（五）肌腱组织工程

肌腱、韧带损伤过去主要采用自体、经冷冻的同种异体肌腱移植修复，也有人工材料修复韧带缺损的。由于这些修复方式具有明显缺陷，组织工程化肌腱的研究应用越来越受到重视。

组织工程化肌腱的研究主要包括：肌腱细胞外基质替代物的研究、肌腱细胞生物学性质的研究和肌腱细胞与细胞外基质复合的研究。目前肌腱组织工程的种子细胞主要有自体肌腱细胞、成纤维细胞和骨髓间充质干细胞等，其中骨髓间充质干细胞是较为理想的种子细胞。支架材料主要有纯天然材料及化学合成材料，其中纯天然材料包括动物肌腱的脱细胞基质等。

Cao 等（1994）从小牛肩、膝部的肌腱获得分离的肌腱细胞，植入索条状未缩织的 PGA 网状支架上，细胞密度为 0.5×10^8 个/ml，在 37℃、5% CO_2 的条件下培养 1 周，然后植入小鼠的皮下组织中。结果在 6 周的标本中，在支架四周均显示排列着拉长的肌腱细胞埋植于胶原纤维中。在 12 周标本中，四周和中心部分已完全和正常肌腱细胞相同。华西医科大学应用组织工程肌腱修复陈旧性跟腱 5cm 缺损 2 例，重建因锁骨外端骨折或肩锁关节脱位所致喙锁韧带断裂 6 例。随访 8 例，随访时间为 3～22 个月，平均 12 个月，均无局部及全身反应，伤口 I 期愈合。

上海国睿生命科技有限公司等单位采用自体皮肤成纤维细胞，在体内外实验中证实可形成肌腱组织，目前正在探索同种异体脂肪干细胞与 PGA、PLA 纤维纺丝材料是否能够形成肌腱组织。北京德得创业科技有限公司采用四川大学华西医院的专利技术，以异体肌腱材料与同种异体肌腱细胞构建组织工程肌腱，已完成检测，正在进行单纯材料的临床试验。

（六）心脏瓣膜组织工程

全世界每年有数十万患者接受心脏瓣膜的置换。2001 年全球心脏瓣膜市场高达 8.3 亿美元。组织工程构建的心脏瓣膜由于具有更加符合仿生学的各项指标、无需长期服用抗凝剂、可终生使用而不需做多次风险很大的手术等优势，一旦获得成功，将具有很好的市场前景（Dohmen and Konertz，2009）。

1995 年，Shinoka 等利用组织工程技术，将羊成纤维细胞及血管内皮细胞依次种植于可逐步在体内降解的 PGA/PLA 支架上制成瓣叶，植入羊肺脉瓣后瓣处 8 周后取出，发现其外形、基质的胶原纤维、弹力纤维、凝血 VIII 因子含量均与天然瓣膜相似，荧光染色检查显示种植的内皮细胞及成纤维细胞生长良好。从此，各国开始研制组织工程心脏瓣膜。Shenkman 等（1997）试用组织工程进行心脏瓣膜重建，得到初步成功，方法是：在小牛动脉上采集内皮细胞和纤维母细胞，内皮细胞用乙酸化低密度脂蛋白做标记，并用一层荧光激化的细胞类膜和纤维母细胞相隔离进行培养。然后在瓣膜状的

PGA 支架上种植纤维母细胞，形成叶片状薄片，在薄片上再种植内皮细胞，形成单层的细胞覆盖。实验者将此种来自自体和异体的心脏瓣膜装置移植于 7 只羊体中，每只羊切去肺动脉瓣后半部分，并植入这种人工装置。结果所有动物手术后均成活，术后超声心动圈未见狭窄症状及微细肺动脉返流（在异体移植中会发生返流）。胶原分析显示，细胞有向支架外发育扩大范围的趋势。切片检查显示出适度的瓣膜细胞结构。这个初步实验表明，这种心瓣膜组织工程替代物，在肺动脉部位有承担正常心功能的可能性。

1999 年，O'Brien 报道应用去细胞猪主动脉瓣移植于 4～6 个月大的 Suffolk 羊肺动脉瓣区 150 d，有成纤维细胞长入瓣叶支架和新的基质形成，经原子吸收光谱测定没有钙化迹象。Steinhoff 等（2000）将经去细胞处理的猪带瓣管道种植细胞后植入羊肺动脉瓣区观察 3 个月，发现种植细胞和未种植细胞组瓣叶表面均有完整的内皮细胞覆盖。2000 年 5 月 20 日，德国柏林 Humholdt 大学 Charit 医院 Dohmen 等（2002）报道，他们为 1 例因主动脉瓣严重钙化而狭窄的 43 岁男性患者行 Ross 手术，用组织工程心脏瓣膜重建右室流出道（RVOT），术后随访 2 年，组织工程心脏瓣膜血液动力学性能良好，未发生钙化，患者生活质量较高，无排异反应。具体操作过程为：在瓣膜置换术前 4 周，研究者从患者左前臂取一段静脉，从静脉收集患者自体活血管内皮细胞（AVEC），并进行分离、鉴定和扩增。当获得足够数量的 AVEC 后，将移植用的同种异体带瓣肺动脉的内皮细胞和间质细胞除掉，在其表面覆盖一层基底膜糖蛋白，然后将其接种于生物反应器内，让 AVEC 附着在其表面。术后进行超声心动图、磁共振和多层面体层摄影检查，评估患者的生活质量、临床和血液动力学状况。结果显示，随访期间未发生组织工程瓣膜反流。磁共振检查显示，组织工程瓣叶柔韧，活动平稳。多层面体层摄影检查显示，术后 2 年，组织工程瓣膜无钙化。但去细胞成分的生物瓣由于其潜在的免疫原性和体内不完全降解性，实用价值尚需长期观察。Simon 等（2003）在临床给 4 例儿童用去细胞猪主动脉和肺动脉带瓣管道 Synergraft（Cryolife Inc.，USA）行 Ross 术和右室流出道重建，结果却与前面学者的动物实验截然不同，4 例儿童分别在术后 2 d、7 d、6 周和 1 年全部死亡，死亡原因是早期瓣膜穿孔破裂和晚期瓣膜褪变衰败所致的心性猝死。研究发现，Synergraft 在移植前存在去细胞不完全和钙盐沉积，产品需要进一步改进。德国 Wilhelmi 等（2003）报道种植了自体细胞和未种植自体细胞的去细胞异种猪带瓣管道植入羊肺动脉瓣区，6 个月时二者都显示在瓣叶和管壁有内皮细胞覆盖，但到 6、9、12 个月时二者带瓣管道都有严重的微血管增生、钙化和细胞渗入，管壁有中等程度的褪变，研究认为炎症反应在褪变中扮演关键角色，缺血影响不大，炎症趋化因子是这一过程的中心。复旦大学医学院（Fang et al.，2007）也用脱细胞基质做支架材料进行了组织工程心脏瓣膜的研究。

最近，美国的科研人员通过组织工程的原理和方法，利用人体的心肌细胞培育出一种组织工程瓣膜，它可与人体心脏组织充分结合，并随心脏组织一起生长发育，即平滑肌内皮细胞和纤维细胞。把这些细胞组织植入到一种生物降解材料中，并将这种生物降解材料做成心脏瓣膜腔体，植入到腔体内的细胞组织可再生瓣膜。当新瓣膜植入人体 6 周后，生物降解材料自动分解，留下的则是与天然心脏瓣膜完全类似的生物瓣膜，无排异性，可受用终身。目前，这种组织工程心脏瓣膜已完成了实验室研究，并取得了令人满意的结果。

（七）管状结构组织工程

用组织工程建造管状组织的实验已获得成功。这种管状组织对于建造肠管、食管、气管、血管、肾和尿道等可能是适用的。实验证明，用肠上皮细胞、血管内皮细胞、气管上皮细胞和膀胱尿道上皮细胞并与平滑肌细胞播种到可降解的管状聚合物装置上，可以制造出人工的肠道、血管、气管和尿道等复合组织，并用以修复相关组织的缺损。

1999 年，Niklason 等将力学因素引入到血管模型的构建中，先在 PGA 材料上种植平滑肌细胞，放在周向脉冲张力条件下培养 8 周后，在内表面种植内皮细胞，得到力学强度较好的血管模型，该血管植入动物体内 2 周后仍保持良好的通畅性。Hoerstrup 等（1998）将依次种植了纤维母细胞和内皮细胞的 PGA-P4HB 支架材料置于其中进行培养，但没有进行体内研究。Zhang 等（2009）在 PLGA 材料上种植 *eNOS* 基因修饰的间充质干细胞，植入体内 4 周后，免疫荧光显示血管内腔形成完整的内皮层，部分间充质干细胞分化为平滑肌细胞。当前，在类似生理条件下构建由平滑肌和内皮细胞组成的全生物血管已经成为了研究的热点。

最近实验将尿道细胞移植于 PGA 预制的管状体中，然后种植于鼠及兔体内，20 d 后在载体上出现 2～3 层尿道表皮细胞。用肾小管细胞移植于共聚物管上，种植于鼠体内，获得同样结果。在实验室中，将 PLA 或 PGA 制成管状体，种植于切去 5 cm 的狗气管之间，经过一段时间后。可见到有纤维组织和表皮细胞覆盖于种植体的内表面，聚合物逐步降解；实验狗可无困难地进半流质饮食。同样，将狗胎儿小肠细胞移植于共聚物（copolymer）管上，种植于鼠体内，几周后观察到分化极佳的小肠表皮细胞生长，且有分泌肠液功能。美国马萨诸塞州总医院外科将在体外构建的小肠组织移植到大鼠体内，行端-端吻合以修复小肠缺损，获得成功。

（八）神经组织工程

随着可降解生物材料支架的发展和神经干细胞研究的深入，组织工程在神经方面也有一些突破。神经组织工程始于周围神经导管的制作。神经导管的主要作用是，防止损伤神经周围的纤维结缔组织向神经断端间增生形成瘢痕组织，从而阻碍再生神经纤维的向前生长。Lundborg 等（1997）用硅胶管制成外支架，管内用八聚酰胺丝作为内支架，成功引导大鼠再生轴突通过 15 mm 的神经缺损段。组织学研究表明，轴突沿着内支架迁移，而没有用内支架的硅胶管桥接者，轴突不能长入远端神经段。这种神经导管称为“生物性人工神经移植体”（bioartificial nerve graft）。Stanecs 和 Stanec（1998）将用生物相容性较好的膨体聚四氟乙烯制成的神经导管用于临床，桥接正中神经和尺神经缺损，使损伤的神经恢复部分感觉及运动功能。

Guenard 等（1992）用聚丙烯腈和聚氯乙烯的共聚物制成神经导管，桥接小于 1cm 的神经缺损，因为这种导管具有半透膜性质，使再生轴突能从导管外获取营养物质和生长因子，既避免了瘢痕组织的入侵，又促进神经再生，但由于这些神经导管不具有生物可降解性，临床应用时需二次手术取出。后来可降解生物材料支架广泛用于组织工程。den Dunnen 等（1996）用聚乳酸与聚己内脂的共聚物制成神经导管，修复神经缺损，其效果优于自体神经移植。Ishikawa 等（2007）将壳聚糖凝胶海绵支架植入缺损 8 mm 的大鼠坐骨神经的损伤处，2 个月后可见再生神经已良好髓鞘化。Chamberlain 等（2000）将具有多孔的胶原材料植入缺损 10 mm 的大鼠坐骨神经的损伤处，结果发现实验动物远侧肢体功能大部分得到恢复。但对于较长距离的神经缺损，无论神经导管是否可降解，其促进神经再生的效果较自体神经植入效果差。于是在改进神经导管材料的同时，在神经导管上植入促进神经再生的细胞和生长因子已成为近年来国内外学者专注的热点。早在 1992 年，Guenard 等就通过实验证明将雪旺细胞种植在人工合成的神经导管上修复大鼠坐骨神经缺损，发现其有广泛的促神经再生作用。Kiyotani 等（1996）应用聚乙醇酸胶原管制成可渗透的中空神经导管修复长约 25mm 的神经缺损，因管内富含有神经营养因子，术后 4～16 个月通过组织学和电生理学的观察见神经轴突及雪旺细胞生长良好。

Bryan 则将神经胶质生长因子（glial growth factor，GGF）和雪旺细胞置于 PLGA 神经管上，在体内桥接大白鼠 1 cm 的坐骨神经缺损，发现 GGF 具有明显的促进神经轴突再生和改善神经血运的功能，且植入材料未引起任何组织反应。2001 年，Fansa 等（2001）用雪旺细胞的自体静脉、无肌细胞但有雪旺细胞的股薄肌进行实验，并以自体神经移植和无雪旺细胞的肌组织移植物作对照，来修复 2 cm 的大鼠坐骨神经缺损。12 周后用组织形态学和聚合酶链反应（PCR）分析，见有雪旺细胞的股薄肌上出现了有序的神经再生，神经轴突数量明显增加，这是因为无肌细胞的肌管膜系统为神经再生通道提供了基底层，而种植在股薄肌上的雪旺细胞可分泌神经营养物质，从而促进了神经的再生。

由于大脑及脊髓的组织结构相对周围神经组织结构要复杂得多，故其组织工程发展起步晚。1995 年 Xu 将脑源性神经营养因子和神经营养因子-3 通过 Alzet 微型真空泵注入横断的大鼠脊髓，发现其具有促进脊髓神经元再生的功能。1997 年他又将雪旺细胞植入该半透膜神经管内，证实了雪旺细胞具有促进横断脊髓的神经元、轴突再生的功能。Itoh 用胶原组织设计了有蜂窝三维支架，该支架具有一定的弹性和硬度，可制成各种形状，是较为理想的三维支架材料。Holmes 等（2000）报道了由赖氨酸、丙氨酸、天冬氨酸形成的（RAD）16 肽的 1 型和 2 型自制生物支架，该种肽支架具有促进各类神经细胞黏附、分化和广泛生长的特性；且能促进神经元细胞间的突触形成；也可将神经干细胞种植在支架上，在特定的条件下，让干细胞分化成各种类型的神经细胞，将其植入组织内达到修复神经的目的。Lietz 等（2006）通过可吸收的、内衬聚合微丝的半透神经导管模拟 Bungner 带，用微细胞芯片技术将三种细胞外基质成分包裹于聚合物表面，发现特殊的长轴细微纹沟能引导雪旺细胞定向和背根神经节细胞轴突再生。

（九）肝脏组织工程

肝脏的组织工程研究始于20世纪90年代。目前实验方法是将肝细胞植入一种附着于微孔支架、有包囊、可降解的聚合物载体上制成人造肝脏。所用载体是一种多孔碳水化合物衍生基质，称为聚苯乙烯海绵，微孔大小在100μm左右，这种构造可使鼠肝细胞获得更好的吸附并维持细胞分化功能，肝细胞增生和分泌蛋白质可以维持3 d。此种多孔海绵载体可望培养出大量肝细胞。将培养的肝细胞用包囊或中空纤维包裹后植入体内，观察发现移植的肝细胞可以合成白蛋白及其他肝功能标志物，并能进行胆红素和尿素的代谢。Neuzil等（1992）报道了用肝细胞-中空纤维素移植治疗终末期肝功能衰竭的患者，血氨和胆红素水平明显下降，肝昏迷症状得到改善，6个月后进行肝移植，患者获得新生。

Mooey等（1994）将小鼠肝细胞种植在厚1 mm的PLGA（polylactic-co-glycolicacid）海绵支架上，植入腹腔，1周后发现有大量的毛细血管长入，孔隙率越大，长入血管和存活的肝细胞越多。PLGA/HA复合材料更能提高骨髓间充质干细胞与材料的亲和性。英国伯明翰一个英德科学家联合攻关小组正在研究利用受损肝脏的部分组织来培育一种人工肝脏，这将为成千上万等待他人捐献肝脏的患者带来生的希望。这种人工肝脏由人工培育的肝细胞和精细的软管网络构成。科研人员成功地培育出了已知的8种肝脏细胞中的两种——普通肝细胞和胆管细胞。这一成就为人工肝脏的研制奠定了基础。科研人员的目标是培育出重约1lb* 的人工肝脏，尽管它的重量只有正常肝脏的1/4，但它能够发挥正常肝脏的功能。血液通过人工肝脏中上百条具有良好渗透性的细小塑料管道网络与肝细胞结合，发挥去除毒素、合成转化蛋白质及其他化学物质，然后再将处理过的血液输出到身体各个部位。科研人员称，目前人工肝脏仍处于实验室阶段，正式进入临床还需三年时间。但他们对最终研制出一种能够代替整个肝功能并能够分泌胆汁的人工肝脏信心十足。美国洛杉矶卡第尔斯·辛罗医疗中心的科学家也已开始了这方面的研究。他们将大约50亿个肝细胞置于外包着一种黏性蛋白的淀粉珠上，再将淀粉珠播散在网状织物里，已制成了一种活性肝。将这种活性肝放在无菌容器内，使肝病患者的血液从中流过。试验的结果表明，它不仅能排除血液中的有毒物质，还能将酶和激素释放入这种循环系统内，与正常肝脏所具有的功能完全一样。在实际运用中，现在要解决肝细胞体外分裂和增殖能力低、种子细胞数量不够这些关键问题。此外，肝脏的组织工程对支架三维结构有着更严格的要求，在此方面若能有所突破，势必会加速肝脏的人工制作。

在国内，南方医科大学经过筛选、培育获得了三种人源性肝或干细胞（人肝细胞系CL-1、骨髓源肝干细胞、永生化肝细胞），作为人源细胞混合型生物人工肝的备选细胞，构建接触式生物人工肝。浙江大学应用构建的逆转录载体转染成人肝细胞得到人源性永生化肝细胞，并将这种细胞微囊化后构建生物人工肝。

---

* 磅，1lb=0.4536 kg

（十）角膜组织工程

组织工程角膜是解决角膜移植供体来源匮乏的有效途径，其中角膜缘干细胞（limbal stem cell，LSC）是关键因素。由于自体角膜缘干细胞取材受限，应用其他干细胞诱导分化为角膜缘干细胞是角膜组织工程的主要研究方向。现在已有胚胎干细胞、骨髓间充质干细胞和皮肤干细胞向角膜缘干细胞（表现干细胞增殖分化特征，且 AE5、P63 阳性）和角膜上皮细胞诱导分化的实验研究，并且有人尝试应用聚乳酸与聚羟基乙酸共聚物（PLGA）和异体角膜基质作为构建角膜基质的支架材料。在实验中将培养和诱导分化的角膜细胞接种到 PLGA 材料上，构建成角膜细胞-PLGA 复合物，研究构建组织工程化三维人工角膜。以羊膜为载体，利用胚胎干细胞或骨髓间充质干细胞诱导分化的角膜缘干细胞作为种子细胞，实现了实验性眼表重建。

1987 年 Friend 移植培养的角膜上皮细胞用于治疗眼表疾病。1994 年 Miani 在基质上培养角膜细胞，获得三维牛角膜。1997 年 Pellegrini 等用自体角膜缘干细胞培养成片后成功地重建眼表。应用自体角膜缘干细胞与 3T3-J2 细胞共同培养，3 周后蛋白酶分离获取上皮细胞层，以软性接触镜为载体移植于创伤的角膜表面，术后患者眼角膜上皮完整，无新生血管及炎症反应，印迹细胞学检查证明上皮细胞为角膜表型。2002 年 Griffith 等以 I 型胶原和硫酸软骨素为细胞支架材料，加入角膜细胞生长因子和维生素 C，将组成角膜的上皮细胞、成纤维细胞和内皮细胞利用气-液界面培养法同时培养，获得了在组织结构、形态和生理功能上与人体正常角膜相近的人工角膜等效物，但支架材料强度差、角膜等效物无曲率、角膜光学性能能否保证及排斥反应等问题仍未解决。目前利用合成材料甲基丙烯酸甲酯制作的人工角膜，在进行人体移植时，虽可使人视力有所恢复，但视野范围很小；人工合成材料难以和眼周围组织相融合，易产生并发症，有异物感。因此，组织工程角膜的研究显得极为迫切。2004 年 Reichl 等分离人角膜基质细胞，Transwell 系统中与永生化人角膜上皮、内皮细胞共同培养，建立形态、组织学结构类似人角膜的功能等效物，用于药物渗透实验，验证其屏障功能。这种工程化角膜可作为活体角膜的替代品用于药理学实验研究。2007 年，日本东京大学的科学家利用人体干细胞成功培养出了眼角膜和其他眼组织。

北京大学干细胞中心采用自体骨髓间充质干细胞和羊膜构建组织工程角膜，已完成动物实验检测，正进入临床试验研究。山东省眼科研究所从多种途径选择种子细胞（胚胎角膜建立角膜干细胞系、自体骨髓造血干细胞/自体皮肤干细胞在体内外诱导分化为角膜细胞），在各种材料（羊膜基质、壳聚糖膜片、同种异体角膜脱细胞基质）上构建组织工程角膜。

（十一）膀胱组织工程

因肿瘤、损伤等原因需进行膀胱重建，膀胱组织工程对泌尿科具有重要意义。Arala 等（1992）首先在体外培养膀胱上皮细胞及平滑肌细胞，并以抗角蛋白 AE1/

AE3 及抗 α-肌动蛋白抗体证实其细胞特征，染色体检查证明培养细胞具有正常遗传特征。上述细胞在体外及裸鼠体内的多聚体细胞支架（polymer scaffold）中能够良好生长并形成类似于正常膀胱组织的上皮-平滑肌结构。Fauza 等（1998）采用组织工程细胞支架进行胎羊膀胱扩大术，发现胎儿组织细胞增殖速度很快。Oberpenning 等（1999）分别以聚乳酸（PLA）和聚羟乙酸（PGA）共聚物塑形的膀胱作支架，以狗的白体膀胱上皮细胞及平滑肌细胞体外培养扩增后种植于支架上并进行膀胱修复，结果发现，修复后的膀胱容量为术前的 85%及 110%，膀胱顺应性无变化，组织学检查证明修复的膀胱组织结构与正常膀胱相同，无感染、结石及梗阻等并发症。Yoo 等（1998）采用狗的白体膀胱黏膜下组织作支架，一面覆盖平滑肌细胞，另一面覆盖尿路上皮细胞，对照组采用无细胞覆盖的膀胱黏膜下组织作支架，两组分别植入狗的体内行膀胱扩大术，结果表明前者膀胱容量增加为 99%，而后者容量增加仅为 30%，且前者的膀胱黏膜下组织的组织结构与正常的膀胱相同。Kolligian 和 Franco（1999）选择猪的小肠黏膜下组织（SIS）作细胞支架，发现覆盖其上的膀胱上皮细胞生长及分化加快，为探索膀胱重建材料的研究进行了有益的尝试。2006 年，美国 Wake Forest 大学再生医学研究所 Atala 领导的研究小组报道，从患者的膀胱组织中分离出肌肉细胞和膀胱上皮细胞，置于膀胱形支架上培养扩增 7～8 周，构建成组织工程膀胱，然后再移植入患者原有的膀胱上面。新的组织工程膀胱继续生长并与原有膀胱“重组”，取代原有膀胱中丧失功能的部分。通过对 7 位 4～19 岁患儿 4 年的随访，发现再造膀胱组织弹性优于原有膀胱 3 倍多，患者移植后膀胱的尿液渗漏情况好转，但这些患者仍需要定时用导尿管从膀胱排尿。所有 7 名患者的肾功能均得以保全。这是世界上第一次将完整的组织工程器官成功植入患者体内。

（十二）其他组织或器官的组织工程

目前已开展组织工程研究的组织器官还有血液、韧带、耳朵、生殖道、手、脂肪、乳房、心脏、肾脏、胰腺等。由于篇幅所限，不再一一叙述，仅以脂肪组织工程和韧带组织工程为例进行说明。

在脂肪组织工程中，前脂细胞可以种在聚酯、透明质酸、胶原、聚乙二醇及经过化学改性的藻酸盐等能够吸收的多聚物支架上。理想状态下，随着支架的变形或被吸收，前脂细胞不断生长增殖，最终成熟分化成为脂肪组织。实验用组织学染色和免疫荧光等方法证实从 SD 大鼠（由美国 Sprague & Dawley 农场的 R. W. Dawley 用杂合的雄性大鼠和 Wistar 雌性大鼠杂交后育成）或 Lewis 大鼠（该品系是 20 世纪 50 年代早期由 Lewis 博士从 Wistar 品系繁育而成）附睾脂肪垫中分离出前脂细胞，在聚乳酸-聚羟基乙酸共聚物支架上培养后，移植入体内后经相当长一段时间可以分化成脂肪细胞。Rodriguez 等（2000）发现将人类脂肪来源的多能干细胞培养在无血清培养基中能够保持向脂肪细胞分化的潜能，而且经传代培养超过 160 代仍能保持这种潜能，这对于其应用于脂肪组织工程具有重大意义。D1 细胞是一种鼠类骨髓基质细胞株，Cui 等（2000）用这种细胞培养生成了脂肪。他们用地塞米松对这种细胞进行诱导，使之形成富含甘油三脂的囊泡，并且表达 *422*（*aP2*）基因，而这种基因则预示着细胞向脂肪方向分化。实验证实了地塞米松能够诱导干细胞向脂肪细胞分化。在韧带组织工程中，生物反应器设计运用至关重要，反应器需要提供韧带生长的循环张力刺激。Langelier 等（2000）把生物力学预处理的组织工程移植物和纤维细胞植入到胶原支架的复合体中，并进行整合，运用静力和循环张力仪器，加入人体的胶原细胞，培养出骨-前交叉韧带-骨的结构，并在培养皿维持 3 个月。据报道，这种胶原纤维的形式和细胞的密集程度可以同人正常的前交叉韧带相比，而且整合后的前交叉韧带纤维细胞能在支架内产生细胞外基质和胶原；不过未报道组织工程韧带的生物力学特性。

Altman 等（2002）进一步研究了生物反应器内物理刺激的影响，他们认为胶原基质中的骨髓干细胞在生物反应器内旋转、受动力牵张；评估持续张力扭曲对胶原纤维排列方向的作用及种子干细胞的形态；研究发现，实验组中 10%的牵张力和 25%的扭曲力可以产生纤维细胞的正常排列性，增强胶原纤维 I 型、III 型的表达；未经功能处理的对照组没有这种情况发生。

目前，组织工程的临床研究应用方兴未艾。从最初工程化组织或器官的立项研究到最终批准临床应用，这是一个漫长的过程，需要众多不同学科的科研人员共同努力。组织工程中一些技术瓶颈的突破，还需要借助于相关性前沿学科的最新技术和设备。随着基础研究和临床应用的深入发展，现代组织工程正在成为治疗组织、器官衰竭的有效疗法和辅助手段。

二、国内外已开发的组织工程产品

组织工程产品已展示了诱人的市场利润，一些研究机构正利用自身的技术优势与商业性大公司的资本优势及市场营销推广经验，联手研发工程化的组织或器官产品，并且取得了积极进展。仅 1997 年，美国企业界就投入了 38 亿多美元，其中直接用于组织工程研发的费用达 5 亿多美元，并以每年 22%的速度增长。2005 年，全球组织工程产品市场销售额已经达到了 3000 亿美元，预计到 2010 年底销售额将达到 5000 亿美元。可见，组织工程医疗产品的市场前景比较乐观。

目前处于研发阶段的工程化组织或器官的产品种类很多，包括人造皮肤、血管、软骨、骨、角膜、心脏瓣膜、气管、肌腱、韧带、神经、肌肉、骨髓、生殖道、尿道、肠、乳房、肝脏、肾脏、胰脏、心脏、膀胱、手等，但绝大部分处于实验室研究探索阶段，正在进行临床实验或批准应用的还只是少数。已经获得批准的主要是皮肤、软骨产品，其临床应用较多，市场需求量也很大，而其他类产品也将在今后陆续获得批准并投放市场。

（一）皮肤产品

组织工程皮肤是组织工程领域中研究最早、研究成果和相关产品最丰富的组织之一（表 1.2）。美国 FDA 正式批准临床应用的第一种组织工程产品是人造皮肤，欧盟和中国 SFDA 也有类似的产品批准上市。

表 1.2 目前已经获批或正在进行临床试验的组织工程皮肤产品

产品名称	适应证	制造商
Alloderm	烧伤、烫伤	Life Cell，美国
Integra	大面积 III 度烧伤、烫伤	Integra Lifesciences Corporation，美国
Epicel	烧伤、烫伤	Genzyme Biosurgery，美国
TransCyte	II 度和 III 度烧伤	Advanced Tissue Science，美国
Apligraf	慢性皮肤溃疡	Organogenesis，美国
Dermagraft	慢性皮肤溃疡	Advanced Tissue Sciences Inc.，美国 Smith and Nephew，英国
EpiDex	慢性皮肤溃疡	Euroderm，德国
Epibase	慢性皮肤溃疡	Laboratoires Genévrier，法国
Myskin	慢性皮肤溃疡	CellTran，英国
OrCel	慢性皮肤溃疡	Ortec，美国
BioSeed-S	慢性皮肤溃疡	BioTissue Technologies，德国
Hyalograft 3D Laserskin	慢性皮肤溃疡	Fidia Advanced Biopolymers，意大利
安体肤		陕西艾尔肤公司，中国

已上市的组织工程皮肤主要有三类：①自体或异体培养的表皮片；②胶原凝胶、胶原海绵、合成膜、透明质酸膜等构成的真皮替代物；③包含表皮、真皮双层结构的人工复合皮肤。

组织工程皮肤产品主要应用于临床皮肤的修补与诊治，如烧伤、烫伤、美容手术、修补手术、慢性皮肤溃疡手术等。2001 年，表皮操作治疗的全球市场规模约为 62.5 亿美元，其中 10%～12.8%属于组织工程皮肤产品，即 6.25 亿～8 亿美元。但据估计，这仅仅能够满足全球 2.5%～3.2%的市场需求。这种供需之间的巨大差异是由生产能力较低和一些国家市场供应渠道不畅造成的。2002 年，Apligraf 的年销售额为 2300 万美元，Dermagraft 的年销售额为 450 万美元。组织工程皮肤为 9.92～20.85 美元/cm^2，这一价格远远高于捐献皮肤（0.37～8.66 美元/cm^2）。但是，使用组织工程皮肤可以大大减少用药、换药和护理的需要量，手术次数也明显减少，所以总体费用支出有所降低。可以预计，今后组织工程皮肤的需求量还会进一步增加。

中国组织工程第一个产业化产品——人造皮肤已经正式问世，使中国成为继美国之后第二个拥有组织工程产品的国家。中国生产的组织工程化人造皮肤的商品名为“安体肤”，2008 年初开始批量生产，已应用于临床医疗。“安体肤”研发前后共用了约 10 年时间，科研经费投入 8000 万元，而美国同类产品的研发周期是 18 年，科研经费投入 4.6 亿美元。

目前的人造皮肤还不能解决所有临床皮肤缺损问题，由于存在移植失败等风险，SFDA 对人造皮肤的临床适应证进行了严格限定。中国每年烧伤与溃疡患者达到 1500

万人，其中需要进行皮肤移植的病例为 350 万人，皮肤需求量在 4×10^{8} cm^{2} 以上，故人造皮肤的市场前景十分诱人。

然而，现在没有一种组织工程皮肤可以满足临床上治疗大面积烧伤的需求。这主要是因为：①严重烧伤患者自身表皮干细胞数量不足，无法满足构建全身皮肤的需要；②异种或同种异体来源的表皮干细胞存在免疫排斥等问题；③现有组织工程皮肤尚无法产生皮肤的附属器，如汗腺、皮脂腺等，因而无法重建皮肤的全部生理功能。目前对皮肤附属器发生机制的研究还刚刚起步，所以，离真正意义上的人工皮肤的上市还有一段较长的时间。

（二）软骨及骨产品

组织工程软骨产品目前主要用于下肢软骨缺损的修复，尤其是自体同源的膝关节修复（表 1.3）。全球约有 2000 万名患有软骨缺损的患者，还有 2000 万～2500 万名关节病患者。2003 年，全球组织工程软骨产品的实际年销售额为 4000 万美元，这仅仅是针对关节软骨的修复，如果今后其他类型的软骨损伤也能够通过组织工程软骨来进行修复，即使是在美国一个国家的年销售额也将达到 3 亿～10 亿美元。Carticel 已经获得 FDA 批准应用于临床。

表 1.3　目前已经获批或正在进行临床试验的组织工程软骨产品

产品名称	适应证	制造商
Carticel	软骨缺损	Genzyme Biosurgery，美国
Hyalograft C	软骨缺损	Fidia Advanced Biopolymers，意大利
Matrix-induced AutologousChondrocyte Implantation (MACI)	软骨缺损	Verigen，德国
ChondroArt	软骨缺损	Educell，斯洛文尼亚
ARTHROcell	软骨缺损	Co. don，德国
BioSeed-C	软骨缺损	BioTissue Technologies，德国
Novocart	软骨缺损	TETEC，德国
Cartilage Repair System (CaReS)	软骨缺损	Arthro Kinetics，德国
ArthroMatrix (Chondrokin)	软骨缺损	Orthogen，德国
ChondroTec	软骨缺损	CellTec，德国
ChondroCelect	软骨缺损	TiGenix，比利时

组织工程（上海）国家工程研究中心等单位采用同种异体脱钙骨材料、自体骨髓间充质干细胞构建组织工程骨，目前已有部分项目在中国药品生物制品检定所进行检测。北京德得创业科技有限公司采用四川大学华西医院转让的专利技术，用异体脱细胞、脱

蛋白骨材料与自体细胞构建组织工程骨，已完成检测工作，单纯支架材料已完成临床试验，已申报产品注册。北京奥精医药科技有限公司等单位采用纳米晶胶原基骨修复材料在临床应用2万余例，效果接近异体骨修复，2005年获得产品许可证。目前进一步研究采用重组胶原矿化的纳米晶胶原基骨修复材料、短肽BMP-2、小分子活性肽P24、规模化体外扩增自体骨髓间充质干细胞构建组织工程骨。

（三）心血管产品

用于心肌梗死的组织工程产品可以防止心脏衰竭、缩短恢复时间，组织工程血管产品的主要用途是替换冠状动脉或周围血管（表1.4）。每年欧洲和美国进行72万～88万例冠脉搭桥手术，其中30％的病例无法进行自体血管切取，需要采用人工合成的血管替代物，而这些替代物的5年血管通畅率最多只有40％～50％。组织工程血管可以很好地解决这一问题。据初步估算，需要血管替代治疗的全球年市场规模为15亿美元，但许多国家尚不允许细胞治疗用于心血管疾病，其适应证和禁忌证也尚未明确。

表1.4 处于临床试验阶段的组织工程心血管产品

产品名称	适应证	研发机构
MyoCell	心肌梗死	BioHeart Inc，美国
Provacel	心肌梗死	Osiris Therapeutics，美国
成人骨髓衍生体细胞（hABM-sC）	心肌梗死	Neuronyx，美国
未命名	心肌梗死	Genzyme：Biosurgery，美国 Myosix，法国
未命名	心肌梗死	Diacrin，美国
未命名	心肌梗死	法兰克福大学等多家机构，德国
未命名	心肌梗死	Instituto de Ciencias del Corazón，西班牙

对于组织工程化心脏瓣膜，目前尚未进入临床试验阶段。但是，据报道，2001年全球心脏瓣膜的市场额度达到8.3亿美元，一旦组织工程瓣膜产品获得成功，必将成为这一巨大市场上的主要产品。每年欧洲和美国进行72万～88万例冠脉搭桥手术，其中30％的病例无法进行自体血管切取，需要采用人工合成的血管替代物，而这些替代物的5年血管通畅率最多只有40％～50％。组织工程血管可以很好地解决这一问题。据初步估算，需要血管替代治疗的全球年市场规模为15亿美元，但许多国家尚不允许细胞治疗用于心血管疾病，其适应证和禁忌证也尚未明确。

（四）神经系统产品

目前用于神经系统再生修复的组织工程产品主要是一些治疗性的细胞制剂，并已应用于临床（表1.5）。例如，中国开展的用脐血间充质干细胞治疗小儿脑瘫、小儿自闭症等，都具有较好的临床前景。

表1.5 目前已经获批或处于临床试验阶段的组织工程神经系统产品

产品名称	适应证	研发机构
HuCNS-SC细胞	婴儿神经原性蜡样脂褐素沉着症	StemCells，美国
产多巴胺细胞(spheramine)	帕金森病	Titan Pharmaceuticals和Schering AG，美国
活性巨噬细胞(ProCord)	脊髓损伤	Proneuron Biotechnologies，美国
雪旺细胞	脊髓损伤	德黑兰医科大学，伊朗
骨髓干细胞	脊髓损伤	试验医学研究所，捷克
		Inha医科大学，韩国
		São Josédos Campos血液学与血液治疗研究所，巴西

（五）人工器官

目前由40余种不同材料制成的人工器官、组织工程产品和植入物中，已有超过50个品种的人工器官、组织工程产品和植入物用于临床，其中人工器官主要有人工肌腱、人工皮肤、人工心脏瓣膜、人工心脏、人工肺、人工肾、人工肝、人工眼内晶体、心脏支架、封堵器等。据不完全统计，全世界每年体内植入物与人工器官相关技术新申请的专利已超过1万件，美国、欧洲、日本约占75%，中国2004年时还不足300件。近年来，中国的人工器官与发达国家相比仍有较大差距，但在主要品种方面均有生产。新型人工关节等再生医学产品已经获得SFDA注册证和生产许可证，开始进入产业化发展阶段；多项治疗性干细胞产品也获得了SFDA的临床应用许可。

组织工程医疗产品的研制成功，使目前使用的机械或电子人工器官相形见绌。由于组织工程产品的结构和功能更加接近天然组织器官，具有更好的生物相容性及再生性，故能为组织缺损或器官衰竭的患者提供更为满意、更高质量的治疗。

（王佃亮）

参考文献

Allegrini S J，Yoshimoto M，Salles M B，et al. 2004. Bone regeneration in rabbit sinus lifting associated with bovine BMP. J Biomed Mater Res B Appl Biomater，68（2）：127～131

Altman G H，Horan R L，Martin I，et al. 2002. Cell differentiation by mechanical stress. FASEB J，16（2）：270～272

Atala A，Bauer S B，Soker S，et al. 2006. Tissue-engineered autologous bladders for patients needing cystoplasty. The Lancet，367（9518）：1241～1246

Atala A，Vacanti J P，Peters C A，et al. 1992. Formation of urothelial structures in vivo from dissociated cells attached to biodegradable polymer scaffdds in vitro. J Urd, 148 (2): 658～662

Blaker J J, Knowles J C, Day R M. 2008. Novel fabrication techniques to produce microspheres by thermally induced phase separation for tissue engineering and drug delivery. Acta Biomaterialia, (4): 264～272

Bonadio J, Smiley E, Patil P. 1999. Localized, direct plasmid gene delivery in vitro: Nat Med, 5 (7): 753～759

Bursac N, Papadaki M, Cohen R J, et al. 1999. Cardiac muscle tissue engineering: toward an in vitro model for electrophysiological studies. Am J Physiol, 277 (2 Pt 2): H433～444

Cancedda R, Castagnola P, Cancedda F D, et al. 2000. Developmental control of chondrogenesis and osteogenesis. Int J Dev Biol, 44 (6): 707～714

Cao Y L, Vacanti J P, Ma K T, et al. 1994. Generation of neo-tendon using synthetic polymers seeded with tenocytes. Transplant Proc, 26 : 3390～3391

Cao Y L, Vacanti J P, Paige K T, et al. 1997. Transplantation of chondrocytes utilizing a polymer-cell construct to produce tissue-engineered cartilage in the shape of a human ear. Plast Reconstr Surg, 100 (2): 297～302

Chamberlain L J, Yannas I V, Hsu H P, et al. 2000. Near-terminus axonal structure and function following rat sciatic nerve regeneration through a collagen-GAG matrix in aten-millimeter gap. J Neurosci Res, 60 (5): 666～677

Chen Q Z, Rezwan K, Francon V, et al. 2007. Surface functionalization of Bioglass-derived porous scaffolds. Acta Biomaterialia, (3): 551～562

Cho S W, Park H J, Ryu J H, et al. 2005. Vascular patches tissue-engineered with autologous bone marrow-derived cells and decellularized tissue matrices. Biomaterials, 26 (14): 1915～1924

Cima L G, Vacanti J P, Vacanti C, et al. 1991. Tissue engineering by cell transplantation using degradable polymer substrates. J Biomech Eng, 113 (2): 143～151

Cook S D, Patron L P, Salkeld S L, et al. 2003. Repair of articular cartilage defects with osteogenic protein-1 (BMP-7) in dogs. J Bone Joint Surg Am, 3: 116～123

Crane G M, Ishaug S L, Mikos A G. 1995. Bone tissue engineering. Nat Med, 1 (12): 1322～1324

Cui Q, Wang G J, Balian G. 2000. Pluripotential marrow cells produce adipocytes when transplanted into steroid-treated mice. Connect Tissue Res, 41 (1): 45～56

Danielsson C, Ruault S, Basset-Dardare A, et al. 2006. Modified collagen fleece, a scaffold for transplantation of human bladder smooth muscle cells. Biomaterials, (27): 1054～1060

Dar A, Shachar M, Leor J, et al. 2002. Optimization of cardiac cell seeding and distribution in 3D porous alginate scaffolds. Biotechnol Bioeng, 80 (3): 305～312

den Dunnen W F, van der Lei B, Schakenraad J M, et al. 1996. Poly (DL-lactide/epsilon caprolactone) nerve guides perform better than autologous nerve grafts. Micro surgery, 17 (7): 348～357

Dohmen P M, Konertz W. 2009. Tissue-engineered heart valve scaffolds. Ann Thorac Cardiovasc Surg, 5 (6): 362～367

Dohmen P M, Lembcke A, Hotz H, et al. 2002, Ross operation with a tissue-engineered heart valve. Ann Thorac Surg, 74: 1438～1442

Eriksson P S, Perfilieva E, Björk-Eriksson T, et al. 1998. Neurogenesis in the adult human hippocampus. Nat Med, 4 (11): 1313～1317

Estes B T, Diekman B O, Gimble J M, et al. 2010. Isolation of adipose-derived stem cells and their induction to a chondrogenic phenotype. Nat Protoc, 5 (7): 1294～1311

Fang N T, Xie S Z, Wang S M, et al. 2007. Construction of tissue-engineered heart valves by using decellularized scaffolds and endothelial progenitor cells. Chin Med J, 120 (8): 696～702

Fansa H, Keilhoff G, Wolf G, et al. 2001. Tissue engineering of peripheral nerves: a comparison of venous and acellular muscle grafts with cultured schwann cells. Plast Reconstr Surg, 107 (2): 495～496

Fauza D O, Fishman S J, Mehegan K, et al. 1998. Videofetoscopically assisted fetal tissue engineering: bladder augmentation. J Pediatr Surg, 33 (1): 7～12

Frangos J A. 2002. The mechanism of mechanosensing by bone. J Biomech, 35 (3): 387

Freed L E, Langer R, Martin I, et al. 1997. Tissue engineering of cartilage in space. Proc Natl Acad Sci USA, 94 (25):13885～13890

Freytes D O, Wan L Q, Vunjak-Novakovic G. 2009. Geometry and force control of cell function. J Cell Biochem, 108 (5): 1047～1058

Friedenstein A J, Chailakhyan R K, Gerasimov U V. 1987. Bone marrow osteogenic stem cells: *in vitro* cultivation and transplantation in diffusion chambers. Cell Tissue Kinet, 20 (3): 263～272

George J, Onodera J, Miyata T. 2008. Biodegradable honeycomb collagen scaffold for dermal tissue engineering. Journal of Biomedical Materials Research Part A, 87A (4): 1103～1111

Griffith M, Hakim M, Shimmura S, et al. 2002. Artificial human corneas: scaffolds for transplantation and host regeneration. Cornea, 21 (2): 54～61

Guenard V, Kleitman N, Morrissey T K, et al. 1992. Syngeneic Schwann cells derived from adult nerves seeded in semipermeable guidance channels enhance peripheral nerve regeneration. J Neurosci, 12 (9): 3310

Haisch A. 2010. Ear Reconstruction through Tissue Engineering. Adv Otorhinolaryngol, 68: 108～119

Herring M, Gardner A, Glover J. 1978. A single-staged technique for seeding vascular grafts with autogenous endothelium. J Surgery, 84 (4): 498～504

Hoerstrup S P, Zünd G, Lachat M, et al. 1998. Tissue engineering: a new approach in cardiovascular surgery-seeding of human fibroblasts on resorbable mesh. Swiss Surg, Suppl 2: 23～25

Holmes T C, de Lacalle S, Su X, et al. 2000. Extensive neurite outgrowth and active synapse formation on self-assembling peptide scaffolds. proc Natl Acad Sci USA, 97 (12): 6728～6733

Hori Y, Nakamura T, Matsumoto K, et al. 2001. Experimental study on in situ tissue engineering of the stomach by an acellular collagen sponge scaffold graft. ASAIO J, 47 (3): 206～210

Ishikawa N, Suzuki Y, Ohta M, et al. 2007. Deripheral nerve regeneration through the space formed by a chitosangel sponge. J Biomed Mater Res A, 83 (1): 33～40

Jaklenec A, Wan E, Murray M E, et al. 2008. Novel scaffolds fabricated from protein-loaded microspheres for tissue engineering. Biomaterials, (29): 185～192

Jones J R, Ehrenfried L M, Hench L L. 2006. Optimising bioactive glass scaffolds for bone tissue engineering. Biomaterials, (27): 964～973

Kanczler J M, Barry J M, Ginty P, et al. 2007. Supercritical carbon dioxide generated vascular endothelial growth factor encapsulated poly (DL-lactic acid) scaffolds induce angiogenesis in vitro. Biochemical and Biophysical Research Communications, (352): 135～141

Kaushal S, Amiel G E, Guleserian K J, et al. 2001. Functional small-diameter neovessels created using endothelial progenitor cells expanded exvivo. Nat Med, 7 (9): 1035～1040

Kim S, Von Recum H A. 2010. Endothelial progenitor populations in differentiating embryonic stem cells. II. Drug Selection and functional characterization. Tissue Eng Part A, 16 (3): 1065～1074

Kiyotani T, Teramachi M, Takimoto, et al. 1996. Nerve regeneration across a 25-mm gapbridged by a polyglycolic acid-collagen tube: a histological and electrophysiological evaluation of regenerated nerves. Brain Res, 740 (1-2): 66～74

Kofidis T, Akhyari P, Wachsmann B, et al. 2002. A novel bioartificial myocardial tissue and its prospective use in cardiac surgery. Eur J Cardiothorac Surg, 22 (2): 238～243

Kolligian M E, Franco I. 1999. A new technique for catheterization of the tortuous or reconstructed urethra and bladder neck in children. BJU Int, 83 (4): 510～511

Kretlow J D, Young S, Klouda L, et al. 2009. Injectable biomaterials for regenerating complex craniofacial tissues. Adv Mater, 21 (32～33): 3368～3393

Kuhbier J W, Weyand B, Radtke C, et al. 2010. Isolation, characterization, differentiation, and application of adipose-derived stem cells. Adv Biochem Eng Biotechnol，123：55～105

L'Heureux N，Paquet S，Labbé R，et al. 1998. A completely biological tissue-engineered human blood vessel. FASEB J，12 (1)：47～56

Labhasetwar V，Bonadio J，Goldstein S. 1998. A DNA Controlled-release coating for gene transfer：transfection in skeletal and cardiac muscle. J pharm sci，87 (11)：1347～1350

Langelier E，Suetterlin R，Hoemann C D，et al. 2000. The chondrocyte cytoskeleton in mature articular cartilage：structure and distribution of actin，tubulin，and vimentin filaments. J Histochem Cytochem，48 (10)：1307～1320

Langer R，Vacanti J P. 1993. Tissue engineering. Science，260 (5110)：920～926

Langer R. 2000. Biomaterials in drug delivery and tissue engineering：one laboratory's experience. Acc Chem Res，33 (2)：94～101

Leach J B，Wolinsky J B，Stone P J，et al. 2005. Crosslinked α-elastin biomaterials：towards a processable elastin mimetic scaffold. Acta Biomaterialia，(1)：155～164

Leven bergs，Golub J S，Amit M，et al. 2002. Endothelial cells derived from human embryonic stem cells. Proc Natl Acad Sci USA，99：4391～4396

Lieberman J R，Le L Q，Wu L，et al. 1998. Regional gene therapy with a BMP-2-producing murine stromal cell line induces heterotopic and orthotopic bone formation in rodents. J Orthop Res，16 (3)：330～339

Lietz M，Dreesmann L，Hoss M，et al. 2006. Neuro tissue engineering of glial nerve guides and the impact of different cell types. Biomaterials，27 (8)：1425～1436

Linnes M P，RatnerB D，Giachelli C M. 2007. A fibrinogen-based precision microporous scaffold for tissue engineering. Biomaterials，(28)：5298～5306

Lopez-Heredia M A，Sohier J，Gaillard C，et al. 2008. Rapid prototyped porous titanium coated with calcium phosphate as a scaffold for bone tissue engineering. Biomaterials，(29)：2608～2615

Lundborg G，Dahlin L B，Dohi D，et al. 1997. A new type of "bioartificial" nerve graft for bridging extended defects in nerves. J Hand Surg Br，223：299

Macchiarini P，Jungebluth P，Go T，et al. 2008. Clinical transplantation of a tissue-engineered airway. The Lancet，372 (9655)：2023～2030

Matsumura G，Miyagawa-Tomita S，Shin'oka T，et al. 2003. First evidence that bone marrow cells contribute to the construction of tissue-engineered vascular autografts in vivo. Circulation，108 (14)：1729～1734

McMahon D S，Thorsteinsdóttir H，Singer P A，et al. 2010. Cultivating regenerative medicine innovation in China. Regen Med，5 (1)：35～44

Mooney D J，Karfmann P M，Mcnamara K M，et al. 1994. Transplantation of hepatocytes using porous biodegradable sponges. Transplantation Proceedings，26：34～52

Muneretto C，Alessandric G，Caruso A，et al. 1999. Functional characterization of endothelial cells. First International Symposium of Tissue Engineering for Heart Valve Bioprostheses. UK. 14～15

Mushy W L，Mooney D J. 2002. Bioinspired growth of crystalline carbonate apatite on biodegradable polymer's strate. Journal of the American Chemical Society，124 (9)：1910～1917

Neuzil E，Malgat M，Lacoste A M. 1992. Reaction of some beta-amino acids with ninhydrin and with two related triketones. Biochem Soc Trans，20 (2)：180S

Nichols J E，Niles J A，Cortiella J. 2009. Design and development of tissue engineered lung：Progress and challenges. Organogenesis，5 (2)：57～61

Nieponice A，Soletti L，Guan J，et al. 2008. Development of a tissue-engineered vascular graft combining a biodegradable scaffold，muscle-derived stem cells and a rotational vacuum seeding technique. Biomaterials，(29)：825～833

Niklason L E，Gao J，Abbott W M，et al. 1999. Functional arteries grown in vitro. Science，284 (16)：489～493

Oberpenning F，Meng J，Yoo J J，et al. 1999. De novo reconstitution of a functional mammalian urinary bladder by tissue engineering. Nat Biotechnol, 17 (2): 149～155

O'Brien M F, Goldstein S, Walsh S, et al. 1999. The SynerGraft valve: a new acellular (nonglutaraldehyde-fixed) tissue heart valve for autologous recellularization first experimental studies before clinical implantation. SeminThorac Cardiovasc Surg, 11 (4Suppl1): 194～200

Okano T, Matsuda T. 1997. Hybrid muscular tissues: preparation of skeletal muscle cell-incorporated collagen gels. Cell Transplant, 6 (2): 109

Okano T, Matsuda T. 1998. Tissue engineered skeletal muscle: preparation of highly dense, highly oriented hybrid muscular tissue. Cell Transplant, 7 (1): 71

Omori K, Nakamura T, Kanemaru S, et al. 2005. Regenerative medicine of the trachea: the first human case. Ann Otol Rhinol Laryngol, 114 (6): 4292～433

Papenburg B J, Vogelaar L, Bolhuis-Versteeg L A, et al. 2007. One-Step fabrication of porous micropatterned scaffolds to control cell behavior. Biomaterials, 28 (11): 1998～2009

Pellegrini G, Traverso C E, Franzi A T, et al. 1997. Long-term restoration of damaged corneal surfaces with autologous cultivated corneal epithelium. Lancet, 349: 990～993

Pelttari K, Wixmerten A, Martin I, 2009. Do we really need cartilage tissue engineering? Swiss Med Wkly, 139 (41-42): 602～609

Reichl S, Bednarz J, Muller-Goymann C C. 2004. Human corneal equivalent as cell culture model for in vitro drug permeation studies. Br J Ophthalmol, 88 (4): 560～565

Rheinwald J G, Green H. 1975. Serial cultivation of strains of human epidermal keratinocytes: the formation of keratinizing colonies from single cells. Cell, 6 (3): 331～344

Rodriguez J P, Montecinos L, Rios S, et al. 2000. Mesenchymal stem cells from osteoporotic patients produce a type Ⅰ collagen deficient extracellular matrix favoring adipognic differentiation. J Cell Biochem, 79 : 557～565

Roomans G M. 2010. Tissue engineering and the use of stem/progenitor cells for airway epithelium repair. Eur Cell Mater, 19: 284～299

Sakata J, Vacanti C A, Schloo B, et a1. 1994. Tracheal composites tissue engineered from chondrocytes, tracheal epithelial cells, and synthetic degradable scaffolding. Transplant Proc, 26 (6): 3309～3310

Shenkman Z, Shir Y, Weiss Y G, et al. 1997. The effects of cardiac surgery on early and late pulmonary functions. Acta Anaesthesiol Scand, 41 (9): 1193～1199

Shinoka T, Breuer C K, Tanel K E. 1995. Tissue engineering heart valve-leaflet replacement study in a lamb model. Ann Thorac Surg, 60 (Suppl6): 513～516

Simon P, Kasimir M T, Seebacher G, et al. 2003. Early failure of the tissue engineered porcine heart valve SYNERGRAFT (tm) in pediatric patients. European Journal of Cardio-Thoracic Surgery, 23 (6): 1002～1006

Sodek J, Overall C M. 1992. Matrix metalloproteinases in periodontal tissue remodelling. Matrix suppl, 1: 352～362.

Stanec S, Stanec Z. 1998. Reconstruction of upper extremity peripheral nerve injuries with ePTFE conduits. J Reconstr Microsurg, 14 (4): 227

Steinhoff G, Stock U, KarimN, et al. 2000. Tissue engineering of pulmonary heart valves on allogenic acellular matrix conduits: in vivo restoration of valve tissue. Circulation, 102 (19Suppl3): III50～55

Tiöli R S, Gümüsderelioölu M G. 2008. Evaluation of RGD- or EGF-immobilized chitosan scaffolds for chondrogenic activity. International Journal of Biological Macromolecules, (43): 121～128

Tsukagoshi T, Yenidunya Mo, Sasaki E et al. 1999. Experimental Vascular graft using small-caliber fascia-wrapped fibrocollagenous tube: short-term evaluation J Reconstr Microsurg, 15 (2): 127～131

Vacanti C A, Cao Y L, Upton J, et al. 1994. Neo-cartilage generated from chondrocytes isolated from 100-year-old human cartilage. Transplant Proc, 26 (6): 3434～3435

Vacanti C A, Kim W, Upton J, et al. 1993. Tissue-engineered growth of bone and cartilage. Transplant Proc, 25

(1 Pt 2): 1019～1021

Vacanti C A, Paige K T, Kim W S, et al. 1994. Experimental tracheal replacement using tissue-engineered cartilage. J Pediatr Surg, 29 (2): 201～204

Vacanti J P, Morse M A, Saltzman W M, et al. 1988. Selective cell transplantation using bioabsorbable artificial polymers as matrices. J Pediatr Surg, 23: 3～9

Valarmathi M T, Yost M J, Goodwin R L, et al. 2008. The influence of proepicardial cells on the osteogenic potential of marrow stromal cells in a three-dimensional tubular scaffold. Biomaterials, (29): 2203～2216

Vaz C M, van Tuijl S, Bouten C V, et al. 2005. Design of scaffolds for blood vessel tissue engineering using a multilayering electrospinning technique. Acta Biomater, 1 (5): 575～582

Wang D, Liu W, Han B, et al. 2005. The bioreactor : A powerful tool for large-scale culture of animal cells. Curr pharm Biotechnol, 6 (5): 397～403

Wang J S. 1996. Basic fibroblast growth factor for stimulate of bone formation in osteoinductive or conductive implants. Acta Orthop Scand suppl, 269: 1～33

Wang Y, Kim U J, Blasioli D J, et al. 2005. *In vitro* cartilage tissue engineering with 3D porous aqueous-derived silk scaffolds and mesenchymal stem cells. Biomaterials, (26): 7082～7094

Weinberg C B, Bell E. 1986. A blood vessel model constructed from collagen and cultured vascular cells. Science, 231 (4736): 397～400

Westhaus E, Messersmith P B. 2001. Triggered release of calcium from lipid vesicles: a bioinspired strategy for rapid gelation of polysaccharide and protein hydrogels. Biomaterials, 22 (5): 453～462

Wilhelmi M H, Rebe P, Leyh R, et al. 2003. Role of inflammation and ischemia after implantation of xenogeneic pulmonary valve conduits: histological evaluation after 6 to 12 months in sheep. Int J Artif Organs, 26 (5): 411～420

Williams C, Wick T M. 2004. Perfusion bioreactor for small diameter tissue-engineered arteries. Tissue Eng, 10 (5～6): 930～941

Wolter J R, Meyer R F. 1984. Sessile macrophages forming clear endothelium-like membrane on inside of successful keratoprosthesis. Trans Am Ophthalmol Soc, 82: 187～202

Yang J, Webb A R, Pickerill S J, et al. 2006. Synthesis and evaluation of poly (diol citrate) biodegradable elastomers. Biomaterials, (27): 1889～1898

Yannas I V, Burke J F, Gordon P L, et al. 1980. Design of an artificial skin. II. Control of chemical composition. J Biomed Mater Res, 14 (2): 107～132

Yoo J J, Meng J, Oberpenning F, et al. 1998. Bladder augmentation using allogenic bladder submucosa seeded with cells. Urology, 51 (2): 221～225

Zhang J, Liu L, Gao Z, et al. 2009. Novel approach to engineer implantable nasal alar cartilage employing marrow precursor cell sheet and biodegradable scaffold. Journal of Oral and Maxillofacial Surgery, 67 (2): 257～264

Zilla P, Bezuidenhout D, Human P. 2005. Carbodiimide treatment dramatically potentiates the anticalcific effect of alpha-amino oleic acid on glutaraldehyde-fixed aortic wall tissue. Ann Thorac Surg, 79 (3): 905～910

Zuk P A. 2001. Stem cell research has only just begun. Science, 293 (5528): 211～212

第二章　组织工程干细胞技术

干细胞具有再生其他组织器官的能力，是重要的组织工程种子细胞。干细胞库建立可为组织工程提供稳定的种子细胞来源。干细胞及其建库技术的发展，可以极大地促进组织工程产品研发和临床应用。

第一节　干细胞分离培养

1868年，德国生物学家Ernst Haeckel首次提出了“干细胞”概念，经过100多年众多科学家的探索和发现，这一概念已经发生了巨大变化，就现在观点来看，“干细胞”应该是具有无限自我更新能力、保持未分化状态并在特定条件下具有分化为特定组织能力的一种细胞。按照发生学来源，干细胞可分为胚胎干细胞（embryonic stem cell）和成体干细胞（somatic stem cell）。胚胎干细胞也被称为亚全能性干细胞（pluripotent stem cell），是由着床前的胚胎分离培养的，在培养时仍旧保留其亚全能性，并可分化为几乎所有成体组织的细胞类型。而成体干细胞是在成体器官的组织中发现的未分化细胞，具有自我更新能力，并能分化成来源组织的主要类型特化细胞，包括造血干细胞、骨髓间充质干细胞、神经干细胞、肌肉干细胞、成骨干细胞、内胚层干细胞、视网膜干细胞及胰腺干细胞等。

一、胚胎干细胞

胚胎干细胞是由胚胎内细胞团（inner cell mass）或原始生殖细胞经体外抑制培养而筛选出的细胞。未分化的胚胎干细胞应具有以下特征：保持未分化状态下的高增殖能力、长期体外培养环境中保持正常核型、表达干细胞的特征性标志、组成性的高端粒酶活性及分化形成几乎所有类型体细胞的能力。从理论上讲，胚胎干细胞可以发育分化为完整个体，并可以分化成全身所有的细胞类型。1981年，Evans首次成功分离出小鼠胚胎干细胞并建立了小鼠胚胎干细胞系，开创了胚胎干细胞研究的先河。之后国内外科学家在仓鼠、大鼠、兔、猪、牛、绵羊、山羊、水貂、恒河猴、美洲长尾猴及人类中分离获得了胚胎干细胞。Thomson等（1998）利用体外辅助生殖过程中多余的人胚分离胚胎内细胞团后建立了第一个人类胚胎干细胞系。近年来诱导多能性干细胞（induced pluripotent stem cell）的研究进展，让人们看到了干细胞应用的新希望（Carpenter et al.，2001）。

（一）胚胎干细胞的形态学特征

胚胎干细胞具有与早期胚胎细胞相似的形态结构，细胞核大，有一个或几个核仁，胞核中多为常染色质，胞质胞浆少，结构简单。体外培养时，细胞排列紧密，呈集落状生长。用碱性磷酸酶染色，胚胎干细胞呈棕红色。细胞克隆和周围存在明显界限，形成的克隆细胞彼此界限不清，细胞表面有折光较强的脂状小滴。细胞克隆形态多样，多数呈岛状或巢状。小鼠胚胎干细胞的直径 7～18 μm；猪、牛、羊胚胎干细胞的颜色较深，直径 12～18 μm。

（二）胚胎干细胞分化

胚胎干细胞具有不确定的分裂和分化能力，能够分化成哺乳动物发育过程中出现的所有三个胚层，即外胚层、内胚层和中胚层。现已证明小鼠胚胎干细胞可以分化为心肌细胞、造血细胞、卵黄囊细胞、骨髓细胞、平滑肌细胞、脂肪细胞、软骨细胞、成骨细胞、内皮细胞、黑色素细胞、神经细胞、神经胶质细胞、少突胶质细胞、淋巴细胞、胰岛细胞、滋养层细胞等。人类胚胎干细胞也可以分化为滋养层细胞、神经细胞、神经胶质细胞、造血细胞、心肌细胞等。

（三）人胚胎干细胞建系

人胚胎干细胞一般来源于 6～7 日龄的植入前的胚泡细胞分离出的内细胞团，并且在成纤维细胞滋养层上培养。应用最广泛的支持人胚胎干细胞的滋养层细胞是小鼠胚胎滋养细胞。

1. 培养基和试剂配制

1）人胚胎干细胞完全培养基

DMEM/F12M 或 DMEM

谷氨酰胺	20 mmol/L
β-巯基乙醇	10^{-4} mol/L
非必需氨基酸（NEAA）	100×
青霉素、链霉素	100×
碱性成纤维细胞生长因子（bFGF）	4 ng/ml
血浆	10%
血清替代物	10%

2）小鼠胚胎滋养细胞完全培养基（含 Ghutamax 的 DMEM，不含丙酮酸钠）

胎牛血清（FBS）	10%
非必需氨基酸	100×
β-巯基乙醇	0.1 mmol/L
L-谷氨酰胺	2 mmol/L

3）丝裂霉素C保存液

将丝裂霉素C溶解于DMEM，终浓度为50 μg/ml。

4）0.1％明胶

将0.1 g明胶溶于100 ml PBS中。

2. 小鼠胚胎滋养细胞原代培养

1）脱颈处死妊娠15.5～16.5 d的妊娠鼠（鼠系包括SV129、C57BL等）。

2）用75％乙醇擦洗鼠的腹面。

3）剪开皮肤和组织暴露子宫。

4）取出子宫并放到含有PBS的塑料平皿里。

5）从子宫中取出胚胎。

6）剪去胎鼠的头部、四肢和尾部，并清除内脏器官。

7）把胚胎剩余部分放在50ml离心管里用PBS洗3遍。

8）把胚胎剩余部分转入干净的塑料平皿中，去掉PBS，把胚胎切成2 mm大的小块。

9）将切碎的胚胎装入离心管中，加入10 ml 0.25％的胰蛋白酶，在37℃孵育10～20 min。

10）使小块沉淀下来，从离心管中取出5 ml胰蛋白酶及分散的细胞，并且放到无菌的50 ml离心管中。

11）加入等体积的小鼠胚胎滋养细胞完全培养基抑制胰蛋白酶活性。

12）再加入5 ml 0.25％胰蛋白酶到原先的含有胚胎的离心管里，并在37℃再孵育10～20 min。

13）重复步骤10）、11）、12），大约进行5次孵育，将所有加入的胰蛋白酶及分散的细胞放入同一个50 ml离心管中。只有没溶解的软骨将被留在原先的含有胚胎的离心管中。

14）振荡胰蛋白酶消化的细胞悬液并允许剩余的小块沉淀。

15）取出并保存上清液，去除沉淀。

16）离心上清液，1000 r/min，5 min。

17）用小鼠胚胎滋养细胞完全培养基重悬沉淀，并用台盼蓝计数活细胞数量。

18）用小鼠胚胎滋养细胞完全培养基调整细胞浓度至5×10^5个/ml。

19）在37℃、5％CO_2细胞培养箱里孵育过夜。

20）第二天，用小鼠胚胎滋养细胞完全培养基换液置换旧的培养基以去除细胞的碎片。

3. 小鼠胚胎滋养细胞传代

1）当小鼠胚胎滋养细胞达到80％～90％融合时，从培养瓶中吸出培养基并用PBS洗2次细胞。

2）加入足量胰蛋白酶，使之覆盖细胞，置于37℃、5％ CO_2培养箱中，孵育1～4

min，倒置显微镜观察，当细胞间隙增大并变圆时，轻轻地敲击使小鼠胚胎滋养细胞进一步脱离培养瓶。加入等体积的小鼠胚胎滋养细胞完全培养基终止消化，并用吹管反复吹打，形成单细胞悬液。

3）将细胞悬液置于离心管中，1000 r/min 离心 5 min。

4）用小鼠胚胎滋养细胞完全培养基重悬并按 1∶2 或 1∶3 的比例接种于新的培养瓶中，加入相应体积的小鼠胚胎滋养细胞完全培养基，置于 37℃、5%CO_2 细胞培养箱中继续培养。

体外培养的小鼠胚胎滋养细胞在 4 代之后可能发生衰老或改变，所以一般使用前 3 代（p0～p3）的小鼠胚胎滋养细胞细胞作为人胚胎细胞系细胞的滋养层细胞。

4. 小鼠胚胎滋养细胞冻存

1）从含有小鼠胚胎滋养细胞的培养瓶中去除培养基，并用 PBS 洗 2 遍。

2）每个培养瓶中加入胰蛋白酶 1 ml，37℃孵育（1～4 min），倒置显微镜观察，当细胞间隙增大并变圆时，轻轻地敲击使小鼠胚胎滋养细胞进一步脱离培养瓶。加入等体积的小鼠胚胎滋养细胞完全培养基终止消化，并用吹管反复吹打，形成单细胞悬液。

3）将细胞悬液置于离心管中，1000 r/min 离心 5 min。

4）以 900 μl FBS 重悬细胞，加入冻存管中，并加入 100 μl 二甲基亚砜（DMSO）。

5）将冻存管立即储存到－80℃冰箱过夜。

6）第二天，把冻存管放到液氮里长期保存。

5. 小鼠胚胎滋养细胞滋养层制备

1）用小鼠胚胎滋养细胞完全培养基以 1∶10 的比例稀释丝裂霉素 C 保存液，配制成丝裂霉素 C 工作液。

2）当小鼠胚胎滋养细胞达到 80%～90%融合时，从培养瓶中弃去培养基并用 PBS 洗 2 次细胞。加入丝裂霉素 C 工作液，37℃孵育 2～3 h。

3）在丝裂霉素 C 孵育期间，把 0.1%明胶涂到培养板或培养瓶，至少在使用前 5 min 涂板。

4）弃去丝裂霉素 C 工作液，用 PBS 洗细胞 2 次，加入 1 ml 的 0.25%胰蛋白酶，在 37℃孵育细胞（1～4 min），倒置显微镜观察，当细胞间隙增大并变圆时，轻轻地敲击使小鼠胚胎滋养细胞进一步脱离培养瓶。加入等体积的小鼠胚胎滋养细胞完全培养基终止消化，并用吹管反复吹打，形成单细胞悬液。

5）将细胞悬液置于离心管中，1000 r/min 离心 5 min。

6）用小鼠胚胎滋养细胞完全培养基重悬小鼠胚胎滋养细胞细胞沉淀，用血细胞计数板计数细胞，调整细胞密度至 2×10^5～1×10^6/ml 接种至用明胶处理过的培养板或培养瓶中，细胞将在 6 h 内贴壁。

7）把新接种的培养板或培养瓶放置于 37℃、5%CO_2 细胞培养箱中，准备第二天使用。

6. 人胚胎干细胞建系

1）使胚胎生长到胚泡阶段，通常大约 5 d。

2）将无透明圈的胚泡与抗人抗体孵育 10 min，此抗体用含有 Glutamax 的 DMEM 稀释 30%～50%（如果胚胎没有从透明圈里孵出，用 5～10 μl 的 0.5%链霉蛋白酶在 37℃孵育直到透明圈溶解）。

3）用人胚胎干细胞系完全培养基快速冲洗胚泡使抗人抗体失活。

4）用 5～10μl 20%的豚鼠补体与胚泡在 37℃孵育 5～15 min，溶解胚胎滋养层，并用吸管轻轻吹吸胚胎促进溶解过程。

5）当胚胎滋养层完全溶解，用吸管轻轻地取出完整的内层细胞团并转移到含有 500μl 人胚胎干细胞完全培养基的小鼠胚胎滋养细胞的 4 孔板中，置于 37℃、5%CO_2 细胞培养箱中培养。

6）胚胎内细胞团细胞会在 2～5 d 内贴壁，要每天观察细胞的生长。要在原位停留 15 d 以上，如果需要，可以添加新的灭活的小鼠胚胎滋养细胞（只有当集落大到足以传代时才能将它转到新的小鼠胚胎滋养细胞的 4 孔板中）。从内细胞团来源的细胞具有类干细胞的形态，通常出现在集落的中心。

7）当克隆达到 0.1～0.5 mm 大小时，用拉长的玻璃吸管将它们切割成 2～10 小块并转移到新的失活的小鼠胚胎滋养细胞培养板中，每 5～7 d 重复一次。

7. 用胰酶消化法进行人胚胎干细胞的传代

1）弃去培养液，并用 PBS 冲洗细胞 2 遍。

2）加入足量胰蛋白酶，使之覆盖细胞，置于 37℃、5%CO_2 细胞培养箱中，孵育 2～5 min。

3）倒置显微镜观察，当细胞克隆变圆但仍贴附时，加入小鼠胚胎滋养细胞完全培养基终止消化。轻柔吹打 5～10 次，将克隆分散为小的细胞团块。

4）将细胞悬液转移至离心管中，1000 r/min 离心 5 min。

5）吸去上清，用人胚胎干细胞培养基重悬细胞。以 1∶3 或 1∶4 的比例传代至小鼠胚胎细胞滋养层上生长。

8. 人胚胎干细胞冻存

1）胰酶消化法消化细胞并离心。

2）加入 1 ml 冻存液（90% FBS 和 10% DMSO）重悬细胞，并加入冻存管中。

3）将冻存管移入－80℃冰箱过夜。

4）第二天移入液氮中长期保存。

二、成体干细胞

成体干细胞是指存在于一种已经分化组织中的未分化细胞，这种细胞能够自我更新并且能够分化形成组成该类型组织的细胞。成体干细胞存在于机体的各种组织器官中。成年个体组织中的成体干细胞在正常情况下大多处于休眠状态，在病理状态或在外因诱导下可以表现出不同程度的再生和更新能力。现在已证明在脑、骨髓、外周血液、血管、骨骼肌、皮肤、脂肪、牙髓、乳腺和肝脏中都存在干细胞。

（一）造血干细胞

造血干细胞（hematopoietic stem cell）是发现较早、研究最多、应用最广的成体干细胞之一，体内所有血细胞都由它分化发育而来，主要存在于骨髓、外周血、脐带血中。

人造血干细胞首先出现于胚龄第2～3周的卵黄囊，在胚胎早期（第2～3月）迁至肝、脾，第5个月又从肝、脾迁至骨髓。在胚胎末期一直到出生后，骨髓成为造血干细胞的主要来源。在胚胎和迅速再生的骨髓中，造血干细胞多处于增殖周期之中；而在正常骨髓中，则多数处于静止期（G_0期），当机体需要时，其中一部分分化成熟，另一部分进行分化增殖，以维持造血干细胞的数量相对稳定。造血干细胞进一步分化发育成不同血细胞系的定向干细胞。定向干细胞多数处于增殖周期之中，并进一步分化为各系统的血细胞系，如红细胞系、粒细胞系、单核-吞噬细胞系、巨核细胞系及淋巴细胞系。

过去普遍认为人造血干细胞的表面标志应为$CD34^+$、$CD38^-$、Lin^-、$HLA\text{-}DR^-$、$Thy\text{-}1^+$、$ckit^+$、$CD45RA^-$、$CD71^-$等，其中$CD34^+$是临床常用的人造血干细胞标志物。而最近的研究发现血管内皮生长因子受体2（vascular endothelial growth factor receptor 2，VEGFR-2）是确定造血干细胞的关键标志物（KDR），造血干细胞存在于$CD34^+KDR^+$亚群，而造血祖细胞存在于$CD34^+KDR^-$亚群，据此可区分造血干细胞和造血祖细胞（Ziegler et al.，1999）。

造血干细胞依据不同的来源，分离方法也不尽相同，骨髓、外周血和脐带血都是比较理想的造血干细胞组织来源。与骨髓和外周血来源相比，脐带血含有更高质量的原始人造血干细胞，有更强的增殖潜能及相关的生命周期，以及更长的端粒，因此脐带血来源的人造血干细胞更适合移植。现列出人脐血造血干细胞分离培养的操作实例。

（1）培养基和试剂

1）用于造血干细胞的IMDM。含2 mmol/L的左旋谷氨酰胺的IMDM，添加1%牛血清白蛋白、10 μg/ml胰岛素、0.1 mmol/L β-巯基乙醇、50 U/ml青霉素和50 μg/ml链霉素。

2）PBSA：Dulbecco's PBS溶液A（无钙、镁离子）。

3）过柱缓冲液：pH7.2的PBSA，添加0.5%牛血清白蛋白和2 mmol/L EDTA或0.6%枸橼酸葡萄糖A（ACD-A）。用真空装置除去缓冲液中的气体。

4）ACD-A：枸橼酸葡萄糖A方（0.6%ACD-A）和0.5%的牛血清白蛋白（第V组分）。

5）0.1%胶原酶A，用PBSA配制。

6）胰蛋白酶。0.05%胰蛋白酶用PBSA配制，含0.53 mmol/L EDTA；2.5%胰

蛋白酶用 PBSA 配制。

7）抗凝血剂。枸橼酸葡萄糖腺苷（CPDA-1）：122 mmol/L（26 g/L）枸橼酸钠，0.142 mol/L（25.5 g/L）葡萄糖，15.6 mmol/L（3.0 g/L）枸橼酸和 18.3 mmol/L（2.2 g/L）磷酸二氢钠。

8）细胞因子（Flt-3 配体、干细胞因子、促血小板生成素，IL-6）

（2）脐血准备

1）夹住脐带，尽可能靠近胎儿处剪断。

2）用 75％乙醇的棉球消毒脐带近胎儿端。

3）用 50 ml 注射器针头插入消毒后的脐带近胎儿端。

4）用 50 ml 注射器缓慢地将脐血从脐静脉抽出。

5）轻轻转动注射器几次，使脐血和抗凝剂充分混合。脐血应保存于室温，不要冷藏。

（3）从脐血中分离造血干细胞

1）将脐血与 PBSA 按 1∶1 比例稀释。

2）将 15 ml Ficoll-Hypague 加入 50 ml 离心管中。

3）将 30 ml PBSA 稀释的脐血缓慢地加到 Ficoll-Hypague 上。

4）室温 2000 r/min 离心 20～30 min。

5）离心后，在 Ficoll-Hypague 液面上明显可见一层细胞，是单个核细胞层。

6）用吸管吸出单个核细胞层，转移到另一离心管中，加入 PBSA，室温下 1000 r/min离心 10 min。

7）倒掉上清，用 PBSA 重悬细胞，室温下 1000 r/min 离心 10 min。

8）用培养造血干细胞的 IMDM 完全培养基重悬细胞。

9）准备过柱缓冲液，用抽真空装置去除气体。

10）每 10^8 个 CB-MNCs 用终体积 300μl 缓冲液重悬。

11）每 10^8 个 CB-MNCs 悬液加入 100μl FcR 阻断剂，抑制 CD34 微珠非特异性结合或通过 Fc 受体介导与非靶细胞结合。

12）每 10^8 个 CB-MNCs 悬液加入 100μl CD34 微珠进行细胞标记，充分混匀后在 6～12℃冰箱放置 30 min。

13）加 PBS 洗涤，室温 200 *g* 离心 10 min；加适量的缓冲液重悬细胞。

14）根据 CB-MNCs 的细胞总数选择合适的分离柱类型（MS^+/RS^+或 LS^+/VS^+），将柱子放入 MACs（吸附单克隆抗体-磁珠分离系统）分离仪的磁场中。加入缓冲液润洗柱子（MS^+/RS^+：500 μl；LS^+/VS^+：3 ml）。

15）用 30μm 的尼龙滤网过滤细胞，去除细胞团。使用前，先用缓冲液润湿柱子。

16）将细胞悬液加入柱子。

17）用缓冲液将未结合的细胞洗去（MS^+/RS^+：500 μl；LS^+/VS^+：3 ml），洗 3 遍。

18）分离结合的细胞：将柱子从分离仪中移出，置于合适的管中。将柱子加满缓冲液（MS^+/RS^+：1 ml；LS^+/VS^+：5 ml）。用柱子内塞加压，将结合的细胞冲洗出来。

19）加 PBSA 将 $CD34^+$ 细胞洗一遍，室温 200 *g* 离心 10 min。用培养造血干细胞的 IMDM 完全培养基重悬细胞。

（4）造血干细胞扩增培养（$CD34^+$ 细胞）

1）用添加细胞因子的培养基重悬细胞（50 ng/ml Flt-3 配体、50 ng/ml 干细胞因子、20 ng/ml 促血小板生成素和 10 ng/ml IL-6）。

2）按 2×10^4 个/ml 的细胞浓度将 $CD34^+$ 细胞接种到 T25 培养瓶中。

3）每周两次半量换液，补充细胞因子。

（二）间充质干细胞

间充质干细胞（mesenchymal stem cell）是研究最多的干细胞之一，尤其是在患病和损伤修复方面。间充质干细胞具有高增殖的能力，因此可体外扩增足够数量的细胞以满足组织器官再生的需要。间充质干细胞具有多向分化能力，可分化为成骨细胞、软骨细胞、成肌细胞、脂肪细胞和成纤维细胞，而且间充质干细胞可以在诱导后表达内皮细胞、神经样细胞和心肌细胞的特征性标志物。单独移植间充质干细胞或将间充质干细胞种植在生物支架上已经用于组织器官损伤修复。间充质干细胞来源于早期的中胚层和外胚层，最初在骨髓中被发现（Friedenstein et al.，1976）。间充质干细胞可以从成年人的骨髓、骨骼肌肉、脂肪组织、滑膜及其他结缔组织中分离，也可以从脐血或胎盘的产物中分离，并且可根据不同的表面标志和功能进行分类。

间充质干细胞在形态上呈纺锤形的成纤维细胞状，能附着在塑料或玻璃培养皿上生长形成均匀的集落或贴壁的融合层。由于来源不同，细胞分离扩增的方法存在差异，为此国际细胞治疗学会（ISCT）制定了界定间充质干细胞的三条基本标准。①贴壁生长；②具有以下表型特征：≥ 95%的细胞表达 CD105、CD73 和 CD90 等，而绝大多数不表达 CD45、CD34、CD14、CD11b、CD79a 及 CD19 等，也不表达 MHC II 类分子，如 HLA2DR 抗原等；③具有分化为成骨细胞、脂肪细胞、成软骨细胞等三类细胞的能力（Dominici et al.，2006）。由于间充质干细胞的多潜能分化特性，最早用于组织修复。近年来研究表明，它还具有免疫调节作用，具体表现为抑制免疫细胞增殖、抗炎症等作用（Uccelli et al.，2006）。

间充质干细胞是近来干细胞研究的热点，来源比较丰富，不同来源的间充质干细胞在表型、分离方法方面差别较大，现简单介绍研究较多的骨髓来源的间充质干细胞分离培养方法。

1. 培养基和试剂

1）间充质干细胞完全培养基（CCM）

α-MEM：α-低限量基础培养基，其中无核苷酸或脱氧核苷酸；L-谷氨酰胺终浓度为 4 mmol/L；非热灭活的 FBS 终浓度为 20%。青霉素终浓度为 100 U/ml；链霉素终浓度为 100 U/ml。

2）胰蛋白酶/EDTA

胰蛋白酶 0.25%，EDTA 1 mmol/L，溶于 PBSA 中。

2. 骨髓来源的间充质干细胞分离

1）去除抗凝管盖子，将骨髓液转移至 50 ml 离心管中。加入室温的 HBSS，确保体积达到 25 ml。

2）取另一个 50 ml 离心管，加入 20 ml Ficoll-paque 淋巴细胞分离液，将 25 ml 细胞悬液轻轻加到 Ficoll 上层。HBSS 与 Ficoll 间的界面不能被破坏。

3）室温 1800 *g* 离心 30 min 。

4）离心完毕，于 Ficoll 和 HBSS 的界面收集白色细胞层，将其移至新的 50 ml 离心管中。

5）用 HBSS 将收集到的细胞悬液体积调至原体积的 3 倍，室温 1800 *g* 离心 10 min。重复洗涤。

6）用 30 ml 预热至 37℃的间充质干细胞完全培养基重悬细胞。

7）取 10 μl 细胞悬液加入到 10 μl 台盼蓝中，血细胞计数器评价细胞的存活率，存活率需高于 80%。

8）将 30 ml 细胞悬液移至直径 15 cm 的组织培养皿中，于 5%CO_2 培养箱中培养至少 15 h。

9）从培养箱中取出培养皿，吸出培养基。

10）加入 20 ml 预热的 PBSA，润洗单层细胞，弃去。

11）重复润洗过程 3 次。

12）加入 30 ml 预热的新鲜间充质干细胞完全培养基。

13）每隔一天重复此润洗和更换培养基的操作，共 6 d。

14）6 d 后，在倒置显微镜下观察单层细胞，贴壁的、成纤维细胞样间充质干细胞克隆在培养皿中清晰可见。有时可能有造血细胞污染的迹象，但这些细胞可以在传代时被除去。

3. 骨髓来源的间充质干细胞的传代培养

1）检查按照以上方法分离的 MSC。如果培养物中小的、贴壁的、纺锤形的成纤维细胞样细胞汇合至 60%时，对其进行处理。

2）按如下步骤消化细胞：

第一，用 20 ml 预热的 PBSA 润洗单层细胞后，加入 5 ml 胰蛋白酶/EDTA。

第二，将培养皿置于 37℃，2 min，在 10×放大倍数视野下观察单层细胞，贴壁细胞应正从塑料培养瓶上脱落。

第三，将培养皿置于 37℃，2 min，再次观察。重复观察直到 90%的 MSC 已从培养瓶中脱落下来。

第四，加入 5 ml 间充质干细胞完全培养基，将 10 ml 悬液移至 15 ml 离心管中，500 *g* 离心 10 min。

第五，离心完毕，弃去上清，每管用1～2 ml预热的PBSA重悬沉淀。如有必要，混合多管细胞悬液，只进行一次细胞计数。

3）取10 μl细胞悬液加入到10 μl台盼蓝中，用血细胞计数器进行计数。合适的细胞悬液浓度为（2～5）$\times 10^5$个/ml，存活率需高于80%。胰蛋白酶消化后用于传代的早期培养物悬液，亦可进行集落形成单位（CFU）测定、冻存或分化测定。

4）将细胞以50～100个/cm^2的密度接种到培养皿中，保持低密度以保证快速的自我更新和多潜能特性。用预热间充质干细胞完全培养基以7×10^3（终密度为50个/cm^2）～1×10^4（终密度为100个/cm^2）的密度重悬间充质干细胞。

5）预备适当数量的15 cm培养皿，加入25 ml预热的间充质干细胞完全培养基。

6）接种1 ml步骤2）和3）所得的细胞悬液。来回滑动平皿（勿打圈）使细胞分布均匀。培养皿置于培养箱中，标记为一代细胞。

7）培养2～3 d后，观察并评价形态。间充质干细胞应为小的、纺锤形、频繁折光的双联体。

8）从培养皿中吸出培养基，用20 ml预热的PBSA润洗，加入25 ml预热的新鲜间充质干细胞完全培养基。

9）每次传代时所需的培养皿数量取决于可以接种的细胞数量。方案中的上述体积适用于间充质干细胞接种至单个15 cm培养皿中。如有需要，可按此例扩大以接种多个培养皿。

（三）脂肪来源的干细胞

近年来，脂肪组织作为成体干细胞的来源，其含量丰富又易于获得，这些干细胞被命名为脂肪来源的干细胞（adipose-derived stem cell）。脂肪来源的干细胞在脂肪组织中的比例为1∶100～1∶1500，远超过间充质干细胞在骨髓中所占的比例。2001年Zuk等（2001）首先以抽脂获得的脂肪组织作为原料，获得了脂肪干细胞，并证明这种丰富且能再生的组织可作为未来组织工程的细胞来源。

脂肪来源的干细胞具有成纤维样细胞的形态，胞内缺乏脂肪细胞中的脂滴。体外扩增后表型会发生改变，主要体现在细胞表面蛋白和细胞因子表达的变化。脂肪来源的干细胞不像骨髓间充质干细胞对培养基中胎牛血清的来源和质量有严格要求，在加有任何批号胎牛血清的DMEM培养基中均能很好地扩增。在传代培养中，平均倍增时间为60 h，并且保持稳定的倍增率直至13～15代，其中衰老和死亡细胞所占的比例也很少，这表明脂肪来源的干细胞体外扩增能力很强，传代培养易于获得大量有分化能力的细胞。

小鼠脂肪来源干细胞的分离培养方法如下。

1. 培养基和试剂

1）脂肪来源干细胞的培养基（ADSC培养基）

脂肪来源的干细胞培养基是含有10%胎牛血清的DMEM。添加1%青霉素100 U/ml，链霉素100 μg/ml。

2）II 型胶原酶

100ml Hank's 缓冲液中加入 1 g 牛血清白蛋白和 0.1 g II 型胶原酶。

2. 胰蛋白酶

溶于不含钙镁的 PBS 缓冲液中，终浓度为 0.025%。

3. HBSS

Hank's 缓冲盐溶液。

4. 小鼠脂肪来源干细胞分离

1）37℃水浴中预热 HBSS 和 ADSC 培养基。
2）麻醉动物后处死。
3）转移动物至层流净化罩中。
4）70%乙醇消毒腹部。
5）采用低位横向切口打开腹腔。
6）用镊子取出性腺/附睾和腹股沟处的脂肪垫。
7）将脂肪置于培养皿中，加入 HBSS。
8）将所有动物脂肪取出后，将脂肪转移至新的培养皿中。
9）加入含有 5%聚乙烯吡咯碘酮的 HBSS，反应 2～3min。
10）漂洗组织并用 HBSS 洗涤脂肪。
11）用无菌镊子将脂肪转移至 50 ml 离心管中。
12）用无菌剪刀将脂肪剪碎。
13）加入与组织体积相同的胶原酶溶液并混匀。
14）将离心管置于 37℃水浴中 60 min，其间不时混匀一下。
15）离心，50～100 *g*，5 min。
16）取出离心管，用力摇晃（将基质细胞与原代脂肪细胞完全分离），再次离心 5 min。
17）小心吸去上层油脂，油脂层中含有原代脂肪细胞，注意不要破坏位于下方的基质-血管细胞层。
18）加入 5～10 ml PBSA，重悬沉淀，再次离心 5min。
19）洗涤 3 次，注意不要吸走基质-血管细胞层。
20）最后一次洗涤后，加入 8 ml 脂肪来源的干细胞培养基重悬沉淀，转移至 T25 培养瓶中，置于 37℃、5%CO_2温箱中。
21）待细胞贴壁生长 2～4 d 后换液。
22）换液后通过弃去培养基，以除去未贴壁的细胞。
23）以后每周更换培养基 2 次。

5. 脂肪来源干细胞培养

1）当细胞达到 80%融合时，弃去培养基，用 PBSA 洗涤细胞 2 次。

2）加入足量胰蛋白酶，使之覆盖细胞，置于37℃、5% CO_2 培养箱中，孵育3 min。

3）加入脂肪来源干细胞完全培养基，使胰蛋白酶失活，按1∶2或1∶3的比例，将细胞接种于培养瓶中。

（四）角膜缘干细胞

传统观点认为角膜没有自我更新能力或不包含干细胞，但近来的一些研究表明，从角膜基质和角膜内皮中可以分离出具备成体干细胞特性的细胞群。Schermer等（1986）应用单克隆抗体对细胞角蛋白的检测发现角膜上皮干细胞存在于角膜缘基底细胞中，这是人类首次发现并报道角膜缘干细胞（limbal stem cell）的存在。之后越来越多的证据证明角膜缘干细胞的存在。角膜缘干细胞不仅可以分化、增殖为上皮细胞，还可以像屏障一样阻止结膜上皮细胞移行至角膜表面，对维持角膜的生理功能有重要意义（Dua and Azuara-Blanco，2000）。

角膜缘干细胞分离过程如下所述。

1. 培养基和试剂

1）PBSA/GASP

含抗生素的PBSA；庆大霉素50 μg/ml；两性霉素B 1.25 μg/ml；链霉素100 μg/ml；青霉素100 U/ml（GASP）。

2）CMF-Saline G

NaCl 0.8 g/L，KCl 0.4 g/L，$Na_2HPO_4 \cdot 7H_2O$ 0.29 g/L，KH_2PO_4 0.15 g/L，葡萄糖1.1 g/L，调pH至7.2。

3）CMF/GASP

含GASP抗生素的CMF-Saline G。

4）丝裂霉素C

500 μg/ml溶于水。

5）胰蛋白酶/EDTA

胰蛋白酶0.25%，Na_2EDTA 0.5 mmol/L，溶于CMF-Saline G。

6）DMEM/F12/GASP

溶有GASP抗生素的DMEM/F-12。

7）LSC培养基（DMEM/F-12）

a. FBS 5%

b. 人表皮生长因子（EGF） 20 ng/ml

c. 谷氨酰胺 4 mmol/L

d. 三碘甲腺原氨酸 2 mmol/L

e. ITS

胰岛素 5 μg/ml
转铁蛋白 5 μg/ml
亚硒酸 5 μg/ml
f. 氢化可的松 0.55 μg/ml
g. 霍乱霉素 30 ng
h. 腺嘌呤 0.18 mmol/L
i. GASP 抗生素

2. 制备人的羊膜

1）用 PBSA/GASP 清洗组织。

2）分离人羊膜，用戴手套的手从胎盘上将羊膜钝性分离下来，分离出的羊膜薄层包括上皮细胞、基底膜和一些基质组织。

3）用无菌棉拭子除去基底膜下的基质组织，使分离的羊膜尽可能的薄。

4）在检测供者血清排除患有疾病的供者后，可以将粗分离出的人羊膜保存在含有50% 丙三醇的 DMEM 中，−70℃存放。

5）临用前解冻人羊膜，用 PBSA 清洗后将其切成直径约为 2 mm 的小块。

6）用胰蛋白酶/EDTA 消化组织块，37℃，30 min。

7）用塑料刮片轻刮消化过的人羊膜，除去上皮细胞，注意不要破坏基底膜。

8）用 PBSA 清洗裸露的羊膜，并将它的基底膜面（去除上皮细胞的面）黏附在 Millicell 微孔膜组织培养插片上。

3. 制备小鼠 NIH 3T3 成纤维细胞滋养层

1）DMEM10FB/GASP 培养 NIH 3T3 成纤维细胞，接种于 25 cm^2 或 75 cm^2 的组织培养瓶中。

2）细胞接触汇合后加入 MMC（5 μg/ml）37℃，2 h。

3）胰蛋白酶消化后将细胞以 2×10^4 个/cm^2 的密度铺于 3.5 cm 培养平皿或 6 孔板。

4）如不用丝裂霉素 C 处理，可以用^{60}Co 或 X 射线放射源^{60}Gy 照射铺满 3T3 细胞的培养皿。照射后细胞不再进行有丝分裂，但仍能黏附在培养皿上作为滋养层使用。

4. 人角膜缘干细胞的分离与培养

1）清洗角膜 3 次，每次 5 min。

2）剪除残留的巩膜、结膜和虹膜。

3）加入 2 ml 中性蛋白酶 II，4℃过夜，轻微搅动。

4）将加入中性蛋白酶 II 的角膜放入 4℃摇床，60 r/min，30 min。

5）用 DMEM/F-12/GASP 清洗角膜。

6）解剖显微镜下，小心去除角膜中央的上皮细胞（此时多数的中央上皮细胞已经剥脱），并除去角膜缘包含有 Vogt 栅栏区的色素上皮细胞。

7）在灭菌容器中用胰蛋白酶/EDTA 消化角膜缘上皮细胞片，37℃，10 min。

8）加入等体积的 DMEM/F12/2FB/GASP。

9）400 *g* 离心 10 min，弃上清。

10）用 DMEM/F12/2FB/GASP 洗一遍，离心，弃上清。

11）加入 LSC 培养基，将细胞拍散并用血细胞计数板计数。

12）将细胞以 1×10^4 个/cm^2 的密度接种至铺有 3T3 滋养层的组织培养皿或准备好的人羊膜上。

13）每 3 d 更换一次培养基。

14）当细胞达到 90%时用胰蛋白酶消化传代：①吸出培养基；②用 CMF-Saline G 洗一次；③加入胰蛋白酶或 TrypLE 至仅仅覆盖细胞，37℃，10min；④加入 DMEM/F12/2FB 终止消化；⑤细胞计数；⑥将重悬的细胞离心，弃上清；⑦用足量新鲜配制的 MJM 培养基将细胞重悬，以 1×10^4 个/cm^2的密度接种。

（五）乳腺干细胞

人类最初考虑到乳腺干细胞的存在，是因为观察到乳腺在细胞水平上活动旺盛。人类乳腺生长开始于青春期，细胞增殖随月经的周期发生波动，在怀孕过程中，乳腺小泡的数目增长了 10 倍，而在哺乳期，乳腺重塑，体积恢复到孕前状态，而这一过程可在多次受孕时重复进行。Kordon 和 Smith（1998）采用逆转录病毒插入标记的方法，证明小鼠乳腺可由单个细胞生成。2006 年的两项研究表明，在去除表达造血谱系的标志物细胞后，$CD29^+/CD24^+$或 $CD49f^+/CD24^+$的乳腺上皮细胞群体中富含具有克隆能力的细胞群 $Lin^-\ CD24^{med}CD49f^{hi}$和 $Lin^-CD24^+CD29^{hi}$，并且可以在去除上皮的脂肪垫中形成（Stingl et al.，2006，Shackleton et al.，2006）。

乳腺干细胞分离过程如下所述。

1. 培养基

1）DMEM/F12，1∶1 的比例，加入 1.2 mg/ml 重碳酸盐。

2）CMD3 培养基

DMEM/F12，1∶1，其中加入：亚硒酸钠 2.6 ng/ml，上皮生长因子 100 ng/ml，氢化可的松 0.5 μg/ml，三碘甲状腺氨酸 10 nmol/ml，纤维连接蛋白 100 ng/ml，谷氨酸盐 2 mmol/L，转铁蛋白 25 μg/ml，双丁酰基 cAMP 10 nmol/L，磷酸乙醇胺 0.1 mmol/L，胎球蛋白 20 μg/ml，维生素 C 0.06 mmol/L，牛血清白蛋白 0.01%，HEPES 缓冲液 10 mmol/L，GIBCO 微量元素混合物 1∶100，胰岛素 3.0 μg/ml，17β-雌二醇 0.1 mmol/L，乙醇胺 0.1 nmol/L。

3）胶原酶，900 IU/ml

4）Vitrogen。

5）培养瓶，25 cm^2，Vitrogen 包被，8 μg/cm^2。

2. 乳腺干细胞分离

1）手术后，立即将组织标本转移至DMEM/F12（1∶1）中。

2）用两把解剖刀将组织剪成约2 mm的小块。

3）置摇床上（60 r/min），37℃，胶原酶消化24～48h。

4）离心（175 *g*）消化数秒钟。

脂肪和富含脂肪的细胞漂浮于上清液的上方，将其弃去；上清液中主要含有血管来源的小粒和单个细胞；沉淀中含有血管和上皮来源的较大组织样颗粒。

5）用10 ml DMEM/F12重悬沉淀。在30 s内，上皮来源的组织样大颗粒会沉淀，血管来源部分则悬浮于培养基中。因为血管来源的最终也会沉淀，所以应与上皮来源的组织样大颗粒分离。通常，再经过两轮重悬沉淀，就可以将上皮来源的组织样大颗粒与血管来源的分离。

6）第5）步中的上清液，125 *g*离心5 min。沉淀中含有小血管。弃去上清，离心，500 *g*，10 min，则沉淀中含有成纤维细胞。

7）将上皮来源的小颗粒种植到Vitrogen包被的25 cm^2培养瓶中。必要时，其他部分也可以种植。

8）加入CDM3培养基，培养瓶置于37℃、5% CO_2温箱中。

（江其生　马　威）

第二节　干细胞特性和鉴定

干细胞分离纯化后，进一步培养扩增，在正式用于组织工程种子细胞前还需要进行分类和鉴定。目前尚没有一种单一、简便的方法可以完成干细胞鉴定，需要根据干细胞特性进行多个方面的综合判断。一般先进行形态观察、碱性磷酸酶（AKP）染色、核型分析，再进行细胞表面抗原和转录因子分析，在干细胞数量较多时进行分化能力检测。

一、干细胞特性和分类

（一）干细胞特性

干细胞是一种同时具有自我更新能力、分化能力和增殖能力的细胞，是无具体功能的非特化细胞。但对干细胞的准确定义目前还存在争议。例如，有人认为干细胞应具有无限的或长期的自我更新能力，也有人认为干细胞应具有多向分化能力。一般而言，干细胞的发育阶段越早，这三种能力也越强，而随着越来越接近成熟的功能细胞或结构细胞，这三种能力也逐步降低甚至丧失。对哺乳动物来说，生理状态下最原始和最强大的干细胞是受精卵，随后是胚胎干细胞、胎儿干细胞、成体干细胞等。

干细胞的自我更新是指干细胞分裂后子代干细胞能保持与自己相同的基因型与表型，维持未分化状态并具有相同的分化潜能。自我更新能力是干细胞得以体外建系的基础，使干细胞既能长期培养增殖，又不会发生染色体的异二倍体化，从而可作为生命科学研究和医学研究的良好工具。1998 年，Thomson 等首次从人囊胚内细胞团中建立了人胚胎干细胞系，迄今为止，该细胞系已在体外培养了 200 多代，依然保持着正常的核型，植入免疫缺陷小鼠体内后可形成畸胎瘤，证明其具有全分化潜能（赵春华，2006）。自我更新同时受到细胞生长环境和内源性调节因子的控制，在体外培养时往往需要添加抑制分化的物质或者以人或动物来源的滋养层细胞作为培养环境，才能使干细胞增殖时不发生分化。自我更新机制的研究不仅是目前干细胞研究的热点，也是干细胞临床应用的重要基础。

干细胞分化是指干细胞分裂后转变为形态上、机能上、化学构成上与自己相异的子代细胞。研究表明，干细胞的分化是转录因子、生长因子、膜蛋白及外在接触环境等多方面因素共同调控、相互协调，导致基因按照一定的时间、空间顺序表达的结果。2007 年，日本科学家山中伸弥等将 4 种转录因子导入人皮肤成纤维细胞，使后者获得了多能分化能力，证明了细胞分化是可逆的，也为通过基因操作调节细胞分化状态开辟了道路。目前，阐明细胞分化与细胞自我更新的开关基因及其调控机制，以及如何实现干细胞在体外培养条件下的定向分化是研究的热点。

干细胞增殖是指通过细胞有丝分裂实现细胞数量的扩增。干细胞的自我更新和分化都是以细胞增殖为基础的。有两种分裂方式——对称分裂和不对称方式，成熟细胞都是采用对称分裂方式。以前认为，干细胞是通过不对称方式进行分裂的，即新复制产生的染色体都用于构建子代细胞，而原来的染色体继续作为干细胞保持不变（即自我更新），稳定地作为正确的模板，从而保证干细胞“永远正确”，这种理论也就是所谓的“不朽链假说”，但新发现的一些证据不支持这一假说，如造血干细胞即采用对称方式进行分裂（赵春华，2006）。

除干细胞，人们也用祖细胞来命名某些前体细胞（如髓系祖细胞、内皮细胞祖细胞）。有人认为，尽管祖细胞有一定的分化能力和增殖能力，但缺乏自我更新能力，经过几轮细胞分裂后即变成终末分化细胞，因此不属于干细胞，而是干细胞向成熟细胞分化发育的过渡阶段。另外，有学者报道有些祖细胞（如血管内皮祖细胞）也具有一定的自我更新能力，而有些人将单能干细胞与祖细胞视为等同。总之，祖细胞的定义和使用还比较模糊。在成体干细胞研究中，由于干细胞分离和鉴定比较困难，所得细胞往往为多种细胞的混合物，因此在技术上也难以严格区分祖细胞与干细胞。

（二）干细胞分类

依据分化潜能的不同，干细胞分为 4 种（赵春华，2006）。

1. 全能干细胞

全能干细胞（totipotent stem cell）是指在自然条件或生理条件下能发育成完整个

体的干细胞。受精卵及胚胎发育至四细胞期之前的每个细胞均是全能干细胞，其自我更新能力、分化能力和增殖潜能是最强的。

2. 亚全能干细胞

亚全能干细胞（pluripotent stem cell）或称万能干细胞、三胚层多能干细胞，是全能干细胞分化而来的子代干细胞，不能形成完整个体，可以形成内、中、外三个胚层来源的所有细胞类型。大多数胚胎干细胞、核移植胚胎干细胞及人工诱导多能干细胞（iPS）属于此类。

3. 多能干细胞

多能干细胞（multipotent stem cell）或称单胚层多能干细胞，是由亚全能干细胞分化而来的，分化潜能有所下降，不能形成完整个体，只能分化出部分种类而非全部种类的组织细胞。例如，神经干细胞可以分化成各类神经细胞；造血干细胞可以分化为红细胞、白细胞、血小板等；间充质干细胞可以分化为成骨细胞、成软骨细胞等。

4. 单能干细胞

单能干细胞（unipotent stem cell）也称专能干细胞、祖细胞，由多能干细胞分化而来，只能分化成一种或者密切相关的两种组织类型的细胞，如上皮干细胞、肌星状细胞等。

根据组织来源，干细胞分为以下几类。

1. 胚胎干细胞

胚胎干细胞（embryonic stem cell）是从着床前囊胚或早期胚胎生殖细胞中分离得到的高度未分化细胞，能在体外长期培养和增殖，具有稳定的二倍体核型，可表达很高的端粒酶活性，在适合的条件下可分化为胎儿或成体内的各种类型的组织细胞。胚胎干细胞由于容易分离和鉴定，同时分化和增殖能力比成体干细胞强大，因而是理想的细胞治疗或再生医学的种子细胞。但由于在操作中涉及囊胚或胚胎的人工操作甚至破坏，引起严重的伦理学争议，因此许多国家禁止进行胚胎干细胞克隆的研究，但美国于 2009 年已经允许人类胚胎干细胞用于研究。

2. 核移植胚胎干细胞

核移植胚胎干细胞（embryonic stem cells via nuclear transfer），又称治疗性胚胎干细胞，是利用核移植技术将成体细胞的胞核植入去核的卵母细胞中，经体外培养后获得的干细胞克隆，其分化潜能类似胚胎干细胞。世界上第一只成体细胞克隆羊“多莉”的基因组就来自于羊的乳腺上皮细胞。核移植干细胞由于基因组来自供者，在细胞移植或再生医学中可以避免免疫排斥的发生，同时引起的伦理学争议也相对较小。

3. 诱导多能干细胞

诱导多能干细胞（induced pluripotent stem cell，iPS）首先由日本科学家山中伸弥于2006年研究成功。把Oct3/4、klf、c-Myc等4种转录因子利用基因表达载体转入成熟细胞，成熟细胞可以转变成未分化状态，具有类似于胚胎干细胞的分化潜能，称为诱导多能干细胞。2009年，我国科学家周新等利用iPS培育出成活小鼠，首次证明iPS有分化全能性。iPS的研究成功，避免了胚胎干细胞和核移植干细胞研究及应用中面临的伦理学问题、异体移植时的免疫排斥难题，为干细胞的应用开辟了崭新的道路和美好的未来。

4. 成体干细胞

成体干细胞（somatic stem cell）存在于成熟个体的各种组织中，为专能或多能干细胞，如造血干细胞、间充质干细胞、神经干细胞、肝脏干细胞、肌源性干细胞、表皮干细胞、肠上皮干细胞等。不仅细胞更新活跃的组织和器官（如骨髓、小肠上皮、表皮）存在干细胞，在一些原来认为更新极为缓慢甚至不更新的组织（如神经）中也存在干细胞。

5. 肿瘤干细胞

肿瘤干细胞（cancer stem cell）理论认为肿瘤组织由异质性的细胞群体组成，其中极少部分细胞具有干细胞特性，决定着肿瘤的发生、侵袭、转移、播散，以及对各种治疗是否敏感，而其他大部分肿瘤细胞经过有限的几次增殖后衰亡失去形成肿瘤的能力。肿瘤干细胞由干细胞突变而来，可以分化为多种表型的肿瘤细胞。肿瘤干细胞的存在，被认为是化疗或放疗失败及肿瘤复发、转移的根本原因，因为一般的治疗只对普通肿瘤细胞有效，而不能消灭肿瘤干细胞。

二、胚胎干细胞鉴定

（一）胚胎干细胞来源

胚胎干细胞是来源于特定解剖部位的细胞，相对于成体干细胞而言，分离和鉴定均比较容易。胚胎干细胞包括三种。①胚胎瘤干细胞（EC细胞），人类最早认识的胚胎干细胞，是从恶性畸胎瘤组织中分离出来的一种多能干细胞。EC细胞被注入小鼠囊胚中，可形成嵌合体小鼠。但形成嵌合体鼠的比例低，EC细胞核型和染色体结构易发生变异，其特性不稳定，因此限制了应用。②由着床前胚泡的内细胞团（inner cell mass，ICM）分离建系而来的胚胎干细胞，具有全能或亚全能分化潜能。③胚胎生殖细胞（PGC细胞），由早期胚胎原始生殖嵴细胞分离建系而来，分化潜能可能稍逊于ICM。目前胚胎干细胞一般指ICM和PGC细胞及其细胞系。

（二）胚胎干细胞体外培养和建系

自 1981 年 Evans 首次建立小鼠胚胎干细胞系以来，人类已经从内细胞团（ICM）、胚胎生殖细胞（PGC）相继建立了多种动物的胚胎干细胞系，技术也相对较为成熟。1998 年，人类第一个胚胎干细胞在体外建系成功。

胚胎干细胞的体外培养和建系一般按照以下步骤：①采用免疫法、机械法、胰酶消化法等方法将囊胚或胚胎中 ICM 细胞或 PGC 细胞与外层的滋养层细胞及其他细胞分离；②在有滋养层细胞（如小鼠胚胎成纤维细胞）的环境中进行培养，滋养层细胞有促进胚胎干细胞增殖并抑制其分化的作用，有时需加入抑制分化的其他因子（如白血病抑制因子）；③去除分化的干细胞，反复传代。

（三）胚胎干细胞鉴定

体外培养的胚胎干细胞或细胞系需进行鉴定，鉴定依据是干细胞特有的一系列生物学特征（黄晓燕等，2002；孙博文，2003；赵春华，2006；王世忠等，2007），包括以下几个方面。

1. 形态学特点

胚胎干细胞形态与早期胚胎细胞相似，体积小，核大而明显，有一个或多个核仁，细胞中多为常染色质，核质比例高。在体外培养时呈集落状生长，细胞排列紧密，集落内细胞间界限不清，集落呈岛状或巢状生长，与滋养层细胞之间界限明显。

2. 碱性磷酸酶（AKP）

AKP 活性是鉴定胚胎干细胞分化与否的重要标志，未分化的胚胎干细胞 AKP 呈阳性，染色后显微镜下呈棕色，已分化的细胞呈弱阳性或阴性，染色后显微镜下颜色浅或不显色。

3. 核型

胚胎干细胞具有稳定的二倍体核型，并且在体外长期传代后仍然保持这种正常核型，这一点与肿瘤细胞或其他细胞建系永生化后核型变为非二倍体核型是有根本区别的。例如，Thomson 等（1998）分离的人类第一个胚胎干细胞系在体外培养 6 个月后，染色体核型依然为正常的二倍体。

4. 端粒酶活性

胚胎干细胞高表达端粒酶。端粒是指染色体末端的 TTAGGG 重复序列，它在细胞的每一次分裂后都会变短，但可被端粒酶修复，其长度反映细胞的分裂能力、衰老状况或寿命。正常成体细胞不表达端粒酶或活性较低，细胞经 50～80 代分裂后即进入衰老状态。著名的世界首例克隆羊“多莉”寿命只有正常羊的一半，其细胞端粒长度检测结果表明比正常短 20%。生长活跃的胚胎细胞和肿瘤细胞高表达端粒酶。胚胎干细胞也高表达端粒酶，且随着细胞传代端粒酶活性不降低，即使分裂 200～300 代仍表现为高端粒酶活性，使它能保证子代细胞的染色体长度正常，在体外培养时长期保持未分化状态和高增殖活力。

5. 细胞表面抗原

胚胎干细胞具有表达早期胚胎细胞或生殖细胞特异性抗原的特性。不同来源的胚胎干细胞表面抗原存在明显的种属差异。小鼠胚胎干细胞表达阶段特异性胚胎抗原-1 (SSEA-1)，但并不表达 SSEA-3 和 SSEA-4。灵长类胚胎干细胞则表达 SSEA-3、SSEA-4、高分子糖蛋白（TRA-1-60、TRA-1-81）。人 EG 细胞也表达 SSEA-1，胚胎干细胞分化后 SSEA-1 表达增高。

6. 转录因子 Oct-4

Oct-4 是多分化潜能细胞特有的转录因子之一，对细胞的发育全能性十分重要，仅在卵母细胞、分裂早期胚胎、内细胞团、原始外胚层和原始生殖细胞中表达。胚胎干细胞表达 Oct-4 是其保持分化全能性的标志之一，细胞分化后，Oct-4 表达迅速下降。

7. 分化能力

检测胚胎干细胞分化能力的方法有两种。第一种方法是畸胎瘤试验：将 ES 细胞注射到免疫缺陷小鼠的皮下，可产生畸胎瘤，畸胎瘤中的细胞类型很多，涵盖了三个胚层，如肠上皮（内皮层），骨、软骨、平滑肌细胞（中胚层），神经上皮、复层鳞状上皮（外胚层）。第二种方法是自分化试验：ES 细胞有很强的自分化能力，在无滋养层细胞或缺乏分化抑制因子的培养条件下，细胞自发分化形成类胚体（embryoid body，EB），可检测到甲胎蛋白（AFP）和促绒毛膜激素（HCG）等分化细胞的标志物，EB 细胞继续分化可形成三个胚层的细胞类型，但其种类没有畸胎瘤内的细胞多。

目前，尚没有单一、简便的方法完成干细胞鉴定，需要多个方面综合判断。一般先进行形态观察、碱性磷酸酶（AKP）染色、核型分析，再进行细胞表面抗原和转录因子分析，在干细胞数量较多时进行分化能力检测。iPS 细胞及核移植胚胎干细胞的鉴定可参考胚胎干细胞的鉴定方法进行。

三、成体干细胞鉴定

（一）成体干细胞来源

成体干细胞主要有两种来源。第一，从各种成体组织中分离纯化获得，如从骨髓中分离造血干细胞和骨髓间充质干细胞、从肝脏组织分离肝脏干细胞等。从组织中直接分离的困难在于：干细胞在成体组织中含量极少（如 10 000～15 000 个骨髓细胞中仅有 1

个是造血干细胞）；分离得到的细胞往往是多种细胞的混合体；许多成体干细胞缺乏特异性标志物。第二，由胚胎干细胞在适宜的诱导条件下（如添加特异性诱导因子、与诱导组织或细胞共培养、转入特殊基因等）定向分化为特定成体干细胞。

与胚胎干细胞鉴定有相对统一的标准不同，成体干细胞鉴定要困难得多，不同成体干细胞的特点和鉴定依据都不同，除了要具有多能或单能分化能力（但不具备全能分化能力）、增殖能力、自我更新能力三大基本要素外，形态和生长特性、表面标志物、体内外定向分化能力随成体干细胞种类的不同而有较大的差别（黄晓燕等，2002；赵春华，2006）。下面以造血干细胞、间充质干细胞和神经干细胞为例进行说明。

（二）造血干细胞鉴定

造血干细胞（HSC）有几种来源：①直接从骨髓采集、分离；②注射造血细胞因子后从外周血采集、分离；③从新生儿脐带血中采集；④从胎儿肝脏采集、分离；⑤从胚胎干细胞定向分化为造血干细胞。

HSC 的鉴定依据是（黄晓燕等，2002；赵春华，2006）：①没有明确的形态学特征，其形态、大小与普通淋巴细胞很相似；②绝大多数 HSC 处于静止期（G_0 期），对活体染料（如线粒体染料罗丹明 113、DNA 结合染料 Hoechst 33342 等）拒染；③不表达系特异性抗原（lineage specific antigen，Lin 抗原，包括粒-单系的 CD13、CD14，红系的 CD91，B 淋巴细胞系的 CD19，T 淋巴细胞系的 CD3，NK 细胞的 CD59）、CD33、CD38、HLA-DR 等标志物，但常表达 CD34、CD133、Sca-1 和 ABCG2 等分子；④可进一步增殖分化为各系造血祖细胞、前体细胞和成熟血细胞。

（三）间充质干细胞鉴定

间充质干细胞（MSC）的来源：①从骨髓、脐血、脂肪或其他组织中采集、分离，方法有贴壁法、超速离心法、流式细胞仪分选法、磁珠分离法等，其中，脂肪中 MSC 数量远高于骨髓；②从胚胎干细胞定向分化为 MSC。

MSC 的鉴定依据是（赵春华，2006；徐若男等，2010）：①体外培养 MSC 贴壁生长，呈成纤维细胞样生长，细胞密度较高时排列成漩涡状或放射状；②细胞周期分析提示 90%以上的细胞都处于 G_0/G_1 期，这与其他类型的干细胞一致；③不表达造血细胞的表面标记，包括 CD34、CD45、CD31、CD133、GlyA、T 淋巴细胞和 B 淋巴细胞表面标记，也不表达或极低表达 MHC-II、MHC-I、FasL、CD40、CD40L 等分子；④表达 CD29、CD44、CD105、CD73、CD166、CD13、SH4、CD49b、CD49e 等分子；⑤在适宜分化条件下，可向成骨、成软骨、成脂肪及其他方向分化。

（四）神经干细胞鉴定

神经干细胞来源：①从神经组织（大脑、脊髓）中采集、分离；②从胚胎干细胞诱导分化为神经干细胞。

神经干细胞鉴定的依据（黄晓燕等，2002；顾恩妍等，2009；张小军和邵君飞，2009）是：①体外培养时呈圆形或椭圆形，无或有较短的突起，核浆比大，从形态上无法鉴定；②表达特异性抗原 Nestin、Musashi-1、巢蛋白、Notch1、胶原纤维酸性蛋白（GFAP）；③有电生理活性，表达电压控制性 Na^{+}、K^{+}、Ca^{2+} 通道和一系列神经递质的功能受体；④可向多种神经功能细胞分化，如神经元细胞（表达神经元特异性烯醇化酶、神经丝、NeuN、β-tubulin III、微观相关蛋白 II 等）、星形胶质细胞（表达神经胶质纤维酸性蛋白）和少突胶质细胞（表达半乳糖脑苷脂、2,3-环核苷酸二酯酶、髓磷酯碱性蛋白等）；⑤用有限稀释法或 BrdU 掺入法，可证实神经干细胞有形成克隆的能力和高增殖活性。

四、肿瘤干细胞鉴定

（一）肿瘤干细胞获得

肿瘤干细胞的获得比胚胎干细胞和成体干细胞更为困难，只有少数肿瘤干细胞被成功分离或分选，目前主要的分离方法有三种（赵惠丰等，2007）。

1. 利用特殊表面标志物进行分选

有些肿瘤干细胞表达特异性分子（如 CD133、CD117、CD34、Nestin、Nanog、Oct-4），可利用流式细胞仪或磁珠法进行分选。

2. 分选肿瘤细胞中的 SP 细胞亚群

SP 细胞表达多种 ATP 结合盒（ATP-binding cassette，ABC）转运蛋白，导致其对化疗药物的天然抵抗。SP 细胞在干细胞中非常丰富，在肿瘤细胞中含量极少，致瘤性很强，在肿瘤发展中具有重要作用。

3. 分选肿瘤细胞中的高醇脱氢酶活性（ALDH）细胞

正常干细胞和祖细胞中 ALDH 活性很高，有些肿瘤（如乳癌）中高 ALDH 活性的肿瘤细胞致瘤性很强，有干细胞的特征。

（二）肿瘤干细胞鉴定

肿瘤干细胞鉴定依据主要有（赵春华，2006；赵惠丰等，2007）以下几个方面。

1. 细胞形态

培养的肿瘤干细胞多呈多角形，大小异质性明显，核浆比例倒置，有丰富的三极或多极有丝分裂，核仁清晰、多个，微丝、微管排列紊乱等。

2. 细胞生长特性

体外培养的肿瘤干细胞呈悬浮球状生长，并且可连续传代，在传代的后期更易形成悬浮球状生长，生长速度更快。通过有限稀释实验和亚克隆培养分析发现所有亲本肿瘤球制成的细胞悬液都再次形成肿瘤球，且与亲本肿瘤球完全相同，提示肿瘤干细胞具有自我更新和增殖能力。肿瘤干细胞转移至含血清的培养基中培养 7d 左右，便不再或极少表达 Nestin 和 CD133，而这两种标记物现在普遍被认为是在干细胞或是祖细胞中表达的，表明肿瘤干细胞具有多向分化潜能。

3. 核型分析

肿瘤干细胞染色体数和结构异常，大多为异倍体，并可出现异常的标记染色体。

4. 细胞表面标志鉴定

根据已知的肿瘤干细胞表面标志进行鉴定最为方便。常用方法有流式细胞术、激光共聚焦免疫荧光、组织化学等。常用的标志物有 CD133、CD117、CD34、Nestin、Nanog、Oct-4 等，随肿瘤干细胞的种类不同而选用相应的标志物组合。目前仍有许多肿瘤干细胞因未找到相对特异的标志物而未能分离和鉴定。

5. 体内致瘤试验

将肿瘤干细胞接种于 NOD/SCID 小鼠，可以产生新的肿瘤，分离出的肿瘤干细胞再打入动物体内仍可产生具有异质性癌细胞的肿瘤，并可多次重复，得到的肿瘤块表型与原代移植物一样。所以利用 NOD/SCID 小鼠移植试验对分离得到的肿瘤干细胞是否具有自我更新和致瘤性的能力进行全面的鉴定。

（董书魁　龙宪连）

第三节　干细胞库及其应用

干细胞是最重要的组织工程种子细胞，而干细胞来源和数量有限，建立干细胞库可为组织工程提供稳定的种子细胞来源，从而促进组织工程的发展和应用。

一、干细胞库定义及国内外发展现状

（一）干细胞库定义

干细胞库是大规模采集、制备、储存及进行干细胞研究的场所和平台，又被称为“生命银行”。根据制备、储存的干细胞来源和种类不同，干细胞库可分为造血干细胞库、间充质干细胞库、胚胎干细胞库、成体干细胞库、诱导的多能干细胞（induced pluripotent stem cell，iPS）库等。而综合干细胞库包括制备和保存多种来源及类型的干细胞。目前国内外已有的干细胞库绝大部分为造血干细胞库，主要用于血液系统疾病的治疗。应新生儿家长要求，收集和保存新生儿脐带（包括脐血、脐带组织）来源的干细胞将来用于自体或有血缘关系亲属疾病治疗的干细胞库称为“私库”或“自体库”，“私库”可通过向保存人收取一定的干细胞处理和保存费用来维持干细胞库的日常运行。

（二）干细胞库的国内外发展现状

国际上，干细胞库的发展已有 10 多年的历史。当前的干细胞库包括脐血干细胞库、胚胎干细胞库及其他成体干细胞库等，随着 iPS 细胞技术的出现，iPS 细胞库也即将出现。目前已有干细胞库大部分是脐血造血干细胞库，其干细胞储存的主要目的是用于血液系统疾病的治疗。

1. 脐血库

脐血库筹建应追溯到倡导临床输用脐血的 20 世纪 30 年代，当时，苏、英、法等国建成了雷同于一般血库的脐血库，经典的脐血库完全有别于现代脐血库的含义、性质和用途。1988 年，法、美两国科学家首次采用人类白细胞抗原（HLA）相合的同胞脐血移植治疗范可尼氏贫血患儿，并获得成功，使欧美发达国家对于建立现代脐血库的重要性、必要性有了初步认识。1993 年，美国纽约血液中心科研人员建立了第一个由联邦政府资助的现代脐血库，并在同年与 Duke 大学医学中心合作，率先采用冻存的脐血造血干/祖细胞（HSC/HPC）对急性淋巴细胞型白血病患儿实施了 HLA 相合的无关供者以及 HLA 不合的同胞间脐血移植获得成功，有力地确证了建立脐血库的有效性和应用价值，为世界各国筹建脐血库起到了推动作用（Kurtzberg，2009）。

到目前为止，全世界已有超过 150 家脐血库，其中欧洲占 40%，北美洲占 30%，亚洲占 20%，大洋洲占 10%。整体来看，发达国家和地区脐血库的分布要密集得多。据统计，目前国际骨髓捐献协会（BMDW）网络内的脐血库总共储存了超过 30 万份的脐血，世界范围内的自体脐血储存超过 100 万份。

美国作为建设脐血库最早的国家，于 2005 年 12 月 20 日，经国会授权，美国总统布什签署了关于建立全国脐血库的法案。根据该法案，政府将投资 8000 万美元，5 年内在现存脐血的基础上，将其数量提高到 5 万份，能满足 90%患者的需要。该法案还批准美国国家骨髓移植体系继续运作，并将骨髓库和新建的脐血库合二为一。该项立法确认了脐血作为富含造血干细胞的移植物，是一个新的替代骨髓的主要供体组织。除了公共库之外，美国自体脐血库的建设也发展迅速（Samuel et al.，2008）。目前，美国已有 32 家自体脐血库和 31 家公共脐血库（www. parentsguidecordblood. org）。据统计，美国每年储存约 500 000 份的脐血，约占新生婴儿的 2.6%。

欧洲脐血库的建设也比较早。目前欧洲拥有世界最多数量的脐血干细胞库，有超过 50 个公共脐血库和 29 个自体脐血库，占世界总量的 40%。欧洲脐血库之间紧密合作，于 1995 年成立了欧洲脐血库联盟（Eurocord），将欧洲各个脐血库的公共脐血信息进行共享，并对加入联盟的脐血库进行质量监督，确保提供高质量的脐血干细胞（Querol et al.，2009）。随后，米兰和塞尔多夫脐血库于1997年发起成立了国际脐血库联盟，即NETCORD。与美国相比，欧洲自体脐带血的储存受到一定限制，总量也要小于美国。欧洲每年储存的脐血为120 000份，约占新生婴儿的0.6%。

近十几年来，日本的脐血库和脐血移植也迅速发展，并与海外脐血库和脐血移植中心建立了广泛协作关系。日本第一家脐血库成立于1994年，1995～1996年，数家地方脐血库相继成立。1998年由东京脐血库提供脐血，日本第1例非血缘关系成人脐血移植在东京大学医科所附属医院获得成功。日本政府于1999年决定成立脐血库联盟（Japan Cord Blood Bank Net，JCBBN）并且提供经济支持。目前，该网络已经保存了超过2万份脐血（Kodera，2008）。

我国台湾地区脐血干细胞库的建设也进展良好。台湾地区人口约2300万，拥有10个脐血库，其中自体脐血库有7家，公共库有3家，是脐血库高度密集的地区。在台湾，脐血干细胞保存产业已发展成为一个非常有活力的、高度商业化的高科技健康服务产业。

相对而言，我国在脐血库的研究、建立、应用等方面起步较晚，无论是对于脐血HSC/HPC生物特性的基础研究，还是对于脐血造血干细胞移植（CBSCT）的应用研究，与欧美发达国家均还存在不小的差距。在CBSCT的临床应用领域，国内最初主要是从事脐血造血细胞的输注开始，而非真正意义上的CBSCT。1998年，中山医科大学对1名地中海贫血患儿实施了CBSCT并获成功，同年河南医科大学第一附属医院成功对2例急性粒细胞白血病患儿进行了CBSCT（奚永志，2000）。此后几年，虽然不时有CBSCT报道，但总体移植数量少，缺少系统性、科学性、可评性。近年来，国内脐血干细胞的研究与应用取得了很大进展，并由此带动了我国脐血库的建设和发展。卫生部已经于1999年出台了《脐带血造血干细胞库管理办法（试行）》，于2001年出台了《脐带血造血干细胞库设置管理规范（试行）》。根据我国《血站管理办法》（暂行），脐血库定义为特殊血站，采集脐血造血干细胞的操作需遵循国家对血液的管理办法，同时强调对脐带血库实行全国统一规划、统一标准、属地管理的原则。根据卫生部的规划，2010年前我国将设置4～10个脐带血库。目前已有天津市脐血库、北京市脐血库、上海市脐血库、山东省脐血库、四川省脐血库、广州脐血库、浙江省脐血库共6家脐血库获得卫生部执业许可，更多的省、市脐带血库正在建设或筹划中（奚永志，2000；陆敏，2004）。

与国外自体库、公共库分开经营不同，我国的脐血库，除广州市脐带血库由政府全额拨款外，其他的均有社会资金入股或控股，开设付费自存的业务，即符合我国国情的“以私养公”模式。在当前国家财政投入不足和严控事业单位规模的情况下，引进社会资金、进行法人登记、以自体库的盈余来扶持公共库的发展不失为一种符合现阶段国情的新模式。目前国内最大的脐血库是天津市造血干细胞库，其自体脐血保存量接近80 000份，公共脐血保存量超过10 000份。

2. 胚胎干细胞库

虽然受到伦理学等各种原因的限制，胚胎干细胞的研究仍然取得了很大进展。目前全世界约有 150 个胚胎干细胞系。胚胎干细胞库的作用是可以使科学家从事干细胞研究，而不必自己创建细胞系，避免资源浪费及伦理问题，从而促进胚胎干细胞向临床应用的转化。多个发达国家开始成立国家干细胞库，以向社会提供建系的胚胎干细胞，进行基础和临床研究。

最早的国家干细胞库成立于英国。2002 年，英国医学研究理事会和生物技术与生物科学研究委员会共同出资成立了英国国家干细胞库。英国国家干细胞库是负责保存、分类和提供符合伦理、有质量保障的用于医学研究和临床应用的干细胞，它是一个向英国和海外科学家开放的细胞库，保存大量来源于成人、婴儿和胚胎组织的干细胞。该库目前以保存胚胎干细胞为主。截至 2007 年 12 月，该库总共保存了来自英国和世界各地的 63 个人类胚胎干细胞系，其中有 12 个细胞系可以对研究机构开放。该干细胞库已建立了一套能有效保存干细胞系的技术与管理规范。英国国家干细胞库还包括一个基因保存库，目前已经收集了上万份不同患者的基因，包括白血病、哮喘、乳腺癌患者等，用以筛选具有高致病率的基因。

美国国家干细胞库（NSCB）于 2005 年 9 月 30 日成立，其承担单位为威斯康星大学 WiCell 研究所，目前已经分类保存了 21 个人类胚胎干细胞系及其亚系，该库向联邦政府资助的研究项目开放，并向人类胚胎干细胞研究团体提供技术支持。NSCB 向世界的学术研究者和非盈利性研究机构提供细胞。同时，一些胚胎干细胞系的提供者也通过干细胞库提供一些胚胎干细胞系培养技术培训。

此外，西班牙也成立了国家干细胞库，向科研单位免费提供胚胎干细胞系。

除了国家细胞库之外，许多大学实验室或者研究中心具有小型的胚胎干细胞库，如哈佛大学等，可以对外提供胚胎干细胞，用于科学研究。

目前，美国已经有商业性的胚胎干细胞库。StemLifeLine 公司为进行体外授精的夫妇提供胚胎干细胞储存服务，将剩余的胚胎干细胞建系进行保存，以满足以后的临床需要。

3. iPS 细胞库

iPS 的发现，是 2007 年生物界具有里程碑意义的重大发现之一（Nakagawa et al.，2008，Park et al.，2008）。2007 年 11 月 20 日，*Cell* 和 *Science* 杂志分别发表了日本和美国研究人员各自独立完成的一项研究，研究人员首次利用人体皮肤细胞诱导分化出具有胚胎干细胞特性的类胚胎干细胞，被称为诱导性多功能干细胞（induced pluropotent stem cell，iPS）。日本京都大学的 Shinya Yamanaka 小组利用 4 种基因副本——*Oct3/4*、*Sox2*、*c-Myc* 和 *Klf4* 实现了在人体细胞内的基因重组，使成熟的体细胞重新编程后具有胚胎干细胞的多能性，其细胞分别来自一位 36 岁妇女的表皮和一位 69 岁男性的结缔组织。利用该技术，大约每 5000 个细胞就能制造 1 个 iPS 细胞系，这一高效率保证他们在每项实验中都能得到数个细胞系。同时，美国威斯康星大学 James Thomson

小组，从独自确定的 14 种新的候选重组基因中，最终选择出 4 个基因，实现了在人体细胞内的基因重组，其中前两个基因与 Yamanaka 小组是相同的。Thomson 和同事利用的是胎儿皮肤细胞及一个新生儿的包皮细胞。与 Yamanaka 小组相比，这项研究需要 1 万个细胞才能分离出 1 个 iPS 细胞系。

iPS 细胞的亮相，实现了人类成熟体细胞的重新编程和转化为类胚胎干细胞，从而避免了使用胚胎干细胞所面临的伦理争论，被国际生命科学界誉为具有里程碑意义的创新之举（Hanna et al.，2007）。目前，日本的 Riken 理化研究所已经将两个小鼠的 iPS 细胞系进行保存，下一步将对 Yamanaka 建立的人 iPS 细胞系进行保存，这是 iPS 细胞库的雏形。随着技术的发展，有可能会形成两种 iPS 细胞库，一种是提供给公共需要，一种是为私人提供自己的 iPS 细胞系储存服务。

4. 间充质干细胞库

间充质干细胞是来源于中胚层的具有高度自我更新能力和多向分化潜能的成体干细胞，最早在骨髓中发现，以骨髓组织中含量最为丰富。随着研究的深入，相继在其他组织中也发现了间充质干细胞，包括脐带血、外周血、脂肪、脐带、牙齿等组织。这些组织中存在的间充质干细胞都具有同骨髓源 MSC 相似的特征。间充质干细胞在多种疾病的细胞治疗上具有很大的应用潜力。目前在临床应用上，间充质干细胞已经在促进造血干细胞移植、移植物抗宿主病（GVHD）、心肌梗死、成骨不全、神经损伤等疾病的治疗中取得了良好效果。在组织工程器官的构建方面，间充质干细胞也是良好的种子细胞。将间充质干细胞进行保存，具有以下意义：为保存者个人将来的应用服务、为他人的临床治疗提供细胞来源、为组织工程器官研发提供大量的种子细胞，因此，对间充质干细胞进行储存具有重要的健康保障和产业发展意义。目前进行储存的间充质干细胞主要来源是脐带和脂肪。因为脂肪和脐带的取材相对容易，对身体不会造成痛苦，且所含有的间充质干细胞具有较好的增殖能力和多向分化能力。

国内首个专业的间充质干细胞库已经建成。2006 年 4 月 24 日，细胞产品国家工程研究中心所属的间充质干细胞库在天津正式成立，天津昂赛细胞基因工程有限公司为其运作单位。该间充质干细胞库以保存从脐带中分离出的间充质干细胞作为主要业务，致力于其他干细胞产品的研发和生产。该间充质干细胞库的成功运行，标志着国内干细胞库的业务已经超出脐带血干细胞保存业务范围，正在朝多样化方向发展，有望在不远的将来形成规模庞大的干细胞产业群。

在台湾地区，一些脐血干细胞库也已开展脐带间充质干细胞的保存项目。台湾地区成立最早的讯联脐带血银行于 2005 年就开展了脐带间充质干细胞保存服务，为民众提供健康保存服务。

作为另外一种来源的间充质干细胞，脂肪间充质干细胞也在临床上表现出了有价值的应用潜力。临床研究资料显示，脂肪来源的干细胞能通过一系列的细胞机制减少灌注缺损范围，从而改善心脏功能，其作用机制包括促进血管生成（改善血管生长）、减少心肌细胞凋亡（防止细胞死亡）、分化为新的心肌细胞等。研究显示，脂肪间充质干细胞取材方便，是治疗急、慢性心脏病的理想细胞；另外在医疗整形方面，脂肪间充质干细胞也是理想的种子细胞来源，在国外，一些公司开始面向成人开展脂肪干细胞的保存服务。例如，美国的 Cytori 治疗公司与 Olympus 合作，在日本推广其 StemSource™仪器，提供给医院进行脂肪间充质干细胞的分离，从而为临床治疗和细胞库保存服务。

由于干细胞具有的生物学特性和应用潜力，随着干细胞技术的发展、人们生活水平的提高及对健康的需求，越来越多的人会在年幼或健康时保存干细胞以满足日后疾病治疗的需要，这也为干细胞库的发展提供了契机和动力。干细胞库会朝着制备保存多种来源和类型干细胞、实物库和资料库并存、公共库与自体库并存的综合干细胞库方向发展。

二、干细胞库功能及意义

（一）干细胞库功能

综合干细胞库可提供人骨髓、外周血、羊膜、脐带、脐血等多种来源和多种类型干细胞的保存服务，以满足人民群众对健康的需求；通过建立各种来源的标准干细胞株和干细胞系并向相关研究机构及企业单位提供，满足干细胞基础研究及临床应用研究的需求。

（二）干细胞库的意义

1. 干细胞库的建立有利于加速干细胞产业化进程

干细胞库的建立，将为促进干细胞技术产业化提供良好平台，为科研单位、干细胞公司、临床应用单位提供高质量、来源合法的干细胞“种子”，为干细胞技术转化研发提供基础，加速干细胞技术科研成果的开发、孵化和产业化进程。

2. 干细胞库的建立有利于干细胞技术应用的标准化

目前，国内干细胞技术的应用日趋广泛，但尚缺乏统一的技术标准和临床应用规范，对人类健康存在潜在危害，不利于干细胞产业的良性发展。干细胞库的建立将在干细胞的获取、制备、保存及临床应用方面形成一套标准化技术操作体系和规范化临床应用体系，有利于在国家法律法规范围内规范、约束相关单位、企业和个人的小规模、家庭作坊式干细胞制备、应用行为，为我国干细胞产业的良性发展起到积极的推动作用。

3. 干细胞库的建立有利于整合优势资源

干细胞库可有效整合干细胞技术领域的人才、成果和资本资源，能将干细胞制备、质量控制、临床应用等单位联合起来，将基础研究与临床应用结合起来，进行大规模、多领域、规范化的基础与临床研究，形成整体资源优势，提升科技竞争力，推动我国干细胞技术的发展和应用。

三、干细胞库组成与管理

（一）干细胞库组成

干细胞库由场地、人员、技术、设备、管理等要素组成。

1. 场地

干细胞库需设置标本接收区、标本处理区、细胞制备区、细胞储存区、质量控制区、保障区等空间。

标本接收区是接受脐带等标本并进行标本信息录入登记等工作的场所。

标本处理区是处理接受的标本并为干细胞制备做准备的场所，应符合GLP要求。

细胞制备区是制备干细胞的场所，应具备洁净度万级、局部百级的条件，为干细胞制备提供无菌环境，避免病原微生物的污染。

细胞储存区是储存干细胞的场所，使用面积应达到至少能储存1万份干细胞的空间，干细胞应储存于全自动液氮储存系统中。

质量控制区由细菌检测室、病毒检测室、细胞鉴定室、组织配型室等组成，其主要工作是确保所制备的干细胞没有被病原微生物污染，同时保证所储存的细胞种类为干细胞并符合数量和质量的要求。

保障区主要进行所需物品的供应、消毒等保障工作。

此外，业务工作区与行政办公区分开，业务工作区内污染区与非污染区分开。

干细胞库还必须具备通畅、完备的上下水、通信、消防安全系统和应急安全通道。

2. 人才与技术

干细胞库涉及血液学、免疫学、病原微生物学、遗传学、冷冻生物学、输血学及质量控制管理学等多学科领域，需要具备细胞分离、冻存、复苏、病原体检测、基因配型等技术。需要配置上述学科的技术人员及管理人员。

3. 设备

干细胞库所需主要设备包括全自动液氮储存系统、程序降温仪、PCR仪、荧光定量PCR仪、流式细胞仪、遗传分析仪、冷冻离心机、细胞培养箱、倒置显微镜、生物显微镜、荧光显微镜、凝胶图像分析系统、生物安全柜、超净工作台、病原微生物检测设备、消毒设备等。

干细胞库的正常运行需要完善、科学的操作程序、技术规范及质量控制措施。

4. 干细胞库流程

干细胞库整体流程示意如下：

存储合同签署→标本（脐带等）采集→标本运输→干细胞制备和检验→干细胞储

存→储存期服务

（二）干细胞库管理

1. 法规制度与技术规范是干细胞库正常运行的保证

法规制度与技术规范是实现干细胞库合法、规范、科学运行的基础，因此干细胞库相关法规制度与技术规范的制定、落实和完善尤为重要。

美国政府将脐血库的开发利用计划正式列入 1996 年版《美国血库协会工作手册》，以使其规范化、制度化、法律化，确保脐血库建立及应用这一新生事业的健康发展。

1997 年，德国、意大利、西班牙三国参照 ISO9002 国际质量控制系统，草拟建立起一整套较为完善的脐血库标准，规范脐血的采集、分离、冻存、检测、功能鉴定、HLA 分型及脐血库的科学管理与质量控制措施。

我国卫生部 1999 年出台了《脐带血造血干细胞库管理办法（试行）》（中华人民共和国卫生部，1999），2001 年出台了《脐带血造血干细胞库设置管理规范（试行）》（中华人民共和国卫生部，2001），对于脐带血造血干细胞库的建设管理提出了要求。但目前国内还缺乏统一和完善的技术标准和操作规范，每个干细胞库都是自行拟订技术规程，自行实施，缺乏必要监管。

2. 信息管理系统是干细胞库正常运行的关键

1997 年，德国、意大利、西班牙三国在制定干细胞库科学管理与质量控制方法的同时，还成立了欧洲脐血库协调机构 Eurocord，率先建立了国际性的脐血库协调网络 Netcord 或 Cordnet，以实现欧洲乃至全世界脐血库资源的共享，这无疑将造福于众多恶性肿瘤、血液病、遗传病、放射痛等患者。

我国的脐血干细胞库建设近几年刚刚兴起并得以快速发展，但即使建成并投入使用的脐血干细胞库也处于收集储存样本的起始阶段，样本储存量低、资料信息量少，内部运行机制有待完善。尽管有个别脐血干细胞库与中华骨髓库等干细胞库建立了标本信息的联通机制，但总体上，国内脐血干细胞库之间的标本和资料信息的交换联通机制还没有建立起来，储存样本量和资料量少再加上信息不能互联互通，使其应用受到很大限制。因此，整合国内脐血干细胞库资源，建立网络协调机制并与境外相关网络联网，是我国脐血干细胞库发展面临的一个重要任务，也是做强做大的必由之路。

3. 质量控制体系是干细胞库的生命

干细胞采集、制备、储存、运输、应用中的质量控制体系是保证干细胞治疗效果和使用者生命安全的重大问题，也在一定程度上决定着干细胞库的生存和命运，因此建立完善、科学、规范的质量控制体系并在实际工作中认真落实至关重要。

干细胞库运行的质量控制体系包括以下几个方面。

1）干细胞形态、数量、活力的检测，要求干细胞形态正常，数量符合临床要求（成人每次输入细胞数量应大于 10^7 个），细胞活力大于 85%。

2）病原微生物检测：需氧菌、厌氧菌、HBsAg、HBcAb、HCVAb、抗 HIV、CMV-IgM、梅毒抗体、支原体检测等，要求上述检测项目均为阴性结果。

3）内毒素检测为阴性结果。

4）ABO/Rh 血型系统检测。

5）干细胞表面标志物检测：CD73、CD90、CD105 阳性率≥95％，CD14、CD34、CD45、CD79、HLA-DR 表达率≤2％。

不符合上述条件的干细胞不宜在临床使用。

四、干细胞库在组织工程及临床治疗中的应用

（一）在组织工程中的应用

在组织工程研究应用中，干细胞是最重要的种子细胞。但是，由于干细胞来源困难，而且数量有限，极大地限制了其在组织工程中的应用。建立干细胞库，可为组织工程提供及时而稳定的种子细胞来源，并保证组织工程对干细胞数量的要求。

（二）在临床治疗中的应用

近几年来，随着干细胞技术研究的重大进展，干细胞的临床应用取得了重大突破。2005 年以来，美国 FDA 已先后批准将神经干细胞移植入人脑的临床研究和胚胎干细胞治疗脊髓损伤的临床研究。2005 年 11 月，美国心脏病协会报道了由三个国家多个中心用干细胞治疗 204 例心肌梗死的临床研究资料，其结论是干细胞对心脏功能的改善是现有治疗药物难以达到的。2007 年，美国 FDA 批准了两项干细胞产品的 III 期临床研究：Aastrom 公司骨髓间充质干细胞用于骨重建的临床研究；Osiris Therapeutics 公司 Prochymal ™产品（骨髓间充质干细胞来源）治疗 GVHD 的临床研究。这意味着干细胞领域的临床产品在近年内即可面市。巴西和美国联合完成的临床试验证明，经干细胞治疗的糖尿病患者，部分摆脱对胰岛素的依赖，这为干细胞治疗糖尿病提供了依据。

间充质干细胞所具有的高度增殖、自我更新和多向分化潜能使其在机体多系统、器官损伤修复中具有广泛应用价值。机体输入间充质干细胞后，间充质干细胞可游走、迁移、渗透至受损组织（此过程称为“归巢”）并修复或替代受损细胞，从而改善或恢复受损组织、器官功能。

近三年来，国内在应用间充质干细胞治疗神经、消化、内分泌、免疫、血液、骨骼等系统疾病方面取得了重要成果，大量临床研究资料初步证实了干细胞临床应用的安全性和有效性。

综合文献报道，将干细胞（包括造血干细胞和骨髓间充质干细胞）治疗的疾病谱总结如下。

造血干细胞既可用于血液系统疾病，如白血病、多发性骨髓瘤、骨髓增生异常综合征、再生障碍性贫血、范可尼贫血、地中海贫血、恶性淋巴瘤等疾病的治疗；也可用于

部分实体瘤，如乳腺癌、卵巢癌、睾丸癌、神经母细胞瘤等恶性肿瘤的治疗；还可用于部分免疫系统疾病，如重症联合免疫缺陷症、严重自身免疫性疾病等疾病的治疗。

间充质干细胞治疗的神经系统疾病包括脑及脊髓神经损伤、小儿脑瘫、脑出血及脑血栓后神经细胞功能的修复等；治疗的消化系统疾病包括严重肝硬化及肝衰竭（肝干细胞移植）、炎性结肠炎、克隆氏病等；治疗的内分泌系统疾病包括Ⅰ型糖尿病、Ⅱ型糖尿病、糖尿病足等；治疗的骨骼系统疾病包括股骨头坏死、骨不连、骨缺损等；治疗的自身免疫性疾病包括系统性红斑狼疮、系统性硬化病、类风湿性关节炎、肌营养不良、重症肌无力等；治疗的心血管系统疾病主要为心肌梗死后心脏功能的恢复。

需要注意的是，间充质干细胞与肿瘤的关系复杂，既可能与肿瘤发生发展有关（肿瘤干细胞有可能来源于间充质干细胞），又可能在一定条件下抑制和治疗肿瘤（促进肿瘤细胞凋亡，抑制细胞增殖周期）。

五、干细胞库存在的问题与发展趋势

（一）干细胞库存在的问题

1. 法规制度和技术管理规范有待完善

虽然我国卫生部颁布了《脐带血造血干细胞库管理办法（试行）》及《脐带血造血干细胞库设置管理规范（试行）》，对于脐带血造血干细胞库的建设管理提出了要求，但干细胞技术操作规程和质量管理体系尚未制订明确的要求和标准。此外，按目前规定，脐带血是按血液制品对待的，《血站管理办法》（暂行）规定，除卫生部授权血站外，任何单位或个人不得采集、供应血液。而脐带血又是不同于一般血液制品的医院产科废弃物，只能由产科医护人员采集，此外，脐血干细胞库保存的不是普通血液，而是干细胞，其技术质量标准、管理模式和临床应用不同于血液管理。因此，在干细胞库的管理政策上应考虑这一特殊性。同时，政府有关部门应加强对干细胞库的监管。

2. 建立全国、全球联网的信息系统

我国人口多，干细胞移植具有需求量大、样本储存量低等特点，突显出建立统一完善的脐血库标准系统和 HLA 组织配型数据库的重要性，该系统可通过互联网面向国内外使用单位为患者提供配型查询服务，实现全国乃至全世界现有脐血库资源的共享，造福更多患者。

（二）干细胞库的发展趋势

未来的干细胞库不仅仅是制备和储存干细胞的场所，还应是组织工程应用、干细胞基础研究、干细胞工程技术、干细胞相关药物筛选的研究平台和干细胞产业化基地，其发展方向包括多个方面，如干细胞体外建系和定向诱导技术、干细胞临床应用产品的研发及规模化生产技术、不同来源的干细胞临床应用技术、MicroRNA 定向诱导和调控干

细胞向特定组织细胞分化技术、诱导多潜能干细胞（iPS）向功能性细胞的分化技术等。

国内干细胞库之间、干细胞库与医院和血库之间、国内干细胞库及卫生单位与国外干细胞库之间基于互联网的信息资料的交流互通和资源共享，将极大提高组织配型的成功率，使更多患者受益。

基于干细胞及其相关产品的广泛应用前景、巨大市场需求和较好的经济效益，随着生物技术的快速发展和管理措施的日益到位，相信在短时间内干细胞技术的应用会进入产业化、规范化和普及化时代。

（江其生）

参 考 文 献

顾恩妍，哈福，李林凤，等. 2009. 神经干细胞的鉴定方法. 中国组织工程研究与临床康复，13：1947～1950

黄晓燕，周作民，沙家豪. 2002. 胚胎干细胞和成体干细胞的鉴定. 国外医学计划生育分册，21：216～219

陆敏. 2004. 国外脐带血干细胞库现状及发展趋势. 中国卫生人才，8：52～53

孙博文. 2003. 人胚胎干细胞建系和鉴定. 生命科学，15：207～210

王世忠，康亚妮，刘皓. 2007. 胚胎干细胞鉴定的生物学特性及其应用前景. 天津医药，35（2）：158～160

奚永志. 2000. 脐血干细胞移植的现状与我国建立健全脐血干细胞库的对策. 中国输血杂志，13（3）：141～143

徐若男，施明，王福生. 2010. 人脐带间充质干细胞的特征及其临床应用前景. 中国免疫学杂志，26：81～84

张小军，邵君飞. 2009. 神经干细胞的分类与应用研究. 临床神经外科杂志，6：220～223

赵春华. 2006. 干细胞原理、技术与临床. 北京：化学工业出版社：3～126

赵惠丰，邓为民，姚智. 2007. 肿瘤干细胞研究新进展. 中华医学实践杂志，6：600～602

中华人民共和国卫生部. 1999. 脐带血造血干细胞库管理办法（试行）. 卫医发［1999］第 6 号

中华人民共和国卫生部. 2001. 脐带血造血干细胞库设置管理规范（试行）. 卫医发［2001］第 10 号

Carpenter M K，Inokuma M S，Denham J，et al. 2001. Enrichment of neurons and neural precursors from human embryonic stem cells. Exp Neurol，172：383～397

Dominici M，Le Blanc K，Mueller I，et al. 2006. Minimal criteria for defining multipotent mesenchymal stromal cells. The International Society for Cellular：Therapy position statement. Cytotherapy，8（4）：315～317

Dua H S，Azuara-Blanco A. 2000. Limbal stem cells of the corneal epithelium. Surv Ophthalmol，44（5）：415～425

Ensenat-Waser R，Pellicer A，Simon C. 2009. Reprogrammed induced pluripotent stem cells：how suitable could they be in reproductive medicine? Fertil Steril，91（4）：971～974

Evans M J，Kaufman M H. 1981. Establishment in culture of pluripotential cells from mouse embryos. Nature，292：154～156

Freshney R I，Stacey G N，Auerbach J M. 2009. 人干细胞培养. 章静波，陈实平译. 北京：科学出版社：19～265

Friedenstein A J，Gorskaja J F，Kulagina N N. 1976. Fibroblast precursors in normal and irradiated mouse hematopoietic organs. Exp Hematol，4：267～274

Hanna J，Wernig M，Markoulaki S，et al. 2007. Treatment of sickle cell anemia mouse model with iPS cells generated from autologous skin. Science，318：1920～1923

Kodera Y. 2008 . The Japan Marrow Donor Program，the Japan Cord Blood Bank Network and the Asia Blood and Marrow Transplant Registry. Bone Marrow Transplant，42 Suppl 1：S6

Kordon E C，Smith G H. 1998. An entire functional mammary gland may comprise the progeny from a single cell. Development，125（10）：1921～1930

Kurtzberg J. 2009. Update on umbilical cord blood transplantation. Curr Opin Pediatr，21（1）：22～29

Lanza R，Gearhart J，Hogan B. 2009. 精编干细胞生物学. 刘清华译. 北京：科学出版社：378～394

Nakagawa M，Koyanagi M，Tanabe K，et al. 2008. Generation of induced pluripotent stem cells without Myc from mouse and human fibroblasts. Nat Biotechnol，26 (1)：101～106

Park I H，Lerou P H，Zhao R，et al. 2008. Generation of human-induced pluripotent stem cells. Nat Protoc，3 (7)：1180～1186

Querol S，Mufti G J，Marsh S G，et al. 2009. Cord blood stem cells for hematopoietic stem cell transplantation in the UK：how big should the bank be? Haematologica，94 (4)：536～541

Riboldi M，Simon C. 2009. Extraembryonic tissues as a source of stem cells. Gynecol Endocrinol，5：1～5

Samuel G N，Kerridge I H，O'Brien T A. 2008. Umbilical cord blood banking：public good or private benefit? Med J Aust，188 (9)：533～535

Schermer A，Galvin S，Sun T T. 1986. Differentiation-related expression of a major 64K corneal keratin in vivo and in culture suggests limbal location of corneal epithelial stem cells. J Cell Biol，103 (1)：49～62

Shackleton M，Vaillant F，Simpson K J，et al. 2006. Generation of a functional mammary gland from a single stem cell. Nature，439：84～88

Stingl J，Eirew P，Ricketson I，et al. 2006. Purification and unique properties of mammary epithelial stem cells. Nature，439：993～997

Thomson J A，Itskovitz-Eldor J，Shapiro S S，et al. 1998. Embryonic stem cell lines derived from human blastocysts. Science，282：1145～1148

Uccelli A，Moretta L，Pistoia V. 2006. Immunoregulatory function of mesenchymal stem cells. Eur J Immunol，36：2566～2573

Ziegler B L，Valtieri M，Porada G A，et al. 1999. KDR receptor：a key marker defining hematopoietic stem cells. Science，285 (5433)：1553～1558

Zuk P A，Zhu M，Mizuno H，et al. 2001. Multilineage cells from human adipose tissue：implication for cell-based therapies. Tissue Engineering，7：211～227

第三章　组织工程支架材料

组织工程研究的热点主要集中在三个方面，即种子细胞、支架材料和细胞外基质。其中生物支架材料的选择是器官重建的关键因素之一，它与种子细胞共同构成组织工程的核心——三维空间复合体，即具有生命力的活体组织，用来对病损的组织进行形态、结构和功能的重建并达到永久性替代。在组织工程三大基本要素中，构建组织工程化人体组织器官涉及种子细胞在生物反应器中大规模培养、扩增，生物力学信号施加和化学信使（生长因子或细胞因子）的控制释放等关键技术。其中支架材料在组织工程研究中起中心作用，它不仅为特定的细胞提供结构支撑作用，而且还起到模板作用，引导组织再生和控制组织结构。用于组织工程的支架材料是组织工程的基础，是组织工程成败的关键因素，寻找一种既具有良好生物相容性和生物降解性，又具有特定形状和连通三维多孔结构的支架材料是组织工程的一个重要方面。用于组织工程的生物材料——组织工程支架材料是组织工程的基础，是组织工程领域中一个不可缺少的环节，因此组织工程支架材料自然形成了组织工程的一大分支。

第一节　概　　述

组织工程支架是组织工程化组织器官的最基本构架，为细胞和组织生长提供了适宜的环境，并随着组织的构建而逐渐降解消失，从而将新空间提供给组织细胞。该结构是细胞获取营养、气体交换、废物排泄和生长代谢的场所，是形成新的具有形态和功能的组织器官的基础。组织工程支架材料是根据材料用于不同人体组织，并根据具体替代组织具备的功能所设计的。组织工程支架材料包括：骨、软骨、血管、神经、皮肤和人工器官，如肝、脾、肾、膀胱等的组织支架材料。

一、组织工程对支架材料的要求及其作用

（一）组织工程对支架材料的要求

如何设计支架使其能够引导组织的再生是组织工程的一个难点。在过去的几十年里，细胞引导的概念在组织重建中得到大量的讨论，而对细胞和材料反应的复杂性质也得到日益增多的揭示和说明（Lee et al.，2008）。细胞外基质（extracellular matrix）在组织再生中有重要作用，它不仅具有连接、支持、保水、抗压及保护等物理学作用，对细胞的基本生命活动也发挥全方位的生物学作用，它影响细胞的存活、生长与死亡，决定细胞的形状，控制细胞的分化，参与细胞的迁移等，因此制作支架的主要目标就是在暂时的三维空间中模拟自然细胞外基质的功能，使支架能够引导每一个细胞反应，包括

细胞黏附、移动、分裂和表型选择等（Taylor et al.，2006）。

在组织或器官中的细胞行为，不仅取决于细胞内在的基因序列，还受外界环境因素的影响，包括细胞与细胞外基质的相互作用。细胞外基质为细胞生长提供支持和保护，同时细胞外基质与细胞的相互作用能调节细胞的形态，影响细胞生存、迁移、增殖和功能代谢。在组织工程研究中设计和制备有利于种子细胞黏附、增殖和分化的细胞外基质替代材料是重要的。细胞外基质包括均质状态的基质（蛋白多糖、糖蛋白）和细丝状的胶原纤维。

组织工程支架材料的目的是为构建组织细胞提供一个三维支架，有利于细胞的黏附、增殖乃至分化，为细胞生长提供合适的外环境。除了符合一般生物医学材料的要求外，组织工程学所需的理想支架材料还需满足以下要求。

1. 可降解性及合适的降解速率

细胞支架是为细胞增殖营造环境，随着细胞的增殖而逐渐降解、消失，将空间让位于细胞，使所形成的组织和器官具有与细胞支架相似的几何形状。因此作为细胞支架的高分子材料必须具有生物降解性，即在生理或体内环境下，组成材料的高分子链能自动断裂，由此形成的小分子能逐渐被机体代谢或吸收，能彻底地被自身组织取代。此外还要求材料的降解速率与细胞、组织生长速率相匹配，以及由降解所形成的小分子不对细胞增殖产生不利的影响。

2. 生物相容性好

无明显的细胞毒性、炎症反应和免疫排斥，不会因邻近组织的排异反应而影响新组织的功能，同时也要有良好的细胞亲和性、可消毒性及抗凝血性。从临床应用出发，细胞支架还必须具有一定的柔韧性，能与机体缝合，并能与机体贴合，也不会对机体组织形成机械损伤的力学性能（王身国，2000）。目前许多合成材料虽然具有足够的机械性能和适当的降解速率，但有些材料与细胞间的亲和力及抗凝血能力差，而其最大不足是聚合物基质表面没有细胞可进行识别的识别位点。因此对生物材料进行表面修饰无论对材料本身还是临床应用的发展都至关重要。

3. 合适的孔尺寸及高的孔隙率和相连通的孔形态

支架内部孔的几何形态要有利于大量细胞的种植、细胞和组织的生长、细胞外基质的形成、氧气和营养的传输、代谢物的排泄及血管和神经的内长入。多孔支架作为细胞外基质的替代物，它的外形和孔结构对实现其作用和功能具有非常重要的意义。尽管现有的制备方法和技术在控制多孔支架的外形和结构上已经取得了很大的进展，但各种方法和技术各有利弊，尚无一种方法能完全满足组织工程支架的所有要求。孔的大小和形状、多孔性、表面形态、孔的互通性等结构特点是支架的重要参数，它们直接影响细胞的种植、分裂，氧气、营养和废物的传输，以及组织在三维空间的形成。能否合理控制支架中生长因子的释放也是组织工程支架成功的重要因素。制备出具有复杂外形及对微孔结构和生长因子的释放进行精确控制的支架将是组织工程支架研究的发展方向。

4. 高的表面积及合适的表面理化性质和良好的细胞界面关系

支架的表面性质要有利于细胞黏附、增殖、分化，以及负载生长因子等生物信号分子。为了进一步促进组织生长，支架材料应具有足够的表面积以供一定量的细胞贴附，解决这一问题的途径一般是应用多孔的支架材料。例如，在泡沫材料中，其孔径尺寸应适度，以利于细胞向孔内部生长，并且应保证孔之间的相互联合，以利于深层细胞与结构间的营养供应及废物排泄（Nam et al.，2000）。

5. 与植入部位组织的力学性能相匹配的结构强度

合适的结构强度可以在体内生物力学微环境中保持结构稳定性和完整性，并为植入细胞提供合适的微应力环境。

6. 可塑性

具有可塑性，以便于加工成理想的二维或三维结构，可以获得所需的组织或器官形状，易于重复制作，而且移植到体内后能保持原有形状。

（二）支架材料在组织工程中的作用

在组织工程中，支架材料起到细胞外基质的作用，是对细胞外基质的结构和功能的仿生。它不仅起支撑作用，保持原有组织的形状，而且还起到模板作用，为细胞提供赖以寄宿、生长、分化和增殖的场所，从而引导受损组织的再生和控制再生组织的结构。

支架材料在组织工程中的主要作用如下所述。

1）支架材料的结构和形貌控制再生组织的结构、尺寸和形貌，作为连接细胞和组织的框架，引导组织生长成特定形态。

2）作为信号分子的载体，将其运送到缺损部位，并作为缓释体使骨诱导因子缓慢发挥作用，为工程化的组织提供一个赖以生存的空间，可引导组织的再生和成长。

3）作为骨组织繁殖分化和新陈代谢的场所，为细胞生长输送营养，排除废物。

4）支架表面特殊位点与组织起特异性反应，对不同类型细胞起“身份鉴别”及选择黏附的作用。

5）起到机械支撑作用，可以抵抗外来的压力，并维持组织原有的形状和组织的完整性。

6）支架材料还可以作为活性因子的载体，用来承载一些生物活性物质，如生长因子，为细胞的生长、分化和增殖提供养分。

二、组织工程常用支架材料

组织工程支架材料是根据材料用于不同人体组织及具体替代组织具备的功能所设计的，虽然由于人体组织结构的特殊性和不同组织所具备的功能不同，所设计的组织工程支架材料相应种类众多，但目前研究应用较多的组织工程支架基质材料主要有天然材料、合成高分子可降解材料和生物陶瓷材料及它们相互之间形成的复合材料，还有目前已经成为研究热点的纳米组织工程材料及新发现的有待于确证的蚕丝材料等。

（一）天 然 材 料

天然高分子聚合物包括胶原（collagen）、纤维蛋白（fibrin）等，这些天然高聚物材料生物相容性好，具有细胞识别信号（如 RGD 序列）（任杰和张乃文，2004），有利于细胞黏附、增殖和分化。天然生物材料具有很多人工合成材料难以比拟的优点，来源丰富，造价低，并有很好的生物相容性，有些材料还具有天然的孔隙结构系统。目前应用较多的主要有胶原（I 型胶原为主）、明胶、甲壳素、壳聚糖、天然珊瑚及其衍生物等，其中应用较多的是胶原和甲壳素衍生物。天然材料的优势在于它们含有有利于细胞吸附或维持不同功能的物质（如特定的蛋白质），生物相容性及细胞亲和性好，但缺点是质量受产地、原料来源等影响，因而重复性差、不能大批量生产。此外，有些天然高分子强度和加工性能都较差，有的价格极高，使之难以直接作为细胞支架使用，同时异种移植的问题及可能会带来不可预计的异种生物携带的病毒基因限制了这类材料的应用。

1. 胶原及其衍生物

（1）胶原

胶原（collagen，Col）是从动物骨骼、肌腱或韧带中经浸煮、水解等多道工序提炼而来的，它是一种良好的表面活性剂，并显示出很好的无脂界面的穿透性；同时胶原也表现出了生物可降解性、弱抗原性和优越的生物相容性。近年来，胶原在生物医学领域中的应用范围迅速增长，并广泛扩展到生物工程领域。然而胶原同时存在某些缺点，如难以规模化制备、降解快、机械强度较差、对感染部位的疗效不显著等。因此，胶原在实际应用中，必须改进其物理、化学和生物性能。胶原是哺乳动物体内主要的结构蛋白，其来源丰富。由于在进化过程中的保守性，胶原保留了原始的氨基酸顺序，以此制作的支架材料具有无抗原性、生物相容性好等优点，已通过美国 FDA 认证，在止血、促进伤口愈合、创面敷料、骨移植替代材料、组织再生诱导物方面得到广泛应用（Badylak，2002）。

胶原本身所包含的细胞黏附信号肽序列（RGD）也可以引导细胞对支架材料的特定的识别，有助于保持许多细胞的表型及活性（Kim et al.，2000）。牛 I 型胶原由于其丰富的来源和成功的临床应用而被广泛用来制作组织工程支架。Kofidis 等（2004）在实验研究中发现以胶原为支架材料制成的生物人工心肌补片在种植细胞前后其大小没有改变，质地坚韧、弹性佳、细胞分布良好，具有良好的收缩性能。赵云山等（2004）发现，以液态胶原为支架构建的组织工程化心肌组织，心肌细胞比较均匀地分布在整条带中，且多数沿拉伸方向伸展，胞核呈长梭形，其形态类似于天然成熟心肌组织。快速成型技术可精确复制出与生物体同样形状的形体，为组织工程发展带来了新的契机。以胶原为原材料，用快速成型的方法（solid freeform fabrication，SFF）来构建组织工程用胶原支架，利用计算机来整体控制材料的设计及加工，为组织工程支架的制作展示了新的前景（张爱英等，2004）。胶原现已被广泛应用于传送培养好的皮肤细胞和药物载体，以进行皮肤替代和烧伤治疗。Koide 等（1993）通过将胶原纤维和明胶复合，得到的改性海绵可用作人造皮肤，并利用重度脱水交联，从物理和新陈代谢两个方面来稳定胶原海绵。Ponticiello 等（2000）将明胶制成的海绵加入到一种可吸收的胶状泡沫中，作为干细胞的载体材料用于软骨重建治疗。将Ⅰ型牛皮胶原制成的接枝物（d=4 mm）整合到宿主组织上，从而提供一个重建功能化血管的支架（Huynh et al.，1999）。三维胶原支架可在体内生物降解，并且由于具有利于细胞吸附的大比表面积，便于血管的形成，可用作人造血管、心脏瓣膜或细胞移植装置。

（2）明胶

明胶（gelatin，Gel）是由胶原的局部水解产物制备的可溶性蛋白质，它由胶原的三重螺旋结构解体为单分子而形成，有 A 型和 B 型两类，属于其部分变性衍生物。组成明胶的蛋白质中含有 18 种氨基酸，其中 7 种为人体所必需。除 16%以下的水分和无机盐外，明胶中蛋白质的含量占 82%以上，是一种理想的蛋白质源。它主要由独特氨基酸序列甘氨酸-脯氨酸-羟基脯氨酸组成，这些序列使明胶可固定水分子而形成螺旋结构。胶原在生理条件下具有一定的抗原性，明胶则无抗原性。它的物化性能可依据某些官能团的存在而调整，是组织工程生物材料制备的一种理想成分。明胶容易制成浓溶液且价廉；而且明胶还继承了胶原的优点，具有良好的生物兼容性及细胞粘连能力。与胶原类似，明胶的最大功用仍是和其他物质组成复合材料，如壳聚糖-明胶基生物材料。明胶水溶液中的分子存在溶胶形式和凝胶形式两种构型。溶胶形式 A 存在于较高温度（35℃以上），在 15～35℃，两种形式的明胶分子呈平衡态共存。明胶溶液形成凝胶的浓度最低极限值约 0.5%，凝胶存在的最高温度为 35℃。明胶凝胶的物理网络在较高温度下解体，不适于 37℃下长期使用。同时，明胶水凝胶热稳定性和力学稳定性也不高，因此有待通过化学交联进行改善。明胶凝胶可用戊二醛、EDC、EDC 化学交联，形成交联凝胶。

Yang 和 Zhang（2001）制备了胶原-硫酸软骨素复合支架材料，实验表明，该材料无细胞毒性、具有细胞亲和性，而硫酸软骨素的加入有利于提高支架力学强度。刘玲蓉等（2003）的研究以碳化二亚胺（EDC）为交联剂构建胶原-硫酸软骨素支架体系，同时分离、培养人胚真皮成纤维细胞，将体外扩增的成纤维细胞接种在支架上，培育出胶原-硫酸软骨素人工真皮。

2. 聚糖类

此类物质是戊糖分子或已糖分子的聚合物，包括甲壳素及其衍生物（如壳聚糖及海藻酸钠等），另外，淀粉应用于支架构建也有报道（Elçin et al.，1998）。聚糖单体上的羟基可以选择性地进行同分异构设计，也可以交联其他的支链，从而改变其理化性能。除了极少数特例，此类物质的单体及降解产物都是无毒和具有生物活性的。随着对多糖在细胞识别机理认识的深入，由单糖合成聚糖技术的创新，以及日益增长的组织工程研究对特异可控生物活性、可降解生物材料需求的增加，聚糖类物质在生物材料领域的应用获得了长足的发展。

（1）甲壳素及其衍生物

甲壳素（chitin）及其衍生物具有选择性促进表皮细胞生长的独特的生物活性，同时它具有动物骨胶原组织和植物纤维组织的双重特性，对动植物细胞均有良好的组织相容性。更为重要的是，它具有广谱的抗菌和止血、止痛的作用。壳聚糖（chitosan）是甲壳素的脱乙酰化产物，无毒、无味，有很好的生物相容性，且其分解产物对人体健康无害，是一种新型天然医用生物材料。壳聚糖兼具高等动物组织中胶原和高等植物中纤维素的生物功能，氨基带有正电荷，是少见的带正电荷的聚合物，利用它的带电性可以调节和控制产品的物理和化学性质。甲壳素及其衍生物对人体均无毒性、无刺激、无免疫原性、无致突变效应，并有来源广泛、价格便宜等优点；缺点在于生物力学特性差。

将胶原与壳聚糖混合构建支架，发现嗜铬细胞在胶原-壳聚糖表面能更快地黏附，与培养基结合更好，植入体内最少能够存活 2 周的时间，提高了牛的肾上腺延髓嗜铬细胞的黏附特性，有望用于神经组织工程（Comes et al.，2002）。Ma 等（2001）分别以壳聚糖和胶原作为支架，在细胞附着培养过程中，壳聚糖始终保持了原来的形状和尺寸，而胶原却有明显的收缩，他们认为壳聚糖可作为胶原的替代材料。Tang 等（2003）用双醛淀粉交联壳聚糖，制得力学性能和溶胀性能大大改善的壳聚糖膜，为壳聚糖作为生物医用材料提供了一种非常重要的材料构型。Suh 和 Matthew（2000）综述了壳聚糖及其衍生物在软骨组织工程中的应用，表明壳聚糖具有促进前成骨细胞分化、加速骨形成的作用。大量的研究表明壳聚糖无毒、生物相容性好、可生物降解，可以作为细胞的三维载体，用于组织工程领域，修复或重建病损组织。同时，壳聚糖还被证明有缓释和抑制炎症反应的作用。但是目前用于组织工程的壳聚糖支架材料仍然存在许多缺点，如力学强度有限、降解速率与新生组织的生成速率不匹配、材料与宿主的整合性差、材料缺乏表面特异性等。

（2）海藻盐

海藻盐（alginate）是自海带或海藻中提取的一种多糖，可溶于不同温度的水中，溶于乙醇、乙醚及其他有机溶剂，不同分子质量产品的黏度有差异。海藻盐具有生物相容性，是 β-D-Mannuronte（M）和 α-L-Guluronate（G）构成的共聚物，可以构成 G、M 及 GM 三种单元。富含 G 单元的糖链具有较高的弹性模量，糖链的韧性取决于各单元的组成，G 单元硬度最高，MG 单元硬度最低，所以低 M/G 构成的糖链趋于直线性构造，高 M/G 构成的糖链则易于弯曲。G 单元中支架材料常常将二价态的阳离子（如 Ca^{2+}）交联在两条由 G 单元构成的糖链之间，构成“蛋盒”（egg box）的结构，这种结构使海藻盐具有凝胶的特性。随着金属离子交联的两条糖链的水解，凝胶机械性能也随之降低。藻酸盐水凝胶可保持较好的形状，并且藻酸盐无毒性，在组织培养中常用于细胞培养载体，因此具有较好的组织相容性和生物相容性。藻酸盐水凝胶与其他聚合物相比价格低、来源丰富、易塑形、易成膜、具有更好的亲水性，易于细胞吸附，营养物质易于渗透，能为细胞提供良好的三维生长环境并能保持良好形态。同时，藻酸盐水凝胶在生物体内以酶解方式生成的甘露糖醛酸和葡萄糖醛酸单体对机体无毒性、无免疫原性。但是藻酸盐组成成分不稳定，不同成品纯度不一，而往往由于其纯度不够会导致一定程度的免疫原性和较差的可吸收性，这是制约其作为软骨支架的主要因素，如果能采用新技术提高其纯度，不失为一种较好的支架材料。同时，藻酸盐低的降解速率导致新组织开始生长时容易出问题，而机械强度不够使藻酸盐支架在一年内就会失去作用，这样就不能够长时间的植入。由于本身不具备生物信号识别区域，近年来藻酸盐研究主要集中在金属离子交联及嫁接细胞黏附多肽改性方面。

高纯度的藻酸盐具有良好的生物相容性，用于同种异体细胞或异种细胞移植包裹，可以起到免疫隔离的作用，目前已被应用于临床。但在软骨组织工程研究中，对于藻酸盐的生物相容性尚存在争议，报道结果并不一致。目前认为藻酸盐的生物相容性主要与其纯化程度有关。商业化的藻酸盐的制备过程中，褐藻来源品种并不单一，同时存在很多酚化合物和蛋白质，在藻酸钠的制备过程中很难清除干净，影响藻酸盐的生物相容性。藻酸钙在体内以酶解方式降解，生成甘露糖醛酸和古罗糖醛酸两种单体，通过体液交换排出凝胶外。藻酸钙在体内的降解时间报道也不一致，这可能与移植的动物模型、移植材料体积和材料形式不同有关。单纯藻酸钙在裸鼠体内可以维持 1 周，不形成骨和软骨组织，也有报道称降解时间大约为 6 个月。虽然报道降解时间不同，但藻酸钙具有完全降解性，并有充足的时间用于包埋细胞形成软骨基质，最终构建软骨组织。

刘根起和赵晓鹏（2003）在海藻酸钠和明胶的共混水溶液中，用戊二醛为交联剂交联明胶，得到了明胶-海藻酸钠半互穿聚合物网络水凝胶膜，海藻酸钠的引入大大改善了明胶的性能。Knill 等（2004）分别用水解和未水解的壳聚糖修饰海藻酸钠纤维，结果表明，水解壳聚糖/海藻酸钠纤维具有抗菌效果，且力学强度提高，该纤维可用于伤口敷裹材料。Wang 等（2003）将海藻酸钠作为肝组织工程支架材料，结果表明肝细胞在海藻酸钠膜上可以很好地吸附、繁殖，而且肝细胞能保持正常的合成白蛋白等功能。

琼脂糖也是一种从藻类中提取的多糖，能够被制成水凝胶，这样，种植的细胞就能均匀地分布在支架上。琼脂糖可以用来制备一种可注射的支架，为软骨在培养过程中形成圆的形状提供一个三维环境。然而，它和藻酸盐一样，降解速率很慢。它在水中的溶解性和温度有关，适于包囊细胞。琼脂糖已经广泛应用于软骨细胞行为的体外研究。结果表明，受到压缩时，琼脂糖将机械力转移到软骨细胞上，这样能够刺激细胞分泌比在静态控制中更多的胞外基质。

3. 纤维蛋白凝胶

纤维蛋白胶（fibrin glue），又称纤维蛋白粘合剂（fibrin sealant），是人血浆的衍生物，是由数种蛋白质组成的一种复合制剂，是纤维蛋白单体在凝血酶作用下聚合成的具有可塑形性、可黏附性、可降解性的立体网状结构凝胶。纤维蛋白同胶原一样，来自于天然的细胞外基质，具有较好的生物相容性。纤维蛋白是最早使用的医学材料之一，也是应用较多的生物材料。纤维蛋白本身作为天然细胞外基质成分，有较好介导细胞间信号转导及相互作用的性能。纤维蛋白单体在凝血酶作用下可聚合成立体网状结构的纤维蛋白凝胶。聚合后的纤维蛋白凝胶可通过释放 β 转化因子和血小板衍生生长因子等来促进细胞黏附、增殖并分泌基质，具有良好的生物相容性。另外，纤维蛋白凝胶可塑性强，通过降低凝血酶浓度的方法可延缓纤维蛋白聚合过程，为凝胶的塑形提供充分的时间。这种纤维蛋白凝胶来源于自身血液，避免了免疫原性问题，并且具有取材简单、制备方便、韧性好等优点，是较理想的细胞外基质材料。但作为三维支架材料它不能提供足够的机械强度，这也是天然生物材料的共同缺点，这导致其作为软骨支架材料具有一定的局限性。

Sims 等（1998）首次报道了用纤维蛋白凝胶复合软骨细胞植入无胸腺小鼠皮下，12 周后新生软骨组织为透明软骨，氨基葡聚糖与软骨湿重比接近正常软骨。以纤维蛋白作为骨形态发生蛋白（BMP）的载体治疗软骨缺损，与人工骨/BMP、煅烧石膏/BMP 复合物等相比，吸收更完全，只是机械强度略差（杨超和葛宝丰，2000）。此外，纤维蛋白可以与其他材料复合，如把纤维蛋白粘合剂与致密微晶羟基磷灰石颗粒混合在一起，使用凝血酶来调节成形时间，HA 加于纤维蛋白多聚网上形成复合物。但是纤维蛋白凝胶也存在天然材料的共同缺点，如缺乏机械强度、大量获取困难、降解时间难以控制等，故也难以单独作为组织工程中成骨细胞种植基质材料。

4. 透明质酸

透明质酸（hyaluronic acid，HA）及其衍生物是一种天然酸性黏多糖类高分子聚合物，广泛存在于生物的结缔组织中。HA 是一种天然的高分子直链多糖，它是由 *N*-乙酰基-D-葡萄糖胺和 D-葡萄糖醛酸交替连接而成的线形多糖。HA 是国际上公认的最好的保湿剂，被称为天然保湿因子。HA 大分子很容易发生降解，其降解产物为 H_2O 和 CO_2。由于透明质酸本身是一种天然的细胞外基质，其相对分子质量为 10 万～100 万，水溶液有很大黏性，在体内可控制细胞和分子的渗透及某些细胞的分化，所以作为组织工程中的细胞培养支架具有广阔的前景。透明质酸的羟基可酯化，透明质酸为非抗原性，不会引起炎症和异体反应。因透明质酸分子可通过软骨细胞上的膜受体使软骨细胞黏附于其上，而促进软骨细胞扩增，所以透明质酸可用作软骨细胞的培养支架。尽管透明质酸以其良好的生物相容性和生物降解性用途广泛，但纯透明质酸易溶于水、吸收迅速、在组织中停留时间短、不易贴附和机械性能差的特点，限制了它用于对硬度、机械强度和稳定性有一定要求的生物材料，故需要进行化学修饰，以制成更稳定的固态材料。

人们对透明质酸进行了不同程度的交联，获得了各种衍生物。Liu 等（2004）利用透明质酸改性壳聚糖-明胶共混膜和支架，以戊二醛为交联剂，冷冻干燥制得了组织工程支架材料，性能优良，可用于人造皮肤。Leach 等（2003）将透明质酸与 GM 光交联形成的 GMHA 水凝胶移植到老鼠皮下，表现出优异的生物相容性，细胞在水凝胶表面黏附、生长，情况良好。Rhodes 等（2004）在透明质酸为主的支架材料上培植绵羊体间质细胞，3 周后，细胞新陈代谢后的数量增为起初的 3 倍；实验表明，该种材料的支架表面有利于细胞的生长。近年来，HA 作为一种可吸收的高分子医用材料，已成功地运用于眼科手术、关节病治疗和组织修复等领域，有人应用乙二醇二环氧甘油醚对 HA 进行交联，发现在中性或酸性的温和条件下，得到了吸水率低于 90%、降解速率较慢的材料，具有一定的力学性能，可望应用于骨组织材料。

5. 蚕丝和蜘蛛丝

(1) 蚕丝 (silk protein)

蚕丝蛋白是一种具有良好透气与透湿性、无毒、无刺激、与人体相容性强的生物材料。蚕丝蛋白是一种多肽，它直接来源于蚕的腺体蛋白。其蛋白质成分包括一个重链、一个轻链和一个精蛋白 P25，重链和轻链由二硫键连接，P25 以二硫化合物通过非共价键形式结合。其具有能够利于细胞附着、生长、增殖、分化等特点，同时能够保持细胞的表型，不同于其他天然生物支架材料的是，蚕丝蛋白在加工过程中质量较好控制，性能不易发生变化，并且具有良好的组织相容性和表面活性。蚕丝引起的炎症反应要少于高分子材料，且来源丰富、价格便宜，注定其作为软骨支架材料具有较好的应用前景。蚕丝是一种很好的生物材料，它有着独特的机械性能、良好的生物相容性及在基因和蛋白质-高聚物作用的水平上有可调整性，可作为组织工程的支架。蚕丝作为天然高分子材料，具备良好的力学性能，同时在生物相容性方面又优于传统的人工合成可降解高分子材料，在医疗领域获得了广泛的应用。蚕丝蛋白可作为人造皮肤、血管、肌腱、韧带、骨骼和牙齿等人造组织材料。

Wang 等 (2005) 将间充质干细胞种植于家蚕丝蛋白构成的三维支架上，发现在转录生长因子 β1 存在的条件下间充质干细胞能够很好地扩增并分化为软骨细胞，这证明了蚕丝可用于软骨的制备。Gu 等 (2002) 以丝素蛋白制备成薄膜，对薄膜表面进行等离子处理后，在丝素蛋白膜表面有效地接入了磺酸基团，使材料的抗凝血性能有显著提高。我国首创利用丝素膜制成管状材料，用于人造血管的构建，经临床试验，具有良好的疗效。这说明随着丝素膜改性后凝血性能的改善和良好的机械性能，将其用于血管组织工程化构建将成为可能。蚕丝蛋白使细胞很容易吸附，并促进细胞的增殖和分化，有良好的表面活性和很好的组织相容性，且价格低、来源广泛，但其在过程中质量难以控制，使其应用受到一定限制。

丝素作为蚕丝的主要组分，是蚕丝蛋白研究的重点。国内外在蚕丝蛋白应用的大量研究中，大部分是以丝素粉为原料进行的。制备丝素粉的方法多样，同一方法制备丝素粉的条件又不尽相同，且不同的保存条件对丝素性质又会有不同的影响。

(2) 蜘蛛丝

天然纤维的蜘蛛丝 (spider silk) 与蚕丝有相似之处，且具有抗紫外线和大部分蛋白质水解酶的作用。因其显著的柔韧性、抗疲劳和与钢材相似的张力强度、高温下的热稳定性、在酸性条件下稳定、在−50～60℃温度范围内仍保持弹性等优良性质，蜘蛛丝是迄今为止发现的综合性能最为优异的天然纤维材料。除此之外，蜘蛛丝还具有良好的生物相容性和缓慢的生物可降解性使蛛丝蛋白在生物医学上表现出极大的应用潜力，可作为介导药物对特殊的细胞组织和器官进行治疗，还可用于细胞培养的合适的基质、组织工程所需的临时支架以及非毒性和可生物降解的生物材料 (如细胞膜)，近年来成为组织工程领域的研究热点。经过特殊处理的蛛丝因其能与人体组织有机地结合在一起，且无感染、排斥等副作用而备受青睐，而且在完成使命后就会被机体降解吸收。蜘蛛丝纤维蛋白主要由有序的结晶区和无序的非结晶区交替排列，结晶区多为 β 折叠结构，这种结构使丝承受的张力并不直接落在多肽链的共价键上，使蛛丝有很好的抗张强度。无序的非结晶区富含β转角的结构，在外界拉伸的情况下可形成β转角的螺旋，从而赋予蛛丝弹性。由于蛛丝具有强度高、韧性大的优点，可用蛛丝来代替缺损的韧带、肌腱等软组织。而且蛛丝蛋白具有很好的三维空间结构，在替代人体组织时并不影响组织之间的物质交换及免疫反应的进行，可以很好地与人体组织融为一体。

蜘蛛丝是自然界性能最好的蛋白质纤维之一，其独特的机械性能、良好的生物相容性和缓慢的可降解性，使其在组织工程领域有着潜在的应用前景。李敏等（2004）运用基因工程技术合成与纯化 RGD-蜘蛛拖丝蛋白聚合物。RGD 代表精氨酸-甘氨酸-天冬氨酸三肽，与细胞黏附有关。因而所合成的聚合物能够使贴壁细胞黏附其上，促进细胞增殖，可用它来培养韧带、肌腱等软组织。

天然蜘蛛丝本身具有优异的性能，但除产量有限外还存在以下缺陷：蜘蛛本身存在很多腺器，不同腺器性能不一，这就造成很难抽取性能单一的丝，易含杂质；直径较粗，2～7 μm，限制了应用范围，难以开发加工成特定形状的材料以供不同用途之需。目前，研究蜘蛛丝的重点在于如何能大批量制造蜘蛛丝蛋白。基因工程技术是解决这一问题的有效途径。

6. 珊瑚及其衍生物

珊瑚（natural coral，NC）为一种海生腔肠动物所分泌的石灰质物质，其化学成分主要为 $CaCO_3$，结构类似羟基磷灰石，形态非常类似无机骨，具有与无机骨相似的微孔结构，其微孔结构有利于缺损骨组织的长入替代，在骨缺损修复中起到传导作用，因此，珊瑚主要是作为人工骨材料。20 世纪 70 年代末，研究人员开展了用天然珊瑚作为一种骨代用品的研究，证实了其良好的生物相容性和骨诱导作用，且具有生物降解特性，已初步应用于临床。用珊瑚植入骨缺损部位，与 HA 比较，其在骨缺损部位新骨成长速度快；无明显炎性反应，亦无组织坏死、材料排出现象。但是珊瑚吸收过快，在骨组织未能完全修复缺损区前，珊瑚已被完全吸收。珊瑚及其衍生物具有良好的生物相容性、生物降解性、无明显免疫原性、有一定的骨诱导性、来源丰富等优点，符合作为组织工程支架材料的主要性能，已在临床广泛应用；但也存在降解速率与成骨速度不相匹配、不易塑型加工、强度低、材料亲水性差、影响细胞黏附与分布等不足。

天然珊瑚主要成分为碳酸钙，制成的细胞支架在 20 世纪 90 年代初即被作为人类骨髓细胞、成纤维细胞及胎鼠骨细胞在体外培养。美国 Interpore 公司研制的由珊瑚骨架衍生而来的骨组织工程支架材料已在组织工程中取得很好的临床应用效果。实验中发现，将珊瑚与成骨细胞在体外复合培养，早期成骨细胞可以在珊瑚表面附着，并在其上伸展、繁殖，分泌胶原纤维与钙盐结晶等细胞外间质，同时该材料除可以作为成骨细胞贴附的支架外，还能为细胞提供生存的三维空间，有利于细胞获得足够的营养物质，进行气体交换及排除废料，并使细胞按预制形态的三维支架生长。马东洋等（2004）用天然滨珊瑚作为骨髓基质细胞的支架载体构建骨组织，发现天然滨珊瑚对骨髓基质细胞增殖没有明显影响，证实了珊瑚对细胞无毒副作用。

7. 天然骨衍生材料

生物衍生骨是用人或动物的骨组织经过一系列物理、化学方法处理后，去掉细胞成分，去掉抗原性，完全或部分保存原来组织网架结构的一类生物材料。生物衍生骨材料分为三类：完全脱蛋白骨、部分脱蛋白骨和部分脱钙骨。此类材料来源丰富，制作要求低、难度小、费用低，具有人工合成材料难以相比的天然网孔结构，但其免疫学方面（免疫源性反应）及材料学方面（材料的稳定性）的问题尚有待于进一步解决。生物衍生骨主要利用天然骨（nature bone）的无机或有机成分形成的天然网状孔隙系统结构为支架，利于成骨细胞黏附、增殖并发挥成骨作用，并提供宽大的内部空间和表面的微环境，由于骨组织结构的高度同源性，天然骨衍生材料植入体内后易于被宿主组织细胞接近而爬行替代，显示良好的生物降解性。生物衍生骨材料在国外已有产品问世，如 Kiel 骨、Oswestry 骨、Bio-Oss 骨、Pyrost 骨等，并在临床应用中取得很好的效果。Tsuang将大鼠的成骨细胞与天然的 Pyrost 骨体外复合培养，结果 Pyrost 骨不仅有利于成骨细胞的黏附，而且还能促进成骨细胞的增殖。蓝旭和杨志明（2005）采用特殊理化方法制备成完全脱蛋白骨、部分脱蛋白骨、部分脱钙骨三种材料，并对衍生骨进行了性能测定。结果表明，三种材料皆有原骨组织的网状孔隙结构系统，但又各具特点：完全脱蛋白骨（即煅烧骨）基本消除了抗原性，其成骨效果较好，在临床应用中已取得一定的效果，但机械强度差，有待改进；部分脱蛋白骨具有弱抗原性，其机械强度尚可，但成骨效果不理想；脱钙骨抗原性较强，影响成骨，其应用受到限制。蓝旭和杨志明（2005）将生物衍生骨应用于临床，用 X 射线、CT、MRI 和功能状态等进行评价，结果表明骨愈合牢固。当然，天然骨衍生材料仍有不足之处，其尚不能满意地解决免疫原性和生物力学性能等问题，还有待于进一步研究改进。

（二）人工合成可降解高分子材料

目前应用较多的人工合成可降解高分子材料主要是聚羟基乙酸（PGA）、聚乳酸（PLA）及它们之间的各种共聚物。PLA、PGA 及其共聚物在组织工程中应用的主要结构形式有纤维支架、多孔泡沫及管状结构等。

1. 聚羟基乙酸

聚羟基乙酸（polyglycolide，PGA）是目前比较常用的生物材料之一，在体内降解的产物为羟基乙酸，易于参加体内代谢，聚合物中的酯键易于水解，属于非酶性水解，具有良好的生物相容性，作为软骨组织工程支架材料能很好诱导、促进软骨细胞的黏附、增殖和分化，形成软骨组织。但是 PGA 降解较快，易出现崩解，使 PGA 支架整体塌陷，而且由于 PGA 降解过快，降解形成的产物单体羟基酸在局部积聚，会造成局部 pH 下降，使细胞中毒乃至死亡。

PGA 是一种最简单的直线型脂肪族聚酯。它有着高度水晶型结构，高的熔点，在有机溶剂中溶解度低。PGA 因为降解太快，所以不易加工和处理。它的降解时间一般为4～12个月，比PLA（聚乳酸）短得多。PGA的降解产物可以直接被机体吸收。相对于PLA，PGA有较高的拉伸强度和弹性系数。但这并不说明PGA支架会有高的硬度，因为为了适应软骨组织工程的需要，这种材料一般都要制成网孔的形式。PGA常被挤成13 μm的细丝，它必须被制成无织网孔的碟片形式来作为支架。这就为细胞生长提供了一个多孔的环境。但这也限制了它在硬组织工程中的应用，因为组织需要长满大部分的空间来维持结构的机械性能。多孔PLA和PGA支架因为在机械性能方面的缺陷，限制了其在硬组织再生工程中的应用。

针对PGA降解产物会引起局部pH下降，从而导致炎症的发生，有学者将碱性物质，如碳酸钙、碳酸氢钠、钙羟基磷灰石引入聚合物中，补偿聚合物降解引起的pH下降，有助于防止无菌性炎症的发生，而同时添加的无机盐成分对提高聚合物的机械强度、延缓降解时间也有帮助。研究表明，人工合成的生物可降解材料PGA在软骨和骨组织工程应用中显示出较好的性能而被广泛接受（Shum and Mak，2003）。PGA可用于骨支架材料、血管支架材料、神经导管材料等。熊猛等（1999）采用牛骨Ⅰ型胶原包埋处理聚羟基乙酸纤维无纺网，形成血管支架材料，并接种牛血管内皮细胞于其腔面，血管内皮细胞在管形支架内表面贴附良好，经过10 d体外培养，可形成完整的内膜层，已具备管的雏形。Kiyotani等（1996）用胶原包埋PGA网作神经导管材料，将猫的左坐骨神经导管切断25 mm，再用导管把它连接起来、固定，在植入4～16个月后，组织学检验发现切口处已长好了血管化的神经组织，5个月后，电子显微镜观察到有髓鞘及无髓鞘的轴突和雪旺细胞的再生。Breitbart等（1998）将PGA无纺纤维支架体外培养兔骨膜成骨细胞，然后植入修复兔颅盖骨缺损，12周后缺损区有大量骨生成，可完全修复骨缺损。

2. 聚乳酸

以聚乳酸（polylactide，PLA）为代表的聚酯类生物降解材料是目前组织工程研究中最常用的移植细胞的支架材料，与天然的细胞外基质（如胶原和蛋白多糖等）相比，PLA材料不仅具有良好的物理机械性能，可通过分子质量及分子质量分布的调节以适应不同需要，而且具有丰富的加工手段，可采用盐析法、气体发泡法、乳液冻干法、相分离法等一系列方法制备具有合适体型结构的组织工程支架。与此同时，聚乳酸（PLA）是继聚乙醇酸（PGA）之后第二类经批准可用于人体的可降解聚合物材料。在人体内代谢的最终产物是CO_2和H_2O，中间产物乳酸也是体内正常糖代谢的产物，不会在重要器官聚集，因此具有优异的可生物降解吸收性。因为它的斥水性，使得表面不易吸水，从而降低了水解速率，因此PLA比PGA降解慢。有关数据表明，降解的时间一般持续在1～2年。因为异构体的存在，使PLA自身有相对较低的拉伸强度和弹性系数。

PLA是一种可生物降解且具有良好生物相容性和可加工性的高分子材料，主要应用于骨修复材料、人工骨及人造皮肤等。但是，由于聚乳酸存在细胞亲和性差、降解速率很慢、在体内长期存在容易引发炎症和肿胀并发症等局限性，需要通过分子设计合成以聚乳酸为主的各类共聚物，来进一步改善聚乳酸的降解性能及生物相容性。PLA是一种疏水性的材料，在体液环境中表面不可控的非特异性作用是导致其低细胞亲和性的主要原因之一。亲水聚氧化乙烯（PEO）是批准的可用于人体的聚合物材料，具有极好的生物相容性。这种高生物相容性被认为来源于高运动性和亲水性的对吸附分子的阻抗作用。两者结合制备的聚乳酸-聚氧化乙烯（PLA-PEO）共聚物，可有效调节材料的物理机械和表面性能，以制备理想的组织工程材料。PLA 与 PEO 共聚，亲水 PEO 可以改善 PLA 的疏水性能，调节其降解速率；同时，PEO 可以阻止非特异性蛋白吸附。利用 PEO 链端头的官能基团固定生物活性分子，还可以改善细胞-材料界面理化性质，促进细胞在材料表面的黏附、铺展、分化等，此共聚物可作为细胞培养支架材料（朱惠光等，2001）。

3. 聚己内酯

聚己内酯（polycaprolactone，PCL）是另一类具有良好生物安全性的聚酯类聚合物。PCL 的玻璃化温度和熔点都很低，在室温下呈橡胶态，适于构建软组织工程支架。PCL 的另一显著特点是降解速率缓慢，通常其完全降解时间及强度保持时间都大于 24 个月，非常适于作为长期植入装置或再生速率缓慢的组织或器官的支架材料。它总是用来与别的材料聚合，从而获得理想的降解性能。它的生物相容性、可降解性和机械强度都适合在整形外科中应用。实质上，PCL 更适于长时期植入和在药控释中应用。

Kweon 等（2003）用 PCL 与丙烯酰氯共聚制得大分子聚合物，由于聚合后晶型程度的降低及聚合物分子端的改性，聚合物降解更快，呈现更高的抗压缩性及压缩复原性。聚合物支架的孔隙可通过致孔剂的数量和尺寸来加以控制，MG-63 造骨细胞可以在此支架上很好地黏附并增生。

4. 聚乙二醇

聚乙二醇（polyethylene glycol，PEG）是经过美国 FDA 认定的无毒亲水、非离子聚合物高分子，可减少生物材料对蛋白质的吸附作用。PEG 具有良好的亲水性和生物相容性，在组织工程中得到广泛的应用。PEG 本身并不具有降解性，但加入其他的修饰成分后，具有可降解性质，体外的水解时间为 30 d 左右。其他成分的加入也可使其具有温固化或光固化的特性。因此，PEG 在组织工程中也多用于复合支架材料的研究。有研究报道，软骨细胞在 PEG 中的生长增殖和基质合成与其交联密度有关，较高的密度会抑制细胞的增殖。PEG 的机械强度与初始交联密度有关，浓度越高，机械强度越高。Bryant 等研究报道交联密度提高 1 倍，其机械强度可以提高 8 倍，而这种变化并不影响软骨细胞在其中的基质合成。PEG 也可以作为生长因子的缓释载体，Kellner 等（2004）将胰岛素共价结合于 PEG，研究组织工程软骨的形成情况，发现与阳性对照组之间在细胞增殖、基质合成量和生物化学组成之间并未存在明显差距。PEG 具有良好的亲水性及生物相容性，但是在体内吸收及细胞黏附方面却有不足，所以常常采用嫁接氨基酸、蛋白质、多糖的方法来改性，使之适宜于用来构建组织工程用支架材料。PEG 因其分子链的柔顺性、特有的细胞亲和性及可降低蛋白质免疫性的特点，常常被用来对聚乳酸进行化学改性。PEG 与其他高分子的共聚物作为支架时，研究人员可以控制细胞的黏附，增强生物相容性。PEG 自身分子质量较高，所以有较高的压缩系数。研究发现，PEG 的共聚物，包括 PEG-PLA、PEG-PPF、丙交酯基 PEG，都比 PEG 自身具有更好的降解性能，并保持了良好的生物相容性。

5. 聚乳酸-聚羟基乙酸共聚物

聚乳酸-聚羟基乙酸共聚物（polylactic-co-glycolic acid，PLGA）是美国 FDA 批准的可用于人体的生物材料。它是由聚乳酸和聚羟基乙酸按一定比例形成的共聚物，可以结合二者各自的特性，使其既能提供足够强度的支撑，又利于细胞贴附生长。相关实验表明，PLGA 支架比 PGA、PLA 支架更适合软骨细胞贴附生长和分泌 II 型胶原，可作为软骨组织工程的细胞载体。但其亲水性差和对细胞吸附力弱等问题一直困扰着组织工程学家。当前，采取包埋的方法对 PLGA 进行处理，使其具有较好的亲水性和增强其促进细胞黏附的功能，制备的支架有其优越性。

PLGA 具有良好的生物相容性、生物降解性，是目前组织工程研究中使用较多的支架材料，但存在亲水性较差、细胞黏附力弱等问题，最终限制了其应用。为了改善这些问题，将 PLGA 与其他材料进行共聚或复合 。聚乙二醇（PEG）的生物相容性和亲水性好，将 PLGA 与 PEG 通过开环聚合制备的共聚物，可改善其亲水性。Tang 等（2003）制备了 PEG-PLGA-PEG 组织工程支架，这种支架对细胞更具亲和性且可实现蛋白质的长期释放。羟基磷灰石（HA）具有良好的生物相容性，对人体安全、无毒，又能够在植入人体后同骨直接形成很强的化学键结合，是优异的硬组织替代材料。PLGA 与 HA 复合材料可以改善单纯 HA 作为人体承力构件所存在的机械强度低、弹性模量高、脆性大等缺点，将 PLGA（65/35）与 10% HA 进行复合制得多孔复合物，研究发现其力学性能几乎与小梁骨相当，且这种复合物易于切割、铸模和塑形。

6. 聚丁酸

聚丁酸（polyhydroxybutyrate，PHB）最早从细菌中分离出来，随后在诸多细菌，如巨杆菌属、红螺菌属等的胞浆颗粒中均发现有这种聚合物。PHB 是由 3-羟基丁酸通过酯键连接而成的。PHB 作为一种新型生物材料，具有良好的生物相容性，与人体组织相容性好，不引起炎症，无排斥，易降解，在医学领域应用广泛。PHB 是可降解的生物相容性好的材料，它比 PLA、PGA 降解周期长，较适合作为中长期控释药物载体。例如，安定-聚羟基丁酸酯（DIP-PHB）微球作为肌肉注射给药，不仅可减少药物副作用，提高药效，延长药物作用时间，而且可以方便患者。PHB 还可作为神经修复导管和软骨组织培养支架材料。

有人通过盐浸/溶剂浇铸方法制成的 PHBV 共聚物具有很好的高度相连的微细结构，孔隙率达 0.85。成纤维细胞在其上增殖速率快，同时有大量蛋白质形成，另外，人们发现 PHB 具有压电效应，十分适合作为骨折固定材料，但由于单纯 PHB 易碎、热不稳定、降解时间长、可塑性差和机械性能差等缺点限制了它的广泛应用。将聚羟戊酸（pollyhydroxyvalerate，PHV）引入 PHB 主链，形成 PHBV 共聚物，由 PHB 和一定比例的 PHV 组成，改善 PHB 的上述缺点。PHBV 可在较低的温度下加工塑形，避免了 PHB 的热降解问题。PHBV 通过微生物酶解和水解作用而发生降解，水解作用主要与环境酸碱度有关。但 PHBV 共聚物还存在机械性能差、骨结合力弱等问题（汪海滨和罗盛康，2004）。

为改善这些缺点，有人将可溶性磷酸盐玻璃、HA、磷酸三钙（TCP）等与 PHBV 组成复合物。可溶性磷酸盐玻璃虽然有助于提高机械强度，但其光滑表面不利于与 PHBV 的物理结合，且早期溶解率高，释放出大量 Na^{+}、P^{5+} 和 Ca^{2+}，引起较强的组织反应，软组织增生，而新骨生长被抑制。HA 可以提供粗糙表面，有利于 PHBV 与之结合，且 HA 具有良好的骨结合力，有利于新骨组织长入，但存在降解难的问题。相比之下，TCP 具有较好的生物降解及良好的骨结合力，用 TCP 作为 PHBV 的添加剂既有效地增加了机械强度，又提高了骨结合力，对 PHBV 的降解影响小。

7. 聚酸酐

聚酸酐（polyanhydrides）由羧酸聚合而成，通过酸酐键相连，酸酐键具有水不稳定性，能水解成羧酸。目前，已合成的聚酸酐种类很多，性质活泼，遇水极不稳定。脂肪簇聚酸酐在几天内完全降解，而芳香簇聚酸酐则需几年时间才能降解完全。综合两者的特点，可以通过调整主链中两种单体的组成比例来调控材料的性能和降解速度。由于聚酸酐具有良好的生物相容性和表面溶蚀性能，常常用作药物控制释放的载体材料。聚酸酐的降解和药物释放速率可通过改变单体结构、共聚物的组成和主链上酸酐键密度来实现，单体的水性越大或共聚物中疏水性单体比例越大，聚酸酐的降解速率越慢，并且其降解机制更接近于表面溶蚀。

聚酸酐作为一类新型药物控释材料，现已广泛用于化疗药、抗生素、蛋白制剂（如胰岛素、生长因子）、多糖（如肝素）等药物的控释研究。目前，最值得关注的是卡氮芥与聚酸酐组成的局部控释制剂用于实体肿瘤的术后辅助化疗。但需注意的是，聚酸酐在高温过程中能与多种胺类发生反应，在作为蛋白质或含活性胺基的药物缓释载体时，这种潜在反应需加以考虑。聚酸酐也可作为骨缺损修复材料，Attawia 等（1995）将酸酐和亚胺聚合成共聚物用作成骨细胞培养载体，其中，亚胺成分由苯均四酸亚胺丙氨酸或偏苯三酸亚胺甘氨酸组成，酸酐成分由皮脂酸或 1，6-二羧基苯氧乙烷组成。将共聚物制成圆盘状，与成骨细胞株 MC3 T3-E1 共同培养，发现 24 h 内，酸酐单体在 1，6-二羧基苯氧己烷的共聚物培养体系中，细胞黏附良好，形态正常。而单体在皮脂酸的共聚物培养体系中，由于聚合物表面的快速降解，导致细胞不黏附。在此基础上，进一步研究了在共聚物降解产物苯均四酸亚胺丙氨酸和苯均四酸存在的情况下，成骨细胞仍能维持特征性的多角形，21 d 的培养期内可以维持分泌骨钙素的成骨细胞表型。这种亚胺酸酐共聚物对成骨细胞有良好相容性，不影响表型表达，但其中的亚胺可能对细胞生长有影响。

8. 聚偶磷氮

Allcock 等（1996）最早通过聚二氯化偶磷氮与氨基酸酯反应制得含氨基酸酯取代基的聚有机偶磷氮［poly（organo）phosphazenes］。这种聚有机偶磷氮具有良好的生物相容性，降解产物无毒，逐渐被用作药物控释载体。聚有机偶磷氮降解是通过氨基酸酯的水解，生成羧酸，再催化主链的裂解。因此，通过调节水解不稳定性的氨基酸酯取代基与主链的化学组成可以实现聚合物降解速度的调控。其完全水解产物对人体基本无毒害作用。Laurencin 等（1996）将聚有机偶磷氮用作成骨细胞培养载体，发现取代基为乙基甘氨酸酯的聚有机偶磷氮时，不仅有利于细胞的黏附生长，而且可提高聚合物的降解率。在此基础上，通过盐析技术制成具有三维立体结构的聚甲基苯氧基乙基甘氨酸偶磷氮（poly［（methyphеoxy）（ethyl glycinato） phosphazene］），平均孔径 165 μm，分布均匀，孔隙之间相互交通。将成骨细胞种植其上，培养第 1 天，成骨细胞就从材料表面长入孔隙内，并在 21 d 的培养期中细胞以恒定速度增殖，呈现出良好的生物相容性。但其水解产物对人体可能产生一定危害作用。

9. 聚磷腈

聚磷腈（polyphosphcoaenes）是一族氮磷原子以交替的单键、双键构成主链的高分子，通过侧链衍生化引入性能各异的有机基团可以得到理化性质变化范围很广的高分子材料，适用于制备多种药物控释系统。侧链经过修饰的聚磷腈根据亲、疏水性的不同，分为疏水性线型聚磷腈和亲水性线型聚磷腈。疏水性线型聚磷腈用于制备蓄积式、均混式埋植剂和微球制剂，而亲水性线型聚磷腈则常常交联形成水凝胶释药基质。聚磷腈也可与药物相连成为高分子药物，以氨基酸为侧基的聚磷腈膜包裹药物来治疗齿根膜疾病，在骨缺损治疗中，丙氨酸乙酯与咪唑基以 80：20 的比例作为磷取代基的聚磷腈膜，降解速率与骨生成速率相匹配。另外，聚磷腈也可以与药物相连成为高分子药物。因此，聚磷腈在药物控释系统中的应用非常广泛。Laurencin 等（1996）将聚有机磷腈用作骨细胞培养载体时发现，取代基为乙基甘氨酸酯的聚有机磷腈不仅有利于细胞的生长，而且可提高聚合物的降解速率。

10. 聚酯尿烷

聚酯尿烷泡沫降解产物为聚（R）-3-羟基丁酸（PHB-P），呈小颗粒结晶状。有人用巨噬细胞、成骨细胞分别与泡沫体外培养，检测聚酯尿烷（polyestervrethane）的生物相容性。结果显示巨噬细胞与成骨细胞均呈正常状态，未见细胞损伤现象，与在聚丙乙烯上的组织培养相比，聚酯尿烷泡沫显示出更强的促细胞黏附、增殖作用。聚酯尿烷的降解产物 PHB-P 可被巨噬细胞吞噬，成骨细胞也表现出对 PHB-P 的微弱吞噬功能。聚酯尿烷还可以用来作为神经导管材料，在聚酯尿烷泡沫上培养软骨细胞，结果显示细胞黏附及表型良好，细胞在材料的表面及孔径内生长良好。

11. 聚原酸酯

聚原酸酯（polyorthoesters，POE）是一种人工合成的生物可降解高分子材料，通过多元原酸或多元原酸酯与多元醇类在无水条件下缩合形成原酸酯键而制得，产物为疏水型聚合物，不溶于水，在水溶液中也不发生溶胀，可溶于环己烷、四氢呋喃等有机溶剂。在生物体内的降解是由原酸酯键处的水解反应引起的，降解最终产物为水溶性的小分子，容易被生物体所代谢。由于其疏水性，如果在制作成基材的过程中密度均一且不存在空隙，那么因表面张力的作用，水分子就不易进入基材内部，降解过程主要发生在材料表面，称为“表面融蚀”(surface erosion)。降解产物无毒、无副作用，可用作组织工程支架材料。

（三）生物陶瓷材料

由于高分子材料所存在的机械性能差及降解产物有毒副作用等固有的不足，使其不能很好地应用于组织工程，而可降解无机多孔生物陶瓷材料具有良好的生物相容性和机械强度，同时又具有聚合物支架材料的可降解性，因此，在软骨和骨等组织工程研究领域具有广阔应用前景。生物陶瓷材料用作骨组织工程的细胞载体支架材料，效果是肯定的，但其不足之处也是明显的。首先，其脆性大，柔韧性不够；其次，在体内降解困难，影响了新骨的长入和后期改建。

生物陶瓷主要包括生物惰性陶瓷［如氧化铝陶瓷（Al_2O_3）等］、生物降解陶瓷［如β-磷酸三钙（β-TCP）等］和生物活性陶瓷［如羟基磷灰石（HAP）、生物活性玻璃陶瓷（BGC）和双相钙磷陶瓷（HA/TCP）等］。其中，HAP、TCP、BGC和HAP/TCP，以及有机高分子材料与其复合而成的相应复合材料是骨组织工程中常用的细胞外基质材料。其主要优点包括：①主要由钙、磷元素组成，为人类骨组织中的主要无机成分，具有良好的生物相容性、生物降解性、骨传导性，植入骨断端易形成骨性结合；②材料可加工成多孔隙结构，利于组织细胞长入及营养物质出入；③材料轻度溶解所形成的高钙离子层及微碱性环境，可有效促进成骨细胞的黏附、增殖及基质分泌，材料中的微量氟元素能促进成骨细胞合成DNA，并提高碱性磷酸酶活性。钙磷盐陶瓷主要有羟基磷灰石（HAP）和β-磷酸三钙（β-TCP），它们具有良好的生物相容性、传导成骨活性及生物降解性，但也存在脆性大、润湿性较差等不足，这些方面的改进尚待进一步的研究。生物活性玻璃具有一定的生物活性和生物相容性，但也存在塑形难、制备条件要求高及脆性大等不足。

1. 羟基磷灰石

羟基磷灰石（hydroxyapatite，HAP）是其中较为常用的一种，1991年美国FDA批准进行羟基磷灰石人造骨临床试用，修复颅面部非负重区骨缺损取得成功。HAP是一种具有代表性的生物活性陶瓷，化学分子式为$Ca_{10}(PO_4)_6(OH)_2$，密度为3.16 g/cm^3，性脆，微溶于水，易溶于酸，难溶于碱，呈弱碱性（pH为7～9），其化学组成和结晶结构类似于人体骨骼中的磷灰石，钙磷摩尔比为1.67，与天然骨接近。HAP分子中的Ca^{2+}可与含有羧基的氨基酸、蛋白质、有机酸等发生交换反应，具有良好的骨传导性能和生物活性，能与骨组织形成牢固的骨性结合，促进骨骼生长，并且相态比较稳定，无毒性、炎性，是公认的性能良好的骨修复替代材料。但HAP也有其自身的一些缺点，如压缩强度较低，抗疲劳性差，生物可吸收性差，替代速度慢，植入体内后可能出现疏松、迁移、破坏等。单一组分的HAP作为骨组织工程种植材料强度较低、韧性较差、力学性能不足，难以承受较大的负荷或冲击，这就限制了其作为人体材料种植体的使用。为了提高 HAP 陶瓷材料的力学性能，使这一材料得以在临床上推广应用，许多学者采用将 HAP 与其他材料复合的方法来改善其性能。目前研究较多的与 HAP 相复合的基质材料主要有可生物降解的天然生物材料和合成高分子聚合物材料。加入黏弹性高聚物材料使 HAP 颗粒难以向周围组织迁移，克服了 HAP 植入体内后可能出现的疏松、迁移、破坏等缺点，并且可以使 HAP 的生物可吸收性增强。复合物材料平整植入体内后可以达到对周围的软组织不产生损伤的效果（丰强等，2008）。

目前国内外已经形成了多种制备多孔生物陶瓷的方法，如固相烧结法、添加造孔剂法、有机泡沫浸渍法、发泡法及溶胶-凝胶法等，这些方法大都是采用 HA 粉体与挥发性有机物混合，压制成坯后烧结。为了获得多孔的 HA 陶瓷，必须选用适当的有机发泡剂，现有的有机发泡剂有聚亚氨酯及聚氯乙烯等。此外，还有微波法、注浆成型法等，但这些方法多依靠模板和涂浆厚度或添加造孔剂的数量来实现对孔径和孔隙率的可控；制品受形状限制，可控率很低，所得的参数与预想的参数相差很大，实验前景不乐观。国外许多研究单位利用浇注发泡法和凝胶成型（Sol-Gel）工艺，这种方法制备效率低，制品孔径过小，工艺难以控制。

表 3.1 列出了几种国内外常用工艺方法的特点。至今仍很少能够制备出高强度、结构可控的支架材料。

表 3.1 几种国内外常用生物陶瓷支架制备工艺的比较

成形方法	孔径/μm	孔隙率/%	优点	缺点
添加造孔剂工艺	10～1000	0～50	可制得形状复杂、各种孔结构的陶瓷	气孔分布均匀性差，难以制取高孔隙率的陶瓷
有机泡沫浸渍工艺	100～5000	70～90	适于制取连通性好、高开孔隙率的制品，工艺简单，成本低	制品形状受限制，孔洞不均匀，成分密度难以控制
发泡工艺	10～2000	40～90	适于制取高孔隙率的闭孔制品且强度高	孔洞为闭孔，不利于骨细胞生长，工艺条件难控制
Sol-Gel 工艺	0.002～0.1	0～95	适于制取微孔生物陶瓷及薄膜材料，气孔分布均匀	孔径过小，不利于细胞生长，制备效率低，工艺条件不易控制

2. 磷酸三钙

磷酸三钙（β-tricalcium phosphate，β-TCP）的主要成分与人骨的无机成分相似，Ca/P 值为 1.5，在大于 800℃的高温烧结、自然冷却的条件下，表现为 β-磷酸三钙结构。β-磷酸三钙具有骨传导作用，作为骨移植的替代材料已取得良好效果。传统 β-TCP 的多孔结构由 β-TCP 粉末高温烧结而成，其产生的孔隙率为 35%，孔径为 100～300 μm，孔间连接不完全，导致细胞不能均匀地与其在体外复合，因而不是一种最理想的骨组织工程的支架材料。如用甲丙烯酸甲酯聚合物作产孔剂，使得 β-TCP 的孔隙率达到 75%，孔径为 500 μm，孔间连接率达到 100%。数十年来，钙磷陶瓷一直是广泛应用的骨替代材料，具有良好的生物相容性和传导成骨的作用，但由于降解速率很慢，它们只能在骨缺损局部与新骨混合掺杂，因而常用的钙磷陶瓷并不完全符合骨组织工程支架材料的基本要求。法国地中海大学研制出了一种可完全降解的多孔 β-TCP 陶瓷材料复合骨髓基质干细胞构建的组织工程化骨，这种多孔 β-TCP 能很好地复合骨髓基质干细胞，具有良好的细胞亲和性和组织相容性。β-TCP 在体内可以完全降解，但降解速度却有很大差异，主要与材料的制备工艺、陶瓷结晶、密度（孔径、孔隙率）和移植部位相关（祝联等，2004）。

3. 生物活性玻璃

生物活性玻璃（bioglass）最早是由美国佛罗里达大学 Hench 教授在 20 世纪 70 年代初开发研究并提出来的。具有生物活性的人造生物玻璃是一种透明的生物活性材料，含硅、钠、钙和磷等成分，定义为能引起组织间特殊生物反应从而导致移植材料与骨组织之间的成骨，已被证明能加速骨折愈合。生物活性玻璃的 4 种组成成分是：45％的二氧化硅，5％的二氧化钠，45％的氧化钙，5％的磷酸盐，以 45S5 生物玻璃面市。它是一种硅酸盐性质的异质移植材料，与骨和软组织都有良好的结合性，具有区别于其他生物活性材料的独特属性，能够在植入部位迅速生成一系列表面反应，并最终导致含碳酸盐羟基磷灰石层的形成，因此具有以下优点：①生物相容性好，材料植入体内，无排异、炎症及组织坏死等反应，能与骨形成骨性结合，其“松动度”低于已知高分子、钛合金、氧化铝及磷灰石等材料；②与骨结合强度大，界面结合能力 12.3 MPa，大于基磷灰石（9.6 MPa）；③成骨较快。

Bosetti（2005）及其同事研究证实，三维立体结构生物活性玻璃（45S、58S 和 77S）能够早期诱导骨髓间充质干细胞向成骨细胞分化。目前制备生物活性玻璃的方法有熔融法和溶胶-凝胶法，生物活性玻璃 45S5 就是采用熔融法制备的。Eberhard 等（2005）的研究指出，生物活性玻璃在充当支架的同时还能够改善齿龈炎相关的炎症。生物活性玻璃这种新颖生物材料的研制成功，引起了各国学者的极大兴趣。例如，有人用 45S5 玻璃涂在氧化铝基体上制成了牙根矫形固定物，2004 年已有生物活性玻璃制品投入欧洲市场并用于治疗头及颈部骨骼缺损的临床治疗（丁金勇和靳安民，2006）。生物活性玻璃同时也存在不足之处，如脆性大、抗弯强度低等。

1982 年，日本科学家 Kokubo 等发现了一种包含磷灰石和硅灰石的生物活性玻璃陶瓷。这种材料具有良好的生物活性、骨传导性、生物相容性及力学性能，并已实现商品化（CeraboneR，AW）。基于 AW 微晶玻璃的优异性能，其适合作为人体骨的替代和修复。目前，它已用于人工脊椎、人工脊椎间板、长管骨、长骨固定物、骨修补材料、骨髓插栓等。在生物医学材料发达的国家（如美国、日本等），AW 生物活性微晶玻璃同羟基磷灰石、45S5 生物玻璃等材料一样都获得了广泛的临床应用和深入研究（倪建光和刘丹平，2005）。

Deville 等将 HAP 粉末与少量的蒸馏水、分散剂及有机黏结剂混合，采用冷冻干燥技术制得多孔 HAP 支架，结果表明 HAP 支架可适用于人体内承受压力较大的部位。Morishita 等将骨髓间充质干细胞接种于 HAP 支架上，植入骨肿瘤切除后的缺损区，6

个月后得以修复。Tan 等将自体骨髓与 HAP 复合后植入到绵羊腰椎融合间隙，3 个月后见植入体新骨形成并与椎体融合。赵丽君等分别对各类支架材料进行了探索和研究，通过比较，在物理形状、多孔性、细胞黏附性和复合成骨能力等方面，无机材料中 HAP、珊瑚 HAP 可能更为优越。HAP 虽有较好的生物相容性、骨诱导性、骨融合性，但其塑形难、脆性大，应用受到了一定的限制。β-磷酸三钙（β-TCP）具有非常高的生物相容性，但磷酸三钙的缺点是在体内降解过快。生物活性玻璃的主要成分除磷、钙外还含有硅，其表面部分在水溶液中可形成富含氧化硅及钙、磷离子的胶样层。在沉积过程中可吸附其他的生物活性分子，从而形成一层对成骨细胞具有强烈亲和性的界面。Ducheyne 等（1994）在多孔生物活性玻璃上接种成骨细胞的研究表明，生物活性玻璃对成骨细胞的附着、增殖、表达具有促进作用，缺点是在体内不易降解。

无机材料具有较好的骨传导作用和生物相容性，复合细胞后具有体内成骨能力，但其主要缺点是降解时间难以调控，有些材料吸收过快，修复的形态不能维持；而有些材料吸收过慢、甚至不吸收，植入人体后可产生异体反应，不利于新生骨的改建；且其制备工艺难以保证孔隙连通率（倪建光和刘丹平，2009）。

4. 磷酸钙骨水泥

磷酸钙骨水泥（calcium phosphate cement，CPC）是一种新型的自固型、非陶瓷型骨水泥。它克服了钙磷陶瓷脆性大、塑型困难、不能降解等缺点，有良好的生物相容性、可降解性和骨传导能力，且可任意成型，反应不生热，使用方便，临床上用于非负重部位骨缺损的修复、松质骨螺钉加物或生物因子载体等领域。

CPC 由磷酸钙等含钙粉料组成，用水性液体调和后可转化生成其他磷酸钙而凝结硬化的一类骨修复材料。CPC 的研究始于 20 世纪 80 年代。1983 年 Brown 等首次报道，TTCP［磷酸四钙，$Ca_4O(PO_4)_2$］和 DCP（磷酸氢钙，$CaHPO_4$）的混合粉体与一定量磷酸盐溶液混合，在生理温度下 30～60 min 内可形成羟基磷灰石［$Ca_{10}(PO_4)_6(OH)_2$，HAP］而自行凝固。与临床仍在使用的传统骨水泥 PMMA（聚甲基丙烯酸甲酯）相比，CPC 在凝结力（cohesion）和硬化体综合力学性能方面有所不足，但生物相容性和生物活性优越。PMMA 为非降解材料，不能与宿主骨组织形成化学键合，其固化过程的高热产出和甲基丙烯酸甲酯单体释放也有损区域内的组织和细胞。而 CPC 是一种具有骨传导活性的可降解材料，固化过程放热量小，随着 CPC 在生物体内的降解，新骨逐渐覆盖 CPC，二者间形成化学键合。CPC 可广泛用于整形外科、牙科、骨移植、骨缺陷修复、细胞和活性因子载体，注射型 CPC 还可用于微创骨移植（郭富强和李伯刚，2009）。CPC 与陶瓷类材料相比，具有更好的生物相容性、生物降解性及成骨活性，其制作方便、可塑性强、性能稳定，在人体内可自行硬化，形成羟基磷灰石结晶，这使 CPC 更适合作为骨组织工程的支架材料。

可任意塑形并能够在体液条件下快速自固化的磷酸钙骨水泥（CPC）是目前研究较多并被认为是很有发展前途的一种生物活性骨水泥材料。CPC 固化后产物的化学成分与骨组织的无机成分相似，晶相结构与骨组织相近，可根据缺损部位任意塑形，操作简便，克服了使用粉料和颗粒料成型困难、力学性能差、易于流失等问题，这些特点在很大程度上符合临床骨缺损修复的要求，从而具有广阔的应用前景。

CPC与其他的生物充填材料相比具有以下优点：①操作方便，在临床手术时可根据骨缺损情况任意塑型，填充不规则的骨腔；②在体内自行凝固，硬化时间合理；③逐渐降解并可诱导骨组织长入；④CPC的吸收速率与新骨形成基本一致，对骨重塑或骨折愈合过程无影响。

目前CPC临床应用研究主要涉及四大领域：作为药物或生物因子的缓释载体，人工骨替代材料充填骨缺损，骨折治疗中辅助加固及口腔临床治疗等。但其仍存在固化时间偏长、黏合性能差、机械性能较低、降解缓慢等缺点，虽具有良好的骨传导能力，但没有骨诱导能力，从而使其应用受到一定程度的限制。

第二节　组织工程支架设计与制备技术

种子细胞、支架材料和可溶性调节因子是组织工程研究的三大要素。其中支架不仅是提供细胞增殖分化并保持其功能的场所，而且还可引导组织再生、控制组织结构，是组织工程的核心，也是决定组织工程能否用于临床的关键因素。

一、组织工程支架设计

如何得到理想的组织工程支架，完美地扮演细胞外基质的角色，指导细胞从周围组织向支架内迁移或直接在其上接种细胞，一直是国内外组织工程科研工作者们不懈努力的目标。

理想的组织工程支架必须具备以下条件：①高孔隙率的三维立体结构，有利于细胞生长，相互贯通的多孔网促进养分传输和代谢产物的排放；②良好的生物相容性，支架降解速率应与组织细胞生长、繁殖的速率相匹配；③良好的表面性质，便于细胞的黏附、分化和增殖；④具有一定的机械强度和良好的可塑性，能在一定的时间内保持其外形和结构的完整性。

鉴于此，支架的制备需要考虑两个方面的因素。①该支架是否适合组织细胞的黏附、增殖和分化，即其生物学性能方面是否能满足组织修复的需要；②支架的物理性能是否能满足组织修复的要求，这要考虑形状、力学要求等方面，这是对支架工程学方面的设计要求。

二、组织工程支架的制备方法

重建修复组织的研究表明，支架中孔的形状、大小和孔隙率直接影响种植细胞的迁移、分化和繁殖，而这些因素随制备方法的不同有很大的变化，加工质量直接关系到新组织功能的优劣。有许多方法可用来制备组织工程支架，由于组织工程材料加工性能的差异，如天然组织工程材料不适宜于高温加工、不同合成材料具有不同溶解性等，一种制备方法往往只能适用于一种或几种材料。制备支架的方法多种多样，各有优点，但没有一种方法能同时满足所有组织的要求，需根据不同的病损部位进行选择。

目前用于制备组织工程支架的材料和方法有很多。主要的制备材料有：天然高分子材料，如胶原、壳聚糖；合成高分子材料，如聚乳酸、聚乙醇酸；陶瓷材料，如羟基磷灰石、生物活性玻璃；复合材料，如羟基磷灰石-胶原复合物、羟基磷灰石-聚乳酸复合物；生物衍生材料，如天然骨、珊瑚等。主要的制备方法：纤维黏结法、溶剂浇铸-颗粒沥滤法、膜迭片法、熔融模法、聚合物-陶瓷纤维复合泡沫法、相分离法、原位聚合法、静电纺丝法等。每种方法各有其优缺点，下面对这些方法进行简要的介绍。

（一）纤 维 黏 结

纤维黏结（fiber bonding）是将一定直径的纤维有规律地编织成三维连通的纤维网结构，或者将纤维无序放置构成无纺网。这一技术一般选用两种加热时不相互熔的聚合物，且这两种聚合物对某种溶剂具有不同的溶解性能。将一种聚合物纤维包埋在另一种聚合物基质中，加热后使聚合物纤维在交叉点处因熔融发生连接，然后再溶解去除作为基质的那种聚合物，最后剩下纤维网。纤维网的微孔连通，可以得到精确孔径和孔隙率的三维支架。无纺网孔大小不均匀，力学性能差，由于二者强度均较低，所以多用作软组织工程支架，如聚乙醇酸（PGA）。

以 PGA 纤维作为支架材料是组织工程中最早采用的一种方法。以 PGA 或 PLGA 纤维构成的骨架的优点是表面积大，有利于细胞的黏附和养分的扩散，故对细胞存活和生长有利；缺点是内部结构稳定性不好。为提高其力学强度，目前常用两种改性方法。一种方法是纤维固定技术，Mikos 等（1994）早期将 PGA 纤维浸入到聚左旋乳酸（PLLA）的氯仿溶液中，待溶剂挥发后，PGA 纤维网嵌入到 PLLA 中。将混合物加热到两种聚合物的熔点以上，PLLA 首先熔融，充满 PGA 纤维网络的所有空洞。PLLA 的作用是稳定 PGA 纤维和防止 PGA 开始熔融时纤维网结构塌陷。经一定的热处理，交叉点的 PGA 纤维经熔融物理地结合在一起。选定一种只能溶解 PLLA 的溶剂将其溶解，即可得到高度多孔网状结构。采用这种技术制得的多孔网状结构孔隙率和孔径分别高达 81%和 500 μm。另一种方法是采取雾化或喷雾对纤维表面进行涂层，可以改善 PGA 支架的稳定性（Mooney et al.，1996）。将 PLLA 或 PLGA 溶解于 $CHCl_3$ 中，将溶液以雾状喷涂到 PGA 纤维表面。由于 PGA 在 $CHCl_3$ 的溶解性较差在这一过程中纤维形态基本保持不变。待溶剂挥发后形成一涂层后，PGA 纤维网嵌入到 PLLA 中。这种复合结构综合了纤维的力学性能和 PLA 的表面特性。将以这种方法制备的管状物植入到老鼠体内 17 d，观察到内部纤维组织生长，表明这种黏结纤维结构能促进神经组织的形成。尽管对孔隙率的大小没有报道，但孔尺寸与前一种方法制备的黏结纤维的孔尺寸相近。

尽管纤维黏结技术能够产生相互连通并适用于组织再生的高度多孔支架，但以上两种方法都需用到有机溶剂，一旦溶剂不能彻底除去，对细胞将有一定的毒性。为了除去有机溶剂，支架必须真空干燥数小时，这对临床的随时应用造成一定的困难，并且第一种方法还包括将纤维网高温加热。有机溶剂的存在和高温对加工过程中引入生长因子类的生物活性因子和细胞是非常不利的。

（二）溶剂浇铸-粒子沥滤

溶剂浇铸-粒子沥析法又简称粒子沥析法，其制备过程是首先将组织工程材料和致孔剂粒子制成均匀的混合物，然后利用二者不同的溶解性或挥发性，将致孔剂粒子除去，粒子所占的空间变为孔隙，从而得到多孔结构。致孔剂可采用类似氯化钠的水溶性无机盐，也可以采用容易去除的有机高分子，如水溶性好的聚乙烯醇（PVA）、聚氧化乙烯（PEO）及凝胶粒子。

溶剂浇铸-颗粒沥滤法（solvent casting and particulate leaching）是将可沥出的盐粒分散在聚合物溶液中，并浇铸成形，然后浸入水中沥去盐粒，即可得多孔支架，并可通过适当的处理，调节孔隙率、比表面积、孔径大小及结晶度等。它克服了纤维连接法的一些不足，可应用于任何一种聚合物，只要能找到适合的溶剂。但这一技术主要缺陷是孔隙会受到致孔剂形状影响，孔隙间贯通程度不高，大小和形状不规则，不可控制，且存在有机溶剂和致孔剂残留等问题，可能影响细胞的生长。

溶剂浇铸-粒子沥滤技术的优点是可形成孔径和孔隙率可控的聚合物骨架。该技术使用水溶性的致孔剂，如氯化钠。其方法是将聚合物（PLLA 或 PLGA）溶解在 CH_3Cl 或 CH_2Cl_2 中，然后将溶剂浇铸到充满致孔剂的培养皿上。待溶剂挥发后，将聚合物-盐混合物在水中沥滤 2 d 以去掉致孔剂，从而得到不含粒子的聚合物骨架。骨架的孔隙率由所加盐的用量来控制，孔的直径由盐粒的大小决定。当盐的重量百分比达到或超过 70%时，孔与孔之间高度相互连通。采用这一技术制备的泡沫材料应用于不同类细胞的培养，并未观察到材料对新组织的形成有任何不良的影响。然而泡沫暴露在空气中外侧部分比浸润在培养皿中的部分粗糙，即两部分具有不同的形态，故采用该技术不能制备太厚的骨架，一般在 2 mm 以下。对此的改进是将块状的聚合物-盐混合物在高于 PLLA 熔点或 PLGA 玻璃化温度下模压成圆柱体形状，在混合物用水沥滤之前，将圆柱体切成所需厚度的片状，片状的聚合物-盐复合体经水沥滤后，采用层叠技术将片状骨架叠在一起，从而可更为精确地控制支架的厚度并提高泡沫表面的规整性。但需考虑模压过程中聚合物的热降解问题。Shatri 等（2000）最近报道了溶剂浇铸-粒子沥滤的另一种形式，即用含碳的碳氢化合物作为致孔剂制备的 PLLA 和 PGA 泡沫孔隙率高达 87%，孔径远超过 100 μm。采用溶剂浇铸-粒子沥滤技术也需要用到有机溶剂，这在许多情况下排除了在支架形成过程中添加药物试剂的可能性，并且滤出水溶性粒子会明显增加制备支架的时间。尽管这样，在实际应用中，仍可采取比较适当的方法预制细胞-聚合物复合体，并且采用这种泡沫材料进行各种细胞的体外培养，越来越引起人们的重视。

粒子沥析法简单，适用性广，孔隙率和孔的尺寸易于独立调节，是一个通用的方法，得到了广泛的应用；但孔洞生成时需要用到有机溶剂，而且在制备低孔隙率材料时孔隙往往失去了连通性，连通部分半径也比粒子所腾出的空间要小，从而不利于细胞从一个孔往另一个孔增长。

（三）熔融铸模-粒子沥滤

熔融铸模-粒子沥滤法（solvent molding and particulate leaching）类似溶剂浇铸-颗粒沥滤法，只不过它不是将聚合物溶解在溶剂中，而是将聚合物粉末预先与可沥去相混合，然后倒入模具中加热至聚合物玻璃化温度以上，成形后取出在水中浸泡除去可沥去相，即可得到多孔、具有模具三维外形的支架，如采用凝胶作为沥去相制备 PLGA 多孔支架。为了克服残余溶剂对细胞的影响，以明胶微球为致孔剂，开发出无溶剂的熔融铸模——粒子沥滤技术。该方法是将粉状的 PLGA 与明胶微球均匀混合后，置于聚四氟乙烯模具中，升温至 PLGA 的玻璃化温度以上，即形成 PLGA-明胶复合物，用去离子水浸溶除去复合物中的水溶性明胶，获得 PLGA 三维细胞支架（Thomson et al.，1995）。通过改变模具的形状，可以获得不同外形的 PLGA 三维支架，三维支架的孔隙率可以通过明胶微球与 PLGA 粉末的质量比调节，球形孔隙的直径可以通过明胶的直径控制。该技术不使用有机溶剂，不会因为有机溶剂的残余影响细胞的生长。应用该技术也可以制备 PLLA 或 PGA 三维多孔支架，但是，PLLA 或 PGA 的熔点高，不能采用明胶微球为致孔剂（经高温处理后的明胶不溶于水），必须采用其他致孔剂（如氯化钠等）。这一技术可以根据需要制得具有特殊三维外形的支架。但由于制作过程中需对材料进行加热，高温熔融高分子聚合物可能造成聚合物的降解或聚合物性质改变。例如，制备聚乳酸支架时，材料可能出现热降解。加热对可沥去相也有影响，如凝胶作为可沥去相时，加热可能导致凝胶溶解性变差，不能从支架中溶出。同时应用该技术制备的多孔三维细胞支架的孔隙率不高（70%以下），孔隙间的连通性不高，支架中有残余的明胶。

（四）静电纺丝

电纺丝（electrospinning）又称静电纺丝（electrostatic spinning），是一种利用聚合物溶液或熔体在强电场作用下形成喷射流进行纺丝加工的工艺。静电纺丝在纺织工业和聚合物领域中已出现多年，近年来，电纺丝作为一种可制备超精细纤维的新型加工方法，特别在生物高分子物支架方面的新奇应用引人注目。静电纺丝能使纤维直径从几个微米下降到 100 nm 以内，其制造出的纳米纤维与天然细胞外基质纤维尺寸相近。由静电纺丝制备的组织工程支架有高的表面积和孔隙率，能更好地仿生天然细胞外基质的结构特点，为细胞的生长和繁殖提供更适合的环境。理论上，任何可溶解或熔融的高分子材料均可进行电纺丝加工，特别是静电纺丝能适用于种类繁多的合成聚合物和天然蛋白质高分子物质，如 PCL、PLA、PGA、PLGA、胶原、明胶等。目前世界上已成功进行电纺丝加工的聚合物超过 30 种，包括 DNA、胶原、丝蛋白等天然高分子，以及聚氧乙烯、聚丙烯腈、聚乳酸、聚酰亚胺、尼龙、聚乙烯醇、聚己内酯、聚氨酯等合成高分子。

静电纺丝是指聚合物溶液或熔体在外加电场作用下的纺丝工艺。在高压电场力作用下，处于纺丝喷头的聚合物溶液或熔体液滴，受静电排斥力、库仑力和本身表面张力的共同作用，形成带电细流，在喷射过程中细流拉伸分裂多次，经溶剂挥发或固化后形成纳米级至亚微米级（5～1000 nm）的超细纤维，最终被收集在接收屏上，形成非织造超细纤维膜或附加特殊装置，将超细纤维纺成纱线。由于静电纺丝所得到的纤维比常规方法得到的纤维细度小，所以其非织造膜具有超高的特异性比表面积和孔隙率，是制备具有表面活性的组织工程支架的理想方法。

在电纺丝过程中，喷射装置中装满了充电的聚合物溶液或熔融液。在外加电场作用下，受表面张力作用而保持在喷嘴处的高分子液滴，在电场诱导下表面聚集电荷，受到一个与表面张力方向相反的电场力。当电场逐渐增强时，喷嘴处的液滴由球状被拉长为锥状，形成所谓的“泰勒锥”（taylorcone）。而当电场强度增加至一个临界值时，电场力就会克服液体的表面张力，从“泰勒锥”中喷出。喷射流在高电场的作用下发生震荡而不稳，产生频率极高的不规则性螺旋运动。在高速震荡中，喷射流被迅速拉细，溶剂也迅速挥发，最终形成直径在纳米级的纤维，并以随机的方式散落在收集装置上，形成无纺布。

以 PCL 为原料，通过静电纺丝制成的 PCL 支架在骨组织工程中有很大的应用潜力。PCL 溶液以恒定流速送入金属毛细管，经喷嘴喷入高压电场，在喷射流射向集电器的过程中，有个不稳定的过程使喷射流扩展，毫米级的喷射流最后在集电器上沉淀出纳米级的无纺纤维构造。通过调节溶液特性和操作条件可形成直径不同的纤维及不同孔隙率的组织结构，见图 3.1。

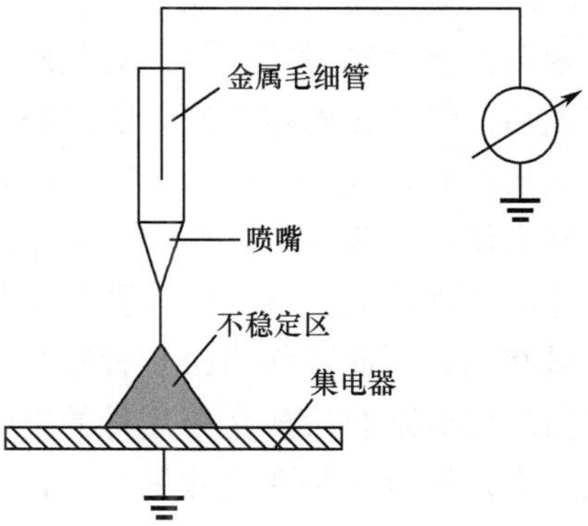

图 3.1　静电纺丝示意图

静电纺丝法还能制备纳米纤维复合支架，Chunmei 等（2008）以蚕丝为起始原料制成的溶液与聚氧化乙烯溶液混合后，在混合物中加入骨形态发生蛋白 2（BMP-2）和纳米烃基磷灰石，通过静电纺丝可以制备出多种纳米纤维复合支架。尤其是有机无机纳米纤维复合支架的制备引人注目（Li et al.，2006），Lee 等（2005）将纳米尺寸的蒙脱土片层加入 PLLA 溶液，经静电纺丝和其他工艺结合制备出增强的双重孔隙结构的纳米纤维复合支架。

（五）相 分 离 法

相分离法（phase separation）是指将聚合物溶液、乳液或水凝胶在低温下冷冻，冷冻过程中发生相分离，形成富溶剂相和富聚合物相，然后经冷冻干燥除去溶剂而形成多孔结构的方法。因而，相分离法又往往称为冷冻干燥法（freeze drying）。

采用冷冻干燥法制备多孔陶瓷材料，基于冰在低压状态下直接升华而不融化的原理，首先将分散好的陶瓷浆料注入所需形状的模具中，通过低温使冷冻浆料中的分散介质冻结，然后脱模，将坯体进行低压干燥，使分散介质升华排出，得到干燥的坯体。冷冻干燥法是通过陶瓷浆料中液相低温冻结实现浆料的固化得到坯体，工艺过程相对简单；干燥时分散介质不经过液相阶段而直接升华排出，不仅可以减少缺陷的产生，而且物料中的水溶性组分也不会由于干燥时液相的毛细作用而产生组分的偏析，保证了材料化学组成的均匀分布；特别是分散介质结晶的形态使制备出的坯体的孔结构比较有特点，因此近几年来该工艺引起人们的关注。按体系形态的不同可简单地分为乳液冷冻干燥法、溶液冷冻干燥法和水凝胶冷冻干燥法。

相分离法是将聚合物溶液通过一种可控方式进行骤冷，得到连续的聚合物固相和溶剂固相，然后将固化的溶剂相通过升华的方式去除，得到多孔的聚合物支架。由于这个过程是在低温下进行的，因此可以在制备过程中在支架上复合生物活性分子，解决药物运载问题。复合亲水或疏水生物活性分子的多孔的 PLLA 或聚磷酸酯支架已使用这一技术制得。但这一技术设备和实验条件要求较高，孔隙尺寸不易控制，不利于细胞的迁移。同时，亲水性水凝胶多孔支架在体液环境中强度下降也是一个值得重视的问题，一般需要与其他材料复合。相分离/冷冻干燥法致孔的尺寸往往偏小，但该法避免了高温，因而得到了研究者的重视。

将可降解聚合物微球加入模具中，加热至玻璃化温度以上，保持一段时间后冷却、脱模可制得烧结微球支架。热处理时微球相互接触处由于链运动而连接在一起，冷却至室温后该结构被固定下来，因而得到多孔的烧结微球支架。微球紧密堆积产生的孔隙成为支架的孔，孔径范围为 37～150 μm，与微球尺寸成正比，孔隙率则随微球尺寸的增大略有增加，为 31%～39%，孔相连性很好。支架压缩模量为 241～349 MPa，随微球尺寸减小而增大。该支架的孔隙率与松质骨中组织分率（30%）相近，力学性能也与松质骨相当，因而可作为松质骨修复的“负”模板，修复完成后孔的部分成为组织，聚合物微球部分降解后成为松质骨的空隙。该法优点在于孔相连性好，孔尺寸易调控，力学强度大；缺点则是孔尺寸偏小，孔隙率亦低。

（六）冷冻干燥法制备多孔 HAP 支架

在去离子水中溶入 5%的羧甲基纤维素（CMC），并加入 30%在 900℃煅烧 3 h 进行预处理的 HAP 粉体，用控温磁力搅拌器搅拌 30 min 制成 HAP 浆料，并真空脱气 24 h。将配好的浆料注入模具中，然后将其以 1.3～3℃/min 冷冻速率在约－30℃下预冻。完全冻结的样品脱模后在低温（－7～－5℃）和 510～610 Pa 的压力下升华干燥24 h，回复到室温。随后以 1～30℃/min 的加热速率从室温加热到 400℃；在 400～600℃，加热速率 1～20℃/min 的条件下进行排胶。而后在 1250℃下烧结样品，保温时间为3 h，即得到 HAP 多孔支架。

（七）气体发泡法

超临界流体发泡用于微孔泡沫的制备已有很多年，制备骨组织多孔支架的气体发泡法（gas foaming）与之类似。此法制备聚乳酸和陶瓷复合支架，是聚乳酸和陶瓷颗粒在干燥条件下混合后，由混配机在205℃氮环境中熔融挤出于模具中，模具加压并升温到195℃，10 min后聚合物中CO_2达到饱和并形成聚合物-气体溶液。然后突然降压，混合物开始发泡，形成泡核并成长，随着压力和温度的下降，聚合物开始固化和重结晶，聚合物黏度增加，逐步形成多孔泡沫结构。模具加压的饱和压强、降压与降温速率对最后多孔结构有很大的影响，高的饱和压能形成高泡孔密度，但降压速率过快会使形成的泡核减少，并且容易出现并泡现象，致使部分结构破坏，在泡沫中间形成一些大的泡孔。降温速率过快将形成小的闭孔结构，降温速率过慢又不足以使多孔结构凝固，最终导致崩塌，所以冷却速率必须适中，即要能形成连通多孔结构。通过制发泡参数能得到不同结构的泡沫，用于不同骨结构的替代。

超临界CO_2制备三维多孔支架利用了不同压力下气体在固体中溶解度不同的原理，包括两个步骤。首先将已压制成型的热塑性聚合物试样放入容器中，并给容器中通入高压气体，使容器内的高压气体达到饱和状态，该气体多为超临界状态的CO_2气体。通过一定时间与高压超临界状态CO_2的相互作用，聚合物溶胀了足够的气体使其玻璃化转变温度降低到低于高压容器的操作温度，以便形成聚合物-气体溶液。第二步是将容器内气体压力降至大气压，这一快速的放气过程使CO_2在聚合物中的溶解度降低，在聚合物试样中由于CO_2过饱和形成气穴。随着气穴在聚合物中的形成和扩展，聚合物中的气体浓度迅速降低直到聚合物的有效玻璃化转变温度上升到容器内温度为止。同时，由于容器内压力骤降导致温度降低，也可能限制了气泡的生长。

这种方法的优点是不需滤除过程，也避免了使用有机溶剂，因为残留在支架中的有机溶剂对细胞有害。但这种方法制得支架的孔隙率和孔径不可控，由气体在固体中溶解-释放过程的形态决定；形成的泡沫中孔与孔之间大多数是非连通的。固体片材形成过程中所需高温妨碍了细胞或生物活性分子的引入，非连接性的孔结构使得细胞在泡沫中的种植和移动变得困难。

（八）颗粒烧结法

颗粒烧结法（particle sintering）可以根据情况将用于致孔的颗粒先行烧结成多孔模板或与支架构造物一起烧结。可将不同粒径盐粒经过球化处理后，烧结形成多孔连通的模板，将模板多次浸入由超声波振动的磷灰石悬浮液中，模板干燥后再经聚合物溶液灌注，完成后让溶剂在室温下蒸发，最后整个含有磷灰石和聚乳酸的模板浸泡在水中，去除盐粒，制成聚乳酸-磷灰石复合多孔支架。Jung等（2005）将磷灰石、聚乳酸和NaCl颗粒一起混合，高压制成块状，在稍高于聚乳酸熔点的温度下烧结30 min成型后用水浸泡去除NaCl得到聚乳酸-磷灰石复合多孔支架。

（九）固体自由成型法

固体自由成型法（solid freeform farication，SFF）也叫快速成型技术（rapid prototyping，RP），它将传统的“去除”加工法改变为“增加”加工法，利用电脑程序对模型进行分层处理，根据每层的截面数据添加物料进行加工，反复操作，逐层加工，直至完成实体模型。

制备组织工程支架可采用很多方法。传统的方法包括纤维黏结法、熔融铸模-粒子沥滤、颗粒烧结法、相分离法、冷冻干燥法等。这些传统方法虽然也获得了较成功的组织工程支架，但它们所得到的组织工程支架的性能并不理想，主要表现在缺乏力学强度、孔隙的相互贯通程度低、孔隙率与孔分布的可控性差，这将影响到细胞的长入和组织的血管化。快速成形技术能有效地解决这个问题，为组织工程发展带来了新的契机。快速成形技术是集新型材料科学、计算机辅助设计、数控技术为一体的综合技术，用非侵入计算机断层扫描（CT）和核磁共振成像（MRT）扫描，根据 CAD 系统或对 CT、MRI 扫描的医学影像数据进行数据转化，以产生一个 STL 文件格式的实体三维模型，采用离散-堆积成形的原理，把三维模型变成一系列二维层片，再根据每个层片的轮廓信息进行工艺规划，选择合适的加工参数，自动生成数控代码，最后由成型机接受控制指令制造一系列层片并自动将它们连接起来，可以精确地复制出与生物体同样形状的形体。用快速成形技术能构建完全通孔、高度规则、形态与微结构具有重复性的支架，并且能设计出宏观结构与缺损组织几乎完全相同的三维结构物，这是传统的支架制备技术所不能达到的，所以快速成形技术在组织工程领域具有极大的应用前景。目前比较成熟的快速成形方法有三维打印技术、熔融沉积技术、选择性激光烧结技术。

1. 三维打印技术

三维打印技术（three-dimensional printing，3DP）利用喷墨打印技术来处理粉末材料。首先将粉末材料在活塞上铺展为薄的一层，然后通过喷头按照支架的二维截面形状将黏结剂喷涂在粉末材料表面，并将粉末材料黏结成型，最后活塞下行，再铺粉，重复上面的过程，直到整个三维支架完成。

目前，三维打印技术广泛地用于构建组织工程支架。通过改变打印的速度、液体黏结剂的流速及沉积位置可获得不同的支架微观结构。由于三维打印技术通用性好且简单，所以其粉末材料的选用范围很广，包括聚合物、金属和陶瓷材料。Giffith 等用 3DP 结合颗粒滤粒法，采用 PLGA 粉末和盐的混合物为原料构建多孔支架。盐粒用蒸馏水滤出，支架的孔径为 45～150 μm，孔隙率为 60%。体外的细胞培养试验和组织学试验发现肝细胞（HC）成功地在支架的外表面和孔内部大量黏附，并生长良好（Kim et al.，1998）。Zeltinger 等（2001）在此基础上做进一步研究，观察不同的孔洞尺寸和孔隙率对不同细胞的吸附、增殖及基质沉积的影响。通过细胞培养证明，用 3DP 制取的支架适合于支持不同类型细胞的组织发展，但仍有局限性。支架的微观结构将影响细胞反应和组织再生。Lam 等（2002）开发了以含有玉米淀粉、右旋糖酐和明胶的混合淀粉为材料，用蒸馏水黏结构建支架，并将支架浸入 PLA 和 PCL 的二氯甲烷溶液中以提高其力学性能和耐水性。这项研究表明，三维打印技术在制备能控释生物或药物大分子的支架方面极具潜力。

但用三维打印技术制备支架也存在以下不足：支架孔径较小（常小于 50 μm），且孔径与原料粉末的粒径有关。为了提高支架的孔径和孔隙率，三维打印技术常与颗粒滤粒法共同使用，如果不能完全析出，将有残渣留在支架内。另外，支架的机械强度较低，也是需要改善的。

2. 熔融沉积技术

熔融沉积技术（fused deposition modeling，FDM）工艺一般选用热塑性材料，以丝状供料。材料在喷头内被加热熔化，喷头沿支架截面轮廓和填充轨迹运动，同时将熔化的材料挤出，材料迅速固化，并与周围的材料黏结，一层一层堆积成形。

FDM是目前仿生支架较常用的方法。通过改变材料沉积的方向和扫描路径的间距在支架中形成蜂巢状结构，并可调控孔的形态及内部贯通性，构建具有不同层状结构和不同孔形态的支架，适用于多种类型的组织和组织界面的再生。FDM技术是首先将待用的支架材料拉丝，再放入融化器中熔融，喷嘴沿 x 轴和 y 轴挤出聚合物束材，并通过沉积构建支架层模型，沿 z 轴方向降低该模型并重复 x 轴和 y 轴的运动，即可层层构筑三维支架。通过改变束材沉积的方向可在支架中形成蜂巢状结构，并可调控孔的形态及内部贯通性。

采用FDM技术可制备聚合物或陶瓷材料的支架。另外构建支架时，交错的纤维可起到支撑作用，材料的利用率较高，且具有良好的结构完整性。Hutmacher等（2000）采用FDM技术构建PCL支架，尺寸大小为250～700 μm；并采用不同的沉积模型，孔隙率为61%，将细胞种植在支架上，发现纤维原细胞成功地在支架的外表面繁殖，并有细胞外基质生成（Zein et al.，2002）。但因受到成型机中加热器功率的限制，所用材料丝的熔点不能太高，常采用的脂肪族聚酯为PCL及PCL-HA复合材料，缩小了加工原料的范围。另外，FDM制备的支架存在三维方向孔开放性不一致的缺陷。其中，在 x 轴和 y 轴方向，由于材料层的堆积形成了开放的孔，其大小受每层厚度的限制，孔形态的变化范围很小；但在 z 轴方向上，孔形态的变化范围较大。

采用FDM构建组织工程支架首先要解决的是材料问题，因材料加工时要经过熔融挤压成形，目的材料必须为丝状，导致FDM工艺几乎不能使用天然的聚合物。另外，材料在堆积凝固过程中会阻碍微孔的形成，而微孔是促进血管化和细胞吸附的重要因素之一。

3. 选择性激光烧结技术

选择性激光烧结技术（selective laser sintering，SLS）工艺是利用粉末状材料成形的。将材料粉末铺洒在已成形支架的上面并刮平，用高强度的 CO_2 激光器在刚铺的新层上扫描出支架截面，材料粉末在高强度的激光照射下被烧结在一起，得到支架的截面，并与下面已成形的部分黏接，当一层截面烧结完后，铺上新的一层材料粉末，选择性地烧结下层截面。

选择性激光烧结常采用 CO_2 激光束选择性烧结聚合物或者聚合物-生物陶瓷的复合材料粉末来形成材料层。支架的微观结构可通过调节SLS的加工参数（如激光强度、扫描速度、SLS制备时粉末的预热温度及粉末层的厚度）来控制。在制造过程中，未烧结的粉末作为支撑物，待支架成型后再移去未烧结的粉末，材料的利用率较高。Williams等（2005）利用SLS制备出PCL组织支架，它的多孔结构和机械性能能有效地满足骨组织工程的要求。PCL颗粒大小为10～100 μm，每层粉层厚度为100 μm，粉末预热到49.5℃后，根据每层界面的数据，激光有选择性地扫描粉末表面，使之烧结，如此逐层烧结制成支架，然后冷却，去除多余的粉末。

因为在烧结构成新的材料层时粉末承受较低的压力，所以SLS制造的支架通常多孔，但支架的强度较低，且表面粗糙。尽管SLS不使用有机溶剂，对周围环境无不良影响，但烧结所引起的高温使得该方法在制备载有生物活性物质支架中的应用受到限制，常用于聚合物材料聚己内酯组织工程支架的制备。同时，为减小高温对材料性能的影响，成型室处于充满氮气保护的密闭状态，而且烧结过程中常存在支架收缩的问题。

众多的研究工作多围绕如何利用快速成型技术制备出初级体外支架模型，还未与构建器官原型支架、最终实现中级植入体和高级人体器官联系起来。分析原因在于两个方面：一方面，利用现有的CT、MRI等医学影像手段难以准确、快速、完备地获取实物的三维几何数据，进而与快速成型技术（RP）的高精度相匹配；另一方面，成型过程中制件的翘曲变形、成型后由于温度和内应力变化等不稳定因素会造成支架无法精确预计的变形。总而言之，只有通过开展多学科领域的交叉研究，相互协作，才能加快上述问题的解决，促进快速成型技术在组织工程领域中的广泛应用，推动组织工程学科的发展。

第三节 组织工程支架材料的表面改性

生物材料经过几十年的发展已经从第一代生物材料（生物惰性材料）发展到第二代生物材料（生物可降解性材料）。目前第三代生物材料——生物活性材料的概念已经深入人心。所谓第三代生物材料，就是要求材料不仅是可降解性的，而且是能与生物体组织主动发生反应的材料，这对材料的表面性能提出了很高的要求，因此如何改善和控制生物材料的表面性能、增强生物材料的生物相容性一直是生物材料领域的研究热点之一。

一、生物材料及其表面性质

生物材料主要用在人体或各种机体组织内，当生物材料与活性机体组织相接触时，作为外来异物的生物材料必然会引起机体组织的各种排斥生物反应，这种反应一般包括凝结、免疫监视、致敏、炎症、致癌、血栓等。这些生物反应对评价生物材料最终是否成功是非常关键的。因此生物材料长期或短期与人体接触时，必须充分满足生物体环境的相容性，而这主要取决于生物材料的表面与生物体的相互作用。对材料和生物体相互作用机制的研究表明，生物材料的表面成分、结构、形态、表面能量状态、亲水性能、表面电荷等表面化学、物理及力学特性都会对材料和生物体的相互作用造成影响。

组织工程支架也是最先与组织、细胞相接触、作用的材料表面，因此材料表面性质相当重要，而且表面性质的不同还将影响吸附、增殖、分化等一系列反应。现代物理学和化学的发展，使我们完全有能力对材料表面进行修饰，通过生物化学处理及分子设计，使表面结构具有有序性、特定分子间的可识别性和运动性。

种子细胞与支架材料的相互作用是组织工程研究的主要领域之一，种子细胞必须与支架材料黏附，才能进行迁移、分化和增殖。目前用于构建组织工程的支架材料主要有人工合成的高分子材料和天然形成的材料两种，这些材料大多属于“生物惰性材料”，不能为种子细胞的附着和生长提供良好的生物界面。为了使生物材料具有良好的生物相容性和细胞亲和性，需对材料进行表面修饰改性。

常用的表面改性方法有表面修饰法、化学改性法、等离子体法、杂化改性法等方法。其中表面修饰法最常用，指在材料表面固定某些蛋白质或活性分子，或改变材料局部结构特征，以提高其生物相容性。材料表面修饰主要有物理和化学两种方法，前者多利用非共价键作用力（如疏水性、电荷分布、范德华力、氢键等），将靶分子吸附于支架表面或包埋于材料内部，应用虽广但机制不确切，重复性差，而且这种结合的程度可随温度、pH 等变化。后者则通过改变材料表面化学特征，引入能够与靶分子（如 RGD 肽）键合的官能团，如羟基（—OH）、羧基（—COOH）、氨基（$—NH_2$）、巯基（—SH）、活性氢等，然后利用交联剂使材料与该分子共价键合，在化学反应基础上建立靶分子——多肽和支架之间的稳定结合。很多学者已在这一领域进行研究、探索，提出多种表面修饰的方法。

生物材料在组织工程应用过程中存在的最大问题是，其表面缺乏细胞可进行识别的识别位点，也就是当细胞与材料表面接触时，细胞膜表面受体试图寻找表面结合信息，由此可指示细胞表面是否为自体或异体。因此，植入支架生物材料的表面结构与性质决定其后与细胞间的生物响应。据此，生物材料表面应具备细胞膜受体基的识别位点，不显示非特异性相互作用，而呈现高度特异性，且能诱导特异的愈合途径。因此，对生物材料进行表面修饰，为细胞创造一个良好的、类似体内细胞外基质的人工细胞外基质环境，达到细胞正常生长的需求，显得至关重要。

二、表面修饰后的生物材料的基本标准

用于制造支架的材料表面化学特性及介观结构特性（纳米尺度）调节与其相接的细胞的黏附、铺展、基因表达过程相关。经过表面修饰后的生物材料在宏观性质上的改善体现在以下 6 个方面：①良好的生物相容性；②良好的抗凝血性；③适宜的表面亲水-疏水平衡；④较强的细胞特异性识别能力；⑤较强的消除非特异性识别的能力；⑥易于加工和表征。

三、生物材料的相容性

（一）简　　介

在应用中，生物材料不可避免地与体液、组织和细胞相接触，因此要求材料具有良好的生物相容性（biocompatibility）。生物材料的生物相容性主要包括血液相容性和组

织相容性（cytocompatibility）。血液相容性是指生物材料与血液接触时在材料表面不发生凝血及溶血现象，不引起血浆蛋白的变性，不破坏血液的有效成分。组织相容性是指生物材料与组织接触时不会对组织和细胞产生毒害作用，不影响细胞正常生理功能，不引起周围组织的免疫反应。细胞相容性是组织相容性的重要组成部分。对应用于组织工程的生物材料，要求材料表面有良好的细胞相容性，能够促进细胞的黏附、铺展、迁移、增殖和分化，并维持细胞正常的表型和生理功能。

当生物材料与血液、组织液或体液接触时，材料的表面会迅速地吸附一层蛋白质分子，然后才是细胞到达材料的表面。接着，大量巨噬细胞将其包围并开始吞噬，如果它们不能将其消化，会发信号给成纤维细胞并让其分泌胶原将植入体包裹，形成一层较厚的、与材料无结合的包囊组织（厚 50～200 μm），这种组织容易形成炎症或成瘤。所以这种非特异性蛋白质吸附对材料表面的组织工程化是非常不利的。

（二）细胞的表面结构

在生命体系中，细胞和细胞的特异性相互作用是从细胞表面开始的。在微观上，细胞表面存在蛋白质、糖蛋白、蛋白多糖和糖脂，它们镶嵌在脂质双分子层间形成一种“流动镶嵌结构”。构成细胞膜的脂类有磷脂、糖脂和胆固醇等，这些分子具有共同特点，即它们均是两亲分子，可自发形成双分子层，具有自组装性、自封闭性及流动性。这些两亲分子的亲水部分与膜蛋白的亲水氨基酸侧基结合，而膜脂的疏水部分与膜蛋白的疏水氨基酸侧基结合，大量分子间有序的亲水键、疏水键协同作用，形成了稳定的细胞膜流动镶嵌结构。

（三）细胞外基质分子

细胞外基质广泛存在于哺乳动物组织细胞周围，是由大分子构成的、结构精细而错综复杂的网络。细胞外基质是由细胞分泌的结构材料，可以作为支持细胞的骨架。细胞还可以通过特殊的细胞表面受体与自身的细胞外基质及其他细胞分泌的细胞外基质发生作用，将细胞外基质与细胞内信号通道连接起来，而这些细胞表面受体则对不同的细胞信号产生响应。不同的细胞功能依赖于细胞外基质的组分与结构。在体内，细胞与细胞外基质的相互作用会影响细胞与组织的分化、细胞迁移、细胞增殖、细胞黏附及组织的再生与修复。

细胞外基质主要由以下三类生物分子组成。

1）结构蛋白，如胶原、弹性蛋白等。其中，胶原是人体内含量最为丰富的蛋白质，也是所有细胞外基质的主要组分之一。胶原通常是强度的来源，它还参与许多细胞黏附与分化的过程。弹性蛋白提供组织以灵活性。

2）特殊蛋白，如纤维粘连蛋白、层粘连蛋白等，主要参与细胞的黏附、分化等特异性作用。

3）蛋白多糖，一般包含一个蛋白质核心，连接了以糖胺多糖为端基、以二糖为重复单元的长链，形成了极其复杂的高分子质量细胞外基质组分。

细胞外基质成分可以和其细胞表面的特异性受体结合，向细胞发出信号，通过细胞骨架或各种信号传递途径将信号转导至细胞内，影响基因的表达及细胞的活动。最典型的如整合素受体与其配体蛋白质——纤维粘连蛋白（Fn）、玻璃粘连蛋白（Vn）等的特异性作用。

（四）生物材料和细胞的相互作用

从细胞和分子水平看，细胞与生物材料表面间的相互作用可用细胞膜与材料表面结合位点间的相互作用来描述。细胞膜受体与材料表面配体的结合方式主要有配位结合、疏水性结合、静电结合、氢键结合等，在生理环境中，贴壁细胞与植入材料的相互作用实际上是细胞膜表面受体与生物材料表面配体间的相互间分子识别，产生生物特异性与非特异性相互作用。

细胞和细胞外基质间粘连不仅使其保持形态，还起着细胞间信息传送和功能调节的重要作用。细胞表面和基质表面分子间特异性相互作用，调节细胞黏附、增殖、分化和凋亡，维持细胞生长和凋亡的动态平衡。当植入材料生物体系统的非特异性吸附作用被完全抑制，同时又具备细胞识别的相应位点，则会被细胞认为是自体，实现材料和细胞的融合作用，积极诱导组织再生。

在组织工程中，组织工程用支架植入体内后，生物体内的细胞受体积极在支架表面搜寻配体，以期得到响应。细胞首先要在支架表面黏附上，才能够增殖和分泌细胞外基质。黏着斑黏附（focal adhesion）是细胞与基质黏附接触的常见形式。黏着斑由整联蛋白作为主要载附受体和相关细胞质斑蛋白，包括踝蛋白、纽蛋白、α-肌动蛋白、张力蛋白和大量蛋白激酶。整联蛋白（又名整合素，integrin）是细胞表面受体的一个主要家族，是由α、β两个亚单位构成的杂二聚体，主要参与调节细胞与细胞外基质选择性黏附及细胞间的相互作用，直接影响到细胞的生长、增殖、凋亡等生理活动。细胞识别主要基于整联蛋白与细胞外基质中配体的相互识别，实现信号传递。黏着斑是接触表面与肌动蛋白微纤接触的主要位点，它的形成与细胞延展过程有关，所以黏着斑是细胞黏附和运动协同作用的位点。

分子生物学研究发现上百种细胞黏附分子，它们都是跨膜糖蛋白。这些细胞黏附分子主要可分为整合素、钙黏素、选择素和免疫球蛋白家族几类。其中，整合素介导细胞与细胞间及细胞与细胞外基质间的识别作用，与细胞在聚合物表面的黏附、生长、分化过程密切相关。整合素分子与具有特定空间构象的短肽序列介导了细胞与细胞、细胞与基质材料间的黏附、迁移和分化。黏附蛋白的作用不仅是与整合素键合，还要粘接于其他细胞外基质蛋白上形成共价或非共价的交联网络。最先发现的整合素粘接位点是RGD（精氨酸-甘氨酸-天冬氨酸）三肽。该多肽序列和整合素受体的特异性作用几乎与黏附蛋白的作用一样。寡糖结构在细胞识别中也发挥了很重要的作用，主要是作为选择素类受体的配体。某些情况下单糖结构也可以在细胞黏附中发挥作用。

四、生物材料表面性能

（一）表面拓扑结构

材料结构决定材料性能，所以表面微观结构对表面性能有重大影响。生物材料表面的拓扑结构（表面的粗糙度、孔洞的大小及分布、沟槽的尺寸和取向等）对细胞的黏附、铺展、增殖、分化、功能表达有很大影响。细胞在识别材料表面特征时，可响应微米和纳米尺度的表面拓扑结构，产生接触引导，所以人们可利用材料表面拓扑结构来调控细胞行为。Dalby（2003）利用聚苯乙烯（PS）和聚（4-溴代苯乙烯）（PBrS）共混浇铸成膜，表面形成岛状拓扑结构，种植入成纤维细胞后发现，细胞对岛状结构非常敏感，黏附后迅速产生丝状伪足，细胞骨架迅速形成。生物材料表面的微结构域可以调控细胞与基质的信号转导，从而影响细胞黏附结构域的形成和细胞骨架的发育，最终形成具有高度取向的细胞图案。Matsuzaka 等（1999）将鼠骨髓细胞种植在具有细微纹沟的聚乳酸表面，培养 8 d 后，发现细胞呈扁平状，与表面纹沟平行排列分布；培养 16 d 后，发现矿化基质沉积在表面，且与表面纹沟平行排列分布。表面微纹结构基体上的细胞碱性磷酸酶（ALP）活性明显高于表面光滑基体上的细胞，这表明表面微纹拓扑结构对细胞生长有一定促进作用。生物材料表面的微图案化，有望促进且调控特异细胞的生长和空间分布。

（二）表面亲水-疏水平衡

一般来讲，亲水性表面对细胞黏附有促进作用，疏水性表面对蛋白质的吸附功能较强。在蛋白质与生物材料表面接触和吸附过程中，常伴随水-蛋白质的吸附交换。细胞与材料间的黏附是以蛋白质为介导而发生的，过于良好的亲水性表面不利于蛋白质的吸附，因此适宜细胞黏附、生长的表面有一最佳的亲水-疏水平衡值，此值因不同种类细胞而异。

（三）表　面　能

生物材料的表面能量影响细胞的黏附，表面能较高的表面比能量较低的表面有利于细胞的黏附。Satriano 等（2003）采用 52 keV 氩离子束照射聚羟基甲基硅氧烷和聚对苯二甲酸乙二酯，优化了基体材料的表面自由能参数，促进了人真皮成纤维细胞在改性材料上的黏附和增殖。

（四）表面电荷

哺乳动物细胞膜表面荷负电，一般来讲，荷正电的材料表面与荷负电的细胞由于静电吸附而利于细胞黏附，荷负电的材料表面与荷负电的细胞由于静电排斥不利于细胞黏附。研究发现，通过固定含有丰富带正电基团的氨基酸（如赖氨酸）在材料表面，可以提高材料的表面电荷浓度，增加黏附细胞的数量并增强细胞的黏附力（Massia and Hubbell，1992）。

（五）表面化学基团

材料表面的化学结构是影响细胞黏附生长的重要因素。一般而言，砜基、硫醚、醚键等对细胞生长影响不大，芳香聚醚类等刚性结构不利于细胞黏附，羧基、磺酸基、氨基、亚氨基及酰胺基等基团有利于细胞的黏附和增殖。含氮基团不仅能使材料表面带一定的正电荷，调节表面的亲水-疏水平衡，也可以与蛋白质肽链发生官能团间的相互作用，促进细胞黏附（Lee et al.，1994）。材料表面如果具有可供反应的化学基团，可与配基共价连接，固定一些生物活性分子在材料表面，如细胞黏附因子等，从而促进细胞的黏附。

（六）表面生物特异性识别

生物材料植入体内后一般会产生非特异性和特异性相互作用，根据组织工程学对生物材料的基本要求，需要抑制非特异性相互作用而构建特异性识别位点，以诱发细胞和组织响应。一种策略是通过表面改性，提高生物材料表面性能，创造惰性表面，如材料表面接枝聚氧化乙烯（PEO）。另一种策略是优化提升生物材料与细胞的特异性相互作用，可在材料表面引入化学信使（message），使其和细胞膜表面的相应受体形成配合物，实现分子的特异性识别（Cook et al.，1997）。

五、生物材料的表面改性技术

组织工程材料（tissue engineering material）的表面物理化学性质对材料的组织相容性（tissue-compatibility）有着重要影响。表面修饰是材料表面改性的最直接方法，因而对材料的表面进行改性（modify），在保持材料物理机械性能的前提下引入可促进细胞黏附和生长的基团或生物活性分子，可显著改善材料的细胞相容性（cell-compatibility）与细胞相容性聚合物（cell-compatibility polymer）的表面改性（surfaces modify）。材料表面修饰方法一般包括：等离子体法、杂化改性法、化学改性法、表面固定法、低温等离子体法及离子注入法、自组装单分子层等。对生物材料的表面修饰或改性的主要目的就是引入具有细胞识别信号的物质。RGD 是许多细胞外基质蛋白（如胶原等）的最小识别短肽序列，是细胞表面特异受体蛋白相互作用的识别位点，一些生长因子（如 BMP 等）也能作为细胞的识别位点。具有细胞识别信号的生物材料，一是天然高分子聚合物材料，包括胶原（collagen）、纤维蛋白（fibrin）、几丁质（chitin）和藻酸盐（alginate）等，包含有细胞识别信号（如 RGB 序列）或生长因子；二是 α-羟基酸与α-氨基酸共聚物材料，氨基酸类聚合物作为蛋白质的基本组成单位，氨基酸链段带有反应活性官能团侧基，可以用来吸附肽链，从而使整个高分子链获得特定的氨基酸顺序，以使细胞被识别。

（一）低温等离子体改性法

等离子体由中性的原子或分子、激发态的原子或分子、自由基、电子或负离子、正离子及辐射光子组成。实验室常采用0.1～100 Pa气压下的气体射频放电获得等离子体，由于其中的离子、自由基、中性原子或分子等粒子的温度接近或略高于室温，故称低温等离子体。用低温等离子体改性高分子材料有其独特的优点，既能使材料表面分子激发、电离或断键，又不会使材料热解或烧蚀，其改性的深度只是材料表面几十至几千埃的范围。与其他表面改性方法相比，等离子体法既能较容易地在支架材料表面引入特定的官能团或其他高分子链，还可避免因加工而使支架材料表面改性效果降低或丧失。

等离子体表面改性技术广泛应用于组织工程材料的表面改性。利用等离子体技术处理后，材料表面会产生一定量的活泼基团（如过氧基、胺基等），这些基团可引发单体在材料表面聚合，从而实现单体在材料表面的接枝。由于等离子体技术所用的能量低，改性层被严格限制在材料表面（通常几个纳米），对材料本体性能的影响小、改性条件容易改变和控制等，因此被广泛用于组织工程中材料的表面改性。

低温等离子体中存在着电子、离子和游离基，它们所具有的能量比通常的化学反应所采用的能量要大，利用这些物理或化学作用可对高分子材料表面改性。此外，从等离子体发出的紫外线对高分子材料（polymer material）的表面改性也起一定作用。目前较常用的是O_2、N_2、NH_3等反应性气体、带有特定官能团的单体的等离子体。在这些等离子体的作用下，材料表面的化学结构或组成发生变化，生成对细胞的黏附和生长具有促进作用的基团。

将聚氨酯（PU）管内壁用空气成分的等离子体处理后，表面含氧基团的增加使材料的亲水性（hydophilicity）提高，导致纤维粘连蛋白（fibronectin，Fn）的强烈吸附（adherence），使内皮细胞层（endothelial cell layer）与管壁的结合变得牢固。利用二甲基甲酸胺、氨基化合物及氨气等离子体处理氟化乙丙共聚物（FEP）表面，在表面引入氨基、酸胺基等含氮基团，发现所有处理过的表面都支持细胞的黏附和生长，其中以酸胺单体处理过的表面情况为最好。Lee等（2000）用射频等离子体放电处理技术（radio frequency plasma discharge treatment）将聚合物膜（片）持续暴露于等离子体中使表面发生氧化，改变处理时间，得到一系列不同的亲水性的表面，发现处理后的表面细胞的黏附和铺展得到提高（陈宝林，1997）。

等离子体改性也具有其自身无法克服的缺点，如等离子体可在表面溅射、刻蚀，使表面的形貌发生变化。表面的化学结构不专一且易发生结构重组，不能很好地揭示特定的基团对细胞相容性的影响。此外，等离子体改性表面随时间具有退化效应。

（二）表面固定法

组织工程支架材料植入体内液体环境中，其固体表面将很快被各种吸附蛋白覆盖，形成一层 20～100Å 的蛋白质吸附层，然后是细胞表面的受体分子通过与吸附蛋白的相互识别，引发一系列生化反应。问题在于人体内有太多的蛋白质可供选择，如血浆中有 20 多种蛋白质。这些吸附蛋白所引发的复杂反应是同时进行的，而且由于这些蛋白质对材料表面有不同的亲和力，既有促细胞黏附的，也有抑制细胞黏附的，其治疗效果必然是随机的。生物材料表面的分子组成和结构强烈影响它所吸附的蛋白质的组成和结构，所以其细微变化对材料生物活性的改变是相当巨大的。因此，学者们通过用修饰的方法对材料的表面进行有效的控制，即对表面进行分子设计，使表面蛋白吸附层的蛋白质变为单一蛋白质，通过控制黏附蛋白来对细胞与生物材料的黏附增殖及分化等一系列反应进行预测和监控，使反应由随机到有序、由非特异性到特异性。

表面固定法主要是通过对材料表面进行分子生物学设计，将一些有生理功能的物质固定在材料表面，充当邻近细胞、基质或可溶性因子的配基或受体，使表面形成一个能与生物活体相适应的过渡层。此方法不会影响高分子材料的本体性能，可基本保持所固定的生物分子的活性，还可以设计材料表面改性区域，经改性的高分子材料可获得良好的生物相容性和多种优良的生物医学应用性能。目前，对材料表面进行分子生物学设计，其方法主要是将一些有生理功能的物质（如蛋白质、多肽、酶和细胞生长因子等）固定在材料表面，充当邻近细胞、基质或可溶性因子的配基或受体，使表面形成一个能与生物活体相适应的过渡层。也就是利用生物学原理将蛋白质、细胞、糖脂质、生长因子、酶及多肽等生物活性物质固定在材料表面。例如，将 RGD、BMP（骨形成蛋白）化学固定到支架材料表面，充当配基或受体。PLA 与聚氧化乙烯 PEO 共聚，PEO 链端头的官能基团能固定生物活性分子，改善亲水性能，并能调节其降解速率，同时 PEO 可以阻止非特异性蛋白吸附。

固定蛋白质是通过细胞与其周围环境的反应，使用专门黏附蛋白来进行的。例如，间充质细胞倾向于利用纤维粘连蛋白（fibronection，FN）吸附在细胞外基质的胶原上。上皮细胞则利用另一种黏附蛋白——层连蛋白（laminin）进行黏附，上皮细胞本身被 FN 所抑制。FN 在组织再生的各个阶段起着多种作用，如参与凝血、调理细胞与组织废物、为细胞运动充当临时基质。它的大多数功能均依赖于 FN 促进细胞-底物或细胞-细胞间的结合。早期的应用是将 FN 涂布于材料表面创造细胞的条件反应界面，来促进间充质细胞黏附，同时抑制上皮细胞的黏附，但随后的研究发现，在血浆中存在大量的 FN，当材料植入体内后，马上会有大量 FN 在种植界面处聚集。但目前对于某些止血材料或不易于接近血浆的材料，表面固定 FN 仍然有一定的吸引力。

固定细胞生长因子是根据不同生长因子对细胞黏附和生长的影响有一定的特异性来进行的。白蛋白、γ-球蛋白缺乏促进细胞黏附、扩展和生长的活性，其原因在于成纤维细胞缺少与之相互作用的受体。胰岛素有较高促细胞生长能力，但促细胞黏附能力较低；FN 有较高促细胞黏附能力，但促生长能力较低。因此，将 FN 与胰岛素共同固定于材料表面，使二者产生协同作用，可以增加胰岛素的活性。

通过研究细胞与细胞外基质蛋白的相互反应发现，与细胞表面受体真正起反应的是细胞外基质蛋白上3～20个氨基酸的多肽链。在材料表面直接固定多肽，制成受体专门性材料，可以促进受体介导的细胞对表面的黏附，以提高其生物相容性。目前主要采用RGD（ARC-GLY-ASP、精氨酸-甘氨酸-天冬氨酸），它是许多细胞外基质蛋白（FN、FGN、胶原等）的最小识别顺序。RGD与整合素受体有着很好的特异结合性，二者之间产生特异性结合，在生物材料表面自发形成一分子层，为与受体介导的细胞反应提供了位点，进而促进细胞黏附、伸展。由于RGD独特的生物学特性，RGD被固定在生物可降解材料上，如聚乳酸、透明质酸等。同时RGD还与球蛋白等生理活性物质结合，亦有很好的促细胞黏附能力。

（三）杂化改性法

组织工程对生物材料的要求决定了单靠单一的天然高分子或合成高分子不能满足其要求。因此，人们趋向于研究杂化支架材料，即将不同性能的材料通过杂化而获得一系列不同性能的生物支架材料。

杂化改性法就是杂化支架材料，将不同性质的材料通过杂化而获得具有新性能的生物支架材料，指由活体和非活体材料所组成的复合体。一是添加基因的支架材料，研究表明生长因子的一次性剂量给药（单剂给药），不能长时间维持其有效作用水平。现已将特定的细胞因子基因转染到种子细胞中，使蛋白质在较长时间内维持有效水平。例如，最近利用胶原作为某种基因的载体的研究中，转染细胞产生少量细胞因子就有明显作用。二是添加生长因子的支架材料，如制备了吸附有BMP2和TGFB1的多孔支架材料，实验结果表明，这种携带生长因子的多孔材料在肌肉中有良好的异位诱导成骨能力和较强的诱导成骨活性。

杂化改性组织工程支架材料具有两种或两种以上材料的性能和特点，它可以通过两种或两种以上的材料相互结合、取长补短来达到提高和改善材料综合性能，以满足不同临床需要的目的，其主要材料有：表面肝素化材料，与生物高分子（包括酶、抗体、抗原、激素和细胞）等结合的杂化材料、合成材料与天然材料的复合材料等（这类材料主要用于防止血小板减少和血栓形成），还有人体组织、器官的结构材料，生物传感器、人工胰、肝、血管和水凝胶等。可使用医用胶原和PVA、羟基磷灰石、甲壳素，或将含有RGD的短肽共价偶合到胶原等材料表面，通过细胞受体的特异性生物反应来促进细胞黏附。

（四）化学改性法

化学改性法是通过共聚、辐射接枝等方法来改变材料的组成，从而获得具有良好细胞亲和性的表面。一是用具有细胞识别信号的天然生物材料进行改性。例如，合成高分子材料PGA与PLA本身不具备生物活性，所以在聚合物上与第二单体进行共聚成为其改性最主要的方法，如包含细胞黏附多肽 RGD 的 PLA，可以为细胞生长提供更为适宜的环境。经壳聚糖修饰后聚乳酸膜材对鼠颅骨成骨细胞的粘连、增殖和碱性磷酸酶活性明显提高。二是用具有细胞识别信号的 α-羟基酸与 α-氨基酸共聚物进行改性，氨基酸上具有多个活性基团及支链可以与小肽、药物或交联剂等连接。聚氨基酸以酶解为主，能提供多个酶解位点，可通过调节聚氨基酸中的比例来调控材料的降解速率。聚乳酸和氨基酸共聚后，再把 RGD 肽链接枝到氨基酸带有反应活性的官能团侧基上，使之具有细胞特异的、选择性识别位点，增强聚合物对细胞的亲和性。用羧甲基化壳聚糖修饰 PDLA 膜材可以促进成骨细胞的粘连、增殖与功能表达。

表面共聚接枝一般仅限于材料表面发生的非均相反应。为达到只在表面层进行选择性接枝的目的，必须控制自由基的数量和浓度及单体的扩散与渗透仅限于表面层发生。偶合接枝是一种简单可行的方法，化学键共价固定生物分子通常以双官能团交联剂为中介，交联剂的一端通过—COOH、—OH、—NH_2 等官能团连接在基体材料表面，另一端有一可变的悬吊基团用于结合单体分子。要求材料表面及要偶合接枝上去的单体两者都有可能发生偶合的官能团，否则要设法引入活性官能团。Klee 等（2003）将单体 4-氨基二聚对二甲苯邻甲酸在 650℃减压条件下化学蒸汽沉积，18℃下浓缩在聚偏二氟乙烯（PVDP）表面，环己二异氰酸酯（HDI）活化表面氨基，接枝上纤连蛋白（FN），培养成骨细胞，发现细胞的增殖能力大大提高。

辐射接枝法具有一系列的优点：辐射接枝可在较厚的聚合物表面层或指定的厚度均匀进行，具有特效性，可以通过该法制得具有预期结构的聚合物。由于该法通常并不需要向体系投放引发剂之类的添加剂，可制得适于某些特殊用途的高纯材料。该法比大多数常用的化学接枝法更容易掌握，有些辐射接枝反应用通常的化学接枝难以实现，该法更为安全可靠。

（五）离子注入法

离子注入是将带电高能离子射入到固体表面，与固体内原子核及核外电子云发生相互作用，同时在以离子经过的轨迹外层一定半径范围内使固体中原有分子和原子发生激发、电离等复杂行为，引起表面化学成分和结构的变化。离子注入处理高分子材料可以引起材料表面的结构、化学、电学、光学等性质的变化，这些变化受注入离子的种类、剂量、能量、束流等条件决定。离子注入法在表面特定深度注入预定剂量的高能离子，可定量控制，仅仅影响材料表层性能，不会破坏材料本体性能。同时，注入的离子渗入材料表层，与基体原子相混合，不会发生脱落现象。与其他表面修饰方法相比，离子注入法的优越性还体现在：注入离子在基体中与基体原子混合，无明显界面，不会像镀层或涂层那样发生脱落现象，离子注入一般在常温（或低温）下及真空中进行，整个过程是洁净的，没有环境污染。Chen 等（2003）使用 40 keV 碳正离子注入对聚烃基链烷酸醋膜改性，使其亲水性得到改善，培养成纤维细胞，发现基体膜的细胞相容性明显提高，细胞黏附形态的变化估计和表面改性时发生的物理化学过程有关。

（六）物理截留法

截留是一种表面改性方法，机理是将用作表面改性的材料溶解在一种由基体材料的溶剂相和非溶剂相组成的混合溶剂里，然后将基体材料浸泡在这种混合溶液中，在基体材料表面溶胀后，迅速将基体材料浸泡到材料的非溶剂相中，使基体材料表面分子迅速收缩后将改性材料截留在基体材料表面。溶胀是高聚物特有的现象，控制溶剂相和非溶剂相（如水）比例，可以使高聚物表面溶胀而不溶解，原本紧密缠绕着的分子链处于相对松弛状态。加入改性组分（常溶解在非溶剂相中），其链段通过分子运动可进入高聚物表面链段之间。然后用非溶剂相浸泡，使高聚物表面链段收缩，溶胀现象消失。改性组分分子链与高聚物分子链相互缠结，形成表面互穿网络结构，从而达到固定的目的。与其他方法相比，截留法具有独特的优势，它几乎在所有基本化学实验室就可进行，工艺简单，效果颇佳。

六、支架材料孔径与生物相容性

生物材料的生物相容性除了与材料表面化学状态有关外，还与材料的表面形貌密切相关。表面平整光洁的材料与生物体接触后容易形成炎症和成瘤。粗糙的材料表面能促使细胞和组织与材料表面的附着及紧密结合。粗糙表面的形态对细胞生长有“接触诱导”（contact guidance）作用，即细胞在材料的表面生长形态受材料表面形态的调控，特别是工程支架材料的孔径对材料的相容性具有非常重要的意义。

（一）支架材料孔径

不同组织和器官的细胞，其形态、大小、生长取向及结构密度不甚相同。对于单种细胞的组织工程，为了细胞能进入支架，要求支架具有多孔结构，且孔径与孔隙度要适度。对于多种细胞的组织工程细胞支架，如作为皮肤组织工程的支架或角膜组织工程的支架，由于内皮细胞和成纤维细胞及上皮细胞的不同，要求支架具有不同孔径的复层结构。一般支架空隙的形态结构和大小（微米尺度）调节细胞的迁移与生长。现今已研制出各种各样的孔结构。中国科学院化学研究所分子科学中心已基本掌握了控制支架孔径结构的技术，能制备孔径从几微米到几百微米材质不同、孔隙度不同的海绵状多孔结构的细胞支架，可制成单一孔径结构或不同孔径结构，不同形状，厚度从不足 1 cm 到超过 1 cm。面积达到 20 cm×20 cm 的细胞支架，可满足不同组织工程细胞培养的需要。

近年来，许多工艺已被用作制备具有生物降解性的多孔组织工程支架。例如，以泡沫支架为例，其制备多孔结构的方法包括纤维黏结法（非编织网状结构法）、熔铸法、颗粒过滤法、气体泡沫法及局部分离法。这些方法均能有效地制作出适度的相互联系的孔径结构，以利于细胞生长和迁徙。其中，纤维黏结法、熔铸法、颗粒过滤法及气体泡沫法呈现出了较好的生物相容性，使其在将来组织工程中细胞-聚合物结构中的应用具有特别广阔的前景。然而，以上几乎所有技术均需通过有机溶解，将会降低细胞在体内形成新生组织的能力。因此，孔径技术的溶解法有待进一步改进。

理想的组织工程支架具有三维立体多孔结构，这种结构可以提供宽大空间，有利于细胞黏附生长、细胞外基质沉淀、营养和氧气进入、代谢产物的排出，也有利于血管和神经长入。制备多孔支架，致孔剂的应用是关键。致孔剂法是使致孔剂和聚合物混合后，再将致孔剂通过溶解或水解等方法除去，以获得多孔聚合物支架。组织工程支架材料是细胞黏附、增殖、分化或迁移的载体。支架的制备首先要考虑孔径的大小和孔隙率两个因素。孔径的大小将影响细胞的生长和生物活性物质的释放。孔隙率的大小则影响支架的强度和细胞分布密度等。

（二）致　孔　剂

常用的致孔剂是 NaCl 晶体。如把研磨成粒径为一定大小的 NaCl 粒子混合于聚乳酸（PLA）、聚羟基乙酸（PGA）或它们的共聚物（PLGA）的氯仿溶液中，浇铸成膜，真空干燥除去溶剂，用去离子水将膜中的 NaCl 粒子溶去，可制得多孔膜。使用不同质量分数的 NaCl 致孔剂可使制得的支架的孔隙率不同，随着 NaCl 质量分数的增加，支架的孔隙率增加，而各型号支架的平均孔径基本相同（80～250 μm）。孔径和孔隙率是三维多孔材料的两个主要评价指标，人工合成材料的孔径大小究竟多少为合适，目前仍无一致的标准。Mikos 等（1994）研究发现，支架的孔隙率由致孔剂的用量决定，并提出当 NaCl 晶体为 50%～60%时制得的支架孔隙不均匀。当 NaCl 晶体为 70%～90%时，支架有均匀的通孔结构。为此，为了使聚合物支架保持孔间的连通性，就必须保证致孔剂的用量、降低聚合物的比例，从而提高材料的孔隙率。但材料的力学性能和降解性能与孔隙率有很重要的关系，过高的孔隙率会导致力学强度下降。

近年来，很多学者对传统的致孔剂法进行了拓展。Chen 等（2001）利用冰粒作为致孔剂制备了 PLGA 支架，避免了致孔剂残留的危险，但制备工艺较难控制。Nam 等（2000）以碳酸氢铵为致孔剂制备出了高孔隙率的 PLLA 多孔海绵支架，其内部的贯穿孔平均直径约为 200 μm。Ma 等（2005）选用石蜡作为致孔剂制备了 PLLA 支架，这种方法的缺点在于致孔剂除去的条件不是非常理想，大部分有机溶剂对聚酯类材料特别是非晶类的材料［如 PLGA、PDLLA（D，L-乳酸）等］都有轻微的溶胀作用。因此，在除去致孔剂的过程中，有可能对材料有不同程度的损害。同时，致孔剂石蜡的残留也需要格外注意。周庆亮等（2006）采用明胶和 NaCl 颗粒作为致孔剂，使用溶剂浇铸-颗粒沥滤法制备了高孔隙率、孔间连通和高机械性能的聚乳酸多孔支架。研究表明，软骨细胞在以明胶颗粒为致孔剂制备的多孔支架中的相对数量和糖胺多糖（GAG）的分泌量更多，细胞活性更高。该类支架的优点是微结构（如孔径）和孔隙率易于调控，机械强度较好；其缺点是必须通过外科手术才能使用，以合成聚合物为支架时细胞相容性较差。陈际达等（2006）为了制备孔隙呈球形、孔隙间相互连通的高孔隙率三维细胞支架，研究了一种用甲基硅油 201、NaCl 制备的新型水溶性球形致孔剂，实验结果表明，致孔剂颗粒呈球形、水溶性良好，在三维支架中无残留；并且制备的 PDLLA 三维多孔细胞支架的孔隙结构均匀、孔隙率高［(94.68±0.52)%］、孔隙呈球形、孔隙间相互完全连通，孔隙的大小可以人为控制。由此表明，在组织工程细胞支架制备中，这类水溶性球形致孔剂具有广泛的潜在应用价值。

（三）生长因子

生长因子是具有诱导和刺激细胞增殖、维持细胞存活等生物效应的蛋白质类物质，它对细胞的增殖、组织或器官的修复和再生具有重要的促进作用，是组织工程的重要影响因素之一。生长因子作为细胞因子的一种，具有细胞因子的共同特点。它们是高活性、多功能的多肽或蛋白质，主要在近距离发挥局部作用，与受体的亲和力极高，也极易受外界影响而失活。所以，将生长因子有效负载于适宜的介质或载体上以尽量保护其作用位点不被外界因素所破坏，可以使其更有效地作用于目标受体。同时，如果该载体具有可控的降解性，生长因子则可以实现控制缓慢释放，从而可以根据细胞增殖或组织修复的具体需要而更好地起到促进作用。

在人工合成的高分子和大部分天然高分子材料中，缺乏这些生长因子或者这些生长因子大部分在材料制备过程中遭到了破坏。因此，将生长因子负载到组织工程支架上也是越来越被关注的问题。

1. 组织工程中常用的生长因子

动物体中存在着大量对于细胞生长、分化、代谢凋亡进行调控的生长因子（growth factor），这些因子对于组织器官正常功能的维持起着至关重要的作用。组织工程通过基质或支架材料形成一定形状后，必须使其中的生物活性因子、细胞和细胞外环境之间产生良好的相互作用，能最终达到组织器官再生的目的。在组织工程应用过程中，生物活性因子与细胞外基质一起为种子细胞的黏附和生长分化提供有利的环境。多种生物活性因子已应用于组织工程中。常用的生长因子有成纤维细胞生长因子（FGF）、肝细胞生长因子（HGF）、转化生长因子（TGF-β）、表皮细胞生长因子（EGF）、血管内皮细胞生长因子（VEGF）、骨形态发生蛋白（BMP）、血小板衍化生长因子（platelet derived growth factor，PDGF）等。它们不仅可单独作用，相互之间也存在着密切关系，可复合使用。

（1）*成纤维细胞生长因子*

成纤维细胞生长因子（fibroblast growth factor，FGF）有 18 种以上，包括酸性成纤维细胞生长因子（aFGF）和碱性成纤维细胞生长因子（bFGF）。bFGF 最初是从牛脑垂体中提取的，是一种对 3T3 成纤维细胞有明显促增殖作用的多肽因子，其等电点为 9.6。bFGF 是一种肝素黏合多肽，具有促进细胞增殖、分化和黏附作用等多种细胞生物学活性；aFGF 和 bFGF 都能刺激 DNA 的合成和细胞的复制；在肝素存在条件下，bFGF 的活性有很大提高（亢凯和张其清，2005）。

Jackson 和 Reidy（1993）研究了 bFGF 在平滑肌细胞体内培养过程中的作用，并发现，伴随着下层平滑肌细胞的外在损伤，将鼠动脉去内皮化可以带来更多的细胞迁移；平滑肌细胞在去内皮化的动脉上的迁移很大程度上受到 bFGF 的系统化注入的影响。用抗体抑制 bFGF 后，极大地降低了平滑肌细胞的迁移量。以上发现说明，bFGF 对动脉损伤后平滑肌细胞在其上的迁移有重要作用，它是血管平滑肌细胞的促有丝分裂剂，对促进血管形成有重要价值。

（2）肝细胞生长因子

肝细胞生长因子（hepatocyte growth factor，HGF）最初是在肝脏部分切除的大鼠血清中被发现的，因发现该物质可以促进培养的肝细胞有丝分裂得名。在人体内，HGF 主要来源于肝脏细胞、内皮细胞、成纤维细胞、储脂细胞、肺脏内皮细胞、恶性肿瘤细胞。HGF 的主要生物学功能有：①HGF 除可促进肝细胞的生长外，对各种上皮细胞都有促有丝分裂作用；②直接刺激细胞迁移、侵入，HGF 可上调尿激酶及其受体，促进局部细胞外基质降解，有利于细胞侵入；③HGF 对内皮细胞的生长与动力表现出双重效应，因此无论对正常组织或是肿瘤组织都表现出较强的促血管形成作用；④HGF参与骨重塑的调节；⑤对肿瘤有细胞毒效果，具有抗凋亡和抑制肿瘤细胞生长等作用。

日本有研究者研究 HGF 与明胶及肝素的相互作用，发现相对于碱性明胶，HGF 与酸性明胶结合后，所保留的生物活性更高。这是因为 HGF 分子对酸性黏多糖具有很强的亲和性，黏多糖覆于 HGF 分子表面，可以保护 HGF，既阻止了其变性，又使其在体内不被酶解。而提高生长因子在体内活性的方法之一就是将其固定于聚合物材料上，并从材料内缓慢释放（Makoto and Yasuhiko，2006）。基于上述研究结果，在组织工程中应用 HGF 时，可以考虑将其与酸性黏多糖物质（如肝素）结合，以保护其活性，并能够使其在一段时间内对细胞的生长、分化产生促进作用。

（3）转化生长因子-β

转化生长因子-β（transforming growth factor beta，TGF-β）是一多功能蛋白质，可以影响多种细胞的生长、分化、细胞凋亡及免疫调节等功能。转化生长因子-β 包括三个亚型：转化生长因子-β1、转化生长因子-β2 和转化生长因子-β3。转化生长因子-β 属于转化生长因子-β 超家族蛋白。转化生长因子-β 可以结合到细胞表面的转化生长因子-β 受体上而激活其受体。转化生长因子-β 受体是丝氨酸/苏氨酸激酶受体。其中 TGF-β1 是关节软骨组织工程研究的首选生长因子。该因子在适当剂量时能促进关节软骨细胞增殖并合成软骨特异性 II 型胶原及蛋白多糖，能诱导骨髓间充质干细胞增殖和向软骨细胞及成骨细胞分化。

（4）表皮细胞生长因子

表皮细胞生长因子（epidermal growth factor，EGF）是一种广泛存在于人体皮肤细胞内的小分子蛋白质，是由 53 个氨基酸组成的活性多肽，其分子质量为 6216 Da，分子结构中有 3 对二硫键，决定着它的生物活性。EGF 来自唾液腺、肾上腺上皮细胞，大量研究中发现 EGF 具有广泛的生物学功能，尤其对伤口愈合具有促进作用。创伤后 EGF 主要由血小板、角化细胞和激活的巨噬细胞合成，EGF 与受体结合后以自分泌或旁分泌的方式作用于创面激素，可刺激 EGF 的合成和储存，但不影响其释放。EGF 受体几乎在所有细胞都有表达（皮肤角化细胞、血管内皮细胞、表皮细胞），但以表皮细胞最为丰富，高水平表达主要是表皮的基底细胞层汗腺、毛囊，越向表皮层越少。

EGF 具有趋化性迁移作用，可以促进修复细胞（表皮细胞、内皮细胞、成纤维细胞）和炎症细胞向伤口部位移动、分裂、增殖，为组织再生和修复奠定基础。表皮受损伤后，再上皮化是一个重要的过程，包括角阮细胞的迁移、增殖和分化两个阶段。EGF 对角阮细胞的增殖、迁移和分化具有重要调节作用。EGF 可以激活血管内皮细胞，促进其移动，增加细胞间的相互接触，在活体中，它被认为是最重要的刺激血管生成的创伤愈合因子，是新生血管生长的有效刺激物。肉芽组织中，除大量新形成的毛细血管外，还存在丰富的成纤维细胞，成纤维细胞是主要修复细胞，研究表明，EGF 可促进间充质细胞进行有丝分裂，分化为成纤维细胞；可促进创伤愈合过程中真皮成纤维细胞的迁移和增殖。

（5）血管内皮细胞生长因子

血管内皮细胞生长因子（vascular endothelial cell growth factor，VEGF）是 1989 年 Ferrsra 等在牛垂体星状细胞体外培养时分离出的一种糖蛋白，它在体内外都表现出特异性地促进血管内皮细胞生长并诱导血管生成的作用，因此称为 VEGF。VEGF 是目前已知诱导血管生成作用最强的一种细胞因子，它具有强大的血管渗透性，也叫做血管渗透性因子或促血管因子，能特异性地直接作用于血管内皮细胞，是促进血管生成的重要因子，其家族包括血管内皮细胞生长因子 A、B、C、D、E 和胎盘生长因子。在组织工程的研究中，组织血管化是一个重要的方面，而 VEGF 作为血管生成过程中最重要的调节因子，在组织工程中有着重要的应用。

血管内皮细胞生长因子是一种体内潜在的、通过促进血管内皮细胞分化来刺激血管生成的物质，它是内皮细胞生物学及血管形成的关键因素。其基本作用机制是与细胞表面的 neuropilin-1 受体结合，促进内皮细胞的有丝分裂、刺激内皮细胞的移动和形成血管样结构。VEGF 在早期细胞迁移和增殖中有某些作用，炎症后更活跃，在增殖和重新塑型阶段最显著，是伤口部位通透性增加和血管形成的主要诱导因子。VEGF 的作用部分依赖于使用的剂量。例如，在体外做细胞培养时，VEGF 的最佳使用剂量为 1～1.2 ng/ml。用量低于标准值会使血管过脆、易损坏，高于标准值时会使血管破裂、甚至引起不规则血管的生成。

Chang 等（2007）研究了 VEGF 在模拟体内条件下，从胶原基质中的释放情况。他们考察了在成纤维细胞分泌的基质金属蛋白酶处于不同浓度的条件下 VEGF 的释放情况。同时，他们也用肝素修饰胶原基质进行了研究，表明 VEGF 从基质中的释放除依赖于胶原酶浓度外，亦与肝素的释放严格相关。在组织工程中，将工程化的细胞外基质应用于人体遇到的一个最大阻碍就是血管化过程较慢，而血管化是保证氧气及营养供给的重要前提。解决该问题的常见方法就是结合与血管化有关的生长因子，包括血管内皮细胞生长因子、血管上皮细胞生长因子和碱性成纤维细胞生长因子。并且，有研究表明，微环境中的 VEGF 浓度而非总浓度决定了血管化能否正常发生（Ozawa et al.，2004）。

（6）骨形态发生蛋白

骨形态发生蛋白（bone morphogenetic protein，BMP）是转化生长因子 β 超家族中的成员，能在活体内诱导成骨，已被多位科学家证实。BMP 能诱导间充质干细胞向成骨及软骨细胞分化，对成骨细胞及其他骨组织工程种子细胞也有同样的诱导作用。但由于自然提取量低，其应用受到一定限制，后来克隆出 BMP 1～4 相应的 cDNA，表达出重组人骨形态发生蛋白（rhBMP），并证明 rhBMP 具有异位诱导成骨活性。目前通过基因重组的方法已获得 20 余种 BMP，但使用最多的为 BMP-2 和 BMP-7，后者也称为骨形成蛋白。

BMP 可以导致骨形成，它对细胞的增殖、凋亡、分化和形态遗传都起着重要作用。Chaudhary 等（2004）认为骨形态发生蛋白作为一种具有强骨诱导活性的生长因子，可促进人骨髓基质细胞的成骨分化，机制为骨形态发生蛋白与骨髓间充质干细胞膜表面特异的膜受体相结合，通过信号转导途径激活细胞相应基因表达。Sumner 等（2004）以复合了重组 rhBMP-2 的组织工程骨成功修复了犬的节段性骨缺损，为骨形态发生蛋白与骨髓间充质干细胞应用于临床骨缺损、骨不连的治疗提供了实验依据。王大平等（2008）用纳米羟基磷灰石-rhBMP-2 复合人工骨修复兔桡骨缺损，术后 4 周、8 周、12 周分别行大体标本观察、X 射线观察、扫描电镜放射性核素骨扫描及生物力学测试，纳米羟基磷灰石-rhBMP-2 的复合人工骨、纳米羟基磷灰石人工骨均可促进新骨形成，前者新骨形成量大，骨缺损修复能力明显优于后者，可望成为一种理想的骨缺损修复材料。

（7）血小板衍化生长因子

血小板衍化生长因子（platelet derived growth factor，PDGF）亦称创伤因子，能促进骨髓间充质干细胞的增殖，并降低碱性磷酸酶的活性；同时促进毛细血管向断端及骨移植物中长大，促进骨的愈合。PDGF 是间叶组织来源细胞（成纤维细胞、平滑肌细胞、血管内皮细胞等）的特异性促分裂因子和趋化因子。它主要由巨核细胞合成，储存在血小板中，在适当的刺激下释放。PDGF 的生物学效应为：①促进成纤维细胞、神经胶质细胞、平滑肌细胞、上皮及内皮细胞的增殖；②刺激成纤维细胞、血管平滑肌细胞、中性粒细胞和单核细胞的趋化性；③加速创伤愈合；④引起血管收缩。

2. 生长因子的控制释放

在组织工程中生长因子的应用是一个十分重要的部分，利用载体或缓释系统负载生长因子，既能保护生长因子的生物活性，又可以使生长因子缓慢释放，从而持续促进组织修复再生。作为一种特殊的蛋白质，生长因子易于受外界条件的影响而改变性质，如何有效地保护和释放生长因子是使其更好发挥功能的前提。因此，生长因子的应用有赖于开发出适用的释放系统。由于生长因子的性质和作用方式有很大的不同，所以如何针对特定的生长因子设计缓释系统是十分重要的。

生长因子的释放可采用的方法有：①释放编码生长因子的 DNA；②离体基因治疗，即释放表达生长因子的 DNA 至特异细胞群，以操纵细胞过程和应答；③通过某些类型的载体基质释放生长因子。

目前组织工程中更常用的为第二种方法。有研究表明，有时为了达到明显的效果，支架中使用的生长因子浓度需要达到微克级，但天然组织中生长因子的浓度往往是纳克级的。因此，如何有效地保护和释放生物因子是组织工程需要解决的问题，生物因子的释放系统应该达到以下几条标准：①生物相容、载体本身的降解产物或其本身可被生物体吸收、易于使用、无细胞毒性、无菌、半透、可以抑制病理过程；②有利于愈合与再生，且可以作为新组织生成时的结构支撑；③其降解产物要对人体无毒，并不诱导免疫反应；④该基质要易于制造，操作性好，并适合应用于临床。生长因子只有在所需时间内缓慢释放才会有利于不同组织的修复和重建。

常用的载体材料因所要修复的组织及所用细胞的不同而不同。例如，胶原、明胶及血纤蛋白胶常被用于软组织修复的生长因子释放载体来研究，具有较好生物相容性和降解性的聚合物或其与羟基磷灰石的复合基质材料常被用于骨形态发生蛋白 BMP 的释放载体。

七、纳米结构组织工程支架材料

（一）组织工程用纳米生物材料

目前纳米材料已成为材料科学和凝聚态物理领域中的热点；而具有纳米结构的功能高分子材料，由于具有一些特殊的性质而在一些交叉学科领域逐渐受到人们的重视，组织工程技术也不例外。

聚合物支架表面的空间拓扑结构，尤其是表面的织态结构（如材料表面的粗糙程度、孔洞的大小及分布等）都对细胞形态、黏附、铺展、定向生长及生物活性有很重要的影响。不同的粗糙程度及不同的表层微观形貌结构（如凹槽型、山脊型、孔洞型等）对细胞的黏附、定向生长、迁移都有直接不同的影响。孔洞尺寸更为重要。早在 1996 年就有人在石英材料表面蚀刻不同尺寸的孔洞，发现鼠成纤细胞 L929 在比细胞尺寸小的孔洞（5 μm）表面上的生长状况良好，细胞能将孔完全覆盖；细胞能将伪足伸入与细胞尺寸大小相似的孔洞内（10 μm），铺展主要发生在孔与孔之间的平面上；而超过细胞尺寸的孔洞（20 μm），细胞已不能将孔完全覆盖，有一些细胞落在孔内，保持圆形，不发生铺展。与光滑表面相比，多孔结构能显著增加成纤维细胞、软骨细胞的生长速率。

为适应组织工程的要求，需要从仿生角度出发设计支架材料，通过分子组装技术和模板技术相结合制备具有不同尺度的仿生细胞外基质以作为支架材料。例如，聚羟基丁酸酯（PHB）是微生物在不平衡生长条件下储存于细胞内的一种天然高分子聚合物，广泛存在于自然界许多原核生物中。它具有很多优良的性质，如生物可降解性、生物相容性、压电性、光学活性、无毒性、无刺激性、无免疫原性等特殊性质。由于 PHB 是在细胞内合成的，其本身具备一些有利于细胞附着和分化的生物信息残片，是用来做仿生细胞外基质的理想材料。PHB 作为组织工程材料已在软骨、骨、皮肤、心脏瓣膜、血管、神经等组织工程方面得到研究。但由于 PHB 本身亲水性较差，应用中通常需要对其表面进行修饰，这不仅能提高 PHB 材料的亲水性，同时通过表面修饰的手段（如自组装技术和模板技术），可以得到表面具有纳米结构的支架材料。

（二）自组装技术

把天然聚合物与合成聚合物组装，可将天然聚合物与合成聚合物的优点集成起来。目前在生物表面制备自组装膜（SAM）以改进细胞亲和性的研究已普遍受到关注。

自组装膜是分子通过化学键相互作用自发吸附在固-液或气-固界面，形成热力学稳定和能量最低的有序膜。吸附分子存在时，局部已形成的无序单层可以自我再生生成更完善的有序体系。SAM 的主要特征有：①原位自发形成、热力学稳定；②无论基底形状如何，均可形成均匀一致的、分子排列有序的、高密堆积和低缺陷的覆盖层。现在已发展了多种 SAM，如有机硅烷在羟基化表面；硫醇、二硫化物和硫化物在金、银、铜表面等。在研究用聚乙二醇（PEG）来改性聚羟基丁酸酯（PHB）膜时，也发现有部分聚乙二醇分子能在 PHB 膜上以氢键或其他方式组装，形成一种稳定的超分子纳米结构，达到用合成聚合物聚乙二醇改善 PHB 亲水性的目的，同时发现细胞可在其上很好地增殖。这种改性后的 PHB 材料可望用于软骨、皮肤等组织工程。

（三）模板技术

近年来，具有特异分子识别功能的分子模板印迹聚合物受到人们的广泛关注。从仿生构思出发的模板技术引人注目，而模板法由于孔的大小和形状由模板决定，只要选择和制得合适的模板就能控制孔的大小和形状。乳液模板技术可分为阴模技术和阳模技术。乳液阴模技术是指在分子聚集体内部的微小空间内进行材料制备。乳液阳模技术是指利用具有规整均一外形的乳液微粒为模板，再在微粒上堆砌、组装以制备所需材料，进一步定型后可将模板除去而留下规整的孔结构。乳液模板法这一多孔材料新型制备技术具有形式多样、适应性强、实施方便等特点，且由于乳液特定的尺度范围，使得制备的多孔材料具有孔径大小可控制、孔分布周期有序等优点。由于乳液类组装体系的特性受热力学因素调控，具有自我适应和平衡特性，因此亦被人称为智能模板。

国内外许多研究者采用氨基酸和蛋白质作为分子模板来对高聚物材料进行分子印迹，以制备具有分子识别功能的材料，这种材料表面具有规则的纳米孔洞结构，可广泛用于分子分离、药物靶向控释及组织工程材料等方面。由于蛋白质种类繁多，化学结构及大分子链的空间几何形状复杂，因此将蛋白质成功地印迹到材料上并达到具有蛋白质识别功能是一项非常有挑战性的工作。对蛋白质印迹材料的理化性能分析研究发现，这种表面结构不仅能提高细胞对材料的黏附能力，也能提高材料的生物相容性，同时通过材料表面与细胞间相互的生物作用，能刺激并诱发所期望的细胞响应，有利于细胞的分化和增殖，这在组织工程中有很好的应用前景。

第四节　结构组织工程支架材料

近年来，随着细胞生物学、分子生物学及生物材料学研究的突飞猛进，组织工程作为一门新兴的交叉学科在其研究和应用方面也取得了很大的进展。特别是组织工程支架材料这一领域的研究极为活跃，人们不仅在组织工程的最早产品——人工皮肤领域进行了更为完善的研究和开发，同时，在诸如人工骨、软骨、神经、血管材料等各系统都进行了大量的研究和探索。下面对组织工程在这一领域的不同结构的组织工程支架生物材料逐一进行介绍。

一、骨组织工程支架材料

（一）骨组织工程支架

骨组织工程的研究是最活跃的领域之一。骨组织工程的研究和应用将会克服现有骨缺损修复中自体骨移植来源少、异体骨移植存在排斥反应的问题和不足，预期它将为骨缺损修复带来美好的前景。但是骨组织工程研究中还存在许多困难，理想的细胞外支架材料制备是骨组织工程研究中急需解决的问题。

骨组织工程研究的核心是构建类似人体骨组织结构和性能的组织工程支架，而支架材料的选择及材料的理化性质，将直接决定其作为骨组织工程支架材料的可行性。目前，已有许多组织工程骨材料应用于临床，包括天然骨材料和合成高分子材料等。但是组织工程骨植入后，基本上只作为填充材料应用于临床，也有部分材料应用异种骨复合骨形成蛋白（BMP）促进骨再生。

支架材料或细胞外基质骨组织工程研究的重点是寻求能够作为细胞移植与引导新骨生长的支架结构，以作为细胞外基质的替代物。这种支架的结构特点有：良好的生物相容性；生物可降解性；良好的骨诱导性和骨传导性；支持骨细胞生长和功能分化的表面化学性质与微结构；可与其他活性分子（如 BMP 等）复合，共同诱导骨的发生；易消毒性等。目前使用的人工合成的 L-聚乳酸、PGA 及 PLGA 是最常用的几种细胞外基质替代物，它们具有良好的组织相容性、生物降解性和骨传导性。生物活性玻璃陶瓷（BGC）、羟基磷灰石（HAP）、磷酸三钙（TCP）、磷酸钾钠钙、钙磷陶瓷即羟基磷灰石、磷酸三钙（HAP/TCP）及珊瑚转化的羟基磷灰石（CHA）也可用于骨组织工程。天然细胞外基质有胶原、珊瑚、藻酸盐、几丁质、氨基葡聚糖、脱钙骨基质、骨基质明胶，以及经物理、化学及高温处理的动物骨等。各种基质材料单独使用时的成骨能力有限，为增强其成骨能力，近年来学者们已普遍采用人工复合材料。骨髓细胞具有骨诱导性，且本身有成骨活性，但单独移植后成骨效果并不理想。Grundel 等（1991）采用多孔双相钙磷陶瓷和骨髓复合修复骨缺损，发现其效果比单纯骨髓移植好。各种生物性和非生物性材料（如 HAP、珊瑚、松质骨基质、无机骨或胶原等）均可与 BMP 或其他骨生长因子复合，具有良好的骨传导与骨诱导双重作用，成骨作用显著大于使用单一基质材料。

（二）骨支架材料的基本要求

骨组织工程中骨的重建需要 4 个因素的协同作用，包括信号分子、影响信号分子的宿主细胞、将信号分子释放至特定部位并作为细胞载体的支架材料及血管化的本体骨组织。因此，从骨重建的观点来说，骨组织工程就是将支架材料作为信号因子和细胞的载体或模板诱导成骨，或从周围骨组织募集细胞使其趋化和分化，最终形成新骨的过程。用于骨组织工程的生物材料可以是三维多孔的刚硬材料，也可以是可注射材料。支架材料的骨传导性、生物相容性与生物降解性、孔隙大小与孔隙率、表面拓扑结构等因素对细胞的黏附与生长产生重要影响，并最终决定对骨缺损部位的修复效果，据此骨组织工程支架材料应具备以下条件。

1. 生物相容性

支架材料最基本的要求是良好的生物相容性，对周围组织无不良影响。支架材料及其降解产物要对组织细胞无毒性、无致畸性、不引起局部炎性反应。有些高分子聚合物降解过程会产生酸性物质，使局部 pH 迅速下降，造成细胞和组织损害。

2. 骨传导性和骨诱导性

理想的支架材料应具有良好的骨传导性和骨诱导性，骨组织工程是基于这两种原理来成骨的。骨传导性指多孔生物材料植入体内后，使宿主骨组织沿着支架生长，同时支架逐渐降解，在原支架区域内形成特定形状的新生骨组织。骨诱导性指支架材料携带并缓慢释放生长因子，诱导间充质细胞向成骨细胞分化，形成骨组织。

3. 可降解性

理想支架材料具有可降解性。其降解速度应与组织细胞生长速度相一致，降解时间可以根据组织生长速度进行调控。酶、细胞、微生物等的分解作用或吞噬作用及体液游离基的氧化作用导致支架材料降解。

4. 孔径及孔隙率

目前，对于理想支架材料的孔径范围存在争议。有人认为骨替代材料孔径不应小于 100 μm，否则不利于骨生长。但孔径＞500 μm 时，则会影响材料的强度和细胞黏附率。有人认为孔径大于 200 μm 是骨传导的基本要求，在 200～400 μm 之间最利于新骨生长。有报道指出孔径的大小要与细胞体积相一致，成骨细胞迁移的最小孔径为 100 μm。影响骨组织移入材料孔隙的主要因素不是孔径范围，而是孔间连通率和孔间通道的直径。孔隙率最好达 90％以上，高孔隙率提高了支架材料与细胞的接触面积，利于细胞黏附生长、细胞外基质沉积、氧气和营养进入及代谢产物排出。

5. 可塑性和机械强度

理想的支架材料应具有可塑性，可以预先制作成符合组织工程骨支架要求的形状和尺寸。材料也应具有一定的机械强度，为新生骨组织提供支撑。一般以骨小梁为参照，其抗压强度应大于5 MPa，抗压模量为45～100 MPa。而且，在新生骨组织具有自身机械强度之前，材料的机械强度可以稳定维持。

6. 表面微环境

支架材料的表面微环境影响种子细胞与支架材料的黏附。种子细胞与支架材料的黏附分为特异性和非特异性。特异性黏附是指细胞与支架材料上存在的一些生物大分子蛋白质通过相互识别，激活信号转导通路，促进细胞功能表达，达到细胞与支架材料的黏附。非特异性黏附是指细胞与支架材料通过范德华力、离子力、静电斥力等发生的物理连接。

针对特异性黏附机制，人工合成支架材料与天然生物衍生支架材料相比，缺乏细胞识别信号。人工合成支架材料主要包括生物陶瓷材料、高分子有机材料等，而天然生物衍生材料主要包括天然衍生骨材料、珊瑚骨材料、天然高分子材料等。支架材料可以通过表面修饰黏附活性蛋白、生物活性分子等提高支架材料的细胞黏附率。Swan等（2005）发现，精氨酸-甘氨酸-天冬氨酸（RGD）修饰后的纳米多孔氧化铝，对成骨细胞黏附率提高了4倍。Shin等（2005）进一步证明RCD可以促进骨髓基质干细胞向成骨细胞分化，促进骨基质分泌功能。

针对非特异性的黏附机制，可以通过改变支架材料的物理特性，如亲水性能、表面电荷、微观构造等提高细胞在支架材料上的黏附率。材料的亲疏水平衡对细胞的黏附很重要。Jansen等（2005）运用亲水性1-乙烯-2-吡咯烷酮（NVP）和疏水性甲基丙烯酸丁酯（BMA），以50 mol∶50 mol和70 mol∶30 mol的两种比例聚合产生两种共聚物，发现前者具有更好的生物相容性和成骨性能，认为50 mol∶50 mol的材料具有更好的亲疏水平衡，能够在其表面吸附更多的蛋白质，利于细胞黏附。与光滑表面相比，微粗糙表面可以增加与细胞的接触面积，进而提高支架材料的细胞黏附率。

（三）骨支架材料的设计及制备

骨组织一般具有三维结构，因此对于硬组织的修复，支架应该在需要的部位保持高的弹性模量，并给组织生长留下相应的物理空间。如果三维支架作为临时的载荷承受装置，其机械性能应该保持在加载时间内无疲劳或断裂情况发生。因此，为了制备出高强度支架，材料应具有足够强的原子或分子间作用力，同时其物理和化学结构应适于水解并最终被吸收掉。另外值得重视的是三维支架内营养物质的扩散。300～500 μm的互联大孔结构保证了一定程度的扩散速度，然而从支架材料的内部结构来看，大块支架内营养成分的传输和代谢物的排放不可能很充分。生物反应器提供的流体力学微环境能够在一定程度上解决这个问题。相对于标准组织培养技术而言，生物反应器提供了较好的组织体外培养三维环境。

组织工程的骨移植过程中，血管组织的存在对植入细胞的生长和功能的发挥具有重要意义，血管系统可以传输养分、进行气体交换和代谢物的消除。支架的血管系统取决于宿主组织的毛细血管在支架互联多孔网络中的生长。宿主组织中血管和间充质细胞之间的距离小于 100 μm，可以通过加入血管化因子和抗血管化因子控制血管化的速度及程度。

由生物可降解天然高分子材料和合成高分子材料（如胶原、壳聚糖、明胶、海藻酸钠、PGA、PLA、PLGA 等）制备的三维多孔支架广泛应用于软骨、骨、皮肤、肌腱等组织工程。人们尝试用超临界流体技术、无纺布构造法、相分离法、乳液冷冻干燥法、颗粒滤沥法及快速成型等多种技术，制备三维、多孔、高比表面积的支架材料。从支架的设计和支架功能方面考虑，每一种加工技术都有各自的优点和缺点。

对于骨组织工程来说，面临的挑战不仅仅是支架材料的设计，如何制备出重复性高的三维支架，使其在一定时间内在承载条件下仍保持其功能才是关键问题。设计与成型三维支架时需要考虑三种尺度问题：①厘米至毫米尺度决定工程组织的外形和尺寸；②支架的孔隙结构和微米尺度调控细胞的长入与生长；③支架表面的化学结构和纳米尺度控制与基质接触的细胞的黏附及基因表达。计算机辅助设计（CAD）技术可用于设计微米至厘米尺度的支架结构。利用核磁共振图像（MRI）或计算机断层摄影技术（GT）可设计耳朵样或颌样支架，然后以三维 CAD 或三维打印技术（3DP）制备。

（四）骨支架复合材料

骨组织工程支架材料众多，根据来源主要分为两类。一类为合成高分子可降解材料，主要包括脂肪族聚酯、聚偶磷氮、聚酸酐等；另一类是天然生物衍生材料，其中常用的是珊瑚骨、胶原、壳聚糖等。但迄今为止，尚未找到一种材料能符合组织工程骨支架材料的所有要求，因此，出现了复合支架材料，根据各种材料的优缺点，将不同材料进行复合。目前复合支架材料不再只是单纯几种材料的复合，还引入了纳米技术、基因转染技术等。

1. 有机/无机复合材料

目前研究的支架材料中，有机材料具有良好的生物相容性和可降解性，但机械强度差。无机材料的强度基本满足理想支架的要求，但可降解性差。因此根据其各自优缺点，出现了大量的有机/无机复合材料。采用超临界 CO_2 法制备的聚乳酸-骨基质明胶（PLA-BMG）多孔复合材料，综合了 PLA 和 BMG 各自的优点，其上培养的 MC3T3-E1 成骨前体细胞的 ALP 活性、钙含量明显高于 DMELM 培养基组和 PLA 组（张育敏等，2007）。聚丙交酯-猪衍生异种骨（PLLA/PDXB）复合材料上培养的细胞，能够迁移至支架内部旺盛生长，其细胞黏附率及细胞活性均优于纯 PLLA 材料（屈雪等，2007）。

2. 纳米复合材料

纳米技术是指在纳米尺度范围内对原子、分子等进行操作和加工的技术。当材料达到纳米尺度后，出现量子效应、表面效应等不同于常规材料的性能。天然骨的无机矿物质主要为羟基磷灰石（HAP）和胶原。骨中的 HAP 晶体处于纳米级，纳米级的 HAP 与胶原重叠构成骨的框架。从仿生学的角度考虑，很多学者将纳米级 HAP 与胶原复合制备支架材料。国内学者制备的纳米 HAP/壳聚糖支架材料的成骨细胞黏附率高于纯壳聚糖支架（王新等，2007）。纳米 HAP/聚酰胺支架材料，接种骨髓间充质干细胞植入体内，在植入初期新骨的生成明显加快，但在植入 12 周后，未接种骨髓间充质细胞的纳米 HAP/聚酰胺组和接种骨髓间充质细胞的纳米 HAP/聚酰胺组，在生物相容性和骨生成方面无明显差异（Wang et al.，2007）。

3. 添加活性因子复合材料

在对骨组织工程活性因子的研究中，人们发现骨形成蛋白（BMP）、转化血管生长因子 β（TCF-β）等有诱导骨形成的作用。据此，在材料上添加活性因子，可增加材料的成骨能力。Holt 等（2005）用天然珊瑚复合 rhBMP-2 并对复合材料预构血管束，植入小鼠皮下，6 周后组织学观察，新骨生成接近生理成骨速度。Park 等（2000）将血小板衍生生长因子添加到壳聚糖支架上，其修复成骨能力明显高于对照组。国外有研究将 PLGA 膜包被的复合 rhBMP-2 的胶原置于兔下颌骨缺损处，PLGA 逐渐被吸收，替代的是纤维结缔组织和骨组织，膜内有新骨生成（Okafuji et al.，2006）。

随着基因转染技术的发展，活性因子不再只是单纯添加在材料中，而是将编码活性因子的基因载体复合在材料中，实现材料活性因子缓释。复合编码 rhBMP-7 的腺病毒载体的壳聚糖胶原支架材料接种人牙周膜细胞后，植入下颌骨缺损处，在 4 周和 8 周时观察，该组的成骨量、碱性磷酸酶活性、osteopontin 和 sialoproteint 的表达均高于单纯壳聚糖/胶原组和壳聚糖/胶原复合单纯腺病毒载体组（Zhang et al.，2007）。壳聚糖胶囊包裹 rhBMP-2 的 DNA 复合在 PLCA/HAP 中，有更高的细胞黏附率和细胞活性（Nie and Wang，2007）。

支架材料研究的目的是实现组织工程化骨，最终用于修复临床骨缺损。而目前研究的动物模型的骨缺损范围基本都较小。较大临床骨缺损要求增大支架材料的尺寸，因此，对支架材料的强度、孔隙率将有更高的要求。支架材料内外部不同的微环境，对骨形成的影响也有待进一步研究。目前，复合支架材料是支架研究中的热点，利用纳米技术、基因转染技术的复合支架材料将成为发展趋势。

（五）磷酸钙骨水泥（CPC）支架的制备

1. α-TCP 骨水泥固相粉末配制

按粉体质量比 α-TCP∶$CaHPO_4 \cdot 2H_2O$∶HA∶$CaCO_3$＝58∶15∶8.5∶18.5 在电子天平上分别称取 α-TCP、二水磷酸氢钙（DCPD）、HA 和 $CaCO_3$，将它们放入陶瓷

研钵中混合，研磨，并不时地用牛角勺搅拌均匀，主要研磨对象为 DCPD。然后用干燥、洁净的塑料袋装好，放入干燥器中备用。

2. 固化液（Na_2HPO_4 与 H_2O_2 的混合溶液）的配制

用电子天平称取适量 Na_2HPO_4，量筒量取适量 H_2O_2（30%），将 Na_2HPO_4 溶解于 H_2O_2 溶液中，配成 Na_2HPO_4 的浓度为 2.5%的混合溶液。

3. 磷酸钙骨水泥（CPC）支架的制备

将 1 g 固相粉末倒入洁净坩埚内，在室温条件下用取样器抽取所需量的固化液（固化液/固相粉比为 0.75）加入到粉末中，用药匙迅速搅拌均匀。然后将糊状物填入 2 ml 塑料注射器（Φ4.5 mm×55 mm）内，尽量挤出其中的气体。将装有样品的注射器放在真空瓶中抽真空至 0.09 MPa，保持适当时间，然后把密封的真空瓶置于 60℃烘箱中发泡固化 2 h。取出注射器，样品脱模，置于 37℃，100%相对湿度下充分固化 72 h，即得磷酸钙骨水泥（CPC）支架。

二、软骨组织工程支架材料

（一）简　　介

因创伤、骨关节炎及骨软骨病引起的软骨畸形或缺损在临床上非常常见。由于软骨内无血管，缺乏血液供应，细胞代谢缓慢，软骨细胞有丝分裂活性低，自我修复能力有限，严重影响了软骨缺损的愈合。关节软骨自身修复能力较差，无血液供应、神经组织和淋巴回流，因此未达到软骨下骨的软骨内损伤几乎不能愈合，只在伤口周围产生短暂的软骨细胞复制并合成少量基质，且逐渐引起关节表面退变。临床上常见的由创伤和各种疾病（如骨关节炎、剥脱性骨软骨炎、骨坏死等）引起的关节软骨缺损难以自行修复。修复关节软骨缺损的传统的方法（关节灌洗清理术、微骨折、软骨下钻孔、骨膜和软骨膜移植）都存在一些技术上的局限性，均不能实现长期的软骨修复。例如，微骨折（microfracturing）技术经常用于修复损伤的关节软骨，通过骨髓刺激形成纤维样软骨组织，但其生物力学特性差，短期出现退变，临床应用价值目前仍存在争议。

自体骨软骨移植也称为镶嵌成形术（mosaiplasty），在临床上技术较成熟，目前应用广泛。临床应用自体软骨细胞移植修复关节软骨缺损已有 10 多年历史。从膝关节非负重区获取健康软骨，通过酶消化分离软骨细胞，在单层培养条件下扩增后注射入软骨缺损区，细胞表面覆盖骨膜瓣缝合于软骨缺损的周缘。经关节镜和组织学随访，孤立软骨损伤和多发软骨损伤愈合的优良率分别达 92%和 67%。然而缺乏病例对照及评价方法是其不足之处，同时也存在供区缺损、供体来源受限、可引起供区并发症等不足，而且不能用于修复超过 2 cm 的骨软骨缺损。新鲜的同种异体骨软骨移植不受供体来源的限制，但存在病原传播和免疫排斥的问题。

组织工程化软骨的出现为软骨缺损修复开辟了新的途径。1977 年，Green 将分离、培养的软骨细胞与脱钙骨支架联合培养，开始尝试软骨组织工程的研究，并认识到细胞培养支架的重要性。目前，软骨组织工程中支架分为天然和人工合成支架。人工合成支架（如 PLA、PGA）尽管被证明有支持细胞黏附、增殖、分化等优点，但也存在缺乏识别信号、亲水性差、对细胞吸附能力弱、生物降解慢、引起纤维变性和免疫反应等缺点。天然材料最突出的优点是无抗原性，生物相容性好，具有细胞识别信号，有利于细胞黏附、增殖和分化，与细胞外基质结构相似；但也存在许多缺点，如机械强度不足、降解速度快及大规模生产的限制等。

据统计，美国 40 岁以上人口中患有不同程度关节疾病的占人群的 90％以上，每年在治疗该种疾病方面要耗费 286 亿美元。外伤及关节的炎症会导致骨软骨缺损，影响关节的力学稳定性，从而导致骨性关节炎和关节退行性病变的发生。相关研究表明，软骨下骨层对软骨的修复具有极其重要的作用。骨软骨支架的制备可以解决自体骨软骨移植的局限性，如自体骨软骨组织数量有限、局部解剖结构不同导致供体不易获取及给患者带来新的创伤等问题。骨软骨支架的构建可以根据患者损伤具体病情，设计出大小、形状、厚度相匹配的骨软骨三维支架，利用自体细胞（软骨细胞、骨细胞、骨髓间充质干细胞）与支架构建细胞-支架复合体，再利用细胞-支架复合体对患者骨软骨组织缺损进行修复。

在软骨组织工程中的三维支架材料充当的是临时的细胞外基质的作用，三维支架为软骨细胞提供附着、增殖、分化和代谢的场所。随着软骨细胞分泌成分的增多，可吸收性三维支架逐渐降解、吸收，最后完全被细胞分泌的细胞外基质替代，形成软骨组织。许多天然材料本身就是组织的基质成分，其细胞相容性好，材料本身含有特殊的氨基酸序列，并能维持细胞分化状态。天然材料中胶原Ⅰ型、藻酸盐、琼脂糖凝胶，琼脂、纤维蛋白凝胶、壳多糖、壳聚糖、硫酸软骨素、脱钙骨基质、碳纤维、明胶等均可作为软骨细胞的载体。总之，天然材料是软骨组织工程研究中应用较早的支架材料，在纤维蛋白、胶原蛋白等加工制成的凝胶或海绵的三维支架上，软骨细胞生长、代谢良好，能产生足够量的基质，形成软骨组织。但由于天然材料有一定的压缩性，在体内水解过程中不能保持空间构型并且吸收过快，使其应用受到限制，而且天然材料每批之间都有差别，难以大批量加工生产是其缺点，对天然材料的制备及其性能的控制尚待进一步深入的研究。合成生物材料主要包括：聚羟基乙酸、聚乳酸及其各种比例复合的聚合体、透明质酸、藻酸钙、聚乙烯氧化、聚乙二醇、聚乙烯氧化物和聚丙烯氧化物的共聚物、聚乙烯醇、聚氧乙烯、聚丙烯共聚物、聚丙烯延胡索酸盐、聚磷酸酯及聚酸酐等。研究表明，这些材料都可以作为软骨细胞支架，但它们的效果各不相同。

目前所应用的软骨细胞培养支架，无论是天然的还是人工合成的，均存在一定的缺陷：体内吸收过快或过慢，生物相容性问题及支架表面的结构也会影响细胞的生长。众多因素的影响使组织工程软骨移植未能达到满意的结果，至今尚未找到一种理想的软骨细胞培养支架。

（二）软骨支架材料的基本要求

组织工程关节软骨最终是想完全重复关节表面的胚胎发育过程，但胚胎发育环境在成人关节已不复存在。关节软骨发育所需的精确的生理要求及复杂的系列过程目前仍不完全清楚，因而在体外真正的再生目前仍不太可能。另外，为了达到临床上疼痛缓解和关节功能恢复的目标，完全再生也是不必要的。用与正常起源组织不同的功能性组织修复可通过组织工程技术来实现。组织的功能性概念显得比生物化学或结构性概念更重要，因此，最近组织工程学概念逐渐转向功能性组织工程学。例如，关节表面的整合、新组织与软骨下骨的整合及耐受生理性力学负荷的能力对组织工程化软骨来说更为重要。

支架材料作为人工的细胞外基质，主要作用是模拟细胞在体内的生长空间，为细胞形成软骨提供一个继续增殖分化的微环境。过去的观点认为，材料的稳定性越高越好，但随着人们认识到植入物与周围组织相互作用的重要意义后，将材料科学与免疫学和细胞生物学知识相结合，设计和研制可降解、具有生物学活性和功能的高分子材料才是关键。支架材料为软骨组织构建提供了一个三维的环境，理想的生物支架材料应具有以下特点。

1. 良好的生物相容性

支架是用于承载细胞，供细胞黏附、生长、增殖、分化的载体。良好的生物相容性能促进细胞在支架上的一系列生物活动，从而发挥其载体功能。其本身或降解产物对细胞、组织和机体无毒性、无致畸性，无论材料本身还是其降解产物都不应导致机体引发炎症反应和宿主的移植排斥反应。支架应能与周围组织融为一体。

2. 可生物降解

支架在修复过程中只起到载体的功能，当修复完成后，如果支架仍在体内存留不但会影响修复效果，也会导致机体的排异，造成不良后果。材料应是可吸收的，在组织形成过程中逐渐分解，从而不影响新形成组织的结构和功能。支架的降解速率应与植入细胞增殖和分泌基质速率基本一致。一般认为，降解时间短的材料比降解时间长的材料更适于软骨组织工程，因后者可抑制基质的合成。

3. 足够的孔隙结构

支架具有多孔性和高孔隙率，内表面积大，既有利于细胞的黏附和生长，又有利于营养成分的渗入和代谢产物的排出，这样才能为软骨细胞在支架中均匀分布及其生长形成组织提供足够的空间，具有符合设计的外形。一般要求孔隙率达 90%以上，能为细胞的均匀分布和生长提供足够的空间，为细胞黏附生长、细胞营养成分的渗入及细胞代谢产物的排出提供有利条件。骨软骨支架不但要求骨支架具有类似于骨小梁的多孔结构，而且要求软骨支架也具有多孔结构，支架孔径应保持在 300μm 左右，对骨软骨修

复效果较好 。

4. 促进细胞黏附与增殖

支架能通过表面修饰、控释生物分子，或对环境刺激做出响应等机制可对种子细胞的黏附和生长进行调控。同时，支架应具有良好的表面活性，有利于细胞贴附，并为细胞在其表而生长、增殖和分泌基质提供良好的微环境；具备承载生长因子的能力，应有促进软骨细胞黏附和增殖的功能，且有很好的维持和促进软骨细胞表型表达的性能。

5. 一定的力学特性

材料应具有与植入组织相匹配的力学性质，不易从缺损处脱落；具有一定的弹性，以满足关节活动时传导应力的需要。骨软骨支架中尤其是骨的支架应该具有类似于骨的力学特性，在骨软骨的修复过程中，软骨下骨层对软骨的修复具备重要的支持作用。

6. 良好的加工性能

能够模仿骨软骨缺损的形状和结构，支架的容积应保持不变，制备出形态大小合适的支架；具有一定的可塑性、坚韧性和机械强度，在植入体内后的一定时间内仍可保持其形状，从而使新形成的组织具有一定的外形；如果是通过关节镜下进行手术，所选择的载体材料在操作过程中保持液态，当到达受区时可转变为固态，并且在体积上无任何改变。

7. 具有关节软骨的分层结构

支架易于消毒、保存，消毒后支架材料不降解，内部结构不发生改变，具有关节软骨的分层结构。

（三）软骨组织支架材料的设计及制备

组织工程方法修复关节软骨缺损的最终目的是恢复软骨组织结构的完整性和功能稳定性，即利用组织工程方法构建组织结构和成分组成上与正常关节软骨相似或相同的新生软骨组织，修复软骨缺损，并且使修复的组织能够保持稳定，行使正常的关节功能。支架材料是组织工程方法修复关节软骨缺损的中心内容之一。在物理特性上，它可以为组织再生提供空间架构、力学需求和几何形状；在化学特性上，可以协调生物活性因子和细胞之间的相互作用。

根据支架制作的特征，可将支架分为预制支架和可注射支架两类。在细胞种植和移植前在体外预制的支架更利于修复大的、非包含性的缺损；而可注射性支架可通过微小侵入技术（如关节镜）对分散的、包含性的缺损进行修复，可注射性支架材料在注射入缺损后通过化学或光刺激方法在原位发生聚合或交联。

可注射性软骨组织支架材料

可注射软骨是将细胞-载体复合物注射入机体内，形成软骨组织，从而达到修复软骨缺损的目的。它具有创伤小和操作简单的特点，另外，修复不规则缺损，可注射软骨可直接注入缺损区，在固化前进行局部塑形，具有可塑性强的优点。目前，用于可注射软骨研究的材料主要是水凝胶材料，研究较多的是藻酸盐和纤维蛋白，另外人工合成的可注射水凝胶材料包括聚乙烯醇和聚乙二醇等。水凝胶作为可注射组织工程软骨的优点包括：①具有高的水含量和低摩擦系数，相似于正常的关节软骨；②软骨细胞在其中保持球形，利于细胞表型的保持；③与预制形态的大孔支架材料相比，细胞接种较均一，同时利于不同类型细胞接种定位，构建复合组织；④原位交联利于在移植部位构建大的简单形态支架；⑤通过改变凝胶组分和固化手段可以调节凝胶的强度和细胞合成基质沉积；⑥可以保护移植细胞，避免遭受机体免疫细胞攻击；⑦多可作为生长因子的缓释载体，利于生长因子的持续高浓度生物学作用；⑧具有可注射性，利于微创操作。

可注射性水凝胶材料的固化方式包括温固化、化学固化和光固化三种方式。某些凝胶材料在温度变化时，相态也会发生变化，低于熔点温度保持液态，而高于此温度则形成固态凝胶，也有相反的情况。例如，Pluronic 127，0～5℃保持液态，超出此温度，变为固态；化学固化水凝胶，需要加入化学交联剂，以形成固态结构，如藻酸盐凝胶，依靠藻酸钠溶液中加入二价阳离子，使其交联发生固化；光固化凝胶是将混合单体材料注入缺损部位，通过可见光或紫外线照射，刺激光敏复合物产生启动聚合的物质，使注射物形成固态。

（四）软骨组织支架材料

关节软骨组织工程支架材料的来源包括两大类：天然来源的材料和人工合成材料。前者主要包括聚乳酸［ploy（lactic acid）、PLA/PLLA］、聚乙醇酸［poly（glycolic acid）PGA］及其共聚物（PLGA）、聚羟基丁酸酯（polyhydroxybutyrate PHB）等，后者主要有胶原、纤维蛋白、藻酸盐、几丁质及羟基磷灰石等。

1. 人工合成材料

近几年来以人工合成的可降解聚合物制作软骨组织修复多孔支架的报道逐渐增多，成为组织工程的热点之一。人工合成高分子材料的微结构、机械性能及材料的降解时间等都可以预先设计和调控，目前常用的可降解多孔聚合物支架主要有PLA、PGA、PLGA、聚亚安酯（polyurethane）、聚乙磷酸二酯（polyphosphoester）、聚羟基丁酸酯（polyhydroxybutyrate PHB）等各种材料。尽管被证明具有支持细胞黏附、增殖、分化等优点，但也存在缺乏识别信号、亲水性差、对细胞吸附能力弱、生物降解慢、引起纤维变性和免疫反应等缺点。

PGA和PLA是目前应用最广泛的有机高分子聚合物，这两种聚合物具有良好的生物相容性、可降解性和可吸收性，以上的合成材料都属于聚酯材料，均含有可水解的酯键，在体内以水解的方式降解产生天然的中间代谢产物排出体外。材料的吸收率可以通过共聚单位的相关比率来控制，降解时间可达数月至数年，被称为人工合成生物相容性、生物可降解性聚合物。以 PGA 材料制备成的均匀孔性无纺网结构支架，作为软骨组织工程支架的研究表明，PGA 支架能很好地诱导、促进软骨细胞的黏附、增殖和分化，形成软骨组织。但 PGA 降解速度较快，降解形成产物单体羟基酸在局部积聚，可造成局部的 pH 下降，因此，通常将 PGA 支架浸泡在 PLLA 溶液中包衣，以增加 PGA 内表面张力并减缓 PGA 在水溶液中的降解速率，更多的则是一定比例的 PGA 和 PLLA 共混形成复合的聚合物（PGA-PLLA），由于 PLLA 相对稳定，降解比 PGA 缓慢，可通过调节共聚物两种单体的比例，制备出具有高内表面张力、不同机械性能和降解速率的组织工程支架。PGA 作为软骨组织工程支架，具有抗原性弱、无致畸或致突变作用等优点，但这种支架可塑性差、降解速度快、降解物会引起内环境的 pH 下降，通过人工合成水凝胶 PLA 可将相邻的 PGA 纤维连接起来，增加 PGA 支架的可塑性，解决了细胞生物支架（PGA）的塑形问题，并且较单独使用 PGA 增加了软骨细胞的黏附率及生物相容性。

两者共聚物 PLGA 为一种理想的软骨支架材料。至今为止，PLGA 仍是目前组织工程领域应用最为广泛的软骨细胞培养支架，Lohmann 等（2000）将小鼠肋骨软骨细胞接种在 PLGA 支架材料上，8 周后有新的软骨生成。骨骺软骨细胞接种到 PLGA 上，2～3 d 后细胞数目增多，从周围向中央包围生长，到 6～7 d 细胞将孔中央的剩余空间填满。到第 3 周可见骨骺软骨细胞生长突出载体边缘，形成工程骨箭软骨（周勇刚等，2002）。

虽然 PLGA 是当前应用较为广泛的软骨工程支架，但 PGA、PLA 及其共聚物仍存在自身缺陷，如亲水性差、对细胞吸附力弱、生物降解缓慢、植入体内存在纤维变性和免疫反应。因此对其进行改性就成为软骨工程研究的新焦点，寻找理想的物质包埋 PLA 和 PGA 增加亲水性和对细胞的吸附力从而获得更好的组织工程支架材料。同时，PGA 和 PLA 聚合物仍存在费用昂贵、降解率低、可塑性不令人满意等缺点。

2. 天然生物材料

许多天然材料含有能识别细胞表面受体的配体，具有良好的生物相容性和细胞亲和性，越来越受到学者的重视。天然材料最突出优点是无抗原性，生物相容性好，具有细胞识别信号，有利于细胞黏附、增殖和分化，与细胞外基质结构相似。但天然材料也存在一定缺陷，存在抗原性和传播病原的可能及降解率在不同受体间各不相同、机械强度不足、降解速度快及大规模生产的限制等。天然生物材料包括胶原蛋白、纤维蛋白、几丁质、藻酸盐、透明质酸等高分子聚合物，还包括烧结骨、同种异体脱钙骨、脱矿骨基质、脱蛋白骨、乌贼骨、珊瑚等钙磷酸盐聚合物。天然材料来源广泛，价格低廉，具有良好的生物相容性，对机体刺激作用较小，同时具有细胞识别信号（如 RGD 序列）等，利于细胞黏附、增殖和分化，其相应成分比例合适，具有比人工合成材料更好的微结构和功能。尽管有很多材料作为支架应用于软骨组织工程，但是只有很少量的成功进入了商业化，CaReS® 就是其中一例，它是一种 I 型鼠尾胶原的凝胶支架。临床上应用支架更多偏向于天然高分子材料，如I、II型胶原海绵，纤维蛋白胶等（Haasper et al.，2008）。这可能是因为胶原海绵和纤维蛋白胶有较长的应用史，技术较为成熟。

（1）胶原

胶原（collagen）是多种组织（如软骨、皮肤、肌腱及其他结缔组织）的主要成分和细胞外基质，用适当的方法从动物机体组织提取的胶原蛋白，去除其抗原性所在的端肽后，可加工制备成具有良好生物相容性的生物材料。I型、II型胶原含有特别的识别信号，有利于软骨细胞的黏附、增殖、分化。组成胶原的氨基酸容易被细胞受体识别，具有良好的生物相容性，同时在体内容易被胶原蛋白酶酶解，具有良好的降解性。

在1984年，Kimura等首先发现在胶原凝胶中培养软骨细胞能很好地维持软骨细胞的表型，随后于1989年，Wakitani等报道用包埋于胶原凝胶中的软骨组织进行修复兔关节软骨的研究，获得理想的结果，从此开始胶原材料在软骨组织工程中的广泛应用。Stark等（2006）将软骨细胞种植在不同的胶原基质上，结果显示软骨细胞在胶原基质上具有很高的活力，呈三维排列方式，软骨细胞特异性产物II型胶原大量表达。Yates等（2005）将牛关节软骨细胞种植在胶原海绵支架上，4周后对软骨细胞合成物、基因表达产物定量分析评价该支架，显示胶原海绵支架能够有利于软骨细胞的黏附、增殖、分化和表型的维持。这些结果表明胶原可以作为软骨组织工程支架，但胶原也存在降解速度过快、加工性能差、缺乏柔韧性、抗拉强度低等缺点。

（2）纤维蛋白

纤维蛋白凝胶是纤维蛋白单体在凝血酶的作用下聚合形成的具有可塑形、可黏附性、可降解性及生物相容性的立体网状结构凝胶，仅次于胶原蛋白。同胶原蛋白一样，纤维蛋白（fibrin）也有优良的生物相容性，其作为天然细胞外基质成分，有较好介导细胞间信号转导及其相互作用的性能，其本身含有的精氨酸-甘氨酸-天冬氨酸（RGD）序列，可以通过反馈控制机制促进软骨细胞的胶原合成，而且纤维蛋白单体聚合成凝胶时，通过释放转化生长因子-β（TGF-β）和血小板衍生生长因子（PDGF）刺激间充质细胞的趋化和细胞有丝分裂，促进细胞增殖和基质的分泌。同时，纤维蛋白材料具有良好的注射性。当纤维蛋白原溶液和凝血酶溶液混合后，凝胶固化反应几乎立即发生，短时间内凝固成形，并且具有很好的粘合能力，可以有效地黏附在软骨缺损部位。利用这一过程可以将任何种子细胞快速复合，而又不会产生细胞毒性作用，已有商品化材料面世。Schmal等（2006）在进行软骨细胞与细胞外基质黏附机制的研究中，发现软骨细胞与纤维蛋白原支架黏附较高，这可能与纤维蛋白原的结构和生长因子有关。Silverman等（1999）用纤维蛋白凝胶成功构建出软骨组织，经分析，新生组织蛋白多糖、硫酸软骨素及II型胶原含量与软骨组织基本相似。由此可以认为纤维蛋白支架可以作为软骨组织工程支架，但纤维蛋白来源于自身血液，大量获取困难，纤维蛋白支架机械强度不够等因素制约着该支架的发展。作为细胞种植基质材料，纤维蛋白较人工合成聚合物（如PGA、PLA无纺网等）更有生物活性，更经济。但商品化的纤维蛋白凝胶作为血液制品，会传播各种可经血液途径传染的疾病，若用自身血液自制纤维蛋白凝胶，可彻底消除病毒借血液制品传播的危险，并避免了免疫原性的问题。

（3）壳聚糖

壳聚糖（chitosan）是甲壳素经脱乙酰化反应而得到的一种天然多糖类有机聚合物，是自然界中生物合成量仅次于纤维素的少见的带正电荷的碱性多糖，其化学性质不活泼。壳聚糖的分子质量为 50～1000 kDa 之间，外观呈半晶状态。脱乙酰度和 pH 影响着壳聚糖的理化特性。壳聚糖的生物降解性由其脱乙酰化度（DD）调控，DD 越高生物降解性越高，DD 越低生物降解性越低。85％高度去乙酰化时，其体内降解过程需几个月之久。pH＜5 时，壳聚糖完全溶于水中形成十分黏稠的胶体，经过冻干处理，可得到海绵状支架。也可碱化处理，形成凝胶。壳聚糖和软骨基质糖氨多糖（GAG）结构相似，具有良好的生物相容性和可降解性，对软骨细胞有较好的吸附作用，可促进细胞在材料上的增殖与分化，是软骨组织工程中较适宜的支架材料。Lu 等（1999）将壳聚糖注射到大鼠关节内，发现壳聚糖不仅没有引起炎症反应，而且能够减缓骺软骨变薄，提高膝关节软骨细胞的密度，提示壳聚糖在膝关节内不仅具有良好的相容性，而且具有促进软骨修复的能力。体外实验同样证明了壳聚糖与软骨细胞具有较好的相容性。因此，壳聚糖是一种理想的高分子生物材料，它具有机体反应小、天然抗菌性及具有可任意塑性和多孔结构的特点，使其能够适合细胞的内在生长和骨的传导，在组织工程中显示出巨大的应用价值。在软骨组织工程中，壳聚糖能维持软骨细胞的正常形态和表型，维持其分泌软骨外基质的能力。但壳聚糖支架也存在着机械强度欠佳等问题，需要进一步的改进。

天然高分子材料在软骨生长和基质形成过程中起相当重要的作用。它们作为细胞外基质成分，能使生物材料支架模拟天然细胞外基质的功能和作用，促进正常软骨细胞的生长与增殖。天然大分子的一个明显优点是其具有良好的生物相容性和生物可降解性。缺点是来源有限，支架材料的结构和材料的降解速度难以控制、机械强度低、不同批号的质量差异，并且因来自于天然生物体，尚有传播疾病的危险。其中，材料机械强度不足是其最大限制，难以起到合适的支撑作用。

3. 复合材料

软骨细胞外基质组成非常复杂，单一材料难以从组成和构造上模仿细胞外基质。目前，国外和国内软骨组织工程支架的研究趋向于多种材料复合支架。通过调整支架材料的比例，使得复合支架更适于软骨细胞的黏附、增殖、分化和维持表型。复合材料是目前研究的热点，即将两种或两种以上具有互补特征的生物相容性可降解材料，按一定比例和方式组合，可设计出结构与性能的三维材料，以弥补单用人工合成或天然生物材料的缺陷。

人体的组织或器官在其组成、结构及功能方面都具有高度的复杂性。因此，对组织工程支架的性能也是多方面的，既要求材料具有良好的生物相容性和生物活性，又要有一定的力学性能。单一材料构建的组织工程支架往往无法同时满足上述要求。因此，通过改变支架材料的组成、配比及不同材料间的界面可以获得同时具有多种优良性能的组织工程复合材料。不同种类的天然组织工程材料间的复合，主要是为了从组分上尽可能地获得与细胞外基质相类似的组织工程支架。人工合成组织工程材料虽然具有良好的力学强度，可控的降解速率及生物安全性，但是大部分合成材料都属于“生物惰性材料”，缺乏细胞识别的位点，不能支持细胞在材料表面的黏附、增殖、分化及胞外基质的分泌。通过天然组织工程材料与合成组织工程材料复合，可以在保持支架材料的力学强度及降解行为不变的前提下，获得具有生物活性的表面。材料与细胞间的相互作用涉及细胞的黏附、铺展、分裂、分化、表达及凋亡等一系列的细胞行为。在生物体中，细胞与其胞外基质的作用往往是通过细胞膜表面跨膜受体-整合素与胞外基质中的胶原、纤维粘连蛋白、层粘连蛋白上的配体相互识别来实现的。因此，在合成组织工程材料表面引入具有整合素识别配体的蛋白质或多肽是构建生物相容性界面的关键。Chen 等（2004）将已去分化的软骨细胞接种到 PLGA、胶原混合网支架上，在含有 10%胎儿血清的培养基中培养，可见细胞黏附于混合网并均匀地分布、繁殖充填到支架空间。基因分析显示，I 型胶原的密码基因表达下调，而 II 型胶原和聚集蛋白聚糖密码基因上调，说明去分化的软骨细胞在支架上发生再分化。加入胶原微粒的 PLGA 支架能提高细胞接种效率。

4. 软骨支架发展趋势及展望

骨、软骨支架趋向于：①多种材料的复合，即自然和人工合成材料的复合、有机和无机材料的复合；②材料选择更加精良，采取纳米材料和高质、高纯度的天然材料；③多种制备工艺的结合，制备骨、软骨支架采取不同的制备方法；④诱导因子的引入，将诱导因子添加到细胞-支架复合体内对细胞进行诱导分化成骨、软骨细胞，再对骨软骨缺损进行修复，甚至可构建出缓释诱导因子复合支架，如微球控释缓释系统、脂质体缓释系统等，在细胞-支架复合体植入骨软骨缺损后，通过缓释系统在整个修复过程中均能诱导成骨、软骨细胞，更好地对缺损进行修复。

构建多材料、多方法及复合诱导因子的骨、软骨支架，其目的在于各取所长，弥补单一材料、单一方法的缺欠，更好地为骨软骨的修复发挥载体作用。然而我们应该看到，多材料复合的骨软骨支架虽然在孔径、孔隙率、力学特性方面有所改善，但是多种材料的复合常常会导致多种材料缺点的加和，从而会在一定程度上影响支架的性能。因此，构建骨软骨支架应在材料的选择、不同材料的配比、材料的粒子结构、支架构建方法及诱导因子的应用等诸多方面综合考虑，使其在骨软骨组织工程中发挥更好的作用。

（五）软骨多孔支架制备

该方法用模具的溶解来取代脱模，避免脱模时损坏支架，解决了用硬质模具难以制作具有内凹面的多孔支架（由于脱模困难）的问题。本制备方法适用于制造多种复杂形状的软骨组织工程用支架，如人的耳廓软骨、鼻软骨、肋软骨和关节软骨等。

1. 翻制聚乙二醇（PEG）阴模

将 PEG（平均分子质量为 5000 kDa）放入烧杯中加热至 70℃，使其熔融为可流动液体，熔融后倾倒入放置有正面向上的具有目标软骨形状的硅胶阳模的容器中，使液面与阳模边缘平齐而不浸没阳模。静置凝固后，取下软质阳模，得到与目标软骨背面形状吻合的 PEG 阴模底座。

用光洁的覆膜纸沿阳模正面轮廓包折，另制作一个以目标软骨形状轮廓为空腔截面的空心筒，制成以阳模正面为底，空心筒为周边的开口桶状容器。将熔融的 PEG 浇注于上述桶状容器中，冷却凝固后将软质硅胶阳模剥离，便得到与阳模正面凹陷形状吻合的 PEG 阴模上盖。

2. 制备聚-2-羟基丁酸酯（PHB）氯仿溶液-NaCl 粒子混合体系

用滤过范围为 75～300 μm 的系列标准筛筛选出粒径在 170～200 μm 的 NaCl 粒子。称取 1.0 g 聚羟基烷酸酯（PHA）粉料，量取 10.00 ml 氯仿溶剂倒入圆底烧瓶中。60℃水浴条件下，用聚四氟乙烯磁子搅拌，加热回流 30 min，使 PHA 充分均匀溶解，形成均匀溶液。称取 30.0 g NaCl 粒子置于广口瓶中，将 PHA 溶液倾入，其中 PHA (g)、氯仿体积（ml）与 NaCl 粒子（g）的比例为 1∶10∶30。用聚四氟乙烯生胶带裹紧广口瓶塞，使之密封，静置 12 h，使溶液充分浸润 NaCl 粒子，再加以搅拌使之形成均匀的混合物。

3. 填充压模成型

将 PHA 氯仿溶液-NaCl 粒子混合物用不锈钢药匙填入 PEG 阴模底座和上盖的凹陷处，合模，在上盖上放置重物以压实混合物。

4. 除去溶剂

将压有料的模具放置在通风橱内通风 8 h，使混合物中溶剂氯仿部分挥发，然后放入真空烘箱中，50℃、压力小于 0.01 MPa 下烘干 8 h，除去氯仿溶剂。

5. 溶去模具、浸取成孔剂 NaCl 粒子

取出干燥、已脱溶剂的混合物的 PEG 模具，浸泡于盛有去离子水的烧杯中 24 h（期间每 8 h 换水一次）。溶解 PEG 模具及溶化浸取成孔剂 NaCl 粒子。待 PEG 模具溶解，之后支架混合物中的 NaCl 粒子溶解浸出，即得湿润的软骨多孔支架。

6. 烘干支架

将上述湿润的多孔支架自然晾干后，37℃、压力小于 0.01 MPa 下于真空烘箱内干燥 4 h，即得多孔软骨支架成品。

三、神经组织工程支架材料

（一）神经组织工程支架

在临床工作中，常常遇到各种原因引起的周围神经缺损，由于成熟的神经元不能分裂和复制，与其他组织相比，神经损伤的恢复还很不理想。周围神经缺损的恢复和重建是当前神经领域亟待解决的问题。传统的自体神经移植仍是迄今为止的黄金标准，但由于来源受限，牺牲供区感觉功能，增加新的创伤，这种“拆东墙补西墙”的方法限制了其广泛应用。异体移植来源充足，容易获得所需的各种类型的神经段，但由于免疫排斥反应问题未能彻底解决，临床中很少应用。近年来，随着神经细胞学、分子生物学的深入研究，特别是组织工程学的迅猛发展，为神经修复带来新的出路和希望。

组织工程化神经（人工神经）是运用组织工程学的基本原理和方法，根据神经再生的生物学特性，以具有良好生物相容性的载体物质与有活性细胞结合而成的具有特定三维结构和生物活性的复合体，用于桥接神经断端，达到引导和促进神经再生的目的。这一技术为修复周围神经损伤提供了广阔的前景。“人工神经”可替代来源有限的自体神经移植修复周围神经缺损。一般说来，“人工神经”是由支架材料和细胞外基质、种子细胞及诱导和促进生长的因子等几部分组成的有机统一体。人工神经是以具有良好生物相容性的可降解高分子聚合物为载体与有活性的细胞（雪旺细胞等）结合而成的具有特定三维结构和生物活性的复合体。周围神经损伤后，远端神经发生瓦勒变性，近端轴突发出的轴芽在间充质细胞的间隙向前滑行长到远端的 Büngner 带中并向靶器官生长形成突触连接，雪旺细胞使轴突髓鞘化，完成神经再生的过程。根据神经再生的生物学特性设计的人工神经应具备条件有：①有特定的三维结构支架——神经导管（nerve conduit），可接纳再生轴突长入，对轴突起机械引导作用；②雪旺细胞（Schwann cell）在支架内有序地分布，类似 Büngner 带；③雪旺细胞具有生物活性，能分泌神经营养因子，但到目前为止还没有发现完全符合上述要求的人工神经的报道。

神经组织工程中，神经支架起诱导近中神经纤维再生的作用，促进神经再生、支持和引导再生轴突到达远端靶器官，以便取代自体神经移植。应用组织工程技术构建神经支架，为修复长段周围神经缺损提供了新的方法和思路。支架（scaffold）是人工神经的重要组成部分，它是修复初期再生神经长入远侧神经段的桥梁，在支持种子细胞、引导和促进轴突生长等方面起着重要的作用，有利于再生神经的塑形。神经支架作为神经组织工程的重要组成部分，受到国内外学者的高度重视。

探索寻找更适宜制备神经支架材料的研究始终在进行中。已被用于制备支架的材料包括来源于生物体的材料和人工合成材料两大类。来源于生物体的材料包括血管、变性肌肉、脱钙骨、胶原、明胶等。使用人工合成材料制备导管具有加工方便，可准确控制规格，性质重复性好的优点。除硅胶导管已被广泛使用外，还有应用聚四氟乙烯、聚乙烯等材料的报道。随着研究的深入，不仅要求导管材料具有良好的安全性、生物相容性，还希望能具备利于手术、能促进神经生长等特性。用可生物降解材料制备的支架可在体内自行分解，无需二次手术取出，能避免使用不可降解导管时可能出现的压迫神经等问题，因而受到很多关注。常用的导管材料有聚乳酸（PLA）、壳聚糖、聚碳酸酯（PCA），聚羟基乙酸（PGA）、聚磷腈（polyphosphazenes）、胶原、聚氨酯（polyurethanes）等。对于生物可降解型神经支架，支架材料的降解速率是另一个重要的可控因素。合适的降解速率与神经再生的类型、位置及再生长度密切相关。在大鼠的坐骨神经模型中，10 mm 间距的神经再生需要 2～3 个月的时间，所以要求神经支架应保持支持作用3个月之后才降解。同时，材料的降解产物对神经再生的微环境不应有很大影响。

除了支架的选材，支架的形态也对神经再生效果有重要影响。神经支架的管径、壁厚都是影响神经再生的重要因素。对于由非生物降解材料制成的支架，研究显示，管内径应是损伤神经直径的1.5～1.7倍，以避免压迫再生神经，同时薄壁导管有更好的弹性，可以抑制断端神经瘤生成。而生物可降解材料制成的神经支架在神经再生的同时降解，因此，管内径略大于损伤神经直径即可。由于导管在体内溶胀，厚壁导管对再生神经压迫较大，所以应在能提供足够力学支撑的情况下，采用尽可能薄的导管。神经导管的物理参数[如表面性质（光滑或粗糙）、材料亲疏水性等]对再生神经形貌和功能的恢复也有很大影响，因此，神经导管的优化设计是非常重要的一个步骤。

（二）神经支架材料的基本要求

周围神经再生的成功依赖于一个适宜的微环境，使用各种材料制成的导管修复神经缺损就是模拟一个有利于神经轴突生长的微环境。理想的神经导管材料应具备以下特点。

1. 良好的生物相容性、细胞-材料相互作用和降解性

生物相容性是医学应用中对合成材料最基本的要求，即材料不会与周围组织反应而起副作用。但是材料应该与周围组织发生较强的作用，并在组织再生过程中起积极作用。细胞-材料相互作用的短期研究可用细胞与材料表面的黏附性来评价，长期研究可在体外进行，观察细胞在导管内的运动、生长和分化功能。神经支架应在体内移植部位存在足够长的时间以保护再生神经。支架材料应具有可降解性及降解速率可调控性，使其降解的速度与神经的再生同步，在神经功能完全恢复后发生降解而在体内消失，不需二次手术取出。轻微的局部组织不良反应是理想神经导管材料的必备特质，低免疫原性，无致畸致癌性，降解产物对细胞无毒害作用，不引起炎性反应。

2. 良好的通透性

材料应具有微孔或网眼结构以保证一定通透性，使 O_2、营养成分等可通过管壁进入到再生神经的微环境中去。有适当的孔径和孔隙率，利于导管内外物质交换，一定的孔隙率和孔径大小，大的表面积有利于细胞的附着和生长，而大的孔体积有利于传递足够多的细胞供组织修复。较好的通透性还有利于代谢产物的交换和神经营养物质的输送。导管表面的最小孔径往往由细胞来决定，因此随细胞不同而变化。全通透性的导管因能允许包括淋巴组织、成纤维细胞等所有成分通过，易引起炎性反应和局部纤维组织增生，不利于神经纤维的生长；而不通透性导管因不允许任何营养物质进入管内，不利于与外界物质交换，使神经不能获得良好的微环境；半通透性导管则克服了上述不足，能允许红细胞、氧气、小分子营养物质通过，阻隔了不利成分进入导管中，其局部微环境利于神经的再生。

3. 特定的三维立体结构和力学特性

保证神经修复所需的三维空间结构，即支架材料具有适宜可塑性和一定的机械强度、硬度、弹性和孔径，使之既可以保证神经再生的通道，又具有合理的结构，可防止疤痕形成，同时能够血管化。可接纳再生轴突的长入，对轴突起机械引导作用。可塑性和适宜的力学性能，即易于加工成型，能够在体内外承受一定的压力，并在一定时限内保持其外形和结构的完整性。

4. 合适的细胞相容性表面特征

具有合适的细胞相容性表面特征，有利于雪旺细胞的黏附、增殖、分化，利用雪旺细胞黏附、增殖和迁移，分泌促进轴突生长的神经营养因子，对再生的神经轴突髓鞘化。支架内含有各种神经再生所需要素和能产生趋向引导及提供轴突生长基质的物质，保证神经再生修复所需的营养供应，支架材料内有调节神经细胞生长、分化并促进神经修复和组织再生的神经营养因子，改善神经再生的微环境，提高轴突的再生速度，保护再生轴突，避免疤痕组织侵扰。

5. 良好的加工性能

支架材料来源容易，易于加工，其生产、纯化和处理容易并可升级，且易于加工及消毒处理等，能在使用现行常规的高压、熏蒸、浸泡等简单的消毒情况下，使结构及性状不发生改变，同时易于塑形。由于临床工作中个体差异及病损不同的原因，植入物要求高度个性化。要能方便地塑形成各种形状、结构及方便地进行裁剪，故不能脆性过大、过硬，同时也要重视不同修复组织而具备不同的强度，使之在植入部位能承担相应的外力而不致变形。

6. 理想的双层结构

要保证支架材料有理想的双层结构，外层需提供必要的强度，为毛细血管和纤维组织长入提供营养的大孔结构，内层则可起到防止结缔组织长入而起屏障作用的紧密结构。因此，神经修复所用支架材料一般为外层是强度大、降解速率慢的可降解材料，内层为具有细胞生长活性的降解材料。用于神经修复的内层材料多为胶原和多糖。目前研究和使用的多为胶原和聚乳酸的杂化材料。

7. 其他

支架材料应具有适合于连接损伤神经两断端的大小和长度，具有良好的血运。

（三）神经组织支架材料的设计及制备

神经组织工程中，用生物材料所构建的神经支架修复神经损伤早有报道。所谓神经支架就是用生物或非生物的材料预制成管状，再将神经的远近断端放入管内，两断端神经外膜与管壁各缝 1～2 针固定。随后神经轴突即可沿着管腔从近端长入远端。与其他神经损伤修复方法相比，采用神经支架导管可以提供神经再生的多种有利条件：①在神经再生中暂时固定并支持损伤神经的两端；②引导神经元的轴突轴向生长，避免外生和形成神经瘤；③为神经再生提供一个相对隔绝的微环境，富集神经再生所需的神经营养因子，减少细胞入侵，防止疤痕的形成。总的说来，神经支架在周围神经再生中的作用，主要是在损伤局部人为构建一个利于神经纤维生长的微环境，利用周围神经本身具有的修复功能对损伤进行修复。神经导管修复技术对神经再生的引导机理可能为接触引导（contact guidance）。同时发现远端的存在对神经再生十分重要，远端分泌的一些神经营养因子可以引导再生的轴突从近端向远端延伸。远端对神经再生具有趋向性引导作用。

通常模拟神经结构来构建人工神经支架。天然或人工合成的导管模拟神经外膜或神经束膜，导管内充填条索状、细管状（模拟神经内膜管）或海绵状物质，作为引导雪旺细胞迁移和神经轴突生长的通道。起初，人们用材料制成空的导管桥接神经缺损。用导管套接神经缺损的优点：①减少外来细胞浸润和疤痕组织侵入；②神经纤维机械导向生长，防止纤维生长紊乱，避免神经瘤的形成；③防止生长因子和营养因子弥散；④保护再生组织；⑤有利于新生血管在神经束间轴向生长等。常用的导管材料有静脉、胶原、硅胶、聚乙烯、三甲烯碳、壳聚糖等。研究表明，单用神经导管虽能较好地修复10 mm 以下的缺损，但对 10 mm 以上者则难修复，可能是因为开始阶段缺少细胞外基质支架。因此，人们尝试使用各种导管填充材料来促进再生，常用的材料是一些凝胶，包括形成纤维蛋白凝胶的透析血浆、胶原凝胶和含层粘连蛋白的凝胶等。这些凝胶都能不同程度地增加导管修复神经缺损的长度，但较之自体神经移植的效果还有一定差距。这使改善凝胶的性质或探索应用其他的充填材料成为必然。Matsumoto 等（2000）将胶原制成纤维并以层粘连蛋白包被，将纤维填充于聚乙醇酸-胶原复合材料导管内制成人工支架，桥接狗 80 mm 坐骨神经缺损，收效良好。Hadlock 等（2000）用经发泡处理的共聚物乙交酯-丙交酯（PLGA）通过钢模制成多通道导管，通道的直径和数量可以控制，该管既有一定硬度又容易小幅度弯曲，种植的雪旺细胞能够沿通道迁移，用动态种植雪旺细胞的五通道导管修复大鼠 7 mm 神经缺损，恢复指标与自体神经移植相近。

也有人研究了非管状、非纤维状的结构。Toba 等（2001）用聚乙醇酸和胶原制成复合材料导管，分别将层粘连蛋白浸泡过的海绵状胶原和纤维状胶原充填其中，桥接狗 80 mm 腓神经缺损，比较了这两种充填材料的效果：术后 12 个月，胶原海绵组无论形态计量指标还是电生理指标都优于纤维组；而且，海绵耗费较小，容易加工和批量生产，更适用于可溶性因子的逐步释放。Sufan 等（2001）比较了管状结构与非管状结构的效果，在他们的 50 mm 猫坐骨神经缺损模型中，一组用以藻酸盐海绵充填的、有网眼的聚乙醇酸管桥接，另一组直接把两块藻酸盐海绵放置在缺损处，两端不与神经残端缝合，发现两组运动功能恢复基本相同，术后 8 个月缺损处和远侧的胫、腓神经分支内均见束状再生神经，再生轴突的密度和直径在两组间无差异，藻酸盐已经降解，可见非管状结构也是可行的。

（四）神经组织支架材料

构建人工神经的支架材料按来源可分为两大类：天然材料和人工合成的聚合物材料。天然材料是指那些来源于动植或者微生物的材料，人们最先使用的天然支架材料是自体、异体或异种神经及非神经组织（如静脉、骨骼肌等）。静脉容易塌陷，不利于神经再生。免疫排斥反应问题使异体（种）神经移植受到限制，但异体（种）神经用作支架材料有其优点：具有神经内膜管结构，含有能促进神经生长的物质，有利于引导和容纳神经轴突生长并通过。去细胞技术的应用拓宽了这一领域的研究。去除异体神经中的活细胞，能大大地减小其抗原性，保存完整的基底膜管，可作为支架材料。Krekoski等（2001）将同种异体坐骨神经段经液氮反复冷冻制成去细胞神经移植物，再经降解硫酸软骨素蛋白多糖处理后，桥接大鼠 10 mm 坐骨神经缺损，术后 4～8 d，见雪旺细胞移行进入，部分再生的轴突通过移植物长入远侧神经残端。由于该移植物去除了活细胞，引起的免疫排斥反应微弱。

骨骼肌具有与神经类似的基底膜管，也可以用作组织工程材料。Fansa 等（2001a）比较了去细胞肌肉移植物和静脉管的作用，发现肌-雪旺细胞移植物组再生的神经更规则、更有序，再生纤维的走向更合理。研究表明，去细胞肌肉移植物植入体内后排斥反应比未经去细胞处理者小得多，而且反应仅仅局限在移植物的周边部分。移植物植入后 5～7d，开始有新生血管长入，7d 后巨噬细胞开始浸润，能够提供营养物质和生长因子，以维持雪旺细胞存活。天然半透膜（如羊膜）也被用作导管材料。羊膜具有以下特点：含有多种能促进神经再生的细胞外基质成分、生物可降解、免疫原性非常微弱、较柔软、容易加工。神经再生及功能恢复与自体神经移植组近似，明显优于硅胶管(Fansa et al.，2001a)。

以上材料的来源均比较有限，不适于大批量生产，而且具有一定的抗原性，因此人们不断尝试使用天然的或人工合成的聚合物来构建神经支架。使用的天然可降解聚合物有藻酸盐、胶原、壳聚糖等，研究发现，胶原-壳聚糖组织工程化皮肤的三维结构网架有良好的促神经生长作用。不可降解聚合物有硅胶、多聚甲氟乙烯、乙烯-乙酸乙烯共聚物（EVAc）等。其中，硅胶是以前经常使用的神经导管材料。EVAc 则被用作药物控释材料，可制成缓慢释放神经营养因子的导管。也有用聚丙烯腈（PAN）和聚氯乙烯（PVC）的共聚物制作神经导管，内壁具有半透膜性质，仅能允许分子质量小于 50 kDa 的物质通过，使再生轴突能从导管外获取营养物质和生长因子，并避免纤维疤痕组织的侵入。但因其不能降解，在完成引导再生轴突通过神经缺损段之后，仍将长期留存于体内，有可能对神经造成卡压。往往会导致毒性、异物反应、阻碍神经生长或压迫再生的组织等，常需二次手术取出，而可降解材料则能克服这些缺点。可降解聚合物主要有聚乙醇酸、多聚左旋乳酸、聚羟基丁酸盐及其共聚物。

1. 天然生物材料

具有良好的生物相容性，可以降低惰性或合成材料的毒性，主要来源于神经、静脉、骨骼肌和膜管等。其中自体组织移植无免疫排斥反应，自体神经髓鞘、肌腱、静脉和去细胞的肌肉基底膜管等材料经处理后复合生长因子或胶原，可以促进雪旺细胞迁移和轴突生长，修复神经缺损效果良好。虽然自体组织材料修复神经缺损效果良好，但其来源有限。同种异体或异种异体材料可扩大材料来源，但是免疫反应会影响其修复神经缺损的效果。为了降低供体神经的免疫原性，可采用冷冻、神经原位预变性、冻干、乙醇浸泡、冻融、放射疗法、胚胎神经移植、免疫抑制剂和化学去细胞等方法。化学萃取的去细胞神经，是将具有抗原性的髓鞘和细胞去除，而保留完整的神经基底膜管结构，可作为轴突生长的骨架结构，将其复合自体支持细胞或生长因子后，能够用于修复一定长度的神经缺损。

(1) 自体、异体或异种神经

对于周围神经损伤的治疗，临床上应用较广、疗效较肯定的方法是自体神经移植，即从患者自体其他部位切取功能次要的神经或皮神经，修整后用于修复受损的功能主要的神经。但是，这种修复方法必然导致神经供区部位的感觉缺失、运动障碍，供区神经断端出现疤痕或创伤性神经瘤，且自体神经来源十分有限，遇到长段、直径粗大的神经缺损或多发性神经缺损时，其运用受到限制。还可采用自体神经局部转位移植，即在损伤部位利用近端功能次要且较长的神经纤维直接转位与远端功能主要的神经纤维缝合，以保证主要功能肌肉的神经支配，但这种“错接”修复方法需要后期对靶肌肉进行系统的康复训练，以重新协调大脑与肢体活动间的关系，一般来说，这种修复方法的疗效不够稳定。随着显微外科技术的应用和改进，自体神经移植的神经功能可以获得一定程度的恢复，但功能完全恢复者十分罕见。由于神经自身的特点，即使是单纯的离断（没有组织缺失）也会在神经断端间形成缺损空隙。对于较小的缺损，可以通过拉伸神经的办法将断端直接进行缝合。自体神经移植，因为材料的功能成分（如神经内膜管、雪旺细胞、雪旺细胞基膜及其分泌的神经营养因子）来源于自体，不发生免疫反应，移植体与神经断端之间能很快建立自身血供，所以有利于血-神经屏障的建立，增强远端趋化作用，能够为神经生长提供理想的环境。缺点是造成供区部分功能丧失、瘢痕、创伤性神经瘤、神经大小不匹配及供体来源有限等，还存在可修复的长度受限，自体神经移植必然伴有供区的功能受损。

同种异体神经移植修复长距离的神经缺损具有来源充足、可获得不同类型的神经段等优点，但其应用的主要障碍仍是免疫排斥反应，影响了移植修复的效果。免疫排斥反应是制约异体/异种神经修复周围神经缺损的主要问题，可致移植体结构破坏，基膜塌陷并纤维化，使再生轴突无法通过，导致移植失败。虽然应用神经导管桥接两神经断端形成神经再生室，以及借用支架材料对再生轴突进行接触诱导等方法能够促进周围神经再生，但是神经修复的总体效果仍不理想，修复的神经缺损范围也十分有限。

(2) 非神经组织（静脉、骨骼肌、生物膜）

静脉导管是神经导管的代表，自体静脉移植体的优点是组织结构与周围神经的膜结构相似，血管内皮细胞基膜类似于神经基膜，其管壁薄，利于营养物质弥散，也利于神经趋化物质发挥作用。神经断端采用静脉套接可阻挡瘢痕侵入，有利于神经再生。而且自体静脉具有来源广、数量丰富、取材易、对供区无明显影响（供区损伤小）、组织相容性好的特点，因而常常采用。但自体静脉缺乏促神经再生的活性因子，桥接较长的缺损时周围纤维组织易于长入。同时，静脉管壁易塌陷而阻碍神经的再生，使桥接管腔闭塞，阻碍再生轴突到达周围侧断端。另外，由于静脉是半通透性材料，有人认为这会导致远端分泌的神经营养趋化因子经静脉管弥散到近端时浓度较低。

骨骼肌取材部位广泛，规格随意，局部切取不会造成功能障碍。活体骨骼肌虽然可以为再生神经提供足够血运，但基膜内面很难与再生神经直接接触而发挥诱导作用，且肌质的存在也阻碍再生神经纤维通过。研究发现，通过反复冻融使骨骼肌变性，清除其中的肌质，可以使肌桥具有与神经 Wallerian 变性后相似的结构，同时具有基膜成分，又有低阻力定向通道，有利于再生神经轴突的生长。不过，变性骨骼肌由于缺乏血运，在桥接粗大神经缺损时瘢痕容易侵入，也增加了再生神经中心性或节段性坏死的机会。Keynes 等（1984）用变性骨骼肌桥接神经缺损，发现经反复冻融而去肌浆的骨骼肌残留下的基底膜允许再生神经通过，达到终末器官，并与自体神经移植相比无明显差异。Norris 等（1988）将此方法运用于临床，修复 8 例指神经缺损，取得满意结果。但发现变性骨骼肌中再生神经纤维成熟较差，考虑可能与缺乏雪旺细胞及神经生长因子（NGF）有关。Fansa 等（2001a）在此基础上进一步研究，把雪旺细胞引入骨骼肌神经导管中，与单纯静脉移植和单纯骨骼肌移植方法比较，骨骼肌＋雪旺细胞细胞组神经再生效果最佳，可与自体神经移植相媲美，且仅在局部有轻微的细胞反应。但雪旺细胞的引入，在实际操作中存在困难，并且克服其抗原性也一时难以解决。

生物膜常用的生物膜材料有：自体筋膜、羊膜、硬脊膜、合成多孔生物膜等。因生物膜具有良好的生物相容性、通透性、可引导神经纤维生长、防止瘢痕组织侵入等特点，国内外不少学者应用各种生物膜材料修复周围神经缺损，取得一定效果。但总体来说，在此方面的研究还相对较少，神经修复效果还有待进一步研究论证。羊膜具有排异反应小、可吸收、存储方便的特点，更重要的是它本身含有多种胶原和神经生长因子，即含有多种促进神经再生的细胞外基质成分（胶原、层粘连蛋白、纤连蛋白、糖蛋白等）、神经营养因子和其他一些基膜成分，生物可降解，免疫原性低，因此适合临床应用。研究发现，如果用完整的羊膜管修复神经，通常会发生排斥反应，导致修复失败。而采用经去细胞处理后的羊膜管修复神经，效果类似自体神经移植，种植的羊膜管发生血管化，为再生神经提供氧和其他营养成分，自身则逐渐被吸收取代。

（3）天然可降解的聚合物

天然材料来源于动植物或人体，与细胞相容性好，常用来构建组织工程用支架。其优势在于它们含有有利于细胞吸附或维持不同功能的物质（如特定的蛋白质）。天然可降解材料制备的神经导管可在合理的时间段内降解，且组织排斥性小。另外，天然可降解材料还有其他的优点，诸如通过对高聚物表面的物理化学改性而黏附雪旺细胞和生物活性分子，并在降解过程中释放。人工合成天然可降解高聚物具有多样的化学和工程学上的优点，使得其具有可控的生物亲和性、降解性能、多孔性和机械性能，为神经导管提供了更多材料上的选择。但是天然材料重现性差、不能大批量生产，同时存在异种移植可能会带来不可预计的异种生物携带的病毒基因等问题，限制了这类材料的应用。目前，大量的研究致力于应用天然细胞外基质（细胞外基质）和黏多糖修饰成合适的神经再生支架，天然可降解的聚合物有胶原、明胶、壳聚糖等。

a. 胶原

组织工程用胶原主要从动物骨骼、肌腱组织提取制作而成，具有无抗原性、生物相容性良好、可参与组织愈合过程等特点，被广泛应用于促进伤口愈合、止血及骨移植替代材料、组织再生引导或诱导材料等方面。其规则的螺旋结构是胶原免疫原性温和的结构基础。胶原本身所包含的细胞黏附信号肽序列（RGD）可以引导细胞对支架材料的特定识别，有助于保持许多细胞的表型及活性。胶原支架在体内通过连续酶解作用而逐渐降解，可通过控制支架的密度及交联其他分子（酰基叠氮或聚环氧化物交联）来调节支架的降解率及降解速度。另外，低温等离子改性和用精氨酸-甘氨酸-天冬氨酸（RGD）接枝改性可进一步提高其促进细胞黏附和增殖的能力。胶原对细胞的增殖、分化、迁移起着重要的作用，是制备神经导管的材料之一。但是胶原单独作为组织工程支架材料，强度上不尽如人意，且降解速度比较快，而壳聚糖膜带大量正电荷，对细胞黏附性过强不利于细胞的增殖。将胶原与壳聚糖复合制作的支架材料，既可使壳聚糖的吸附能力有一定程度的下降，更有利于细胞的增殖、迁移和分化，又可通过胶原和壳聚糖的交联作用调节支架的降解速度。

神经干细胞是一种潜在的、有效的神经系统组织工程的种子细胞。Murakami 等（2003）使用包埋在胶原中的神经前体细胞来修复大鼠 15 mm 坐骨神经的缺损并获得成功，证明胶原不仅与神经干细胞有良好的生物相容性，还可促进神经干细胞的生长和分化。提示神经干细胞在胶原中培养仍具有增殖和分化能力，当被移植到缺损的外周神经当中时，部分神经干细胞可以分化为支持细胞，促进轴突的再生。为改善胶原性能，胶原常与其他的生物材料结合构成组织工程支架。例如，王树森等（2004）在硫酸肝素复合胶原蛋白的研究中，成功制备了组成成分和内部空间结构均仿生神经的新型支架材料，材料具有纵行的、平行排列的微管结构，高度仿生神经的内部空间三维结构，其微管直径为 180 μm，孔隙率可达 91%。将雪旺细胞种植于此支架材料并移植于大鼠坐骨神经，雪旺细胞在支架材料微管内呈线性平行排列，类似于神经基底膜与雪旺细胞形成的 Bunger 带。这种在组分和内部空间结构上高度仿生神经的新型神经组织工程支架材料极具应用优势。

b. 壳聚糖及其衍生物

壳聚糖是甲壳素脱乙酰化生成的产物，甲壳素广泛存在于节足动物的甲壳和细胞壁中。壳聚糖是天然多糖中唯一大量存在的碱性氨基多糖，利用其带电性能可以调节和控制产品的物理性质和化学性质，并可对其进行羟甲基化、酰基化、烷基化等分子修饰。壳聚糖及其衍生物特殊的结构特征不仅决定其具有良好的物理、化学、机械性能，还具有很好的生物相容性、可降解性、免疫抗原性小、无毒性等特殊的生物医学特征。壳聚糖具有亲水性，可以吸水膨胀而构建成多孔的人工细胞外基质结构，作为细胞的三维生长支架，维持种子细胞的新陈代谢和生长表型。还可与细胞外黏附分子，如层粘连蛋白、纤维连接蛋白和 IV 型胶原结合，以促进细胞黏附、迁移和分化，因而在构建神经支架方面应用广泛。

壳聚糖除满足医用植入材料一般的生物相容性（如无致敏性、不溶血、无遗传毒性和无致癌性等）以外，更重要的是对神经组织无不良影响，降解产物无毒、不聚积，无免疫原性，能抑制成纤维细胞的生长，防止瘢痕形成。另外，壳聚糖还具有易加工性，壳聚糖导管可制作成合适的孔径及孔隙率，有利于导管内外营养物质的进出。因此，壳聚糖适合作为周围神经组织工程的支架材料。

将壳聚糖植入大鼠坐骨神经神经束之间，7 周后可观察到材料周围有纤维假膜形成，没有充血、水肿和大量炎症细胞浸润等无菌性炎症反应，没有组织坏死、神经纤维变性或脱髓鞘变化，壳聚糖不被外周神经排斥。雪旺细胞在壳聚糖材料上呈现球状和长橄榄状两种生长形态。长橄榄状的雪旺细胞环绕着壳聚糖纤维生长，容易在壳聚糖构成的立体框架上迁移（Yuan et al.，2004）。胎鼠大脑皮层神经细胞可在壳聚糖膜上吸附，铺展变形，进一步生长。而壳聚糖表面涂敷多聚赖氨酸和壳聚糖与多聚赖氨酸的混合材料，都能构成比壳聚糖更好的促进神经细胞生长的生物材料。

壳聚糖与其他生物材料结合构建神经支架的研究也很受关注。Yamaguchi 等（2003）将磷灰石和壳聚糖结合制成复合物以便提高壳聚糖的强度，并将此复合物应用于大鼠坐骨神经损伤修复实验，表现出良好的生物相容性并有神经组织的再生。国内学者使用壳聚糖和聚乙醇酸纤维（一种有利于物质交换和血管生长的可降解材料）作为复合型桥接物来修复狗坐骨神经 30 mm 缺损获得成功。这种材料制成的多孔套管，其管腔内结构有利于雪旺细胞和神经突起有序地导向生长（顾晓松等，2002）。根据中国康复研究中心的研究，鼠脊髓神经细胞及其纤维能直接黏附在部分脱乙酰化的壳聚糖膜上生长。神经纤维沿着膜的皱褶弯曲地延伸，反复穿梭于膜的两面，这种特异现象在其他材料中尚未发现，表明壳聚糖是一种神经细胞亲和性优异的材料。

c. 明胶神经导管

明胶是通过对胶原蛋白热变性处理或者是物理化学降解处理而得到的产物，但是，它相对于胶原蛋白更容易从原溶液中提取，因此也更加廉价。与胶原蛋白相似，明胶也是一种生物相容性、可塑性和生物黏附性很好的生物可降解天然材料，其机械性能和化学性能可以通过适度的交联得到改善。此外，在明胶分子链骨架上存在的羧基，可以使其与神经细胞分子上的氨基相互作用，改善与神经细胞间的黏附性。Chen 等（2005）研究采用 genipin 交联的明胶导管修复 10 mm 的大鼠神经缺损，虽然有轻微的组织排斥反应，但是 8 周后的结果显示，所有实验组均能引导神经穿过导管。Chang 等（2007）的研究中，采用经 1-(3-二甲氨基丙基)-3-乙基碳二亚胺盐酸盐（EDC）和 *N*-羟基琥珀酰亚胺（NHS）交联的明胶导管，其在表观上具有平滑的外壁和内腔，小鼠背部皮下包埋实验证明交联后的导管仅有微小的组织排异反应。桥接小鼠 10 mm 的坐骨神经，在 4 周的时候就发现受损神经穿越导管并完全结合。同时，导管在小鼠体内缓慢降解，与神经生长周期基本吻合。

2. 人工合成材料支架

在组织工程的应用中，天然材料存在许多不足之处。比如，胶原蛋白会在产品的各个批次之间存有差异，诸如分子质量和分子质量分布的差异等。因此，组织工程中需要一些降解时间可控的材料，这就需要通过不同的合成途径和方法合成一些具有特殊物理性质和特殊降解时间的大分子聚合物。随着材料科学在生物医学领域的发展，人们尝试用人工合成材料制成神经导管，将其作为神经再生的临时通道，以促进神经生长。人工材料按化学性质分为不可生物降解和可生物降解两种。不可降解材料往往存在毒性、可导致异物反应、阻碍神经生长或压迫再生组织等缺点，常需二次手术取出，而可降解材料则能克服上述缺点。目前常用的可降解聚合物主要有聚乙醇酸、多聚左旋乳酸、聚羟基丁酸盐及其共聚物，其中聚乳酸-羟基乙酸共聚物（PLGA）导管在移植雪旺细胞后具有良好的促进、引导神经再生的作用。

（1）不可吸收的人工合成材料支架

使用人工合成材料制备导管具有加工方便、可准确控制规格、性质重复性好的优点，是目前人们研究的方向。在生物不可降解合成材料中，使用硅导管作为神经导管的研究最多，它是最早也是最多使用的一种神经支架。它具有生物惰性和一定的机械强度，植入人体内异物反应很小，便于在神经导管内取样，并改变和研究再生过程中的神经营养物质，所以在早期实验中应用广泛。从 1980 年开始用硅胶管作为神经支架，到目前为止，硅胶管已被证实能有效引导神经再生并已经应用于临床。硅胶作为高分子合成材料，硅胶管又具有良好的管壁弹性，不会出现管壁塌陷。管壁透明，便于通过管壁观察再生的神经，便于操作，便于消毒，具有良好的塑形性，可制成任何所需的形状。有人用硅胶管桥接神经，并将一小动脉通过硅胶管的纵向缺口植入桥接管，神经再生较好。但是硅胶管是非通透性管，不能与外界进行物质交换。另外，虽然它能短时间内显示出神经感觉、运动良好的恢复效果，但它不能被人体吸收，硅胶材料的非降解性，在应用过程中可能发生毒性和异物反应，阻碍神经生长，压迫再生组织，影响神经功能，妨碍营养物质进入和代谢产物的排出等问题，必要时需要二次手术取出。

Kosaka（1990）用硅胶管桥接小鼠坐骨神经神经缺损，将邻近的小动脉置入硅胶管内，结果显示神经再生良好，再生神经内有新血管生成且再生程度高。Lundborg 等（1997）在硅胶管内放置数条细线，引导轴突再生，获得成功。进一步用于临床修复 3 mm尺神经缺损，术后 3 年，感觉运动恢复良好。但由于硅胶在体内不能降解，管内的再生神经长期会出现并发症，如慢性神经卡压、神经纤维化等，并且需二次手术取出导管，有很大弊病，故仅用于早期神经再生的实验中。

（2）可吸收的人工合成材料支架

近年来，随着高分子材料学的发展，发现了许多具有良好生物相容性的高分子合成材料，这些材料易于制成不同需求的形状和长度，同时本身还对神经再生有诱导作用。这些合成材料已越来越为人们所认识，应用于构筑神经组织工程支架中。合成可降解和吸收的生物医用材料具有非常好的生物相容性和安全性，其降解产物通常是机体内存在的小分子物质，无任何毒副作用。与天然材料相比，这类材料有丰富的原料来源，且可对其结构、性能等进行任意的修饰和调整。这些神经支架在体内可降解吸收，并具有半渗透性，避免了支架导管对再生神经的慢性卡压，不需二次手术取出，同时半渗透性有利于神经再生过程中营养物质的摄取和代谢产物的排出，为再生微环境提供营养，同时不会引起机体的炎性反应和免疫反应。第一种用于修复神经缺损的可降解聚合物是聚乳糖胶（Vicryl mesh，10∶90 的聚乳糖乙醇酸）。目前主要应用的是聚乳酸、聚羟基乙酸及其共聚物。许多研究表明，细胞可以复合可吸收的合成支架材料形成组织，可是合成材料无论在体内还是在体外均产生酸性的降解产物，对于组织再生而言不是理想的微环境。例如，PLA 在降解过程中释放乳酸，降低了 pH，而 pH 的降低可加速材料的自身催化降解，结果在材料周围将形成一个强酸环境，严重影响了细胞的功能。在适合移植之前，细胞要与材料共培养数周，而这期间 pH 的微小变化都将严重影响细胞的存活、迁移和分化。同时，材料的降解碎片影响了组织再生，并引发炎症反应。现有合成材料的表面也不具备适合细胞黏附的化学界面。依据大分子主链结构特征的不同可分为：聚酯类、聚酸酐类、聚酰胺类、聚原酸酯类、聚氰基丙烯酸酯类等。以下主要介绍聚乳酸（polylactides，PLA）和聚羟基乙酸（polyglycolides，PGA）类合成材料。

PLA 和 PGA 是结构最简单、最典型的可降解线性聚羟基脂肪酸酯，其降解产物分别为乳酸和羟基乙酸，两者均是参与体内三羧酸循环的中间代谢产物，具有极高的生物相容性和生物安全性，它们的临床应用已获得美国 FDA 批准。早在 1966 年，Kulkarni 等就在大鼠身上证实了 PLA 是无毒性、无强烈组织反应的生物材料。现在临床上常用的 Vicryl 可吸收缝合线就是用 PLA-PGA 合成的。大量实验结果验证了 PLA、PGA 及聚乳酸羟基乙酸（PLGA）具有良好的生物相容性。尽管 PLA、PGA 是应用最广泛的组织工程材料，但仍存在一些问题：材料亲水性差、细胞吸附力弱、体内降解产物为酸性、可能引起无菌性炎症反应、降解速度过快、缺乏细胞识别信号等。采用多种改性技术可能可以满足周围神经组织工程对支架材料的要求。

a. 聚乳酸

聚乳酸（polylactides，PLA）作为神经支架具有良好的生物相容性，材料缓慢降解，降解产物不聚积，管壁便于吸附和释放生物活性物质，有利于髓鞘和轴突的生长。PLA 是一种重要的生物可降解的聚合物，以其优良的生物相容性和生物可吸收性而广泛应用于药物控制释放系统、骨科固定及组织工程支架材料，并可代替胶原用于外科手术缝合线。PLA 的最大优点是它在诸如体液的水性环境中能靠酯键的简单水解而进行降解，而且降解的最终产物能够为人体新陈代谢生成二氧化碳和水而排出体外。

Maquet 等（2000）构建 PLA 立体支架，并在支架上培养了背根神经节细胞（DRG），此支架有利于 DRG 神经元轴突的生长。通过使用涂附聚乙烯醇（PVA）的 PLA 泡沫支架可以大大提高支架的可湿度，支持细胞生长。该支架在体内表现出支持 DRG 生长和促神经发生的作用。把这种具有很高程度导向性孔隙的支架材料应用于大鼠周围神经损伤修复中，可见它能与周围组织很好融合，并对神经的解剖结构的连续性进行修复。在移植物远端可见大量细胞迁移，这种密集的细胞微环境有利于轴突的生长。PLA 还可用于构建一种具有纵行排列管径的三维立体神经组织支架，在其上涂附纤维粘连蛋白（Fn）后，扫描电镜显示支架材料为白色、泡沫状、具有管状定向排列的立体结构，直径为 60～100 μm。将雪旺细胞种植到该支架上，可见细胞向材料深处生长（王敏等，2004）。

由于 PLA 的细胞亲和性较差，改善 PLA 细胞亲和性是组织工程的一项重要工序。体外培养的细胞通过细胞表面“整合素受体”特异性识别各种细胞外基质并通过它贴附在材料表面，所以将具有生物活性的键合体固定在聚合物表面是提高生物材料对细胞黏附的有效手段之一。为改进材料的细胞亲和性，常采用化学改性法、等离子体法、表面修饰法、杂化改性法等方法，如将多肽、多糖、维生素固定在材料表面。由精氨酸-甘氨酸-天冬氨酸构成的三肽段是目前研究最为广泛的促细胞黏附多肽。有学者提出 PLA 无纺纤维布与细胞外基质复合是良好的携带雪旺细胞的多孔生物降解材料。

b. 聚羟基乙酸

聚羟基乙酸（polyglycolides，PGA）是组织工程研究中被广泛应用的一种生物可吸收合成材料。自 1988 年首先利用组织工程技术在 PGA 上形成组织工程化透明软骨以来，该材料已被应用于骨、弹性软骨、肌腱，并证实其对多种细胞具有支持吸附作用。PGA 在体内降解的产物为羟基乙酸，易于参加体内代谢，聚合物中的酯键易于水解，属于非酶性水解。PGA 与 PLA 已被美国 FDA 批准，在临床上得到广泛的应用。聚乙醇酸可用三氧化锑为催化剂由羟基乙酸缩聚来制备，但所得 PGA 分子质量很低，性能不符合要求。获得高分子质量 PGA 的方法是将羟基乙酸环化成乙交酯，再以锑、锌、铅或锡化合物为催化剂，使乙交酯进行开环聚合。反应过程中加入适量的乙醇，可以控制聚合物分子质量并加快聚合反应速率。

组织工程技术是近年来建立的一项具有广阔发展前景的方法和策略。由于移植细胞来源有限，因此，移植后能成活的细胞数量和活力成为细胞移植治疗的关键。传统方法移植的细胞团块中央的细胞常常发生蜕化和空泡变形。而在 PGA 上生长的细胞由于具有良好的空间排列结构，因而呈现良好的活力和增殖能力。用组织工程方法培养制备组织器官移植物，则可最大限度地提高细胞的利用度。因在组织工程化细胞支架复合移植物中，细胞之间存在一定的空隙，有利于细胞与外界之间的物质交换。同时，细胞生长在一个立体的环境中，单位体积内细胞密度较高，细胞之间的距离较小，有利于细胞之间的信号传递，细胞分泌的各种生物活性蛋白可更好地发挥作用，故细胞具有良好的活力和增殖能力。同时，PGA 在体内能被吸收。

Kiyotani 等（1996）用胶原包埋 PGA 网作神经导管材料，将猫的左坐骨神经导管切断 25 mm，再用导管把它连接起来、固定，在植入 4～16 个月后，组织学检验发现切口处已长好了血管化的神经组织，5 个月后，电子显微镜观察到有髓鞘及无髓鞘的轴突和雪旺细胞的再生。戴传昌等（2000）采用将培养的高密度雪旺细胞分次滴注在 PGA 纤维表面的方法，使雪旺细胞吸附在材料表面。他们发现雪旺细胞不仅能贴附在 PGA 材料表面，而且能分裂迁移形成细胞链，同时分泌层粘连蛋白等细胞基质。由于细胞外基质含层粘连蛋白（laminin）、纤维粘连蛋白（fibronectin），胶原 IV（coollagen IV）等，是雪旺细胞的良好培养基，并可引导神经轴突成长，因此，将细胞外基质涂层于乙丙交酯（Polyglactin，商品名 Vicryl）生物纤维上，或与雪旺细胞混合后与多孔 PLA 纤维浸润，提高了细胞与生物材料的黏附率，增加了材料携带细胞的数量，并有利于细胞种植后的存活和在生物材料上的定向三维生长。但是，上述的方法采用了高密度的雪旺细胞种植，仍不能保证雪旺细胞均匀地贴附于生物纤维的整个表面，三维生物支架携带雪旺细胞的有效率较低。利用转壁式生物反应器所产生的模拟微重力，使细胞在旋转过程中均匀地分布于在经过 Laminin 涂层的 PGA 材料的表面。实验表明，应用低密度（10^3 个/ml）的雪旺细胞，即能使雪旺细胞均匀贴附在生物支架表面（沈尊理，2000）。因此，这一实验为雪旺细胞的种植提供了新的思路。

尽管PGA具有良好的生物相容性，作为软骨组织工程支架材料能很好诱导，促进软骨细胞的黏附、增殖和分化，形成软骨组织，但是PGA降解较快，易出现崩解，使PGA支架整体塌陷。而且由于PGA降解过快，降解形成的产物单体羟基酸在局部积聚，会造成局部pH下降，使细胞中毒甚至死亡（黎志明等，2001）。因此，更多时候使用一定比例的PGA与PLA共混或羟基乙酸与乳酸的单体共聚形成均匀的羟基乙酸-乳酸单体的聚合物，可以形成互补，克服PGA的降解快的缺点。

c. 复合型神经支架

PLGA、明胶和壳聚糖具有极高的生物相容性和安全性，物理和化学性能稳定，在组织工程中有非常好的应用前景。雪旺细胞和神经干细胞在PLGA支架表面生长良好、粘连紧密、无细胞凋亡现象，但神经干细胞不能在PLGA膜表面贴附和生长，而在壳聚糖和明胶膜表面贴附和分化良好，壳聚糖较有利于神经干细胞贴附，明胶较利于神经干细胞分化。PLGA、壳聚糖和明胶都不宜独立作为生物支架材料与神经干细胞共同构建中枢神经工程化组织。

随着神经组织工程领域研究的不断发展，许多学者逐渐达成共识：单一的神经导管有许多不足之处，缺乏临床应用前景。理想的神经支架应具有以下几个条件：①良好的生物相容性，接触引导神经再生；②良好的血运；③内含各种神经再生所需要素，以提供轴突生长基质的物质；④保护再生轴突，免受瘢痕侵扰。这样出现了集神经营养性、趋化性、接触引导为一体的复合型神经支架。于是一些学者在前人研究的基础上想到其他一些方法。例如，向神经导管内注入NGF和一些基质以利于NGF存活和持续释放，使神经再生效果更加理想。用可在体内逐渐生物降解的材料为载体，包埋NGF，植入神经支架内部，随着载体的不断吸收，NGF可连续释放，形成一种缓释系统，使NGF长时间发挥作用，促进再生神经延伸得更长。除此，研究者们认识到：在组织工程人工神经内由于缺乏内部支架支撑，雪旺细胞无法达到有序地排列，发挥不了最佳作用。因此，许多学者把目光放在神经内部支架的构筑上。国内戴传昌等（2000）将培养的高密度雪旺细胞接种在PGA纤维表面，作为内部支架，研究发现，模拟天然周围神经结构所具有的三维结构，把雪旺细胞有序地种植在三维结构支架上，可形成类似Bungner带结构，这种结构不但为大量的雪旺细胞黏附和迁移提供支架，而且其纵行排列结构对再生轴突有接触引导和促进生长的作用。Terada等（1997）分别用浸有层粘连蛋白的胶原海绵和胶原纤维作为PGA神经导管的内部支架，修复犬80 mm腓肠神经，术后12个月评估，海绵组在形态及电生理检查均优于纤维组。得出结论，作为内部支架材料胶原海绵优于胶原纤维。这种新的复合型神经支架有加强长段周围神经再生的功能，更适于临床。

3. 人工神经支架发展趋势及展望

可生物降解材料支架和神经导管内整合生长因子是组织工程化人工神经中的一个重要课题。一些生长因子，如神经胶质生长因子（glial growth factor，GGF），既可诱导雪旺细胞分裂增殖，又可支持和促进神经再生。如能使这些生长因子在神经导管内逐步释放，可望对种植的雪旺细胞增殖和神经再生发挥重要作用。但是，目前还缺乏有效的手段检测种植的神经营养因子的释放过程，对生物材料与神经营养因子的整合技术尚待研究。

尽管目前PGA、PLA、Vicryl等生物纤维在体内具有良好的生物相容性，不引起明显的局部炎症反应，但是，若通过材料表面化学修饰的方法，可促进种植的雪旺细胞在生物材料表面的生长、繁殖，并中和生物材料在降解过程中释放的酸性代谢物，使之对雪旺细胞的不良影响降低到最低限度。此外，雪旺细胞在生物纤维上的长期存活和功能表达尚待研究。

神经导管内的血管的长入，可为种植的雪旺细胞和再生神经提供充足的营养，从而加快神经再生，延长神经的再生距离。管内植入血管或加入血管内皮细胞生长因子，可望促进神经导管的血管化。对于神经导管的最佳孔隙率，神经导管的厚度、口径，神经导管降解速度与神经再生同步，生物材料的标准化等问题尚需作进一步的研究。

组织工程化神经支架的研究已经开始起步，不难看出，复合型组织工程神经支架在修复长段神经缺损中显示出了优越性。寻找最合适的神经支架——既避免天然材料的快速降解性，又避免合成材料降解产物的不利因素，再把有生物活性的神经生长因子（NGF）及碱性成纤维生长因子（bFGF）整合到神经支架上，形成一种可控的缓释系统，这样的复合型神经支架的研究还未见报道。有理由相信，随着科学的突飞猛进，各学科联合攻关，用于临床实际的神经支架很快能研制出来。

（五）神经组织支架制备

人们对神经导管的研究有很多，使用的材料和导管的制作方法也是各种各样。目前常见的神经导管制作方法有以下几种。

1. 溶液和控制溶剂蒸发

如要制作聚乳酸导管，则将聚乳酸溶于二氯甲烷中，再加入一定粒径的NaCl颗粒，制成了聚乳酸管，将二氯甲烷经一定温度蒸发后，再在水中浸泡去盐、真空干燥即得到多孔的导管。这种方法在目前被广泛采用，优点是这种方法可以得到理想的双层结构的管壁，外层为大孔结构，可以提供强度，使毛细血管和纤维组织容易长入，从而提供营养的作用；内层为小孔结构，可以起到防止结缔组织长入的屏障作用。

2. 采用在磨具上浇制

在无菌条件下将水溶性壳聚糖以不同的速率在钢模上浇制而成有孔或无孔半透明导管，再取肠衣制成的有孔医用生物膜，在灭菌条件下粘合在上述导管的外膜，制成具有不同通透性的复合导管。

3. 用纺丝器纺丝

有人用干-湿相转化纺丝法，将分子质量为730 kDa（1 Da＝0.992 U）的消旋聚乳酸（PLA）溶剂、添加剂置入挤出器中溶解，除泡后用纺丝器制成外径为 2.3 mm、内径为 1.9 mm、壁厚为 0.4 mm 的管道，再经洗涤，去除添加剂，制成有孔的中空管。

4. 纤维网

纤维网可以是由纤维构成的无纺布或者是由纤维编织成的孔径可变更的三维骨架。聚乙醇酸（PGA）是第一个用作手术缝合线的生物可降解合成高分子材料。这种骨架的优点是表面积大，有利于细胞黏附和养分的扩散，因此有利于细胞存活和生长。缺点是骨架结构稳定性不好，但可以改进。据国内外的资料表明，这种管状织物的制作方法还有梭织和针织的结构。梭织结构的导管纵横向的弹性和延伸性都不太好，如果植入体内运动幅度较大的部位时就不能满足该部位对导管拉伸性能的要求，而且用梭织结构制作小孔径的导管并不方便。针织结构的导管应用相对比较广，如人造血管等形状比较复杂的结构，用针织结构比较容易实现，目前工艺也比较成熟，但是对于内径为 2～4 mm 的比较小的导管用针织机很难编织，而且针织物的表面不是很平整。

5. 编织型神经再生导管

编织是一组纱线沿 0°方向延伸，而且所有纱线都偏移一个适当的角度，然后交织在一起形成织物的过程。编织是一门古老的纺织技术，最早的编织工艺是手工编织。编织机的使用时间不是很长，20 世纪 60 年代以前纤维编织技术不成熟，编织设备还没有得到重视。进入 60 年代后，人们意识到编织结构的产品具有很好的强度，表面很光滑，而且编织机操作方便。因此，研究开发编织结构织物日益引起人们的重视。70 年代以来，编织机得到了较快的发展，到 80 年代，编织技术由二维编织到三维编织，形成了一种高新的纺织技术。截至目前，编织机已经发展得非常成熟，产品结构变化很多。欧洲的意大利和德国在编织技术上处于领先地位。目前最具有代表性的是美国人 Rober Flerntime 发明的 Magna 编织机，它是一种二维编织机，其他编织机都是由它发展而来的，并已实现了自动编织技术。编织方法的一大优点是可以编织各种结构，可以进行仿形编织，根据织物的形状和尺寸，直接编织成与物体相近的各种管道，这是其他工艺难以做到的。人体内的导管形状粗细不同、形状各异，但使用编织机来仿制这些导管的形状非常容易。

四、血管组织工程支架材料

（一）血管组织工程支架

21 世纪初，全球约 1 700 万人死于心脑血管疾病，预计到 2020 年死亡人数将达 2 500 万人。随着心血管疾病发病率的上升及机械外伤的频发，临床急需各种直径的血管替代物修复损伤血管。现在国内外采用最多的为同种带瓣血管，无论是其物理特性还是生物相容性均优于高分子材料。但同种带瓣血管来源有限，远不能满足先天性心脏病患者手术需要。同种血管经冷冻保存，虽去除了大部分抗原物质，但移植入体内后，仍会产生一定的排异反应，移植 5～10 年后钙化、失去功能比例较高。而且，经冷冻保存的同种带瓣血管并无生长潜能，即便有小规格的同种血管适用于小婴儿手术，但年龄增长到一定时间仍需再次手术置换。异种血管来源方便，但因其移植后会产生强烈的排异反应，至今未能在临床上应用。自身血管临床上应用较多，但由于供体来源和强度、直径及长度的限制，仍不能达到满意的效果。随着生命科学和工程技术的学科交叉，利用组织工程的方法，构建具有组织相容性好、具有生长潜能、不易钙化和血栓形成、不易感染的组织工程血管的研究近年来获得了很大的进展，为先天性心脏病外科血管移植物开辟了一条新的来源。人工血管虽来源丰富，但与天然血管顺应性不匹配，植入后易形成血栓、导致内膜增生，远期通畅率低，尤其不适合小直径血管移植。

血管组织工程为解决血管移植物来源问题提供了有效途径，是近年来的研究热点。在组织工程血管构建中血管组织支架是活细胞在体外生长所需的支持物，是种子细胞黏着、生长、进行新陈代谢的三维空间。其基本原理是将正常血管内皮细胞与生物可降解支架材料复合培养，形成具有特定形态和功能的血管组织，修复病变及创伤血管，重建血管功能。因此，在组织工程血管制备中应用具有良好的生物相容性及可塑性，来源广泛、有一定的抗张强度和无免疫原性的支架材料显得极为重要。根据目前血管构架的来源和性能，可分为天然生物材料和人工合成材料两种。2002 年，日本研究人员首次报道用组织工程方法构建血管移植物，他们采用聚己内酯（polycaprolacton，PCL）、PLA 和 PGA 制备多孔网状支架，种植自体骨髓细胞后植入人体内，临床随访结果显示，植入体内 32 个月后血管移植物仍保持通畅。

支架是血管组织工程临床应用前需解决的问题之一，满意的支架材料应尽可能模拟天然血管细胞外基质三维网架结构及生理功能，需具有良好的生物相容性（包括抗凝血、抗炎、非免疫原性、允许细胞黏附和生长等生物学性能），可模拟天然血管弹性和顺应性，易于加工成形，并具有缝合性和灭菌性等特点。

（二）血管组织工程支架的性能要求

在血管组织工程的研究中，支架起中心作用。支架的使用目的是为了取代受损血管，确保植入人体后达到良好的医疗效果。其性能的好坏与植入后是否在体内发挥正常的作用有着非常密切的联系。理想的人工血管应具备以下几个方面。

1. 良好的生物相容性

生物相容性是指生物材料与有机体组织和血液之间的适应性，主要包括两个方面：组织相容性和血液相容性。组织相容性要求人工血管植入体内后与组织、细胞接触无任何不良反应，无任何毒性，性能稳定。良好的血液相容性是当血液与异物表面接触时不发生溶血或凝血而形成血栓网，不易产生血栓。不易发生免疫排斥反应。具有生物学特性，如对药物刺激有舒缩反应。

2. 较好的生物力学性能

人工血管必须具有与宿主健康血管相近的动力学性能，主要指强度（包括拉伸强度、压缩强度、固位强度等)、硬挺度、弹性、弯曲性能和形变响应性等。具有血管的力学特性，即有黏弹性并能承受一定的压力。

3. 具有合适的几何特征

几何特征由人工血管的壁厚和松弛内径描述。适当的管壁能够承受来自机体和血液的压力。为了减少血流因流过截面的变化而引起的能量损失并减少涡流的产生，其内径的大小必须与宿主血管内径相接近。具有或模拟体内血管壁的三层结构——外膜、中膜和内膜。

4. 具有适当的通透性

人工血管管壁的通透性（通透性主要作用是进行血管内外体液及物质交换）对于内膜的持续存在起重要的作用，如果血管管壁没有通透性，血管的内外组织被屏蔽，内膜营养只能通过血流来供应。而且，内膜不固定，很容易脱落，一旦脱落，反复形成的血栓层就使内皮层增厚，从而引起血管堵塞。

5. 材料对消毒、灭菌法应具有广泛的适应性和易加工性能

灭菌处理的目的是必须大量减少或完全去除人工血管上所带有的微生物，以免患者遭受致病微生物的感染，这样会直接影响人工血管的生物相容性。

（三）血管组织工程支架的设计及制备

1. 血管组织工程支架

血管支架材料类似于神经支架材料，血管支架材料结构上也分为双层，但内层不同于神经支架材料的是其为与血液相容性好的生物活性材料。该类材料不仅要具有生物活性，同时还要具有抗凝血和抗溶血作用。这类材料一般为经过表面修饰的降解材料，外层材料必须为保证内层材料细胞生长提供一定的支撑强度、抗拉强度和韧性。

目前，临床上已应用的血管移植物包括自体血管、异体血管和人工合成材料血管。自体血管通常采用乳内动脉和隐静脉，但由于自体血管来源有限，供区牺牲较大，自体静脉在高压力下易形成血栓、内膜增生、动脉硬化等，限制了其应用。异体血管包括异种血管和同种异体血管，异种血管和新鲜的异体血管因为排斥反应、内皮细胞脱落、与白细胞反应及血管活性的丧失等原因已不在外科中应用。几十年的临床应用表明，人工合成材料血管涤纶 Dacron 和膨化聚四氟乙烯 ePTEF，对高流量、低阻力的血管替代效果较好，但因其在小血管的替代中易于形成血栓，滋生细菌，所以不适宜小口径血管的替代。而利用组织工程学方法构建良好血管替代物的血管组织工程学，因近来干细胞研究的重大进展与材料及塑型科学的不断深入而成为研究热点，并使提供一种完美的人造血管成为可能。

最早的外层材料一般为尼龙、聚酯等无纺布或无纺网等。20 世纪 50 年代问世的 Dacron 是最早应用的人工血管，由于它对凝血系统有激活作用而只能对大口径血管有较短的替代作用。以后又开发利用四氟乙烯（PTFE）、聚氨基甲酸乙酯（poroussegmented polyurethane）、膨体聚四氟乙烯（e-PTFE）等，并通过多种方法改变材料的物理性状、表面特点，以达到血管植入的要求。目前，该类材料应用较多的为胶原或明胶蛋白包埋的或表面处理的可降解材料的无纺网，如聚乳酸、聚羟基酸和多肽等的无纺布或无纺网等。

2. 血管支架的制备技术

（1）浇铸-浸渍法

浇铸-浸渍法是将聚合物溶于合适溶剂中，浇铸至一个圆柱模具或将圆棒模具浸入该聚合物溶液中，除去溶剂，留下管形支架。该法的优点是制备简便，主要缺点是支架可能残留有毒溶剂，且不易控制孔径大小和分布。目前常采用冷冻干燥制备具有相互贯通的多孔结构支架，通过降低冷冻温度及提高冷冻速度可以得到孔径较小的支架。将模具浇铸成形、与冷冻干燥技术相结合，可以制备多种管状可降解支架模型。

（2）细胞自组装法

细胞自组装技术是由 Auger 及其研究小组研制成功的（L'Heureux et al.，1998）。其独特之处在于由血管细胞直接参与，将成熟细胞片层围绕一轴芯卷起，卷制的管状体体外培养数周后可形成分层管形构建物。细胞自组装构建的血管完全由细胞分泌的蛋白质组成，避免了免疫不匹配的问题，与浇铸-浸渍法制备聚合物支架相比，管壁中无残留聚合物。但该技术对制备条件要求高，必须在无菌条件下操作，构建的血管支架在植入后是否具备合适弹性和顺应性尚不明确，且细胞培养周期长是其较大限制。

（3）纺丝法

a. 静电纺丝法

静电纺丝是通过聚合物溶液或熔体在强电场作用下形成喷射流，喷射流凝固后形成纳米纤维，以无纺布状排列于收集板上。迄今有数十种合成高分子材料及甲壳素、纤维素、蚕丝等天然聚合物成功电纺。该技术不仅可模仿细胞外基质纳米纤维网架结构，制备直径 500 nm 以内的纤维，而且制备的纳米纤维具有高孔隙率和比表面积，有利于细胞黏附、生长及增殖。与其他纳米纤维制备方法相比，静电纺丝能够制备小直径（<6 mm）的管状结构，并具有良好的机械性能。这些特点使静电纺丝技术在组织工程血管支架构建领域具有突出优势，为近年血管组织工程支架研究的热点。

为制备具有血管形态和机械性能的支架结构，Vaz 等（2005）通过静电纺丝法制备了 PLA/PCL 双层管状支架，它由外层刚性且取向一致的 PLA 纤维和内层柔韧但取向不一致的 PCL 纤维构成，通过分层纺丝和控制纤维取向得到具有分层组织的血管支架。Xu 等（2004）成功地应用静电纺丝技术制备了具有可控宏观形貌和微观结构的三维管状纤维材料。静电纺丝技术制备的支架具有合适的力学性能及有利于细胞黏附的表面，聚醚氨基甲酸乙酯脲纳米支架的破裂强度达（232.8±29.3）kPa，胶原蛋白-弹性蛋白-

PLGA 的破裂强度达 189.5 kPa（Stitzel et al.，2006），而且支架的顺应性与天然血管基本匹配。内皮细胞和平滑肌细胞种植在静电仿丝制备的聚（左旋乳酸-己内酯）（Conklin et al.，2000）和胶原-弹性蛋白-PLGA（Stitzel et al.，2006）血管支架上，体外培养后扫描电镜观察和组织学分析显示，细胞在纳米纤维表面黏附和增殖，细胞表型不变。静电纺丝技术制备的支架虽然能模拟体内细胞外基质的结构和功能，但支架表面孔径太小，种植的细胞很难向支架内部迁移。为提高细胞在支架上的生长密度，解决细胞迁移慢的难题，Stankus 等（2007）采用细胞微整合技术，即在电纺同时电喷平滑肌细胞，使种子细胞在支架制备的同时直接整合至纳米纤维支架内部。

b. 凝胶纺丝法

凝胶纺丝法可以制备微型管状支架。与静电纺丝法不同，不需电场力作用，该技术聚合物溶液是以水为溶剂，依靠注射器将溶液挤压出去，在水平可来回移动的转轴上沉积下来，通过不同的缠绕方式和处理方式（甲醇浸泡、空气干燥和冷冻干燥）来控制支架的孔径大小和分布。Lovett 等（2008）将丝素蛋白配成浓度为 6%～8%的水溶液，应用凝胶纺丝法制备内径为 2 mm 的微型管状支架；同时不同的处理方式对管状支架性能有很大影响，冷冻干燥处理后可得到更多孔隙。在体外将人管状动脉平滑肌细胞和人脐静脉内皮细胞种植在支架上，动态培养 4 d 后观察两种细胞均可在支架上黏附生长。凝胶纺丝法由于不需要电场力作用，因此在水溶液中可加入一些特殊物质（如细胞生长因子），且不会影响加入特殊物质的生物活性。

c. 支架材料的促内皮化修饰

人工血管由于无法在腔内表面形成完整内皮细胞层，易导致血栓形成，影响移植效果。研究表明，完整的内皮细胞单层除了可提供抗凝血界面，还可在调节血管松紧性、抑制平滑肌细胞增生、承受血液力学刺激等方面具有重要作用。材料表面的性质对血管内皮细胞黏附和生长有显著影响，如材料表面光滑度、微结构及表面的亲、疏水性和电荷等理化性质，以及材料表面的一些基团、氨基酸序列、生物活性物质等功能基团。为提高血管内皮细胞的覆盖率，学者将细胞外基质的某种组分涂附移植物表面。

Zhu 等（2002b）在氨基化 PCL 膜表面固定胶原等生物大分子时，发现血管内皮细胞的黏附和增殖率明显提高。用于材料修饰的细胞外基质还有纤维粘连蛋白、层粘连蛋白、蛋白聚糖等。经过细胞外基质表面修饰的支架材料，其血管内皮细胞覆盖率均明显提高，这是由于细胞能通过其表面特异性的受体整合素与细胞外基质上的特异性配体相互识别，实现跨膜信号传递，从而铺展、黏附于材料上。近年研究聚焦于支架材料表面共价结合黏附多肽。Quirk 等（2001）通过在 PLA 表面黏附聚左旋赖氨酸后，共价结合抗黏附多肽，并种植牛主动脉内皮细胞，与对照组相比，可促进细胞黏附和迁移。此外，精氨酸-谷氨酸-天冬氨酸-缬氨酸和酪氨酸-异亮氨酸-甘氨酸-丝氨酸-精氨酸也是研究较为广泛的黏附多肽。Hodde 等（2002）将人血管内皮细胞种植于经纤维粘连蛋白处理后的猪细胞外基质，观察结果表明，环精氨酸-甘氨酸-天冬氨酸和精氨酸-谷氨酸-天冬氨酸- 缬氨酸对人血管内皮细胞黏附至细胞外基质起关键作用。将生长因子（如 FGF、PEGF）整合到支架材料中，可以促进细胞黏附和生长，加速血管内皮细胞在材料表面的增殖（Walpoth et al.，2007）。

静电种植是另一个有效的内皮化方法。在支架材料腔内放置1根导电的空心杆，导线穿过空心杆，将其浸泡于含血管内皮细胞的介质中，通上电压，支架材料形成临时正极，吸引带负电的血管内皮细胞。动物实验表明将该技术制备的血管移植物植入犬1周后，血管内皮细胞仍黏附于移植物上（Bowlin et al.，2001）。这种方法在短期内效果明显，但移植物远期通畅率较低。

（四）血管组织支架材料

血管损伤、缺血性疾病及动脉瘤等疾病，都需要合适的血管移植物，全球每年大约超过60万人需要各种血管外科手术。目前，临床上已应用的血管移植物包括自体血管、异体血管和人工合成材料血管。自体血管通常采用乳内动脉和隐静脉，但由于自体血管来源有限，供区牺牲较大，自体静脉在高压力下易形成血栓、内膜增生、动脉硬化等，限制了其应用。异体血管包括异种血管和同种异体血管，异种血管和新鲜的异体血管因为排斥反应、内皮细胞脱落、与白细胞反应及血管活性的丧失等原因已不在外科中应用。几十年的临床应用表明，人工合成材料血管涤纶 Dacron 和膨化聚四氟乙烯 e-PTEF，对高流量、低阻力的血管替代效果较好，但因其在小血管的替代中易于形成血栓，滋生细菌，所以不适宜小口径血管的替代。而利用组织工程学方法构建良好血管替代物的血管组织工程学，因近来干细胞研究的重大进展与材料及塑型科学的不断深入而成为研究热点，并使得提供一种完美的人造血管成为可能。目前血管组织工程的支架材料，依据其来源及性质可分为生物机体材料和生物相容性材料。生物相容性材料包括天然材料和人工合成材料。

脱细胞血管组织基质是构建组织工程血管常用的生物支架材料。理论上讲，由生物材料作为基质可以完全整合到宿主器官中，并可提供一个长期稳定的环境。宿主通过组织的自我更新逐渐将移植物转化为主要由自身细胞构成的组织。细胞外基质是由复杂的蛋白多糖构成的，后者是大分子聚合物，其结构完整，含有功能基团，因而在维持正常的组织结构、发育和组织功能上起重要作用。这些结构性基质蛋白提供了一个脱细胞支架，使宿主细胞很容易黏附并生长。由于脱细胞血管组织基质除去了细胞的抗原性，极大地减少了移植物急性炎症反应和免疫排斥反应的发生。采用自身细胞经体外培养、扩增，并种植到异种脱细胞组织基质，是目前国内外一个相当活跃的研究课题。血管的完整分子结构和组织结构对其功能必不可少，尽管采用常规培养方法，体外种植到支架材料上的细胞可分泌细胞外基质，但仍难以形成真正意义上完整的组织结构，这一问题可采用动态培养系统来改善。早期的生物反应器（bioreactor）只是简单地泵出营养液，经改进的生物反应器可在体外细胞种植过程中对支架材料产生压力、剪切力和搏动性应力，这些技术的应用极大地提高了构建血管的力学性能。

1. 自体、异体或异种血管

（1）自体移植

自体动脉（如乳内动脉 IMA，末梢游离动脉）被认为是迄今为止最理想的替代物，无免疫原性，临床上应用较多。但因其来源非常有限、供区牺牲较大和强度的缺陷，而限制了它的临床应用，仍不能达到满意的效果。自体隐静脉移植是最早应用的血管移植物，Fogle 等（1987）报道 5 年通畅率为 70%～80%，肢体挽救率达 90%以上。小隐静脉及手部静脉移植效果稍差（40%～60%/5 年），但自体静脉存在着来源有限，远期因为长期处于搏动、压力相对较高的环境下，内膜纤维性增生而导致狭窄、闭塞及进行性动脉粥样硬化的发生。现在许多研究致力于采用药物治疗及基因改造来预防、减少晚期并发症的发生。

现在国内外采用最多的为同种带瓣血管，无论是其物理特性或是生物相容性均优于高分子材料。但同种带瓣血管来源有限，远不能满足先心病患者的手术需要。同种血管经冷冻保存，虽去除了大部分抗原物质，但移植入体内后，仍会产生一定的排异反应，移植 5～10 年后钙化、失去功能比例较高。此外，经冷冻保存的同种带瓣血管并无生长潜能，即便有小规格的同种血管适用于小婴儿手术，年龄增长到一定时间仍需再次手术置换。

（2）异体静脉移植（脱细胞基质）

还有一种特殊的来自同种异体尤其是异种的天然生物材料称为脱细胞生物材料，是构建组织工程常用的生物支架材料。支架几乎拥有同新鲜组织相同的机械性能，并拥有良好的细胞相容性，其表面适合内皮细胞和平滑肌细胞的生长。它是将生物体原型组织经过特殊处理（如交联法和去细胞法）脱去实质细胞，保留相对完整的细胞外骨架结构。它必须具备以下条件：① 一定的抗降解能力和耐久性；② 无或尽量小的抗原性；③ 能维持原组织的机械强度和塑型；④ 不易钙化。脱细胞基质材料是动物某些组织经化学处理后，除掉大部分细胞物质，但不损伤细胞外基质的天然结构，如 SIS、小肠胶原层、人脱细胞真皮、脱细胞血管基质腔等。脱细胞基质材料除了具有天然细胞外基质的成分和结构，其良好的力学性能使其成为血管支架的合适候选者。SIS 是小肠来源的无细胞 100 μm 厚胶原层，直径 5.5 mm SIS 的平均破裂强度是 467.8 kPa；小肠胶原层的破裂强度达 133 kPa，缝线保留强度是手术要求的 2 倍；脱细胞基质材料管腔拥有与血管组织相似的机械性能。

Walles 等（2003）认为，脱细胞血管支架的再细胞化与支架的大小、来源与弹性蛋白的组成相关，他们将羊颈静脉（JV）、颈动脉（CA）与主动脉（AO）分别制成脱细胞支架，移植到鼠颈部皮下，进行 3 组的对比研究；免疫组化显示，最初 2 周，3 种支架内均有鼠内皮细胞（EC）和成纤维细胞（FB）长入；在移植后 8 周，AO 支架完全被单层 EC 覆盖并有血管主要基质的降解，JV 组在这个阶段完全降解，而 CA 组显示正常的 EC 与 FB 的聚合，其细胞外基质保持完好。但由于此类支架基质结构较致密，尤其是脱细胞的动脉支架，种子细胞迁移至支架中的数量并不充分。另一种生物材料来源于猪小肠黏膜下层，它是将猪小肠内膜人工剥除后进行去细胞处理，作为血管替代物已有近 40 年的历史，但在小口径血管的应用方面并不理想。

采用异体静脉作为血管移植物的想法及方法由来已久，现在用戊二醛处理的人脐静脉已作为商品出售，近年来还有人采用多聚环氧化合物作为交联剂，以改善用戊二醛处理后的组织硬度大，易钙化，本身有致敏性、细胞毒性等不良反应（Sung et al.,

1996)。Lesèche 等（1997）报道用 12% 二甲基亚砜（dimethylsulfixide，DMSO）在 −80℃冷冻异体大隐静脉，治疗 25 例，1 年后通畅率达 52%。但异体血管由于自身退行性变的特点，受到宿主的免疫排斥反应及术后狭窄、动脉瘤形成等不良反应，影响移植效果而限制了其应用。

2. 天然生物材料

天然生物降解材料是指来源于动植物体内天然存在的可生物降解大分子。应用于组织工程血管研究的天然生物材料包括葡聚糖明胶、胶原蛋白、弹性蛋白、纤维蛋白、藻酸盐和甲壳素等。天然材料与细胞亲和性强，且由于其包含了许多生物信息，能为细胞的黏附、增殖、分化及功能发挥提供近似体内发生发育的细胞外基质支架条件，植入体内时无或只有极低的免疫排斥反应，而且具有良好的顺应性。由于天然材料具有生物相容性好、可完全降解吸收且来源广泛等优点而较早就开始作为血管生成因子载体进行应用研究。但是目前在材料内复合蛋白、基因物质或细胞的措施，仍未完全达到自然状态下的细胞外基质作用。如何改良这些材料，使材料释放因子的速度与局部组织愈合相协调成为新的研究重点。

（1）胶原与明胶

胶原是细胞外基质中主要的蛋白质成分，明胶是动物皮肤、骨和肌腱中胶原纤维的水解产物，保留了胶原容易黏附细胞、可降解的特性。由于胶原和明胶可以形成网状三维结构，利于细胞迁移、黏附与增殖，既可以作为皮肤、骨和血管组织工程的支架材料，也可以作为药物载体。但是胶原和明胶却不易吸附生长因子，因此往往需要预先对材料进行处理。例如，利用肝素易于结合生长因子的特性，可以先在材料内共价结合肝素或葡糖胺聚糖，然后再与生长因子复合，植入体内后通过材料的降解释放相应生长因子。另外当材料用戊二醛处理后，可以减慢材料降解吸收，从而延长 VEGF 释放时间（Tabata et al.，2000）。将 BFGF 复合于肝素化胶原材料内，植入鼠皮下的实验也证实其促进血管生成的作用明显优于未进行肝素化处理的材料（Pieper et al.，2002）。

（2）纤维蛋白

肢体受伤后出现的血凝块为修复细胞迁移、因子释放的最初场所，纤维蛋白分解后的单体聚合，先形成疏松结构，再进一步交联成致密结构，防止血液渗漏，并与外界环境隔离。纤维蛋白是血凝块中的主要物质，在血管生成过程中发挥重要作用。市售的纤维蛋白制剂可以来源于人血浆或牛、猪血浆，使用前将纤维蛋白原和凝血酶混合，在临床上作为止血剂或外科手术中的粘合剂。当然，纤维蛋白也可以从患者血液中分离获得，自体移植时可以排除免疫原性，因此纤维蛋白常作为载体或支架材料使用，可以复合蛋白因子、细胞、基因 DNA 等。

纤维蛋白可以被纤维蛋白溶酶和基质金属蛋白酶分解吸收，在愈合过程中，纤维蛋白凝块被改建为肉芽组织，其中含有大量的血管组织。将纤维蛋白胶植入皮下，能够诱导血管向其中长入。将它用作因子载体时，因子剂量可以相应降低。例如，将 1 μg aF-GF 与纤维蛋白胶复合，就明显改善鼠缺血心肌的灌注（Fasol et al.，1994）。在最近的临床报道中，VEGF 混合入 10 ml 纤维蛋白胶中制成因子-载体缓释系统，然后注射到双侧股动脉临界性阻塞患者的双侧股动脉附近，后来检测证实患者双下肢血供明显改善，症状好转，可以耐受适度的锻炼（Kipshidze et al.，2000）。

生长因子（如 FGF-1）与纤维蛋白胶复合，药物动力学分析显示，约 70%的因子将在 24 h 内释放，如此快速的释放形式可能产生一些并发症（Shireman et al.，1999）。为了避免因子的过快释放，可以通过影响进入材料内的纤维蛋白溶解酶的活性来降低纤维蛋白的降解，从而延长因子释放时间。例如，可以在材料内共价结合某些蛋白质或多肽而实现，这些分子具有结合谷氨酰胺转移酶因子 VIII 的结构域。另外也可以先结合肝素类物质在纤维蛋白胶内，再结合易与肝素结合的因子，如 VEGF165。这样对纤维蛋白缓释系统进行修饰，可以将血管生成区域限制，从而避免邻近区域出现不必要的血管生成（Sakiyama-Elbert and Hubbell，2000）。多种因子复合在纤维蛋白胶内可以诱导生成更为成熟稳定的血管。

（3）藻酸盐

藻酸盐为 D-甘露糖醛酸和 α-葡萄糖醛酸组成的多糖，主要来源于海藻产品。当藻酸盐中加入二价阳离子（如 Ca^{2+}），便会形成水样胶体，此反应不依赖于温度。当 Ca^{2+} 被螯合后，藻酸盐的溶解度也随之改变。藻酸盐作为食品添加剂和创面敷料被广泛使用，而藻酸盐制作的微载体既可以与细胞复合，也可以与生长因子复合。对 VEGF165 复合在藻酸钙微载体内的实验观察，发现在静止状态下，VEGF165 在前 4d 呈快速释放，随后 3 周几乎不释放（Elçin et al.，2001）。为了改变 VEGF 急剧释放为较长时间的稳定释放，可以将藻酸盐载体进行肝素化处理，或者将因子与肝素结合后，再用藻酸盐包裹为微载体。采用这种技术将 10～100 μg aFGF 与肝素化藻酸盐载体复合，应用于猪心肌缺血模型的治疗，明显增加了缺血心肌的冠状动脉血流量，与此同时，血液循环中的 bFGF 未明显升高，也未观察到不利的血液动力学指标和毒性反应，说明这种应用 bFGF 的策略是安全的（Harada et al.，1994）。生长因子从藻酸盐微球中的释放表现为脉冲式，对微球施加机械压力，将影响释放剂量。例如，在鼠后肢缺血模型中植入复合 VEGF165 的藻酸盐微球，每日对材料施加数次压应力，每次 30 s，后来观察到实验组新生血管密度明显高于未施加应力组（Lee et al.，2000）。

（4）其他

壳聚糖是线性的葡糖胺聚糖，可以将来源于甲壳动物的几丁质进行脱乙酰基作用获得，在体内被吞噬并被溶菌酶降解，最终生成葡萄糖而被吸收，其溶解吸收需数月。壳聚糖可以制成纤维样载体，复合 bFGF 后，因子能够较稳定地释放，在鼠的动物实验中显示出促进血管生成的作用（Elçin et al.，1996）。在将 10 μg bFGF 复合于肝素化琼脂糖小体应用于猪心肌梗死模型时，观察到心肌梗死区域大量冠状血管生成，但是该实验中这种治疗方式未显示出比直接注射 bFGF 更高的治疗效率。

3. 人工合成材料

（1）不可降解合成材料

普遍用于大血管替代的血管支架（如涤纶 Dacron 和聚四氟乙烯 e-PTEF）等，并不适合小血管的替代（尽管人们试图用肝磷脂、水蛭素、前列腺素、生长因子、抗凝剂缩氨酸序列、右旋糖酐、抗生素等钝化支架材料)。同时再种植内皮细胞，以降低其血栓形成，效果较为理想，但难以进行血管塑形，没有正常的血管生理反应，且易感染。所以非降解材料已逐渐被淘汰。当然，由非降解材料所构建的血管，严格来讲，也不是真正意义的组织工程血管。

(2) 可降解合成材料

由于生物基质材料机械性能差，合成材料比天然材料更易于降低免疫性和感染的可能，近年来其应用研究受到重视。这些材料具有较高的孔隙率，利于血管长入和营养交换，同时还具有一定的机械支撑性能，可以作为组织再生的过渡性材料。随着可降解合成材料的研究深入，使其成为组织工程再造血管的一大热点材料。与天然材料不同，可降解合成材料机械性能及降解时间能预先设计和调控，材料本身为非免疫原性，降解产物是体内循环的中间代谢物，无毒，具有可靠的生物安全性。这类材料可塑性强、组织相容性好，易于加工成管状支架结构，移植后经一段时间可逐渐降解，并由体内新生组织完全替代。作为体外构建血管的支架材料，人工合成的生物降解材料无疑为大规模标准化的人工生产提供最为便捷的可能。缺点是因为缺乏细胞外基质中的生物信号和功能基团与种子细胞的黏附性较差。

a. PLGA

聚乳酸与聚羟基乙酸的共聚物 PLGA，可以在体内被水解为乳酸与羟基乙酸，再进一步分解为 CO_2 和 H_2O。PLGA 作为载体的缓释微球，已经研究了近 20 年，而 PLA 目前已经在临床应用，如制作为可吸收缝线、骨内固定器械等。PLGA 的机械强度与降解性能可以根据聚乳酸与聚羟基乙酸的比例及其聚合程度决定。采用高温或溶铸颗粒萃取法制备 PLGA 支架材料，由于高温和有机溶剂对生长因子的活性有明显的破坏作用而不宜采用。CO_2 发泡技术的成功应用解决了这个难题。方法为在室温下将 PLGA 原材料放入高压的 CO_2（5.5 MPa）室中 72 h，使材料吸附 CO_2 达到饱和，然后迅速降压至大气压水平，CO_2 从 PLGA 材料中析出，从而形成多孔的高分子材料。这种方法制备的支架材料具有毒性低、孔隙率高达 93%、微孔（100 μm）呈开放状态、降解时间为 2～6 月、温和的制备过程维持了因子的生物活性等特点。采用该技术复合 VEGF 后植入裸鼠皮下，切片显示移植物区域出现大量新生血管，当该缓释系统复合人血管内皮细胞后，植入裸鼠体内 14 d 的病理切片分析，植入细胞还参与血管生成，这为进一步探索体外构建工程化血管网提供了新思路（Peters et al.，2002）。

对于形成成熟、稳定的血管网，单一因子的使用可能不够，联合应用血管生成素-1 和血小板衍化生长因子（PDGF），可以促进血管形成平滑肌层，对新生血管的改建是有益的。Richardson 等（2001）将 VEGF、PDGF 同时复合在 PLGA 内，证实新生血管不仅数量增多，而且有完整的平滑肌层，说明 VEGF 促进血管生成和 PDGF 促进平滑肌增生的作用能够协调进行。这种策略进一步完善，可以先将 VEGF 与 PLGA 复合制备支架材料，再将 PDGF 采用缓释微囊包装后加入到支架材料内，使得复合材料在植入体内后，两种因子的释放时间有明显区别，VEGF 先从材料表面释放，促进血管生成，然后 PDGF 缓慢释放，促进平滑肌细胞迁移增殖形成血管的肌层。该复合材料植入鼠皮下，证实效果比单一使用 VEGF 的复合材料好。随后在鼠后肢缺血模型中应用，亦显示应用 VEGF、PDGF 复合 PLGA 的材料优于 VEGF 复合 PLGA 材料（Zisch et al.，2003a）。这种采用不同的加工工艺，将多种生长因子复合在材料内，制备具有高度活性的生物复合材料，将在组织工程应用中发挥重要作用。

b. 聚乙二醇（PEG）水凝胶

高分子 PEG 通过交联作用，可以形成水凝胶样物质，但它不易黏附蛋白质和细胞，在临床上施行血管扩张成形术时，可用于血管损伤后保护管壁，减少血小板沉积形成血栓。但将 PEG 共价结合具有黏附功能的短肽后，就完全改变了 PEG 水凝胶的性能，使它易于吸附细胞或蛋白质，材料在进入体内后被金属蛋白酶、纤维蛋白溶酶分解吸收（Hern and Hubbell 1998）。该材料复合因子的方法，既可以是因子直接沉积在材料内，也可以通过肝素中介。改良 PEG 水凝胶复合骨形态发生蛋白（BMP）后可以促进骨缺损修复，而单一 PEG 水凝胶不具备此性能（Lutolf et al.，2003）。复合 VEGF 的 PEG 水凝胶在鸡胚尿膜囊模型或鼠皮下均可以形成大量有功能的完整血管结构（Zisch et al.，2003b）。

c. 其他

在微载体内复合微囊包裹的生长因子，是另一种因子缓释措施，它可以通过导管或其他微创技术植入缺血区域。如利用二氧化硅制备的直径 7 μm 的微载体，材料表面处理后含有 SO_3^{2-} 残基，利于通过静电吸附 bFGF，通过导管技术，将该复合 bFGF 的微载体注入健康猪心脏左旋冠状动脉内，检测分析，60％的微载体在靶区域停留，局部 bFGF 较高，这种技术具有高度选择性和临床可操作性（Arras et al.，1998）。将生长因子用乳化技术包裹在微囊内，再与微载体复合可以延长因子作用时间。

4. 血管支架发展趋势及展望

一个完美的血管替代物应该具有抗感染能力，良好的生物相容性、稳定性、密闭性和抗血栓能力，具有愈合及产生血管的多孔性，具有适当的机械性能，具有一定的血管生理功能，包括对神经和化学物质刺激的收缩舒张功能，以及能够短时间廉价生产出不同种类和足够数量的产品以满足商业需求。可见，找到完美的血管替代物并不容易，我们对血管替代物的研究还远远不够。目前，血管组织工程支架的研究和应用仍处于实验探索阶段，还有许许多多的问题需要解决。①细胞外基质材料的组织相容性及诱导细胞正常分化能力的构建，大规模标准化量产的可能；②在体外完全地模拟体内新生血管的局域环境，保证组织工程血管具有正常生物学特性条件的摸索；③组织工程化血管机械强度符合外科临床需要的保证；④提高支架材料的性质使其易于种子细胞的黏附和增殖；⑤新生组织再生塑形速度与支持物降解速度达成的平衡的控制等。正如著名学者冯元桢指出的“应力-生长的关系，是生物力学的灵魂”。组织工程化血管的研究，只有从应力与生长关系出发，摸索出能够成功诱导分化成血管壁细胞的干细胞系，在体外完全模拟出新生血管的相同环境，提供生理上应有的流体力学、基质分泌等相互作用环境，并最终通过改善血管构架材料或修饰控制降解速度、解决体内移植的组织相容性等问题，才能形成具有可生长性、可塑形性和高度顺应性的组织工程血管，使其作为完美的器官替代物在心血管外科临床广泛应用。

血管组织工程虽然获得了比较迅速的发展，在大中口径血管替代物研究中，表明组织工程是制备血管替代物的最佳途径，部分血管替代物已进入临床实验，但是不论是从支架材料的改进、种子细胞的培养及其与细胞外基质间的作用方面都还存在一些急需解决的问题，比如，材料的降解性、组织相容性方面的研究，细胞进一步的分离、纯化，细胞与支架材料相互作用的深层次研究，以及目前亟须解决的小口径血管（内径＜6 mm）或血流速度较低时，作为替代人体小动脉或静脉的人工血管的研究等。随着组织工程技术的不断发展，在不久的将来，人们一定会制作出理想的血管组织工程支架，作为血管替代物，在心血管外科临床得到广泛的应用。

目前治疗性血管生成的动物实验和临床初步应用，均说明血管生成因子可以有效地促进缺血性疾病的愈合，生物材料的使用有助于将生长因子作用的时间延长、作用范围缩小和使用剂量降低，更好地降低治疗性血管生成的并发症。由于材料被改良后，与因子的结合更稳定，因子的释放将主要依赖于材料的降解，导致材料降解的酶主要由浸入材料中的细胞分泌，这种调节机制的建立，较好地实现了血管生成因子的释放与局部组织再生相协调。进一步完善多种因子的有序释放，将在治疗缺血性疾病和构建活性程度高的组织工程化产品等方面，发挥重要作用。

随着新型生物医学材料的出现和制造技术的发展，在研制既能为血管细胞的黏附和增殖提供支持，又具有与天然血管顺应性相匹配的血管支架材料方面取得了较大进展，尤其是基因工程技术制备重组蛋白的研究和静电纺丝技术的应用为最大限度模拟血管组成和结构提供了新的方法。然而，血管组织工程仍有许多问题需要解决：如何使支架材料降解时快速内皮化并减少炎症发生，如何提高小直径血管替代物远期通畅率，如何改善顺应性不匹配导致血栓形成和动脉瘤等。

（五）血管支架制备方法

血管支架制备方法是一种聚羟基脂肪酸酯及其共聚物制备的血管支架及其制备方法，血管支架是由聚羟基脂肪酸酯（PHA）及其共聚物制成的。本血管支架由多孔内膜、实心外膜及加强筋构成，加强筋以带状缠绕在外膜表层。以下为直径为3 mm、长度为 20 mm 的聚羟丁酸-戊酸酯（PHB-HV）血管支架制备方法。

1. PHB-HV 实心膜的制备

将 PHB-HV 与三氯甲烷（1 g PHB-HV：20 ml 三氯甲烷）在烧杯中混合，水浴加热回流 15 min，使 PHB-HV 充分均匀溶解，形成均匀溶液。

采用流延成膜的方法，将上述制备好的 PHB-HV 溶液倒入一副直径为 6 cm 的蒸发皿中，把上下蒸发皿扣合，慢慢挥发三氯甲烷 2 d。

待三氯甲烷挥发完全，将 PHB-HV 从蒸发皿中取出，放入真空烘干箱中，真空干燥 6 h，温度为 37℃，置于干燥器内待用。

2. PHB-HV 多孔膜的制备

将 NaCl 粒子过标准筛，将精选出直径为 50～100 μm 的 NaCl 粒子，置于干燥器内待用。

在烧瓶中将 PHB-HV、三氯甲烷（1 g PHB-HV：20 ml 三氯甲烷）混合，水浴加热回流 15 min，形成 PHB-HV 均一溶液。将精选 NaCl 粒子以 1 g PHB-HV：20 ml 三氯甲烷：9 g NaCl 的比例倒入溶液中，搅拌回流至均匀。

采用流延成膜的方法，将制备好 PHB-HV-NaCl 的溶液冷却倒入一副直径为 6 cm 的蒸发皿中，把上下蒸发皿扣合，慢慢挥发三氯甲烷 2 d。

待三氯甲烷挥发完全，将 PHB-HV-NaCl 从蒸发皿中取出，将其浸入去离子水中，每 8 h 换水一次，浸泡 3 d。之后取出多孔片，先室内干燥，后放入 37℃真空烘干箱中，真空干燥 1d，置于干燥器内待用。

3. PHB-HV 加强筋的制备

将制得的 PHB-HV 实心膜用双片刀片剪成约为 1 mm 的长条状。

将长条状 PHB-HV 实心膜平放在 115～120℃的热台上，均匀加热，然后将这些长条重叠 3 层，在粘合过程中可滴少量三氯甲烷以增强粘合效果。将得到的加强筋置于干燥器内待用。

4. 直径为 3 mm、长度为 20 mm 的 PHB-HV 血管支架制备

将备用的 PHB-HV 实心膜和 PHB-HV 多孔膜剪成宽 10 mm、长 20 mm 的条状。

将条状的 PHB-HV 多孔膜平放在 115～120℃的热台上，均匀加热，用直径为 3 mm 的圆纸筒将多孔膜卷起，旋转一周后，将接缝处用三氯甲烷做粘合剂热粘合，得到血管内膜。

将得到的 PHB-HV 多孔膜内膜放到相同尺寸的 PHB-HV 实心膜上，将实心膜卷起，旋转一周后，将接缝处用三氯甲烷做粘合剂热粘合，得到血管内外膜的复合物。

将 PHB-HV 加强筋缠绕在血管内外膜的复合物的管状材料上，得到完整的 PHB-HV 血管支架。

（曾虹燕　王佃亮　张艳梅）

参 考 文 献

陈宝林，王东安，封麟先. 2007. 组织工程材料的表面改性研究及其在组织工程中的应用Ⅰ—等离子体改性和接技改性. 呼伦贝尔学院学报，15（1）：52～54

陈际达，刘伟，崔磊，等. 2006. 制 PDLLA 组织工程支架的致孔剂研究. 中国生物医学工程学报，25（2）：197～201

陈书军，计宁，裴国献. 2006. 可注射软骨组织工程支架材料. 中国骨与关节损伤杂志，21（11）：942～944

戴传昌，曹谊林，王炜，等. 2000. 许旺细胞在聚羟基乙酸纤维上三维定向培养. 中华显微外科杂志，23（4）：286～289

丁金勇，靳安民. 2006. 生物支架材料在骨组织工程中的研究进展. 中国矫形外科杂志，(1)：56～58
丰强，闵思佳，张海萍，等. 2008. 羟基磷灰石及其复合材料在骨组织工程中的研究进展. 蚕桑通报，39 (1)：9～12
顾晓松，张沛云，王晓冬. 2002. 人工组织神经移植物修复狗坐骨神经缺损的实验研究. 自然科学进展，12 (4)：381～386
郭富强，李伯刚. 2009. 磷酸钙骨水泥研究动态. 生物医学工程学杂志，26 (1)：202～205
亢凯，张其清. 2005. 组织工程中控释生长因子载体的研究进展. 国外医学生物医学工程分册，28 (6)：348～351
蓝旭，杨志明. 2005. 生物衍生骨材料. 中国修复重建外科杂志，19 (3)：241～244
黎志明，朱家恺，程刚，等. 2001. 运用组织工程学原理构建许旺细胞三维培养体系. 中华显微外科杂志，24 (1)：33～35
李敏，黄建坤，涂桂云，等. 2005. RGD-蜘蛛拖丝蛋白聚合物的生物合成与纯化. 生物医学工程学杂志，21 (6)：1006～1010
李双燕. 2009. PLGA 组织工程支架材料的研究与展望. 国外丝绸，24 (2)：29～31
刘根起，赵晓鹏. 2003. 明胶-海藻酸钠半互穿聚合物网络膜及其电刺激响应行为的研究. 功能材料，34 (4)：473～476
刘玲蓉，张立海，马东瑞. 2003. 碳化二亚胺交联的胶原-硫酸软骨素支架材料构建人工真皮的研究. 中国修复重建外科杂志，17 (2)：83～88
马东洋，薛振恂，刘兰忠，等. 2004. 天然珊瑚和同种异体脱钙骨基质作为骨组织工程支架的细胞相容性研究. 西北国防医学杂志，25 (1)：16～18
倪建光，刘丹平. 2009. 骨组织工程支架材料的研究进展. 中国组织工程研究与临床康复，13 (8)：1525～1528
屈雪，贝建中，王身国. 2007. 聚丙交酯-猪衍生异种骨复合材料的体外细胞亲和性研究. 中国修复重建外科杂志，21 (2)：110～114
任杰，张乃文. 2004. 具有细胞识别信号的组织工程支架材料的研究. 材料导报，18 (1)：61
沈尊理，Berger A，Hierner R. 2000. 组织工程化人工神经内部支架及其生物相容性研究. 中华手外科杂志，16 (4)：232～235
汪海滨，罗盛康. 2004. 组织工程支架材料的研究现状. 中国临床康复，8 (20)：4063～4065
王大平，朱伟民，江捍平. 2008. 纳米羟基磷灰石/重组人骨形成蛋白-2 复合人工骨的实验研究. 中国临床解剖学杂志，26 (2)：166～170
王敏，杨志焕，Vēronique M. 2004. 聚乳酸人工神经支架的构建. 第三军医大学学报，26 (7)：604～607
王身国，杨健，蔡晴，等. 2000. 组织工程用生物材料及细胞支架研究. 中华整形外科杂志，11 (6)：328～330
王树森，胡蕴玉，罗卓荆，等. 2004. 硫酸肝素复合胶原蛋白制备新型神经组织工程支架材料. 第四军医大学学报，25 (10)：869～873
王新，刘玲蓉，张其清. 2007. 纳米羟基磷灰石-壳聚糖骨组织工程支架的研究. 中国修复重建外科杂志，21 (2)：120～124
熊猛，王飚，艾玉峰，等. 1999. 胶原包埋聚羟基乙酸构筑血管模型. 第四军医大学学报，11 (4)：39
颜文龙，孙恩杰. 2004. 一种新型的组织工程支架材料一蚕丝. 化学与生物工程，21 (2)：43～46
杨超，葛宝丰. 2000. 骨形成蛋白复合物植入早期治疗关节内骨折. 宁夏医学杂志，22 (6)：321～322
张爱英，王连才，刘厚利，等. 2004. 基于快速成型技术的组织工程支架制备进展. 化工进展，23 (3)：267～271
张育敏，李宝兴，李冀. 2007. 聚乳酸骨基质明胶多孔复合材料制备及骨诱导活性研究. 中国修复重建外利杂志，21 (2)：135～139
赵云山，王常勇，郭希明，等. 2004. 以液态胶原为支架构建组织工程化心肌组织的实验研究. 中华医学杂志，84 (9)：766～770
周庆亮，龚逸鸿，高长有. 2006. 软骨细胞在聚乳酸支架中的体外生长行为. 材料研究学报，20 (1)：43～48
周勇刚，卢世璧，土继芳. 2002. 聚乳酸载体在组织工程髓软骨研究中的应用. 中国临床康复，6 (12)：1742～1744

朱惠光，计剑，高长有，等. 2001. 聚乳酸组织工程支架材料. 功能高分子学报，14 (4)：488～492

祝联，袁捷，王敏，等. 2004. 多孔β-TCP用于构建长骨组织的实验研究. 生物工程学报，20 (4)：561～567

Allcock H R，Klingenberg E H，Weller M P. 1996. Sulfonation of polyphosphazenes. US Patent 5548060

Arras M，Mollnau H，Strasser R，et al. 1998. The delivery of angiogenic factors to the heart by microsphere therapy. Nat Biotechnol，16：159～162

Attawia M A，Uhrich K E，Botchwey E，et al. 1995. Cytotoxicity testing of poly (anhydride-co-imides) for orthopedic applications. J Biomed Mater Res，29 (10)：1233～1240

Attawia M A，Uhrich K E，Botchwey E，et al. 1996. In vitro bone biocompatibility of poly (anhydride-co -imides) containing pyromellitylimidoalanine. J Orthop Res，14 (3)：445～454

Badylak S F. 2002. The extracelular matrix as a scaffold for tissue reconstruction. Semin Cell Dev Biol，13 (5)：377～383

Bosetti M，Cannas M. 2005. The effect of bioactive glasses on bone marrow stromal cells differentiation. Biomaterials，26 (18)：3873～3879

Bowlin G L，Meyer A，Fields C，et al. 2001. The persistence of electrostatically seeded endothelial cells lining a small diameter expanded polytetrafl uoroethylene vascular graft. J Biomater Appl，16 (2)：157～173

Breitbart A S，Grande D A，Kessler R，et al. 1998. Tissue engineered bone repair of calvarial defects using cultured periosteal cells. Plast Reconstr Surg，101 (3)：567～574

Chang J Y，Lin J H，Yao C H，et al. 2007. In vivo evaluation of a biodegradable EDC/NHS-cross-linked gelatin peripheral nerve guide conduit material. Macromol. Biosci，7 (4)：500～507

Chaudhary L R，Hofmeister A M，Hruska K A. 2004. Differential growth factor control of bone formation through osteoprogenitor differentiation. Bone，34 (3)：402～411

Chen G，Sato T，Ushida T，et al. 2004. Tissue Engineering of cartilage using a hybrid scaffold of synthetic polymer and collagen. Tissue Eng，10 (3～4)：323～330

Chen G，Ushida T，Tateishi T. 2001. Preparation of poly (L-lactic acid) and poly (DL-lactic-co-glycolic acid) foams by use of ice microparticulates. Biomaterials，22 (18)：2563～2567

Chen X，Zhang X，Zhu Y，et al. 2003. Surface modification of polyhydroxyalkanoates by ion implantation. Characterization and cytocompatibility improvement. Polym J，35：148～154

Chen Y S，Chang J Y，Cheng C Y. 2005. An in vivo evaluation of a biodegradable genipin-cross-linked gelatin peripheral nerve guide conduit material. Biomaterials，26 (18)：3911～3918

Comes M E，Godinho J S，Tchalamov D，et al. 2002. Alternative tissue engineering scaffolds based on starch：processing methodologies，morphology，degradation and mechanical properties. Mater Sci Eng C，20 (1～2)：19～26

Conklin B S，Surowiec S M，Lin P H，et al. 2000. A simple physiologic pulsatile perfusion system for the study of intact vascular tissue. Med Eng Phys，22 (6)：441～449

Cook A D，Hrkach J S，Gao N N，et al. 1997. Characterization and development of RGD-peptide-modified poly (lactic acid-co-lysine) as an interactive，resorbable biomaterial. J Biomed Mater Res，35：513～523

Dai Li-jun; Liu Chun-mei. 2008. Preparation Technology and Properties of Poly (ethylene co-vinyl-alcohol) Nonwovens. Chemistry and Adhesion，30 (3)：65～67

Dalby M J，Childs S，Riehle M O，et al. 2003. Fibroblast reaction to island topography：changes in cytoskeleton and morphology with time. Biomaterials，24 (6)：927～935

Ducheyne P，el-Ghannam A，Shapiro I. Effect of bioactive glass templates on osteoblast proliferation and in vitro synthesis of bone-like tissue. J Cell Biochem. 1994，56 (2)：162～167.

Eberhard J，Reimers N，Dommisch H，et al. 2005. The effect of the topical administration of bioactive glass on inflammatory markers of human experimental gingivitis. Biomaterials，26 (13)：1545～1551

Elçin A E，Elçin Y M，Peppas G D. 1998. Neural tissue engineering：adrenal chromaffin cell attachment and viability on chitosan scaffolds. Neurol Res，20 (7)：648～654

Elçin Y M，Dixit V，Gitnick G. 1996. Controlled release of endothelial cell growth factor from chitosan-albumin microspheres for localized angiogenesis：in vitro and *in vivo* studies. Artif Cells Blood Substit Immobil Biotechnol，24 (3)：257～271

Elçin Y M，Dixit V，Gitnick G. 2001. Extensive *in vivo* angiogenesis following controlled release of human vascular endothelial cell growth factor：implications for tissue engineering and wound healing. Artif Organs，25 (7)：558～565

Fansa H，Keilhoff G，Wolf G，et al. 2001a. Tissue engineering of peripheral nerves：A comparison of vellous and acellular muscle grafts with cultured Schwann cells. Plast Reconstr Surg，107 (2)：485～496

Fansa H，Schneider W，Keilhoff G. 2001b. Revascularization of tissue-engineered nerve grafts and invasion of macrophages. Tissue Eng，7 (5)：519～524

Fasol R，Schumacher B，Schlaudraff K，et al. 1994. Experimental use of a modified fibrin glue to induce site-directed angiogenesis from the aorta to the heart. J Thorac Cardiovasc Surg，107 (6)：1432～1439

Fogle M A，Whittemore A D，Couch N P，et al. 1987. A comparison of *in situ* and reversed saphenous vein grafts for infrainguinal reconstruction. J Vasc Surg，5 (1)：46～52

Gobin A S，West J L. 2003. Effects of Epidermal growth factor on fibroblast migration through biomimetic hydrogels. Biotechnol Prog，2003. 19 (6)：1781～1785

Grundel R E，Chapman M W，Yee T，et al. 1991. Autogenetic bone marrow and porous biphasic calcium phosphate ceramic for segmental bone defects in the canine ulna. Clin Orthop Relat Res，266：244～258

Gu J，Yang X，Zhu H. 2002. Surface sulfonation of silk fibroin film by plasma treatment and in vitro antithrombogenicity study. Mater Sci Eng C，20 (1～2)：199～202

Haasper C，Zeichen J，Meister R，et al. 2008. Tissue engineering of osteochondral constructs in vitro using bioreactors. Injury，39 (1)：S66～S76

Hadlock T，Sundback C，Hunter D，et al. 2000. A polymer foam conduit seeded with Schwann cells promotes guided peripheral nerve regeneration. Tissue Eng，6 (2)：119～127

Harada K，Grossman W，Friedman M，et al. 1994. Basic fibroblast growth factor improves myocardial function in chronically ischemic porcine hearts. J Clin Invest，94 (2)：623～630

Hern D L，Hubbell J A. 1998. Incorporation of adhesion peptides into nonadhesive hydrogels useful for tissue resurfacing. J Biomed Mater Res，39 (2)：266～276

Hern D L，Hubbell J A. 1998. Incorporation of adhesion peptides into nonadhesive hydrogels useful for tissue resurfacing. J Biomed Mater Res，39 (2)：266～276

Hodde J，Record R，Tullius R，et al. 2002. Fibronectin peptides mediate HMEC adhesion to porcine-derived extracellular matrix. Biomaterials，23 (8)：1841～1848

Holt G E，Halpern J L，Dovan T T，et al. 2005. Evolution of an *in vivo* bioreactor. J. Orthop. Res，23 (4)：916～923

Hutmacher D W. 2000. Scaffolds in tissue engineering bone and cartillage. Biomaterials，21：2529 ～2543

Huynh T，Abraham G，Murray J，et al. 1999. Remolding of an acelular collagen graft into a physiologically responsive neovessel. Nat. Biotechnol，17：1083～1086

Jackson C L，Reidy M A. 1993. Basic fibroblast growth factor：its role in the control of smooth muscle cell migration. Am J Pathol，143 (4)：1024～1031

Jansen E J P，Sladek R E J，Bahar H，et al. 2005. Hydrophobicity as a design criterion for polymer scaffolds in bone tissue engineering. Biomaterials，26 (21)：4423～4431

Jung Y，Kim S S，Kim Y H，et al. 2005. A poly (lactic acid) /calcium metaphosphate composite for bone tissue engineering. Biomaterials，26 (32)：6314～6322

Kellner K，Tessmar J，Milz S，et al. 2004. PEGylation does not impair insulin efficacy in three-dimensional cartilage culture: an investigation toward biomimetic polymers. Tissue Eng, 10 (3-4): 429～440

Keynes R J, Hopkins W G, Huang L H. 1984. Regeneration of mouse peripheral nerves in degenerating skeletal muscle: guidance by residual muscle fibre basement membrane. Brain Res, 295 (2): 275～281

Kim B S, Baez C E, Atala A. 2000. Biomaterials for tissue engineering. World Journal of Urology World J Urol, 18 (1): 2～9

Kim S S, Utsunomiya H, Koski J A, et al. 1998. Survival and function of hepatocytes on a novel three-dimensional synthetic biodegradable polymer scaffold with an intrinsic network of channels. Ann Surg, 228 (1): 8～13

Kimura T, Yasui N, Ohsawa S, et al. 1984. Chondrocytes embedded in collagen gels maintain cartilage phenotype during long-term cultures. Clin Orthop Relat Res, 186: 231～239

Kipshidze N, Chekanov V, Chawla P, et al. 2000. Angiogenesis in a patient with ischemic limb induced by intramuscular injection of vascular endothelial growth factor and fibrin platform. Tex Heart Inst J, 27 (2): 196～200

Kiyotani T, Teramachi M, Takimoto Y, et al. 1996. Nerve regeneration across a 25mm gap bridged by a polyglycolic acid-collagen tube: a histological and electrophysiological evaluation of regenerated nerves. Brain Res, 740 (1～2): 66～74

Klee D, Ademovic Z, Bosserhoff A. 2003. Surface modification of poly (vinylidenefluoride) to improve the osteoblast adhesion. Biomaterials, 24 (21): 3663～3670

Knill C J, Kennedy J F, Mistry J. 2004. Alginate fibres modified with unhydrolysed and hydrolysed chitosans for wound dressings. Carbohydr Polym, 55 (1): 65～76

Kofidis T, de Bruin J, Hoyt G, et al. 2004. Injectable bioartificial myocardial tissue for large-scale intramural cell transfer and functional recovery of injured heart muscle. J Thorac Cardiovasc Surg, 128 (4): 571～578

Koide M, Osaki K, Konishi J, et al. 1993. A new type of biomaterial for artificial skin: dehydrothermally cross-linked composites of fibrillar and denatured collagens. J Biomed Mater Res, 27 (1): 79～87

Kosaka M. 1990. Enhancement of rat peripheral nerve regeneration through artery-including silicone tubing. Exp Neurol, 107 (1): 69～77

Krekoski C A, Neubauer D, Zuo J, et al. 2001. Axonal regeneration into acellular nerve grafts is enhanced by degradation of chondroitin sulfate proteoglycan. J Neurosci, 21 (16): 6206～6213

Kweon H Y, Yoo M K, Park I K, et al. 2003. A novel degradable polycaprolactone networks for tissue engineering. Biomaterials, 24 (5): 801～808

Lam C X F, Mo X M, Teoh S H. 2002. Scaffold development using 3D printing with a starch-based polymer. Mater Sci Eng C, 20 (1～2): 49～56

Laurencin C T, El-Amim S F, Ibim S E, et al. 1996. A highly porous 3-dimensional polyphosphazene polymer matrix for skeletal tissue regeneration. J Biomed Mater Res A, 30 (2): 133～138

Lee J H, Jung H W, Kang I K, et al. 1994. Cell behaviour on polymer surfaces with different functional groups. Biomaterials, 15 (9): 705～711

Lee J W, Lee K S, Nana C, et al. 2008. Topographical guidance of mouse neuronal cell on SiO2 microtracks. Sens Actuators B Chem, 28 (1): 252～257

Lee K Y, Peters M C, Anderson K W, et al. 2000. Controlled growth factor release from synthetic extracellular matrices. Nature, 408 (6815): 998～1000

Lee Y H, Lee J H, An I G, et al. 2005. Electrospun dual-porosity structure and biodegradation morphology of Montmorillonite reinforced PLLA nanocomposite scaffolds. Biomaterials, 26 (16): 3165～3172

Lesèche G, Penna C, Bouttier S, et al. 1997. Femorodistal bypass using cryopreserved venous allografts for limb salvage. Ann Vasc Surg, 11 (3): 230～236

Li C, Vepari C, Jin H J, et al. 2006. Electrospun silk-BMP-2 scaffolds for bone tissue engineering. Biomaterials, 27 (16): 3115～3124

Liu H, Mao J, Yao K, et al. 2004. A study on a chitosan-gelatin-hyaluronic acid scaffold as artificial skin in vitro and its tissue engineering applications. J Biomater Sci Polym Ed, 15 (1): 25～40

Lohmann C H, Schwartz Z, Niederauer G G, et al. 2000. Pretreatment with platelet derived growth factor-BB modulates the ability of costochondral resting zone chondrocytes incorporated into PLA/PGA scaffolds to form new cartilage in vivo. Biomaterials, 21 (1): 49～61

Lovett M L, Cannizzaro C M, Vunjak-Novakovic G, et al. 2008. Gel spinning of silk tubes for tissue engineering. Biomaterials, 29 (35): 4650～4657

Lu J X, Prudhommeaux F, Meunier A. 1999. Effect of chitosan on rat knee cartilages. Biomaterials, 20 (20): 1937～1944

Lundborg G, Dahlin L, Dohi D, et al. 1997. A new type of "bioartificial" nerve graft for bridging extended defects in nerves. J Hand Surg Br, 22 (3): 299～303

Lutolf M P, Weber F E, Schmoekel H G, et al. 2003. Repair of bone defects using synthetic mimetics of collagenous extracellular matrices. Nat Biotechnol, 21 (5): 513～518

Ma J, Wang H, He B, et al. 2001. A preliminary in vitro study on the fabrication and tissue engineering applications of a novel chitosan bilayer material as a scaffold of human neofetal dermal fibroblasts. Biomaterials, 22 (4): 331～336

Makoto O, Yasuhiko T. 2006. Interaction of hepatocyte growth factor with gelatin as the carrier material. J Biomater Sci Polym Ed, 17 (1～2): 163～175

Maquet V, Martin D, Malgrange B, et al. 2000. Peripheral nerve regeneration using bioresorbable macroporous polylactide scaffolds. J Biomed Mater Res, 52 (4): 639～651

Massia S P, Hubbell J A. 1992. Immobilized amines and basicamino acids as mimetic heparin-binding domains for cell surface proteoglycan-mediated adhesion. J Biol Chem, 267 (14): 10133～10141

Matsumoto K, Ohnishi K, Kiyotani T, et al. 2000. Peripheral nerve regeneration across an 80-mm gap bridged by a polyglycolic acid (PGA) -collagen tube filled with laminin-coated collagen fibers: a histological and electrophysiological evaluation of regenerated nerves. Brain Res, 868: 315～328

Matsuzaka K, Walboomers X F, Ruijter J E, et al. 1999. The effect of poly—lactic acid with parallel surface micro groove on osteoblast-like cells in vitro. Biomaterials, 20 (14): 1293～1301

Ma Z, Gao C, Gong Y, et al. 2005. Cartilage tissue engineering PLLA scaffold with surface immobilized collagen and basic fibroblast growth factor. Biomaterials, 26 (11): 1253～1259

Mikos A G, Thorsen A J, Czerwonka L A. 1994. Preparation and characterization of poly (L-lactic acid) foams. Polymer, 35 (5): 1068～1077

Mooney D J, Mazzoni C L, Breuer C, et al. 1996. Stabilized polyglycolic acid fiber based tubes for tissue engineering. Biomaterials, 17 (2): 115～124

Murakami T, Fujimoto Y, Yasunaga Y, et al. 2003. Transplanted neuronal progenitor cells in a peripheral nerve gap promote nerve repair. Brain Res, 974 (1～2): 17～24

Nam Y S, Yoon J J, Park T G. 2000. A novel fabrication method of macroporous biodegradable polymer scaffolds using gas foaming salt as a porogen additive. J Biomed Mater Res Part B Appl Biomater, 53 (1): 1～7

Nie H, Wang C H. 2007. Fabrication and characterization of PLGA/HAp composite scaffolds for delivery of BMP-2 plasmid DNA. J Control Release, 120 (1～2): 111～121

Norris R W, Glasby M A, Gattuso J M, et al. 1988. Peripheral nerve repair in humans using muscle autografts. The Journal of bone and joint surgery. British volume. J Bone Joint Surg Br, 70-B (4): 530～533

Okafuji N, Shimizu T, Watanabe T, et al. 2006. Tissue reaction to poly (lactic-co-glycolic acid) copolymer membrane in rhBMP used rabbit experimental mandibular reconstruction. European Journal of Medical Research Eur J Med Res, 11 (9): 394～396

Ozawa C R, Banfi A, Glaz N L, et al. 2004. Microenvironmental VEGF concentration, not total dose, determines a threshold between normal and aberrant angiogenesis. J Clin Invest, 113 (4): 516～527

Park Y J, Lee Y M, Park S N, et al. 2000. Platelet derived growth factor releasing chitosan sponge for periodontal bone regeneration. Biomaterials, 21 (2): 153~159

Peters M C, Polverini P J, Mooney D J. 2002. Engineering vascular networks in porous polymer matrices. J Biomed Mater Res, 60 (4): 668~678

Pieper J S, Hafmans T, van Wachem P B, et al. 2002. Loading of collagen-heparan sulfate matrices with bFGF promotes angiogenesis and tissue generation in rats. J Biomed Mater Res, 62 (2): 185~194

Ponticiello M S. Schinagl R M, Kadiyala S. 2000. Gelatin-based resorbable sponge as a carrier matrix for human mesenchymal stern cells in cartilage regeneration therapy. Journal of Biomedical Materials Research J Biomed Mater Res, 52 (2): 246~255

Quirk R A, Chan W C, Davies M C, et al. 2001. Poly (L-lysine) -GRGDS as a biomimetic surface modifi er for poly (lactic acid). Biomaterials, 22 (8): 865~872

Rhodes N P, Srivastava J K, Smith R F, et al. 2004. Metabolic and histological analysis of mesenchymal stem cells grown in 3-D hyaluronan-based scaffolds. J Mater Sci Mater Med, 15 (4): 391~395

Richardson T P, Peters M C, Ennett A B, et al. 2001. Polymeric system for dual growth factor delivery. Nat Biotechnol, 19: 1029~1034

Sakiyama-Elbert S E, Hubbell J A. 2000. Development of fibrin derivatives for controlled release of heparin-binding growth factors. J Control Release, 65 (3): 389~402

Satriano C, Carnazza S, Guglielmino S. 2003. Surface free energy and cell attachment onto ion-beam irradiated polymer surfaces. Nuclear Instruments and Methods in Physics Research B Nucl Instrum Methods Phys Res B, 208: 287~293

Schmal H, Mehlhorn A T, Fehrenbach M, et al. 2006. Regulative mechanisms of chondrocyteadhesion. Tissue Eng, 2 (4): 741~750

Shastri V P, Martin I, Langer R. 2000. Macroporous polymer foams by hydrocarbon templating. Proc Natl Acad Sci USA, 97 (5): 1970~1975

Shin H, Temenoff J S, Bowden G C, et al. 2005. Osteogenic differentiation of rat bone marrow stromal cells cultured on Arg-Gly-Asp modified hydrogels without dexamethasone and β-glycerol phosphate. Biomaterials, 26 (17): 3645~3654

Shireman P K, Hampton B, Burgess W H, et al. 1999. Modulation of vascular cell growth kinetics by local cytokine delivery from fibrin glue suspensions. J Vasc Surg, 29 (5): 852~861

Shum A W T, Mak A F T. 2003. Morphological and biomechanical characterization of poly (glycolic acid) scaffolds after in vitro degradation. Polym Degrad Stab, 81 (1): 141~149

Silverman R P, Passsretti D, Huang W. 1999. Injectable tissue engineering cartilage using a fibrin glue polymer. Plast Reconstr Surg, 103 (7): 1809~1818

Sims C D, Butler P E, Cao Y L, et al. 1998. Tissue engineered neocartilage using plasma derived polymer substrates and chondrocytes . Plast Reconstr Surg, 101 (6): 1580~1585

Stankus J J, Soletti L, Fujimoto K, et al. 2007. Fabrication of cell microintegrated blood vessel constructs through electrohydrodynamic atomization. Biomaterials, 28 (17): 2738~2746

Stark Y, Suck K, Kasper C, et al. 2006. Application of collagen matrices for cartilage tissueengineering. Exp Toxicol Pathol, 57 (4): 305~311

Stitzel J, Liu J, Lee S J, Komura M, et al. 2006. Controlled fabrication of a biological vascular substitute. Biomaterials, 27 (7): 1088~1094

Sufan W, Suzuki Y, Tanihara M, et al. 2001. Sciatic nerve regeneration through alginate with tubulation or nontubulation repair in cat. J Neurotrauma, 18 (3): 329~338

Suh J-K F, Matthew H W T. 2000. Application of chitosan-based polysaccharide biomaterials in cartilage tissue engineering: a review. Biomaterials, 21 (24): 2589~2598

Sumner D R, Turner T M, Urban R M, et al. 2004. Locally delivered rhBMP-2 enhances bone ingrowth and gap healing in a canine model. J Orthop Res, 22 (1): 58～65

Sung H W, Cheng W H, Chiu I S, et al. 1996. Studies on epoxy compound fixation. J Biomed Mater Res, 33 (3): 177～186

Swan E E L, Popat K C, Desai T A. 2005. Peptide-immobilized nanoporous alumina membranes for enhanced osteoblast adhesion. Biomaterials, 26 (14): 1969～1976

Tabata Y, Miyao M, Ozeki M, et al. 2000. Controlled release of vascular endothelial growth factor by use of collagen hydrogels. J Biomater Sci Polym Ed, 11 (9): 915～930

Tang R P, Du Y M, Fan L H. 2003. Dialdehyde starch-crosslinked chitosan films and their antimicrobial effects. J Polym Sci B Polym Phys, 41 (9): 993～997

Taylor P M, Cass A E G, Yacoub M H. 2006. Extracellular matrix scaffolds for tissue engineering heart alves. Prog Pediatr Cardiology, 21 (2): 219～225

Terada N, Bjursten L M, Dohi D, et al. 1997. Bioartificial nerve grafts based on absorbable guiding filament structures-early observations. J Plast Reconstr Surg Hand Surg, 31 (1): 1～6

Thomson R C, Yaszemski M J, Powers J M, et al. 1995. Fabrication of biodegradable polymer scaffolds to engineer trabecular bone. J Biomater Sci Polym Ed, 7 (1): 23～38

Toba T, Nakamura T, Shimizu Y, et al. 2001. Regeneration of canine peroneal nerve with the use of a polyglycolic acid-collagen tube filled with laminin-soaked collagen sponge: a comparative study of collagen sponge and collagen fibers as filling materials for nerve conduits. J Biomed Mater Res, 58 (6): 622～630

Vaz C M, Tuij S, Bouten C V, et al. 2005. Design of scaffolds for blood vessel tissue engineering using a multi-layering electrospinning technique. Acta Biomater, 1 (5): 575～582

Wakitani S, Kimura T, Hirooka A, et al. 1989. Repair of rabbit articular surfaces with allograft chondrocytes embedded in collagen gel. J Bone Joint Surg Br, 71 (1): 74～80

Walles T, Herden T, Haverich A, et al. 2003. Influence of scaffold thickness and scaffold composition on bioartificial graft survival. Biomaterials, 24 (7): 1233～1239

Walles T, Puschmann C, Haverich A, et al. 2003. A cellular scaffold implantation-no alternative to tissue engineering. Int J Artif Organs, 26 (3): 225～234

Walpoth B H, Zammaretti P, Cikirikcioglu M. 2007. Enhanced intimal thickening of expanded polytetrafluoroethylene grafts coated with fi brin or fi brin-releasing vascular endothelial growth factor in the pig carotid artery interposition model. J Thorac Cardiovasc Surg, 133 (5): 1163～1170

Wang H, Li Y, Zuo Y, et al. 2007. Biocompatibility and osteogenesis of biomimetic nano-hydroxyapatite/polyamide composite scaffolds for bone tissue engineering. Biomaterials, 28 (22): 3338～3348

Wang W J, Wang X H, Feng Q L, et al. 2003. Sodium alginate as a scaffold material for hepatic tissue engineering. J Bioact Compat Polym, 8 (4): 249～257

Wang Y, Kim U J, Blasioli D J, et al. 2005. *In vitro* cartilage tissue engineering with 3D porous aqueous-derived silk scaffolds and mesenchymal stem cells. Biomaterials, 26 (34): 7082～7094

Williams J M, Adewunmi A, Schek R M, et al. 2005. Bone tissue engineering using polycaprolactone scaffolds fabricated via selective laser sintering. Biomaterials, 26 (23): 4817～4827

Xu C, Inai R, Kotaki M, et al. 2004. Electrospun nanofi ber fabrication as synthetic extracellular matrix and its potential for vascular tissue engineering. Tissue Eng, 10 (7～8): 1160～1168

Yamaguchi I, Itoh S, Suzuki M, et al. 2003. The chitosan prepared f rom crab tendons: Ⅱ. The chitosan/apatite composites and t heir application to nerve regeneration. Biomatericals, 24 (19): 3285～3292

Yang H, Zhang Q. 2001. Preparation and characterization of collagen-GAGs bioactive matrices for tissue engineering. J Mater Sci Technol, 17 (5): 495～500

Yao C, Roderfeld M, Rath T, et al. 2006. The impact of proteinase-induced matrix degradation on the release of

VEGF from heparinized collagen matrices. Biomaterials，27 (8)：1608～1616

Yates K E，Allemann F，Glowacki J. 2005. Phenotypic analysis of bovine chondrocytes cultured in 3D collagen sponges：effect of serum substitutes. Cell Tissue Bank，6 (1)：45～54

Yuan Y，Zhang P，Yang Y，et al. 2004. The interaction of Schwann cells with chitosan membranes and fibers in vitro. Biomaterials，25 (18)：4273～4278

Zein I，Hutmacher D W，Tan KC，et al. 2002. Fused deposition modeling of novel scaffold architectures for tissue engineering applications. Biomaterials，23 (4)：1169～1185

Zeltinger J，Sherwood J K，Graham D A，et al. 2001. Effect of pore size and void fraction on cellular adhesion，proliferation，and matrix deposition. Tissue Eng，7 (5)：557～572

Zhang Y，Song J，Shi B，et al. 2007. Combination of scaffold and adenovirus vectors expressing bone morphogenetic protein-7 for alveolar bone regeneration at dental implant defects. Biomaterials，28 (31)：4635～4642

Zhu H，Ji J，Lin R，et al. 2002a. Surface engineering of poly (-lactic acid) by entrapment of alginate-amino acid derivatives for promotion of chondrogenesis. Biomaterials，23 (15)：3141～3148

Zhu Y，Gao C，Liu X. 2002b. Surface modification of polycaprolactone membrane via aminolysis and biomacromolecule immobilization for promoting cytocompatibility of human endothelial cells. Biomacromolecules，3 (6)：1312～1319

Zisch A H，Lutolf M P，Ehrbar M，et al. 2003a. Cell-demanded release of VEGF from synthetic，biointeractive cell ingrowth matrices for vascularized tissue growth. FASEB J，17 (15)：2260～2262

Zisch A H，Lutolf M P，Hubbell J A. 2003b. Biopolymeric delivery matrices for angiogenic growth factors. Cardiovasc Pathol，12 (6)：295～310

第四章　干细胞三维培养

干细胞（stem cell，SC）的自我更新和分化潜能孕育着重大的生命科学研究价值和巨大的医学应用前景。干细胞通过两种增殖分裂方式维持自我更新和分化潜能。其一是通过对称分裂形成两个相同的干细胞；其二是由细胞质中调节分化蛋白的不均匀分配产生非对称分裂，一个子细胞走向分化的终端成为功能专一的分化细胞，另一个保持亲代的特征。分化细胞的数目受分化前干细胞的数目和分裂次数控制。凡需要不断产生新的分化细胞及分化细胞本身不能再分裂的细胞或组织，都要通过干细胞所产生的具有分化能力的细胞来维持机体细胞的数量，可以这样说，生命体是通过干细胞的分裂来实现细胞的更新并保证其持续生长。

干细胞的增殖和分化受多种内在机制和微环境因素的影响。模拟干细胞体内生长发育的微环境，为细胞提供一个最佳的培养条件是目前干细胞研究中的重大挑战，尤其是保证细胞处于未分化状态的增殖或使细胞向专一的方向分化更是研究重点（Burdick and Vunjak-Novakovic，2009）。近年来，随着干细胞的自我更新和分化调控机制了解的不断深入和细胞培养工程技术的快速发展，三维细胞培养（three-dimension cell culture，TDCC）在促进干细胞保持未分化状态的分裂增殖、控制或维持干细胞分化的优势和重要性日益显现，成为干细胞应用的主要研究领域和发展方向（Badylak and Nerem，2010）。

第一节　概　　述

自 Willhelm Roux 于 1885 年从鸡胚中分离细胞首次建立体外细胞培养以来，细胞培养技术已有百余年的历史。一个多世纪以来，二维细胞培养（亦称单层细胞培养）有了蓬勃的发展，特别是在工程抗体、重组蛋白和疫苗等生物技术药物的产业化领域，通过细胞的快速增殖，从而高效率地生产细胞表达产品。但在干细胞组织工程和生命科学基础研究领域，细胞体外培养关注的不仅仅是细胞的增殖速度和特定细胞表达产物的生产效率，而更为重要的是它们经过体外传代培养后能否维持其在体内增殖所具有的相同性状。在很多情况下，二维细胞培养条件下的细胞逐渐丧失了原有的性状。

体外细胞培养的一个重要原则是为体外培养细胞提供与其在体内生长条件尽可能相同的模拟环境，该模拟系统中最重要的核心因素是细胞与培养环境之间的相互作用。大多数组织细胞以形成特定的三维组织结构为其在体生长和发挥其功能表型的存在形式。在组织培养板和培养瓶中贴附生长的二维细胞培养模式并不是细胞生长的天然状态（Zhang，2004）。这是因为：①二维细胞培养不能模拟存在于正常组织中的化学信号或分子梯度，分子梯度在决定细胞生长、增殖、分化、信号转导和器官发育等重要生物过程起着重要作用；②二维细胞培养干扰了正常组织中细胞表面蛋白质-蛋白质相互作用的信号转导，进而影响细胞的主要代谢途径和基因表达模式；③细胞表面受体倾向于群集于直接接触富含营养物、生长因子和其他细胞外配体的培养基的细胞表面，细胞贴附于生长基质限制了细胞表面受体的分布和群集，二维细胞培养可使细胞外基质（extracellular matrix，ECM）蛋白的表达明显降低，细胞形态发生改变；④二维细胞培养不能模拟正常组织中的细胞外基质硬度和形态。图 4.1 所示为正常组织中分子梯度分布和细胞外基质硬度及形态的模式图。

图 4.1 组织中分子梯度分布和细胞外基质硬度及形态的模式图（Dellatore et al.，2008）
球体和锥状体分别代表分子梯度和受体群聚，波纹膜代表细胞外基质的硬度和形状。（参见插页）

三维细胞培养（three dimensional cell culture，TDCC）是个相对的概念，严格意义上的 TDCC 是指将具有三维结构的支架和基质与不同种类的细胞在体外共同培养，模拟细胞的体内生长微环境，使细胞沿三维空间迁移、生长，形成类似体内组织结构的三维细胞-载体复合物或细胞-细胞复合物。三维细胞培养的鲜明特点是细胞与细胞、细胞与 ECM 的相互作用。由数百至数千个悬浮细胞聚集所形成的三维球形细胞团，每个细胞被其他细胞和细胞外基质包围，并发展出组织特异的细胞形态与结构。因此，可把以细胞聚集为特征的细胞团培养归入 TDCC。在动物细胞培养工程中，TDCC 泛指细胞在生物反应器中沿三维空间运动、生长的细胞培养模式。游离细胞悬浮培养、微载体固定化培养也可归入 TDCC 之列。

与二维细胞培养相比，TDCC 既能容纳更高密度的细胞黏附、增殖，有利于细胞间信号传递，也可使 ECM 固定在细胞附近，使 ECM 含量提高，而不像二维细胞培养 ECM 易于流失到培养液中，为维系细胞的增殖、分化和代谢活动提供适宜的微环境（Battista et al.，2005；Beckstead et al.，2006）。因此，TDCC 一方面能够为体外培养细胞提供与其组织来源相似甚至相同的细胞生长微环境和细胞联系，从而或有利于各类细胞表型的维持和细胞增殖，或有利于各类细胞的分化定向诱导（Abbott and Cyranoski，2003；Lund et al.，2009），另一方面可望在体外构建与各类组织、器官相应的细胞三维生长类似物或等同物。

干细胞三维培养是 TDCC 在特定细胞类型中的具体应用，干细胞的生物学特性和应用前景奠定了干细胞三维培养是 TDCC 中技术难度最高、应用潜力最大的技术体系和工程科学的地位。结合 TDCC 的概念可以把干细胞三维培养定义为应用各种技术和材料为干细胞提供类似体内生长环境的支架或基质，建立细胞间及细胞与胞外基质间的联系，模拟干细胞的体内生长微环境，以达到干细胞大量增殖和（或）定向分化控制、乃至形成类似体内组织结构的目的的细胞培养技术。

干细胞在体外的自我更新（非分化性增殖）和（或）分化是干细胞自身的许多调控因子对外界信号应答的结果。调控干细胞体外增殖和（或）分化的外界环境因素主要包括细胞因子、形态发生因子、配体等可溶性因子，氧分压、pH、CO_2 分压、温度、机械应力等理化环境，细胞外基质及细胞间的相互作用（图 4.2）。这些环境因素在时间和空间上的有序组合决定着干细胞的自我更新、分化、生长和代谢。由于不同的干细胞、乃至同一类型干细胞所处的不同发育阶段，其所处的微环境各不相同，干细胞三维培养的具体方案依据细胞类型的不同、培养目的的不同，各有所别。尽管受现阶段对干细胞发育调控机制认识不足、三维培养技术水平较低的限制，干细胞三维培养目前尚无被普遍认同的成熟的技术方案，依据图 4.2 所示的影响干细胞自我更新和分化的外界环境因素，干细胞三维培养还是能在一定程度上实现对干细胞发育微环境的再现和控制。

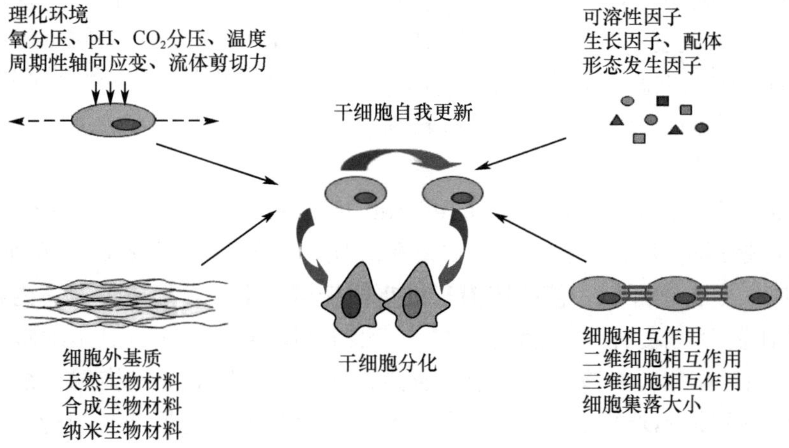

图 4.2　影响干细胞体外自我更新和分化的环境因素

干细胞的生物学特性和 TDCC 在细胞体内生长微环境的模拟和控制的可实现性，决定了干细胞三维培养在生命科学和医学研究和应用的重大作用（Aflatoonian and Moore，2005）。自 1998 年胚胎干细胞（human embryonic stem cell，hESC）分离培养获得成功以来，人们已经成功地在体外将 ESC 分化为神经元、肝细胞、内皮细胞、心肌细胞、胰腺 β 细胞和造血细胞等。hESC 不仅为研究人类发育生物学和药物筛选提供理想的细胞模型，更为临床疾病的细胞治疗开拓了新的途径（Mimeault et al.，2007）。干细胞由于具有在体外大量增殖和能分化为多种细胞的潜能，可为再生医学的替代治疗提供无限的细胞来源。用组织工程技术制造的替代材料，也需要合适的种子细胞的配合才能很好地整合到患者组织中并发挥功能，干细胞可以为组织工程化替代材料提供可大量生产各种细胞的可能。hESC 还可以用于研究人类发育早期事件，加深我们对遗传性疾病的认识并促进对这些疾病的治疗。目前，干细胞三维培养已在诸如早期胚胎发育过程、细胞发育与分化的分子调节机制研究、肿瘤的发生和发展机制、药物筛选、细胞治疗，以及包括组织形成、血管发育和器官再造等再生医学研究和应用领域得到广泛的应用。

近年来，以 hESC 为重点的干细胞三维培养技术的研究已取得长足进展，但无论是采用人源性饲养层还是无饲养层培养体系，现有的 hESC 因可能存在异源蛋白污染的危险，仍达不到临床应用的标准。而且有很多报道指出，长期体外培养的 hESC 会出现分化比例偏高和基因不稳定的现象，甚至染色体也会出现非整倍体改变，但具体的机制尚未阐明。为能在临床上大规模安全使用 hESC，目前优化 hESC 体外培养体系的研究主要致力于以下几个方面。第一，揭示 hESC 维持全能性及自我更新能力的分子机制，从而能在分子水平上控制该特性的保持，使之能在体外大量稳定增殖。第二，如何高效、特异地定向诱导分化及如何获得高纯度的分化细胞，尚需进一步研究；hESC 有形成畸胎瘤的倾向，因而有必要对 hESC 及其衍生细胞移植的安全性进行全面客观的评价。第三，建立成分明确且无异种蛋白污染的培养体系。第四，要使 hESC 在体外发育成完整的器官尚需技术上的突破，因为器官的形成是非常复杂的三维过程，很多器官是由两个不同胚层的组织相互作用而形成的。干细胞在临床疾病治疗上的巨大潜力为人类最终战胜顽症展现了新曙光，也成为推动干细胞研究不断深入开展的强劲动力，通过不懈努力和技术的不断进步，一定可以建成理想的干细胞三维培养技术体系。

第二节　干细胞三维培养基础

干细胞三维培养的过程是在干细胞自我更新和分化调控机制的指导下，人为地对干细胞的增殖和分化进行调控、使之向指定的方向发展的过程。完整的干细胞三维培养技术体系是由材料单元、控制单元和功能单元组成的系统整合。材料单元包括干细胞的来源和类型、调控干细胞的因子和信号、三维支架材料和基质及生物反应器，是干细胞三维培养的物质基础或称材料单元。控制单元通过行使过程监测、条件优化控制和质量控制，提供动态的干细胞体外培养微环境，是干细胞三维培养的条件保障。功能单元以三维细胞-载体复合物或细胞-细胞复合物向特定组织形态发生和功能形成为特征，是干细胞三维培养的体现形式或称功能单元，也是干细胞三维培养向工程组织和器官构建的过渡或转化。鉴于功能单元的复杂性和不确定性，本节只对干细胞三维培养技术体系中的材料单元和控制单元加以介绍。

一、干细胞的增殖和分化调控

（一）内源性调控

干细胞自身有许多调控因子可对外界信号起反应从而调节其增殖和分化，包括调节细胞不对称分裂的蛋白质，控制基因表达的核因子等。另外，干细胞在终末分化之前所进行的分裂次数也受到细胞内调控因子的制约。

1. 细胞内蛋白对干细胞分裂的调控

干细胞分裂可能产生新的干细胞或分化的功能细胞。这种分裂的不对称是由于细胞本身成分的不均等分配和周围环境的作用造成的。细胞的结构蛋白，特别是细胞骨架成分对细胞的发育非常重要。例如，在果蝇卵巢中，调控干细胞不对称分裂的是一种称为收缩体的细胞器，包含有许多调节蛋白，如膜收缩蛋白和细胞周期素 A。收缩体与纺锤体的结合决定了干细胞分裂的部位，从而把维持干细胞性状所必需的成分保留在子代干细胞中。

2. 转录因子的调控

在脊椎动物中，转录因子对干细胞分化的调节非常重要。比如，在胚胎干细胞的发生中，转录因子 Oct4 是必需的。Oct4 是一种哺乳动物早期胚胎细胞表达的转录因子，它诱导表达的靶基因产物是 FGF-4 等生长因子，能够通过生长因子的旁分泌作用调节干细胞及周围滋养层的进一步分化。Oct4 缺失突变的胚胎只能发育到囊胚期，其内部细胞不能发育成内层细胞团。另外，白血病抑制因子（leucocyte inhibitory factor，LIF）对培养的小鼠胚胎干细胞的自我更新有促进作用，而对人的成体干细胞无作用，表明不同种属间的转录调控是不完全一致的。又如，Tcf/Lef 转录因子家族对上皮干细胞的分化非常重要。Tcf/Lef 是 Wnt 信号通路的中间介质，当与 β-Catenin 形成转录复合物后，促使角质细胞转化为多能状态并分化为毛囊。

（二）外源性调控

除内源性调控外，干细胞的分化还可受到其周围组织及细胞外基质等外源性因素的影响。

1. 分泌因子

间质细胞能够分泌许多因子，维持干细胞的增殖、分化和存活。有两类因子在不同组织甚至不同种属中都发挥重要作用，它们是 TGF-β（transforming growth factor-β）家族和 Wnt 信号通路。比如，TGF 家族中至少有两个成员能够调节神经嵴干细胞的分化。最近研究发现，胶质细胞衍生的神经营养因子（glial cell-derived neurotrophic factor，GDNF）不仅能够促进多种神经元的存活和分化，还对精原细胞的再生和分化有决定作用。GDNF 缺失的小鼠表现为干细胞数量的减少，而 GDNF 的过度表达导致未分化的精原细胞的累积。Wnt 的作用机制是通过阻止 β-catenin 分解从而激活 Tcf/Lef 介导的转录，促进干细胞的分化。比如，在线虫卵裂球的分裂中，邻近细胞诱导的 Wnt 信号通路能够控制纺锤体的起始和内胚层的分化。

2. 膜蛋白介导的细胞间相互作用

有些信号是通过细胞-细胞的直接接触起作用的。β-catenin 就是一种介导细胞黏附连接的结构成分。除此之外，穿膜蛋白 Notch 及其配体 Delta 或 Jagged 也对干细胞分化有重要影响。在果蝇的感觉器官前体细胞，脊椎动物的胚胎及成年组织（包括视网膜神经上皮、骨骼肌和血液系统）中，Notch 信号都起着非常重要的作用。当 Notch 与其配体结合时，干细胞进行非分化性增殖；当 Notch 活性被抑制时，干细胞进入分化程序，发育为功能细胞。

3. 整合素与细胞外基质

整合素（integrin）家族是介导干细胞与细胞外基质黏附的最主要的分子。整合素与其配体的相互作用为干细胞的非分化增殖提供了适当的微环境。例如，当β1整合素丧失功能时，上皮干细胞逃脱了微环境的制约，分化成角质细胞。此外，细胞外基质通过调节β1整合素的表达和激活，从而影响干细胞的分布和分化方向。

二、干细胞三维培养的主要材料

干细胞三维培养的主要材料涉及干细胞的来源和类型、培养基、调控干细胞自我更新和分化的细胞因子和信号分子、三维支架材料和基质及生物反应器。本节着重对干细胞的来源和类型、调控干细胞自我更新和分化的细胞因子和信号分子进行介绍，基质和三维支架材料及生物反应器不在本节重复介绍。

（一）干细胞的类型和来源

干细胞是一类具有自我复制能力（self-renewing）的多潜能细胞，在一定条件下，它可以分化成多种功能细胞。根据干细胞所处的发育阶段分为胚胎干细胞（embryonic stem cell，ESC）和成体干细胞（somatic stem cell）。根据干细胞的发育潜能分为三类：全能干细胞（totipotent stem cell）、多能干细胞（pluripotent stem cell）和单能干细胞（unipotent stem cell）。根据干细胞的来源可分为自体干细胞、异体干细胞和诱导多能干细胞（induced pluripotent stem cell，iPS细胞）。

1. 胚胎干细胞

当受精卵分裂发育成囊胚时，内层细胞团（inner cell mass）的细胞即为胚胎干细胞，它具有体外培养无限增殖、自我更新和多向分化的特性。无论在体外还是体内环境，ESC都能被诱导分化为机体中几乎所有的细胞类型。早在1970年Martin Evans已从小鼠中分离出胚胎干细胞并在体外进行培养。而人的胚胎干细胞的体外培养直到最近才获得成功。

ESC的全能性指ES细胞在解除分化抑制的条件下能参与包括生殖腺在内的各种组织的发育，即ES细胞具有发育成完整动物体的能力，可以为细胞的遗传操作和细胞分化研究提供丰富的实验材料。ES细胞发育全能性的标志是ES细胞表面的时相专一性胚胎抗原（stage specific embryonic antigen，SSEA）和*Oct4*基因表达的Oct4。ES细胞中AKP及端粒酶活性较高，可用于ESC分化与否的鉴定（Abe et al.，1996）。ESC的多能性是指ES细胞具有发育成多种组织的能力，参与部分组织的形成。将ESC培养在不含分化抑制物的培养基上，可以形成类胚体。将ESC在特定培养基进行培养，可以定向分化成特定组织。例如，ES细胞在含有白血病抑制因子和维生素A酸（RA）的培养基上，可以分化形成全壁内胚层；将ES细胞与胚胎细胞共培养或将ES细胞注入囊胚腔中，ES细胞就会参与多种组织的发育。研究和利用ES细胞是当前生命科学和生物工程领域的核心问题之一。

ES细胞研究可追溯到20世纪80年代初，那时就发现从小鼠受精卵分裂发育而成的囊胚的内层细胞团中可以分离出具有分化成多种细胞能力、注入体内可以形成畸胎瘤的胚胎干细胞。随后，各国科学家利用相似技术陆续建立了猪、牛、兔、绵羊、仓鼠和灵长类动物胚胎干细胞系。1998 年，美国威斯康星大学的 James Thompson 和 Johns Hopkins 大学的 John Gearhart 在人类胚胎干细胞研究方面取得了突破性进展。他们分别从一周左右的体外受精获得的胚胎中和流产获得的 5～9 周胚胎中分离出胚胎干细胞，在与滋养细胞层共培养的条件下，这些细胞可以进行长达数月或更长时间的增殖，同时还保持在适当的条件下被诱导分化为分属三种胚层组织来源的各种细胞的能力。这些开拓性研究工作为近 10 年来的胚胎干细胞研究的发展奠定了基础，现在建立人胚胎干细胞系已经可以做到使用单个囊胚内层细胞、不使用滋养细胞层的水平。然而，人类 ES 细胞的研究工作引起了全世界范围内的很大争议，出于社会伦理学方面的原因，有些国家甚至明令禁止进行人类 ES 细胞研究。无论从基础研究角度来讲，还是从临床应用方面来看，人类 ES 细胞带给人类的益处远远大于在伦理方面可能造成的负面影响，因此要求展开人类 ES 细胞研究的呼声也一浪高过一浪。

目前世界上人类胚胎干细胞系已有数百株，各国科学家们正在共同努力，对这些细胞系进行系统性的比较鉴定研究，以期制定规范化的国际性胚胎干细胞标准。胚胎干细胞建系建库的目的主要用于研究人体发育的生理病理机制，当然，科学家也期待在不久的将来能在临床上应用胚胎干细胞治疗疾病。然而，由于胚胎干细胞具有成瘤性和分化难控性等安全性问题，胚胎干细胞应用于疾病的治疗这一美好愿望的实现尚需时日。

2. 成体干细胞

成体干细胞又称组织干细胞，位于人体组织器官之中。成年动物的许多组织和器官，如表皮和造血系统，具有修复和再生的能力。成体干细胞在其中起着关键的作用。在特定条件下，成体干细胞或者产生新的干细胞，或者按一定的程序分化，形成新的功能细胞，从而使组织和器官保持生长和衰退的动态平衡。过去认为成体干细胞主要包括上皮干细胞和造血干细胞。最近研究表明，以往认为不能再生的神经组织仍然包含神经干细胞，说明成体干细胞普遍存在，问题是如何寻找和分离各种组织特异性干细胞。成体干细胞经常位于特定的微环境中。微环境中的间质细胞能够产生一系列生长因子或配体，与干细胞相互作用，控制干细胞的更新和分化。

成体干细胞具有分化出多种细胞组织的潜能，但却失去了发育成完整个体的能力，发育潜能受到一定的限制。骨髓多能造血干细胞是典型的例子，它可分化出至少 11 种血细胞，但不分化出造血系统以外的其他细胞。造血干细胞是造血组织的多能干细胞。造血干细胞移植目前已成为治愈恶性血液病最有效的方法，也是治疗某些免疫异常性疾病、遗传性疾病、代谢性疾病，尤其是某些实体瘤和放射病的重要途径。造血干细胞技术的一个重要研究进展是造血干细胞在血管疾病中的应用。近年的研究发现，造血干细胞和血管干细胞的界限并不清晰、功能上有重叠，而且能相互转化。两者实质上是一群处于不同分化阶段的干细胞。中国医学科学血液学研究所院韩忠朝教授课题组在国际上首次开展外周血干细胞移植治疗重度下肢缺血，包括动脉硬化性闭塞症、糖尿病足等，取得显著疗效，使许多患者避免了截肢。目前，利用造血干细胞治疗缺血性血管疾病已经在临床上广泛开展，不但用于治疗下肢缺血，而且开始用于心脑血管病的治疗，进一步的研究正在不断深入。

间充质干细胞（mesenchymal stem cell，MSC）是干细胞家族的重要成员，来源于发育早期的中胚层和外胚层。MSC 最初在骨髓中发现，因其具有多向分化潜能、造血支持和促进干细胞植入、免疫调控和自我复制等特点而日益受到人们的关注。例如，MSC 在体内或体外特定的诱导条件下，可分化为脂肪、骨、软骨、肌肉、肌腱、韧带、神经、肝、心肌、内皮等多种组织细胞，连续传代培养和冷冻保存后仍具有多向分化潜能，可作为理想的种子细胞用于衰老和病变引起的组织器官损伤修复。

骨髓 MSC 具有以下特性：①具有强大的增殖能力和多向分化潜能，在适宜的体内或体外环境下不仅可分化为造血细胞，还具有分化为肌细胞、肝细胞、成骨细胞、软骨细胞、基质细胞等多种细胞的能力；②具有免疫调节功能，通过细胞间的相互作用及产生细胞因子抑制 T 细胞的增殖及其免疫反应，从而发挥免疫重建的功能；③具有来源方便，易于分离、培养、扩增和纯化，多次传代扩增后仍具有干细胞特性，不存在免疫排斥的特性。正是由于 MSC 所具备的这些免疫学特性，使其在自身免疫性疾病及各种替代治疗等方面具有广阔的临床应用前景。

随着 MSC 及其相关技术的日益成熟，MSC 的临床研究已经在许多国家开展，美国批准了 40 余项临床试验，我国也批准了多项临床试验。MSC 除用来促进恢复造血、与造血干细胞共移植提高白血病和难治性贫血等，还用于心脑血管疾病、肝硬化、骨和肌肉衰退性疾病、脑和脊髓神经损伤、老年痴呆、红斑狼疮和硬皮病等自身免疫性疾病的治疗研究，已经取得的部分临床试验结果令人鼓舞。

造血干细胞（hemopoietic stem cell，HSC）是存在于造血组织中的一群原始造血细胞。HSC 是所有造血细胞和免疫细胞的起源，它不仅可以分化为红细胞、白细胞和血小板，还可跨系统分化为各种组织器官的细胞，具有自我更新、多向分化和归巢（即定向迁移至造血组织器官）潜能。造血干细胞有两个重要特征：①高度的自我更新或自我复制能力；②可分化成所有类型的血细胞。造血干细胞采用不对称的分裂方式：由一个细胞分裂为两个细胞。其中一个细胞仍然保持干细胞的一切生物特性，从而保持身体内干细胞数量相对稳定，这就是干细胞的自我更新；而另一个则进一步增殖分化为各类血细胞、前体细胞和成熟血细胞，释放到外周血中，执行各自的任务，直至衰老死亡，这一过程是不停地进行着的。

在恰当的诱导条件下，脂肪干细胞能向脂肪细胞、软骨细胞、成骨细胞、肌肉细胞及神经组织定向诱导转化，为多能干细胞。此外，人体脂肪含量丰富，脂肪组织的获取相对容易，也是其研究、应用的一大优势。大量研究证实，脂肪干细胞具有成骨分化潜能，已成为继骨髓间充质干细胞之后最具应用前景的组织工程骨构建的种子细胞。脂肪干细胞的软骨分化潜能也已得到了广泛证实，探讨特异性的软骨诱导方案也一直是近年来脂肪干细胞软骨分化研究的热点。

皮肤干细胞的研究近几年来取得了很大的进展，尤其是日本。研究人员利用皮肤干细胞，包括由皮肤表皮基底层中分离出的表皮干细胞和位于表皮毛囊隆突处的毛囊干细胞，已成功培养出神经细胞、脂肪细胞、平滑肌细胞。这些新的研究成果进一步加深了人们对皮肤干细胞、皮肤损伤修复机制及皮肤癌的认识。

神经干细胞是多能干细胞，具有自我更新能力并具有演化成不同成熟细胞的潜能，同时其具有迁移能力，能远距离迁移到病变部位发挥修复功能。神经干细胞在作为组织工程的种子细胞，以及细胞移植、基因治疗、治疗神经系统退行性疾病和中枢神经系统损伤方面表现出了极大的优势。其可以定向分化成神经元、神经胶质细胞，并分泌神经营养因子，不但改善了病变周围的微环境，而且在一定程度上起到了细胞替代的作用。国内外研究人员利用神经干细胞对神经退行性疾病、遗传性神经疾病、脑血管疾病、神经系统损伤性疾病等多种神经系统疾病治疗进行了研究，获得了良好的效果。

3. 诱导多能干细胞

2006 年，日本京都大学山中伸弥领导的实验室在世界著名学术杂志《细胞》上率先报道了诱导多能干细胞的研究（Yu et al.，2007）。他们把 Oct3/4、Sox2、c-Myc 和 Klf4 这 4 种转录因子引入小鼠胚胎或皮肤纤维母细胞中，发现可诱导其发生转化，产生的 iPS 细胞在形态、基因和蛋白质表达、表观遗传修饰状态、细胞倍增能力、类胚体和畸形瘤生成能力、分化能力等都与胚胎干细胞极为相似。随后，他们进一步通过改进筛选技术得到了更接近于胚胎干细胞的多能干细胞，把这些细胞注入小鼠囊胚中再植入体内后可孕育出活的遗传混杂型（chimera）仔鼠，甚至产出完全由 iPS 细胞发育而成的仔鼠。2007 年末美国的几家实验室也陆续发表了相似的研究结果。Thompson 实验室和山中伸弥实验室几乎同时报道，利用 iPS 技术同样可以诱导人皮肤纤维母细胞成为几乎与胚胎干细胞完全一样的多能干细胞，所不同的是日本实验室依然采用逆转录病毒引入以上 4 种因子组合，而 Thompson 实验室则采用了以慢病毒载体引入 Oct4、Sox2 加 Nanog 和 Lin28 这种因子组合（Wernig et al.，2007）。这些研究成果在科学界和大众媒体中都引起了很大轰动，也因此被美国《科学》杂志列为 2007 年十大科技突破中的第 2 位。

2008 年，iPS 的研究热潮持续高涨，并取得了多项令人瞩目的进展。哈佛大学 George Daley 实验室利用诱导细胞重新编程技术把采自 10 种不同遗传病患者的皮肤细胞转变为 iPS，这些细胞将会在建立疾病模型、药物筛选等方面发挥重要作用。美国科学家还发现，iPS 可在适当诱导条件下定向分化（如变成血细胞），之后用于治疗疾病。哈佛大学另一家实验室则发现利用病毒将 3 种在细胞发育过程中起重要作用的转录因子引入小鼠胰腺外分泌细胞，可以直接使其转变成与胰岛 β 细胞极为相似的细胞，并且可以分泌胰岛素、有效降低血糖。这表明利用诱导重新编程技术可以直接获得某一特定组织细胞，而不必先经过诱导多能干细胞这一步。

iPS 技术无疑是最近两年干细胞研究所取得的最为突出的成果，与经典的胚胎干细胞技术和体细胞核移植技术不同，iPS 技术不使用胚胎细胞或卵细胞，因此没有伦理学的问题。利用 iPS 技术可以用患者自己的体细胞制备专用的干细胞，所以不会有免疫排斥的问题。然而，iPS 的研究还只是刚刚起步，有许多技术难题有待解决。例如，现在的 iPS 技术主要采用病毒载体引入转录因子，这些病毒随机插进基因组后存在着激活致癌基因或抑制抑癌基因的可能性，许多方法中还使用了 *c-Myc* 原癌基因，因此存在较大的致瘤风险，显然不可能应用于临床。当前和今后一段时间的研究将继续优化方法，如使用质粒载体、融合蛋白、小分子等替代病毒载体。另外，目前对 iPS 特性的认识也很肤浅，究竟它与未经任何遗传修饰的胚胎干细胞有多少异同还需要通过大量深入细致的研究才能搞清楚。可以预见，在今后相当长的一段时间内，iPS 技术还不太可能进入临床应用阶段，需要继续研究。

（二）干细胞自我更新和分化的调控的因子和信号

细胞因子在 ESC 的培养中也有着非常重要的作用，一些细胞因子已被证实在维持干细胞全能性、未分化增殖方面有重要作用（表 4.1）。碱性成纤维细胞生长因子（basic fibroblast growth factor，bFGF）和白血病抑制因子（leukaemia inhibitory factor，LIF）是最常用的 ESC 培养基添加物（Morrison and Spradling，2008）。bFGF 是肝素结合的多肽类有丝裂原，广泛分布于各种组织中。bFGF 主要是与细胞膜上 FGF 受体结合发挥作用，刺激与增殖有关的基因表达，是一种重要的细胞增殖分化调节剂，可刺激多种细胞的增殖。bFGF 能有效地促进 ESC 的增殖能力，是维持 hESC 自我更新必需的细胞因子。bFGF 同时上调 HLA I 类分子、抑制 HLA-DR 分子的表达，对 MSC 的分化潜能亦有影响，如有助于向成骨细胞系而抑制向神经细胞分化。

表 4.1　调控干细胞自我更新和分化的生长因子（Ulloa-Montoya et al.，2005）

细胞	自我更新/分化	胎牛血清	生长因子
hESC	自我更新	无	bFGF 4～40 ng/ml
mESC	自我更新	15%	LIF 1000 U/ml
hMAPC	自我更新	2%	EGF 10 ng/ml、PDGF 10 ng/ml
mMAPC	自我更新	2%	EGF 10 ng/ml、PDGF 10 ng/ml、LIF 1000 U/ml
hMSC	自我更新	10%	bFGF 1 ng/ml
hESC	造血分化	20%	SCF 300ng/ml、Flt-3 300 ng/ml、IL-3 10 ng/ml、IL-6 10 ng/ml、G-SCF 50 ng/ml、BMP-4 50 ng/ml
hESC	神经分化	无	bFGF 20 ng/ml
mESC	肝细胞分化	15%	RA 10^{-8} mol/L、aFGF 100 ng/ml、FGF-4 20 ng/ml、HGF 50 ng/ml
mMAPC	神经分化	无	bFGF 100 ng/ml、FGF-8 10 ng/ml、BDNF 10 ng/ml
hMAPC	内皮分化	无	VEGF 10 ng/ml
hMAPC	干细胞分化	无	FGF-4 10 ng/ml、HGF 10 ng/ml

注：h（human，人）；m（mouse，小鼠）；MAPC（multipotent adult progenitor cells，多能成体祖细胞）；EGF（epidermal growth factor，表皮生长因子）；PDGF（platelet-derived growth factor，血小板衍生生长因子）；SCF（stem cell factor，干细胞因子）；IL-6（interleukin-6，白细胞介素-6）；IL-3（interleukin-3，白细胞介素-3）；G-SCF（granulocyte colony-stimulating factor，粒细胞集落刺激因子）；RA（retinoic acid，维甲酸）；HGF（hepatocyte growth factor，干细胞生长因子）；BDNF（brain derived neurotrophic factor，脑源性神经营养因子）；VEGF（vascular endothelial growth factor，血管内皮细胞生长因子）

LIF 是 20 世纪 60 年代末发现的一种多功能细胞因子，在体外具有诱导髓样白血病细胞向正常分化和抑制 ESC 自发分化的能力。LIF 分为两种类型：分泌型（D 型）和基质型（M 型）。D 型可分泌到细胞外液中，M 型则锚定于细胞外基质。LIF 具有种属特异性，来源（天然的或重组的）、纯度和浓度共同决定其作用。鼠源的 LIF 通过与异源二聚体受体及 gp130 结合激活 JAK/Stat3 信号通路，活化的 Stat3 可以维持 mESC 的长期自我更新能力、胚胎克隆形成能力、表达未分化表型特征（Puente et al.，2006）。但人源重组 LIF 的作用机制还不清楚。LIF 能维持 mESC 的未分化状态，却不能阻止 hESC 的分化。胰岛素样生长因子（insulin-like growth factor，IGF）对维持 ESC 的全能性也起着作用。抑制 IGF1 受体不利 hESC 的自我更新，IGF1 与 bFGF 和激活素 A（activin A）联合使用可促进 hESC 的未分化增殖。在有滋养细胞层的 hESC 培养体系中，bFGF 刺激 hESC 衍生的成纤维细胞分泌 IGF，进而促进 hESC 增殖。

TGF-β1 是 TGFβ 超家族成员之一，可存在于基质胶或条件培养基中，能诱导 hESC 表达中胚层标志物（如肌肉烯醇化酶、心肌动蛋白）。依据培养环境及细胞发育阶段的不同，TGF-β1 会对造血系统的增殖、分化及死亡产生不同的影响。

骨形态发生蛋白（bone morphogenetic protein，BMP）具有抑制 ESC 向神经系统分化的作用，单独使用 BMP 可促进 ESC 向非神经系统分化，不具有抑制 ESC 分化的功能。但若将 BMP 与 LIF 联合，则显示抑制 ESC 分化的功能，支持 ESC 的自我更新。BMP 拮抗剂 Noggin 联合 bFGF 可以在 Matrigel 包被的培养系统中有效地维持 hESC 生长达 33 代，表明 Noggin 可能与 bFGF 协同作用共同抑制 BMP 信号，从而维持 hESC 未分化增殖的状态。

Activin A 对维持 hESC 生长也是非常重要的，在无饲养层无血清的培养系统中，activin A 可以长期有效地维持 hESC 的未分化和多潜能状态。Activin A 能够诱导 Oct4、Nanog、Nodal、Wnt3（一组编码调节胚胎发育的分泌蛋白质）、bFGF 和 FGF8 的表达，同时抑制 BMP 信号通路，说明 Activin A 是维持 hESC 干细胞状态的关键调控子。Activin A、尼克酰胺（nicotinamide，NIC）和角质化细胞生长因子（keratinocyte growth factor，KGF）能够维持 hESC 在 Laminin 包被的培养皿上持续生长达 20 代（Miyazaki et al.，2008）。如果培养基中不加 activin A，则 hESC 迅速分化，表明 activin A 可以抑制 hESC 的分化；如果单独用 activin A，培养基中没有 KGF 或 NIC，细胞的生长速度会大大降低。在无饲养层的培养系统中，Wnt3a 也可以促进 hESC 的增殖。糖原合成酶激酶（glycogen synthase kinase-3，GSK-3）的特殊药物抑制剂 BIO（6-bromoindirubin-3′-oxime）能够激活 Wnt 信号通路，从而维持 hESC 的未分化和多潜能性。

目前，尽管人们对维持 hESC 未分化状态相关的信号通路有了一定程度的了解，并初步形成了 SMAD2/3 磷酸化激活的细胞因子和信号（如 TGF-β1、activin A 和 Nodal）具有维持 hESC 自我更新能力的作用；激活 SMAD1/5/8 的细胞因子和信号（如 BMP）能诱导 hESC 分化的共识。但鉴于生长因子作用的复杂性，例如，bFGF 虽是最常用的有丝分裂原刺激因子，却又能促进外胚层和中胚层标记的表达，也是下丘脑神经原的诱导分化因子。如何恰到好处地应用生长因子和信号分子，是值得进一步研究的方向。

三、干细胞培养的监测和控制

（一）理化环境

干细胞三维培养无论是以扩增为目的还是以分化为目的，其成功与否取决于对理化环境、营养物质和代谢产物，以及生长因子和信号分子等关键过程变量的控制（Draper et al.，2004）。

干细胞三维培养的主要理化参数包括 pH、溶解氧浓度及二氧化碳分压、温度和剪切力。尽管以扩增为目的的干细胞三维培养，几乎都将理化常数设置为 pH 7.4、20% DO、5% CO_2 分压和 37℃，但不同类型的干细胞增殖和分化的最优理化常数肯定是有所不同的。高 pH 有利于巨核祖细胞的分化和成熟；相反，较低的最佳 pH（pH7.21）能促进粒细胞集落刺激因子受体（G-CSF 受体）表达及粒细胞增殖和分化，pH 降低至 7.1 时有利于巨核祖细胞的扩增（Hevehan et al.，2000）。

在静态培养体系的研究普遍表明，低氧分压既能降低干细胞的分化，也能提高干细胞的增殖。在 2%～5%的氧分压下，hESC 和 mESC 的扩殖速率明显快于在 20%氧分压下的扩增速率（Kurosawa et al.，2006）。MSC 在 2%～5%的氧分压下培养的迟滞期短、细胞生长速率高于 20%氧分压下的细胞培养。同时，扩增细胞保留更大比例的 MSC 标记阳性细胞和 CFU-E。低氧分压可降低染色体的损伤、提高 hESC 的活力，但当 hESC 由低氧分压环境转入 20%溶解氧浓度环境时，对氧化损伤的敏感性增加。溶解氧浓度是造血过程的关键参数，溶解氧通过调节细胞因子、表面标志物和的转录因子的产生，对造血祖细胞的扩增产生明显的影响。不同的细胞谱系和成熟的阶段的需氧量不同，造血祖细胞更适宜在 5%的较低氧浓度中扩增，低氧分压也可以提高粒细胞的分化；20%的较高氧浓度可促进成熟巨核细胞和红细胞的生长（Bagley et al.，1999；Hosokawa et al.，2007）。溶解氧浓度对 mESC 的分化有明显影响。mESC 在溶解氧浓度为 40%的培养环境中碱性磷酸酶活性和 *Oct-4* 基因表达时间比在溶解氧浓度为 20%的培养环境中长，mESC 易于在溶解氧浓度为 20%的培养环境中发生自发分化。

有关温度对干细胞扩增和分化的研究相对较少。有研究证实，培养温度设置为 39℃能促进脐血来源造血干细胞向巨核细胞系的分化，32℃的培养温度能减轻氧自由基对 MSC 的损伤，维持 MSC 的活力和扩增能力。

机械刺激是构成干细胞三维培养复杂性微环境的一个组成因素，影响干细胞三维培养的机械刺激主要包括流体剪切力和周期性双向应变（Fok and Zandstra，2005）。干细胞在搅拌式生物反应器中悬浮培养的流体动力主要来自于搅拌浆的驱动，搅拌浆将能量传递给流体，引起生物反应器内流体的运动（Williams et al.，2002）。流体的运动在使培养环境均一、传质充分的同时，不可避免地会产生影响细胞生长和代谢及细胞团粒径分布的流体动力。在搅拌式细胞培养瓶中研究流体动力对干细胞培养的影响，虽也可直观地采用搅拌叶片的转速（即搅拌速度）这一参数进行描述。但由于不同的生物反应器存在罐体及搅拌浆构型和大小不同的差异，干细胞培养工艺的放大不能简单地直接借鉴描述流体动力的搅拌速度参数，应以流体动能（*Nen*）和积分剪切因子（integrated shear factor，ISF）作为重要的参数。在非通气的搅拌式反应器中，搅拌叶片传递给流体的能量及产生的积分剪切因子可由以下关系式求得

$$N_{en} = Ne\rho_L N^3 D_i^5 \tag{4-1}$$

$$ISF = \frac{2\pi N D_i}{D_R - D_i} \tag{4-2}$$

式（4-1）中，N_{en}为搅拌器传给流体的能量；N_e 为牛顿数；ρ_L 为液体密度；N 为转速；D_i 为搅拌叶片直径。式（4-2）中，D_R 为培养容器的直径。

流体动力强度既可直接影响干细胞的生长和代谢，也可通过影响细胞团的平均粒径及粒径分布的离散程度而影响干细胞的扩增和分化（Bilodeau and Mantovani，2006）。由于不同类型的干细胞对剪应力的敏感性不同，在干细胞培养中也应把剪应力的设置作为其中的重要控制参数加以关注。例如，作用于悬浮细胞团中的乳腺上皮干细胞的适宜剪切力为 2 dyn/cm^2，悬浮培养的内皮干细胞的适宜剪切力可高达 20～30 dyn/cm^2。有研究证实，ESC 在施加 15 dyn/cm^2 剪切力的悬浮培养中表现出比其在静止培养体系中更明显的向内皮细胞谱系分化的倾向。

影响三维培养干细胞分化的另一机械刺激是施加于三维培养物的周期性双向应变，如机械牵拉、压迫和流体压力等（Engler et al.，2006）。这类机械刺激在三维培养干细胞向心肌细胞、骨骼肌、平滑肌和软骨细胞谱系的分化和特化组织形成的促进作用中体现得更为显著（Terraciano et al.，2007；Titushkin and Cho，2007）。

（二）过程监控和质量控制

细胞培养是一个非常复杂、同时又是动态变化的生物反应过程体系，其中包含着许多相互联系、相互影响的线性和非线性过程变量（process variable)。这些变量可以是影响细胞生存、生长和代谢状态的环境因素，也可以是反映细胞生存、生长和代谢状态的生理和生化参数。细胞培养的过程监测和控制（bioprocess monitoring and control）是指对细胞培养过程的物理量、化学量和生物量进行动态的监测，并以此为依据结合细胞生物学机制和生物反应动力学，采取相应措施将某些重要的过程变量控制在一定的许可范围或期望的范围内。

干细胞三维培养的过程监控在保证扩增细胞质量和一致性中起着至关重要的关键作用。干细胞培养的复杂性、细胞类型的异质性和内在的时间进程和批次之间的变异性使干细胞三维培养的过程控制成为极具挑战性的任务（Mason and Hoare，2006）。

灵敏、稳定和在线原位检测（online *in situ* measurement）过程变量是对细胞培养过程变量进行监测的理想化要求（Clementschitsch and Bayer，2006）。温度、pH、氧溶解浓度、二氧化碳溶解浓度等过程物理量均能通过对不同类型的电极传导的电信号的检测而基本满足上述要求。与此相反，用于细胞培养过程化学量和生物量检测的传感器，往往不能经受高压蒸汽灭菌处理、或因培养基的长期浸润渗透而对传感器的信号产生干扰，使细胞培养过程化学量和生物量的在线原位检测难以实施。

细胞生长因子、营养和代谢物浓度对三维培养干细胞的生长、分化和死亡起着重要

的调控作用，是干细胞三维培养过程监测和控制的重要参数（Hwang et al.，2004）。流式注射分析（flow injection analysis，FIA）是已被广泛采用的、同时也是最具发展潜力的过程变量监测技术。目前，FIA 已能完成对葡萄糖、乳酸、氨、半乳糖、谷氨酰胺、谷氨酸、胆碱、K^+、Na^+、Ca^{2+}、过氧化氢、细胞密度及 pH、氧分压、二氧化碳分压等过程变量的在线监测。FIA 对过程变量检测的耗时多在数分钟内即可完成，其对过程变量检测的时效性虽不如原位检测，但也足以满足为过程优化控制提供及时的参数的需要。

受现阶段分析技术的发展水平的限制，FIA 目前仍难于实际用于干细胞三维培养中许多重要的过程化学量和生物量（如细胞因子、细胞活力、细胞凋亡和细胞内 pH 等）的监测。这一问题的解决有赖于基于芯片技术的新型生物传感器（biosensor）的发展和 FIA 系统整合程度和自动化程度的提高。此外，由于光学生物传感器（optical biosensor）可以在不借助特定配体或标记的前提下，采用多个样品分析池对样品进行多参数的快速、定量测定，是极具发展和应用潜力的过程变量监测技术。相对于细胞因子、细胞活力、细胞凋亡等生物变量的监测和控制，三维培养体系中干细胞的分化状态的监测和控制具有更大的技术挑战性。

培养过程的自动化在线调控是在对细胞培养过程的物理量、化学量和生物量进行动态监测的基础上，根据细胞生长和代谢的动力学特点，建立适合于干细胞培养的计算机自动化调控模型，并利用此模型及时分析处理在线测定生物反应器中细胞培养的各种参数，实施对干细胞三维培养过程的反馈控制（Coletti et al.，2006；McDevitt and Palecek，2008；Olariu et al.，2010）。在线反馈控制虽然是干细胞三维培养过程控制的发展方向，但其技术水平在现阶段尚处于不成熟的早期萌芽状态。

（三）实验设计

实验设计（design of experiment，DOE）是材料、化学、制药和半导体等行业广泛用于过程表征确定和优化的工程手段。DOE 是以最小的付出获取最多的过程变量，以及变量间交互作用信息的方法。传统的实验方法（如剂量-效应研究），在实验体系中人为地设定诸多过程变量保持不变，只考察一个因素产生的变化，而其他相应的因素的相互作用往往被掩盖。由于干细胞三维培养的多样性和复杂性，这种单因素研究方法显然不能满足用于获取干细胞三维培养复杂系统的过程信息并确定最佳控制条件的需要。鉴于干细胞三维培养迄今尚未形成被普遍认可的规程化技术方案。DOE 在实施干细胞三维培养中的应用更便于高效地获取真实反映过程变化的信息，进而确定干细胞三维培养优化条件的研究目的（Jongpaiboonkit et al.，2009）。典型的 DOE 包含筛查、鉴定和优化三个步骤。

筛查的目的是快速甄别对干细胞三维培养有明显影响作用的因素、排除无明显作用的因素。部分析因设计（fractional factorial design）和 Plackett-Burman 设计是因素筛查步骤常用的实验设计。这些实验设计的特点是以较少的实验数快速筛查大量的因素。Plackett-Burman 设计法是一种两水平的实验设计方法，它作为一种以不完全平衡块为原理的统计学实验设计方法，能够从众多变量中快速、有效地筛选出最为重要的一些因素，供进一步的研究，并且具有数据处理简单、适用于多个因素等优点，通常用于项目早期阶段的筛选实验。对于 N 次实验至多可研究（$N-1$）个因素，但实际因素应该要少于 $N-1$ 个，至少要有 1 个虚构变量用以估计误差。每个因素取两个水平：低水平为原始培养条件，高水平约取低水平的 1.25 倍。但对某些因素高低水平的差值不能过大，以防掩盖其他因素的重要性，应依实验条件而定。对实验结果进行分析，得出各因素的 t-值和可信度水平（采用回归法）。一般选择可信度大于 90%（或 85%）的因素作为重要因素。

鉴定和优化的目的是应用响应面设计法（response surface design）准确地定量分析筛查出的重要因素对效应的影响及其交互作用。响应面分析法是数学方法和统计方法相结合的产物，它包括实验设计、建模、因子效应评估及寻求因子最佳操作条件，是用来对所感兴趣的响应受多个变量影响的问题进行建模和分析，能以很少的实验数量和时间优化，从而取得明确的、有目的的结论。常用的响应面设计方法有中心复合设计（central composite design，CCD）和 Box-Behnken 设计。

完整的干细胞三维培养技术体系是由材料单元、控制单元和功能单元组成的系统整合。从干细胞三维培养技术体系的完整性及其应用的细胞治疗和再生医学的目的性考虑，干细胞三维培养的实验设计应将各组成单元的相关因素加以综合考察（图 4.3）。但实际上，受现阶段干细胞三维培养技术水平的限制，干细胞三维培养主要是围绕探索和建立干细胞体外非分化性增殖和定向分化控制条件和方法（Yao et al.，2004）。在设计干细胞三维培养实验中重点考察材料单元所包括的诸如干细胞的来源和类型、调控干细胞的因子和信号、营养成分、三维支架材料和基质及生物反应器等因素，以及控制单元中的过程监测、条件优化控制和质量控制等因素（Placzek et al.，2009）。随着干细胞三维培养技术的发展及其最终过渡到再生医学的应用，干细胞三维培养的实验设计将把重点转移至功能单元中以三维细胞-载体复合物或细胞-细胞复合物向特定组织形态发生和功能形成为特征的考察。

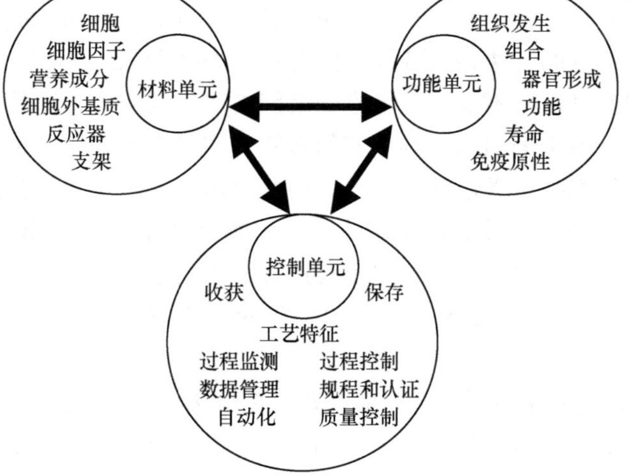

图 4.3　设计干细胞三维培养的主要考虑因素（Placzek et al.，2009）

（四）干细胞的质量控制

干细胞的培养存在很大的变异性和不稳定性，干细胞的质量控制是评价干细胞三维培养技术成熟程度和实际应用的关键标准。在现阶段有关干细胞培养方法和干细胞特征的研究仍在不断发展和完善中，标准化的干细胞质量控制方案的制订时机尚不成熟。在培养过程中有几个方面的因素会影响干细胞的性质，如长期培养、酶和化学物质处理、培养基成分的改变。因此，大约每传10代或在培养条件改变之后，都应该对已建立的干细胞、特别是ESC进行特性分析。

干细胞质量控制的目的在于证实干细胞系的分子及生物学特性，并确认其多能性和正常性（即未转化）。尽可能减少干细胞的传代次数和培养时间，是易于遵循的控制污染和遗传改变的干细胞质量控制基本点。ESC的特性分析至少包括：多能性确认、检测细胞表面标志物的表达和已知ESC基因的表达及核型分析。

多能性显然是干细胞系特性的一个关键分析指标，其所预期的结果可依据细胞类型而各不相同。hESC的多能性可采用在无免疫应答能力小鼠中形成畸胎瘤，或在体外形成含有三胚层组织的胚胎小体，或体外分化成具有三个胚层的各种细胞类型的实验方案加以确认。其中，畸胎瘤的形成是用于确定hESC多能性的最常用方法。一般选用SCID/Beige无免疫应答能力小鼠品系，并将未分化的hESC注入后肢肌肉、睾丸内，或是肾包膜下。在所有的注射小鼠中都会有肿瘤形成，8～12周后可以依据瘤体的大小切下进行组织学分析。典型的畸胎瘤通常与宿主组织有明显的界限，并呈现出有组织的细胞团簇，可能包括有软骨、导管、上皮细胞构成的囊腔，以及各种类型的上皮组织。

干细胞标志物可通过免疫细胞化学染色并借助显微镜或流式细胞仪进行鉴定。用于鉴定未分化hESC的表面标志物组合可识别细胞表面表达的特异性蛋白或糖类。未分化hESC的共有标志物包括：属于红细胞系列的糖脂抗原的阶段特异性抗原1（SSEA-1）、SSEA-3和SSEA-4，属于硫酸角蛋白相关抗原（Trafalgar抗原）的TRA-1-60和TRA-1-81。其他标志物，如POU转录因子Oct-*4*在多潜能细胞群体（包括未分化hESC）中也表达，而且证实Oct-*4*的表达对于维持hESC的多能性是必需的，因此，Oct-*4*表达的缺失可作为判别hESC发生分化的依据。

聚合酶链反应（PCR）可使微量的DNA扩增到足以进行电泳分析的量。应用PCR技术可以检测*Oct-4*和*Nanog*这类只在未分化hESC中表达的基因。逆转录PCR（RT-PCR）可以利用分离获得的信使RNA（mRNA）合成互补DNA（cDNA），再进行PCR检测。利用此方法先合成待检hESC的cDNA，随后再用合成的cDNA与未分化hESC基因的相应引物进行PCR，分析待检hESC的基因表达。

细胞核型分析是用于监测细胞培养遗传稳定性的有价值工具，也常用于判断是否出现转化的细胞。最常用的核型分析方法是用秋水仙碱或其类似化合物将细胞分裂阻滞在中期。然后以低渗KCl盐水或柠檬酸盐水使其膨胀，用乙酸和甲醇固定并滴在显微载玻片上，然后用Giemas染色以观察浓缩的染色体（图4.4）。干细胞体外培养有发生胞核改变的倾向，维持干细胞的未分化状态及保持其二倍体核型是干细胞培养的主要技术难点和质量控制指标。迄今还没有一个培养体系能够完全防止 hESC 积累核型异常的倾向性。

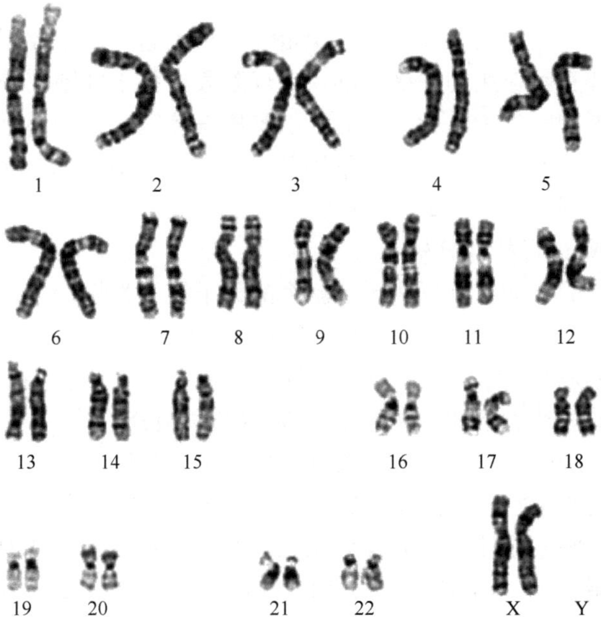

图 4.4　二倍体人胚胎干细胞核型（Nie et al.，2009）

第三节　干细胞三维培养实例

如前所述，人胚胎干细胞生物学发展和应用的最主要制约因素之一就是 hESC 的大量增殖。在目前的条件下，大量培养 hESC 仍是不可能的。直到最近，大部分的 hESC 系仍然是用传统的方法建立，即培养在小鼠胚胎成纤维细胞（mouse embryonic fibroblast，MEF）滋养层上，并使用高浓度的非人类血清。大部分可供应用的 hESC 系需要与 MEF 共培养，或使用 MEF 来源的条件培养基（conditioned media，CM），以维持 hESC 的多潜能性和细胞增殖能力并抑制 hESC 的分化（Skottmanl and Hovatta，2006）。滋养层为 hESC 的贴壁提供了一个合适的附着基质，并释放营养和信号因子来维持 hESC 的多能性（Amit et al.，2004）。由于 MEF 只能存活几天，hESC 必须定期转移到新的滋养层上以维持更新，这是一个昂贵且费时费力的过程。重要的是，来自滋养层细胞的病毒或其他不希望有的大分子可能会进入到 hESC 细胞群中，最终将到达基于干细胞治疗的受试者。

尽管近年来，以 hESC 为重点的干细胞三维培养技术是突破干细胞大量培养并达到临床上大规模安全使用标准的技术发展方向，但迄今干细胞三维培养技术总体上仍处于发展的早期阶段（Azarin and Palecek，2010）。可用于研究的 hESC 系也非常有限、涉及 hESC 三维培养所发表的资料还不是很多。鉴于常规培养的 hESC 二维培养常常作为

hESC 三维培养的基础和参照体系，且 hESC 二维培养自身也还存在有待解决的技术问题。本节首先列举 hESC 的常规培养方法及其生长增殖和冻存中的一些问题，同时选取三维多孔天然聚合物支架培养 hESC（Li et al.，2010）、微囊化培养 hESC、微载体培养 hESC（Abranches et al.，2007；Oh et al.，2009）和生物反应器悬浮培养 mESC 作为干细胞三维培养的实例加以介绍。

一、人胚胎干细胞的培养和冻存

（一）人胚胎干细胞的复苏和培养

试剂材料

ES-HEPES 培养基：15.6 ml DMEM，4 ml FBS，0.4 ml 1 mol/L HEPES。

1 mol/L 蔗糖溶液：3.42 g 蔗糖溶解于 8 ml ES-HEPES 培养基中，然后加入 2 ml FBS 混匀，0.22 μm 微孔滤膜过滤除菌，4℃储存。

0.2 mol/L 蔗糖溶液：1 ml 1 mol/L 蔗糖溶液，4 ml ES-HEPES 培养基。

0.1 mol/L 蔗糖溶液：0.5 ml 1 mol/L 蔗糖溶液，4.5 ml ES-HEPES 培养基。

hESC 生长培养基：80%（*V/V*）DMEM，20%（*V/V*）FBS，1 mmol/L L-谷氨酰胺，0.1 mmol/L β-巯基乙醇，1%（*V/V*）非必需氨基酸，1000 U/ml 白血病抑制因子。

MEF 滋养板等。

实验步骤

1）准备及预温解冻板：孔 1，1 ml 0.2 mol/L 蔗糖溶液；孔 2，1 ml 0.1 mol/L 蔗糖溶液；孔 3 和孔 4，各 1 ml ES-HEPES 培养基。

2）从长期液氮储存器中取一支 hESC 放入一个便携式液氮容器中。

3）用镊子取一个 hESC 小管，放入层流罩中。

4）快速操作，用手指压住小管上端，将狭小的末端浸入孔 1 中。

5）只要冻存物一融化，就要立即取出 hESC 放至蔗糖溶液中（用加样器排除所有剩余溶液）。

6）精确孵育 60 s，然后转入孔 2 中。

7）在孔 2 中孵育 60 s。

8）将细胞转移至孔 3 中，5 min。

9）解冻的最后一个步骤，将细胞转移至孔 4，5 min。

10）经过最后一个步骤之后，用加样器收集 hESC 接种于新鲜制备的 MEF 滋养板上，加入 hESC 生长培养基。

11）将接种于 MEF 滋养板的 hESC 置 37℃、5% CO_2 环境培养，2～4d 后倒置显微镜下可观察到典型的 hESC 集落（图 4.5）。

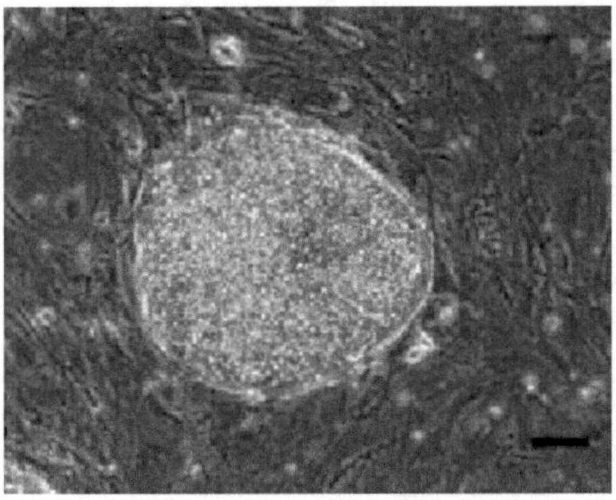

图 4.5　典型的 hESC 集落（Thomson et al.，1998）
标尺长度为 100 μm

（二）人胚胎干细胞的传代

试剂材料

hESC 生长培养基

无 Ca^{2+} 和 Mg^{2+} 的 PBS

200 U/ml 胶原酶 IV 溶液

MEF 滋养板

细胞刮或拉长的玻璃吸管、离心管、吸管等。

实验步骤

1）吸去 hESC 中的培养基，用 PBS 洗两次。

2）加入胶原酶 IV 溶液，37℃孵育 8～10 min。

3）用细胞刮或拉长的玻璃吸管轻轻地分离集落，将细胞转移至离心管中。

4）用 hESC 生长培养基冲洗一次，将所有细胞集落收集到离心管中。

5）在离心管中反复吹打细胞集落，使其形成更多小块。

6）1000 r/min 离心 2 min，吸去上清，用新鲜的 hESC 生长培养基重悬细胞。

7）将细胞悬液接种到 MEF 滋养板中，贴附过夜，第二天加入新鲜的 hESC 生长培养基。

8）每天观察细胞并更换培养基，当细胞 80%汇合时再传代。

（三）人胚胎干细胞的冻存

试剂材料

ES-HEPES 培养基：15.6 ml DMEM，4 ml FBS，0.4 ml 1 mol/L HEPES。

10%（*V/V*）玻璃化培养基：0.5 ml DMSO，0.5 ml 乙二醇，4 ml ES-HEPES 培养基。

20%（V/V）玻璃化培养基：1 ml DMSO，1 ml 乙二醇，1.5 ml 1 mol/L 蔗糖溶液，1.5 ml ES-HEPES 培养基。

4 孔板、开口拉长的玻璃化小管、冷冻管、拉长的玻璃吸管、加样器枪头、配有大孔针头（14G）的注射器等。

实验步骤

1）准备一个玻璃化板：孔 1，1 ml ES-HEPES 培养基；孔 2，空白；孔 3，1 ml 10%（V/V）玻璃化培养基；孔 4，1 ml 20%（V/V）玻璃化培养基。

2）使用前将玻璃化板置于温箱中 2 min，预温。

3）将 hESC 系的名称、代数、时间及其他相关信息预先写在冷冻管上。

4）将大孔注射器针头放在酒精灯上加热，用它在冷冻管顶部和底部戳一个洞，使液氮可以在管内自由流动，这有助于保持细胞在保存过程中一直是冷冻状态。

5）将 hESC 集落切割成小块，将 6～8 块集落小块转移至孔 1 中，60 s。

6）用加样器将所有集落小块从孔 1 转移至孔 3，精确计时 60 s。

7）将集落小块从孔 3 转移至孔 4，精确计时 30 s。

8）将集落小块转移至 10 μl 小滴中。

9）用一个加样器，在吸头的末端安上玻璃化小管，小心迅速地将含有集落小块的溶液吸入。

10）小心移去吸头，用一对长臂镊子将小管稍微倾斜浸入液氮，使细胞瞬间冷冻。

11）一旦冻住，就将小管放入冷冻管，再放回液氮中。

12）当液氮充满冷冻管后，将存有小管的冷冻管放入液氮罐中。

二、三维多孔天然聚合物支架培养人胚胎干细胞

虽然研究人员还没有对干细胞自我更新的确切机制达成共识，但已有研究表明，细胞外基质和整联蛋白之间的相互作用对 hESC 的自我更新起着关键作用。下面介绍一种用壳聚糖和海藻酸钠复合物制成的高度多孔支架材料来培养 hESC 的方法。

（一）壳聚糖-海藻酸钠支架的制备

试剂材料

壳聚糖

海藻酸钠

乙酸

NaOH

$CaCl_2$

超纯水、24 孔板、搅拌器等。

实验步骤

1）制备壳聚糖溶液：将 4.8 g 壳聚糖溶解于 80 ml 1 mol/L 乙酸溶液中。

2）制备海藻酸钠溶液：将 4.8 g 海藻酸钠溶解于 120 ml 1 mol/L NaOH 溶液中。

3）将壳聚糖溶液和海藻酸钠溶液混合后获得 4.8%（*w/V*）的溶液［2.4%（*w/V*）壳聚糖，2.4%（*w/V*）海藻酸钠］，搅拌 1 h。

4）将获得的壳聚糖-海藻酸钠溶液加热，并在 70℃维持 1 h。

5）用 2 mol/L 乙酸溶液调节壳聚糖-海藻酸钠溶液的 pH 至 7.0～7.4。

6）再将壳聚糖-海藻酸钠溶液加入 24 孔板中，于－20℃放置 24 h。

7）然后低压冻干形成支架。

8）支架再用 1%（*w/V*）$CaCl_2$ 溶液浸泡交联 10 min 后，超纯水冲洗。

9）将支架切割成厚度约为 2mm、直径约为 13mm 的圆盘状 如图 4.6 所示的，环氧乙烷气消毒灭菌。

图 4.6 壳聚糖-海藻酸钠支架（Li et al.，2010）

A. 大体观察；B. 扫描电镜观察

（二）人胚胎干细胞的培养

试剂材料

hESC 生长培养基：DMEM 与 Ham's F-12 进行 1∶1 混合，1.2 g/L 碳酸氢钠，15 mmol/L HEPES，2.5 mmol/L L-谷氨酰胺，0.5 mmol/L 丙酮酸钠，0.1 mmol/L β-巯基乙醇，1%（*V/V*）非必需氨基酸，10 ng/ml bFGF，5%（*V/V*）血清替代物，15%（*V/V*）FBS，100 U/ml 青霉素，100 U/ml 链霉素等。

200 U/ml 胶原酶 IV 溶液

无 Ca^{2+} 和 Mg^{2+} 的 PBS

100 mmol/L EDTA

100 mmol/L K_2HPO_4

吸管、离心管、24 孔板等

实验步骤

1）将准备好的无菌壳聚糖-海藻酸钠支架放入 24 孔板中。

2）细胞接种前，支架用 hESC 生长培养基孵育 24 h。

3）hESC 用 PBS 洗两次后，加入胶原酶 IV 溶液 37℃孵育 8～10 min，将其从 MEF 滋养层消化下来，具体步骤参照 hESC 传代和操作。

4）hESC 生长培养基悬浮 hESC，直接接种到预处理好的壳聚糖-海藻酸钠支架上。

5）将接种于壳聚糖-海藻酸钠支架的 hESC 置 37℃，5% CO_2 环境培养，hESC 在支架的三维空隙内形成如图 4.7 所示的细胞团簇。

6）细胞长满后，将培养物用 PBS 冲洗一次，加入 100 mmol/L EDTA 和 100 mmol/L K_2HPO_4 溶液，室温孵育 5 min，使 hESC 与支架解离。

7）用注射器内芯温柔地匀化后，将细胞悬液用 100 μm 细胞筛过滤去除支架碎片。

8）将细胞悬液转移至离心管中，200 *g* 离心 5 min，收集细胞。

9）hESC 生长培养基重悬细胞后，重新接种到另一个壳聚糖-海藻酸钠支架上。

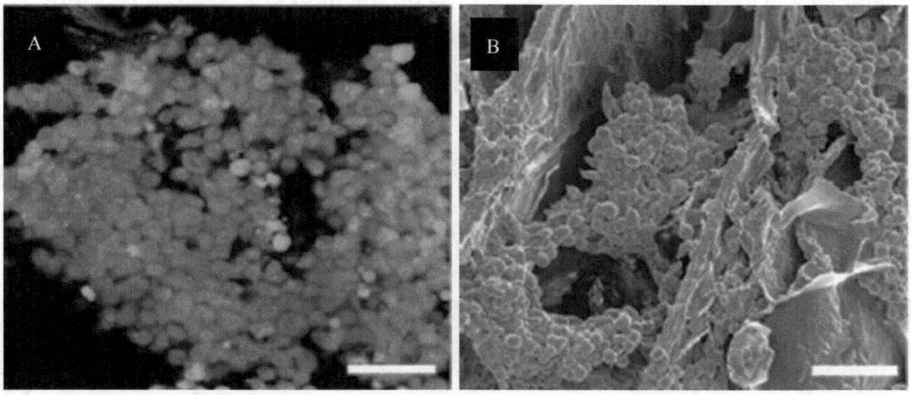

图 4.7　壳聚糖-海藻酸钠支架上培养的 hESC（Li et al.，2010）

A. SSEA-4 免疫荧光染色；B. 扫描电镜观察壳聚糖-海藻酸钠支架上的 hESC（参见插页）

三、微囊化培养人胚胎干细胞

试剂材料

hESC 生长培养基：DMEM，1 mmol/L L-谷氨酰胺，0.1 mmol/L β-巯基乙醇，1%（*V/V*）非必需氨基酸，4 ng/ml bFGF，20%（*V/V*）血清替代物。

海藻酸水凝胶溶解缓冲液：50 mmol/L tri-sodium citrate dihydrate，77 mmol/L NaCl，10 mmol/L HEPES 溶解于 PBS 中。

1 mg/ml 胶原酶 IV 溶液

无 Ca^{2+} 和 Mg^{2+} 的 PBS

海藻酸

猪的明胶溶液

HEPES

$CaCl_2$

超纯水、搅拌器等

实验步骤

1）配制海藻酸-明胶溶液（pH7.4）：将海藻酸溶解于 PBS 中，获得 1.1%（*w/V*）的海藻酸溶液，再加入 0.2%（*V/V*）的明胶溶液。

2）配制 $CaCl_2$-HEPES 溶液（pH 7.4）：将 100 mmol/L $CaCl_2$ 和 10 mmol/L HEPES 溶解于超纯水中。

3）hESC 用 PBS 洗两次后，加入胶原酶 IV 溶液 37℃孵育 8～10 min，将其从 MEF 滋养层消化下来，具体步骤同前。

4）在室温下，用海藻酸-明胶溶液重悬 hESC。

5）从 30 mm 的垂直高度，用 25-计量注射针将细胞悬液滴加到搅动的 $CaCl_2$-HEPES 溶液中。

6）明胶与 $CaCl_2$-HEPES 溶液接触后，会立即形成微囊，直径约 2.3 mm。

7）室温下，微囊在温和搅动的 $CaCl_2$-HEPES 溶液中可维持 6～8 min。

8）微囊用 PBS 洗 3 次后，用 hESC 生长培养基进行培养，每 3～4 d 换液，hESC 在微囊中形成如图 4.8 所示的球状细胞团。

9）室温下，微囊在海藻酸水凝胶溶解缓冲液中温和搅拌 15～20 min 后，1200 r/min离心 10 min 收集细胞。

10）细胞用 PBS 洗一次后，1000 r/min 离心 3 min，再次收集细胞。

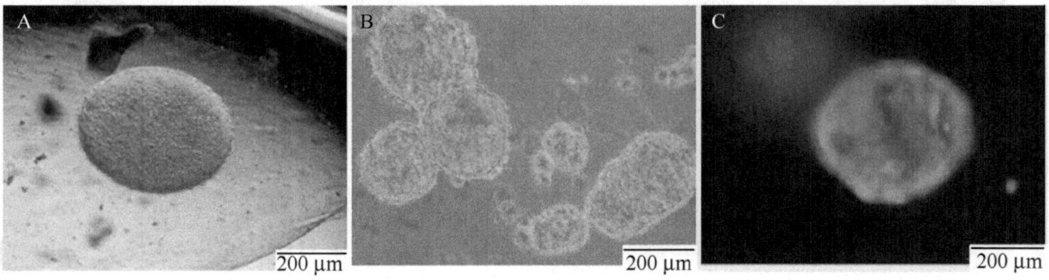

图 4.8　hESC 用海藻酸水凝胶微囊化培养后的形态和活力（Siti-Ismail et al.，2008）
A. hESC 聚集体微囊化培养 110 d；B. hESC 微囊化培养 110 d 后去微囊化的二维培养；C. 微囊化培养 110 d 后，聚集体中的 hESC 仍然具有活力（参见插页）

四、微载体培养人胚胎干细胞

试剂材料

KO 培养基

StemPRO 培养基

纤维素微载体

无 Ca^{2+} 和 Mg^{2+} 的 PBS

胶原酶 IV 溶液

Matrigel

NaOH

$CaCl_2$

超纯水、24 孔板、搅拌器等

实验步骤

1）微载体置于 PBS 中高压蒸汽灭菌。

2）Matrigel 包被微载体：Matrigel 用 KO 培养基 1∶30 稀释，将 1 ml 稀释后的 Matrigel 与 4 mg 微载体混合。

3）包被后的微载体用 KO 培养基于 4℃孵育过夜。

4）hESC 用胶原酶 IV 消化后，吸管反复吹打成 50～60 μm 的细胞团。

5）然后以 2×10^5 个/ml 接种到超低贴附的 6 孔板中的微载体上，加入 StemPRO 培养基。

6）置于 37℃静态培养，每 24 h 换液一次，每周以 1∶5～1∶10 传代。

7）收获静态培养在微载体上的 hESC，将其接种到 100 ml 硅化的搅拌瓶中，搅拌瓶中含有 25 ml StemPRO 培养基和 4 mg/ml 的微载体，初始转速设为 15 r/min。

8）培养 1 d 后，培养基增加为 50 ml，转速设为 25 r/min。

9）每天更换 80％的培养基，hESC 贴附于微载体表面并形成如图 4.9 所示的细胞团簇，7 d 后传代。

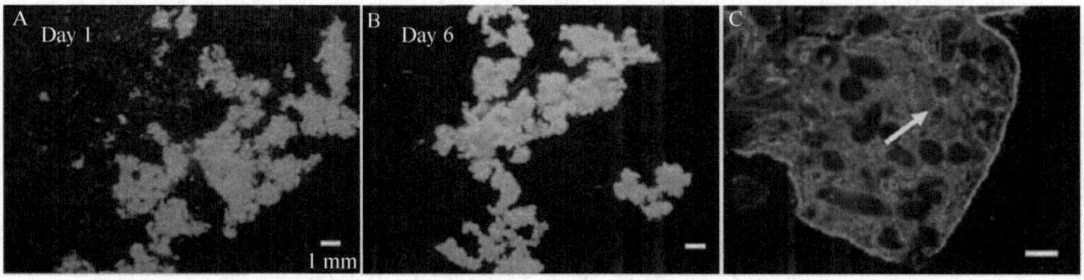

图 4.9　微载体培养 hESC（Oh et al.，2009）

A. hESC 在微载体上培养 1 d；B. hESC 在微载体上培养 6 d，标尺标示长度为 1 mm；C. 微载体上 hESC 的 TRA-1-60 免疫荧光染色，标尺标示长度为 100 μm（参见插页）

五、生物反应器悬浮培养小鼠胚胎干细胞

利用 ESC 制造的组织工程产品在临床实施中的成功将依赖于具有质量控制的可复制的细胞培养系统的建立，从而有利于细胞的扩增和分化。因此，利用生物反应器悬浮培养系统培养 ESC 成为人们关注的焦点。

与传统的培养瓶静态培养相比，生物反应器悬浮培养具有多种优势。首先，这些系统有利于在均一的培养环境中对细胞进行大规模扩增，降低了培养差异性的风险；其次，这种系统节约劳动成本，还能用计算机对培养条件进行控制和监测。最近的研究证明，利用生物反应器大规模悬浮培养高度未分化的 ESC 也是可行的。

（一）小鼠胚胎干细胞（mESC）的常规培养

试剂材料

ESC 生长培养基：高糖 DMEM，15%（*V/V*）FBS，50 U/ml 青霉素，50 μg/ml 链霉素，0.1 mmol/L β-巯基乙醇，1%非必需氨基酸，1000 U/ml 白血病抑制因子。

无 Ca^{2+} 和 Mg^{2+} 的 PBS

0.25%胰蛋白酶/EDTA 溶液

吸管、离心管、MEF 滋养板等

实验步骤

1）取一支液氮冻存的 mESC，37℃水浴中轻轻振荡，细胞融合后转移到离心管中。

2）1000 r/min 离心 5 min，收集细胞，悬于 5 ml mESC 生长培养基，接种于新鲜制备的 MEF 滋养板中。

3）第二天换液，去掉死细胞。

4）第三天即需传代。PBS 冲洗 mESC 细胞，加入适量胰蛋白酶覆盖培养皿底，显微镜下观察，直至细胞脱落。

5）血清终止消化，吸管轻轻吹打细胞，使 mESC 分散，转移至离心管中。

6）1000 r/min 离心 5 min，收集细胞，悬于 mESC 生长培养基中，重新接种于 MEFC 滋养板中。

7）每天换一次液，隔一天传代一次，视 mESC 生长情况，也可第二天传代。

8）当 mESC 扩增到一定数量时，应及时冻存。冻存的方法跟普通细胞一样，只是在冻存液中需添加 1000 U/ml 的 LIF。

（二）生物反应器悬浮培养 mESC

试剂材料

mESC 生长培养基：高糖 DMEM，15%（*V/V*）FBS，50 U/ml 青霉素，50 μg/ml 链霉素，0.1 mmol/L β-巯基乙醇，1%（*V/V*）非必需氨基酸，1000 U/ml 白血病抑制因子。

1 L 搅拌式生物反应器（NTS Technologies）

无 Ca^{2+} 和 Mg^{2+} 的 PBS

DNase Ⅰ

0.25%（*w/V*）胰蛋白酶/EDTA 溶液

吸管、离心管等

实验步骤

1）PBS 冲洗 mESC，加入适量胰蛋白酶覆盖培养皿底，消化至细胞脱落。

2）血清终止消化，吹打分散 mESC 成单细胞悬液，再将其转移至离心管中。

3）1000 r/min 离心 5 min，收集细胞，悬于 mESC 生长培养基中，进行细胞计数。

4）以 3.75×10⁴ 个/ml 细胞密度接种于生物反应器中，转速设为 100 r/min。

5）每天半量换液，mESC 每 4 d 进行传代。不同代数于生物反应器悬浮培养的 mESC 均形成如图 4.10 所示的球体。传代时收集 mESC 聚集体，用 PBS 洗一次后，加入 0.25%（w/V）胰蛋白酶/EDTA 溶液和 DNase I，将 mESC 聚集体离散后离心收集细胞。

6）用 mESC 生长培养基重悬后，接种到新的生物反应器中进行悬浮培养。

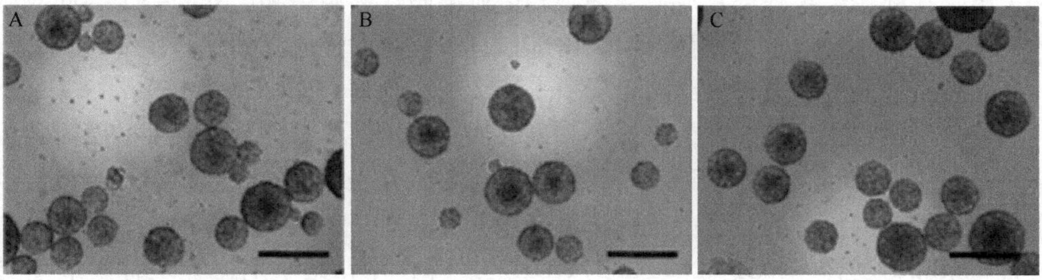

图 4.10　生物反应器悬浮培养 mESC（zur Nieden et al.，2007）
A. P1；B. P4；C. P7（标尺=200 μm）

第四节　三维培养与血管神经再生

在组织工程研究中，工程化组织器官内部血管、神经再生对于移植后组织器官存活及正常生理功能发挥均具有重要意义。同时通过血管、神经组织工程在体外再生的血管、神经组织对于体内血管、神经组织损伤的修复也具有重要意义。血管、神经再生是组织工程研究的核心内容和关键技术，也是亟须突破的前沿领域。经过多年探索，通过三维培养再生血管、神经的研究有了一些进展。

一、三维培养与血管再生

新血管生成包括两个基本过程，即血管发生（vasculogenesis）和血管生成（angiogenesis）。血管发生是指内皮前体细胞，即成血管细胞分化成内皮细胞形成原始血管网的过程。血管生成是指从已存在的血管以生芽方式长出新毛细血管的过程。胚胎时期，机体通过血管发生和血管生成两个过程形成新血管，成年后新血管的形成起先被认为仅由血管生成过程形成，即由预先存在的内皮细胞增生和迁移所控制；但近年来的研究表明，出生后新血管形成既包括血管生成，也包括血管发生（Suda et al.，2000）。体外血管三维培养方法可使细胞呈立体生长，更接近于体内生长模式，可为血管生长模拟类似于体内的三维空间，诱导细胞出芽、增生、迁移或分化等一系列变化。

（一）胚胎和组织中的血管生成

具有功能的血管系统对胚胎的存活和器官发生是必不可少的。在血管发生过程中，血管发育的第一步是内皮祖细胞从中胚层组织中分化出来形成束，然后形成导管并融合形成连续的网络。一般来说，这个网络的扩张是通过血管生成进行的，即现有血管的分支和重组。在胚胎组织外部，成血管细胞和造血细胞从胚胎中胚层外的一个共同成血管前体细胞分化而来。但是，在胚胎组织内部，只有很少的成血管细胞与血细胞相关。然而，胚胎外及胚胎内的血管最终将形成一个连续的血管网（Risau，1995）。

血管的形成往往涉及多种信号转导和调节通路，机制尚未完全阐明。胚胎内的首个血管总是形成于中胚层，即接近于内胚层。最近的研究表明，内胚层发出的声波信号在成血管细胞组装成血管的过程中发挥了重要的作用。血管内皮生长因子 A（VEGF A）通过其高亲和力受体 VEGFR2（Flk-1/KDR）发挥作用，是早期血管发育中最重要的信号分子之一，VEGF 的适当调节对正常内皮通道的形成是至关重要的（Carmeliet，2000）。叉头型转录因子 Foxo1 在 VEGF 信号通路的质量控制中具有关键作用，因此对正常血管的发育也是必需的。成纤维细胞生长因子在血管发育过程中也是促增殖因子。内皮细胞分化受到与细胞外基质相互作用的调节，纤维连接蛋白基因敲除将导致小鼠胚胎的内皮细胞发生紊乱，α5 整合素缺乏会降低血管结构的复杂性。TGF-β 和血小板衍生生长因子 PDGF 可诱导间充质干细胞募集并分化为血管平滑肌细胞，这对血管的成熟是十分关键的。血管进一步发育还需要其他分子来促进内皮细胞成熟，形成具有显著动脉或静脉特征的血管系统。

新的毛细血管形成可为缺血组织或肿瘤提供氧气，这被认为是由存在的内皮细胞的增殖和移行介导的，这一过程被称为血管生成。越来越多的证据表明，血液循环中的细胞可以募集到缺血部位并促进成体新生血管形成，与胚胎发育类似，这个过程被称为血管发生。虽然血管生成和血管发生对成体新生血管形成的确切作用尚不清楚，但可能这两个过程都是重要的。

内皮细胞（endothelial cell，EC）组装成血管对身体内大多数组织的形成和维持都是极其重要的，并参与一些生理过程的调节，如血管生成、炎症和血栓形成。内皮细胞具有治疗血管疾病和刺激缺血组织生长的潜力，可以被用来构建人工血管、修复受损血管，以及诱导工程化组织器官中血管网的形成。具有增殖能力的人内皮祖细胞可以从成体组织或胚胎干细胞中分离出来。最近的研究进展表明，内皮祖细胞（endothelial progenitor cell，EPC）和内皮细胞等具有增殖再生能力的细胞可以作为治疗应用的细胞来源，这些细胞在体内外被成功用于构建简单的血管及刺激毛细血管网的形成（Urbich and Dimmeler，2004）。

血管组织工程构建的血管是“活”的或是具有自我更新能力的血管组织，因此对其组织塑型要求较高。平滑肌细胞（smooth muscle cell，SMC）和成纤维细胞及其合成分泌的胶原蛋白、弹力蛋白、蛋白聚糖等细胞外基质是提供组织塑型及组织张力的最主要成分。在口径较大的工程化血管构建中，EC 构成血管内膜，SMC 和成纤维细胞分别参与血管中膜和外膜的构成。SMC 和成纤维细胞在生物材料上的成功生长是构建工程化血管的基础，是构成生物血管的实体，为下一步内皮细胞的依附创造环境。同时，由此两种细胞及分泌的细胞外基质同三维骨架材料构成的复合体，是承受植入体内后血管压力的主体（Niklason et al.，1999）。SMC 和成纤维细胞主要来源于血管组织的中膜和外膜，通常是将脱内皮细胞的血管组织在特定的培养基上进行组织培养，使 SMC 或成纤维细胞爬行生长，经分离纯化后分裂、倍增。

（二）内皮细胞及其祖细胞的来源

1. 胚胎干细胞来源的内皮细胞

mESC 在形成 EB 后诱导细胞分化，细胞会自发地开始分化为成血管细胞（angioblast），形成含有内皮和造血祖细胞的血岛。进一步分化会导致 EB 发生血管化，形成管状网络结构（Schatteman and Awad，2004）。许多研究利用免疫组织化学、流式细胞仪和基因表达进行分析，对 EB 中内皮细胞标志物的分化时间进行分析。结果发现，内皮细胞相关标志物相继表达，具有胚胎体内发育过程中的内皮分化模式（Lacaud et al.，2004）。同样，在人 EB 分化过程中，内皮标志物（CD31、VE-cad、CD34 和 GATA-2）的表达逐渐增加，在 13～15 d 达到最高峰（GATA-2 在 18 d 左右）。利用基因阵列进行大规模基因表达分析显示，在人 EB 分化过程中（0～4 周）表达上调的基因有血管生长因子（包括 VEGF、血管生成素 1、血管生成素 2 和 PDGF B）、内皮标志物（包括 VCAM1、FLT1 和 FLT2）和转录因子（包括 GATA 1 和 GATA3）。与 mESC 一样，hESC 在 EB 中能够自发分化并组装成三维血管样结构，这种模式类似于胚胎血管化。在人 EB 中毛细血管面积在随后的成熟过程中会逐渐增加，从细胞簇开始，随后变成毛细血管样结构，最终组装成一个网络状结构（图 4.11）。这些血管源性的 $CD31^+$ 细胞能从人 EB（13～15 d）中分离出来并培养扩增，表达内皮标记物，在体内外能形成血管。

ESC 也可以通过将 ESC 接种到饲养细胞或 ECM 上进行诱导分化为造血和内皮谱系而不需要形成 EB。mESC 在胶原上分化后可分离出内皮祖细胞（$Flk\text{-}1^+$ 细胞）。$Flk\text{-}1^+$ 细胞在小鼠体系中是造血细胞、内皮细胞和平滑肌细胞的前体细胞，也可产生收缩性的心肌细胞。现在还不清楚人 $Flk\text{-}1^+$ 细胞是否也具有这些多能性特征。当 hESC 培养在 IV 型胶原上时，可鉴定出两种大小不同的细胞类型。当将小细胞筛选出来，能观察到特异性内皮标志物上调，如 CD31、CD34、Tei2 和 GATA2。再将筛选出来的细胞重新接种到 IV 型胶原上并补充 VEGF，可出现条索样的结构，而添加 PDGF B 可诱导其分化为平滑肌细胞。使用胚胎期 EPC 和 HSC 共有的抗原 VEGFR-2、CD34 及 CD133 可以将 EPC 成功地从循环单个核细胞中分离出来。在体外，这些细胞分化成不同的 EC 系，在动物缺血模型中，异种的、同种的、自体的 EPC 已证明可参与新血管生成。

2. 循环中内皮祖细胞来源的内皮细胞

在循环中，EPC 存在于表达 AC133 和 VEGFR 标记物的 $CD34^+$ 亚细胞群中。循环

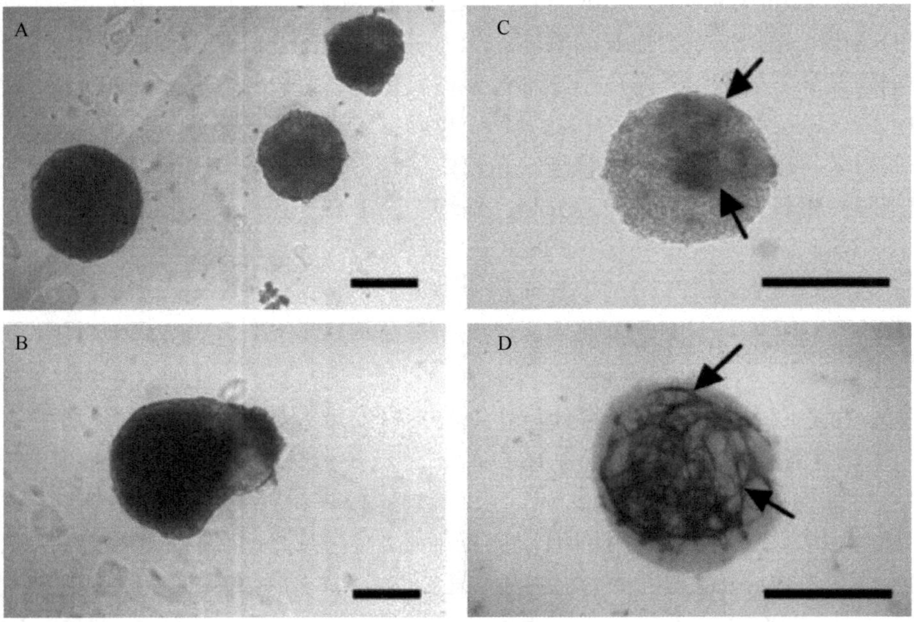

图 4.11　hESC 在 EB 中自发分化血管源性的 $CD31^+$ 细胞并组装成网络状毛细血管样结构（Vailhé et al.，2001）

A. 6 d 的 EB；B. 11 d 的 EB；C. 免疫组化染色显示 6 d EB 内的血管源性的 $CD31^+$ 细胞；D. 免疫组化染色显示 11 d EB 内由 $CD31^+$ 细胞并组装成网络状毛细血管样结构（标尺＝200 mm）(参见插页)

中的 EPC 表达干/前体细胞标记物，如 CD34 或 VEGFR-2，但无 AC133，同时开始表达内皮系的特殊标记物，如 VE 钙黏蛋白或 E-选择蛋白。此外，随着定型和分化成造血干/前体细胞，AC133 和 VEGFR2 的表面标记物逐渐消失，这些干/前体细胞标记物没有在分化成的造血细胞上表达。AC133 是区分未成熟 EPC 或原始 HSC 与循环 EPC 的标记物；区分 EPC 与造血干/前体细胞，可以采用 VEGFR-2、VE 钙黏蛋白或 E-选择蛋白。另外，循环 EPC 也不能表达单核细胞或骨髓的标记物，如 CD14 或 CD15。因此，循环 EPC 可以通过 CD34、VEGFR-2 和（或）VE 钙黏蛋白的抗原性选择分离出来，循环未成熟 EPC 则可以通过 AC133 分离。

循环中的 EPC 可在体内及体外分化成内皮细胞。这些细胞是用细胞因子动员后从骨髓释放到外周血中的。例如，基质细胞衍生因子-1 或 VEGF，都是由缺血组织或肿瘤合成。动员的细胞到达缺血组织或肿瘤后，可引起内皮血管发生并有助于形成新的毛细血管。骨髓中的间充质干细胞，已证明它能分化为内皮细胞，促进体内血管化。间充质干细胞在缺血后也可动员到外周血中，促进组织修复。另外，造血干细胞衍生的骨髓细胞也能变成内皮细胞。具体来说，$CD14^+$/$CD34^-$ 骨髓细胞可以共表达内皮细胞标志，在体外形成管状样结构。这些 $CD14^+$ 衍生的内皮细胞能够整合到新形成的血管中，促进新生血管形成。除了骨髓来源的细胞，其他来源的细胞也可产生内皮细胞，如脂肪组织、心肌组织和神经干细胞，这表明组织固有的干/祖细胞能促进成体的血管生长(Beltrami et al.，2003；Miranville et al.，2004；Wurmser et al.，2004)。

正常成人外周血中 EPC 含量较少，仅 3000～5000 个/ml，而绝大部分存在于骨髓中，约为外周血的 500 倍。当机体在缺血等情况下，EPC 可自骨髓动员至外周血，再迁移到缺血组织，分化为血管内皮细胞，参与新血管生成。一些细胞因子，如 VEGF、G-CSF、bFGF 等均能动员骨髓释放 EPC，增加外周血中 EPC 的数量。

3. 胎儿组织来源的内皮细胞

由于成熟的（特别是从成体组织中分离的）EC 的血管发生潜力还不足以用于治疗目的，因此各种内皮祖细胞被分离出来并测定其血管源性或治疗活性。脐带血比成人外周血含有更多的 $CD133^+$ 和 $CD34^+$ 细胞，而且这些细胞的增殖能力更高，因此，脐带血是另一个重要的 EC 来源。此外，在一些因骨髓损害而不能应用自体来源 EPC 的患者，可以应用从脐血分离出或从组织特定干/前体细胞及胚胎干细胞分化成的 EPC，但需进行优化选择。

利用内皮标志物 CD31，可将内皮细胞从不同组织来源的静脉和动脉中分离出来并培养扩增。在这些分离出的内皮细胞中，人脐静脉内皮细胞（human umbilical vein endothelial cell，HUVEC）显示出相对较高的增殖潜力。HUVEC 作为血管内皮细胞的重要来源，除具有来源充足、获取方便、能获得较多细胞等优点外，与来源于动物的内皮细胞相比，实验条件和结果更符合人体情况。

脐血的 EPC 培养后移植入宿主体内，存在 HLA（human leukocyte antigen）配型等问题。例如，外周血来源的 EPC 体外分化成功，取材更为方便，且可作为自身源性细胞移植入宿主体内，不存在免疫排异反应。因此，就临床实用价值而言，PBMC（peripheral blood mononuclear cell）来源的 EPC 有着更为广阔的前景。

（三）内皮细胞/内皮祖细胞的三维培养

血管再生贯穿于从胚胎发育到成年的整个生命过程。生理的血管再生发生在伤口和断裂面愈合处，在正常的生理条件下，成熟器官的血管内皮细胞处于静止的非增殖状态，一般不会发生血管再生，但在缺血、缺氧或组织损伤的情况下，任何刺激血管内皮细胞生长迁移的因素都能促进血管再生的进行。在很多缺血性疾病尤其是冠状动脉闭塞性及肿瘤性疾病的研究中，自体内皮细胞的生长远不足以满足病理生理的需要，细胞的三维培养和血管组织工程学的结合为这一难题提供了新的思路。

1. 内皮细胞/内皮祖细胞的三维培养

血管再生是一个相当复杂的过程，其主要机制为：①血管内皮细胞基底膜的降解，细胞外基质的消化吸收；②内皮细胞向血管生长刺激物方向移行和增殖；③移行的血管内皮细胞伸展，彼此相连形成新的血管芽胞，芽胞血管弯曲并相连形成中空的管腔；④血管内皮细胞增殖，使中空的管腔延长，两个中空的管腔端端相连，形成血管袢。血管袢底部的周边血管内皮细胞继续“发芽”进行新的血管形成。促进血管新生的物质主要是一些生长因子（蛋白质或多肽），如目前发现的体内最为重要的血管生成因子 bF-

GF 和 VEGF。以上机制是血管形成相关细胞三维培养的基础。血管组织工程包括三维骨架构建、细胞培养和细胞种植、组织工程血管三维培养等技术。

三维骨架由基质材料构建，主要作用是提供物理强度和张力，理想的基质材料应具备以下特点：①良好的组织兼容性及生物可降解性；②良好的细胞界面，有利于细胞黏附、增殖及分泌细胞外基质；③具有三维空间结构，有利于营养物质和代谢产物的交换；④具有一定的强度和可塑性。三维骨架结构除了提供足够的机械强度外，还必须为种子细胞提供三维空间结构。骨架可以在 3 个层次上影响组织构建：①骨架大小（毫米级到厘米级），决定组织工程血管口径和长度；②骨架孔隙的形态结构和大小（微米级），调节细胞的迁移与生长；③骨架材料的表面化学性质（纳米级），调节与其相接触的细胞的黏附、伸展及基因表达过程。因此，除材料固有特性外，骨架的内部结构、孔隙特性、孔隙的大小、形状和连续程度亦具有重要作用。

根据来源不同，基质材料可分为人工聚合材料和天然生物材料。人工聚合材料是目前最常用的基质材料，主要有聚乳酸（polylactic acid，PLA）、聚乙醇酸（polyglycolic acid，PGA）、聚羟基链烷酸酯（polyhydroxyalkanoate，PHA）和聚羟基丁乳酸酸（poly-4-hydroxybutyrate，P4HB）等。人工聚合材料由于缺少细胞外基质中的各种生物信号及功能集团，直接影响到种子细胞对材料的黏附。天然生物材料包括胶原蛋白、多聚氨基酸、多肽、透明质酸及其复合物、藻酸盐等大分子材料，此类材料多为正常组织的细胞外高分子物质，因此对细胞的黏附具有优势，但缺乏物理强度，灌注成型后需加玻璃管、硅胶管等内支撑物。还有一种特殊的天然生物材料，称为去细胞生物材料，是将生物体原型组织经过特殊处理将实质细胞去除，保留相对完整的细胞外骨架结构。AlloDerm 就是一种商业化的人组织冻干去细胞生物材料，具有良好的组织兼容性和促细胞生长能力，在血管组织工程学的材料选用中具有一定的地位（Schmidt and Baier，2000）。

内皮细胞在三维培养体系与二维培养体系中的生物学行为存在显著差异，三维培养体系中内皮细胞的生长更类似于体内血管生成。内皮细胞体外三维培养方法多种多样，包括表面培养法、混合培养法、微载体培养法及基质内细胞聚集体侵袭法和磁标记法等。有研究显示表面培养法接种 1 h 后，HUVEC 在胶原凝胶表面发生融合生长（图 4.12 A），2 h 后 HUVEC 逐渐从凝胶表面向凝胶内迁移（图 4.12 B），最早于接种 5 h 后即可观察到少量由细胞迁移连接形成的细胞索结构（图 4.12 C），10 h 后细胞索结构数量增多，并且相互之间出现连接沟通，随着时间推移，细胞索的分支之间相互沟通连接，形成光学显微镜下可见的内皮细胞索形成的血管状结构（图 4.12 D）。

从人外周循环血或骨髓分离获得的单个核细胞贴附培养，细胞簇的形态主要包括卵石样细胞、短梭形细胞和纤维样细胞（图 4.13A）、细胞表达 von Willebrand 因子（von Willebrand factor，vWF）（图 4.13 B）、具有吸收乙酰化低密度脂蛋白的能力（图 4.13 C），表现为典型的 hEPC 特征。hEPC 接种于胶原凝胶三维培养 2 周，细胞迁移连接形成细胞索结构，细胞索的分支之间相互沟通连接，形成典型的网状血管状结构（图 4.13D）（Dzau et al.，2005）。

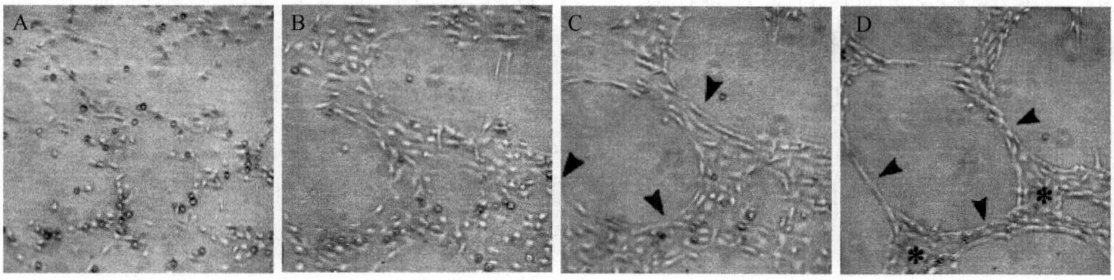

图 4.12　人脐静脉内皮细胞体外三维培养（Montanez et al.，2002）

A. HUVEC 接种胶原凝胶 1 h；B. HUVEC 接种胶原凝胶 2 h；C. HUVEC 接种胶原凝胶 5 h；D. HUVEC 接种胶原凝胶 10 h

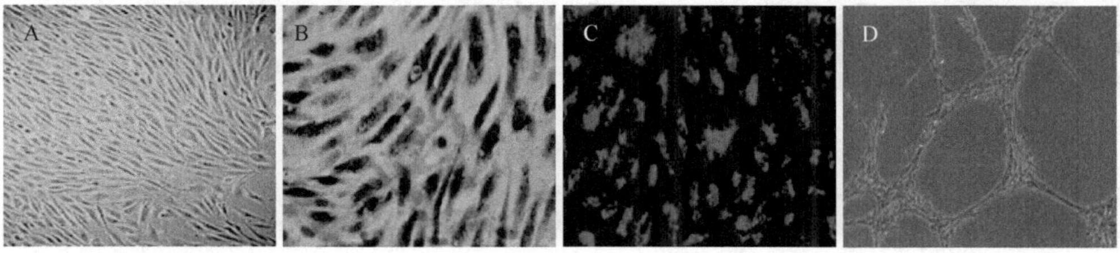

图 4.13　hEPC 的免疫组化鉴定和三维培养（Dzau et al.，2005）

A. hEPC 贴附培养的细胞形态；B. 免疫荧光染色显示 hEPC 表达 vWF；C. 免疫荧光染色显示 hEPC 吸收乙酰化低密度脂蛋白；D. hEPC 在胶原凝胶中形成网状血管状结构（参见插页）

2. 内皮细胞/内皮祖细胞在工程化血管中的应用

目前已有许多采用内皮细胞构建人工血管的尝试和初步应用。分离出的内皮细胞先在聚合物支架上进行体外培养，然后进行体内移植。这一方法已在绵羊模型上进行了试验，肺动脉细胞经过扩增后培养在聚乳酸羟基乙酸共聚物（poly DL-lactide-co-glycolide polymer）管状支架上，1 周后移植到羊的肺动脉中。移植 24 周后，人工血管生长和发育出内皮细胞内层，并产生细胞外基质成分，如胶原蛋白和弹性纤维。在不使用任何外源性材料时也能制备出管状结构。

另一种制备人工血管的方法是在聚合物支架上培养血管细胞，然后让支架遭受搏动性血流的刺激。这种仿生系统将牛的主动脉平滑肌细胞接种在中空管状聚乙醇酸支架中，然后将牛的主动脉内皮细胞注射到管腔。工程化动脉在生物反应器中经过 8 周的培养，其壁的厚度和胶原含量与天然动脉相似。

内皮祖细胞也可以作为构建血管的细胞来源。这些细胞通常在血液中循环，可迁移到损伤或缺血部位。将羊的外周血内皮祖细胞种植在脱细胞的猪髂血管上，移植物显示出内皮细胞形态、收缩活性和通畅性，长达 150 d。这些研究表明，培养在基质上的内皮细胞在体外具有血管的结构和功能。

内皮细胞在体外能够组装到血管网中。分离的 hESC 来源的内皮细胞能够在体外形成管状样结构，在体内可形成运输血液的微血管（图 4.14A）。接种在聚合物支架上的

hESC 显示出这些细胞具有血管发生潜力。在这些细胞分化为上皮或间质细胞并形成特定组织结构（受到特异性生长因子的影响）的过程中，其中的一些细胞分化为内皮细胞，并在组织各处组装成血管样结构（图 4.14B）。这一观察表明，三维培养 hESC 能促进大规模三维血管网的形成，并与周围组织发生紧密相互作用。当移植到免疫缺陷小鼠中，移植物中的供体内皮细胞可形成血管结构，并与宿主血管发生吻合（图 4.14C）。

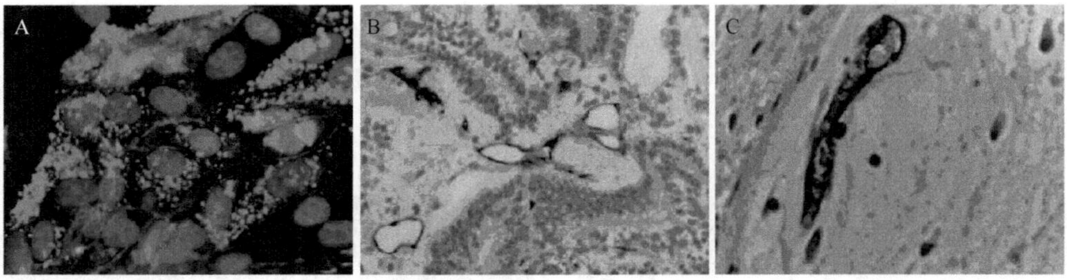

图 4.14　hESC 来源的内皮细胞的血管发生潜力（Levenberg et al.，2005）

A. 分离培养的 $CD31^+$ 细胞，抗 CD31 抗体（红色）和抗 vWF 抗体（绿色）免疫荧光染色检测内皮标志物，DAPI 染核（蓝色）；B. 培养在可生物降解的聚合物支架上的分化 hESC 细胞在工程化组织样结构中形成内皮血管网（棕色）；C. 免疫缺陷小鼠中 hESC 来源的工程化组织移植物中具有运输血液功能的微血管（特异性抗人 CD31 抗体，染色显示为棕色）(参见插页)

内皮细胞与胚胎成纤维细胞共培养可诱导成纤维细胞分化为平滑肌细胞，从而募集到内皮小管中使其稳定。血管内皮细胞和间质前体细胞共同移植能形成长期稳定的血管网。此外，脐带血 $CD34^+/CD133^+$ 祖细胞来源的内皮细胞与人平滑肌细胞一起接种在聚合物支架上时，能够形成毛细血管样结构。胚胎内皮细胞在体外适当的环境下可以被用来诱导工程化骨骼肌组织形成内皮血管网，将小鼠成肌细胞与 hESC 来源的内皮细胞或 HUVEC 混合后接种在高度多孔的可生物降解的三维聚合物支架上，结果发现与成肌细胞共同培养在支架上的内皮细胞在成肌细胞之间组装成管状结构，而且遍及整个组织，在体外的工程化肌肉组织中形成了血管网（图 4.15A）。胚胎成纤维细胞（连同成肌细胞和内皮细胞一起）显著促进了工程化肌肉组织的血管化，如内皮细胞的总面积及内皮管腔的数量和大小都明显增加（图 4.15B）。三种不同模型的体内分析表明，工程化肌肉组织的预血管化能够促进移植物的血管化、血液灌注和存活，与骨骼成肌细胞共同接种的内皮细胞在体外工程化骨骼肌组织形成血管网。移植到小鼠肌肉中后，人内皮细胞在移植区域形成具有功能的血管，促进移植组织的快速血管化（Levenberg et al.，2005）。

另一种体外诱导工程化组织结构形成内皮网络的方法是使预制支架中包含通道，使其随后能进行内皮化。目前正在利用纳米加工技术构建模拟毛细血管网这样的网络结构。在这样的系统中，内皮细胞接种到通道网络里（目前以二维的方式），对它们在液流下的贴附和行为进行分析。喷墨印刷可用于将细胞排列成管状结构，这种技术及其他细胞印刷技术（如激光引导的直写），可在以后用于复杂血管化组织的组装。

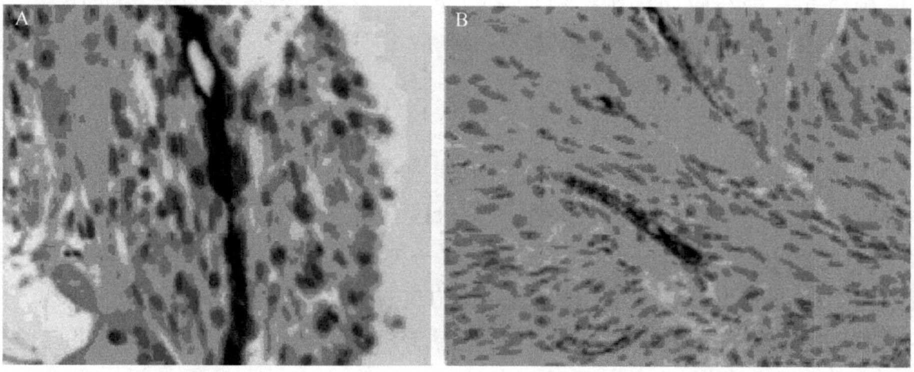

图 4.15　工程化骨骼肌组织的体外（A）和体内（B）血管化（Levenberg et al.，2005）
（参见插页）

二、三维培养与神经再生

长期以来，人们认为神经系统成熟的神经元很难或不能进行分裂和增殖，属于终末分化细胞。因而神经系统的损伤、变性导致的神经元丢失及缺损难以修复，神经功能的重建被视为几乎不可能。随着成体神经干细胞的发现、材料科学和细胞培养技术的发展，运用组织工程学方法再生神经为神经损伤的治疗带来了希望。

（一）神经干细胞的来源和特性

近年来，研究人员发现中枢神经系统及外周神经系统中都存在着一类具有自我更新能力和多向分化潜能的神经干细胞（neural stem cell，NSC），在适当条件下可分化为神经元、星形胶质细胞和少突胶质细胞，并表现相应的形态结构、表型和生物学特征（van Praag et al.，2002）。

1. 分布与来源

在哺乳动物胚胎期，NSC 主要分布在大脑的皮层、纹状体、海马、室管膜下层和中脑等区域。正常哺乳动物成年后，中枢神经系统仍有 NSC 存在，只不过这些细胞平时处于静止状态。成年脑区 NSC 主要局限在海马齿状回、纹状体和环绕侧脑室的室脑膜下层。

目前神经干细胞来源主要有：①由胚胎干细胞诱导分化得到的神经干细胞，但因其来源的有限性和面临法律及伦理方面的问题使研究受到很大限制；②由胚胎或成年哺乳动物中枢神经系统分离得到的神经干细胞；③血液（外周血和脐带血）中的造血干细胞和间充质干细胞分化而来的神经干细胞；④源于肿瘤组织或转基因永生化的神经干细胞；⑤自体皮肤组织及脂肪组织分离培养的神经干细胞。成体非神经组织来源神经干细胞与中枢神经组织来源的神经干细胞相比，虽然神经球外形特征无差异，但在自我更新能力、向神经元和神经胶质细胞终极分化的能力、分泌神经营养因子的能力等方面均低于中枢神经组织来源的神经干细胞。

2. 特点及表面标志

神经干细胞的主要特点包括：①有增殖能力；②有自我维持和自我更新能力，神经干细胞有两种不同的分裂方式：一种是对称分裂，即分裂所产生的子代细胞为两个干细胞或两个祖细胞（neural progenitor cell)；另一种是非对称分裂，即产生一个干细胞和一个祖细胞，祖细胞再分化为具有明确分化方向的前体细胞（precursor cell)，直至分化为各类不同的神经细胞；③具有多向分化潜能，在不同因子的作用下，可以分化成不同类型的神经细胞，损伤或疾病可以刺激神经干细胞分化。自我更新能力和多向分化潜能是神经干细胞的两个基本特征。

神经干细胞的鉴定包括特异性抗原表达的鉴定和自我更新能力的鉴定，前者主要包括巢蛋白（nestin)，后者主要为5′-溴脱氧尿嘧啶标记。神经干细胞的标志蛋白是神经上皮干细胞蛋白（neuropithelial stem protein)——巢蛋白（Lendahl et al.，1990)。Nestin是一种中间丝蛋白，属第VI类中间丝蛋白，分布在细胞质，是哺乳动物的主要细胞骨架蛋白。在神经胚形成时开始表达，随着神经细胞的迁移和分化的完成，Nestin的表达量逐渐下降甚至完全停止。Nestin已被用于神经干细胞的鉴定，是目前用于识别神经干细胞的重要标志蛋白，Nestin阳性细胞具有干细胞的特征。5′-溴脱氧尿嘧啶（5-bromodeoxyuridine，BrdU）是胸腺嘧啶的同源替代物，可以在细胞周期的S期掺入到细胞核DNA内，其生物利用度一般为2 h。因而BrdU阳性细胞被看成是具有增殖活性的细胞，它是自体神经干细胞增殖的标记物。如果神经干细胞在丝裂原的刺激下能够进行增殖，就会将5′-溴脱氧尿嘧啶整合入细胞DNA。DNA链中只要有0.5%的胸腺嘧啶被5′-溴脱氧尿嘧啶取代，可以利用5′-溴脱氧尿嘧啶单抗标记技术方便快捷地检测出来。无论是研究体内、体外神经干细胞的增殖和自我更新，还是进行移植前的标记，5′-溴脱氧尿嘧啶的应用都最为广泛（Cooper-Kuhn and Kuhn，2002)。

（二）神经干细胞分化、增殖的调控

神经干细胞具有分化为神经元、星形细胞、神经胶质、少突胶质、神经细胞经络末神经细胞的分化物性（图4.16)。神经干细胞的分化由内源性因素（基因）和外源性因素（生长因子、细胞因子和神经递质等）的相互作用调控。研究表明，在脊椎动物体内，有与果蝇achaete-scute复合体（as-c）和atonal（ato）功能相近的基因，这些基因编码产生碱性螺旋-环-螺旋（basic helix-loop-helix，bHLH）转录子，称为*bHLH*基因，是决定神经细胞分化命运的功能基因。*bHLH*基因亚类主要调节神经元及神经胶质细胞命运的选择，错误表达后，可使分化的神经元减少，但对神经胶质细胞分化无影响。另一控制神经干细胞分化命运的通路为Notch信号，*Notch*基因编码300 kDa的单向传递的跨膜受体，该受体蛋白的细胞外区域含有36个前后排列的EGF样重复序列和3个富含半胱氨酸的Notch/LIN-12重复序列，在胞内区有6个前后排列的锚蛋白重复序列、1 个富含谷氨酰胺的区域（opa），以及 1 个 PEST 序列。Notch 蛋白通过两种类型细胞间作用起局部调控功能，即所谓的侧方抑制信号和诱导性信号。与 bHLH 信号作用相反，Notch 蛋白的作用为抑制干细胞向神经元方向分化，同时促进其向神经胶质细胞方向分化。

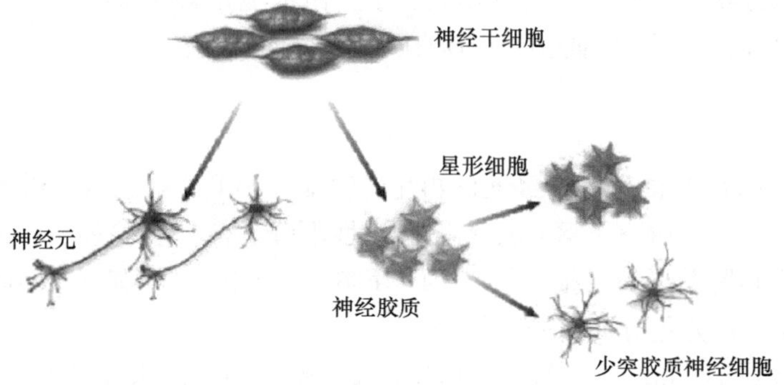

图 4.16　神经干细胞的分化特性
（http://www.sigmaaldrich.com/life-science/stem-cell-biology/neural-stem-cells.html）（参见插页）

神经干细胞的分化机制是一个非常复杂的网络系统，除了各基因的表达顺序对其分化调控发挥重要作用外，体内各种细胞因子的分泌和相互作用等都与其密切相关。但是细胞的最终命运是由机体刺激或抑制特异基因的选择性表达决定的，神经干细胞分化的时间、位点、数量等都可用基因的时空调控给予解释。目前为止神经干细胞的分子调控机制仍不十分清楚。

神经干细胞的体外诱导、分化实际上包括两个方面的内容：①将全能干细胞、多能干细胞诱导分化为神经干细胞或神经前体细胞；②将神经干细胞或神经前体细胞诱导、分化为终末神经细胞。将全能干细胞、多能干细胞诱导、分化为神经干细胞或神经前体细胞的基本条件包括诱导剂（生长因子、细胞因子、神经递质和化学诱导剂）和条件培养液。所谓条件培养液是指含有诱导剂成分的细胞培养液。目前常用的定向诱导剂有维甲酸（retinoic acid，RA）和神经生长因子（never growth factor，NGF）两种，也有报道使用胚胎胶质细胞作为饲养细胞以提供神经营养成分的。在全能干细胞的一般培养基中（即不加诱导剂），所形成的神经球细胞只有 10%～50%具有神经干细胞特性，其余的全能干细胞则任意分化。而在使用诱导剂后分化为神经干细胞的比例则可高达 90%。

1. 生长因子

研究表明，生长因子对从神经干细胞到最终形成神经系统的各类细胞（小胶质细胞除外）有连续影响。bFGF-2（碱性成纤维细胞生长因子-2）在胚胎早期维持神经祖细胞的生存，促进其增殖。EGF 在发育较晚期促使神经祖细胞增殖和分化。EGF 在发育脑和成体脑内均有表达，且神经元和星形胶质细胞均可表达。FGF-2 对神经元及神经胶质细胞的祖细胞都有促分化作用，而 EGF 仅对神经胶质祖细胞起作用。BDNF（脑源性神经营养因子)、IGF1 主要促进祖细胞向神经元方向分化。

2. 细胞因子

细胞因子对神经系统尤其是间脑细胞发育和成熟的作用越来越受到重视。已发现许多细胞因子，如红细胞生成素、集落刺激因子、白细胞介素家族等，并证明其影响神经元的发育。BMP 促进神经干细胞向星形胶质细胞方向分化。

3. 神经递质

5-羟色胺（5-HT）能促进神经元的再生。抑制 5-HT 合成或选择性地损害 5-HT 能神经元可引起齿状回及脑室下区神经元增殖活性下降。体外实验表明，5-HT 可促进神经胶质细胞分化和髓鞘形成，推测其与 BDNF 在少突胶质祖细胞（oligodendroglia progenitor cell，OPC）分化方面有协同作用。

乙酰胆碱（acetylcholine，Ach）作用于毒蕈碱受体，后者激活百日咳毒素敏感的 G 蛋白和 Ca^{2+} 信号通路，然后作用于蛋白激酶 C，使促分裂素原活化蛋白激酶（mitogen-activated protein kinase，MAPK）磷酸化，从而增加 DNA 的合成，促进 NSC 的增殖。Ach 在 NSC 的分化过程中可导致持续的钙发放（calcium spike），阿托品能阻断这一效应，因此，随着钙瞬时流动的消失，分化停止。而且，只有 M2 型 Ach 受体（Ach receptor，AchR）在 NSC 的增殖分化中发挥作用，其他的毒蕈碱和烟碱型受体在 NSC 的增殖分化阶段均不表达。

谷氨酸是成年哺乳动物中枢神经系统（central nervous system，CNS）内主要的兴奋性氨基酸。谷氨酸受体分为两类，离子型受体（ionotropic glutamate receptor，iGluR）和代谢型受体（metabotropic glutamate receptor，mGluR）。mGluR 是 G 蛋白偶联受体，调节许多胞内第二信使的合成。根据药理学和电生理学的特性，iGluR 分为三种类 型：AMPA，kainite 和 NMDAR（*N*-methyl-D-aspartate receptor）。这些受体在神经元和神经胶质细胞中均有表达，在神经系统的发育中起着重要的作用。iGluR 在成体和发育中的哺乳动物的 CNS 中广泛表达，其中 AMPAR 和 KAR 最先在发育早期哺乳动物的 CNS 表达。在胚胎脑的发生中，室周区神经前体细胞有 AMPAR 和 KAR 表达。谷氨酸可通过大鼠胚胎皮质 AMPAR 或 KAR 的激活调节室周区前体细胞的增殖。

另外一些研究表明，谷氨酸通过 iGluR 的激活对细胞的生长、迁移及分化发挥作用。AMPAR 或 KAR 激活可通过 Ca^{2+} 依赖的 Na^+ 内流阻断 K^+ 外流，可逆性地降低电压门控 K^+ 外流，阻断自发性 OPC 的增殖和谱系的分化。

氨基丁酸（γ-aminobutyric acid，GABA）是哺乳动物脑发育过程中含量最丰富的神经递质之一，是主要的抑制性神经递质。GABA 的受体（GABAR）在 CNS 中分三种，GABAAR、GABABR 和 GABACR。GABAAR、GABACR 既是离子型受体（ionotropic receptor），又是代谢型受体（metabtropic receptor）；GABAR 只是代谢型受体。GABAAR 对未成熟的神经细胞的增殖、迁移和分化及存活均发挥重要作用。GABAAR 在 OPC 和星形胶质细胞上均有表达，GABA 可使啮齿动物的 OPC 和星形细胞去极化。

OPC 膜的去极化可使细胞内 Ca^{2+} 浓度增加，Na^+ 电压门控通道开放，Na^+ 内流可阻断 K^+ 外流，从而控制 OPC 的增殖。体外试验证明 GABA 除了调节祖细胞的增殖外，还具有神经营养作用并可促进神经前体细胞的迁移和成熟。GABA 可显著延长体外胚胎大鼠纹状体神经元的存活。

甘氨酸存在于成体脊髓、脑干和一些脑区，甘氨酸受体（glycine receptor，GluR）通过增加突触后细胞膜 Cl^- 通透性而起突触后抑制作用。体内和体外试验表明，GlyR 在鼠发育中的新皮质神经前体细胞、脊髓神经元、脊髓少突胶质细胞、星形胶质细胞和 OPC 都有表达。

4. 化学诱导剂

激动素（activin）促进星形胶质细胞分化。但多能干细胞和单能星形前体细胞对肌动蛋白的反应能力不同，单能细胞可直接被激动素诱导生成星形胶质细胞，而多能干细胞则不能被激动素直接诱导成神经胶质细胞，但经 LIF 预处理后的多能干细胞可被激动素诱导为星形胶质细胞。维甲酸可能为促进多能干细胞向神经元或星形胶质细胞分化起始阶段的促进因子。

（三）神经干细胞三维培养

神经干细胞常用的分离方法是在其存在部位（如室下带、颗粒下区），精确定位取出神经组织，然后在体外环境下培养条件下具有自我复制和不断增殖能力的细胞就是神经干细胞，可进一步通过 Nestin 和 BrdU 进一步鉴定。依据支架材料的使用与否，神经干细胞的三维培养可大致分为以形成神经球（neurosphere）悬浮培养和三维支架接种培养两类。

1. 神经球悬浮培养

由 Reynolds 和 Weiss 所建立的神经球悬浮培养法是最经典、最简单的神经干细胞三维培养方法。Reynolds 和 Weiss（1992）率先采用神经球悬浮培养法，分离并培养成功成年大鼠纹状体组织神经干细胞及成年大鼠脊髓组织神经干细胞。神经球悬浮培养法的基本步骤如下：组织取材后酶解消化，然后转入含 0.7 mg/ml 卵黏蛋白的 DMEM/F12（1∶1）培养基中，机械吹散，将细胞悬液 4000 r/min 高速冷冻离心 5 min，再将沉淀洗涤一次后用培养基悬浮细胞，调整活细胞浓度为 5000～10 000 个/ml，置于未包被的培养皿中培养。培养基的配方为：DMEM/F12（1∶1）为基础培养基，包含 5 mmol/L HEPES、0.6%（*w/V*）葡萄糖、3 mmol/L 碳酸氢钠及 2 mmol/L 谷氨酰胺；另加入 25 μg/ml 胰岛素、100 μg/ml 转铁蛋白、20 nmol/L 孕酮、60 μmol/L 腐胺及 30 nmol/L 亚硒酸钠代替血清；再加入人重组 EGF 和（或）bFGF 各 20 ng/ml。悬浮培养在培养皿中的成年小鼠纹状体细胞大部分于 2 d 后死亡，但有少量细胞可继续分裂、增殖，形成细胞集落球，并悬浮于培养液中。经免疫细胞化学检查，细胞球中几乎所有细胞都是 Nestin 阳性（图 4.17）。当这些细胞球被接种到涂有多聚左旋鸟氨酸的玻璃盖片后，细胞球贴壁后分化为神经元及神经胶质细胞。若在培养板底部涂敷具有抗贴壁作用的多聚 2-羟乙基甲基丙烯酸酯，也能成功地分离出神经干细胞球。在培养基适合的情况下，神经干细胞可分裂增殖并维持其干细胞特性。

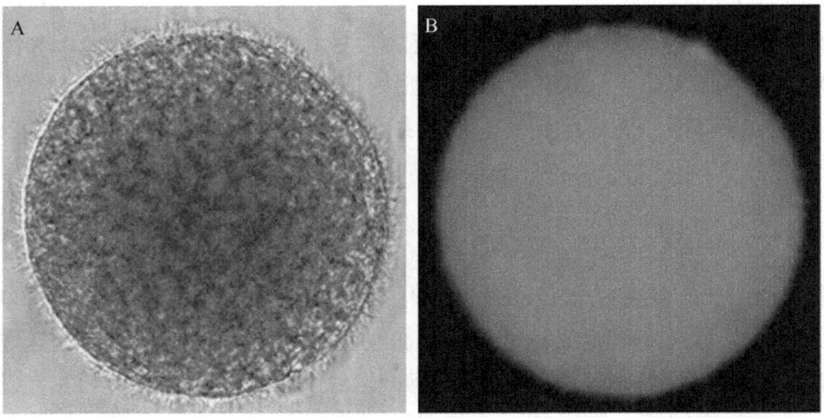

图 4.17 神经细胞悬浮培养形成的神经球（Reynolds and Weiss，1992）
A. 明场视野下的神经球；B. Nestin 阳性着色的神经球（参见插页）

2. 神经干细胞在三维生物材料中的培养

神经干细胞在三维生物材料中的三维培养，其采用的三维支架材料及基本方法虽与前述内皮细胞/内皮祖细胞的三维培养存在诸多相似之处，但神经干细胞分化、增殖的调控机制决定了神经干细胞三维培养所营造的微环境明显不同于内皮细胞/内皮祖细胞三维培养。由于神经干细胞三维培养的主要着眼点在于神经组织的再生和修复，神经干细胞在生物材料中的三维培养，除需提供在时间和空间分布严格有序的特定可溶性调节因子和信号刺激外，对所用三维支架材料的性状也有特殊要求，如生物活性分子的表面修饰和生物材料的微形态或地形（topography）（Cao et al.，2009；Hoffman-Kim et al.，2010）。

Watanabe 等（2007）选择使用鼠尾 I 型胶原蛋白作为神经干细胞的支架材料，采用 Reynolds 和 Weiss 神经球悬浮培养法相同的培养基和可溶性调节因子组合三维培养大鼠神经干细胞。神经干细胞均匀分散在胶原凝胶内，培养 7 d 后，胶原凝胶中的神经干细胞生长活力良好，大部分呈 Nestin、BrdU 阳性，细胞间界限不是很清楚，出现神经细胞团簇，细胞出现多极生长的树突（图 4.18）。采用激光扫描共聚焦显微镜观察支架上经免疫荧光染色后的神经干细胞，证实 I 型胶原蛋白三维支架具有较好的细胞亲和性，神经干细胞能够沿着不规则的孔道壁黏附、伸展、延伸。培养 21 d 后，细胞活力仍维持在 85%以上。荧光染色结果表明，复合支架内的神经干细胞能够分化为神经元（40.1%）、神经胶质细胞（53.1%）和寡突细胞（5.3%），维持了干细胞的特性。研究结果提示，I 型胶原蛋白三维支架适用于神经干细胞的三维培养，有望成为神经组织临床移植的应用材料。

Patel 等（2007）比较了神经干细胞在随机排列和成行有序排列的 PLLA（聚 L-乳

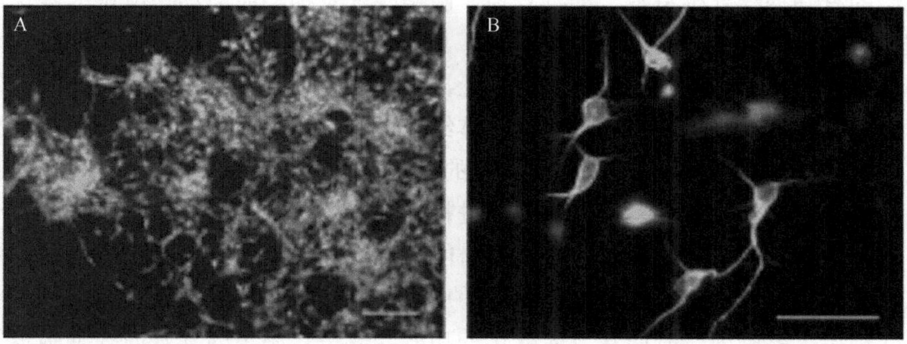

图 4.18 在鼠尾 I 型胶原蛋白支架中三维培养的大鼠神经干细胞（Watanabe et al.，2007）
A. 细胞间界限不清神经细胞团簇，标尺标示长度为 100 μm；B. 细胞出现多极生长的树突，标尺标示长度为 25μm

酸）纳米纤维支架的三维培养效果。培养 6 d 后，培养于随机排列的 PLLA 纳米纤维支架的神经干细胞未观察到明显的神经轴突生长（图 4.19A）；与此形成明显对照，培养于成行有序排列的 PLLA 纳米纤维支架的神经干细胞可观察到明显的神经轴突生长（图 4.19B）。这一研究结果表明，成行排列的三维纤维支架具有引导神经轴突定向生长和排列的作用。

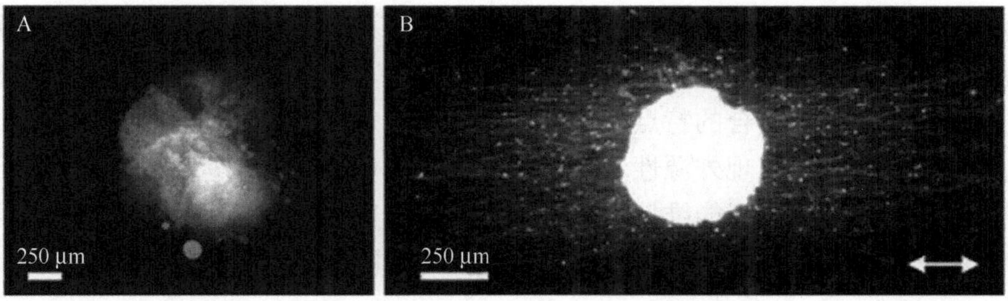

图 4.19 在 PLLA 纳米纤维支架的三维培养的神经干细胞（Patel et al.，2007）
A. 培养于随机排列 PLLA 纳米纤维支架上的神经干细胞；B. 培养于成行排列 PLLA 纳米纤维支架上的神经干细胞

（四）神经干细胞三维培养的应用及发展前景

研究表明神经干细胞可用于“细胞治疗”，来治疗中枢神经系统退行性病变和功能重建，通过将新的细胞移植到中枢神经系统内来替代因损伤或疾病而缺失的神经细胞具有十分重要的意义。目前已有神经干细胞移植治疗应用于临床的报道。而将组织工程和神经干细胞相结合也是很有前景的研究方向。神经干细胞可以作为种子细胞在生物支架上分化、增殖、生长，在恢复视神经功能的研究方面已经取得了良好效果。国内有学者将体外分离培养的神经干细胞种植于含有神经生长因子的胶原蛋白海绵上来构建组织工程化人工神经，桥接兔 10 mm 面神经缺损，术后 12 周再生神经长过远端吻合口，而且再生神经的有髓神经纤维总数、纤维直径、髓鞘厚度及神经肌肉动作电位的潜伏期和波幅，与自体神经移植组相比无显著性差异。与无神经干细胞组相比差异有统计学意义。以上实例表明移植的神经干细胞确实在神经再生中起着一定的促进作用。进一步研究发现，三维胶原基质在体外能够支持神经前体细胞进行增殖和分化；使用包埋在胶原中的神经前体细胞来修复大鼠 15 mm 坐骨神经的缺损已获得成功。脊髓损伤也可以通过这种方法去解决胶质瘢痕的抑制作用，并促进神经轴突的再生。

自从神经干细胞的自身分裂增殖和多潜能分化能力被认识以后，人们就对其在中枢神经系统损伤和退行性疾病这样非常棘手的疾病中可能发挥的治疗作用充满了希望。胚胎来源的神经干细胞因具有向各方面分化的功能，故将之用于因异常而致细胞丧失的疾病治疗，有广阔的开发前景。此外，成年大脑 NSC 的发现及具有增殖能力和分化方向的可控性、易与宿主细胞嵌合等优点，极大地鼓舞了人们想用内源性 NSC 作为移植工具的积极性，这在临床治疗中极具潜力。但是不同部位、不同种类神经元的再生、分化各有其特点，需要不同调节因子的精确控制，因此，阐明不同调节因子在中枢不同部位的调节特性，将是今后 NSC 研究的一项重要内容。

综合目前的研究成果，神经干细胞体外培养的应用主要集中在以下几个方面：①在可控制的培养条件下实现快速体外扩增，满足体内移植所需的细胞数量；②根据拟移植部位的细胞类型及细胞结构特异性，在体外使神经干细胞分化成与受者部位细胞类型与构成相似的细胞群体后再行移植，也就是说，为了满足特殊部位移植的需要可事先在体外对供者细胞进行诱导，使之定向分化，从而能更容易地掺入靶组织，提高移植物存活率；③利用神经干细胞或永生化神经干细胞系可实现克隆培养，能够持续分裂增殖，并能较顺利地与宿主组织整合的特点，可将其作为“治疗性基因”的载体，对损伤或病变部位施行基因治疗，以实现外源性治疗基因的准确定位、高效表达；④利用神经干细胞可低温冻存，而且复苏后仍能维持原来的生物学特征这一特点，可构建各种不同类型的神经干细胞株，用于神经生理、神经药理及神经病理等基础性研究。

第五节　存在问题及前景展望

如前所述，干细胞三维培养是 TDCC 在特定细胞类型中的具体应用，干细胞的生物学特性和应用前景决定了干细胞三维培养是 TDCC 中技术难度最高、应用潜力最大的技术体系和工程科学。与长达百余年的细胞培养技术发展历程相比，干细胞三维培养技术只有短短 10 年左右的发展过程。尽管哺乳动物细胞的二维培养和大规模培养为 TDCC 技术的建立和发展提供了大量有价值的借鉴和支持，以 hESC 为重点的干细胞三维培养技术的研究在近年来也取得长足进展，但现阶段的干细胞三维培技术总体上还处于不成熟的快速发展阶段。干细胞三维培技术的进一步发展和应用至少面临以下几个亟待阐明的理论问题和突破的技术瓶颈。

一、干细胞生物学、组织器官修复和再生机理的阐明

干细胞的体外培养离不开干细胞生物学基本理论的指导，干细胞研究虽然取得极大进展，但是还有许多理论和技术问题急需解决。目前，我们对干细胞认识还很不深入，如干细胞自我复制机制、定向调控原理、复制和分化的相互关系、干细胞的成熟和变异、干细胞在体内的转归和命运、干细胞形成组织器官路径、损伤修复和再生的机理等基础理论问题还需深入研究。阐明干细胞生物学、组织器官修复和再生机理，将为干细胞大规模培养、鉴定和分离技术、干细胞的标志、检测和追踪、异常干细胞的检测和纠正、分化和未分化细胞的分离和均一培养技术，以及干细胞三维培养技术的发展和突破提供必要的理论指导。同样，干细胞三维培养可为干细胞的基础研究提供理想的工具和模型，从而反过来推动干细胞生物学、组织器官修复和再生机理的阐明。

二、三维支架材料的完善

随着干细胞三维培养技术的发展，对生物材料-细胞相互作用的调控变得日益重要。这种调控实质上是对生物材料与细胞接触时的表面活性调控和干细胞生长微环境的调控(Dawson et al.，2008)。目前，三维支架材料基本只能满足包括机械强度、亲水性、可降解性和易加工程度等理化性能和生物相容性的基本要求，这类三维支架材料对干细胞的影响更多局限于物理意义的“支架”作用。三维支架材料在具备生物相容性和生物降解性为基本特征的同时，如何赋予其生物结构和生物功能，使其具有调控干细胞增殖、分化、诱导组织发生和器官形成，以及同步生物降解等生物意义的“支架”作用（Dellatorel et al.，2008）。这就要求对生物材料的形状结构进行精密的设计和加工并对生物材料表面进行改造和修饰，以赋予生物材料特定的生物活性和功能（Lutolf et al.，2009；Patterson et al.，2010）。

纳米材料和技术的发展、材料-生物体相互作用机制研究的深入，将使智能型复合纳米生物材料成为最理想的三维培养支架（Chai and Leong，2007；Cao et al.，2009）。纳米生物材料是纳米材料和生物材料交叉而成的一个全新领域。纳米材料与生物体在尺寸上有着密切的关系，如构成生命要素之一的核糖核酸蛋白质复合体的线度为15～20 nm，生物体内各种病毒的尺寸也在纳米尺度范围。纳米技术的诞生使人类改造自然的能力直接延伸到分子和原子水平，使人类按照自己的意志操纵单个原子成为可能。

目前，生物纳米材料（bio-nano-material）的研究热点主要是生物材料表面/界面纳米修饰技术和纳米控释技术（Nano controlled-release technology）。生物材料表面/界面对于复合生物材料而言既是核心问题，又是热点前沿，生物材料的表面性质直接关系到材料与细胞和体内组织的反应及其相互作用，决定着细胞贴附和伸展、生长和代谢、增殖和分化，界面特征也决定着材料最终的整体力学性能。可没有生物材料表面科学与技术的进步，就没有生物材料的未来。干细胞三维培养是在时间、空间、种类和浓度等维度受干细胞调控因子和信号动态的、有序的调控过程。纳米控释技术的发展和应用，将

使干细胞调控因子和信号的定速、定时和定位释放成为可能（Chen et al., 2010）。

三、组织工程构建物的血管化

组织工程构建物的血管化是组织工程研究和向临床应用过度所面临的重大技术障碍。在远端具有充足的微循环系统以提供细胞生长所需营养的前提下，细胞仅仅靠渗透作用存活的距离不超过 150～200 μm。静态培养条件下，距组织块表面 0.5 mm 的内部很难有细胞存活。体外培养缺乏血管的工程化组织，由于传质效率低，其大小受到了很大限制。当组织工程构建物的体积达到数立方毫米以上时，其内部的细胞将难以通过渗透作用获得营养和氧分的支持，而必须要求毛细血管的长入才能维持其正常的代谢，否则由于血管重建不良而致营养和氧气供应的不足，最终会导致生物支架内细胞的死亡。

干细胞三维培养所形成的三维细胞-支架复合物或细胞-细胞复合物实质上也是处于不同阶段的组织工程构建物，同样面临着血管化的难题。目前，组织工程构建物血管化主要采用促血管新生长因子和血管内皮细胞共培养的方法，存在诸如如何控制血管再生缓释系统中促血管因子的有效释放、如何控制血管化过程和避免血管的过度增生、如何保证诱导形成血管的稳定性功能性及其安全性等问题。

快速成型技术（rapid prototype）的不断发展为组织工程构建物的血管化提供了有效的新型技术手段。它基于离散/堆积原理，采用逐层叠加成型的方法，可以加工内部结构十分复杂的制件。快速成型技术不仅能打印生物，还能用于打印细胞并由此发展出三维细胞打印（three-dimensional cell printing）的生物打印技术（bio-printing）和商品化的三维生物打印机（three-dimensional biological printer, 3D bio-printer）（图 4.20）。生物打印技术的特点采用计算机编程控制的特殊喷墨打印机逐层打印，将特定细胞或细胞/基质作为堆积对象进行精确定位、堆积成型，最终构建生物组织和器官（Mironov et al., 2008；Jakab et al., 2010）。

图 4.20 澳大利亚 Invetech 公司和美国 Organovo 公司携手研制的首台商用 3D 生物打印机（www.gizmag.com/3d-bio-printer）

四、生物反应器的改进

随着组织工程学研究的不断深入和发展，生物反应器的研制及其应用必将越来越多地受到重视。目前，生物反应器在组织工程中的应用仍主要停留在细胞或组织培养的某个阶段，其培养室中模拟细胞和组织生长的微环境也比较简单（King and Miller，2007）。从细胞培养到组织构建的整个过程操作十分复杂，易受到细菌污染，生产出来的组织功能活性不足。因此，理想的生物反应器应能将各种有利于细胞或组织生长发育和功能表达的刺激因素的施加贯穿组织块体外构建的始终，并实现操作程序的标准化和自动化。

力学环境/生物力学（biomechanics）对细胞增殖、分化和组织形成的影响，以及工程化组织的传质问题是干细胞三维培养生物反应器研制中有待阐明的科学问题和技术障碍。机体的各种组织时刻处于各种应力的作用之中，静态的培养模式已不能满足细胞三维培养的需要，各种生物化学和生物物理的刺激对于细胞的增殖、分化和组织的成熟必不可少。各种不同种类的应力作用于不同种类组织所产生的效应是不一致的，且作用力与效应间的量效关系及其作用机制仍未被阐明，需做深入的研究。生物反应器所提供的良好的传质方式不仅表现在改善了组织中细胞的营养和供氧而产生的直接效应上，而且表现在培养方式与细胞表型的关系上，这是生物反应器改善传质的间接效应。在现有的各种生物反应器中，直接灌注式生物反应器具有较高的传质效率，因而增强了细胞的增殖、分化能力和功能表达（Korin et al.，2009）。理想的灌注式生物反应器应把握好传质作用、流体剪切力及细胞和细胞外基质驻留三者之间的平衡。

近年来，微流体技术（microfluidics technology）的发展已经对许多科学研究和应用技术领域带来了革命性的冲击（Cimetta et al.，2009）。这一技术的出现使得在微型流道或反应腔中对细胞或大分子进行复杂操控成为可能。微流动涉及的空间尺寸和细胞或微颗粒的大小恰好相互匹配，因此这项技术具有更高的力矩或能量传输效率。而微流系统的横向尺寸很小，因此对应的雷诺数小、速度梯度大且黏滞力高，这与宏观流动中流体质量所产生的高惯性有很大不同。进一步发展微流系统的优化设计和制造技术，将大大推进组织工程生物反应器的改进和完善。

五、非侵入性检测技术的发展

干细胞三维培养是一个非常复杂的、同时又是动态变化的生物反应过程体系。干细胞培养的复杂性、细胞类型的异质性和内在的时间进程和批次之间的变异性使干细胞三维培养的过程监测更具重要性。同时，三维培养体系作为物理意义上的密闭系统，使干细胞三维培养的过程监测成为极具挑战性的技术问题。

影响细胞生存、生长和代谢状态的环境因素，以及反映细胞生存、生长和代谢状态的生理和生化参数大多存在于培养基中，这些过程变量往往易于监测。反映细胞特性、分化状态和组织形成阶段的分子标志和功能表型，不仅难于确定，更难于实施监测。非侵入性检测技术的发展和应用为干细胞三维培养过程监测提供了有力的技术手段（Tan et al.，2004）。磁共振成像术和磁共振光谱术已用于分析不同流体状态对在生物反应器中培养的干细胞生长、细胞分布和生物能量学等方面的变化；光学相干层析技术（optical coherence tomography，OCT）是近 10 年迅速发展起来的一种成像技术，它利用宽带光源的短程相干特性对活体组织内部结构断层成像。由于光波波长很短，因而分辨率高，而且成像时不需接触样品，能够对人体、生物体进行无伤害的活体检测，获得生物组织内部微观结构的高分辨截面图像。这些非侵入性检测技术的应用将极大地提高三维细胞培养的过程监测能力，进而为创造更有利于细胞生长、代谢、增殖、分化和组织形成的微环境提供保障。

（陈昭烈 何文俊）

参考文献

Abbott A，Cyranoski D. 2003. Biology's new dimension. Nature，424：870～872

Abe K，Niwa H，Iwase K，et al. 1996. Endoderm-specific gene expression in embryonic stem cells differentiated to embryoid bodies. Exp Cell Res，229：27～34

Abranches E，Bekman E，Henrique D，et al. 2007. Expansion of mouse embryonic stem cells on microcarriers. Biotechnol Bioeng，96：1211～1221

Aflatoonian B，Moore H. 2005. Human primordial germ cells and embryonic germ cells，and their use in cell therapy. Curr Opin Biotechnol，16：530～535

Amit M，Shariki C，Margulets V，et al. 2004. Feeder layer-and serum-free culture of human embryonic stem cells. Biol Reprod，70：837～845

Azarin S M，Palecek S P. 2010. Development of scalable culture systems for human embryonic stem cells. Biochem Eng J，48：378～384

Badylak S F，Nerem R M. 2010. Progress in tissue engineering and regenerative medicine. Proc. Natl Acad Sci，107：3285～3286

Bagley J，Rosenzweig M，Marks D F，et al. 1999. Extended culture of multipotent hematopoietic progenitors without cytokine augmentation in a novel three-dimensional device. Exp Hematol，27：496～504

Battista S，Guarnieri D，Borselli C，et al. 2005. The effect of matrix composition of 3D constructs on embryonic stem cell differentiation. Biomaterials，26：6194～6207

Beckstead B L，Santosa D M，Giachelli C M. 2006. Mimicking cell-cell interactions at the biomaterial-cell interface for control of stem cell differentiation. J Biomed Mater Res Part A，79：94～103

Beltrami A P，Barlucchi L，Torella D，et al. 2003. Adult cardiac stem cells are multipotent and support myocardial regeneration. Cell，114：763～776

Bilodeau K，Mantovani D. 2006. Bioreactors for tissue engineering：focus on mechanical constraints. A comparative review. Tissue Eng，12：2367～2383

Burdick J A，Vunjak-Novakovic G. 2009. Engineered microenvironments for controlled stem cell differentiation. Tissue Eng Part A，15：205～219

Cao H，Liu T，Chew S Y. 2009. The application of nanofibrous scaffolds in neural tissue engineering. Adv Drug Deliv Rev，61：1055～1064

Carmeliet P. 2000. Mechanisms of angiogenesis and arteriogenesis. Nat Med，6：389～395

Chai C，Leong K W. 2007. Biomaterials approach to expand and direct differentiation of stem cells. Mol Ther，15：467～480

Chen F M, Zhang M, Wu Z F. 2010. Toward delivery of multiple growth factors in tissue engineering. Biomaterials, 31: 6279～6308

Chow W N, Simpson D G, Bigbee J W, et al. 2007. Evaluating neuronal and glial growth on electrospun polarized matrices: bridging the gap in percussive spinal cord injuries. Neuron Glia Biol, 3: 119～126

Cimetta E, Figallo E, Cannizzaro C, et al. 2009. Micro-bioreactor arrays for controlling cellular environments: design principles for human embryonic stem cell applications. Methods, 47: 81～89

Clementschitsch F, Bayer K. 2006. Improvement of bioprocess monitoring: development of novel concepts. Microb Cell Fact, 5: 19～24

Coletti F, Macchietto S, Elvassore N. 2006. Mathematical modeling of three-dimensional cell cultures in perfusion bioreactors. Ind Eng Chem Res, 45: 8158～8169

Cooper-Kuhn C M, Kuhn G. 2002. Is it all DNA repair? Methodological considerations for detecting neurogenesis in the adult brain. Developmental Brain Research, 134: 13～21

Dawson E, Mapili G, Erickson K, et al. 2008. Biomaterials for stem cell differentiation. Adv Drug Deliv Rev, 60: 215～228

Dellatorel S M, Garcial A S, Miller W M. 2008. Mimicking stem cell niches to increase stem cell expansion. Curr Opin Biotechnol, 19: 534～540

Draper J S, Moore H D, Ruban L N, et al. 2004. Culture and characterization of human embryonic stem cells. Stem Cells Dev, 13: 325～336

Dzau V J, Gnecchi M, Pachori A S, et al. 2005. Therapeutic potential of endothelial progenitor cells in cardiovascular diseases. Hypertension, 46: 7～18

Engler A J, Sen S, Sweeney H L, et al. 2006. Matrix elasticity directs stem cell lineage specification. Cell, 126: 677～689

Fok E Y, Zandstra P W. 2005. Shear-controlled single step mouse embryonic stem cell expansion and embryoid body-based differentiation. Stem Cells, 23: 1333～1342

Hevehan D L, Papoutsakis T E, Miller W M. 2000. Physiologically significant effects of pH and oxygen on granulopoiesis. Exp Hematol, 28: 267～275

Hoffman-Kim D, Mitchel J A, Bellamkonda R V. 2010. Topography, cell response, and nerve regeneration. Annu Rev Biomed Eng, 12: 203～231

Hosokawa K, Arai F, Yoshihara H, et al. 2007. Function of oxidative stress in the regulation of hematopoietic stem cell-niche interaction. Biochem Biophys Res Commun, 363: 578～583

Hwang do W, Jang S J, Kim Y H, et al. 2004. Using human neural stem cells to model neurological disease. Nature Reviews Genetics, 5: 136～144

Jakab K, Norotte C, Marga F, et al. 2010. Tissue engineering by self-assembly and bio-printing of living cells. Biofabrication, 2: 022001

Jongpaiboonkit L, King W J, Murphy W L. 2009. Screening for 3D environments that support human mesenchymal stem cell viability using hydrogel arrays. Tissue Eng Part A, 15: 243～253

Kim S U, Kim S, Lee D S. 2008. Real-time in vivo monitoring of viable stem cells implanted on biocompatible scaffolds. Eur J Nucl Med Mol Imaging, 35: 1887～1898

King J A, Miller W M. 2007. Bioreactor development for stem cell expansion and controlled differentiation. Curr Opin Chem Biol, 11: 394～398

Korin N, Bransky A, Dinnar U, et al. 2009. Periodic "flow-stop" perfusion microchannel bioreactors for mammalian and human embryonic stem cell long-term culture. Biomed Microdevices, 11: 87～94

Kurosawa H, Kimura M, Noda T, et al. 2006. Effect of oxygen on in vitro differentiation of mouse embryonic stem cells. J Biosci Bioeng, 101: 26～30

Lacaud G, Keller G, Kouskoff V. 2004. Tracking mesoderm formation and specification to the hemangioblast in vitro. Trends Cardiovasc Med，14：314～317

Lendahl U，Zimmerman L B，McKay R D G.. 1990. CNS stem cells express a new class of intermediate filament protein. Cell，60：585～595

Levenberg S，Rouwkema J，Macdonald M，et al. 2005. Engineering vascularized skeletal muscle tissue. Nat Biotechnol，23：879～884

Li Z，Leung M，Hopper R，et al. 2010. Feeder-free self-renewal of human embryonic stem cells in 3D porous natural polymer scaffolds. Biomaterials，31：404～412

Lund A W，Yener B，Stegemann J P. 2009. The natural and engineered 3D microenvironment as a regulatory cue during stem cell fate determination. Tissue Eng Part B，15：371～380

Lutolf M P，Gilbert P M，Blau H M. 2009. Designing materials to direct stem-cell fate. Nature，462：433～441

Mason C，Hoare M. 2006. Regenerative medicine bioprocessing：the need to learn from the experience of other fields. Regen Med，1：615～623

McDevitt T C，Palecek S P. 2008. Innovation in the culture and derivation of pluripotent human stem cells. Curr Opin Biotechnol，19：527～533

Mimeault M，Hauke R，Batra S K. 2007. Stem cells：a revolution in therapeutics — recent advances in stem cell biology and their therapeutic applications in regenerative medicine and cancer therapies. Clin Pharmacol Ther，82：252～264

Miranville A，Heeschen C，Sengenes C，et al. 2004. Improvement of postnatal neovascularization by human adipose tissue-derived stem cells. Circulation，110：349～355

Mironov V，Kasyanov V，Drake C，et al. 2008. Organ printing：promise and chanllenges. Regen Med，3：93～103

Miyazaki T，Futaki S，Hasegawa K，et al. 2008. Recombinant human laminin isoforms can support the undifferentiated growth of human embryonic stem cells. Biochem Biophys Res Commun，375：27～32

Montanez E，Casaroli-Marano R P，Vilano S，et al. 2002. Comparative study of tube assembly in three-dimensional collagen matrix and on Matrigel coats. Angiogenesis，5：167～172

Morrison S J，Spradling A C. 2008. Stem cells and niches：mechanisms that promote stem cell maintenance throughout life. Cell，132：598～611

Nie Y，Bergendahl V，Hei D，et al. 2009. Scalable culture and cryopreservation of human embryonic stem cells on microcarriers. Biotechnol Prog，25：20～31

Niklason L E，Gao J，Abbott W M，et al. 1999. Functional arteries grown in vitro. Science，284：489～493

Oh S K，Chen A K，Mok Y，et al. 2009. Long-term microcarrier suspension cultures of human embryonic stem cells. Stem Cell Res，2：219～230

Olariu V，Harrison N J，Coca D，et al. 2010. Modeling the evolution of culture-adapted human embryonic stem cells. Stem Cell Res，4：50～56

Patel S，Kurpinski K，Quigley R，et al. 2007. Bioactivenanobers：synergistic effects of nanotopography and chemical signaling on cell guidance. Nano Lett，7：2122～2128

Patterson J，Martino M M，Hubbell J A. 2010. Biomimetic materials in tissue engineering. Materials Today，13：14～22

Placzek M R，Chung I M，Macedo H M，et al. 2009. Stem cell bioprocessing：fundamentals and principles. J R Soc Interface，6：209～232

Puente L G，Borris D J，Carriere J F，et al. 2006. Identification of candidate regulators of embryonic stem cell differentiation by comparative phosphoprotein affinity profiling. Mol Cell Proteomics，5：57～67

Reynolds B A，Weiss S. 1992. Generation of neurons and astrocytes from isolated cells of the adult mammalian central nervous system. Science，255：1707～1710

Risau W. 1995. Differentiation of endothelium. FASEB J，9：926～933

Schatteman G C, Awad O. 2004. Hemangioblasts, angioblasts, and adult endothelial cell progenitors. Anat Rec A Discov Mol Cell Evol Biol, 276: 13～21

Schmidt C E, Baier J M. 2000. Acellular vascular tissue: natural biomaterrals for tissue repair and tissue engineering. Biomaterials, 21 (22): 2215～2231

Siti-Ismail N, Bishop A E, Polak J M, et al. 2008. The benefit of human embryonic stem cell encapsulation for prolonged feeder-free maintenance. Biomaterials, 29: 3946～3952

Skottmanl H, Hovatta O. 2006. Culture conditions for human embryonic stem cells. Reproduction, 132: 691～698

Suda T, Takakura N, Oike Y. 2000. Hematopoiesis and angiogenesisInt. J Hematol, 71: 99～107

Takahashi K, Yamanaka S. 2006. Induction of pluripotent stem cells from mouse embryonic and adult fibroblast cultures by defined factors. Cell, 126: 663～676

Tan W, Sendemir-Urkmez A, Fahrner L J, et al. 2004. Structural and functional optical imaging of three-dimensional engineered tissue development. Tissue Eng, 10: 1747～1756

Terraciano V, Hwang N, Moroni L, et al. 2007. Differential response of adult and embryonic mesenchymal progenitor cells to mechanical compression in hydrogels. Stem Cells, 25: 2730～2738

Thomson J A, Itskovitz-Eldor J, Shapiro S S, et al. 1998. Embryonic stem cell lines derived from human blastocysts. Science, 282: 1145～1147

Titushkin I, Cho M. 2007. Modulation of cellular mechanics during osteogenic differentiation of human mesenchymal stem cells. Biophys J, 93: 3693～3702

Ulloa-Montoya F, Verfaillie C M, Hu W S. 2005. Culture systems for pluripotent stem cell, J Biosci. Bioeng., 100 (1): 12～27

Urbich C, Dimmeler S. 2004. Endothelial progenitor cells: characterization and role in vascular biology. Circ Res, 95: 343～353

Vailhé B, Vittet D, Feige J J. 2001. In vitro models of vasculogenesis and angiogenesis. Lab Invest, 81: 439～452

van Praag H, Schinder A F, Christie B R, et al. 2002. Functional neurogenesis in the adult hippocampus. Nature, 415: 1030～1034

Watanabe K, Nakamura M, Okano H, et al. 2007. Establishment of three-dimensional culture of neural stem/progenitor cells in collagen type-1 gel. Restorative Neurology and Neuroscience, 25: 109～117

Wernig M, Meissner A, Foreman R, et al. 2007. In vitro reprogramming of fibroblasts into a pluripotent ES-cell-like state. Nature, 448: 318～324

Williams K A, Saini S, Wick T M. 2002. Computational fluid dynamics modeling of steady-state momentum and mass transport in a bioreactor for cartilage tissue engineering. Biotechnol Prog, 18: 951～963

Williams K A, Saini S, Wick T M. 2002. Computational fluid dynamics modeling of steady-state momentum and mass transport in a bioreactor for cartilage tissue engineering. Biotechnol Prog, 18: 951～963

Wurmser A E, Nakashima K, Summers R G, et al. 2004. Cell fusion-independent differentiation of neural stem cells to the endothelial lineage. Nature, 430: 350～356

Yao C L, Chu I M, Hsieh T B, et al. 2004. A systematic strategy to optimize ex vivo expansion medium for human hematopoietic stem cells derived from umbilical cord blood mononuclear cells. Exp Hematol, 32: 720～727

Yu J, Vodyanik M A, Smuga-Otto K, et al. 2007. Induced pluripotent stem cell lines derived from human somatic cells. Science, 318: 1917～1920

Zhang S. 2004. Beyond the Petri Dish. Nat Biotechnol, 22: 151～152

zur Nieden N I., Cormier J T, Rancourt D E, et al. 2007. Embryonic stem cells remain highly pluripotent following long term expansion as aggregates in suspension bioreactors. J Biotechnol, 129: 421～432

第五章　组织工程生物反应器及其设计应用

生物反应器种类很多。专门用于组织工程的生物反应器称为组织工程生物反应器，或简称组织工程反应器。由于人体不同组织器官的形态结构和生理功能差别很大，设计、制造通用的组织工程生物反应器难度很大，传统生物反应器也大多不适合组织器官培养。目前已有一些专门设计的用于特定组织器官再生的生物反应器面世，当然还存在这样或那样的缺陷。组织工程生物反应器的主要用途是：①种子细胞大量扩增；②种子细胞三维培养再生组织器官。随着组织工程的深入发展，组织工程生物反应器也会越来越完善。

第一节　组织工程生物反应器

种子细胞、支架材料和生长因子是组织工程的三大要素。但是，体外三种因素相互作用的环境不同于体内，三者只是简单地组合在一起，缺乏体内微环境（如各种机械应力和流体应力）的影响。这种微环境可以被认为是组织工程中的第 4 要素。由于只有在稳定的、与生物体内相似的体外环境中才有可能使培养的细胞或组织正常生长，才有可能得到与天然生物组织相似的体外人工组织，因此，研制用于体外组织器官培养的生物反应器就成了组织工程的一个重要课题。

一、组织工程与生物反应器

生物工业中使用的生物反应器有多种类型，即使在同一行业中也可能采用不同类型的生物反应器。传统生物工业中使用的生物反应器称为“发酵罐”（fermenter）。20 世纪 70 年代，Atkinson 提出了生化反应器（biochemical reactor）一词，其含义除包括原有发酵罐外，还包括酶反应器、处理废水用反应器等。与此同时，Ollis 提出了另一术语——生物反应器（biological reactor）。进入 80 年代，生物反应器（bioreactor）一词在专业期刊和书籍中大量出现。bioreactor 是 biological 与 reactor 的组合词，是指有效利用生物反应机能的系统（或场所）。

生物反应器一般定义为：在生物或生化条件下通过密切监测、严格控制环境和操作条件（如 pH、温度、气体压力、营养供应和废物清除）而产生特定生物学效应的仪器装置。生物反应器与化学反应器在使用中的主要不同点是生物（酶除外）反应都以“自催化”(autocalalysis）方式进行，即在目的产物生成的过程中生物自身要生长繁殖。另外，由于生物反应速率较慢，生物反应器的体积反应速率不高；与其他相当生产规模的加工过程相比，所需反应器体积大；好氧反应需要通风与混合，动力消耗高；产物浓度低。生物反应器主要用于生产基因工程药物、抗生素、人用或兽用疫苗及动植物细胞大量培养等。

二、组织工程生物反应器原理

生物反应器（bioreactor）指的是能够提供生物反应和生物转化过程所需环境条件的设备。在生物反应过程中，若采用活细胞（包括微生物、动植物细胞）为生物催化剂，称为发酵过程或细胞培养过程。采用游离或固定化酶，则称为酶反应过程。普通生物反应器利用生物催化剂进行反应，是连接原料和产物的桥梁。按照生物反应过程所使用的生物催化剂的不同，传统的生物反应器可分为酶反应器和细胞生物反应器。从广义上说，利用动植物个体或某个器官（如乳腺）作为“生产工厂”制备各种医药保健和其他用途的产品，这些动植物个体或某个器官也称为生物反应器。

与传统生物反应器和动植物生物反应器不同，组织工程生物反应器（tissue engineering bioreactor）是在体外制造一个与体内相似的环境，加速培养细胞、组织乃至器官的系统，可广泛应用于器官缺损患者替代，构建、保持或增强其组织功能，以及生物制药等领域（Langer and Vacanti，1993）。天然机体细胞都是处于机体提供的动力微环境中生长的，在体外用组织工程方法构建人体组织时，应用传统的组织细胞培养方法和系统很难满足三维组织器官的细胞生长所需的要求。组织工程生物反应器具有由内在网络通道的聚合物构成的立体框架结构，同时辅以流动的培养液提供营养。通道内外相隔一层半透膜，这样既为体外组织工程种子细胞的生长提供理想的环境，也为体外构建组织工程组织和器官提供模拟体内生理条件的三维环境。

与传统培养方法相比，组织工程生物反应器的优势体现在：所培养细胞与载体或支架材料结合得更加均匀、充分，且能更好地控制物质交换速率，可以及时将代谢产物排出培养体系，改善营养交换；可调整反应器培养室中的流体剪切力，提供机械应力刺激；随着培养物的不断生长变化，培养系统可以通过改变自身的状态来满足其需要；可维持恒定的营养水平、部分气体压力及酸碱环境。

由于现代生物反应器具有高效的自动化处理能力，目前已经在多个领域发挥重要作用，包括药物生产、疫苗制备、抗生素发酵等。由于动物细胞对张力反应比较敏感，工业中使用的机械搅拌式生物反应器、鼓泡式物反应器、气升式物反应器、膜生物反应器等均不适用于组织工程。研究新型生物反应器，并探讨其在工程化组织器官体外构建中的应用，已成为组织工程研究中新的重要内容（Grifith and Naughton，2002）。生物反应器作为组织工程中重要的载体，目前主要从生物力学、三维培养、传质、环境条件和物理因素（电场、磁场、超声）等方面开展研究（Martin et al.，2004）。

三、组织工程对生物反应器的要求

在组织工程研究中，应用生物反应器可以达到不同的目的，如大量扩增细胞，通过扩增的细胞形成三维组织支架或直接作为器官的辅助装置（Shachar and Cohen，2003）。生物反应器是组织工程中的关键一环，从种子细胞的培养至移植到细胞支架，以及组织的分化塑型和功能的完善几乎都是在生物反应器中实现的。不论以何种方式培养细胞，如果不是以人工诱变为目的，则其最根本的要求就是尽量在体外模拟该种细胞在生物体体内的生长环境。而生长环境的某些偏差，会由于生长信号、化学信号、应力信号的阻断，要么导致细胞凋亡，要么导致细胞正常形态或生理功能的丧失（Ruoslahti 1997）。

用于组织工程研究的生物反应器应满足的基本要求有以下几点。第一，控制体外微环境。理想的生物反应器能控制 pH、氧分压、机械应力、营养及代谢物等条件，能为细胞的生存和发育分化提供最适宜的环境。培养液混合方式应使剪切应力对细胞的损伤降到最低。若为干细胞分化的大量培养，必须注意精准控制干细胞在不同分化阶段所需的不同生长因子浓度。第二，提供精确的传质控制。大多数工程化组织没有自己的血供系统，细胞只能通过扩散作用进入这些工程化组织支架（Kannan et al.，2005；Grifith and Naughton，2002），氧气的供给尤为重要，因为只有 100～200 μm 厚的细胞层可以通过扩散作用得到氧气供给。因此，生物反应器的型号和结构应便于培养介质的均匀混合，以提供精确的传质控制，使营养组分的浓度及介质的 pH 能在时间和空间上尽量维持恒定，并使梯度尽量减小；反应器除了要能将所需的营养物质及时传给细胞外，还要求能及时带走组织细胞自身产生的代谢废物。第三，能进行无菌操作。反应器可置于培养箱内，为组织构建提供一个相对封闭、无毒、无菌，并有充分氧供及稳定温度的环境。此外，为满足较大体积组织构建对种子细胞数量的需求，常将生物反应器与微载体细胞培养技术结合。由于微载体有较大的比表面积，相同容积的生物反应器要比普通培养方式多出数十倍甚至上百倍的细胞。微载体培养细胞可减少细胞去分化现象，有利于细胞表型的维持，提高种子细胞的质量。因此，生物反应器还需要保持种子细胞与微载体在培养过程中良好的结合。

一般生物反应器的设计是由所要培养的组织结构和功能决定的。例如，不同于植物细胞和微生物细胞，动物细胞必须贴壁培养，所以应用于组织工程的生物反应器必须具有适宜的型号，为动物细胞提供贴壁环境。在生物反应器的设计中，模拟组织细胞生长所需的体内环境时，必须考虑生物化学控制和各种应力刺激。动物细胞没有细胞壁，所以对剪切力特别敏感。根据规则流场的剪切敏感性研究表明：动物细胞能承受的最大剪切力为 1～5 Pa（谭文松等，1996）。Cherry 和 Papoutsakis（1988）研究表明：机械剪切应力水平在 0.3～1 Pa 时，细胞将受到破坏且成活率降低；剪切应力在 0.092 Pa 时，细胞能增殖，但形态学和功能会受到影响；剪切应力在 10^{-3} Pa 时达到最佳的细胞生长水平。生物反应器设计要能接近体内发育情况，而体内各种组织和器官所处环境各异，某些种类细胞要求反应器能提供一定的机械应力，如肌腱在体内主要承受张应力，而骨骼主要承担压应力，心血管主要承受脉动式应力，其他可能的物理影响因子尚有磁场、电场等。因此，生物反应器设计必须能因不同组织，提供专一性的需求。一个完整的生物反应器系统还应具有自动化的操作程序，这对于相关的基础研究和用于临床的工程化组织制备都是必要的（Nagel et al.，2005；Martin et al.，2004）。生物反应器一般包括储存器（储存培养液）、反应腔和传感器。传感器可对液流循环进行定期评估并及时对各项参数（温度、气体浓度、流速、pH 等）做出调整，模拟体内的生理微环境。

四、组织工程生物反应器的开发

近几十年来，由于生物工程和组织工程学的发展，相应的生物反应器水平也在不断提高。用于构建组织工程产品的生物反应器已经越来越接近生物体内环境的培养条件，有力地支持了这些学科的研究。现已研制出多种不同用途、型号的生物反应器，其性能也日趋完善。

Petri 碟，即培养皿，是较早应用的生物反应器，目前仍广泛用于细胞培养，但一般只适用于采用平面材料作为基质的培养场合。Petri 碟主要采用静态培养模式，从严格意义上并不是一种真正的生物反应器。

（一）搅拌式生物反应器

搅拌式生物反应器应用于微载体细胞培养，以及软骨、皮肤等组织培养。其主要原理是通过桨式搅拌器来搅动培养液，以增加传质效果，确保培养液的养分和溶氧浓度均匀分布，达到大规模培养细胞的目的，同时使培养液对细胞施加一定的剪切应力。

在组织工程研究中，目前最常用的是搅拌瓶生物反应器（spinner flask bioreactor)。其与静态培养相比，具有明显的优势。Freed 和 Vunjak（1997）的试验结果表明，软骨细胞在搅拌瓶反应器中培养 5 周后的收获量，显著多于 Petri 碟中培养的收获量。和其他生物反应器比较，其结构简单、成本较低。组织块培养时，把已完成种植细胞的支架悬吊在瓶塞上，使其浸没在培养液中培养。在接种阶段，细胞借由流体对流，将细胞运送至支架贴附。在培养过程中，培养液因搅拌的带动，使组织块表面的流体保持交换状态。培养液每隔数天更换一次，以确保营养物质的浓度并移除细胞代谢废物(Koch and Gorti，2002)。搅拌式生物反应器的最大优点是，能培养各种类型的动物细胞，培养工艺容易放大，产品质量稳定，非常适合于工厂化生产，在生物制品开发中潜力很大。但是，机械搅拌产生的剪切力较大，而且种植在支架材料上的细胞所受到的剪切力非常不均匀。材料表面的细胞受到的剪切力较大，营养物质交换充分，而材料内部的细胞受到的剪切力较小、营养物质的转运较差。因此，用于构建大块工程化组织还具有相当的难度。

搅拌式生物反应器的缺点是搅拌产生的剪应力会对细胞造成不利的影响。为了更加符合组织工程的要求，许多改良产品应运而生。有人采用“双屏、提升式搅拌器”研制出单层笼式通气搅拌器。Kamen 等（1992）的带状螺旋桨，分别从通气装置和搅拌器上改进，克服了剪切应力过大、易产生气泡等不利细胞生长的因素。徐小增和于国祥（1996）在搅拌器上罩一个带夹套的筒体，使培养液流动平稳且规律，并搭配微孔透气供氧系统，避免大气泡的产生，这也是机械搅拌式生物反应器目前研究的发展方向。

（二）微载体生物反应器

自 20 世纪 60 年代，Van Wezel（1967）试验利用微载体法悬浮培养动物贴壁细胞获得成功以后，利用各种微载体在生物反应器中大量扩增动植物细胞就成为最常用的方法之一。为培养单个的非种植在三维支架上的细胞群，可采用微载体生物反应器（microcarrier bioreactor）。胶原、葡聚糖等是常用的微载体材料，将这些材料制成的微球悬浮于搅拌的细胞培养液中，细胞在这些材料上贴壁生长。微载体生物反应器将悬浮培养和搅拌培养两种技术结合在一起，使球形微载体悬浮于搅拌的细胞培养液中，贴壁细胞在这些悬浮微球表面生长。由于微球有更大的比表面积，因此物质转运得以加强，在悬浮微球表面贴壁生长的细胞亦会受到剪切应力的刺激。像搅拌瓶反应器一样，培养液每隔数天更换一次。细胞在微载体反应器中的倍增时间明显短于 Petri 碟中的倍增时间。在微载体反应器中，细胞增倍的时间一般为 2～3 d，而在 Petri 碟中一般为 5 d。这表明传质状况的改善促进了细胞生长。此外，在一些报道中，微载体悬浮还有利于某些分裂细胞的表型保持（Frondoza et al.，1996；Freed and Vunjak，1993），微载体培养细胞可避免或减少普通培养方法普遍存在的细胞去分化现象，有利于细胞表型的维持，提高细胞的质量。微载体反应器既能像悬浮培养那样获得大量产品，又能满足哺乳动物细胞必须贴壁培养的要求，兼具悬浮培养与贴壁培养的优点。同时又运用了搅拌培养技术，给细胞施加流体应力刺激，有利于细胞的增殖、分化。微载体表面在搅拌过程中，受到的流体应力大小不均，且应力会随着悬浮载体的移动发生变化，因此，微载体表面的流体应力不易控制，难以对其进行系统的基础研究。

自 Van Wezel 用 DEAE-Sephadex A 50 研制的第一种微载体问世以来，国际市场上出售的微载体商品的类型已经达十几种，包括液体微载体、大孔明胶微载体、聚苯乙烯微载体、PHEMA 微载体、甲壳质微载体、聚氨酯泡沫微载体、藻酸盐凝胶微载体及磁性微载体等。常用的商品化微载体有三种：Cytodex、Cytopore 和 Cytoline。

（三）气升式生物反应器

气升式生物反应器（airlift bioreactor）的主要原理是在反应器底部设置一个气体喷嘴，从外部通入的空气或氧气以气泡形式从下部上升，在上升过程中达到气体交换的目的。它的显著特点是用气流代替不锈钢叶片进行搅拌（Tyo et al.，1988），在交互的气体流动的作用下进行营养物质的交换，因而产生的剪切力相对温和，对细胞损伤小。研究表明，只有当悬浮培养微载体大小和气泡大小在一个数量级时，气泡对细胞的破坏作用才很明显，而气泡大于或小于微载体的体积时，破坏作用将很小。因此，只要控制微载体和气泡的大小和密度，就有可能高效率地扩增细胞。由于气升式生物反应器的工作状况柔和，操作简单，有较好的传热、传质特性，广泛适用于动植物细胞的培养研究和生产。但是气升式生物反应器也存在操作弹性小的缺点。气升式生物反应器要求较高的气体压力和空气的清洁的负荷，不能很好地溶解黏度较大的培养液；在低流速时，特别是反应器高、反应器直径大、高密度微载体培养时，混合性能不佳。而且，由于此反应器应用气泡进行培养基的搅拌，连续的气泡在培养基中始终占有一定的空间，因此在一定程度上影响了传质性能。欧阳平凯等（1992）改用分段气升管，更有利于氧的利用和培养液的混合。气流上升为微载体和组织块提供悬浮培养的可能。因此，气升式反应器将有可能取代目前广泛采用的生物体内移植方式进行组织培养。

（四）旋转壁式生物反应器

旋转壁式生物反应器（rotary wall vessel bioreactor，RWVB）或称为旋转式细胞培养系统（rotary cell culture system，RCCS），也可简称为旋转或回转生物反应器。旋转壁式生物反应器是美国航空航天局（NASA）为在地面上模拟微重力条件下细胞的生长而开发出的一种新型细胞及组织培养装置（Jessup et al.，1993；Schwarz et al.，1992），可作为细胞工程和组织工程实验室较为理想的生物反应器，是目前世界贴壁和悬浮细胞培养的最新装置，主要应用于骨、软骨、心血管等领域（Hammond and Hammond，2001；Margolis et al.，1999；Schwarz et al.，1992）。旋转壁式生物反应器一般由水平放置的内外两个同心圆柱组成。静态的内柱由半透膜构造，使得气体可以通过该膜进行交换。旋转的外柱由非通透性的材料制成。内外柱间充以连续灌注的培养介质，预先种植了细胞的微载体或三维支撑骨架在旋转的外柱及培养液的作用下，自由下落。调节外柱的转速，使旋转产生的离心力刚好与重力平衡（Freed and Vunjak，1997；Lanza et al.，1997），无需固定支架即可使之悬浮于培养液中。在旋转壁式生物反应器中生长的细胞或组织不会受到任何主宰生长方向的单个应力矢量的影响，组织会向各个方向生长，有利于形成三维组织结构。在此种反应器内由于细胞所受剪切力极低，而且细胞之间有三维联系的机会，因而所培养细胞的功能更接近于自然细胞，并且可形成更接近自然的组织。而普通的生物反应器因要保持细胞的悬浮而产生剪切力，其破坏了细胞间和细胞与基质间的稳定，使组织与细胞集中于自身的修复，而在很大程度上影响到其自身生长和其他的正常生理功能。旋转壁式生物反应器的培养容器中充满了用作培养基的生长液及细胞或组织材料。整个容器由电机驱动沿水平轴旋转，细胞颗粒或细胞微载体复合物在水平轴内建立均质的液体悬浮轨迹。培养基及细胞颗粒随容器在一起旋转且不与容器壁和其他物体相撞。由于在整个的培养系统中无推进器、空气升液器、气泡或搅拌器，使破坏性应力减到最小，故几乎没有破坏性的剪切力，使得大细胞团得以形成，细胞表型表达更充分（Botchwey et al.，2001）。

在一些以三维支撑骨架作为细胞贴壁材料的试验中，旋转壁式生物反应器在促进细胞外基质合成、保持细胞表型等方面也同样显示出一定的优越性。例如，种植在三维材料上成骨细胞在旋转壁反应器中可以合成更多的糖氨聚糖（Frondoza et al.，1996），同时由于细胞表型得以保持，使得其机械应力性能较静态培养和搅拌瓶培养都有了较大改善（Rouhi，2000）。

旋转壁式生物反应器具有微重力环境、低剪切应力、高效的传质过程及零顶空间（即整个生物反应器系统被培养基充满）等优点。理想的低剪切应力给高密度培养细胞、培养大体积组织等提供了有利条件。但是，低剪切应力使某些细胞在生长过程中丧失了其应有的应力刺激，不利于研究流体切应力对细胞生物学行为的影响。在 RWVB 设计中、培养物与培养液的密度、培养物与腔室的体积、反应器两筒转速等均为实现设计的力学环境的主要影响因素。培养物需为微载体（Gao et al.，1997），如果其密度大于培养液，培养物会附着于外壁，并因转动受到超重的应力（Liu et al.，2004）。其体积越大，受液体作用越大；速度越快，产生离心力越大。两筒的转动速度直接影响培养液和培养物的运动，外筒越快，密度与培养液相近的培养物分布越靠近外壁；内柱与外筒同向转动越快，会使培养物分布越靠近内壁；反之，则可避免其过于靠近内壁。美国航空航天局在地面的实验结果也表明，组织或者微载体长到直径 1 cm 时就难以悬浮在反应器内。

旋转壁式生物反应器的缺点是难以在工业上放大，并且很少能在线供液。在实际操作中总有一些因素相互制约：传质效果需要加快转速使气液充分混合，但转速又受抵抗细胞沉降不与内外壁碰撞及动物细胞脆弱性的限制；较高的溶氧度需要提高相应的氧分压，过高的氧分压又会导致抑制代谢物的移出和气泡的产生，同时也影响细胞的正常生长。改善在线供液，对其内部环境和成分进行精确控制是这一类型生物反应器设计和发展的方向。Kleis 等（1990）研制了绕垂直轴旋转的生物反应器。宋克东和刘天庆（2004）研制出一种新型旋转壁式生物反应器，反应器中支架材料被固定在培养室的外壁上，在培养过程中所需三维构建的骨组织与内外壁筒壁均不发生碰撞，可以有效地提高营养物质的传递效率，提高溶解氧的效率。

（五）膜式生物反应器

膜式生物反应器（membrane bioreactor）的主要原理是通过一个起传质作用的透析膜进行气体交换。目前用于组织培养旋转式生物反应器都是通过膜来进行气体交换的。这也说明膜反应器在组织工程领域中广泛的应用前景。膜式生物反应器中膜件的结构形式很多，有平板式、螺旋卷绕式、管式及中空纤维式等，其中中空纤维式应用最多，因为它的表面积较大，能生产高密度的细胞。它的主要优点是：气液交换分开，避免了反应器内气泡和流体剪应力的产生；细胞或组织留在反应器内，反应器连续灌流；采用膜包埋技术，这对于易受到剪切应力破坏的细胞是有利的。它的缺点在于膜的通透性，由于动物细胞对氧浓度要求不高，在反应器中大部分采用膜自由扩散式传质方式，但在高浓度培养时，膜供氧方式就不太合适。因此，膜式生物反应器较适合容易受到剪切应力破坏的动物细胞的培养。在膜生物反应器中，用脉冲流形成对流传递是一种重要和广泛的研究方法，也是目前膜反应器的研究重点。

中空纤维生物反应器（hollow fiber bioreactor）内有含数千根中空纤维的圆筒，属于一种细微状的中空培养器，类似于毛细血管的结构。管壁是极薄的半透膜，能截留住相对分子质量为 10、50、100 的三类物质。这种结构的半透性（Piret and Cooney，1991）有利于营养物质的交换。中空纤维管内空间称为内室，可灌流培养液；管与管之间称为外室。细胞种植在空心纤维外室的管壁上，吸取从内室渗透出来的养分，迅速生长繁殖。同时避免了培养液流动而产生的不良应力影响，这对肝细胞培养是非常有利的(Jasmund and Bader，2002)。中空纤维生物反应器的特点是细胞培养环境温和，培养细胞密度较高（107～108 个/ml)，产品较容易分离纯化（Cabrera et al.，2001)。但这种生物反应器不利于细胞的均匀培养，营养物质在两端的浓度较高，不利于中间地带细胞的培养。而且中空纤维培养工艺不易放大，反应器本身的消毒和重复使用也相对困难(Calabrn et al.，2002)。这种生物反应器比较适合代谢旺盛和对环境比较敏感的细胞(如肝、肾细胞)。目前已部分应用于人工肝组织的培养，但并不适用于心脏瓣膜。

（六）灌注式生物反应器

灌注式生物反应器（perfusion bioreactor）在原理和操作上与一般化工生产中的连续釜式反应器类似，是将接种了细胞的支架置于灌注系统中，培养液以恒定流速被泵送到反应器，再收集到反应器废液瓶中。全部培养液将缓慢通过三维支架材料，培养组织周边与中心同时进行直接的营养交换，用于工程化组织动态种植时，也利于种子细胞均匀分布。显而易见，灌注反应器的优点是可以方便地控制培养液的恒定组成及培养温度。灌注式生物反应器可以解决组织工程细胞或复合体的营养消耗和代谢产物之间的矛盾，并可以调控和开发细胞的生理状态。灌注式反应器克服了机械混合产生的不良剪切应力，可以对细胞的周围环境，包括 pH、温度、培养液的营养成分、代谢产物进行更为精确的监测和控制，因而培养细胞的密度及质量可以得到很大提高（Griffiths，2001)。Alvarez-Barreto 等（2007）应用灌注式生物反应器对支架材料进行细胞接种，发现灌注接种能够促进细胞在支架材料中分布的均一性，这对于进一步利用该复合支架进行工程化组织的构建是至关重要的。Bancroft 等（2003）设计的灌注式生物反应器系统中，复合有细胞的支架被固定在密闭的灌注腔内，培养液通过外部的连接管道进入和流出灌注腔。由于支架与灌注腔的内壁紧闭接触，所以进入灌注腔的培养液全部从支架内部通过，使支架内部每个部分的细胞均得到充足的营养物质交换和基本一致的流体剪切应力。此生物反应器的灌注系统由外部的蠕动泵驱动，可以设置不同的灌注速度，使细胞得到不同的营养物质转运速率，受到不同大小的流体切应力。但是对于不同规格形状的支架需要设计不同的灌注腔，以保证支架必须与灌注腔的内壁紧密接触，使培养液能够完全从支架内部通过。Xie 等（2006）利用自行设计的灌注式生物反应器对复合骨髓基质干细胞的大段支架材料进行灌注培养，发现细胞可在大段支架内部充分增殖，为构建大段的组织工程化骨提供了一种新方法。

一些新的灌注反应系统正在逐步趋于成熟，如用于培养肝细胞的动态种植培养系统(Kim et al.，2000)。在该反应器中培养的肝细胞的组织形态保持正常，表现出较高的代谢活性和白蛋白分泌能力。

（七）应力刺激式反应器

应力刺激式反应器可与灌流系统一起使用，也可与其他反应器一起使用，其结构有利于某些需要在一定的应力环境下生长的组织的培养。人体细胞、组织的生存环境是多种多样的，有的处于应力环境中，如关节软骨需要负重，有的处于不间断的周期性的应力环境中，如心脏瓣膜。体内三维组织结构中的细胞在生长时受多种力学刺激，其中应力的作用对组织的结构、形态和功能产生明显的影响（Nishioka et al.，1993；Slack et al.，1984）。在细胞的生长发育及最后的功能完善中，加上适当的机械力和一些细胞因子均能使组织更好地生长。在工程化软骨与骨组织培养过程中，通过施加外源性压应力等机械刺激因素，可促进其中种子细胞的排列分布和细胞外基质分泌。施加机械力的反应器，可设计周期性地对组织块施加应力，施力的大小可以控制，如为肌腱或韧带组织设计的可提供张力条件的反应器（Vunjak et al.，2004）。

（八）其他生物反应器

近年来，在组织工程领域还有一些特殊设计的生物反应器，主要有为适应心血管组织特殊性而设计的脉动反应器、为肌腱组织设计的提供张力条件的反应器、研究半月板应力负荷的生物反应器（McHenry et al.，2006）、流化床生物反应器、摇床式生物反应器和填充床生物反应器（Koskinen et al.，2007；Meuwly et al.，2007；Liu and Hong，2001）等。反应器的个性化是生物反应器未来发展的方向。此外，尚可在组织工程生物反应器外加电磁场（electromagnetic field）、脉动、冲击波（shock wave）。电磁场不仅可促进骨的再生和骨细胞的增殖，还可促进成骨细胞分泌 IGF-II、BMP-2、TGF-β 等生长因子并合成细胞外基质（赵云山等，2002）。一般使用的电场强度为 0～100 mA/m^2，频率小于 1 kHz，以提供脉动的反应器建构心脏瓣膜、人工血管等（Niklason et al.，1999）。Wang 等（2001）用能量密度为 0.16 mJ/mm^2 的冲击波（损伤细胞膜而不致损伤细胞器）作用于软骨基质细胞，可使细胞增殖、碱性磷酸酶活性增高、胶原蛋白及骨钙蛋白的合成增加。

五、生物反应器在组织工程中的应用

生物反应器在组织工程中的应用主要表现为种子细胞培养的应用。种子细胞的获取是组织工程的首要问题。目前的方法主要是采集自身组织细胞，经体外单层培养到足够数量后，复合到细胞外基质（即支架材料上）再进行共培养。目前种子细胞的获取存在两个问题。第一，组织构建单位体积所需细胞数量（即细胞密度）的问题。有研究表明，组织工程器官的质量与细胞接种密度密切相关，Goshima 等（1991）将体外培养的骨髓间充质干细胞按不同密度复合于多孔陶瓷植入体内，结果表明，植入物的骨髓间充质干细胞密度在 2×10^7 个/cm^3 以上才能确保新骨形成。如果组织缺损体积较大，平面单层培养在短时间内很难满足组织构建所需种子细胞数量，且培养过程需多次消化细胞，既损伤细胞，又容易造成污染，操作繁杂。第二，单层培养细胞造成细胞去分化问题，具体表现为细胞形态变为细长，产生的细胞基质量少且质量差，表型丢失，与三维支架材料共培养后，细胞可部分恢复分化状态，但往往恢复不完全，因而直接影响组织构建的质量。目前许多实验室是利用培养瓶进行种子细胞的扩增培养。设备要求低，容易开展相应工作，但存在许多缺陷，如频繁换液增加了污染概率、浪费人力；每次换液导致细胞外环境的骤变，影响细胞增殖；细胞在培养瓶中是二维生长方式，与体内所处的三维方式迥然不同，长期培养将导致细胞表型改变。微载体细胞培养技术是一种微载体与生物反应器结合的技术，从理论上讲，相同容积的生物反应器和普通培养瓶相比，前者可比后者多培养数十倍甚至上百倍的细胞，可以满足较大体积组织构建对种子细胞数量的需求。为改善细胞生长增殖条件而设计的各种生物反应器的应用使细胞扩增数量进一步提高。不仅如此，微载体培养细胞可避免或减少了普通培养方法普遍存在的细胞去分化现象，有利于细胞表型的维持，提高细胞的质量。Granet 等（1998）利用旋转反应器和微载体培养成骨细胞并与普通培养对比，发现普通培养的细胞在接种 8 d 后已进入平台期，而利用旋转反应器和微载体培养的细胞仍处于指数增长期，微载体培养细胞的碱性磷酸酶活性及骨钙素 mRNA 水平均高于普通培养，说明微载体培养细胞的分化程度高，表型维持较好。

生物反应器还可用于组织工程中体外组织的构建和组织熟化的促进。体外组织构建即是自体组织细胞经体外扩增至一定数量后，复合到支架材料上进行共培养形成组织工程器官或组织的过程。细胞和支架材料的共培养分为静态和动态两种。在静态培养条件下为较大体积的支架上的种子细胞提供足够的氧和营养物质并排出代谢产物较为困难。生物反应器提供的动态培养可使这一状况得到明显改善，生物反应器内液体的流动使支架内的氧及营养传质更充分，代谢产物更容易排出，细胞基质分泌更多，细胞分布更均匀合理，使细胞表型得以更充分的表达，种子细胞可达到远超过被动扩散的深度（Botchwey et al.，2001；Lu et al.，2001）。应用组织工程学技术构建的移植物，在治疗组织器官严重功能障碍时，应具有较高的生物活性，其组织成分和功能接近正常组织，生物反应器能够最大限度地模拟体内微环境，从而促进工程化组织的熟化。此外，生物反应器还能提供很多培养组织所需的物理信号。研究人员将骨髓间充质干细胞在体外增殖到一定数量后接种到三尖瓣支架上，分别置入脉动生物反应器和普通培养皿中培养，结果脉动生物反应器中培养的三尖瓣组织结构与机械性能接近人体三尖瓣，而静态培养的三尖瓣组织结构松散，生物性能远不如前者。

六、组织工程反应器目前存在的问题及发展前景

随着科学技术的不断发展，在治疗或修复人体其他的组织和器官方面也越来越多地引入了组织工程生物反应器技术。为了适应各种生物技术和临床治疗的需要，生物反应器从外形设计到内在功能都在不断地得到改进和提高，在组织工程人体修复中扮演着越来越重要的角色。生物反应器技术的迅猛发展，也吸引了越来越多生物、医学和化工行业及诸多交叉学科的科研工作者投入到研究中来。

目前对生物反应器将要达到的目标和期望只在一定程度上取得了进展，这是因为生物反应器在构建工程化组织方面的设计要求非常复杂，而其发展还处于早期阶段。生物反应器在组织工程中的应用仍主要停留在细胞或组织培养的某个阶段，其培养室中模拟

细胞和组织生长的微环境也比较简单。对于大部分组织、器官替代物的研究还缺乏具有良好传质特性、利于细胞接种、可提供适宜的力学环境、符合 GMP 要求的专用组织工程生物反应器。

组织工程化生物反应器的最终目的是实现自动控制模拟体内环境的体外环境和细胞生长的生物过程，实现能体现生命组织特征的生命机器。而要发展这样的生物反应器，需要解决下列关键性问题如下所述。

1）组织工程力学问题。要弄清楚对特定组织，具体的力学因素如何具体影响组织的生长，不同的工程化组织需要什么力学特性，如何评测工程化组织的特性和功能，工程化组织植入体内以后与周围组织间的相互作用对其发展有何影响等一系列重要的基础性科学问题。要针对多种物理因素（磁场、电场、应力场等）对组织细胞的影响进行研究。

2）反应器要根据细胞的生长特点进行设计，发展进一步面向患者的个体化设计。在模型化的基础上，科学地设计、放大生物反应器，并根据细胞种类的不同对生物反应器的操作参数进行优化，使之适应各类细胞的培养要求仍是生物工程、化学工程工作者的工作重点之一。细胞培养和体外组织构建的条件和环境越接近体内发育情况，人工组织和器官的性能和质量就越接近正常组织和器官，而体内各种组织和器官所处环境各异，如肌腱在体内主要承受张应力，而骨骼主要承担压应力，心血管主要承受脉冲式张力，这就要求组织工程所提供的环境和条件也必须有所区别，因而生物反应器的设计也必须体现出不同组织构建的个性化要求，如悬浮细胞不需要支架，贴壁细胞需要支架；有的细胞需要力，有的则不需要；有的需要脉动力，而有的需要恒力。生物反应器也必须开发出新的附加装置以适应这些要求。例如，秦廷武和杨志明研制的复合三维细胞培养装置中就添加了可产生磁场的电磁线圈这种附加装置。因此，反应器发展的趋势应该是设计出专用反应器或形成某个系列，配置相应的附件，不同细胞只需更换相应的部件即可。

3）对组织工程生物反应器内流动传质、支架材料构型与流动的耦合作用、细胞和支架的应力应变分布进行分析，进而进行组织工程化培养过程中反应器内培养条件的优化。要深刻地认识生物化学及物理学因素在细胞、组织生长中的真实效应，使生物反应器能满足细胞、组织培养过程中对微环境的不同要求。

4）生物反应器内理化条件的在线监控，确保产品的一致性和标准化、质量控制、降低成本及自动化。从细胞培养到组织构建的整个过程操作十分复杂，易受到细菌污染，生产出来的组织功能活性不足，因此，要求生物反应器的作用应贯穿组织块体外构建的始终，各种有利于细胞或组织生长发育和功能表达的刺激因素通过生物反应器施加，并实现操作程序的标准化和自动化，将原来在无菌操作间中的手工操作全部转移到生物反应器中进行。生物反应器应创造一个密闭的、有利于维持细胞和组织生长的环境，使培养室保持严格无菌。同时，生物反应器又必须是一个“开放”的体系，不断从外界获取各种信息，改善自身内在环境。

这些问题的解决需要生物学家和工程师的共同合作，并需对影响组织形成的复杂机制有更深刻的认识。一方面，生物反应器需要有适合细胞生存的、可以进行数学分析的微环境，以利于进行基础性研究；另一方面，在由实验室研究到产业化应用的转变中，生物反应器构建工程化组织的标准化过程需要有较高的应变性。这些方面的进展，将有助于实现组织工程对医学领域的革命性改革。可以设想，在未来的医院中，自体工程化组织的应用程序为：首先进行患者组织活检取材，利用生物反应器分离、扩增种子细胞，再种植在支架材料内，在生物反应器中培育一定时间以促进组织熟化，最后通过手术将工程化组织植入患者病变区域。

随着组织工程学研究的不断深入和发展，生物反应器的研制及其应用必将越来越多地受到重视。目前，组织工程正迅速地向产业化迈进。在美国，目前已形成价值 40 亿美元的产业，并以每年 25％的速度递增，培育出的骨骼、软骨、血管、皮肤及神经组织正在应用于体内实验。将来的生物反应器将是集培养、控制、研究、生产于一体的智能化系统生命机器，这也是生物反应器发展的最终目标。

第二节　组织工程反应器设计应用实例

一、生物人工肝细胞反应器

肝脏是体内的重要器官，具有复杂的代谢功能。肝功能衰竭一般发展较快，容易出现肝昏迷、出血和感染等严重并发症，临床病死率高。目前最有效的治疗急性肝功能衰竭的方法是肝脏移植（Chapman et al.，1990）。但是由于肝脏的供体来源稀少，患者在等待移植期内的死亡率往往较高（Cao et al.，1998）。因此需要一种临时性的肝脏支持系统（artificial liver support system，ALSS），使肝脏功能得以暂时替代，从而为患者自身肝细胞再生及功能恢复创造较好的内环境，同时也能为过渡到肝脏移植赢得宝贵时间。因此，人工肝支持系统已经成为治疗肝衰竭方面的热点。

与心脏这类做纯机械运动的器官不同，建立肝脏支持系统是一个复杂的工程。肝脏是人体最大的消化腺，也是最大的腺体，分泌胆汁参与消化活动，而且有营养物质代谢、储存糖原、解毒、吞噬防御等重要机能，在胚胎期还有造血功能。几十年间，人工肝从传统治疗方法（包括血液透析、血浆置换或过滤、免疫或物理吸附等）的非生物型人工肝发展到了基于肝细胞体外培养技术的生物型人工肝（bioartificial liver，BAL）。非生物型人工肝在清除毒物的同时，机体一些有用的成分（如促肝细胞生长因子等）也可能会被清除，因此其疗效极其有限；而生物型人工肝因为具有类似原肝功能的解毒、分泌、合成及转化等作用，是目前理想的人工肝治疗方法，近年来也日益受到重视。

生物人工肝支持系统的核心研究内容包括反应器的构型设计及肝细胞的体外组织化培养。生物人工肝反应器的构型很多，其中中空纤维膜生物人工肝反应器由于具有传质面积大、可以实现免疫隔离、组件技术成熟（已广泛应用于肾透析等方面）、细胞受到较少流体剪切力影响等优点而受到广泛关注。肝细胞的组织化培养则主要有两种形式：一种是经典的中空纤维内腔胶原凝胶包埋培养。在三维培养的条件下，肝细胞可以存活较长时间并且维持特异性肝功能的表达。应用这种培养方式的人工肝反应器技术已经比较成熟，但反应器的总体传质性能还有待提高。另一种重要的肝细胞体外组织化培养方式就是聚球体培养。目前已经出现了使用肝细胞聚球体的人工肝反应器，与分散包埋的肝细胞相比，形成聚球体的肝细胞能够提供更长久的细胞存活时间及更高效的肝功能。但大多数文献报道的肝细胞聚球体需要在特定表面形成，过程普遍比较缓慢，聚球体形成率也很低，不适合于制备需要大量细胞的人工肝反应器。另外，文献还报道了一种用转瓶培养聚球体的方法，聚球体的形成比较快速、高效，适合大量制备，但是得到的聚球体也是需要经过收集再二次转接到中空纤维反应器中继续培养。因此，找到一种更简单、快捷，并且适合人工肝反应器应用的聚球体培养方式，已经成为研究热点。

（一）生物人工肝反应器设计依据

生物人工肝支持系统的核心组成部分是反应器。设计生物人工肝反应器的一个首要关键是如何稳定所培养肝细胞的表型，并维持其肝功能表达。其次，现有的很多的反应器规模都仅仅停留在实验室阶段，如果要应用于临床，必须提高反应器的容量，增加肝细胞的数量或者提高肝细胞的密度，而这又与反应器的传质性能研究密切相关。建立一个合理的模型，用于考察现有生物人工肝反应器的传质能力，对于大多数现有的中空纤维式生物人工肝反应器来说都是非常有意义的。另外，由于目前的生物人工肝大多属于异源性生物人工肝（xenogenie liver support system，XLSS)，因此，反应器的设计往往还需要考虑免疫隔离、限制逆转录病毒等安全问题。最后，研制新型的反应器要适用于临床抢救，就必须要求生物人工肝反应器易于安装、调试。与此相关，找到更好的肝细胞来源及如何进行较长时间的储运也成为研究的一个方向。

适用的生物人工肝反应器构型应该具备良好的传质性能、较小的放大效应，并且必须能长期维持肝细胞的正常生长、代谢活动。常见的生物反应器构型可以归纳为以下 4 种形式：中空纤维型、平板单层型、灌流床/支架型及胶囊包埋悬浮培养型(Allen and Bhatia，2002)。表 5.1 总结了这 4 种反应器构型的优缺点。目前大多数的生物人工肝均采用已经在肾透析方面得到成功应用的中空纤维型反应器。除了考虑反应器的构型以外，绝大多数基于中空纤维的生物人工肝反应器会面临膜材料所带来的传质能力问题，凝胶、微载体或其他材料的使用也会造成额外的传质阻力，甚至在反应器放大过程中，增多的细胞数也会对反应器传质产生不容忽略的影响。表 5.2 所示为目前进入临床研究阶段的生物人工肝装置，每一种装置都使用中空纤维反应器作为人工肝的核心组件。

表 5.1　不同的生物反应器构型比较

类型	优点	缺点
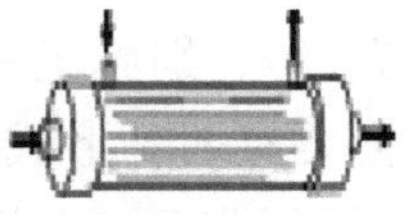 中空纤维型	传质面积大；可以实现免疫隔离；组件技术成熟；细胞受到较少流体剪切力影响	细胞分布不均；膜材料会带来传质阻力

续表

类型	优点	缺点
 平板单层型	细胞及内部微环境分布均匀	难以放大；容易造成比较大的“死区”；细胞受流体剪切力影响大；比表面积小
 灌流床/支架型	容易放大；传质阻力较小	灌流不均匀；容易堵塞；细胞受流体剪切力影响大
 胶囊包埋悬浮培养型	容易放大；均一的内部微环境	悬浮培养时细胞稳定性差，胶囊包埋会造成传质阻力；细胞受流体剪切力影响较大

表 5.2　进入临床试验的生物人工肝装置

装置名称	制造商	细胞材料	临床试验阶段
Vitagen ELAD	Vitagen	C_3A 人肝肿瘤细胞系	I/II
Excorp BLSS	Excorp Medical	原代猪肝细胞	I/II
Algenix	Algenix	原代猪肝细胞	I/II
HepatAssist	Circe Biomedical	原代猪肝细胞	II/III
MELS	Charite Virchow Clinic	原代猪肝细胞	I/ III

注：ELAD：体外肝辅助装置；BLSS：生物人工肝支持系统；MELS：模拟肝体外系统

（二）小型生物人工肝反应器的构建

目前临床应用最多的生物反应器是中空纤维型生物反应器。它将一束中空纤维管密封于透明有机材料的外壳中，该纤维将外壳分为内外两个腔，一般内腔流动患者血浆，外腔培养肝脏细胞。该纤维同时还具有半透膜功能，隔离细胞的同时实现物质的双向运输，从而达到肝功能支持的目的。然而，该反应器在使用中存在一定的缺陷：①该反应器中的纤维密集排列，不易放大，容量和有效交换面积小；②细胞堆积培养于中空纤维外部，往往容易沉积底部，不能均匀分布于纤维之间；③细胞密集堆积培养，营养和氧气交换受限，限制了功能的同时也降低了细胞的活性；④肝细胞是锚足样细胞，堆积生长也会造成细胞活性的下降。而在灌注床系统中，肝细胞虽然能贴壁培养，但由于其不能耐受液体循环带来的剪切力，往往容易脱落。

吴丹青（2005）根据培养方式及传质方面的研究数据，设计并制作了中空纤维包埋细胞技术的新型人工肝细胞反应器。图 5.1 所示为该小型人工肝反应器的基本构型。整个人工肝由中空纤维反应器、储液罐、蠕动泵及连接件构成，中空纤维反应器与储液罐置于培养箱（虚线框）内，蠕动泵置于培养箱外，各组件之间使用硅胶管连接。中空纤维反应器的外腔为内径 2 cm、外径 3 cm 的圆柱形玻璃容器，内腔由 12 根长度为 17 cm 的截留分子质量为 100 kDa 的聚砜中空纤维组成，内腔总体积约为 0.8 ml。中空纤维的两端使用密封圈固定，并将反应器的内腔与外腔完全隔离。储液罐体积为 200 ml，瓶口处使用硅胶塞密封，培养基取样口固定在硅胶塞上。

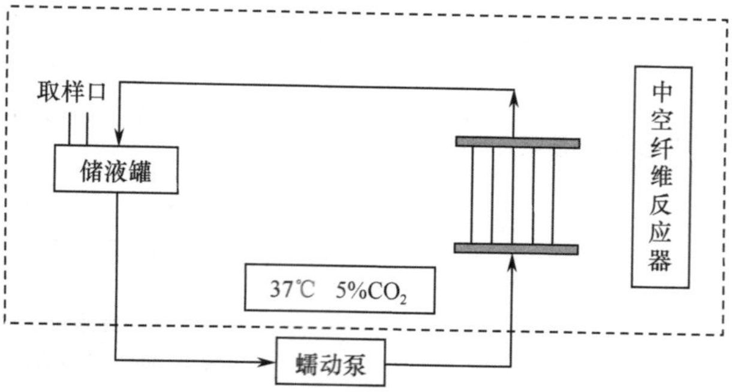

图 5.1　小型生物人工肝的基本构型

与静置培养的柱状聚球体操作方法类似，将细胞悬液（含 0.8 mg/ml I 型胶原，细胞密度 1×10^6 个/ml）从中空纤维反应器的一端缓慢注入，待另一端有细胞悬液溢出，说明中空纤维内腔已充满细胞悬液，然后将反应器两端用硅胶塞密封。反应器在最初的 48h 内最好水平放置，以使肝细胞在中空纤维内腔均匀地形成柱状聚球体。总体积为 50 ml 的大鼠肝细胞培养基在反应器外腔以 10 ml/min 的流速进行循环。每隔 24 h 从取样口取样，5d 后，从反应器内取出细胞样品发现肝细胞形成的柱状聚球体保持了较高的活率。

丁义涛等（2009a，2007b）发明了两种新型生物人工肝细胞反应器，解决了现有技术中空纤维型、单层平板型、灌注床型和包埋悬浮型生物人工肝细胞反应器各自存在的缺陷。反应器的大小可以通过增减平板层数来任意放大和缩小，多层圆形平板层叠，在增加反应器的有效交换面积的同时减小了反应器体积，从而解决了中空纤维型反应器不能放大，容量和有效交换面积小的问题。细胞由中空支架上的开口加入，最后贴壁培养于各层平板上，这样就满足了肝脏细胞均匀贴壁培养。培养液循环时，由中空支架侧孔流出，然后再由中心向四周辐射状流出，解决了反应器容易堵塞、溶液交换不均匀的问题。培养液能充分与细胞接触，既可带给细胞营养，又可带走细胞分泌的有用成分，从而实现营养物质的充分交换。细胞支架采用壳聚糖纳米纤维膜，促进肝细胞在细胞支架表面的黏附，解决了细胞贴壁不稳定、容易脱落的问题，从而耐受培养液循环带来的剪切力。

第一种新型生物人工肝细胞反应器，其特征在于反应器外壳材料为透明聚丙烯；在外壳中设置壳聚糖纳米多孔支架，并在支架中等边三角形排列进中空纤维氧气管和血浆管；中空纤维氧气管与相邻血浆管间的距离为 3 mm。

具体实施步骤如下所述。①中空纤维管的排列设计：将中空聚砜纤维管在聚丙烯外壳中呈等边三角形排列，相邻间距为 3 mm，两端由隔离板上预先打好的孔中穿出。抽取相距 6 mm 的中空纤维管作为氧气供应通道，其余纤维管用于血浆通道，按此方式得到两束独立的管道。②壳聚糖纳米多孔支架的制备：采用冷冻干燥技术制备而成。将壳聚糖水凝胶由肝细胞加样口注入聚丙烯外壳密闭腔内，再将整个装置置于低温下冷冻，诱发相分离，体系稳定后形成富溶剂相和富聚合物相，然后经真空冷冻干燥除去溶剂而形成多孔泡沫支架结构。③反应器的组装：聚丙烯外壳除了肝细胞加样口，两端还留有血浆、氧气的进出孔道。将步骤①中所得到的两束独立管道，分别放入对应的孔道，并用医用胶水固定，即完成反应器的组装。如图 5.2 所示，壳聚糖多孔支架材料外周为聚丙烯外壳，两端为聚丙烯隔离板（6），内部排列着氧气管道和血浆管道。肝细胞由肝细胞加样口（5）加入，并黏附生长于壳聚糖多孔支架材料的孔隙中。血浆由血浆入口（1）进入反应器内，在血浆管道内与管道外的肝细胞完成物质交换后，从血浆出口（3）出反应器，从而构成血浆回路；氧气由氧气入口（2）进入反应器，在氧气管道内与管道外的培养液完成气体交换后，再由氧气出口（4）出反应器，构成氧气回路。

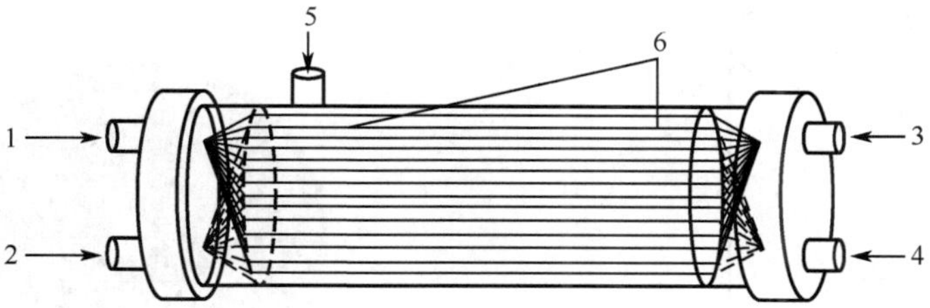

图 5.2　反应器纵向截面图

如图 5.3 所示，壳聚糖纳米多孔支架（9）材料置于透明的聚丙烯外壳（7）中，肝细胞（10）黏附生长于多孔支架（9）材料的孔隙中，而中空纤维管三角形排列于多孔支架（9）中，其中，通氧气的中空纤维管（11）与周围相邻的通血浆的中空纤维管（8）呈等边三角形排列。

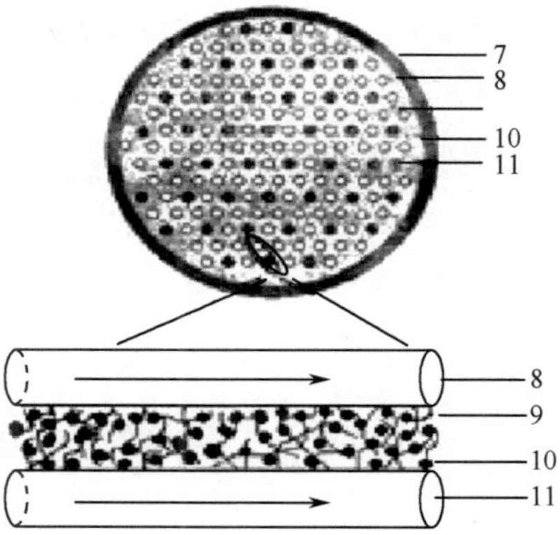

图 5.3　反应器横向截面图

该反应器的优点和效果在于将壳聚糖纳米多孔支架引入反应器内，通过模拟细胞在体内的微环境，为肝细胞的黏附和生长提供一个良好的环境。同时，它还间隔选取反应器中的中空纤维管作为专门的氧气供应管道，从而将供氧装置整合进反应器内部，为肝细胞的生长提供充足的氧气，而且每个氧气管道和相部的血浆管道间距相等，所以能尽量使氧气分散均匀，为生物人工肝带来明显的有益效果。

第二种新型生物人工肝细胞反应器，其特征在于盖子在外壳上端，培养液出口在外壳下端；两层及两层以上平板重心对称设置，每两层平板之间的距离相等，均为4 mm，每层平板厚度为 2 mm；每层平板中间设置圆孔，表面设有两个以上的小孔，每层平板表面上小孔的直径为 1 cm，相部小孔间距离均为 2 cm；平板表面纺有一层壳聚糖纳米纤维支架，平板通过中心圆孔固定在中空支架上，中空支架上端设有开口，下端封闭；中空支架侧面设置侧孔，侧孔位于每两层平板之间，且在每层平板的表面处。

具体实施步骤如图 5.4～图 5.6 所示。整个肝细胞反应器由两层及两层以上的多层平板（3）、中空支架（5）和外壳（4）组成；本例中是含 50 层的平板（3），重心对称设置；在每层平板（3）的表面设置多个小孔（8），小孔（8）呈等边排列，直径为 1 cm，同时在其表面纺上一层壳聚糖纳米纤维支架（10）；每两层平板（3）之间距离相等，每层平板（3）中间开有直径 2 cm 的圆孔（9），以使中空支架（5）穿过固定；中空支架（5）上端开口，下端封闭，其侧面设置有数个侧孔（7），与平板（3）数一一对应，即在本例中设置 50 个侧孔（7），且每个侧孔（7）均位于每层平板（3）表面处；平板（3）、中空支架（5）均设置在外壳（4）内，上面用盖子（2）密封，盖子（2）上设有培养液及细胞入口（1），外壳（4）底部中间设置培养液出口（6）。

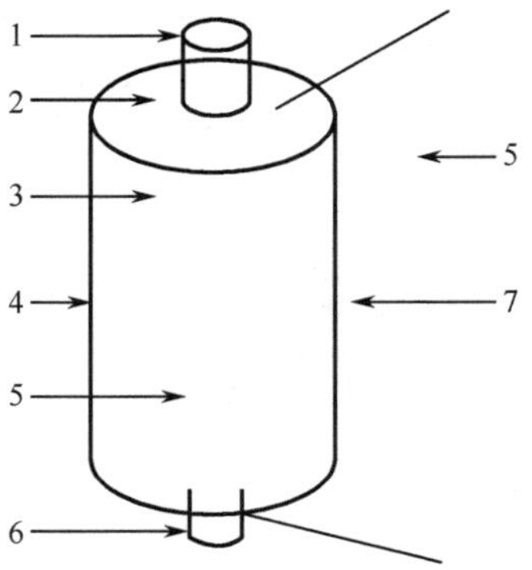

图 5.4　人工肝细胞反应器结构原理示意图

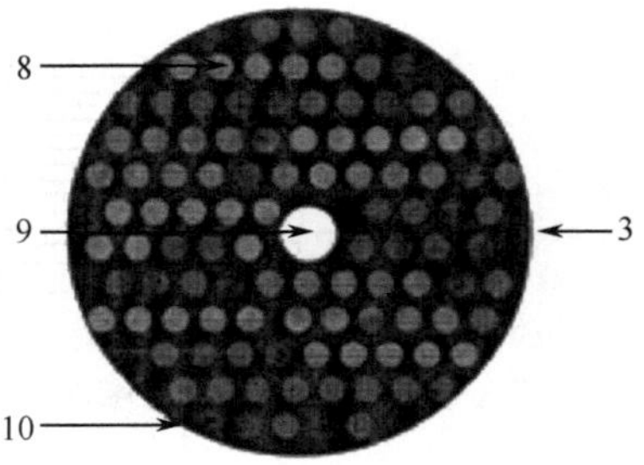

图 5.5　反应器每层平板表面结构示意图

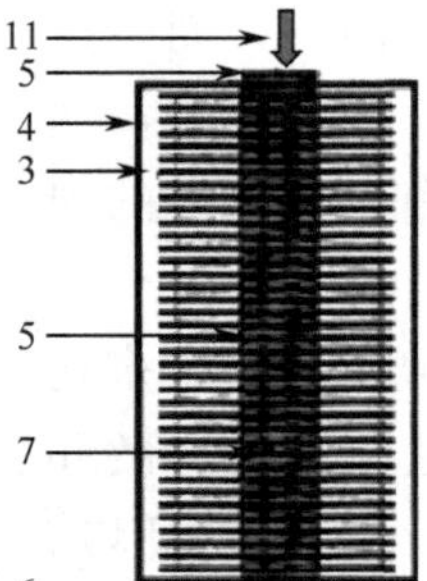

图 5.6　人工肝细胞反应器应用示意图

应用时：首先将培养液出口（6）关闭，然后将混有肝细胞的培养液（11）由培养液及细胞入口（1）加入，培养液（11）经过中空支架（5），由于中空支架（5）底部封闭，只能由中空支架（5）的侧孔（7）向每层平板（3）流出，最终充盈整个反应器外壳（4），细胞在流动过程中，均匀地分布于各层平板（3）表面；加样结束后，将培养液及细胞入口（1）密闭，并将整个的反应器置于 37℃ 环境下静置 30 min，使肝细胞能贴壁于壳聚糖纳米支架材料（10）表面。待细胞贴壁牢固后，进行培养液的循环。培养液（11）由培养液入口（6）进入，经过中空支架（5），再由侧孔（7）流出，并由中心向四周辐射状流动。流经每层平板（3）表面时，培养液（11）可为肝细胞提供营养和氧气，同时又可以将肝细胞分泌的有用成分带走，从而实现物质的充分交换。经过交换后的培养液（11）由培养液出口（6）流出。

二、血管生物反应器

21世纪初，全球约1700万人死于心脑血管疾病（Lim et al.，2007），预计到2020年死亡人数将达2500万人。每年全球大约超过60万人需要各种血管外科手术，随着心血管疾病发病率的上升及机械外伤的频发，临床急需各种直径的血管替代物修复损伤血管。此外，血管损伤、缺血性疾病及动脉瘤等疾病，都需要合适的血管移植物。目前，临床上已应用的血管移植物包括自体血管、异体血管和人工合成材料血管。自体移植被认为是迄今为止最理想的替代物，但因其来源非常有限且供区牺牲较大，限制了它的临床应用（Cameron et al.，1996）。异体静脉作为血管移植物的想法及方法由来已久，现在用戊二醛处理的人脐静脉已作为商品出售，近年来还有人采用多聚环氧化合物作为交联剂，以改善用戊二醛处理后的组织硬度大、易钙化，本身有致敏性、细胞毒性等的不良反应。

血管组织工程为解决血管移植物来源问题提供了有效途径，其基本原理是将正常血管内皮细胞与生物可降解支架材料复合培养，形成特定形态和功能的血管组织，修复病变及创伤血管，重建血管功能。组织工程血管的基本构件是血管支架和种子细胞，组织工程血管的构建有许多模型（夏文森，2006），但无论哪种构建模型，组织工程血管都应具备以下几个条件。①具有或模拟体内血管壁外膜、中膜和内膜3层结构；②具有生物相容性；③具有生物学特性；④具有血管的力学特性。2002年，日本研究人员首次报道用组织工程方法构建血管移植物，他们采用聚己内酯（polycapro-lacton，PCL）、PLA和PGA制备多孔网状支架，种植自体骨髓细胞后植入人体内，临床随访结果显示，植入体内32个月后血管移植物仍保持通畅（Shin'oka et al.，2005；Hibino et al.，2002）。组织工程血管的出现在研究和临床上取得了重大的进展，是近年研究的热点。

目前组织工程生物反应器通常被定义为一种严格监控、培养环境可精细调节、操作条件可控的细胞生物、生化培养装置（Martin et al.，2004）。随着血管组织工程的不断发展，在微血管、小血管、大血管等的血管组织重构研究中起到不可替代的作用。20世纪70年代以后，组织工程生物反应器飞速发展、种类越来越多，先后出现了搅拌式生物反应器、气升式生物反应器、中空纤维生物反应器、旋转壁式生物反应器（郭新等，2009；侯旭等，2006；吴金辉等，2003），如图5.7所示。

血管组织工程的关键设备是血管生物反应器，应力刺激可增加所构建血管壁的生物力学性能，利用血液流体动力学原理研制的血管生物反应器在构建组织工程血管中的作用越来越重要。血管生物反应器多为自行设计的培养系统，设计原则是通过模拟人体体内环境，为组织工程血管生长提供必要的理化条件。相关研究中介绍的反应器虽各有特

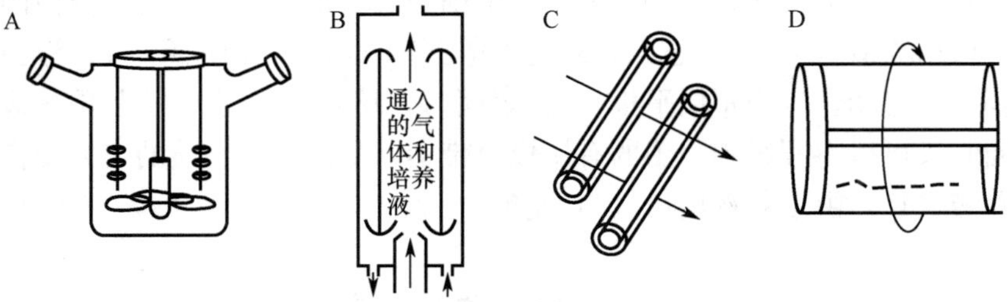

图 5.7　现用于组织工程的生物反应器

A. 搅拌式生物反应器；B. 气升式生物反应器；C. 中空纤维生物反应器；D. 旋转壁式生物反应器

点，但其共同的特点就是模拟人体血管搏动及血流冲刷作用，在血管重建力学因素中主要研究血流动力学的影响。在体内血管的受力非常复杂，有关血管拉伸、扭转等的研究报道目前还很少。血管生物反应器在大血管组织工程研究中，重建血管的临床应用效果较好，而小血管及微血管生物反应器重建的血管容易形成血栓。总之，血管生物反应器的出现使在体外模拟人体内环境得以实现。

（一）血管生物反应器的原理与特点

血管组织工程生物反应器主要由动态培养室部分、循环灌注系统和测控系统组成。动态培养室部分由培养室、硅胶管、储液罐组成，它主要用来储存培养液、提供细胞材料复合物培养的场所及实现气液交换，是血管组织工程生物反应器的核心部分；循环灌注系统由恒流泵、电机、曲柄滑块机构、波纹管等部件组成，它可完成对动态培养系统的控制，其中主要控制力学刺激参数及模拟体内血液搏动环境。测控系统由传感器、执行机构、数据采集卡、计算机等组成，测控系统的任务是完成生物反应器参数测量和控制，主要是将传感器输出的信号经过转换后送入计算机，进行相应的处理，计算机发出的控制请求传达给执行机构。血管组织工程生物反应器的系统框图如图 5.8 所示。

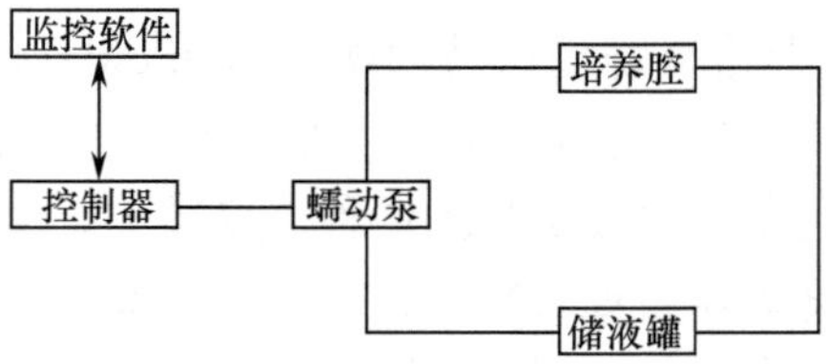

图 5.8　血管组织工程生物反应器的系统框图

用于血管组织工程的生物反应器，模拟体内的血流动力学环境，于体外条件下培养在结构和功能上与天然血管相同的人工血管。由于血管组织工程研究的是血管组织，因此对血管生物反应器的最根本要求是尽量在体外模拟血管在生物体体内的生长环境。力学刺激是血管培养的重要影响因素之一，因此反应器必须能够严格控制各种应力。要想得到和体内环境相似的体外培养环境，除了生物学因素外，还要求生物反应器能够对其培养的组织方便地施加物理刺激，并能对生物反应器内氧浓度、pH 等一系列指标进行精确控制。血管组织工程研究的是三维结构，因此要求反应器能提供血管的三维生长条件，并具有良好的传质方式，保证组织能正常代谢。反应器应能与血管组织培养所用的人工基质完美地整合。另外，反应器制备选用的材料应有良好的生物相容性。

（二）血管组织工程生物反应器的构建

血管组织工程的一般方法是将体外培养扩增的血管平滑肌细胞、内皮细胞种植于可以降解吸收的三维支架上，被接种细胞在模拟的血流动力学环境下生长、增殖及分化，形成具有功效的血管替代物。作为理想的血管替代物，组织工程血管应具有良好的机械张力，足以承受动脉强大的血流冲击而不破裂；有完整的内皮细胞层而不形成血栓；具有血管生物活性，对温度、血流变化有相应舒缩反应，并能分泌相应的生物活性物质。其中最重要的是血管替代物的力学性质，要经得起长时间的血流考验，这是修复血管缺损的关键（蒋米尔和黄英，2004；Conte，1998）。

Niklason 等（1999）首次设计了一种由生物发生器、顺应腔、信号源、储液池等部分组成的生物反应器，用聚合物假体聚羟基乙酸构建血管以培养外扩增的牛主动脉平滑肌细胞，放在以 165 次/min、5%的径向拉伸应变反复作用的硅酮管道中培养，结果表明，其形态组织学类似生物血管，力学指标显示血管最大抗张强度超过 266 kPa，对猪隐动脉进行异种移植表现出通畅时间更长。随后 Seliktar（2000）的研究表明，周期性应变对组织工程血管组织学和机械强度的改善有明显作用。许志成等（2005）将体外扩增的猪颈总动脉平滑肌细胞种植在无纺的聚羟基乙酸支架材料上，并置于脉冲式培养液中培养发现，动态实验组培养出的组织工程血管色泽光亮、厚度均匀，具有良好的弹性，明显优于静态培养的对照组。

现有的血管组织工程生物反应器的模拟血流动力学环境是采用蠕动泵或呼吸机作为模拟心脏的动力装置，这些动力装置无法模拟出人体的脉动流。此外，目前血管组织工程生物反应器是先把细胞经旋转后接种在三维支架上，然后再把三维支架接到反应器上。这样的操作容易造成污染，并且不能进行细胞的二次接种。

奚廷斐等（2007）发明了一种血管组织生物反应器，如图 5.9 所示，包括模拟血流动力学装置、三维支架及培养室，模拟血流动力学装置为脉动流控制装置，所述的培养室串联在所述的脉动流控制装置内，培养室包括密封配合的旋转器件及密封腔体，该旋转器件包括固定有三维支架的旋转杆及使旋转杆转动的驱动装置。并采用脉动流控制装置提供模拟人体心脏的动力学作用，提供有利于细胞生长、增殖、分化的模拟人体脉动流环境。培养室是将细胞接种在内旋转的三维支架上，并且还可以进行二次细胞接种，从而实现了方便细胞的取放，并可使细胞经旋转接种在三维支架上，避免再把三维支架接入反应器上造成的污染。

如图 5.9 所示，血管组织工程生物反应器包括一个脉动流控制装置和一个培养室。脉动流控制装置为模拟血流动力学装置，其模拟心脏的动力学作用，提供模拟人体的脉动流，包括 1、2、5、7、21、22、24、26。培养室串联在脉动流回路装置的连接管路

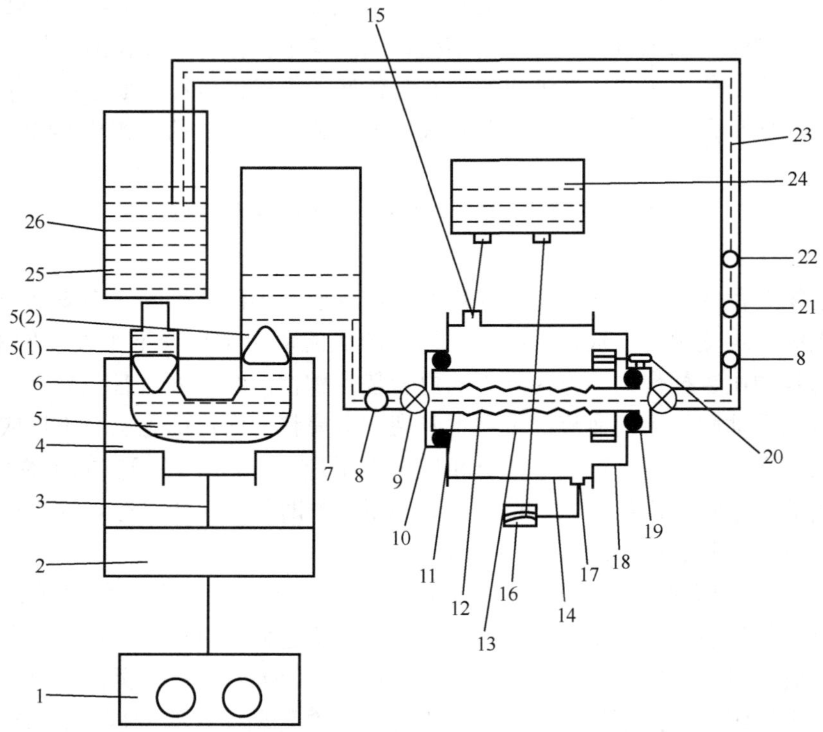

图 5.9 血管组织工程生物反应器

1. 控制仪，2. 直线电动机，3. 活塞，4. 密封的流体，5. 硅橡胶囊，5（1）. 入口，5（2）. 出口，6. 机械瓣膜，7. 顺应腔，8. 阀门开关，9. 医用三通阀，10. 左密封盖，11. 接头，12. 三维支架，13. 旋转杆，14. 圆形管，15. 流入口，16. 蠕动泵，17. 流出口，18. 右密封盖，19. 密封圈，20. 低速直流电动机，21. 流体波形检测器，22. 流量计，23. 连接管路，24. 外储液箱，25. 血管内皮细胞培养液，26. 内储液箱

（23）中。1 储存着从成年人身体上采集的左心室容积曲线直流信号，输出的左心室容积曲线直流电信号驱动直线电动机（2），其频率为 0.17～3.3 Hz，相当于心跳频率为 10～200 跳/min。2 的活塞（3）通过挤压密封的液体（4）将左心室容积曲线直流电信号传递到 5、5 模拟人体心脏左心室的功能，其材料为交联硅橡胶，其尺寸可以根据实际需要确定。5 分设一个入口 5（1）和出口 5（2），5（1）和 5（2）处分别设有方向相反的机械瓣膜 6，5 按照近似人体生理心室容积变化的规律收缩及舒张，硅橡胶囊（5）的体积为每搏输出量 20～1000 ml。从 5 泵出的液体进入顺应腔（7），7 的作用是模拟血管的顺应性，将湍流转变成层流。7 的材料可以是玻璃或有机玻璃或聚碳酸酯，其体积为 20～2000 ml，从 7 流出的液体进入培养室。

培养室包括旋转器件和密封腔体，旋转器件与密封腔体采用 O 型的硅橡胶密封圈（19）配合。旋转器件包括 20、带齿轮的旋转杆（13），13 位于密封腔体的内部，为 12 提供固定作用，12 接在带齿轮的内接头（11）上，并用无菌手术缝线绑。20 为 13 的驱动装置，转速为 6～60 r/h，其电机轴上设有齿轮，通过与 13 上的齿轮啮合来驱动 13 转动，从而实现细胞在 12 上的旋转接种，为细胞-三维支架复合物提供脉动的流体力学环境。12 为圆管状，管壁上设有多个通孔，其材质为聚乳酸聚乙醇酸共聚物。密封腔体包括一个圆形管（14）和两端的10和18。14的上、下两侧各有一个流入口（15）和流出口（17），分别连接至24及16，用于细胞-三维支架复合物的培养液的外循环。14的材料可以选择玻璃或有机玻璃或聚碳酸酯，左右密封盖的材料选为不锈钢，两个密封盖分别与圆形管（14）采用法兰和硅橡胶垫圈配合密封连接。

从培养室流出的液体继续向前流动，受到23中的流体波形监测器（21）和（22）的监控，以及受到后负荷控制系统的阻力来调节回路中的流量，后负荷控制系统的调节是通过连续调节阀门开关来实现的，流动的液体继续往前进入26，26的材料选为玻璃或有机玻璃或聚碳酸酯。26的流体出口与5的入口5（1）相连通，源源不断地补充被5泵出去的液体。

通过上述方式就能模拟出人体脉动流的回路系统，为细胞-三维支架复合物提供模拟小口径血管的提供脉动血流动力学环境。整个回路可由硅橡胶管或聚氯烯管连接起来。

三、软骨生物反应器

软骨组织缺损或损伤的修复治疗一直是一个外科难题（O' Driscoll，1998），软骨缺损类疾患在修复重建外科中非常多见，目前常用的软骨或人工代用品移植修复等方法均存在许多问题，组织工程技术为软骨修复提供了一种全新的手段。而关节软骨组织工程研究的目的是修复病损的关节软骨，恢复关节功能。关节软骨位于骨骼与骨骼之间，其主要功能之一是对骨骼之间的挤压负荷进行传导和缓冲。生理负荷下，关节软骨经常处在应力环境中。近年来，体内、体外培养的组织工程化软骨研究正在深入进行，报道中绝大多数采用组织形态学方法和生化分析等生物学手段对培养组织进行评价（Grande et al.，1997；Park and Ward，1995），利用组织工程技术结合细胞学和工程学原理对受损组织进行生理性修复是目前较为理想的修复方法之一。生物反应器的出现及其在软骨组织工程中的应用更是将组织工程软骨体外构建技术向前推进了一大步，它能模拟体内生物环境，促进营养物质的更替，并使移植的细胞均匀地分布在支架上，同时还可施加各种力学刺激，弥补体外软骨培养的不足。

（一）组织工程软骨的培养

组织工程软骨的培养过程主要有三个步骤：①在体外进行单层培养，通过生长因子的调节，扩增出足够的软骨细胞；②将扩增的软骨细胞接种到合适的生物支架上，以维持组织工程软骨的三维结构及恢复组织分化表型；③选择合适的生物反应器以长期维持组织工程细胞的分化表型及基质再生。

软骨细胞的分离及培养通过酶解活检标本获得软骨细胞，然后在体外进行单层培养，应用生长因子等使软骨细胞传代扩增。但随着细胞数量的增加，会逐渐失去其分化表型，为了维持软骨细胞的分化表型，必须以高细胞密度方式进行培养。其中，生物反应器在维持组织工程化软骨的分化表型及新陈代谢方面效果尤佳。多聚体支架的要求及种类控制培养组织分化被视为所有组织工程的核心步骤。

（二）软骨生物反应器的设计原则

软骨细胞是生长在由透明质酸（hyaluronic，HA）、蛋白聚糖单体（proteoglycan，PG）和连接蛋白共同组成的一种结构庞大的聚集体中。PG单体由核心蛋白和氨基葡萄糖（gycosaminoglycan，GAG）侧链（主要是由硫酸角质素和硫酸软骨素组成）共价连接而成，GAG占PG相对分子质量的90%以上，是PG的决定性功能基团。Seog等（2002）认为在压力对抗强度方面，PG比HA扮演着更重要的角色（HA需压缩至外形的5%长度时才显示抵抗力），硫酸软骨素氨基葡聚糖链（蛋白聚糖分子的侧链之一）在对抗压力中起主要作用（50%～75%）。

软骨细胞及细胞外基质形成的软骨组织是其生物力学的形态学基础。应力通过信号通道，将应力刺激信号传向细胞，直至细胞核内，从而改变这种形态学基础。Jurvelin等（2003）发现人关节软骨在压力下是各向异性的，即软骨表面平行和垂直的压力刚性有显著性差别，压力下的平衡系数比张力下的平衡系数低，这有利于受压组织的变形。应力所致的软骨细胞一系列形态改变和信号转导的变化最终影响细胞内基因水平的广泛改变（Fitzgerald et al.，2004；Upton et al.，2003）。应力刺激导致软骨细胞一系列的代谢变化，使细胞外基质的成分发生改变，进而增强对抗应力的能力。Miyata等（2004）发现软骨细胞和琼脂糖基共同培养的聚集物中GAG浓度及其对抗应力的能力随时间增加，这种对抗应力的能力大于软骨移植细胞周围基质的值。这显示关节软骨对应力刺激的反应是通过改变细胞代谢和增加基质合成来表现的，基质增加的同时也增强了软骨对抗应力的能力。应力不仅改变PG和II型胶原的合成，还改变细胞外基质的其他成分。在有负荷的关节移植物中产生的纤维结合素和蛋白大幅度地增加（Wolf et al.，2003）。静态压力的大小能抑制PG的合成并最终导致关节软骨的萎缩（Jin et al.，2001）。在周性压力状态下，体外移植软骨胶原网络弱化、水渗透压增高、变性的胶原明显增多，分解出II型胶原和GAG基质碎片（Thibault et al.，2002）。Lee等（2003）发现间流体静压（1HP）能上调II型胶原和PG的mRNA水平。这种差别由IHP持续时力的大小、频率对软骨细胞基质蛋白质表达的影响不同所致（Miyata et al.，2004；ne et al.，2003）。应力可影响功能性组织构建物的合成，同时形成的组织构建物着应力对细胞的代谢作用，两者相互影响。在组织中，活细胞通过骨架固定在不包外基质中，基质将细胞连接在一起，牢固稳定整个组织。这说明功能性软骨在逐渐形成的（Dimicoo and Sah，2001）。不仅如此，机械负荷还可用于调节体织的生长，使之形成的软骨类似于机体中的软骨组织结构，从而更适应移植et al.，2002）。Demarteau等（2003）在成人关节构建工程中施加动态性压力施压后构建物中GAG合成、积聚、分解的改变与施压前构建物中GAG成，大多数已构建成的组织对GAG的这些改变有刺激作用。不同的是，这胶原的mRNA的表达并没有联系，说明动态压力下的软骨细胞反应不仅阶段，更依赖于GAG，同时构建物的发展阶段也影响着动态压力对

GAG 的代谢。

（三）常用软骨生物反应器

目前软骨细胞复合物体外培养只能构建成较薄和较小的软骨组织，在体外培养较大和较厚的软骨组织时会产生中空等诸多缺陷。这是因为一旦软骨生长超过了一定厚度，中心的软骨细胞会因为距离过远或周边基质成分阻挡而吸收不到营养物质和气体，无法对生长调节性化学和物理信号作出反应，或者不能代谢废物。为了克服这种缺陷，人们设计开发了各种不同形式的体外组织细胞培养用的生物反应器，生物反应器的应用为软骨体外构建提供了便利条件，因为可模拟软骨在体内的生长环境，提供所必需的应力刺激。

应用生物反应器培养至少有三个优点（Holy et al.，2005）：①特殊的液体流动方式有助于提高细胞在三维支架上空间分布的一致性；②有助于提高生物大分子的运输效率，使营养交换和物质传递处于动态的平衡状态；③在软骨形成过程中提供应力刺激。

作为人体活动最频繁的关节软骨，其受损伤及患关节炎的概率较高。由于关节软骨是无神经和无血管的组织，其自身修复能力很差，目前通常只能采用外科手术移植来治疗受损软骨，但因来源有限，很多患者难以得到治疗，因此，研究组织工程软骨日益迫切。组织工程软骨的研究始于 20 世纪 80 年代，至今已开发出了多种具有临床价值的软骨替代物。理想的软骨替代物体内移植后除了能够修复软骨缺损外，还应该具有较好的力学性能。但对于尺寸较大的软骨损伤，构建支架内新的基质和细胞均匀连续分布的软骨替代物仍是一项很大的挑战。其主要原因在于构建大尺寸的软骨替代物需要良好的营养物及氧的传递，以及合适的培养力学环境。为了能大规模制备组织工程软骨以满足临床需求，开发物质传递混合性能好且力学环境适宜的适用于体外构建人工软骨的生物反应器系统是组织工程软骨走向临床应用的必经之路。

目前较常用的生物反应器有搅拌式生物反应器系统、灌注式生物反应器系统、同心桶型生物反应器及旋转的微重力生物反应器系统。在软骨组织工程的研究中，生物反应器的设计是一项复杂的系统工程，设计中要充分考虑细胞、组织应能进行有效的培养，这需要工程学和生物学等多学科的协作。在设计中，要充分考虑生物培养中各方面的影响因素，如种子细胞生长条件、收获时间、细胞扩增、存储和灭菌消毒等各种问题。

（四）软骨生物反应器的设计

通过上述分析，确定在软骨细胞的培养过程中，对软骨细胞施加压力和灌流的作用。灌流的目的是增加软骨细胞养分和代谢废物的快速交换。同时，以培养液为流体的液体对细胞产生切应力的作用。而细胞和多孔支架材料复合物的形状及放入反应器的内腔结构都影响液体的流场情况，导致灌流效果的不同。

软骨生物反应器是一套封闭循环的系统。整个系统由细胞培养室、控制单元、灌流单元和储液罐组成。细胞培养室是完全透明的结构，是能供细胞动态培养的容器。培养室的设计能保证培养液均匀地流过软骨细胞-可降解材料复合物，在灌流过程中确保不产生气泡。控制单元能对软骨细胞-可降解材料复合物实施灌流和压力的不同作用，灌流单元能执行具体的操作。从反应器的功能来看：软骨生物反应器是一套能提供模拟体内环境和进行力学刺激的装置。在进行体外构建组织工程软骨时，可将软骨细胞-可降解材料复合物固定在细胞培养室的容器中，反应器能完成培养液流量的设定，能完成培养时间的设定，能完成刺激方式的设定和控制，整个装置能形成对两个灌流小室培养液流入、培养、加压、流出的循环系统功能，保证细胞复合物能进行正常的生长、繁殖、分化。培养液通过储液罐可循环使用。

Freed 等（1994）采用传统的转瓶，将细胞接种到 PGA 多孔材料上静态培养 9 d 后，转移到转瓶中在 85 r/min 的转速下培养 6 周。但这种培养方法气液界面更新较慢，氧传递速率很低，并且由于湍流涡旋的作用会在材料表面形成絮状结构，影响基质在材料上的沉积。此外，Freed 等（1998）还采用 NASA 开发的旋转壁式反应器构建工程化软骨。该类型反应器尽管能提供较好的物质传递性能和合适的力学刺激，但是由于该反应器的流场特性决定了其组织生长并不均匀，培养较长时间形成的组织替代物与材料的初始形状差别很大，同时受反应器空间尺寸限制，实际生产时放大能力有限，目前主要供实验室研究使用。Mahlnoudifar 和 Doran（2005）采用灌注式反应器构建工程化软骨。该反应器在培养初期能够提供良好的营养物质及氧的传递，以及足够的剪切力刺激，同时能够及时将代谢产物排放出来。但在培养后期由于细胞生长和基质分泌，细胞-支架复合物内部因灌注速率较低造成局部营养缺乏，若提高灌注速率则会使剪切力过大，导致细胞坏死，基质脱落，不利于组织形成。可见，目前用于软骨组织体外构建的生物反应器均存在营养物质传递混合效果差、缺乏必要的力学环境、不利于放大和规模化制备等缺点，不能满足组织工程软骨的体外构建需要，因此开发能很好地模拟体内力学环境，并具有良好的物质传递和混合效果的生物反应器，对体外构建功能化软骨组织是十分重要的。江华等（2006）的发明则克服了现有技术在规模化、大尺寸构建组织工程软骨中存在的缺欠，可以满足临床应用的需求。

江华的发明技术构思是这样的：通过调节反应器内培养基的装液量，使反应器中下部为液体培养，上部为新鲜空气，当将细胞-材料复合物置于反应器内，由磁力搅拌装置带动旋转，使该复合物交替进入液相和气相。由于材料在液相和气相中其内部浸润的液体所受合力不一样（如重力、离心力及浮力），促进材料内部的液体在多孔介质尺度上的微观流动，有利于代谢物质的排放和营养及氧的传递；同时材料-细胞复合物在液相和气相中其所受到的剪切力也是交替变化的，这与人体内的关节软骨所受到的力学环境类似，有利于细胞分泌胞外基质，使制备出的软骨组织更接近天然的组织学结构和生理功能。该发明的生物反应器，还可通过培养基灌注和气体控制系统，保持培养环境稳定，有利于规模化构建组织工程软骨。此外，该发明的生物反应器系统还具有放大简单的特点，不仅可以放大单个反应器的尺寸，增大制备的软骨尺寸，还可由多个反应器并联，实现产品数量的增加，因此可以从真正意义上实现体外大规模生产软骨组织。江华发明的软骨体外构建的两相生物反应器系统至少包括两相生物反应器、加液装置、供气装置、收液装置和检测装置。

该发明的使用方法如下所述。

反应器内装液量为反应器体积的一半，液体上方为空气，将用于软骨构建的支架材料或细胞材料复合物垂直并排固定在旋转轴上，并通过磁力搅拌装置旋转，使支架材料或者细胞材料复合物在旋转轴的驱动下交替进入液相和气相。该发明的反应器系统结构简单、易于放大，可进行湿热灭菌，能长时间维持无菌环境，有利于软骨的体外构建。

图 5.10 为两相生物反应器主体的结构示意图，图 5.11 为体外软骨构建用两相生物反应器系统整体结构组成示意图。

（五）具体实施方式

具体实施方式参见图 5.10 和图 5.11，该发明的软骨体外构建用两相生物反应器系统至少包括两相生物反应器、加液装置、供气装置、收液装置和检测装置。

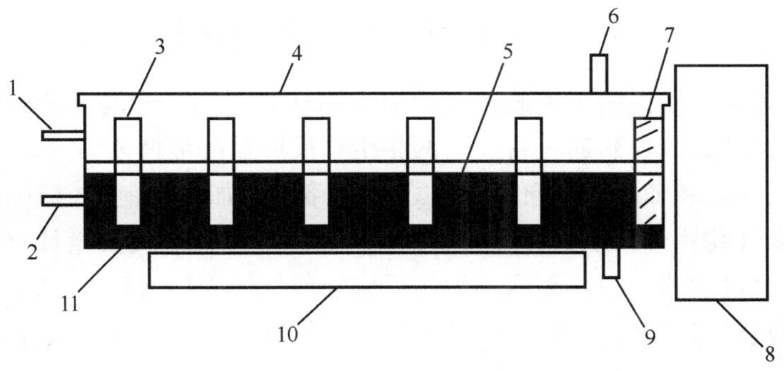

图 5.10　两相生物反应器

所说的两相生物反应器包括：

设有上盖（4）的封闭容器（11）；

设置在封闭容器（11）一端的下部的液体入口（2）；

设置在封闭容器另一端底部的液体出口（9）；

设置在封闭容器一端的上部的气体入口（1）；

设置在封闭容器另一端顶部的气体出口（6）；

液体入口（2）和气体入口（1）设置在封闭容器的同一端，液体出口（9）和气体出口（6）设置在封闭容器的另一端；

水平设置在封闭容器（11）中的旋转轴（5），其两端与封闭容器的内壁“U”形凹槽连接，转子（7）固定于旋转轴（5）的一端，细胞材料复合物（3）固定于旋转轴（5）上；

设置在封闭容器内转子（7）一端外的磁力搅拌装置（8）；

设置在封闭容器（11）底部的支撑装置（10），用于支撑封闭容器（11）。

加液装置与液体入口（2）相连通；

供气装置与气体入口（1）相连通；

收液装置与液体出口（9）相连通；

检测装置分别与加液装置与收液装置相连接。

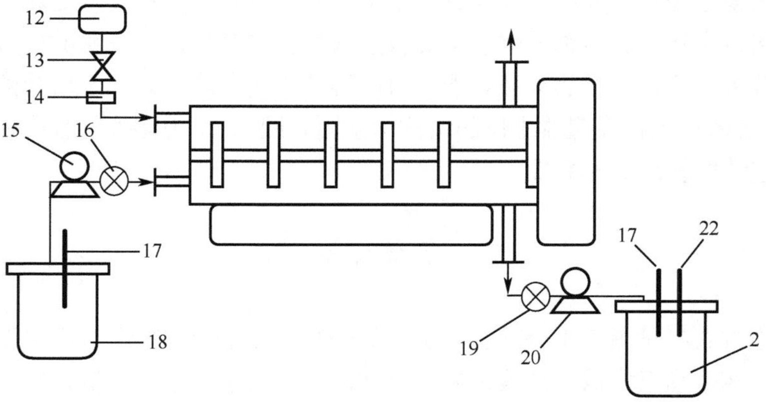

图 5.11　两相生物反应器（带附属装置）

由图 5.11 可见，所说的加液装置包括加液蠕动泵（15）和与其相连接的加液储液瓶（18），加液储液瓶（18）通过管线与两相生物反应器的液体入口（2）相连通，设置在加液储液瓶（18）和加液蠕动泵（15）之间管路上的加液控制阀（16），用于控制加液量；所说的供气装置包括依次相互连接的空气泵（12）、空气流量计（13）和空气过滤器（14），空气过滤器（14）与两相生物反应器的气体入口（1）相连接。

所说的收液装置包括收液蠕动泵（20）、收液储液瓶（23）和收液控制阀（19），收液蠕动泵（20）的进口与两相生物反应器的液体出口（9）相连通，收液蠕动泵（20）的出口与收液储液瓶（23）的入口相连通，收液控制阀（19）设置在收液储液瓶（23）与储液蠕动泵（20）之间的管线上，用于控制收液量。

所说的检测装置包括插在加液储液瓶（18）、收液储液瓶（23）中的溶氧电极（17）和收液储液瓶（23）中的 pH 电极（22），溶氧电极（17）和 pH 电极（22）分别与溶氧测定仪和 pH 测定仪连接，以检测和控制加液储液瓶（18）、收液储液瓶（23）中培养基的溶氧浓度和 pH。

（曾虹燕　张海智　孙晋伟）

参 考 文 献

丁义涛，施晓雷，褚薛慧，等. 2007. 新型生物人工肝细胞反应器. CN 101081182A［专利］

丁义涛，施晓雷，褚薛慧，等. 2009. 新型生物人工肝细胞反应器. CN 201211251Y［专利］

郭新，张西正，张永红，等. 2009. 一种仿生型心肌组织工程生物反应器的设计. 航天医学与医学工程，22（1）：18～21

侯旭，黄华，万昌秀，等，2006. 组织工程生物反应器及其仿生力学环境探讨. 航天医学与医学工程，19（2）：153～156

江华，谭文松，周燕，等. 2006. 用于组织工程软骨体外构建的两相生物反应器系统. 申请号 200610118406.5.［专利］

蒋米尔，黄英. 2004. 血管外科实验研究的发展方向. 中华实验外科杂志，21：391～394

欧阳平凯，陆永明，肖民耕，等. 1992. 气升式生物反应器的混合性能研究. 生物工程进展，12（5）：9～13

宋克东，刘天庆. 2004. 新型旋转壁式生物反应器内三维组织工程骨的构建. 生物化学与生物物理进展，31（11）：996～1005

谭文松，戴干策，陈志宏，等. 1996. 生物反应器中杂交瘤细胞的物理破损. 华东理工大学学报：自然科学版，22（3）：276～280

王斯靖，陈因良，俞俊裳. 1993. CellCul-20A 反应器的丝间液体交换速率及氧传递模型. 生物工程学报，9（4）：372～378

吴丹青. 2005. 组织化培养肝细胞用于生物人工肝反应器研究. 浙江：浙江大学硕士学位论文

吴金辉，张西正，郭勇，等. 2003. 用于组织工程化培养生物反应器的研究进展. 国外医学生物医学工程分册，26（2）：63～67

奚廷斐，张志雄，王春仁，等. 2007. 血管组织工程生物反应器. CN 101294131A［专利］

夏文森. 2006. 组织工程方法构建全生物化血管移植物的实验研究. 西安：四军医大学西京医院整形外科研究所

徐小增，于国祥. 1996. 实用新型细胞培养生物反应器. CN 2236493Y［专利］

许志成，李宏，刘阳，等. 2005. 应用生物反应器体外构建组织工程化血管平滑肌层. 中华实验外科杂志，22（7）：807～809

赵云山，张西正，郭勇. 2002. 电磁场对骨组织和成骨细胞的作用. 国外医学生物医学工程分册，25（4）：169～173

Allen J W，Bhatia S N. 2002. Improving the next generation of bioartificial liver devices. Semin Cell Dev Biol，13（6）：447～454

Alvarez-Barreto J F，Linehan S M，Shambaugh R L. 2007. Flow perfusion improves seeding of tissue engineering scaffolds with different architectures. Ann Biomed Eng，35（3）：429～442

Bancroft G N，Sikavitsas V I，Mikos A G. 2003. Design of a flow perfusion bioreactor system for bone tissue-engineering applications. Tissue Eng，9（3）：549～554

Botchwey E A，Pollack S R，Levine E M，et al. 2001. Bone tissue engineering in a rotating bioreactor using a microcarrier matrix system. J Biomed Mater Res，55（2）：242～253

Cabrera M I，Luna J A，Grau R J. 2001. Solving design equations for a hollow fiber bioreactor with arbitrary kinetics. Chem Eng J，84（3）：445～461

Calabrn V，Curcio S，Iorio G. 2002. A theoretical analysis of transport phenomena in a hollow fiber membrane bioreactor with immobilized biocatalyst. J Membr Sci，206（1～2）：217～241

Cameron A，Davis K B，Green G，et al. 1996. Coronary bypass surgery with internal thoracic after grafts：effects on survival over a 15 years period. N Engl J Med，334：216～219

Cao S，Esquivel C O，Keeffe E B. 1998. New approaches to supporting the failing liver. Annu Rev Med，49：85～94

Chapman R W，Forman D，Peto R，et al. 1990. Liver transportation for acute hepatic failure. Lancet，335：32～35

Cherry R S，Papoutsakis E T. 1988. Physical mechanisms of cell damage in microcarrier cell culture bioreactors. Biotechnol Bioeng，32（8）：1001～1014

Conte M S. 1998. The ideal small arterial substitute：a search for theholy grail. FASEB J，12：43～45

Davisson T，Kunig S，Chen A，et al. 2002. Static and dynamic compression modulate matrix metabolism in tissue engineered cartilage. J Orthop Res，20（4）：842～848

Demarteau O，Wendt D，Braccini A，et al. 2003. Dynamic compression of cartilage constructs engineered from expanded human articular chondrocytes. Biochem Biophys Res Commun，310（2）：580～588

Dimicoo M A，Sah R L. 2001. Integrative cartilage repair：adhesive strength is correlated with collagen deposition. J Orthop Res，19（6）：1105～ 1112

Fitzgerald J B, Jin M, Dean D, et al. 2004. Mechanical compression of cartilage explants induces multiple time-dependent gene expression patterns and involves intracellular calcium and cyclic AMP. J Biol Chem, 279 (19): 19502～19511

Freed L E, Hollander A P, Martin I, et al. 1998. Chondrogenesis in a cell-Polyer-Bioreactor system. Exp Cell Res, (240): 58～65

Freed L E, Vunjak N G. 1993. Langer R. Cultivation of cell-polymer cartilage implants in bioreactors. J Cell Biochem, 51 (3): 257～264

Freed L E, Vunjak N G. 1997. Microgravity tissue engineering. In Vitro Cell Dev Biol-Animal, 33 (5): 381～385

Freed L E, Vunjak-Novakovic G, Marquis J C, et al. 1994. Kinetics of Chondrocyte Growth in Cell-Polymer Implants. Biotechnol Bioeng, (43): 597～604

Frondoza C, Sohrabi A, Hungerford D. 1996. Human chondrocytes proliferate and produce matrix components in microcarrier suspension culture. Biomaterials, 17 (9): 879～888

Gao H, Ayyaswamy P S, Ducheyne P. 1997. Dynamics of a microcarrier particle in the simulated microgravity environment of a rotating wall vessel. Microgravity Sci Technol, 10 (3): 154～165

Goshima J, Goldberg V M, Caplan A I. 1991. The osteogenic potential of culture-expanded rat marrow mesenchymal cells assayed in vivo in calcium phosphate ceramic blocks. Clin Orthp, 262: 298～311

Grande D A, Halberstadt C, Naughton G, et al. 1997. Evaluation of matrix scaffolds for tissue engineering of articular cartilage grafts. J Biomed Mater Res, 34: 211～220

Granet C, Laroche N, Vico L, et al. 1998. Rotating-wall vessels, promising bioreactors for osteoblastic cell culture: comparison with other 3D conditions. Med Biol Eng Comput, 36 (4): 513～519

Griffiths B. 2001. Scale-up of suspension and anchorage-dependent animal cells. Mol Biotechnol, 17 (3): 225～238

Grifith L G, Naughton G. 2002. Tissue engineering—current challenges and expanding opportunities. Science, 295 (5557): 1009～1014

Hammond T G. Hammond J M. 2001. Optimized suspension culture: the rotating-wall vessel. Am J Physiol Renal Physiol, 281 (1): 12～21

Hibino N, Imai Y, Shin-oka T, et al. 2002. First successful clinical application of tissue-engineered blood vessel. Kyobu Geka, 55 (5): 368～373

Hoerstrup S P, Kadner A, Melnitchouk S, et al. 2002. Tissue engineering of functional trileaflet heart valves from human marrow stromal cell. Circulation, 106 (9): 143～150

Holy C E, Shoichet M S, Davies J E. 2005. Engineering three-dimensional bone tissue in vitro using biodegradable scaffolds: investigating initial cell-seeding density and culture period. J Biomed Mater Res, 51 (3): 376～382

Ikenoue T, Trindade M C, Lee M S, et al. 2003. Mechanoregulation of human articular chondrocyte aggrecan and type II collagen expression by intermittent hydrostatic pressure in vitro. J Orthop Res, 21 (1): 110～116

Jasmund I, Bader A. 2002. Bioreactor developments for tissue engineering applications by the example of the bioartificial liver. Adv Biochem Eng/Biotechnol, 74: 99～109

Jessup J M, Goodwin T J, Spaulding G. 1993. Prospects for use of microgravity-based bioreactors to study three-dimensional host-tumor interaction in human neoplasia. J Cell Biochem, 51 (3): 290～300

Jin M, Fank E H, Quinn T M, et al. 2001. Tissue shear deformation stimulates proteoglycan and protein biosynthesis in bovine cartilage explants. Arch Biochem Biophys, 395 (1): 41～48

Jurvelin J S, Buschmann M D, Hunziker E B. 2003. Mechanical anisotropy of the human knee articular cartilage in compression. Proc Inst Mech Eng, 217 (3): 215～219

Kamen A A, Charaie C, André G, et al. 1992. Design parameters and performance of a surface baffled helical ribbon impeller bioreactor for the culture of shear sensitive cells. Chem Eng Sci, 47 (9～11): 2375～2380

Kannan R Y, Salacinski H J, Sales K, et al. 2005. The roles of tissue engineering and vascularisation in the development of micro-vascular networks: a review. Biomaterials, 26 (14): 1857～1875

Kim S S, Sundback C A, Kaihara S, et al. 2000. Dynamic seeding and in vitro culture of hepatocytes in a flow perfusion system. Tissue Eng, 6 (1): 39～44

Kleis S J, Schreck S, Nerem R M. 1990. A Viscous pump bioreactor. Biotechnol Bioeng, 36 (8): 771～777

Koch R J, Gorti G K. 2002. Tissue engineering with chondrocytes. Facial Plast Surg, 18 (1): 59～68

Koskinen P E P, Kaksonen A H, Puhakka J A. 2007. The relationship between instability of H_2 production and compositions of bacterial communities within a dark fermentation fluidized-bed bioreactor. Biotechnol Bioeng, 97 (4): 742～758

Langer R, Vacanti J P T. 1993. issue engineering. Science, 260 (5110): 920～926

Lanza R, Langer R, Chick W. 1997. Principles of tissue engineering. New York: R G Landes Co: 151～165

Lee M S, Ikenoue T, Trindade M C, et al. 2003. Protective effects of intermittent hydrostatic pressure on osteoarthritic chondrocytes activated by bacterial endotoxin in vitro. J Orthop Res, 21 (1): 117～122

Lim S S, Gaziano T A, Gakidou E, et al. 2007. Prevention of cardiovascular disease in high-risk individuals in low-income and middle-income countries: health effects and costs. Lancet, 370 (9604): 2054～2062

Liu C M, Hong L N. 2001. Development of a shaking bioreactor system for animal cell cultures. Biochem Eng J, 7 (2): 121～125

Liu T, Li X, Sun X, et al. 2004. Analysis on forces and movement of cultivated particles in a rotating wall vessel bioreactor. Biochem Eng J, 18 (2): 97～104

Lu L, Zhu X, Valenzuela R G, et al. 2001. Biodegradable polymei scaffolds for cartilage tissue engineering. Clin Orthp, 391 (1): 251～270

Mallmoudifar N, Doran P. 2005. Tissue engineering of human cartilage in bioreactors using single and composite cell-seeded scaflblds biotechnol bioeng. Biotechnol Bioeng, (91): 338～355

Margolis L, Hatfill S, Chuaqui R. 1999. Long term organ culture of human prostate tissue in a NASA-designed rotating wall bioreactor. Journal of Urology, 161 (1): 290～297

Martin I, Wendt D, Heberer M. 2004. The role of bioreactors in tissue engineering. Trends Biotechnol, 22 (2): 80～86

McHenry J A, Zielinska B, Donahue T L. 2006. Proteoglycan breakdown of meniscal explants following dynamic compression using a novel bioreactor. Ann Biomed Eng, 34 (11): 1758～1766

Mcintire L V. 1994. 1992 ALZA distinguished lecture: bioengineering and vascular biology. Annals Biomed Eng, 22 (1): 2～13

Meuwly F, Ruffieux P A, Kadouri A, et al. 2007. Packed-bed bioreactors for mammalian cell culture: bioprocess and biomedical applications. Biotechnol Adv, 25 (1): 45～56

Miyata S, Furukawa K S, Ushida T, et al. 2004. Static and dynamic mechanical properties of extracellalar matrix synthegzed by cultured chondrocytes. Materials. Science Engineering, 24 (3): 425～429

Miyata S, Furukawa K S, Ushida T, et al. 2004. Static and dynamic mechanical properties of extracellular matrix synthesized by cultured chondrocytes. Mater Sci Eng C, 24: 425～429

Nagel H S, Goepfert C, Morlock M M, et al. 2005. Relationship between physical, biochemical and biomechanical properties of tissue-engineered cartilage-carrier-constructs. Biotechnol Lett, 27 (3): 187～192

Niklason L E, Gao J, Abbott W M, et al. 1999. Functional arteries grown in vivo. Science, 284 (5413): 489～493

Nishioka S, Fukuda K, Tanaka S. 1993. Cyclic stretch increases alkaline phosphatase activity of osteoblast-like cells: a role for prostaglandin E_2. Bone Miner, 21 (2): 141～150

O'Driscoll S W. 1998. The healing and regeneration of articular cartilage. J Bone Joint Surg A, 80 (12): 1795～1812

Park S S, Ward M J. 1995. Tissue-engineered cartilage for implantation and grafting. Facial Plastic Surg, 11 (4): 278～283

Piret J M，Cooney C L. 1991. Model of oxygen transport limitation in hollow fiber bioreactors. Biotechnol Bioeng，37 (1)：80～92

Rouhi A M. 2000. Biomaterials body shop：diverse approaches to diverse human needs. Chem Eng News，78 (26)：33～41

Ruoslahti E. 1997. Stretching is good for a cell. Science，276 (5317)：1345～1346

Schwarz R P，Goodwin T J，Wolf D A. 1992. Cell culture for three-dimensional modeling in rotating-wall vessels：an application of simuated microgravity. J Tiss Cult Meth，14 (2)：51～57

Seliktar D，Black R A，Vito R A，et al. 2000. Dynamice chanical condition of collage-gelblood vessel constructs induces remodeling in vitro. Ann Biomed Eng，4：351～362

Seog J，Dean D，Plaas A H K，et al. 2002. Direct measurement of glycosaminoglycan intermolecular interactions via high-resolution force spectroscopy. Macromolecules，35：5601～ 5615

Shachar M，Cohen S. 2003. Cardiac tissue engineering，ex-vivo：design principles in biomaterials and bioreactors. Heart Fail Rev，8 (3)：271～276

Shin'oka T，Matsumura G，Hibino N，et al. 2005. Midterm clinical result of tissue-engineered vascular autografts seeded with autologous bone marrow cells. J Thorac Cardiovasc Surg，129 (6)：1330～1338

Slack C，Flint M H，Thompson B M. 1984. The effect of tensional load on isolated embryonic chick tendons in organ culture. Connect Tissue Res，12 (3～4)：229～247

Thibault M，Poole A R，Buschmann M D. 2002. Cyclic compression of cartilage/bone explants in vitro leads to physical weakening，mechanical breakdown of collagen and release of matrix fragments. J Orthop Res，20 (6)：1265～1273

Tyo M A，Bulbulian B J，Menken B Z，et al. 1988. Large-scale mammalian cell culture utilizing acusyst technology. In：Spier RE，Griffiths JB. Animal cell biotechnology. New York：Academic Press，3：358～371

Upton M L，Chen J，Guilak F，et al. 2003. Differential effects of static and dynamic compression on meniscal cell gene expression. J Orthop Res，21：963～969

Van Wezel A L. 1967. Growth of cell-strains and primary cells on micro-carriers in homogeneous culture. Nature，216 (5110)：64～65

Vunjak N G，Altman G，Horan R，et al. 2004. Tissue engineering of ligaments. Annu Rev Biomed Eng，6：131～156

Wang F S，Wang C J，Huang H J. 2001. Physics shock wave mediates membrane hyperpolarization and Ras activation for osteogenesis in human bone marrow stromal cells. Biochem Biophys Res Commun，287：648～655

Wolf A，Raiss R X，Steinmeyer J. 2003. Fibronectin metabolism of cartilage explants in response to the frequency of intermittent loading. J Orthop Res，21 (6)：1081～1089

Xie Y，Hardouin P，Zhu Z，et al. 2006. Three-dimensional flow perfusion culture system for stem cell proliferation inside the critical-size beta-tricalcium phosphate scaffold. Tissue Eng，12 (12)：3535～3543

第六章　组织工程化组织器官种类及制造方法

工程化组织器官可分为软组织（皮肤、角膜、神经、血管）、硬组织（软骨组织、骨组织）、实质器官（肾、肝、心、肺）等。工程化组织器官就是依靠组织工程的技术，达到对人体器官的结构及功能的生物学仿真。

第一节　软骨组织工程

成年人软骨主要分布在关节面、椎间盘、气管及耳廓等处。软骨组织由软骨细胞、基质及纤维构成，根据软骨组织内所含纤维成分的不同，可将软骨分为透明软骨、弹性软骨和纤维软骨三种。软骨的特点是其自身修复能力差，而组织工程技术的进步为软骨组织的修复再造带来了希望。

一、软骨组织工程的应用

（一）关节面软骨

关节面软骨由透明软骨组成，是关节的重要组成部分，具有吸收震荡、传递负荷等重要功能，但其自我修复能力较差。关节面软骨缺损是一种常见的疾病，不仅给患者造成极大的痛苦，而且给社会造成沉重的负担。组织工程化软骨现已是治疗全层软骨缺损最有希望的手段之一，它不仅是方法上的革命，更是观念上的革命。软骨的组织工程是将关节软骨酶解后，游离出原代软骨细胞并培养扩增，种植于可吸收降解的聚合物［人工合成的多聚物（如聚乳酸）或天然载体（如胶原纤维）］上，再经离体培养一段时间后移植到软骨缺损处，继续生成新的软骨。

（二）半　月　板

半月板由纤维软骨组成，位于膝关节的关节间隙，分为内侧半月板和外侧半月板，是膝关节的重要组成部分。半月板具有吸收震荡、传递负荷、营养关节软骨、润滑和增加关节接触面积及维持关节稳定等重要功能。半月板严重损伤或切除后，将会加快膝关节向骨性关节炎发展的进程。尽管半月板切除术具有短期疗效好、功能恢复快等优点，但是半月板切除后再生半月板的质量不能行使正常半月板的生物力学功能，远期将不可避免地加重关节软骨退变。目前治疗手段主要是尽可能修复和保留半月板的功能。随着组织工程技术和材料学的进展，不少学者试图用组织工程技术修复再造半月板，为半月板修复提供一种新的治疗模式。利用组织工程技术修复重建损伤半月板的结构和功能已成为国内外学者研究的热点。

（三）椎间盘髓核

下腰痛是一种临床常见病、多发病，腰椎间盘退变是其主要原因。椎间盘退变起始于细胞及相应基质的退变，如何利用组织工程对退变椎间盘进行生物修复一直是影响临床治疗效果的难点，也是目前的研究热点，已获得较大进展。近年来，体外椎间盘髓核各纤维环组织细胞培养技术的建立，特别是软骨组织工程研究的不断深入及自体椎间盘细胞移植修复髓核缺损动物实验的初步成功，为退变椎间盘的形态结构与生理功能的完全再生修复带来了希望。

（四）气管软骨

气管是呼吸道的重要组成部分，是一种具有独立生物学特性和功能的单一管腔脏器，主要生理功能是维持气道通畅，保证肺组织与外界大气相通。气管管壁由软骨环、弹性纤维、结缔组织、平滑肌及富含腺体的黏膜共同组成。气管支气管黏膜上皮由假复层纤毛柱状上皮覆盖，纤毛在气管黏膜表面呈有规律、有节奏的摆动，对保护呼吸道清洁具有重要的防御作用。正因为气管功能的重要性，气管缺损后的外科修复一直受到人们的密切关注。

目前，气管移植外科仍然没有脱离传统医学模式的限制。对于较短的气管缺损病例，临床上多采用端-端吻合的方法进行修复。而对于较大的气管缺损，尤其是缺损超过 6 cm 时，则必须植入气管移植替代材料才能进行修复。常用气管移植材料大致可分以下两类：人工代用品和自体组织移植材料。人工代用品早期主要以金属支架、钦丝网、不锈钢及聚四氟乙烯、硅橡胶等，效果均不理想，多因异物反应排异或颈部活动不易固定而失败。自体组织移植材料早期主要应用骨膜、心包、皮肤等，近年来则主要以肋软骨瓣、甲状软骨瓣、胸舌骨肌皮瓣为主。这些材料的获取均以牺牲自体部分正常组织为代价，长期临床效果亦不肯定。更重要的缺点是，所有这些人工代用品及自体组织移植材料均不能达到气管缺损的生理性修复。组织工程学的兴起及其突飞猛进的发展，为生理性修复长段气管缺损提供了可能。但是，目前的研究还只是停留在动物实验阶段，研究成果如何向临床应用转化还将面临很多的挑战和问题。

二、软骨的解剖结构功能与工程化组织器官的生物学仿真

软骨是一种高度分化的结缔组织，由软骨组织及其周围的软骨膜构成。

透明软骨分布较广，间质内仅含少量胶原原纤维，基质较丰富，新鲜时呈半透明状。透明软骨较脆，易折断。成年的关节软骨、肋软骨及呼吸道的某些软骨等均属透明软骨。软骨细胞位于软骨基质内的小腔（软骨陷窝）中。在陷窝的周围，有一

层染色深的基质，称软骨囊。由于软骨细胞不断产生新的软骨基质，各个细胞均分别围以软骨囊。软骨细胞主要以糖酵解的方式获得能量。基质的化学成分主要为大分子的软骨黏蛋白，其主要成分是酸性糖胺多糖。软骨黏蛋白的主干是长链的透明质酸分子，其上结合了许多蛋白质链，蛋白质链上又结合了许多硫酸软骨素和硫酸角质素链。这种羽状大分子结合着大量的水，大分子之间相互结合构成分子筛，并和胶原原纤维结合在一起形成固态结构。软骨内无血管，但由于软骨基质内富含水分（约占软骨基质的75%），营养物质易于渗透，故软骨深层的软骨细胞仍能获得必需的营养。纤维排列不整齐。胶原约占软骨有机成分的40%，软骨囊含胶原量少，含有较多的硫酸软骨素，故嗜碱性强。

纤维软骨分布于椎间盘、关节盘及耻骨联合等处，其结构特点为基质内含有大量的胶原纤维束，呈平行或交错排列，软骨细胞较小而少，成行排列于胶原纤维束之间。HE染色切片中，纤维被染成红色，故不易见到软骨基质，仅在软骨细胞周围可见深染的软骨囊及少量淡染的嗜碱性基质。

弹性软骨分布于耳廓及会厌等处。结构特征类似透明软骨，仅在间质中含有大量交织成网的弹性纤维，纤维在软骨中部较密集，周边部较稀少。这类软骨弹性良好。

II型胶原是关节透明软骨的标志性表型，也是区别透明软骨与纤维软骨的标志，后者主要含I型胶原。关节软骨结构层次性反映了其功能上的特点。关节软骨表层有滑液浸润，因此，表层细胞及胞外基质的排列与软骨的中层、深层不同。表层的软骨细胞呈扁平长梭形，细胞的排列方向与关节面平行，胶原纤维也与关节面平行排列，能够分泌润滑素，在表层软骨中，富含亮氨酸的核心蛋白多糖和双糖链蛋白聚糖含量较高，而糖胺多糖含量最少。表层软骨的这些结构特点使其具有最大的张力，并能承受关节软骨在运动时的剪切力、张力和压力。表层软骨之下为中层软骨，该层细胞含量较前者少，细胞呈圆形，胞外基质中糖胺多糖的含量较高，胶原纤维的直径较粗，随机排列。深层软骨位于中层软骨之下，钙化软骨层之上，该层软骨细胞含量最少，糖胺多糖含量最小，且胶原含量也最少，但其直径最粗。该层为未钙化软骨下层。为软骨下层提供一个强大的机械缓冲。深层软骨下层为钙化层，含有肥大软骨细胞，这些软骨细胞能够合成X型胶原，并能够钙化胞外基质。与骨形成过程不同，这些钙化基质并不能完全吸收，而且不能被血管化。关节软骨的胶原由II、IX、XI型等胶原成分组成，其中II型胶原纤维占胶原总量的90%左右，其他成分为IX、XI型胶原，后者在形成胶原的网状支架系统中有重要作用。胶原纤维直径从表面的20 nm增加到深层的70～120 nm。关节软骨的胶原网状支架系统是一个复杂精密的结构，以II型胶原作为主体支架，并用连接有无数糖胺多糖分子的透明质酸长链将胶原支架紧密联系起来。胞外基质与软骨细胞相互作用、相互影响。例如，透明质酸通过CD44细胞表面受体与软骨细胞相结合；而II型胶原与软骨细胞的结合则通过膜联蛋白V和锚定蛋白CII来完成，其他整合素受体在结合II型胶原中也起着重要的作用。关节软骨的结构及力学层次性见表6.1。

表 6.1 关节软骨的结构、力学层次性

软骨层次	软骨细胞形态	胶原纤维排列	胶原直径/nm	力学特点
表层	扁平状	平行排列	细 20	提供抗张应力
中层	圆形	随机排列	较粗 70	
深层	圆形	垂直排列	最粗 120	提供抗压应力

身体中各部位的软骨，如关节面软骨、半月板软骨、气管软骨及椎间盘髓核软骨等，各自有不同的结构特点，各自被赋予了不同的功能使命。组织工程化软骨对不同部位的修复，必须要做到各不同部位的生物学仿真。对于关节软骨面，组织工程化软骨需要能够达到足够的硬度、一定的韧度及光滑耐磨的表面，以适应关节面滑动及传递负荷的功能需求；对于半月板，组织工程化软骨必须能够达到足够的韧度、一定的硬度及光滑耐磨的表面，以适应关节面滑动及传递并分散负荷的功能需求；对于椎间盘髓核软骨，关键是其传递负荷的能力；对于气管软骨，主要的要求是要有足够的硬度，以达到支撑气管的作用，但组织工程化气管同时要求软骨环内腔有黏膜层，属于复合组织的组织工程技术。

三、关节软骨的工程化组织器官设计制造方法

1988 年，组织工程学创始人美国的 Vacanti 教授将聚羟基乙酸（PGA）和聚乳酸（PLA）作为支架，复合软骨细胞后植入裸鼠皮下进行体内培养，28 d 后发现有软骨样组织出现。1989 年，美国的 Wakitan 教授将软骨细胞接种于胶原凝胶内培养获得成形的软骨，标志着软骨组织工程技术已步入一个新的台阶。1989 年，藻酸盐被用于组织工程学研究，体外培养发现软骨细胞在藻酸盐中生长良好，不断增殖，并分泌软骨基质。1991 年，美国的 Cima 教授将培养的软骨细胞同聚羟基乙酸（PGA）相结合，进行软骨组织的培养工作，从此在矫形外科领域迅速发展起来。

软骨的组织工程是将关节软骨酶解后，游离出原代软骨细胞，将其培养扩增后，种植于可吸收降解的聚合物［人工合成的多聚物（如聚乳酸）或天然载体（如胶原纤维）］上，再经离体培养一段时间后移植到软骨缺损处，继续生成新的软骨。软骨组织工程涉及许多方面的问题，具体分为种子细胞的研究、支架材料研究、组织构建技术及体内软骨缺损修复。

（一）种 子 细 胞

软骨的自身修复能力差，被取材后的缺损很难回复到原先的状态，所以一般选择在关节的非负重位置少量取材。软骨组织工程不可能牺牲大量自身的软骨来获取种子细胞进行软骨组织构建，采用其他来源的细胞作为种子细胞有可能成为解决问题的途径。以下几种细胞有可能作为软骨组织工程的种子细胞来源。

1. 自体软骨细胞

自体软骨细胞目前仍然是应用最多的种子细胞。它能够合成相应的软骨基质，包括II型胶原和蛋白多糖。但其不可忽视的缺点是来源极少，需要牺牲自体软骨组织，会造成关节软骨不可逆损伤。

2. 同种异体软骨细胞

因为软骨组织本身无血管、淋巴管及神经支配，其营养主要依靠滑液的渗透，并且软骨细胞被软骨陷窝包绕，使其与免疫细胞阻隔，所以软骨组织不易被宿主的免疫系统攻击。实验表明，异体软骨细胞能够在受体内长期存活并分泌基质。同种异体软骨细胞免疫反应虽轻，但其依然存在。有研究表明，异体移植的软骨组织，长期随访有免疫排斥的现象发生，可能是宿主免疫细胞攻击异体的胶原组织所致。胚胎软骨细胞的免疫原性显著低于成年机体软骨细胞，异体种植更易存活，分泌功能也更为旺盛。

3. 骨髓间充质干细胞

间充质干细胞（mesenchymal stem cell，MSC）是组织成体干细胞的一类，其他成体干细胞包括脑、脊髓组织中的神经干细胞、肌肉组织中的卫星细胞等，它们有一个共同的特点就是在正常时处于静止状态，当所在的组织或器官受到损伤时，它们可以迅速进入增殖状态并保持极大的增殖潜力，并能在一定条件下向不同的细胞类型分化。骨髓间充质干细胞（MSC）来源于骨髓，能在不同的诱导条件下向骨细胞、软骨细胞、脂肪细胞、肌腱细胞、肌肉细胞、神经细胞、造血细胞等方向分化。

MSC 作为种子细胞有可能克服软骨细胞的某些缺陷，MSC 来源方便，可自体抽取骨髓分离获得，增殖能力较强并具有向软骨、骨细胞分化的能力，可用来修复软骨、软骨下骨的联合缺损。

4. 基因修饰细胞

利用基因改造技术能使体外增殖能力有限的正常细胞在体外长期培养甚至发生“永生化”（immortalization）转化。生长因子基因转染细胞是将生长因子（如 TGF-β、BMP-2 等）基因转入软骨细胞或骨髓基质干细胞，以促进细胞的分化、增殖、生长。也可通过基因转染来增加种子细胞与材料之间的亲和性。基因修饰细胞有它的缺点，其中生物伦理问题及安全性问题最需引起重视。

5. 胚胎干细胞

胚胎干细胞（embryonic stem cell，ES 细胞）是指来源于早期哺乳动物的全能干细胞，能够在体外进行未分化无限制繁殖的细胞。ES 细胞可以从受精卵的囊胚期中的内细胞团分离出来培养增殖并建系，也可以从流产胎儿的原始生殖脊中分离出来，进行培养繁殖并建系。由于 ES 细胞具有无限增殖的能力并可以诱导分化成特定细胞种类，从理论上讲，ES 细胞是组织工程的最佳种子细胞。ES 细胞尚需要解决的问题包括：ES

细胞目前还不能完全向预定方向分化，部分细胞还停留在ES细胞阶段；ES细胞的免疫原性问题；ES的致瘤性问题，ES细胞直接注入人或动物体内有可能发展成为畸胎瘤。

6. 其他细胞来源

其他细胞包括软骨膜、骨膜细胞，可向软骨细胞诱导分化的皮肤成纤维细胞、滑膜细胞等。

（二）生长因子

1. 调节软骨细胞分化的生长因子

转化生长因子β（TGF-β）、骨形态发生蛋白2（BMP-2）能够促进软骨细胞分化；而碱性成纤维因子（bFGF）、表皮细胞生长因子（EGF）则促进软骨细胞的反分化。

2. 调节软骨细胞增殖的生长因子

胰岛素样生长因子（IGF-I）、bFGF、BMP-2、TGF-β、表皮细胞生长因子（EGF）、血小板来源的生长因子（PDGF）等能够促进软骨细胞的增殖；而白细胞介素-1(IL-1)、肿瘤坏死因子α（TNF-α）、前列腺素E-2（PEG-2）则抑制软骨细胞的增殖。

3. 调节软骨细胞代谢的生长因子

IGF-I、TGF-β、BMP-2、PDGF属于促进软骨细胞合成代谢的细胞因子，而IL-1、TNF及PEG-2属于促进软骨细胞分解代谢的细胞因子。

（三）支架材料

软骨组织工程的支架材料按材料来源分为天然生物材料与人工合成材料；按材料的形态分为固体材料与可注射性材料。

1. 天然材料

天然材料包括胶原、藻酸盐、壳聚糖、透明质酸钠等。天然材料与软骨细胞的基质成分相近，细胞相容性好，软骨细胞在其上生长、代谢良好，能够产生足量的基质，形成软骨组织。

天然材料也有缺陷：来源于自体的天然材料（胶原等），来源极其有限并会造成新的创伤；来源于异体的天然材料，不但存有抗原性可致免疫排斥，而且会带来疾病传播的危险（如AIDS、肝炎等）；天然材料不同生产批次之间差异较大，其物理、化学性质（如机械强度、降解性能等）不能稳定控制。

2. 人工合成材料

目前软骨组织工程的人工合成材料层出不穷，包括聚羟基乙酸（polyglycolic acid，PGA）、聚乳酸（poly-lactic acid，PLA）、聚羟乳酸（poly DL-lactic-co-glycolic-acid，PLGA）、聚环氧乙烷（PEO）；由两种材料组成的复合物，如 PGA/PLA、PLA/聚己内酯（PLC）、PLGA/聚丙二醇（PEG）、聚磷酸钙纤维（CPPf）/左旋聚乳酸（PL-LA）。人工合成材料具有机械强度、弹性模量、降解时间、降解方式、相对分子质量、孔隙率与孔径可控等特点，成为组织工程软骨重要的支架材料。

3. 可注射性生物材料

由于临床上的关节软骨缺损形状并不规则，可注射性生物材料因其能够随意塑性而具有独特优势，并且它能通过关节镜进行植入操作，可大大缩短手术时间与范围，减轻患者痛苦，实现组织工程软骨的微创化修复。

目前应用较多的有两大类，其一是温敏固化可注射性材料，即在 4℃时为液态，植入体内温度达 37℃时为固态，此过程一般在几分钟之内完成，属于此类材料的有藻酸盐、Pluronic 等。藻酸盐为一种可注射性生物材料，特别适合软骨细胞的生长及软骨的生成。临床应用自体耳软骨细胞与藻酸盐组成可注射细胞凝胶通过内窥镜注入膀胱颈部，治疗内源性膀胱括约肌缺陷，有效率达 81.3%。藻酸盐载体能够在体内缓慢降解并最终水化，其降解的速率与甘露糖醛酸和古洛糖醛酸的比例有关。其主要缺点是力学性能较差，如果与其他刚性较好的可吸收材料复合后可望克服该缺点。Pluronic 使用较多，其正式名称为聚氧化乙烯-聚氧化丙烯-聚氧化乙烯（PEO-PPO-PEO），目前使用较多的为 30%的 Pluroni-F127，该材料具有液相-凝胶相相互转换的特点，在 4℃时呈液态，常温下呈凝胶态，注入体内后，于体温下逐渐变为固态，其降解时间为 4～8 周。

另一类是光敏固化可注射性材料，即在一般光照条件下为液态，照射一定频率的强光后可成为固态，属于此类材料的有 PEO 等。

（四）组织工程软骨修复软骨缺损

完整光滑的关节软骨是关节行使正常关节功能的基础，但关节软骨自身修复能力低下，关节软骨疾病和损伤往往表现为不可遏制的逐步恶化，最终导致疼痛和功能丧失，尤其在负重的髋、膝等大关节更加常见。

1. 传统治疗关节软骨病损的方法

传统的治疗关节软骨疾病和损伤的方法包括以下几种。

关节镜灌洗和清理术：通过关节腔灌洗可冲掉病变关节内滑膜产生的炎性介质，并清理关节腔内松脱的软骨碎片，从而缓解疼痛，但不能修复软骨缺损。

软骨表面刨削法：通过清理关节缺损达正常组织边缘，使新鲜胶原与暴露的纤维蛋白凝块结合。软骨表面刨削法虽然可以暂时减轻临床症状，但软骨缺损不可能愈合，关节面仍然不平整。

钻孔术、微骨折术：前者通过钻孔而后者通过多点状击打造成微骨折，使软骨下板的血管到达软骨缺损处并形成纤维凝块，骨髓干细胞将随后迁移进来并逐步分化为软骨细胞，最后形成纤维软骨填充缺损。但这种纤维软骨的性能不及正常的透明软骨。

骨膜或软骨膜移植法：骨膜或软骨膜提供了良好的种子细胞来源和天然支架，移植后可以再生成正常透明软骨。自体软骨膜移植多取自肋软骨，软骨内骨化及软骨下骨与修复性软骨的剥离现象降低了软骨膜修复的远期效果。自体骨膜移植修复软骨缺损，多采用钻孔及骨膜全层移植修复软骨缺损，但其来源有限，此法只适用于年轻人的孤立软骨缺损。

截骨改变关节力线法：通过截骨矫形改变肢体力线，减轻软骨缺损部位的负重强度。但此法并不能完全止痛，随时间的延长，正常一侧的关节软骨会因过度负荷而加速退化。

人工关节置换术：对老年并处于关节炎终末期的患者来说，全关节假体置换可能是较佳的选择。但假体松动、感染、磨损、假体周围骨溶解等都可以导致失败。

自体或异体关节软骨移植：适用于缺损深度达软骨下骨及较大面积软骨缺损的治疗，优点在于它能提供完整的关节软骨基质和有活力的软骨细胞，恢复关节外形，可减轻关节软骨的损害程度并缓解疼痛。自体骨软骨移植因取材来源有限而限制了该方法的应用。目前主要是通过关节镜手术，在非负重位置分点取骨软骨块，然后马赛克样移植于缺损区。异体骨软骨移植材料获得相对较易且可预制成任意形状和大小，因此，比自体移植更常用。

2. 组织工程技术修复关节软骨缺损

运用组织工程的原理与技术为关节软骨缺损的修复带来了契机，这也是目前研究的热点之一。运用组织工程技术，取自体软骨细胞经体外扩增培养后移植修复关节软骨缺损，目前为最常使用的方法。主要有以下两种方式：其一是单纯的自体软骨细胞种植；其二是自体软骨细胞和支架复合体移植修复。

(1) 自体软骨细胞种植术

自体软骨细胞种植术（autologous chondrocyte implantation，ACI）是运用组织工程技术，取自体软骨细胞，经体外扩增培养，移植修复关节软骨缺损。用软骨膜或骨膜来覆盖扩增培养后的软骨细胞。用人工生物膜来覆盖扩增培养后的软骨细胞，其效果已得到肯定。

自体软骨细胞种植术的具体步骤如下所述。①首先进行关节镜探查手术，明确负重部位和关节接触面关节软骨缺损面积、深度；②取关节内非负重部位关节软骨数块，消化分离关节软骨细胞，扩增培养 3 代以内，时间 3～4 周；③开放手术，清创修整软骨缺损部至软骨下骨，钻孔（孔间距以 5 mm 为宜）至软骨下骨出血为止，制作与缺损区相同面积及形状的模板；④根据模板大小在关节附近骨面上切取骨膜片或直接剪切面积和形状相同的人工生物膜；⑤将扩增培养后的自体软骨细胞充分充填于缺损部；⑥将骨膜片或人工生物膜完全覆盖缺损部，用缝合法和（或）生物胶粘贴将其固定于周边关节软骨上使其牢固可靠；⑦术后将关节制动 4～6 周。

Peterson（2003）采用自体软骨细胞移植技术治疗关节软骨缺损患者。

Brittberg 等（1994）使用自体软骨细胞移植技术治疗 23 例膝关节软骨缺损患者，缺损大小为 1.6～6.5 cm^2，术前均有症状。术后随访 16～66 个月（平均 39 个月），所有患者的临床症状包括关节疼痛、肿胀、骨擦音均得到改善，关节交锁则完全消失。他提出自体软骨细胞移植能够修复关节软骨缺损是基于下述 3 种机制：①种植的软骨细胞在缺损处聚集并产生新的软骨基质，骨膜片对水溶液起封闭作用，隔离软骨细胞并使之分裂、分化，充填缺损处；②骨膜内有生长因子促进种植的软骨细胞分裂；③移植物和骨膜片刺激了邻近的软骨细胞，使之进入缺损处并进行修复。另外，固定用骨膜片还起到半透膜作用，允许关节滑液中的营养物质通过半透膜，从而为所移植的软骨细胞提供营养。

Krishnan 等（2006）报道 37 例自体软骨细胞移植患者 2～7 年随访研究，其临床效果基本令人满意。

（2）自体软骨细胞和支架复合体移植修复

自体软骨细胞和支架复合体移植修复是运用组织工程技术取自体软骨细胞加入支架中，经体外三维立体扩增培养，移植修复关节软骨缺损。目前，最常使用的支架材料是胶原及生物胶；移植固定方法多采用缝合法和生物胶粘贴法。

自体软骨细胞和支架复合体移植修复的具体步骤如下：①首先进行关节镜探查手术，明确负重部位和关节接触面关节软骨缺损面积、深度；②取关节内非负重部位关节软骨数块；③消化、分离关节软骨细胞，扩增培养 3 代以内，时间 3～4 周；④扩增培养后的自体软骨细胞种植于胶原及生物胶内，充分混匀共培养 4～6 周至组织块成型并具有一定韧性；⑤开放手术，清创修整软骨缺损部至软骨下骨，钻孔（孔间距以 5 mm 为宜）至软骨下骨出血为止，制作与缺损区相同面积及形状的模板；⑥根据模板大小剪裁面积、形状和相同深度组织块，将剪裁好的组织块填满缺损部使其与周边关节软骨充分贴合；⑦用缝合法和（或）生物胶粘贴将组织块固定于周边关节软骨上使其牢固可靠；⑧术后关节制动 3～4 周，制动期间非负重情况下间歇性主、被动活动关节。

虽然自体软骨细胞移植法的近期疗效令人鼓舞，但在狗的长期观察试验表明，自体软骨细胞移植法修复软骨有自我降解和退化的现象。

（3）种子细胞的接种密度

细胞的初始种植密度相当重要，它与最终形成软骨的质量（包括厚度、重量、形态组成）密切相关。夏万尧和刘彦春（1999）研究探讨自体工程化软骨在动物自体内形成的最佳细胞浓度，发现形成软骨组织最适细胞浓度为 5×10^7 个/ml。

（4）修复效果的评价指标

第一，患者功能状态包括日常生活起居、工作、运动与休闲状态。

第二，关节功能情况（包括关节的活动度、关节的平滑程度、痛感及稳定性）。

第三，关节的结构（包括关节软骨表面及软骨下骨板的完整性，滑膜组织的厚度等）。

第四，修复软骨组织的结构（厚度、完整性、与邻近组织的嵌合程度、基质的分区分布、细胞密度、细胞表型等）及基质成分（I型或II型胶原含量、含水量、多聚糖胺、蛋白多糖含量、非胶原蛋白含量）、生物力学性能（刚度、强度、渗透性、耐磨性）。

(5) 组织工程软骨的冻存

保持组织工程产品的结构完整、生物功能及细胞的活力至关重要，组织工程产品由实验室走向临床必须解决组织工程产品长期储存的问题。用传统方法冻存关节软骨其复苏后细胞的存活率小于新鲜软骨的20%，细胞代谢仅为新鲜软骨的11%。

玻璃化冻存是一种创新的冻存方法，最早应用于胚胎的冻存，它在冷冻过程中不涉及溶质的转移和渗透压的改变，无或很少冰晶形成，是一种黏度明显提高的溶液固体化。这种固体状态不改变各分子之间的关系，大分子物质的翻译活动暂停，使得一切生命活动暂时停止，但不发生常规冷冻所发生的伤害。因为玻璃化时溶液溶质浓度不会提高，无冰晶形成或形成较少，从而避免溶质效应损伤或胞内冰损伤。玻璃化冻存法可以较好地保存结构复杂的组织或器官。用该法保存的关节软骨其细胞活力就为新鲜软骨的80%，细胞代谢是新鲜软骨的85%，用该法保存的胰岛组织效果也相当良好。用于玻璃化的冻存保护剂（CPA）有二甲基亚砜（DMSO）、丙二醇、聚乙烯甘醇、葡萄糖和乙酰胺等。玻璃化冻存要求冻存保护剂的浓度较高（一般需达到6.5 mol/ L），而这些CPA具有潜在毒性，如何用尽量低浓度、低毒性的CPA来达到玻璃化，以及采用不同的CPA组合来减低毒性值得深入研究。DMSO因其良好的玻璃化性能和渗透能力及低毒性等特点成为首选试剂。如果加用乙酰胺可以降低其毒性，因后者与DMSO结合，可阻止DMSO降解二磷酸果糖酶；葡萄糖也可以特异性地降低DMSO的毒性，阻止DMSO与蛋白质的不可逆结合；海藻糖将能更好地平衡CPA的渗透压、减少毒性并促进玻璃化。

(6) 软骨组织工程研究展望

a. 种子细胞的研究

构建组织工程软骨的最佳种子细胞来源目前尚不能确定。自体软骨细胞与MSC由于可以避免免疫排斥的问题，有其不可比拟的优越性，但自体软骨细胞体外培养极易老化，5或6代以后就会失去分泌II型胶原的特征表型，并且体外培养自体软骨细胞费时较长，费用昂贵，不能满足临床治疗时间的需要。如何防止软骨细胞老化及在相对短的时间内扩增至一定数量并保持生物功能的自体软骨细胞值得进一步研究。

自体MSC有较强的增殖能力，并能在一定时间内保持其多向分化潜能，经诱导可向透明软骨细胞分化，是软骨组织工程种子细胞的较佳选择，但如何有效控制MSC的分化是有待今后深入研究的内容。

自体成纤维细胞由于来源广泛，且增殖较快，也是组织工程软骨的一种潜在细胞来源，但尚需找到快速、高效的软骨细胞诱导方法。

异体软骨细胞需突破免疫抑制或耐受的难题。

基因修饰细胞必须解决生物安全性问题。

胚胎干细胞及由此衍生的治疗性克隆可能是未来最终解决种子细胞问题的关键，但尚需解决其定性分化及致瘤性、生物伦理学问题。

b. 支架材料的研究

可降解的支架材料是软骨组织工程最终实现产业化的关键之一。目前软骨组织工程应用最多的主要为 PGA/PLA 及可注射材料 Pluronic，但上述材料在生物相容性、细胞黏附性、力学性能、降解速率与组织再生的匹配、材料对细胞因子的缓控释等方面尚需进一步研究。

c. 产业化加工与标准化检测研究

对组织工程软骨实现规模化生产、加工是一项浩大的系统工程，它涉及产品规模化的工艺流程及储存（冻存、复苏）技术，也必须进行生物安全性、有效性的标准化检测。因此，尚需多领域、多部门、多学科的协作研究。

四、气管软骨的工程化组织器官设计制造方法

气管组织构建同其他组织构建一样，都面临着种子细胞、生物材料及组织构建三个基本问题。由于气管是一种复合组织，同时含有软骨、纤维结缔组织、平滑肌及黏膜上皮等多种组织，在体内还需要血供和神经支配，因此，气管组织构建与缺损修复远较骨、软骨等相对单一的组织构建要复杂得多。对于维持气管通气功能起关键作用的组织主要是软骨和黏膜上皮。软骨是气管内唯一起支撑作用、保证气道不塌陷的关键组织；黏膜上皮（主要是假复层纤毛柱状上皮）可以保证气道的湿润和清洁。因此，气管组织构建首先进行的也是这两种组织的构建。

（一）种子细胞选择

气管软骨属于透明软骨，有明显的软骨陷窝，胶原类型以 II 型为主，富含蛋白多糖。常用的可选软骨取材部位包括非功能区关节软骨、肋软骨、鼻中隔软骨等，这些部位取材后一般不会严重影响健康状态。近年来成体干细胞（主要是骨髓基质干细胞）软骨诱导和软骨构建所取得的重大进展，已使其逐渐被列入气管组织构建种子细胞的备选来源，但这方面的研究还有待进一步深入。

气管的黏膜上皮主要是假复层纤毛柱状上皮，在人体的其他部位尚未发现与之相近的组织，因此，气管上皮组织构建的种子细胞来源目前仍以自体的或同种异体的气管黏膜上皮为主。气管黏膜上皮相对较难培养，条件要求也较高，需加入一些促进上皮生长的因子维持，有时还需要进行气-液界面培养。

（二）生物材料选择

用于软骨构建的各种生物材料均可用于气管软骨的构建，但考虑到气管软骨构建对支架材料强度的要求，一般多以固体的高分子聚合材料作为主要的支架材料，如 PLA 包埋的 PGA 支架、PLGA 多孔支架、聚乙酸羟丁酯等。有时为了增加材料的细胞亲和

力，还可以用天然材料（如胶原、纤维蛋白凝胶等）对高分子材料进行修饰。

（三）气管组织构建

目前，关于气管组织构建的研究主要集中在两个方面：一是如何构建形态规则并具有一定支持强度的管状软骨；二是如何将纤毛柱状上皮细胞与管状软骨整合，形成具有一定功能的复合气管组织。

对于软骨部分的构建，目前应用软骨细胞作为种子细胞已能构建出基本符合要求的管状软骨。其基本构建技术与前文述及的软骨构建方法相同，只是要将支架材料先预制成管状，中间加入一个硅胶管或其他适当的管状支架支撑，在体外培育一定时间后，管状软骨就会形成。为进一步增强所构建软骨的强度，可将体外初步构建的管状软骨植入皮下（带着内支撑物）继续培育，或在体外生物反应器内进行力学强度训练。

对于纤毛柱状上皮细胞与管状软骨的整合，目前尚无很好的结果。主要是由于纤毛柱状上皮细胞较难培养，与管状软骨之间的亲和力不强。鉴于此，有些研究并不进行纤毛柱状上皮细胞的体外培养，而是将收集到的纤毛柱状上皮细胞与凝胶类支架材料混合，直接涂覆在已构建好的管状软骨内表面，已取得一些初步的结果。

2008 年 11 月首例应用干细胞方法培养的组织工程化气管移植成功，由多国科研人员组成的医疗团队在西班牙完成了全球首例组织工程化气管移植手术，术后 30 岁女患者克劳迪娅-卡斯蒂洛已彻底康复。手术共分 5 个步骤完成：提取捐赠器官，脱细胞处理，将患者自身干细胞注入支架，培养新气管，最后移植新气管。

五、半月板的工程化组织器官设计制造方法

（一）半月板种子细胞

半月板种子细胞主要有间充质干细胞（如骨髓细胞、滑膜细胞等）、多功能纤维细胞、半月板纤维软骨细胞和转基因细胞等。间充质干细胞（MSC）易于从骨髓中分离，来源取材方便，对供体损伤小，具有强大的增殖能力及多向分化潜能，便于自体移植，近年来被认为是软骨组织工程理想的种子细胞。种子细胞依附于基质不仅仅是形态上与基质结合，还要建立起细胞功能代谢和分化的基本调节物。其理想的种子细胞必须具备以下条件：①取材方便，来源充足；②体外有较强的繁殖和定向分化能力，能持续保持细胞表型不变；③能适应材料和受区环境；④植入体内能高质量地修复半月板缺损；⑤能方便地通过分子生物学技术进行基因修饰。

Yamasaki 等（2005）用鼠正常半月板和来自鼠骨髓的间充质干细胞制备半月板再生支架，通过荧光显微镜和免疫组化染色观察，在支架培养一周后就可以观察到绿色荧光蛋白阳性的细胞再生，4 周时细胞外基质及 X 型胶原就可以检测到，再生的组织工程半月板支架的韧性接近于正常半月板韧性。

（二）支架材料

半月板支架材料主要有透明质酸、纤维蛋白、聚乙烯醇-水凝胶（polyvinyl alcohol hydrogel，PVA-H）、糖胺聚糖（glycosaminoglycan，GAG）、胶原（collagen）、聚磷酸钙（calcium polyphosphate，CPP）、聚乳酸（polylacticacid，PEA）、聚乙酸（polyglycolicacid，PGA）、聚乳酸/羟基乙酸聚合物等。

Kobagashi（2004）以 PVA-H 为材料进行人工半月板动物实验和机械力学测试，在植入 PVA-H 人工半月板 18 个月后进行观察，PVA-H 人工半月板能有效地阻止骨关节炎的发生，同时 PVA-H 人工半月板未出现磨损或破坏。机械力学测试显示 PVA-H 人工半月板具有类似人类半月板的黏弹性，可以代替人类半月板并具有临床适用性。透明质酸（HA）作为细胞支架材料能促进合成细胞外基质和 II 型胶原，并且没有炎症反应，适合作为半月板的支架，能促进体外培养成纤维细胞增殖和胶原形成，促使半月板胶原的重建和防止半月板肿胀。

（三）细胞因子

细胞因子对种子细胞的生长有促进作用，可以利用基因工程技术标记生长因子来调控种子细胞的快速生长。bFGF 和 TGF-α 能促进半月板纤维软骨细胞的增殖，PDGF-AB 也能在一定程度上促进半月板纤维软骨细胞的增殖，而且 TGF-α 和 PDGF-AB 能够增加半月板胶原和非胶原蛋白的合成。用腺病毒载体编码肝细胞生长因子在组织工程半月板中可以诱发血管形成，导致半月板组织的血管化。当然对于这些细胞因子的作用机理和调节作用尚不完全清楚，在组织工程半月板的应用中尚处于探索阶段。细胞因子可以直接作用，或与种子细胞、支架材料复合，或通过支架材料或转基因种子细胞控制释放等发挥作用，在组织工程半月板中占有重要的地位。

Nakata 等（2001）将手术取出的人类半月板碎片经细胞培养繁殖，在培养时发现，加入血小板衍生生长因子或转化生长因子，能促进半月板纤维软骨和成纤维细胞的分裂增殖和胶原形成，在胶原支架上培育，获得了组织工程化胶原半月板。

（四）展　望

生物工程技术的迅猛发展，大量有价值的研究和新技术、新材料的应用，使得组织工程生物材料为半月板的移植或修复再造成为可能。尽管目前还处于实验研究阶段，但是随着组织工程技术和材料学的进展，组织工程半月板将会较快地应用于临床。

六、椎间盘髓核的工程化组织器官设计制造方法

（一）种子细胞

1. 自体髓核细胞

以自体细胞作为种子细胞的技术较成熟，但从正常椎间盘中获取自体髓核细胞可引起损伤，而从退变的椎间盘中获得的细胞可能在功能上有所减弱，所以从自体髓核获取的种子细胞是很有限的。

2. 异体髓核细胞

异体髓核细胞的来源较自体来源广泛，且异体髓核细胞抗原性很弱，在一定条件下，增殖能力较强，长期增殖能保持原有细胞一致的表型。

Nomura 等（2001）报道，植入同种异体的兔髓核或有活性的髓核细胞的动物椎间盘退变最轻，未移植的退变较重，各组均未出现免疫排斥反应，表明同种异体髓核细胞移植可抑制椎间盘退变，同种异体移植细胞能在受体的椎间盘内存活，并具有透明软骨样的细胞增殖能力，能够有效预防椎间盘的高度丢失。

3. 骨髓间充质干细胞（BMSC）

与其他种子细胞相比，BMSC 既有干细胞的特性，又有明显的可塑性、易于体外培养增殖、分离增殖能力强、可自身获取、长期传代不改变生物学特征、抗原性小、组织修复能力强、便于培养和基因修饰、增生活跃、多向分化及成骨能力确切等特性，因此是理想的组织工程种子细胞，能在适宜的条件下分化再生骨、软骨、软骨样骨、肌肉、肌膜等间充质组织。

Daisuke 等（2005）从兔骨髓中取出间充质干细胞，移植到椎间盘退变的兔子模型中，经两周诱导后，兔的 L2/3、L3/4 和 L4/5 发生了椎间盘退变，采用测量椎间盘高度、MRI 的 T2 加权信号强弱、组织学、免疫组织化学及相关基因表达等评价椎间盘的退变程度，24 周后发现，实验组的蛋白多糖及胶原表达增加。

（二）支架材料

髓核细胞体外单层培养时表型会发生改变，而支架为细胞体外立体培养、增殖、保持原有表型提供了良好的细胞外环境。所以选择合适的支架材料是细胞培养技术的关键。组织工程椎间盘的支架材料应满足以下条件：①良好的生物相容性；②良好可控的降解性；③合适的三维立体多孔结构；④可塑性；⑤一定的机械强度。目前制备组织工程化椎间盘效果较好的支架材料是胶原海绵、琼脂糖、胶原-透明质酸盐复合物、多聚乳酸、海藻酸盐凝胶及纤维蛋白凝胶等。

（三）细胞因子

诱导 MSC 向软骨分化是一个非常复杂的过程，可能需要维持细胞表型的多种相关生物活性因子的协调作用，除生长因子外还有某些环境因素（如低强度脉冲超声）刺激细胞外基质的生成。碱性成纤维细胞生长因子（bFGF）、TGF-β1、胰岛素样生长因子-I、BMP 和重组人成骨蛋白-1（rhOP-1）等在一定条件下均可使椎间盘细胞表达增加，这些因子可以作用于椎间盘不同区域正常或退变的组织细胞，具有不同程度的调节生长发育、维持组织表型及促进椎间盘细胞增殖和基质合成的作用。

第二节 骨组织工程

骨骼系统是人体的支架，是肢体运动的依托。骨组织是具有血液循环及新陈代谢的“活”组织。临床上对于骨缺损的修复，目前常用的治疗方法包括自体骨移植、同种异体骨移植、人工合成骨替代材料移植等，而组织工程技术为我们展示了一个新的、更好的选择。

一、骨组织工程的应用

骨缺损是骨科常见疾病，常因先天性畸形、外伤、感染或肿瘤等原因造成。自体骨移植是临床治疗骨缺损最常用的方法，但是机体可供取骨的来源较少，取骨的数量有限，并且还会造成供区的正常骨结构被破坏，功能受影响。同种异体骨移植易引发机体的排异反应，还可能传染病原体。常用的人工合成骨替代材料主要有羟基磷灰石和磷酸三钙，它们没有上述缺点，但骨诱导能力较差，仅具有暂时填充支持作用，在体内往往形成生物材料-骨组织复合物，并不能形成完全的骨组织。因此，如何获得理想的修复材料以修复重建骨缺损，一直是骨科领域的研究热点。

二、骨的解剖结构功能与工程化组织器官的生物学仿真

骨是体内质地坚硬的器官，具有很大的硬度和一定的弹性，由骨组织、骨膜、骨髓构成。成年的骨组织按照其内部组织结构特点的不同可分为密质骨（compact bone）和松质骨（cancellous bone）。密质骨致密而坚硬，其内骨板排列十分规律，内含相互连通的小管道，血管神经贯穿其中，胶原纤维环绕血管间隙呈同心圆排列。密质骨具有很强的抗扭曲性。松质骨呈海绵样，由针状或片状的骨小梁构成，骨小梁由平行排列的骨板和细胞组成，相互之间连接构成多孔网架结构，网孔中充满骨髓、丰富的血管和神经。

骨膜由致密结缔组织组成，具有丰富的血管和神经。骨膜分为骨外膜（peri-osteum）和骨内膜（endosteum）。骨膜的功能在于营养骨，参与骨的生成、修复和改建，

骨膜对骨还具有屏障保护的作用。

骨髓腔位于长骨干的中央。其内容纳骨髓，新生儿骨髓为红骨髓，随着年龄的增长，黄骨髓逐渐替代红骨髓。骨的形成和重建与骨髓的功能状态密切相关，在骨髓中的基质细胞成分在体内环境下可转化为成骨细胞，参与骨组织形成过程。体外培养的骨髓基质干细胞在适宜的激素、细胞因子作用下能够向成骨细胞分化，在组织工程研究中能够应用骨髓基质干细胞作为种子细胞构建骨组织并用于骨缺损的修复。

骨组织属于结缔组织，是由细胞和大量钙化的坚硬的细胞间质组成的。骨组织内的细胞按形态学一般分为骨原细胞、骨细胞、成骨细胞和破骨细胞。细胞间质包括有机成分和无机成分。有机成分中包括胶原纤维和无定型的有机基质。

骨组织的成分包括以下几种。

1）骨原细胞（osteoprogenitor cell）又称骨祖细胞，位于骨组织表面的骨膜和骨髓基质中，呈现出与成纤维细胞类似的形态。骨原细胞是一种具有多向分化潜能的干细胞，在不同的生理环境和外界刺激下能够向成骨细胞、破骨细胞、软骨母细胞分化。

2）骨细胞（osteocyte）是骨组织中数量最多的细胞成分，由成骨细胞转化而来，位于坚硬的细胞间质的腔隙内，此腔隙称为骨陷窝。骨细胞有许多细长的突起伸进骨陷窝周围的小管内，此小管又称为骨小管。骨细胞及其突起通过骨陷窝、骨小管之间的空隙从哈弗斯管内的血管获取营养并进行离子交换。

3）成骨细胞（osteoblast）来源于骨原细胞、骨髓基质细胞等间充质细胞，是一种功能型细胞，可分化但很少发生分裂。成骨细胞在分泌细胞外基质后，被周围新形成的骨样组织包埋，转变为骨细胞。

4）破骨细胞（osteoclast）是多核巨细胞，存在于骨表面的 Howship 陷窝内。破骨细胞内碳酸苷酶分解碳酸形成局部酸环境，使骨内无机矿物质被降解；破骨细胞同时分泌多种溶酶体酶进一步促进骨的重吸收。

5）细胞间质成分，又称为骨基质，其中有机成分占骨干重的 30%～40%，主要为胶原蛋白、非胶原糖蛋白、蛋白多糖聚集体等。无机成分占骨干重的 60%～70%，主要是钙、磷、钾等无机分子。正是有机物与无机物的有序排列结合使得骨具有坚强的抗折弯性和高抗张力特性，决定了骨骼独特的负载性质。

组织工程化骨移植物生物学仿真的理想目标是能够制造出一种带有血循环系统的骨移植物，它既有足够的坚硬程度，又有与正常骨骼类似的弹性模量。这样，作为“活骨”移植，省去了自身成骨细胞的爬行替代过程，直接就能够发挥其支撑肢体并传递负荷的作用。

三、骨的工程化组织器官设计制造方法

根据组织工程的原理构建组织工程化骨，包含了成骨种子细胞、生长因子和可吸收降解的生物材料。与其他骨移植技术相比有以下优点：①需要的供体组织少，供给来源不受限制，供体损伤小；②无抗原性或抗原性甚微；③可根据修复缺损的需要将植入物制成精确的三维形状；④可利用仿生设计技术，设计出与天然骨相似的组织工程化人工

骨，为大段或较大范围的骨缺损的修复提供新的途径；⑤组织工程化人工骨是一种活骨移植，具有生命力，可缩短骨缺损的修复时间并提高修复质量。

（一）种子细胞

对于骨组织工程而言，理想的种子细胞应具有以下几个特点：①取材容易，对机体的损伤小；②在体外培养中有较强的传代增殖能力且成骨细胞表型不易丢失；③植入机体后能够适应受区的生理、病理、应力等微环境并保持成骨活性。早期实验研究中的成骨细胞多从胚胎骨或新生骨的松质部或骨外膜中获取，但是获取细胞的数量极为有限，达不到构建骨组织的细胞数，因此其应用受到很大限制。骨组织工程在干细胞研究飞速发展的背景下，在组织构建与临床应用等方面取得了重大突破。干细胞的深入研究为解决骨组织工程种子细胞来源问题开辟了新的途径。目前组织工程研究中常用的干细胞包括胚胎干细胞和成体干细胞。

胚胎干细胞（embryonic stem cell，ES 细胞）由于具有分化全能性与体外无限增殖的能力，是未来组织工程种子细胞的重要来源。

成体干细胞（adult stem cell）是指存在于已分化组织中的、并仍然能够分化为该组织来源的细胞成分的未分化细胞。组织工程目前常用的成体干细胞有骨髓间充质干细胞（bone marrow stromal cell，BMSC）和脂肪来源的干细胞（adipose derived stem cell，ADSC）。BMSC 具有体外诱导分化为骨、软骨、脂肪等多向分化潜能，获取时对机体损伤小，培养扩增后数量充足，且因是自体细胞而避免了免疫排斥反应的特点，已经成为骨组织工程最主要的种子细胞来源。BMSC 是一种具有多向分化潜能的细胞，如何在体外培养过程中使它向成骨方向转化，并在体内保持这种特性至关重要。成体组织干细胞具有较为特殊的免疫学特性与免疫调节功能，同种异体的成体干细胞具有作为骨组织工程种子细胞的潜能。因此，在未来的骨组织工程应用中，可通过建立成体干细胞（BMSC 与 ADSC）库，即能更及时方便地应用组织工程方法来修复骨缺损。

（二）支架材料

骨组织工程所用的生物支架材料可在新生骨组织完全形成之前提供足够的空间和机械支撑，而且更重要的是作为细胞外基质成分或其替代成分，能够介导细胞间的信号转导和相互作用，诱导新骨的形成。骨组织工程的支架材料不仅应具有良好的生物相容性、生物可降解性、三维多孔状结构和一定的力学强度，还必须具备以下的特点：①能够维持成骨细胞的形态和表型，促进细胞的黏附和增殖，诱导骨组织形成；②材料的降解速率必须与骨再生的速率相匹配；③支架材料可制备成至少孔隙率达 90%的孔性结构并具一定的坚韧性，能在一定应力下维持原有的三维立体结构等。骨组织工程所用的支架材料需要有适中的强度，既能满足局部负荷要求，又不致产生应力遮挡作用，从而在外力作用下促进成骨细胞分泌骨基质，逐渐形成新生骨并取代支架材料。目前用于骨组织工程的支架材料见表 6.2。

表 6.2　目前用于骨组织工程的支架材料主要分类

有机高分子材料		无机材料
人工合成聚合物	天然高分子聚合物	
聚乳酸(PLA)	胶原(collagen)	珊瑚(oral)
聚乙醇酸(PGA)	纤维蛋白(fibrin)	羟基磷灰石(HA)
PLA-PGA 共聚物(PLGA)	壳多糖(chitin)	β-磷酸三钙(β-TCP)
聚原酸酯(POE)	藻酸盐(alginate)	
聚己内酯(PCL)	脱钙骨(DBM)	
聚羟丁酯(PHB)		

目前应用的人工合成聚合物有机高分子材料主要为 α-聚酯类，其中以聚乳酸（PLA）、聚乙醇酸（PGA）及其共聚物（PLGA），其他还有聚原酸酯（POE），聚己内酯（PCL）、聚羟丁酯（PHB）及其共聚物等。PLA、PGA 的二维结构已被证明能支持细胞黏附、生长、分化和发挥功能。PLA、PGA 具有良好的生物相容性，且降解产物无毒，已被美国食品药品管理局（FDA）批准广泛用作医用缝线、暂时性支架和药物控释载体。PLA 具有一定的力学强度，因此，可以通过控制 PGA 与 PLA 的比例，调节聚合物的机械性能和降解速率。但是这些人工合成的高分子材料在应用过程中也发现不少缺点，如降解过快、降解产物积聚会造成局部 pH 下降、引起无菌性炎症、导致细胞中毒甚至死亡。

天然高分子聚合物包括胶原（collagen）、纤维蛋白（fibrin）、壳多糖（chitin）和藻酸盐（alginate）等。这些天然聚合物生物相容性好，具有细胞信号识别能力，利于细胞的黏附、增殖和分化。但是，胶原、纤维蛋白凝胶和藻酸盐凝胶都存在天然材料的共同缺点，如缺乏机械强度、降解时间难以控制等，故都难以单独作为骨组织工程的细胞载体支架材料。脱钙骨（DBM）是骨组织工程常用的生物衍生材料。它来源于骨组织，是一种自体降解的抗原灭活的异种或同种异体骨质，经过脱脂、脱钙等处理过程，其剩余的主要成分为 I 型胶原。DBM 具有良好的生物相容性及生物可吸收性，保留了胶原支架的立体多孔状结构。附着在胶原上的生长因子——骨形态发生蛋白（BMP）在骨的形成中具有重要作用。

目前，在骨组织工程中应用最多的生物材料是无机材料，即生物陶瓷类材料，包括珊瑚、羟基磷灰石（HA）、β-磷酸三钙（β-TCP）等。生物陶瓷的主要优点有：①主要由钙、磷元素组成，是骨组织中的主要无机成分，为骨组织的生成提供钙磷元素；②具有良好的生物相容性、生物可降解性和骨传导性；③材料可加工成多孔隙结构，利于组织细胞长入及营养物质和代谢产物出入；④材料轻度溶解所形成的高钙离子层及微碱性环境，可有效促进成骨细胞的黏附、增殖及基质分泌；⑤材料中的微量氟元素能促进成骨细胞合成 DNA，并能提高碱性磷酸酶活性。

珊瑚是海洋生物珊瑚虫的遗骸，主要成分为碳酸钙，具有良好的生物相容性、生物可降解性和骨传导性。羟基磷灰石（HA）、β-磷酸三钙（β-TCP）等钙磷陶瓷已经应用于临床的骨替代材料。羟基磷灰石具有良好的生物相容性，具有与正常骨组织相似的多孔结构，其诱导成骨的能力已被证实。但其塑型困难，脆性大，柔韧性较低，在生理环境中的抗疲劳强度差；此外，降解太慢，影响了新骨的长入和后期改建。应用最广泛的可降解生物陶瓷是β-磷酸三钙（β-TCP），其降解速度与成骨过程较为匹配。β-TCP具有良好的生物相容性，实验证明多孔β-TCP植入骨缺损处后能够充当新骨形成的支架，发挥骨传导的作用，促进细胞长入并在内部形成松质骨结构，而外部则在应力作用下改建成皮质骨结构，最终两部分新骨与未降解材料互相交织，融为一体。β-TCP可制备成孔孔相通的多孔结构，利于细胞爬行及营养渗透，提高了成骨能力。此外，实验发现HA与β-TCP的复合物既保留了单纯HA的优点，又可根据需要，通过调整两者的复合比例控制其植入后的降解速度，并具有较大的强度。因此，HA与β-TCP的复合物被认为是较理想的且有较大的临床应用前景的骨组织工程的细胞载体。

（三）生长因子

骨基质中包含多种生长因子，这些生长因子在成骨细胞的增殖、分化与蛋白质合成中发挥重要的调控作用，在骨的形成、吸收与重建中起重要作用，如骨形态发生蛋白（BMP）、转化生长因子β（TGF-β）、类胰岛素生长因子（IGF）、血小板衍生生长因子（PDGF）、碱性成纤维细胞生长因子（bFGF）、血管内皮细胞生长因子（VEGF）等。

BMP来源于骨组织及骨源性细胞，是骨代谢的旁分泌产物，也是特异性的骨生长因子。BMP对骨形成的主要作用在于：①促进未分化的骨髓间质干细胞（BMSC）和成骨细胞的前体细胞分化为成骨细胞；②引导成骨细胞表型的表达。TGF-β对BMSC的作用包括：①促进间充质细胞分裂增殖，使成骨细胞Ⅰ型胶原分泌增加；②促进骨桥蛋白、骨连接素及碱性磷酸酶的合成；③增强基质钙化及对周围成骨细胞的趋化作用等，也可以增强BMP的诱导成骨能力。bFGF也有诱导成骨的作用。PDGF能促进所有间充质来源细胞，包括成骨细胞的有丝分裂，它的另一生物学效应是增加成骨细胞内的DNA合成，促进细胞增殖，使胶原和非胶原蛋白的合成增加。血管内皮细胞生长因子（VEGF）被认为是诱导血管生成作用最强、特异性最高的一种细胞因子，而其本身也和骨形成有着密切的关系。

这些生长因子之间的相互作用机制并不十分清楚，成骨的过程依赖于各种生长因子的共同调节。目前倾向于多种因子的联合使用或贯序使用，希望能够使生长因子最大限度发挥诱导分化和促进增殖并保持成骨特性的作用。

（四）组织工程化骨的血运的重建

组织工程化骨组织的血管化在骨组织构建与成活的过程中起着重要作用。血运的重建是骨组织再生的基础，要获得良好的新生组织工程化骨组织，必须保证植入体内的成骨细胞，尤其是材料内部的成骨细胞能够及时获得充分的营养。再血管化不但为组织工程化骨提供了丰富的营养物质、生长因子以提高成骨细胞的活性，而且加速了骨组织的矿化过程，并使成活骨直接在体内与周围骨组织愈合而避免了组织植入后漫长的爬行替代过程。骨构建过程中复合血管内皮细胞可有效提高骨组织的血管化过程，并能促进成骨作用。应用带血管蒂的组织瓣进行组织工程化组织的自体移植，是组织工程技术与外科学的完美结合，具有重大的实际应用意义。

第三节 肌腱韧带组织工程

由于肌腱的特殊结构与功能，肌腱缺损后的治疗成为困扰临床医师的一大难题。近年来，组织工程的迅速发展让学者们找到了新的研究方向。随着种子细胞、支架材料、力学特性研究的逐步深入，组织工程化肌腱的体外构建及体内应用亦随之日趋成熟，使其有望成为临床肌腱缺损修复最为理想的替代物。

一、肌腱韧带组织工程的应用

肌腱和韧带的损伤是临床上的常见病，治疗过程中经常遇到需要因肌腱和韧带缺损而需要移植的情况。例如，肩袖陈旧性大范围断裂缺损、跟腱陈旧性断裂后短缩、膝关节交叉韧带重建手术等。切取自身的肌腱、韧带作为移植物将不可避免地给患者带来损害。异体肌腱和韧带移植目前在临床上应用较多。虽然肌腱具有相对较低的免疫原性，但异体肌腱移植仍可发生免疫排斥反应，造成大量炎性细胞浸润、腱结构破坏而导致移植效果不理想。缺少可用移植的肌腱和韧带常常给临床治疗带来困难，组织工程的发展为解决这些问题带来了新的希望。

二、肌腱韧带的解剖结构功能与工程化组织器官的生物学仿真

肌腱和韧带组织的主要细胞成分是肌腱细胞（tenocyte)。肌腱细胞合成多种细胞外基质，其中最为重要的是胶原纤维。在大体水平可以观察到胶原以平行排列的纤维束存在，在组织学水平，每条纤维束由胶原纤维组成，在电子显微镜水平，每条胶原纤维又由胶原原纤维组成。在分子水平上，这些胶原原纤维是由胶原原胶原相互交联而形成的，其生化组成主要是Ⅰ型胶原及一些糖蛋白，其中Ⅰ型胶原占胶原总量的95%和肌腱干重的65%～80%。其他种类胶原所占比重甚微，但也起着重要的功能。比如，Ⅴ型胶原与Ⅰ型胶原共聚可以调节形成的胶原原纤维的直径；III型在肌腱损伤修复早期合成增加，愈合后期逐渐减少。糖蛋白（如decorin）被认为具有调节原纤维直径和帮助原纤维与原纤维之间及原纤维和糖蛋白之间连接的作用。

肌腱韧带的功能是承担及传导应力，肌腱的功能为传导其连接的肌肉所发出的收缩力到其附着的骨端；韧带的功能为承担其所附着的两骨端间的应力，以达到维持两骨端间稳定的目的。二者的功能要求类似，临床上也常用肌腱组织移植以修复韧带缺损，如用股薄肌及半腱肌肌腱来重建交叉韧带。组织工程化肌腱韧带替代物需要有足够且快速的腱化程度，以获得足够的坚韧程度，从而达到对于肌腱韧带生物学仿真的效果。

三、肌腱韧带的工程化组织器官设计制造方法

（一）肌腱、韧带组织替代物

在组织工程学研究尚未兴起时，人们对于肌腱缺损的修复除了采用自体肌腱外，主要对肌腱的替代物进行了一系列研究，尼龙、碳纤维、涤纶、聚酯纤维、头发等均作为人工肌腱的材料用于实验和临床。碳纤维具有固有的惰性和良好的生物相容性，碳纤维制成的肌腱或韧带异物反应小，组织可长入纤维之间，诱导植入物迅速腱化，促成腱样组织的形成。若能在碳纤维植入体内之前预先种植活细胞，即在体外构建组织工程化肌腱，或许能提高碳纤维修复肌腱、韧带缺损的临床效果。人发角蛋白人工肌腱（HH-KAT）是继碳纤维人工肌腱和硅橡胶人工肌腱后的第三代人工肌腱材料。它的腱体可被逐渐吸收，同时有肌腱细胞和胶原纤维替代形成新的肌腱，它和肌腱的缝合部位能够腱性愈合。

（二）种子细胞

种子细胞的来源是肌腱组织工程的瓶颈问题。目前，在肌腱组织工程中研究的种子细胞有肌腱细胞、皮肤成纤维细胞和骨髓间充质干细胞。采用骨髓间充质干细胞作为组织工程化肌腱种子细胞结果不理想。肌腱细胞分化程度很高，在体外培养条件下，增殖相对缓慢，尤其是经过多次传代后，肌腱细胞甚至丧失进入增殖期的能力。再加上来源有限，肌腱细胞不能成为理想的种子细胞。皮肤成纤维细胞在形态和功能上接近肌腱细胞，两者均起源于原始胚胎中胚层组织，且皮肤成纤维细胞分布广泛、取材容易，在肌腱损伤修复过程中成纤维细胞又起着重要的作用。皮肤成纤维细胞也许能够解决组织工程化肌腱种子细胞缺乏的问题。

（三）肌腱韧带的组织工程研究

肌腱的构建首先开始于体内的研究。曹谊林（2008）首先取小牛肩、膝部的肌腱组织，将获得的肌腱细胞接种于 PGA 网架上，体外培养一周后植入裸鼠皮下。结果显示，在第 6 周标本中，支架四周排列着拉长的肌腱细胞，中心部分则显示较多的随意排列的肌腱细胞和细胞外基质；在第 12 周标本中，其四周和中心部分已完全和正常肌腱细胞相同。术后 12 周生物力学才达到正常肌腱的 57%。在采用纵形结构的 PGA 载体中，在第 6 周就出现了平行排列的肌腱细胞，它较任意排列的网状标本更加整齐一致。

由于组织学上的研究都属于静态培养，而体内肌腱细胞的生长处于一种复杂的动态环境中。在许多研究中，细胞通常接种在三维支架材料上，在生物反应器内进行培养，并对培养支架施加力学刺激。在体外肌腱构建过程中，模拟自然状态下的细胞-细胞和细胞-胞外基质的相互作用有助于提高肌腱构建的效率。

秦廷武等（2002）研究采用动态应变三维细胞培养装置用于肌腱细胞-支架材料复合物，细胞增殖形态呈扁平形，沿应变方向延伸；机械应变还引起Ⅰ型胶原合成增加。

李宏等（2006）研究设计了一套能够模拟体内力学环境的生物反应器，使复合物材料发生蠕变现象，对肌腱细胞的生长、分泌及胶原纤维的重构产生了较好的作用。

Gregory 等（2002）使用蚕丝纤维构建组织工程 ACL 获得了初步成功。实验证明，蚕丝纤维具有良好的生物相容性、优良的力学性能和弹性、可以在体内通过水解而缓慢降解，是构建组织工程 ACL 的理想材料。特别是材料编织后，其力学性质（如极限拉伸强度、线性刚度、屈服点拉应力、拉伸率等）与人 ACL 的各项生物力学指标非常相似，而且有较强的耐疲劳性能。

第四节　皮肤组织工程

皮肤组织工程是通过在体外培养扩增大量的功能细胞，复合到支架材料，通过细胞与支架的相互作用，诱导、生长形成三维的有活性的皮肤替代物。组织工程皮肤在一定程度上克服了原有的皮肤供区不足、免疫排斥、传播疾病等各种问题，为急性或慢性皮肤损伤提供了全新的治疗理念，具有远大的开发前景。

一、皮肤组织工程的应用

对于皮肤缺损的治疗，自体断层皮片移植是公认的标准临床疗法。但在大面积皮肤缺损患者中，仍存在着供区不足及造成机体新的损伤等缺陷，因此，寻找一种理想的皮肤代用品一直是临床上一个急需解决的难题。随着近年来组织工程学技术的快速发展，体外构建组织工程皮肤成为可能。组织工程化皮肤领域的研究一直是组织工程学的一个重点和热点，用组织工程技术构建的皮肤组织已有多种产品问世。

二、皮肤的解剖结构功能与工程化组织器官的生物学仿真

皮肤由真皮和表皮组成，通过皮下组织与深部的组织连接。一些部位的皮肤还有毛发、皮脂腺、汗腺和指（趾）甲等皮肤附属器。表皮是皮肤的浅层，由角化的复层扁平上皮构成。表皮主要由两类细胞组成：一类是角质形成细胞，占表皮细胞的绝大多数，它们在不断地增生分化，并合成大量的角蛋白，细胞最终角化并脱落；另一类为非角质形成细胞，数量少，分散在角质形成细胞之间，包括黑色素细胞、郎格汉斯细胞和 Merkel 细胞。

皮肤是人体最大的器官，可接受冷、热、痛、触、压等刺激，保护机体免受伤害；皮肤还能防止体内组织液体丢失，并能够给阻挡异物和病原体侵入；皮肤还参与调节体温，并有一定的排泄功能。此外，皮肤还承担机体免疫、调节微循环并参与骨骼的矿化。

理想的组织工程化皮肤应达到对于正常的皮肤结构及功能的最大程度仿真，应具备

以下特征：①能防止体液丢失，阻止细菌入侵；②无抗原性；③一定的柔韧度；④在创面持久存在；⑤随身体的生长而生长。而且还必须做到：①容易获取，价格不昂贵；②较长的储备时间；③产品供货充分且迅捷；④应用方便，单次手术即可完成。

三、皮肤的工程化组织器官设计制造方法

组织工程皮肤可分为三种：表皮替代物、真皮替代物和复合皮替代物。

（一）表皮替代物

1. 自体表皮细胞膜片

Rheinwald 和 Green（1975）利用照射处理过的 3T3 成纤维细胞作为滋养层，培养人表皮细胞获得成功。经过培养得到平铺生长的表皮细胞，再经过传代扩增，得到大量表皮细胞且呈膜片状。于是提出构想：培养的表皮角质形成细胞融合成片后可用于修复自体皮肤缺损。O'Connor 等（1981）首次应用此方法在体外培养出适于移植的人自体表皮细胞膜片（cultured epidermal autograft，CEA），在 2 例烧伤患者的切痂后创面上，培养的表皮细胞膜片附着良好，到 8 周观察时仍可见到移植的细胞膜片。组织学也证实自体表皮细胞膜片覆盖全厚创面后，最终可形成分化完全的基底层、棘层、颗粒层及角质层，但生发层缺乏突起的棘状结构。Woodley 等（1988）观察了 4 例烧伤后移植 CEA 患者的组织标本。发现其 CEA 下重建的基底膜结构都不完整，缺乏 IV 型胶原和锚着纤维。免疫荧光证实在 CEA 和真皮结合的部位有锚着纤维胶原（VII 型胶原）存在，但未形成成熟的锚着纤维。

1994 年，Genzyme 公司将培养的表皮细胞膜片商业化，注册商标为 Epicel。Epicel 一般用于烧伤面积占体表面积的 30%以上、累及真皮深层或全层的严重烧伤。这时缺损处丧失了再生表皮的能力，只能通过移植自体断层皮片来覆盖创面，而由于烧伤面积较大，存在着自体皮源不足的矛盾，移植 CEA 成为最佳选择之一。

CEA 移植技术的优点是可以应用极少量的自体标本获得大面积的永久性创面覆盖，而且细胞可以冻存备用。其缺点是获得表皮细胞膜片的周期较长，2～4 周，且形成的膜片较脆弱，不易操作，难以有效固定，只有 50%～60%永久存活，形成真皮不完整，新生真皮的形成需要数年。

2. 自/异体表皮细胞混合膜片

因为自体表皮细胞膜片培养需要周期较长，许多研究者尝试培养异体表皮细胞膜片用于移植。皮肤免疫排斥反应主要与表皮中的郎格汉斯细胞有关，郎格汉斯细胞是上皮组织中能够激活免疫系统、正常表达 H LA 的唯一细胞。表皮细胞在传代培养过程中，郎格汉斯细胞逐渐丢失，因此，新形成的上皮组织表现为免疫惰性。Hefton（1983）最先将异体表皮细胞膜片移植成功应用于临床，修复了 3 例通常需要移植自体断层皮片

的严重烧伤创面。

该种异体表皮细胞膜片能够冷冻保存，不需患者活检标本，即可为临床提供即时可用的创面覆盖物，解决了自体表皮细胞膜片培养周期较长的缺点。

自/异体表皮细胞混合移植可以达到以较少的自体表皮细胞覆盖较大创面的目的。虽然异体表皮细胞移植后只能在创面上做暂时存活，但它们合成与分泌的多种生长因子却能有效地促进自体表皮细胞的生长与扩增。将某些生长因子基因转染体表皮细胞后用于创面移植，这些转基因细胞可在创面释放足量的生长因子，促进创面愈合。

3. 表皮干细胞膜片

经体外培养所得到的表皮细胞膜片中大部分为终末分化细胞，已失去进一步分化的能力，限制了该技术的进一步应用。表皮干细胞的体外培养成功为这项技术提供了广阔的应用空间。但是，表皮干细胞在皮肤中总的比例很低，且体外分离培养、纯化及在培养中如何维持其分化状态等关键性技术问题有待于进一步完善，因此，自体表皮干细胞膜片尚处于实验室研究阶段。

4. 表皮细胞加载体

表皮细胞膜片的缺点包括：①表皮细胞体外培养成膜所需要的时间较长；②由于缺乏真皮，愈合后具有创面收缩严重、起水疱、易溃破等缺点。表皮细胞加载体技术的出现能克服表皮细胞膜片的上述缺点。表皮细胞加载体技术，即利用液态或固态细胞投递系统将亚融合状态（pre-confluent）的表皮细胞直接种植到创面，即由体外培养转到体内培养构建表皮。亚融合状态的表皮细胞保持着旺盛的增生能力，细胞间接触抑制效应不明显。

目前，用于研究或临床的细胞投递系统载体分两种。第一种为固态的各种合成或半合成的薄膜，另一种是液态的纤维蛋白胶悬液（keratinocytes fibringlue suspension，KFGS）。

固态的载体薄膜包括 Biobrane、Polyurethane、Integra、Laserskin 等。Biobrane 是一种外层为硅胶薄膜、内层由整合有牛Ⅰ型胶原颗粒的尼龙网组成的双层膜状物，长期以来在临床上被用做临时敷料。Laserskin 是一种含有激光微孔的透明质酸膜，又称“激光皮”，用激光在膜上钻出许多微孔，将膜置于培养皿中，种植表皮细胞后可发现表皮细胞在膜上方和下方形成克隆。将膜从培养皿中取出后，可以移植至受皮区。这些薄膜对细胞均无毒性，可以有效地作为底物支持表皮细胞的生长。细胞在特定的培养条件下，保持其旺盛的增殖潜能，待达到亚融合状态时，可以连同薄膜一起，无需酶消化过程，直接移植到创面。细胞贴附到创面后，可以从薄膜上移行到创面，继续增殖、分化，以形成新生表皮。在此之前，薄膜继续留在创面，对细胞起到很好的保护作用。

另一种为液态的载体，即纤维蛋白胶悬液（KFGS），主要是由血浆提取的纤维蛋白原和凝血酶组成的，可以利用纤维蛋白原或凝血酶的溶液将细胞制成悬液，然后混合凝结成凝胶状物。焦向阳和 Stark（2001）用细胞标记的方法证明表皮细胞可以在这种凝胶中存活，培养的角质细胞、成纤维细胞结合纤维蛋白胶移植到创面上后，可以形成复层分化良好、接近正常结构和功能的新生成肤组织。表皮细胞的 KFGS 悬液涂布到创面后，细胞在这种网络状结构中继续增殖、移行，最后形成复层、分化良好的新生上皮。KFGS 不仅为细胞的生长代谢和移行提供场所和支架，而且其中的一些成分，如纤维蛋白原、纤维连接素及 VIII 因子等对细胞功能起到一定的促进作用。Stark（1998）利用这种方法临床应用于 10 余例患者，效果满意。

（二）真皮替代物

真皮（dermis）位于表皮和皮下脂肪组织之间。真皮的浅层，即乳头层，通过基底膜与表皮紧密相连，由松散交织排列的胶原构成，真皮的深层，即网状层，较厚，由粗大、水平排列的胶原束构成。真皮胶原组织坚韧而有弹性，占真皮成分的 70%以上，起保护、维持内环境稳定，增强表皮外屏障的作用。真皮与表皮无论在结构上还是在功能上都是不可分割的有机整体。

在全层皮肤缺损中，真皮层通过瘢痕增生来修复受损的真皮组织，而不像表皮的愈合是通过再生的方式。真皮层损伤越深，愈合后的瘢痕增生越多。因此，在皮肤移植中，真皮成分是很重要的。移植物中的真皮成分越多，创面愈合越快，而且愈合后创面质量明显改善，形成的瘢痕少，创面收缩轻。

临床上常采用经处理的天然真皮或人工合成材料替代真皮，不仅能加速创面愈合，减少皮肤收缩，而且能减少供区皮肤切取的厚度，加快供皮区愈合。

1. 生物材料合成真皮替代物

Integra 是一种具有与真皮相似的正常三维结构的双层人工皮肤，是由硅膜（表皮层）和从牛跟腱提纯的胶原与从鲨鱼软骨中提取的 6-硫酸软骨素交联而成的真皮垫（真皮层）构成。Integra 呈多孔状结构，当植入创面后毛细血管及成纤维细胞可浸润生长形成新的真皮组织。上层硅胶膜的作用与表皮相当，可控制水分蒸发，防止细菌感染。植入创面约 2 周后新的真皮组织形成，此时，揭去硅胶膜，再以薄的自体网状皮片或培养的自体表皮细胞膜片覆盖。临床实验表明，此种人工真皮可永久地修复创面，产生瘢痕少，伤口挛缩小，外形佳，异种牛胶原未引起明显免疫反应。1996 年，由 Integra Life Science 公司制造的这种组织工程化皮肤 Integra 被 FDA 批准应用于烧伤患者。

Integra 不包含有活性的细胞成分，无疾病传播的危险。但 Integra 仍有一些局限性，比如，Integra 缺乏正常皮肤的免疫防御能力，对创面的要求较高，对出血、感染抵御能力差，必须加强移植后的日常监护，早期发现并处理感染区；表层的硅胶膜在 2 周后仍需移植自体薄皮片覆盖创面，延长了患者的住院时间，增加了治疗费用。

2. 人工合成真皮支架

人工合成真皮支架有尼龙网膜、多聚半乳糖网。此类材料存在大小不等的微孔，有利于纤维血管结构的长入，有的真皮类似物在新生真皮形成的过程中逐渐被生物降解。

3. 脱细胞真皮支架

脱细胞真皮支架能促进表皮的增殖、分化和基底膜的形成，诱导成纤维细胞和血管内皮细胞有序地生长和分化等。与表皮细胞共同移植后，表皮细胞能够牢固地与脱细胞真皮结合，并不断地扩展、增厚和上皮化。对异体皮片的排斥主要是针对表皮与真皮中的细胞成分，而真皮中的胶原等几乎没有任何免疫排斥反应。Grillo 和 Mckhann（1964）用连续冻融法将真皮中的细胞成分杀死，然后将处理后的真皮覆盖皮肤缺损，10 d 后在其上覆盖自体断层薄皮片。结果证明这种真皮与移植创面结合良好，自体断层薄皮片亦成活。早期的脱细胞方法主要有反复冻融法、胰蛋白酶法等，但这些方法得到的脱细胞真皮基质免疫原性仍较强，被排斥的概率高。近年来发展的方法有 NaCl-SDS 法及 Dispase-Triton 法。

AlloDerm（Life Sciences 公司）是一种商品化的脱细胞真皮基质。新鲜尸体皮在 1 mol/L 的 NaCl 溶液中处理 15 h 后撕下真皮，然后在室温下于 0.5%SDS 中连续振摇1 h 以去除细胞成分，PBS 清洗后，冻干保存备用。组织学检测见 AlloDerm 仍保持真皮层的正常结构，免疫组化染色表明基底膜的主要成分（层粘连蛋白）仍存在。复合移植 Alloderm 和自体表皮细胞膜片于患者烧伤后创面 CEA 的接受率提高到 95%。同单纯 CEA 移植比较，表皮钉突形成早。

4. 暂时性真皮替代物

Biobrane 长期以来在临床上被用作一种临时性敷料来覆盖大面积烧伤创面。它具有双层结构：外层是薄的硅胶膜；内层整合有大量的胶原颗粒，可以迅速与创面紧密贴附。Biobrane 外层的硅胶膜发挥着表皮的屏障作用，允许创面生理性液体蒸发，同时可防止蛋白质等大分子物质丢失。将新生儿成纤维细胞接种于人工合成敷料 Biobrane 上，成纤维细胞能在 Biobrane 的胶原层黏附、扩增，分泌基质。Biobrane 还可以有效减轻疼痛，促进表皮再生，并减小脓毒血症发生的风险。

Dermagraft-TC 是 Advanced Tissue Sciences 公司生产的一种人工真皮，它作为一种临时性敷料被用于烧伤创面。研究表明，Dermagraft-TC 对烧伤创面的黏附情况及随后植入其上的表皮细胞膜片的接受率均与尸体皮相似，并且没有免疫排斥反应的发生。

5. 活性真皮替代物

在真皮替代物中加入成纤维细胞，提高真皮替代物诱导创面血管内皮细胞向内移行的能力，加速血管化，促进表皮细胞生长、分化和基底膜形成。

Dermagraft 是由 Advanced Tissue Sciences 公司生产的一种基于聚羟基乙酸（polyglycolic acid，PGA）、聚羟基乙酸-共-乳酸（poly-glactin-910，PGL）的人工真皮。PGA/PGL 是最常用的人工合成高分子可降解材料，其炎性反应较轻，主要是通过水解而不是酶解的过程降解吸收，在皮下组织中一般需 60～90 d 完全吸收。将从新生儿包皮中获取的成纤维细胞接种于 PGA/PGL 支架上，2 周后，成纤维细胞大量增殖并分泌胶原、纤维连接蛋白、蛋白多糖、生长因子等，形成由成纤维细胞、细胞外基质和可降解生物材料构成的人工真皮。Dermagraft 纤维连接素高水平表达并接近胎儿皮肤中的水平，这对于真皮替代品具有重要意义，纤维连接素促进上皮细胞的生长爬行，促进基底膜的形成。结合自体网状皮片移植，14 d 内可以获得创面的良好愈合。Dermagraft 已经在临床上用于烧伤及慢性溃疡创面的治疗。研究表明，Dermagraft 能有效减小创面收缩，促进接种于其上的表皮细胞膜片黏附、生长。

（三）复合皮肤替代物

理想的组织工程化皮肤应包含表皮与真皮两层，因为无论在解剖上还是在功能上两者都是相互依存的整体。正常表皮真皮交界的基底膜部分有参差不齐的网状棘结构，大大增加了接触面积，锚定纤维能帮助表皮牢固地黏附于真皮，这对皮肤的强度和耐磨性都有重要意义。真皮能促进表皮的生长和成熟。创面缺乏真皮组织，仅仅移植表皮不能获得良好的黏附。表皮和真皮的复合皮片更接近生理皮肤的质量。

Apligraft 又称 Graftskin，是第一种商品化的既含有表皮层又含有真皮层的组织工程化皮肤，这种由 Organogenesis 公司生产的产品，已在加拿大和美国获准用于临床。将从新生儿包皮中获取的成纤维细胞溶于牛胶原中塑形，再在其表面接种新生儿表皮角朊细胞。10 d 左右，表皮角朊细胞融合成片，覆盖其下的“真皮层”。整个复合物随后被置于气-液界面以促使角朊细胞分化形成角质层。但是，异体表皮细胞可引起免疫排斥反应等问题，目前尚不能用于大面积深度烧伤创面。

已商品化或尚在试验中的几种组织工程皮肤产品见表 6.3。

表 6.3　几种商品化或试验中的组织工程皮肤产品

生产公司	商品名称	制作方式
艾尔肤公司(陕西)	ActivSkin	表皮细胞形成表皮；成纤维细胞形成真皮
Organogenesis	Apligraf	新生儿包皮来源的表皮细胞形成表皮； 成纤维细胞/牛 I 型胶原形成真皮
Genzyme	Epicel	自体表皮细胞膜片
Advanced Tissue Sciences	Dermagraft	成纤维细胞/PGA/PGL 形成真皮
Life Sciences	Alloderm	异体脱细胞真皮基质
Integra Life Sciences	Integra	双层结构硅胶膜/胶原-糖胺多糖

第五节　角膜组织工程

全球每年有大量需要移植角膜的患者，而角膜供体来源匮乏，角膜移植术后有一定的排斥反应，对此尚无行之有效的解决手段。目前人们已成功构建了人造软骨、皮肤、骨、韧带和肌腱等简单器官，在构建组织化角膜上皮方面也取得了很大进展。

一、角膜组织工程的应用

角膜盲是全球致盲性眼病的常见因素，据 1991 年 WHO 统计，世界上约有角膜病和眼外伤致盲者 1000 万人，每年新增病例 150 万～200 万。在我国，角膜盲约占双眼盲患者的 15.38%，共有约 100 万人。所幸的是，角膜盲是有可能治愈的。目前，角膜移植术仍然是角膜盲患者唯一的复明手段。我国每年需要角膜 10 万个以上，而由于移植用角膜供体材料匮乏，每年实际的角膜移植手术不足 3000 例。因此，如何最大限度地获取适用的角膜移植材料成为眼科界亟待解决的问题，组织工程化人工生物角膜则可能成为一种有希望的选择。

目前，重建的组织工程化生物角膜有望在临床中以下两个方面得到应用。①组织工程代角膜的前半部分可以作为板层移植给患有角膜缘干细胞缺乏或发育不全的患者。角膜缘干细胞缺乏导致新生血管增生、持续上皮缺损、瘢痕化和溃疡、穿孔。这些症状可以在无虹膜症、热烧伤、化学烧伤、紫外线、离子放射伤、戴接触镜、防腐剂中毒 Stevens-Johnson 综合征、角膜缘手术或角膜移植手术的情况下发生，唯一的治疗方法是进行自体或同种异体角膜缘干细胞移植；②组织工程化角膜可作为有活性的敷料，如同羊膜那样暂时覆盖伤口以改善愈合而不必进行角膜移植，愈合将通过患者自身的干细胞启动完成，构建组织，起保护伤口、分泌愈合所需细胞因子的作用。

组织工程化角膜还可以作为体外构建组织的模型，用来研究角膜生理学、毒理学和药理学及基因的表达；也可以用来研究角膜对于损伤的愈合应答反应；可以代替 Draize 实验用来检测药物和日常用品对角膜的毒性和刺激性；另一个特别有趣的方面，即用来研究糖尿病患者角膜上皮基底膜和整合素的改变等。因此，组织工程化角膜为相关基础研究提供了宝贵的材料。

二、角膜的解剖结构功能与工程化组织器官的生物学仿真

组织学上由前向后将角膜分为 5 层，即上皮细胞层、前弹力层、实质层、后弹力层和内皮细胞层。其中，实质层为角膜的主体部分，占角膜厚度的 90%。

（一）上皮细胞层

角膜上皮属复层鳞状上皮，细胞有细胞核，不角化，于角膜缘部与结膜上皮相移行。一般有 5～7 层，总厚度为 50～100 μm。从形态上讲，角膜上皮细胞可分为三种类型：表层的扁平细胞、其下的翼状细胞和基底层的柱状细胞。

表层细胞为角膜表层的 2～3 层扁平上皮，细胞长而细，长约 45 μm，厚约 4 μm，细胞器很少，细胞核扁平，长约 25 nm，表层上皮细胞不角化，表面有微绒毛和微皱褶，微绒毛高 0.5～1.0 μm，粗约 0.5 μm；微皱褶高 0.5 μm，它们是表面上皮细胞正常结构的一部分，有两个功能：①维持泪膜的完整，使角膜表面非常光滑，避免反射入

射光线；②有助于泪液内营养和代谢物质的吸收和交换。表层上皮是更新很快的组织，细胞平均寿命4～8 d，每天有约1/7的细胞脱落，表层上皮细胞经基底细胞分裂增殖而更新，细胞自然崩解成碎片脱落。电镜下，可分为高电子密度细胞和低电子密度细胞两种。电子密度低者称为亮细胞，表面微绒毛较稀少，是衰老退化的上皮细胞；另一种电子密度高者称为暗细胞，细胞内质网丰满，附近有很多微粒体，有PAS染色阳性颗粒，在电镜下有嗜酸颗粒，能分泌脂质和糖蛋白，是新生的表层上皮细胞。通常亮细胞较多，暗细胞较少，当角膜创伤修复时，暗细胞数量会增加。细胞间依靠粘连小带联结，并与较深层细胞呈波浪状镶嵌连接，这些结构加强了上皮层的屏障作用。

翼状细胞一般有2～3层，深层的柱状上皮分裂后，子细胞被挤入上皮表层，细胞内水分逐渐减少，细胞形态变扁，面积变大，形似翼状，故名翼状细胞，毗邻翼状细胞间通过桥粒互相联结，呈明显交错连接状。在翼状细胞质中，特别是深部，有许多散在分布的张力纤维丝，其直径约80 nm，线粒体细小，高尔基体比在基底细胞中显著。

基底细胞是一单层矮柱状上皮细胞，细胞核着色深，核卵圆形，位于中心，有丝分裂旺盛，有丰富的细胞器，线粒体、高尔基复合体、内质网和无数糖原颗粒等，底面平整，栅状排列，以半桥粒与基底膜紧密联结，桥粒中充满糖蛋白类的黏合物质，属Ca^{2+}依赖性细胞-细胞黏合分子，故如用乙二胺四乙酸（EDTA）浸泡角膜上皮，桥粒即被裂解。

基底膜厚30～50 μm，由一种特殊类型的上皮细胞分泌产生，可分为前面的磷脂层和后面的纤维网络层，后者的深层纤维嵌入前弹性膜内，与其粘连非常牢固。轻微角膜擦伤造成角膜上皮脱落时，基底膜上的半桥粒常被留下，像一个细胞质的假伪足，再生上皮利用这些残痕修复缺损。

（二）前弹力层

前弹力层厚10～16 μm，不是一层真正的组织膜，而是角膜基质浅层特化的一部分，在胚胎时期，由角膜上皮细胞分泌产生，由许多胶原小纤维组成的胶原纤维薄膜构建而成。电镜下，结构均一，无细胞，透明状，胶原纤维平均直径160～240 μm，除在其直径和走行上稍有不同外，在其他方面与角膜基质层浅层胶原纤维基本相同。前弹力膜向后有许多弓形纤维斜行伸入角膜基质层浅层，形成与基质间的牢固联结，向周边部逐渐变薄终止于角膜缘，胶原纤维也变得松散，逐渐与球结膜的胶原纤维相融合。从浅层角膜基质来的70～80支角膜感觉神经纤维末梢穿过此层进入上皮细胞层。

前弹力层对机械性损伤（如钝挫伤或棒棍伤等）的抵抗力较高，而对化学性损伤的抵抗力较低。前弹力层不能再生，受破坏后通过瘢痕组织填补修复，遗留角膜混浊。

（三）基质层

基质层又称实质或间质层，构成角膜的主要部分，厚约500 μm，占角膜厚度的90%，由纤细胶原纤维、角膜细胞及细胞外黏性物质所构成。角膜基质由200～250层胶原纤维板构成，板层交错排列，每层厚 1.52～2.50 μm，每层纤维板由许多交错平行排列的胚胎性胶原纤维组成，胚胎性胶原小纤维外包以酸性黏多糖构成黏液基质、部分弹性纤维和糖蛋白。在电镜下基质每一个切面均可见到纵切、斜切和横切的胶原纤维。角膜胶原纤维互相平行，大小一致，间隔均等，其直径为 32～360 μm，以 50 μm 呈等距井然有序的晶体样结构排列。在角膜边缘部，板层及其纤维走行变得不规则，纤维直径增大（60～70 nm），其间隙也变得不规则。

在活体显微镜下，基质层也可分为两个不同亮度的区域，前 1/3 基质层胶原纤维排列稍乱，后 2/3 胶原纤维则排列整齐，因此，在临床上剥离板层角膜移植片时，浅层比深层剥离困难。

正常时，角膜基质内细胞成分不多，主要是角膜（基质）细胞，这是一种成纤维细胞，分布于角膜基质的纤维板之间，角膜细胞核嗜碱性，HE 染色时，被染成深蓝色，在电镜下角膜细胞有很多分枝突起伸向各方向，并与相邻细胞的分枝突起相连接，角膜细胞核位于中央，胞质较少，在细胞核附近可见高尔基体，线粒体较小，粗面内质网较多。当角膜受外伤和炎症时，角膜细胞演变为纤维母细胞，分泌胶原纤维组织，填充和修补缺损和创伤。

（四）后弹力膜

后弹力膜是一层真正的弹力膜，HE 染色呈粉红色，由内皮细胞分泌而来。后弹力膜向角膜周边部终止于 Sehwalbe 线，随着年龄的增长，其厚度逐渐增加。后弹力膜富有弹性，在电镜下，由极其纤细的胶原纤维微丝构成，可分为两层。①前胎生带层：是胚胎期内皮细胞分泌的部分，出生时就已经存在。电子显微镜观察可见前部的束状层由有规律的间隔 110 nm 的束状胶原纤维排列而成，横切面呈规则的六角形，长度为 1000 nm；②带下区：位于深层，是出生后内皮细胞分泌的部分，表现得也非常均质，它可以分成两层或多层，当此膜破裂时，损伤的末端就可见分层现象。电子显微镜下就可以看到相对均匀的细颗粒状透明膜，随年龄增加而增厚。

后弹力膜可以再生，并且随年龄增长而增厚，平均每 10 岁大约增厚 2 μm，80 岁可增至 10～12 μm，如果过度增生，形成小丘状，特别是周边可见局限性增厚，呈圆形小突起，称为玻璃疣，亦称为 Hassel-Henle 小体，是一种生理性衰老现象，但是，若这种过度增生发生在角膜中心或旁中心部位时，则被认为是一种异常的病理现象，称为滴状角膜。

（五）内皮层

角膜内皮的形态内皮层是由数以万计的单层扁平细胞镶嵌连接而成，细胞呈独特的六角形，厚 4～5 μm，宽 18～20 μm，平均细胞表面积约为 400 μm^2，单层排成，一面覆盖在后弹力层的内面，另一面直接与前房水接触。实际上单个游离的内皮细胞呈椭圆形。扫描电镜下，其后表面相当平坦，但由于细胞连接点处轻微凹陷，故在光镜下，活的内皮细胞的后表面表现饱满而呈微微隆突状。电子显微镜观察可见细胞核位于细胞中央，呈椭圆形，直径约 7 μm，细胞质内有丰富的细胞器，有大量的线粒体、粗面和滑面内质网、游离的核糖体和发育良好的高尔基体，提示在细胞内发生着高水平的主动转运和蛋白质合成。线粒体内含有大量的组织氧化酶，此酶的含量反映内皮细胞的活性，细胞内的吞饮小泡，对内皮细胞主动运输水分有重要作用。内皮细胞中还存在许多与细胞长轴平行的微丝，是一种类肌动蛋白。另外，内皮细胞前房侧的表面，还有微绒毛结构，每个细胞 20～30 根，这些微绒毛浸泡于房水中，对调节角膜内水分与吸收营养物质有重要作用。内皮细胞依靠闭合斑、粘连斑和闭锁小带相互联结。

正常人角膜内皮细胞，2～10 岁平均密度为 3792 个/mm^2，31～40 岁为 3000 个/mm^2 左右，40～50 岁为 2800 个/mm^2 左右，51～60 岁为 2600 个/mm^2 左右，61～80 岁为 2400～2500 个/mm^2，80 岁以上为 2160～2400 个/mm^2。当内皮细胞密度低于 300～500 个/mm^2 时，残存的角膜内皮细胞失去代偿能力，不能将基质内的多余水分泵到前房，将造成角膜水肿，临床上，将此内皮细胞密度称为临界细胞密度。

内皮从角膜中央到周边可被分为 4 个区：一区占据角膜中央 8.6～9 mm 的大片区域，该区细胞后表面比较扁平，大小相当一致，边界细胞因交错穿插而呈锯齿形；二区宽度仅 500～1500 μm，约有半数细胞带有纤毛；三区宽 50～150 μm，该区域前面的后弹力膜表面的 Hassal-Henle 疣为其特征性表现；四区包括角膜最周边部分，与房角的小梁网毗邻，宽 50～100 μm，细胞后表面扁平，但形态不规则。内皮细胞的形态因年龄不同而有明显变化，婴幼儿时期，细胞密集，呈圆形或立方形，核大而胞质少。当成熟以后，胞质增加，胞核相对变小，整个细胞逐渐变扁增大。青年人角膜内皮扩展为典型的六角形外观，形状和大小相当一致，但随着年龄的增长，细胞面积扩展增大，至 40 岁已经很难继续保持这种独特的均匀一致的六角形形态，细胞呈现多形性外观，之后，随着细胞面积的逐渐变大，细胞的多形性日趋明显，甚至出现许多七角形乃至八角形的较大细胞，在一区范围内，细胞亦变得大小不均。50 岁以后，呈滴状突起的角膜内皮斑点逐渐增多。三区后弹力膜表面的 Hassel-Henle 疣也相应增多，由于 Hassel-Henle 疣的不断增多，致使其表面内皮细胞变薄，细胞核被推挤到相邻疣之间的凹陷处，受挤压的细胞容易死亡。

成熟个体的角膜内皮细胞一般不能再生，但在婴幼儿的内皮细胞具有有限的有丝分裂能力，内皮细胞损失之后，丢失、死亡的内皮细胞由其邻近剩余的细胞移行扩展来掩盖暴露的后弹力膜。从出生后 1～2 年开始角膜内皮细胞密度逐年下降，相应于内皮细胞数量的逐渐减少，面积也逐渐增大，其中，25 岁前是角膜内皮细胞急剧下降的时期。在 5～7 岁期间，内皮细胞密度减少 13%，7～10 岁减少 12%。到 25 岁时，每个角膜的内皮细胞总数由正常新生儿的 90 万～100 万个/角膜下降到 65 万个/角膜，细胞密度也从 4450 个/mm^2 减少到 2850 个/mm^2。25 岁以后则下降速度减慢，大约以每年 0.52%的速度下降，直到老年。到 60 岁时细胞总数减少到 50 万个/角膜。60 岁以后平均细胞密度继续下降，但个体差异较大。

由于细胞密度的不断下降，内皮细胞的平均面积也随年龄的增大而逐渐增大，从 1～10 岁组的 266 $μm^2$ 至 81 岁以上组为 441 $μm^2$，平均内皮细胞面积增大 8%，该变化与性别无关。左右眼内皮细胞比较表明，年轻人左右眼内皮细胞密度相差甚微，但在60岁以上的人，左右眼内皮细胞密度相差10%者高达37.5%。

（六）角巩膜缘

在透明角膜与不透明巩膜移行处有一个半透明状环形区域，称为角膜缘。角膜缘上、下方较宽，两侧较窄，中国人上下方平均为1.7～2.0 mm，两侧为0.64～1.00 mm。角膜缘结构与角膜明显不同，表现为：①前弹力膜消失，基质层逐渐失去透明性，胶原纤维变得排列不规则，粗细不均，并向巩膜过渡；②后弹力膜增厚向房角内隆起，终止于角膜缘深部的schwalbe线；③内皮细胞在角膜缘与小梁网相连；④在外2/3可见Vogt栅栏。所谓Vogt栅栏是指由角膜缘基底层的乳头状突起形成的特殊网状结构，呈放射状排列，内含色素细胞、朗格汉斯细胞和丰富的血管网及淋巴管，每1 mm角膜缘宽度约有4条。

角膜缘处细胞增厚达10～15层，厚度80～90 μm，排列不规则，一般认为，角膜缘干细胞位于角膜缘细胞层的基底层，数量占10%左右。基底层细胞的平均面积为(39.5±2.8) μm^2，表层细胞与基底细胞面积之比约13∶1。上皮层下的基底膜呈波浪状，逐渐变薄而不规整，向结膜上皮基底膜过渡。基底的细胞与基底膜仍有半桥粒连接。角膜缘上皮逐渐过渡为结膜上皮，出现杯状细胞，鼻侧比其他象限多。

由于角膜缘含有丰富的毛细血管网、淋巴管、成纤维细胞及少量巨噬细胞，因此，它与角膜的营养、外伤的修复、炎症和免疫反应及疾病的转归有着密切关系。

要做到对正常角膜最佳的生物学仿真，关键在于构建透明且具有一定机械强度的基质，并在其表面构建上皮和内皮细胞层，以模仿正常角膜的结构和功能。

三、角膜的工程化组织器官设计制造方法

人工生物角膜主要分为两大类：人工角膜假体（keratoprostheses）和组织工程化人工生物角膜（tissue bioengineered corneas）。人工角膜假体目前尚存在一些技术上的难题。例如，角膜假体与残余角膜组织有机整合的问题，人工角膜材料的机械性能问题，角膜假体表面不能上皮化的问题，炎症和免疫反应问题，角膜假体前后膜形成和钙化问题等。近几年来，随着以干细胞为核心的组织工程学研究的发展，组织工程化生物角膜显示出越来越光明的开发和应用前景。目前，应用组织工程技术构建皮肤、血管、骨、软骨等已经取得重大进步，而与人工角膜构建相关的基础技术也获得了相当的发展。例如，分离、纯化同种异体角膜缘干细胞；诱导胚胎干细胞和骨髓间充质干细胞通过多种方式在体外分化为角膜上皮样细胞和角膜缘干细胞样细胞；人工合成生物工程支架材料的构建等。上述技术的发展为组织工程化生物角膜的构建提供了可能。

构建生物角膜的大致步骤：①分别从胚胎干细胞和骨髓间充质干细胞诱导分化和组织干细胞两个方面建立种子细胞；②以人工合成材料、胶原或异种角膜基质作为构建载体；③上皮和内皮细胞层的重建。

（一）种子细胞

1. 上皮细胞

（1）角膜缘干细胞

He 等（1999）将人角膜缘干细胞培养于胶原罩凹面上，2～3 d 后将胶原罩置于去掉上皮的兔眼上，发现人角膜缘干细胞可以成功地附着于角膜基质上，并通过半桥粒牢固附着。实验证实体外条件下角膜干细胞可在 IV 型胶原包被的胶原板上分化为复层，移植后组织学检测上皮紧贴于基质。

Schwab 等（2000）将取自角膜缘处的上皮干细胞，在剥离了上皮的羊膜上培养使其扩增后，移植至患眼，经 13 个月的随诊，全部术眼的症状消失，重建角膜上皮层成功。

（2）胚胎干细胞

胚胎干细胞（embryonic stem cell，ES 细胞）含有正常二倍染色体，具有分化为三胚层各种细胞的发育全能性，某些特定的培养条件可以诱导 ES 细胞定向分化。

Homma 等（2004）将小鼠 ES 细胞诱导分化为角膜上皮细胞，并移植到角膜损伤小鼠身上，24 h 内角膜上皮再生，表达特异性标志物。

（3）骨髓间充质干细胞

由于从胚胎干细胞诱导分化来的角膜上皮细胞仍然存在免疫排斥反应的问题，目前正在进行研究诱导骨髓间充质干细胞定向分化。经诱导的骨髓间充质干细胞无论是从形态学还是特异性蛋白质表达，均符合角膜上皮细胞特征，为过渡到利用患者的自体骨髓间充质干细胞定向诱导分化为角膜上皮细胞和神经细胞，构建类自体生物眼组织奠定了基础。刘晶等（2009）研究证实在体外特殊的微环境下，骨髓间充质干细胞可被其诱导分化为 LSC 细胞。

2. 角膜基质细胞

角膜基质细胞可以从角膜实质层获得。去除上皮和内皮层后，基质组织块置 DMEM 加 10%胎牛血清和抗生素的培养基中培养，传代后上皮细胞因营养不足而被淘汰，即可获得较纯的基质细胞。基质细胞能够传代 9 次以上。

3. 角膜内皮细胞

培养的角膜内皮细胞可以在去除了自身内皮细胞层的角膜后弹力膜上生成一层新的单层内皮细胞，并具有与活体内皮细胞相同的生物学功能。

（二）生长因子

生长因子对角膜细胞的培养、生长繁殖，以及与细胞间基质的结合有明显的促进作用，其中碱性成纤维细胞生长因子（bFGF）、角膜细胞生长因子（keratinocyte growth factor，KGF)、转化生长因子（TGF-β）和表皮生长因子（EGF）对角膜细胞的生长繁殖、细胞间的正常融合及与基质的结合均有促进作用。bFGF 还能促进角膜细胞增殖，TGF-β 能够刺激角膜细胞产生多型胶原，EGF 可促进角膜细胞增殖、迁移和蛋白质合成。

（三）基质、上皮细胞层重建和内皮细胞层重建

基质被认为是角膜重建过程中维持透明和机械强度的关键所在。人们可以利用可降解高分子生物材料或胶原为支架与种子细胞共同构建人工角膜。以角膜基质细胞为种子细胞进行组织工程角膜三维重建的技术较为成熟。

Griffith 等（1999）在重建综合有 3 种细胞的角膜实验研究中，从富含胶原的组织中提取 I 型胶原，经戊二醛交联形成基质。然后将角膜基质细胞接种其中，形成细胞-胶原复合物，进行体外培养构建组织。于复合物内表面接种内皮细胞，形成内皮层后，于外表面接种上皮细胞，在特殊的气体-液体交换培养环境中继续培养，体外构建角膜三维结构。新生组织共有 3 种细胞成分，初步形成角膜的雏形，为角膜生理学、病理学、免疫学、药物毒理学等学科提供了理想的实验模型，该技术无疑为组织工程方法制备可供移植的角膜提供了一种有意义的实践方法。

（四）展　　望

目前，利用自身或同种异体角膜上皮干细胞重建眼表的相关研究已经比较成熟，可以在体外培养组织工程化的生物角膜上皮。这一技术的进一步完善可望近期用于临床。对于构建成功的组织工程化角膜组织可以利用显微车床切削技术特制为需要的形态结构。利用三维培养系统，可以根据需要将构建的组织工程化角膜培养为特定的形态、结构和厚度。

组织工程化人工角膜具有积极的临床应用前景，但是其真正能够替代自然角膜供体用于临床治疗还需要进行大量的基础和临床研究。目前的构建组织工程化生物角膜技术上尚待完善，诸多问题有待进一步解决。例如，①组织工程化人工角膜技术都没有考虑神经支配的问题，而角膜生理和疾病病理的广泛研究显示，丧失神经支配的角膜最终会发生溶解、破坏，造成视力丧失；②同种异体来源的干细胞构建的生物角膜同样需要解决免疫排斥问题；③组织工程化人工角膜的光学特性和生理学、生物物理学性质与自然人类角膜尚有一定差距。

第六节　周围神经组织工程

近年来组织工程化人工神经已经成为周围神经研究的一个新课题，它具有不受供体来源限制、避免免疫排斥反应、可根据需要随意塑形的优点。

一、周围神经组织工程的应用

周围神经缺损是指外伤或手术导致的周围神经干离断，在功能位置下恢复其张力后，断端之间仍然存在间距。神经缺损分为 4 度，其中 1、2 度缺损可以通过改变关节位置或者通过游离神经干而克服，而 3 度以上（或缺损距离大于缺损神经直径 4 倍以上）的缺损则必须依靠神经移植或各种代用品桥接才能修复。到目前为止，疗效最为确切的神经移植是自体神经移植。但可供移植的自体神经来源有限、组织结构和尺寸难匹配、移植供区长期失神经支配等不足制约了自体神经移植的广泛开展。异体神经移植存在免疫排斥的问题。组织工程化的有活力的神经替代物称为“人工神经”，用于神经缺损的修复，其作用在于引导和促进缺损近侧的神经轴突有序地通过缺损生长，到达远端的靶器官并实现靶器官的神经重支配，恢复功能。一般说来，“人工神经”是由支架材料和细胞外基质、种子细胞、诱导和促进生长的因子等几个部分组成的有机统一体。近年来，神经组织工程研究广泛开展，在“人工神经”支架和细胞外基质材料、种子细胞和促神经生长因子的研究上取得了一些进展。

二、周围神经的解剖结构功能与工程化组织器官的生物学仿真

（一）周围神经的解剖结构功能

周围神经由集合成束的神经纤维组成，外面有结缔组织包裹，构成完整的神经。周围神经包括脑神经、脊神经和内脏神经。周围神经干是由许多神经纤维束组成的。每条神经纤维除有神经膜细胞构成的神经膜和髓鞘外，还有纤细的结缔组织网构成的薄膜包裹，称为神经内膜，神经内膜是有弹性的胶原纤维性薄膜。神经内膜围成的细管围绕在神经纤维周围形成神经膜管，对神经纤维的再生有重要作用。许多条神经纤维集合成束，束的外面被一层较致密的结缔组织包裹，称为神经束膜。神经束膜一般含 15～20 层细胞，细胞内含有吞饮小泡、微丝束及磷酸化酶，有人认为是代谢活跃的弥散屏障。神经束大小不一，同一周围神经内的神经束也不相等。神经束在神经内的排列不是一成不变的，沿神经全长各束之间反复地分离或组合，形成一种复杂的丛样结构，这是由于神经内传入、传出纤维与不同部位的感受器和效应器联系，其走行位置也不断变化的缘故。几条大小不等的神经束之外又包被一层较为疏松的结缔组织膜，称为神经外膜。周围神经内神经束越多，神经外膜则越厚。人类神经的横切面上，神经外膜可占 30％～70％。神经外膜内有胶原纤维、成纤维细胞，也含有淋巴管和血管。体内的一些小神经仅由单束组成，神经外膜直接包裹单束。

周围神经通常都由不同功能和不同直径的神经纤维组成。躯体运动纤维为脊髓前角和脑干内运动神经元发出的轴突，亦称为传出纤维，大都为较粗的 A 型有髓纤维，其末梢分布在骨骼肌；内脏运动纤维分别为交感和副交感纤维，大都为较细的 C 型无髓纤维，其末梢分布在内脏的平滑肌、心肌或腺体细胞；躯体感觉纤维和内脏感觉纤维，

是来自脊神经节或脑神经节内假单极神经元的周围突，纤维的直径粗细不等，有 A 型有髓纤维和薄髓纤维，以及 C 型无髓纤维，其末梢分布在皮肤、肌肉、关节和内脏等，形成各种感受器。

A 型神经纤维的直径最粗，一般为 1～22 μm。传导速度很快，每秒可达 5～120 m。大多数纤维的直径与传导速度成正比。A 型神经纤维具有发达的髓鞘，结间段较长，为 1～2 mm。此类纤维对抗损伤的能力很差，损伤后修复很慢。主要是传导躯体的本体感觉等。根据纤维的直径 A 型神经纤维可分成 4 种亚型：A_α 型神经纤维，直径为 13～22 μm，传导速度最快，分布于有被囊的皮肤感受器、关节、肌肉和部分消化道感受器，亦分布于梭外肌纤维；A_β 型神经纤维，直径为 8～13 μm，传导速度次之，支配梭内肌；A_γ 型神经纤维，直径为 4～8 μm，传导速度再次之；A_δ 型神经纤维，直径为 1～4 μm，传导速度更次之，分布于温度及伤害性感受器。

B 型神经纤维的直径仅为 1～3 μm，传导速度慢，为 3～15 m/s，这类神经纤维也具有髓鞘，但较薄。对抗损伤的能力稍强，损伤后易修复，主要见于植物性神经的节前纤维。

C 型神经纤维的直径最细，直径仅为 0.5～1 μm，为无髓纤维。传导速度很慢，约为 2 m/s，受损伤后很易修复，由于修复过程中不形成髓鞘，所以再生能力强。此型纤维又可分成两种亚型：即 sC 神经纤维，见于内脏运动神经的节后纤维；drC 型神经纤维，见于周围神经和后根的无髓纤维。传导痛觉、温觉和味觉的神经纤维都属于此型，嗅神经的嗅丝也属于 C 型神经纤维。

神经纤维是神经细胞突起的延长部分。主要由轴突及其外面的鞘状结构所组成。在中枢神经系统内的鞘状结构是由少突胶质细胞形成的，周围神经系统的鞘状结构则由雪旺细胞形成。雪旺细胞反复包绕轴突分构成髓鞘，但神经元的胞体部分没被包绕。包有髓鞘的神经纤维称为有髓纤维。也有些轴突仅被雪旺细胞包裹，但未被反复包绕，没有形成髓鞘，则称为无髓纤维。

当一条神经受到刺激时，神经所含纤维动作电位的总和——复合动作电位可用置于神经表面附近或其表面皮肤上的电极加以记录。因为动作电位在不同直径的纤维中传播的速度不同，粗纤维提供的电信号大于细纤维，复合动作电位的波形较复杂，至少有 4 个连续的不同幅度和速度的波：α、β、γ、δ。虽然不同功能的纤维可能有相似的速度，然而，最初的纤维类型是根据其传导速度进行分类的。一系列不同的因素控制神经纤维的传导速度。在无髓纤维中，由于膜的某一点去极化，动作电位连续地掠过轴膜。其速率与轴突的横切面成比例。但在有髓纤维中，髓鞘将兴奋限制在郎飞结，电位沿轴突依次由结到结地传导，这种传导方式为跳跃传导，比在无髓轴突内的传导更快、更有效。

可将周围神经的血管分成两个血管系统：①外来系统，即局部的营养血管和神经外膜血管，它们起于邻近组织的血管分支，进入神经外膜后沿神经纤维平行方向走行一段后，即向近、远侧发出分支营养一段神经，然后在神经束膜间或束膜内形成纵行血管网，纵行血管间有短的横行交通支；②内在系统，指神经内膜内纵行走向的微血管网。两个系统间有丰富的吻合，各段血管分布区之间相互重叠。

周围神经纤维的神经内成分受到血-神经屏障和神经束膜细胞成分的保护。血-神经屏障存在于神经内膜毛细血管壁水平，这些血管无窗孔，内皮细胞借紧密连接相连，周围有连续的基膜板包绕。血-神经屏障在脊神经节、内脏运动神经节和周围神经的远侧部很不完善。

（二）周围神经的生物学仿真

目前人工神经对于周围神经的生物学仿真有两种模式，即结构和功能仿真的导管模式，以及非导管模式。

1. 导管模式

传统上构建人工神经的模式是导管模式，即模拟神经的结构：天然或人工合成的导管模拟神经外膜和神经束膜，导管内充填条索状、细管状（模拟神经内膜管）或海绵状物质，作为引导雪旺细胞迁移和神经轴突生长的桥梁和通道。

用导管套接神经缺损有如下优点：①可减少外来细胞浸润和瘢痕组织侵入；②神经纤维机械导向生长，可防止纤维生长紊乱，避免神经瘤的形成；③可防止生长因子和营养因子弥散；④可保护再生组织；⑤有利于新生血管在神经束间轴向生长等。

单用导管能修复神经缺损的距离有一定限度，在小鼠为 4 mm，大鼠为 10 mm，大的灵长类动物则为 30 mm。对于大鼠，单用神经导管虽能较好地修复 10 mm 以下的缺损，但 10 mm 以上者则难修复，可能是因为再生开始阶段缺少细胞外基质支架。常用一些凝胶作为细胞外基质来促进再生，包括纤维蛋白凝胶、胶原凝胶、含层粘连蛋白的凝胶等。Ceballos 等（1999）用高能磁场处理 I 型胶原凝胶，Chamberlain 等（1998）用胶原和糖氨聚糖制成共聚体做填充材料，Matsumoto 等（2000）将胶原纤维以层粘连蛋白包被。这些凝胶都能不同程度地增加导管修复神经缺损的长度，但较之自体神经移植的效果还有一定差距。

2. 非导管模式

非导管模式则并不刻意模仿神经的结构，采取非管状、非纤维状结构的支架同样也能应用于神经修复。Toba 等（2002）分别将层粘连蛋白浸泡过的海绵状胶原和纤维状胶原充填于聚乙醇酸-胶原复合材料导管中，桥接犬神经缺损，比较了这两种充填材料的效果，术后 12 个月，胶原海绵组无论形态计量指标还是电生理指标都优于纤维组。海绵更适于批量生产，生产成本相对低廉，而且有利于可溶性因子的逐步释放，因此，作者认为其更有作为支架的潜能。Sufan 等（2001）比较了管状结构与非管状结构的效果，在他们的 50 mm 猫坐骨神经缺损模型中，一组用藻酸盐海绵充填的、有网眼的聚乙醇酸管桥接，另一组直接把两块藻酸盐海绵放置在缺损处，两端不与神经残端缝合，发现两组运动功能恢复基本相同，术后 8 个月缺损处和远侧的胫、腓神经分支内均见束状再生神经，再生轴突的密度和直径在两组间并无差异，藻酸盐已经降解，可见，非管状结构也是可行的。

三、周围神经纤维的工程化组织器官设计制造方法

组织工程化的有活力的神经替代物称为“人工神经”。一般说来，“人工神经”是由①种子细胞；②支架材料和细胞外基质；③诱导和促进生长的因子等几个部分组成的有机统一体。近年来，神经组织工程研究广泛开展，在材料、细胞和因子等方面的研究上取得了一些进展。

（一）种子细胞

1. 雪旺细胞

雪旺细胞是神经组织工程中最重要的，也是最常使用的种子细胞。雪旺细胞在周围神经系统的发生、发育、形态、功能维持方面起着重要作用。①能支持和保护轴突，维持轴突的良好微环境；②形成髓鞘，对有髓纤维起着绝缘作用，加速神经轴突的传导；③对神经轴突有营养代谢作用。周围神经损伤以后，损伤远侧发生沃勒溃变，雪旺细胞增生形成 Bungner 带，同时分泌促神经生长的因子，引导和促进轴突的生长。雪旺细胞上还存在细胞外基质（如纤维蛋白、层粘连蛋白）的受体，可与细胞外基质相互作用。

自体雪旺细胞来源困难且不容易增殖，研究中常用胚胎期或新生动物的雪旺细胞，进行体外培养增殖，而成体来源的雪旺细胞则使用较少。作为种子细胞的雪旺细胞应该是有活性的，且数量上应该达到 1×10^7个/ml 以上。提高雪旺细胞的种植密度可促进轴突生长通过更长的缺损距离。如何在短期内获得大量有生物活性的雪旺细胞将成为神经组织工程成败的关键之一。为避免多次传代以后雪旺细胞的形态和功能发生改变，Gasmuler 等（1991）建立了 MSu800 永生雪旺细胞系，使雪旺细胞能够长期传代并保持其功能。但这种细胞移植到机体内的远期效应尚待进一步评价。

2. 干细胞

干细胞可能成为神经组织工程新的种子细胞来源。神经干细胞/神经元前体细胞（neural stem cell/neuronalprogenitor cell）、骨髓基质细胞（bone marrow stromal cell，BMSC）、胚胎干细胞（embryonic stem cell，ESC）和造血细胞（hematopoietic cell）等可以在体外或体内诱导分化为神经组织的细胞，包括神经元和神经胶质细胞。另外，嗅鞘细胞（olfactory ensheathing cell）也有助于周围神经的再生。

（二）支架材料

支架是在神经断端之间的通道，在支持种子细胞、引导和促进轴突生长等方面起着重要的作用。良好的神经组织工程支架材料应具备以下特性：生物可降解；无毒、无致畸和致突变作用；没有或仅有微弱的抗原性；与人体组织相容、形成瘢痕组织少；有利

于物质交换和血管长入；能引导和促进神经生长；材料来源容易等。

为抵抗移植后宿主躯体运动对移植物的压迫、牵引与碾磨，神经支架材料必须有一定的机械强度。同时应注意，厚壁和低孔隙率的神经导管材料不利于神经再生。

理想的支架材料应该是可以降解的，而且其降解速度应当适中，降解过快起不到支架作用，过慢也不利。不能降解的材料往往会导致毒性、异物反应、阻碍神经生长或者压迫再生组织等，多需二次手术取出，这类材料现在已经基本不用了。生物可降解聚合物，如壳聚糖、聚乙醇酸、藻酸盐、聚乳酸、明胶等，都可通过控制聚合条件或者调节共聚物中单体的比例来调节降解性，使之在最合适的时间内降解。

一种材料往往难以满足各方面的需求，而几种材料的复合则能取长补短，使性能达到最佳。壳聚糖是一种优良的支架材料，但必须在弱酸性条件下才能溶解于水，而且其机械强度也不够；聚乙二醇（PEG）是一种水溶性聚合物，具有蛋白质抗性、低毒性和低免疫原性。Zhang 等（2002）发现加入适量 PEG 能够在不改变蛋白质自然结构的前体下，明显提高壳聚糖膜的生物相容性和蛋白质吸附能力，并能促进细胞黏附、生长和增生，膜的机械性能也有一定程度增强。Rafiuddin 等（2003）的实验表明，整合了 RGD 细胞黏附肽的胶原导管有较好的神经缺损修复作用。

材料的表面性质包括表面电荷和表面形貌等，不但会影响其生物相容性，还会影响其引导和促进生长的作用。通过对材料加工进行空间控制，形成生物模拟表面，可使细胞生长的表面微环境类似正常发育环境。Patel 等（1998）使用模板技术对 PLA-PEG 共聚体分子进行纳米级空间控制，制成表面有平行排列的直线的聚合物模板，培养发现牛主动脉内皮细胞和 PC12 细胞均能沿这些直线迁移、增殖，PC12 细胞的突起沿着直线生长延伸，这为生物可降解材料用于神经再生时的导向控制提供了新方法。

支架材料经不同的交联处理后性质可能不同。Itoh 等（2002）用三种交联方法（紫外照射、加热处理和浸入戊二醛）制成胶原导管，分别用以桥接大鼠 15 mm 坐骨神经缺损，比较了各种交联处理的优劣，发现紫外照射较好，基本没有细胞浸润，神经再生情况和同种异体移植相似。

常用的人工神经支架的原料包括天然支架材料、天然可降解聚合物和人工聚合物材料。

1. 天然支架材料

早先使用的天然支架材料是自体、同种异体或异种神经，或者其他非神经组织（如静脉、骨骼肌等）。静脉容易塌陷，不利于神经再生。

异体（种）神经用作支架材料有其优点：具有神经内膜管结构，还含有能促进神经生长的物质（如层粘连蛋白），有利于引导和容纳神经轴突生长并通过。免疫排斥反应问题使异体（种）神经移植也受到限制，去细胞技术的应用拓宽了这一领域的研究。去除异体神经中的活细胞，可以大大减少其抗原性，而基底膜管保存完好，可作为神经组织工程的支架材料。

骨骼肌具有与神经类似的基底膜管，也被用作组织工程材料进行研究。Kerns 等（2003）比较了去细胞神经移植物和去细胞肌移植物修复神经缺损的作用，认为二者修复神经缺损效果相当。

肠衣膜是一种良好的半透膜，雪旺细胞能够在肠衣膜上吸附生长。

羊膜也是一种半透膜，可以作为神经组织工程的支架材料，具有以下特点：含有重要的细胞外基质分子、生物可降解、免疫原性非常微弱、质地较柔软、易加工。

2. 天然可降解聚合物

用于构建人工神经支架的天然可降解聚合物有藻酸盐（alginate）、胶原（collagen）、壳聚糖（chitosan）等。

Underwood 等（2001）将人血清来源的纤维粘连蛋白-纤维蛋白原溶解于藻酸钠，制成长 18 mm、直径 0.5 mm 的条索，其机械强度约为 30 N/ mm，认为适用于神经组织工程。Hashimoto 等（2002）比较了以共价键交联的藻酸盐凝胶、胶原海绵和纤维蛋白胶的作用，结果显示藻酸盐凝胶能更好地促进神经生长。

甲壳素是一类来源于动物甲壳或某些植物细胞壁的天然多糖，壳聚糖是其 *N*-脱乙酰基化的产物，具有较好的生物相容性，已被广泛用于医药、食品、农业等多个领域。但由于甲壳素、壳聚糖的溶解性能较差，很难将它加工成特定大小的神经管。为此，Yamaguchi 等（2004）学者直接将蟹足加工成壳聚糖管用于神经再生。该课题组用这种壳聚糖管桥接大鼠 15 mm 神经缺损，收效良好。他们还发现经共价结合层粘连蛋白的蟹腔壳聚糖管也有较好的修复神经缺损的作用，但比起自体神经移植组来，其修复效果尚欠佳。Cheng 等（2003a）比较了壳聚糖膜及其衍生物对神经细胞的黏附、促分化和促生长作用，认为混有聚左旋赖氨酸、胶原或白蛋白的壳聚糖膜能更好地黏附神经细胞，其中混有聚左旋赖氨酸的壳聚糖膜能更好地促进神经细胞的分化和生长。Wei 等（2003）制备了一种壳聚糖-胶原膜，移植 12 周后明显降解，可用于神经组织工程。Cheng 等（2003b）研究发现加入适量明胶的壳聚糖膜比纯的壳聚糖膜能更好地促神经突起生长。

3. 人工聚合物材料

用于构建支架的人工聚合物材料按其能否降解分为两种，其中可降解的人工聚合物材料有聚乙醇酸（PGA）、多聚左旋乳酸（PLLA）、聚羟基丁酸盐（PHB）及其共聚物；不可降解的有多聚四氟乙烯（ePTFE）、乙烯-乙烯乙酸酯共聚体（ethylene vinyl acetate copolymer）、聚吡咯（polypyrrole）等。

Evans 等（2002）在多聚左旋乳酸导管内注入雪旺细胞和胶原基质，以此移植物桥接大鼠坐骨神经 12 mm 缺损，取得了一定的效果。

Vasconcelos 和 Gay-Escoda（2000）分别用多聚四氟乙烯导管和胶原导管桥接兔 10 mm 面神经缺损，术后 15 d，再生神经长到导管中部，术后 4 个月再生神经通过导管。

Bini 等（2004）用聚左旋乳酸-聚乙醇酸交酯共聚物纤维，Young 等（2002）用聚羟基丁酸盐，Waddell 等（2003）用聚己酸内酯（polycaprolactone），Flynn 等（2003）用聚 2-羟乙基甲基丙烯酸酯［poly（2-hydroxyethyl methacrylate)］，Ngo 等（2003）用聚左旋丙交酯［poly（L lactide)］，Adanali 等（2003）用透明质酸-羧甲纤维素膜

(hyaluronic acid carboxymethylcellulose membrane) 分别制备神经组织工程支架桥接修复周围神经缺损，发现这些材料对神经修复都有一定的作用。

聚吡咯是由吡咯单体经电化学聚合而成的具有导电性能的高分子化合物。Schmidt 等（1997）在发现聚吡咯膜上辅加电刺激后，其上的 PC12 细胞轴突显著增长；同时，Wang 等（2004）合成的聚吡咯膜管对大鼠周围神经缺损也有一定的修复作用。

（三）诱导和促进神经生长的因子

神经损伤以后，受损局部（包括近、远两侧断端）会释放一系列内源性因子促进再生，这些诱导和促进神经生长的因子包括神经营养因子家族、轴突生长促进因子、作用于雪旺细胞的因子等，它们是神经轴突生长、雪旺细胞迁移生长并形成髓鞘所不可缺少的。神经营养因子是一个大家族，研究表明，NGF、BDNF、NT-3 等多种神经营养因子能够在体内或体外促进神经轴突生长。一些非神经营养因子家族的生长因子（如 bFGF、GDNF）也有很强的促神经生长作用。此外，研究表明，透明质酸、孕酮、FK506、甲状腺激素 T3 等都有促进周围神经再生的作用。除上述几种主要的生长因子外，还有表皮生长因子（EGF）、血小板源性生长因子（PDGF）、转化生长因子 β（TGF-β）、白细胞介素（IL）、肿瘤坏死因子 α（TNF-α）和干扰素/（IFN-y）等。它们在神经系统中有广泛的分布，神经系统的细胞能产生对这些因子的反应。

Fansa 等（2002）研究发现局部应用胰岛素样生长因子-1（IGF-1）可以显著促进自体神经移植物引导的神经再生，但在组织工程化的去细胞肌移植物组则没有作用。最近的研究发现，IGF-1 有助于再生组织内血管的生成。

不少中药具有促进神经再生的作用，胡烯棠等（2003）发现适当浓度的人参皂苷 Rbl 可以促进雪旺细胞的增殖。顾晓松等（2002）用能促进神经生长的中药有效成分（神经再生素）加入生物可降解材料组成的神经移植物中，桥接犬坐骨神经 30 mm 缺损，修复效果良好。薛锋等（2002）的研究表明银杏叶提取物在大鼠坐骨神经损伤后对运动神经元具有保护作用。Chen 等（2004）研究发现，适当浓度的银杏内酯有助于导管引导的神经再生。

目前常用的施加生长因子的方法包括：①将因子通过蛋白载体整合到支架材料或细胞外基质中使因子缓慢释放；②通过微球缓慢释放神经营养因子；③将因子装入纤维蛋白密封剂中，使其缓慢释放；④使用转基因细胞。

Fine 等（2002）用乙烯-乙烯乙酸酯共聚体、牛血清白蛋白和神经营养因子（GDNF 或 NGF）整合制成一种能够缓慢释放神经营养因子的导管，桥接修复神经缺损术后 7 周仍能释放有活性的神经营养因子。

Patrick 等（2001）用人 *NGF* 基因转染人皮肤成纤维细胞，转染细胞经 Muristerone A 诱导后能在体外和体内表达有活性的 hNGF。

Jimenez 等（2004）使用人胚肾细胞（HEK-293 cell）改造后表达 hNGF，能持续表达有活性的 NGF 到第 9 天。

（四）展　　望

组织工程化神经的研究在支架材料、种子细胞和促神经生长因子等方面取得了一定进展。但目前仍需对现有支架材料做进一步改进，研制出真正具有神经内膜样结构、能充分黏附雪旺细胞和促进轴突再生的神经支架；雪旺细胞的分离增殖、功能增强或干细胞的定向分化等也有待进一步研究；还需开发一些廉价有效的、能诱导和促进神经生长的因子。随着神经科学、分子和细胞生物学、材料科学、组织工程学、纳米技术及其他相关学科技术的发展，组织工程化神经的研究将会有突破性的进展。

第七节　脊髓组织工程

一、脊髓组织工程的应用

脊髓损伤（SCI）后的再生修复一直是当前医学的难题。由于脊髓的特殊结构及其损伤后复杂的病理生理变化，加上神经再生能力较弱，脊髓损伤的修复治疗困难重重。近年来随着基础研究的发展，许多新方法、新策略已经开始用于脊髓损伤修复，其中组织工程学的发展开辟了一条新的途径。利用组织工程学的方法治疗脊髓损伤已逐渐成为当前新的研究热点。组织工程技术的核心是支架材料和种子细胞，其基本策略是体外预先构建一个有生物活性的种植体植入体内，替代、修复损伤脊髓部分或全部功能。

二、脊髓的解剖结构功能

脊髓是中枢神经系统的一部分，在椎管里面，上端连接延髓，两旁发出成对的神经，分布到四肢、体壁和内脏。脊髓的内部有一个 H 形灰色神经组织，主要由神经细胞构成。脊髓是许多简单反射的中枢。

脊髓的横切面有位于中央部的灰质和位于周围部的白质；脊髓的颈部，灰质和白质都很发达。灰质，呈蝴蝶形或 H 形，其中心有中央管，中央管前后的横条灰质称灰连合，将左右两半灰质连在一起。灰质的每一半由前角和后角组成。前角内含有大型运动细胞，其轴突贯穿白质，经前外侧沟走出脊髓，组成前根。颈部脊髓的前角特别发达，这里的前角细胞发出纤维支配上肢肌肉。后角内的感觉细胞，有痛觉和温度觉的第二级神经元细胞，并在后角底部有小脑本体感觉径路的第二级神经元细胞体（背核）。灰质周缘部和其联合细胞与其附近含有纤维的白质构成所谓的脊髓的固有基束，贯穿于脊髓的各节段，并在相当程度上保证完成各种复杂的脊髓反射性活动。

脊髓的白质主要由上行（感觉）和下行（运动）有髓鞘神经纤维组成（纵行排列），分为前索、侧索和后索三部分。前索位于前外侧沟的内侧，主要为下行纤维束，如皮质脊髓（锥体）前束、顶盖脊髓束（视听反射）、内侧纵束（联络眼肌诸神经核和项肌神经核以达成肌肉共济活动）和前庭脊髓束（参与身体平衡反射）。两侧前索以白质前连合相互结合。侧索位于脊髓的侧方前外侧沟和后侧沟之间，有上行和下行传导束。上行传导束有脊髓丘脑束（痛觉、温度觉和粗的触觉纤维所组成）和脊髓小脑束（本体感受性冲动和无意识性协调运动）；下行传导束有皮质脊髓侧束，亦称锥体束（随意运动）和红核脊髓束（姿势调节）。后索位于后外侧沟的内侧，主要为上行传导束（本体感觉和一部分精细触觉）。颈部脊髓的后索分为内侧的薄束和外侧的楔束。

脊髓具有反射功能。脊髓是神经系统的重要组成部分，其活动受脑的控制。来自四肢和躯干的各种感觉冲动，通过脊髓的上行纤维束，包括传导浅感觉，即传导面部以外的痛觉、温度觉和粗触觉的脊髓丘脑束、传导本体感觉和精细触觉的薄束和楔束等，以及脊髓小脑束的小脑本体感觉径路。这些传导径路将各种感觉冲动传达到脑，进行高级综合分析；脑的活动通过脊髓的下行纤维束，包括执行传导随意运动的皮质脊髓束，以及调整锥体系统的活动并调整肌张力、协调肌肉活动、维持姿势和习惯性动作，使动作协调、准确、免除震动和不必要附带动作的锥体外系统，通过锥体系统和锥体外系统调整脊髓神经元的活动。脊髓本身能完成许多反射活动，但也受脑活动的影响。

脊髓还具有传导功能。脊髓除具有反射功能外，还有什么功能呢？以成人排尿反射为例来说明。当尿液在膀胱内积存到一定量时，就会刺激膀胱壁上的感受器，使感受器产生神经冲动；神经冲动经过传入神经传到脊髓的排尿中枢；同时，神经冲动经过神经纤维向上传到大脑，使人产生尿意。在适宜的外界环境下，由大脑发出神经冲动经过神经纤维传到脊髓的排尿中枢，神经冲动再沿着传出神经到膀胱，引起排尿反射。如果外界环境不适宜（如在课堂上），大脑就暂时抑制脊髓中的排尿中枢而不排尿。可见，脊髓还具有传导功能。

三、脊髓的工程化组织器官设计制造方法

（一）种子细胞

1. 胚胎干细胞

胚胎干细胞（embryonic stem cell，ESC）是来源于胚泡内细胞团的多能干细胞，在适当的培养条件和合适的刺激因子作用下能够分化成各种类型的成熟体细胞。体外诱导 ESC 分化，并通过一定的筛选手段得到功能性的目的细胞可用于构建组织工程脊髓的理想细胞。Xie 等（2009）研究发现，利用可降解纳米纤维作为支架，可促使 ESC 分化为神经系细胞、促进神经轴突生长。Levenberg 等（2005）体外观察了 ESC 在聚甲羟基酯类三维支架上的生长分化情况，可见 ESC 分化为玫瑰样神经元结构，沿着支架生长，神经生长因子和 NT-3 可使支架上的神经元数量增多。Keirstead 等（2005）将 ESC 体外诱导分化为少突胶质细胞或 NSC，移植入小鼠损伤脊髓，能够促进脊髓功能恢复。由于 ESC 分化程度低，增殖能力强，可用于组织工程种子细胞，但是目前还面临着许多技术难题。如何使 ESC 定向分化为大量的特定神经细胞，如何避免肿瘤、免疫反应等不利影响将是今后研究的重点。此外，ESC 的来源及伦理道德问题也阻碍了

ESC 的应用研究。

2. 神经干细胞

神经干细胞（NSC）是未分化的、多潜能的、可自我更新的细胞、具有分化为神经元、少突胶质细胞和星形胶质细胞的潜能，存在于成人中枢神经系统，能够体外分离培养。脊髓损伤有神经元、少突胶质细胞的缺失，移植的 NSC 通过大量增殖分化替代缺失的神经元，修复损伤脊髓。目前存在的问题主要是 NSC 移植人体内后分化方向不明确，通过一定方法处理 NSC，使之在体内分化为有功能的神经细胞以修复损伤脊髓将是今后研究的重点。

3. 骨髓干细胞

骨髓干细胞（BMSC）易于从患者获得，可避免免疫排斥反应，并且在一定诱导下可以分化为多种细胞。目前研究主要集中于细胞移植治疗。存在的问题主要是移植后 BMSC 在体内的分化方向不明确。如何将 BMSC 作为种子细胞种植到合适支架材料来修复损伤脊髓将是今后研究的热点。

4. 雪旺细胞

雪旺细胞（Schwann cell，SC）是周围神经系统特有的神经胶质细胞，是形成周围神经髓鞘的主要细胞，在外周神经损伤的修复中起重要作用。SC 可以分泌多种神经营养因子，具有促进神经元轴突向远端再生延伸，并使损伤神经元轴突再髓鞘化的功能，在脊髓损伤修复中起重要作用，是理想的种子细胞。万虹等（2007）将 SC 种植于 PLGA 支架上，移植入小鼠横断脊髓，6 个月后观察到了损伤神经元轴突的再髓鞘化现象。

5. 嗅鞘细胞

嗅鞘细胞（OEC）是目前发现的唯一能跨越周围神经与中枢神经界板的神经胶质细胞，起源于嗅神经基板，包绕嗅神经束进入中枢神经系统，兼有 SC 和星形胶质细胞的特性。OEC 的作用包括：①改善中枢神经系统受损的局部微环境；②促进轴突再生和髓鞘化；③在脊髓内迁移，帮助再生轴突穿越胶质瘢痕。OEC 比雪旺细胞在促进轴突再生穿越胶质瘢痕方面有一定的优越性，并且来源方便，在脊髓损伤修复方面比 SC 有更多的优点。

6. 巨噬细胞

研究发现，脊髓损伤后增强巨噬细胞的免疫反应能够促进损伤脊髓的功能恢复。Rapalino 等（1998）最早发现移植巨噬细胞能够促进截瘫小鼠的恢复。但巨噬细胞与受损神经纤维的相互黏附作用和物理作用导致轴突萎缩，营养不良的轴突易于受到巨噬细胞攻击。因此，脊髓损伤后巨噬细胞的作用还有待进一步研究。

（二）支架材料

脊髓损伤后神经轴突有一定的再生潜能，但损伤区域结构紊乱，胶质瘢痕形成，其微环境不利于轴突再生。在组织工程技术中，支架材料可以提供种子细胞及神经轴突再生的附着物，促进轴突再生，引导再生轴突穿越损伤部位进入损伤远端而恢复正常功能。脊髓损伤的支架材料的研究主要有以下几种。

1. 胶原

胶原（collagen）是细胞外基质的主要组成部分，能够支持神经黏附和生长。胶原的组织相容性好，能促进细胞黏附、增殖，可被人体分解吸收。脊髓损伤后，胶原可用于填补缺损，促进轴突再生。胶原作为支架材料有很大应用潜力，但其价格昂贵，在种植种子细胞后容易缩水，体积变小。

Watanabe 等（2007）研究了神经干细胞（NSC）在胶原三维支架上的生长、分化情况，发现胶原浓度为 0.5～0.75 mg/ml 时最利于 NSC 的生长、分化。Li 等（2009）将壳聚糖制成中空的管状支架，其内填入 I 型胶原，植入小鼠 T9 脊髓损伤部位，1 年后发现脊髓近端轴突再生穿过移植体进入脊髓损伤远端，小鼠后肢运动功能恢复，而不含胶原的壳聚糖支架组未发现轴突再生，可见胶原在促进轴突再生方面起重要作用。

2. 纤维蛋白凝胶

纤维蛋白（fibrin glue）是细胞外基质的组成成分，具有介导细胞间信息传递及相互作用的功能。在损伤部位，细胞通过表面受体与纤维蛋白结合。以纤维蛋白为基础的组织工程支架能够促进小鼠脊髓神经轴突再生，并且抑制反应性星形胶质细胞聚集在损伤部位，可用于脊髓损伤修复的支架材料。

Itosaka 等（2009）将骨髓间充质干细胞（BMSC）种植于纤维蛋白构建的三维支架中，移植到 T8 节段半切损伤的小鼠脊髓损伤处，发现纤维蛋白支架能够提高 BMSC 的存活率和迁移能力，小鼠脊髓功能显著改善。

3. 聚羟基丁酸酯

聚羟基丁酸酯（PHB）是一种天然高分子聚合物，广泛存在于原核生物中，可降解，生物相容性好，无免疫原性。

Novikova 等（2002）将外周涂有藻酸盐凝胶和纤维蛋白的 PHB 支架植入小鼠颈髓损伤区，用无 PHB 的藻酸盐凝胶和纤维蛋白支架组作为对照组，对比研究发现 PHB 支架能够减少脊髓损伤后神经元的死亡。Novikova（2008）将雪旺细胞种植到 PHB 制成的管状支架上，移植入小鼠损伤脊髓，发现 PHB 支架能促进雪旺细胞存活、黏附和分化，促进脊髓轴突再生。

4. 壳聚糖

壳聚糖（chitosan）是一种碱性生物多糖，是甲壳素的脱乙酰产物。壳聚糖具有良好的生物相容性和生物降解性，具有一定的机械强度和可塑性，具有抗感染和很强的凝血作用。可加工成用于细胞移植和组织再生的多孔结构支架。

张雪娇等（2009）将壳聚糖移植到大鼠胸段脊髓损伤处，发现壳聚糖可推迟小胶质细胞和巨噬细胞活化时间，更多更持久地募集小胶质细胞和巨噬细胞，认为壳聚糖对脊髓损伤后免疫反应的调节作用可能有助于神经再生和功能的恢复。Cheng 等（2007）用层粘连蛋白修饰壳聚糖孔状结构内表面制成神经管状支架，将其植入小鼠损伤脊髓，支架能引导轴突再生穿过损伤区域，小鼠脊髓功能显著改善。

5. 藻酸盐凝胶

藻酸盐是来源于褐藻的一种线性多糖，可降解，具有良好的组织相容性和亲水性，能为细胞生长提供三维支架。

Suzuki 等（2002）将藻酸盐凝胶（alginate hydrogel）支架移植入小鼠脊髓损伤部位，发现藻酸盐凝胶支架能促进脊髓轴突再生延伸，再生轴突能够穿过藻酸钙海绵进入损伤另一端，与神经元建立有功能的突触连接。Kataoka 等（2004）将藻酸盐支架和胶原支架分别植入小鼠脊髓损伤处，对比发现藻酸盐凝胶支架比胶原支架能显著减少星形胶质瘢痕的形成，使轴突再生的数量明显增多。Prang 等（2006）将海藻酸钠高度非均质性毛细管水凝胶（ACH）植入小鼠脊髓损伤处，ACH 整合到脊髓实质，未产生炎症反应，且能够促进轴突再生并进入移植体内。

6. 琼脂糖凝胶支架

琼脂糖是天然琼脂的成分之一，由半乳糖及其衍生物构成，结构均匀、无毒性，具有较大的空隙，可用于组织工程支架。

Stokols 和 Tuszynski（2006）利用冻干法制备中间有孔道的琼脂糖凝胶支架（agarose scaffold），其上复合重组脑源性神经生长因子（BDNF），将其植入成年大鼠脊髓损伤部位，能够引导损伤部位脊髓轴突再生延伸，BDNF 能减少机体对琼脂糖支架产生的炎症反应。Deng 等（2006）分别将琼脂糖支架和聚乳酸（PLA）支架植入小鼠脊髓半切损伤处，研究发现琼脂糖支架组小鼠脊髓功能恢复较快，神经元存活率高。

7. 聚羟基酸类

聚羟基酸是人工合成可降解的聚合物，包括聚羟基乙酸（PGA）、PLA 和聚乳酸-羟基乙酸共聚物（PLGA）。作为人工合成的支架材料，其优点是通过人工合成的方法制备，机械和物理性能可控制、重复性好、纯度高、可降解。而且可通过控制聚合物的分子质量及其组成，调控它们的力学特性和降解速率。PLGA 是 PLA 和 PGA 按不同比例聚合而成的，在组织工程领域应用广泛。

Olson 等（2009）将神经干细胞和雪旺细胞种植于 PLGA 支架上，移植到脊髓完全横断小鼠脊髓横断处，发现种子细胞存活并促进再生轴突通过脊髓横断面。Nisbet 等（2007）将 PLA 和 PLGA 支架表面经氢氧化钾部分水解处理以改变其表面张力，发现当两种支架的表面张力为 40～47 dyn/cm 时，神经轴突再生延伸最显著。

8. 合成水凝胶

合成水凝胶（synthetic hydrogel）包括聚甲基丙烯酸-β-羟丙酯（PHPMA）水凝胶、聚羟乙基丙烯酸甲酯（PHEMA）和聚羟乙基丙烯酸甲酯-甲基丙烯酸甲酯共聚物（PHEMA-MMA），由亲水性的高分子材料聚合交联形成，含水量高、表面积大、无毒性，是化学活性低的高分子聚合物，能提供细胞黏附及轴突生长的三维立体支架，但在体内不能降解。这种材料具有网格结构，表面张力低，能够携带小分子物质（如BDNF），并能制成与脊髓同样力学性能的支架，植入损伤脊髓后生物相容性好，并能促进脊髓轴突再生，长入支架内部。PHPMA和PHEMA都能够抑制脊髓损伤后胶质瘢痕的形成，提供脊髓轴突再生及髓鞘化的适宜微环境。这种材料的优点是可以改变其物理和化学特性以适应脊髓修复的需要。

Hejcl等（2008）研究发现脊髓损伤后1周移植PHEMA支架，能够减少脊髓囊腔的形成，促进再生轴突生长。

9. 聚乙二醇

聚乙二醇（PEG）是水溶性的聚合物，将其应用到脊髓损伤处能够密封修复损伤破裂的神经膜，逆转损伤引起的胞膜通透性增加，抑制自由基的产生，阻止脂质过氧化反应。PEG与线粒体相互作用能提高线粒体的功能，减少细胞凋亡因子细胞色素C的释放，认为PEG可通过与线粒体相互作用抑制细胞程序性死亡。PEG一方面通过修复损伤的细胞膜减少细胞死亡，另一方面通过保护线粒体功能抑制细胞凋亡，在脊髓损伤再生修复方面起到十分重要的作用。

Shi等（1999）将PEG植入猪完全横断的脊髓中，发现其能够重建脊髓解剖结构的连续性，促进脊髓功能恢复。Luo和Shi（2007）报道PEG能够显著降低细胞凋亡蛋白酶-3的活性而减少细胞程序性死亡。

10. 异丙基丙烯酰胺-乙二醇共聚物

最近有学者体外研究了一种可注射的支架材料——异丙基丙烯酰胺-乙二醇共聚物（PNIPAAm-PEG）。这种支架材料能够持续4周释放BDNF和神经营养因子-3（NT-3），其物理学性状接近正常脊髓组织，与BMSC有良好的相容性，是可以用于脊髓损伤修复的理想支架材料。

11. 多肽支架材料 RAD16-II

侯天勇等（2006）体外观察了新型多肽支架材料RAD16-II——一种具有自我组装能力的多肽材料的物理特性，以及大鼠来源神经干细胞在其上黏附和增殖的情况，发现NSC可在其上迁移和增殖、分化，认为RAD16-II在脊髓损伤的修复中可能具有潜在的应用前景。

第八节 血管组织工程

随着心、脑和肾血管病等血管外科疾病手术治疗技术的发展，不同长度和口径的动脉移植材料的研究就成为当前世界关注的热点之一。血管组织工程是指在体外获取、纯化和扩增血管壁的内皮细胞、平滑肌细胞和成纤维细胞，接种在管状的组织工程支架材料上，体外培养形成同天然血管结构和功能相似的组织，植入体内后一段时间支架材料降解消失，剩余部分生长和重塑具有体内正常血管所需的生物学功能和生物力学强度。组织工程血管具有良好的生物相容性、可生长性、可塑性，无免疫排斥反应，不易形成血栓，不易钙化和感染，能长期维持其通畅性。组织工程血管为血管移植材料的研究指出了一条新方向。

一、血管组织工程的应用

血管移植是临床治疗血管疾病（如动脉粥样硬化、动脉瘤、先天性血管畸形）及外伤性血管损伤等的主要手段。自体动脉和自体静脉是较理想的动脉移植物，但人体自身可供移植的非必需血管的来源、长度和直径范围极为有限。异体血管移植存在的免疫排斥反应和其他术后并发症等问题尚未解决。

目前的血管替代物主要分为三类：生物血管、人工合成血管和组织工程化血管。生物血管包括自体动脉和静脉，同种异体动脉和静脉血管和异种血管。随着生物材料研究的进步，出现了合成材料制成的人工血管，它们具有相对优良的血液动力学特性和组织相容性，主要分为编织或纺织成型、挤压成型或铸造成型血管。由合成材料 Teflon 制造的人工血管，于 1957 年（Edwards）问世，至今仍被临床应用。此后相继出现的人工或生物材料有：1960 年（Debakey）的 Decron 人工血管，1966 年（Rosenberg）的小牛血管，1972（Soyer）的 PTFE，1975 年（Dardik）的人脐血管。近年来，组织工程学技术的发展推动了组织工程化血管的研究，可能成为今后血管替代物的重要方向。

二、血管的解剖结构功能与工程化组织器官的生物学仿真

根据管径的大小不同，动脉和静脉可分为大、中、小、微 4 级，其管壁均由内、中、外三层结构组成。

（一）动 脉 系 统

1. 大动脉

由心脏发出的一些大血管均称为大动脉，如肺动脉、主动脉、无命动脉、锁骨下动脉及颈总动脉等。大动脉管壁较厚，中膜主要由弹性膜构成，又称为弹性动脉，具有良

好的弹性和扩张性，对维持动脉压力起重要作用。各层的结构如下所述。

1）内膜：较厚，尤其是内膜下层较中动脉明显增厚，近中膜处常见纵行的平滑肌束。内膜下层有多层弹性膜，与中膜弹性膜相连，不易分清，因此，内膜同中膜的分界不清。

2）中膜：很厚，由40～70层有孔的弹性膜组成，主要成分是弹性蛋白。每层之间有平滑肌细胞和少量弹性纤维，平滑肌细胞为多突不规则形，其突起与弹性纤维相连。中膜有大量细胞外基质，以内含性酸性多糖（如硫酸软骨素蛋白聚糖、硫酸皮肤素蛋白聚糖）为特征。

3）外膜：较薄，由结缔组织构成，纤维排列较致密且多为纵向。滋养血管和神经束较多。

2. 中动脉

除肺动脉、主动脉及其大分支等大动脉以外，凡解剖学给予命名的动脉大多属于中动脉。由于中动脉的中层富含平滑肌细胞，亦被称为肌性动脉。管壁平滑肌的舒张变化不仅可以改变动脉口径，同时可以决定其供应器官的血流量，因而又称为分配动脉。

1）内膜：位于血管内腔面，是三层结构中最薄的一层。镜下可将内膜分为三层。①内皮细胞层，由一层连续的扁平、长多边形细胞构成，细胞的长轴与动脉纵轴即动脉血流方向一致，内皮细胞间或紧密连接或呈缝隙状连接；②内皮下层，为内皮下方的一层菲薄结构，由胶原纤维、弹性纤维和少量平滑肌细胞构成。平滑肌细胞的分化较低，来自中膜，由它产生纤维和基质；③内弹力膜，由弹性蛋白构成，该膜上有许多小孔，是内膜同中膜细胞迁移的通道，是内膜和中膜分界标志。

2）中膜：中动脉中膜最厚，主要由10～40层环形平滑肌构成，肌纤维间有少量胶原纤维、弹性纤维和基质，没有成纤维细胞。其间的细胞外基质及纤维由平滑肌细胞产生。

3）外膜：由疏松结缔组织构成，含有少量胶原纤维和弹性纤维，呈纵行排列。在中膜和外膜交界处，存在呈波浪状的外弹力膜。外膜层的特征性标志是含有滋养血管和神经束，并附带较多脂肪细胞。

3. 小动脉

口径小于1 mm的动脉为小动脉，也属于肌性动脉，管壁结构与中动脉相似。随着小动脉管径逐渐变细，管壁结构出现变化：内皮下层逐渐消失，内弹性膜同内皮细胞直接相贴；中膜由数层平滑肌细胞构成，较细的小动脉仅有2～4层平滑肌细胞，外膜变薄，外弹力膜消失。

4. 微动脉

口径为30～300 μm，是最小的动脉。管壁由内皮细胞和1～2层平滑肌细胞构成，无内弹力膜，外膜很薄。微动脉与毛细血管相接的部分为毛细血管前微动脉，由内皮细胞和一层平滑肌细胞构成，它的分枝称为中间微动脉，又被称为后微动脉，管壁仅由内皮细胞和不连续的平滑肌构成。

小动脉和微动脉通过平滑肌舒张或收缩，改变血管口径，调节器官和组织的血流量，同时可以改变外周血流的阻力。因此，小动脉和微动脉又被称为外周阻力血管。

（二）静脉系统

与动脉一样，静脉按照口径不同可分为大、中、小三种类型。中、小静脉常与相应的动脉伴行，管壁薄但管径大。静脉壁结缔组织成分较多，而平滑肌成分相对较少。静脉壁也由内、中、外三层膜样结构组成，但结构较为疏松，其内、外弹力膜均不明显，所以，三层间的分界不甚清晰。远离心脏的静脉，尤其是下肢静脉，其管壁厚。缺少周围组织支撑的静脉，例如，下肢皮下浅静脉的平滑肌层就比同平面深静脉的平滑肌层厚。主干大静脉的平滑肌基本是沿血管的长轴排列的，而在四肢的皮下静脉，平滑肌呈环行排列。

静脉瓣是由内膜突向腔内折叠而成，一般为两叶，半月形，彼此相对。其表面衬有内皮细胞，中间为富含弹性纤维的结缔组织，部分大静脉瓣还有平滑肌纤维。

1. 大静脉

口径在 10 mm 以上的静脉，如上腔静脉、下腔静脉、无名静脉和锁骨下静脉均属大静脉。其内膜较薄，一般没有内弹力膜，中膜不发达，可以只有数层疏松的平滑肌，在一些特殊区段可见中膜缺失现象。外膜最厚，含大量疏松结缔组织和滋养血管，可见较多纵行的平滑肌束。

2. 中静脉

除大静脉外，口径在 2～9 mm，具有解剖学命名的静脉多是中静脉。内膜及内膜下层很薄，内弹力膜不明显，中膜很不发达，只有数层排列疏松的平滑肌。外膜稍厚于中膜，无外弹力膜，结缔组织较多，结构疏松，有时可见少量纵行平滑肌束。

3. 小静脉

口径在 0.2～1 mm 者为小静脉，结构相对简单，仅由 1 层内皮细胞和 1～4 层疏松平滑肌和少量结缔组织构成。

（三）毛细血管

毛细血管是连接于动、静脉之间，口径最细、管壁最薄、分布最广的血管组织。毛细血管相互间分支多，呈网状结构，其内血流缓慢，是完成循环系统和组织间物质交换的场所。毛细血管直径为 6～8 μm，仅能容纳 1～2 个红细胞通过，管壁主要由一层内皮细胞构成，细胞基底面附着于基膜，其周围可见到功能尚未确定的血管周细胞。

1. 连续毛细血管

内皮细胞厚 0.1～0.2 μm，含核部分较厚，突向管腔，其余部分较薄。主要特点为：内皮细胞内有许多吞饮小泡，由邻近腔面和基底膜的胞膜向内凹陷、包裹液态物质形成，是一种跨毛细血管的物质转运过程。

2. 有孔毛细血管

内皮细胞较薄，有许多贯穿细胞全层的小孔，直径 60～100 μm。周细胞很少，内皮细胞间的连接与连续毛细血管相同。

3. 血窦

血窦又称为窦状毛细血管，内腔较大且不规则，直径 5～40 μm。其内皮细胞多有孔，相邻内皮细胞之间有较大的间隙，基膜可以是连续的，不连续的，甚至完全缺如。

（四）血管内皮细胞的结构和功能

血管内皮细胞为扁平多边形细胞，镶嵌排列，含单个椭圆形或长圆形细胞核，核仁不发达，细胞内含有丰富的游离核糖体和发育良好的粗面内质网及高尔基体。此外还有线粒体、溶酶体及棒状小体。内皮细胞的细胞骨架由微丝、微管和中间纤维组成，是细胞支撑、形态、运动及物质运输、信号跨膜传递的结构基础。微丝系统在细胞黏附、保持内皮细胞完整性、适应血流动力学变化、内皮损伤后修复及通透性等方面具有重要作用。内皮细胞表面有时有微绒毛样突起，借此增加表面积，并使血流边缘的血浆带流动缓慢，有利于血浆同血管壁之间的物质交换。相邻的内皮细胞间连接紧密，一般有两种连接方式——紧密连接和间隙连接。构成间隙连接的相邻细胞膜上有许多“连接小体”，两两对应，中间有直径 1.5 nm 的亲水性管道，互相沟通。相对分子质量小于 1000 的物质可以自由通过。故间隙连接是细胞之间接触介导性信息联系的解剖基础，通过这种结构传递信息，对细胞的生长、代谢、分化、增殖进行调控。

血管内皮细胞是一种多功能细胞，可随生理、病理环境条件的变化产生各种不同的反应。血管内皮细胞不仅是组织和血液之间的物质交换、选择性通透性屏障，而且能合成和分泌多种生物活性物质，参与多种生理、病理过程，包括：①血浆和组织间的物质交换主要由内皮细胞调控；②内皮细胞的调节血管张力功能；③内皮细胞的抗凝和促凝功能。

组织工程化血管是有生命力的血管组织，可自我调节以适应血液动力学的微环境，组织内皮细胞、平滑肌细胞等多种细胞成分可维持血管的正常生理功能。作为理想的血管替代物，它应具有良好的机械张力，足以承受动脉强大的血流冲击而不破裂；有完整的内皮细胞层而不形成血栓栓塞；具有血管生物活性，对温度、血流变化有相应舒缩反应，并能分泌相应的生物活性物质。其中最重要的是血管替代物的力学性质，要经得起终身的血流冲击与搏动力的作用，这是修复血管缺损成功的关键。相对于软骨、骨、肌腱等由单一细胞成分组成的组织而言，血管组织因含有多细胞成分与多层结构，其构建方法更为复杂，难度更大。因此，组织工程化血管组织构建必须在结构重建的基础上实现缺损的修复、血流的通畅与血液的有效灌注。

三、血管的工程化组织器官设计制造方法

虽然人工血管在临床的应用中已取得明显的效果，但在小口径血管的应用中，却一直因为新生内膜增生、血栓形成使得近、远期通畅率不理想；同时，人工血管植入儿童体内后，由于血管不能随着儿童的发育而生长，造成移植血管同组织不配套，需再次手术，这些一直是困扰血管外科界的难题。

组织工程血管的研究主要有三个方面：种子细胞、三维支架、血管成熟培养。

（一）种子细胞

目前组织工程血管研究的种子细胞主要还是利用宿主血管来源的内皮细胞、平滑肌细胞和成纤维细胞。国内外已有将干细胞定向分化、定向培养为内皮细胞的报道，今后干细胞作为种子细胞在组织工程中的应用具有重要的意义。

（二）支架材料

多种生物材料均被用作三维支架的基本材料，包括胶原、甲壳素、透明质酸盐等细胞外基质的天然生物材料和聚乳酸（PLA）、聚羟基乙酸（PGA）、聚羟基丁醇（PHB）、聚酸酯等人工合成材料。天然生物材料是正常情况下细胞外基质的成分，有利于细胞的黏附、爬行和生长，但组织强度低、力学性能差、降解过程不易控制；而人工生物材料则强度较好、加工容易、降解时间可调，但相对不利细胞的黏附和生长，现在多利用复合材料作为支架，综合了二者的优点。

（三）血管成熟培养

血管组织在体内发育、发展过程是在血流的不断刺激下完成的，因此，组织工程化血管的成熟也必须在仿生的物理刺激下完成才能取得更好的效果。早先的研究由于未充分考虑力学因素在血管构建中的重要作用，产生的组织工程化血管平滑肌纤维与弹力纤维结构欠佳，缺乏张力与弹性，其强度经不起血流的长期考验；同时内皮细胞层也因缺乏力学刺激而与中膜黏附不牢，易脱落而导致血栓形成，从而无法执行正常的生理代谢与调节功能，修复血管缺损长期通畅率较差。

力学环境会维持平滑肌细胞的收缩表型，促进收缩功能，同时使内皮细胞黏附能力、抗血栓能力及分泌生长因子的能力明显增加，与静态条件有显著差异。体外培养的血管内皮与平滑肌细胞在流体剪切力的作用下，血管内皮沿力作用方向排列，如同正常

血管，以保持内皮层的完整性，防止血栓形成；平滑肌细胞排列方向与力的作用方向垂直，类似正常血管以保持一定的弹性与张力，缓冲流体量的变化。

组织工程血管生物反应器即通过可调节的力的作用，在体外模拟人体血管搏动及血流冲刷，用于构建具有较强力学强度与缝合张力的组织工程化血管。

Niklason 等（2000）将血管平滑肌细胞接种于管状生物材料，在生物反应器内模拟体内血流动力学环境下培养 6 周后，将内皮细胞接种管腔内面并继续培养 1 周，形成了具有与正常血管组织学结构相似并有一定抗机械强度的血管组织，将其回植猪体内修复下肢小动脉缺损，血流保持通畅达到 4 周的时间。

Stock 和 Tuszynski（2001）通过对胚胎及成人血液循环系统的系统性研究，提出正常胚胎心血管系统发育由低张＜5%，低氧 20～30 mmHg 开始，心率为 65～160 次/min渐增，认为此种条件较适合血管组织工程的生物反应器内构建。

第九节　心肌组织工程

组织工程是一门正在迅速发展的学科，它的目标是结合细胞、生物材料和生物活性分子来制造、修复甚至替代组织和器官。心肌组织工程是组织工程研究领域的热点之一。美国国家卫生研究院（NIH）于 1998 年启动了 BEAT（bioengineered autologous tissue）计划，计划构建心肌组织补丁用于修复心肌损伤，使心肌组织工程研究日益受到各国研究人员的青睐。

一、心肌组织工程的应用

心脏疾病（包括冠心病、心肌梗死和心力衰竭等）具有很高的发病率和死亡率。在我国心血管病的发病率和死亡率呈快速上升趋势，预计 2010 年我国中年人患心脏病的概率将与美国持平，确诊后 5 年的病死率超过 50%。传统治疗心力衰竭的方法主要针对如何减轻负荷和动员体液保护因子（如儿茶酚胺、血管紧张素和醛固酮）参与。对于心力衰竭末期的患者，进行心脏移植是最有效的方法，但是心脏移植存在合适供体来源的限制。随着心衰患者数量的增加，提高传统治疗方法的疗效及寻找新的治疗策略势在必行。

二、心肌的解剖结构功能与工程化组织器官的生物学仿真

心肌（cardiac muscle）是由心肌细胞构成的一种肌肉组织。广义的心肌细胞包括组成窦房结、房内束、房室交界部、房室束（即希斯束）和浦肯野纤维等的特殊分化了的心肌细胞，以及一般的心房肌和心室肌工作细胞。前 5 种组成了心脏起搏传导系统，它们所含肌原纤维极少，或根本没有，因此均无收缩功能，但是，它们具有自律性和传导性，是心脏自律性活动的功能基础；后两种具收缩性，是心脏舒缩活动的功能基础。心肌细胞与骨骼肌的结构基本相似，也有横纹，但在结构上具有以下几个特征。

1）心肌细胞为短柱状，一般只有一个细胞核，而骨骼肌纤维是多核细胞。心肌细胞之间有闰盘结构，该处细胞膜凹凸相嵌，并特殊分化形成桥粒，彼此紧密连接，但心肌细胞之间并无原生质的连续。心肌组织过去曾被误认为是合胞体，电子显微镜的研究发现心肌细胞间有明显的隔膜，从而得到纠正。心肌的闰盘有利于细胞间的兴奋传递。这一方面是由于该处结构对电流的阻抗较低，兴奋波易于通过；另一方面又因该处呈间隙连接，内有 15～20Å 的嗜水小管，可允许钙离子等离子通透转运。因此，正常的心房肌或心室肌细胞虽然彼此分开，但几乎同时兴奋而同步收缩，大大提高了心肌收缩的效能，功能上体现了合胞体的特性，故常有“功能合胞体”之称。

2）心肌细胞的细胞核多位于细胞中部，形状似椭圆或长方形，其长轴与肌原纤维的方向一致。肌原纤维绕核而行，核的两端富有肌浆，其中含有丰富的糖原颗粒和线粒体，以适应心肌持续性节律收缩活动的需要。从横断面来看，心肌细胞的直径比骨骼肌小，前者约为 15 μm，而后者则为 100 μm 左右。从纵断面来看，心肌细胞的肌节长度也比骨骼肌的肌节为短。

3）在电子显微镜下观察，也可看到心肌细胞的肌原纤维、横小管、肌质网、线粒体、糖原、脂肪等超微结构。但是心肌细胞与骨骼肌有所不同，心肌细胞的肌原纤维粗细差别很大，为 0.2～2.3 μm；同时，粗的肌原纤维与细的肌原纤维可相互移行，相邻者又彼此接近以致分界不清。心肌细胞的横小管位于 Z 线水平，多种哺乳动物均有纵轴向伸出，管径约 0.2 μm。而骨骼肌的横小管位于 A-I 带交界处，无纵轴向伸出，管径较大，约 0.4 μm。心肌细胞的肌质网丛状居中间，侧终池不多，与横小管不广泛相贴。总之，心肌细胞与骨骼肌细胞在形态和功能上均各有其特点。

心肌细胞的结构特征决定了心肌的如下生理特性。

1. 自律性

动物的心脏在适宜的离子浓度、渗透压、酸碱度、温湿度及充分的氧气和能源供应等条件下，即使除去所有的神经，甚至在离体条件下，它仍然能够保持其固有的节律性收缩活动，即心肌本身具有自动节律性，简称自律性。

2. 兴奋性

心肌细胞兴奋时与骨骼肌和神经细胞一样，会产生动作电位，其兴奋性也经历一系列的时相性变化。但心肌的动作电位又有其特点。以心室肌为例，它从去极化到复极化的全过程，可分为 0、1、2、3、4 共 5 个时相，0 期为去极化过程，其余 4 个期为复极化过程。心室肌的复极化过程很长，一般可达 300～350 ms。并在 2 期出现电位停滞于零线附近缓慢复极化的平台，这是心室肌动作电位区别于骨骼肌的显著特点。

3. 传导性

心肌细胞具有传导兴奋的特性。正常心脏的节律起搏点是窦房结，它所产生的自动节律性兴奋，可依次通过心脏的起搏传导系统，而先后传到心房肌和心室肌的工作细胞，使心房和心室依次产生节律性的收缩活动。心肌的兴奋在窦房结内传导的速度较慢，约 0.05 m/s；房内束的传导速度较快，为 1.0～1.2 m/s；房室交界部的结区的传导速度最慢，仅有 0.02～0.05 m/s；房室束及其左右分枝的浦肯野纤维的传导速度最快，分别为 1.2～2.0 m/s 及 2.0～4.0 m/s。

4. 收缩性

心脏的节律性同步收缩活动是心肌的又一重要生理特性。首先，心肌有较长的有效不应期和自动节律性；同时，心房肌和心室肌又各自作为功能合胞体，几乎是同时产生整个心房或心室的同步性收缩，使心房或心室的内压快速增高，推动其中的血液流动，从而实现血液循环的生理功能。总之，心房和心室肌肉的节律性、顺序性、同步性收缩和舒张活动是心脏实现其泵血功能的基础。

组织工程化心肌要做到对心肌的仿真，就必须具有心肌的上述特性及功能，即自律性、兴奋性、传导性及收缩性。心肌组织工程的策略可以分为在体内和在体外两种不同的方法。种子细胞、支架材料和细胞因子可以联合使用也可以独立使用来构建工程化的可替换心脏组织。近年来，随着组织工程技术、干细胞技术和生物材料等技术和领域的快速发展，使得在体内外制造工程化心肌组织成为可能。再造完整心脏的技术复杂性和难度极大，目前尚无法完成。目前，研究人员已经将制造“完整心脏”这一理想目标过渡为再造“具有临床治疗功能的心肌组织”这一现实目标。初步的研究结果表明，工程化心肌组织能够成功地在体内移植。

三、心肌的工程化组织器官设计制造方法

（一）种子细胞

构建组织工程化心肌的最佳种子细胞应该具备以下特点：易获得，能增殖，没有免疫原性，能分化为成熟的、有心肌功能的细胞。截至目前还没有发现这样的细胞。异体细胞相对容易获得，但是必然带有免疫排斥反应的危险；自体细胞虽然没有免疫反应的困扰，但是很难获得和扩增；终末分化的心肌细胞虽然理论上在电生理、结构和收缩特性方面具备了作为理想的供体细胞条件，但由于很难获得和大量扩增，而且存在对缺血敏感和异体移植易导致宿主组织的免疫应答。以往研究中应用的细胞来源种类包括：胎儿心肌细胞、骨骼成肌细胞、间充质干细胞、平滑肌细胞、内皮前体细胞、天然骨髓、脐带细胞、成纤维细胞、鼠胚胎干细胞、人胚胎干细胞和克隆细胞。

基于细胞的心脏修复开始于自体骨骼肌卫星细胞移植（一般指成肌细胞）。尽管这种移植会导致心律失常，但临床试验表明这种移植是安全可行并对患者有利的。然而，成肌细胞移植人体内后能否主动地收缩，能否真正建立细胞与细胞之间的连接还没有被证明。

具有多向分化潜能的胚胎干细胞是心肌再造研究最重要的种子细胞来源。研究人员很久以前就发现胚胎干细胞可以分化成为心肌细胞，鼠胚胎干细胞分化成心肌细胞的能力证明比较早。随后证明了自然发生的人胚胎干细胞可分化形成 3 个胚层的细胞（包括心肌细胞），这些为解决细胞治疗，包括心肌组织工程的细胞来源问题提供了新途径。

心肌细胞分化率低是胚胎干细胞受限的一个原因。Guo 等（2006）采用鼠胚胎干细胞在体外成功构建出心肌条带。

来源于骨髓、脂肪组织或循环的自体成年干细胞是另外一个很有希望的种子细胞来源。但成人干细胞能否高效率地诱导分化成心肌细胞仍有争议。目前的研究正致力于寻找有效的可重复的方法来控制和引导干细胞在体外向指定细胞分化，通过应用生长因子，培养条件和基因来提高干细胞向心肌细胞的分化效率，从而为组织工程提供无限的种子细胞来源。

表 6.4 列举了各种应用于心肌修复的细胞来源的利与弊。

表 6.4　各种用于修复心肌的细胞来源的利弊（曹谊林，2008）

	自体的	易获得	高扩增	心肌细胞发生	临床应用	安全性
胎儿心肌细胞	无	不易	不	有	无	无
胚胎干细胞	无	不易	是	有	无	畸胎瘤
骨骼肌细胞	有	易	依赖年龄	有争议	有	心律失常
骨髓细胞	有	易	依赖年龄	有争议	有	有钙化
间充质干细胞	有	易	依赖年龄	有	无	钙化纤维化
造血干细胞	无	易	是	有争议	有	无
成纤维细胞	有	易	是	无	无	无
平滑肌细胞	有	易	是	无	无	无

（二）支架材料

心脏与众不同的结构及功能要求心肌组织工程所选择的支架材料具有更高的生物学特性和理化特性。心肌细胞的收缩性要求支架材料有很大的弹性、可拉伸性、强度和持久性。心脏的结构高度复杂，肌纤维排列形成不同的内层和外层并交织在一起，而且由于未成熟的心肌细胞植入能力差，这就要求对支架材料进行复杂的三维设计与制造。心脏是人体全身灌注率和耗氧率最高的器官之一，心肌细胞对缺血很敏感，因此，支架材料要有很好的通透性。目前没有材料或方法能完全满足以上这些标准。目前解决上述问题的方法，一种是将受体细胞种植于已经去细胞处理后的供体心脏支架上，然后再植入受体体内。另一种是三明治技术，该技术可以构建出不同形状的组织片层。不采用支架材料，使源于材料的问题随之消失，其机械稳定性受到的影响可能可通过加入成纤维细胞层来克服。

心肌组织工程目前选用的支架材料主要包括合成的聚合物（如聚乙二酸，聚交乙酸或聚乙烯甘油）和生物材料（如藻酸盐、胶原或明胶）。以聚乳酸和聚乙醇酸为支架构建的组织降解后会引起局部 pH 的减小，对于周围的细胞产生潜在的危害。通过对合成聚合物进行化学和物理特性处理，副产物的形成和炎症反应都会减轻。

可注射的支架提供了一个基质支持，使得梗死后的修复变得容易，与单纯的细胞移植相比，支架里细胞更容易得以保留和迁移，也有利于新血管的发生。而且，可注射的组织工程方法避免了打开胸腔外科手术和麻醉所带来的风险。

（三）生物反应器

给再造心肌组织施加适当的力学刺激有利于再造心肌纤维之间定向规则排列，进而促进再造组织发生自主节律性收缩。在 Spinner 瓶中培养的工程化组织与静力环境下培养的组织相比，在有氧代谢、DNA 比例、代谢活性和形态学特征等方面表现更好。科研人员开展了大量研究以使复合体体外培养环境尽可能模拟体内人体组织自然生长的内环境。

搅拌式生物反应器是最常用的一种生物反应器，但是，这种生物反应器对于心肌细胞或许不是最好的，构建物表面强烈的液体流动经常产生的漩涡可能损伤种子细胞。

由 Synthecon 公司研制的旋转式细胞培养系统被成功用于心肌组织的体外培育。研究结果表明，该生物反应器有利于组织工程化心肌的体外再生，可以形成具有节律性收缩的心肌组织。

灌注式生物反应器等其他类型的生物反应器也是近年来研究人员关注的焦点。

（四）组织工程化心肌组织

1. 体外构建组织工程化心肌组织

Zimmermann 等（2002）将新生大鼠的心肌细胞同添加有 matrigel 和鸡胚抽提物的液态Ⅰ型胶原混合重建工程化的心肌组织（EHT），重建的组织可自发、同步收缩。将其进行体内移植，移植术后 14 d，检查发现构建的心肌组织血管化现象明显，并保持有完好的心肌结构。Zimmermann 等（2004）提出构建心肌组织的标准，该标准指出构建的心肌组织应具备正常心肌形态学特征和功能，并且在移植后仍能存活，移植后能够与宿主心肌组织实现生物力、电传导和功能的整合，从而使受损心肌收缩和舒张功能增强。近些年来在心肌构建研究方面的发展已经满足了这个标准中的一条或者几条。

Kofidis 等（2002）在三维胶原支架上种植乳鼠心室肌细胞，构建了工程化心肌组织。这种人造的心肌组织持续有节奏的同步收缩达 13 周之久。构建物中的心肌细胞在三维支架中分布均一。施加钙离子和肾上腺素与电刺激或者拉伸都可导致收缩力量增强。心电测量仪可以测量到人造心肌组织样本同步的跳动，显示出生理学模式。

Bursca 等（2003）在生物反应器中的聚合物支架上培养乳鼠心室肌细胞。1 周后，所有构建物的外周都有一组织样区域（厚 50～70 μm），在该区域内分化的心肌细胞有序地排列成多层，形成三维结构。

Guo 等（2006）综合运用生物反应器内拟胚体规模化扩增、胚胎干细胞诱导分化、诱导后获得的心肌细胞密度梯度离心纯化、组织构建及动物实验等技术手段，应用小鼠 ES 细胞来源的心肌细胞作为种子细胞，以液态胶原为支架构建了组织工程化心肌条带，该条带经力学拉伸刺激后具有一致性自主跳动能力，在组织学、超微结构及电生理等方面的表现与天然心肌组织类似。

Shimizu 等（2002）发明了一种不依靠支架材料提供支持的新方法。将乳鼠心肌细胞培养于薄层的温度敏感聚合物 PIPAAm 上。当温度降低时，聚合物发生的变化使细胞层与材料表面整层分离，研究人员叠加了 4 层心肌细胞并将再造心肌片层移植到裸鼠背部皮下。6 周后，研究人员发现构建的心肌组织片在跳动，并且有血管长入。这种方法的优点之一是可以将其他的细胞（如内皮细胞）夹入心肌细胞层之间，从而解决构建物厚度有限的问题。

“器官印刷”（Mironov et al.，2003）方法也可能加速和优化工程化心肌组合。这是一种以计算机辅助喷射为基础的三维工程化构建人体器官的方法。

2. 组织工程化心肌体内移植

心肌组织工程的体外途径及工程化组织的体内移植已经取得了一定的成绩。移植后快速的血管化、充足的组织灌注、细胞存活率、工程化心肌的整合及其功能是体内移植成功的关键步骤。

Leor 等（2000）在将乳鼠心肌细胞成功地种植到含藻酸盐的海绵支架上后，又将心肌细胞构建物移植到梗死的心脏，结果发现一些心肌细胞分化形成成熟的心肌纤维。这种生物支架减弱了心梗后左室的扩张和心脏功能的衰退。通过对移植的组织进行促血管生成处理，明显提高了移植组织中心肌细胞的存活率。

Zimmermann 等（2002）用 Fischer344 大鼠乳鼠的混合心脏细胞加液态 I 型胶原、Matrigel、含血清的培养基成功构建了组织工程化心肌组织。该工程化心肌组织被设计成环形以利于能够环绕在心脏周围。培养 12 d 后，将构建物移植到正常大鼠的心脏，移植后 14 d 工程化的心肌组织大量形成血管。通过肌动蛋白、连接蛋白-43、钙黏着蛋白的免疫标记显示，心肌细胞具有良好的形态结构。移植后的工程化心肌组织的分化程度与移植前相比有明显提高，移植物在体内仍然能保持收缩功能。但是心电图分析结果显示，左室功能并没有提高。

Matsubayashi（2003）采用平滑肌细胞作为种子细胞，构建的移植物用于外科修复心梗，能减少非正常的心室扩大，并增强左心室功能。

3. 组织工程化心肌的血管化

近年来，研究人员正在积极采用研制有利于血管网形成的新型弹性支架材料及在构建组织中复合促血管生成的生长因子、血管内皮细胞等措施来促进再造心肌血管化。有几种生长因子是血管内皮细胞转化为成血管化状态的直接刺激因素。其中，VEGF 和 FGF 是 2 个公认的重要的直接成血管因子。而另一大类是间接成血管因子，包括 PDGF、TGF-β 和促血细胞生成素等。促血管生长因子已经被应用到生物组织工程领域，并且起到了促进血管生长的作用。

4. 组织工程化心肌原位再生

心脏包含固有的祖细胞，能被诱导分化形成心肌和血管组织，从而修复梗死的心肌。

将支架植入到受损的心肌中，当支架被血管化后，就为植入的心肌细胞创建了一个舒适的环境和空间。为加速植入支架的血管生成和嫁接，应该对其注入生物活性分子来提高它的发育和生存能力，以及增强干细胞的自我导引和修复能力。

原位组织工程的一个重要优势就是使应用基于导管的方法成为可能，同时避免了外科开胸术。

第十节　心瓣膜组织工程

瓣膜置换术是目前临床上治疗心脏瓣膜病的最终手段。但临床应用的各种人工心脏瓣膜在持久性和远期疗效上，都存在着难以克服的缺陷。而随着组织工程技术的发展，组织工程瓣膜以良好的组织相容性、经久耐用且具有生物活性等多方面的优势成为近年来心脏外科领域的研究热点之一。

一、心瓣膜组织工程的应用

各种原因引起的心脏瓣膜结构破坏和功能失调是心脏瓣膜病患者发病和死亡的主要原因。目前瓣膜置换术仍然是临床上治疗此类疾病的最终手段。现今，用于临床的瓣膜置换物主要分为机械瓣膜和生物瓣膜两大类。然而对于机械瓣膜来说，患者必须终身接受抗凝治疗，由此引发的出血等各种并发症是导致换瓣膜后患者死亡的主要原因。生物瓣膜的生物学特性和原有瓣膜相似，但是由于其瓣膜组织的退化，会逐步丧失其原有的结构和功能。无论是机械瓣膜还是生物瓣膜，它们都不具备生物学活性，不能够自我修复及生长。组织工程学是一门新兴的学科，将其应用于心脏瓣膜领域为心脏瓣膜的研制开辟了新的路径，具有广阔的前景，也是目前瓣膜领域研究的热点。

二、心瓣膜的解剖结构功能

心瓣膜位于房室孔和动脉口处，是心内膜突向心腔而成的薄片状结构。心瓣膜表面覆以内皮，内部为致密结缔组织，与纤维环相连。心瓣膜的功能是阻止血液逆流。

三、心瓣膜的工程化组织器官设计制造方法

（一）种 子 细 胞

作为组织工程瓣膜种子细胞，一般要求具备如下特点：①细胞的黏附力强，繁殖迅速；②具有正常瓣膜细胞的生理功能；③临床易于获取。目前研究较多的有以下几种。

1. 血管内皮细胞

血管内皮细胞可以作为组织工程瓣膜种子细胞，其中，主动脉内皮细胞与心脏瓣膜

一样处于高压环境，较心耳毛细血管和动脉滋养血管更合适，Paranya 等（2001）发现主动脉瓣内皮细胞一定条件下转化为间充质细胞，表现为对血小板生长因子（PDGF）有反应，生成 α2 平滑肌肌动蛋白等，提示种植的内皮细胞可转化为肌成纤维细胞。但主动脉内皮细胞获取相对困难。

Gino（1999）采用单克隆抗体法鉴定大隐静脉和主动脉内皮，二者细胞骨架蛋白和收缩蛋白结构相似。表浅静脉易取材，取材较多的部位是颈静脉、大隐静脉、脐静脉，获取较容易，也较安全。

但是利用血管细胞作为种子细胞来源也有一些缺点：获取血管会增加患者额外创伤，牺牲供体血管完整性，有些血管仅能在动物实验中进行，但把这种方法应用在人体存在困难，因此，寻找一种创伤小的种子细胞获取方法非常必要。来源于成人血管的内皮细胞在体外很快进入增殖期，但 4～6 周后其增殖活性逐渐下降，文献报道显示随培养时间的延长，细胞及其基质形成呈现增加的趋势，但随着时间的继续延长就会出现细胞去分化和退化等问题，逐渐丧失特有功能，难以达到临床需要。

2. 干细胞

干细胞具有多向分化潜能，更适合于构建 TEHV。干细胞主要存在于胚胎、骨髓、外周血（含脐血）和胎儿肝中。其中，胚胎干细胞虽然具有多向分化潜能，但是由于伦理等因素的制约使胚胎干细胞的推广应用受到限制。目前使用得较多的是骨髓间充质干细胞（MSC）和内皮祖细胞。这些细胞可以从供体或患者自身获得，经体外培养后种植到支架。与血管来源的细胞相比，干细胞有以下特点：①获取更容易，创伤更小，更适合临床应用；②骨髓间充质细胞包括定向分化潜能的干细胞和多向分化潜能的干细胞；③细胞稳定，在体外培养附壁生长，细胞分裂增殖快，经 20～25 次传代、分裂，能保持多向分化潜能；④移植入体内不产生明显免疫排斥反应。

目前，骨髓间充质细胞分离培养方法有两种：全骨髓培养和密度梯度离心法，后者细胞获得率和纯度高，对观察 MSC 早期贴壁较好，现在被广泛采用。Hoerstrup 等（2000）将 MSC 从骨髓分离后体外扩增，种植在可吸收聚合物支架上并于体外生物反应器内培养，发现在高流量及低流量的状态下瓣膜活动良好，免疫组化显示，瓣膜基质存在大量的 I、III 胶原及 α-平滑肌肌动蛋白和波形蛋白。瓣膜的力学特性和正常的人类瓣膜相近，但是其细胞外基质较正常人类瓣膜少，其 DNA 含量比人类瓣膜约多两倍。

但同时也有人对干细胞用于 TEHV 的研究持否定意见，他们观察到种植了干细胞之后，部分支架出现了钙质堆积、挛缩及反流；胚胎干细胞还可能导致畸胎瘤的发生。

3. 其他来源的种子细胞

Zund 等（2005）利用脐带血来源的内皮祖细胞培育组织工程瓣膜获得成功。

Schmidt 等（2006）在 B 超引导下，抽取人胎盘绒毛细胞，经无血清培养基冲洗并经胶原酶处理后，反复温育，离心后取沉淀溶解于 Bio-AMF-1。再以纤维蛋白为载体，细胞被种植于人工可降解的瓣叶表面。在生物反应器中培养 28 d 后，瓣叶表面细胞成分层堆积，外部细胞外基质丰富，中部则较为疏松。其中波形蛋白含量和人瓣膜相似，但其平滑肌肌动蛋白和羟脯氨酸含量远少于人类瓣膜。经动力学实验证明，其动力学特性和人瓣膜相似。Schmidt（2007）于羊膜细胞中分离出 $CD133^-$ 及 $CD133^+$ 细胞，并将其先后种植于瓣膜支架上，研究结果显示细胞覆盖生长良好。$CD133^-$ 细胞表现出了间叶细胞样的特性，而 $CD133^+$ 细胞显示出与内皮细胞相似的功能，生物力学测试显示培养的组织与正常组织无明显差异。

（二）支架材料

1. 高分子可降解支架

高分子可降解材料支架被用于 TEHV 的主要有以下两类。

1）天然高分子材料，如胶原（collagen）、几丁质（chitin）、纤维蛋白凝胶（fibrin gel）等。这类材料中构成瓣膜通道的结构完全来源于自体组织，细胞分布也较为均匀。然而其机械力学性能较差、来源有限、加工困难、成本很高，这些都限制了其广泛应用。

2）人工合成高分子材料，如聚乳酸（PLA）、聚乙醇酸（PGA），以及两者的合成产物（PLGA）聚羟基烷酯类（PHA）、聚 4-羟基丁酸酯盐（P4HB）等。通过利用酯键在水中的不稳定性，利用非酶作用的水解过程使其降解，代谢产物以二氧化碳和水的形式排出体外。聚合物的降解速度可以依据材料的组成分别通过改变其结晶度、原始分子质量或共聚物中乳酸和乙酸的比例等方式进行调节。P4HB 是一种生物衍生吸收快速的高分子材料，它的强度和韧性均很高，且由于其良好的热塑效应，可以被塑造成几乎任何形状。Hoerstrup 等（2000）在无纺 PGA 上覆盖 P4HB，使材料吸收的速度加快，将以此构建的瓣膜植入体循环后，8 周内完全降解，且表现出更有利于细胞生长的特性。目前这种方法制造的瓣膜支架在组织工程学心脏瓣膜的实验研究中应用得十分广泛。

2. 脱细胞瓣膜支架

内皮细胞和间质细胞表面表达的组织相容性（MHC）I 和 II 类蛋白是引起免疫排异反应的主要抗原。脱细胞同种或异种组织纤维支架由于完整保留了细胞生存的三维微环境，并在最大限度上降低了免疫原性，成为细胞黏附的良好平台，其机械性能也与原组织基本相同。因此，脱细胞瓣膜支架的良好特性是任何人工合成材料不能比拟的。Dohmen 等（2005）在对于 50 名接受去细胞瓣膜移植的患者的研究中发现其中 1 人于手术后死亡，2 人因为瓣膜相关的症状需要再次手术，其余的患者在 2 年时间内表现良好。Hopkins（2005）应用酶消化法去除供体羊心脏瓣膜的肌成纤维细胞和内皮细胞后，再种植同种肌成纤维细胞和内皮细胞，并植入受体羊肺动脉瓣区，结果显示瓣膜结构功能均能适应环境。但这类瓣膜支架仍有缺陷，如活力不够、不能降解、可能存在传染性疾病。

（三）种子细胞与支架之间的黏附

增强种子细胞与基质材料黏附力是 TEHV 研究中的重要环节。细胞与材料间黏附可分为非特异性黏附和特异性黏附。目前所知的细胞表面黏附分子有四类：钙黏附蛋白、整合素、免疫球蛋白超家族黏附分子和选择凝集素。

Ye 等（2000）将 PGA 支架表面分别用人血清、聚左旋赖氨酸和同种细胞外基质（ECM）包埋后发现，其吸附细胞的数量分别增加了 24%、53%和 48%，提示血清、聚左旋赖氨酸和 ECM 中的这类成分能增加细胞的黏附力。

改善材料物理性质是提高其与细胞黏附力的方法之一。Sodian 等（2000）应用盐滤（salt leaching）的方法显著提高了 PHA 材料的多孔性，有利于细胞的黏附。

生长因子和多肽都可以调节细胞生长和表型表达，包括碱性成纤维细胞生长因子、胰岛索样生长因子 1 及转化生长因子等。后者又以 RGD 肽（Arg-Gly-Asp）的形式研究得较为深入。RGD 肽是一段三个氨基酸组成的短肽序列，是目前被证实最有效的促黏附多肽。

细胞种植技术可分为顺序种植和混合种植。混合种植成纤维细胞和内皮细胞于心脏瓣膜支架，当细胞随支架植入体内后会重排成有序的结构，且与周围组织整合，形成接近正常瓣膜的组织结构。Sodian 等（2000）把混合的血管来源细胞种植于支架，将构建好的 TEHV 置于生物反应器中，瓣膜表面出现有活力的细胞层。Hoerstrup 等（2002）在 TEHV 构建中使用模拟体内环境的生物反应器后，TEHV 有良好组织学结构及机械性能，生长细胞长轴与流场方向一致，并且在 20 周时细胞外基质含量和 DNA 含量超过了自体瓣膜组织。使用搏动流生物反应器和静态培养作对比研究，发现前者内皮细胞黏附及生长明显优于后者。目前关于 TEHV 的研究无论采用组织细胞还是干细胞都采用搏动性流体系统，说明内皮细胞的多功能化是剪切力依赖的。

四、展　望

目前，TEHV 的基础研究仍在不断深入，动物实验也取得了一定的成果，但还存在很多问题，有待进一步解决：①理想的瓣膜支架材料；②理想的种子细胞来源；③安全有效的体外预适应装置；④远期效果的保证；⑤目前 TEHV 的研究都基本局限在肺动脉环境中，其能否经受左心系统血流流场的检验仍有待观察。

第十一节　泌尿系统组织工程

组织工程技术为泌尿外科临床医师提供了一条修复乃至重建受损脏器的新途径。组织工程再造阴茎海绵体技术已成功应用于动物模型；利用组织工程产物进行尿道下裂重建在临床上已获得肯定的疗效；膀胱组织工程技术的临床应用也已进入临床Ⅱ期试验阶段。随着新血液透析装置的临床应用，腹腔内人工肾脏替代可能成为现实。

一、泌尿系统组织工程的应用

泌尿系统的许多先天和后天性疾病的治疗，如先天性畸形、创伤、感染、肿瘤等，均涉及组织和器官的修复和替代。以往泌尿外科修复手术的方法是采用患者原有的泌尿器官组织进行替代和修复，但是这受到了患者现有泌尿器官数量的限制，此时，重建手术不得不选择一些非泌尿器官来源的组织，如肠道、皮肤、肌肉或黏膜。然而，以上诸类替代材料均不同程度地产生一些不良反应，诸如生理代谢异常、感染、穿孔、尿石症的形成等。因此，人们开始寻找一些合成材料来作为泌尿器官的替代品，以往运用最为广泛的是硅胶，它可做成人造尿道括约肌治疗尿失禁、做成硅胶颗粒治疗膀胱输尿管反流、做成假体治疗阴茎勃起障碍等。但这些材料并没有达到真正的生物相容性并可出现诸如机械故障、感染等并发症。近年来，组织工程技术的发展给治疗带来了曙光。

二、泌尿系统的解剖结构功能

泌尿系统包括双侧肾脏、双侧输尿管、膀胱及尿道。肾脏外形像一个巨大的蚕豆，内缘凹陷处构成肾门，是肾动脉、肾静脉、输尿管、神经及淋巴管出入的门户。出入肾门的这些组织总称肾蒂，肾门处形成的间隙叫肾窦，有脂肪组织填充肾及肾盂四周间隙。肾脏表面被覆一层较坚韧的薄膜，由纤维组织构成，叫做肾周脂肪囊。包绕在肾周围脂肪囊外的是一层坚韧的结缔组织形成的筋膜，叫肾周围筋膜，从剖面看，肾脏又分实质部分及管腔部分，实质又可以分为皮质及髓质。皮质部位于肾脏的周边，约占肾实质的 1/3；皮质内有肾小体、肾小管，肾小体由肾小球和包绕在它表面的肾小囊构成。肾小体内有入球动脉，再通过肾近曲小管、髓袢、远曲小管逐渐浓缩，最后通过集合管及乳头管，进入肾盏。髓质部位于皮质之内层，约占肾实质的 2/3，主要由 8～15 个肾锥体构成。肾锥体底部突向肾皮质，尖部呈钝圆形突入肾小盏，成为肾乳头。肾锥体之间狭长的间隙，是皮质插入髓质的部分，叫肾柱，是血管分支走行的通管。肾乳头部有许多小孔，是乳头管和集合管的开口，肾乳头突向肾集合系统的腔内，肾集合部由肾小盏、肾大盏及肾盂组成，与肾乳头相接的肾小盏 2～4 个集合成为一个肾大盏，肾大盏一般有 2～4 个，肾大盏最后汇集成为一个较大的腔称肾盂；肾盏颈部及肾盂外层有平滑肌组织，可以调节尿液的排出。肾盂向内下方逐渐变细，移动为输尿管，输尿管走行在腹腔及盆腔后腹膜之后，进入盆腔后与膀胱相通，全长 25～30 cm，直径 0.4～0.7 cm。输尿管质地较硬韧，具有一定的收缩与扩张性。输尿管有 3 处生理性狭窄，上部在肾盂输尿管交界处，中部在输尿管跨过髂血管进入骨盆处，下部在输尿管入膀胱处，输尿管结石易滞留于生理性狭窄部位。

膀胱是一个储存尿液及排泄尿液的器官，容量大约为 500 ml，位于盆腔前部，属于腹膜外器官，基形态及位置随膀胱容量而变，并与年龄有密切关系。膀胱下方开口于尿道，尿道男性和女性不同：男性尿道长约 20 cm，周径最窄处 21～27 mm，最宽处 47 mm，从内向外分前列腺部（周围包绕着前列腺组织）、膜部、球部及阴茎部尿道 4

个部分，最后开口于尿道外口；女性尿道长 3.5～5.5 cm，直径 9～10 mm。女性尿道在尿生殖膈以上的部分，称尿道近段，约占尿道全长的 2/3，尿生殖膈以下的部分，称尿道远段。女性尿道直接开于前庭。

泌尿系统以尿液的形式排出机体的代谢产物，如尿素、尿酸和多余的水分。上述物质经血液循环被运到肾，在肾内形成尿液，由输尿管输送到膀胱暂时储存，膀胱内的尿量达到一定量时，即经尿道排出体外。

三、泌尿系统的工程化组织器官设计制造方法

（一）输 尿 管

输尿管因炎症、结石、创伤或先天性的畸形需手术部分切除导致缺损，缺损的修补是泌尿外科一项棘手的问题。以往曾尝试多种方法进行治疗，如将游离的自体筋膜作为修补片，选用自体的大型动脉或静脉做搭桥手术，切取自体的皮肤作为修补材料，采用膀胱黏膜下层作为修补材料等。由于这些修补材料不能充分符合输尿管替代品的标准，其效果往往不能令人满意。通过组织工程技术构建修复输尿管缺损的动物实验已经取得了一定成果。

（二）尿 道

尿道下裂和尿道狭窄是泌尿外科常见的疾病，但由于尿道黏膜组织有限，给尿道修复带来了极大困难。以往人们曾尝试采用其他来源的组织材料，如膀胱黏膜、口腔颊部黏膜、睾丸鞘膜和腹膜等组织，但是并发症较多，如毛发生长、移植物收缩、狭窄、结石形成、憩室产生等，并且取材部位也有损伤。组织工程化的尿道修复技术较好地解决了这一难题，同时这也是目前组织工程学在泌尿生殖系统最先、最广泛运用的较为成熟的方法。

目前组织工程尿道重建实验性手术多以植入生物细胞支架为主。小肠黏膜支架Ⅰ期修复尿道狭窄的成功率甚至可达到 85%。Fu 等（2007）在家兔模型上成功实施了膀胱去细胞胶原蛋白基质植入重建尿道的方法。进一步的研究表明，自体包皮上皮细胞作为种子细胞种植在生物支架，植入受损的尿道，于植入后 6 个月降解，取而代之的是原有尿道的黏膜细胞。

（三）膀 胱

当膀胱因炎症、肿瘤、创伤等病理因素和因此采取的手术治疗导致其有效容量减少时，不仅给机体带来生理上的排尿异常和不便，且影响肾脏的功能。临床上在原发病灶切除治疗的同时，通过组织工程技术修复膀胱缺损，保证膀胱的有效容量，维持其正常的生理功能，成为泌尿外科研究的一个重点方向。

Frimberger 等（2005）的研究表明，人胚胎干细胞能够种植在小鼠小肠黏膜下层生长并形成正常的膀胱组织结构。Obara 等（2006）的研究也证实，可利用去细胞膀胱黏膜下基质对脊索受损小鼠进行膀胱重建。Atala 等（2006）将 7 例脊髓膨出症患者自体膀胱组织通过增殖，获得了足够的自体特异性的生物组织材料，以进行膀胱扩容手术。首先，患者在膀胱肌层和尿路上皮细胞植入术前 6 周进行活检；随后将两部分不同组织分别种植在去细胞胶原蛋白基质成型支架上进行体外扩增；最后将附有细胞的支架植入患者膀胱组织内。这项研究的特点在于胶原蛋白-聚乙醇酸复合物支架和生物活性网膜的应用，从而代替最初的从异体膀胱去细胞黏膜下层获得的胶原蛋白基质，并使组织形成完整的血管网络。经平均 46 个月的随访，患者膀胱容量得到较大的扩增，尿流动力学参数与术前相比有显著性差异；组织活检分析显示，植入处形成了尿路上皮、黏膜下层和肌层组织结构。该研究中，术后组织活检提示在这些重建组织中有神经再生的现象，术后患者出现了恢复自主排尿的趋势。而在先前的动物实验中，实验犬的组织工程膀胱组织也出现了神经再分布，并且具有正常的排尿功能。这项新技术具有广泛的临床应用前景。基于上述研究，美国 FDA 批准了该项技术的临床 II 期研究。这项研究的最终目标是能够制造出一个具有低张力储尿和排尿功能的人工膀胱替代物，从而避免将肠段连接入尿路产生的一系列并发症。

目前，膀胱组织工程的发展正趋向应用干细胞作为基础细胞来制造人工膀胱。较现有的活检技术，既可避免开放性膀胱活检，还可以制造出大量的替代组织。

调整细胞与压力的方向垂直，生物反应器培养的平滑肌细胞产出胶原蛋白 I、II、IV 和结合蛋白的产量就会相应提高。Wallis 等（2008）在组织工程膀胱的制造过程中，使用机械变频技术使其具有膀胱的自然生理功能，能够缓慢充盈和快速排空。目前，该生物反应器仍在进行猪细胞去细胞基质培养的实验，其临床研究将对制造具有正常组织结构和功能的组织工程产物具有重大意义。

（四）肾　　脏

各种病理因素均可产生肾脏的组织结构的损害，并最终导致肾功能的部分或全部丧失。虽然目前临床上采取诸如透析、肾移植等方法以恢复肾功能，延长患者的生存时间，但由于供肾的短缺、移植后的排异反应等问题，使得肾功能衰竭的治疗一直成为临床上的难点。

从 20 世纪 90 年代中期开始，不少学者尝试采用组织工程技术来修复和替代肾脏。目前在实验室中，通过组织工程技术已成功构建了肾单位的结构。虽然肾组织的组织工程技术的研究取得了一定的进展，但目前研制的肾结构的体积还较小，不能达到临床上用来替代肾脏的要求，研制大容量的具有有效分泌和排泄功能的肾结构将成为今后探索的方向。

（五）睾　　丸

睾丸在男性的生殖和内分泌功能中具有极其重要的作用，其中的生精细胞可产生精子，而 Leydig 细胞则是男性睾酮的主要生成部位。临床上由于先天性发育不良、感染、创伤或医源性因素等引起睾丸的部分或全部缺失，将直接导致不育和性征的丧失及其他生理机能紊乱。Baez 等（2000）尝试采用肩胛表面的软骨细胞，经分离、收集后种植在预制成睾丸形状的聚羟乙酸支架上，随后将此支架植入去胸腺裸鼠的阴囊内，一个月后发现阴囊内有乳白色的软骨团块形成，作为睾丸假体由于该软骨团块的弹性和组织相容性较好，在临床上不失为一种良好的选择。

（六）阴　　茎

由于各类原因可能导致阴茎部分或全部的缺失，以往采用非生殖器官的组织（如肋软骨）或硅胶制成的假体来替代。为寻求结构更相似的替代品，运用组织工程技术修复阴茎缺损和阴茎勃起功能障碍的治疗做了有益的尝试。

近年来，国外已建立用于阴茎海绵体内皮细胞的培养扩增方法，分别在用组织块培养法和胶原酶消化法来添加生长因子的内皮细胞生长液中培养海绵体内皮细胞。由于海绵体内皮细胞培养所需的条件较高，易与成纤维细胞混杂而导致培养失败。魏芸和魏蕾（2008）将组织块用弹性蛋白酶消化后进行机械挤压，可有效分离内皮细胞且保留基质的完整性，避免了基质细胞混杂。该方法缩短了原代培养的时间；只需较小的组织块即可获得大量的内皮细胞，对自体组织有限的阴茎组织的培养尤为适用。经检测，采用该方法培养的内皮细胞符合海绵体内皮细胞特征，体外传至第 7 代时细胞仍生长良好。海绵体内皮细胞能够在此条件下稳定生长，并有效地传代扩增，可为阴茎海绵体组织工程提供种子细胞。

动物实验表明，胚胎干细胞能种植在取自小肠或膀胱黏膜下层的胶原蛋白基质上并形成阴茎白膜组织。该项技术在阴茎增容术和 Peyronie 病（阴茎海绵体硬结症）手术中得以成功应用（Perovic et al.，2006），并在尿道上裂手术治疗中能使阴茎缩短的程度降到最低。

（七）输尿管反流的抗反流治疗

各种生理和病理因素导致的尿失禁和膀胱输尿管反流是困扰泌尿外科医师的棘手问题，以往采用黏膜下填充物注射是治疗无梗阻性反流的有效手段，但注射的填充物多半是外源性物质，易造成注射局部的炎症反应，影响治疗效果，而如果填充物为宿主自体组织，术后一段时间后也多数被吸收。Atala 等（1992）在动物实验中采集自体的软骨细胞，体外培养增殖后，植入可降解的甘露醇醛酸溶胶中，通过内镜技术注入输尿管周边的黏膜下治疗输尿管反流，取得成功。在动物实验成功的基础上，Atala 选择了 29

例儿童输尿管反流，采集耳廓软骨细胞，体外培育增殖，与可降解胶原溶胶复合，通过膀胱镜注射在膀胱三角区，术后的超声和膀胱造影显示输尿管反流治愈率为83%，无并发症发生。

（八）尿失禁的治疗

由于尿道周围及盆底肌群机构发生改变，使得尿道周围组织支撑力减弱，引起尿道括约肌收缩力下降，导致压力性尿失禁发生。以往的治疗多采用天然材料（如阔筋膜、猪的真皮下筋膜等）或人工合成高分子材料进行膀胱颈或尿道中段的悬吊，这些材料可导致异物反应，易发生感染，悬吊过度会引发排尿不畅、尿潴留等，而且术后患者常感到局部不适。这些治疗方法是采用外源性物质和外科手术方法来填充尿道周围的空隙，然而导致压力性尿失禁的根本问题是尿道括约肌功能减退。这一根本问题没有得到很好解决，因此，手术后长期疗效不能令人满意。

20世纪末，学者对应用肌源性干细胞治疗压力性尿失禁进行了在体研究，由于骨骼肌组织具有取材方便和组织工程学上分离干细胞的条件，目前多以此组织作为干细胞的组织来源。自体的肌源性干细胞可明显提高尿失禁动物模型的漏尿点。肌源性干细胞对去神经后的尿道括约肌修复具有较强的作用，同时，与以往的胶原注射治疗尿失禁相比，肌源性干细胞可在注射部位生长、增殖并表达，从而长期发挥其效应，而胶原纤维却会被宿主吸收，导致长期疗效的减退。

第十二节　肝脏组织工程

肝脏组织工程的研究主要集中在肝脏生物反应器的研究方面。生物反应器作为一个重要的媒介促进肝组织工程及生物人工肝的研究发展。同时，肝细胞反应器可有效提高培养肝细胞的生物功能，其也将为肝再生医学的理论研究、肝脏的药物代谢及功能评价等提供有效的技术手段，肝细胞生物反应器的研发具有重要的理论意义和巨大的经济价值。

一、肝脏组织工程的应用

肝脏是人体内最大的物质与能量交换器官。由复杂的细胞与细胞外基质组成，具有复杂的血管、胆管结构。肝组织的修复与重建是信号分子和力学刺激相耦合的多重调控过程，因此，在肝组织工程及其应用研究中，肝细胞生物反应器已成为体外实现促进肝细胞再生、诱导功能化肝组织再建的仿生微环境的重要手段，并已成为肝组织工程研究热点之一。

各种肝组织生物反应器以不同形式营造一个与体内近似的环境，以利于体外重建肝组织。功能化的肝组织可以作为外植体，解决肝供体来源不足的问题；可作为体外肝支持系统的代谢解毒中心对肝功能衰竭起到治疗作用；或是辅助治疗肝脏移植患者；亦可为药物筛选研究使用。肝细胞生物反应器目前需要解决的问题包括：①生物反应器内部的供氧问题；②反应器内部的细胞密度和分布问题；③反应器的微型化问题。生物反应器目前还只是在一定程度上模拟了肝脏的生理环境，与真正的肝脏系统还有差距，有待进一步研究解决。

二、肝脏的解剖结构功能

肝脏是人体中最大的腺体，也是最大的实质性脏器，主要位于右季肋部和上腹部。肝脏有丰富的血液供应，呈现棕红色，质软而脆。肝脏的血液供应来自门静脉和肝动脉。门静脉的终支在肝内扩大为静脉窦，它是肝小叶内血液流通的管道。肝动脉是来自心脏的动脉血，主要供给氧气，门静脉收集消化道的静脉血主要供给营养。肝脏具有分泌胆汁，参与糖、蛋白质、脂肪代谢，以及解毒和免疫等重要功能。

1. 代谢功能

1）糖的代谢：饮食中的淀粉和糖类消化后变成葡萄糖经肠道吸收，肝脏将它合成肝糖原储存起来。当机体需要时，肝细胞又能把肝糖原分解为葡萄糖供机体利用。

2）蛋白质代谢：肝脏是人体白蛋白唯一的合成器官；γ球蛋白以外的球蛋白、酶蛋白及血浆蛋白的生成、维持及调节都要肝脏参与；氨基酸代谢，如脱氨基反应、尿素合成及氨的处理均在肝脏内进行。

3）脂肪代谢：脂肪的合成和分解、脂肪酸分解、酮体生成与氧化、胆固醇与磷脂的合成、脂蛋白合成和运输等均在肝脏内进行。

4）维生素代谢：许多维生素，如维生素 A、维生素 B、维生素 C、维生素 D 和维生素 K 的合成与储存均与肝脏密切相关。

5）激素代谢：肝脏参与激素的灭活，当肝功长期损害时可出现性激素失调。

2. 胆汁生成和排泄

胆红素的摄取、结合和排泄，胆汁酸的生成和排泄都由肝脏承担。肝细胞制造、分泌的胆汁，经胆管输送到胆囊，胆囊浓缩后排放入小肠，帮助脂肪的消化和吸收。

3. 解毒作用

人体代谢过程中所产生的有害废物、外来的毒物、毒素、药物的代谢和分解产物，均在肝脏解毒。

4. 免疫功能

肝脏是最大的网状内皮细胞吞噬系统，它能通过吞噬、隔离和消除各种抗原物质，激发免疫反应。

5. 凝血功能

几乎所有的凝血因子都由肝脏制造，肝脏在人体凝血和抗凝两个系统的动态平衡中起着重要的调节作用。肝功破坏的严重程度常与凝血障碍的程度相平行，临床上常见肝硬化患者因肝脏功能衰竭而致出血甚至死亡。

除此之外，肝脏还参与人体血容量的调节、热量的产生和水、电解质的调节。例如，肝脏损害时，会对钠、钾、铁、磷等电解质调节失衡，常见的是水、钠在体内潴留，引起水肿、腹腔积液等。

三、生物反应器在肝组织工程中的应用

（一）生物反应器

与皮肤和软骨相比，肝组织是多管道构成的复杂体系，又含有肝实质和多种非实质细胞及细胞外基质。肝脏组织的体外重建依赖于细胞的高密度培养，需要建立一个有利于各种细胞、细胞外基质、细胞、细胞间相互作用的生长微环境。

生物人工肝的基本要素包括生物成分、高活性和功能的肝细胞、适合的生物反应器与外部控制系统、有效的体外循环系统。肝细胞生物反应器是体外生物人工肝的核心。近年来，随着工程学及材料学的发展，加快了生物反应器在生物人工肝领域的应用研究步伐。各种肝组织生物反应器以不同形式营造一个与体内近似的环境，以利于体外重建肝组织。

在肝组织生物反应器的发展过程中，先后出现了平板型生物反应器、旋转瓶型生物反应器、中空纤维型生物反应器、灌流床支架型生物反应器、肝细胞包裹/悬浮型生物反应器等。随着航空航天技术的发展，利用微检测技术和微制造技术制作了微重力型生物反应器和小/微型生物反应器。目前大量相关研究已表明，体外生物反应器培养有利于构建具有部分肝功能的类肝结构组织。早期研究多为旋转瓶型生物反应器，近年来以各种不同支架材料填充的灌流床支架型生物反应器和微重力型生物反应器显示了较好的发展前景。

中空纤维型生物反应器在该领域研究得比较广泛。传统中空纤维型生物反应器由成千上万根空心毛细管组成，中空纤维平行排列，置于圆柱形密封舱内，在纤维管半透膜内外形成 2 个独立的腔隙，分别用于培养肝细胞或血液循环灌注。现已衍生出不同的类型，并已应用于 HepatAssist 2000 系统、ELAD 体外肝脏支持系统、BLSS 肝脏支持系统、MELS 系统，取得了一定的临床效果。Aoki 等（2008）通过中空纤维管的有序排列构建类似肝小叶的结构，将肝细胞种植于外腔，治疗由局部缺血造成的肝功能衰竭小鼠。小鼠血氨升高水平得到抑制，4 周后血液组成恢复到正常水平，肝脏体的质量也恢复到正常水平。

基于非中空纤维型生物反应器的人工肝系统主要是 RFB 系统和 AMC 系统，两者均为灌流床支架型生物反应器系统，只是内部组成模式不同，且均已应用于临床试验。

灌流床支架型生物反应器通过培养液在接种有肝细胞的支架间的流动，促进培养液与肝细胞间的物质交换和运输，同时给予肝细胞相应的力学信号刺激。不同的研究小组分别采用人肝癌细胞系/永生化的窦状内皮细胞系/永生化肝星型细胞系（Saito et al.，2006）、人实质细胞和非实质细胞（Gerlach et al.，2003）、小鼠细胞（Torok et al.，2006）、猪胚胎肝细胞（Ishii et al.，2008）为研究对象，在灌流床支架型生物反应器内进行培养。研究结果显示，各种细胞间建立了紧密连接，形成了胆小管等类肝组织结构，肝脏功能的特异性基因/蛋白质等的表达也均明显高于静态培养。Enosawa 等（2006）分别利用辐射灌流床支架型生物反应器治疗猪肝功能衰竭，明显地改善了肝功能衰竭对实验组动物大脑的损伤程度。

微重力型生物反应器系统通过旋转壁实现模拟微重力，营造一个低切应力的环境，实现了细胞的高密度培养。Okamura 等（2007）也报道，利用该生物反应器培养新生小鼠肝脏细胞经体外培养 8 d，免疫组织化学分析表明，细胞聚集体表面有分支胆管结构形成，具有分泌尿素和白蛋白的成熟肝细胞分布于胆小管周围，表明利用微重力型生物反应器可在体外有效诱导功能性肝组织结构的重建。Hochleitner 等（2005）研制的双通路微重力型生物反应器，利用中轴和外轴同向或反向旋转，为培养猪肝细胞聚集体提供了一个相对稳定的环境，同时一条通路为患者的血液透过管状半透膜缠绕在外壁，进行物质交换；另一条通路由具有直径 0.45 μm 孔的中轴来实现培养细胞的氧气和营养传送。该反应器的另一大特点在于所有通路的出口在一侧，便于操作。随后，该研究组（2006）将其用于猪肝功能衰竭模型实验，取得了较好的结果。

Sun 等（2003）将暴发性肝功能衰竭大鼠的血浆以 1～2 ml/min 的速度流入内置微囊化肝细胞悬浮型生物反应器内，血液灌流在肝功能衰竭诱导 5 h 后开始，并持续 7 h。与对照组相比，其生存时间和代谢指标（如血氨、总胆红素水平）都有明显的改善。

Shinoda 等（2007）将转染人白细胞介素受体拮抗剂的小鼠肝细胞和鼠源成纤维细胞培养于双层平板生物反应器治疗由 *N*-氨基半乳糖诱导的肝功能衰竭小鼠，能够明显减少胞浆白细胞介素的水平，提升小鼠的存活率。

（二）生物反应器在药物筛选中的应用

在药物研发过程中，伴随对潜在药物靶点、内源性配体和底物的化学结构的认识，研究人员为新药提供了大量可筛选前体。传统的动物体内实验周期长，耗费大量人力财力，近年来，体外培养肝细胞已开始用于药物筛选。但二维体外培养中，由于肝细胞脱离了体内的微环境，在短时间内即丧失其生物转化所需的 I 相和 II 相酶类，很难真实地反映药物在肝脏中的实际代谢效果。小/微型肝细胞生物反应器具有保持肝细胞功能、减少肝细胞及被检测药物用量和实现高通量筛选等特点，在新药研发领域越来越引起研究者的关注。小型肝细胞生物反应器主要集中在传统生物反应器的规模缩小上。

Schmitmeier 等（2006）采用其研制的具有 24 个独立孔结构的薄膜平板型生物反应器培养猪肝细胞。与传统 24 孔板静态培养相比，葡萄糖消耗增加了 3.5 倍，乳酸合成减少了 6/7，尿素合成增加了 2.5 倍，白蛋白合成、解毒和生物转化能力长达 17 d。

Schitmeier 等研究组（2007）以此反应器为基础考察了不同氧分压及维生素 C 对猪肝细胞的影响，初步建立了一个药物氧化能力的筛选模型。Shvartsman 等（2009）利用新型分流装置同时对 35 个海藻酸多孔支架进行 C3A 细胞高效率接种（接种率 98%），并灌流培养，药物筛选 I 相、II 相酶基因表达量均高于静态培养，且 CYP3A4 表达量为静态培养的 50 倍，能更好地反映药物的代谢水平。

微型肝细胞生物反应器是随着微构型化技术和微阵列技术的发展而形成的，其采用计算机分析，模拟肝脏的生理微结构，对支架表面进行拓扑结构化修饰，在规模上采用点阵技术将小的单元集成在有限的空间内，构建了集成化程度更高、规模更加精细的微流体动态培养体系。Ostrovidov 等（2004）报道了由多孔聚二甲基硅氧烷（PDMS）膜制成的微型生物反应器（体积 10 mm×10 mm×100 μm），反应器含上下两个通路，肝细胞接种于膜上，处于上下培养液浸没中，为肝细胞提供良好的生长环境。Sivaraman 等（2005）构建的微反应器，其核心单元由细胞支架-通透性膜-支持支架组成。细胞接种于细胞支架孔内，每一个通道对应一个核心单元。与 2D 胶原涂膜静态培养相比，该体系能更好地维持药物代谢相关的 I 相和 II 相酶类基因表达。该体系可通过改变核心单元的数量来实现规模的放大和缩小，通过通道数量的改变来实现筛选的多重选择。

（三）生物反应器其他方面的应用

旋转辐射灌流型生物反应器可以提供轴向的切应力，构建体外肝切除手术后血流对细胞形态及肝再生因子表达影响模型。平板型生物反应器利于控制氧梯度，在体外构建肝脏分区模型，考察细胞代谢的变化。半乳糖修饰的膜反应器可用于研究肝应急情况的体外基因表达模型。

四、生物反应器的发展前景

生物反应器作为一个动态体系，伴随着生物反应器本身控制系统的优化，能够更好地控制反应器内部的传质，建立仿生物理化学梯度，实现肝细胞最小结构单元的模拟构建，并结合化学与材料学理论和技术，利用各种物理、化学和生物信号分子修饰支架材料以优化肝细胞培养微环境。这无疑将使生物反应器作为一个重要的媒介促进肝组织工程及生物型人工肝脏的研究发展，同时肝细胞反应器可有效提高培养肝细胞的生物功能，其也将为肝脏再生医学的理论研究、肝脏的药物代谢及功能评价等提供有效的技术手段。肝细胞生物反应器的研发具有重要的理论意义和巨大的经济价值。

目前生物反应器亟待解决的问题包括以下几个方面。

1）生物反应器内部的供氧问题：现在已有学者尝试用全氟碳、牛血红细胞、脂质体包埋的血红素等作为氧的载体或对多孔支架上进行凝胶化修饰以增强氧传递。

2）反应器内部的细胞密度和分布问题：如何最大限度地实现细胞在编织纤维、中空纤维、多孔海绵体支架等支架上的均匀分布，进行高密度培养，在体外重建肝组织、实现肝体外支持和体内植入等方面有着重大的意义。

3）反应器的微型化发展无疑对微流体调控组装技术和检测技术提出了更高的要求。

总之，生物反应器目前还只是在一定程度上模拟了肝脏的生理环境，与真正的肝脏系统还有差距，有待进一步研究解决。

第十三节 胆管组织工程

近年来，随着临床对胆道远端 Oddi 括约肌功能的逐步重视，各种形式的胆道修复术得到了发展。目前国内开展的多为自体组织修复，如带血管蒂胆囊瓣、胃瓣、空肠瓣等胆道修复。但由于自体组织必须取自健康部位，增加了创伤，且远期疗效尚不肯定，而同种异体或异种移植又存在免疫排斥，人工材料因此成为克服组织缺损的选择。近年来在胆道修复方面，无论不可降解型材料还是可降解型材料的研究都取得了进展，近期效果良好，远期结果尚不清楚。

一、胆管组织工程的应用

目前对于胆管缺失长度大于 1.5 cm 的处理原则是：为避免吻合口张力过大，放弃胆管对端吻合，牺牲 Oddi 括约肌行胆肠吻合。尽管胆肠吻合术是胆道损伤及狭窄的可选途径，但绝不是上选。无论胆道还是肠道，胆肠吻合都造成其结构和功能的极大损害。组织工程化人工胆管修复材料研究的不断开展和深入，将为这一问题的解决提供更广阔的空间。

二、胆管的解剖结构功能

肝外胆管即指肝脏外面的胆管系统。左右肝管虽然在解剖学上亦属于肝外胆管，但习惯上所说的肝外胆管是指左、右肝管的汇合口以下至胆总管的末端，包括肝总管、胆囊、胆囊管、胆总管几部分。

1）肝胆管。肝脏是人体中最大的消化腺，构成肝脏的基本细胞是肝细胞，胆汁就是从肝细胞分泌出来的。由 2～4 个肝细胞围成直径只有 1～1.5 μm 的毛细胆管，许多肝毛细胆管汇合成直径 15～20 μm 的胆小管。胆管向肝外伸展，越来越粗。左半肝内的胆管和右半肝内的胆管在肝门处汇合，形成长约 4 cm 的肝总管，它再与来自胆囊的胆囊管合并继续延伸为胆总管。

2）胆囊。胆囊位于肝脏下面的胆囊床中。胆囊颈部比较细，是胆囊结石容易卡住的部位。

3）胆总管。胆总管由肝总管和胆囊管汇合而成。胆总管向下行走，到接近十二指肠时，与胰腺的胰管相汇合，形成一个稍有膨大的部分，为肝胰壶腹。

胆总管走行于肝十二指肠韧带右侧缘内，在肝固有动脉的右侧、门静脉的右前方、下行于十二指肠第一段后方、胰头部后面沟内，斜行进入十二指肠第二段后侧壁而开口于十二指肠乳头。胆总管的长度成人 7～9 cm，管径 0.6～0.8 cm，一般不超过 1 cm。

根据胆总管的行径和毗邻，将胆总管分为 4 段：十二指肠上段、十二指肠后段、十二指肠下段即胰腺段及十二指肠段。十二指肠段是胆总管穿经十二指肠壁的一段，位于十二指肠第二段的内后侧壁中，呈斜向走行，在斜穿十二指肠壁内时，与胰管汇合，汇合后略膨大，形成肝胰壶腹。在肝胰壶腹及其附近有括约肌，并向肠腔内突出，使十二指肠黏膜隆起形成十二指肠乳头。胆胰管最后借乳头小孔开口于十二指肠。

三、不可降解型材料修复胆管的方法

用于胆道修复的不可降解材料需要具备以下特点。①良好的生物相容性：无毒、无热源反应、无致癌性、不引起免疫排斥反应。②可塑性和一定的机械强度：可预制成一定形状、能耐受胆汁的刺激。③材料便于加工、灭菌、消毒，且不易变性。④具有三维立体多孔结构：孔隙率最好达 90%以上，具有较高的面积体积比，以便提供宽大的表面积和空间，利于细胞黏附生长，细胞外基质的沉积、营养、氧进入及代谢产物的排出，也需有利于血管和神经长入。⑤良好的材料-细胞界面：利于细胞的黏附增殖，更重要的是能激活细胞特异性基因表达，维持细胞正常表型。

聚四氟乙烯（polytetrafluoroethylene，PTI）由氟和碳元素组成，惰性无毒，生物相容性及安全性好，并具有极稳定的理化性质和持久不变的张力。Hartung 等（1978）采用聚四氟乙烯（商品名 Teflon）修复胆管，发现该材料引起的炎症反应轻，效果较好，胆管上皮能够在 4 周内完全覆盖此种材料。在此基础上的膨体聚四氟乙烯（expanded polytetrafluoroethylene，ePTFE）较 PTFE 具有更高的孔隙率，其体积的 80%为纤维间隙，此网状结构容许细胞游走及细胞向内长入材料中。Ruka 等（1987）将 ePTFE 用于胆道修复，获得成功。Mendelowitz 和 Beal（1982）采用硬质 ePTFE 环状增强的 ePTFE 修补胆管，但由于其顺应性较差引起胆汁淤滞。Gomez 等（2002）用薄层氟化乙丙烯聚合物环状增强的 ePTFE（商品名为 Gore-Wex）修补胆管，胆汁引流通畅。

不可降解材料会不可避免地引起机体的纤维细胞增殖反应，势必对胆管上皮细胞的黏附生长及细胞外基质的沉积造成影响。不可降解材料胆管只能起到暂时替代的功用，长远来看，以可降解材料为基础的组织工程化人工胆管更值得关注。

四、可降解型材料修复胆管的方法

作为细胞外基质的可降解型材料包括天然细胞外基质材料（如胶原和纤维粘连蛋白等）、合成材料（如聚乙醇酸、聚乳酸等）及半合成材料。用于胆道修复的可降解型材料除应具备不可降解型材料的上述特点外，还需具备以下特点：①降解产物对细胞无毒害作用，不引起炎症反应；②降解率应与组织细胞生长率相适应；③能为新生组织提供支撑，并保持一定时间直至新生组织具有自身生物力学特性。可降解型材料着眼于提供组织周边自身细胞生长的环境，调控长入细胞的分化行为，最终实现组织再生性修复。可降解型材料能起到支架与细胞外基质的双重作用，在保持胆道完整性的同时，通过细胞外基质-细胞间的信号转导，诱导细胞生长分化。

（一）天然细胞外基质材料

天然细胞外基质材料（如胶原和纤维粘连蛋白等），其优点是与活组织的相容性良好、可塑性好，但强度有限、容易变形，需与其他材料复合，以改善其力学强度和变形性。

小肠黏膜下层（small intestinal submucosa，SIS）是一种不含细胞的天然细胞外基质，生物相容性良好，富含 I、III 型胶原及纤维粘连蛋白，I 型胶原的 α1 链可与细胞表面的特异受体结合，以促进细胞的黏附、增殖和分化；纤维粘连蛋白富含精氨酸-甘氨酸-天冬氨酸亚基，通过 α3-β1 黏合分子在细胞黏附中发挥重要作用，参与血管结构形成，调节细胞与基质之间的信息传递。SIS 无免疫原性，具有抗微生物活性，具有良好的孔隙率，为宿主细胞的黏附、植入、生长提供空间。而且其生物力学特性适合胆道要求，能够提供暂时的机械支撑，并维持足够的时间，直到再生组织有足够的支撑力为止。SIS 含多种生长因子，包括 FGF-2、TGF-β、bFGF 及 VEGF 等，即使经过制备过程，这些生长因子仍存在。植入宿主后，能迅速诱导细胞浸润，刺激血管生成和宿主细胞的长入和分化，再生的组织在结构和功能上均与原有组织相似。

2002 年，Rosen 等（2002）应用猪 SIS 修复狗胆道获得成功，实验模拟了两种临床常见情况。①胆管壁小范围缺损：将胆总管沿纵轴切开 2 cm，SIS 作为补片缝合于切开两断面。②胆管壁广泛缺损：沿纵轴切除胆总管周径的 2/3，长 2 cm，SIS 作为插入物修复胆管。显微观察发现：2 周时，主导细胞为巨噬细胞、多形核细胞及纤维母细胞，移植物边缘有胶原沉积及血管浸润，并存在胆管上皮细胞；1 个月时，主导细胞为纤维母细胞及少量巨噬细胞；2 个月时，SIS 基本为自身胶原所取代，仅小块残留，内面被覆胆管黏膜上皮；5 个月时，SIS 完全降解，为再生的胆管组织所取代，再生的胆管组织周围纤维组织增生反应极轻微。在动物实验成功的基础上，Rosen 等将猪 SIS 用于人体胆管缺损的修复，取得进一步成功。

（二）合成材料

合成材料（如聚乙醇酸、聚乳酸等），其降解速度和机械性能可人为调节，但提供的基质-细胞间信号转导能力有限。

Miyazawa 等（2005）将可降解型合成材料应用于胆道修复。移植物呈管状，直径 5 mm，壁厚 1 mm，为聚乳酸、聚己酸内酯及聚乙醇酸的聚合物。实验动物行胆总管部分切除，移植物近端与胆总管吻合，远端吻合于十二指肠降段。实验发现，10 周时移植物完全降解，再生胆管功能正常。但胆管上皮于 10 周时尚未完全覆盖管腔内壁，晚于 SIS，考虑可能与材料性质及胆管完全离断有关。实验同时比较了内壁预先种植自体造血干细胞对移植物修复结果的影响，结果并无显著区别。

（三）半合成材料

可降解型合成材料缺乏与细胞相互作用的受体或配体蛋白，因而其功能大多仅限于过渡性的替代支撑。半合成材料通过对合成材料的特殊修饰，如添加整合素蛋白及生长因子等，可促进宿主细胞的黏附、植入、生长及分化，从而实现组织的再生性修复。与天然细胞外基质材料比较，半合成材料一方面可以更好地模拟细胞外基质支撑及信号转导的双重作用，另一方面具有可根据不同组织创伤修复的差异实现人为调控的优势，因而有更广阔的研究及应用前景。

第十四节　口腔组织工程

组织工程在口腔的应用研究主要在牙周组织及涎腺重建领域。

一、口腔组织工程的应用

（一）牙周组织重建

牙周病可导致牙周支持组织的破坏，最终导致牙丧失。牙周病治疗的目的在于使已经破坏的牙周组织再生以形成新附着。牙周的重建包括因炎症破坏吸收的硬组织（牙槽骨与牙骨质）和软组织（牙周膜与牙龈）。现有的治疗方法不能获得牙周组织的完全再生，组织工程技术的出现为实现牙周组织的完全再生提供了全新的思路和方法，有着巨大的潜力和广阔的前景。但仍有许多问题亟待解决：纯化种子细胞PDLC、寻求种子细胞的多种来源途径、获取理想的基质材料、完善牙周组织工程动物实验模型等。

（二）涎腺重建

颌面部肿瘤、自身免疫性疾病、涎腺自身疾病等常导致涎腺组织不可逆性损伤，出现口干、龋齿、吞咽困难等症状。目前对此类疾病仍然没有有效的治疗方法。组织工程技术的出现，为涎腺组织的修复重建提供了可能。涎腺组织工程也成为近年研究的热点，其主要研究内容包括种子细胞的选择、支架材料的研究和组织工程化涎腺的体外构建及植入。尽管涎腺组织工程研究已取得许多成果，但在体外如何构建具有盲端的树枝状管状支架及细胞/支架复合体，如何使种子细胞定向分化为多种组织细胞，组织工程化涎腺植入体内后生物相容性、细胞毒性、血管化和神经支配调节等问题还有待解决。到目前为止，尚无组织工程化涎腺应用于临床。

二、口腔的解剖结构功能

口腔是消化道上端的一个扩大空腔，由上下颌骨、肌肉、血管、神经、唾液腺、黏膜和皮肤等组成。口腔具有咀嚼食物、品尝滋味、吞咽食物、帮助发音、辅助呼吸等功能。

口腔的两侧是颊，在颊黏膜的中央有腮腺导管的开口，大部分唾液就由此分泌。口腔上壁的前部是硬腭，其后部是软腭，在软腭的最后中央是悬雍垂，硬腭和软腭将口腔与鼻腔分隔开。口腔的后面与咽部相连接，上通鼻腔，下通咽喉，是呼吸及吞咽的必经之路。口腔内有舌和牙齿等。舌的表面略显粗糙，一般可以见到很多红色和白色的小乳头，舌根部还有 8～10 个呈“人”字形排列的大且扁平的乳头。乳头四周有很多极细小的味蕾，味蕾里面有味觉细胞。舌除有调节发音的作用外，还有咀嚼、味觉和吞咽等生理功能。

口腔里的唾液主要是从腮腺、颌下腺和舌下腺分泌出来的。腮腺通过细长的导管开口于颊黏膜的中央，颌下腺及舌下腺开口于舌系带两旁。唾液不但可以使口腔经常保持湿润，而且还能与食物混合，有助于吞咽和消化。

三、牙周组织的工程化组织器官设计制造方法

牙周病是一种慢性进行性疾病，可导致牙周组织的破坏，最终导致牙丧失。牙周病的治疗不仅在于控制炎症，更在于重建已经破坏的牙周组织，以形成新附着。

（一）种子细胞

1. 牙周膜细胞

牙周膜细胞（periodontal ligament cell，PDLC）是一组具有多向分化潜能的异质性多能干细胞，含有成纤维细胞、成骨细胞、成牙骨质细胞（cementoblast，CB）及未分化前体干细胞等多种细胞成分，具有合成新生牙周组织潜能，可移行于牙根面并进行迁移、增殖、分化等一系列生物学活动，可以形成新生的牙周结构，建立新附着关系，在牙周再生中发挥着极其重要的主导作用。慢性牙周病或随着年龄增长而造成 PDLC 干细胞池的减少及生物学信号的逐渐减弱或丢失，是影响牙周组织再生的主要原因。

Isaka 等（2001）的研究证实 PDLC 具有成骨细胞表型，高度表达碱性磷酸酶（alkaline phosphatase，ALP）。Nagatomo 等（2006）对从拔除的前磨牙和第 3 磨牙中提取的 PDLC 进行了一系列增殖分化检测，发现大约 30％的 PDLC 有复制潜能并形成单细胞克隆，其中 30％的克隆表现出 STRO-1 染色阳性，30％分化为成骨细胞，20％分化为脂肪细胞，而且 PDLC 可表达 MSC 的表面标志 CD105、CD166 和 STRO-1。Dogan 等（2003）将体外培养扩增的犬 PDLC 与富含血小板的自体血浆复合后，植入犬

第 2、3 前磨牙牙周 II 型根分叉手术制备的缺损处，42 d 后组织学检查发现细胞移植组牙骨质生成、牙槽骨再生及新生结缔组织附着均明显多于对照组。欧龙等（2000）应用自体 PDLC 移植结合 ePTFE 膜修复犬人工牙周缺损，发现细胞移植组新生牙槽骨、牙周膜组织及牙骨质的修复再生效果明显优于对照组。

2. 牙骨质来源细胞（CB）

功能性牙周再生的关键在于牙骨质再生，CB 可作为牙周组织工程种子细胞的另一来源。侯建霞等（2003）在体外成功培养出牛 CB，通过复层及体外矿化培养后植入裸鼠体内，7 周后取材，结果证实能形成类牙骨质。Jin 等（2003）将克隆化培养的鼠 CB、永生化的 PDLC 和牙囊细胞与聚乳酸聚羟基乙酸多聚体（PLGA）材料复合植入 SCID 小鼠皮下，术后 3 周及 6 周取材，发现 CB 组有矿化基质形成，且有骨钙素的表达。Zhao 等（2004）将体外培养永生化的鼠 CB、牙囊细胞与 PLGA 多孔支架复合后植入 SD 大鼠第 1、第 2 磨牙颊侧手术制备的牙周缺损骨开窗区，术后 3 周及 6 周的取材发现 CB 移植组形成了明显的新生骨、牙周膜及牙骨质，且部分形成的牙周膜纤维穿入新生的牙骨质及新生骨内，表明达到了完全意义的牙周再生，所形成的矿化组织表达骨涎蛋白、骨钙素基因，证实了形成的矿化组织为牙骨质或骨样组织。

3. 骨髓基质干细胞

骨髓中含有丰富的具有多向分化潜能的骨髓基质干细胞（marrow stromal stem cell，MSC）。使用各种不同的诱导剂和方法，可分别使 MSC 向成骨、成软骨、成脂肪、成肌细胞等方向分化。与 PDLC、CB 相比，MSC 具有较强的增殖能力和多向分化潜能，来源丰富，取材简便，对机体的损伤小。刘宏伟等（2000）抽取犬髂骨骨髓，体外分离培养 MSC，结合 GTR 将细胞移植至犬下颌前磨牙根分叉区牙周骨缺损处，证实自体 MSC 移植可加快牙槽骨再生。

4. 外胚 MSC

牙周组织来源于外胚间充质，其细胞成分的前体亦可追溯到外胚 MSC（EMSC）来源。EMSC 是近年来干细胞研究的一个热点。面突 EMSC 起源于颅神经嵴，是胚胎颅颌面发育过程中的暂时性结构，可以分化为成骨细胞、成软骨细胞、牙乳头细胞、牙囊细胞、雪旺细胞、听神经节等，形成上下颌骨、颞下颌关节软骨、牙本质、牙骨质、牙周膜等组织器官，在颌面及牙齿的发育过程中起重要作用。张光东等（2003）联合应用胰岛素样生长因子 1（IGF-1）和碱性成纤维细胞生长因子（bFGF），在体外三维培养条件下诱导大鼠 EMSC 向成牙本质细胞方向分化，4 d 后细胞呈现单极突起平行排列形态，免疫组织化学染色抗牙本质涎蛋白呈阳性表达，证明细胞诱导分化成功。

5. 基因转染细胞

将特殊基因转染人种子细胞，可使其自分泌某种特殊蛋白和因子，如骨形成蛋白

(BMP)、血小板衍化生长因子（PDGF），以促进组织再生。Krebsbach 等（2000）将 *BMP-7* 基因转染牙龈成纤维细胞（HGF）后植入小鼠皮下，在植入区观察到骨样结构形成。Jin 等（2003）将 *BMP-7* 基因通过腺病毒载体转染大鼠皮肤成纤维细胞，并将转染细胞体外扩增后与胶原凝胶复合，植入大鼠牙周骨手术制备的缺损区，结果表明缺损区有新生骨和牙骨质生长，与牙周组织缺损的生理性愈合接近。Giannobile 等（2001）通过重组腺病毒载体将 *PDGF* 基因转染入克隆化培养的 CB 中，与持续给予外源性 PDGF 的 CB 相比，基因转染后的 CB 活性增强，增殖效率和 DNA 合成率高且活性持久。上述研究表明非骨源性细胞经基因导入修饰后也具有成骨效应。

（二）细胞因子

PDLC 作为牙周组织工程的首选种子细胞，在生长因子的调控下可能发挥出最大再生效能。体内多肽生长因子在组织的损伤修复中发挥多效性调节功能，其中包括细胞的生长、繁殖、分化、趋化作用及细胞基质的合成等。与牙周组织工程有关的生长因子主要有 PDGF、转化生长因子 β（TGF-β)、BMP、bFGF、牙骨质起源因子（CGF)、纤维连接蛋白（FN)、表皮生长因子（EGF）和 IGF。

1. PDGF

PDGF 是引起广泛关注的牙周膜再生中最有效的因子，能诱导 FN、I/III/V 型胶原蛋白及组织金属蛋白酶抑制因子的合成，刺激成骨细胞活性，刺激 MSC 成骨细胞活性，抑制胶原酶和纤维蛋白酶原激活因子的作用。PDGF 作为成骨细胞和成纤维细胞潜在的分裂繁殖和趋化因子，可刺激其胶原蛋白和非胶原蛋白的合成，调节成骨细胞中 ALP 的活性，促进骨的矿化、诱导骨的形成，加速细胞代谢，促进牙骨质再生。PDGF 还能刺激 HGF 的透明质酸盐合成，而透明质酸盐则是形成细胞外基质网架结构首要的物质。PDGF 作用机制是它与细胞表面特异性受体结合后产生细胞递质，起信号转导作用，从而使细胞核内遗传物质特异性地诱导或抑制 DNA 向 mRNA 转录而改变特异蛋白质水平。Chong 等（2006）的实验证明，釉质基质的衍生物和 PDGF 的合成物可使人成牙周膜韧带细胞的增生和对伤口组织的修补起到极大的促进作用。McGuire 等（2006）对牙周骨质缺损的患者进行了随机对照双盲实验，用缓冲剂和 β-磷酸三钙（β-TCP）进行治疗的患者为对照组，而采用重组人 PDGF 和 β-TCP 进行治疗的患者为实验组。术后 6 个月的影像学证明，实验组新生骨小梁及对 X 射线的阻光区明显，证明其已经矿化成熟。

2. TGF-β

TGF-β 是一族广泛存在、对包含 PDLC 在内的多种细胞有广泛生物学效应的多肽生长因子，特别对细胞外基质（ECM）合成有明显的增殖效应。TGF-β 与牙槽骨、牙骨质等牙周硬组织的再生密切相关。

3. BMP

BMP是广泛存在于动物骨骼和牙齿中的一种低分子糖蛋白多肽，包括骨细胞在内的许多细胞类型均产生BMP。BMP在骨的诱导和形成方面发挥重要作用，是促进牙槽骨和牙骨质再生的有效因子，在骨形成时诱导非分化间叶细胞的有丝分裂，增加骨细胞中ALP活性，诱导成骨细胞显型的表达。BMP诱导牙周异质性多能干细胞的生长和分化，使PDLC向CB、成骨细胞和牙周韧带等表型细胞分化，促进牙槽骨、牙骨质等分化细胞根向迁移和生长。Jones等（2006）对双下颌前磨牙和磨牙缺损患者的种植修复实验表明，由rhBMP-2与PLGA构成的复合物有利于种植体周围的骨组织的早期修复愈合。Miyaji等（2006）发现高浓度的BMP-2会刺激牙本质的吸收，而低浓度的BMP-2则可以刺激类牙骨质物质的生成。

4. bFGF

bFGF是一种肝素黏合多肽，具有促进细胞增殖、分化和黏附等多种细胞生物活性。bFGF也是促进PDLF趋化和分裂增殖的有效因子。bFGF还能促进内皮细胞在材料和ECM上的黏附。郑磊等（2000）的研究表明，bFGF对成骨细胞黏附特性的影响与浓度有关，bFGF在0.1～10.0 ng/ml浓度时可促进成骨细胞在支架材料的黏附，10 ng/ml时达到最大黏附率，但并非随浓度的增加而无限增大黏附率，究其机制可能与低浓度bFGF能更有效地促进成骨细胞表达整合素有关。

5. 其他因子

牙周组织工程涉及的其他生长因子包括CGF、FN 、EGF和IGF。

CGF是唯一存在于牙骨质中的生长因子，能促进原始细胞的生长迁移，并使其牙质细胞分化，促进较大分子质量胶原蛋白的合成。

FN是整合素家族成员之一，是细胞之间及细胞与ECM间黏着的介质。FN能显著促进牙龈和成纤维细胞的增殖。

EGF能起到限制、稳定PDLF显型的作用。

IGF是骨基质中含量最多的生长因子，由成骨细胞产生，经诱导细胞繁殖、分化和胶原蛋白的合成而促进骨的合成，而对牙周组织的修复再生，IGF的作用是促进PDLC的趋化、丝裂增殖和蛋白质的合成。

（三）支架材料

牙周组织工程对支架材料的基本要求是具有良好的生物相容性、生物降解性及降解可调性，以及良好的骨诱导性和骨传导性，以利于细胞黏附与增殖，易于塑形、易于消毒和保存。现已报道用于牙周组织工程和牙周再生的支架材料范围极广，有天然或人工合成的生物可降解材料，前者包括胶原、脱钙骨；后者包括人工合成的聚酯类材料，如胶原-聚乙烯-乙烯基乙醇（EVA）、聚羟基乙酸（PGA）、聚乳酸等，以及羟基磷灰石

(HA)、β-TCPL、可溶性钙磷玻璃等生物活性材料，还有胶原蛋白等。

通过生物材料表面改性，构建生长因子或细胞因子质粒 DNA 的控释三维载体，可以诱导种子细胞的定向分化。改性的载体能增加种子细胞载体的黏附。Peng 等（2001）体外构建了 PDLC 在 EVA 杂合体上三维复合培养。结果发现，PDLC 能在 I 型胶原涂层的 EVA 表面黏附、伸展，而且能分泌 I 型胶原及 FN，而在无胶原改性的 EVA 上 PDLC 生长状况不佳。这种胶原改性的 EVA 能够作为细胞载体。

田敏等（2005）发现聚羟基乙酸无纺网与 PDLC 间生物相容性好，能有效诱导胶原纤维和毛细血管网的形成，在牙周组织工程中有良好的应用前景。

近几年有学者将牛的腱纤维用酶消化和冻干法处理后制备的胶原膜用于动物和人种植试验，取得了满意效果，证实胶原膜具有良好的生物相容性及引导组织再生和复合生长因子的功能。骆凯等（2005）从牛肌腱中提取复合胶原制备富含 I 型胶原的三维支架材料（tendon mixed extraction of bovine collagen，tMEBC）进行体外培养人 PDLF，证实 tMEBC 具有良好的生物相容性，材料所具有的三维结构为细胞提供生长、增殖、分泌基质的微环境，可作为人 PDLF 的支架材料应用于牙周组织工程的研究。

（四）展　望

组织工程技术治疗牙周缺损的修复再生有着巨大的潜力和广阔的前景，但仍有许多问题亟待解决。纯化种子细胞 PDLC，寻求种子细胞的多种来源途径，获取理想的基质材料，完善牙周组织工程动物实验模型等是今后研究的重点。

四、涎腺的工程化组织器官设计制造方法

（一）种子细胞

种子细胞是组织工程中最基础、最重要的环节，种子细胞必须满足可长期保持细胞的增殖及分化活性，有正常分泌功能并具有生物安全性等多方面的要求。目前涎腺组织工程常用的种子细胞有 HSG 细胞、涎腺上皮细胞及干细胞。

1. HSG 细胞

HSG（human salivary gland）细胞是在软琼脂中克隆出的口底鳞状细胞癌放射治疗患者组织学良性的颌下腺细胞，是目前研究中最常用的种子细胞。HSG 细胞在涂布基质蛋白的载体材料上生长良好，并具有良好的增殖传代活性，能长期保持细胞功能活性。但 HSG 细胞作为异体种子细胞存在两大缺陷。其一，HSG 细胞具有无法控制的生长潜能，是否具有成瘤性还不确定。Aframian 等（2001）应用第一代复制缺陷重组逆转录腺病毒对 HSG 细胞进行单纯疱疹病毒胸腺嘧啶脱氧核苷激酶（HSV-tk）自杀基因的转染研究，从而提高了 HSG 细胞的生物安全性。其二，HSG 细胞在体外不能合成紧密连接相关重要蛋白 ZO-1、occludin、claudin-1 和 claudin-2，细胞间缺乏正常组织

细胞间的紧密连接结构，不能形成人造涎腺所必需的极性单层组织和液体单向分泌所必需的渗透压，Aframian 等（2002）通过 cDNA 稳定转染的方法转染 HSG 细胞，发现转染后的 HSG 细胞虽然表达了 claudin-1 和 claudin-2 两种蛋白质，但细胞间仍然缺乏紧密连接结构。基于这两方面的缺陷，作者认为 HSG 细胞并不适合用作人造涎腺种子细胞。

2. 自体同源涎腺上皮细胞

近年来，自体同源涎腺上皮细胞（autologous salivary gland epithelial，ASGE）被认为是更合适的种子细胞。以往研究表明，涎腺上皮细胞经体外培养可保持分泌功能，但增殖传代活性较差。Kagami 等（1998）将接种有鼠涎腺细胞的胶原海绵植入裸鼠背部皮下，有涎液积聚，淀粉酶检测及 3 周后的细胞淀粉酶免疫组化染色均为阳性，说明移植后细胞活性及分化功能保存完好。Aframian 等（2004）将鼠涎腺上皮细胞在体外培养 5 代，证实采用 NIH 3T3 成纤维细胞滋养层可明显促进 ASGE 细胞的生长，抑制成纤维细胞过度生长。ASGE 细胞保持了涎腺上皮细胞组织学及功能特性，具有紧密连接结构和桥粒，在部分细胞中还观察到分泌颗粒，结合免疫荧光法，作者认为 ASGE 细胞为多样性涎腺上皮细胞，包括分泌管细胞和腺泡细胞。Tran 等（2005）报道了一项以人类颌下腺上皮细胞（human submandibular epithelial cell，huSMG）作为种子细胞的研究。在无血清培养基上此细胞可生长良好，表现出天然上皮细胞特有的形态学和功能特征，并可表达内源性紧密连接相关蛋白（ZO-1、claudin-1 和 E-cadherin）及其他一些膜蛋白，形成细胞间紧密连接结构，从而形成极性单层上皮细胞层。作者认为此细胞可能来源于分泌管上皮细胞。尽管如此，huSMG 细胞不能表达水通道蛋白，是否可形成所需的渗透梯度还不确定。

3. 干细胞

近年来有学者提出将干细胞用作涎腺组织工程种子细胞的设想，但目前尚未从涎腺腺体内成功分离出干细胞。Okumura 等（2003）的试验中将鼠涎腺主导管结扎后，腺细胞消失，导管细胞增生；松开导管 3 周后腺体恢复分泌功能，作者据此推测涎腺内存在干细胞。将增生的导管上皮细胞体外培养后植入肝脏，发现其可融入肝小梁并分泌白蛋白，进一步证实涎腺内存在具有干细胞特性的细胞，并能分化为内胚层细胞系。Kishi 等（2006）采用集落形成测定法发现新生小鼠颌下腺细胞增殖能力强，RT-PCR 及免疫染色证实表达了腺泡、导管和肌上皮细胞标志物，进一步证实了涎腺组织中存在多能干细胞。但对涎腺功能丧失的患者如何取得干细胞还有待进一步研究。

4. 永生化涎腺细胞系

为获得更多可长期传代的功能细胞，学者们进行了涎腺种子细胞永生化的研究。Quissell 等（1998）用含有复制缺陷 SV40 基因组质粒转染涎腺细胞，所得永生化涎腺腺细胞已克隆出导管、肌上皮、鳞状上皮和腺泡上皮株，动物实验证实无肿瘤形成，但这些永生化的细胞系尚未直接作为种子细胞用于涎腺组织工程的研究。虽然永生化细胞解决了细胞增殖有限的难题，但转化细胞的安全性及能否利用细胞永生化来保持种子细胞的长期活性尚有较大争议。

（二）生物支架材料及基质蛋白

理想的支架材料应具备良好的生物相容性、多孔的三维结构、有效的表面活性、可塑性、亲水性、细胞吸附性、生物降解性；种子细胞应该能在管道内壁形成单层、有分泌功能的极性排列。目前研究的支架材料主要为人工合成高分子材料、天然管状生物材料等。

1. 高分子支架材料和基质蛋白

目前支架材料的研究以人工合成高分子材料为主，如聚乙醇酸、聚乳酸及两者的共聚物等。在材料表面涂布基质蛋白可促进细胞的黏附生长及功能特征的保持。Aframian 等（2000）将 HSG 细胞分别接种于聚乳酸、聚乙醇酸及两者的共聚物上，发现缺乏基质蛋白覆盖的载体材料，细胞不能黏附生长，认为复合基质蛋白的聚乳酸和聚乙醇酸较适合用作人造涎腺支架材料。Tao（2006）在涂布基质蛋白的聚乙二醇对苯二甲酸酯/聚对苯二甲酸丁二醇酯（PEGT/PBT）薄膜及三维管状支架内培养小型猪腮腺上皮细胞，细胞都可生长良好并形成极性单层细胞，保持了上皮细胞形态学和功能学特点。目前常用的基质蛋白有纤维粘连蛋白、层粘连蛋白、I 型胶原、明胶、丝素蛋白等。在载体上加入一些细胞因子、生长因子也可促进细胞的黏附生长。

2. 天然管状生物支架

采用动物气管、食管等天然管状材料经脱细胞处理后可用作支架材料。这些材料的抗原性低，具有天然管道系统，可更好地模拟涎腺管状结构。邓春富等（2004）采用组织脱细胞技术，将 SD 大鼠颌下腺组织脱去细胞成分及可溶性蛋白质成分，保留完整的细胞外基质构架，制成颌下腺脱细胞基质（submandibular gland cellular matrix, SGAM）支架，并在此载体上培养颌下腺细胞，结果表明该类材料组织相容性好，组织三维空间结构保持完整，陷窝和天然的孔隙结构可使细胞生长良好，并有利于细胞在三维空间中的运动和迁移，是一种较为理想的支架材料，但材料的细胞毒性等有待进一步实验研究。

3. 其他材料

壳聚糖及处理后的胶原海绵、蚕丝等材料具有较好的孔隙率及组织相容性，也可用作人工涎腺的支架材料。

（三）展　　望

涎腺组织工程最终要将体外构建的支架-细胞复合物植入颊黏膜下，导管开口于口内，以达到模拟天然涎腺系统，向口腔内分泌涎液的目的。尽管涎腺组织工程研究已取得许多令人瞩目的成果，但在体外如何构建具有盲端的树枝状管状支架及细胞-支架复合体，如何使种子细胞定向分化为多种组织细胞，组织工程化涎腺植入体内后生物相容性、细胞毒性、血管化和神经支配调节等问题还有待解决。涎腺组织工程修复受损涎腺理论上是可以实现的，虽然目前的研究还集中于支架材料、种子细胞及两者复合物等方面，但我们相信组织工程化涎腺最终能应用于临床，为治疗涎腺疾病带来希望。

第十五节　脂肪组织工程

一、脂肪组织工程的应用

脂肪组织工程的最主要应用在于乳房重建。乳腺癌在妇女中发病率很高，至今，手术切除仍是其治疗的主要方法之一。乳腺切除给妇女患者生理和心理造成较大的创伤，现有的多种乳房重建方法各有其局限性。①硅胶假体植入：其植入后可能引起异物反应造成乳房变形，还有破裂、移位、引起血肿及感染的可能。②自体成熟脂肪细胞移植：由于成熟脂肪细胞不能分裂增生以填补吸收后的缺损，移植后50%～70%的细胞会被吸收，所以远期效果不佳。③腹直肌肌皮瓣成形术：尽管并发症比使用假体少，但存在供区受限、乳头成形困难、腹壁薄弱易形成疝及皮瓣肌肉萎缩等问题。

脂肪组织工程重建乳房以移植自体可增殖细胞为基础，有可能弥补以上方法的一些缺点，从而为乳房重建提供新的途径。目前脂肪组织工程重建乳房尚处于实验研究阶段，但近几年来已取得了一些突破性进展。

二、脂肪的解剖结构功能

脂肪是人体中一部分比较特殊的组织，它分布于皮下各个部位及腔内脏器旁。皮下脂肪通常分为3层：皮下固有脂肪层、浅层脂肪层（晕层）、深层脂肪层（板层）。脂肪组织主要由脂肪细胞、少量纤维母细胞和少量的细胞间胶原物质组成。脂肪细胞中脂肪占80%、水占18%、蛋白质占2%。脂肪细胞的平均直径为80 μm。每个脂肪细胞的含脂量为0.6 μg。正常人的脂肪细胞数量为3×10^{10}个。正常情况下，2～5岁时脂肪细胞前体与成纤维细胞类似，能分化成为脂肪细胞，一部分细胞向脂肪细胞分化，而另一部分细胞则成为干细胞，即前脂肪细胞。这个时期由一些目前还不清楚的因素促使前脂肪细胞最终分化为脂肪细胞。在11～14岁性发育成熟后，脂肪细胞的数目也就不再繁殖增加了，以后的胖瘦都是因为脂肪细胞体积的增大或缩小所致。由于不同的部位脂肪细胞的数目不同，细胞的增大率也不同，往往导致一个人各个部位肥胖程度不同。

三、脂肪的工程化组织器官设计制造方法

脂肪组织工程即应用正常脂肪组织的活细胞，在体外进行大规模培养，并接种到三

维结构的生物相容性支架上，然后将其从体外培养环境转移至体内，并能促进与受区细胞整合和血管长入；最终，该构造在支架降解过程中逐步被宿主的健康软组织取代。

（一）种子细胞

1. 成熟脂肪细胞

成熟脂肪细胞可通过吸脂获得的自体脂肪组织取得，但脂肪细胞胞浆内的脂质对吸脂操作的损伤十分敏感，大量细胞遭到破坏。另外，成熟的脂肪细胞在培养过程中处于分化终末期，其增殖能力有限，不能轻易地扩增，因此阻碍了它们在组织工程方法中的进一步应用。

2. 前脂肪细胞

前脂肪细胞是脂肪组织中的前体细胞，这些细胞在分化前呈梭状或成纤维细胞，分化后变为圆形，并开始蓄积三酰基甘油，形成脂质空泡。前脂肪细胞被认为是一种比成熟脂肪细胞更好的种子细胞，因为它们容易培养、扩增，而且容易获得，不仅能扩大增殖到更多的细胞数，而且能分化为成熟的脂肪细胞。然而，前脂肪细胞经多次传代后，也会丧失分化能力。

脂肪组织工程策略是从患者身上吸取或切除的脂肪组织中获得前脂肪细胞和毛细血管内皮细胞，通过酶消化作用将它们分离出来。将它们作为种子细胞与适当的生长因子一起培养在多聚体支架上，然后将该支架植入到患者软组织缺损处。理想的结果是随着支架改型或吸收，前脂肪细胞会不断生长、增殖，并最终发育成熟为脂肪组织。Patrick 等（2002）应用这种方法证明了前脂肪细胞具有分化成为成熟脂肪细胞的能力，细胞在 PLG 支架上的生长状况说明前脂肪细胞经移植后具有长期的存活力，脂肪细胞的产生可通过组织学染色和荧光标记方法进行鉴定。

3. 干细胞

干细胞是一类具有自我更新与增殖分化能力的细胞，能产生表现型与基因型和自己完全相同的子细胞，同时还能分化为祖细胞。干细胞按其分化阶段的不同，可以分为胚胎干细胞和成体干细胞两类。干细胞能供给大量的细胞，如果成体干细胞的应用得以成功，那么就能利用患者自己的细胞构建组织，由此消除了其他来源细胞的排斥反应。目前，利用干细胞产生脂肪组织的研究已经越来越受瞩目，来源于骨髓和脂肪组织的干细胞极有希望成为可供脂肪组织工程选择的种子细胞来源。

Vashi 等（2008）试图在体外构建组织工程化脂肪，用骨髓来源间充质干细胞和普卢兰尼克 F-127 水凝胶制造了一个三维培养系统，并加入 I 型胶原。2 周后，在脂肪形成刺激素存在的条件下，经油红 O 染色证实骨髓来源间充质干细胞分化为脂肪细胞。

脂肪组织来源干细胞（adipose derived stem cell）显示出与骨髓来源干细胞非常相似的形态学表型，同样具有分化为中胚层起源的细胞和组织的潜力，包括脂肪细胞、软骨、骨和骨骼肌。一些在骨髓干细胞表面发现的 CD 抗原标记，同样也能在 ADSC 上发现。由于脂肪来源干细胞可从皮下脂肪组织中获得，并能很容易地被分离出来，在活体外和体内都显示出快速增殖并分化为成熟脂肪细胞的能力，为脂肪组织工程提供了一个光明的应用前景。然而，ADSC 的应用也有其局限性，它在体外大规模培养后也表现出明显的“衰老”迹象，由此限制了其移种能力。

由于脂肪来源干细胞（ADSC）能较好地经受住来自抽吸套管的机械性损伤，移植后具有良好的细胞存活力并能再生新的脂肪组织，Rubin 等（2007）用多孔的胶原微球作为细胞载体来培养和移植 ADSC，在搅动生物反应器内进行培养，经过试验证明该方法可行。培养几周后，细胞在微球上附着、增殖并保持高度活力。结果发现胶原微球对脂肪来源干细胞是一种良好的支架，能够使细胞在颗粒上进行体外增殖和分化，并且这些微球颗粒小到能以注射的方式植入到组织缺损部位。

目前干细胞在组织工程中的应用是研究的热点，有许多相关的问题需要解决，包括组织获得方法的标准化、细胞分离和培养。直到今天，没有发现一种确定的成体干细胞标记。缺乏这样的标记，有可能使干细胞的应用存在变异性。但无论如何，干细胞在脂肪组织工程的研究中已显示出了良好的应用前景，干细胞接受适当刺激后有分化为内皮细胞和脂肪细胞的能力，将有利于形成一个血管化的脂肪移植物，为应用组织工程脂肪组织进行软组织重建带来了希望。

（二）生 长 因 子

现已鉴定出一些在控制脂肪形成中起重要作用的转录因子，它们是 CCAAT/强化因子结合蛋白基因家族和过氧化物酶活性增殖子 γ-受体。还有激素和生长因子，如胰岛素及胰岛素样生长因子（IGF），它们能传递外部信号刺激脂肪细胞分化，促进脂肪形成及血管发生。向胎牛血清培养基中加入地塞米松、甲状腺激素或胰岛素等诱导剂，能使前脂肪细胞和干细胞的体外分化得到加强。

（三）支 架 材 料

理想的三维支架应具有临时细胞外基质的作用，为脂肪组织工程种子细胞提供附着、增殖、分化和营养代谢的场所。细胞以其附着的三维支架为模板，发展形成新的脂肪组织。在设计支架的时候，有许多因素值得考虑，包括支架的机械性能、降解特性、免疫原性、细胞对材料的反应性等。理想的材料修饰是将生物活性成分与支架材料结合，使支架成为一个生物分子控释系统，以使生物活性分子的释放持续于支架降解的全过程。这些加工技术的改进，使脂肪组织工程的支架材料有可能与细胞黏附分子、趋化因子和生长因子结合，系统地调控脂肪干细胞的黏附、分化、增殖和代谢功能，从而促进组织工程化脂肪的形成。现已研究出许多应用于脂肪组织工程的不同种类的人工合成支架材料，包括聚乙醇酸（PGA）、聚对苯二甲酸乙酯（PET）、多聚共乳乙交酯酸（PLGA）和聚四氟乙烯（PTEF）。天然衍生材料，如胶原、透明质酸衍生物、基质胶和纤维蛋白等也已得到研究。

对材料进行修饰可使之尽可能地增强细胞的黏附、增殖及生物相容性。Hemmrich等（2006）比较了装载有前脂肪细胞的透明质酸和胶原这两种生物材料对于脂肪组织工程的适用性。结果证明该方法能够使脂肪组织在活体内重新形成，但是支架孔径的大小和稳定性是限制细胞在其构造中充分分布的因素。他们在后面的研究中，应用纺织制造业中的空气动力学网状物形成方法和针毯技术制成了一个新的可降解基质——聚酯衍生的非针织物，它是以己内酰胺、己二酸和1，4-丁二醇为基础的三维结构。把人的前脂肪细胞播种到该支架上，并对细胞增殖、分化进行检测，结果显示前脂肪细胞能很好地黏着、增殖和分化。这些研究对于设计一种能使细胞相互作用最佳化的支架具有指导作用。

也有完全以细胞为基础的重建方法。Vermette等（2007）利用适当的培养方法学，试图通过刺激间质细胞自己产生细胞外基质（ECM），创造一个完全自体来源的组织工程脂肪替代物。他们应用来源于抽吸或切除下来的脂肪中的间充质干细胞进行体外培养，在脂肪细胞分化发生的过程中，添加维生素C，从而刺激间质细胞自己产生细胞外基质。有功能的脂肪细胞长入到自身分泌的胞外基质支架内，形成一个脂肪替代物。经扫描电镜观察，这些重建的脂肪组织的形态与皮下脂肪十分相似，而且能分泌脂肪动员因子并发挥β-肾上腺素刺激性受体介导的脂解作用，具有白色脂肪组织主要的生物学功能。

（傅 捷）

参 考 文 献

曹谊林．2008．组织工程学．北京：科学出版社：560

曹谊林．2008．组织工程学．北京：科学出版社：569

邓春富，刘月，谭学新．2004．下颌下腺脱细胞载体的制备及超微结构观察．上海口腔医学，13（1）：48～50

顾晓松，张沛云，王晓冬．2002．人工组织神经移植物修复狗坐骨神经缺损的实验研究．自然科学进展，12（4）：381～386

侯建霞，曹采芳，孟焕新．2003．牛成牙骨质细胞在体内形成牙骨质样组织的初步研究．中华口腔医学杂志，38（1）：70～72

侯天勇，伍亚民，龙在云．2006．RAD16-Ⅱ的物理特性及其在神经干细胞假体构建中的应用．中国脊柱脊髓杂志，16（10）：781～784

胡烯棠，陈晓翔，熊良俭．2003．人参皂甙Rbl促进大鼠雪旺细胞增殖的实验研究．中国修复重建外科杂志，17（1）：26～29

焦向阳，Stark G B．2001．角质细胞与成纤维细胞混合移植修复裸鼠全层皮肤缺损的初步报告．中华整形外科杂志，17（4）：230～232

李宏，魏娴，安琦．2006．生物反应器的设计与组织工程肌腱的构建．医用生物力学，21（2）：114～119

刘宏伟，欧龙，庞劲凡．2000．自体骨髓基质细胞用于牙周骨缺损移植的动物实验研究．牙体牙髓牙周病学杂志，10（3）：117～119

刘晶，易敬林，杨海军．2009．人骨髓间充质干细胞体外诱导分化为角膜缘干细胞的研究．江西医学院学报，49（2）：18～21，25

刘亚玲，金岩，胡大海．2004．组织工程全层活性皮肤在深度烧伤创面的临床应用．第四军医大学学报，25（3）：

224～228

卢涛，高天文，刘玉峰，等．2001．白癜风同种异体黑素细胞移植初步研究．中国皮肤性病学杂志，15（4）：240～242

骆凯，闫福华，金岩．2005．牛肌腱复合胶原与人牙周膜成纤维细胞培养的实验研究．中国修复重建外科杂志，19（3）：234～237

聂鑫，柴家科，金岩．2006．组织工程活性皮肤用于皮肤慢性溃疡创面．临床研究生物医学工程与临床，10（4）：342～345

欧龙，刘宏伟，庞劲凡．2000．自体牙周膜细胞移植对狗牙周组织再生的影响．中华口腔医学杂志，35（1）：44～46

秦廷武，杨志明，解慧琪．2002．动态应变下肌腱细胞三维培养的初步研究．华西医大学报，33（1）：1～4

史嘉玮，董念国．2005．RGD肽在组织工程领域的应用．中华实验外科杂志，22（9）：2510～2511

田敏，王贻宁，陈新明．2005．PGA无纺网与PDI Cs的3D共培养物在裸鼠体内的生长观察．口腔医学研究，21（2）：116～118

万虹，李德志，杨飞．2007．许旺细胞与PLGA共同移植于大鼠全横断脊髓损伤的实验研究．中华外科杂志，45（12）：843～846

魏芸，魏蕾．2008．兔阴茎海绵体内皮细胞的培养和鉴定．生物医学工程学杂志，25（4）：894～896

夏万尧，刘彦春．1999．组织工程化软骨组织形成的最佳细胞浓度和最佳形成时间．中国修复重建外科杂志，13（4）：244～248

薛锋，顾玉东，陈德松．2002．银杏叶提取物对周围神经损伤后运动神经元的保护作用．中华手外科杂志，180：46～48

张光东，金岩，史俊南．2003．大鼠外胚间充质细胞向成牙本质细胞样细胞定向诱导分化——三维诱导模型的建立．实用口腔医学杂志，19（3）：195～198

张雪娇，杨朝阳，李晓光．2009．壳聚糖对大鼠脊髓损伤后小胶质细胞/巨噬细胞的影响．中国康复理论与实践，15（4）：321～323

张兆清，余春艳，金岩．2006．复合骨髓间充质干细胞的组织工程皮肤治疗慢性难愈性溃疡探讨．中国皮肤性病学杂志，20（4）：211～213

郑磊，王前，魏宽海．2000．碱性成纤维细胞生长因子对骨髓基质细胞黏附、增殖和分化的影响．第一军医大学学报，20（2）：S4～S5

《中国组织工程研究与临床康复》杂志社学术部．2009．让昨天告诉今天：组织工程化气管研究的学术与技术进展．中国组织工程研究与临床康复，13（37）：7260～7261

Adanali G，Verdi M，Tuncel A，et al. 2003. Effects of hyaluronic acid-carboxymethylcellulose membrane on extraneural adhesion formation and peripheral nerve regeneration. J Reconstr Microsurg，19（1）：29～36

Aframian D J，Cukierman E，NIkolovski J. 2000. The growth and morphological behavior of salivary epithelial cells on matrix protein-coated biodegradable substrata. Tissue Eng，6（3）：209～216

Aframian D J，David R，Ben-Bassat H，et al. 2004. Characterization of murine autologous salivary gland graft cells：a model for use with an artificial salivary gland. Tissue Engineering，10（5～6）：914～920

Aframian D J，Tran S D，C ukierman E，et al. 2002. Absence of tight junction formation in an allogeneic graft cell line used for developing an engineered artificial salivary gland. Tissue Eng，8（5）：871～878

Aframian D J，Zheng C，Goldsmith C M. 2001. Using HSV-thymidine kinase for safety in an allogeneic Salivary graft cell line. Tissue Eng，7（4）：405～413

Almod S I，Goyal A. 2006. Novel use of skin substitute as rescue therapy in complicated giant exomphalos. Pediatr Surg，41（3）：7～9

Aoki K，Mizumoto H，Nakazawa K，et al. 2008. Evaluation of a hybrid artificial liver module with liver lobule like structure in rats with liverfailure. Int J Artif Organs，31（1）：55～61

Atala A，Bauer S B，Soker S，et al. 2006. Tissue-engineered autologous bladders for patients needing cystoplasty .

Lancent，367 (9518)：1241～1246

Atala A，Vacanti J P，Peters C A，et al. 1992. Formation of urothelial structures *in vivo* from dissociated cells attached to biodegradable polymer scaffolds *in vitro*. J Urol，148：658～662

Baez C E，Yoo J J，Kim B，et al. 2000. Creation of tissue engineered testicular prosthesis. J Urol，163 (Suppl)：303～306

Banta M N，Kirsner R S. 2002. Modulating diseased skin with tissue engineering：actinic purpura treated with apligraf. Dermatol Urg，28 (12)：1103～1106

Bini T B，Gao S，Xu X，et al. 2004. Peripheral nerve regeneration by microbraided poly (L-lactide-co-glycolide) biodegradable polymer fibers. J Biomed Mater Res，68A (2)：286～295

Brittberg M，Lindahl A，Nilsson A，et al. 1994. Treatment of deep cartilage defects in the knee with autologous chondrocyte transplantation. N Engl J Med，331 (14)：889～895

Bursac N，Papadaki M，White J A，et al. 2003. Cultivation in rotating bioreactors promotes maintenance of cartic myocyte electrophysiology and molecular properties. Tissue Eng，9 (6)：1243～1253

Cao Y，Vacanty J P，Ma X，et al. 1994. Generation of neo-tendon using synthetic polymers seeded with tenocytes. Transpl Proc，26 (6)：3390～3391

Ceballos D，Navarro X，Dubey N，et al. 1999. Magnetically aligned collagen gel filling a collagen nerve guide improves peripheral nerve regeneration. Exp Neurol，158 (2)：290～300

Chamberlain L J，Yannas I V，Hsu H P，et al. 1998. Collagen-GAG substrate enhances the quality of nerve regeneration through collagen tubes up to level of autograft. Exp Neurol，154 (2)：315～329

Cheng H，Huang Y C，Chang P T，et al. 2007. Laminin-incorporated nerve conduits made by plasma treatment for repairing spinal cord injury. Biochem Biophys Res Commun，357 (4)：938～944

Cheng M，Cao W，Gao Y，et al. 2003a. Studies on nerve cell affinity of biodegradable modified chitosan films. J Biomater Scirolym Ed，14 (10)：1155～1107

Cheng M，Deng J，Yang F. 2003b. Study on physical properties and nerve cell affinity of composite films from chitosan and gelatin solutions. Biomaterials，24 (17)：2871～2880

Chen Y S，Liu C J，Cheng C Y，et al. 2004. Effect of bilobalide on peripheral nerve regeneration. Biomaterials，25 (3)：509～514

Chong C H，Carnes D I，Moritz A J，et al. 2006. Human periodontal fibroblast response to enamel matrix derivative，amelogenin，and platelet-derived growth factor-BB. J Periodontol，77 (7)：1242～1252

Clayman M A，Clayman S M. 2006. The use of collagen-glycosaminoglycan copolymer (Integra) for the repair of hypertrophic scars and keloids. Burn Care Res，27 (3)：404～409

Dagregorio G，Guillet G. 2005. Artificial skin as a valuable adjunct to surgical treatment of a large squamous cell carcinoma in a patient with epidermolysis bullosa. Dermatol Surg，31 (4)：474～478

Daisuke S，Joji M，Toru I，et al. 2005. Differentiation of mesenchymal stem cells transplanted to a rabbit degenerative disc model. Spine，30：2379～2387

Deng Q Y，Li S R，Cai W Q，et al. 2006. Polylactic acid and agarose gelatin play an active role in the recovery of spinal cord injury. Neurosci Bull，22 (2)：73～78

Dogan A，Ozdemir A，Kubar A，et al. 2003. Healing of artificial fenestration defects by seeding of fibroblast like cells derived from regenerated periodontal ligament in a dog：a preliminary study. Tissue Eng，9 (6)：1189～1196

Dohmen P M，Costa F，Lopes S V，et al. 2005. Results of decellularized porcine heart valve implanted into the juvenile sheep model. Heart Surg Forum，8：E10～E104

Enosawa S，Miyashita T，Saito T，et al. 2006. The significant improvement of survival times and pathological parameters by bioartificial liver with recombinant HepG2 in porcine liver failure model. Cell Transplant，15 (10)：873～880

Evans G R，Brandt K，Katz S，et al. 2002. Bioactive poly (L-lactic acid) conduits seeded with Schwann cells for peripheral nerve regeneration. Biomaterials，23 (3)：841～848

Fansa H，Schneider W，Wolf G，et al. 2002. Influence of insulin-like growth factor-1 (IGF-1) on nerve autografts and tissue-engineered nerve grafts. Muscle Nerve，26 (1)：87～93

Fine E G，Decosterd I，Palaoizos M，et al. 2002. GDNF and NGF released by synthetic guidance channels support sciatic nerve regeneration across a long gap. Eur J Neurosci，15 (4)：589～601

Fivenson D P，Scherschun I，Choucair M，et al. 2003. Graftskin therapy in epidernolysis bullosa. J Am Acad Dermatol，48 (6)：886～892

Flynn L，Dalton P D，Shoichet M S. 2003. Fiber templating of poly (2-hydroxyethyl methacrylate) for neural tissue engineering. Biomaterials，24 (23)：4265～4272

Frimberger D，Morales N，Shamblott M，et al. 2005. Human embryoid body-derived stem cells in bladder regeneration using rodent model. Urology，65 (4)：827～832

Fu Q，Deng C L，Liu W，et al. 2007. Urethral replacement using epidermal cell seeded tubular bladder collagen matrix. BJU Int，99 (5)：1162～1165

Gasmuler A，Clerin E，Kruger F，et al. 1991. Tracing transplanted oligodendrocytesduring migration and maturation in the shiverer mouse brain. Glia，4 (6)：580～590

Gerlach J C，Zeilinger K，Grebe A，et al. 2003. Recovery of preservation injured primary human hepatocytes and nonparenchymal cells to tissuelike structures in large scale bioreactors for liver support：an initial transmission electron microscopy study. J Invest Surg，16 (2)：83～92

Giannobile W V，Lee C S，Tomala M P，et al. 2001. Platelet-derived growth factor gene delivery for application in periodontal tissue engineering. J Periodontol，72 (6)：815～823

Gino G. 1999. The "autograft" homograft valve. 1 st International Symposium of Tissue Engineering for Heart valve Bioprostheses：22～23

Gomez N A，Alvarez L R，Mite A，et al. 2002. Repair of bile duetiniuries with Gore-Tex vascular grafts：experimental study in dogs. J Gastrointest Surg，6 (1)：116

Gregory H，Altman R，Rebecca L，et al. 2002. Silk matrix for tissue engineered anterior cruciate ligaments. Biomaterials，23：4131～4141

Griffith M，Osbrue R，Mungerit L，et al. 1999. Functional human corneal equivalents copstructeel from cell lines. Scinece，286：2169～2172

Grillo H C，McKhann C F. 1964. The acceptance and evolution of dermal homografts freed of viable cells. Transplantation，2：49

Guo X M，Zhao Y S，Chang H X，et al. 2006. Creation of engineered cardiac tissue *in vitro* from mouse embryonic stem cells. Circulation，113 (18)：2229～2237

Hartung H，Kirchner R，Baba N，et al. 1978. Histological，laboratory，and X-ray findings after repair of the comonon bile duct with a Teflon graft. World J Surg，2 (5)：639

Hashimoto T，Suzuki Y，Kitada M，et al. 2002. Peripheral nerve regeneration through alginate gel：analysis of early out-growth and late increase in diameter of regenerating axons. Exp Brain Res，146 (3)：356～368

Hefton J M，Madden M R，Finkelstein J L，et al. 1983. Grafting of burn patients with allografts of cultured epidermal cells. Lancet，2 (8347)：428～430

Hejel A，Urdzikova L，Sedy J，et al. 2008. Acute and delayed implantation of positively charged 2-hydroxyethyl methaerylate scaffolds in spinal cord injury in the rat. J Neurosurg Spine，8 (1)：67～73

Hemmrich K，Meersch M，Wiesemann U，et al. 2006. Polyesteramide-derived nonwovens as innovative degradable matrices support preadipocyte adhesion，proliferation，and differentiation. Tissue Eng，12 (12)：3557～3565

He Y G，Alizadeh H，Kinoshita K，et al. 1999. Experimental transplantation of cultured human limbal and arnniotic epitheial cells onto the corneal surface. Cornea，(5)：570～579

Hochleitner B，Hengster P，Bucher H，et al. 2006. Significant survival prolongation in pigs with fulminant hepatic failure treated with a novel mierogravity-based bioartificial liver. Artif Organs，30 (1 2)：906～914

Hochleitner B，Hengster P，Duo L，et al. 2005. A novel bioartificial liver with culture of porcine hepatocyte aggregates under simulated microgravity. Artif Organs，29 (1)：58～66

Hoerstrup S P，Kadner A，Melnitchouk S，et al. 2002. Tissue engineering of functional trileaflet heart valves from human marrow stromal cells. Circulation，106 (12 suppl 1)：Ⅱ43～Ⅱ45

Hoerstrup S P，Sodian R，Daebritz S，et al. 2000. Functional living trileaflet heart valves grown *in vitro*. Circulation，102 (19 suppl 3)：4449

Homma R，Yoshikawa H，Takeno M，et al. 2004. Induction of epithelial progenitors *in vitro* from mouse embryonic stem cells and application for reconstruction of damaged cornea in mice. Inves Ophthal Vissci，45 (12)：4320～4326

Hopkins R A. 2005. Tissue engineering of heart valves：decellularized valve scaffolds. Circulation，111：2712～2714

Isaka J，Ohazama A，Kobayashi M，et al. 2001. Participation of periodontal ligament cells with regeneration of alveolar bone. J Periodontol，72 (3)：314～323

Ishii Y，Saito R，Marnshima H，et al. 2008. Hepatic reconstruction from fetal porcine liver cells using a radial flow bioreactor. World J Gastroenterol，14 (17)：2740～2747

Itoh S，Takakuda K，Kawabata S，et al. 2002. Evaluation of cross-linking procedures of collagen tubes used in peripheral nerve repair. Biomaterials，23 (23)：4475～4481

Itosaka H. Kuroda S，Shichinohe H，et al. 2009. Fibrin matrix provides a suitable scaffold for bone marrow stromal cells transplanted into injured spinal cord：a novel material for CNS tissue engineering. Neuropathology，29 (3)：248～257

Jimenez J C，Tyson D R，Dhar S，et al. 2004. Human embryonic kidney cells (HEK-293 cells)：Characterization and dose response relationship for modulated release of nerve growth factor for nerve regeneration. Plast Reconstr Sury. 113 (2)：605～610

Jin Q M，Anusaksathien O，Webb S A，et al. 2003. Gene therapy of bone morphogenetic protein for periodontal tissue engineering. J Periodontol，74 (2)：202～213

Jin Q M，Zhao M，Webb S A，et al. 2003. Cementum engineering with three-dimensional polymer scaffolds. J Biomed Mater Res，67 (1)：54～60

Jones A A，Buser D，Schenk R，et al. 2006. The effect of rhBMP-2 around endosseous implants with and without membranes in the canine model. J Period ontol，77 (7)：1184～1193

Kagami H，Hata K，Horie K，et al. 1998. Tissue engineering of salivary gland. Tissue Engineering，4 (4)：372～387

Kataoka K，Suzuki Y，Kitada M，et al. 2004. Alginate enhances elongation of early regenerating axons in spinal cord of young rats. Tissue Eng，10 (3～4)：493～504

Keirstead H S，Nistor G，Bernal G，et al. 2005. Human embryonic stem cell-derived oligodendrocyte progenitor cell transplants remyelinate and restore locomotion after spinal cord injury. J Neurosci，25 (19)：4694～4705

Kerns J M，Danielsen N，Zhao Q，et al. 2003. A comparison of peripheral nerve regeneration in acellular muscle and nerve autografts. Scand J Plast Reconstr Surg Hand Surg，37 (4)：193～200

Kishi T，Takao T. 2006. Clonal proliferation of multipotent stem/progenitor cells in the neonatal and adult salivary glands. Biochem Biophys Res Cornmun，340 (2)：544～552

Kobagashi M. 2004. A study of polyvinyl ahohol hydrogel (PVA-H) artificial meniscus *in vivo*. Biomed Mater Eng，14 (4)：505～515

Kofidis T，Akhyari P，Boublik J，et al. 2002. *In vitro* engineering of heart muscle：artificial myocardial tissue. J Thorac Cardiovasc Surg，124 (1)：63～69

Kopp J，Magnus N，Rubben A，et al. 2003. Radical resection of giant congenital melanocytic nevus and reconstruction with meek graft covered integra dermal template. Dermatol Surg，299 (6)：653～675

Krebsbach P H，Gu K，Franceschi R T，et al. 2000. Gene therapy-directed osteogenesis：BMP-7 transduced human fibroblasts form bone *in vivo*. Hum Gene Ther，11 (8)：1201～1210

Krishnan S P，Skinner J A. Carrington R W，et al. 2006. Collagen-covered autologous chondrocyte implantation for Osteochondritis dissecans of the knee：two to seven year results. J Bone Joint Surg Br，88 (2)：203～205

Leor J，Aboulafia-Etzion S，Dar A，et al. 2000. Bioengineered cardiac grafts：A new approach to repair the infracted myocardium. Circulation，102 (19 Suppl 3)：III56～61

Levenberg S，Burdick J A，Kraehenbuehl T，et al. 2005. Neurotrophin-induced differentiation of human embryonic stem cells on three-dimensional polymeric scafolds. Tissue Eng，11 (3～4)：506～512

Lida T，Takam I Y. 2005. Development of a tissue engineered human oral mucosa equivalent based on an acellular allogeneic dermal matrix：a Preliminary report of clinical application to burn wound. Stand J Plast Reeonstr Surg Hand Surg，39 (3)：138～146

Li X，Yang Z，Zhang A，et al. 2009. Repair of thoracic spinal cord injury by chitosan tube implantation in adult rats. Biomaterials，30 (6)：1121～1132

Luo J，Shi R. 2007. Polyethylene glycol inhibits apoptotic cell death following traumatic spinal cord injury. Brain Res，1155：10～16

Maier J P. Iippitt C. 2002. Use of tissue engineered skin in the dermal atrophy patient with traumatic avulsion injuries. Ann Plast Surg，49 (1)：67～72

Matsubayashi K，Fedak P W，Mickle D A，et al. 2003. Improved left ventricular aneurysm repair with bioengineered vascular smooth muscle grafts. Circulation，108 (Suppl 1)：II219～225

Matsumoto K，Ohnishi K，Kiyotani T，et al. 2000. Peripheral nerve regeneration across an 80-mm gap bridged by a polyglycolic acid (PGA) -collagen tube filled with laminin-coated collagen fibers：a histological and electrophysiological evaluation of regenerated nerves. Brain Res，868 (2)：315～328

McGuire M K，Kao R T. Nevins M，et a1. 2006. rhPDGF BB promotes healing of periodontal defects：24 month clinical and radiographic observations. Int J Periodontics Restorative Dent，26 (3)：223～231

Mendelowitz D S，Beal J M. 1982. Expanded polytetrafluoroethylene in reconstruction of the eanine biliary system. Am J Surg，143 (2)：221

Mironov V，Kasyanov V，Drake C，et al. 2008. Organ print：promises and challenges. Regen Med，3 (1)：93～103

Miyaji H，Sugaya T，Kato K，et al. 2006. Dentin resorption and cementum like tissue formation by bone morphogenetic protein application. J Periodontol Res，41 (4)：311～315

Miyazawa M，To T，Toshimitsu Y，et al. 2005. Atissue-enginered artitidal bile duct grown to resemble the native bile duct. Am J Transplant，5 (6)：1541

Nagatomo K，Komaki M，Sekiya I，et al. 2006. Stem cell properties of human periodontal ligament cells. J Periodontol Res，41 (4)：303～310

Nakata K，Shino K，Hamada M，et al. 2001. Human meniscus cell：Characterization of theprimary culture and use for tissue engineering. Clin Orthop Relat Res，391：208～218

Nerem R M. 1992. Tissue engineering in the USA. Med biolog Uomput，30 (4)：CE8～12

Ngo T T，Waggoner P I，Romero A A，et al. 2003. Poly (L-Lactide) microfilaments enhance peripheral nerve regeneration across extended nerve lesions. J Neurosci Kes，72 (2)：227～238

Niklason L E，Gao J，Abbott W M，et al. 2000. Functional artefies grown in vitro. Science，284：489～496

Nisbet D R，Pattanawong S，Ritchie N E，et al. 2007. Interaction of embryonic cortical neurons on nanofibrous scaffolds for neural tissue engineering. J Neural Eng，4 (2)：35～41

Nomura T，Mochida J，Okuma M，et al. 2001. Nucleus polposus allograft retards intervertebral disc degeneration. Clin Orthop，389：94～101

Novikova L N, Novikova L N, Mosahebi A, et al. 2002. A novel biodegradable implant for neuronal rescue and regeneration after spinal cord injury. Biomaterials, 23 (16): 3369～3376

Novikova L N, Pettersson J, Brohlin M, et al. 2008. Biodegradable polybetahydroxybutyrate scaffold seeded with Sehwann cells to promote spinal cord repair. Biomaterials, 29 (9): 1198～1206

Obara T, Matsura S, Narita S, et al. 2006. Bladder acellular matrix grafting regenerates urinary bladder in the spinal cord injury rat. Urology, 68 (4): 892～897

Okamura A, Zheng Y W, Hirochika R, et al. 2007. *In vitro* reconstitution of hepatic tissue architectures with neonatal mouse liver cells using three dimensional culture. J Nanosci Nanotechnol, 7 (3): 721～725

Okumura K, Nakamura K, Hisatomi Y, et al. 2003. Salivary gland progenitor cells induced by duct ligation differentiate into hepatic and pancreatic lineages. Hepatology, 38 (1), 104～113

Olson H E, Rooney G E, Gross L, et al. 2009. Neural stem cell and Schwann cell loaded biodegradable polymer scaffolds suppoaxonal regeneration in the transected spinal cord. Tissue Eng, 15 (7): 1797～1805

Omar A A. Mavor A I. Jones M, et al. 2004. Treatment of venous leg ulcers with dermagraft. Eur J Vase Endovasc Surg, 27 (6): 666～672

Ostrovidov S, Jiang J, Sakai Y, et al. 2004. Membrane-based PDMS mierobioreaetor for perfused 3D primary rat hepatocyte cultures. Biomed Microdevices, 6 (4): 279～287

Paranya G, Vineberg S, Dvorin E, et al. 2001. Acrtic valve endothelail cells undergo transforming growth factor beta mediated and nontransforming growth factor beta mediated transdifferentiation *in vitro*. Am J Pathol, 159: 1335～1343

Patel N, Padera R, Sanders G H et al. 1998. Spatially controlled cell engineering on biodegradable polymer surfaces. Faseb J, 12 (14): 1447～1454

Patrick C W Jr, Zheng B, Johnston C, et al. 2002. Longterm implantation of preadipocyte-seeded PLGA scafolds. Tissue Eng, 8 (2): 283～293

Patrick C W Jr, Zheng B, Wu X et al. 2001. Muristerone A-induced nerve growth factor release from genetically engineered human dermal fibroblasts for peripheral nerve tissue engineering. Tissue Eng, 7 (3): 303～311

Peng C, Tsutsumi S, Matsumura K, et al. 2001. Morphologic study and syntheses of type I collagen and fibronectin of human periodontal ligament cells cultured on poly (ethylene-co-vinyl alcohol) (EVA) with collagen immobilization. J Biomed Mater Res, 54 (2): 241～246

Perovic S V, Byun J S, Scheplev P, et al. 2006. New perspectives of penile enhancement surgery: tissue engineering with biodegradable scaffolds. Eur Urol, 49 (1): 139～147

Peterson L, Minas T, Brittberg M, et al. 2003. Treatment of osteochondritis dissecans of the knee with autologous chondrocyte transplantation: results at two to ten years. J Bone Joint Surg Am, 85-A Suppl 2: 17～24

Pianigiani E, Risulo M, Andreassi A, et al. 2005. Autologous epidermal cultrues and narrow band ultravioletb in the surgical treatment of vitiligo. Dermatol Surg, 31 (2): 155～159

Prang P, Miiller R, Eljaouhari A, et al. 2006. The prometion of oriented. axonal regrowth in the injured spinal cord by alginate based anisotropic capillary hydrogels. Biomaterials, 27 (19): 3560～3569

Quissell D O, Barzen K A, Redman R S, et al. 1998. Development and characterization of SV40 immortalized rat parotid cell lines. InVitro Cell Dev-Animal, 34: 58～62

Rafiuddin A M, Jayakumar R. 2003. Peripheral nerve regeneration in RGD peptide incorporated collagen tubes. Brain Res, 993 (1～2): 208～216

Rapalino O, Lazarov-Spiegler O, Agranov E, et al. 1998. Implantation of stimulated homologous macrophages results in partial recover of paraplegic rats. Nat Med, 4 (7): 814～821

Rheinwald J G, Green H. 1975. Serial cultivation of strains of human epidermal keratinocytes: the formation of keratinizing colonies from single cells. Cell, 6: 331

Rosen M, Ponsky J, Petras R, et al. 2002. Small intestinal submucosa as a bioscaffold for biliary tract regeneration.

Surgery，132 (3)：480

Rubin J P，Bennet J M，Doctor J S，et al. 2007. Collagenous microbeads as a scafold for tissue engineering with adipose-derived stem cells. Plast Reconstr Surg，120 (2)：414～424

Ruka M，Rowinski W A，Lipski M，et al. 1987. Expanded polytetrafluoroethylene grafts in restoring bile drainage in dogs. Z Exp Chir Transplant Kunsfliche Organe，20 (6)：317

Saito M，Matsuura T，Masaki T，et al. 2006. Reconstruction of liver organoid using a bioreactor. World J Gastroenterol，12 (12)：1881～1888

Schmidt C E，Shartri V R，Vacamh J P，et al. 1997. Stimulation of neurite outgrowth using an electrically conducting polymer. Proc Natl Acad Sci USA，94：8949～8953

Schmidt D，Achermann J，Odermatt B，et al. 2007. Prenatally fabricated autologous human living heart valves based on amniotic fluid derived progenitor cells as single cell source. Circulation，116 (suppl I)：164～170

Schmidt D，Mol A，Breymann C，et al. 2006. Living autofogous heart valves engineered from human prenatally harvested progenitors. Circulation，114：I125～I131

Schmitmeier S，Langsch A，Jasmund I，et al. 2006. Development and characterization of a small scale bioreactor based on a bioartificial hepatic culture model for predictive pharmacological in vitro screenings. Biotechnol Bioeng，95 (6)：1198～1206

Schmitmeier S，Langsch A，Schmidt-Heck W，et al. 2007. Improvement of metabolic performance of primary hepatocytes in hyperoxic cultures by vitamin C in a novel small-scale bioreactor. Journal of Membrane Science，298 (1～2)：30～40

Schwab I R，Reyes M，Lssemff R. 2000. Successful transplantation of bioengineered tissue replacements in patients with ocular surface disease. Cornea，19：421

Shimizu T，Yamato M，Isoi Y，et al. 2002. Fabrication of pulsatile cardiac tissue grafts using a novel 3-dimensional cell sheet manipulation technique and temperature-responsive cell culture surfaces. Circ Res，90 (3)：e40

Shinoda M，Tilles A W，Kobayashi N，et al. 2007. A bioartificial liver device secreting interleukin-1 receptor antagonist for the treatment of hepatic failure in rats. J Surg Res，137 (1)：130～140

Shi R，Borgens R B，Blight A R. 1999. Functional rcconneetion of severed mammalian spinal cord axons with polyethylene glyeol. J Neurotrauma，16 (8)：727～738

Shvartsman I，Dvir T，Harel Adar T，et al. 2009. Perfusion cell seeding and cultivation induce the assembly of thick and functional hepatocellular tissue like construct. Tissue Eng Part A，15 (4)：751～760

Sivaraman A，Leach J K，Townsend S，et al. 2005. A microscale in vitro physiological model of the liver：predictive screens for drug metabolism and enzyme induction. Curt Drug Metab，6 (6)：569～591

Sodian R，Hoerstrup S P，Sperling J S，et al. 2000. Tissue engineering of heart valves：*in vitro* experiences. Ann Thorac Surg，70：140～144

Stark G B，Horch R E，Voigt M，et al. 1998. Cultured keratinocyte grafting on various biologic matrics. Academic Journal of second Military University，19 (Aug)：1

Stock U A，Vacanti J P. 2001. Cardiovascular physiology during fetal development and implications for tissue engineering. Tissue Engineering，1：1～7

Stokols S，Tuszynski M H. 2006. Freeze-dried agarose scaffolds with uniaxial channels stimulate and guide linear axonal growth following spinal cord injury. Biomaterials，27 (3)：443～451

Sufan W，Suzuki Y，Tanihara M，et al. 2001. Sciatic nerve regeneration through alginate with tubulation or nontubulation repair in cat. J Neurotrauma，18 (3)：329～338

Sun T，Chan M L，Zhou Y，et al. 2003. Use of uhrathin shell microcapsules of hepatocytes in bioartificial liver-assist device. Tissue Eng，9 Suppl 1：S65～S75

Suzuki Y，Kitaura M，Wu S，et al. 2002. Electrophysiological and horseradish peroxidase-tracing studies of nerve regeneration through alginate-filled gap in adult rat spinal cord. Neurosei Lett，318 (3)：121～124

Tao Sun, Jie Zhu. 2006. Growth of miniature pig parotid cells on biomaterials *in vitro*. Archives of Oral Biology, 51: 351～358

Toba T, Nakamura T, Lynn A K, et al. 2002. Evaluation of peripheral nerve regeneration across an 80-mm gap using a polyglycolic acid (PGA) -collagen nerve conduit filled with laminin-soaked collagen sponge in dogs. Int J Artif Organs, 25 (3): 230～237

Torok E, Vogel C, Lutgehetmann M, et al. 2006. Morphological and functional analysis of rat hepatocyte spheroids generated on poly (L-lactic acid) polymer in a pulsatile flow bioreactor. Tissue Eng, 12 (7): 1881～1890

Tran S D, Wang J, Bandyopadhyay B C, et al. 2005. Primary culture of polarized human salivary epithelial cells for use in developing an artificial salivary gland. Tissue Eng, 11: 172～181

Underwood S, Afoke A, Brown R A, et al. 2001. Wet extrusion of fibronectin-fibrinogen cables for application in tissue engineering. Biotechnol Bioeng, 73 (4): 295～305

Van G, Ongenae K. 2006. Subjective and objective evaluation of noncultured epidermal cellular grafting for repigmenting vitiligo. Dermatology, 213 (1): 23～29

Vasconcelos B C, Gay-Escoda C. 2000. Facial nerve repair with expanded polytetrafluoroethylene and collagen conduits: an experimental study in the rabbit. J Ural Maxillofac Surg, 58 (11): 1257～1262

Vashi A V, Keramidaris E, Abberton K M, et al. 2008. Adipose differentiation of bone marrow-derived mesenchymal stem cells using Pluronic F-127 hydrogel *in vitro*. Biomaterials, 29 (5): 573～579

Vermette M, Trotier V, Menard V, et al. 2007. Production of a new tissue-engineered adipose substitute from human adipose-derived stromal cells. Biomaterials, 28 (18): 2850～2860

Waddell R L, Marra K G, Collins A L. 2003. Using PC12 cells to evaluate poly (caprolactone) and collagenous microcarriers for applications in nerve guide fabrication. Biotechnol Prog, 19 (6): 1767～1774

Wallis M C, Yeger H, Cartwright L, et al. 2008. Feasibility study of a novel urinary bladder bioreactor. Tissue Eng Part A, 14 (3): 339～348

Wang X, Gu X, Yuan C, et al. 2004. Evaluation of biocompatibility of polypyrrole *in vitro* and *in vivo*. J Biomed Mater Res, 68A (3): 411～422

Watanabe K, Nakamura M, Okano H, et al. 2007. Establishment of three-dimensional culture of neural stern/progenitor cells in collagen Type-1 Gel. Restor Neurol Neurosci, 25 (2): 109～117

Wei X, Lao J, Gu Y D. 2003. Bridging peripheral nerve defect with chitosan-collagen film. Chin J Traumatol, 6 (3): 131～134

Woodley D T, Peterson H D, Herzog S R, et al. 1988. Burn wounds resurfaced by cultured epidermal autografts show abnormal reconstitution of anchoring fibrils. JAMA, 259 (17): 2566～2571

Xie J, Willerth S M, Li X, et al. 2009. The differentiation of embryonic stem cells seeded on electrospun nanofibers into neural lineages. Biomaterials, 30 (3): 354～362

Yamaguchi I, Itoh S, Suzuki M, et al. 2004. The chitosan prepared from crab tendon I: the characterization and the mechanical properties. Biomaterials, 24 (12): 2031～2036

Yamasaki T, Deie M, Shinomiya R, et al. 2005. Meniscal regeneration using tissue engineering with a scafold derived from a rat meniscus and mesenchymal stromal cells derived from rat bone marrow. J Biomed Mater Res A, 75 (1): 23～30

Ye Q, Zund G. Joekenhoevel S, et al. 2000. Scafold preeoating with human autologous extracellular matrix for improved cell attachment in cardiovaseular tissue engineering, ASAIO, 46 (6): 730～733

Young R C, Wiberg M, Terenghi G. 2002. Poly-3-hydroxybutyrate (PHB): a resonable conduit for long-gap repair in peripheral nerves. Br J Plast Surg, 55 (3): 235～240

Zhang M, Li X H, Gong Y D, et al. 2002. Properties and biocompatibility of chitosan films modified by blending with PEG. Biomaterials, 23 (13): 2641～2648

Zhao M, Jin Q, Berry J E, et al. 2004. Cementoblast delivery for periodontal tissue engineering. J Periodontol,

75 (1)：154～161

Zimmermann W H，Melnychenko I，Eschenhagen T. 2004. Engineered heart tissue for regeneration of diseased hearts. Biomaterials，25 (9)：1639～1647

Zimmermann W H，Schneiderbanger K，Schubert P，et al. 2002. Tissue engineering of a differentiated cardiac muscle construct . Circ Res，90 (2)：223～230

Zund G，Turina M，Hoerstrup S P. 2005. Living patches engineered from human umbilical cord derived fibroblasts and endothelial progenitor cells. Eur J Car Diothorac Surg，27：795～800

第七章　组织工程化组织器官的动物及临床试验

自20世纪80年代以来，随着分子、基因和细胞生物学的发展，组织工程化组织器官迅速成为世界各国的热门研究课题，目前已在皮肤、骨、软骨、心瓣膜、角膜、膀胱、尿道、生殖道、神经、牙齿、肌肉、肌腱等十几个领域开展了广泛的研究，部分已形成产品投入临床应用，更多的正在进行动物试验，显示了旺盛的生命力和巨大的产业价值。

第一节　组织工程化组织器官的动物试验

组织工程的核心就是建立细胞与生物材料的三维空间复合体，即具有生命力的活体组织，用以对病损组织进行形态、结构和功能的重建并达到永久性替代。在体外培养获得的细胞材料复合物，必须植入动物体内，通过动物试验进一步研究该材料的生物相容性、降解过程、降解速率及降解产物对机体的影响，特别是植入体内后细胞在细胞外支架中的生长、代谢、生物力学要求，植入细胞继续增殖的调控，所形成的组织行使功能的情况，以及机体对植入物的各种反应。

一、组织工程化皮肤

皮肤直接与外界环境接触，是人体的屏障。当机体由于严重烧伤、外伤、大面积瘢痕切除等导致皮肤大面积缺损时，机体不能保持正常自稳状态，甚至会导致死亡，因此需要其类似物早期覆盖创面、恢复皮肤的屏障功能。由于烧伤或各种创伤造成患者大面积皮肤缺损，缺乏可移植的自体皮肤，只有通过使用创面覆盖物来解决皮肤缺失的早期和远期问题。

随着组织工程学的建立和形成，组织工程化皮肤的研究已成为生命科学研究领域的热点之一，已走在该领域的前列，并成为其他组织器官重建的一个范例。而组织工程皮肤产品开发的成功，使人工皮肤的研究实现了质的飞跃。

组织工程皮肤是指运用工程及生命科学的原理和方法，构建出用于修复、维持和改善损伤皮肤组织功能的替代物，其核心是建立由细胞和生物材料构成的三维空间复合体。理论上，组织工程化皮肤应具有如下功能：①作为损伤皮肤的替代物；②作为基质植入宿主体内并生长；③作为含药理成分的化学刺激物，促进创面愈合。

自从Rheinwald（1975）成功建立表皮细胞培养方法以来，随着组织工程技术及工艺的提高，各种组织工程皮肤相继问世并应用于临床，目前比较成熟的产品主要有Apligraf、Alloderm、Integra、Dermagraft和ActivSkin等。根据组织工程皮肤的结构不同，可将其分为表皮替代物、真皮替代物和全皮替代物。

（一）表皮替代物

Rheinwald 等（1975）利用照射处理过的 3T3 成纤维细胞作为滋养层，培养人表皮细胞获得成功。1981 年 O'Conner 等（1981）首次应用此方法在体外培养出适于移植的自体表皮细胞膜片，经长时间临床观察，发现表皮细胞膜片脆性大，移植成功率低，且抗感染能力差，移植后表皮不耐摩擦，容易出现水疱、易收缩，培养表皮自体移植物由于缺少真皮成分致使移植后表皮易结痂收缩，与创面结合不稳固。人们意识到在膜片下增加支持物，可以解决临床上一定厚度、柔韧性和可操作性的要求。Horch 等（2000）将角质化细胞接种在胶原膜上，几天后细胞融合成单层即进行移植，与常规做法相反，表皮细胞转向创面，表面胶原膜，角质化细胞在移植区内继续增殖，缩短了创面愈合周期，也减少了角质化细胞的体外培养时间。

（二）真皮替代物

真皮替代物的研制是在表皮替代物研制与临床应用基础上发展起来的，在皮肤移植中，真皮成分是很重要的。真皮可增加创面愈合后的皮肤弹性、柔软性及机械耐磨性，减少瘢痕增生。真皮替代物可基本分为两大类，即天然真皮与人工合成真皮。天然真皮替代物应用最多的是脱细胞真皮。脱细胞真皮是将经酶消化、高渗盐浸泡处理的异体（种）皮，去除表皮层和真皮内的细胞成分，保留完整的胶原纤维及基底膜等细胞外间质成分，其主要成分包括胶原、弹性蛋白、蛋白多糖等不溶性基质成分。脱细胞真皮具有低抗原性、诱导成纤维细胞长入、引导表皮细胞生长、不容易被降解、抗感染能力强的特性，代表产品为美国 Lifecell 开发的 Alloderm。人工合成真皮主要采用胶原-GAG（氨基葡聚糖，主要成分为 6-硫酸软骨酸）、胶原凝胶、聚羟基乙酸（polyglycolic acid，PGA）/聚乳酸（polylaetic acid，PLA）网、尼龙网作为真皮支架，结合成纤维细胞、表皮细胞培养成皮肤替代物。Copper 等（1991）在 PGA 等 2 种可吸收缝合线制成的网架上接种从新生儿包皮中获取的成纤维细胞，成纤维细胞增殖并分泌多种基质蛋白，如胶原纤维连接蛋白、细胞外基质等，形成由成纤维细胞、细胞外基质和可降解材料构成的人工真皮（dermagraft）。Chen 等（2005）用 PLA/PGA 共聚物和胶原材料制成的混合网架接种成纤维细胞，再将其植入裸鼠背后，2 周后形成真皮组织，成纤维细胞的接种效率、分布和生长状态要明显优于单纯的 PLA/PGA 共聚物材料。真皮替代物的研制在某些方面弥补了表皮替代物的缺点，有较好的应用前景，但同时它也存在某些方面的不足，如易导致水分丢失、移植后还要再进行二次表皮移植。

（三）复合皮肤替代物

复合皮肤替代物就是指用表皮与真皮替代物构建的接近正常皮肤结构的一种皮肤替代物。构建完整的皮肤不仅可恢复皮肤的功能和外观，而且表皮和真皮基质成分相互影响的机制可促进彼此的分化，促进创面愈合。Bell 等（1981）将表皮膜片与新生儿包皮细胞和真皮成纤维细胞在凝胶中生长形成的真皮相结合形成复合皮，移植并获得成功。1997 年经 FDA 批准上市的 Apligraf 是目前最成熟的既含有表皮层又含有真皮层的组织工程复合皮，其细胞成分均来源于新生儿包皮。采用异体成纤维细胞接种于牛胶原凝胶中形成细胞胶原凝胶，1 周后接种角质形成细胞，浸没培养 4 d，角质化细胞融合成片，然后进行气液界面培养 1～2 周，即为产品 Apligraf。国内金岩等（2002）用免疫原性较低的胎儿皮肤作为细胞来源，牛 I 型胶原为支架构建成人组织工程 ActivSkin，其具有较薄的表皮层和较厚的真皮层，是一种良好的生物活性皮肤替代物，可用来修复全层皮肤缺损。目前，组织工程复合皮肤作为一种新型的创面覆盖物，在创造良好的愈合环境、缩短创面愈合时间上已被广泛认可。

二、组织工程化角膜

根据联合国世界卫生组织（World Health Organization，WHO）的调查报道，角膜病是仅次于白内障的第二大致盲眼病，并且以每年增加 150 万～200 万病例的速度递增（Whitcher et al.，2001）。在我国，角膜盲约占双眼盲患者的 15.38%，共有约 100 万人。目前，角膜移植术仍然是角膜盲患者唯一的复明手段。我国每年约需要角膜 10 万个以上，而由于移植用角膜供体材料匮乏，每年实际的角膜移植术不足 3000 例。因此，如何最大限度地获取适用的角膜移植材料成为眼科界亟待解决的问题，组织工程化人工生物角膜可能成为一种有希望的选择。

（一）工程化角膜上皮重建

角膜上皮层占整个角膜厚度的 10%，由基底细胞、翼状细胞、表层细胞三种形态的 5 或 6 层复层上皮组成，细胞间有黏附连接、紧密连接和桥粒连接。角膜上皮的完整性和无血管化对其稳定泪膜、机械屏障等生理功能及维持角膜的透明性至关重要。生理情况下，角膜上皮依赖上皮细胞的增生、分化、移行不断的自我更新。外伤、感染、中毒等各种原因导致的角膜缘或角膜上皮大范围损伤，则会破坏角膜的屏障功能，导致视力下降甚至失明。

角膜缘干细胞位于角膜缘上皮基底层，具有分化度低、生命周期长、高度增生潜能及自我更新的能力，是角膜上皮细胞增殖和分化的源泉，是组织工程化角膜上皮重建的最佳细胞来源。

角膜中央上级皮由角膜缘基底上皮分化面来，5 或 6 层细胞组成，形态学上主要分为基底部柱状上皮、中间的翼状上皮和表面的复层扁平上皮，表层角膜上皮的脱失由角膜缘干细胞向中央潜行和角膜中央基底细胞向表层分裂共同补充。我们用于细胞培养的组织取材于角膜缘上皮层，培养后随着时间的延长，培养细胞逐渐出现由圆柱状上皮、翼状上皮到扁平上皮的变化，这从形态学证实角膜缘干细胞逐渐分化为角膜终末分化上皮的动态演变过程。而 64 kDa 角蛋白和 AE-5 则从细胞水平上进行证实；64 kDa 角蛋白是角膜上皮高度分化的特异性标志蛋白，AE-5 是针对这种角蛋白的单克隆抗体，角膜缘干细胞培养后形成的细胞单层中存在部分 AE-5 阳性细胞，这意味着角膜缘干细胞体外培养后能分化为角膜上皮，培养细胞存在由角膜缘基底细胞分化而来的角膜上皮源性细胞。

这种角膜缘分化而来的细胞培养后是否仍有较强的分裂增生能力以便延续不断地提供上皮来源，增殖细胞核抗原的检测提供了可靠的指标：PCNA 是一种核内周期蛋白质，为 DNA 聚合酶的附属，协调 DNA 前导链和后随链的合成，它的出现与细胞增殖密切相关，主要存在于有增殖活性的细胞核内，在静止期内细胞含量较少，可以作为评价细胞增殖状态的可靠指标之一。角膜缘干细胞体外培养到 2 周左右仍表现有较强的分裂增殖能力，这提示我们：原代培养 10～14 d 是细胞分裂增殖对数期，此时将是培养细胞进行临床移植和传代培养的最佳时间。

角膜缘干细胞体外培养后分化为角膜上皮，不表达 HLA-DR 抗原，但仍保持较强的分裂增殖能力，适合于临床治疗干细胞缺乏的眼表疾病患者。

Pellegrini 等（1997）首次用自体角膜缘干细胞移植治疗眼表疾病。应用自体角膜缘干细胞与 3T3-J2 细胞共同培养，3 周后蛋白酶分离获取上皮细胞层，以软性接触镜为载体移植于创伤的角膜表面，术后患眼角膜上皮完整，无新生血管及炎症反应，印迹细胞学检查证明上皮细胞为角膜表型。自此，研究者在角膜上皮重建方面进行了大量的基础和临床研究工作。Kinoshita（2002）以羊膜为载体联合培养角膜缘上皮细胞与 3T3 饲养层细胞，角蛋白 K3、K12 呈阳性表达，细胞间有紧密连接并表达端粒酶活性，移植于 Stevens-Johnson 综合征、晚期类天疱疮、严重化学烧伤患者的角膜可成功构建眼表，仅少数病例发生免疫排斥反应和继发感染。动物实验发现羊膜培养 2 周的角膜缘上皮细胞 P63、Ki-67、K3、K14、connexin 43、整合素亚单位 α6/β4、α3/β1 表达阳性（Wang et al.，2003）。

（二）工程化角膜基质重建

角膜基质层由胶原纤维成层平行排列构成，占全角膜厚度的 90%，是构成角膜的主要部分，对维持角膜的透明性至关重要。

商庆新等（2001）分离兔角膜基质细胞，体外培养扩增后接种于聚羟基乙酸生物支架上，然后将细胞-生物支架复合物植入裸鼠皮下，6 周后取出。光镜下复合物在裸鼠皮下形成的新生组织呈网状板层结构；免疫组织化学新生组织 I 型胶原表达阳性；胶原纤维图像分析见胶原纤维直径与正常值接近。胡晓洁等（2003）用同样的方法重建角膜基质，石蜡包埋切片显示新生角膜组织具有近似正常角膜基质层波浪交叉编织结构。以上结果表明，组织工程技术重建的角膜基质已具备角膜基质层的组织学特征。

Doillon 等（2003）发现用硫酸软骨素处理的 I 型胶原支架行角膜基质细胞培养比单独用培养皿培养的细胞能更好地表达 K^+ 通道。Li 等（2003）用 TERP5 共聚、YIGSR 修饰 I 型胶原形成人工合成细胞外基质（ECM），0.02%戊二醛交联后覆盖永生化的上皮细胞，气液界面培养 2 周后植入薄板层角膜切除术（LKP）的猪眼角膜，表面覆盖羊膜。4～5 d，角膜上皮形成；7 d，荧光素染色阴性；观察 6 周稳定存在。共聚焦显微镜检查可见再生的上皮和内生的神经轴突。上皮 AE1/AE3 染色阳性；基底膜表达 VII 型胶原；波形蛋白、肌动蛋白染色阳性；触觉实验表明，术后 7～14 d 感觉开始恢复，21 d 恢复正常，而对照组术后 6 周感觉仍未恢复，说明实验组神经再生迅速。把 ECM 的主要性质复制到具有一定机械强度、光学透明性、合适尺寸和曲率的人工合成基质上会影响细胞的性质和行为，进而作为角膜生理功能的替代物用于移植，可解决角膜供体缺乏的难题，进一步推广至组织工程其他领域和再生医学，特别是需要恢复神经功能的组织。

（三）工程化角膜内皮重建

角膜内皮细胞层由单层、扁平的六角形上皮样细胞组成，细胞间连接紧密，内皮泵对维持角膜的半脱水状态、正常厚度及透明性起关键作用，并具有角膜-防水屏障功能。内皮细胞不能再生，损伤后由邻近的内皮细胞增大、扩展和移行补充。足够的内皮细胞数量是保障内皮细胞功能的主要因素。

Ishino 等（2004）以去上皮的羊膜基底膜为载体培养人角膜内皮细胞，内皮细胞呈单层、扁平、多边形，表面有微绒毛，细胞间连接紧密，细胞密度大于 3000 个/mm^2。移植到去除后弹力层和内皮层的兔眼角膜内，术后 7 d 角膜轻度水肿，角膜厚度及透明性基本保持正常。国内有学者（傅瑶和范先群，2003）以羊膜为载体培养角膜内皮细胞，比单独培养皿培养更接近正常角膜内皮细胞。Amano 等（2002）分别以覆有胎牛角膜内皮细胞的人角膜基质、人工合成基质（碱处理）、猪角膜基质为载体培养人角膜内皮细胞，前者形成内皮细胞密度 2500 个/mm^2，电压 0.30 mV（正常 0.40 mV），泵功能为正常的 75%，植入兔眼 6 个月，重建角膜保持透明。后两者内皮细胞密度 1721 个/mm^2，泵功能为正常的 60%。直接将培养的角膜内皮细胞注入内皮细胞受损的兔眼前房，角膜水肿消失，观察 8 周眼压不高，是内皮细胞移植的新方法。Engelmann 等（2004）体外培养扩增人角膜内皮细胞，培养基中添加生长因子改善细胞表型和增殖能力，移植到去除内皮的人角膜，形成单层细胞层，永生化的内皮细胞密度高达 3000 个/mm^2，整合素及连接蛋白表达阳性证明细胞基底膜的完整性，灌注试验验证了内皮泵的功能。

（四）工程化三维角膜重建

应用三维培养技术构建形态、功能与正常角膜类似的“人工供体角膜”，代替常规角膜移植治疗角膜疾病，是人工角膜发展的新思路。

日本 Minami 等（1993）应用三维培养技术，首先成功建立牛角膜重建模型。角膜上皮、基质、内皮细胞来源于 2～3 岁的牛角膜组织，纤维细胞加入三维胶原凝胶，上下表面覆盖培养的角膜上皮和内皮细胞，采用气-液界面技术共同培养。体外重建角膜与正常生理状态角膜具有相似结构，上皮有 5 或 6 层细胞，细胞间连接存在，K3 特异性，AE5 单抗染色阳性；角膜纤维细胞呈纺锤状、长形，与胶原凝胶表面平行排列；内皮细胞层呈网状结构；上皮与基底膜可测得整合素和基底膜成分阳性。但组织强度、弹性不够，透明度不高，仅能作为角膜细胞生理环境的体外培养系统用于基础研究，不能移植。后来，研究者使用交联胶原（戊二醛和环氧化物是常用的交联剂）来改善其稳定性差、降解快、易被胶原酶消化的缺陷。胶原经交联后酶降解速度显著下降（Germainl et al.，1999）。

Zieske 等（1994）将兔角膜上皮细胞、基质细胞、永生化的鼠角膜内皮细胞（或无内皮细胞）在胶原支架上应用三维培养技术共同培养，探讨培养环境及内皮细胞与上皮分化、基底膜组成之间的关系。重建兔角膜基底膜完整，有半桥粒连接，层粘连蛋白、VII 型胶原、整合素 α6 表达阳性；角蛋白 K3 抗体阳性、并可见 α 烯醇酶标记的分化、未分化的上皮细胞。未与内皮细胞共同培养的角膜组织上皮-基质连接处基底膜不完整，层粘连蛋白、VII 型胶原部分表达，整合素 α6 仅在基底细胞的胞膜上表达，上皮分化不完全。说明角膜重建中内皮细胞对上皮基底膜的形成有促进作用。

Schneider 等（1999）首次体外培养猪角膜上皮、基质、内皮细胞，并以胶原为支架三维培养，体外重建猪角膜模型的形态、组织学结构、分化程度与在体角膜基本相同。

加拿大 Griffith 等（1999）利用含基因 *E6/E7* 的两性逆转录病毒、腺病毒 SV 40-T 抗原和 *E1A12S* 基因感染人角膜细胞，建立上皮、基质、内皮永生化细胞系，通过膜片钳技术筛选出具完整细胞电流、电生理性极近似于正常细胞的细胞系，以 0.02%～0.04%戊二醛交联的 I 型胶原和硫酸软骨素复合材料为载体进行三维培养，得到形态、透明性、生化、离子和液体通道、基因表达与正常人角膜相似的替代物。研究发现，重建组织具有健康的细胞和活跃的细胞代谢功能；暴露于化学损伤时，组织透明度降低、受伤区角膜细胞死亡增加，中度损伤角膜可自行修复（Shimmura and Tsubota，2002）；5%SDS 损伤角膜时，修复基因（*c-fos*、编码 IL-1、IL-6、bFGF、VEGF 和 I 型胶原蛋白的基因）的 mRNA 表达增强；内皮暴露于毒毛旋花子苷破坏泵的功能后基质肿胀增加 22.7%。角膜等效物对损伤更加敏感，比眼库保存的角膜及动物角膜更适用于生物医学研究，如创伤愈合、细胞与基质间相互作用、药理及毒理学试验等。2002 年，Griffith 等利用醛交联聚合的胶原蛋白-GAG 为材料，应用上述方法体外重建可缝合的全层人工角膜。合成聚合物的应用使人工角膜在保持透明性和低光散射性的同时，增加了它的机械强度，植入兔眼未引起急性炎症反应和免疫反应，显示了较好的生物相容性。实验中制造人工角膜上皮损伤模型，伤口在 3 d 内完全愈合；暴露于中度化学损伤后，创伤自行修复。但是，作为植入物其远期效果还不肯定，需继续观察。该研究为角膜临时、长期替代物的人工制品的发展奠定了基础。

Germain L 等（1999）体外培养扩增人的角膜缘上皮细胞和基质细胞（不含前、后弹力层），以牛 I 型胶原或人 I 型、III 型胶原为载体，气液界面技术行角膜重建。培养角膜呈半透明，形态、厚度与正常角膜相似，可检测到层粘连蛋白、纤维连接蛋白、VII 型胶原，上皮-基质连接处整合素亚单位 α3、α5、α6、β1 表达阳性（α4 阴性）。细胞外基质和整合素的存在证明重建角膜的上皮-基质连接是完整的。重建角膜模型有利于我们了解整合素在角膜创伤愈合过程中的作用机制。另外，可验证角膜接触镜、新型化妆品成分对角膜的刺激性。陈家琪等（2001）原代培养人角膜上皮、基质、内皮细胞，利用硫酸软骨素、透明质酸钠、I型胶原蛋白和微孔材料，建立三维培养系统，经非醛交联自聚合、醛交联聚合、微孔材料等方法，利用生物工程技术体外重建人工角膜。非醛交联聚合法重建人工角膜质地较软，透明度较低，光镜可见纤维结构；醛交联类重建角膜质地较韧，透明度较高，具有一定的牵张性和弹塑性，成型性较好，光镜可见均质结构；而非可吸收微孔材料重建角膜质地较软，有较高的抗张性，但透明性较差，无弹塑性。三种方法重建的角膜上皮细胞形成复层结构，细胞间连接紧密；内皮细胞单层排列，细胞间及细胞与基质连接紧密；基质结构差异较大。目前作为正常角膜的体外模型或用于角膜生理、生物和病理学等基础研究。

Kabosova 等（2003）应用琼脂-胶原凝胶培养正常人与糖尿病患者的角膜，45 d 后于角膜中央制作 5 mm 直径的上皮损伤，正常条件下，3 d 内上皮愈合，糖尿病角膜愈合时间长达 2 倍。培养的正常角膜上皮基底膜可见连续的层粘连蛋白-10、nidogen-1/entactin 染色，整合素亚单位 α3、β1 表达强阳性，基质金属蛋白酶 MMP-10 阴性。糖尿病角膜层粘连蛋白-10、nidogen-1/entactin 染色阴性，整合素亚单位 α3、β1 表达弱阳性，MMP-10 表达增强，细胞外基质成分减少。培养角膜的创伤愈合和糖尿病标记分布与尸检糖尿病患者的角膜完全一致，从而可以帮助我们阐明糖尿病患者的角膜上皮愈合机制。

Suuronen 等（2004）证明组织工程化的人工角膜与在体角膜一样可促进神经内生，再生神经形态正常，与靶细胞连接，能产生动作电位，对理化刺激敏感。重建人角膜替代物能提供可控环境，可用于研究角膜神经分布及其与靶细胞之间的信号转导，也可用于化学药品、毒品的安全检测。

Reichl 等（2004）分离人角膜基质细胞，Transwell 系统中与永生化人角膜上皮、内皮细胞共同培养，建立形态、组织学结构类似人角膜的功能等效物，用于药物渗透实验，验证其屏障功能。角膜等效物对三种眼科药物的渗透系数分别为：盐酸匹罗卡品 13.4×10^{-6}，盐酸苯海索 9.88×10^{-6}，氢化可的松 5.41×10^{-6}，是离体猪角膜的 1.6～1.8 倍。因此工程化角膜可作为活体角膜的替代品用于药理学实验研究。

随着细胞生物学、分子生物学、材料学、生物工程学等多学科的发展及交叉研究的深入，组织工程化的角膜组织重建越来越表现出广阔的发展前景，但仍面临许多挑战：永生化细胞系重建角膜是否有潜在的致癌性不完全明了；羊膜为载体可能带来潜在的疾病；胶原支架的性质如何改良以保证重建角膜保持良好的透明性；重建角膜的生物学特性、生理功能和理化性质需进一步研究，重建技术尚需进一步改良。

三、组织工程化神经

周围神经组织工程就是用组织工程学的原理，构建能完全替代自体神经移植修复周围神经缺损的移植物，也称为“人工神经”。具体地说，就是将组织工程学研究的三要素——种子细胞、生物材料、仿生结构相结合，构建一种理想的周围神经修复材料

(Muschler et al., 2004)。周围神经结构和再生的特殊性决定了“人工神经”只能使用雪旺细胞（schwann cell，SC）作为种子细胞，到目前为止还未见到理想的替代细胞。随着细胞技术研究的进一步深入，骨髓基质干细胞（bone marrow stromal cell，BMSC)、雪旺细胞的培养已趋于成熟。已证实，BMSC 经过诱导分化可以转化成 SC，一些学者将 BMSC 与去细胞神经复合修复神经缺损，其在形态学和功能学上取得了较满意的效果；因此，将 BMSC 作为种子细胞复合在三维仿生性、组织相容性好的神经替代支架材料中，渴望成为组织工程化人工神经修复神经缺损的全新思路。

Schlosshauer 等（2003）和 Yoshii 等（2002）分别在体外成功地诱导成年大鼠和人的 BMSC 分化为具有一定功能的神经元和神经胶质细胞，证明了大鼠 BMSC 在体外和体内可诱导分化为 SC 并具有一定的功能，可以作为神经修复种子细胞的新来源。在研究 BMSC 多向分化潜能的过程中，Cuevas 等（2004）将分离纯化的 BMSC 注入人造坐骨神经缺损处，术后神经功能恢复较理想。移植部位 BrdU 示踪显示有少量植入细胞表达 SC 相对的标志物 S-100 蛋白，发现部分 BMSC 转化为 SC，而且通过神经断端的再生轴突明显增多。Mimura 等（2004）在体外环境下诱导 BMSC 向 SC 分化，并最终得到 BMSC 来源的 SC，Chen 等（2007）将 BMSC 移植到坐骨神经缺损的模型大鼠体内，术后观察到有郎飞结、轴突及髓鞘重建；电生理检查显示 BMSC 移植组大鼠运动神经传导速度及坐骨神经功能均明显优于对照组，提示 BMSC 可能作为神经修复种子细胞的新来源。应用 BMSC 修复周围神经损伤开展的时间较短，但也取得了一些成果。尚剑等（2006）以 DMEM 为培养基，体外诱导人 BMSC 分化为 SC，与细胞外基质及可降解聚乳酸导管构建组织工程化神经，建立的坐骨神经缺损的大鼠动物模型表明：BMSC 在体外可诱导分化为 SC，利用其与细胞外基质及可降解聚乳酸导管构建组织工程化神经，可以修复周围神经缺损。

四、组织工程化血管

血管损伤、缺血性疾病及动脉瘤等的治疗都需要合适的血管移植物，临床上应用的血管移植物包括自体血管、异体血管和人工合成材料血管等，但由于种种原因，这些血管移植物已很少被使用或不适于替代小口径血管，因此存在血管实用性有限、取血管处疼痛和不适等问题。随着干细胞研究的重大进展，以及材料和塑形科学研究的不断深入，利用组织工程学的方法构建良好血管替代物的血管组织工程学成为研究热点。

组织工程血管是利用各种血管壁细胞和相关的细胞外基质制备并重建的三维血管组织。目前，关于组织工程血管的研究主要包括种子细胞、细胞支架、细胞支架和种子细胞复合体的培养、组织工程血管的抗凝特性和植入情况等；种子细胞的获取、培养和种植是组织工程血管研究的关键环节。现在被用作组织工程血管的种子细胞多是自体血管壁细胞及可定向分化的干细胞，由于骨髓间充质干细胞具有取材方便、在体外可大量增殖、无免疫原性等特点，有望成为组织工程血管种子细胞的主要来源。

Weinberg 和 Bell（1986）进行了组织工程化血管构建的最初尝试。他们以胶原为生物支架，分别接种内皮细胞、平滑肌细胞与成纤维细胞，构建了具有三层结构的血管组织，但所形成组织的生物力学强度较差，不能承受血流的搏动张力，需要外层包被Daron。Heureux等（1998）则单纯应用构成血管组织的三种细胞在体外形成完全由细胞及其分泌的细胞外基质构成的血管组织。耗时3个月，形成了具有活性细胞并类似机体血管三层结构的组织工程化血管。用此方法形成的组织工程化血管修复犬股动脉缺损，1周后观察，血流通畅，各种细胞特异表型标志表达明确，血管有较强的抗张强度，应用血管收缩剂能够引起收缩反应。Shinoka等（1998）则报道了应用组织工程技术构建血管并成功修复羊肺动脉缺损，该研究先从羊颈动脉获取少量组织，用组织块法在体外培养并扩增含有血管内皮细胞、平滑肌细胞和成纤维细胞的混合细胞，将上述细胞接种至管型可降解生物聚合材料聚乙醇酸（polyglycolic acid，PGA）上，体外培养1周后回植，修复2 cm长的肺动脉缺损，观察11～24周，管腔均保持通畅。组织学检查显示该段血管组织具有完整的内膜、中膜及外膜结构，管壁胶原含量达到周围正常血管组织的70%。该研究提示体内血流动力学环境对血管组织形成具有重要作用。近年来，干细胞研究为血管组织工程种子细胞的解决开辟了新的途径。由于干细胞具有多向分化潜能，体外大量增殖不易老化，可采用微创技术取材，对人体生理干扰小，符合组织工程对种子细胞的要求，因而备受关注。

胚胎干细胞具有持续增殖而保持不分化的能力，并可经诱导分化为成熟个体中所有类型的细胞。Yamashita等（2000）证实小鼠胚胎干细胞中Flk-1$^+$细胞群可在细胞因子作用下向血管壁细胞分化，将该细胞群注入鸡的胚胎中可观察到血管样结构形成。刘阳等（2008）将兔动脉平滑肌细胞接种于非编织PGA，缠绕于硅胶管上植入裸鼠皮下，8周后取出，在新的管形组织内表面接种由小鼠胚胎干细胞诱导而来的内皮细胞，体外继续培养5 d，构建出完整的血管组织，证实胚胎干细胞可作为组织工程化血管的种子细胞使用。也有研究证实，骨髓间充质干细胞具有分化为血管平滑肌细胞的能力。Cho等（1979）将分离纯化的犬骨髓干细胞体外诱导培养2周，至第2代细胞已分化为平滑肌样细胞，将此细胞接种于管形PGA材料，继续培养5 d后回植裸鼠皮下，4周后组织学检测证实新组织形成并表达平滑肌特异性标志。细胞外有基质形成，以Ⅰ型胶原为主，荧光标记证实新生组织主要由植入细胞构成。

张超纪等（2008）通过体外构建、体内培养的方法构建组织工程化血管，并将其植入动物的股动脉，探讨利用小口径组织工程化血管进行血管移植的可能性。

1）复合支架的制备：在无菌条件下抽取大鼠尾腱并将其剪碎，置入1%的乙酸溶液中，离心、盐析，提取鼠尾胶原蛋白，然后用40℃ 1 mmol盐酸溶解备用（100 g/L）；用终浓度为0.06%戊二醛溶液交联胶原蛋白，用冷冻干燥的方法制备2 mm×1.5 mm×2 mm大小的胶原蛋白包埋的片状胶原蛋白包埋PGA支架，漂洗干燥，异丙醇消毒备用。

2）种子细胞的分离、培养、扩增和诱导分化收集犬骨髓血，提取单个核细胞进行体外培养扩增，冻存复苏细胞后继续培养传代；用含 10^{-8} mol/L AT-RA、0.5×10^{-3} mol/L db-cAMP的培养液定向诱导间充质干细胞向血管平滑肌样细胞分化3 d，然后在普通培养液中培养传代；用含10 ng/ml VEGF培养液定向诱导间充质干细胞向内皮样细胞分化2周，然后在普通培养液中培养传代。

3）种子细胞的标记和种植：用含BrdU10 μmol/L的培养液培养种子细胞（包括平

滑肌细胞和内皮细胞）48 h，然后再用不含 BrdU 的培养液培养种子细胞，收集第 2～3 代的 VSMLC，用 DMEM-LC 培养液制成 1×10^7 个/ml 的细胞悬液，每片支架均匀接种 100 μl，置于 37℃，5%CO_2 的培养箱内，4 h 后加入 DMEM-LG 培养液，静置于培养箱内继续培养，24 h 后吸出培养液，继续接种上述浓度的细胞悬液。共接种 4 次，使细胞数量达到 4×10^6，继续培养 3 d。上述种植 VSMLC 的支架培养共 7 d 后，吸出培养液，用无菌 ECMgel 均匀涂抹支架的表面。在种植 VELC 当天制备终浓度为 50 μg/ml DAPI 、FBS 10%的 DMEM-LG 培养基，用此培养液在 37℃、CO_2 培养箱内孵育细胞 60 min，然后用 PBS 洗 6 次，消化离心备用。将标记有 DAPI 的 VELC 细胞用 DMEM-LG 培养液制成 1×10^7 个/ml 的细胞悬液，每片支架的 ECMgel 均匀接种 50 μl，置于 37℃、5% CO_2 的培养箱内，4 h 后加入 DMEM-LG 培养液，静置于培养箱内继续培养，24 h 后吸出培养液，继续接种上述浓度的细胞悬液。共接种 2 次，使细胞数量达到 1×10^6，继续培养 3 d。

4）血管的制取：将片状支架复合物包绕于事先消毒好的外径为 4 mm 的玻璃棒周围，边缘对合良好，用 7-0-vicryl 抗菌可吸收缝线间断缝合，构建成初级组织工程化小血管，分为单纯支架组（$n=2$）和种植细胞组（$n=4$）（该动物为种子细胞供体的动物）。动物全麻下（2%戊巴比妥钠，1 ml/kg）仰卧，固定于手术台上。腹部剃毛，消毒，在其腹部正中线两侧切开皮肤，沿皮下钝性分离造成一和腹白线平行的皮下隧道，将内衬玻璃棒的管形支架分别植入皮下隧道，缝合切口，动物麻醉清醒后放回笼中饲养。

5）血管的移植：植入后 8 周再次麻醉动物，取出植入皮下的组织工程化血管。按照无菌手术的原则暴露股动脉，全身肝素化（1 mg/kg）抗凝；切除长约 3 cm 的一段股动脉，修剪组织工程化血管，使用手术放大镜和显微器械，用显微缝合的方法，7-0-Surgilene 线连续缝合，植入组织工程化血管。术后动物麻醉清醒后送回动物房饲养，青霉素 320 万 IU 肌肉注射，每天 2 次，连续 7 d；华法令 1.5 mg 口服，1 d 1 次。对照组移植后周围用软组织加固；分别于植入后 1 周、2 周再次麻醉动物，对照组 1 例，实验组 2 例，取出移植的血管，行病理检查及免疫荧光等相关检查。

6）结果：①大体病理。移植后见组织工程化血管通畅，近端和远端股动脉搏动良好，吻合口无渗漏，管壁无瘤样扩张，肢体无缺血改变；1 周在体时见血管通畅，搏动良好，管壁无瘤样扩张，肢体无缺血改变；切除该段血管，见组织工程化血管长约 3 cm，该段血管管壁略增厚；剖开组织工程化血管，见管腔通畅，内膜粗糙，但无血栓形成。对照组已有血栓形成，管腔闭塞。2 周时在体见血管通畅，搏动良好，管壁仍无瘤样扩张，肢体无缺血改变；切除该段血管，见组织工程化血管长约 3 cm，管壁进一步发育成熟，该段血管管壁略增厚，张力佳；剖开组织工程化血管，见管腔通畅，内膜已明显光滑，和正常血管壁相似，无血栓形成。②组织工程化血管移植后 2 周 HE 染色及免疫荧光观察。血管壁的内膜表面完整，有连续单层扁平上皮细胞覆盖；中膜有平滑肌样细胞，但细胞数量较少，胶原和细胞外基质成分较多，胶原纤维排列整齐、致密；外膜主要为疏松的结缔组织。免疫荧光观察，可见部分细胞核呈现明亮的黄绿色荧光，提示该细胞来源于原标记的种子细胞。

实验结果提示，利用骨髓间充质干细胞分化而来的种子细胞和胶原包埋的 PGA 支架可以构建组织工程化小口径血管，而且可以移植入动物体内。

五、组织工程化气管

气管是一种具有独立生物学特性和功能的单一管腔脏器，是呼吸道的重要组成部分，其功能是维持呼吸道畅通，保证肺组织与外界大气相通。因此，气管是人体不可缺少的重要器官。

正因为气管功能的重要性，气管缺损后的外科修复一直受到密切关注。目前，对于较短的气管缺损病例，临床上多采用端-端吻合的方法进行修复。而对于较长段气管缺损的重建，尤其当气管缺损的长度达到 6 cm 以上的，端-端吻合困难。只能采用气管替代物修复缺损。许多学者尝试应用同种异体移植、自体组织重建及人工气管假体等方法，治疗效果均不理想。因此，寻找一种适合机体内环境需要的、符合正常生理结构的气管移植材料十分迫切。组织工程学的兴起及其飞速发展，为生理性修复长段气管缺损提供了可能。

气管组织工程是体外构建具有一定形状和功能的气管环，原位移植从而达到修复缺损、重建功能的目的。尽管气管内含有软骨、纤维结缔组织、平滑肌、黏膜上皮等多种组织，但对于维持气管通气功能起关键作用的组织主要是软骨和黏膜上皮。因为软骨是气管内唯一起支撑作用、保证气道不塌陷的关键组织，而黏膜上皮的存在则可以保证气道的湿润和清洁。因此，气管组织构建首先进行的也是这两种组织的构建。目前组织工程化气管构建研究主要集中在管状软骨和复合气管组织缺损和构建等方面。

管状软骨构建：最早的组织工程化管状软骨构建始建于 1993 年，Vacanti 等（1994）利用小牛肩胛的软骨细胞作为种子细胞，以片状塑形的无纺 PGA 纤维作为细胞载体，形成细胞-材料复合物后，于体外培养 1 周，再将其包绕在管形硅胶管表面，形成管状复合物结构，植于裸鼠皮下四周时形成了色白、质硬的管状透明软骨，其外形大体和裸鼠气管相近。用此管状软骨替代裸大鼠的长段气管缺损，动物能自主呼吸，最长可存活 1 周。Vacanti 认为：动物的死亡，是由于该组织工程化气管内腔缺少纤毛柱状上皮，难以排泄呼吸道分泌物，致使管腔狭窄，动物窒息所致。在此基础上，多位学者又进一步应用不同动物的软骨细胞进行了管状软骨构建及气管缺损修复研究。国内刘彦春和王炜（1999）利用组织工程技术将体外培养 1 周的猪耳廓软骨细胞-PGA 复合物卷于肋软骨周围，植于自体腹部皮下，3 个月时形成了成熟的管状软骨，该实验显示在具有免疫力的高等哺乳动物自体体内可以形成成熟的管状软骨。王常勇（2001）通过组织工程技术以兔的关节软骨细胞为种子细胞，将其接种在自制的具有螺旋纹理状的 PLGA 支架材料上，以硅胶管为内支撑，通过体外生物反应器培养和裸鼠皮下培养，8 周后形成了带有气管环的圆筒状软骨。Lee 等（2002）以兔的肋软骨细胞作为种子细胞，与 PLGA 材料复合，制成 5 cm×5 cm×2.5 cm 大小的管状细胞-材料复合物，在生物反应器中动态培养 3 d，并以此细胞-材料复合物去修复兔的全层气管缺损，动物可自主呼吸。

Kojima 等（2003）将分离出的羊鼻中隔软骨细胞种植在聚乙醇酸基质中，并将这种细胞-聚合物混合物包裹硅胶管在裸鼠体内培养，得到一个与羊天然气管相像的管状软骨，在显微镜下证实这种成熟的软骨有假复层柱状上皮形成。表明创造一个生物工程气道来修正气管缺损是可行的。然而，从临床的角度看，从鼻中隔获取软骨有一些缺点，包括间隔活检的伤害性和全麻的需要。为了更广泛地获得细胞资源，Kojima 等（2004）收集骨髓基质细胞（MSC），加入转化生长因子 132（TGF-B2），种植在聚乙醇酸网的表面培养，并用硅螺旋模板塑形，转化生长因子 B2 微球体涂层，最后埋入到裸鼠皮下进行培养。与对照组比较，只有细胞-聚合物-微球的结构表现出了新生血管形成。除此之外，蛋白聚糖的含量达到了正常气管的 78%，软骨和胶原的含量达到了 71%，说明来源于骨髓基质细胞构建的人工气管与正常组织很相似。国内韩志军等（2008）也成功通过诱导骨髓基质干细胞构建出类似的组织工程软骨。

复合气管组织构建：在管状软骨构建成功的基础上，Sakata 等（1994）将新生羊的气管内皮细胞消化下来，制成细胞悬液，注射到裸鼠皮下构建的管状软骨管腔内壁，两端缝合，继续培养 3 周后可见管状软骨内壁形成了结构良好的纤毛上皮样结构，包括黏膜下组织及小血管。Kojima 等（2003）分别以羊的鼻中隔软骨细胞和结缔组织中的成纤维细胞为种子细胞，分别接种于 PGA 材料，体外培养 7 d 后，将软骨细胞-材料复合物包绕在一个自制的长 50 mm、直径 20 mm 左右的螺旋形管状硅胶管上，再另外覆盖一层成纤维细胞-材料复合物，形成两种细胞复合的细胞-材料复合物，分别植于裸鼠皮下和羊的自体颈部皮下。8 周时均形成了大体与羊自体气管外形相近的成熟管状软骨，将该组织工程化气管去修复羊 5 cm 长气管缺损，可存活 2～7 d，但这种复合因没有包含上皮，不能算是真正意义上的复合组织。

六、组织工程化肌腱

肌腱组织是由纵行排列的胶原纤维和散在分布的肌腱细胞构成的。胶原纤维是肌腱组织的主要成分，沿受力方向成束地以波浪状平行排列，少数纤维束成扭转或交错排列，以防止纤维分离，也利于对来自不同方向力的缓冲。肌腱细胞来源于胚胎时期的间充质细胞，其功能是形成肌腱胶原纤维和基质。肌腱细胞可持续地合成、分泌胶原及可溶性蛋白多糖等，同时可降解、吸收基质中的代谢产物，调节周围微环境，基质也能有效地影响肌腱细胞的代谢、生长、增殖及运动等行为。肌腱细胞是一种分化程度很高的细胞，体外培养条件下，增殖相对缓慢，多次传代后，丧失进入细胞周期的能力，这是肌腱损伤修复的瓶颈问题。

肌腱和韧带的损伤是外科中最为常见的一种组织损伤。但是由于缺少可用于移植的肌腱，常常给临床的肌腱缺损带来困难。随着材料科学、细胞培养及细胞移植技术的发展，20 世纪 60 年代以来，组织工程化肌腱的研究得到了迅速发展。组织工程化肌腱是根据肌腱的生物学特征和力学性能，利用组织工程学技术体外构建的人工肌腱，用于体内移植，替换受损肌腱。与传统肌腱修复相比，组织工程化肌腱具有许多优点：解决了供体肌腱来源问题；组织工程化肌腱具有活力和功能，植入后可与受体肌腱愈合，永久性替换缺损肌腱；可根据缺损肌腱任意塑形，在重建功能的同时达到形态修复的目的。

Lange 等（1990）最早应用丝线制成肌腱，近数十年来由于合成材料的更新和改进，有许多学者试图用合金、塑料、尼龙、合成纤维等制成人工肌腱，这些肌腱于自体肌腱缝合处不愈合，经不起长期肌肉运动的牵拉，终于因缝合处撕脱而失效。另外，有些人工肌腱与肌腱周围组织发生粘连而影响肌腱滑动。后来，Salisbury 和 Mason（1974）改进了人工肌腱的制作，设计出人工肌腱的两端多孔状，以便在自体肌腱缝合处能让周围纤维母细胞长入多孔的网眼内，从而达到加固缝合处组织的作用。朱国良等（1985）在用聚酯纤维织物制作人工肌腱材料时发现，人工肌腱周围有一层半透明带状纤维膜包裹，表面光滑，时间越长，人工肌腱越不易辨认，与周围组织有少许疏松粘连，两缝接处较中央部明显，但易分离，去除人工肌腱周围纤维包膜后可见人工肌腱腔内有血液向管壁外渗出。说明其中有新生血管存在，缝接端纵行剖开，见受体肌腱有再生现象，并与人工肌腱内网状结构交织在一起，但以上结果缺乏长期临床积累材料。戴克戎等（1983）用家兔做动物肌腱移植实验，人工肌腱长 2 cm，外壳为辐射硫化硅胶管，管外径 2.5 cm，管壁厚 0.5 cm，管芯为桑蚕丝织品和 2 根供缝合用的涤纶线，线径为 0.12 cm。1 周后见大量中性白细胞及纤维素和组织坏死。同时可见纤维母细胞和新生毛细血管增生，初呈放射状，方向与人工肌腱垂直，并普遍出现多层环状母细胞，有异物巨细胞反应，并形成异物结节，3 周时，纤维组织数量增多，有玻璃样变性，术后时间越长，纤维组织越多，24 周时，炎症和异物反应极轻，丝线被纤维组织包绕，但未见典型鞘样组织。

20 世纪 70 年代末，Forster（1978）和 Jenkins 等（1977）报道应用碳纤维代替损伤的跟腱和韧带，经临床实践应用证明碳纤维有质量轻、抗拉力大、弹性耐力高及组织相容性好的优点，并可诱发新的肌腱组织生长进而代替碳纤维。在 Jenkins 的启发下，有学者先后用碳纤维植入法修复了狗和马的损伤肌腱。毛宾尧等（1995）通过动物实验认为碳纤维的最终命运是逐渐降解、碎裂和吸收，其主要原因是碳纤维本身不具有生命力，需要从周围组织引导细胞长入，不能成为新的肌腱或韧带。若能在碳纤维植入体内之前预先种植活细胞，即在体外构建组织工程化肌腱，或许能提高碳纤维修复肌腱、韧带缺损的临床效果。

人发角蛋白人工肌腱是继碳纤维人工肌腱和硅橡胶人工肌腱后的第三代人工肌腱材料。它的腱体可被逐渐吸收，同时有肌腱细胞和胶原纤维替代形成新的自体肌腱，它和肌腱的缝合部位能够腱性愈合。邹云雯等（1999）将人发角蛋白人工肌腱应用于临床肌腱缺损患者，功能回复均达优良，而在动物实验中通过多种免疫学方法检测认为人发角蛋白人工肌腱对人体无明显免疫原性。1988 年，中国学者黄凤鸣（1988）首先用不经任何特殊处理的人发植入动物体内替代受损的肌腱，实验发现人发肌腱具有组织相容性好，无明显排斥反应，衔接部牢固的优点；但缺点是不能腱化，又易感染粘连等。1995 年，有学者将人发进行药物处理。处理后的人发腱经动物实验证实最终可被组织吸收，在体内能腱化，命名为 109HH 人工腱（刘连璞和曹启迪，1995）。

王铁丹等（1991）用特殊生物化学方法处理人发，制成人发角蛋白人工腱，与未进行处理的人发腱相比，既能满足机体的力学需要，又能以合适的速度被机体吸收。腱化过程可分为 3 步：第一个月，胶原形成期，有成纤维细胞增生，成纤维细胞分布不均，有直径相差悬殊的胶原原纤维；第二个月，降解吸收期，仍有大量成纤维细胞及胶原原纤维，人发角蛋白已被割裂吸收；第三个月，纤维成熟期，人发角蛋白基本消失，被大量的横纹清除，粗细不均，被排列较为有序的胶原纤维取代，这种肌腱材料植入人体内进行的各种检查发现，其拉应力达正常肌腱 94%，无粘连及断裂，是较为理想的肌腱代替材料。

肌腱的组织成分主要是 I 型胶原纤维，Minami 等（1982）指出肌腱的胶原成分不表达主要组织相容性复合物（MHC），肌腱组织抗原性主要存在于腱细胞表面，可以通过冷冻等处理改变细胞表面抗原结构，从而降低抗原性，使植入的肌腱组织不足以引起受体发生强烈的免疫排斥反应。张友乐等（1995）成功应用冷冻干燥同种异体肌腱移植修复缺损肌腱。对冷冻干燥同种异体肌腱移植进行研究发现，机体死亡 4 h 内将肌腱无菌取出，放入营养液－80℃冷冻保存 10 d，真空条件下冷冻，使用前 16～20℃林格氏液中浸泡 2～4 h，即可恢复肌腱的组织形态、弹性、质地。使用后结果显示这种处理过的同种异体肌腱材料在植入机体后 3 周时，肌腱结合部已经愈合，8 周时肌腱修复已经完成。以上各种处理措施使组织抗原性明显降低而保留了肌腱生物活性。但同种异体肌腱存在的缺点是供体携带的病毒可能引起疾病传播（如肝炎、AIDS 等），移植后的远期效果并不肯定。

姜任武等（2008）提取兔骨髓，通过离心和贴壁筛选培养获取骨髓间质干细胞，将骨髓间质干细胞进行分离、扩增，未经体外诱导即接种于胶原-PGA 支架中，回植于跟腱缺损部位，借助体内微环境中细胞因子的作用，完成肌腱的重建与再塑形。结果显示，含自体骨髓间质干细胞的 I 型胶原-PGA 支架及不含自体骨髓间质干细胞的 I 型胶原-PGA 支架回植于体内时肉眼观察呈条形凝胶状。回植于体内 4 周后实验组和对照组均可见移植处形成条索状组织，PGA 缝线已降解。8 周时观察可见实验组组织工程化肌腱与受体肌腱组织完好连接，呈条索状，与周围其他组织无粘连，为白色、有光泽的致密腱样组织，而对照组所形成的组织较实验组细小、与周围组织有粘连。

2009 年，浙江大学医学院组织中心欧阳宏伟教授实现了从骨髓中分离出间质肝细胞进行肌腱体外培养再植。他从患者的骨髓中分离出间质干细胞，在培养液中浸泡 3～4 周，繁殖成有几千万个细胞的肌腱组织片，再与可降解的生物支架材料结合，卷成肌腱的形状，放入模拟人体内环境的反应器中，经过 1 个月牵拉、挤压的刺激，成型的肌腱就能植入人体。2009 年，欧阳宏伟用胚胎肝细胞进行肌腱的体外培养再植，将 10～20 个胚胎干细胞小团块“铺”在处理过的培养板上进行低密度培养，通过筛选将干细胞收集起来，再进一步筛选、扩增和定性。这些分化后的间质干细胞在特殊培养液中浸泡 2 周后，形成膜状的间质干细胞片，可被卷成肌腱的形状，再经过一段时间的牵拉、挤压的刺激，就能分化成肌腱细胞，将这些分化肌腱细胞植入后腿膝盖部髌肌腱断裂的小白鼠，有助小白鼠恢复正常的活动能力。

20 世纪 90 年代，Cao 等（1997）首先取小牛肩、膝部的肌腱组织，将获得的肌腱细胞接种于 0.4 cm×0.4 cm 条索状未编织的 PGA 网状支架上，体外培养 1 周后植入裸鼠皮下。结果显示在第 6 周标本中，支架四周排列着拉长的肌腱细胞，中心部分则显示较多的随意排列的肌腱细胞和细胞外基质。在第 12 周标本中，其四周和中心部分已完全和正常肌腱细胞相同。在采用纵形结构的 PGA 载体中，在第 6 周就出现了平行排列的肌腱细胞，它较任意排列的网状标本更加整齐一致。刘永涛等（2003）在有完善免疫功能的鸡趾指屈肌腱原位应用自体肌腱细胞构建组织工程化肌腱也获得了成功。他们将取自 Leghorn 鸡的自体肌腱细胞与 PGA 复合后外包生物膜，并在体外培养 5 d 后植入 Leghorn 鸡趾深屈肌腱缺损区，分别于第 8 周、第 14 周和第 26 周进行组织学和生物力学检测，同时以单纯的 PGA 纤维植入作为对照组。H&E 和 Masson 染色显示实验组形成的新生组织中胶原排列整齐有序，随着复合物在体内的时间延长，PGA 逐渐降解。生物力学检测显示新生肌腱样组织的抗拉力在第 8 周时为（14±3）N，而第 14 周时达到（75±3）N，为正常肌腱组织的 73%，而单纯生物支架材料为（9±3）N，第 26 周的实验组标本大体已经非常接近正常的肌腱组织。

七、组织工程化软骨组织

软骨是一种高度分化的结缔组织，由软骨组织及其周围的软骨膜构成。软骨组织由软骨细胞、基质及纤维构成。根据软骨组织内所含纤维成分的不同，可将软骨分为透明软骨、弹性软骨和纤维软骨三种。其中以透明软骨分布最广，结构也最典型，其间质内仅含少量胶原原纤维，基质较丰富，新鲜时呈半透明状。透明软骨较脆，易折断。成年的关节软骨、肋软骨及呼吸道的某些软骨等均属透明软骨；纤维软骨分布于椎间盘、关节盘及耻骨联合等处，结构特点为基质内含有大量的胶原纤维束，呈平行或交错排列，软骨细胞较小而少，成行排列于胶原纤维束之间；弹性软骨分布于耳廓及会厌等处，结构特征类似透明软骨，仅在间质中含有大量交织成网的弹性纤维，纤维在软骨中部较密集，周边部位较稀少，这类软骨弹性较好。

关节外伤和退行性改变等引起的软骨损伤可导致关节长期的疼痛和功能障碍，甚至关节废用，给患者生活带来极大的痛苦和不便。关节软骨无血液供应和神经支配，损伤后几乎不能自发修复，在某些情况下可发生自发性修复反应，但新生的组织是纤维软骨组织，与正常的透明软骨在组织结构和生物化学方面有很大的不同，并且在生理负荷下会发生退行性改变，最终发展成骨性关节炎。传统的治疗方法，如微骨裂、软骨下钻孔、软骨及软骨膜移植等，只能暂时地缓解疼痛等症状，都不能成功修复损伤软骨。随着生命科学和工程学的发展，组织工程应运而生，人们利用工程学方法和手段构建和再生各种组织和器官来替代病损组织，取得了巨大的成就。构建生物特性与正常关节软骨相似的组织工程软骨是目前组织工程研究的热点之一。

软骨组织是第一种获得成功的组织工程化组织。Katsube 等（2000）用软骨细胞与胶原形成的复合体修复兔关节软骨缺损，获得成功。Chu 等（1995）将同种异体软骨细胞接种在多孔 PLA 支架上，然后置入 16 只成年新西兰白兔的踝关节软骨缺损处，术后 6 周解剖发现 96%的实验动物的关节软骨缺损有新生软骨形成，其颜色和结构特征与周围的正常关节表面相似。Wakitani 等（1989）报道应用异体兔关节软骨细胞接种于胶原凝胶，以修复兔关节软骨缺损，移植的 9 个关节缺损中 7 个术后 4 周完全愈合，对照组的 2 个关节则没有愈合。Hendrickson 等（1994）报道，用纤维素作为支架系统，用小马驹的同种异体软骨细胞培养移植到成年马的膝关节软骨缺损上，术后 8 个月关节软骨面缺损愈合良好，愈合组织含 II 型胶原 61%，而对照组仅含 II 型胶原 25%，两者形成鲜明对比。该方法的优点是可以在关节镜下一次手术完成，创伤较小。Vacanti（1994）在裸鼠体内形成了气管软骨环-柱状纤毛上皮复合组织，并在动物体内进行了气管缺损的修复。第三军医大学组织工程研究中心运用优化获取的兔关节细胞与聚磷酸钙纤维（CPPf）/左旋聚乳酸（PLLA）三维支架构建的组织工程软骨成功修复了兔关节全层软骨缺损，也获得了满意的实验结果（戴刚等，2002）。

有大量的科研人员致力于支架材料的改进，并做出了许多有益的尝试和可喜的成果。

Cao 等（1997）运用组织工程技术首次在裸鼠皮下成功构建人耳廓软骨，标志着构建复杂结构的软骨组织已成为可能（图 7.1～图 7.4）。其具体方法是先用藻酸盐在 3 岁小儿耳廓上取模，并制成石膏模具。厚 100 μm 的 PGA 无纺网用含 1%PLA 的二氯甲烷浸泡定型，并用石膏人耳模具塑形成人耳形状，将牛关节软骨细胞接种到上述 PGA/PLA 支架上，体外培养 1 周后植入裸鼠皮下，为防止初期软骨细胞- PGA/PLA 复合体变形，在复合体的表面，裸鼠的皮下植入钢架系统进行保护，12 周后形成了酷似人耳廓外形的组织工程软骨组织，组织学证实为透明软骨组织。张驰等（2000）用兔关节软骨细胞接种于聚乳酸涂层的多孔羟基磷灰石修复直径 5 mm，深 2.5 mm 的兔全层软骨缺损，12 周后形成透明软骨，实验组胶原含量 44.69%，而自身正常软骨胶原含量为 54.74%，实验组与正常软骨相比，胶原含量仍有差距。Christophel 等（2006）将兔自体关节软骨细胞复合聚羟乙酸与聚乳酸共聚物支架后，植入兔的背部培养 8 周后取出，雕刻成所需的形状后，再次植入不同部位培养 8 周后取出，发现复合物成功形成组织工程软骨。另外应用脱钙骨基质的尝试也逐渐增多，Jin 等（2006）利用自体软骨细胞复合脱钙骨基质，移植入兔的胫骨生长面的缺损处，16 周后观察发现复合物能够有效地防止骨桥的形成，并修复缺损处，组织学检测缺损处结构几乎与正常的一样。Li 等（2006）用兔软骨细胞复合脱钙骨基质明胶，体外培养 6 周后有 1.3 cm 的新生软骨形成，经组织学检测为透明软骨，免疫组织化学检测有 II 型胶原及蛋白多糖表达。

除了支架材料条件下构建组织工程软骨的方法外，还可以在体外无支架材料条件下构建软骨组织。体外无支架培养的技术主要有单层细胞培养技术、聚集培养技术、沉淀培养技术。最初人们用细胞体外单层传代培养的方法，发现细胞的表型很快丢失，细胞向成纤维细胞转化，II 型胶原表达减少，并诱导出 I 型胶原的表达（Kino-Oka et al.，2005）。但当高密度单层培养细胞时可以不断形成基质，将高密度关节软骨细胞接种于培养瓶内，8 周时形成软骨张弹模量为 13 MPa，达软骨中间部分水平，而胶原密度是正常软骨的一半（Fedewa et al.，1998）。由于细胞在高密度时会形成可见的聚集物，通常称为聚集培养，余方圆和卢世璧（2006）用酶消化法分离成年兔关节软骨细胞，分别用低密度和高密度聚集培养，结果低密度培养时细胞表型在 3 代以后大部分丢失，而聚集培养时软骨细胞去分化减慢，3 代后的去分化细胞再行聚集培养，细胞表型部分恢复，从而证明聚集培养有利于维持软骨细胞表型，原代细胞聚集培养或传代以后聚集培养是较好地获取大量优良软骨细胞的培养方式。软骨细胞也可以在不同的底物表面培养，如II型胶原及各种水凝胶等，Darling 和 Athan（2005）发现在聚集蛋白聚糖表面培养的软骨细胞比在II型胶原和培养板表面培养更优越，将在II型胶原培养基上已经去分化的软骨细胞重新植入聚集蛋白聚糖培养基表面，细胞由成纤维细胞表型重新转向软骨细胞表型，为组织工程软骨的构建提供新的方法。高浓度的细胞可以悬浮在各种水凝胶的表面，与底物表面不接触，而聚集形成可见的聚集物。Hu 等（2006）在琼脂糖培养板上接种软骨细胞，12 周后形成的组织外观与正常软骨组织相似，GAG 的干重达正常软骨中的 2/3，胶原干重含量达到正常软骨的 1/3，机械强度达到正常软骨组织的 1/3 余。离心管内沉淀培养首先由 Kato 等（1988）建立，软骨细胞在离心管内低速离心，团块后培养，形成软骨样的组织，随后有实验观察到离心管内沉淀软骨细胞进行培养时，产生较多与软骨组织相似的基质（Stewart et al.，2000）。杨志明等（2000）应用无支架离心管培养技术构建组织工程化软骨，收集软骨细胞，离心 5 min，形成的细胞团块在离心管内培养，至第 3 周时直径从 1 mm 增至 8 mm，团块外观透明、帽状，类似软骨组织，组织学观察呈软骨样组织，未见钙化，II型胶原 mRNA 的表达与正常胚胎软骨相似。

在体外应用支架和无支架技术构建组织工程软骨是软骨组织工程的两个主要方向，而两种方法又各有其优缺点，前者材料可以任意塑形，但材料降解性能、降解产物毒性等问题有待考验，后者技术简便、设备简单，避开了材料的负面影响，但是生成的工程化软骨形状固定，大小较有限，需要更深入的研究。

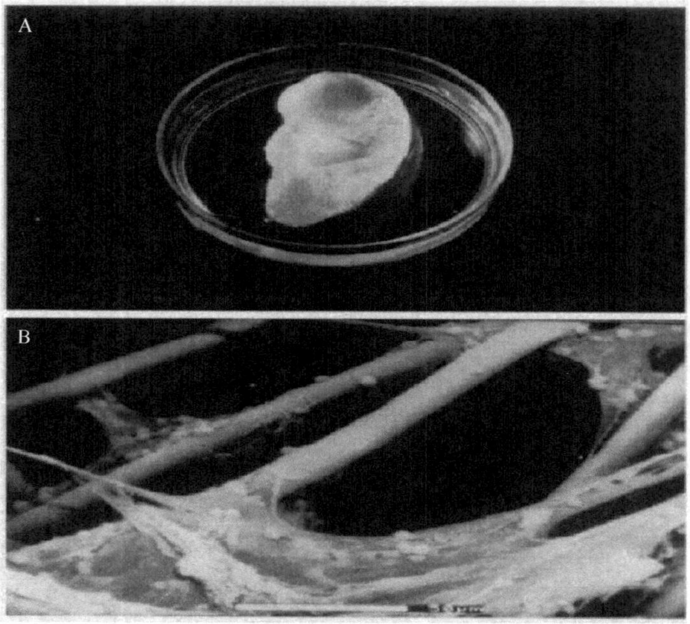

图 7.1　软骨细胞体外接种至人耳模型聚合体

A. 接种软骨细胞的耳型模具外形（15×10^7）；B. 植入前软骨细胞黏附至 PGA 支架的电镜扫描图（Cao et al.，1997）

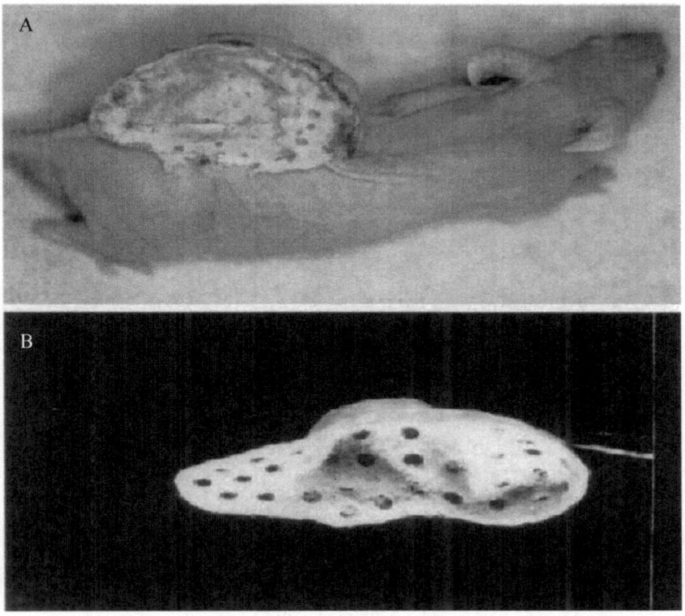

图 7.2　一个外部支架固定在耳型聚合物植入部位皮肤外以保持模具的形状

A. 实验组皮下植入的聚合物基质种植软骨细胞，外部用同样大小和形状的支架固定；B. 对照组皮下植入的聚合物基质没有接种软骨细胞，外部同样也用支架固定（Cao et al.，1997）

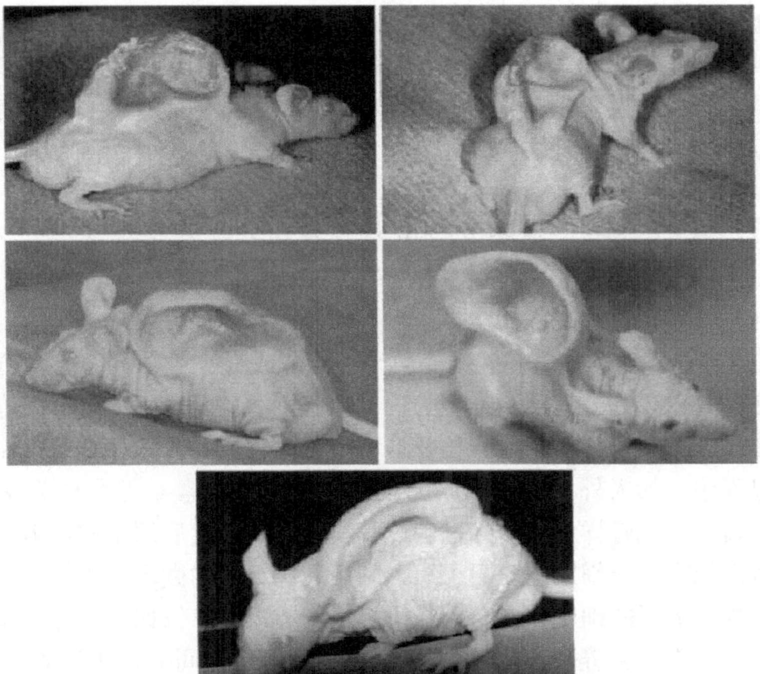

图 7.3　皮下植入裸鼠 12 周后形成了酷似人耳廓外形的组织工程软骨组织（Cao et al.，1997）

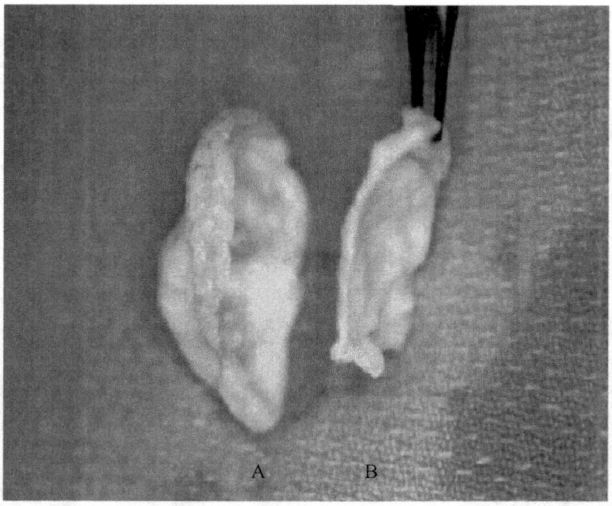

图 7.4 I组（A）和II组（B）样品的大体轮廓照片。B样品（对照组）外形萎缩变形。A样品植入12周后形成了很好的新的软骨耳，保持了最初的细胞复合体耳廓形状（Cao et al.，1997）

八、组织工程化骨组织

骨组织由骨膜、骨皮质、骨松质、脂肪、骨髓及血管等组织组成。基质成分占75%，以II型胶原为主。骨缺损或骨愈合不良的植骨术主要采用自体骨移植、同种异体骨移植。骨愈合机制主要是起支架作用，在骨被破骨细胞吸收的同时，有受区成骨细胞长入形成新骨，最终修复骨缺损或促进骨愈合。

（一）细胞复合材料构建组织工程骨

自20世纪80年代组织工程概念提出后，构建骨组织的种子细胞早期主要是骨膜源成骨细胞，自Friedenstein发现骨髓间充质干细胞向成骨、成软骨、成脂肪定向诱导分化以后，更多的是以骨髓间充质干细胞为种子细胞。有关骨髓间充质干细胞向成骨方向分化的研究很多，一般可分为条件转化及自动转化两种方式。条件转化是在骨髓间充质干细胞培养过程中，加入外源性物质（如地塞米松、维生素C等）作为诱导剂，在体外培养条件下转化为成骨样细胞，经过确认其成骨能力，然后用于构建组织工程骨。自动转化是将骨髓间充质干细胞注入靶组织，利用局部组织的微环境条件，骨髓间充质干细胞自动转化为所需要的细胞，参与靶组织的修复与再生。例如，将骨髓间充质干细胞注入骨内，在骨组织的营养环境及生物力学条件下，骨髓间充质干细胞向成骨方向转化，发挥成骨作用。

以骨髓间充质干细胞诱导的成骨样细胞作为种子细胞，与多种不同的三维支架材料构建的组织工程骨最早是在裸鼠体内研究其成骨能力，证实接种细胞的支架能形成新骨组织，其组织结构与人体骨骼基本一致。以后的研究则先后经过大鼠、兔、羊、犬、猪、猕猴等动物体内实验，均证实有良好的成骨能力，为临床应用奠定了实验基础。

以兔桡骨缺损为动物模型，以自体骨髓间充质干细胞诱导分化的成骨样细胞为种子细胞，以高分子材料（如聚乳酸、聚羟基乙酸或钙磷陶瓷）等三维多孔材料为支架构建的组织工程骨植骨研究，以无细胞的单纯支架材料的植入为对照，前者的新骨形成及修复骨缺损较后者提前 4 周左右。

以羊后肢胫骨 2 cm 骨膜-骨缺损为模型，以生物衍生骨为支架材料，用同种异体羊骨髓间充质干细胞诱导分化的成骨样细胞为种子细胞，以 1×10^6 个/ml 细胞密度接种在支架材料上，体外培养 4～5 d，植入骨缺损区，用钢板螺钉内固定。术后 2 周、4 周、6 周、8 周、12 周、16 周和 24 周经组织学、放射学、骨密度、血管化过程研究，并与无细胞的单纯材料植入骨作对照。组织学研究发现实验组新骨形成、板层骨形成及骨小梁结构的出现较对照组提前 4～6 周。X 射线片显示在 8 周、12 周、16 周时与对照组有显著性差异。早期（术后 2～4 周）组织学显示有少量淋巴细胞浸润，6 周以后基本消失，未见明显排斥反应。生物力学测试表明，术后 8 周、12 周和 24 周的三点弯曲试验应力值均显著优于对照组。

四川大学华西医院在猕猴体内进行了高等哺乳动物的临床前研究。以同种异体猕猴骨髓间充质干细胞经成骨诱导分化为种子细胞，用生物衍生骨为支架材料，在体内用经以 BrdU 标记的 1×10^6 个/ml 细胞密度接种在支架材料上，体外培养 3 d，在桡骨制作 2.5 cm 骨-骨膜缺损模型，将制备的组织工程骨植入修复缺损为实验组，以不接种细胞单纯材料植入为对照组，以骨缺损不修复为空白对照组。术后 1 周、2 周、3 周、6 周和 12 周进行组织学及放射学检查。在组织学观察中发现：实验组术后 1 周，材料表面、孔隙内及缺损区为肉芽组织浸润，可见淋巴细胞、多核细胞散布其间，BrdU 标记成骨细胞呈紫色，成群排列；术后 2 周，材料表面、缺损区为纤维组织，仍见淋巴细胞、多核细胞，可见软骨细胞和新生胶原，其间 BrdU 标记成骨细胞成群排列；术后 3 周，材料中部和桥接部被少量吸收，其内可见破骨细胞聚集，标记成骨细胞减少，缺损区软骨岛、编织骨开始出现；术后 6 周，材料被大量吸收，孔隙内和缺损区见较多的编织骨和少量板层骨，形成髓腔，标记成骨细胞仍散布其间，周围淋巴细胞明显减少；术后 12 周，材料大部分被吸收，为较多的编织骨和板层骨所替代，其内可见髓腔形成，材料吸收后形成的新生骨及缺损区软骨岛骨化新生骨与宿主骨端连成一片，淋巴细胞偶见，未见标记成骨细胞。对照组术后 1 周，材料表面为炎性细胞浸润，未见成骨细胞；术后 2 周，材料表面为纤维组织，孔隙内有少量淋巴细胞和多核细胞；术后 3 周，桥接部材料有少量吸收，有纤维组织充填，未见编织骨形成，周围淋巴细胞、多核细胞减少；术后 6 周，材料吸收增多，有少量编织骨形成，周围淋巴细胞少见；术后 12 周，材料吸收明显，见大量的编织骨和少量板层骨与骨端连接，周围未见淋巴细胞。对照组各时间点 BrdU 免疫组织化学染色均为阴性。空白组术后 12 周，骨端髓腔为骨痂封闭，骨缺损区为纤维组织填充。实验组和对照组组织学评分在第 1～2 周评分差异无统计学意义（$P>0.05$），第 3 周、6 周和 12 周评分有显著性差异（$P<0.05$），表明组织工程骨修复缺损显著优于单纯材料，骨愈合时间提前。

在研究组织工程骨修复、骨缺损的同时，他们还进行了宿主对植入的组织工程骨免疫排斥反应的研究。利用猕猴制作桡骨缺损模型，采用同种异体骨髓间充质干细胞经诱导后转化为成骨样细胞，与人来源的生物衍生骨材料复合构建的组织工程骨植入修复2.5 cm缺损，术后1周、2周、3周、6周、12周分别抽取静脉血和切取局部组织分离细胞制成细胞悬液，用流式细胞仪分析T淋巴细胞亚群阳性细胞的分布率，用酶联免疫测定法（ELISA）检测IL-2及IL-2受体（IL-2R），并与不接种细胞的单纯材料作对照。结果发现，在术后各时间点，局部组织$CD3^+CD4^+CD45^+$、$CD3^+CD8^+CD45^+$和$CD28^+$的含量呈先升高后降低的趋势，而周围血则总体表现为逐渐降低的趋势，各时间点实验组和对照组之间均无显著性差异（$P<0.05$）。术后周围血及局部组织IL-2和IL-2R含量术后2周开始升高，第2～6周维持相对高的水平，6周以后下降，到12周维持在低水平。术后各时间点IL-2及IL-2R含量无统计学差异（$P>0.05$）。从猕猴的研究中可以看出，以骨髓间充质干细胞诱导后的细胞构建的组织工程骨，不发生影响骨愈合与再生的免疫排斥反应。

（二）BMP的成骨作用

骨形态发生蛋白（BMP）具有极强的促进成骨的能力，主要成骨作用是诱导间充质细胞分化为成骨细胞，进而产生新生骨，在应用组织工程技术进行骨缺损修复的过程中引入BMP分子，尤其是BMP-2和BMP-7，极大促进了缺损部位的骨再生。选择一个合适的支架载体与BMP分子结合对于BMP发挥促进成骨作用具有重要意义（Seeherman and Wozney，2005），目前常用的有天然或人工高分子聚合物材料、无机材料或以上材料的混合物。Kirker-Head等（2007）用rhBMP复合丝蛋白支架材料成功修复裸大鼠股骨基准大小的节段缺损，并观察到了丝蛋白支架材料良好的生物相容性。Kokubo等（2003）用PLGA涂层的明胶海绵（PGS）复合重组rhBMP-2成功修复日本大白兔单侧胫骨干1.5 cm长节段性缺损，并且发现术后8周PGS材料完全吸收，周围组织无异常反应。Murakami等（2002）将BMP-2掺入可降解高分子凝胶材料中，外面包裹圆柱形状的钛网以维持形态，成功修复兔肱骨15 cm节段性骨缺损，证明BMP-2分子的存在极大加强了成骨的作用。Cook等（2002）用重组人成骨蛋白-1（即骨形态发生蛋白-7，BMP-7）复合小牛骨中提取的Ⅰ型胶原做成的支架材料修复非洲绿猴的尺骨基准大小节段缺损，并且于术后20周观察到骨改建及血管再生活动。以上通过引入BMP因子来发挥促进成骨作用的实验虽然取得了成效，但rhBMP价格昂贵，限制了其在临床上的大量使用，因而通过转基因治疗的方法对种子细胞进行修饰，使其可以在体内大量分泌BMP分子，成了一种更为经济和有效的治疗骨缺损的途径。

（三）转基因治疗

转基因治疗是指通过重组DNA技术将目的基因与质粒病毒等载体连接，然后转入不含该基因的受体细胞，使受体细胞可以产生该基因编码的蛋白质而获得新的遗传特性。目前，一系列实验围绕使用不同的载体、不同支架材料及转入不同的目的基因而展开。

Tsuchida 等（2003）用腺病毒载体介导的 *bmp-2* 基因修饰的鼠 BMSC 复合聚乙烯固定板支架材料成功修复鼠股骨基准大小的节段性缺损，并且证明被转染的 BMSC 不仅通过表达 *bmp-2* 分子间接发挥成骨诱导作用，而且可以直接参与成骨作用。Li 等（2007）将含 *bmp-2* 基因的腺病毒载体（Ad-BMP-2）与纤维蛋白胶混合，然后附于可降解 PLA/PCL 支架，成功修复兔桡骨 1.5 cm 长节段骨缺损，且证明 Ad-BMP-2 组效果好于不使用转基因途径的 rhBMP-2 组。Betz 等（2006）通过直接注射 Ad-BMP-2 至骨缺损部位的方法修复了鼠股骨基准大小的节段缺损，再生骨以松质骨为主，骨矿化正常并具有一定的机械强度。一系列实验已证实腺病毒介导的 BMP-2 修饰的 BMSC 在骨修复过程中具有促进成骨的作用。Betz 等（2007a）研究了不同载体浓度对于骨缺损修复结果的影响，证明 Ad-BMP-2 的浓度在 2.7×10^9 pfu 时，促进成骨能力最强，载体浓度低同时影响成骨数量和质量。该研究小组（Betz et al.，2007b）还研究了术后不同时间给予 Ad-BMP-2 对于治愈鼠股骨节段缺损的影响，结果发现术后 5 d 或 10 d 注射 Ad-BMP-2 的组成骨效果（86%愈合）好于术后立即或者 1 d 后注射 Ad-BMP2 的组，证明基因治疗骨缺损与骨组织再生的时间有密切关系。

以上都是用腺病毒作为载体，用于基因工程的载体还有很多，如腺相关病毒、逆转录病毒、慢病毒、单纯疱疹病毒等，这些不同的载体各有优缺点，腺病毒和单纯疱疹病毒有一定细胞毒性、腺相关病毒能引起免疫反应，逆转录病毒可能引起突变。另外，不同载体整合目的基因与宿主染色体基因的能力不同、能够携带目的基因片段的大小不同、能够持续表达目的基因的时程也有差异（Nixon et al.，2007）。例如，慢病毒载体就能够长期表达目的基因，Hsu 等（2007）用含有 *bmp-2* 基因的慢病毒载体转染鼠 BMSC 成功修复了鼠股骨基准大小的骨缺损，并观察到了慢病毒载体长期表达目的基因的能力。BMP 是目前最广泛研究的成骨因子，其他一些因子（如 VEGF）也具有促进成骨愈合的能力，Li 等（2009）通过基于细胞的转基因疗法将血管内皮生长因子（VEGF）基因转入成纤维细胞来修复兔胫骨骨折，证明转入的 *VEGF* 基因对于加强兔长骨节段性缺损愈合过程具有显著的促进血管再生和骨再生的作用。

九、组织工程化尿道

先天性尿道缺损、尿道损伤及后尿道狭窄等尿道疾患的治疗一直是泌尿外科的难题。文献报道的手术治疗方法近 300 种，改良方法层出不穷，但这些方法常以牺牲正常组织为代价，以手术创伤修复组织缺损，效果不佳，并发症多。随着组织工程的兴起及其技术在临床不同领域的成功应用，尿道缺损、损伤、狭窄等的修复与重建出现了新的希望。

1）种子细胞可以从异种组织、异体组织或自体组织中获取，其中自体组织细胞是首选。自体组织细胞能避免排斥反应，经组织活检获得，通过体外分离、培养、纯化、扩增和传代，得到足够数量的细胞后种植于三维支架材料上，使之黏附、分化、生长，并分泌细胞外基质，最终形成“活”的尿道替代材料（Vacanti，1988；Atala and Mooney，1997）。由于尿路移行上皮细胞培养所需的条件特殊，较难培养与扩增，因此成为尿道组织工程研究的难题之一。Kirk 等（1985）首次报道膀胱上皮细胞的培养，研究表明，尿路上皮细胞不易培养，容易老化且很难传代，因此很长一段时间以来人们认为尿路移行上皮细胞很难在体外培养扩增。近年来，Cliento 等（1994）成功建立了用于组织工程研究的人移行上皮细胞培养扩增方法。他们分别用组织块培养法、酶消化法成功地将膀胱移行上皮细胞在无血清培养基中培养与扩增。培养出的移行上皮细胞活性良好，细胞传代后生长稳定期长，能有效传代扩增，可为尿道组织工程研究提供一定数量的种子细胞。在国内，翟弘峰等（2003）首次报道了尿道黏膜上皮细胞的体外培养技术，为进一步采用组织工程技术构建尿道黏膜组织奠定了基础。从现有的研究来看，短期内自体尿路移行上皮细胞仍然是尿道组织工程种子细胞的主要来源。但由于普通尿路上皮细胞传代数量有限，不能完全满足组织工程的需要，一些分化和增殖能力强的原始细胞，即干细胞，成为解决这一问题的希望。干细胞作为种子细胞在尿道组织工程中的应用将成为今后研究的热点课题之一。

2）细胞的种植。将细胞种植于三维支架材料是完成组织工程的重要步骤。细胞种植按操作时段可分为单步种植和两步种植。单步种植是获取细胞悬液后，即刻种植于移植物表面；两步法是获得细胞后首先进行体外培养，扩增细胞并达到一定数量后再种植。Zhang 等（2000）用 5 种不同的方法将体外培养的人膀胱移行上皮细胞和平滑肌细胞种植于 SIS，包括：将膀胱上皮细胞单独种植于 SIS 的黏膜表面；将平滑肌细胞单独种植于 SIS 的黏膜表面；将平滑肌细胞单独种植于 SIS 的黏膜表面 1 h 后再将膀胱上皮细胞种植进行分层的联合培养；将平滑肌细胞种植于 SIS 黏膜表面 24 h 后将膀胱上皮细胞种植于黏膜表面进行三明治样培养；将膀胱上皮细胞和平滑肌细胞混合后种植于 SIS 黏膜表面联合培养。结果表明，SIS 在体外支持人膀胱尿路上皮细胞的三维空间生长，采用不同的细胞种植技术进行联合培养在组织工程学中的应用非常重要。

获得理想的支架材料和种子细胞只是为研制组织工程尿道准备必要的材料，而要构建出与正常尿道组织完全一样的组织，尚需进一步研究种子细胞与支架材料的相互作用及进行体内植入试验等。国外学者对此做了大量的基础研究和临床试验。

3）动物试验研究。Bazeed 等（1983）用 PGA 修复犬尿道 3～4 cm 缺损的效果令人满意，2 周后犬即开始从新尿道排尿，术后 2 个月尿道上皮完全覆盖于 PGA 支架的表面，术后 3 个月 PGA 完全吸收且无狭窄等并发症发生。Olsen 等（1992）用 PHB 和 PGA 的复合材料来修复犬的尿道缺损，术后 8～12 个月尿路上皮再生完全，复合材料于 1 年内降解完毕，吻合处无狭窄和炎性反应发生。在此基础上，Atala 等（1992）用细胞培养技术将由活检取得的泌尿系统组织细胞在体外大规模扩增，然后将这些细胞种植在生物可降解 PGA 网状支架上，体外继续培养数天后，移植到裸鼠体内，组织学检测发现再生组织的结构与原有组织几乎一致，再生组织的功能也基本恢复，PGA 则完全降解。另有许多学者的研究也得到了与之相似的结论。Kropp 等（1998）报道用自行制备的 SIS 修复兔尿道缺损，发现在 SIS 的表面有 3～4 层尿道柱状上皮再生，同时在 SIS 的胶原和纤维结缔组织之间有不规则的平滑肌束长入。Sievert 等（2000）利用同种或异种 UECM 修复兔尿道缺损，3 个月时发现在吻合处有平滑肌细胞生长，其他细胞成分接近正常，尿流动力学检查发现 UECM 修复尿道缺损的结果令人满意，这不仅为 UECM 修复尿道缺损提供了依据，而且由于异种 UECM 的实验也获得成功，进一步扩大了支架材料的来源。Chen 和 Yoo（1999）用自行制备的 BAMG 来修复雄兔尿道约 1.0 cm×0.7 cm 的缺损。通过术前和术后 0.5、1、2、3 和 6 个月进行的一系列尿路造影证实新建尿道无狭窄，术后 2 个月组织学检测发现 BAMG 内有少量肌细胞和新生血管长入，其表面有完整的尿路上皮覆盖，仅术后早期有炎性细胞浸润，术后 3 个月完全消失，无瘢痕形成。这些实验的成功表明 BAMG 能有效修复尿道缺损。

Chen 和 Yoo（1999）用 10 只实验兔建立了腹侧尿道缺损的模型，从猪的膀胱黏膜下层获得脱细胞胶原基质，经处理后被用于替代尿道缺损，一系列的尿道造影照片证实尿道内口口径保持正常，且没有发现狭窄的征象，对尿道整体检查显示尿道组织正常没有纤维化；组织学方面，植入的基质术后 2 周出现了宿主细胞的渗透及大量的新生血管产生，植入 6 个月后用抗 α-肌动蛋白抗体证实了有组织肌纤维束的生长。Rosarion 和 Reilly（2008）用猪的膀胱基质经过脱细胞及消毒处理后，作为支架用于下泌尿道重建，将正常人类膀胱基质细胞和泌尿道上皮细胞分层播种于该支架上，结果发现泌尿道上皮细胞附着于支架上，且基质细胞渗透情况良好。

在研究者们用小块的工程化组织修复尿道的动物及临床试验获得成功后，De Filippo 等（2002）将 ACMG 制成管状来修复兔尿道缺损，发现单纯用管状基质修复的尿道，尽管其表面有移行细胞覆盖，但新建尿道壁平滑肌组织发育不良；而将体外培养的平滑肌细胞与 ACMG 复合培养后再植入机体修复尿道缺损可在一定程度上改善这种情况，但与用小块的工程化组织修复尿道相比，其组织生长差，吻合处有狭窄发生。Shokeir 等（2004）利用犬 ACMG 修复同种尿道缺损，结果表明对于超过 3 cm 的尿道缺损，单纯用 ACMG 修复效果不佳；而对小于 3 cm 的尿道缺损，是否采用组织工程技术无显著差异。这说明对于复杂尿道缺损的修复，组织工程技术有一定的优势，但尚需做更深入的研究。

在发生尿道下裂或尿道上裂等疾病时，生殖部位的皮肤在尿道重建中往往作为首选，只有当生殖部位组织严重缺乏，不足以用于尿道重建时，才将口腔黏膜作为第二选择。但 Dessanti 和 Iannuccelli（2003）尝试将口腔黏膜用作尿道重建的首选，并取得成功。随后 Bhargava 和 Chapple（2004）研究将组织工程口腔黏膜（TEBM）用于替代尿道缺损，研究者将从口腔表皮细胞分离出来的角质细胞，以及从口腔真皮细胞分离出来的成纤维细胞，进行体外扩增，并回植于已灭菌的去掉表皮的真皮上，以获得一个有全层皮肤的组织工程化口腔黏膜。在 2 周后，其组织学方面的特性已经和自体口腔黏膜组织相当接近，该研究表明 TEBM 适合作为尿道替代品修复尿道。

十、组织工程化牙齿

牙齿是由位于颌骨内的牙胚组织发育形成的高度分化的咀嚼器官，具有调控机制复杂、组织来源特殊、结构多样和功能重要的特点。这些特点在一定程度上制约了牙再生的研究。牙结构包括釉质、牙本质、牙骨质、牙髓和牙周组织。釉质主要含蛋白质和脂类，而蛋白质主要有釉原蛋白、釉蛋白、成釉蛋白、釉丛蛋白和成釉细胞相关蛋白。

组织工程牙是指以天然或人工合成的可降解的、有一定空间结构的生物材料为载体，将从成牙组织中分离、培养的一定量的生物活性细胞“种植”到载体支架上，并提供细胞增殖和分化的生长因子微环境，通过细胞的黏附、增殖和分化，在体外或植入体内形成有活性的牙齿样结构和牙齿。其目的是模拟体内细胞生长微环境，再造人工组织或器官。

现行的实验手段可粗略归为三类：①将牙源性细胞复合支架材料进行体内移植；②借鉴胚层重组方法，由上皮细胞成分提供牙齿发生信号，诱导牙源性或非牙源性细胞进行组织工程尝试，复合到支架材料上，形成比较完整的牙胚组织；③细胞团组织工程（cell pellet engineering）（Yu et al.，2006b），是将牙源性上皮细胞团与间充质细胞团重新复合，或直接用牙胚细胞团经过适当处理后形成外植体，通过体外培养或直接移植至体内，进一步发育成组织工程化牙体。

（一）组织工程化牙胚

组织工程化牙胚的研制是近年来研究的主流，临床应用前景比较乐观。美国哈佛医学院的Young等（2002）将支架材料（PLGA，PGA-PLLA）预制成1 cm×0.5 cm×0.5 cm的切牙和磨牙形状，然后将解离的猪蕾状期第三磨牙牙胚组织单细胞悬液复合到支架材料上，移植到免疫缺陷大鼠大网膜培养20～30周后，长出了2 mm×2 mm大小的牙冠样结构，包括牙本质、成牙本质细胞、髓室样结构、成釉细胞、可能的上皮根鞘和成牙骨质细胞，以及较成熟的釉质样结构。该研究首次将牙胚细胞复合到生物支架，形成了比较完整的牙胚组织。此实验为用组织工程技术构建生物活性牙的研究奠定了坚实的基础，但所用细胞未经体外扩增传代，大大降低了种子细胞的使用效率，其结果带有一定的偶然性。随后，Duaihbi等（2004）将大鼠牙胚细胞体外培养6 d后与支架材料复合移植于近交系大鼠大网膜，培育出完整的多个组织工程化牙胚样结构。

Honda等（2007）分离了6月龄猪的第三磨牙牙胚上皮、间充质，然后将间充质细胞接种在直径11 mm、厚2 mm的胶原海绵圆盘上，上方覆盖牙源性上皮细胞，使两者直接接触，体内移植后每个植入物均形成1 mm大小的单个牙胚样结构，该项研究在组织工程牙的形态、数量控制方面进行了有益的探索。但上述研究中采用的支架材料与所形成的牙胚组织大小相差甚远，利用支架材料控制牙胚大小的实验目的并未达到（Yamamoto et al.，2003）。如何控制组织工程牙的大小，是国内外学者们必须解决的共性问题。英国国王学院的Modino和Sharp（2005）及Ohazama等（2004）证实，将E10d鼠口腔上皮与胚胎干细胞、成体骨髓来源的细胞分别重组后体内移植，二者均可分化为成牙本质细胞，并形成牙齿样结构，非牙源性成体干细胞被首次证实具有成牙能力。这是一项具有重要意义的研究成果，证明了成体非牙源性间充质干细胞在口腔上皮的诱导下，能够分化为牙源性细胞，并形成牙齿组织。Young等（2005）将猪第三磨牙牙胚单细胞悬液接种到PGA支架上，植入裸大鼠大网膜中生长4周，同时取骨髓基质细胞（bone marrow stromal cell，BMSC）接种到聚乳酸聚乙醇酸（polylactic polyglycolic acid，PLGA）支架材料上，于旋转瓶中生长，然后将两种带细胞支架复合，再植入大网膜中生长 8 周，观察到有牙根样组织形成，并且在牙齿结构与 BMSC 形成的骨组织交界面有牙槽骨样组织形成。Mezadri 等（2004）将钟状晚期的牙胚同种异体移植至大鼠耳部皮下，于移植后 7 d、14 d、21 d 和 42 d 取材，结果显示：移植后 7～14 d，牙胚发育正常，成釉细胞和成牙本质细胞分化良好，排列整齐，但出现轻度炎症反应；移植后 14～42 d 炎症反应更明显，破坏了发育的牙齿组织，导致大量骨样组织形成。

（二）组织工程化釉质

釉质是人体最坚硬的组织，已形成的釉质高度特化且无修复再生能力，牙胚发育中的成釉器是其形成的唯一途径。啮齿类动物牙齿持续萌出，釉质一生中不断形成的现象启发人们：釉质是能够再生的，成体牙釉质不断更新的能力是依赖牙源性上皮干细胞来维持的。牙源性上皮细胞和间充质细胞都具有快速增殖和多向分化的潜能，其中含有一定数目的牙源性干细胞，在牙齿各个部分的发育和成熟过程中起重要作用。牙源性间充质细胞在发育生物学上是牙本质和牙髓组织共同的起源细胞，易于体外分离获得，其增殖和分化能力很强，长期培养亦能保持其特性和功能。在牙胚发育过程中，牙源性上皮和间充质对彼此的形态发生和细胞分化有着极强的相互诱导作用，若将牙源性上皮细胞作为诱导成分，复合于牙源性间充质细胞的表面进行培养，则其诱导效能优于体外添加的生物活性因子，并且可在其表面形成牙釉质样结构。Hu 等（2005）将蕾状期小鼠下颌第一磨牙牙源性间充质解离为单细胞悬液，然后与混合性牙源性上皮细胞重聚后离体培养，结果显示：蕾状期牙源性上皮细胞具有高度的可塑性，在丧失了全部位置信息后，仍能在牙源性间充质的诱导下，完成成釉器的重建及一系列的组织发生；这项研究为组织工程化釉质的研究带来了一线曙光。Masaki 等（2009）将 6 月龄猪的第三磨牙牙胚成釉器解离成单细胞悬液附着于 3T3-J2 滋养细胞层，体外培养出成釉器上皮细胞（EOE cell），EOE 细胞经过体外扩增培养后拥有分化成釉质的能力。将 EOE 细胞复合原代培养的牙髓细胞 DPC（从牙冠发育早期的牙胚中分离）分层接种到胶原海绵上形成重组体，移植入免疫缺陷大鼠体内 4 周后，可在移植物中检测到复杂的釉质-牙本质结构。该研究提示，滋养层的应用能使未分化的牙源性上皮细胞成倍扩增，由此可能加速了组织工程釉质的形成过程。EOE-DPC-胶原海绵的培养体系能够使成釉细胞-牙髓细胞在体内形成釉质-牙本质，这种复合培养技术为组织工程釉质再生提供了重要手段。

（三）组织工程化牙本质牙髓复合体

近年来，具有较强的自我更新能力和多向分化潜能的牙髓干细胞在牙本质牙髓复合体的研究中日渐深入。牙髓干细胞是牙髓中未分化的间充质细胞，在适当条件下能形成所在牙髓组织的多种细胞类型。Gronthos 等（2000）首次将人第三磨牙牙髓组织进行原代培养，从中分离出牙髓干细胞，并在含矿化液的培养液中培养 5～6 周可以形成矿化结节。

Gronthos 等（2000）将人牙髓干细胞与羟基磷灰石-磷酸三钙（HA-TCP）支架相复合，移植到免疫缺陷小鼠的背部皮下，6 周后可见内衬成牙本质细胞样细胞的牙本质样结构环绕在牙髓样组织周围——牙本质牙髓样复合体。原位杂交显示这些成牙本质细胞样细胞表达成牙本质细胞特异的标志物——牙本质涎磷蛋白，而对照组植入的骨髓间充质干细胞只形成骨样结构。Otaki 等（2007）将人牙髓细胞和 HA-TCP 粉末混合移植入免疫缺陷小鼠皮下 7 周后，可观察到网状新生骨在 HA-TCP 的表面形成，成骨细胞丰满，嗜碱性，显示出活跃的骨形成，但并未形成牙本质；移植 15 周后，则形成由规则平行排列的薄板构成的板层骨，而在对照组（单纯 HA-TCP 支架）移植物中未发现骨形成。该研究表明：牙髓细胞是成牙本质细胞和成骨细胞共同的祖细胞，且牙髓细胞本身含有间充质干细胞并拥有修复损伤或疾病组织的潜能。Batouh 等（2003）将人 DPSC 与 HA-TCP、牙本质片复合培养，并进行裸鼠皮下接种，8 周后分别形成了牙本质牙髓复合体和修复性牙本质样结构。国内学者包柳郁等（2005）以复合 TGF-D 1、bFGF+IGF-1 的支架为载体，用生长因子诱导后的牙源性间充质细胞在裸鼠体内构建出组织工程化牙本质、牙髓组织及较典型的牙本质牙髓复合体样结构。郭红延等（2005）将大鼠牙髓干细胞与生物材料复合后植入裸鼠体内，在材料中心部位形成了具有前期牙本质、矿化牙本质、成牙本质细胞层、牙髓组织的类牙本质牙髓复合体结构。Yu 等（2006a）将牙髓干细胞在体外经牙胚细胞条件液诱导，以细胞团方式植入体内，也可形成规则的牙本质牙髓复合体。牙源性上皮细胞与牙髓干细胞的比例可影响嵌合体牙的形态发生，只有在等比例条件下，方可发育成形态规则的牙胚样结构。细胞团的应用为体内构建组织工程化牙本质牙髓复合体提供了新的思路和选择，有效避免了支架材料在牙组织工程应用中的诸多不足。Batouh 等（2003）将牙髓干细胞单细胞悬液离心成团，加入一定浓度的 BMP-2 体外继续三维培养，组织学显示细胞团块中形成了大量的骨样牙本质，进一步将细胞团植入狗牙髓断面上，4 周后髓腔中有骨样牙本质和管状牙本质形成。上述研究说明，利用牙髓干细胞构建牙本质牙髓复合体样结构，实现了真正意义上的牙本质、牙髓再生，具备一定的可行性。目前的这些研究大多形成了类似牙本质牙髓复合体的牙冠样结构，未出现完整的牙冠-牙根-牙周组织样结构。

（四）组织工程化牙根

牙根发育和萌出机制非常复杂，涉及上皮根鞘细胞、牙乳头细胞、牙囊细胞、成牙本质细胞、牙周膜细胞、成骨细胞等多种牙形成细胞，牙根的再生发育直接关系到组织工程牙的最终走向。Hu 等（2006）将 E14d ICR 小鼠第一磨牙牙胚上皮、间充质分别解离成单细胞悬液，各自离心成细胞团后，将上皮细胞团、间充质细胞团重组，体外培养 8 d 再移植至 ICR 小鼠耳后，2 周后重组体形成了带牙尖结构的牙根样组织及与牙槽骨相连的牙周膜复合组织。尽管研究人员初步构建出组织工程化牙根样组织，但这样的牙根在颌骨内能否继续发育、萌出，尚未可知。单纯的牙根构建不涉及牙冠形态和大小的调控，未来的临床应用可考虑在构建好的牙根上进行桩冠修复，这种有生物活性的组织工程化牙根完全可以取代目前广泛开展的种植义齿修复术。

（五）组织工程化牙周膜

牙周组织工程研究思路为，以少量细胞经体外扩增培养后种植于具有良好生物相容性并可被机体吸收的细胞外基质材料上，然后接种到机体牙周病损部位，形成新的具有相关功能和形态的牙周复合组织。可用于牙周组织工程的种子细胞有：牙龈成纤维细胞、牙周膜细胞、牙周膜干细胞、骨髓基质干细胞、牙囊细胞等。将这些细胞与含有BMP等生长因子的支架材料复合，或者将能够分泌BMP等生长因子的转基因细胞与支架材料复合。牙周膜干细胞（PDLSC）与各种支架材料复合移植体内被广泛应用于构建组织工程牙周组织。Beyoung（Seo et al.，2004）利用免疫组化、RT-PCR、Northern Blot和Westen Blot证实PDLSC表达间充质干细胞早期的表面分子标记STRO-1、CD146/MCU18，PDLSC具有参与和组成牙周膜基质微环境的功能。Beyoung（Seo et al.，2004）将PDLSC接种到HA-TCP后，移植在免疫耐受小鼠背侧皮下，发现移植处有牙骨质-牙周膜样结构。近年来，组织工程化牙周膜研究出现了细胞膜片工程（cell sheet enginering），该技术无需使用支架材料（Yang et al.，2005），而是采用温度感应式培养皿培养牙周膜细胞或其他种子细胞，在温度低于32℃时，无需酶消化，培养皿内的细胞即可自行脱落形成细胞膜片，将获得的膜片植入牙周缺损区，贴附于处理过的根面上，可形成含有无细胞牙骨质层的牙周膜样组织，修复牙周缺损。最近，有学者提出原位牙周组织工程化新方法，是将生长因子用可降解生物膜包裹，植入骨缺损区，诱导缺损周围牙周膜干细胞增殖、分化，向成牙骨质细胞、成骨细胞和牙周膜成纤维细胞分化，形成牙骨质、牙槽骨和牙周膜，实现牙周组织发育再生（Nakahara et al.，2003）。目前发现的与牙周组织再生密切相关的生长因子主要有碱性成纤维细胞生长因子（bFGF）、骨诱导形成蛋白（BMP）、釉基质蛋白（EMP）、胰岛素样生长因子（IGF）、血小板源性生长因子（PDGF）和转化生长因子β（TGF-β）等。如何充分发挥各种生长因子的协同作用、最佳效应，从而获得形态、功能均满意的骨组织是未来牙周组织再生的研究方向。

（六）组织工程化牙骨质

牙骨质与牙周膜、牙槽骨均由牙囊组织发育而来。以牙囊细胞为种子细胞，采用组织工程技术实现牙骨质的再生是国内外学者的研究热点。牙骨质由于其独特的解剖结构和细胞量少等原因，导致成牙骨质细胞的体外培养相当困难。Morsczek等分离培养了成牙骨质细胞和牙周膜细胞的混合体，随后又建立了稳定的、永生化的混合细胞培养体系，并通过改进，纯化了成牙骨质细胞（Morsczek et al.，2005）。有人利用上皮根鞘分泌的基质成功诱导牙囊细胞向成牙骨质细胞分化，牙周膜干细胞也具有分化为成牙骨质细胞的潜能。这些研究为组织工程化牙骨质的构建奠定了细胞学基础。Handa 等（2002）将分离培养的牛牙囊细胞与羟基磷灰石复合，植入裸鼠体内，4 周即发现在羟基磷灰石表面有牙骨质样结构形成。Morsczeck 等（2005）从人的智齿牙囊中分离牙周组织前体细胞，在体外可形成牙周膜样结构及具有骨、牙骨磺属性的钙化结节。将该前体细胞与羟基磷灰石粉末混合移植入裸鼠体内，移植物中的细胞含有成骨细胞和成牙骨质细胞的表型特点，然而这些分化了的细胞在体内并没有形成骨、牙骨质基质。他们认为可能是由从牙囊分离的前体细胞数目太少，持续传代后造成前体细胞分配不均，用于动物体内移植的可能是一些潜力不高的前体细胞所致。

组织工程牙的发展，一方面受到临床治疗需要的推动，在人口老龄化日趋严重的情况下，人们急需这种再生的器官来提高生活质量；另一方面依赖于关键技术的突破，如细胞的三维培养、生理微环境模拟、牙源性干细胞研究和生物支架材料等方面的飞速发展，将会使体外构建符合不同临床需要的组织工程牙成为可能，其中颈环干细胞、牙髓干细胞、牙周膜干细胞等将在其中扮演重要角色。Chai 和 Slavkin（2003）描绘了组织工程牙的美好前景：将成体表皮干细胞（牙源性上皮细胞）与成体非牙源性间充质干细胞，或者与牙源性间充质干细胞体外增殖后重组，在合适的诱导条件下形成具有一定形状和大小的牙胚，植入缺牙区颌骨内，重新长出新牙，实现真正意义上的“种”牙。这一憧憬如果在 21 世纪变为现实，必将在口腔医学领域引起一场划时代的变革。

十一、组织工程化心脏

（一）心 肌 组 织

在发达国家，心脏疾病的发病率与死亡率都很高。在我国，伴随着社会人口老龄化，冠心病对人类生命的威胁也日益严重。对晚期心功能衰竭的患者而言，心脏移植是首选的方法，但因心脏移植受供体缺乏、免疫抑制剂引发的并发症，以及移植器官衰竭的限制而不能广泛应用。其他的治疗方式，如机械辅助装置及异种移植等，进行治疗后不能有效地缓解心功能衰竭的症状。另外，先天性心脏病也是一个被全球关注的问题，它大约影响到 1%的婴儿，发病率和死亡率也相对较高，所以心脏病的治疗问题一直困扰着人类，是医学研究领域亟待解决的难题之一。美国国家卫生研究院（NIH）于 1998 年启动了 BEAT（BioEngineered Autologous Tissue）计划（Zandonella，2003），计划构建心肌组织补丁用于修复心肌损伤，从而使心肌组织工程研究日益受到各国研究人员的青睐。

目前已经有多种体外构建三维工程化心肌组织的报道。Dar 等（2002）将心肌细胞种植在多孔的藻酸盐支架上，获得细胞分布均匀的高密度的三维心肌组织，某些细胞群在支架孔内可以自发收缩。Kofidis 等（2002）将新生大鼠心肌细胞种植到三维胶原基质中，构建出人工心肌组织。这种人工心肌组织持续有节奏地同步收缩长达 13 周之久，植入的心肌细胞在三维支架中分布均匀，通过应用 Ca^{2+} 和肾上腺素，可以促进工程化心肌组织的收缩。Bursac 等（2003）用生物反应器在聚合物支架上培养新生大鼠心室肌细胞，1 周后，所有结构的外周都有一厚 50～70 μm 组织样区，在该区域内分化的心肌细胞有序地排列成多层，形成三维结构。他们将这种结构作为电生理研究的模型。

Shimizu 等（2002）研究了不用支架材料构建心肌组织的方法。他们可以将单层细胞从温度敏感的培养底物表面分离下来，然后将它们叠加成 4 层，在这些细胞层之间有连接蛋白 43 的形成，并且这种“三明治”结构能够一致地强烈收缩。这种方法构建的心肌的收缩压目前是最大的，虽然因为没有支架材料降低了机械稳定性，但可以通过添加成纤维细胞而有所克服。

Zimmermann 等（2004）提出了构建心肌组织的标准，即工程化心肌组织在功能和形态上应具有天然心肌的特性，而且在移植后仍能存活，工程化心肌组织与器官在机械、电和功能上的整合应该可以促进受损心肌的收缩和舒张功能。因此，工程化心肌应该有收缩性、电生理稳定、具有一定的机械强度又柔韧、血管化或至少在移植后快速血管化，以及无免疫原性。然而，这种理想的结构目前还不存在，但近年来的研究进展已经能满足上述标准中的一条或更多。

Zimmermann 等（2002）应用 Matrigel（基质胶）或 Matrigel 胶原凝胶混合液与细胞混合后在圆柱形铸模中凝固，几天后将构建的组织转移到可刺激其收缩的拉伸装置上。他们证明 I 型胶原和细胞外基质蛋白混合刚刚分离出来的心肌细胞，能够构建出强烈收缩且高度分化的心肌组织。他们发现有 4 个因素对构建强烈收缩的工程化心肌组织至关重要：①在重建的混合物中加 Matrigel（仅对于大鼠）；②工程化心肌组织在机械负荷下培养；③环形，与工程化心肌组织小块形成对照；④利用混合细胞，而不是纯化的心肌组织。

Radisic 等（2004）用 Matrigel 将新生大鼠心室肌细胞悬浮，接种到胶原海绵上，经过 3 d 的预培养后对其施加电刺激，仅需 8 d 的时间就能诱导心肌组织的细胞排列和联结，增加同步的结构收缩振幅，超微结构水平显著。

Guo 等（2006）以小鼠 ESC 作为种子细胞，通过 STLV 行生物反应器大规模制备拟胚体，抗坏血酸诱导其向心肌细胞分化，Percoll 梯度离心富集心肌细胞，将富集到的心肌细胞与液态 I 型胶原及 Matrigel 混合，构建出工程化心肌组织，在结构和功能上均与天然新生小鼠心肌类似，第一次证实 ESC 可以作为构建工程化心肌组织的种子细胞来源。

Caspi 等（2007）还首次采用人 ESC 构建出能够同步收缩的具有内皮血管网络的工程化心肌组织。这种三维心肌组织由心肌细胞、内皮细胞和胚胎成纤维细胞组成，具有心肌特异的分子、超微结构和功能特征。胚胎成纤维细胞的存在可以稳定形成的血管，减少内皮细胞的死亡，促进内皮细胞增殖；而内皮毛细血管的存在可以促进心肌细胞的增殖，不会阻碍心肌细胞的定位和排列。

以上这些实验结果为我们提供了在体外研究心肌发生和心肌生理学、生物学和药理学的基础，也给工程化心肌修复或替换更新组织带来了希望。

在修复梗死心肌的早期研究中，Leor 等（1996）将小块大鼠和人的胎儿心肌组织移植到梗死的大鼠心脏上，移植物在梗死心肌中至少存活了 2 个月。他们的发现为体外构建工程化心肌组织用于心肌修复带来了希望。

Li等（1996）将大鼠胎儿心肌细胞种植到藻酸盐海绵多孔支架中，发现种植的心肌细胞在支架中仍然存活，并在24 h内形成跳动的多细胞簇。移植到梗死心肌部位后，一些心肌细胞发育为成熟的心肌纤维。移植组织具有广泛的新生血管，明显促进了移植物中心肌细胞的存活。这种移植物减弱了左室的扩张和心脏功能的进一步恶化，但机制还不清楚。移植物只有很小一部分是由心肌组织构成的，因此对心脏收缩功能的直接贡献不大。但是生物人工移植物的弹性减轻心肌梗死的扩大是可能的。通过在梗死心肌上放置网孔结构削弱左室扩张，保护左心室的几何形状，已经在羊的心梗模型上得到证实（Kelley，1999），并进行了临床试验。

Matsubayashi等（2003）发现，与未种植细胞的移植物相比，接种平滑肌细胞的移植物对心肌梗死进行外科修复，减少了异常的心室扩张，促进左心室功能。他们认为应用生物工程化的肌肉移植物进行左心室疤痕外科修复，可能比合成材料的效果要好。

Zimmermann等（2006）用新生大鼠心肌细胞与液态I型胶原、Matrigel和含血清的培养基混合后铸型，并对其施加力学拉伸刺激，成功构建出强烈收缩且高度分化的心肌组织。移植到免疫抑制的大鼠心肌梗死部位28 d后，工程化心肌组织形成了较厚的心肌层，与天然心肌的电偶联未发生延迟，没有出现心律不齐。与对照组（假手术组和非收缩性移植物）相比，工程化心肌组织防止了心室进一步扩大，诱导梗死心肌壁的增厚，改善了梗死心脏的收缩和舒张功能。

Miyahara等（2006）将脂肪组织来源的单层间充质干细胞移植到大鼠心梗部位，移植后的间充质干细胞具有多能性和自增殖性，逐渐形成了较厚的由新生血管、未分化细胞和少量心肌细胞构成的组织层。这种间充质干细胞片层也能够通过旁分泌途径刺激血管发生。与成纤维细胞片层相比，单层间充质干细胞能够逆转梗死心脏的室壁变薄并促进心脏功能。

心肌组织工程还能够用来修复先天性心脏缺陷。Sakai等（2001）将大鼠胎儿心肌细胞种植到可生物降解的明胶支架中，体外构建出跳动的心肌组织补丁，然后用它替换同源大鼠右心室流出道（right ventricular outflow tract，RVOT）。移植后12周支架降解，心肌细胞在RVOT中仍然存活。而未种植细胞的补丁随着支架的降解后4周，在补丁中能明显观察到炎症反应。随后的进一步研究认为接种自体平滑肌细胞的可生物降解支架可能适用于修复RVOT异常（Ozawa，2004）。Krupnick等（2002）证实，用种植了间充质干细胞的由聚四氟乙烯、聚乳酸网及I型和IV型胶原水凝胶组成的支架材料，可完全替换心脏左室游离壁。

心肌组织工程的体外途径及工程化组织的体内移植已经取得了一定的成绩。近年来有关研究人员进行了可注射性组织工程化心肌的研究。可注射的组织工程方法避免了打开胸腔外科手术和麻醉所带来的风险，对患者和医生都是有利的。可注射的支架提供了一个基质支持，使得对梗死后的修复变得容易，与单纯的细胞移植相比，支架里细胞更容易保留和迁移，也更有利于新血管的发生。

Christman等（2004a）对纤维蛋白胶的作用进行了研究，证明它可以作为一种可注射的支架材料。而这种生物活性的纤维蛋白支架也是可以生成血管的（Bootle-Wilbraham et al.，2001；van Hinsbergh et al.，2001)。他们使大鼠的冠状动脉经历短暂的闭塞（17 min）后，再重新对其灌注。发生心肌梗死 10 d 后，将含有 0.5%牛血清白蛋白的磷酸盐缓冲溶液、纤维蛋白胶和骨骼成肌细胞分别单独地注入缺血的左心室中，或者将混合有骨骼成肌细胞的纤维蛋白胶一起注入缺血的 LV 中。超声波心动描记术研究显示纤维蛋白胶对心肌梗死后心室壁及心功能有保护作用（Christman et al.，2004b)。这些发现也被 Ryu 等（2005）的研究所支持，他们证明在梗死的心肌中，相比不使用可注射的纤维蛋白基质，使用这种基质的骨髓单核细胞移植物能进一步促进新生血管的生成。最近，Kofidis 等（2004）已经证实在一种液体的 Matrigel 中种植上小鼠胚胎干细胞能制造出一个“液体生物模拟组织”。在 Lewis 大鼠异位心脏移植模型中，将基于 Matrigel 的液体细胞混合物注射到梗死的心肌可以恢复受损的心肌，而不会扭曲心脏的几何形状。总之，以上的工作表明可注射的生物材料能够作为一种细胞移植的基质，促进梗死心肌的新血管生成和修复。

制造或再生由于损伤、衰老、疾病或基因变异而丧失的心肌组织是可行的。但是，心肌组织工程领域仍然面临巨大的困难和挑战。除了实验室培育的心肌结构外，更多研究应放在原位再生具有功能的心肌上。越来越多的证据表明心脏是具有自我再生能力的。将来的研究需要评定心肌中这些变化的功能意义，以及控制心肌组织再生的其他因素的潜力。如果获得成功，将解决供体器官短缺的问题，并能用于梗死心肌或先天性心脏病的外科修复。

（二）心　瓣　膜

组织工程心脏瓣膜（tissue engineering heart valve，TEHV）就是利用生命科学和组织工程技术，将受体细胞种植于可降解的瓣膜支架上，制造出无免疫原性、无需抗凝和耐久性强的生物心脏瓣膜。由于具有活性，可在体内根据需要生长、修复及重构，并可抵御感染入侵，尤其适用于儿童或感染性心内膜炎患者。

Shinoka 等（1999）首次应用此技术将羊主动脉壁成纤维细胞及血管内皮细胞依次种植于人工合成的聚乙醇酸/聚乳酸共聚物支架上，构建组织工程心脏瓣膜并将其植入羊肺动脉瓣区，获得初步成功。这标志着瓣膜组织工程已有了一个良好的开端，开创了心脏瓣膜治疗的新纪元。之后，Hoerstrup 等（2000）将种植自体肌成纤维细胞和内皮细胞三叶组织工程心脏瓣膜植入羊肺动脉瓣区，超声心动图示瓣膜活动正常，无狭窄、血栓和动脉瘤形成，术后 8 周支架完全降解，20 周瓣叶表面覆盖一层内皮细胞。Stock 等（2000）将 PHA 上种植内皮和肌成纤维细胞体外构建右室流 m 道，缝三叶 TEHV 组成带瓣管道，植入实验羊，24 周未见血栓形成及瓣膜反流。Goldstein 等（2000）将 3 个匹配的去细胞猪无冠瓣缝制成无支架瓣，体外检测瓣膜开口面积及压差接近正常主动脉瓣，植入羊右心室流出道 336 d，可见受体细胞覆盖区域达 60%～80%，且细胞密度和正常组织相似，超声显示瓣膜功能良好。成少飞等（2008）将人血管混合细胞体外动态种植于脱细胞牛心包构建的组织工程心脏瓣膜（tissue engineered heart valve，TEHV）并移植入裸鼠体内，30 d 时取材，组织学观察可见细胞数量、分层数较移植前增多。并有大量细胞浸润人 TEHV 深层组织内；免疫组化显示：TEHV 上细胞的内皮细胞 VIII 因子、平滑肌细胞 α-肌动蛋白、成纤维细胞 Fibronectin 相关抗原呈阳性表达；扫描电镜见：裸鼠体内移植后细胞数量较移植前增多，细胞表面和细胞之间的网状胶原结构较埋置前明显增多，透射电镜可见 W-P 小体、质膜小泡、密斑、密体、微丝等特征性结构。研究表明，TEHV 细胞能够在裸鼠体内定向分化、增殖，生物学特征无改变，TEHV 生物相容性良好。这些试验结果提示组织工程心脏瓣膜作为新一代的人工心脏瓣膜很有希望能在将来应用于临床。不过，目前动物试验的观察时间平均植入 4 周至 24 周不等，从临床角度来讲，观察时间偏短；此外，目前动物试验中组织工程心脏瓣膜均植入低压的右心系统而不是左心系统。

随着组织工程瓣膜研究的不断深入，临床上已报道了应用去细胞瓣，即 SynerGraft 心脏瓣膜行瓣膜置换的病例。O'Brien 等（1999）将未种植细胞的去细胞猪主动脉瓣消毒后植入动脉体内，发现短期内受者细胞覆盖并逐渐长入移植瓣膜，且瓣膜外观正常，活动良好，取得较好的临床效果。随即应用 SynerGraft 心脏瓣膜首次为 2 例患者施行了心瓣膜置换术，短期临床效果良好。Dohmen 等（2002）报道了 TEHV 的临床应用，1 例 43 岁的主动脉瓣狭窄患者接受 Ross 手术，同种异体肺动脉脱细胞处理，体外种植患者静脉内皮细胞。随访 1 年，肺动脉保持了良好的功能结构，没有出现血栓和钙化。随后 Bechtel（2003）报道了 24 例使用同种异体脱细胞肺动脉的临床应用研究，体外没有种植细胞，植入患者肺动脉位置，随访 6 个月，瓣膜功能良好，免疫反应极低。2003 年，Simon 等（2003）最早报道使用脱细胞异种 TEHV（脱细胞猪心脏瓣膜 SynerGraft），脱细胞瓣膜没有种植细胞也没有在生物反应器中培养，移植人体后表现出高衰败率。4 例接受手术的患儿中，3 例患儿死亡，第 4 例患儿预防性摘除 SynerGraft 瓣膜。随后研究发现 SynerGraft 脱细胞不全，残留的 α-半乳糖抗原导致了超急性排斥反应。从此，异种脱细胞心脏瓣膜的研究遭到了沉重打击，但由于异种组织的材料来源方便，人们在这方面的研究一直没有停顿。最近，Dohmen 等（2007）再次报道了异种 TEHV 心脏瓣膜在 Ross 手术中重建右心室流出道的中期随访结果，他们采用了经典组织工程学方法。对猪肺动脉进行脱细胞处理，随后在体外种植患者的前臂静脉或大隐静脉内皮细胞，体外经生物反应器培养后，重建右心室流出道。5 年随访发现组织工程心脏瓣膜具有良好的血流动力学特性，未发现钙化增加，该组织工程心脏瓣膜有望防止衰败、提高瓣膜的耐久性能。

如上所述，心脏瓣膜病的治疗在基础和临床研究方面已经取得了很大的进展，但仍存在不少亟待解决的问题。一方面，对于人工机械瓣膜，需改进瓣膜结构设计与材料，使血流通过方式更符合生理特点并减少血栓及出血并发症；对于生物瓣膜，需进一步加强生物材料的交联和固定及抗钙化研究，以减轻生物瓣膜置入人体后的衰败及钙化。另一方面，组织工程瓣膜研究的最终目标是研制出能够耐受循环中的血流动力学应力、且能随机体发育而生长、可塑型的人工心脏瓣膜。

第二节　组织工程化组织器官的临床试验

组织工程的最终目的是应用构建组织修复体内缺损。动物实验研究已在结构性组织，如骨、软骨、肌腱等组织的缺损修复中获得了成功。在大量动物实验的基础上，近年来开展了组织器官的临床试验研究，并取得了令人满意的治疗效果。

一、组织工程化皮肤

（一）烧　伤

烧伤早期的烧伤创面覆盖可以限制细菌生长，预防感染，防止水分及电解质的丢失，自体皮肤移植是治疗烧伤的首选，但是对于大面积烧伤，自体皮肤不能满足需求，异体皮肤会引起明显的免疫排斥，组织工程化皮肤无疑是较为理想的替代物。烧伤创面治疗是应用组织工程皮肤技术最早的领域，特别是II度以上需要进行皮肤移植的烧伤病例，包括早期创面覆盖及后期瘢痕修整。Clayman 和 Clayman（2006）把 Integra（Integral Life-sciences Corporation，Plainsboro，NJ，USA）用于烧伤后引起的增生性瘢痕重建，术中将瘢痕组织全部切除达一定深度，以保证移植物植入到无瘢痕且血运丰富的血管床区，术后其功能恢复良好。刘亚玲等（2004）用组织工程 ActivSkin（艾尔肤公司，陕西）对31例深度烧伤创面进行修复。结果显示深II度创面25例，愈合时间比对照组提前6 d（$P<0.05$），III度创面6例，愈合时间比对照组提前20 d（$P<0.05$）。Lida 和 Takami（2005）以口腔黏膜角质化细胞为种子细胞，以同种脱细胞真皮为支架进行体外培养构建的组织工程化皮肤治疗大面积烧伤，也取得满意疗效。

（二）慢性皮肤溃疡

慢性皮肤溃疡（chronic skin ulcer，CSU）又称难治性溃疡，临床上慢性皮肤溃疡包括糖尿病的溃疡、静脉性难治性溃疡、受压所致的溃疡及一些其他疾病导致的溃疡等，目前对慢性皮肤溃疡的发病机制还不是很清楚，多数学者认为其与外周动脉疾病、外周神经疾病、骨质异常、伤口愈合相关的蛋白质、内皮细胞机能紊乱、微循环障碍等因素有关。在治疗上也缺乏有效的方法，应用组织工程皮肤治疗多能取得较好疗效。Omar 等（2004）用 Dermagraft 治疗静脉性溃疡，创面12周内愈合率和对照组比较为50%∶12.5%，创面缩小比较为84%∶16%。聂鑫等（2006）用组织工程 AetivSkin 修复19例慢性皮肤溃疡，与对照组相比应用后创面明显缩小，试验组的平均愈合时间为24.37 d，明显少于对照组（64.05 d），在使用 ActivSkin 过程中，患者皮肤未发现排斥反应，也未发现溃疡复发的病例。张兆清等（2006）利用组织工程学方法，以牛胶原为支架，自体骨髓间充质干细胞作为种子细胞构建成组织工程化复合皮肤，对1例双下肢溃疡15年的患者进行移植，4周后溃疡面积缩小40%，9周后溃疡面积缩小90%。构建的复合骨髓间充质干细胞的组织工程真皮移植后，提高了愈合速度，获得了较理想的创面愈合效果，为临床治疗类似溃疡型疾病提供了新的治疗思路。

（三）营养不良型大疱性表皮松解症

营养不良型大疱性表皮松解症（dystrophic epidermolysis bullosa）是常染色体遗传性皮肤病，以皮肤黏膜脆性增加、容易出现水疱和血疱、愈后留有萎缩性瘢痕为特征。对于营养不良型大疱性表皮松解症患者尚无特效的治疗方法，主要采取对症及支持治疗，加强营养，纠正贫血，注意减少碰撞与摩擦，加强病损区的保护。Fivenson 等（2003）报道，用 Apligraf 治疗 5 例患有营养不良型大疱性表皮松解症的儿童，5～7 d 后观察，治疗部位 90%～100%治愈，10～14 d 后，许多治愈部位接近正常皮肤，手部及掌部皮损得到 80%～90%改善。Dagregorio 和 Guillet（2005）成功地用 Integra 为 1 例合并鳞状上皮细胞癌的隐性遗传营养不良型大疱性表皮松解症患者进行移植，手术 7 周后移植物全部成活。

（四）白 癜 风

白癜风（vitiligo）是一种由于黑素细胞破坏以致皮肤黑色素减少的获得性皮肤病。本病原因不明，与遗传、免疫、精神等因素有关，发病机制可能是损伤局部表皮真皮交界处黑色素细胞酪氨酸酶功能丧失，使酪氨酸氧化为多巴受阻，从而使黑素的形成发生障碍（刘辅仁，2005）。药物治疗效果不明显，手术治疗以自体表皮移植为主，采用自体（同种异体）黑色素细胞移植已成为研究治疗白癜风的热点。van Gee 和 Ongenoe（2006）用体外培养的自体黑素细胞和角质化细胞的透明质酸混悬液撒播在已被激光处理过的白斑病损区，3 周后数字成像系统显示 62%的患者移植区恢复了颜色。Pianigiani 等（2005）从自体正常皮肤取一小块活体表皮在用患者血清作为基质的透明质酸生物膜上进行表皮细胞培养，构建表皮膜片，移植于经窄谱中波紫外线照射 3 周后的病损区，经 18 个月的随访，结果发现 75%的局部和节段型、30%泛发型患者恢复着色。卢涛等（2001）从自体表皮培养出黑素细胞悬液，移植到 10 例患者的白斑区，3 个月后 6 例在治疗点较周围白斑加深，2 例色素沉着较明显，并略发红，接近周围正常肤色，同种异体黑素细胞移植治疗白癜风实践还不够，需进一步观察，并做大量的研究。

（五）光化性紫癜

光化性紫癜（actinic purpura）又叫老年型紫癜，是一种老年性退行性变化的皮肤病。由于衰老，皮肤变薄松弛，皮肤和皮下组织萎缩，缺少弹性，小血管周围的支持性胶原组织变性而失去支持，轻微外伤可发生表皮裂口，表皮和真皮间血管容易破裂出血，产生紫癜。本病应避免外伤，防止新损伤，常规给予维生素、同化激素，部分患者应用有效。Banta 和 Kilner（2002）对 1 例老年男性光化性紫癜志愿者前臂薄层去皮，然后移植 Apligraf，创面愈合良好，移植部位可正常耐受牵拉，美容效果也不错。

（六）外伤及外科继发性难以修复的皮损

组织工程化皮肤可以治疗瘢痕、巨痣、太田痣、文身及一些肿瘤等切除后形成的继发皮损。Kopp 等（2003）用胶原结构的替代物移植于 23 例头皮部位黑素瘤、鳞癌、血管肉瘤、基底细胞癌及脑纺锤体瘤等手术继发性头皮缺损，患者中仅有 6 例患者由于头皮脓肿而延迟了创面愈合，其余患者都较快愈合。McGuigan（2006）报道，在伊拉克、阿富汗战争期间应用组织工程皮肤治疗战伤性皮肤缺损，可以预防感染和创面干燥，减少疤痕形成，缩短治愈时间，从而减轻伤员痛苦。Maier 和 Lippitt（2002）用 Apligraf 治疗 10 例外伤性撕脱伤致皮肤萎缩，所有患者均在 60 岁以上，且多数长期使用激素，皮肤薄而萎缩，平均治疗时间为 9.2 周，治愈率达 100%，所有创面未出现感染。Almond 等（2006）把 Integra 移植于巨大脐疝术后的创面也收到良好的临床效果。

二、组织工程化角膜

随着对干细胞理论的认识，人们开始尝试用角膜缘干细胞移植来治疗 Stevens-Johnson 综合征、化学烧伤和热烧伤、瘢痕类天疱疮等角膜缘干细胞受损、角膜上皮细胞再生障碍性疾病。经过动物实验及临床验证，角膜缘干细胞移植被认为是一种促进眼表损伤愈合、减少新生血管侵入、恢复角膜透明的有效方法。自体角膜缘干细胞体外培养后移植，此种方法只需少量的角膜缘组织，对供体眼表不构成损伤，而且不会引起移植排斥反应，被认为是一种相对理想的治疗途径。1997 年，Pellegrini 等（1997）报道了取 1～2 mm^3 自体健眼角膜缘组织，经干细胞培养后形成的细胞层，借助角膜接触镜移植到完全性角膜缘干细胞缺乏的患眼角膜表面，成功地实现眼表面重建。此后相继有人应用羊膜作为载体培养细胞，还有人将羊膜经过 3T3 滋养细胞层处理后进行角膜缘干细胞培养和移植，应用于临床后治疗角膜缘干细胞缺损的患者取得了成功（Tsai et al.，2000）。

Nishida 等（2004）采用自体口腔黏膜上皮培养获得重建角膜上皮来治疗两侧角膜缘干细胞缺失。取 4 位患者 9 mm^3 的口腔黏膜组织载体培养后，又经 3T3 成纤维细胞滋养层培养 2 周，即形成多层角膜上皮细胞，组织形态学观察，细胞生长良好、紧凑，与正常人角膜相似。将培养皿温度降到 20℃，成层角膜组织可以完整地从培养皿取下，并移植到受体眼角膜基质表面，5 min 后，培养的角膜上皮层与受体基质层黏附良好且不需缝合。术后平均观察 14 个月，植块稳定处于原位，并覆盖整个角膜表面，4 位患者维持了角膜透光度，无任何并发症。

三、组织工程化神经

“人工神经”用于神经缺损的修复，其作用在于引导和促进缺损近侧的神经轴突有序地生长，通过缺损到达远端的靶器官并实现靶器官的神经重支配，恢复功能。目前普遍使用大鼠进行“人工神经”及其材料的体内评价。大鼠一般用于建立 10～15 mm 的坐骨神经缺损模型。更长距离的缺损模型当考虑用较大型的实验动物，如兔、猫、绵羊、猪、犬、猴等。移植物植入体内后，首先必须观察动物的反应，特别是观察有无不适表现或异常行为；有无感染、肿胀、自残现象；姿势步态有何变化等。对于采用大鼠坐骨神经缺损-修复模型的，可以在不同阶段做足迹试验，计算坐骨神经功能指数，衡量坐骨神经功能恢复水平。目前对神经再生的评价主要是将电生理学检测、组织形态学观察与计量学分析结合使用，综合评定。也有学者将激光共聚焦显微镜和 PCR 等技术引入神经再生评价的研究。应该看到，尽管组织工程周围神经的研究已经取得了一定进展，但仍需对现有支架材料作进一步改进；雪旺细胞的分离增殖、功能增强或干细胞的定向分化等也有待进一步研究。因此，探索组织工程周围神经的道路还很漫长。相信随着神经科学、分子和细胞生物学、材料科学、组织工程学、纳米技术及其他相关学科技术的发展，组织工程周围神经的研究在 21 世纪将会取得长足的进展。

四、组织工程化血管

血管组织工程是在人工血管内腔接种血管内皮细胞，即人工血管内皮化研究的基础上逐渐发展起来的。Herring 等（1984）首次提出人工血管内皮化的概念，他于 1984 年进行了首次血管内皮细胞种植的临床实验，但发现种植内皮细胞后仅减少了血小板在人工血管内表面的附着，通畅率并无明显提高。Zilla 等（1990）通过改进内皮细胞的接种方法，建立了新的血管内皮细胞快速培养技术，使得细胞体外扩增能力大大增强。Deutsch 等（1999）在 10 多年间对 100 名患者实施了 113 例实验，以自体皮下静脉采集的静脉内皮细胞经体外扩增后，接种于 ePTFE 后回植入体内。结果 9 年实验组的通畅率为 65%，未接种内皮细胞的对照组通畅率为 16%。

Shin'oka 等通过 Fotan 手术用构建的血管移植物代替患者肺动脉治疗了 25 例患者，血管移植物的构建使用了两种来源的细胞，即将体外扩增的患者内皮细胞与抽取的骨髓共同接种至 PCL-PLA，移植后血管造影显示移植物完全展开，既没有扩张也没有收缩(Shin'oka et al.，2001；Matsumura et al.，2003)。

牛津大学研究人员应用牛的脱细胞输尿管为临时血管支架，直径 6 mm，作为患者长期进行血液透析的动-静脉通道，植入 2 月后宿主细胞长入人工血管内，1 年后再细胞化并有明显的基质分泌，有良好的血管样结构和功能，1 年无感染率为 95%，与对照组运用 ePTFE 作为临时通道比较：6 个月和 12 个月体内通畅率分别是 72%（对照组 59%）和 58%（对照组 57%），临床应用得到了理想的效果。但实验组也缺乏长期的体内测试和临床随访，对长期运用的结果没有进行评价。目前，大多数实验均是将组织工程血管应用于低压力系统，在高压力（体动脉）系统中的运用未见报道，从而使小口径的组织工程血管的临床应用也受到了明显的阻力，在心血管外科应用中，如冠状动脉旁路手术，均未见报道。现阶段的研究成果到组织工程血管的广泛临床运用仍有很长的距离。

五、组织工程化气管

Conconi 等用小鼠和猪的模型建立了一个改良的实验方法，将自体上皮细胞和间充质干细胞源性软骨细胞种植于去细胞化的供体气管构架中，并在一种新型生物反应器系统内生长成熟。已有体外实验培育出了一段较短但有活性的气管基质（Conconi et al.，2005），同时在动物实验中没有产生针对同种和异种移植物的免疫排异反应（Jungebluth et al.，2003）。在这样的研究背景下，Paolo 等（2008）为 1 例西班牙 30 岁女患者移植组织工程气管，经 5 个月的观察，患者已痊愈，成为世界上首例成功移植用患者自身干细胞再造器官的患者。Paolo 通过特定的技术去除供体一段气管的细胞和主要组织相容性复合体（MHC）抗原，将来源于受体的上皮细胞和间充质干细胞源性软骨细胞经细胞培养后种植于该段移植物基质中，然后用该移植物置换受体的左主支气管。术后该移植物立即建立了功能性气道，患者的生活质量得到了改善，在术后 4 个月时该段气管外观和机械性能保持正常，患者未产生抗供体的抗体，也未接受任何抗排异药物治疗。结果表明，该生物组织工程气管具有良好的机械性能，具备气管的正常功能，并且无免疫排异反应。这一结果提示自体细胞与适当生物材料结合的移植物可成功治疗某些严重的临床疾病。

（一）移植受体

30 岁女性患者，2004 年因结核病灶浸润颈部气管和整个左主支气管而出现发音障碍和咳嗽，CT 扫描显示围绕气管全周有一 3 cm 接近闭塞的气管狭窄段，该狭窄段起自声门下 2 cm，伴有左主支气管发育不全与呼气时气管塌陷。2008 年 3 月，患者因严重呼吸困难再次入院治疗，通过容积重建 CT 行仿真气管镜检查，以确认正常颈部气道，检查可见左主支气管内径显著变小（残存直径 4 mm）、一处固定性狭窄（距离气管隆凸最多 1.2 cm）、主动脉压迫致支气管上移，并致完全性呼气性气管塌陷。肺功能检查各项参数提示肺功能严重异常，决定完整切除病变左主支气管并用人生物工程气管移植置换，同时考虑到将来的补救需要，该治疗亦不会妨碍随后可能进行的肺切除手术。患者签署了书面知情同意书。

（二）移植气管支架的准备

移植用气管段（长 7 cm）取自一例死于颅内出血的 51 岁白人女性（O 型血，病毒、梅毒螺旋体及血清 β 人绒毛膜促性腺激素检测阴性）。去除气管中所有疏松结缔组织，并用含有 1%青霉素、1%链霉素和 1%两性霉素 B 的磷酸盐缓冲液冲洗。进行如下改良：气管组织先于蒸馏水中存放 72 h，然后相继置于 4%脱氧胆酸钠与含有 2000 kU 脱氧核糖核酸酶 I（DNase I）的 1 mmol/L 氯化钠溶液脱细胞处理 25 次，通过酶洗涤方法，移植气管的细胞被逐步去除（图 7.5）；经过 25 次循环去细胞方案（图 7.5 E 和

F)，上皮细胞和腺细胞被去除；仅见极少数形态扭曲的软骨细胞，大多数无胞核；然而，经酶洗涤后的气管基质仍然保持着与自身对照相同的气管构架（图 7.5 A 和 B)；25 次循环的去细胞方案（图 7.5 C 和 F）可以完全去除移植气管中 HLA-A、HLA-B 和 HLA-C 抗原，但局部少量区域可见 MHC-II 类分子表达。经过处理得到长度为 6.5 cm 的移植基质，最终可再减少到 5 cm，以匹配受体气管的缺损部位。

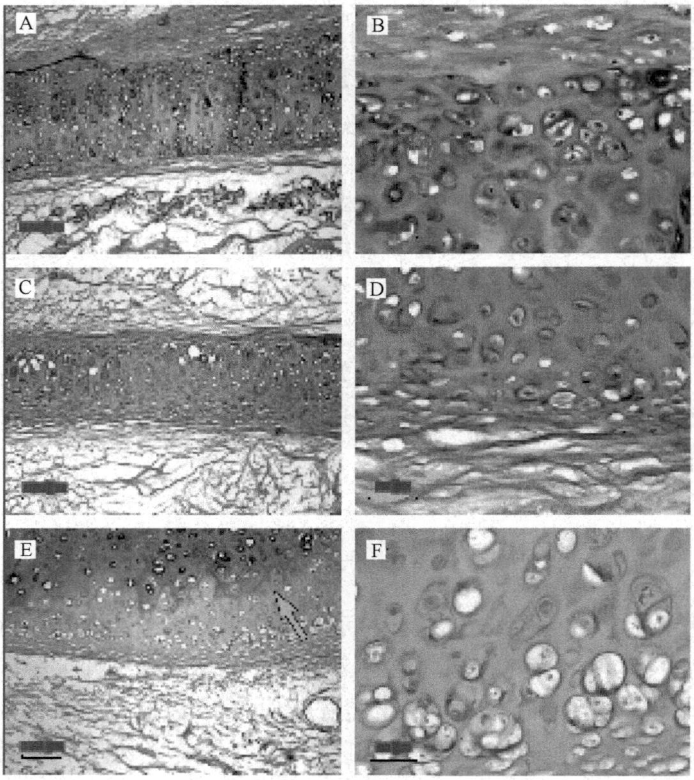

图 7.5　正常气管、17 次循环酶洗涤及 25 次循环酶洗涤时气管移植物管壁切片的免疫组化表现

棕色染色区域分别表示 MHC-I 类分子（A、C 和 E）和 MHC-II 类分子（B、E 和 F)。经过 25 次循环酶洗涤后（E 和 F)，上皮细胞和腺体完全消失，仅见少量软骨细胞分布于软骨环内，大部分软骨细胞已被破坏，表现为胞被消失和细胞边界不清。与正常气管（A 和 B）相比，处理后的气管仍保持正常构架的完整性。经过 17 次循环酶洗涤后（C 和 D）可见 MHC-I 类和 MHC-II 类分子抗原的免疫反应产物散布于气管移植物中；而经过 25 次循环酶洗涤（E 和 F）后几乎所有的 HLA 阳性细胞被清除，移植时仅见极少量软骨区域有 MHC-II 类分子的微弱阳性表达（箭头），未见 MHC-I 类抗原染色（http://portal. elseviermed. cn/LinkClick. aspx? fileticket = q17IBoOEMVY%3d&tabid=69)（参见插页）

（三）骨髓干细胞的植入

根据自然气管内外壁功能的不同，分别选取患者不同部位的细胞进行培养。Paolo 等（2008）同时选取患者鼻上皮细胞和气管上皮细胞进行培养，经比较，发现气管上皮细胞体外生长比鼻上皮细胞更为迅速，故选取患者右支气管黏膜上皮细胞作为气管内腔

的种子细胞。另外，再选取患者的骨髓干细胞并诱导其转变成软骨细胞，以作为气管外壁的种子细胞。将两者放入自行设计的生物反应器中进行培养，此生物反应器不单能在无菌的环境下同时培养多种类型的细胞，还能方便地添加营养物质并清除细胞生长的代谢产物（图 7.6）。最后，将培养完成的软骨细胞用微量注射器沿气管纵轴方向种植在纤维骨架的外表面基质上，同时在内管壁上以均一密度种植黏膜上皮细胞，每 24 h 检测发现两类型细胞均能深植在基质上，总培养时间达 4 d。

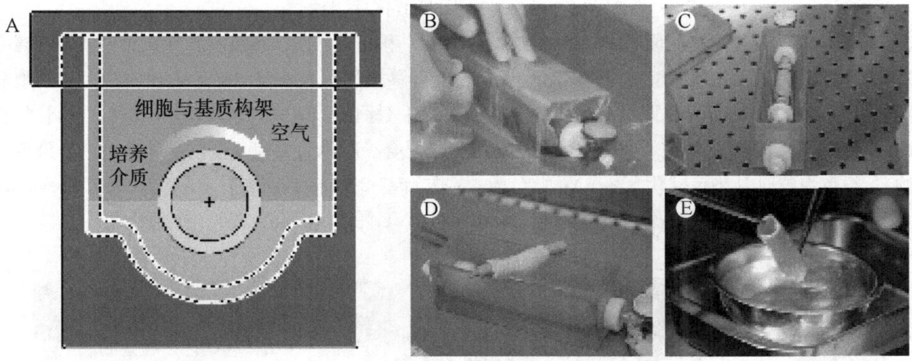

图 7.6　组织工程气管生物反应器

A. 侧面观，可见沿着纵轴旋转的气管基质构架，该反应舱室将气管移植物内腔和外表面分开，通过规律旋转以提供细胞生长、营养支持和废物清除的流体切应力，同时确保细胞均匀黏附种植；B. 密封的生物反应器装置；C. 气管移植物在生物反应器内；D. 移除气管移植物后的生物反应器；E. 手术植入前的气管移植物（http://portal.elseviermed.cn/LinkClick.aspx?fileticket=3IwPrUpx2i0%3d&tabid=69）

治疗过程：患者经全麻后行外侧开胸（第 5 肋间隙），分离开远端气管、左主支气管、左喉返神经和膈神经后，切除病变的左主支气管，修剪待移植的气管使其端口与患者切除后支气管残端相吻合，利用移植气管的固有弹性使这两个不同大小的气管管腔相吻合，缝合完毕后经测试，左支气管两端通气良好，且无漏气现象。术后第 4 天对气管腔内表面进行细胞学分析，提示上皮细胞丰富，细胞表型与细胞种植前培养时的表型相同，细胞刷中亦可见活性软骨细胞。移植前从气管移植物外表面刷取的细胞经细胞学检查得出类似结果，两种类型的细胞表现如图 7.7 所示。

移植后 1 个月，三维 CT 重建显示狭窄部位恢复，病变气管从近乎完全塌陷（术前）到广泛通畅（术后）的形态变化（图 7.8 C 和图 7.8 D）。患者术后 2 个月行肺功能检查，结果提示与同龄和同性别人群相比均处于正常范围内（表 7.1）。移植后 4 个月时，患者无排斥反应出现，该项研究为组织工程气管的临床应用带来了希望。Paolo 等（2008）未采取特别的措施使组织气管血管化，可能是由于其采用的纤维骨架上仍留有大量的细胞外基质成分，故在早期就能观察到移植气管恢复血供迅速且伴基底黏膜细胞的出现，也可能与气管移植前，上皮细胞核软骨细胞等种子细胞的植入能诱导前期血管再形成有关。另外，在培养完毕的气管上，Paolo 等（2008）发现在独立培养的气管内腔和外管壁上，同时出现了软骨细胞和上皮细胞，有可能是在比较短的空间和时间内，细胞能透过基质自由移行，如果这种解释正确的话，对以后组织工程器官的设计有重要的参考价值。

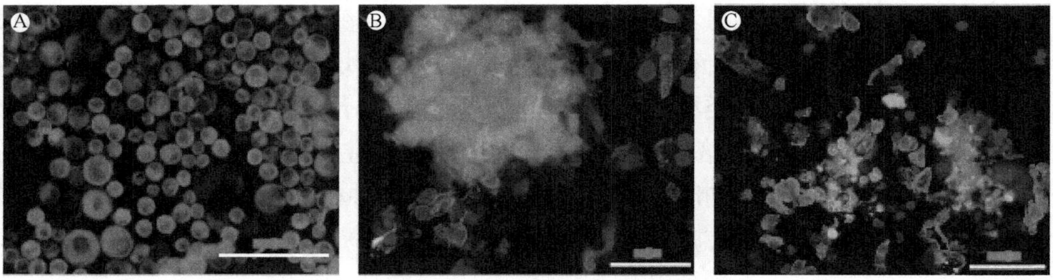

图 7.7 彩色免疫细胞化学表现

A. 第一阶段，种植到基质前，原有支气管细胞的表现；B. 移植手术前，移植基质外表面种植细胞离心后的表现；C. 术后第 4 天气管移植物内壁细胞表现，在气管移植物的内外表面可见到相同的上皮细胞表型（红色），术后第 4 天外表面可见两种活性细胞，即软骨细胞（绿色）和一些上皮细胞（红色），而且气管移植物的内壁有大量活性上皮细胞，并与少量的软骨细胞相混合。红色为细胞角蛋白 5 和角蛋白 8 染色（上皮细胞）；绿色为胶原 II 染色（软骨细胞）；蓝色为 4'-6-二脒基-2-苯基吲哚染色(http://portal.elseviermed.cn/LinkClick.aspx?fileticket=tdT%2b6QN1oVU%3d&tabid=69)（参见插页）

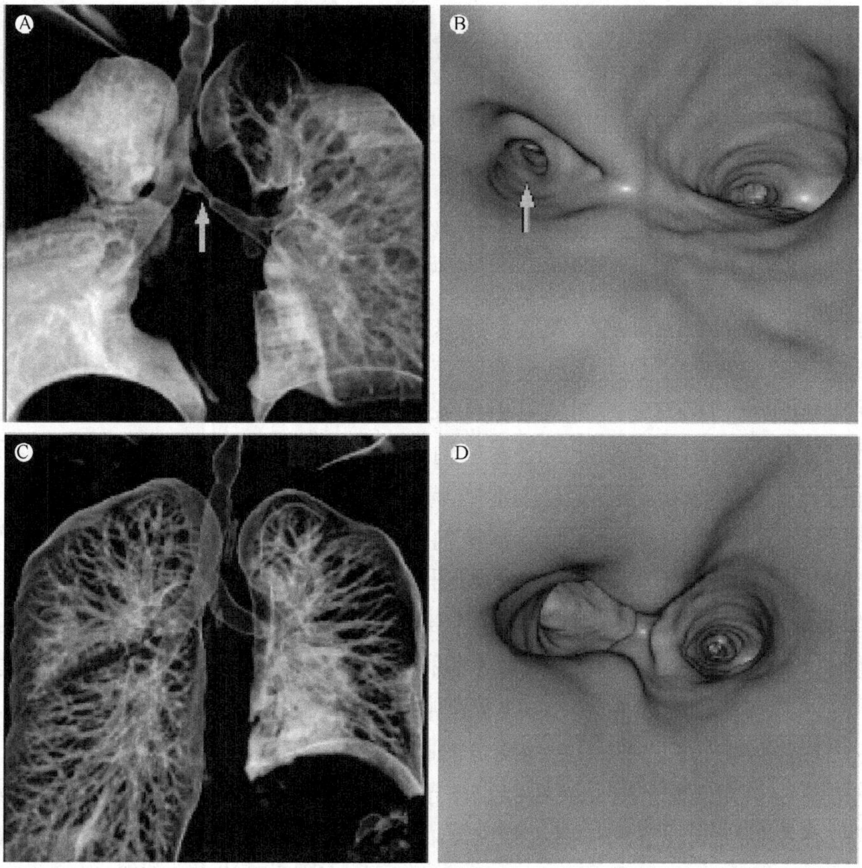

图 7.8 容积重建 CT（A 和 C）与仿真气管镜检查（B 和 D）分别显示组织工程气管行左主支气管置换术前（A 和 B）和术后 1 个月（C 和 D）的气管重建图像

图中可见术后位于终末端的一段较长的气管狭窄（箭头）已完全改善，手术部位可见术后膈神经麻痹，但不影响肺功能，术后 2 个月麻痹缓解（http://portal.elseviermed.cn/LinkClick.aspx?fileticket=duq4%2bEV5EX0%3d&tabid=69）

表 7.1　肺功能检测结果

肺功能指标	2007 年 12 月（术前）	2008 年 8 月（术后 2 个月）	2008 年 9 月（术后 3 月）
FVC（L）	2.35（62%）	3.81（100%）	3.86（100%）
FEV_1（L）	1.75（55%）	3.17（100%）	3.25（100%）
FEV_1/ FVC	0.74	0.95	0.99
气道阻力	5.57	3.06	3.31
特异性气道传导率	0.058	0.122	0.213

由于气管的解剖和生理特点，组织工程气管研究仍面临一些难题，主要包括：①虽然人们采用生物反应器等方法改进了组织工程化器官的体外培养条件，不同程度地提高了体外培养的组织工程化气管软骨的质量，但是目前组织工程化气管的机械力学强度仍低于正常气管软骨，尚不能用于原位移植；②组织工程化气管体内存活并发挥正常生理功能的关键是良好的血液供应。气管的血供是分段供应且口径较细，很难再体外实现再血管化，因此组织工程气管移植物的血管快速再生和体内营养支持问题，还需要深入研究；③组织工程气管不是简单的管道移植，必须达到功能上的替代，有完整纤毛上皮覆盖并且保持真正呼吸道上皮功能的组织工程化气管替代物是今后需要解决的问题。

目前，组织工程化气管是一个比较新的课题，虽然面临很多问题仍未解决，但全球首例的再造气管移植成功，为气管移植的研究提供了宝贵的经验，它同时结合了同种异体移植与生物活性材料两者的优点，而且对供者气管的要求比较低，故相比其他移植方式，来源更为广泛。目前，组织工程气管研究仍然处于探索阶段，今后的研究方向应是如何利用患者干细胞制造出结构功能上与气管纤维结构相似，既拥有一定的弹性，又含有类似的细胞外基质成分，再在此基础上培养出与内外管壁相适应的细胞层，这样才能解决免疫排斥反应及移植物的血管化问题。

六、组织工程化肌腱

肌腱损伤是目前整形修复外科的临床工作中经常遇到的难题。例如，在手外伤病例中，单纯肌腱损伤或合并肌腱损伤的占 30%以上，是造成手功能障碍的主要因素之一。因此解决肌腱损伤或缺失对于恢复肢体运动功能十分重要。

1999 年 7 月，原华西医科大学在系统基础研究之上，将组织工程肌腱用于临床。李箭等（2005）在临床应用的 7 例中，运动伤 4 例，玻璃切割伤 2 例，跌伤 1 例，病程 1～3 个月。全部患者术前经双侧超声和 MRI 对比检查，发现患侧均有明显跟腱缺损，缺损长度为 5～7 cm（图 7.9），缺损远端距跟骨止点 1～5 cm。

（一）组织工程肌腱制备

无菌条件下切取外伤后切肢患者自愿捐赠的指屈肌腱为供体，经检查确认供者无传染性疾病、遗传性疾病、感染性疾病和先天性畸形。将供体肌腱按常规方法分离培养成纤维细胞，扩增备用。用医用碳素纤维与聚羟基乙酸纤维按 1∶2 混合编织成带状，消毒后作为细胞支架材料。将 5×10^6 个/ml 细胞接种在支架材料上，于体外培养 5～7 d，培养条件为 F12 培养基加入 10%胎牛血清、37℃、0.5%饱和湿度，术前 1 d 改用无血清及无抗生素培养基。

（二）手术方法

1）手术切口及缺损断端处理。俯卧位，麻醉后大腿气囊带止血，于跟腱内侧缘做弧形皮肤切口，长度是缺损段的 2 倍以上。纵向切开腱鞘，暴露跟腱断端，清除周围炎性肉芽组织、坏死组织或缝线等异物，直至形成整齐、健康的肌腱断端。尽可能松解跟腱近端，并向远端靠，以便最大限度恢复腓肠肌及比目鱼肌张力。

2）组织工程肌腱植入。于跟腱两断端先用 1.0 肌腱缝合线做 Kessler 法缝合，张力调整于麻醉下踝关节跖屈 20°～30°位，以踝被动背伸中立位时肌腱缝合线不断及肌腱两断端不发生位移为限。于跟腱两断端用文氏钳打孔，反复引入已制备好的组织工程肌腱编织缝合，修复缺损。与近断端 1 cm 以上取相同缺损宽度和长度的腓肠肌腱瓣，向下翻转间断缝合于远断端，覆盖整个移植区背侧；缝合修复腱鞘。冲刺、放置引流条，逐层缝合伤口。

3）术后处理。屈膝 10°，踝跖屈 30°，长腿石膏夹板固定，3 周改为小腿石膏托固定；6 周拆除固定，逐步练习踝关节跖屈、背伸活动；8 周足全负重行走，12 周练习单足负重，20 周从事日常生活和工作，24 周参加适当体育活动直至恢复伤前正常体育活动。

（三）结　　果

7 例均于术后 2 周拆除缝线，其中 6 例伤口 I 期愈合，1 例于术后 1 周拆除石膏时发现伤口有 1 cm 裂开伴少量浅黄色液渗出，细菌培养证实无菌生长，经换药 1 周后伤口闭合。术后 6 周功能基本恢复。术后 12 周 7 例患者经超声和 MRI 双侧对比检查，见患侧跟腱已愈合，信号与正常侧一致。随访 22～56 个月，平均 46.9 个月，6 例踝关节功能完全恢复，均能正常行走及用足尖走路（图 7.10）；1 例跖屈 30°，肌力稍差（V 级），背伸约 10°。按疗效评定：本组获优 5 例，良 1 例，可 1 例。

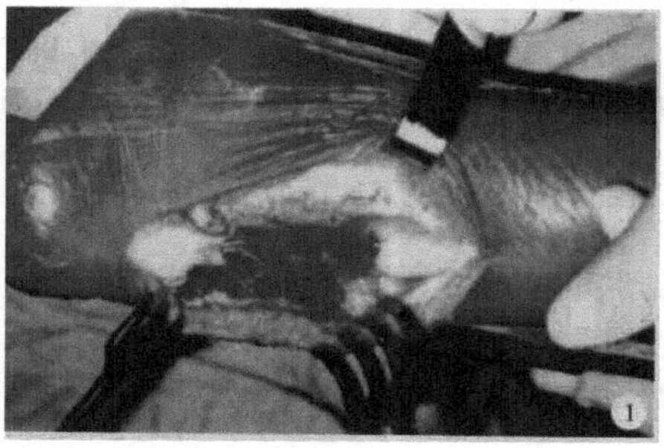

图 7.9　左跟腱缺损 5 cm

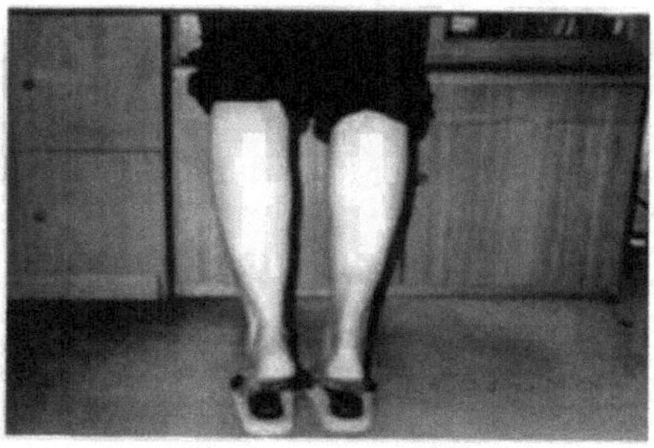

图 7.10　组织工程肌腱修复术后 1 年，踝关节伸、屈活动正常，提踵有力

七、组织工程化软骨组织

先天性和代谢性疾病，如 Paget's 病、血友病和肢端肥大症都会导致软骨缺损；直接或间接的创伤也会导致创伤性软骨缺损，如关节内骨折或韧带损伤。软骨损伤很难自愈，因此它们是导致关节疾病和关节不稳的主要原因。关节缺损逐渐地导致关节软骨的蜕变和骨性关节炎。动物实验和临床研究已经证实自体细胞或组织能够产生透明软骨。

真正意义上的组织工程软骨的临床应用是 Vacanti 将软骨细胞与 PGA 支架复合构建后，植入一位 Poland 综合征的患儿，修复其肋软骨缺损，患儿由胸廓畸形所致的心肺功能障碍得到改善，恢复了正常生活和体育活动。自体软骨细胞复合骨膜或筋膜移植，胶原膜复合自体软骨细胞移植，透明质酸钠复合自体软骨细胞移植修复关节软骨部分缺损等已有大量的相关资料报道。

软骨细胞具有分离、培养简单，同源性好的优点，原代单层培养的软骨细胞能表达 II 型胶原和可聚蛋白多糖等特异性细胞外基质达数日至数周。异体软骨细胞移植由于存在免疫排斥问题，又有传播细菌和病毒的危险，目前研究相对较少，而自体关节软骨细胞移植（autocartilage transplantation，ACT）修复关节软骨小面积缺损已有较长历史，有很多成功病例的报道。

自体软骨细胞移植加骨膜覆盖：国内外研究较多，瑞典人 Britterg（1994）于 1987 年进行了第一例临床应用，目前全世界已经有超过 10 000 例，且有随访 2～10 年 1200 例病例回顾性研究的报道，缺损大小为 1.3～12 cm^2，观察了患者自我感觉、外科评分、核磁共振检查及关节镜复查取样等项目，临床有效率在 70％以上。缺损处能生成透明软骨样软骨，但软骨基质含量、细胞数量及排列等均与关节透明软骨仍有明显差别。Carticel 是最早用于自体软骨细胞移植的商品，目前已经完成 ACI 约 4500 例以上。但由于软骨细胞的流失等问题，目前使用逐渐减少。

胶原复合自体软骨细胞移植（matrix-induced autologous chondrocyte implantation，MACI）：是 Verigen 公司第二代产品，1998 年开始应用。将大量扩增的去分化的软骨细胞加到猪皮肤提取的 I/III 型胶原膜上，回植到到体内。其优点是：①恢复了表型；②细胞不易流失；③操作简单；④减少自体骨膜的手术创伤；⑤防止骨膜移植引起的过度增生和分层。两年的随访报道 23/25 优良率，但长期效果尚无法定论。

透明质酸钠自体软骨细胞移植（Hyalogrft® C）是 FAB 公司研发产品，是以透明质酸钠作为载体构建的组织工程软骨。经过近 20 年的研发，1999 年开始应用于临床，目前已经进行 600 例以上。由于透明质酸钠本身是软骨基质中的成分之一，因此有良好的生物相容性，且研究表明透明质酸钠本身能促进软骨细胞生长和维持表型，因此可能是组织工程软骨的较好支架。一组 67 例 2～3 年的随访结果表明：97％患者主观感觉改善，94％生活质量提高，膝关节外科功能检查 87％获得最好的分数，修复组织活检组化分析主要为透明软骨样组织（Pavesio et al.，2003）。

自体关节软骨细胞移植可避免免疫反应或疾病传染的问题，但可以采取的细胞数目有限，如果可以在体外使细胞数目增殖，临床应用才会成为可能。1989 年，Grande 等在家兔实验中尝试了培养的自体关节软骨细胞移植。Brittberg 等（1994）首次报道 ACT 的临床应用，其操作程序如下：①切取非负重关节面正常健康的关节软骨；②酶消化和培养增殖；③关节切开，清除关节软骨至健康软骨面；④将骨膜移植片缝合于缺损关节面上；⑤将培养好的软骨细胞注射于骨膜移植片下缺损区。在其 27 例患者中，16 处在股骨髁，7 处在髌骨，皆为局部深层缺损，经传统方法治疗无效，行 ACT 术后 3a 膝关节功能良好或好者占 16 例，并且股骨髁部修复效果较髌骨部好。1996 年，Brittberg 等对骨膜加 ACT 或不加 ACT 修复兔髌骨软骨缺损的效果做了比较研究，移植后前者 87％的缺损被修复，后者只有 31％。Peterson 等（2000）报道 1987～1996 年应用 ACT 治疗的 219 例患者，术后优良率达 75％以上，结果显示缺损处新生组织在组织学与机械力学特征上与透明软骨相似。同时有学者认为 ACT 治疗的临床疗效与缺损部位相关，据报道股骨髁部的软骨缺损 ACT 治疗疗效最好，髌骨和股骨滑车软骨损伤疗效最差。

浙江大学干细胞与组织工程中心欧阳宏伟教授采用“自体软骨细胞移植”的方法，先通过一个微创手术，从患者身上提取 0.2 g 软骨细胞，体外培养 2 周后，将扩增的软骨细胞通过手术植入软骨损伤部位，最后和周围组织天衣无缝地生长在一起。患者一般 10 d 左右就能出院，6 周后能下地走路，3 个月后完全恢复。研发的自体软骨细胞已获得中国药品生物制品鉴定所检验通过。2009 年 11 月卫生部出台《细胞移植和组织工程化组织移植三类医疗新技术管理规范》，浙江省的五家三甲医院于 2010 年 3 月正式获得卫生部门批准，在全国开展软骨细胞移植诊疗项目。

Yanaga 等（2006）将患者大约 1 cm 的耳廓软骨分离得到的软骨细胞复合凝胶在自体血清中培养一段时间后，移植到同一患者的骨膜下和皮下，修复颅面部和鼻部缺损，结果令人满意。Yanaga 等（2009）还发展了一种多层软骨细胞培养系统和两段式植入术治疗小耳畸形。在培养系统里，让软骨细胞充分增殖，获得大量的软骨细胞基质，形成未成熟的软骨组织。两段式植入，首先将培养的软骨细胞通过注射植入患者下腹部，细胞大面积生长，6 个月后生成具有新生软骨膜的软骨，通过手术获取软骨并嵌入一个耳朵模型皮下植入至新生耳的位置。结果培养的软骨细胞形成了成熟的软骨，不仅具备足够的弹性，而且可以像正常耳廓软骨使用。由此产生的耳朵模具植入至耳廓缺损部位，并整形至光滑曲度和形状。4 位患者在术后 2～5 年的随访中，新生软骨均保持了完美的形状，未出现塌陷。此技术具有微创、供体部位高成果率、免疫排斥机会减少及植入安全等优点，有望在临床应用。

八、组织工程化骨组织

虽然组织工程骨的研究已经历了 10 多年历史，但目前临床应用的报道不多。

（一）骨缺损或骨愈合不良修复

Quarto（2001）报道了 3 例组织工程骨临床应用的结果。采用自体髂骨穿刺，抽取骨髓，分离培养骨髓间充质干细胞，与 HA 材料复合培养后植入骨缺损区，用外固定支架固定。术后经 14～26 个月随访，其中 2 例分别在 5 个半月及 6 个月去除外固定，6～7个月完全恢复功能；1 例由于外固定支架松动，术后 6 个月改为其他外固定，再经 6 个月后去除外固定，最终获得功能恢复。

四川大学华西医院于 2000 年报道了 1 例胸壁巨大缺损的修复。1 例女性患者因反复发作的左胸壁巨大韧带样纤维瘤侵蚀了 5 条肋骨，并压迫肺，与心包粘连，严重影响生活及工作。手术切除后导致 5 条 10 cm 长的肋骨、胸膜及 20 cm×18 cm×18 cm 软组织缺损。用自体膈肌瓣修复胸膜缺损；用自体骨髓间充质干细胞诱导分化为成骨样细胞，与生物衍生物支架材料复合构建 3 条组织工程骨修复肋骨缺损；用自体同侧侧腹壁皮瓣修复大面积软组织缺损。术后 2 周心肺功能改善，1 个月后恢复正常活动。随访 3 年，肿瘤未复发，心肺功能正常（杨志明等，2000）。

德国医生用自体骨髓间充质干细胞与经过处理的同种异体支架复合，构建组织工程骨，与纤维蛋白胶复合构建软骨，形成骨-软骨复合体，修复了 1 例手的掌指关节缺损及 1 例胫骨下端骨关节缺损，早期效果尚可，待继续随访，观察远期疗效。

Warnke 报道 1 例用含 BMP-7 及患者自体红骨髓的骨基质充填后植入患者背阔肌肌瓣内，7 周后游离移植修复下颌骨缺损，临床上获得良好骨缺损修复并恢复了患者的咀嚼功能（Warnke et al.，2004，2006）。美国 Vacanti 等（2001）用患者自体骨膜成骨细胞与珊瑚复合再造 1 例拇指指骨，术后患者拇指恢复正常的长度和功能，能进行工作和正常生活，术后 10 月组织学检测显示有新生板状骨形成。意大利 Quarto 等（2001）用组织工程骨治疗 3 例长骨缺损的患者，其中 2 例 6 个月内去除外固定，恢复肢体功能：另 1 例由于外固定支架松动，改用其他外固定 6 个月后获得功能恢复。国内，上海交通大学医学院（原上海第二医科大学）将成骨诱导的自体间充质干细胞与部分脱钙骨复合构建的组织工程骨用于修复颅骨和颌面骨缺损 11 例取得良好疗效。四川大学应用自体间充质干细胞和异体骨膜来源的成骨细胞复合生物衍生骨支架构建组织工程骨对 52 例患者多个部位的骨缺损、骨不愈合进行了修复，证实组织工程骨有良好的成骨能力，未发现明显排斥反应（刘杰等，2005）。他们还进行了自体间充质干细胞复合同种异体生物衍生骨支架构建的组织工程骨与自体髂骨游离移植修复四肢骨缺损各 26 例的临床试验，认为两者的治疗效果无显著差异。刘杰（2008）用自体间充质干细胞复合异体 DBM 构建的组织工程骨在 30 余例缺乏自体骨来源的四肢长骨缺损患者的临床试验中也取得了满意疗效。

组织工程骨的临床应用不仅以骨髓间充质干细胞为种子细胞，也可以自体或同种异体骨膜来源的成骨细胞作为种子细胞，与多种支架材料构建组织工程骨。2002 年，杨志明等（2002）报道一组 52 例应用同种异体骨膜源成骨细胞与生物衍生支架材料构建组织工程骨植骨，先后修复长骨干缺损、骨囊性病灶切除后骨缺损、牙槽骨缺损、脊柱及关节融合术植骨、骨折不愈合或畸形愈合切骨矫正后的植骨，经平均随访 18.5 个月。有 1 例骨愈合不良。在 6 例术后 $CD3^+$、$CD4^+$、$CD8^+$ 及黏附分子 ICAM-1、VCAM-1 的检测中，未发现手术前后有任何区别，表明同种异体细胞构建的组织工程骨不发生影响骨愈合的免疫排斥反应。

沈兵等（2002）应用四川大学华西医院研制的组织工程骨修复四肢骨缺损，并与自体髂骨移植作对照，发现两组在术后反应、骨愈合时间、功能恢复等方面没有显著差别，但在减少出血量、缩短手术时间方面优于自体髂骨移植组。

Vacanti 等于 2001 年报道 1 例创伤性左拇指远侧指骨、伸肌腱及背侧皮肤复合组织缺损，用腹部带蒂皮瓣首先修复皮肤缺损，用自体桡骨骨膜来源的成骨细胞与珊瑚羟基磷灰石支架构建的组织工程指骨修复骨缺损，使拇指恢复了长度。术后 10 个月活检，5%的植入物有新骨形成。术后 28 个月随访，X 射线片显示指间关节间隙狭窄，拇指的捏压力为正常拇指的 25%，关节有 15°的活动度。

（二）骨髓间充质干细胞治疗遗传性成骨不全症

Prockop（1997）进行了首次实验研究，将同种异体正常小鼠的骨髓间充质干细胞植入到胶原基因突变的小鼠体内，在受体骨、软骨、脑组织中均检测到异基因骨髓间充质干细胞，提示骨髓间充质干细胞有可能用于治疗某些遗传性骨病。遗传性成骨不全症又称脆骨病，主要表现为骨形成不良，骨皮质菲薄，骨细小、脆弱，反复发生骨折，骨关节畸形，蓝色巩膜等特征。过去无特殊治疗方法，Horwitz 于 1999 年用 HLA 相符合的异基因骨髓间充质干细胞移植治疗 3 例患者。3 个月后患者骨内的无机盐成分增加，有新骨形成。初步结果显示出骨髓间充质干细胞治疗有一定疗效。

九、组织工程化尿道

在动物实验取得成功的基础上，Atala 等（1999）对 4 例尿道下裂传统手术治疗失败的儿童，用人 BAMG 修复其尿道缺损，术后 1 年尿道造影未见狭窄，膀胱镜检发现新建尿道管腔正常，取活检行组织学和免疫细胞生物学检查可见有典型尿道上皮形成。随访 3 年，除 1 例新建尿道 15 cm 者出现阴茎头下瘘管外，其余均达到满意效果。Kassaby 等（2000）报道对 60 例尿道下裂的儿童和尿道狭窄的成人用膀胱黏膜下惰性基质进行尿道重建手术。新建尿道长 1.5～16.0 cm，术后 4 个月行尿道造影、膀胱镜检发现新建尿道与正常尿道外观无差别，取活检行组织学检测发现有典型尿道上皮形成。在此基础上，El-Kassaby 等（2003）用同样的材料修复 28 例成人尿道狭窄，24 例成功，4 例尿道吻合处轻度狭窄，1 例冠状沟下发生尿瘘，1 年后自愈。Weiser 等（2003）选取了 9 例尿道下裂伴阴茎畸形的患者，尝试用 SIS 进行尿道重建，其将腹侧尿道板于最大弯曲侧横断，海绵体缺损处用 SIS 进行修补，大部分患者术后没有明显并发症，修补处没有发现瘢痕形成，18 个月随访没有发现再发畸形。Yang 和 Xu（2007）运用来自同种异体的脱细胞皮肤基质（ADAM）为 5 位前尿道狭窄的患者进行外科治疗，术中及术后均未出现并发症，5 位中有 3 位在手术后拔掉导尿管即能正常排尿，余下 2 位患者仍需行尿道扩张，术后 3 个月所有患者均实现正常排尿，尿流率正常，尿道造影术显示重建的尿道内口口径正常。

另外，有学者用人脐静脉经过脱细胞处理后，保留其三维胶原结构，预涂胶原后与尿道上皮种子细胞共同培养，种子细胞沿支架表面贴附、生长，证明了支架的低抗原性，实验效果令人满意。Aggarwal 等（2002）报道了使用带蒂去除尖端的阑尾移植物经处理后用于尿道狭窄复发的尿道替代品，术后一段时间，2 个患者均实现正常排尿，勃起功能正常，随访 1～3 年疗效满意且无并发症。Luo 和 Huang（2007）报道了 1 例前臂桡侧皮瓣用于成人尿道下裂的治疗，术后 1 年，患者尿道功能恢复正常，并且有良好的外观，从术后效果来看也取得了成功。

组织工程为尿道修复与重建提供了广阔的前景，通过研究人员的努力，已经取得了长足的进步。现在已能在体外分离、培养和扩增足够数量的尿路上皮细胞，供组织工程修复尿道使用。用小块的移植组织修复人尿道下裂和尿道狭窄的临床试验也获得了成功。但组织工程尿道组织的移植与自体组织移植一样，植入体内后存在一个血运重建的过程，小块的移植组织由于可以尽快建立血液供应而易获成活，大块的移植组织如果不能尽快建立血液循环，将由于缺血而发生坏死，最终导致修复失败。组织工程尿道组织预血管化及快速血管化将是今后这一领域研究的热点。

（刘咏梅　蔡春梅）

参 考 文 献

包柳郁，金岩，史俊南，等. 2005. 人牙源性间充质细胞构建牙本质-牙髓复合体样结构的实验研究. 中华口腔医学杂志，40（5）：408～411

陈家琪，张胜，郭琳洁，等. 2001. 体外培养重建角膜组织的技术探讨. 中国实用眼科杂志，19（11）：815～817

成少飞，杨岷，陈长志，等. 2008. 组织工程心脏瓣膜裸鼠体内移植的实验研究. 组织工程与重建外科杂志，4（4）:185～188

戴刚，李起鸿，周强. 2002. 细胞支架复合体构建及其异体移植修复兔关节软骨缺损的形态学研究. 第三军医大学学报，24（5）：563～566

戴克戎，张佩蒂，俞昌泰. 1983. 人工肌腱的实验研究. 上海医学，6（2）：135

傅瑶，范先群. 2003. 以羊膜为载体培养角膜内皮细胞的实验研究. 眼科研究，21（2）：147～149

郭红延，吴补领，郭希民，等. 2005. 重建牙本质-牙髓复合体样结构的实验研究. 中华口腔医学杂志，40（6）：511～514

韩志军，刘晓静，任华. 2008. 猪骨髓基质干细胞体外诱导构建组织工程化软骨. 中国组织工程研究与临床康复，12（2）：209～212

胡晓洁，王敏，柴岗，等. 2003. 应用组织工程技术构建角膜基质组织. 中国临床康复，7（8）：1254～1255

黄凤鸣. 1988. 人发肌腱的实验研究与临床研究. 中华实验外科杂志，3（8）：28

姜任武，王汉群，周昌宁，等. 2008. 兔骨髓间质干细胞组织工程化肌腱模型的构建. 南华大学学报·医学版，36（3）:378～381

金岩，吕红兵，刘源，等. 2002. 人全层组织皮肤的研制. 实用口腔医学杂志，18（2）：163～166

李箭，杨志明，解慧琪，等. 2005. 组织工程肌腱修复陈旧性跟腱断裂伴缺损的疗效观察. 中国修复重建外科杂志，19（8）：639～641

刘辅仁. 2005. 实用皮肤科学. 3 版. 北京：人民卫生出版社，5

刘杰，吴雪晖，罗飞，等. 2008. 自体间充质干细胞构建组织工程骨修复人长骨缺损的临床观察. 第三军医大学学报，30（9）：851～854

刘杰，许建中，王序全，等. 2005. 脱钙骨基质支架构建组织工程骨的实验研究. 第三军医大学学报，27（9）：888～891

刘连璞，曹启迪. 1995. 109HH 人工腱在兔体内腱化过程的电镜观察. 中华外科杂志，33 (9)：523～525
刘亚玲，金岩，聂鑫，等. 2004. 组织工程全层活性皮肤在深度烧伤创面的临床应用. 第四军医大学学报，25 (3)：224～228
刘彦春，王炜. 1999. 软骨细胞-支架复合物修复兔耳廓软骨缺损. 中华整形烧伤外科杂志，15 (3)：180～182
刘阳，张燕中，陈瑾君，等. 2008. 血管内皮细胞和平滑肌细胞-聚羟基乙酸复合物置入裸鼠皮下构建人工血管. 中国组织工程研究与临床康复，12 (10)：1958-1961
刘永涛，高庆新，曹谊林，等. 2003. 中华创伤骨科杂志，5 (4)：357～360
卢涛，高天文，刘玉峰，等. 2001. 白癜风同种异体黑素细胞移植初步研究. 中国皮肤性病学杂志，15 (4)：240～242
毛宾尧，房清敏，刘明廷，等. 1995. 碳纤维植入骨内组织学实验研究和临床应用. 中华矫形外科杂志，2 (3)：190～191
聂鑫，柴家科，金岩，等. 2006. 组织工程活性皮肤用于皮肤慢性溃疡创面. 临床研究生物医学工程与临床，10 (4)：342～345
商庆新，胡晓洁，曹谊林. 2001. 组织工程技术构建角膜基质层的实验研究. 中华眼科杂志，37 (4)：252～255
尚剑，袁绍辉，毕郑钢. 2006. 骨髓干细胞诱导分化构建组织工程神经. 中国矫形外科杂志，14 (20)：1574～1576
沈兵，谢富林，谢清芳，等. 2002. 自体髂骨与组织工程骨植骨的临床应用对比研究. 中国修复重建外科杂志，16 (6)：429～431
王常勇. 2001. 采用聚（己交酯一丙交酯）载体材料再造组织工程化气管软骨. 第二届全国组织工程大会论文汇编：434～436
杨志明. 2000. 应用无支架离心管培养技术构建组织工程化关节软骨. 中华骨科杂志，20 (9)：521～524
杨志明，黄富国，秦延武. 2002. 生物衍生组织工程骨植骨的初步临床应用. 中国修复重建外科杂志，16 (5)：311～314
杨志明，赵雍凡，解慧琪，等. 2000. 组织工程肋骨移植修复胸壁巨大缺损. 中国修复重建外科杂志，14 (6)：365～368
余方圆，卢世璧. 2006. 兔关节软骨细胞聚集培养的生物学性状观察. 中华外科杂志，4 (12)：848～851
翟弘峰，李森恺，刘红，等. 2003. 以 L929 细胞为滋养层的尿道黏膜上皮细胞体外培养. 中国修复重建外科杂志，17 (5)：414～417
张超纪，杜振宗，马国涛，等. 2008. 组织工程化血管移植实验研究. 北京生物医学工程，27 (5)：494～497
张驰，陈峥嵘，林建平. 2000. 聚乳酸涂层的多孔羟基磷灰石负载软骨细胞修复兔关节软骨缺损. 上海医科大学学报，27 (2)：83～86
张友乐，杨克非，朱伟，等. 1995. 异体肌腱移植的实验研究与临床应用. 中华外科杂志，33 (9)：539～541
张兆清，余春艳，金岩，等. 2006. 复合骨髓间充质干细胞的组织工程皮肤治疗慢性难愈性溃疡探讨. 中国皮肤性病学杂志，20 (4)：211～213
《中国组织工程研究与临床康复》杂志社学术部. 2009. 让昨天告诉今天：组织工程肌腱研究的学术与技术发展，13 (46)：9015～9016
朱国良，许立，董天华. 1985. 涤纶织物人工肌腱的实验研究. 苏州医学院学报，2：28～30
邹云雯，王志杰，季爱玉，等. 1999. 人发角蛋白人工肌腱的免疫学研究及临床应用的初步结果. 中华手外科杂志，15 (4)：208～211
Aggarwal S K，Goel D，Gupta C R，et al. 2002. The use of pedicled appendix graft for substitution of urethra in recurrent urethralstricturev. J Pediatr Surg，37 (2)：246～250
Almond S L，Goyal A，Jesudason E C，et al. 2006. Novel use of skin substitute as rescue therapy in complicated giant exomphalos. Pediatr Surg，41 (3)：7～9
Amano S. 2002. Transplantation of corneal endothelial cells. Nippon Ganka Gakkai Zasshi，106 (12)：805～835
Atala A，Guzman L，Retik A B. 1999. A novel inert collagen matrix for hypospadias repair. J Urol，162 (3 Pt 2)：

1148～1151

Atala A, Mooney D J. 1997. Tissue engineering in the genitourinary system. *In*: Atala A'Mooney D. Tissue engineering. Boston: Birkhauser Press: 149～169

Atala A, Vacanti J P, Peters C A, et al. 1992. Formation of urothelial structures *in vivo* from dissociated cells attached to biodegradable polymer scaffolds *in vitro*. J Urol, 148 (2 Pt 2): 658～662

Banta M N, Kilner R S. 2002. Modulating diseased skin with tissue engineering: actinic purpura treated with apligraf. Dermatol Surg, 28 (12): 1103～1106

Batouh S, Miura M, Brahim J, et al. 2003. Comparison of stem-cell—mediated osteogenesis and dentinogenesis. J Dent Res, 82 (12): 976～981

Bazeed M A, Thuroff J W, Schmidt R A. 1983. New treatment for urethral strictures. Urology, 21 (1): 53～57

Bechtel J F. 2003. Mttller-Steinhardt M. Evaluation of the decellulafized pulmonary valve homograft (SynerGraft). J Heart Valve Dis, 12: 734～739

Bell E, Ehilich H P, Sher S. 1981. Development and use of a living skin equivalent. Hast Reconstr Surg, 67 (3):386

Betz O B, Betz V M, Nazarian A, et al. 2006. Direct pereutaneous gene delivery to enhance healing of segmental bone defects. J Bone Joint Surg Am, 88 (2): 355～365

Betz O B, Betz V M, Nazarian A, et al. 2007b. Delayed administration of adenoviral BMP-2 vector improves the formation of bone in osseous defects. Gone Ther, 14 (13): 1039～1044

Betz V M, Betz O B, Glatt V, et al. 2007a. Healing of segmental bone defects by direct pereutaneous gene delivery: effect of vector dose. Hum Gene Ther, 18 (10): 907～915

Bhargava S, Chapple C R. 2004. Tissue engineered buccal mucosa for substitution urethroplasty. BJU Int, 93 (6): 807～811

Bootle-Wilbraham C A, Tazzyman S, Thompson W D, et al. 2001. Fibrin fragment E stimulates the proliferation, migration and differentiation of human microvascular endothelial cells *in vitro*. Angiogenesis, 4 (4): 269～275

Brittberg M, Lindahl A, Nilsson A, et al. 1994. Treatment of deep cartilage defects in the knee with autologous chondrocyte transplantation. N Engl J Med, 331 (14): 889～895

Brittberg M, Nilsson A, Lindahl A, et al. 1996. Rabbit articular cartilage defects treated with autologous cultured chondrocytes. Clin Orthop Relat Res, 326: 270～283

Bursac N, Papadaki M, White J A, et al. 2003. Cultivation in rotating bioreactors promotes maintenance of cardiac myocyte electrophysiology and molecular properties. Tissue Eng, 9 (6): 1243～1253

Cao Y L, Vacanti J P, Paige K T, et al. 1997. Transplantation of chondrocytes utilizing a polymer-cell construct to produce tissue-engineered cartilage in the shape of a human ear. Plastic & Reconstructive Surgery, 100 (2): 297～320

Caspi O, Lesman A, Basevitch Y, et al. 2007. Tissue engineering of vascularized cardiac muscle from human embryonic stem cells. Circ Res, 100 (2): 263～272

Chai Y, Slavkin H C. 2003. Prospects for tooth regeneration in the 21st century: a perspective. Microsc Res Tech, 60 (5): 469～479

Chen C J, Ou Y C, Liao S L, et al. 2007. Transplantation of bone marrow stromal cells for peripheral nerve repair. Exp Neuml, 204 (1): 443～453

Chen F, Yoo J J. 1999. Acellular collagen matrix as a possible "off the shelf" biomaterial for urethral repair. Urology, 54 (3): 407～410

Chen G, Sato T, Ohgushi H, et al. 2005. Culturing of skin fibroblasts in a thin PLGA—collagen hybrid mesh. Biomaterials, 26 (15): 2559～2566

Chfistophel J J. Chang J S, Park S S. 2006. Transplanted tissue-engineered cartilage. Arch Fadal Plast Surg, 8 (2): 117～122

Cho S W, Kim I K, Lim S H. 1979. Arterial regeneration following polyglactin 910 suture mesh grafting. Surgery, 86: 722～729

Christman K L, Fok H H, Sievers R E, et al. 2004a. Fibrin glue alone and skeletal myoblasts in a fibrin scaffold preserve cardiac function after myocardial infarction. Tissue Eng, 10 (3～4): 403～409

Christman K L, Vardanian A J, Fang Q, et al. 2004b. Injectable fibrin scaffold improves cell transplant survival, reduces infarct expansion, and induces neovasculature formation in ischemic myocardium. J Am Cell Cardiol, 44 (3):654～660

Christophel J J, Chang J S, Park S S. 2006. Transplanted tissue-engineered cartilage. Arch Facial Plast Surg, 8 (2):117～122

Chu C R, Coutts R D, Yoshioka M, et al. 1995. Articular cartilage repair using allogeneic perichondrocyte-seeded biodegradable porous polylactic acid (PLA): a tissue-engineering study. J Biomed Mater Res, 29 (9): 1147～1154

Clayman M A, Clayman S M. 2006. The use of collagen—glycosaminoglycan copolymer (Integra) for the repair of hyperophic scars and keloids. J Burn Care Res, 27 (3): 404～409

Cliento B G, Freeman M R, Schneck F X, et al. 1994. Phenotypic and cytogenetic characterization of human bladder urothelia expanded *in vitro*. J Urol, 152 (2 Pt 2): 665～670

Conconi M T, De Coppi P, Di Liddo R, et al. 2005. Tracheal matrices, obtained by a detergent-enzymatic method, support *in vitro* the adhesion of chondrocytes and tracheal epithelial cells. Transpl Int, 18: 727～734

Cook S D, Salkeld S L, Patron L P, et al. 2002. Healing course of primate ulna segmental defects treated with osteogenic protein-1. J Invest Surg, 15 (2): 69～79

Copper M L, Hansbroug J F, Spielovgel R L, et al. 1991. *In vivo* optimization of a living dermal substitiute employing cultured human fibroblasts onabiodegradable polyglycolic acid or polyglacitn mesh. Biomaterials, 12 (3): 243

Cuevas P, Carceler F, Garcia-Gomez I, et al. 2004. Bone marrow stromal cell implantation for peripheral nerve repair. Neuml Res, 26 (2): 230～232

Dagregorio G, Guillet G. 2005. Artificial skin as a valuable adjunct to surgical treatment of a large squamous cell carcinoma in a patient with epidermolysis bullosa. Dermatol Surg, 31 (4): 474～476

Dar A, Shachar M, Leor J, et al. 2002. Optimization of cardiac cell seeding and distribution in 3D porous alginate scaffolds. Biotechnol Bioeng, 80 (3): 305～312

Darling E M, Athan asiou K A. 2005. Retaining zonal chondrocyte phenotype by means of novel growth environments. Tissue Eng, 11 (34): 395～403

De Filippo R E, Yoo J J, Atala A. 2002. Urethral replacement using cell seeded tubutarized collagen matrices. J Urot, 168 (4 Pt 2): 1789～1793

Dessanti A, Iannuccelli M. 2003. Reconstruction of hypospadias and epispadias with buccal mucosa free graft as primary surgery: more than 10 years of experience. J Urol, 170 (4 Pt 2): 1600～1602

Deutsch M, Meinhart J, Fischlein T, et al. 1999. Clinical autologous *in vitro* endothelialization of infrainguinal ePTFE grafts in 100 patients: a 9-year experience. Surgery, 126: 847～855

Dohmen P M, Lembcke A, Holinski S, et al. 2007. Mid-term clinical results using a tissue-engineered pulmonary valve to reconstruct the right ventrieular outflow tract during the Ross procedure. Ann Thorac Surg, 84: 729～736

Dohmen P M, Ozaki S, Verbeken E, et al. 2002. Tissue engineering of an autoxenograft pulmonary heart valve. Asian Cardiovasc Thorac Ann, 10: 25～30

Doillon C J, Watsky M A, Hakim M, et al. 2003. A collagen-based scaffold for a tissue engineered human cornea, physical and physiological properties. Int J Artif Orgins, 26 (8): 764～773

Duaihbi M T, Duaihbi S E, Young C S, et al. 2004. Bioengineered teeth from cultured rat tooth bud cells. J Dent Res, 83 (7): 523～528

El-Kassaby A W, Retik A B, Yoo J J, et al. 2003. Urethral structure repair with an off-the-shelf collagen matrix. J

Urol，169（1）：170～173

Engelmann K，Bednarz J，Valtink M. 2004. Prospects for endothelial transplantation. Exp Eye Res，78（3）：573～578

Fedewa M M，Oegema T R Jr，Schwartz M H，et al. 1998. Chondrocytes in culture produce a mechanically functional tissue. J Orthop Res，16（2）：227～236

Fivenson D P，Scherschun L，Choucmr M，et al. 2003. Graftskin therapy in epidemolysis bullosa. J AM ACAD Derntol，48（6）：886～892

Forster W. 1978. Biological reation to carbon fiber implant the formation and structure of a carbon induced neotendon. Clin Orthop Rlated Res，9（2）：299

Francis X，Mc Guigan. 2006. Skin substitutes as alternatives to autografting in a wartime trauma setting. J Am Acad Orthop Surg，14（10）：s87～s89

Germain L，Auger F A，Grandbois E，et al. 1999. Reconstructed human cornea produced *in vitro* by tissue engineering. Pathobiology，67：140

Goldstein S，Clarke D R，Walsh S P，et al. 2000. Transpierce heart valve transplant：advanced studies of a bioengineered xeno-autograft. Ann Thorac Surg，70：1962～1969

Grande D A ，Pitman M I，Peterson L，et al. 1989. The repair of experimentally produced defects in rabbit articular cartilage by autologous chondrocyte transplantation. J Orthop Res，7（2）：208～218

Griffith M，Hakim M，Shimmura S，et al. 2002. Artificial human corneas. Scaffolds for transplantation and host regeneration. Cornea，21（2）：54～61

Griffith M，Osborne R，Munger R. 1999. Functional human corneal equivalents constructed from cell lines. Science，286：2169～2172

Griffith M，Osborne R，Munger R，et al. 1999. Functional human corneal equivalents constructed from cell lines. Science，286：2169～2172

Gronthos S，Mankani M，Brahim J，et al. 2000. Postnatal human dental pulp stem cells（DPSCs）*in vitro* and *in vivo*. Proc Natl Acad Sci USA，97（25）：13625～13640

Guo X M，Zhao Y S，Chang H X，et al. 2006. Creation of engineered cardiac tissue *in vitro* from mouse embryonic stem cells. Circulation，113（18）：2229～2237

Handa K，Saito M，Tsunoda A，et al. 2002. Progenitor cels from dental follicle are able to form cementum matrix *in vivo*. Connect Tisue Res，43（2～3）：406～408

Hendrickson D A，Nixon A J，Grande D A，et al. 1994. Chondrocyte-fibrin matrix transplants for resurfacing extensive articular cartilage defects. J Orthop Res，12（4）：485～497

Herring M，Gardner A，Glover J. 1984. Seeding human arterial prostheses with methanically derived endothelium. The detrimental effect of smoking. J Vasc Surg，1：279～289

Heureux N，Paquet S，Labbe R，et al. 1998. A completely biological tissue-engineered human blood vessel. FASEB J，12：47～56

Hoerstrup S P，Sodian R，Daebritz S，et al. 2000. Functional living trileafletheart valves grown *in vitro*. Circulation，102（19 suppl3）：50～55

Honda M J，Tsuctfiya S，Sumita Y，et al. 2007. The sequential seeding of epithelial and mesenchymal cells for tisue—engineered tooth regeneration. Biomaterials，28（4）：680～689

Horch R E，Debus M，Wagner G，et al. 2000. Cultured human keratinocyres on type I collagen membranes to reconstitute the epidermis. TissueEng，6（1）：53

Hsu W K，Sugiyama O，Park S H. 2007. Gene therapy in musculoskeletal repair. Bone，40（4）：931～938

Hu B，Nadiri A，Bopp-Kuchler S，et al. 2005. Dental epithelial histomorphogenesis in the mouse：positional information versuscellhistory. Arch Oral Biol，50（2）：131～136

Hu B，Nadiri A，Kuchier-Bopps，et al. 2006. Tissue engineering of tooth crown，root，and periodontium. Tissue Eng，12（8）：2069～2075

Hu J C, Athanasiou K A. 2006. A self-assembling process in articular cartilage tissue engineering. Tissue Eng, 12 (4):969～979

Ishino Y, Sano Y, Nakamura T, et al. 2004. Amniotic membrane as a carrier for cultivated human corneal endothelial cell transplantation. Invest Ophthalmol Vis Sci, 45 (3): 800～806

Jenkins D H, Forster I W, Mckibbin B. 1977. Induction of tendon and ligament formation by carbon implants. J Bone Joint Surg Br, 59 (1): 53～57

Jin X B, Luo Z J, Wang J. 2006. Treatment of rabbit growth plate injuries with an autologoua tissue-engineered composite. Cells Tisues Organs, 183 (2): 62～67

Jungebluth P, Go T, Asnaghi A, et al. 2009. Structural and morphological evaluation of a novel enzymatic detergent tissue engineered tracheal tubular matrix. J Thorac Cardiovasc Surg, 138 (3): 586～593

Kabosova A, Kramerov AA, Aoki AM, et al. 2003. Human diabetic corneas preserve wound healing, basement membrane, integrin and MMP-10 differences from normal corneas in organ culture. Exp Eye Res, 77 (2): 211～217

Kassaby E A, Yoo J J, Retik A B. 2000. A novel inert collagen matrix for urethral structure repair. J Urol, 163 (Suppl 4): 70～71

Kato Y, Lwamoto M, Koike T. 1988. Terminal differentiation and calcification in rabbit chondrocyte cultures grown in centrifuge tubes: Regulation by transforming growth factor beta and serum factors. Proc Natl Acad Sci USA, 85 (24): 9552～9556

Katsube K, Ochi M, Uchio Y, et al. 2000. Repair of articular cartilage defects with cultured chondrocytes in Atelocollagen gel. Comparison with cultured chondrocytes in suspension. Arch Orthop Trauma Surg, 120 (3～4): 121～127

Kelley S T, Malekan R, Gorman J H, et al. 1999. Restraining infarct expansion preserves left ventricular geometry and function after acute anteroapical infarction. Circulation, 99 (1): 135～142

Kino-Oka M, Yashiki S, Ota Y. 2005. Subculture of chondrocytes on a collagen type I-coated substrate with suppressed celular dedifferentiation. Tissue Eng, 11 (34): 597～608

Kinoshita S. 2002. Ocular surface reconstruction by tissue engineering. Nippon Ganka Gakkai Zasshi, 106 (12): 837～868

Kirk D, Kagawa S, Vener G, et al. 1985. Selective growth of normal adult human urothelial cells in serum-free medium. *In Vitro* Cell Dev Biol, 21 (3 Pt 1): 165～171

Kirker-Head C, Karageorgiou V, Hofmann S, et al. 2007. BMP-silk composite matrices heal critically sized femoral defects. Bone, 41 (2): 247～255

Kofidis T, Akhyari P, Boublik J, et al. 2002. *In vitro* engineering of heart muscle: artificial myocardial tissue. J Thorac Cardiovasc Surg, 124 (1): 63～69

Kofidis T, de Bruin J L, Yamane T, et al. 2004. Insulin-like growth factor promotes engraftment, differentiation, and functional improvement after transfer of embryonic stem cells for myocardial restoration. Stem Cells, 22 (7): 1239～1245

Kojima K, Lgnotz R A, Knshibiki T. 2004. Tissue-engineered trachea from sheep marrow stromal cells with transforming growth factot beta2 released from biodegradable microspheres in a nude rat recipient. J Thorac Cardiomse Slag, 128 (1): 147～153

Kojima K, Bonassar L J, Roy A K, et al. 2003. A composite tissue-engineered trachea using sheep nasalchondmcyto and epithelial cells. FASEB J, 17 (8): 823～828

Kokubo S, Fujimoto R, Yokota S, et al. 2003. Bone regeneration by recombinant human bone morphogenetic protein-2 and a novel biodegradable carrier in a rabbit ulnar defect model. Biomaterials, 24 (9): 1643～1651

Kopp J, Magnus Noah E, Rubben A, et al. 2003. Radical resection of giant congenital melanocytic nevus and reconstruction with meekgraft covered integra dermal template. Dermatol Surg, 29 (6): 653～657

Kropp B P, Ludlow J K, Spicer D, et al. 1998. Rabbit urethral regeneration using small intestinal submucosa onlay grafts. Urology, 52 (1): 138～142

Krupnick A S, Kreisel D, Engels F H, et al. 2002. A novel small animal model of left ventricular tissue engineering. J Heart Lung Transplant, 21 (2): 233～243

Lee C J, Moon K D, Choi H, et al. 2002. Tissue engineered tracheal prosthesis with acceleratedly cultured homologous chondrocytes as an alternative of tracheal reconstruction. Journal of Cardiovascular Surgery, 43 (2): 275～279

Leor J, Patterson M, Quinones M J. 1996. Transplantation of fetal myocardial tissue into the infarcted myocardium of rat. A potential method for repair of infarcted myocardium. Circulation, 94 (9 Suppl): 11332～11336

Lida T, Takami Y. 2005. Development of a tissue-engineereed human oral mucosa equivalent based on an acelular allogeneic dermal matrix: a preliminary report of clinical application to burn wound. Scand JPlast Reconstr SurgHand Surg, 39 (3): 138～146

Li F, Carlsson D, Lohmann C, et al. 2003. Cellular and nerve regeneration within a biosynthetic extracellular matrix for corneal transplantation. Proc Natl Acad Sci USA, 100 (26): 15346～15351

Li J. Wang E, Sun H, et al. 2007. Sheng Wu Yi Xue Gong Cheng Xue Za Zhi, 24 (2): 345～349

Li R K, Mickle D A G, Weisel R D, et al. 1996. *In vivo* survival and function of transplantation rat cardiomyocytes. Circ Res, 78: 283～288

Li R, Stewa D J, Yon Schroeder H P, et al. 2009. Effect of cell-based VEGF gene therapy on healing of a segmental bone defect. J Oflhop Res, 27 (1): 8～14

Li X, Jin L, Balian G, et al. 2006. Demineralized bone matrix gelatin as scarfold for osteochondral tissue engineering. Bioma Tefials, 27 (11): 2426～2433

Luo C C, Huang C S. 2007. Free radial forearm flap in an adult with hypospadias. Chang Gung Med J, 30 (2): 168～171

Maier J P, Lippitt C. 2002. Use of tissue-engineered skin in the dermal atrophy patient with traumatic avulsion injuries. Ann Ploat Surg, 49 (1): 67～72

Masaki J H , Shuhei T, Yuka S, et al. 2009. Enamel tissue engineering using subcultured enamel organ epithelial cells in combination with dental pulp cells. Cells Tisues Organs, 189 (3): 261～267

Matsubayashi K, Fedak P W, Mickle D A, et al. 2003. Improved left ventricular aneurysm repair with bioengineered vascular smooth muscle grafts. Circulation, 108 (Suppl 1): 11219～11225

Matsumura G, Hibino N, Ikada Y, et al. 2003. Successful application of tissue engineered vascular autografts: clinical experience. Biomaterials, 24: 2303～2308

Mc Guigan FX. 2006. Skin substitutes as alternatives to autografting in a wartime trauma setting, 14: s87～s89

Mezadri TJ, Rivero-Tames D, Boabaid F. 2004. Development of tooth germ heterotopically grafted within the ear skin. An kistological in the rat. Med Oral, 9 (3): 243～252

Mimura T, Dezawa M, Kanno H. 2004. Peripheral nerve regeneration by transplantation of bone marrow stromal cell derived Schwann cells in adult rats. J Neurosurg, 101 (5): 806～812

Minami A , Ishii S , Ogino T, et al. 1982. Effect of the immunological antigenicity of the allogeneic tendons on tendon grafting. The Hand, 14 (2): 111～119

Minami Y, Sugihara H, Oono S. 1993. Reconstruction of cornea in three-dimensional collagen gel matrix culture. Invest Ophthalmol Vis Sci, 34 (7): 2316～2324

Miyahara Y, Nagaya N, Kataoka M. 2006. Monolayered mesenchymal stem cells repair scarred myocardium after myocardial infarction. Nat Med, 12 (4): 459～465

Modino S A, Sharpe P T. 2005. Tissue engineering of teeth using adult stem cells. Arch Oral Biol, 50 (2): 255～258

Morsczeck C, Gotz W, Schierhok J, et al. 2005. Isolation of precursor cells (PCs) from human dental follicle of wisdom teeth. MatrixBiol, 24 (2): 155～165

Morsczek C, Moehl C, Gotz W, et al. 2005. *In vitro* differentiation of human dental follicle cells with dexamethasone and insulin. Cel Biol Int, 29 (7): 567～575

Murakami N, Saito N, Horiuchi H, et al. 2002. Repair of segmental defects in rabbit humeri with titanium fiber mesh cylinders containing recombinant human bone morphogenetic protein-2 (rhBMP-2) and a synthetic polymer. J Biomed Mater Res, 62 (2): 169～174

Muschler G F, Nakamoto C, Grifitll L G. 2004. Engineering principles of clinical cell-based tissue engineering. J Bone Joint Surg Am, 86 A (7): 1541～1558

Nakahara T, Nakamura T, Kobayashi E, et al. 2003. Novel approach to regeneration of periodontal tissues based on *in situ* tisue enginering: effects of controlled release of basic fibroblast growth factor from a sandwich membrane. Tisue Eng, 9 (1): 153～162

Nishida K Yamato M, Hayashida Y, et al. 2004. Corneal reconstruction with tissue-engineered cell sheets composed of autologous oral mucosal epithelium. N Engl J Med, 351 (12): 1187～1196

Nixon A J, Goodrich L R, Scimeca M S, et al. 2007. Gone therapy in musculoskeletal repair. Ann N Y Acad Sci, 1117: 310～327

O'Brien M F, Goldstein S, Walsh S. 1999. The Syner Graft valve: a new acelluar (nonglutaraldehyde-fixed) tissue heart valve for autologous recellularization first experimental studies before clinical implantation. Semin Thorac Cardiovasc Surg, 11 (4 Suppl1): 194～200

O'Conner N E, Malliken J B, Schlegels B. 1981. Grafting of burns with cultured epitheliunt prepared from autologous epidermal cells. Lancet, 1 (8211): 75～78

Ohazama A, Modino S A, Miletich I. 2004. Stem-cell-based tissue enginering of murine teeth. J Dent Res, 83 (7): 518～522

Olsen L, Bowatd S, Busch C, et al. 1992. Urethrat reconstruction with a new synthetic absorbable device. Scand J Urol Nephrol, 26 (4): 323～326

Omar A A, Mayor A I, Jones M, et al. 2004. Treatment of venous leg ulcell with dermagraft. Eur J Vasc Endovasc Surg, 27 (6): 666～672

Otaki S, Ueshima S, Shiraishi K. 2007. Mesenchymal progenitor cells in adult human dental pulp and their ability to form bone when transplanted into immunocompromised mice. Invest Ophthalmol Cell Biol Int. 31 (10): 1191～1197

Ozawa T, Mickle DA, Weisel RD, et al. 2004. Tissue-engineered grafts matured in the right ventricular outflow tract. Cell Transplant, 13 (2): 169～177

Paolo M, Philipp J, Tetsuhiko G. 2008. Lancet, 372: 2023～2030

Pavesio A, Abatangelo G, Borrione A, et al. 2003. Hyaluron-based scaffolds (Hyalograft C) in the treatment of knee cartilage defects: preliminary clinical findings. Novartis Found Symp, 249: 203～217

Pellegrini G, Traverso C E, Franzi A T, et al. 1997. Long-term restoration of damaged corneal surfaces with autologous cultivated corneal epithelium. Lancet, 349: 990～993

Peterson L, Mines T, Nilsson A, et al. 2000. Two-to-9 year outcome after autologous chondrocyte transplantation of the knee. J Clin Orthop, 374: 212～234

Pianigiani E, Risulo M, Andreassi A. 2005. Autologous epidermal cultures and Tow—band ultraviolet B in the surgical treatment of vitiligo. Dermaml Surg, 31 (2): 155～159

Prockop D J. 1997. Marrow stromal cells as stem cells for nonhematopoietic tissues. Science, 276: 71～74

Quarto R, Mastrogiacvomo M, Cancedda R, et al. 2001. Repair of large bone defects with the use of autologous bone marrow stromal cells. N Engl J Med, 34 (5): 385～386

Radisic M, Park H, Shing H , et al. 2004. Functional assembly of engineered myocardium by electrical stimulation of cardiac myocytes cultured on scaffolds. Proc Natl Acad Sci USA, 101 (52): 18129～18134

Reichl S, Bednarz J, Muller-Goymann C C. 2004. Human corneal equivalent as cell culture model for *in vitro* drug permeation studies. Br J Ophthalmol, 88 (4): 560～565

Rheiwald J G, Green H. 1975. Serial cultivation of strains of human epidermal Kertin ocytes: the formation of keratinizing colonies from single cell. Cell, 6 (3): 331～334

Rosarion D J, Reilly G C. 2008. Decellularization and sterilization of porcine urinary bladder matrix for tissue engineering in the lower urinary tract. Regen Med, 3 (2): 145～156

Ryu J H, Kim I K, Cho S W, et al. 2005. Implantation of bone marrow mononuclear cells using injectable fibrin matrix enhances neovascularization in infarcted myocardium. Biomaterials, 26 (3): 319～326

Sakai T, Li R K, Weisel R D, et al. 2001. The fate of a tissue-engineered cardiac graft in the right ventricular outflow tract of the rat. J Thorac Cardiovasc Surg, 121 (5): 932～942

Sakata J, Vacanti CA, Schloo B, et al. 1994. Tracheal composites tissue engineered from chondrocytes, tracheal epithelial cells, and synthetic degradable scaffolding. Transplant Proc. 26 (6): 3309～3310

Salisbury R E, Mason A D. 1974. Artificial tendon: design, application, and results. J Trauma. 14 (7): 580～586

Schlosshauer B, Müller E, Schröder B, et al. 2003. Rat Schwann cells in bioresorbable nerve guides to promote and accelerate axonal regeneration. Brain Res, 963 (2): 321～336

Schneider A I, Maier-Reif K, Graeve T. 1999. Constructing an *in vitro* cornea from cultures of the three specific corneal cell types. In Vitro Cell Dev Biol Anim, 35 (9): 515～526

Seeherman H, Wozney J M. 2005. Delivery of bone morphogenetic. Cytokine Growth Factor Rev, 3: 329～345

Seo B M, Miura M, Gronthos S, et al. 2004. Investigation of multipotent postnatal stem cells from periodontal ligament. Lancet, 364 (9429): 149～155

Shimizu T, Yamato M, Isoi Y, et al. 2002. Fabrication of pulsatile cardiac tissue grafts using a novel 3-dimensional cell sheet manipulation technique and temperature-responsive cell culture surfaces. Circ Res, 90 (3): e40

Shimmura S, Tsubota K. 2002. Ocular surface reconstruction update. Curr Opin Ophthalmol, 13 (4): 213～219

Shin'oka T D, Tim S, Tanel P E, et al. 1998. Creation of viable pulmonary artery autografts through tissue engineering. J Thorac Cardiovasc Surg, 115: 536～545

Shin'oka T, Imai Y, Ikada Y. 2001. Transplantation of a tissue-engineered pulmonary artery. N Engl J Medical, 344: 532～533

Shin'oka T, Ma P X, Shun-Tim D, et al. 1999. Tissue engineering of autologous aorta using a new biodegradable polymer. Ann Thorac Surg, 68: 2298～2305

Shokeir A, Osman Y, Gabr M, et al. 2004. Acellular matrix tube for canine urethral replacement: is it fact or fiction? J Urol, 171 (1): 453～456

Sievert K D, Bakircioglu M E, Nunes L, et al. 2000. Homologous acellular matrix graft for urethral reconstruction in the rabbit: histological and functional evaluation. J Urol, 163 (6): 1958～1965

Simon P, Kasimir M T, Seebacher G, et al. 2003. Early failure of the tissue engineered porcine heart valve SYNERGRAFTTM in pediatric patients. Eur J Cardiothorac Surg, 23 (6): 1002～1006

Stewart M C, Saunde K M, Burton-Wurster N. 2000. Phenotypic stability of articular chondrocytes *in vitro*: the effects of culture models, bone morphogenetic protein 2, and serum supplementation. J Bone Miner Res, 15 (1): 166～174

Stock U A, Nagashima M, Khalil P N, et al. 2000. Tissue-engineered valved conduits in the pulmonary circulation. J Thorac Cardiovasc Surg, 119: 732～740

Suuronen E J, Nakamura M, Watsky M A, et al. 2004. Innervated human corneal equivalents as *in vitro* models for nerve-target cell interactions. FASEB J, 18 (1): 170～172

Tsai R J, Li L M, Chen J K. 2000. Reconstruction of damaged corneas by transplantation of autologous limbal epithelial cells. N Engl J Med, 343 (2): 86～93

Tsuchida H, Hashimoto J, Crawford E, et al. 2003. Engineered allogeneic mesenchymal stem cells repair femoral segmental defect in rats. J Orthop Res, 21 (1): 44～53

Vacanti C A, Bonassar L J, Vacanti M P, et al. 2001. Replacement of an avulsed phalanx with tissue engineered bone. N Engl J Med, 344 (20): 1511～1514

Vacanti C A, Paige K T, Kim W S, et al. 1994. Experimental tracheal replacement using tissue-engineered cartilage. J Pediatr Surg, 29 (2): 201～204

Vacanti J P, Morse M A, Sahzman W M, et al. 1988. Selective cell transplantation using bioabsorbable artificial polymers as matrices. J Pediatr Surg, 23 (1 Pt 2): 3～9

van Gee, Ongenae K. 2006. Subjective and objective evaluation of non-cultured epidermal cellular grafting for repigmenting vitiligo. Dermatology, 213 (1): 23～29

van Hinsbergh VW, Collen A, Koolwijk P. 2001. Role of fibrin matrix in angiogenesis. Ann N Y Acad Sci, 936: 426～437

Wakitani S, kimura T, Hirooka A, et al. 1989. Repair of rabbit articular surfaces with allografts of chondrocytes embedded in collagen gels. Nippon Seikeigeka Gakkai Iasshi. 63 (5): 529～538

Wang D Y, Hsueh Y J, Yang V C, et al. 2003. Propagation and phenotypic preservation of rabbit limbal epithelial cells on amniotic membrane. Invest Ophthalmol & Vis Sci, 44 (11): 4698～4704

Warnke P H, Springer I N, Wilfang J, et al. 2004. Growth and transplantation of a custom vascularised bone graft in a man. Lancet, 364 (9436): 766～770

Waruke P H, Wilfang J, Springer I, et al. 2006. Man as living bioreactor: fate of an exogenously prepared customized tissue-engineered mandible. Biomaterials, 27 (17): 3163～3165

Weinberg C B, Bell E. 1986. A blood vessel model constructed from collagen and cultured vascular cells. Science, 231: 397～400

Weiser A C, Franco I, Herz D B, et al. 2003. Single layered small intestinal submucosa in the repair of severe chordee and complicated hypospadias. J Urol, 170: 1593～1595

Whitcher J P, Srinivasan M, Upadhyay M P. 2001. Corneal blindness: a global perspective. Bull World Health Organ, 79 (3): 214～221

Yamamoto H, Kim E J, Cho S W, et al. 2003. Analysis of tooth formation by reaggregated dental mesenchyme from mouse embryo. J Electron Microsc (Tokyo), 52 (6): 559～566

Yamashita J, Hiroshi I, Masanori H, et al. 2000. Flk1-positive cells derived from embryonic stem cells serve as vascular progenitors. Nature, 408: 92～96

Yanaga H, Imai K, Fujimoto T, et al. 2009. Generating ears from cultured autologous auricular chondrocytes by using two-stage implantation in treatment of microtia. Plastic & Reconstructive Surgery, 124 (3): 817～825

Yanaga H, Yanaga K, Imai K, et al. 2006. Clinical application of cultured antologous human auricular ehondrocytes with autologous serum for craniofacial or nasal augmentationand repair. Plast Reconstr Surg, 117 (6): 2019～2030

Yang J, Yamato M, Kohno C. 2005. Cell sheet engineering: recreating tissues without biodegradable scaffolds. Biomaterials, 26 (33): 6415～6422

Yang Y, Xu Y. 2007. Usage of a cellular dermal matrix allograft in surgical treatment of vesico vaginal fistula and anterior urethral stricture: report of 9 cases. Zhonghua Yi Xue Za Zhi, 87 (24): 1693～1694

Yoo J J, Atala A. 1997. A novel gene delivery system using urothelial tissue engineered neo-organs. J Urol, 158 (3 Pt 2): 1066～1070

Yoshii S, Oka M, Shima M. 2002. 30 mm regeneration of rat sciatic nerve along collagen filaments. Brain Res, 949 (1/2): 202～208

Young C S, Abukawa H, Asrican R, et al. 2005. Tissue-engineered hybrid tooth and bone. Tissue Eng, 11 (9～10): 1599～1610

Young C S, Terada S, Vacanti J P, et al. 2002. Tissue engineering of complex tooth structures on biodegradable polymer scaffolds. J Dent Res, 81 (10): 695～700

Yu J H, Deng Z H, Shi J N, et al. 2006a. Differentiation of dental pulp stem cells into regular-shaped dentin-pulp complex induced by tooth germ cell conditioned medium. Tissue Eng, 12 (11): 3097～3105

Yu J H, Shi J N, Deng Z H. 2006b. Cell pellets from dental papillae can reexhibit dental morphogenesis and dentinogenesis. Biochem Biophys Res Commun, 346 (1): 116～124

Zandonella C. 2003. Tissue engineering: The beat goes on. Nature, 421 (6926): 884～886

Zhang Y，Kropp B P，Moore P. 2000. Coculture of bladder urothelial and smooth muscle cells on small intestinal submucosa：potential applications for tissue engineering technology. J Urol，164 (3 Pt 2)：928～935

Zieske J D，Mason V S，Wasson M E，et al. 1994. Basement membrane assembly and differentiation of cultured corneal cells：importance of culture environment and endothelial cell interaction. Exp Cell Res，214 (2)：621～633

Zilla P，Fasol R，Callow A. 1990. Rapid mass culture technique for autologous endothelial cells and implantation of confoluently lined 4 mm polytetrafluoroethylene grafts in non-human primates. Int Soc Appl Cardiovasc Biol，1：56～72

Zimmermann W H，Melnychenko I，Eschenhagen T. 2004. Engineered heart tissue for regeneration of diseased hearts. Biomaterials，25 (9)：1639～1647

Zimmermann W H，Melnychenko I，Wasmeier G，et al. 2006. Engineered heart tissue grafts improve systolic and diastolic function in infarcted rat hearts. Nat Med，12 (4)：452～458

Zimmermann W H，Schneiderbanger K，Schubert P，et al. 2002. Tissue engineering of a differentiated cardiac muscle construct. Circ Res，90 (2)：223～230

第八章　组织工程化组织器官的临床应用

临床上各种原因所致的组织器官缺损极其普遍，组织工程化组织器官的临床应用日益受到人们重视。

第一节　组织工程化组织器官的质量标准

在组织工程及相关研究中，及早地开展标准研究、为其确立严格的标准将有助于组织工程研究系统化和组织工程医疗产品的发展。标准在医学领域的应用，对研发者、制造者和管理者都具有重要意义。标准使研发者能够衡量他们的创新，有助于选择合适的研究线路。制造者也需要根据标准控制工艺和生产，确认产品安全有效，以获得批准。根据标准的自我合格认证减少了提交指定资料的需要，也减少了管理过程中的评审任务。

中国 SFDA 于 2007 年发布了《中华人民共和国医药行业标准：组织工程医疗产品》（表 8.1）、《组织工程化移植治疗技术管理规范（试行）》。为了了解国家药监局制定的有关组织工程医疗产品标准，现将已发布的部分标准内容做一简要的介绍。

表 8.1　SFDA 发布的部分组织工程医疗产品标准

编号	题目	起草单位	归口单位
YY/T 0606.3	通用部分	中国药品生物制品检定所医疗器械检验中心	中国药品生物制品检定所
YY/T 0606.4	皮肤替代品（物）的术语和分类	中国人民解放军第四军医大学	中国药品生物制品检定所
YY/T 0606.5	基质及支架的性能和测试	中国药品生物制品检定所医疗器械检验中心	中国药品生物制品检定所
YY/T 0606.7	壳聚糖		
YY/T 0606.8	海藻酸钠	国家食品药品监督管理局中检所医疗器械质量监督检验中心	国家食品药品监督管理局中检所医疗器械质量监督检验中心
YY/T 0606.9	透明质酸钠	上海其胜生物材料技术研究所、中国药品生物制品检定所医疗器械检验中心	中国药品生物制品检定所
YY/T 0606.10	修复或再生关节软骨的植入物体内评价	中国药品生物制品检定所、浙江大学	国家食品药品监督管理局中检所医疗器械质量监督检验中心
YY/T 0606.12	细胞、组织、器官的加工处理指南	中国药品生物制品检定所细胞室	中国药品生物制品检定所

一、中华人民共和国医药行业标准：组织工程医疗产品（第 3 部分：通用分类 YY/T 0606.3—2007）

（一）范　　围

YY/T 0606 的本部分规定了组织工程医疗产品分类标准的相关方面，以保证组织工程医疗产品对患者和使用者的安全和有效性。本部分不包括传统意义上的器官和组织移植及活细胞治疗。

本部分适用于组织工程产品的分类要求，不包括其他标准中包括的特定内容。

（二）规范性引用文件

下列文件中的条款通过 YY/T0606 的本部分的引用而成为本部分的条款（表 8.2）。凡是注日期的引用文件，其随后所有的修改单（不包括勘误的内容）或修订版均不适用于本部分，然而，鼓励根据本部分达成协议的各方研究是否可使用这些文件的最新版本。凡是不注日期的引用文件，其最新版本适用于本部分。

表 8.2　被 YY/T0606.3 引用的文件

GB/T 16886.9—2001	医疗器械生物学评价	第 9 部分：潜在降解产物的定性和定量框架（idt ISO 10993—9：1999）
GB/T 16886.13—2001	医疗器械生物学评价	第 13 部分：聚合物降解产物的定性和定量（idt ISO 10993—13：1998）
GB/T 16886.14—2003	医疗器械生物学评价	第 14 部分：陶瓷降解产物的定性和定量（idt ISO 10993—14：2001，IDT）
GB/T 16886.15—2003	医疗器械生物学评价	第 15 部分：金属与合金降解产物的定性和定量（idt ISO 10993—15：2000，IDT）
GB/T 16886.16—2003	医疗器械生物学评价	第16 部分：降解产物与可溶出物毒代动力学研究设计（idt ISO 10993—16：1997，IDT）
ISO 14155.1—2003	用于人体的医疗器械临床研究——第 1 部分：通用要求	
ISO 14155.2—2003	用于人体的医疗器械临床研究——第 1 部分：临床研究方案	

（三）术语和定义

下列术语和定义适用于 YY/T 0606 的本部分。

1）组织工程（tissue engineering）。一门将生命科学和工程学的原理与技术相结合，发展具有生物活性功能的替代物或移植物，用于修复、改善、再生组织和器官的结构和功能的交叉学科。

2）组织工程医疗产品（tissue engineered medical product）。用组织工程技术和工艺制备的，用于修复、改善、再生组织或器官结构与功能的医用产品。组织工程医疗产品不包括传统的组织和器官移植及体细胞和基因治疗产品。

（四）组织工程医疗产品分类

组织工程医疗产品根据产品组成成分、作用部位、治疗靶点、治疗效果、作用模式、治疗过程和作用期限等各方面进行分类。组织工程医疗产品由细胞、生物分子、组织和生物材料中的一种或几种成分组成，采用组织工程原理进行设计、制作和成型。人体是由几个器官系统组成的，互相协调完成生命所需的各项功能。为了制定组织工程医疗产品标准，器官和组织系统分类参见附录一.2。

（五）组成成分

1）组织工程医疗产品通常是一类多组分产品，正是这些组分间的相互作用促进了组织和器官功能的修复和再生。支架材料、细胞和细胞产物（治疗性生物分子）用来提供生物信息以启动修复功能。另外，三维支架材料（天然或合成的材料）提供细胞及生物活性物质的支撑结构。不同组分的相互作用使产品融合到患者体内，维持产品的生物完整性，以及产品和患者细胞间的信息控制。

2）细胞是指自体、同种异体或异种组织或器官来源的细胞，可以成为组织工程产品的组成成分。细胞可以是存活的、激活的或失活的，可以是胚胎来源的细胞、新生儿细胞、成人细胞、干细胞或祖细胞。因此，组织工程医疗产品的生产过程很重要，如细胞或组织的来源、获取，良好的组织操作、生产设备、存储、转运及销售。用于组织工程医疗产品的细胞的其他性质包括基因型、表型的表征和安全性，以及无传染性物质，同时应该提供可行的、标准检测方法。

含细胞组织工程医疗产品的产品具有特异性，因此，组织工程医疗产品开发商可以依据适合于细胞类型和种属的适当的标准和方法。比如，如果组织工程医疗产品是由非人类细胞组成的，那么必须考虑异种细胞的特性和安全性（如遗传安全性）及免疫反应，以及包括道德和公众意见在内的监督管理。

组织工程医疗产品的其他方面需要开发商使用独特的方法，以及需要管理机构认可的细胞类型的特异表征、处理过程、测试方法、最终产品的使用和性能。由于使用活细胞，因此应强调维持细胞存活及基因型/表现型功能的完整性。微生物的安全性是重要的，所以必须明确无传染性物质及制作过程中的污染物质，并且提供检测方法。

编制的标准应包括用于组织工程医疗产品的细胞处理、基质和组织的通用方法、细胞和组织储存的方法、细胞扩增的方法、细胞和组织存活度的表征、组织工程医疗产品体外生产和测试的通用试验方法，以及鉴别细胞一般特性的方法。

3）生物材料用作支架结构或作为治疗用细胞或生物分子的载体系统。原始材料能够加工成为用于承载细胞的支架或作为组织形成的框架或包被细胞。材料控制、支架表面及内部的特性、毒性、降解和替换率需要选择方法和开发方案。一旦加工成支架，就要评估与其他组成成分之间和与患者之间的相互作用及生物相容性。

4）生物分子作为一种特殊的成分添加到产品中，可以作为产品组成成分的细胞产生，也可以通过产品由患者组织诱导产生。当加入的或由产品产生的生物分子用于增强疗效时，应当使用特殊的标准及测试方法来确定其标识、特性及功能。同时还需要控制那些可能有抗原性或有毒的无效生物分子的水平。

（六）组织工程医疗产品表征

1. 组织表征对于产品的最终结构和成分都很重要

从体外试验到售后监督对于产品开发的整个过程都很重要。由于试验的多样性，所以选择恰当的能够显示安全性和有效性的方法就非常重要。组织工程医疗产品可以通过图像模型、机械测试和生化测试进行表征。

由于组织工程产品在很多情况下会发生改变，在使用过程中发生的改变应该在和宿主组织整合过程中的不同关键时间点进行监测。特别是设计采用的成分能被降解和被宿主取代的情况下，生物降解和取代速率的平衡将受产品中材料特性和宿主对材料反应的影响，这一点也和产品的生物相容性有关，因此在产品使用寿命关键时期的监测是非常必要的。

2. 图像分析

图像分析包括所有的光学显微镜（包括光谱、荧光和光学断层）、电子显微镜和采用其他能量的影像。

3. 力学性能

力学性能包括所有实验室力学性能的测试，以及针对特殊用途的新的测试方法。如果没有现成的标准，有必要开发数据分析和校准的标准。

4. 生化性能

生化性能包括所有测定任何化学成分的活性、含量、纯度或鉴别的测试方法。

5. 基因表达分析

基因安全可以通过基因表达分析的方法检测，当采用异种细胞时更为重要。

（七）相互作用

1）产品成分和宿主组织之间的相互作用的表征是组织工程医疗产品标准主要的焦点。产品的性能就是基于这些相互作用，而且，在临床医学中的应用也依赖于这些相互作用的最优化能力。应该强调对安全性和有效性的最重要方面。这包括与其他产品及与受体的相互作用。

2）组织表征对于产品的最终结构和成分都很重要。结构表征方法适用于构件、产品及彼此相应的界面和宿主组织。

3）功能表征对于产品的最终结构和成分都很重要。功能表征方法适用于构件、产品及彼此相应的界面和患者组织。

4）材料-组织界面及它们的变化可以用图像分析、物化探针和终点法进行表征。

5）与时间相关的物理特性。在与患者组织/器官接触后随时间变化的物理特性的表征是很重要的。对于可降解的生物材料构成的产品监控是非常关键的。降解速率的确定和获得组织修复所需要的降解率，都要有恰当的方法来测定，而且要与下列适用的一项或多项标准的生物降解测试要求相一致：GB/T 16886.9—2001、GB/T 16886.13—2001、GB/T 16886.14—2003、GB/T 16886.15—2003、GB/T 16886.16—2003。

（八）评价分析

1）产品研发/临床前评价的目的。就是建立产品研发相应的原则、标准和试验方法，通过体外安全试验选择合适的动物模型表明其特定医学应用的临床有效性。

2）临床前安全评价包括细胞毒性、全身毒性、刺激、热原、致瘤性、遗传毒性、生殖毒性、免疫原性和血液相容性。除了用于生物材料的标准测试方法，组织工程医疗产品采用和组织工程产品物理接触的细胞和组织的体内和体外试验方法，以及组织工程医疗产品产生的物质对细胞和组织影响的适当测试方法。

3）体外试验包括细胞、组织和器官培养，以及采用细胞生物学、生物化学的和分子生物学的方法。体内评价方法包括植入、免疫反应和解毒的组织，以及组织工程医疗产品产生物质的靶组织的组织学/组织形态学。

4）用于修复、再生或替代组织或器官的结构的组织工程产品，应对产品的力学和物理特性进行评价。

5）采用生物化学评价方法测定组织的功能。从分子水平评价用于测定组织的表现型是否得以维持或恢复。体内评价测定宿主或时间依赖性变化对组织工程产品效果的影响（改变材料的特性，如形态、硬度和孔隙率、纤维包囊、支架降解和生物活性因子释放动力学、细胞死亡或转基因丢失）。

6）应研发与特定医疗用途相关的标准。尽管这些原则、标准和实验方法不能绝对预测在人体使用的结果，但可以给出产品有效性和预期风险的某些指征，所以需要研发与特定医疗用途相关的标准。这一标准的使用者应判断这些临床前评价标准以决定他们的产品在临床研究使用的相关程度。

（九）正常生物学

1）对人类组织和器官的正常生物学功能的了解有助于建立在没有疾病和机体损伤时应有的功能水平。如果组织工程医疗产品不能完全恢复组织或器官，可以确立这些功能水平的期望目标值。对每个器官和组织的各种参数正常范围标准也将帮助临床医生了解组织工程医疗产品是如何发挥正常生物学作用的。

2）植入人体后，伤口的愈合过程会影响预期的生物学功能，其中的差别要明确做出规定。

（十）输送系统

1. 目的

组织工程医疗产品输送系统的目的是将产品放置到适当的部位，在特定的时间里对特定的治疗靶组织/器官产生预期的治疗效果。建立输送系统所使用的材料、方法及规程对于组织工程医疗产品的综合作用效果是非常重要的。由于组织工程医疗产品的复杂性，存在许多种输送系统，构成整个产品以达到治疗效果。不同种类输送系统的分类，将会有助于输送系统标准及其未来使用的发展。许多组织工程医疗产品包括多种成分，至少一种成分具有治疗效果，但是可能有其他的成分具有辅助功能，包括那些与治疗成分的输送相关的成分。最广义的输送系统分类是用于传送整个组织工程医疗产品到达患者病灶的系统；影响治疗性成分释放的组织工程医疗产品的成分。前者称为“产品输送系统”，而后者则称为“成分释放系统”。

2. 产品输送系统

产品输送系统是指用于传送整个包括细胞、组织、生物分子和生物材料组合的 组织工程医疗产品到达预定的作用位点的技术、方法及设备。在大多数情况下，作用位点是在体内的，典型的传送方式包括局部放置、注射、植入及内窥镜。有创程度、无菌、产品预处理及持续时间等因素是很重要的。

3. 成分输送系统

有些组织工程医疗产品的成分是在组织工程医疗产品被输送系统输送到位之后用来影响治疗性成分释放的。成分输送系统进一步分为两种：传送治疗效果到达指定靶组织/器官的输送成分（治疗靶点输送系统）和控制治疗效果输送至靶点的成分（治疗效果调控系统）。

1）治疗靶点输送系统是指用于加强治疗成分至靶点的输送（比如，将经过表面修饰的纳米粒子连接到特殊细胞的表面受体），在靶点上含有治疗成分（比如，含有 BMP 的支架，用凝胶连接于损伤区域），或在靶点处保护治疗成分（比如，用选择性渗透密闭膜来保护被移植的细胞免于被患者的机体免疫系统识别）的材料、方法和机制。这些输送系统的重要因素包括：输送效率、稳定性（比如，对于材料或材料与治疗性成分的连接）、材料强度、选择性渗透、截留分子质量及器械的尺寸和结构。

2）治疗效果调控系统是指用于控制治疗效果在治疗成分和其标靶组织/器官之间的输送的基质和材料特性。例如，多孔膜的可渗透性或者生物吸收性聚合体支架的降解动力学，都能够用来取得对治疗细胞、生物分子或生物材料的特定的输送速率。

4. 包囊系统

通过将细胞用天然的或合成的聚合体包被使植入细胞（如同种异体或异种）能够和受体的免疫系统隔离。将组织在聚合物囊中包被隔离使最终将组织从受体中清除更容易。包囊系统非常复杂并且需要上述所有形式的输送系统。

1）举例。含细胞聚合物的微囊、微球和微管的植入，都需要新的外科器械及植入方法，尤其要考虑预期植入点的多样性（比如，胰岛要植入到腹腔、多巴胺分泌细胞要植入到颅内）。包被细胞的聚合物膜必须有足够强度以包含细胞，而且要在特定的部位能通过营养和废物。这种膜还应该控制（限制）免疫成分（免疫球蛋白、补体等）的大量进入囊内，以及囊内的细胞免疫物质渗透出囊外。

2）许多应用（如分泌胰岛素胰岛的包囊）需要一个输送系统来加强在包被细胞和循环系统之间胰岛素和营养物质（如氧气）的传输。细胞包囊指南列举了所有包囊系统的通用的重要因素。包囊系统的分类依据是：膜的材料（如藻酸盐、琼脂糖、聚丙烯酸酯、改性 PEG 等）；器件结构（如球形囊、中空纤维、片状器件、血液接触与扩散装置等）、膜形成机制（如滴落成型、包被方法、挤压成型、原位聚合等），以及细胞类型（如胰岛细胞、肝细胞等）。在此基础上可以研制特定的测试方法、导则及标准方法。

（十一）微生物安全性及传染性物质

在组织工程医疗产品的发展过程中对于潜在的感染性外源物质的安全性也是很重要的。动物产品可以通过病毒和疯牛病蛋白传染疾病，如传染性海绵样脑病等。正在制定的标准将会要求在使用组织工程医疗产品中防止介入、传播及可传播疾病的扩散，具体措施如下所述。

1）产品在生产过程中不应被污染。包括两方面内容：①产品的临床使用中不应当成为传染源；②产品不应因为设计失误和不正确的制造工艺而损伤其免疫和生物学功能。

2）标准/导则要防止在关键控制点发生污染。材料来源/获取、材料加工、终产品及运输和储存。

3）现有的灭菌方法用于活细胞和组织可能有一定的困难，因此应研究和开发新的方法并对其进行有效性确认。

（十二）临床试验

1）组织工程医疗产品的临床试验应按 ISO 14155.1：2003 和 ISO 14155.2：2003 的规定进行。

2）临床试验数据的评价将有助于开发商进一步改进产品，研究未来使用设计的选择和问题：①适用于每一个产品类型和靶点的关键区域的临床结论应基于前期的使用经典药物和使用组织工程医疗产品的经验而得出；②统计学评价，流行病学及售后监督都有利于提高产品的持续安全性和性能保证。

二、中华人民共和国医药行业标准：组织工程医疗产品（第4部分：皮肤替代品（物）的术语和分类 YY/T 0606．4—2007）

（一）范　　围

YY/T 0606的本部分给出了在医学治疗中替代机体皮肤的结构与功能（或皮肤的真皮、表皮结构）的组织工程产品和材料的术语和分类标准。本部分期望包括未来可能出现的更新、更优的组织工程皮肤产品。本部分可作为皮肤替代物的临床前与临床应用评估的依据。

本部分未涉及组织工程产品使用安全性问题。使用本部分的工作人员有责任根据实际情况来确立其安全性。

所用术语的定义尽可能来自医学词典、全国医学统编教材、权威性专著和全国科学技术名词审定委员会已经出版的审定公布名词。

本部分根据基因表型、细胞来源与临床使用情况分类。

（二）术语和定义

1. 组织（tissue）

来源相同、功能相关的细胞借细胞间质按一定方式结合在一起并发挥特定功能的细胞群体，称为组织。

2. 皮肤（skin）

被覆于机体表面的器官，主要由表面和真皮构成，位于皮下组织之上。

3. 皮肤损伤

1）损伤（lesion）：病理或创伤因素导致的组织结构的连续性破坏和功能障碍，也称为病损。在本标准中皮肤损伤主要包括皮肤创伤和皮肤溃疡。

2）创伤（injury）：物理性致伤因素所造成的组织结构的连续性破坏和功能障碍。

3）皮肤创伤（skin injury）：皮肤正常表皮和（或）真皮结构连续性的破坏，通常限于物理因素所引起。

4）烧伤（burn）：由于热力、电、化学物质、放射线等所致的组织或器官损伤。

5）溃疡（ulcer）：由炎症等原因导致的组织坏死形成的组织或器官表面的局部缺损。

6）皮肤溃疡（skin ulcer）：由于炎症、动脉供血障碍、静脉瘀血、褥疮、糖尿病、免疫源性疾病及慢性骨髓炎等所致的皮肤的溃疡，常同时涉及表皮和真皮层的破坏。

4. 皮肤伤口

1）皮肤伤口（skin wound）：皮肤结构连续性受破坏后所形成的缺损，也称为创面。

2）全厚皮肤伤口（full-thickness skin wound）是一种皮肤损伤，其特点是丧失了表皮和所有真皮的破坏；即使残留部分真皮，但大部分或全部腺体和毛囊已破坏。

3）非全厚皮肤伤口（partial thickness skin wound）是一种皮肤损伤，其特点是表皮和部分真皮的破坏，仍然保留了包含上皮细胞成分的真皮组织。

4）清洁皮肤伤口（clean skin wound）：未被细菌沾染的皮肤伤口，包括无菌手术切口，一般经对合缝合，可达一期愈合。

5）污染伤口（contaminative skin wound）：为沾染细菌但未发展成感染的皮肤伤口。

6）感染伤口（infectious skin wound）：细菌已经繁殖并引起组织急性炎症、坏死、化脓的皮肤伤口。

7）急性皮肤伤口（acute skin wound）：各种原因造成的皮肤损伤，病程形成快速，损伤局部症状严重且存在时间较短。急性皮肤伤口可能源于创伤、外科手术、烧伤或其他疾病。

8）未愈合皮肤伤口（non-healing skin wound）：由疾病进程或损伤引起的皮肤伤口，在预期愈合时间内伤口无法自行愈合，以恢复表皮和（或）真皮功能。

9）开放伤口（open wound）：直接暴露与外界大气相通的皮肤损伤。

5. 皮肤损伤生理学

1）伤口炎症反应（wound inflammation）：具有血管系统的活体组织对损伤因子所发生的局部组织防御反应，血管反应导致血管内的液体和白细胞渗出进入损伤部位；局限和杀灭损伤因子，清除、吸收坏死组织，使机体防御反应更复杂、更完善。急性期典型的症状可描述为：红、肿、热、痛和功能障碍。

2）伤口收缩（wound contraction）：开放皮肤伤口的收缩和自发性闭合。

3）肉芽组织（granulation tissue）：由新生的薄壁毛细血管及增生的纤维母细胞构成，并伴有炎症细胞浸润，肉眼表现为鲜红色，颗粒状，柔软湿润，形似鲜嫩的肉芽。

4）瘢痕（scar）：肉芽组织经改建成熟形成的纤维结缔组织，由大量平行或交错分布的胶原纤维束组成。

5）瘢痕挛缩（scar contracture）：在器官聚集的面部、皮肤疏松的颈前和肢体的屈侧等部位，在损伤愈合过程中，随着创缘的向心性收缩，将导致程度不同的瘢痕挛缩畸形，引起严重的外观畸形和功能障碍。

6. 皮肤伤口闭合与愈合的术语及分类

愈合（healing）：损伤组织完整性的恢复，分为以下两种。一期愈合（healing by first intention），治疗后顺利愈合的伤口，其组织层次对合良好，基本恢复正常形态结构，瘢痕组织很少。二期愈合（healing by second intention），开放伤口经过伤口收缩和肉芽组织增生，然后达到愈合，其中瘢痕组织较多，故又称瘢痕愈合。二期愈合所需时间较长，且常影响生理功能。皮肤组织再生（tissue regeneration），损伤的皮肤组织被增生的细胞所替代并重建正常结构和功能的愈合过程。伤口闭合（wound closure），表皮覆盖创面。可以通过接合创面边缘、进行皮肤或皮肤替代物移植或让创面自发从边缘愈合。伤口闭合的即刻生理应答（wound closure immediate physiological response），皮肤伤口闭合时其部分正常生理功能的立即恢复，即炎症减轻、疼痛缓解、体液丧失减少，不会发生肉芽组织形成和伤口收缩。对于较大伤口，创面闭合也减少了开放伤口的系统性反应。

（三）皮肤损伤愈合的生理学反应

1. 皮肤损伤愈合

1）伤口的早期变化：伤口局部的组织坏死和血管断裂出血，数小时内便出现炎症反应，伤口中的血液和渗出液中的纤维蛋白原很快凝固形成凝块、痂皮，起保护伤口的作用。

2）伤口收缩：伤口边缘的整层皮肤及皮下组织向中心移动，于是伤口迅速缩小。伤口收缩的意义在于缩小创面。

3）肉芽组织增生和瘢痕形成：伤口底部及边缘长出肉芽组织填平伤口。肉芽组织中没有神经，故无感觉。纤维母细胞产生胶原纤维，出现瘢痕形成过程，大约在伤后一个月瘢痕完全形成。

4）表皮及其他组织再生：创伤发生 1 d 内，伤口边缘的基底细胞即开始增生，并在凝块下面向伤口中心迁移，形成单层上皮，覆盖于肉芽组织的表面。当这些细胞彼此相遇时，则停止迁移，并增生、分化为鳞状上皮。健康的肉芽组织对表皮再生十分重要。

5）皮肤附属器的再生：毛囊、汗腺及皮脂腺等皮肤附属器如遭遇完全破坏，则不能完全再生，而出现瘢痕修复。

6）全身反应：全厚或非全厚皮肤伤口大到不能通过收缩和创缘的表皮化来关闭创面，就会产生全身反应，如发热、高分解代谢和细菌的高易感性，这种创伤会危及生命。

7）自体皮肤移植物的存活过程。

2. 皮肤愈合的生理学反应

自体皮肤移植于受区后，大约在 5 h 以内，皮肤即被较紧密地粘连于创面。随后肉芽组织增生，毛细血管迅速长入皮片的表皮和真皮层之间，而建立新的血管网。在第4～5天时就开始了成纤维细胞的生长，与移植皮片中的纤维细胞相接连。到术后第 8 天，血液循环已基本建立，皮片呈现色泽红润。至第 10 天，纤维性愈合已达到成熟阶段，排列紧密，皮片已完全成活。皮片下的少量异物、细菌及细小凝血块等被溶解吞噬。皮片越薄，上述各种变化过程进行得越快。

皮片移植成活后，真皮层中的弹力纤维常有退化现象。皮片成活后，下方可因产生大量纤维结缔组织而发生挛缩，此即植皮片在术后发生的晚期收缩现象。皮片越薄，收缩性越大，但在植皮后2～3个月，皮片下可产生薄层脂肪组织，纤维组织亦渐趋软化，此时皮片就逐渐恢复其弹性，柔软，可被推动。

（四）生物材料和移植物

1. 生物材料

生物材料，又称生物医用材料（biomedical material），是指用于诊断、治疗人体疾病或置换损坏的组织、器官或增进其功能的材料。

2. 敷料

敷料为任何可用于覆盖和保护创面的材料，对创面的愈合无明显促进作用。

3. 移植物

移植的细胞、组织或器官称为移植物。

1）自体移植物：源于同一个个体的移植物。

2）有活性的具有完整的表皮和真皮成分的皮肤自体移植物。包括：①刃后皮片，包含皮肤的表皮层及少许真皮乳头层；②中厚皮片，包含表皮及真皮的一部分；③全厚皮片，包含表皮和真皮全层，但不含皮下组织；④自体表皮移植物，仅含有表皮层几乎不含真皮层的自体皮肤移植物；⑤自体真皮移植物，去除表皮和皮下组织的自体皮肤移植物。

3）同种异体移植物，来源于同一物种不同个体的移植物，也称为同种异基因移植物。同种异体皮肤移植物，一种含有活性或无活性的表皮和（或）真皮的同种异体移植物。

4）异种移植物，来源于不同物种的移植物。异种皮肤移植物，一种含有活性或无活性的表皮和（或）真皮的异种移植物。

4. 皮肤替代物

可用于替代自体皮肤移植物、自体表皮移植物、自体真皮移植物、同种异体皮肤移植物等的临床治疗作用的产品，包括生物材料、组织或细胞、生物材料与细胞或组织的复合物、生物材料与生物活性因子的复合物等。

1）暂时性皮肤替代物：暂时性覆盖伤口可以具有皮肤的保护性功能，起到抑制炎症反应和收缩，促进伤口愈合的作用。

2）永久性皮肤替代物：皮肤替代物参与皮肤伤口愈合过程，愈合后仍然存留并与周围组织整合。

5. 移植存活

皮肤移植物或皮肤替代物在植入部位与宿主组织整合，参与皮肤伤口愈合过程并维持代谢。

6. 组织工程化皮肤替代物

使用组织工程原理与方法制备的可替代皮肤移植物临床治疗作用的产品。

1）组织工程化自体皮肤替代物：利用自体皮肤组织成分，应用组织工程原理与方法制备的可替代自体皮肤移植物临床治疗作用的皮肤替代物。包括：组织工程化自体表皮替代物，利用自体表皮组织成分，应用组织工程原理与方法制备的可替代自体表皮移植物临床治疗作用的皮肤替代物。组织工程化自体真皮替代物，利用自体真皮组织成分，应用组织工程原理与方法制备的可替代自体真皮移植物临床治疗作用的皮肤替代物。

2）组织工程化同种异体皮肤替代物：利用同种异体皮肤组织成分，应用组织工程原理与方法制备可替代皮肤移植物临床治疗作用的皮肤替代物。包括：①组织工程化同种异体表皮替代物，利用同种异体表皮组织成分，应用组织工程原理与方法制备的可替代表皮移植物临床治疗作用的皮肤替代物；②组织工程化同种异体真皮替代物，利用同种异体真皮组织成分，应用组织工程原理与方法制备的可替代真皮移植物临床治疗作用的皮肤替代物。

3）组织工程化异种皮肤替代物：利用异种皮肤组织成分，应用组织工程原理与方法制备的可替代皮肤移植物临床治疗作用的皮肤替代物。包括：①组织工程化异种表皮替代物，利用异种表皮组织成分，应用组织工程原理与方法制备的可替代表皮移植物临床治疗作用的皮肤替代物；②组织工程化异种真皮替代物，利用异种真皮组织成分，应用组织工程原理与方法制备的可替代真皮移植物临床治疗作用的皮肤替代物。

4）细胞工程来源的组织工程化皮肤替代物：利用细胞工程技术改造或修饰的细胞或产物，应用组织工程原理与方法制备的组织工程化皮肤替代物。

5）基因工程来源的组织工程化皮肤替代物：利用基因工程技术改造或修饰的细胞或产物，应用组织工程原理与方法制备的组织工程化皮肤替代物。

（五）组织工程化皮肤产品根据基因表型、细胞来源与临床使用情况的分类

组织工程化皮肤产品根据基因表型、细胞来源与临床使用情况可分为组织工程化自体皮肤替代物、组织工程化自体表皮替代物、组织工程化自体真皮替代物；组织工程化同种异体皮肤替代物、组织工程化同种异体表皮替代物、组织工程化同种异体真皮替代物；组织工程化异种皮肤替代物、组织工程化异种表皮替代物、组织工程化异种真皮替代物；细胞工程来源的组织工程化皮肤替代物；基因工程来源的组织工程化皮肤替代物。

三、中华人民共和国医药行业标准：组织工程医疗产品（第 5 部分：基质及支架的性能和测试 YY/T 0606. 5—2007）

（一）范　　围

YY/T 0606 的本部分给出了组织工程医疗产品基质及支架的性能和测试指南。

本部分适用于指导组织工程医疗产品原材料生产中适宜测试方法的选择及成品中支架的表征。

（二）规范性引用文件

下列文件中的条款通过 YY/T 0606 的本部分的引用而成为本部分的条款（表 8.3）。凡是注日期的引用文件，其随后所有的修改单（不包括勘误的内容）或修订版均不适用于本部分，然而，鼓励根据本部分达成协议的各方研究是否可使用这些文件的最新版本。凡是不注日期的引用文件，其最新版本适用于本部分。

表 8.3　被 YY/T 0606.5 引用的文件

GB/T 528—1908	硫化橡胶或热塑性橡胶拉伸应力应变性能的测定（eqv ISO 37：1994）
GB/T 1034—1998	塑料　吸水性试验方法（eqv ISO 62：1980）
GB/T 1040. 1—2006	塑料　拉伸性能的测定第 1 部分：总则（ISO 527—1：1993，IDT）
GB/T 1040. 2—2006	塑料　拉伸性能的测定第 2 部分：模塑和挤塑塑料的试验条件（ISO 527—2：1993，IDT）
GB/T 1040. 3—2006	塑料　拉伸性能的测定第 3 部分：薄膜和薄片的试验条件（ISO 527—3：1995，IDT）
GB/T 1040. 4—2006	塑料　拉伸性能的测定第 4 部分：各向同性和正交各向异性纤维增强复合材料的试验条件（ISO 527—4：1997. IDT）
GB/T 1041—1992	塑料　压缩性能试验方法（idt ISO 604：1973）
GB/T 1630—1989	环氧树脂命名（eqv ISO 3673：—1：1980）
GB/T 1632—1993	聚合物稀溶液黏数和特性黏数测定（eqv ISO 1628—1：1984）
GB/T 1634. 1—2004	塑料　负荷变形温度的测定第 1 部分：通用试验方法（ISO 75—1：2003，IDT）
GB/T 1634. 2—2004	塑料　负荷变形温度的测定第 2 部分：塑料、硬橡胶和长纤维增强复合材料（ISO 75—2：2003，IDT）
GB/T 2547—1981	塑料　树脂取样方法（eqv ASTM D898：1979）
GB/T 3358. 1—1993	统计学术语第 1 部分：一般统计术语（neqISO/DIS 3435. 1：2004、ISO/DIS 3435. 2：2004、ISO/DIS 3435. 3：2004）
GB/T 3358. 2—1993	统计学术语第 2 部分：统计质量控制术语（neq ISO/DIS 3435. 2：1998）
GB/T 3358. 3—1993	统计学术语第 3 部分：试验设计术语（neq ISO/DIS 3435. 3：2003）
GB/T 3682—2000	热塑性塑料熔体质量流动速率和熔体体积流动速率的测定（idt ISO 1133：1997）

续表

GB 4234—2003	外科植入物用不锈钢（ISO 5832—1：1997，MOD）
GB/T 6379.1—2004	测量方法与结果的准确度（正确度与精密度）第 1 部分：总则与定义（ISO 5725—1：1994，IDT）
GB/T 6379.2—2004	测量方法与结果的准确度（正确度与精密度）第 2 部分：确定标准测量方法重复性与再现性的基本方法（ISO 5725—2：1994，IDT）
GB/T 6425—1986	热分析术语
GB/T 9341—2000	塑料　弯曲性能试验方法（idt ISO 178：1993）
GB 11415—1989	实验室烧结（多孔）过滤器孔径、分级和牌号（neq ISO 4793：1980）
GB/T 12909—1991	纸与纸板弯曲挺度的测定法（共振法）（neq ISO 5629：1983）
GB/T 13022—1991	塑料　薄膜拉伸性能试验方法（neq ISO 1184：1983）
GB/T 13810—1997	外科植入物用钛及钛合金加工材（eqv ISO 5832—2：1993）
GB 15593—1995	输血（液）器具用软聚氯乙烯塑料（neq ISO 3826：1993）
GB 16352—1996	一次性医疗用品 γ 射线辐射灭菌标准
GB/T 16421—1996	塑料　拉伸性能小试样试验方法
GB/T 16886.1—2001	医疗器械生物学评价第 1 部分：评价和试验（idt ISO 10993—1：1997）
GB/T 16886.3—1997	医疗器械生物学评价第 3 部分：遗传毒性、致癌性和生殖毒性试验（idt ISO 10993—3：1992）
GB/T 16886.4—2003	医疗器械生物学评价第 4 部分：与血液相互作用试验选择（ISO 10993—4：2002，IDT）
GB/T 16886.5—2003	医疗器械生物学评价第 5 部分：体外细胞毒性试验（ISO 10993—5：1999，IDT）
GB/T 16886.6—1997	医疗器械生物学评价第 6 部分：植入后局部反应试验（idt ISO 10993—6：1994）
GB/T 16886.9—2001	医疗器械生物学评价第 9 部分：潜在降解产物的定性和定量框架（idt ISO 109939：1999）
GB/T 16886.10—2005	医疗器械生物学评价第 10 部分：刺激与迟发型超敏反应试验（ISO 10993—10：2002，IDT）
GB/T 16886.11—1997	医疗器械生物学评价第 11 部分：全身毒性试验（idt ISO 10993—11：1993）
GB/T 16886.12—2005	医疗器械生物学评价第 12 部分：样品制备与参照样品（ISO 10993—12：2002，IDT）
GB/T 16886.13—2001	医疗器械生物学评价第 13 部分：聚合物降解产物的定性和定量（idt ISO 10993—13：1998）
GB/T 16886.14—2003	医疗器械生物学评价第 14 部分：陶瓷降解产物的定性和定量（ISO 10993—14：2001，IDT）
GB/T 16886.15—2003	医疗器械生物学评价第 15 部分：金属与合金降解产物的定性和定量（ISO 10993—15：2000，IDT）
GB/T 16886.16—2003	医疗器械生物学评价第 16 部分：降解产物与可溶出物毒代动力学研究设计（ISO 10993—16：1997，IDT）
GB/T 16886.17—2005	医疗器械生物学评价第 17 部分：可沥滤物允许限量的建立（ISO 10993—17：2002，IDT）
GB 17100—1997	外科植入物用铸造钴铬钼合金（neq ISO 5832—4：1996）

续表

GB 18278—2000	医疗保健产品灭菌　确认和常规控制要求　工业湿热灭菌（idt ISO 11134：1994）
GB 18279—2000	医疗器械环氧乙烷灭菌　确认和常规控制（idt ISO 11135：1994）
GB 18280—2000	医疗保健产品灭菌　确认和常规控制要求辐射灭菌（idt ISO 11137：1995）
GB 18281.1—2000	医疗保健产品灭菌　生物指示物第 1 部分：通则（idt ISO 11138—1：1994）
GB 18281.2—2000	医疗保健产品灭菌　生物指示物第 2 部分：环氧乙烷灭菌用生物指示物（idt ISO 11138—2：1994）
GB 18281.3—2000	医疗保健产品灭菌　生物指示物第 3 部分：湿热灭菌用生物指示物（idt ISO 11138—3：1995）
GB/T 19000—2000	质量管理体系　基础和术语（idt ISO 9000：2000）
GB/T 19001—2000	质量管理体系　要求（idt ISO 9001：2000）
GB/T 19466.1—2004	塑料　差式扫描量热法（DSC）第 1 部分：通则（ISO 11357—1：1997，IDT）
GB/T 19466.2—2004	塑料　差式扫描量热法（DSC）第 2 部分：玻璃化转变温度的测定（ISO 11357—2：1999 ，IDT）
GB/T 19466.3—2004	塑料　差式扫描量热法（DSC）第 3 部分：熔融和结晶温度及热焓的测定（ISO 11357—3：1999 ，IDT）
GB/T 19500—2004	X 射线电子能谱分析方法通则
GB/T 19633—2005	最终灭菌医疗器械的包装（ISO 11607：2003，IDT）
YY 0117.2—2005	外科植入物　骨关节假体锻、铸件 ZTi6AI4V 钛合金铸件
YY/T 0287—2003	医疗器械质量管理体系用于法规的要求（ISO 13485：2003，IDT）
YY 0303—1998	医用羟基磷灰石粉料
YY 0305—1998	羟基磷灰石生物陶瓷
YY 0334—2002	硅橡胶外科植入物通用要求
YY 0459—2003	外科植入物　丙烯酸类树脂骨水泥（ISO 5833：2002，IDT）
YY/T 0473—2004	外科植入物　聚交酯共聚物和共混物体外降解试验（ISO 15814：1999，MOD）
YY/T 0474—2004	外科植入物　用 L-丙交酯树脂及制品体外降解试验（ISO 13781：1997，MOD）中华人民共和国药典（2005 版，二部）
ISO 844：2004	硬质泡沫塑料——压缩性能测试方法
ISO 6474：1994	高纯氧化铝基陶瓷材料外科植入物
ISO 10993.18：2005	医疗器械生物学评价——第 18 部分：材料的化学特性
EN 12442.1：2000	医疗器械制造中使用的动物组织及其衍生物——第 1 部分：风险分析和管理
EN 12442.2：2000	医疗器械制造中使用的动物组织及其衍生物——第 2 部分：来源、收集和处理的控制管理
EN 12442.3—2000	医疗器械制造中使用的动物组织和其衍生物——第 3 部分：病毒和传染性病原体消除和（或）灭活的证实

（三）术语和定义

下列术语和定义适用于 YY/T 0606 的本部分。

1. 天然材料（natural material）

由活细胞合成或产生的材料。

2. 基质（substrate）

组织工程医疗产品中作为细胞或生物分子生长、支持或输送载体的原材料。

3. 支架（scaffold）

促进替代、修复或再生组织的细胞或生物活性因子迁移、结合或输送的支持物、释放载体或基体。

4. 生物活性因子（bioactive agent）

器械含有的、器械表面具有的或器械内填充的任何可诱导目的性组织或细胞反应的分子成分。

注：生长因子、抗生素等都是典型的生物活性因子。但不包括诱发局部有限生物活性的器械结构成分或降解副产品。

5. 孔隙（pore）

固体结构中固有或造成的网状通道和开放空间。

注：通孔是指与周围孔隙具有两个或两个以上连通处的孔隙。半通孔是指与周围孔隙具有一个连通处的孔隙。闭孔是指与周围孔隙不具有连通处的孔隙。

6. 孔隙率（porosity）

有孔材料孔隙体积与表观体积的比率。

注：通常以百分数表示。

7. 孔隙测量法（porometry）

通过润湿性液体在压力自变量下的位移应变量，测定相对于液体流动方向上的孔隙直径分布的方法。

8. 孔隙率测量法（porosimetry）

通过非润湿性液体（代表物水银）在压力自变量下侵入有孔材料的应变量，测定孔隙体积和孔隙大小分布的方法。

（四）基质的性能和测试

1. 概述

基质的性能和测试不应用于包装、灭菌和完成的组织工程医疗产品的测试。

2. 基质的化学、物理性质和测试方法

建议测试基质如表 8.4 所示，但不限于表 8.4 的各种化学、物理性质。每一类基质都有许多特定的性质是需要详细说明的。

表 8.4　基质的化学、物理性质

化学性质	物理性质
成分	密度
纯度	分子质量
储存稳定性	黏度
添加物	压缩强度
微量元素	张力强度
可提取物（金属或溶剂）	弹性模量
降解速率	疲劳强度
吸收速率	屈服强度
降解产物	撕裂强度
	硬度
	杂质颗粒
	形态结构

相应的化学和物理测试方法随基质类别（如金属、陶瓷、聚合物、复合物或天然材料）而定。天然陶瓷（如无机骨组织），天然聚合物（如胶原或脱矿物质骨组织），都分别被认为是陶瓷和聚合物中的亚类。对尚无标准的基质材料，下列国家标准、行业标准和 ISO、ASTM（美国材料试验协会）的标准，包括测定表 8.4 所示基质化学、物理性质的特定技术，推荐用作建立新标准或暂时使用时的指南。

金属类基质的测试应按下述一项或多项适用标准的要求进行：GB 4234—2003、GB/T 13810—1997、GB/T 16886.15—2003、GB/T 17100—1997、YY 0117.2—1993。也可参见 ASTM F560：2005。

陶瓷（如磷酸钙、碳酸钙、氧化铝、玻璃等）类基质的测试应按下述一项或多项适用标准的要求进行：GB/T 16886.14—2003、YY 0303—1998、YY 0305—1998、ISO 6474—1994。也可参见 ASTM F603：2000、ASTM F1088：2004、ASTM F1581：1999 和 ASTM F1926：2003。

聚合物类基质的测试应按下述一项或多项适用标准的要求进行：GB/T 1630—1989、GB 15593—1995、GB/T 16886.13—2001、YY 0334—2002、YY 0459—2003、YY/T 0473—2004、YY/T 0474—2004。也可参见 ASTM F624：1998、ASTM F641：1998、ASTM F665：1998、ASTM F702：1998、ASTM F755：1999、ASTM F997：1998、ASTM F1251：1989、ASTM F1925：1999、ASTM F1579：2002、ASTM F1634：1995、ASTM F1855：2000、ASTM F1876：1998 和 ASTM F2212：2002。

通常的化学特性表征方法应按 ISO 10993.18：2005 的要求进行。

3. 生物学实验和评价

在长期的动物实验中，许多基质显示了一定程度的生物反应。当一种基质用于新的用途，或基质改变，或基质物理性质变化，应按下述一项或多项适用标准的要求进行生

物相容性评价：GB/T 16886.1—2001、GB/T 16886.3—1997、GB/T 16886.4—2003、GB/T16886.5—2003、GB/T 16886.6—1997、GB/T 16886.9—2001、GB/T 16886.10—2005、GB/T 16886.11—1997、GB/T 16886.12—2005、GB/T 16886.13—2001、GB/T 16886.14—2003、GB/T 16886.15—2003、GB/T 16886.16—2003、GB/T 16886.17—2005、EN 12442.1：2000、EN 12442.3：2000。

4. 其他标准

应按中华人民共和国药典（2005 版，二部）的试验要求进行相应基质的性能测试（表 8.5）。可能适用的其他标准参见附录二.1。

表 8.5　中国药典中的基质性能测试

中华人民共和国药典（2005 版，二部）	页码	中华人民共和国药典（2005 版，二部）	页码
丙二醇	896～897	聚山梨醇酯 80	918
泊洛沙姆	903～904	聚甲丙烯酸铵酯 I	920
聚乙二醇	916～917	聚甲丙烯酸铵酯 II	920～921

（五）支架的性能和测试

1. 支架化学性质和测试方法

（1）概述

化学性质是物质的化学成分特征。化学测试可提供支架的化学成分信息。化学测试方法包括提供组成分子大小、性质、产品纯度或支架表面化学性质的方法。

（2）杂质鉴定

化学杂质是预期的和非预期的污染物。杂质的可接受度是随杂质的性质和支架在体外或体内的应用目的而变化的。杂质和污染物更精确的定义及它们的意义可参见 ASTM E1298：1989。

具有生物学意义的预期杂质应通过适当的分析手段监测。典型的这类杂质包括加工助剂或溶剂、未反应的交联剂、残留单体、内毒素、灭菌残留物，用于生产胶原、弹性蛋白或其他天然衍生产物的残留溶液等，这些杂质因其化学性质和相对浓度可能影响细胞或组织反应。

杂质可能用红外光谱、核磁共振、气相色谱与质谱联用技术或其他合适的分析方法进行鉴定或定量检测。

一般来说，当支架与可能存在的污染物能完全共同溶解时，杂质容易分离。如果支架不能溶解，选择合适的溶剂萃取变得尤为重要。溶解/溶剂化：如果对于特殊材料缺乏已知或已建立的溶解溶剂，可参考 ASTM D5226：1998 以获得为溶解支架材料确定合适溶剂的指南。注意样品不应溶于可能带入污染物或干扰分析的溶剂。残留物的萃取可参考 ASTM G120：2001 中的方法进行。萃取液可用适当的色谱分析仪进行浓缩和分析。

预期杂质含量应定量测定和报道分析方法的检出限。溶剂化和萃取样品都应提供单位质量试验样品中预期杂质数量的结果，可以用百分含量、μg/g、mg/kg 或 ng/g、μg/kg 等单位。

可适用于预期杂质的定性定量检测的分析方法包括：①推荐气相色谱技术用来检测挥发性、分子质量相对低的杂质或污染物。合适的试验方法可参见 ASTM F1884：2004；②在定量检测低分子质量挥发性杂质或污染物时，气相色谱可与其他定性定量分析方法联用，如红外光谱或质谱，以确定其组成。有关方法可参见 ASTM D6420：1999 和 ASTM E1642：2000。

(3) 分子质量测定

对于聚合物材料（合成的或天然的）的分子质量及其分布可用 GPC（凝胶渗透色谱）或 SFC（体积排除色谱）来测定。其他如特性黏数、光散射和膜渗透压测定法也可采用。在任何上述试验中，支架的溶剂溶解特性都对选择合适的分子质量测定方法具有重要影响。如果对于特殊材料缺乏已知或已建立的溶解溶剂，为溶解支架材料确定合适溶剂可参见 ASTMD5226：1998。

可适用于支架分子质量测定的方法包括：①GPC 或 SEC，可参见 ASTM D5296：2005、ASTM D6474：1999、ASTM D3016：1997 和 ASTM D6579：2000 的内容，GPC 或 SEC 的溶剂系统及校准标准聚合物种类应在试验结果中标出（GPC/SEC 方法仅适用于线性聚合物，枝化聚合物宜使用光散射技术）；②特性黏数应按 GB/T 1632—1993 的要求进行试验，也可参见 ASTM D2857：1995 和 ASTM D4603：2003 的内容，在报道结果中应包括测试温度、溶剂系统和样品浓度；③光散射可参见 ASTM D4001：1993 的内容，这项测试方法适合线性和枝化聚合物；④如果材料不能溶解，熔体流变学测量可以代替溶液性质的测量获得材料分子质量和分子质量分布，应按 GB/T 3682—2000 的要求测定熔体流动速率。

(4) 化学试验

化学试验应按中华人民共和国药典（2005 版，二部）的相应试验要求进行（表 8.6）。也可参考补充的化学试验（见附录二的附表 2）。

表 8.6 化学试验（YY/T 0606. 5—2007）

试验名称	中华人民共和国药典（2005 版，二部）	页码
分光光度法	附录 IV	附录 22～25
黏度测定法	附录 VI G	附录 39～41
重金属检查法	附录 VIII H	附录 51
干燥失重测定法	附录 VIII L	附录 53
水分测定法	附录 VIII M	附录 53
热分析法	附录 VIII Q	附录 57～58

2. 支架物理性质和测试方法

（1）概述

物理性质是可改变的不涉及化学成分变化的物质性质。物理试验基于观察和测量来测定物理性质，包括提供孔隙率、结晶度、密度或支架材料表面物理性质等信息的试验。

（2）孔隙率表征

对评价和表征组织工程医疗产品的支架的孔隙率，推荐下列测试方法（关于这些测试方法性质、意义和适用性的进一步讨论参见附录一）。

孔隙率测量法包括以下几种。

第一，孔隙率压汞测量的方法可参见 ASTM D4404：1984（2004）。孔隙率测量法宜报道的试样数据如下：①平均孔径和标准差，单位为微米（μm）；②孔径范围或分布，单位为微米（μm）；③孔隙率 P，数值以 10^{-2}或%表示，按下述公式计算

$$P=\frac{V_u}{1/D_b}\times 100\%$$

式中，V_u 为侵入（空）单位总体积，单位为 cm^3/g；D_b 为容积密度，单位为 g/cm^3。计算结果表示到小数点后一位。

第二，孔隙率毛细管流动测定应符合 GB 11415—1989 的要求。也可参见 ASTM E1294：J989 和 ASTM F316：2003 的内容。孔隙测量法报道的试样数据宜包括最大孔径或泡点孔径（单位为微米，μm）、平均流量孔径（单位为微米，μm）和孔大小范围和（或）分布（单位为微米，μm）。

第三，支架透气性测定的方法可参见 ASTM D6539：2000。报道的试样数据宜包括平均透气性系数：单位为达西（0.99 μm^2）或毫达西（0.0099 μm^2）。

在上述孔隙率、孔隙测量和透气性试验中，大块样品可能需要薄化（如显微切片机或其他切片技术），以便能将合适的试样放置在仪器中。这种情况下宜调整样品厚度为具有实用性的厚度，并在试验结果中报道。如果样品是各向异性的，宜在各个方向上单独获取孔隙率测量、孔隙测量或透气性试验的样品。

（3）玻璃化转变温度、熔融温度和结晶度

这些性质可以影响支架的机械性质。测定这些性质对确保支架材料机械性质的一致性和鉴定不同批次间的变化是合适的。支架玻璃化转变温度、熔融温度或结晶度的测量（也可用 X 射线衍射测量）应按下述一项或多项适用标准的要求进行：GB/T 6425—1986、GB/T 19466.1—2004、GB/T 19466.2—2004、GB/T 19466.3—2004，也可参见 ASTM E1142：2004 和 ASTM E968：2002 的内容。

（4）其他物理试验

其他物理试验包括。①吸水性试验应符合 GB/T 1034—1998 的要求。②密度测量可参见 ASTM D792：2000 的内容。③表面性质，支架表面表征的程度取决于支架材料的性质及其特殊用途，相关的试验应按下述一项或多项适用标准的要求进行：GB/T 19500—2004，也可参见 ASTM E996：2004、ASTM E1078：2002 和 ASTM E1829：

2002 的内容，并推荐参考相关的支架表面性质表征方法指南。④膜透气性，如果支架做成膜状，透气性试验可参见 ASTM F1249：2001 的测定方法，推荐参考膜透气性测定方法的相关文献。⑤还可参见补充的物理试验（见附录二的附表 3）。

3. 支架机械性质和测试方法

（1）概述

机械性质是载荷作用下物质的性质。机械性质测试应在与预期操作条件或预期使用条件相似的环境中进行。一般的体外环境应符合 YY/T 0474—2004 的规定。样品需要预处理时，可参见 ASTM F1634：1995 的方法。宜依据支架的形状和测试设备的种类和大小，来选择合适的样品放置方法。

（2）压缩性

压缩性取决于支架的力学性能和尺寸特性，压缩性有必要用下列一种或多种方法进行测试：GB/T 1041—1992 或 ISO 844：2004。

（3）拉伸性

拉伸性取决于支架的力学性能和尺寸特性，拉伸性有必要用下列一种或多种方法进行测试：GB/T 528—1998、GB/T 1040.1—2006、GB/T 1040.2 —2006、GB/T 1040.3—2006、GB/T 1040.4—2006、GB/T 13022—1991 或 GB/T 16421—1996，也可参见 ASTM D1623：2003 和 ASTM D3039/D3039M：2000 的内容。

（4）弯曲性

弯曲性取决于支架的力学性能和尺寸特性，弯曲性有必要用下列一种或多种方法进行测试：GB/T 1634.1—2004、GB/T 1634.2—2004，GB/T 9341—2000 或 GB/T 12909—1991，也可参见 ASTM D747：2002、ASTM D790：2003、ASTM D1388：1996 和 ASTM D5732：1995 的内容。

（5）蠕变

如果材料的应用需要材料在恒载荷下仍保持机械强度，蠕变试验可参见 ASTM D2990：2001 的内容。

（6）其他机械性能测试

可参见补充的机械试验（见附录二的附表 4）。

4. 生物学试验和评价

（1）概述

许多生物材料的体内反应已经通过长期的动物实验和临床使用进行了详尽表征。然而，当一种生物材料有新应用或材料物理形状改变时，应用下述指南和试验方法进行评价试验。

（2）生物学试验和评价

GB/T 16886 包括一系列组成部分，应根据支架测试评价的目的选择相关部分。①第1 部分：评价与试验；②第 3 部分：遗传毒性、致癌性和生殖毒性试验；③第 4 部分：与血液相互作用试验选择；④第 5 部分：体外细胞毒性试验；⑤第 6 部分：植入后局部反应试验；⑥第 9 部分：潜在降解产物的定性和定量框架；⑦第 10 部分：刺激与致敏试验；⑧第 11 部分：全身毒性试验；⑨第 12 部分：样品制备与参照材料；⑩第 13 部分：聚合物降解产物的定性和定量；⑪第 14 部分：陶瓷降解产物的定性和定量；⑫第 15 部分：金属与合金降解产物的定性和定量；⑬第 16 部分：降解产物与可溶出物毒代动力学研究设计。

（3）微生物学试验

微生物学试验应符合中华人民共和国药典（2005 版，二部）的要求（表 8.7）。

表 8.7 微生物学试验

试验名称	中华人民共和国药典（2005 版，二部）	页数
抗生素微生物检定法	附录 XI A	附录 79～84
热源检查法	附录 XI D	附录 85
细菌内毒素检查法	附录 XI E	附录 85～88
无菌检查法	附录 XI H	附录 89～93

（4）其他试验

制造中使用的动物组织及其衍生物的试验评价应符合 EN 12442.1—2000、EN 12442.2—2000 的要求。这一系列标准描述了动物衍生产品，如透明质酸、胶原、明胶和腹水来源单克隆抗体等的特殊评价要求。根据产品的成分和用途还可参考更为密切的指南，附录二附表 5 补充了其他一些生物学评价试验。

5. 支架降解性能和试验

1）支架在体内细胞培养条件下降解时，取决于材料性质和处理过程，上述的许多化学、物理、机械或生物学性能将发生变化。应详尽表征在实际操作条件或预期使用条件下发生的性能变化。同时，支架的性能和体外降解会受到灭菌的影响。因此，推荐在灭菌后再次评价可能受影响的支架性能对设计的依从性。

2）降解可在模拟预期用途的特定受控的体外或体内条件下进行。当材料的降解性质主要是水解时，应按 YY/T 0474—2004 的规定，以 37℃，一定 pH 的条件来体外模拟生理条件。

3）除了以上提到的适用的化学、物理、机械和生物学试验外，可能还需要其他的补充试验得出在预期使用条件下相关支架性能的改变，可参见 ASTM D1042：2001 和 ASTM F2025：2000 的内容。

4）降解和降解产物的评价试验应按下述一项或多项适用标准的要求进行：GB/T 16886.9—2001、GB/T 16886.13—2001、GB/T 16886.14—2003、GB/T 16886.15—2003。

5）需要时也可进行支架降解加速试验。加速试验指南可参见 ASTM F1634：1995 和 ASTM F1980：2002。

（六）灭　菌

一般灭菌方法、测试和质量保证应按下述一项或多项适用标准的要求进行：GB 16352—1996、GB 18278—2000、GB 18279—2000、GB 18280—2000、GB 18281.1—2000、GB 18281.2—2000、GB 18281.3—2000。辐射灭菌方法的综合论述还可参见相关文献。

（七）质量保证

1. 试验确证

应该确定每一试验方法的精确度和偏倚。确定精确度和偏倚应按下述一项或多项适用标准的要求进行：GB/T 6379.1—2004、GB/T 6379.2—2004、GB/T 3358.1—1993、GB/T 3358.2—1993、GB/T 3358.3—1993。

2. 抽样

应根据 GB 2547—1981 或同等效力的指南确定每一批基质和支架材料抽样样本和程序的要求。

3. 包装/储存条件

包装/储存条件包括以下几个方面。①产品应按 GB/T 19633—2005 或 EN 12442.2：2000 的规定处理和包装；②应在包装上清楚标明产品能安全暴露而无损害的最高和最低温度条件；③应在包装上清楚标明包装产品在最高温度下安全储存，不影响产品功能和完整性的最长期限；④应在包装上清楚标明灭菌方法和灭菌有效期限。

4. 生产过程控制

合格的生产过程控制是非常需要的，也是商业生产销售组织工程医疗产品的要求。达到合格生产质量控制应符合下述法规、规范的要求。

1）质量体系法规。包括：GB/T 19000—2000，本标准表述了 GB/T 19000 族标准中质量管理体系的基础，并确定了相关的术语。GB/T 19001—2000，本标准为有下列要求的组织规定了质量管理体系要求：需要证实其有能力稳定地提供满足顾客和适用的法律法规要求的产品；通过体系的有效应用，包括体系持续改进的过程及保证符合顾客与适用的法律法规要求，旨在增强顾客满意。

2）医疗器械质量规范。YY/T 0287 —2003，本标准为需要证实其有能力提供持续满足顾客要求和适用于医疗器械和相关服务的法规要求的医疗器械和相关服务的组织，规定了质量管理体系要求。本标准的主要目的是便于实施经协调的质量管理体系的法规要求。

四、中华人民共和国医药行业标准：组织工程医疗产品（第 7 部分：壳聚糖 YY/T 0606. 7—2007）

（一）范　　围

本标准规定了用于外科植入物和组织工程医疗产品壳聚糖的要求、试验方法、检验规则、标志、使用说明书、包装、运输和储存等要求。

本标准适用于壳聚糖及其盐类，可以用于制备外科植入物和组织工程医疗产品。

（二）规范性引用文件

下列文件中的条款通过本标准的引用而成为本标准的条款（表 8.8）。凡是注日期的引用文件，其随后所有的修改单（不包括勘误的内容）或修订版均不适用于本标准，然而，鼓励根据本标准达成协议的各方研究是否可使用这些文件的最新版本，凡是不注日期的引用文件，其最新版本适用于本标准。

表 8.8　被 YY/T 0606.7 引用的文件

GB 191—2000	包装储运图示标志
GB 9969.1—1998	工业产品使用说明书　总则
GB/T 16886.1—2001	医疗器械生物学评价　第 1 部分：评价与试验
GB/T 16886.3—1997	医疗器械生物学评价　第 3 部分：遗传毒性、致癌性和生殖毒性试验
GB/T 16886.4—2003	医疗器械生物学评价　第 4 部分：与血液相互作用试验选择
GB/T 16886.5—2003	医疗器械生物学评价　第 5 部分：细胞毒性试验：体外法
GB/T 16886.6—1997	医疗器械生物学评价　第 6 部分：植入后局部反应试验
GB/T 16886.10—2005	医疗器械生物学评价　第 10 部分：刺激与迟发型超敏反应试验
GB/T 16886.11—1997	医疗器械生物学评价　第 11 部分：全身毒性试验
GB/T 16886.12—2005	医疗器械生物学评价　第 12 部分：样品制备与参照样品
中华人民共和国药典（2005 版）	
欧洲药典（2005 版）	
YY/T 0313—1998	医用高分子制品包装、标志、运输和储存。
YY 0466—2003	医疗器械　用于医疗器械标签、标记和提供信息的符号
ASTM F2103—01	用于生物医学和组织工程医用产品原料的壳聚糖盐的特性和试验标准指南
MEDDEV 2.5—8 rev2	关于含有涉及病毒和传染性病原体的动物源性材料的医疗器械评价的指导方针

（三）术　　语

本标准采用下列术语。

1. 壳聚糖

壳聚糖（chitosan）由 2-乙酰氮基-2-脱氧-D-吡喃葡萄糖（GlcNAc）和 2-氨基-2-脱氧-吡喃葡萄糖（GlcN）通过 β-（1-4）连接而成的线性多糖。壳聚糖是由几丁质通过 *N*-脱乙酰基作用而衍生成的多糖。

2. 脱乙酰度

脱乙酰度（degree of deacetylation）一个壳聚糖聚合物分子中葡萄糖胺单元（脱乙酰基的单体）的分数或比率。

（四）分　　类

1. 壳聚糖

按照溶解性质不同，可分为酸溶性壳聚糖和水溶性壳聚糖。

2. 壳聚糖盐

可分为壳聚糖盐酸盐、壳聚糖醋酸盐和壳聚糖谷氨酸盐。

M 表示壳聚糖溶液称样量，以 g 表示；C 表示壳聚糖溶液浓度，以 g/g 表示。

（五）原材料要求

源自动物的壳聚糖和壳聚糖盐必须满足动物健康的要求，以适应使用及满足主管部门的要求。其生产工艺应能灭活或去除由病毒或其他感染因素所导致的任何污染。

（六）要　　求

1. 性状

白色或淡黄色粉末状或丝状固体。

2. 傅里叶变换红外光谱（FT-IR）

壳聚糖或壳聚糖盐典型的 FT-IR 频率（cm^{-1}）如表 8.9 所示。

表 8.9 壳聚糖或壳聚糖盐典型的 FT-IR 频率（单位：cm^{-1}）

名称	壳聚糖醋酸盐	壳聚糖酸盐	壳聚糖谷氨酸盐
特征峰	3362b	3344b	1555b
	1556	1605	1396
	1406	1513	1154
	1153	1379	1085s
	1083s	1154	
		1086s	

注：sh 为尖锐的；s 为强的；m 为中等的；w 为弱的；b 为宽的

3. 脱乙酰度

标示值的 90%～110%。

4. pH

4.0～6.0，仅对壳聚糖盐进行规定。

5. 动力黏度

标示值的 80%～120%。

6. 重金属含量

≤10 μg/g(*m*/*m*)

7. 蛋白质含量

≤0.1%(*m*/*m*)

8. 乙醇（有机溶剂）残余量

≤2%(*m*/*m*)

9. 干燥失重

≤10%(*m*/*m*)

10. 灰分

≤2%(*m*/*m*)

11. 水不溶物

≤0.5%(*m*/*m*)

12. 细菌内毒素含量

≤0.5 EU/mg

13. 微生物限量

菌落总数应小于 100 CFU/g。

14. 生物学性能

(1) 总则

壳聚糖应按照 GB/T 16886.1 的要求进行生物学评价，应不释放出对人体有不良作用的物质。

(2) 细胞毒性试验

细胞毒性反应不大于 2 级。

(3) 致敏试验

应无致敏反应。

(4) 皮内反应试验

原发性刺激指数（PII）不大于 0.4。

(5) 急性全身毒性

无急性全身毒性。

(6) 遗传毒性试验

无遗传毒性。

(7) 皮下植入试验

植入 30 d 后，样品周围组织相容性良好，可见以嗜中性粒细胞浸润为主的轻微炎症反应。

（七）试验方法

1. 性状

使用肉眼直接观测，应符合（六）1 的规定。

2. 傅里叶变换红外光谱（FT-IR）

样品制备采用溴化钾压片法，按照《中华人民共和国药典》（2005 版，二部）附录 IV C 规定的方法测定，应符合（六）2 的规定。

3. pH 测定

透明质酸钠用蒸馏水配制成 5 mg/ml。浓度溶液，按照 GB/T 14518 规定的方法测定，应符合（六）4 的规定。

4. 动力黏度测定

壳聚糖用蒸馏水配制成 10 mg/ml，采用旋转式黏度计，按照《中华人民共和国药典》（2005 版，二部）附录 VI G 第二法测定，应符合（六）5 的规定。

5. 重金属含量测定

壳聚糖用蒸馏水配制成 1 mg/ml 做样品管，标准铅溶液 1.0 ml 于标准对照管中，按照《中华人民共和国药典》(2005 版，二部) 附录 VI H 第三法测定，应符合（六）6 的规定。

6. 蛋白质含量测定

按照附录五规定的方法测定，应符合（六）7 的规定。

7. 乙醇（有机溶剂）残余量测定

乙醇残余量按照附录六规定的方法测定，应符合（六）8 的规定。使用其他有机溶剂的，可参照附录六采用的气相色谱法进行测定，结果应符合（六）8 的规定。

8. 干燥失重

按照《中华人民共和国药典》(2005 版，二部) 附录 VIII L 规定的方法测定，在 (105±2)℃下干燥至恒重，然后按照干燥后重量与取样量进行计算，应符合（六）9 的规定。

9. 灰分测定

精密称取壳聚糖 1.00 g，按照《中华人民共和国药典》(2005 版，二部) 附录 VIII N 规定的方法测定，800℃灼烧 6 h，应符合（六）10 的规定。

10. 水不溶物测定

将 2.00 g 壳聚糖溶解于 400.0 ml 蒸馏水（1%乙酸溶液）中，搅拌至完全溶解。将溶液转移至 2 L 烧杯中，加入 200.0 ml 水。缓慢加热 2 h，加热过程中盖住烧杯口。然后，用烧结玻璃漏斗（3#）过滤，用水洗涤残留物，并在 100～105℃烤箱中干燥至恒重。残留物的含量应符合（六）11 的规定。

11. 内毒素含量

壳聚糖用 1%乙酸溶液（细菌内毒素检查用水配制）或细菌内毒素检查用水溶解，按照《中华人民共和国药典》(2005 版，二部) 附录 IV A 规定的方法测定，应符合（六）12 的规定。

12. 微生物限量

在无菌操作条件下按照《中华人民共和国药典》(2005 版，二部) 附录 XI J 规定的方法测定，应符合（六）13 的规定。

13. 生物学性能

(1) 细胞毒性试验

按照 GB/T 16886.12 规定的方法制备试验样品，其他试验步骤按照 GB/T 16886.5

规定的方法测定，应符合（六）14.2 的规定。

（2）致敏试验

按照 GB/T16886.12 规定的方法制备试验样品，其他试验步骤按照 GB/T 16886.10 规定的最大剂量方法测定，应符合（六）14.3 的规定。

（3）皮内反应试验

按照 GB/T 16886.12 规定的方法制备试验样品，然后按照 GB/T 16886.10 规定的方法测定，应符合（六）14.4 的规定。

（4）急性全身毒性

按照 GB/T16886.12 规定的方法制备试验样品，然后按照 GB/T 16886.11 规定的腹腔注射方法测定，应符合（六）14.5 的规定。

（5）遗传毒性试验

按照 GB/T16886.12 规定的方法制备试验样品，然后按照 GB/T 16886.3 规定的 Ames 试验、微核试验和染色体畸变试验（或小鼠精子试验）方法进行测定，应符合（六）14.6 的规定。

（6）皮下植入试验

按照 GB/T16886.12 规定的方法制备试验样品，采用新西兰兔 3 只，兔脊柱两侧各选 2 个植入点，每点皮下注入壳聚糖 0.5 ml，30 d 后取样观察，然后按照 GB/T 16886.6 规定的方法测定，应符合（六）14.7 的规定。

14. 样品制备

以上检测所用样品分为两类，纯壳聚糖和壳聚糖盐类。制备纯壳聚糖样品时按各试验项下规定方法或 GB/T 16886.12 规定的方法制备；制备壳聚糖盐类样品时精确称取一定量的壳聚糖盐，用蒸馏水溶解，后备。

（八）检 测 规 则

1）壳聚糖以同日投料，同一工艺生产的产品为同一批号。

2）型式检验为全性能检验。检验时，若所有检验项目全部合格，则判定为合格，否则判定为不合格。

（九）标　　志

1. 标志

大包装应有的标志包括：①生产厂名和地址；②产品名称；③产品注册号和执行标准编号；④分类和规格；⑤生产批号或日期；⑥失效日期；⑦储存条件。

小包装应有的标志包括：①产品名称；②生产厂名和地址；③分类和规格；④生产批号或日期；⑤原料来源；⑥失效日期；⑦储存条件。

储运标志应符合 GB/T 191 中的规定。

（十）包装、运输和储存

包装应采用适宜的包装，确保壳聚糖产品的安全性和有效性。产品的包装、储存、运输应符合 YY/T 0313 的规定。

五、中华人民共和国医药行业标准：组织工程医疗产品（第 8 部分：海藻酸钠 YY/T 0606. 8—2007）

（一）范　　围

YY/T 0606 的本部分适用于制备组织工程医疗产品及外科植入物的海藻酸钠。

（二）规范性引用文件

下列文件中的条款通过 YY/T 0606 的本部分的引用而成为本部分的条款（表 8.10）。凡是注日期的引用文件，其随后所有的修改单（不包括勘误的内容）或修订版均不适用于本部分，然而，鼓励根据本标准达成协议的各方研究是否可使用这些文件的最新版本。凡是不注日期的引用文件，其最新版本适用于本部分。

表 8.10　被 YY/T 0606. 8 引用的文件

GB/T 191	包装储运图示标志
GB/T 2828. 1—2003	技术抽样检验程序　第 1 部分：按接受质量限（AQL）检索的逐批检验抽样计划
GB/T 16886. 1—2001	医疗器械生物学评价　第 1 部分：评价与试验（idt ISO 10993—1：1997）
GB/T 16886. 3—1997	医疗器械生物学评价　第 3 部分：遗传毒性、致癌性和生殖毒性试验（idt ISO 10993—3：1992）
GB/T 16886. 4—2003	医疗器械生物学评价　第 4 部分：与血液相互作用试验选择（ISO 10993—4：2002，IDT）
GB/T 16886. 5—2003	医疗器械生物学评价　第 5 部分：体外细胞毒性试验（ISO 10993—5：1999，IDT）
GB/T 16886. 6—1997	医疗器械生物学评价　第 6 部分：植入后局部反应试验（idt ISO 10993—4：1994）
GB/T 16886. 10—2005	医疗器械生物学评价　第 10 部分：刺激与迟发型超敏反应试验（ISO 10993—10：2002，IDT）
GB/T 16886. 11—1997	医疗器械生物学评价　第 11 部分：全身毒性试验（idt ISO 10993—11：1993）

续表

GB/T 16886.12—2005	医疗器械生物学评价　第 12 部分：样品制备与参照样品（ISO 10993—12：2002，IDT）
YY/T 0313-1998	医用高分子制品包装、标志、运输和储存
中华人民共和国药典（2005 版）	
美国药典 USP26/NF21 海藻酸钠	
ASTM F2064-00	作为用于生物医学和组织工程医用产品初始材料的海藻酸盐的表征和试验标准指南
ASTM F2259-03	用于检测海藻酸盐的化学成分和序列结构的 ^{1}H-核磁共振（^{1}H NMR）标准实验方法

（三）术语和定义

下列术语和定义适用于 YY/T 0606 的本部分。

1. 分解（decomposition）

由于暴露在环境中，化学的或热的因素导致海藻酸钠结构的改变。例如，温度高于 180℃，分解作用可导致海藻酸钠产生毒性变化。

2. 降解（degradation）

降解是指材料的化学结构、物理性质或外观发生改变。聚合物的降解通常依靠酸催化水解，断裂糖苷键来实现，在受热时也常会发生降解。降解不是分解，对聚合物而言，降解通常是指解聚。

3. 解聚（depolymerization）

解聚是指聚合物的长度缩小成为较短的链段。解聚可以将聚合物变为寡糖和（或）糖单元。对海藻酸钠而言，糖苷键的水解是解聚的首要因素。

4. 水和胶体（hydrocolloid）

当水和时水溶性聚合物形成的胶体。

5. 平均分子质量（molecular mass average，molecular weight average）

平均分子质量最常用的表达方式是数均分子质量（M_n）和重均分子质量（M_w），其计算公式如下

$$M_n = \sum N_i M_i / \sum N_i$$

$$M_w = \sum \omega_i M_i / \sum \omega_i = \sum N_i M_i^2 / \sum N_i M_i$$

式中，N_i 为具有特定分子质量 M_i 的分子数量；ω_i 为具有特定分子质量 M_i 的分子

质量。

在一个多分散体系中，$M_w > M_n$。M_w/M_n 即分子质量分布数值，海藻酸钠的 M_w/M_n 通常为 1.0～3.0。

（四）要　　求

1. 性状

应为白色或淡黄色粉末状固体。

2. 鉴别

通过傅里叶变换红外光谱（FI-IR）检测且其典型特征峰（cm^{-1}）为：3375～3390(b)，1613(s)，1416(s)，1320(w)，1050～1125(b)，903(m)，600～710(b)。其中，s 为强带；m 为中级带；w 为弱带；b 为宽带。

3. 结构组成

采用 ^1H-核磁共振光谱（NMR）检测，典型的 ^1H- NMR 谱如图 8.1 所示。

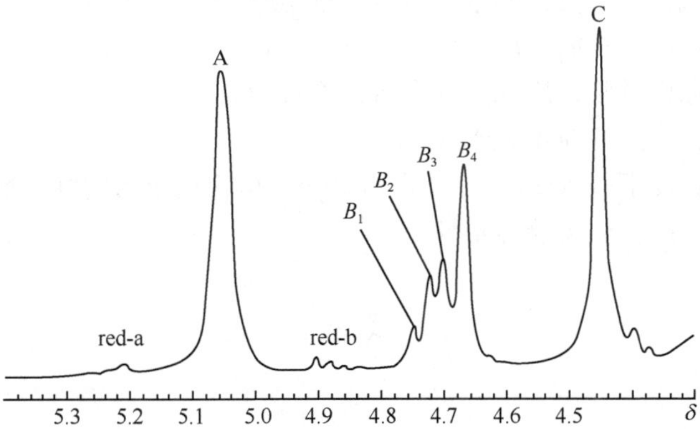

图 8.1　^1H-核磁共振光谱（NMR）

4. 平均分子质量及其分子质量分布

平均分子质量应符合产品标示值，并注明检测方法。海藻酸钠的分子质量分布数值为 1.0～3.0。

5. 干燥失重

应不大于 15.0%（质量分数）。

6. 灰分

应为 18.0%～27.0%（质量分数）。

7. 重金属含量

以铅计重金属总量应不大于 0.004%（质量分数），其中，砷含量应不大于 0.000 15%（质量分数），铅含量应不大于 0.001%（质量分数）。

8. 蛋白质含量

应不大于 0.3%（质量分数）。

9. 细菌内毒素

应不大于 0.5 EU/ml。

10. 微生物限度

细菌总量应不大于 200 CFU。

11. 生物学评价

1）细胞毒性试验：细胞毒性反应应不大于 1 级。
2）皮内刺激试验：原发性刺激指数（PII）应不大于 0.4。
3）致敏试验：应无皮肤致敏反应。
4）急性全身毒性试验：应无急性全身毒性反应。
5）溶血试验：溶血率应不大于 5%。
6）植入试验：皮下植入 14 d、30 d 和 90 d，组织反应与阴性对照无显著差异。
7）遗传毒性试验：应无遗传毒性。

（五）试 验 方 法

1. 性状

肉眼观察，应符合（四）1 的规定。

2. 鉴别

通过傅里叶变换红外光谱（FI-IR）测定（溴化钾压片法），应符合（四）2 的规定。

3. 结构组成

采用 ^{1}H-核磁共振光谱（NMR）检测，试验方法详见附录八，应符合（四）3 的规定。

4. 平均分子质量及其分子质量分布

平均分子质量可通过以下两种方法来确定：特性黏数法，以及凝胶渗透色谱联合多角度激光散射测定仪（SEC-MALLS）测定分子质量。试验方法详见附录九，应符合（四）4 的规定。

5. 干燥失重

采用《中华人民共和国药典》（2005 版，二部）附录 VIII L 规定的方法测定。应符合（四）5 的规定。

6. 灰分

按照《中华人民共和国药典》（2005 版，一部）附录 IX K 的方法测定，推荐应在 800℃下灼烧至少 6 h。应符合（四）6 的规定。

7. 重金属含量

按照《中华人民共和国药典》（2005 版，一部）附录 IX B 第一法原子吸收分光光度法测定，应符合（四）7 的规定。

8. 蛋白质含量

按照附录十规定的方法测定，应符合（四）8 的规定。

9. 细菌内毒素

按照《中华人民共和国药典》（2005 版，二部）附录 XI E 规定的方法进行测定。应符合（四）9 的规定。

10. 微生物限度

按照《中华人民共和国药典》（2005 版，二部）附录 XI J 规定的方法测定，应符合（四）10 的规定。

11. 生物学评价

（1）细胞毒性试验

按照 GB/T 16886.12 规定的方法制备试验样品，然后按照 GB/T 16886.10 规定的方法测定，应符合（四）11①的规定。

（2）皮内刺激试验

按照 GB/T 16886.12 规定的方法制备试验样品，然后按照 GB/T 16886.10 规定的方法测定，应符合（四）11②的规定。

（3）致敏试验

按照 GB/T 16886.12 规定的方法制备试验样品，然后按照 GB/T 16886.10 规定的方法测定，应符合（四）11③的规定。

（4）急性全身毒性试验

按照 GB/T 16886.12 规定的方法制备试验样品，然后按照 GB/T 16886.11 规定的方法测定，应符合（四）11④的规定。

（5）溶血试验

按照 GB/T 16886.12 规定的方法制备试验样品，然后按照 GB/T 16886.4 规定的方法测定，应符合（四）11⑤的规定。

（6）植入试验

按照 GB/T 16886.12 规定的方法制备试验样品，然后按照 GB/T 16886.6 规定的方法测定，应符合（四）11⑥的规定。

（7）遗传毒性试验

按照 GB/T 16886.12 规定的方法制备试验样品，然后按照 GB/T 16886.3 规定的 Ames 试验、微核试验和染色体畸变试验方法进行测定，应符合（四）11⑦的规定。

（六）检验规则

1. 批检验

1）产品以同日投料，同一工艺生产的产品为同一批号。

2）批检验应进行（四）1、（四）5、（四）6、（四）7、（四）8、（四）9、（四）10 的检验。

2. 型式检验

型式检验为全性能检验。型式检验时，若所有检验项目全部合格，则判定为合格，否则判定为不合格。

3. 抽样检验

抽样方案按照 GB/T 2828.1 进行。

（七）标　　志

1）大包装应有下列标志：①生产厂名和地址；②产品名称；③产品注册号和执行标准编号；④分类和规格；⑤生产批号或日期；⑥失效日期；⑦储存条件。

2）小包装应有下列标志：①产品名称；②生产厂名和地址；③分类和规格；④生产批号或日期；⑤原料来源；⑥失效日期；⑦储存条件。

3）储运标志应符合 GB/T 191 中的规定。

（八）包装、运输和储存

1）包装应采用适宜的包装，确保海藻酸钠产品的安全性和有效性。

2）产品的包装、储存、运输应符合 YY/T 0313 的规定。

六、中华人民共和国医药行业标准：组织工程医疗产品（第9部分：透明质酸钠 YY/T 0606. 9—2007）

（一）范 围

YY/T 0606 本部分规定了用于外科植入物和组织工程医疗产品透明质酸钠的要求、试验方法、检验规则、标志、包装、运输和储存等要求。

本部分适用于透明质酸钠，透明质酸钠可以用于制备外科植入物和组织工程医疗产品。

（二）规范性引用文件

下列文件中的条款通过 YY/T 0606 的本部分的引用而成为本部分的条款（表8.11）。凡是注日期的引用文件，其随后所有的修改单（不包括勘误的内容）或修订版均不适用于本部分，然而，鼓励根据本部分达成协议的各方研究是否可使用这些文件的最新版本。凡是不注日期的引用文件，其最新版本适用于本部分。

表 8.11 被 YY/T 0606. 9 引用的文件

GB 191—2000	包装储运图示标志
GB/T 1451—1993	粘胶剂的 pH 测定
GB/T 1 6886. 1—2001	医疗器械生物学评价 第1部分：评价和试验（idt ISO 10993—1：1997）
GB/T 16886. 3—1997	医疗器械生物学评价 第3部分：遗传毒性、致癌性和生殖毒性试验（idt ISO 10993—3：1992）
GB/T 16886. 4—2003	医疗器械生物学评价 第4部分：与血液相互作用试验选择（ISO 10993—4：2002，IDT）
GB/T 16886. 5—2003	医疗器械生物学评价 第5部分：体外细胞毒性试验（ISO 10993—5：1999，IDT）
GB/T 16886. 6—1997	医疗器械生物学评价 第6部分：植入后局部反应试验（idt ISO 10993—6：1994）
GB/T 16886. 10—2005	医疗器械生物学评价 第10部分：刺激与迟发型超敏反应试验（ISO 10993—10：2002，IDT）
GB/T 16886. 11—1997	医疗器械生物学评价 第11部分：全身毒性试验（idt ISO 10993—11：1993）
GB/T 16886. 12—2005	医疗器械生物学评价 第12部分：样品制备与参照样品（ISO 10993—12：2002，IDT）
YY/T 0313—1998	医用高分子制品包装、标志、运输和储存
YY/T 0466—2003	医疗器械 用于医疗器械标签、标记和提供信息的符号（ISO 15233：2000，IDT）
中华人民共和国药典（2005版，二部）	

（三）术语和定义

下列术语和定义适用于 YY/T 0606 的本部分。

1. 透明质酸

透明质酸（hyaluronic acid）是一种由 D-葡萄糖醛酸和 *N*-乙酰基-*D*-葡萄糖胺通过 β-（1-3）糖苷键连接而成的双糖重复结构单元组成的线性多糖。每个双糖单元通过 β-（1-4）糖苷键与另一个连接起来。

2. 透明质酸钠

透明质酸钠（sodium hyaluronate）是透明质酸的钠盐形式，其结构单元相对分子质量为 401，分子结构式如图 8.2 所示。

注：其他关于透明质酸的介绍请参见附录十五。

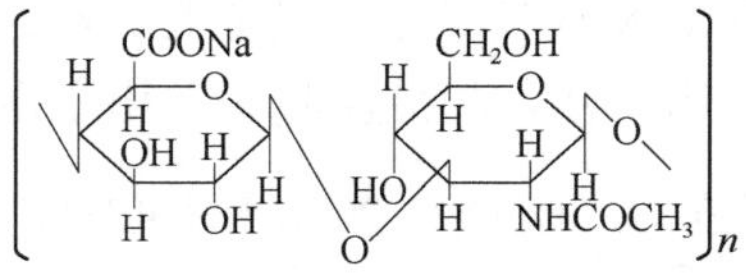

图 8.2 透明质酸钠的分子式（结构单元）

（四）分 类

透明质酸钠按照原料来源和制备方法的不同，可以分为组织提取型和细菌发酵型。

（五）要 求

1. 外观

白色或淡黄色粉末状或丝状固体，无任何肉眼可见异物。

2. 傅里叶变换红外光谱（FT-IR）

透明质酸钠典型的 FT-IR 频率（cm^{-1}）有 3275～3390（b）、1615（s）、1405（m）、1377（m）、1150、1077、1040（s）、946（m）、893（w）。

注：s 为强的；m 为中等的；w 为弱的；b 为宽的。

3. 葡萄糖醛酸含量

≥40%（质量分数）。

4. pH

0.5%浓度溶液的 pH 为 6.0～7.5。

5. 特性黏数（分子质量）

不同产品的特性黏数（分子质量）应不低于其自身规定的标示值。

6. 动力黏度

不同产品的动力黏度应不低于其自身规定的标示值。

7. 蛋白质含量

≤0.1%（质量分数）。

8. 重金属含量

≤10 μg/g（质量分数）。

9. 乙醇残余量

≤400 μg/mg（质量分数）。

注：如在加工过程中使用了除乙醇之外的其他有机溶剂，应建以相应的检验指标和检验方法。

10. 干物质含量

≥90%（质量分数）。

11. 灰分

≤10%（质量分数）。

注：透明质酸钠分子上的钠盐占整个分子总量的 5.7%。

12. 紫外吸收

280 nm 处 OD 值小于或等于 1.0；260 nm 处 OD 值小于或等于 1.0。

13. 无菌试验

应无菌。

注：如果透明质酸钠以非无菌的方式提供，则最终用户需进行灭菌处理以达到无菌要求。

14. 细菌内毒素限量

<0.5 EU/mg。

注：如果透明质酸钠以非无菌的方式提供，则最终用户需进行去除细菌内毒素的处理，以达到细菌内毒素限量要求。

15. 原材料安全性

1）生物发酵法制备的透明质酸钠应进行溶血性链球菌溶血素试验，结果应无溶血环。

2）组织提取法制备的透明质酸钠应进行相关的检验检疫，结果应合格。

16. 生物学性能

（1）总则

透明质酸钠应按照 GB/T 16886.1 的要求进行生物学评价，应不释放出对人体有不良作用的物质。

（2）细胞毒性试验

细胞毒性反应不大于 1 级。

（3）皮内反应试验

原发性刺激指数（PII）不大于 0.4。

（4）急性全身毒性

无急性全身毒性。

（5）溶血试验

无溶血反应。

（6）致敏试验

应无皮肤致敏反应。

（7）皮下植入试验

植入 14 d 后组织反应与阴性对照无显著差异。

（8）遗传毒性试验

无遗传毒性。

（六）试验方法

1. 外观

使用肉眼直接观测，应符合（五）1 的规定。

2. 傅里叶变换红外光谱（FT-IR）

样品制备采用溴化钾压片法，按照《中华人民共和国药典》（2005 版，二部）附录 Ⅳ C 规定的方法测定，应符合（五）2 的规定。

3. 葡萄糖醛酸含量测定

按照附录十二规定的方法测定，应符合（五）3 的规定。

4. pH 测定

透明质酸钠用蒸馏水配制成 5 mg/ml。浓度溶液，按照 GB/T 14518 规定的方法测定，应符合（五）4 的规定。

5. 特性黏数测定

透明质酸钠的溶液浓度以流出时间为准，应控制在 120～180 s 的范围内，一般用生理盐水溶解至 1 mg/ml，按照《中华人民共和国药典》（2005 版，二部）附录 VI G 第二法测定，应符合（五）5 的规定。

特性黏数用以表征透明质酸钠的分子质量，两者的关系见下式。

$$\eta = 0.036M^{0.78}$$

式中，η 为特性黏数，单位为 cm^3/g；M 为分子质量。

6. 动力黏度测定

透明质酸钠用蒸馏水配制成 10 mg/ml，浓度溶液采用旋转式黏度计，按照《中华人民共和国药典》（2005 版，二部）附录 VI G 第二法测定，应符合（五）6 的规定。

7. 蛋白质含量测定

按照附录十三规定的方法（可任选一种方法）测定，应符合（五）7 的规定。

注：考马斯亮蓝法为仲裁方法。

8. 重金属含量测定

透明质酸钠用蒸馏水配制成 1 mg/ml 做样品管，标准铅溶液 1.0 ml 溶于标准对照管中，按照《中华人民共和国药典》（2005 版，二部）附录 VI H 第三法测定，应符合（五）8 的规定。

9. 乙醇残余量测定

按照附录十四规定的方法测定，应符合（五）9 的规定。

10. 干物质含量

按照《中华人民共和国药典》（2005 版，二部）附录 VIII N 干燥失重法测定，应符合（五）10 的规定。

11. 灰分测定

精密称取透明质酸钠 1.0 g，按照（2005 版，二部）附录 VIII N 规定的方法测定，800℃灼烧 6 h，应符合（五）11 的规定。

12. 紫外吸收测定

透明质酸钠用生理盐水配制成 5 mg/ml 的溶液，按照《中华人民共和国药典》(2005 版，二部) 附录 IV A 规定的方法测定，应符合（五）12 的规定。

13. 无菌试验

按无菌操作要求按照《中华人民共和国药典》(2005 版，二部) 附录 XI H 规定的方法测定，应符合（五）13 的规定。

14. 细菌内毒素限量试验

透明质酸钠用细菌内毒素检测用水配成 1 mg/ml，按照《中华人民共和国药典》(2005 版，二部) 附录 XI E 规定的方法测定，应符合（五）14 的规定。

15. 原材料安全性试验

(1) 溶血性链球菌溶血素试验

透明质酸钠用生理盐水配制成 1 mg/ml，后取 1 ml 直接接种于血液琼脂平板培养基上，在 37℃培养 24 h，应符合（五）15①的规定。

(2) 检验检疫

针对不同的原材料，应进行不同的项目的检验检疫试验或获得相关的检验检疫证明。

16. 生物学性能

(1) 生物学性能

按照 GB/T 16886.12 规定的方法制备试验样品，供下述试验使用。

(2) 细胞毒性试验

按照 GB/T 16886.5 规定的方法测定，应符合（五）16②的规定。

(3) 皮内反应试验

按照 GB/T 16886.10 规定的方法测定，应符合（五）16③的规定。

(4) 急性全身毒性

按照 GB/T 16886.11 规定的腹腔注射方法测定，应符合（五）16④的规定。

(5) 溶血试验

按照 GB/T 16886.4 规定的溶血试验方法测定，应符合（五）16⑤的规定。

(6) 致敏试验

按照 GB/T 16886.10 规定的最大剂量方法测定，应符合（五）16⑥的规定。

(7) 皮下植入试验

按使用说明制备透明质酸溶液。采用新西兰兔 3 只，兔脊柱两侧各选 2 个植入点，每点皮下注入透明质酸 0.5 ml，14 d 后取样观察，其他试验步骤按照 GB/T 16886.6 规定的方法测定，应符合（五）16⑦的规定。

(8) 遗传毒性试验

按照GB/T 16886.2规定的Ames试验、微核试验和染色体畸变试验（或小鼠精子试验）方法进行测定，应符合（五）16⑧的规定。

（七）检验规则

1. 总则

透明质酸钠以同日投料，同一工艺生产的产品为同一批号，根据自己的生产工艺，制定相应的出厂检验项目。

2. 型式检验

型式检验为全性能检验。型式检验时，若所有检验项目全部合格，则判定为合格，否则判定为不合格。

（八）标　志

1）大包装应有下列标志：①生产厂名和地址；②产品名称；③产品注册号和执行标准编号；④规格和数量；⑤ 生产批号或日期；⑥失效日期；⑦储存条件。

2）小包装应有下列标志：①产品名称；②生产厂名和地址；③规格和数量；④生产批号或日期；⑤原料来源；⑥失效日期；⑦储存条件。

3）储运标志应符合GB/T 191中的规定。

（九）包装、运输和储存

1）包装应采用适宜的包装，确保透明质酸钠产品的安全性和有效性。

2）产品的包装、储存、运输应符合YY/T 0313的规定。

七、中华人民共和国医药行业标准：组织工程医疗产品（第10部分：修复或再生关节软骨的植入物体内评价指南YY/T 0606.10）

（一）范　围

YY/T 0606的本部分规定了修复或再生关节软骨的植入物体内评价的通则。本部分中的植入物可由天然或合成生物材料（具有生物相容性，可生物降解）或其复合物构成，可含有细胞、药物、生长因子、合成多肽、质粒或cDNA等生物活性因子。

本部分描述了兔、犬、猪、山羊、绵羊等不同种属的动物模型和相应的试验程序，以及形态学、组织生物化学和生物力学分析等结果测定和评价的方法。

（二）规范性引用文件

下列文件中的条款通过 YY/T 0606 本部分的引用而成为本部分的条款。凡是注日期的引用文件，其随后所有的修改单（不包括勘误的内容）或修订版均不适用于本部分，然而，鼓励根据本部分达成协议的各方研究是否可使用这些文件的最新版本。凡是不注日期的引用文件，其最新版本适用于本部分。

GB/T 16886.1—2001 医疗器械生物学评价第 1 部分：评价与试验（idt ISO 10993—1：1997）

（三）术语和定义

下列术语和定义适用于 YY/T 0606 的本部分。

1. 软骨再生（cartilage regeneration）

具有与天然软骨相似的形态学、组织生物化学和生物力学特性的关节样软骨的形成。

2. 软骨修复（cartilage repair）

受损的软骨或其替代物通过细胞增殖和新细胞外基质合成的愈合过程。

3. 纤维性软骨（fibrocartilage）

软骨基质中含有大量平行或交织排列的胶原纤维束，其化学成分为 I 型胶原蛋白的软骨组织，无定形基质很少，软骨细胞常成行分布于纤维束之间。

4. 透明关节软骨（hyaline articular cartilage）

位于关节表面的软骨组织，软骨基质的主要成分是水和蛋白多糖，纤维是由 II 型胶原蛋白组成的胶原原纤维，软骨细胞位于软骨陷窝内。

（四）意义和用途

1）本部分的目的在于提供各种动物体内模型，用于修复或再生关节软骨的组织工程医疗产品的临床前评价。

2）本部分包括动物模型介绍、手术要点、组织处理，以及组织标本的定性和定量分析等。

3）本部分的使用者应按照 GB/T 16886.1 医疗器械生物学评价标准的要求，在做本部分所述的体内评价前，进行材料和（或）器械的细胞毒性和生物相容性试验。

4）动物模型结果不一定能预示人体使用结果，所以应谨慎解释在人体中的可能适用性。

（五）动物模型

1. 概述

本章说明了在确定合适的动物模型、关节软骨缺损大小和部位等方面的考虑（表8.12）。

注：非纯种动物应增加样本量。

表 8.12　关节软骨修复评价的动物模型

种属	常用品种	成年年龄	成年重量/kg	通常使用的缺损部位	股骨髁关节软骨厚度/mm	关键缺损大小（直径）/mm
兔[a]	日本大耳白兔、新西兰大白兔	9个月	3～4	股骨髁、滑车沟、胫骨平台、髌骨	0.25～0.75	4
犬[b]	混种犬、Beagle	>1～2年	15～30	股骨髁、滑车沟、髌骨	1.3	6
猪[b]	云南版纳猪、巴马香猪	10个月～1年	20～40	股骨髁、滑车沟	—	6
山羊[b]	青山羊、黑山羊、Spanish、Dairy、Boer Cross	2～3年	40～70	股骨髁、滑车沟、胫骨平台、髌骨	1.5～2	6
绵羊[b]	Suffolk 或 Texel	2～3年	35～80	股骨髁、滑车沟	1.7	7

a 小型动物；b 大型动物；“—”表示尚无相关数据

2. 关节大小和载荷

1）人体透明关节软骨损伤常发生在膝关节，主要在内侧部分（如股骨内髁和胫骨平台）。因此，宜在动物模型中使用膝关节评价软骨修复/再生。

注：膝是复杂的活动关节，主要包括两个独立的关节连接：髌股关节和胫股关节。股骨远端和胫骨近端的关节面间含有楔行纤维软骨样半月板，隔离关节面。股骨髁和胫骨平台软骨的接触出现在内、外侧半月板中部的最内侧部分。力学载荷直接从股骨传递到胫骨，也通过半月板间接传递。髌骨在滑车沟内和股骨髁形成关节。

2）不同种属的动物在重量、关节解剖和步态方面有显著差异，具有不同的关节力学。这些因素影响了关节软骨的厚度和分布，关节基质的大分子物质含量、分布和胶原结构等。上述环节在关节软骨的疾病或损伤反应中起着重要作用。宜仔细考虑适于植入物研究阶段的动物模型。

3）应选择合适的动物和关节部位，使其关节面和关节软骨厚度适于进行对预期在人体使用的配方、设计、尺寸和配套使用器械等的充分研究和优化。

第一，较大的动物具有更大的关节软骨表面积和厚度，更接近人体情况，更适于关节软骨修复研究。

第二，较大的缺损通常需要某种方式的固定以保护植入物，减少植入物脱位。植入物的固定方法可能对缺损周围宿主组织和修复有不利影响。小型动物通常不需要固定，通过小型动物试验结果预测在需要固定的大型动物和人体试验的结果时，需要注意试验中植入物设计的不同之处。

4）对每种动物而言，关键大小的缺损定义为动物不经干预能修复的最大尺寸（直径）的缺损。每种动物的关键缺损的大小通常不同，应在设计植入物大小和固定方法时仔细考虑。

5）力学载荷影响关节软骨修复。在力学生物学因素中，间歇性静水压力和剪切应力在调控软骨发育、滋养及关节退化等方面起着重要作用。力学载荷大小或作用时间对植入物、植入部位周围原有关节软骨及其下骨组织的影响随解剖位置和关节部位而变化，因此，选择用于评价植入物的缺损部位时应体现力学载荷对植入物性能的影响。

第一，当分析植入部位在站立和运动中的受力状况时，应考虑每一种属动物的步态和姿态。

第二，股骨髁、滑车沟和胫骨平台，以及同一关节面不同解剖部位的受力状态和强度显著不同。

第三，由于动物跑动、跳跃、关节过度伸展或屈曲而使植入物受到过度和迅速变化的应力，会导致试验结果变异性增加，应采取措施减少导致快速和（或）过度关节运动的行为或其他因素。

3. 动物性别与年龄

1）由于血液循环中类固醇对软骨、骨代谢和再生的影响，应考虑试验动物的性别。不应使用妊娠和哺乳期的动物。试验组群内的试验动物性别宜一致。

2）在生长过程中，骨和关节处于代谢和重塑的动态变化中。由于存在这些生理过程对组织修复的影响，因此试验中每种动物的年龄应超过骨骼成熟年龄。试验组群内的动物应骨骺闭合。每种动物骨骼成熟情况有不同，需要时通常可用放射显影确定。

3）更老的动物更有可能发生骨质减少和退行性关节病（如骨关节炎），从而使关节软骨修复能力下降。除非这些情况对植入物的预期目的具有重要意义，应避免使用过老的动物。

4）间充质干细胞源、生长因子反应性和细胞代谢活性通常随年龄增加而降低。因此，取决于宿主细胞数量和活性的修复过程在更老的动物中可能受到一定的影响。

4. 研究周期

1）研究周期长短取决于植入物发展阶段、动物种属、缺损大小及植入物的组成和设计。

2）在小型动物模型，植入 6～8 周的小缺损可以提供植入物和固定器械存留时间，以及修复类型等方面的信息。

3）对于大型动物模型，8～12 周的研究应仅限于提供生物相容性、早期细胞反应，以及缺损内植入物的存留和状况等方面的信息。

4）在形态学和组织生物化学检测结果（包括邻近软骨和软骨缺损下骨界面及相对的软骨部位）的基础上判断关节软骨修复或再生程度通常需要 8～12 个月的研究。

5. 兔模型

1）与大型动物相比，兔模型通常更为经济。

2）由于兔关节软骨表面积小和厚度薄，缺损的大小受限。缺损内植入物固定方法的评估基本不可行。

3）兔模型最适于评价生物相容性、材料配方及植入物基本设计筛选等。兔股骨髁和滑车沟是最常使用的植入物评价部位。髌骨的使用也有过研究。

4）通常，兔关节软骨的修复速率、类型和程度较大型动物模型更为显著，这可能与更高的新陈代谢活性，以及缺损部位旁多能干细胞的密度相关。

6. 犬模型

一般认为犬膝关节表面为中等大小，介于兔与成年山羊、绵羊之间。犬滑车沟和股骨髁可作为植入物评价部位。

7. 猪模型

猪胫股关节角的解剖不同于其他许多四足动物，其活动范围较小，猪股骨髁可用作植入物评价部位。

8. 绵羊模型

1）绵羊股骨髁通常用作植入试验部位。

2）在正常活动范围内，股骨髁和胫骨平台的接触发生在胫骨平台的尾侧。胫股关节活动度为（72±3)°（完全屈曲）～（145±5)°（完全伸展）。

3）在使用绵羊模型的某些研究中观察到手术后组织钙化。

9. 山羊模型

1）很大程度上由于山羊后腿膝关节的尺寸、关节软骨厚度，以及易于获得和处理等特点，山羊代表了关节软骨修复研究中一类良好的动物模型。山羊股骨髁和滑车沟最常用作植入试验部位，也有报道使用胫骨平台和髌骨等表面。

2）在正常活动范围内，股骨髁和胫骨平台的接触发生在胫骨平台的尾侧，胫股关节活动范围与绵羊相似。

3）与绵羊相比，通常认为山羊对人为手术干预耐受性好。

4）在纳入试验组前，每只山羊应通过山羊脑炎的血液筛选。

（六）缺损部位

1. 股骨髁

1）植入物所用的缺损根据动物大小可在直径 2～15 mm，深度 1～10 mm 的范围内变化。通常，缺损不应超过关节面积的 15%～20%，或髁宽度的 50%～60%。

2）由于股骨髁的凸出形貌，缺损的深度从中心到边缘可能有不同。

3）要根据股骨髁上缺损的位置考虑关节连接——包括半月板和胫骨平台的作用，特别是在休息位时。

2. 滑车沟

1）可将滑车沟作为承受不同于股骨髁的载荷和剪切力的评价部位。

2）为达到此部位，在制造缺损前可能需要髌骨脱位。

3）滑车沟关节软骨的厚度通常较同一动物股骨髁的薄，原型植入物设计应考虑这一因素。

4）由于滑车沟的凹陷，缺损的深度可能随缺损大小和在滑车沟内的位置（壁或底部）而变化。

5）应注意滑车沟关节表面的头侧和尾侧（近端和远端）力学载荷的差异，以及这些差异对修复的影响。

3. 胫骨平台

胫骨平台在一些试验中有应用。由于存在股骨髁、半月板和十字韧带带来的手术入路困难，使其使用较少。

（七）缺损类型、植入物固定和关节制动

1. 软骨缺损和骨软骨缺损

1）通过使用合适的器械，可以移除软骨和骨组织，而不过多损伤周围组织，形成软骨（全层或部分厚度的）或骨软骨（全层和跨骨的）缺损。

2）对于软骨缺损，可以使用环钻或磨钻，但应小心避免移除或损伤软骨下骨组织。应小心选择磨钻的转速和压力，因为可能产生过多热量引起周围组织的热坏死。另外，也可使用刮除术移除软骨直至软骨下骨组织，首先用活检打孔器形成一致的缺损轮廓，然后用小的骨刮匙移除软骨。

3）应注意软骨厚度和软骨下骨板厚度均存在变化。试验者在决定深度时应考虑这一变化，以获得一致的软骨缺损或骨软骨缺损。

4）应形成垂直于关节表面的缺损。

5）在一个关节表面可形成多个缺损以评价一个以上的植入物。然而，应考虑多个缺损的大小和位置，以及对周围组织的影响。试验应包括阴性对照和其他对照。

6）过度的关节软骨损伤可增加慢性滑膜炎的风险。

7）同一关节软骨上过大或过多的缺损而致的力学载荷不稳定分布可能会损害周围软骨组织，从而影响植入物性能评价。

2. 微骨折

1）可以利用缺损底部软骨下骨板的微骨折，达到出血。

2）应使用合适的器械产生一致的骨穿透部位，尽量减少对软骨下骨板的过度损害。

3）软骨下骨组织对微骨折的反应包括不同程度的吸收（骨溶解）。影响骨溶解的因素包括骨损伤程度、力学载荷、滑膜液和植入材料的降解产物等。

3. 植入物固定

1）要根据缺损大小、部位、动物种属等，选择合适的植入物固定方法来防止过度运动和（或）脱位。

2）固定方法应能反映在站立和运动中的受力状况。

3）应考虑固定对周围组织和植入物性能的短期和长期影响。

4. 关节载荷和制动

1）应考虑动物的关节解剖、关节大小、动物的步态等确定合适的制动方法。

2）可以在术后使用夹板、外固定器械和石膏减少关节运动和载荷。

3）在确定制动期限时，应考虑废用性萎缩和可能的负面结果对关节软骨的影响。

4）在人体和动物关节软骨损伤后，连续的主动活动对再生过程有一定益处。在动物模型试验中相似的治疗方式可行性低，未被广泛接受。

5）应考虑石膏和夹板带来的相关术后护理问题。应有合格的兽医日常检查动物，以便发现任何大体畸形和关节制动带来的动物过度不适征象。

（八）试 验 程 序

1. 植入物制备

所有动物植入试验的材料应按 GB/T 16886.1 的要求进行生物相容性评价。植入物组分可以经灭菌处理或无菌制备，或应用已知适于植入物组分和功能的方法进行终末期灭菌处理。

2. 缺损的产生

1）应检测关节和滑膜液是否有不可接受的病理学改变。缺损的大小应一致。

2）应在钻孔过程中和钻孔后冲洗缺损，以降低热量和在植入前除去存留的骨和软骨微粒。

3）为降低热坏死所致的组织损伤，应使用速度不超过 500 r/min 的电动磨钻。

4）钻头的设计要能减少钻孔中的可能移动。可使用穿透关节软骨层的套管以使钻孔居中，减少钻孔过程中的偏心移动。

5）移除软骨直至软骨下板产生软骨缺损时不应引起出血。穿透软骨下板产生骨软骨缺损时一般将出现随深度变化的骨性表面点状出血。

6）推荐在植入物植入前，用止血海绵控制严重出血。出血的程度在动物种属和试验组间会有明显差异。

7）在手术操作期间，应以无菌缓冲生理盐水保持关节面润湿，防止脱水。

3. 植入物植入和固定

1）植入物应以标准的可重复操作的方式植入。

2）应小心确保缺损周围关节组织不被过度损伤。植入物应在周缘与缺损的垂直壁接触，在底部与骨接触（对于全厚缺损而言）。

3）如果使用组织瓣（如骨膜），应以对邻近和相对的关节软骨损伤最小的方式固定在原有软骨上。

4）植入物放置的深度应使其关节面和周围关节表面充分匹配（平齐）。

5）滑膜腔的缝合应尽量降低关节表面的缝线摩擦。

4. 恢复和管理

1）设计的恢复条件应减少应力和过度运动的可能性。对于山羊、绵羊，推荐使用可减少过度活动范围的恢复性围栏 2～3 d。

2）应经常监测动物，并记录观察结果以确保正常的健康和生理状态。

3）在将试验动物放归更大的种群时，应有兽医证实动物的健康状况。

5. 生存期

1）与标准的敷料相比，夹板能减少关节运动和载荷，然而在选择治疗时间的长短时应考虑废用性萎缩和其可能的不利结果对关节软骨的影响。

2）在研究中推荐用影像学来评价植入物的放置。

3）在恢复后，大型动物应继续留在保护性畜栏至少 9 d。其后动物可在畜栏或种群中放养。

4）针对任何大体畸形和不适表现，兽医应按常规检查动物。

6. 动物尸检

1）动物应根据相应的管理办法和条例的可行规范以人道方式实施安乐死。

2）应进行动物尸检以确定关节是否有可能影响研究结果的任何大体畸形。大体评估应包括：①滑膜液颜色和数量，以及关节腔面外观的描述；②原有关节软骨的外观（是否存在原纤维形成）；③周围骨的外观（是否存在骨赘）；④修复部位组织颜色和数量的描述（包括表面外观和结构），植入物的整合程度（注：推荐按照 ASTM F561 的要求获取活检标本）。

3）应沿着周围的软骨和骨组织取出植入物。

4）也可收集与植入部位直接相对的关节面周围软骨和其下的骨组织（数量标准化）。

5）应将取材组织放置在符合形态学（脱钙石蜡或不脱钙塑料包埋）、组织生物化学或生物力学测试等检测方法要求的溶液中。

6）应获取若干标准部位的滑膜组织以评估微粒摄取，以及微粒引起的细胞聚集等。

（九）结果和评价

1. 形态学

1）建议采用组织学切片评价软骨缺损处组织再生或修复的数量和性质。推荐采取连续切片，染色方法应能评价组织性质和检测糖胺多糖，如 Weigert、苏木素和伊红、Safranin-O、甲苯胺蓝、苯胺蓝和（或）改良三色染色法。

2）显微镜分析和评分。推荐使用标准的组织病理学指标来分析组织学切片的不良组织反应。可以利用 O'Driscoll 提出的评分体系，评价植入物性能包括：①缺损部位及其周围的组织性质（透明或纤维软骨）；②表面外观，以及和原有软骨的连续程度；③与原有软骨和骨的整合程度；④软骨下骨重建的性质；⑤细胞形态；⑥固定器械周围组织的性质。

3）推荐利用形态测量学来测量组织学指标，如厚度、整合情况、细胞数量和表面性质。

4）由于修复组织可能随时间发生生物化学成分和组成的变化，少于 8 个月的时间可能不能反应长期结果。

5）短期的组织学评价可用于筛选和优化，而长期的结果评价应基于形态学、组织生物化学和生物力学检测。

2. 组织生物化学

1）正常的透明关节软骨主要由 II 型胶原和蛋白多糖组成。比较修复组织与原有软骨组织蛋白和蛋白多糖的生物化学定量可以为修复的程度和性质提供有用的信息。

2）推荐使用已确立的方法来检测胶原类型和蛋白多糖含量。推荐将生物化学分析和形态学评价相结合来比较结果。

3）一般在缺乏良好的形态学结果时，生物化学组分的测定不能保证评价的正确性。

3. 生物力学测试

1）在体内，关节软骨作为结构性材料，其功能高度依赖其力学性能。生物化学分析本身不足以确定关节软骨的力学性能。目前对天然关节软骨固相与液相复合性能的表征原理已有报道。

2）建议经修复或再生形成的软骨组织的力学性能用聚集模量(H_A)、动态刚度(1 Hz)、泊松比(υ) 和渗透性(k) 来表征。

3）可按 Mow 所述，进行限制性压缩蠕变和周期性加载—卸载(频率为 1 Hz) 来测定组织的渗透性(k)、聚集模量(H_A) 和动态刚度(1 Hz)。将圆形的关节软骨放置在内径与软骨匹配的不透液圆柱状腔中。通过可透液加载板对组织加载，当施加阶跃载荷时，保持载荷不变，测量其形变量，得到应变随时间的变化，直到达到新的平衡（变形量不再增加）——蠕变。由此可获得软骨组织的聚集模量(H_A)、渗透性(k) 和泊松比(υ)。当所施加载荷以 1 Hz 频率做周期性变化（幅值不变）时，测量变形量随时间的变化，可得动态刚度。

4）也可用有孔压痕器的蠕变压痕试验来测定聚集模量（H_A)、渗透性（υ）和泊松比（k)。蠕变压痕测试时，将试验曲线与能体现相应天然软骨压痕蠕变特定的理论（模型）曲线相比较，组织工程软骨的压痕蠕变曲线应与理论（模型）曲线相似。

5）天然关节软骨是各向异性的，且具有分层特性。建议记录和表征经修复或再生形成的软骨组织的各向异性、分层特性和非均一性。

6）推荐将测定的聚集模量（H_A)、动态刚度（1 Hz)、泊松比（υ）和渗透性（k）的测定值与已发表的人体和动物不同部位的关节软骨的数值进行比较。

（十）分　　析

统计分析。对每一评分标本的每一分类和总分应计算平均值和标准差。可用 Fisher exact test、chi-square test 或 Kruskal-Wallis test 分析不同组评分的差异。

八、中华人民共和国医药行业标准：组织工程医疗产品（第 12 部分：细胞、组织、器官的加工处理指南 YY/T 0606. 12—2007）

（一）范　　围

1）YY/T 0606 的本部分规定了用于组织工程医疗产品（组织工程医疗产品）的细胞、组织和器官的加工处理、检定、生产及质量保证的要求，包括：①细胞、组织及器官的加工处理（即设施、试剂、接收程序、检查及储存，组织培养成分，生物危险因子及操作区域)；②供体（人源或非人源）及筛查；③细胞、组织和器官的检定及加工。

2）本部分不适用于现行药品管理法中按照生物制品进行管理的产品。

（二）规范性引用文件

下列文件中的条款通过对 YY/T 0606 的本部分的引用而成为本部分的条款。凡是注日期的引用文件，其随后所有的修改单（不包括勘误的内容）或修订版均不适用于本部分，然而，鼓励根据本部分达成协议的各方研究决定是否可使用这些文件的最新版本。凡是不注日期的引用文件，其最新版本适用于本部分。

《中华人民共和国药典》(2005 版，三部)。

（三）术语和定义

下列术语和定义适用于 YY/T 0606 的本部分。

1. 生物制品（biological product）

生物制品是应用普通的或以基因工程、细胞工程、蛋白质工程、发酵工程等生物技术获得的微生物、细胞及各种动物和人源的组织和液体等生物材料，用于人类疾病预防、治疗和诊断的药品。目前，我国人用生物制品包括细菌类疫苗（含类毒素）、病毒类疫苗、抗毒素及免疫血清、血液制品、细胞因子、体内及体外诊断制品，以及其他活性材料（包括毒素、抗原、变态反应原、单克隆抗体、重组 DNA 产品、抗原-抗体复合物、免疫调节剂、微生态制剂等）。

2. 复合产品（combination product）

复合产品包括下列几类。

1）由两种或两种以上批准的组分组成的一种产品，即药品/医疗器械，生物制品/医疗器械，药品/生物制品，或药品/生物制品/医疗器械，它们通过物理的、化学的或其他方法组合或混合而成为一个整体。

2）将两种或两种以上批准的各自独立的产品，包装在一起或作为一个单元，如药品与医疗器械产品，生物制品与医疗器械产品或生物制品与药品。

3）一种处于研发阶段的药品、医疗器械或生物制品，按照其研发计划或标签独立包装，但仅与一种已批准的有特定规格的药品、医疗器械或生物制品联合使用，它们应达到预期的使用目的、适应证或效力，而且，研发产品的批准及已批准产品的标签可能需要变更，以反映诸如使用目的、剂型、使用强度、给药途径的改变或剂量的明显变化。

4）任何处于研发阶段的药品、医疗器械或生物制品应独立包装，按照其预期标签仅与另一种特定规格的研发药物、医疗器械或生物制品联合使用，它们应达到预期的使用目的、适应证或效力。而且，许多用于患者的体细胞产品将会与生物制品/医疗器械或药品/生物制品/医疗器械组合，成为复合产品。

复合产品可适用于组织工程医疗产品。

3. 细胞（cell）

构成有机体的具有独立功能的最小结构单位，含有单个或多个细胞核、细胞质及各种细胞器，并具有半透膜性质的细胞膜。虽然所有的细胞都必须在某一阶段合成蛋白质及核酸，利用能量并增殖，但细胞的结构和功能具有多样性及特异性。细胞或细胞群可能来源于任一生物体，或不同的组织类型，或不同的发育阶段，可能是存活的或非存活的，也可以是在基因或其他方面经过改造的。细胞可以作为组织工程医疗产品的一个组分。

4. 干细胞（stem cell）

具有自我复制、增殖、分化为功能细胞潜能的原细胞。

5. 组织（tissue）

一群细胞与细胞外基质（可溶的和不可溶的，纤维性的和非纤维性的生物材料）的集合，具有特定的结构和功能。在胚胎后期和胎儿早期，有形式各异的 4 种最基本的组织：①上皮、间皮、内皮，或三者的组合；②结缔组织（如脂肪、血液、骨、软骨及疏松结缔组织）；③肌肉组织（平滑肌、骨骼肌、心肌）；④神经组织。在一个已经分化的器官里包含了所有 4 种基本的组织类型。

组织及其衍生物可以作为组织工程医疗产品的成分。

6. 器官（organ）

生物体中具有特殊功能的已分化的部分。器官是生物体的组成部分，在胚胎后期及胎儿早期，器官由 4 种基本的组织类型构成，即上皮/间皮/内皮组织、结缔组织、肌肉组织和神经组织。这些组织形成特殊的结构，例如，帮助消化的肠道是由上皮层、疏松结缔组织、神经组织及平滑肌组成的。器官及其衍生物可以作为组织工程医疗产品的成分。

7. 细胞培养（cell culture）

细胞在体外生长或维持的过程。

8. 遗传修饰（genetical modification）

对任何来源的细胞、组织或器官在遗传物质层次上进行改变或修饰。

9. 供体（donor）

提供细胞、组织、细胞/组织的生物体。这些细胞或组织可用于研究，也可按照已有的医学标准和程序进一步处理，以用于移植。

10. 受体（recipient）

接受移植或植入材料的个体或生物体。

11. 同源性（syngeneic）

供体的细胞、组织或器官与受体具有无反应性的基因型。

12. 异种或异源（xenogeneic）

细胞、组织和器官的供体和受体属于不同的物种或个体。

13. 获取（recovery）

获得可用于组织工程医疗产品的细胞、组织或器官的过程。

14. 加工（processing）

任何对细胞、组织或器官所进行的处理活动。例如，为了储存和包装所进行的制备和保存，但不包括获取过程。

15. 加工过程中使用的材料（processing materials）

在加工过程中与细胞、组织或器官接触，但不属于组织工程医疗产品成分的任何组分或材料。

16. 再加工（reprocessing）

对加工的某一特定阶段不合格的细胞或组织进行返工，通过一个或更多的附加操作使其质量合格。

17. 消毒（disinfection）

通过物理或化学（如乙醇、抗生素、杀菌剂）的方法破坏或降低致病性的或其他类型的微生物。

18. 交叉污染（cross-contamination）

细胞或材料中混入了其他的非目的用的细胞或材料。

19. 生产过程控制（in-process control）

对生产过程进行监测，必要时对生产过程做出调整以保证整个生产过程符合要求。对环境及设备的控制可以是生产过程控制的一部分。

20. 移植（transplantation）

出于治疗的目的，将细胞、组织或器官从身体的一个部位植入到另一个部位，或从一个个体植入到另一个个体的过程。

21. 自体移植物（autograft）

供体与受体为同一个体的细胞、组织和器官。

22. 同种异体移植物（allograft）

供体与受体为同一物种但遗传基因不同的个体的细胞、组织和器官。

23. 异种移植（xenotransplantation）

将非人类动物来源的活细胞、组织或器官，或体外与非人类动物来源的活细胞、组织或器官接触过的人类的体液、细胞、组织或器官，通过移植或输注的方式进入受体人的过程。

24. 植入（implantation）

将材料（如细胞、组织或器官）埋入体内用于治疗的过程。组织工程医疗产品可以植入或移植到受体。

（四）意义及应用

1）本部分描述并分析了用于组织工程医疗产品生产的细胞、组织和器官处理的产品研发标准总则。本部分中的细胞、组织和器官可以来源于处于任何发育阶段和任何健康状态的任何生物体。

2）细胞、组织和器官可与组织工程支架材料结合，也可含有局部或全身作用的生物分子或药品。这类组织工程医疗产品为“复合产品”。

（五）设施、试剂及操作程序

1. 设施

接收、检查和储存：

与细胞、组织及器官处理相关的设施。例如，建立与产品特性及处理过程相应级别的洁净间，人员培训、环境监测、取样计划、限制标准等，应符合我国现行相关标准的要求，并建立科学合理的质量保证程序，包括：①信息的可溯源性；②各种材料的危险性评估；③特异的检定方法。

2. 试剂

（1）组织培养基成分

细胞、组织及器官的生长、维持用的所有培养基及试剂应按照我国现行 GMP 的要求进行生产，或向符合我国现行相关标准的供应商购买，并对供应商资质进行审核。为降低病毒或朊病毒污染或传播的机会，应尽可能使用非动物来源的或不含动物来源组分的培养基及试剂。若必须使用动物来源的组分，为减少感染的危险性，则至少应充分证明这些培养基或试剂采用已验证的程序进行了病毒灭活。动物细胞、组织及其衍生物等生物活性材料应尽可能从特定的饲养单位（如封闭的无病原体种群）获取，并对原种进行控制。

（2）基础培养基及其添加成分

培养基的制备过程应符合国家药品管理部门关于无菌药品无菌生产过程的相关要求。

应详细列出培养过程中使用的各种成分，如基础培养基、动物来源或非动物来源的各种添加成分、酶、饲养细胞、培养基质（二维或三维的；外源性的或内源性的）等，它们与细胞生长、分化、选择及纯化等密切相关，应说明其种属来源、使用目的、使用的终浓度及可接受标准，包括纯度、活性、安全性等。添加成分尽可能使用国家批准临床应用的产品。例如，使用非国家批准临床用产品，则尽可能从符合 GMP 要求的供应商处购买，同时应明确规定此产品的质量标准。另外，应详细记录所有成分，包括基础培养基、血清及其他添加成分的来源和批号。

除能证明体细胞培养或激活需要血清外，应避免使用任何血清。如必须使用动物血清，应对每批血清进行外源因子检查。例如，必须使用牛血清，应证明牛血清来源于无牛脑海绵体脑病地区的健康牛群，其质量应符合《中华人民共和国药典》（2005 版，三部）附录 XII D《小牛血清检测要求》所规定的标准，同时应验证生产过程不会造成牛源性病毒的扩增。

如需使用人血白蛋白，则必须使用具有国家药品管理部门批准文号的合格制品。如必须使用同种异体人血清或血浆成分，应向国家药品管理部门咨询，且必须验证培养系统不会造成传播性病原微生物的扩增。

用于生产的培养基中应尽可能不使用抗生素，如必须使用 J3-内酰胺类抗生素，则必须告知使用者，并具有相应的应急处理措施。

3. 操作程序

（1）生物危险因子

a. 外源因子的检测

生物材料必须进行外源因子的检测。人源材料应评估包括 HBV、HCV、HIV 病毒、梅毒螺旋体等病毒微生物可能造成的污染。

培养基成分及加工过程中所用的试剂应进行热源的检测，如内毒素检测法。可采用鲎试剂法或比色法，两种方法主要用于人用生物制品的终端产品的内毒素检测，因此，这两种方法是否适用于检测组织工程医疗产品，应进行充分的验证。

b. 微生物限度检测

用于组织工程医疗产品的非细胞组分必须消毒灭菌，并符合无菌要求，特别是在加入活细胞或其他生物成分之前必须无菌。如果在终产品中含有活细胞，无论细胞、组织或器官来源于自体、同种异体，异种或经过遗传修饰，均应在加入到产品之前证明这些活性材料的安全性。

（2）操作区域

操作区域内的设备及操作程序必须遵守国家的相关指南，以确保污染控制在最低水平。

a. 环境监测控制

环境控制应包括建立并定期维护洁净间级别，以保证洁净间级别处于稳定的水平。

关键性的无菌处理操作过程所在区域应满足 100 级环境的要求。

定期对空气、水、表面、洁净间及操作人员进行密切的微生物学监测，以确保洁净间环境监控的充分性。

用已建立的警戒水平对环境进行常规监测，通常可以在其超过警戒水平之前对清洁卫生程序提供早期的预警。

除对生产区域进行环境监测外，还应在关键生产步骤对产品进行微生物学检查。

b. 定期维修程序及常规校准

应定期对仪器设备进行维护及校验。

校验应根据可溯源性标准进行。

4. 供体筛选

(1) 人源供体

供体是否可以使用，可参考美国 FDA 颁布的 21CRF 1271 的 B 部分进行供体资质的确认。一般应考虑两个方面，即疾病（微生物或病毒）检测及一般安全性筛查。这些检测项目可由生产单位采用已经过验证的方法检测或由通过一定资质认证的检测实验室检测。

如果是自体来源的生物材料，建议对用于移植的供体材料筛查及检测；如果使用同种异体供体，则必须对用于移植的供体材料进行筛选及检测。

供体材料的筛查及检测必须使用国家管理部门批准的供体筛查试剂盒，并严格按照试剂盒使用说明书操作。病毒筛查的种类，依据所用细胞及组织类型的不同而有所不同。对所有组织类型的供体，应至少检测人类免疫缺陷病毒 I 型及 II 型（HIV-I 型及 HIV-II 型）、乙型肝炎病毒（HBV）和丙型肝炎病毒（HCV）、梅毒螺旋体，并应均为阴性。无人海绵状脑炎病毒，包括人克-雅氏病病毒的传播的可能性。对活细胞的、富含淋巴细胞的细胞及组织供体，还应至少检测人 T 淋巴细胞病毒 I 型及 II 型（HTLV-I，II），应均为阴性。对于生殖细胞或组织供体，还应至少检测沙眼衣原体及奈瑟氏球菌，且应为阴性。

(2) 建立供体记录及样品档案

应记录并保存供体的种属、年龄、性别，细胞、组织及器官来源（包括国家来源）的数据。细胞、组织和器官的获取应符合我国相关部门的管理规定，特别是组织供体的登记、记录保存、标签、产品溯源、传染性疾病检测结果等应符合相关规定的要求。

必须遵守伦理及法律准则，包括对人体细胞、组织和器官的供体应使用知情同意书。

(3) 动物来源供体

动物的来源及其筛选应最大限度地减少已知的及人畜共患病病原体潜在的种间传播。

对不同种属及不同地域来源的动物供体应进行不同项目的检测。

动物来源应符合我国实验动物管理的相关要求，包括动物设施、饲养、隔离检疫、运输、废弃动物的处理、动物保护等的相关要求。生产单位可以与具有相关经验的有资质的实验室及管理机构联系，以鉴别并验证与动物检疫相关的检测项目。

应记录动物种群地域来源、物种、种系、动物检疫的信息，并应能够体现动物供体无 BSE 或其他传染性病毒感染。

应使用来源于圈养或封闭种群的动物，应尽可能使用剖腹产获得的动物。

不得直接使用来源于中国境外的动物，也不得将其第一代动物直接作为异种移植供体。如果必须使用境外动物，则必须设立足够长的隔离检疫期，以证明无相关的传染性因子污染。

不得从种群发生过 TSE 的国家或地区进口该动物种类。

不得使用散养的动物或野外捕捉的动物作为异种细胞及组织供体。

不得使用屠宰场的动物作为异种细胞及组织供体。

5. 细胞、组织及器官的加工及检定

（1）加工

每一个组织工程医疗产品的生产单位必须在组织工程医疗产品的设计、要求及生产时实施国家相应的管理规范。

（2）细胞

应按照现行相关管理规范的要求对生产工艺进行验证，验证的内容应根据产品的特性、生产工艺的特性、产品的使用目的来设计，其主要目的是保证生产程序及工艺的有效性，如无菌生产工艺的验证、病毒清除或病毒灭活工艺的验证。也可采用已经过充分验证的标准操作程序，但必须有相应的措施保证这些已验证程序的严格实施。可以由生产单位或有资质的专家进行验证，但验证过的工艺必须书面记录并在生产过程中严格按照已验证过的程序生产。验证的方法可以参照我国药品或生物制品生产相关的验证要求，并与管理当局沟通。

细胞的质量控制要求或可进行的检测项目需根据细胞的处理方法及其使用目的确定。例如，进行体外传代的细胞和仅作为原代组织收集的细胞，需采用不同的检测项目。细胞库或新鲜组织保存库应有相应的维护措施。

（3）与细胞加工处理相关的其他质量保证体系

溶液的无菌分装程序应进行验证。

建立质量保证体系，应保证生产过程中所使用的所有组分，包括培养基和其他添加成分的质量标准满足生产的要求，应详细记录各组分的来源及相应的批号。生产环境的微生物监测应满足我国 GMP 所规定的相关要求。

（4）细胞检定

细胞检定可根据 WHO、FDA、ICH 关于生产用细胞的要求及《中华人民共和国药典》（2005 版，三部）中《生物制品生产用动物细胞的制备及检定规程》的相关要求进行，主要包括以下几个方面的内容：①细胞来源、传代方法及传代过程等历史资料及该细胞系的一般检定资料，包括细胞种属鉴别及外源因子污染的检测；②细胞库体系的建立；③细胞质量控制检定。

根据细胞的来源、特性、加工工艺、产品的使用目的等确定细胞的检定项目，并参考国家对不同来源细胞的相关指南或相关要求。例如，对自体来源细胞、同种异体来源细胞、异种来源细胞及遗传修饰等的相关要求。细胞检定主要应包括以下几个方面：①细胞存活率；②细胞纯度及其均一性检定，如细胞形态分析、同工酶图谱分析、染色体核型分析、细胞分子表型分析、基因修饰特征分析等；③微生物污染的检测：细菌、真菌、支原体污染的检测，一般外源病毒污染的检测，逆转录病毒检测，与动物种属来源相关的特异性病毒检测等，这是细胞安全性考虑的一个重要方面；④细胞致瘤性分析：包括克隆形成率、体内致瘤性检测；⑤细胞功能性分析或生物学效力分析；⑥细胞的稳定性分析：包括细胞的遗传稳定性、功能稳定性、生产的稳定性、保存条件及保存有效期等；⑦细胞免疫学分析：主要与细胞在体内所诱导的免疫反应密切相关。

九、组织工程化组织移植治疗技术管理规范（试行）

为规范组织工程化组织移植治疗技术审核和临床应用，保证医疗质量和医疗安全，制定本规范。本规范为技术审核机构对医疗机构申请临床应用组织工程化组织移植治疗技术进行技术审核的依据，是医疗机构及其医师开展组织工程化组织移植治疗技术的最低要求。

本规范所称的组织工程化组织移植治疗技术是指通过移植经组织工程技术制备的、含有自体活性细胞的组织，来修复、改善或重建患者的组织或器官的结构和（或）功能的治疗技术。组织工程化组织不包括直接移植（如自体植骨、植皮术等）或为后续移植而保存的细胞、组织或器官移植物，也不包括用于其他目的的体细胞治疗。组织工程化组织移植目前仅适用于结构性组织（如骨、软骨、皮肤等）的临床应用。以代谢性功能为主的复杂组织（如肝、肾、脑等）的临床应用暂不允许开展。

（一）医疗机构和制备环境的基本要求

1. 医疗机构基本要求

1）医疗机构开展组织工程化组织移植治疗技术应当与其功能、任务相适应。

2）三级甲等医院，具备卫生行政部门核准登记的骨科、整形外科、烧伤科、神经外科、眼科、口腔科等有组织工程化组织移植治疗需求的诊疗科目，并具备医学检验科、放射影像科、病理科等其他辅助科室及开展组织工程化组织移植后的随访和检查条件。

3）医院设有管理规范、运作正常的由医学、法学、伦理学等方面专家组成的组织工程化组织移植治疗技术临床应用伦理委员会。

2. 制备环境基本要求

1）具备经省级以上食品药品监督管理部门出具的洁净度检测报告，符合无菌医疗器具生产管理规范（YY0033—2000）的GMP人体细胞生产洁净室。

2）GMP人体细胞生产洁净室。

①整体环境不低于洁净度10 000级，细胞培养与组织构建区应达到洁净度100级。②洁净室布局合理，与细胞制备与组织构建等工艺相适应，人流物流分开并固定走向。③具备开展组织和细胞的采集、分离、培养、鉴定、处理和保存的仪器设备，具备能够

充分防止交叉污染的制度和措施。④具备细胞操作每一过程的标准操作规程（SOP），确定关键步骤、质控标准和检测指标，具备完善的检测分析设备和仪器，并具备规范、完整的质量管理体系。

3）有至少 2 名具备组织工程化组织移植治疗技术临床应用能力的本院在职医师，有经过组织工程化组织移植治疗技术相关知识和技能培训并考核合格的、与开展的组织工程化组织移植治疗技术相适应的其他专业技术人员。

（二）人员基本要求

1. 组织工程化组织移植治疗医师

1）取得《医师执业证书》、执业范围为开展本技术应用相关专业。

2）具有副主任医师及以上专业技术职务任职资格，具有组织工程化组织移植治疗技术临床应用能力的本院在职医师。

2. 其他相关卫生专业技术人员

1）组织工程实验室至少具备 1 名从事组织工程研究并有相当组织工程研究基础的、副研究员及以上专业技术职务任职资格的总体负责人。

2）从事细胞制备工艺的操作人员应具有相关专业大学专科及以上学历，经专业技术培训并考核合格，具有细胞生物学、组织工程学基础理论知识和实践操作技能。

3）从事质量检验的工作人员应具有相关专业大学专科及以上学历，并经过专业技术培训并考核合格。

（三）技术管理基本要求

1）建立组织工程化组织临床应用的质量标准体系，建立对种子细胞、支架材料、活性因子、生长环境等影响组织工程化组织临床应用重要因素的检测方法和评价标准。①建立组织工程化组织用人源细胞质量控制标准。本技术管理规范的质量控制体系仅适用于组织工程化组织所用的自体来源细胞，异基因细胞（包括异体细胞和异种细胞）暂不允许临床应用。参照《中华人民共和国药典》、国家食品药品监督管理局颁布的《人体细胞治疗研究和制剂质量控制技术指导原则》和《生产用细胞基质研究的一般原则》，建立人源细胞质量控制标准。基本要求包括：规定人源细胞来源的供体资质要求；建立细胞的操作规范；为保证组织工程化组织的溯源性和稳定性，应建立细胞制备及鉴定的检测制度。检测内容主要包括细胞的采集、分离和鉴定，细胞培养基的使用与鉴定，细胞的纯度、存活率和均一性，细胞的生物学效应，外源因子和病原微生物（如内毒素、细菌、真菌与支原体）的检测等。②建立组织工程化组织用支架材料质量控制标准。应用于组织工程化组织构建的支架材料，应具备国家食品药品监督管理局医疗器械检测机构的检测报告，检测内容主要包括材料的物理性能、化学性能和生物安全性检测。③建立组织工程化组织质量控制标准。参照我国医药行业标准《组织工程医疗产品》（YY/

T0606—2007），在细胞接种、复合物培养及最后处理时对复合细胞的组织工程化组织进行质量控制，建立规范的质量控制标准及相应执行程序，保证组织工程技术临床应用的安全性和有效性。

2）根据患者病情、可选择的治疗方案、患者意愿及经济承受能力等因素综合判断治疗措施，因病施治，合理治疗，严格掌握组织工程化组织移植治疗技术的适应证和禁忌证。

3）对患者实施组织工程化组织移植治疗，应由具有副研究员及以上专业技术职务任职资格的组织工程实验室技术人员和组织工程化组织移植治疗医师共同决定，并制定合理的治疗和管理方案，包括失败和并发症处理预案。

4）实施组织工程化组织移植治疗前，应向患者和其家属告知手术目的、可选择的手术方案、手术风险、术后注意事项、可能发生的并发症及预防措施等，必须签署知情同意书。

5）医疗机构应建立完整的临床数据库及严格的术后随访制度。

6）医疗机构和医师按照规定定期接受组织工程化组织移植治疗技术临床应用能力审核。审核内容包括病例选择、治疗有效率、严重并发症、死亡病例、医疗事故发生情况、术后患者管理、患者生存质量、随访情况和病历质量等。

7）其他管理要求。①使用经食品药品监督管理部门审批的医用物品和耗材，建立登记制度，保证来源可追溯。对于不同来源的组织或细胞，在分离、培养时凡有一次性器具产品可以使用的，必须使用一次性器具，且不得重复使用。②严格执行国家物价、财务政策，按照规定收费。

（刘咏梅）

第二节 组织工程化组织器官的保存与运输

各种原因所致的组织和器官缺损极其普遍，相应地解决这一问题的组织工程化组织的研究就越来越受到人们的关注。理想的工程化组织除了具备各种良好的生物特性以外，还必须方法简单，能大量产出，能随时满足移植手术的需要，这涉及工程化组织的长期保存问题。

由于低温能大大降低生物体新陈代谢的速率，所以细胞和组织能够在液氮温度下安全地保存数十年以上，而不发生变化，能满足临床移植的需要。因此低温冷冻保存被公认为是组织与器官长期保存的最有效方法之一。

一、冷冻与复苏原理

生物体为何能在低温下长期保存？这是因为低温能抑制生物体的生化活动。生物体内一切新陈代谢过程中的变化，虽然由于酶的催化而表现出多种特殊形式，但仍然都服从某些共同的物理化学规律。著名物理化学家 S. A. Arrhenius 研究了温度对化学反应

速度的影响，得到了著名的 Arrhenius 关系

$$k = A\exp(-E_a/RT)$$

式中，k 为反应速率；R 为气体常数；T 为绝对温度；E_a 为活化能（activation energy）；A 为 Arrhenius 因子。对于给定的反应，A 是个常数。许多酶反应速率、心搏速率、呼吸速率、神经冲动传播速率、变质反应速率等试验都已经证实了上述关系。

根据一般推荐的活化能 E_a 的数值，就可以算出反应速率 k 随温度降低而减弱的情况，也可以推算出生物变质速率与温度的关系。例如，若一生物体在 4℃环境下能存活 2 h，那么按照该理论，它在 −40℃下能保存数日，在 −80℃下可保存数月，而在 −196℃（液氮的正常沸点）下可望保存几个世纪。

许多实验已证明，经成功低温保存的细胞和组织在 −196℃保存数十年，复温后进行检查，没有发现任何生化和功能上的变异。有人将红细胞的温度一直降至 −272.29℃，复温后未见任何变异，这说明低温保存并未发现有温度的下限。从 Arrhenius 关系来分析，温度越低，可保存的时间就越长久，但从实用观点来说，−196℃已足够了。

冷冻保存，就是将体外培养物或生物活性材料悬浮在加有或不加冷冻保护剂的溶液中，以一定的冷冻速率降至零下某一温度（一般是 −196℃的超低温条件），并在此温度下对其长期保存的过程。而复苏就是以一定的复温速率将冻存的体外培养物或生物活性材料恢复到常温的过程。不论是微生物、动物细胞、植物细胞还是体外培养的器官都可以进行冻存，并在适当条件下复苏。

水在低于零度的条件下会结冰。如果将细胞悬浮在纯水中，随着温度的降低，细胞内外的水分都会结冰，所形成的冰晶会造成细胞膜和细胞器的破坏而引起细胞死亡。这种因细胞内部结冰而导致的细胞损伤称为细胞内冰晶的损伤。如果将细胞悬浮在溶液中，随着温度的降低，细胞外部的水分会首先结冰，从而使未结冰的溶液中电解质浓度升高。如果将细胞暴露在这样高溶质的溶液中时间过长，细胞膜上脂质分子会受到损坏，细胞便发生渗漏，在复温时，大量水分会因此进入细胞内，造成细胞死亡。这种因保存溶液中溶质浓度升高而导致的细胞损伤称为溶质损伤或溶液损伤。当温度进一步下降，细胞内外都结冰，产生冰晶损伤。但是如果在溶液中加入冷冻保护剂，则可保护细胞免受溶质损伤和冰晶损伤。因为冷冻保护剂容易同溶液中的水分子结合，从而降低冰点，减少冰晶的形成，并且通过其摩尔浓度降低未结冰溶液中电解质的浓度，以使细胞免受溶质损伤，细胞得以在超低温条件下保存。在复苏时，一般以很快的速度升温，1～2 min内即恢复到常温，细胞内外不会重新形成较大的冰晶，也不会暴露在高浓度的电解质溶液中过长的时间，从而无冰晶损伤和溶质损伤产生，冻存的细胞经复苏后仍保持其正常的结构和功能。冷冻保护剂对细胞的冷冻保护效果还与冷冻速率、冷冻温度和复温速率有关，而且不同的冷冻保护剂其冷冻保护效果也不一样。

二、冷冻速率

冷冻速率是指降温的速度，它直接关系到冷冻效果。细胞在冷冻过程中会发生如下

变化：当细胞被冷至−5℃时，因溶液中加有冷冻保护剂而降低溶液的冰点，细胞内外溶液仍未结冰；当被冷至−5～−15℃之间时，细胞外溶液先出现结冰而细胞内仍保持未结冰状态。细胞内未结冰的水分子会比细胞外部分结冰溶液中的水分子具有更高的化学能。其结果是，细胞内水分子为了和细胞外水分子保持化学能的平衡，会向细胞外流动。冷冻速度不同，细胞内水分向外流动的情况也不相同：如果冷冻速度慢，细胞内水分外渗多，细胞脱水，体积缩小，细胞内溶质浓度增高，细胞内不会发生结冰；如果冷冻速度快，细胞内水分没有足够的时间外渗，结果随着温度的下降而发生细胞内结冰；如果冷冻速度非常快（即超快速冷冻），则细胞内形成的冰晶非常小或不结冰而呈玻璃状态（玻璃化冷冻）。Luyet（1937）证实液体的凝固可分为两种形式：一种是晶体化，溶液中的分子呈有序排列；另一种情况是非晶体（即玻璃）化，液体中的分子呈无序状态，保持未凝固前的状态。

不同的冷冻速度既然能使细胞内发生不同的生理变化，也就能对细胞产生不同的损伤。当冷冻速度过慢时，细胞脱水严重，细胞体积严重收缩，超过一定程度时即失去活性。同时冷冻速度过慢，还会引起细胞外溶液部分结冰，从而使细胞外未结冰的溶液中溶质浓度增高，产生溶质损伤。当冷冻速度过快时，细胞内水分来不及外渗，会形成冰晶，造成细胞膜及细胞器的破坏，产生细胞内冰晶损伤。超快速玻璃化冷冻对细胞存活来说是最为理想的冷冻方法。细胞内外呈玻璃化凝固，无冰晶形成或形成很小的冰晶，对细胞膜和细胞器不致造成损伤，细胞也不会在高浓度的溶质中因长时间暴露而受损。

不同细胞的最适冷冻速率不同。小鼠骨髓干细胞、酵母、人红细胞的最适冷冻速率分别为1.6℃/min、7℃/min和200℃/min。细胞与细胞之间的最适冷冻速率为1.6～300℃/min，故对一种细胞进行冷冻保存之前，首先需要测定其最适冷冻速率，以保证获得最高的冷冻存活率。

三、冷冻保存温度

冷冻保存温度是指能长期保存细胞的超低温度，在此温度下，细胞生化反应极其缓慢甚至停止，但经过长期保存，在复苏后仍能保持正常的结构和功能。

不同的细胞和生物体，以及使用不同的冷冻保存方法要取得同样的冷冻保存效果，冷冻保存温度可能不同。但从实际和效益的观点出发，液氮温度（−196℃）是目前最佳的冷冻保存温度。在−196℃时，细胞的生命活动几乎完全停止，但复苏后细胞的结构和功能完好。如果冷冻过程得当，一般生物样品在−196℃下均可保存10年以上。应用−70～−80℃保存细胞，短期内对细胞的活性无明显影响，但随着冻存时间延长，细胞存活率明显降低。在冰点到−40℃保存细胞的效果不佳。

四、复苏速率

冷冻保护体外培养物，除了必须有最佳的冷冻速率、合适的冷冻保护剂和冻存温度外，在复苏时也必须有最佳的复温速率，这样才能保证最后获得最佳冷冻保存效果。

复温速率是指在细胞复苏时温度升高的速度。复温速率不当也会降低冻存细胞存活率。一般来说，复温速度越快越好。常规的做法是，在37℃水浴中，于1～2 min内完成复苏。复温速度过慢，细胞内往往重新形成较大冰晶而造成细胞损伤。复温时造成的细胞损伤非常快，往往在极短的时间内发生。

五、冷冻保护剂

冷冻保护剂是指可以保护细胞免受冷冻损伤的物质。冷冻保护剂常常配制成一定的溶液。一般来讲，只有红细胞、大多数微生物和极少数有核的哺乳动物细胞悬浮在不加冷冻保护剂的水或简单的盐溶液中，并以最适的冷冻速率冷冻，可以获得活的冻存物。但对于大多数有核哺乳动物细胞来说，在不加冷冻保护剂的情况下，无最适冷冻速率可言，也不能获得活的冷冻物。例如，将小鼠骨髓细胞悬浮在不加冷冻保护剂的平衡盐溶液中，并以0.3～600℃/min的冷冻速率降温冷冻，98%以上的细胞会死亡；而加入甘油冷冻保护剂进行冷冻保存时，98%以上的细胞都可存活。

冷冻保护剂可分为渗透性和非渗透性两类。渗透性冷冻保护剂可以渗透到细胞内，一般是一些小分子物质，主要包括甘油、DMSO、乙二醇、丙二醇、乙酰胺、甲醇等。其保护机制是在细胞冷冻悬液完全凝固之前，渗透到细胞内，在细胞内外产生一定的摩尔浓度，降低细胞内外未结冰溶液中电解质的浓度，从而保护细胞免受高浓度电解质的损伤，同时，细胞内水分也不会过分外渗，避免了细胞过分脱水皱缩。甘油和DMSO并不防止细胞内结冰，在使用该类冷冻保护剂时，需要一定的时间进行预冷，让甘油或DMSO等成分渗透到细胞内，在细胞内外达到平衡以起到充分的保护作用。目前DMSO的应用比甘油更为广泛，但要注意的是，DMSO在常温下对细胞的毒性作用较大，而在4℃时，其毒性作用大大减弱，且仍能以较快的速度渗透到细胞内。所以，冻存时DMSO平衡多在4℃下进行，一般需要40～60 min。

非渗透性冷冻保护剂不能渗透到细胞内，一般是些大分子物质，主要包括聚乙烯吡咯烷酮（PVP）、蔗糖、聚乙二醇、葡聚糖、白蛋白及羟乙基淀粉等。其保护机制的假说很多，其中有一种可能是，聚乙烯吡咯烷酮等大分子物质可以优先同溶液中水分子结合，降低溶液中自由水的含量，使冰点降低，减少冰晶的形成；同时，由于其分子质量大，使溶液中电解质浓度降低，从而减轻溶质损伤。

不同的冷冻保护剂有不同的优、缺点。目前一般多采用联合使用两种以上冷冻保护剂组成保护液。由于许多冷冻保护剂（如DMSO）在低温下能保护细胞，但在常温下却对细胞有害，故在细胞复温后应及时洗涤冷冻保护剂。

六、冷冻保存方法

按照冷冻保护液在冻结后是否形成冰晶来划分，冻存方法可分为非玻璃化和玻璃化冻存两种。非玻璃化冻存是利用各种温级的冰箱分阶段降温至－70～－80℃，然后直接投入液氮进行保存；或者是利用电子计算机程控降温仪，以及利用液氮的气、液，按一定的降温速率从室温降至−100℃以下，再直接投入液氮保存的方法。以该种方法冻结的细胞悬液或多或少都有冰晶的形成。玻璃化冻存则是指利用多种高浓度的冷冻保护剂联合形成的玻璃化冷冻保护液保护悬浮细胞，直接投入液氮进行冻存的方法。以该种方法冻结的细胞悬液没有冰晶的形成。但目前细胞冻存最常用的仍是前一种方法。

生物体虽能在低温下长期保存，但却极容易在降温和复温过程中受溶液冻结、融化及溶液渗透压变化等因素的作用而损害。这种低温损伤主要发生在0～60℃这段温度范围内，我们称这个温度范围为“危险温度区”。

生物样品冷冻时，其中的液体转化为固体，细胞内外结冰。结冰的过程亦即冰核形成和冰晶生长的过程。

（一）非玻璃化冻存方法

下面以肿瘤细胞和杂交瘤细胞为例，介绍非玻璃化冻存细胞的详细过程。

1. 主要材料

（1）仪器设备

普通冰箱、−30℃低温冰箱和−70～−80℃超低温冰箱、液氮冻存罐、高速离心机、电子计算机程控降温仪等。

（2）冻存管

容量为1 ml或1.5 ml。

（3）冷冻保护液

一般是以9份小牛血清或细胞培养液与1份DMSO混合而成。现配现用，或配制后放入普通冰箱冰盒内冷冻保存。使用前，于室温下水浴溶解。

（4）待冻存细胞

各种肿瘤细胞或杂交瘤细胞。

2. 操作过程

（1）待冻存细胞悬液的制备

待冻存细胞悬液的制备方法如下。①按常规方法消化处于对数生长期的细胞培养物，制备单细胞悬液，并计算细胞总数；②将细胞悬液以800～1000 r/min离心5 min，去上清液；③向细胞沉淀物中加入冷冻保护液，轻轻吹打混匀，使细胞密度达1×10^6～1×10^7个/ml；④按每管1～1.5 ml的量分装于冻存管内，拧紧管盖；⑤在冻存管上做好标记，包括细胞代号及冻存日期。

（2）分级冷冻

分级冷冻的过程如下。①先将冻存管放入普通冰箱冷藏室（4～8℃），约40 min；②接着将冻存管置于普通冰箱冷冻室（−10～−20℃），30～60 min；③将冻存管转入低温冰箱（−30℃），放置 30 min 左右；④然后将冻存管转移到超低温冰箱（−70～−80℃），过夜；⑤最后将冻存管投入液氮保存。

（3）记录

做好冻存记录。记录内容包括冻存日期、细胞代号、冻存管数、冻存过程中降温的情况、冻存位置及操作人员。

（4）冻存结果

如此冻存的细胞，其存活率可达 90％以上。

（二）玻璃化冻存方法

以下以人单核细胞为例说明这种细胞冻存方法（Takahashi and Donahoe，1986）。

1. 主要材料

1）冷冻保护液：Hanks 平衡盐溶液加入 20.5％DMSO（*w*/*V*）、15.5％乙酰胺（*w*/*V*）、10％丙二醇（*w*/*V*）和 10％聚乙二醇（*Mr*＝8000）而成。用 2 mol/L NaOH 调节 pH 至 7.4，现配现用。

2）冻存管：SILASTIC 玻璃小管，内径 3 mm，外径 4.5 mm。

3）设备：液氮储存罐。

4）待冻存细胞：人类外周血单核细胞。

2. 冻存过程

1）用常规方法分离全血中单核细胞。

2）在冰浴中预冷冷冻保护液。

3）将装有单核细胞的离心管放置入盛有冰水的烧杯内（冰浴）。

4）沿离心管壁缓慢滴加预冷的冷冻保护液。滴加过程为：前 3 min 以 0.3 ml/min 速度滴加，后 5 min 以 0.6 ml/min 速度滴加，余下的冻存液以 0.75 ml/min 速度滴加。2×10^7 个细胞要滴加 15 ml 冻存液。滴加的时间在 15 min 左右。最终细胞密度要在 1×10^6～1.5×10^6 个/ml，边滴加边轻轻晃动离心管。

5）轻轻吹吸混匀细胞冷冻悬液。

6）将细胞冷冻悬液分装于冻存管中。12 cm 长的冻存管装 0.8 ml 细胞冷冻悬液。

7）将冻存管两端以火焰封口。

8）最后将冻存管直接投入液氮中保存。降温速度约为 600℃/min。

3. 冻存结果

如此冻存的细胞，其存活率可达 90％以上。

七、冻存细胞的复苏

（一）非玻璃化冻存的复苏方法

1. 主要材料

1）仪器设备：恒温水浴箱、高速离心机。

2）培养用液：完全培养液。

2. 复苏过程

1）调配 37～40℃的温水，或将恒温水浴箱的温度调节至 37～40℃。

2）从液氮中取出冻存管，立即投入 37～40℃温水中迅速晃动，直至冻存液完全溶解。

3）将细胞冻存悬液转移到离心管内，加入约 5 ml 培养液，轻轻吹打混匀。

4）将细胞悬液经 800～1000r/min 离心 5 min，弃上清液。

5）向细胞沉淀内加入完全培养液，轻轻吹打混匀，将细胞悬液转移到培养瓶内，补足培养液进行培养。

3. 结果

复苏后的细胞应该保持其冻存时的活力，活细胞数达 90％以上。

（二）玻璃化冻存的复苏方法

以下以人的单核细胞为例说明其过程（Takahashi and Donahoe，1986）。

1. 主要材料

1）设备：高速离心机。

2）培养用液：添加 20％胎牛血清的 Hanks 平衡盐溶液、培养液。

2. 操作过程

1）将冻存管从液氮中取出，立即投入冰浴中 5 min。复温速率约 560℃/min。一次可以进行多个冻存管的复苏。

2）将冻存管两端剪断，可以将 5 ml 细胞冻存悬液转移到 50 ml 离心管中。

3）沿离心管管壁缓慢加入已在冰浴中预冷的含 20％胎牛血清的 Hanks 平衡盐溶液。前 10 min 以 0.2 ml/min 的速度加入，后 10 min 以 0.5 ml/min 的速度加入，接着的15 min以 0.75 ml/min 的速度加入，最后 30 min 以 1 ml/min 的速度加入。全过程约为 65 min，都在冰浴中进行。

4）将稀释后的细胞悬液以 400 r/min 离心 5 min，去除上清。向细胞沉淀中加入培养液重新悬浮细胞，用于培养。

3. 结果

复苏后的细胞应该保存其冻存时的活力，活细胞数达 90%以上。

到目前为止，关于组织工程化低温保存方面的研究较少。特别是关于组织工程骨的低温冷冻保存的文章更是罕见。由于组织工程未来的临床应用极为广阔，该领域研究具有重要的医学意义和巨大的经济效益，因而工程化组织的长期保存方面的研究也就意义重大，虽然目前有关组织工程皮肤和组织工程肌腱的低温保存方面的文章报道，但是这方面的研究还欠深入。对于不同的工程化组织如何才能达到最佳的低温保护效果，针对不同的工程化组织所应用的防冻剂配方组合和防冻剂含量、降温和复温程序与速率，及降温所至温度如何才能做到最佳选择，并且还要做到方法简单、经济、实用，这些均有待于进一步研究。

（刘咏梅）

第三节 组织工程化组织器官的国内外临床应用情况

目前已有商品化的组织工程化皮肤、软骨等产品正式进入临床应用，组织工程骨、肌腱、骨骼肌、角膜、黏膜、血管、膀胱、胰腺、生殖器、肾脏、肝脏等的临床应用也开始起步并取得了一定疗效，这些可喜的研究成果将会对组织缺损的修复与再造产生十分深远的影响。

一、组织工程化皮肤

近年来，利用组织工程化皮肤修复各种皮肤缺损正逐步应用于临床。组织工程化皮肤是目前最成功的组织工程产品，国内外已经有各种相关产品投入临床使用，并取得了理想的治疗效果。2001 年，表皮操作治疗的全球市场规模约为 62.5 亿美元，其中 10%～12.8%属于组织工程化皮肤产品，即 6.25 亿～8 亿美元。但据估计这仅仅能够满足全球 2.5%～3.2%的市场需求。这种供需之间的巨大差异是由于生产能力较低和一些国家市场供应渠道不畅造成的。2002 年，Apligraf 的年销售额为 2300 万美元，Dermagraft 的年销售额为 450 万美元。组织工程化皮肤为 9.92～20.85 美元/cm^2，这一价格远远高于捐献皮肤（0.37～8.66 美元/cm^2）。但是，使用组织工程化皮肤可以大大减少用药、换药和护理的需要量，手术次数也明显减少，所以总体费用支出有所降低。可以预见，今后组织工程化皮肤的需求量还会进一步增加。

（一）组织工程化皮肤的种类

根据组织工程化皮肤的结构不同，可将其分为表皮替代物、真皮替代物和复合皮替代物 3 种类型。表皮替代物由生长在可降解基质或聚合物膜片上的表皮细胞组成；真皮替代物为含有活细胞和不含细胞成分的基质结构，用来诱导成纤维细胞的迁移、增殖和分泌细胞外基质；复合皮替代物包含上述两种成分（既有表皮结构，又有真皮结构）。

1. 表皮替代物

（1）Epicel

由美国 Genzyme Biosurgery 公司生产，是人工表皮开始应用于临床并渐形成商品化的表皮替代物，它是分离患者自身的角质形成细胞和鼠细胞共培养所形成的表皮替代物。

（2）EpiDex

是采用患者毛囊外毛根鞘细胞作为种子细胞培养所得的表皮替代物，种子细胞保持较高的增殖力，其增殖力与患者的年龄大小无关。表皮替代物具有供皮面积小，细胞数大量扩增，异体膜片可迅速覆盖创面等优点。但是培养的大多是成熟或比较成熟的细胞，扩增次数有限；培养周期长，费用昂贵；缺乏真皮的机械支持和营养，故耐磨性、弹性差，易挛缩，易自发形成水疱等缺点限制了其在临床的广泛应用。

2. 真皮替代物

（1）Dermagraf

由美国 Advanced Tissue Science 公司生产的一种真皮替代物。采用新生儿包皮成纤维细胞种植于聚乳酸、聚羟基乙酸纤维网中，成纤维细胞大量增殖并分泌胶原、纤连蛋白、蛋白聚糖、生长因子，形成由成纤维细胞、细胞外基质和可降解生物材料构成的人工真皮。Dermagraf 有较高的生物活性，植入切痂创面后，基底的成纤维细胞和毛细血管内皮细胞浸润较快，抗感染能力较强，不易被蛋白酶降解。该真皮替代物尤其适用于感染创面的修复，抗胶原酶活性好，避免了使用胶原传播疾病的风险。但也存在制备中需大量的成纤维细胞，人造真皮的厚度较难调整、相容性差等缺点。

（2）Integra

由 Integra Life Science 公司开发生产。它由硅膜（表皮层）和从牛跟腱提纯的胶原与从鲨鱼软骨中提取的 6-硫酸软骨素交联而成的真皮垫（真皮层）构成，并以薄层硅胶膜覆盖。当移植到创面后，内层胶原海绵相当于真皮，硅胶膜起临时性表皮作用，可防止体液丧失和微生物入侵。2 周后揭去硅胶层，再以极薄的自体皮片或培养的自体表皮细胞膜片覆盖。其优点是：色素沉着较轻，瘢痕形成、挛缩不明显；韧性、弹性好。缺点是：所使用的醛类交联剂对组织有毒性；制备所需细胞数较多；对创面要求较高；手术成功率低；易皮下积液及诱发感染；还需要二次植皮封闭创面。

（3）Alloderm

美国 Lifecell 公司生产。采用新鲜尸体皮或动物皮通过反复冻融去除细胞，完整保留细胞外基质支架的三维结构和基底膜复合体。可与培养的成纤维细胞和表皮细胞结合构成复合膜片。其优点为：使用方便，对创面要求低，成活率高；去除了细胞成分，大大降低了免疫原性。缺点为：缺乏成纤维细胞，移植后患者真皮重建较慢；来源于异体皮肤，来源不广泛，而且有传播感染性疾病的危险。

（4）Transcyte

1997年由加州Lajolla先进组织科学公司生产。将新生儿成纤维细胞在硅橡胶层的尼龙纤维上培养并增殖4～6周，形成一个含有高水平分泌的基质蛋白和大量生长因子的致密细胞组织，将该组织冻存使成纤维细胞失去活力，形成真皮替代物。其具有即刻使用、易于保存等优点。

3. 全层皮肤替代物

（1）Apligraf

1998年由Organogenesis公司注册生产。将新生儿包皮成纤维细胞接种于牛胶原凝胶中培养1周，形成细胞胶原凝胶，再在其表面接种新生儿角质形成细胞后浸没培养4 d，角质形成细胞融合成片，然后进行气液界面培养1～2周。无论从形态、生物化学行为还是在代谢方面均类似于人类皮肤，是目前最成熟的既含有表皮层又含有真皮层的双层组织工程皮肤。该类全层皮肤的优点是制作过程中未使用交联剂，无明显的毒性反应；提供双层皮肤结构，一次手术完成。而缺点是易被胶原酶降解，支架寿命较短；韧性较差，手术操作难度大。

（2）Orcel

支架由双层胶原基质构成，上层是经包被的胃蛋白酶处理过的无空隙的胶原凝胶，下层是交联的多孔隙的牛胶原海绵。将角质形成细胞和成纤维细胞分别接种上、下两层培养形成的人工皮肤。该产品优点是使创面加速愈合，减轻瘢痕形成。

（3）安体肤

2007年由陕西艾尔肤生物工程有限公司注册生产。该产品与上述Apligraf类似，是一种双层人工皮肤替代物，表皮层由人表皮细胞构成，真皮层由人成纤维细胞和牛胶原蛋白构成。产品为膜状物，厚薄均匀、浅粉红色、有光泽，具有一定的柔韧性和拉伸性，可随意剪切和缝合。"安体肤"是具有完全自主知识产权的组织工程产品，与国外同类产品相比具有生产成本低廉、周期短、制备工艺简单、临床效果好的优点。也是目前中国组织工程研究唯一成功的产品，解决了我国烧伤医学和战争火器伤治疗的技术瓶颈，标志着我国组织工程研究与产业化步入了国际先进行列。

（二）组织工程化皮肤的应用范围

组织工程化皮肤在临床上主要应用于皮肤烧伤、创伤皮肤缺损、慢性溃疡，及多种原因造成的皮肤软组织缺损等创面。

1. 烧伤创面

早期的烧伤创面覆盖可以限制细菌生长，预防感染，防止水分及电解质的丢失，自体皮肤移植是治疗烧伤的首选，但是对于大面积烧伤，自体皮肤不能满足需求，异体皮肤且引起明显的免疫排斥，组织工程化皮肤无疑是较为理想的替代物。烧伤创面治疗是应用组织工程化皮肤技术最早的领域，特别是II度以上需要进行皮肤移植的烧伤病例，包括早期创面覆盖及后期瘢痕修整。

国外曾有人将 TransCyte 用于临床烧伤治疗，取得了良好的效果。Wisser（2003）报道了 1 例 19 岁烧伤患者，烧伤面积达 76％TBSA（总体表面积），采用 Integra 覆盖了 63％TBSA，并配合包扎技术于 4 周后进行表皮移植，术后 1 年随访，皮肤功能及外观恢复理想。Clayman 和 Clayman（2006）把 Integra 用于烧伤后引起的增生性瘢痕重建，术中将瘢痕组织全部切除达一定深度，以保证移植物植入到无瘢痕且血运丰富的血管床区，术后其功能恢复良好。Hunt（2000）将 Integra 作为暂时皮肤替代物用于烧伤后肥大瘢痕和颈前挛缩的重建，术中将瘢痕组织全部切除达一定深度，以保证移植物植入到无瘢痕且血运丰富的血管床区，根据受区预计的颈部运动范围采用网状植皮（2∶1），或根据受体外形范围采用整块皮片移植，术后其功能恢复良好。刘亚玲等（2004）用组织工程化皮肤“安体肤”对 31 例深度烧伤创面进行修复。结果显示，深 II 度创面 25 例，愈合时间比对照组提前 6 d（$P<0.05$），III 度创面 6 例，愈合时间比对照组提前 20 d（$P<0.05$）。

2. 外科创面

组织工程化皮肤还可广泛用于切割伤、肿瘤、巨痣、文身和胎记等切除术后的创面修复。有资料显示：组织工程化皮肤用于急性创面的治疗，显示出其在愈合时间、美观效果和减轻痛苦等方面同自体网状植皮有相似的效果。

Kopp 等（2003）用胶原结构的替代物移植于 23 例头皮的黑素瘤、鳞癌、血管肉瘤、基底细胞癌及脑纺锤体瘤等手术继发性头皮缺损，患者中仅有 6 例患者由于头皮脓肿而延迟了创面愈合，其余患者都较快愈合。Robertancis 和 McGuigan（2006）报道，在伊拉克、阿富汗战争期间应用组织工程化皮肤治疗战伤性皮肤缺损，可以预防感染和创面干燥，减少瘢痕形成，缩短治愈时间，从而减轻伤员痛苦。用 Apligraf 作为覆盖物治疗 10 例外伤性撕脱伤致皮肤萎缩，所有患者均大于 60 岁，且多数长期使用激素，皮肤薄而萎缩，平均治疗时间为 9.2 周，治愈率达 100％，所有创面未出现感染。也有人把 Integra 移植于巨大脐疝术后的创面也收到良好的临床效果。组织工程皮肤的应用为各种外科创伤所致皮肤缺损提供了一种安全、有效、方便的治疗方法。

3. 慢性皮肤溃疡

慢性皮肤溃疡创面通常较难治愈，但应用组织工程皮肤治疗多能取得较好疗效。随着研究的进一步深入，目前大多数公司已将产品目标定位于治疗慢性溃疡的开发方面，而且随着全球人口老龄化的改变，这一市场也在不断扩大，如治疗静脉溃疡、压力溃疡、糖尿病足溃疡及放（化）疗术后皮肤溃疡等，并已被美国食品药品管理局（FDA）批准用于某些慢性溃疡的治疗。例如，Apligraf 已被 FDA 核准治疗静脉溃疡和糖尿病足溃疡，并配合常规护理，其效果优于传统治疗方法。

Falanga 等（1998）利用 Apligraf 配合加压疗法治疗慢性溃疡 120 例（病史均大于 1 年），所有创面均于 24 周内治愈，其效果明显优于单纯加压疗法。Susan（2002）利用 Integra 成功治愈了放疗术后头皮溃疡 2 例（其中 1 例曾采用了包括高压氧、自体皮片移植等方法均未能治愈）。Omar 等（2004）用 Dermagraft 治疗静脉性溃疡，创面 12 周内愈合率和对照组比较为 50%：12.5%，创面缩小比较为 84%：16%。

国内，聂鑫等（2006）用组织工程 AetivSkin 修复 19 例慢性皮肤溃疡，与对照组相比，应用后创面明显缩小，试验组的平均愈合时间为 24.37 d，明显少于对照组（64.05 d），在使用 ActivSkin 过程中患者皮肤未发现排斥反应，也未发现溃疡复发的病例。张兆清等（2006）利用组织工程学方法，以牛胶原为支架，自体骨髓间充质干细胞作为种子细胞构建成组织工程化复合皮肤，对 1 例双下肢溃疡 15 年的患者进行移植，4 周后溃疡面积缩小 40%，9 周后溃疡面积缩小 90%。构建的复合骨髓间充质干细胞的组织工程真皮移植后，提高了愈合速度，获得了较理想的创面愈合效果，为临床治疗类似溃疡型疾病提供了新的治疗思路。

4. 其他皮肤疾病

组织工程皮肤还可用于多种皮肤及黏膜疾病的治疗。

Fivenson 等（2003）用 Aplirgaf 治疗 5 例患有营养不良型大疱性表皮松解症的儿童，5～7 d 后观察，治疗部位 90%～100%治愈；10～14 d 后，许多治愈部位接近正常皮肤，手部及掌部皮损得到 80%～90%改善。也有人用 Interga 为隐性遗传营养不良型大疱性表皮松解症患者进行皮肤移植，术后移植物全部成活，取得了良好的疗效。Meggan 等（2002）利用 Apligraf 治疗光化性皮肤紫癜（AP），术中用 15 号手术刀片切除患区薄层皮片后移植 Apligraf、并开窗以利引流，移植皮肤与周围皮肤完全封闭，嘱患者每周复诊更换敷料，术后效果比较满意。VanGee 和 Ongenae（2006）用体外培养的自体黑素细胞和角质化细胞的透明质酸混悬液撒播在已被激光处理过的白斑病损区，3 周后数字成像系统显示 62%的患者移植区恢复了颜色。Pianigiani 等（2005）从自体正常皮肤取一小块活体表皮在用患者血清作为基质的透明质酸生物膜上进行表皮细胞培养构建表皮膜片，移植于经窄谱中波紫外线照射 3 周后的病损区，经 18 个月的随访，结果发现 75%的局部和节段型、30%泛发型患者恢复着色。国内，卢涛等（2001）从自体表皮培养出黑素细胞悬液，移植到 10 例患者的白斑区，3 个月后 6 例在治疗点较周围白斑加深，2 例色素沉着较明显，并略发红，接近周围正常肤色。

此外，该类产品亦可被用于坏疽性脓皮病、硬皮病等的辅助治疗。

（三）组织工程化皮肤的使用方法

1. 适应证的选择

组织工程化皮肤移植应严格选择适应证。如患者全身状况良好、可以耐受手术创伤、其他系统疾病得到有效控制和创面无感染等。术前应用止血药物及免疫抑制剂，麻醉方式可根据创面大小及患者耐受情况选择。

2. 操作步骤

组织工程化皮肤主要包括以下几个步骤。

(1) 创面准备

彻底清创，清除纤维化及坏死组织，以确保移植皮肤与创面的紧密接合；使用无菌生理盐水冲洗创面，尽可能减少创面渗出及出血；术前应用止血药物控制出血，同时确认创面无感染。

(2) 确保移植皮肤活性

使用前应测试活性，该产品保存期限为 5 d。

(3) 严格无菌操作

避免污染、破裂、褶皱等，移植皮肤上可开窗以利于引流。

(4) 实施移植皮肤

组织工程皮肤一经取出，在确认其真皮层面与表皮层面后应即刻移植于无菌创面，移植后去除表面空气膜。

(5) 妥善固定

使用无黏结性敷料覆盖在创面上，再用泡沫压力垫或折叠吸水敷料置于其上，最后用无菌弹性绷带加压包扎。根据移植部位的不同还需采用额外固定方法或治疗措施。例如，在颈部及眼睑等活动、且组织较疏松部位，通常需使用制动装置（软式颈围、硬式颈围、外固定器、颈环和固定背心等），严格限制上述部位的活动；术后如采用夹板固定，时间至少为 3 个月，且每天需佩带 23 h。

(6) 术后处理

术后 3～5 d 更换第 2 层敷料，5～7 d 后去除第 1 层敷料（过早去除第 1 层敷料有可能使移植的皮肤剥脱），之后根据愈合情况更换敷料既可。

二、组织工程化软骨

软骨缺损是临床常见的疑难病症之一。由于软骨的再生能力低而难以自行修复，目前临床上多采用自体或异体骨软骨移植、软骨膜或骨膜移植、软骨细胞移植等方法修复，但均因取材局限、免疫排斥等而导致短期、长期效果不佳。利用组织工程的方法再造软骨为软骨缺损的临床修复提供了新的思路与途径。国外已开展了大量实验室研究，并初步应用于临床。

组织工程软骨可应用于治疗的临床疾病类型有：①骨软骨炎；②骨软骨骨折；③骨缺血坏死；④退行性骨关节病；⑤风湿、类风湿等所致骨关节炎。目前主要运用于急、慢性创伤所致，且对其他治疗方法无效或不适于其他治疗方法的关节软骨缺损病例。

目前，国外已开展组织工程修复临床软骨缺损的初步探索，但国内尚未见报道。组织工程软骨治疗技术复杂，操作难度较大，且费用昂贵，大多带有试验性质。目前仅有 Genzyme Surgical Products 生产的 Carticel 组织工程软骨产品于 1997 年获 FDA 批准而进入临床应用。Carticel 为应用自体膝关节非负重部位关节软骨消化获得的软骨细胞，体外培养扩增后，注射到负重部位的关节软骨缺损，取得了较好的修复效果。Erggelet 等（2000）对接受 Carticel 治疗的 1051 例患者进行了病例统计，其中 588 例追踪了 12 个月，220 例追踪了 20 个月，40 例追踪了 36 个月，软骨缺损面积平均 4.6 cm^2，术后改善率 85%，并发症 4.8%。

Brittberg 等（1994）首次报道了使用组织工程软骨修复 23 例软骨缺损患者，患者年龄 14～48 岁，均为全层软骨缺损，面积 1.6～6.5 cm^2，其中 16 例软骨缺损部位在股骨髁，7 例位于髌骨。手术过程及康复治疗：经关节镜从患者受累膝关节的股骨内髁上关节面切取 300～500 mg 正常软骨，然后将软骨细胞进行分离、洗涤、消化，以（5～10）$\times 10^3$ 个/cm^2 密度接种于 15%的自体血清培养液中培养、扩增。3 周后当这些细胞扩增至约（2.6～5）$\times 10^6$ 即可用于植入。进行开放性外科手术，修整软骨缺损区，创面严格止血，从胫骨近段切取一小片骨膜缝合覆盖缺损区，使其形成一密闭的小室，其下均匀注入培养的软骨细胞（约 1.6×10^6 个/cm）。缝合关节囊、韧带、皮肤，弹力绷带包扎。术中应注意保持软骨下板（subchondral plate）的完整性，完整的软骨下板可以防止间充质干细胞的侵入，这对维持植入软骨细胞的表型和刺激其再生有重要意义。术后 6～24 h，即可开始持续被动活动（CPM）锻炼，每天 6～8 h，2～3 d 后行非负重锻炼，2 周后可从体重的 1/4 起渐增加负重，患肢完全负重行走需 3～5 个月的时间。体育活动至少在术后 1 年进行。该 16 例股骨髁软骨缺损患者的术后 8～12 周临床评价分别为：优良 6 例（无疼痛、肿胀及关节交锁），良好 8 例（运动后轻微疼痛，但无肿胀及关节交锁），差 2 例（有休息痛、肿胀及关节交锁）。术后 3 个月行关节镜检查，15 例软骨缺损部位有软骨样组织填充，用探头挤压后，其中心部位出现压痕及波浪样运动，提示移植物硬度未达到正常软骨水平，且与基底组织连接较松软。12～46 个月后行第 2 次关节镜检查，移植物硬度已接近周围软骨，与基底组织连接紧密，无波浪样运动出现。组织切片的免疫组化检查提示移植物内主要为含 II 型胶原的透明样软骨细胞。7 例髌软骨缺损患者，良好 2 例，一般 3 例，差 2 例，其疗效明显差于股骨髁软骨缺损组，可能与髌股关节面压力较胫股关节面大有关。

Visna 等（2003）曾在 2000～2002 年，采用体外培养的自体软骨细胞和纤维蛋白凝胶治疗了 19 例膝关节深层软骨缺损的患者，并对 14 例缺损 2～10 cm^2（平均 4.31 cm^2）患者中的 12 例进行了评估。术后 5～12 个月检查，12 例患者的临床症状获得改善，Lysholm 膝关节功能评分从术前的 45.6 提高到术后 5 个月的 72.0 和术后 12 个月的 81.5。其中 7 例患者术后效果良好（58%），按国际膝关节评分委员会评分标准：膝关节主观评分从术前 39.0 提高到术后 5 个月的 60.0 和术后 12 个月的 71.2。移植后 3～5个月行关节镜复查：2 例患者完全修复，2 例患者部分软骨移植物退化（30%）。关节镜活检显示康复患者可见典型的球形软骨细胞，退化区新生血管形成，可见成纤维细胞。Pavesio 等（2003）报道，采用自体软骨细胞体外扩增后，种植至透明质酸内治疗 600 例膝关节软骨缺损患者的评估。67 例进行了术后关节镜和组织学检查（术后平均跟踪 17.5 个月），结果表明 97%的患者主观评价满意，94%生活质量提高，膝关节功能检查 87%功能良好，关节镜检查显示 96.7%具有良好生物学形态，组织学证实大多为透明样软骨。Wakitani 等（2004）报道，用自体骨髓干细胞种植至胶原凝胶上再移植，并用自体骨膜覆盖治疗膝关节软骨缺损的 1 例 26 岁女性患者和 1 例 44 岁男性患者，移植后 6 个月，临床症状明显改善并有效保持。该女性患者 2 年、男性患者 1 年后，关节镜检查显示损伤部位纤维软骨修复。Marcacci 等（2005）报道，用自体软骨细胞在透明质酸酯化衍生物 HYAFF-11 支架上生长所得的移植片治疗半月板缺损 141 例，术后跟踪 2～5 年（平均 38 个月），91.5%的患者主观评价改善，76%无疼痛，88%无运动障碍，95.7%的患者膝功能评估正常或接近正常，大多数移植部位的术后关节镜活检证实为透明样软骨。

三、组织工程化骨

组织工程骨对骨缺损的修复作用被肯定，但其临床应用仍处于探索阶段。其主要适应证如下：①骨良性囊性病变，如骨囊肿、良性骨巨细胞瘤、动脉瘤样骨囊肿及骨纤维结构不良等；②陈旧性骨折不愈合或畸形愈合，需行截骨术的植骨；③慢性骨髓炎病灶清除术后骨缺损，伤口愈合 4～6 个月后，可接受组织工程骨植骨术；④骨质疏松骨折及关节端的塌陷性骨折，骨折复位后遗留的骨缺损；⑤严重粉碎性骨折伴骨缺损；⑥脊柱融合、关节融合术中的植骨。此类手术的禁忌证有：①急性或慢性炎症发作期不能进行植骨；②恶性骨肿瘤；③有严重过敏史；④患者或其家属不愿意接受组织工程骨植骨者。

目前已有许多单位开展了人组织工程化骨培养的基础研究，个别单位率先在临床上开展了实验性工作。国际上，比较突出的是 Vacanti 等（2001）应用自体骨膜成骨细胞与天然珊瑚复合，对 1 例 36 岁患者左手拇指指骨进行再造，术后患者拇指恢复正常长度和力量，可完成工作和日常生活，术后 10 个月组织学检测显示有新生板状骨形成。意大利学者用扩增的自体骨髓基质干细胞与羟基磷灰石复合构建的组织工程骨修复 3 例长骨缺损患者，经术后随访 14～26 个月，其中 2 例 5.5 个月及 6 个月去除外固定，6～7 个月内完全恢复肢体功能；另 1 例由于外固定支架松动，6 个月后改用其他外固定，再经 6 个月后去除外固定，获得功能恢复。2005 年，法国基尔大学报道了 1 例利用组织工程下颚骨成功修复因患癌症切除了下颚骨、仅能进食流质的病例，术后 1 个月患者可以咀嚼面包和香肠等食物。

国内也做了大量探索性的工作。杨志明等（2000）在国内首选报道了将自体骨髓基质干细胞扩增后与生物衍生骨支架复合，成功修复 1 例患者肋骨骨缺损后，又成功地将自体组织工程化骨、同种异体骨膜来源的成骨细胞复合同种异体骨在人体内构建组织工程骨，并对 52 例患者多个部位的骨缺损、骨不愈合进行修复。经 10～28 个月随访，初步证实了组织工程骨具有良好的成骨能力和修复效果，以及采用同种异体来源的成骨细胞未发现明显组织排斥反应和其他并发症。柴岗等（2003）应用自体组织工程化骨与部分脱钙骨复合构建组织工程骨，修复 11 例颅颌面骨缺损，最大骨缺损面积为 6 cm^2，术后 1～2.5 年随访表明组织工程骨稳定存在，无明显骨吸收，临床治疗效果稳定。

根据临床应用结果来看，组织工程骨具有以下优点：①减少了切取自体骨移植手术时间、出血量、附加损伤及并发症的发生率；②其骨愈合能力与自体骨移植相当；③如果进一步研究，达到标准化生产，使临床应用更为方便。但也存在以下缺点：①异体细胞及支架材料总是存在一定的免疫反应，目前的临床应用虽尚不影响骨愈合，但这也是一个潜在的问题，需研究进行微量免疫反应的检测方法；②目前尚未产业化生产，还只能从实验室到手术室应用；③同种异体细胞的最终结局尚需更长时间的观察及深入研究。

临床应用具体手术方式：对于新鲜骨折、骨不愈合和骨病患者，按骨科手术操作常规进行骨折切开复位，硬化骨切除，凿通骨髓腔，用钢板螺钉或髓内钉内固定。对骨病患者，行彻底病灶清除术。当受植床准备就绪后，将术前准备的组织工程骨碎块或骨条状的适量组织工程骨从培养基中取出，放入37℃左右的生理盐水中轻轻漂洗5 min，然后直接植入骨缺损区，压紧，或用可吸收缝线捆扎固定，止血。再用含地塞米松的专用冲洗液冲洗，并浸泡植骨区约5 min。分层严密缝合切口组织。于切口处常规放置负压引流管24～72 h。术后两组按骨科手术常规处理，静脉滴注抗生素3～5 d，14 d拆线。术后观察全身情况、局部肿胀程度及引流物量。术后1、2、3和5个月进行X射线片检查，观察骨愈合及功能恢复情况。

典型病例：四川大学附属华西医院骨科曾治疗一名37岁男性患者，因车祸致左股骨髁间粉碎性骨折、右胫骨下段螺旋形骨折及左腓骨上段骨折。于2001年1月17日行左股骨、腓骨、右胫骨切开复位，左股骨髁钢板固定术，右胫骨钢板螺钉内固定术。术中见左股骨髁间及右胫骨下段部分骨缺损，缺损范围5.0 cm×2.0 cm，将生物衍生组织工程骨15 g植入骨缺损区，可吸收缝线捆扎固定。术后切口Ⅰ期愈合。2周叩击痛消失，X射线片示内植物稳定；术后3个月扶拐杖下地行走，X射线片示骨痂形成；7个月后患肢完全负重行走，X射线片示骨折愈合良好。术后1年半取出内固定。术后7年随访，步态无异常，诉步行1 h后左下肢有胀痛感，VAS评分2分。检查：左膝关节外上部轻压痛，关节活动度为0°～120°；右踝关节活动度100°～150°，肌力5级。X射线片示左股骨下段骨折线已愈合，对位对线良好，局部骨质密度不均匀。患者现于当地任保安工作。

四、组织工程化器官与泌尿科

组织工程技术在泌尿外科的临床应用较广泛。与传统的修补材料相比，组织工程材料具有以下几方面优势：①获得渠道广泛，可大量生产；②无需大量自体组织；③排异反应小；④修复后的组织与原组织结构及生理特点相似；⑤能提高治愈率，简化手术过程，利于Ⅰ期手术。然而，目前仅有少数研究应用于临床，尚未大规模应用。

1. 组织工程化膀胱

美国WakeForest大学医学院再生医学研究所Atala等（2006）首次报道了组织工程膀胱临床试验结果。脊髓脊膜膨出伴发膀胱功能异常患者7例，女4例，男3例，平均年龄11（4～19）岁。所有患者均因高压力低顺应性膀胱具备膀胱重建指征。术前

7～8周，耻骨上切口取 1～2 cm^2 膀胱组织，从中分离出膀胱移行上皮细胞和膀胱平滑肌细胞，并分别在体外进行培养扩增。组织工程膀胱的支架材料在早期的 4 例患者中选用的是同种脱细胞膀胱黏膜下层，后 3 例选用的是胶原和 PGA 复合支架，支架总厚度约为 2 mm，支架的大小按照患者的年龄和盆腔尺寸计算得出。体外扩增出足够数量的细胞后，取第 5 代之内的细胞作为种子细胞，先后以 5×10^7 个/cm^3 密度将膀胱平滑肌细胞和膀胱移行上皮细胞接种于支架的外侧面和内侧面，然后将种子细胞与支架共培养 3～4 d 后植入体内，将构建的组织工程膀胱与保留三角区的原膀胱残基吻合。其中选用脱细胞膀胱黏膜下层支架的 1 例和选用胶原复合 PGA 支架的 3 例均采用网膜包裹植入膀胱，以增加血供。术后定时夹管训练 3 周后拔除导尿管，患者开始口服抗胆碱能药物并自行清洁导尿。术后随访 22～61 个月（平均 46 个月），包括尿动力学检查、膀胱镜组织活检和膀胱造影等。术后除 1 例患者发生泌尿系真菌感染外，无其他手术并发症，随访期内未发生膀胱结石及代谢紊乱，膀胱黏液分泌量正常，肾功能在手术前后保持稳定。在功能学方面，术后单纯膀胱黏膜下层支架组的平均漏尿点压下降了 12%，有网膜包裹的膀胱黏膜下层支架组漏尿点压下降了 29%，而有网膜包裹的胶原复合 PGA 支架组平均漏尿点压下降了 56%；术后平均最大膀胱容量在单纯膀胱黏膜下层支架组下降 30%，而网膜包裹组分别增加 22%和 58%；术后膀胱顺应性在单纯膀胱黏膜下层支架组增加 15%，而网膜包裹组分别增加 67%和 1.79 倍。在形态学方面，肉眼观察组织工程膀胱无法与原膀胱区分；膀胱全层活检显示组织工程膀胱具有移行上皮、黏膜下层和肌层的正常结构，免疫组织化学染色进一步证实膀胱平滑肌和移行上皮表型正常。这是第 1 篇将组织工程膀胱用于临床的研究报道，其效果令人振奋，被众多学者誉为膀胱重建手术的“里程碑”。

2. 组织工程化尿道

2008 年 4 月，Saurabh 等（2008）报道了世界上首次自体组织工程颊黏膜（TEBM）应用于尿道成形术的结果。共为 5 例患者进行了治疗，5 例患者均为硬化性萎缩性苔藓所致尿道狭窄，其中 3 例为上段前尿道狭窄，2 例为阴茎部及球部尿道狭窄。3 例患者曾经历过 1 次失败的尿道成形术，2 例曾多次行尿道内切开术。每名患者取颊黏膜 0.5 cm×0.5 cm 大小，细胞培养至（3 cm×5 cm）～（3 cm×10 cm），获取角蛋白细胞约 27.5×10^6 个及成纤维细胞 13×10^6 个，种植于组织工程支架上爬行 7 d 使之有正常的层次，病理检查与正常颊黏膜相似后行尿道成形术。3 例患者由于尿道全程狭窄 TEBM 不足，采用 II 期成形术，2 例患者采用 I 期成型术，愈后分别于 2 周、6 周、3 个月、6 个月、9 个月随访，以后每 6 个月随访 1 次，采用软质膀胱镜检查是否有吻合口或 TEBM 其他部位收缩或狭窄。术后随访 32～37 周，平均 33.6 周。随访结果显示全部患者颊黏膜活检未见任何并发症，术后未见移植物感染及排斥反应，随访至 2007 年 1 月（约 33 周），3 例患者 TEBM 仍在原位，1 例患者由于 TEBM 增殖过度及纤维化需切除部分移植物，另 1 例患者由于 I 期手术后阴茎纤维化及阴茎下曲需要完全切除移植物。3 例 TEBM 在原位的患者中，两名患者于术后 6 个月、9 个月行膀胱镜检查发现吻合口远端狭窄需行尿道内切开术，1 例患者切开后排尿正常，1 例患者需间断地行尿道扩张；另 1 例患者膀胱镜检查发现尿道部分狭窄需行间歇性尿道扩张，扩张 12 个月后排尿通畅。随访中膀胱镜检查示正常尿道和 TEBM 吻合口已不能辨认，1 例患者行部分切除 II 期手术修补后远端 TEBM 随访 14 个月无狭窄。

3. 组织工程化输尿管

国内，航空中心医院泌尿外科李文华等（2005）于 2002 年 7 月至 2003 年 11 月，应用北京清源伟业生物组织工程科技有限公司提供的组织工程学材料——同种异体脱细胞输尿管细胞外基质（ECM）作为输尿管替代材料治疗输尿管长段狭窄 4 例，其中男 1 例，女 3 例。年龄 26～63 岁，平均 43 岁。病程 12～37 个月，平均 21 个月。4 例患者在硬膜外阻滞麻醉（2 例）或全身麻醉（2 例）下行手术治疗。1 例肾盂输尿管移行区狭窄长约 3 cm，剖开管腔，裁剪术前所备异体输尿管 ECM 约 3 cm×1 cm 补片修补输尿管成形管腔，输尿管内留置双 J 管。1 例输尿管中下段明显狭窄约 7 cm 切除狭窄段，取带蒂膀胱壁瓣 7 cm×2 cm 与输尿管近端吻合形成后壁，前壁取 7 cm×1 cm ECM 补片与膀胱壁瓣缝合成形管腔，内置支架管经膀胱引出。2 例（其中 1 例双侧）输尿管下段狭窄各约 10 cm、5 cm 和 8 cm，剖开管腔，裁剪适当大小的 ECM 补片修补输尿管成形管腔，内置支架管。4 例患者中术后 4 周拔除输尿管支架管 1 例，术后 8 周拔除支架管 3 例。术后腰痛症状消失或明显好转，经 B 超、IVU 等检查，肾积水明显减轻：3 例中度肾积水者积水消失，1 例重度肾积水者仍呈中度积水。4 例输尿管均显影，1 例术前肾积水较重患侧肾显影不良者输尿管显影较淡。造影剂顺利通过修补区进入膀胱，修补区管腔内径稍大于正常输尿管，无造影剂外溢，无吻合口狭窄。2 例血肌酐、尿素氮异常者恢复正常。切口 I 期愈合，无漏尿及泌尿系感染。4 例随访 11～22 个月，平均 17.5 个月，无血尿，无泌尿系统感染。术后 6 个月 IVU 检查示患侧输尿管修补区管腔内径稍大于正常输尿管，造影剂通过正常。

4. 组织工程化阴茎

此类材料主要用于阴茎增粗。国外，Perovic 等（2006）从患者阴囊皮肤取材获得成纤维细胞，体外培养扩增后接种到预处理过的管状聚乳酸-聚羟基乙酸共聚物支架上，复合培养 24 h 后植入患者阴茎肉膜与 Buck 筋膜之间，术后对 84 例患者随访 1～5 年，平均 2 年，阴茎周长平均增加 3.15 cm，约 2/3 的患者对手术效果满意。也有人将自体成纤维细胞与透明质酸产品 Restylane 混合用于阴茎增粗术，取得了满意的效果。国内此类研究仍处在动物实验阶段，要在人身上应用尚需进一步研究。

五、其他组织工程化器官的临床应用

目前组织工程角膜、血管、肌腱、神经、肝脏、心脏、胰腺、肾、食管、气管、小肠、尿道、生殖器、腺体等的研究也在积极进行当中，其中部分已进入临床应用前期阶段，但仍未有大量临床应用的报道。

1. 组织工程化角膜

1997年，文献首次报道利用自体角膜缘上皮组织体外培养重建人角膜上皮，为2例碱烧伤患者移植虽获成功，但该手术周期长，上皮组织移植后固定在角膜接触镜上的效果差。Koizumi等（2001）采用羊膜为支架材料，将角膜缘干细胞与起滋养作用的3T3成纤维细胞共同培养形成角膜细胞羊膜复合体，移植于异体角膜边缘，治疗由Stevens-Johnson综合征等原因导致的角膜缘干细胞缺乏患者11例13只眼，术后6个月10只眼视力恢复良好，3只眼视力恢复较差或仅有光感、数手指视力。Schwab等（2000）采用该方法治疗19例严重眼表皮损伤患者，效果良好，视力提高。作者还比较了胶原、角膜接触镜、羊膜等载体，显示羊膜更能促进上皮细胞生长、黏附。Nishida等（2004）从4例双侧角膜干细胞完全缺乏的患者收集3 mm×3 mm口腔黏膜组织培养成组织工程上皮细胞膜片，直接移植到去除表面结膜纤维血管组织的4只眼角膜表面。术后均出现角膜的再上皮化，平均随访14个月，角膜恢复透明，术后视力明显改善，没有出现任何并发症。Inatomi等（2006）采用类似方法治疗因化学与热烧伤导致的Stevens-Johnson综合征12例15只眼，经平均2个月，最长34个月随访，疗效满意，15只眼均出现了角膜周围的血管化。

2. 组织工程化肌腱

2001年，四川大学附属华西医院的杨志明等（2001）应用组织工程肌腱修复陈旧性跟腱5 cm缺损2例，用于重建因锁骨外端骨折或肩锁关节脱位所致喙锁韧带断裂6例，经过平均12个月的随访，早期临床效果满意。8例均获得随访，随访时间为3～22个月，平均12个月。均无局部及全身反应，伤口Ⅰ期愈合。喙锁韧带重建病例，上肢活动恢复正常，均能胜任原工作。2例跟腱重建术后均能恢复正常行走、下蹲及体育活动。其中1例行双侧跟腱MRI检查，证实修复的跟腱有与正常跟腱相似的影像学表现。在喙锁韧带重建的病例中，1例在术后6个月取内固定时，检查植入的组织工程肌腱，发现与周围组织愈合良好，切取1 mm组织，采用法医物证学常用的短串联重复（short tandem repeat，STR）位点检测，证实在*D3S1754*和*Cyar04*两个基因座均含有非自体等位基因，证明组织工程化肌腱人体内植入至少在6个月内是存活的。为组织工程化组织临床应用的体内检测提供了一种新方法。2005年又报道了用类似的技术修复7例5～7 cm长跟腱缺损，术后6～8周可恢复接近正常的步态。

3. 组织工程化血管、心瓣膜

2001年，Shin'oka等（2001）报道首例采用自体静脉细胞与聚合物构建的组织工程血管用于人体大血管重建。取1例4岁患儿外周静脉细胞管状PCL-PLA支架材料复合构建的组织工程血管，成功置换了因施行肺动脉成形和Fontan手术后肺动脉中段完全阻塞段。随访7个月组织工程血管仍保持通畅。Shin'oka等（2005）还报道了取自体骨髓基质干细胞与PGA-PLA复合材料构建的组织工程血管用于治疗42例患者，经平均16.7个月随访，疗效较理想，没有出现动脉瘤和钙化等并发症。2003年，Matsumura 等将患者骨髓基质干细胞与可降解生物材料构建的组织工程血管，用于 22 例患者的治疗也获得成功，没有出现血栓形成和管腔狭窄等并发症。

在临床应用方面具有开创意义的是 Dohmen 等（2002）将体外构建的组织工程心脏瓣膜植入施行 Ross 手术患者的肺动脉瓣，他们于术后 3、6、12 个月后随访，采用胸超声、磁共振和多层螺旋 CT 证实，肺动脉瓣位的组织工程心脏瓣膜仅有少许中心性返流，而且返流程度并未因时间延长而加重；1 年后的随访经 CT 证实，该组织工程心脏瓣膜无钙化，功能良好。虽然 Dohmen 等（2002）采用同种瓣作为支架材料，并且植入部位是压力相对较低的肺动脉瓣，但是，这次临床应用的成功还是让大家看到了组织工程心脏瓣膜进入临床应用的曙光。

在组织工程学研究兴起的 20 多年时间里，由于广大科研工作者的艰苦努力，已取得了十分可喜的成绩。相信随着组织工程学研究不断向深度和广度拓展，组织工程化组织器官的临床应用将会越来越广泛。

（周丁华　吉王明）

第四节　组织工程化组织器官临床应用中存在的问题、解决策略及发展前景

一、组织工程化组织器官临床应用中存在的问题

（一）组织工程技术的研究难题

尽管组织工程有巨大的潜力和优势，但必须清醒地认识到这是一个极其复杂的工程，包括种子细胞的来源、细胞的增殖和分化、细胞因子的应用、支架材料的选择、组织器官的表达和植入、机体的反应、组织的成活和远期疗效等，以及相关的道德伦理和法规等，目前很多还处于研究的初级阶段。

1. 种子细胞来源

关于种子细胞来源，主要有 3 个：动物、其他人类供体、患者本人。动物来源属异源基因，可能会引起免疫排斥和传播疾病，已经不考虑用于人类，主要用于科学研究；其他人类供体属同源基因，可以来源于成人、胎儿和胚胎的干细胞，通过培养和分化制备细胞银行或细胞库（cell bank）储备待用，但目前胚胎干细胞的获取和应用在很多国家受到法律和道德约束，而且干细胞及其子代细胞的鉴定、定向诱导、体外有效扩增和保存技术等仍不成熟，应用受到限制；自体干细胞的提取、分化和培养等研究目前初显成效，已经可以让软骨细胞产生软骨、成骨细胞产生骨质、神经胶质细胞产生神经、肌细胞产生肌肉等，但如何保证体外干细胞定向扩增和分化直至形成具有一定解剖结构的器官，在理论和实践上都相当困难（Hutson et al., 2005）。

2. 生长因子

细胞的增殖和分化在体内是一个多因子和多因素共同参与的复杂过程，在体外只能部分模拟生物环境。目前有学者在摸索构建一种有效的生物反应器，模拟细胞生长所需的营养、代谢、微动力环境，有望高效地促进细胞增殖和分化。此外，诸多生长因子，如 BMP、TGF、EGF、IGF、PDGF 等复合到组织工程产品中，早期对细胞和组织的形成都有一定的促进作用。虽然部分因子得到纯化和克隆，主要的功能也有所了解，但各因子更多的作用机制及其相互间促进和抑制效应尚不清楚，在体外和体内构建组织工程器官时还不敢大胆应用（Giannoudis and Pountos 2005；Cowan et al.，2005）。

3. 支架材料

支架材料也是组织工程的核心部分，研究发现可用的材料有两大类：天然生物衍生的和人工合成的。但至今没有一种完全符合要求，主要问题在材料的强度、多孔性、降解速度、产物和表面性能等。为克服单一材料的性能不足，多种复合材料已经在大量合成和研究，有的还加入生长因子等，有了较大进步（Cowan et al.，2005；Sittinger et al.，2004）。随着计算机技术和制造技术的发展，利用快速成形工艺制作出仿生支架材料，已取得部分成功。

4. 血管化

组织工程化器官能否最终成功，很大部分与血管化有关。细胞生长所需的营养来源于血供，目前还局限于体外的培养液和植入体内后的周边组织渗液，不能满足需求，尤其是构建大块组织时，中心必须有足够的血供，而这也正是目前阻碍组织工程研究快速发展的瓶颈。探索的方法有：将血管内皮细胞进行培养，结合 VEGF、FGF、BMP 等促血管生成因子，选择钙磷陶瓷或胶原支架等直接生成血管；或通过被膜包裹法、显微外科法等引入外源血管。但这些都只有初步结果，还没有一种简洁和有效的办法。故构建大块或功能完整的器官似乎遥遥无期（Kneser et al.，2006；Sieminski et al.，2005；Kneser et al.，2006）。

5. 体内植入

组织工程化产品植入体内也相当复杂。例如，心瓣膜是循环系统的中枢，组织工程产品因不能保证免疫排斥等反应，还不敢替代人工瓣膜；骨组织化产品支架强度和降解性等性能也不足以无需辅助固位就直接植入等；植入过程的损伤、炎症、免疫、血管生成等结论尚不成熟；此外，植入组织还涉及体内环境下变性和变量的控制，以及功能再替代等问题。

（二）组织工程技术的风险

有人认为组织工程似乎有点过热、乐观得太早。从商业角度讲，投资公司已经感觉到投资与回报不相称，大量的资金并没有预期的盈利效果，目前仅皮肤等小部分产品上市，专利技术也不多，研究结果始终处于初级阶段，影响下一步的投入，也必然影响组织工程研究的良性发展。从患者的角度讲，组织工程技术和产品也面临信誉度的问题，人们可能考虑较大的应用风险和昂贵的费用问题。

Willis（2004）总结了组织工程可能存在以下风险：①与异源基因有关的供体材料可能带来的微生物污染，如潜在的病毒感染；②可能引起像癌、血液病、基因病等相关疾病的传播；③与产品生产过程相关的污染；④在联合培养过程中可能会掺入额外细胞形成产品并植入；⑤可能会把自体细胞培养的组织错误地植入受体；⑥在涉及基因操作时，细胞的扩增或分化可能会变异；⑦组织工程支架材料本身及其与细胞的相互作用效果尚不明确，植入后对再生组织和机体的反应风险很大，因为我们并没有完全理解这种特殊的生物相容性；⑧如何对这种有细胞、材料和活性成分的组织化产品进行消毒；⑨产品的冷冻保存后、生产添加剂和其他残余物等潜在的毒性，以及特殊患者的不良反应，如对抗体或其他物质过敏等问题；⑩组织工程化最终产品的力学或生理学性能可能达不到完全符合生理需要，有的甚至可以致命，如组织工程化血管或心瓣膜。

欧盟在 2003 年也讨论了组织工程的风险，主要集中在产品的致癌性、感染性和人们接受的程度。

二、组织工程化组织器官临床应用发展趋势

组织器官的再生与结构、功能、形态的修复与重建是十分困难的科学问题，需要科学家、临床医生、政府、企业家共同努力。在今后的研究工作中，重点应注意以下几个问题。

（一）深入研究、开发无或低免疫原性的通用细胞

有可能应用的种子细胞包括组织细胞、成体干细胞、胚胎干细胞。组织细胞由于是终末分化细胞，其应用受到很大限制。成体干细胞具有多分化潜能，其中骨髓间充质干细胞和脂肪源干细胞已有大量研究及部分临床应用，在个体化治疗中已用于骨、软骨、心肌再生等领域，在群体化治疗中需要解决同种异体移植的免疫原性问题。采用基因敲除技术或 RNA 清除技术去除抗原可能解决异基因细胞同种移植的免疫反应，但也有可能影响被敲除基因的其他功能。胚胎干细胞具有分化的全能性，具有更好的应用前景，但同样也存在免疫原性问题及伦理学问题。最近，美国和日本相继公布了从人皮肤成纤维细胞转化为胚胎干细胞样细胞的研究成果（Yu et al.，2007；Takahashi et al.，2007），这些成果为解决这些问题带来了曙光，但要实现应用这一目标，还要进行更多、更深入的研究。

（二）降解速率与组织再生速率匹配的支架材料研究

在近 20 年的研究中已对合成高分子材料、钙磷类无机材料、高分子与无机材料的复合材料、生物源材料，以及生物源材料与其他材料的复合材料等进行了大量研究，大多数在实验研究中都证明有良好生物相容性、适宜组织构建的理化性质和降解速率，但均未达到体内降解速率与新组织形成速率一致。即没有一种材料能完全做到在材料降解的同时，发生同步化组织再生，这将是组织工程研究中需要突破的技术瓶颈之一。从已发表的临床应用论文中可以看出，生物源材料似乎更接近于降解-再生的同步化。Martins 等（2007）认为纳米材料具有更好的细胞黏附、迁移、增殖分化能力，可能成为优良的组织工程支架材料。

（三）生物活性因子诱导组织、器官再生

已经发现并提纯或重组成功多种生物活性因子。在组织工程与再生医学领域，生物活性因子可以通过接种的细胞分泌、添加外源性因子、添加具有类生物活性因子作用的药物来达到促进细胞增殖、分化、组织器官再生的作用。对外源性生长因子或类生长因子作用的药物大多采用缓释技术，使其促再生作用持续一段时间。已有很多缓释材料在研究中，但目前尚未解决缓释体的有效释药浓度与组织器官再生所需药物浓度的互相适应性。如果释药浓度过低，达不到促进再生的作用；如果释药浓度过高，则有可能使组织器官过度再生，同时也造成资源的浪费，还有可能导致全身反应。生物活性因子应用的另一个问题——多因子的协同作用及有序作用仍不清楚。

（四）组织工程植入物的营养

大块的组织工程植入物有一部分细胞会死亡。任何促血管生长的方法都需要5～7 d或更长时间才能使植入细胞获得血液供应，在这段时间内，如果细胞能从组织液或添加外源性营养物质中获得足够营养，再加上支架材料的适时降解，依靠细胞的增殖、分化，仍能获得良好的组织修复与再生。为了解决这一问题，出现了一些三维立体培养细胞的新技术（Napolitano et al.，2007），或在体外培养时降低细胞的营养条件（如氧耗量），使其植入后能够耐受相对长时间的低营养状态而保持其增殖、分化能力。

（五）细胞治疗与组织器官的再生

细胞治疗促进组织器官再生已有较多的临床应用（Schächinger et al.，2006；Terai et al.，2006）。但是细胞治疗毕竟才刚刚开始应用于临床，还缺乏大量病例、多中心、随机对照临床试验。在治疗用细胞的筛选、大规模扩增、表型稳定等方面，在植入细胞的停泊、生长、转化、与受体组织的融合、功能发挥、神经体液调节等基础研究方面还

需要深入。在技术层面，对植入细胞的数量、移植时间、移植部位、移植途径等也需要进一步探索。

（六）对组织工程技术的规范

每一项治疗人体疾病的方法都必须对其安全性引起足够重视，虽然早就有细胞、基因、器官和材料等应用于人体的各种治疗，但因组织工程是一种新生事物，尤其是可以视为一种“产品”，涉及的领域广泛、过程复杂、技术不成熟等，世界各国都比较重视，呼吁有一个行业调节规范。最早的有美国、澳大利亚、加拿大，稍后有日本，欧盟近来也在加紧讨论和制定规范（Lloyd-Evans，2004）。

1. 美国

美国法律规范里，1993 年就有关于细胞治疗问题，1996 年 FDA 公布了活体同源细胞应用指南，1997 年初步提出与细胞和组织相关的规范，并于 2001 年正式确定规范，要求细胞和材料的安全性及质量生产过程等必须严格按 GMP 规范执行。到了 2002 年，为应对组织工程多种复合结构的变化，FDA 成立了一个特别的复合产品办公室（Office of Combination Product），负责产品的监管调节。按照产品的首要运用法则（primary mode of action）执行，如果组织工程产品（tissue engineering product，TEP）的主要成分与直接的生理活动有关，就由生物制剂评估和研究中心（Center for BiologICS Evaluation and Research，CBER）监管；如果 TEP 是通过结构和生理学方式生效的，像器官置换一类的支撑系统，就由设备和放射健康中心（Center for Device and Radiological Health，CDRH）监管；后来又把一部分监管工作调整到药物评估和研究中心（Center for Drug Evaluation and Research，CDER）。因此，所有包含有细胞、生物材料和生物制剂（细胞因子、生长因子、免疫调节因子、酶等）的 TEP，都要接受这 3 个中心的监管和评价，根据产品的主要点选择以哪个中心评价为主，有争议的根据情况再协商，但必须保证产品安全。

2. 加拿大

2003 年加拿大颁布了有关人体细胞、组织和器官移植的规范，这个规范遵循了加拿大标准协会的全国安全标准准则，被执行得相当好。但这个规范主要针对的是直接人体细胞和组织的植入，而不完全是 TEP，后者包含有细胞、组织或器官的复制、改性、保存，以及临床实验等复杂过程，因而还要通过食品和药品器械管理机构评价（Brash，2005）。

3. 日本

日本目前已经允许皮肤和软骨产品按医疗器械进行临床实验，但 2002 年修正的药物法（pharmaceutical affair law，PAL）提出可能要把所有关于细胞和组织的产品都归于生物制品，新法确立异源性产品属高风险的特定生物制品，自体源性产品属主流生物制品。日本卫生、劳动和福利部（Ministry of Health，Labour and Wealth，MHLW）旨在将细胞和组织工程产品归类于传统的生物制品以便于进行安全监管，因为此时就需要严格地执行 GMP 标准。但也有个问题就是，进入市场的产品从细胞分离、纯化、分化、浓缩、运输等都可能执行 GMP 标准，但对在医院手术中应用成体干细胞制备组织工程产品过程的监管就困难得多。MHLW 在 1999 年就发出了关于细胞和组织工程产品的通告，2000 年又进一步标准化，随后又积极地参与国际协调委员会的讨论、参照美国 FDA 的标准，故仍有普遍意义。日本正视异源性产品的风险，控制使用，保证安全，但也声明对实验研究不执行如此严格的要求。对胚胎干细胞（ESC）的提取和应用只能限于基础研究，临床研究和医学应用必须等明确的规范条文出台后才能进行，但允许利用 ESC 发展诊断和治疗方法。从事 ESC 研究的机构需获得相关执照，ESC 及相关材料只能从这些机构或从国家认可的国外公司获得。根据 PAL 的规定，日本的许多公司已经意识到成体干细胞（somatic stem cell）属于医疗器械类，只要不用血清培养技术就符合要求，而且临床前和临床规范也不同于 ESC，可以较容易进入市场，成体干细胞已经应用于整形外科、牙科和神经再生等。为避免出现问题，也许日本将来会按 ESC 要求规范成体干细胞移植。

4. 澳大利亚

澳大利亚的治疗性产品管理局（Therapeutic Products Agency，TPA）在 1989 年治疗规范基础上，于 1995 年增加了人体组织应用条款，2000 年修正。2003 年 TPA 又组织了一个研讨会，制定了新的人体组织和生物治疗规范，并把组织工程产品分类为小风险、中度风险和高度风险，中度风险产品按 GMP 要求执行，高度风险产品严格控制，需上报获准。

5. 欧盟

目前对于组织工程产品这个涉及人体活细胞再植入问题的新生事物，欧盟各国还没有达成一致意见，暂时套用的指南有 2000/70/EC（针对医疗器械）、2001/83/EC 修正文、2003/83/EC（针对某些细胞治疗产品）等，最新的有 2004/23/EC，这是一个关于人体和细胞捐献、获取、测试、处理、保存、储运、使用等质量和安全性的指南，该指南对组织工程前阶段相关细胞等方面尚有意义，但对后阶段和涉及异种细胞等方面规范仍是一个空白。2003 年底，欧盟各国在芬兰组织了一个由政府官员、组织工程专家、医学专家、开发商等组成的专题研讨会，主题包括：组织工程有关的科学与技术；组织工程的生物学风险；关于组织工程商业方面；组织工程的规范。大家一致认为既往的规范不全面，有的把组织工程简单地归于医药或器械产品，虽然也是按 GMP 执行，但考虑到组织工程的高风险性和不确定性，欧盟国家应该建立一个有关 TEP 的统一规范条文，包括实验室、投资公司、患者、医疗机构，从科研、生产到应用等各方面加强与美国等的交流合作，借鉴经验，先在内部形成统一，以占领市场（Heinonen et al.，2005）。

三、应用前景

组织和器官的损伤或功能衰竭是人类健康面临的一大难题，并由此用去美国年度医疗经费总额的一半。对组织和器官的损伤或功能衰竭的治疗包括：器官移植（同种或异种移植）、外科修复、人工假体、机械装置，在少数情况下，也可选用药物治疗。伴随医学科学的发展，器官移植技术已经较为广泛地应用于临床，但至今器官移植仍存在一些问题，其中最严重的是器官和组织短缺、供体不足，同时，上述治疗方案最终仍难以修复受到损伤的组织、器官或使之功能得到长期恢复。

对组织和器官的损伤、功能衰竭来说，组织工程学是一种重要的潜在替代治疗措施，有望最终解决这个问题。当组织和器官损伤或功能衰竭时，组织工程技术采用植入天然的、合成的、半合成的组织或器官代用品的方式进行治疗，这种方式可以在植入初期已经具有组织或器官的全部功能，或在体内生长的过程中逐步具有需要的组织或器官的功能。

组织工程的应用范围相当广泛，包括结构组织的修补，器官移植与人工器官替换，还有药物传递、细胞治疗等。采用组织工程的治疗，具备复原快、减少手术、改善患者生活品质、降低住院及医疗费用等优点，因此，组织工程将是21世纪具有巨大潜力的高技术产业，成为21世纪医学发展的重要方向之一。

（刘咏梅）

参考文献

柴岗，张艳，刘伟，等. 2003. 组织工程骨在颅颌面骨缺损临床修复中的应用. 中华医学杂志，83（19）：1676～1681

李文华，周庆明，曹扬，等. 2005. 组织工程学材料替代输尿管缺损的临床应用. 中华泌尿外科杂志，26（6）：405～407

刘亚玲，金岩，聂鑫. 2004. 人组织工程全层活性皮肤在深度烧伤创面的临床应用. 第四军医大学学报，25（3）：224～228

卢涛，高天文，刘玉峰，等. 2001. 白癜风同种异体黑素细胞移植初步研究. 中国皮肤性病学杂志，15（4）：240～242

聂鑫，柴家科，金岩，等. 2006. 组织工程活性皮肤用于皮肤慢性溃疡创面. 临床研究生物医学工程与临床，10（4）:342～345

杨志明，黄富国，秦廷武，等. 2002. 生物衍生组织工程骨植骨的初步临床应用. 中国修复重建外科杂志，16（5）:311～314

杨志明，解慧琪，项舟，等. 2001. 组织工程化人工肌腱修复喙锁韧带损伤及其体内检测. 中华骨科杂志，21（2）:69～72

张兆清，余春艳，金岩，等. 2006. 复合骨髓间充质干细胞的组织工程皮肤治疗慢性难愈性溃疡探讨. 中国皮肤性病学杂志，20（4）：211～213

Atala A，Bauer S B，Soker S，et al. 2006. Tissue-engineered autologous bladders of patients needing cystoplasty. Lancet，367（9518）：1241～1246

Brash J L. 2005. Biomaterials in Canada：The first four decades. Biomaterials，26：7209～7720

Brittberg M, Lindahl A, Nilsson A, et al. 1994. Treatment of deep cartilage defects in the knee with autologous chondrocyte transplantation. New England J Med, 331 (14): 889～895

Clayman M A, Clayman S M. 2006. The use of collagen-glycosaminogly can copolymer (Integra) for the repair of hypertrophic scars and keloids. J Burn Care Res, 27 (3): 404～409

Cowan C M, Soo C, Ting K, et al. 2005. Evolving concepts in bone tissue engineering. Current Topics Develop Biol, 66: 239～285

Dohmen P M, Lembcke A, Hotz H, et al. 2002. Ross operation with a tissue-engineered heart valve. Ann Thorae Surg, 74: 1438～1442

Erggelet C, Browne J E, Fu F, et al. 2000. Autologous chondrocyte transplantation for treatment of cartilage defects of the knee joint. Clinical results. Zentralbl Chir, 125 (6): 516～522

Falanga V, Margolis D, Alvarez O, et al. 1998. Rapid healing of venous ulcers and lack of clinical rejection with an allogeneic human skin equivalent. Arch Dermatol, 134: 293

Fivenson D P, Scherschun L, Choucmr M. 2003. Graftskin therapy in repidemolysis bullosa. J AM ACAD Dermatol, 48 (6): 886～892

Giannoudis P V, Pountos I. 2005. Tissue regeneration: The past, the present and the future. Int J Care Injured, 36: 2～5

Heinonen M, Oila O, Nordstrom K. 2005. Current issue in the regulation of human tissue—engineering products in the European Union. Tissue Eng, 11 (11～12): 1905～1911

Hunt J A. 2000. Initial experience of Integra in the treatment of post burn anterior cervical neck contracture. British Journal of Plastic Surger, 53: 652

Hutson E L, Boyer S, Genever P G. 2005. Rapid isolation, expansion, and differentiation of osteoprogenitors from fullterm umbilical cord blood. Tissue Eng, 11 (8～9): 1047～1420

Inatomi T, Nakamura T, Koizumi N, et al. 2006. Midterm results on ocular surface reconstruction using cultivated autologous oral mucosal epithelial transplantation. Am J Ophthalmol, 141 (2): 267～275

Kneser U, Polykandriotis E, Ohnolz J, et al. 2006. Engineering of vascularized transplantable bone tissue: induction of axial vascularization in an osteocondutive matrix using an arteriovenous loop. Tissue Eng, 12 (7): 1721～1731

Kneser U, Schaefer D J, Polykandriotis E, et al. 2006. Tissue engineering of bone: The resconstructive surgeons point of view. J Cell Mol Med, 10 (1): 7～19

Koizumi N, Inatomi T, Suzuki T, et al. 2001. Cultivated corneal epithelial stem cell transplantation in ocular surface disorders. Ophthalmology, 108 (9): 1569～1574

Kopp J, Magnus Noah E, Rubben A, et al. 2003. Radical resection of giant congenital melanocytic nevus and reconstruction with meek graft covered integra dermal template. Dermatol Surg, 29 (6): 653～657

Lloyd-Evans M. 2004. Regulating tissue engineering. Materials Today, 5: 48～55

Luyet B J. 1937. The vitrification of organie colloids and of proboplasm. Biodynamica. 29: 1～14

Mak A F, Lai W M, Mow V C. 1987. Biphasic indentation of articular cartilage. I Theoretical analysis J Biomech 20: 703～714

Marcacci M, Berruto M, Brocchetta D, et al. 2005. Atriculra cartilage engineering with Hylaograft C: 3-yera clinical results. Clin Orthop Relat Res, 435 (1): 96～105

Martins A, Araújo J V, Reis R L, et al. 2007. Electrospun nanostructured scaffolds for tissue engineering appl ications. Nanomed, 2 (6): 929～942

Matsumura G, Hibino N, Ikada Y, et al. 2003. Successful application of tissue engineered vascular autografts: clinical experience. Biomaterials, 24 (13): 2303～2308

Meggan N, Banta M D, Robert S, et al. 2002. Modulating diseased skin with tissue engineering: Actinic purpura treated with Apligraf. Dermatol Surg, 28 (12): 1103

Mow V C, Gibbs M C, Lai W M, et al. 1989. Biphasic indentation of articular cartilage II. A numerical algorithm and experimental study. J Biomech, 22: 853～861

Mow V C, Kuei S C, Lai W M, et al. 1980. Biphasic creep and stress relaxation of articular cartilage in compression? Theory and experiments. J Biomech Eng, 102 (1): 73～84

Napol itano A P, Dean D M, Man A J, et al. 2007. Scaffold-free three-dimensional cell culture utilizing micromolded nonadhesive hydrogels. Biotechniques, 43 (4): 494, 496～500

Nishida K, Yamato M, Hayashida Y, et al. 2004. Corneal reconstruction with tissue-engineered cell sheets composed of autologous oral mucosal epithelium. N Engl J Med, 351 (12): 1187～1196

O'Driscoll S, Salter R, Keeley F. 1985. A method for quantitative analysis of ratios of types I and II collagen in small samples of articular cartilage. Analytical Biochemistry, 145: 277～285

Omar A A, Mayor A I, Jones M, et al. 2004. Treatment of venous leg ulcers with Demragraft. Eur J Vasc Endovasc Surg, 27 (6): 666～672

Pavesio A, Abatangelo G, Borrione A, et al. 2003. Hyaluronan-based scaffolds (Hyalograftc) in the treatment of knee cartilage defects: preliminary clinical findings. Novartis Found Symp, 249: 203～217

Perovic Sv, Byun J S, Scheplev P, et al. 2006. New perspectives of penile enhancement surgery: tissue engineering with biodegradable scafolds. Eur Urol, 49 (1): 139～147

Pianigiani E, Risulo M, Andreassi A, et al. 2005. Autologous epidermal cultures and narrow band ultravioletb in the surgical treatment of vitiligo. Dermatol Surg, 31 (2): 155～159

Robertancis X, Mc Guigan. 2006. Skin Substitutes as Alternatives to Autografting in a Wartime Trauma Setting. Am Acad OrthoSurg, 14 (10): 87～89

Saurabh B, Jacob M P, Richard D I, et al. 2008. Tissue-Engineered Buccal Mucosa Urethroplasty-cknical outcomes. European Urology. 53: 1263～1271

Schächinger V, Erbs S, Elsässer A, et al. 2006. Intracoronary bone marrow-derived progenitor cells in acute myocardial infarction. N Engl J Med, 355 (12): 1210～1221

Schwab I R, Reyes M, Isseroff R R. 2000. Successful transplantation of bioengineered tissue replacements in patients with ocular surface disease. Cornea, 19 (4): 421～426

Shin'oka T, Imai Y, Ikada Y. 2001. Transplantation of a tissue engineered pulmonary artery. N Engl J Med, 344 (7):532～533

Shin'oka T, Matsumura G, Hibino N, et al. 2005. Midterm clinical result of tissue-engineered vascular autografts seeded with autologous bone marrow cells. J Thorac Cardiovasc Surg, 129 (6): 1330～1338

Sieminski A L, Hebbel R P, Gooch K J. 2005. Improved microvascular network *in vitro* by human blood outgrowth endothelial cells relative to vessel-derived endothelial cells. Tissue Eng, 11 (9-10): 1332～1345

Sittinger M, Hutmacher D W, Risbud M V. 2004. Current strategies for cell delivery in cartilage and bone regeneration. Curr Opin Biotechnol, 15 (5): 411～418

Susan M. 2002. Repair of cicatricial ectropion in an infant with harlequin ichthyosis using engineered human skin. American Journal of Ophthalmology, 134 (3): 442

Takahashi K, Tanabe K, Ohnuki M, et al. 2007. Induction of pluripotent stem cells from adult human fibroblasts by defined factors. Cell, 131 (5): 861～872

Terai S, Ishikawa T, Omori K, et al. 2006. Improved liver function in patients with liver cirrhosis after autologous bone marrow cell infusion therapy. Stem Cells, 24 (10): 2292～2298

Vacanti C A, Bonassar L J, Vacanti M P, et al. 2001. Replacement of an avulsed phalanx with tissue-engineered bone. New England J Med, 344 (20): 1511～1514

Van Gee, Ongenae K. 2006. Subjective and objective evaluation of noncultured epidermal cellular grafting for repigmenting vitiligo. Dermatology, 213 (1): 23～29

Visna P, Psaa L, Hart R, et al. 2003. Treatment of deep chondral defects of the knee using autologous chondrocytes cultured on a support-results after one year. Acta Chir Otrhop Traumatol Cech，70 (6)：356～362

Wakitani S，Mitsuoka T，Nakamura N，et al. 2004. Autologous bone marrow stromal cell transplantation for repair of full-thickness articular cartilage defects in human patellae：two case reports. Cell Tarnsplant，13 (5)：595～600

Williams D. 2004. Benefit and risk in tissue engineering. Materials Today，7 (5)：24～29

Wisser D. 2003. Skin replacement with a collagen based dermal substitute，autologous keratinocytes and fibroblasts in burn trauma. Burns，29：375

Yu J，Vodyanik M A，Smuga-Otto K，et al. 2007. Induced pluripotent stem cell lines derived from human somatic cells. Science，318 (5858)：1917～1920

第九章　组织工程面临的社会伦理问题及解决对策

就像青霉素、DNA 双螺旋结构的发现一样，干细胞的发现无疑是医学史上的一个里程碑。1999 年 12 月，《科学》杂志公布了当今世界科学发展的评定结果，干细胞的研究成果名列十大科学进展榜首。但是，由于干细胞研究涉及人类胚胎，其研究所引发的伦理道德争议从未停止。2007 年，《细胞》及《科学》同时刊出来自美国及日本两个研究团队的报道，证实皮肤细胞经过基因重组后可以转化成为具有胚胎干细胞特性的细胞。人们认为“这项发现一方面解决了利用胚胎进行干细胞研究的道德争议问题，另一方面也使得干细胞研究的来源更不受限制”，《时代》杂志将其评为当年的十大科学发现之首。不难看出，2007 年，干细胞研究的关键词就是“绕道而行，避开伦理谴责”。本章将简单介绍一下干细胞研究中遇到的伦理学争议，以及可采取的一些解决对策。

第一节　概　　述

一、生命伦理学

伦理学是人类行动的社会规范，目的是研究一个行动是否“应该做”或“允许做”。不是所有科学技术“能做到的”都是“应该做的”，如所有国家都明令禁止的克隆人研究。专门研究生命科学技术、卫生保健中伦理问题的科学称为生命伦理学，包括理论、临床、公共卫生、科研、政策管理、法律和文化等层面。

生命伦理学的基本原则包括三个方面。

第一，尊重人，包括尊重人的自主性、知情同意和隐私保密的权力，尊重人的关键是将人看成是目的本身，而不仅仅是达到他人目的的手段或工具。

第二，不伤害人和有利于人，但每一行动总会有利有弊，有得有失，因此必须评价行动的风险受益比，衡量利弊得失，将风险最小化，受益最大化。

第三，公正对待人，即患者和受试者要公平对待。

伦理学的原则提供了一个框架，帮助我们对个人、机构或国家的某个行动（如决策、立法等）进行判断。一般分为以下三种情况：第一种是“应该做的”或“有义务做（obligatory）的”；第二种是“允许做（permissive）的”；最后一种是“不应该做的”或“禁止做的（prohibitive）”。如果一个行动属于前两种情况，则该行动就得到了伦理学的辩护。作为组织工程种子细胞的干细胞研究有着巨大的医学应用潜力，不久的将来，可能使得帕金森病、老年痴呆症、白血病、糖尿病、肿瘤、瘫痪等“不治之症”得到彻底的根治，因而得到伦理学的辩护。

但是，截至目前，干细胞的来源还主要依赖于胚胎，因此围绕该研究的伦理道德问题也随之出现（邱仁宗，2006）。这些问题主要包括人胚胎干细胞的来源是否合乎法律及道德规范，应用潜力是否会引起伦理及法律问题。从体外受精的人胚胎中获得的胚胎干细胞在适当条件下能否发育成人？干细胞如果来自自愿终止妊娠的孕妇该如何办？为获得胚胎干细胞而毁灭人胚胎是否道德？是不是良好的愿望为邪恶的手段提供了正当理由？使用来自自发或事故流产胚胎的细胞是否合适？为获得更多的细胞系，是否会促成胚胎、卵子的商品化，从而增加犯罪？能允许科学家为研究发育过程或建立医学移植组织而培养个体组织和器官吗？由于目前已接受人体基因可以插入动物细胞中的行为，将人胚胎干细胞嵌入家畜胚胎中创立嵌合体来获得移植用人体器官是否道德？为了治疗，改变来自有基因缺陷胚胎的胚胎干细胞的基因，并使其继续发育成健康个体是否道德？如果人的替代组织极易获取，会不会有更多的人将不负责任的生活，而从事高风险的活动？这些问题很难简单的回答，必须认真研究人胚胎干细胞研究涉及的伦理、社会、法律、医学和道德问题。

二、世界各国对组织工程及干细胞研究的政策管理

（一）组织工程的政策管理

作为一门学科和一个新兴的技术领域，组织工程学的出现为临床医学的发展创造了前所未有的机会。组织工程医疗产品（tissue engineered medical product，TEMP）在细胞、无细胞生物材料、药品和基因之间实现了一种新颖的结合。

当生物医学不断发展，带来能治疗疾病和促进健康的新的医疗产品时，对这些新医疗产品的相关管理法规、质量规范、评审指南等的建立和发展成为必不可少的环节。美国和欧盟均已意识到组织工程医疗产品不同于传统的医疗产品，有关部门已开始了相关问题的研究。

1. 美国

1987 年，美国国家科学基金会正式提出组织工程的概念。1993 年，美国法律规范里就有关于细胞治疗的问题。1996 年美国食品药品管理局（FDA）公布了活体同源细胞应用指南。1997 年 FDA 初步提出与细胞和组织相关的规范，并于 2001 年正式确定规范，要求细胞和材料的安全性及质量生产过程等必须严格按 GMP 规范执行。

目前，FDA 负责对 TEMP 的市场准入与上市后监督管理。主要采取内部联合审评的方式，组成组织工程产品工作组（TEWG）。该工作组由来自生物制品审评与研究中心（CBER）、药物审评与研究中心（CDER）、放射健康和设备中心（CDRH）、食品安全和实用营养中心（CFSAN）与兽医学中心（CVM）5 个中心的研究和评审人员及 FDA 办公室官员组成。目的是加强组织工程医疗产品的研究、审评和管理人员之间的交流与合作，通过网络机制促进 FDA 内部对组织工程产品管理的协调一致。

美国材料和试验协会（American Society for Testing and Material，ASTM）F04 委员会负责各种组织工程医疗产品标准的制定。ASTM 将 TEMP 定义为用于修复、改善或重建细胞、组织、器官和（或）其结构和功能的医疗产品，TEMP 组分包括生物产

品（如细胞、器官、组织衍生和加工的生物制剂）、生物材料（如基质和支架）、生物分子、装置和药物等。

2. 欧盟

欧盟目前尚未制定相应的规范，但欧盟委员会企业总署（DG enterprise）分别在2002年、2004年、2005年发出“欧盟组织工程产品法规框架”草案咨询意见，于2005年11月将“新治疗技术医药品法规”提案送交了欧盟理事会和欧洲议会。

提案规定了组织工程产品及其相关定义。在该提案中，组织工程产品的定义为包含或由工程化的细胞或组织组成的产品，且具有再生、修复或替代人体组织的性能，或用于人体可以再生、修复或替代人体组织。组织工程产品可以含有人或动物、或两者来源的细胞或组织；细胞或组织可以是活性或非活性的；可含有其他物质，如细胞产物、生物分子、生物材料、化学物质、支架等。提案中还规定，同时属于“组织工程产品”和“体细胞治疗药品”范围的产品应被认为是组织工程产品。

3. 中国

2003年，国家食品药品监督管理局颁布《人体细胞治疗研究和制剂质量控制技术指导原则》。2008年，参照美国ASTM相关标准，我国正式实施了5个《组织工程医疗产品标准》。2009年，卫生部颁发《组织工程化组织移植治疗技术管理规范（试行）》，内容涉及医疗机构/制备环境、人员资质及技术管理三个方面。规范明确规定从事组织工程移植治疗的医疗机构必须为三甲医院；制备TEP的环境应为符合无菌医疗器具生产操作规范的GMP人细胞生长洁净室；制备工程化组织的细胞只能为自体来源细胞，异基因细胞（包括异体细胞和异种细胞）暂不得用于临床。

我国将TEMP定义为“用组织工程技术和工艺制备的，用于修复、改善、再生组织或器官结构与功能的医用产品。组织工程医疗产品不包括传统的组织和器官移植，以及体细胞和基因治疗产品”。作为一种复合产品，它不同于传统意义上的医疗器械、生物制品或药品。产品中可含有细胞、生物材料和生长因子等，目前的药品或医疗器械的管理法规都不足以完全覆盖。此类产品无论是按生物制品还是按医疗器械申请注册，根据对含药医疗器械管理的有关规定，都应按产品的特点分别由药品和医疗器械审评部门对相应组成部分进行系统审评，在此基础上再对产品做出综合评价。目前国内尚未有此类产品被批准上市。

4. 其他国家

日本目前已经允许皮肤和软骨产品按医疗器械进行临床实验，但2002年修正的药物法（pharmaceutical affairs law，PAL）提出可能要把所有关于细胞和组织的产品都归于生物制品，新法确立异源性产品属高风险的特定生物制品，自体源性产品属主流生物制品。在日本，胚胎干细胞（embryonic stem cell，ESC）的提取和应用只能限于基础研究，临床研究和医学应用必须等明确的规范条文出台后才能进行，但允许利用ESC发展诊断和治疗方法。从事ESC研究的机构需获得相关执照，ESC及其相关材料只能从这些机构或从国家认可的国外公司获得。根据PAL的规定，日本的许多公司已经意识到成体干细胞（somatic stem cell）属于医疗器械类，只要不用血清培养技术就符合要求，而且临床前和临床规范也不同于 ESC，可以较容易地进入市场，成体干细胞已经应用于整形外科、牙科和神经再生等。为避免出现问题，也许日本将来会按对 ESC 的要求规范成体干细胞移植。

加拿大于 2003 年颁布了有关人体细胞、组织和器官移植的规范，这个规范遵循了加拿大标准协会的全国安全标准准则，已被执行得相当好。但这个规范主要针对的是人体细胞和组织的直接植入，而不完全是 TEP，后者包含细胞、组织或器官的复制、改性、保存，以及临床实验等复杂过程，因而还要通过食品和药品器械管理机构评价（Brash，2005）。

澳大利亚的治疗性产品管理局（therapeutic products agency，TPA）在 1989 年治疗规范的基础上，于 1995 年增加了人体组织应用条款，2000 年修正。2003 年 TPA 又组织了一个研讨会，制订了新的人体组织和生物治疗规范，并把组织工程产品分类为小风险、中度风险和高度风险，中度风险产品按 GMP 要求执行，高度风险产品严格控制，须上报获准。

（二）胚胎干细胞的政策管理

目前，世界各国对人胚胎干细胞的研究持有三种观点（庞乐君等，2007）：一是受文化、宗教习俗影响大的国家，他们坚决禁止胚胎干细胞研究；二是在伦理与科学之间采取中间路线，对干细胞研究进行严格的限制；三是以英国为代表的一些西欧国家，在制定相关法规和伦理准则中积极推进干细胞研究，这其中也包括新加坡、中国等亚洲国家和地区（表 9.1）。

表 9.1　不同国家/地区的人胚胎干细胞研究政策（庞乐君等，2007）

政策	国家/地区
完全禁止	奥地利、爱尔兰、立陶宛、挪威、波兰
严格限制	德国、意大利、美国、中国香港
允许或灵活的政策	英国、新加坡、韩国、中国、澳大利亚、比利时、巴西、加拿大、捷克斯洛伐克、丹麦、爱沙尼亚、芬兰、法国、希腊、匈牙利、冰岛、印度、以色列、日本、拉脱维亚、荷兰、新西兰、俄国、斯洛文尼亚、南非、西班牙、瑞典、瑞士、中国台湾、泰国

1. 美国

美国政府采取了中间路线，禁止联邦政府的资金资助胚胎干细胞研究，但不限制私人资金资助的研究。直至 2001 年 8 月，时任总统布什宣布：美国政府支持联邦政府有限度地资助干细胞研究，但反对破坏新的胚胎以获取干细胞，并且坚决反对克隆人。这一政策得到基督教法律协会等一些团体的支持。为了使美国保持在干细胞研究领域的强势地位，在科学家的游说下，2005 年 5 月，美国国会众议院通过一项提案，拟推翻布什总统在 2001 年制定的实施严格限制胚胎干细胞研究的政策。2006 年 7 月，总统布什首次行使否决权，否决了这项提案。

2009 年 3 月，新任总统奥巴马签署政令，放宽联邦政府资助胚胎干细胞研究的政策。同年 7 月美国国家卫生研究院公布了最终版本的干细胞研究规范。根据规范，美国联邦政府资金可以资助对已制成的胚胎干细胞进行研究，但不允许资助利用人类胚胎制造胚胎干细胞。对出于生殖目的通过体外受精获得的胚胎干细胞进行研究，可以获得联邦政府的资金支持，但必须获得精子和卵子提供者的同意，这就是“知情同意”条款。此外，对利用孤雌生殖（指卵子不通过受精而直接发育成新个体的生殖方式）、体细胞克隆技术制成的胚胎干细胞，以及专为研究目的生产的胚胎干细胞进行研究不能获得联邦政府的资金支持。利用私人资金或州政府资金进行胚胎干细胞研究不受这项规范的影响。

2. 欧盟

对于人类胚胎干细胞的研究，欧盟 25 个成员国分成了立场鲜明、而态度相反的对立两派，英国、法国强烈要求全力支持；德国、意大利和卢森堡等国家则强烈要求禁止（表 9.2）。欧盟第 6 期研究架构计划（FP6）资助了两项胚胎干细胞的研究，并对所资助的胚胎干细胞系建立的时间不做限制。FP6 规定，欧盟允许资助来源于自发性或治疗性流产胚胎的干细胞研究，但不资助以获取干细胞为目的建立人胚胎的研究。这一规定意味着欧盟同意资助从试管授精（IVF）多余的胚胎中获取胚胎干细胞的研究。2005 年 8 月，欧洲科学研究委员会宣布：2007～2013 年欧盟将通过欧盟第 7 期研究架构计划（FP7）继续资助干细胞研究。但是在德国、意大利和卢森堡等国家的强烈反对下，欧盟达成协议：允许进行人体胚胎干细胞研究，但不得动用欧盟的研究经费。

表 9.2 欧盟各国对人胚胎干细胞的研究政策（庞乐君等，2007）

政策	国家
通过立法允许在一定前提下从多余的 IVF 胚胎中获得干细胞	比利时、丹麦、芬兰、法国、希腊、荷兰、西班牙、瑞典、瑞士、英国
允许利用多余的 IVF 胚胎进行研究，但没有明确的人胚胎干细胞研究的法律规定	爱沙尼亚、匈牙利、拉脱维亚、斯洛文尼亚
禁止从多余的 IVF 胚胎中获取干细胞，但法律允许在一定限制条件下使用从国外进口的人胚胎干细胞	德国
立法禁止从多余的 IVF 胚胎中获取干细胞	奥地利、爱尔兰、波兰、斯洛伐克
对人胚胎干细胞的研究没有明确的法律规定	捷克、卢森堡、马耳他、葡萄牙、塞浦路斯

英国在干细胞研究领域处于领先地位并取得突出成绩，1990 年，英国通过了“人类受精与胚胎学法令（HFEA，1990）”。HFEA 对人类胚胎研究进行了严格的限制，该法令不允许为了治疗而用完整的人类胚胎获得干细胞。随着干细胞研究不断取得进展，英国政府逐渐放宽研究的限制。2001 年，英国政府在世界上首先将克隆研究合法化，既允许科学家破坏被生育诊所废弃的胚胎用于研究，也允许通过试管内受精培养研究用胚胎和克隆人类早期胚胎并从中提取干细胞进行研究，并将这一研究定性为“治疗性克隆”，但要求研究中使用过的所有胚胎必须在 14d 内销毁，因为他们认为人在胚胎

存活 14 d 后开始了生命历程。2005 年 3 月，英国下议院科技委员会又发布了题为《人类生殖技术及其立法》的报告，报告坚持英国政府应取消目前对人类胚胎进行基因改造和制造嵌合胚胎的限制，并重新开启对人类生殖性克隆研究的辩论。2008 年 1 月，HFEA 批准了两个研究小组分别提交的申请，准予它们在今后 1 年内可有条件的开展“人-动物嵌合体胚胎”相关研究，开全球嵌合体胚胎研究合法化之先河。

3. 中国

中国对动物权利和早期胚胎的关注程度低于西方国家，基本不存在因为宗教信仰而反对胚胎生物技术的问题。鉴于干细胞研究的重要意义，一方面我国政府与企业应加大投入，强化原始创新；但是另一方面生命伦理研究监管部门应严格审查人胚胎干细胞研究内容，并对研究的进程和成果进行伦理评估，务必使人类胚胎干细胞研究符合国际上有关的章程、宣言或准则，符合我国的有关政策法规，确保人胚胎干细胞研究健康、有序的发展。

2001 年 10 月，国家人类基因组南方研究中心伦理委员通过的《人类胚胎干细胞研究的伦理指导大纲（建议稿）》明确指出：坚决反对生殖性克隆；囊胚体外培养不能超过 14 d；囊胚不能植入人体子宫或其他动物子宫；“人-动物”细胞融合术，可用于基础研究，其产物严禁用于临床；材料的收集和利用要贯彻自愿、知情、非商业化的原则；从立项到成果必须接受伦理评估和监督。2003 年 12 月，科技部、卫生部联合发布了《人胚胎干细胞研究伦理指导原则》，原则主要包含了三类伦理问题。第一类是禁止人的生殖性克隆。第二类是胚胎研究的基本伦理问题，体现在允许利用使用期限不得超过 14 d 的体外受精或体细胞核移植技术获得的胚胎、利用自然或自愿选择性流产的胎儿细胞和自愿捐献的生殖细胞产生的胚胎研究干细胞。第三类涉及我国人类胚胎干细胞的研究伦理，包括：在人类胚胎干细胞研究中保护提供体外受精时多余的配子或囊胚、自然或自愿选择流产的胎儿细胞、自愿捐献的生殖细胞的捐献者的知情同意和知情选择权利；保护他/她们的隐私权利；禁止买卖人类配子、受精卵、胚胎和胎儿组织；伦理委员会要做到合格的伦理审查等。

4. 其他国家

韩国政府在胚胎干细胞研究上的投入大约为 1000 万美元，私人部门为 5000 万美元。该国在制定的生物伦理学和生物安全法案中允许继续现有胚胎干细胞和胚胎的研究，特别允许政府支持成体干细胞的研究，禁止生殖性克隆和不同种族间精胚的转移，法案同时也允许治疗性克隆。

新加坡政府允许克隆人胚胎并允许克隆的人胚胎在体外存活 14 d 以备干细胞分离。新加坡倡导科教立国，在 2000 年前后，新加坡投入约 150 亿人民币巨资，招募国际顶尖科学家，成立了世界一流的干细胞研究中心，并制定了短期、中期和长期目标，欲以“科技新加坡”的新面目呈现，其效果也是立竿见影。2002 年 8 月，发表在英国《经济学人》上的一篇文章称“短短一年，新加坡的生物医药科技成就从几乎为零一跃到世界胚胎干细胞研究之都”。

第二节　种子细胞的伦理问题

干细胞根据来源分为成体干细胞和胚胎干细胞（embryonic stem cell，ESC），目前来源于成体组织及脐带血的干细胞在研究上争议较少。因必须破坏囊胚或胚胎，胚胎干细胞的研究引发了较多的伦理争议。首先是关于胚胎的地位，胚胎是不是生命，研究胚胎干细胞是不是“谋杀”？其次是关于克隆技术，克隆是否最终滑向生殖性克隆？最后是关于种子细胞的实现方式，如流产胎儿的获取是否合理，胚胎是否可以被创造等。

一、胚胎的道德地位

胚胎是否拥有道德地位？胚胎的道德地位是相对于人类而言的。研究胚胎的道德地位，应该是考虑胚胎的自身利益，而不是评价胚胎对他人或事物所造成的影响或利弊得失。这里牵涉胚胎是不是生命？胚胎干细胞研究是不是“谋杀”？

由于研究者的生活环境、文化背景和信仰的不同，对人胚胎的地位认识就不同，一般有两种截然不同的观点。一是认为人的生命是从受精卵开始，人类胚胎实验就是对人的不尊重，是侵犯人权，损毁胚胎也就等于谋杀生命。因此，反对人胚胎干细胞的一切研究。例如，国际上不少国家，特别是西方国家，都以法律形式禁止堕胎并禁止胚胎实验。二是认为早期胚胎只是生物细胞组织，是生物学意义上的人，只有当胚胎发育到 14 d 开始有了感觉神经系统，才具有人格生命，才算得上是道德意义上的人。所以前胚胎时期，在严格管理调控下进行的胚胎干细胞研究，不可以与“谋杀”划等号，在伦理上是可以接受的。例如，英国允许发育 14 d 内的胚胎用于特定目的的研究，日本、以色列等国采取相同的策略。在西方国家，胎儿的生命权一直都得到了充分的尊重和认定。然而当胎儿的生命权与其他人的生命或权益发生冲突时，也提倡遵循“两害相权取其轻”的伦理原则。以德国为例，堕胎在原则上讲是违法的，然而法律又规定：只要胎儿与孕妇在权益上发生冲突，且又无任何其他出路可供选择，三个月之内的堕胎是合法的。另外，当患者急需胚胎干细胞治疗时，胚胎的生命应让位于患者的生命，以挽救患者宝贵的生命。

不同于西方国家，我国对于胚胎的认识存在一定的差异，在“计划生育”被定为基本国策推行 20 余年后，无论是政府官员、科学家还是一般老百姓对于人类胚胎的道德地位看法比较一致，一般不会认为人工流产是“不道德”的。中国人认为人类胚胎会发育成人，可是在这个阶段还不是人，好像一棵大树的种子，这个种子可以发育成一棵参天大树，可是在种子这个阶段，还是种子，而不是树。所以人类的胚胎还不是人，它仅仅是人类的一个生命阶段而已。然而，我国对西方国家正发生的科学与伦理之争又不可能无动于衷，例如，2001 年 10 月，国家人类基因组南方研究中心伦理学部就已提出《人类胚胎干细胞研究的伦理准则（建议稿）》，认为人类胚胎干细胞在遵循“行善和救人、尊重和自主、无伤和有利、知情同意、谨慎和保密”的伦理原则下，赞同“对 14 d 内的人类胚胎可以用于实验研究”的观点。2004 年 3 月，国际权威刊物美国《肯尼迪伦理学研究所杂志》全文发表了这一建议稿。总体来说，我国人胚胎干细胞的研究受到的伦理困扰比西方国家要小。

二、克隆人类胚胎的伦理争议

1996年7月，在英国爱丁堡研究所诞生了一只由核移植技术（SCNT）产生的名叫“多莉”的克隆羊，引起了全球轰动。SCNT就是将一个细胞中的核经显微手术和细胞融合的方法移植到去核的另一个细胞中，重组胚胎发育至产仔的过程。SCNT是一种没有经过雌雄两性生殖细胞结合的无性繁殖技术，又称为“克隆”（clone）技术。“多莉”是世界上第一例克隆成功的哺乳动物。之后，在克隆技术的热潮中纷纷产生了克隆猪、克隆牛等哺乳动物，为克隆人类胚胎直至成熟人类个体做好了技术准备。事实上，在美国马萨诸塞州的生物技术公司和我国长沙湘雅医学院已经成功克隆出了人类胚胎。美国邪教组织雷尔教派宣称“世界上第一个克隆婴儿诞生”。尽管这一消息目前尚未得到证实，却引起了世界的震惊。

（一）治疗性克隆与生殖性克隆的区别

第一，两者的目的和最终产品。治疗性克隆技术即是指用SCNT，建立胚胎多能干细胞系，从中提取胚胎干细胞，并在体外诱导其分化成患者所需要的特定细胞、组织乃至器官，再将之移植到发病部位，起到修复患者组织或器官的作用，其最终产品是可用于治疗的细胞、组织或器官。生殖性克隆的目的是复制人，其最终产品是克隆人。

第二，两者的过程和历时。治疗性克隆不需要移植进入子宫，仅需几周即可完成。生殖性克隆需要移植进入子宫，需要耗时10个月方可完成。

第三，两者的管理政策。治疗性克隆在部分国家（如美国、德国）受到禁止，而在我国、英国受到支持。生殖性克隆则在全球各国均受到禁止。

第四，两者的临床意义。由于移植细胞组织与患者的基因完全相同，不会产生通常器官移植中出现的免疫排斥反应。而且克隆人胚胎使人胚胎干细胞来源更加丰富、持久，还有可能使人的组织器官的培养工业化和器官供应专一化。因此，治疗性克隆技术将给患者带来福音。而生殖性克隆需要将克隆的人类早期胚胎植入子宫内继续发育，以培养存活的个体，与治疗性克隆在运用目的上有根本的区别。

（二）治疗性克隆的伦理学争议

第一，早期胚胎是否具有生命：早期人胚胎是一个生命（human life），一个人（human being）还是一个人类个体（human person）？西方宗教文化认为，克隆人类胚胎这种人为地创造出生命的行为是在“藐视上帝”。而提取干细胞后，胚胎就会被人为地毁坏和抛弃，更是在残害生命，是难以令人容忍的。

第二，治疗性克隆是否会最终滑向生殖性克隆：2003年10月，联合国大会以80

票赞成、79 票反对、15 票弃权的表决结果，将《禁止人的克隆生殖国际公约》实行推迟 1 年。持反对票的 79 个国家认为：无法确保克隆的早期胚胎不植入子宫，治疗性克隆必然滑向生殖性克隆，因此主张二者同时禁止。为防止生殖性克隆的发生，目前国际上已制定相应的原则以保证二者明确的分界。

第三，治疗性克隆技术不够成熟：一是核移植效率不高，需要有足够的卵子供应，提供卵子对于卵子捐赠者而言需要付出身体代价，如果使用荷尔蒙要求妇女重复性周期超排、甚至用金钱对人卵进行买卖，显然为伦理所不容；二是虽然科学家采用人畜生殖细胞融合技术，如利用牛、羊、兔等的卵子发育成嵌合体胚胎可以解决人卵资源不足的问题，但是，如果从这种似人非人的胚胎中提取胚胎细胞用于基础研究之外的临床治疗，则伦理及安全上目前均无法接受；三是核移植安全性问题，将人细胞核与非人类线粒体 DNA 放在一起，以及可能的动物病毒传播的不可预知性，将导致更多的伦理学问题（李天东和程桂芳，2006）。

（三）生殖性克隆的伦理学争议

目前，各国已明令禁止“进行生殖性克隆研究”，这主要是因为生殖性克隆不仅有违不伤害、有利、尊重和公平的原则，还是反自然、反进化、反社会、有违和谐社会的原则，主要表现在以下几个方面。

第一，克隆技术现在还不成熟（成功率很低、克隆繁殖时异常比例超过了 40%），克隆人可能有很多先天性生理缺陷。若利用这种不成熟的克隆技术来随意制造生命，而又不顾生命后果，实际是一种对生命不尊重、不负责的行为。

第二，克隆人的身份难以认定，他（她）们只能是生物意义上的兄弟或姐妹关系，不可能是亲子关系，他们与被克隆者之间的关系无法纳入现有的伦理体系。

第三，人类繁殖后代的过程不再需要两性共同参与，使人类生殖方式从有性生殖倒退回无性生殖，这是违背生物进化历程的。克隆人由于没有父母双方遗传基因的混合，其质量根本无法超过母体，这将导致整个人类物种的退化，是反进化的。由于破坏了人类基因的多样性，其疾病的易感性是显而易见的，这对人类构成了很大的威胁，甚至使人类面临灭顶之灾 。

第四，克隆人与供体人的同时存在，将导致无法从法律的角度确定行为主体，DNA 识别技术也失去作用，这会给司法实践带来无数难题，如果克隆技术被恐怖分子滥用，将由此引起社会的极大混乱。

第五，克隆人可能因自己的特殊身份而产生心理缺陷，形成新的社会问题。

总之，生殖性克隆就如同古潘多拉的魔盒，人们在没完全揭开它的神秘面纱之前，不知它可能带来的灾难。而在科学界，为了这一前沿性的技术，某些人受背后巨大利益的驱使，本身也就背叛了自己的伦理道德。那么在这样一种氛围之下，难保这项技术在真正应用于临床时不会出现更多更复杂的问题。

三、种子细胞实现方式的伦理争议

（一）种子细胞的实现方式及争议度

胚胎干细胞来源的实现方式主要分为5种：①自然或人工流产的胚胎；②辅助生殖剩余胚胎；③以研究为目的的捐献配子人工授精创造的胚胎；④嵌合体胚胎；⑤体细胞核移植技术胚胎（康亚妮，2004；张瑞莹和周郦楠，2007）。除此之外，为避开伦理学的争议，研究者还不断地探索种子细胞其他的实现方式。2007年，*Nature*杂志报道了美国Wake Forest大学（Paolo et al.，2007）的一项研究，该研究声称可从羊水中分离出多能干细胞，这为获取干细胞提供了新的思路，具有很广阔的治疗性应用前景。

按干细胞来源在社会上引起的争议程度分为三类（许志伟，2006a）：①不具争议性，如脐带血、含大量多能干细胞的人体组织（如嗅鞘上皮细胞、骨髓）；②具温和争议性，如自然或人工流产胎儿的生殖细胞及成体干细胞；③具极度争议性，如辅助生殖剩余的胚胎（下文略为IVF-剩余胚胎）、通过体外受精技术专为研究而产生的胚胎（下文略为IVF-研究胚胎）、人类卵子通过“核转殖”技术产生的胚胎（下文简称为NT-研究胚胎）、动物卵子通过“核转殖”技术产生的胚胎等（表9.3）。

表9.3 不同国家对不同来源干细胞的政策（许志伟，2006a）

干细胞来源	争议	允许的国家
1. 脐带血	－	加拿大、美国、英国、德国、比利时、法国、芬兰、中国、日本、新加坡、韩国、澳大利亚
2. 含干细胞的组织（如嗅鞘上皮细胞、骨髓）	－	加拿大、美国、英国、德国、瑞典、比利时、法国、芬兰、中国、日本、新加坡、韩国、澳大利亚
3. 体细胞	＋/－	加拿大、美国（只限指定体细胞）、英国（只限2002年之前的体细胞）、瑞典、比利时、法国、芬兰、中国、日本、新加坡、韩国、澳大利亚
4. 胎儿生殖细胞	＋/－	加拿大、美国、英国、德国、瑞典、比利时、法国、芬兰、中国、日本、新加坡、韩国、澳大利亚
5. 辅助生殖剩余胚胎（IVF-剩余胚胎）	＋＋＋	加拿大、美国（只限非政府资助项目）、英国、瑞典、比利时、芬兰、中国、日本、新加坡、韩国
6. 通过体外受精技术专为研究而产生的胚胎（IVF-研究胚胎）	＋＋＋	美国（只限非政府资助项目）、英国、瑞典、比利时、中国、日本、新加坡、韩国
7. 人类卵子通过“核转殖”技术产生的胚胎	＋＋＋	美国（只限非政府资助项目）、英国、比利时、中国、日本、新加坡、韩国
8. 动物卵子通过“核转殖”技术产生的胚胎	＋＋＋	大部分国家不允许

表9.3罗列了一些国家对上述不同来源的干细胞的官方政策，可以看出，各国对来自人类胚胎的干细胞争议性最高。值得注意的是，在4种来自人类胚胎的干细胞（5～8）之间，它们的争议性也存在很大的差别：IVF-剩余胚胎的可接受性明显高于其他三项（6～8）。这一点在加拿大政府的政策中反映明显。经过全国民意调查，加拿大国会

在 2004 年通过 Bill C-13，除了在严谨控制的情况容许从 IVF-剩余胚胎分离多能性干细胞外，其他三项胚胎的来源都全部被禁止，违者最高可被罚款 500 000 加元和 10 年监禁。加拿大是少数把多元文化主义纳入宪法的西方先进国家，它的政策对其他国家极有参考价值。

（二）种子细胞实现方式的伦理学争议

1. 流产胎儿的获得是否合情合理？

从流产胚胎组织中分离和培养胚胎干细胞是合乎伦理道德的，而且流产已经发生，不存在摧毁活体胚胎的问题，避开了损害胎儿生命的伦理问题。因此，在以人工或自然流产胎儿为来源的干细胞研究中，最主要的伦理争议集中于流产胎儿的获取过程。例如，人工流产是孕妇的无奈选择，还是受到诱导后故意受孕及进行流产的主观决定？流产后胎儿的捐献是否为孕妇自愿，未曾受到相关利益群体的胁迫或鼓励？此外，流产后的胎儿应该如何处置，是否可以进行买卖？如何防止胎儿组织的商品化等。

2. 胚胎能否被创造？

在严格控制条件的情况下，如有充分的特殊理由，可用在捐献者知情同意条件下捐赠的配子，通过体外受精产生胚胎，获得干细胞。与死亡流产胎儿和即将废弃胚胎这两种被动的干细胞来源比较，为研究目的主动创造胚胎来获取干细胞与为生殖目的主动产生一个胚胎是两件完全不同的事。这种胚胎来源的途径产生的伦理问题有：胚胎能否被创造？如何获得捐献配子？为研究目的而捐献配子产生胚胎是否合乎伦理道德？

3. 配子的捐赠是否真的“知情同意”？

捐赠配子对供体可能产生伤害，不能因为研究者履行了告知的义务或者供体自愿捐赠而完全排除研究者可能的犯罪行为。我们必须承认研究者的医疗行为具有某种功利的目的，在功利目的的驱动下，研究者可能不恰当地夸大研究的后果而隐瞒捐献配子对身体远期的影响。当捐献者把配子交给研究者的时候，他们的行为是对人类科学研究的善行，这种行为的崇高可能使供体忘却了自己应有的权利和正当的要求，而医方以文本方式体现的告知义务虽然使这种崇高的捐赠多了一层法律约束，对研究实施过程研究者可能产生的伤害行为提供了一种法律监督；但是，谁敢保证这种研究行为背后没有任何的功利因素？谁敢保证供体崇高的道德行为一定能够得到合理的利用？还有谁能保证捐献配子的行为不会对捐献者的人身造成伤害？当然，真正完全的有效知情同意还要排除家庭及社会对捐献者的影响，捐献者的配子可能会挽救一个亲人的生命，血缘之间的责任感及家庭内部与社会的舆论会产生一种压力，因此，捐献者必须有一段时间以保证其决定是完全自愿的。

此外，对供卵者是否应该给予补偿？如何补偿？许多国家（如加拿大、英国等）都明令禁止卵子有偿捐献。但是，卵子捐献是一个费时过程，捐献者还会有身体不适及其他风险，许多生物伦理学家认为，应该给予捐献者一定的经济补偿，但这种补偿是针对捐献过程带来的身体不适及时间耽误，并非针对卵子的数目和质量。

4. 如何定义嵌合体胚胎，是否能保证其安全有效性？

把人的体细胞植入动物的卵泡中产生嵌合体，虽然解决了人类卵子有限和获取困难的问题，但从人和动物杂交克隆出来的“嵌合体胚胎”所得到的胚胎干细胞，最终将用于人类的疾病治疗，移植进入人体，从而引发新的伦理问题。

首先，动物与人的嵌合体胚胎该如何定义？它的存在是否会伤及人类的尊严？

人之为人，最起码的生物学条件就是具有人的基因组合和人的生命特征，故人类尊严的前提是有一个属于人的身体的生命存在。如果将人的胚胎干细胞注入早期动物囊胚，有可能向神经细胞转化，那么就有可能发育出人的认知能力，这种认知能力就是“人性”，具有人的尊严。让具有人的尊严的认知能力束缚在动物脑内和动物身体内是有损人类尊严的。如果将人胚胎全能干细胞注射入早期动物胚胎，可以分化为全身各组织的成熟细胞，也很可能移动到嵌合体的生殖系统产生人类的精子和卵子。如果这两个嵌合体交配，一个人类精子使一个人类卵子受精，使人类胚胎生长在动物子宫内，这也是对人类尊严的亵渎（涂玲等，2009）。

其次，由于动物卵泡内线粒体 DNA 的存在，是否会引起跨物种感染？

跨物种感染是一个人类敏感而担心的安全问题。某些动物身体内有数种逆转录病毒，它们不在动物体内引起疾病，但通过嵌合体的组织和器官转到人体后是否发生病毒与人体细胞的组合呢？是否会把动物的某些遗传特性或遗传疾病带入人体，是否会在人体的后代中造成畸形或代谢异常？更严重的是，在嵌合体细胞临床研究中，不仅是患者个人处在风险之中，他/她在接受移植后会很快死去，而且是整个社群都处在来自于动物病毒传播造成的疫病大流行的威胁之下。此外，传染性疾病不会尊重国家的界线，一个国家的行动会给整个世界造成严重的后果。此外，随着嵌合体细胞技术的逐步完善，加之近年来嵌合体细胞临床研究的逐年增加，公共卫生的潜在的风险也逐步增加。任何时候涉及广大人群的公共卫生的风险都不能被忽视和做赌注，充分知情的公众的参与对决策过程是非常关键的。

最后，创造嵌合体来获得供人类移植用的组织和器官的效用如何？能不能像有些科学家所说的，可为人类“彻底解决可移植器官供应短缺的问题”？当动物体的组织或器官内只有部分的人类细胞，移植到人体时能完全解决免疫排斥问题吗？这一系列问题现在谁也无法预料，完全有可能产生不堪设想、甚至灾难性的后果。

第三节 组织工程化组织器官分配的伦理问题

一、器官移植资源分配中的伦理学争议

成体干细胞取自患者，具有个体特性，避免了分配的伦理问题。而胚胎干细胞可用于多种人群，是一种稀有的卫生资源，是不可能按需分配的。这就使得医生在进行组织工程化器官分配时面临伦理难题，即可供移植的组织工程化器官及医疗技术是有限的，

应该按照什么样的标准来决定患者接受移植的先后次序？例如，当多个患者在等待同一种供体时，是优先医治病情危重的患者，还是供给病情相对轻的患者？另外，一个能为社会创造巨大财富者和一个普通百姓，或者一个富人和一个需要别人捐款才能进行移植手术的患者他们在同时等待一个组织工程化器官供体时，如果有了供体应该先供给谁？随着年龄的增长，人体器官的功能也随之不断走向衰竭，这是人体发展的客观规律。而对于那些因烟酒等不良嗜好或不当行为使器官过早衰竭的患者，是否应该为自身的不良嗜好负伦理责任，在资源紧缺时，优先将移植机会让给那些同样病重但没有伦理责任的人等。现实中干细胞的分配主要参考的是经济承受力原则，而从医学伦理学的角度来讲更应该关注分配中的“公平”及“公正”，需要综合考虑患者的剩余寿命、家庭角色、科研价值、历史回顾与对未来的前瞻。

二、器官移植资源的分配原则

专家认为，器官移植资源的分配应遵循以下 4 个原则（邱达明，2008）。

第一，尊重生命原则：“生命高于一切”，这是生命伦理学的最高原则。这要求在器官移植中必须遵循尊重生命的伦理准则，包括尊重生命和尊重生命价值两方面。这不仅是因为救死扶伤、减轻乃至消除患者的痛苦是所有医疗活动的基本出发点，而且是因为生命是一切价值的客观基础，当人的生命消失，与人相关的价值也就随之消失了。中国人“人命关天”的观念本身就包含了生命的神圣观念。正因为如此，对生命的尊重才成为检验一切价值体系的合理性的最终尺度，强调生命的神圣性和生命质量的统一性。在器官移植中，尊重生命不只是尊重受体生命的神圣性，还要充分考虑受体术后的生存时限及生活质量。

第二，效用原则：即在进行器官移植时，要对移植后的效益进行权衡比较，当收益大于代价和风险，长远利益大于眼前利益时才是有意义的。因此在选择受体时，更重要的考察指标应是受体的生存质量、生活前景、康复潜能、余年寿命等。这一原则的具体要求就是需要严格掌握供体受体选择、移植手术适应证的标准，只有确定是“有益的”或“利大于弊的”，才是医务人员必须做、应该做的事情。

第三，公正公平原则：公正是现代社会的一个基本要求。移植器官是一种稀缺资源，器官移植资源分配公正是社会公正的一个缩影。按照美国著名伦理学家罗尔斯的表述：“所有的社会价值都要平等地分配，除非对其中的一种价值或所有价值的一种不平等分配合乎每个人的个人利益”。既然如此，每个社会成员都应平等地享有利用公共资源医治疾病的权利。不只是同等地对待相同的患者，对不同经济状况、不同需要的患者也应给予相同的对待。但在现实中，人体器官移植资源分配不同于一般的医疗资源的分配，不可能做到绝对的公平，主要原因是可供移植器官极其短缺这个“求大于供”的矛盾和移植手术的高昂费用问题。

第四，“国内优先”原则：据媒体报道，每年都有大量的外国人前往中国大陆接受干细胞移植手术，号称“干细胞旅游”（华璐，2010）。而国内大多数患者得不到救治，或是由于得不到细胞或器官供体，只能在等待中死去。移植手术需要高昂的费用，低收入家庭根本无法承受。国际上通行的惯例，各个国家一般优先考虑本国的患者，对于外籍人员到境内接受移植手术都有一些限制条件。比如，美国规定，在旅游期间持正式签证和护照的境外患者，如果发病需要进行器官移植的，一般列入等待名单。如果以移植器官为目的赴美，通常会被拒之门外。因此，坚持“国内优先”原则是能够得到伦理辩护的，国家应该制定一些政策限制外国人来华移植器官，严格坚持“国内优先”的原则，确保中国人的自身利益。

第四节　其他伦理问题

在组织工程研究应用中，还涉及其他一些伦理问题，主要包括支架材料、工程化组织器官的临床应用等。

一、支架材料的伦理问题

组织工程研究的支架材料包括陶瓷材料、金属材料、高分子材料及生物衍生物材料等。材料的相容性及组织相容性、毒性实验等均需做体内体外检测，由医药卫生管理部门对其安全性进行评价，并按生物制品、医疗器械法规进行相应管理和临床应用，它所涉及的医学伦理问题主要是作为非自体的异物植入体内（彭磊等，2005）。

用不锈钢制作的钢板螺钉等内固定器材用于治疗骨折已有几十年历史，绝大多数患者获得了较好的治疗效果，减少了伤残，挽救了生命，且无严重并发症及后遗症，已成为骨科领域应用最多的人工材料。高分子可降解吸收材料，如聚乳酸、聚羟基乙烯等已被 FDA 批准用于临床，如最常用的可吸收缝线等，其最终降解产物为 CO_2 和 H_2O，对人体无任何毒副作用。尽管如此，患者仍然担心这些异物在体内存在的安全性，从而产生一定的心理压力。同种异体骨来源于截肢或自愿捐赠的个体，已广泛应用于临床，其临床应用的频率与输血一样，成为人体接受同种异体组织移植最常规的方法，至今尚无人对此提出伦理学方面的疑问。由于这类骨经低温处理，仍保留了一定的抗原性，使治疗效果受到影响。生物衍生骨是同种异体骨经理化方法及冻干处理，去掉细胞及其抗原性，克服了低温冷藏骨的缺点，由于生物衍生骨具有同自体骨一致的三维结构、孔径、孔隙率，并有一定的诱导成骨性，经体外培养证明无细胞毒性作用，细胞相容性好，无致瘤性。在体内移植实验证明，局部组织仅有少量淋巴和巨噬细胞浸润，经血清抗体检测，仅可检测到微量抗体，表明组织相容性良好。因此，生物衍生骨有可能成为最适合组织工程研究的支架。

二、工程化组织器官临床应用的伦理问题

据业内人士估计，中国内地有 100～150 家医院提供这种所谓的干细胞治疗。很难客观地确定治疗所用的这些产品是否是真正的干细胞，也很难确定这些治疗是否真正有用，因为没有客观独立的第三方去检验它们，他们所用方法和结果也没有公开发表在权

威的学术刊物上。他们在互联网上刊登广告招募患者时，往往将干细胞治疗描写成“魔弹”。一个重要问题是在我国治疗误解非常普遍，有些追逐利润的医生、科学家、医院和生物技术公司故意混淆临床医疗与临床研究之间的界线，从而规避对临床研究的伦理审查和知情同意的要求。而且制药/制造医疗设备的公司与医生/科学家之间的关系又没有规范和管理。

很多干细胞研究者都表达了自己的忧虑，著名伦理学家、中国社会科学院哲学所应用伦理中心研究员邱仁宗在接受《财经》采访时，曾毫不客气地指出，一些厂家和医院联合起来，将处于研究阶段、尚不成熟的成果用于临床，是非常错误的行为，不但损害了中国的干细胞事业，而且会给患者造成严重的伤害。霍普金斯大学医学院细胞工程研究所程临钊博士对此也持相同观点，称这些厂家和医院为害群之马（李虎军，2007）。一些学者已经提议，至少在建立被普遍认可的临床级干细胞标准之前，应通过立法禁止这类临床治疗的开展。事实上，直到2009年FDA才开始正式受理第一项干细胞临床研究（Ron，2009）。

2008年12月，国际干细胞研究学会发布了《干细胞临床应用准则》，准则特别强调安全性，因为干细胞及其衍生物可能既有有益又有有害的效应，尤其是异位的组织和肿瘤的形成；在临床应用前必须进行Ⅰ期临床试验，而且在临床试验前必须在实验室和动物实验中严格评估其潜在的毒性和致癌性，唯有在前临床试验获得可接受的风险/受益比之后才能进行临床试验；在风险/受益比方面必须鉴定其风险，并设法使之最小化，受益的确定必须实事求是，不应过分夸大；所有涉及干细胞临床应用的研究必须接受伦理审查委员会的独立审查、批准和监督；应该告知患者新的干细胞产品从未在人身上试验过，研究人员并不知道它们是否像希望的那样有效；细胞植入物可能滞留在患者体内好多年，它们的作用可能是不可逆的，因此必须对患者进行认真的监测和长期随访；干细胞研究人员应该公布在研人员、资助者和从事干细胞研究的机构的任何经济和非经济的利益冲突；对于临床试验的阳性和阴性结果及不良事件均应公开发表。

第五节　组织工程化组织器官问题的伦理对策

对于组织工程涉及的伦理问题，应有适当的伦理对策，以便为组织工程发展扫清障碍。

一、明确胚胎的道德地位

玛丽·安·华伦用7个原则作为判定道德地位的标准。①尊重生命原则：对活着的生物或组织，在没有足够的理由时，不能伤害；②反残忍原则：有感觉的生物不能被杀、遭受痛苦或疼痛，除非有更高道德地位的人类或其他生物在没有其他更好的办法时，才可以那样做，同时这条原则要与③～⑦原则相一致；③道德主体原则：道德主体有完全平等的道德权，包括生命权和自由权；④人权原则：与②、③相一致，当人类有感觉，但不是一个道德主体时，有同样的道德权利；⑤生态原则：活着的生物如果不是道德主体，但对生态重要时，享有比它们的内在特性更多的道德权利，这条原则受①～④原则的限制；⑥相对特殊化原则：在原则①～⑤的限制下，在社区内的非人类成员享有比它们的内在特性更多的道德权利；⑦相互尊重原则：在①～⑥原则的限制下，每一个道德主体都要互相尊重。玛丽·安·华伦判定道德地位的 7 个原则标准，较全面地概括了我们应该在道德意义上以什么样的态度对待世界上的生物及他/它们有什么样的道德地位（Suzanne，2002）。我们应该按照标准①去对待活着的生物或组织；按照标准②去对待动物；按照标准③去对待理性的人；按照标准④去对待非理性的人（如植物人）或按照标准⑤去对待除人和动物以外的生态生物。

按以上功能论的种种分析，14 d 内的胚胎应该属标准①的对待对象，即它们的道德地位是：活着的人的生物学生命，有自己的特性和内在价值，有发展为人的生命的潜能，在没有足够的理由时，不能被伤害。而干细胞研究具有广阔的应用前景，不得已只能毁坏胚胎。因此，按照尊重生命原则，我们应以尽可能尊重它们生命的态度去研究它们。对它的处理应有一定的程序。例如，人类胚胎用作研究必须是体外的，不能超过 14 d；且其前提必须是若不使用人类胚胎，则达不到重要的研究目的；人的胚胎不是商品，不能买卖；科学家应采取必要的行动纪念那些胚胎的贡献；必要的程序是指专门的埋葬或火化，也应有简单庄严的仪式等。

二、种子细胞来源实现方式的伦理对策

（一）自然或人工流产胚胎

如何确定结束妊娠是自愿的，胎儿组织的捐献是符合伦理道德的？可接受的解决办法是：妇女决定捐献流产胎儿组织与结束妊娠应该是分开的过程，妇女决定流产应先于捐献，流产是已经发生的，与干细胞研究无关；研究者确保不是引诱妇女为金钱或为他人设计的干细胞研究目的而流产；研究者不可以提供经济补偿给妇女；禁止为使用胚胎和胎儿组织而对流产时间或过程进行人为的操纵；确保供者和受者之间的自由和知情同意，确保精确的风险利益评估的责任，特别是涉及人体研究的适宜行为的伦理学标准，还有捐赠者的匿名问题，细胞库的保密和安全性问题，以及获取组织的信息机密权和隐私权等；确保使用 hES 细胞治疗人类疾病的目的和胚胎应被尊重的宗旨不受到伤害。

（二）辅助生殖剩余胚胎

hES 细胞研究的伦理道德合理性在很大程度上依赖于胚胎的身份，一方面是需要保护处于发育中的所有阶段的生命形式；另一方面是要支持那些可以拯救生命和提升生命质量的科学技术。现代的科学发明创造了巨大的希望，也带来了一些重大的伦理问题。在两种极端意见尚无法调和的情况下，我国 hES 细胞研究应用这种来源应做如下限制：捐献者自主决定是否继续存储或捐献给另外的不孕夫妇；不许有预先设计地获得胚胎；不能买卖胚胎及胎儿组织；应以最少量的胚胎用于最重要的研究；研究者不得在

治疗不孕症时有目的增加植入胚胎的数量和配子等。从国外进口的胚胎要符合国内的管理规定。捐献必须强调知情同意，使胚胎捐献者确知自己的胚胎如何处置，以避免被强迫或引诱。研究者应当用通俗易懂的科学语言向捐献者说明捐献的目的、意义、可能出现的问题及预防措施，在签署知情同意书后方可执行。知情同意应告知：研究者对捐献者不提供利益；拒绝和同意胚胎捐献都不影响将来的治疗和护理；告知目前正在进行的 hES 细胞研究领域的一般情况；告知一些有关胚胎研究的资金来源和商业利益的情况；确保捐献的胚胎将不会植入妇女子宫；告知研究过程包括销毁此胚胎。

（三）以研究为目的捐献配子创造的胚胎

在当前流产胎儿和即将废弃胚胎这两种 hES 细胞来源比较丰富的情况下，在尚无干细胞研究必须在这样的特定来源下才能进行的情况下，没有理由必须有意地为研究目的而捐献配子产生胚胎。因为取卵需要用腹腔镜和腹部切口，这对供卵者的伤害不容忽视。因此，尽管在实际的研究项目审查中不排除“自愿捐献卵子”这种获取干细胞的方式，但伦理委员会要严格从事，确保捐卵者完全的知情同意，充分考虑对捐卵者潜在的身心伤害，防止研究者对捐卵者的胁迫、引诱，并保证干细胞株的质量，保障接受者的生命安全。

1. 保护供卵者

对于那些非医学目的的供卵者来说，完全是为了科学研究而冒险，从保护这些供卵者的角度出发，作为医生有责任阻止这种行为，同时应阻止供卵者迫于经济原因或其他强制手段而供卵。在美国，干细胞研究通常由私人商业机构负责，其不受联邦法规的约束，拥有自己的保密权利，这些捐赠的卵一旦进入商业领域，可能会像捐赠的肾、心脏或身体其他器官一样，对社会经济价值产生一定的作用和影响。干细胞研究者掩盖供卵的危险并加以诱导，其目的只是将这种获卵方式当作是建立干细胞系并最终将其应用于临床的工具。因此，在进行胚胎干细胞研究之前，应建立相应的措施保护女性的健康和自由。这些保护措施包括：相关机构对供卵程序作出明确法律规定，供卵者的供卵过程受伦理委员会的监督，供卵者的选择标准应谨慎且严格，供卵者签署明确的知情同意书，对供卵者的隐私及安全提供保护，对供卵者给予合理的经济补偿，以及对供卵者进行随访等（王毅娜和张云山，2006）。

2. 维护供卵者的知情同意权

如今，人们对于卵子用于不孕症的研究已较为了解，而对卵子用于人类胚胎研究的认知尚存有较大的差异，因此，对于供卵者（尤其是某些单纯为科学研究的供卵者）而言，知情同意权更为重要。具体的维护措施包括：①明确表明卵子的去向和用途；②给予供卵者精神上及物质上的补偿，例如，对供卵者对科学研究工作的支持与贡献深表感谢，此外，无论供卵成功与否，均应给予供卵者相应的物质补偿；③确保供卵者明白各项入选标准；④告知供卵者在超促排卵和取卵过程中，可能对身体造成相应的伤害，而且存有一定的风险，以及准备的对应措施；⑤告知供卵过程有严格的程序且受伦理委员会监督；⑥告知供卵者在任何时候都有权提出中止供卵，并且不会影响其个人今后的利益。

（四）嵌合体胚胎

嵌合体胚胎研究存活率低，且可能引发跨物种感染，因此对嵌合体胚胎的研究应进行严格的控制：尽量利用嵌合体胚胎分化培养的干细胞系进行研究；用于 hES 细胞研究的嵌合体胚胎不得超过 14 d；嵌合体胚胎不得放入子宫；用嵌合体胚胎研究分化培养的研究单位准入要严格把关；从事 hES 细胞研究的单位必须在人员、技术设备、管理和伦理方面具备一定的条件；用嵌合体胚胎研究分化培养的干细胞必须经过严格的动物实验，并再次进行科学和伦理的检验，研究过程中须随时接受伦理委员会或国家卫生行政部门的检查和监督，以保障受试者的人身安全及合法权益。

（五）体细胞核移植技术胚胎

用 SCNT 技术产生 hES 细胞引发的伦理问题，除了人们对胚胎道德地位的伤害和工具性处理的反对，主要是对无性生殖和基因工程的安全性的置疑，最令人担忧的是胚胎一旦放入子宫可能发育成克隆人，而克隆人是反人性、反自然、反社会的，有违无伤、有利、自主、和谐及尊重生命尊严的伦理学原则。而且还不能排除 SCNT 技术产生的 ES 细胞在治疗中致癌和形成畸胎瘤的可能。因此，用 SCNT 技术产生干细胞必须仔细权衡潜在的利益和害处。即使潜在的利益大于害处，也必须在严格的限制下和按照相关法律规定下进行。

第一，反对滥用 SCNT 技术，坚决反对以复制人为目的的任何生殖性克隆研究。

第二，支持通过体细胞核转移术，产生与体细胞供者遗传上相同的新胚胎，从而获得干细胞和产生永生细胞系，用于严重疾病治疗的研究。

第三，在实施 SCNT 技术过程中，应十分谨慎，只允许在 14d 内，即发育至囊胚阶段前分离和培养获取 ES 细胞，禁止将体外培养的胚胎移入妇女子宫。

第四，对人体细胞与动物卵母细胞融合术，作为非临床应用的基础性研究，探索基因表达、细胞分化与“凋亡”等种种科学问题，在满足上述 3 条的前提下可允许进行；但作为临床应用的治疗性克隆研究则违反了伦理原则。由于人体细胞和动物卵母细胞融合可能产生一些预料不到的后果，为了人类尊严，为了对人们的健康负责，主张禁止将人的体细胞与动物卵母细胞质结合所产生的胚胎、胚胎干细胞及其衍生物、组织和器官用于人体移植。

第五，希望经过研究者不懈的努力，最终能解开体细胞重新编程之谜，以便绕开卵母细胞和胚胎，直接从个体获取组织干细胞而用于人类疾病的治疗。

三、加强组织工程与干细胞的伦理学规范化建设

（一）坚守伦理道德底线

胚胎干细胞的研究是否可以任意进行，需不需要规范？这个问题的实质是干细胞研究是否要坚守伦理底线，即是否允许克隆人？值得庆幸的是，对于这个问题世界各国的看法比较一致——均明令禁止。

反对克隆人的原因主要包括以下几个方面：首先，从伦理上来讲，生殖性克隆是无性生殖，有违自然的进化；其次，从科学技术来讲，目前克隆技术不成熟，克隆成功率低，容易出现畸形，是不道德的；最后，从社会学角度来讲，克隆人的社会属性难以界定，是有违现有家庭结构和社会伦理的（朱希山和赵春华，2006）。

（二）建构合理的伦理道德原则

医学伦理中的道德原则，是医学伦理规范体系中最概括、最具普遍性的原则，彼彻姆和查瑞斯提出包括尊重自主原则、不伤害原则、行善原则和公正原则的“四原则学说”。医德原则是这个规范体系的核心，即社会主义医学人道主义，在组织工程与干细胞的伦理学建设方面，可以有以下几种实施措施（许志伟，2006a）。

1. 尊重原则

（1）尊重相关人员的知情同意权

知情同意应贯穿干细胞研究、检测、应用的全过程，以卵子及胚胎的捐赠两个方面为例，妇女应在知情同意及没有威迫利诱的情况下作出卵子的捐赠，避免以经济利益诱惑捐赠者，同时还应严禁研究机构女性工作人员捐赠卵子。而对于IVF-剩余胚胎的捐赠，需提防人工生育的诊所与干细胞研究机构之间发生利益转送，甚至是两种活动根本是在同一单位不同部门进行。应严格地遵循伦理原则，两种活动不应在同一个医生研究员的操纵之下。两个单位的工作人员也不应该有任何接触和交流，以确保人工生育的诊所不会受到干细胞研究机构的影响而提供超过适量的生育胚胎。

（2）尊重相关人员的隐私权

隐私包括两个方面，一是患者的身体，一是患者的机密信息。尊重隐私权，是指医务人员有义务替患者保守一切有关患者的私人资料，保护患者的隐私权利。

首先，不论是配子或胚胎捐赠者的身份与个人资料都应该完全保密。但由于干细胞有实际的医疗价值，应用在患者身上时，它们的素质与安全标准的控制尤为重要，为了能够保障干细胞受赠患者的安全，干细胞捐赠者与受赠者之间就必须具有身份上的可追溯性。这就意味着，尽管所有的人体组织、配子、胚胞和干细胞株都会用独特的代号标记，以确保捐赠者的身份不被泄露，但研究人员和临床医生却同时必须有能力追踪受赠者接受的干细胞的源头。这对捐赠者的隐私权无疑是一种很大的威胁。因此，接受配子

或胚胎捐赠的单位，应郑重承诺：尊重捐赠者的隐私权，未得到捐赠者或监护人的同意，绝不会向第三方披露捐赠者信息。

其次，捐赠者的隐私权更包括他们有权拒绝接收任何有关自己身体组织、细胞、基因的资讯。例如，从一个捐赠者的精子发育出来的胚胎干细胞，发现某些源自精子的重要基因缺陷，精子的捐赠者是否有“不被告之”的权利？若这方面的信息对捐赠者家庭的其他成员也有重要的意义时，他们的“被告之”权利又如何处理？这些都是采用人类干细胞将会面对的问题。

(3) 尊重胚胎的生命权

胚胎是否具有生命权？目前仍存在争议。保守派认为胚胎拥有如同成人一样的生命权。分离干细胞同时会毁灭囊胚的生命，是道德绝对不可容忍的行为。自由派认为胚胎无非是一组人类细胞，它们的生命权利就如同一般的人体组织，在有需要时可以割除或抛弃。中间派认为人类胚胎在一个人的发展过程中占着一个独特的地位，它们应该被赋予部分的生命权利，如果能保证有效的监管，胚胎生命权利可以被牺牲。

目前，支持采用辅助生殖剩余胚胎的原则包括：无损失原则（“nothing is lost” principle)、避免浪费原则（“avoidance of waste” principle)、生育意图原则（principle of reproductive intentionality)。无损失原则认为剩余胚胎的结局最终是被毁灭，利用这些剩余胚胎作为干细胞来源，最坏的结果无非就是分离干细胞或栽培干细胞株失败，胚胎没有因此而进一步蒙受损失。换言之，分离干细胞并没有增加道德风险。避免浪费原则认为既然剩余胚胎最终是被毁灭，而科学与医学同时又渴求从胚胎中提取干细胞，这样利用剩余胚胎不仅避免浪费，而且还让胚胎成为无名英雄，为人类做出莫大的贡献。生育意图原则认为任何胚胎原初被造时的意图，与胚胎之后如何被采用，有着决定性的伦理意义。IVF-剩余胚胎是由于人工生育技术还未完善导致的一个无可奈何的结局，面对被毁灭的命运，是胚胎的悲剧，但不是伦理上的悲剧。IVF-研究胚胎的产生意图则大不相同。它们的被造以至获得生命，为的就是成为干细胞的供应者，它们的身份就是一种工具。这种创造人类生命的意图，被认为是道德不容许的。

虽然“无损失”、“避免浪费”、“生育意图”等原则为IVF-剩余胚胎提供了伦理学的辩护，但是胚胎毕竟不同于一般的研究对象，它具有发展为生命的可能，研究者在使用过程中，应尊重胚胎，对其为医学作出的贡献怀有感恩，没有充分的理由或特定的程序不能任意毁掉胚胎。

2. 有利原则

(1) 不伤害原则

“不伤害”(nonmaleficence) 是指不给患者带来本来完全可以避免的肉体上和精神上的痛苦、损害、疾病甚至死亡。在获取干细胞、测验干细胞及把干细胞应用到患者身上的种种程序中，都必须考虑到最终患者是否会得到益处，以及危害患者安全的可能性。此原则不仅适用于患者，同时亦应适用于干细胞的捐赠者，因为不论在提取脐带血、流产胎儿干细胞或成人的成体干细胞，都牵涉对捐赠者的身体采取某些医疗手段，在进行这些操作时，应严格筛选适用人群，确保操作的安全性。

（2）相称的补偿原则

相称的补偿原则是指任何的科学上的研究或医疗用途的程序，都必须有相称的回报。这些回报有层次之分：科学知识上的回报、医学知识上的回报，以及直接对患者或家属的回报。回报亦有轻重之分，有些科学或医学上的知识可以是无关痛痒的或不是具有迫切性的。对于应用到与干细胞相关的研究和医疗上的用途上而言，如何平衡干细胞研究与应用的风险与利益，是一个既实际又重要的道德问题。采用一些人们抛弃的脐带血细胞要求的回报，自然比采用 IVF-剩余胚胎要求的回报要低，但如果与主动制造一些 IVF-研究胚胎比较，后者要求的回报将会大得多，它对回报的要求甚至可以大至人们认为没有任何科学上或医学上的回报足以抵消采用它的道德风险。

3. “必需性”或“补充性”原则

“必需性”提出这样一个问题：为了获得某一方面的知识或医治某一种疾病，采用人类干细胞是必需的吗？换言之，除了采用人类干细胞之外，别无其他办法吗？若答案是肯定的话，那就满足了“必需性”原则。“补充性”原则要说明的是，假如有两种不同的手段可以让人获得同一或相近的结果，采取的手段应该是两者之间较少争议的一种。因此，在未采用人类干细胞前，首先应该寻找及采用其他可能产生同等或类似效应、而又与干细胞无关的方法。换言之，采用人类干细胞仅是补充性的，如果有其他可用的办法，就应该先行采用一些不具争议性的、与干细胞无关的办法。举例来说，除非不具争议性的干细胞（如成体干细胞），被确定证实不能提供某些科学上或医学上必须得到的知识，或无法提供某些疗程医治一种无法医治的疾病，否则人们就不应该轻易采用利弊不一定“对称”、必需性未得确认的人类胚胎干细胞开展治疗，因为这违反了“必需性”原则。

4. 防止商业化原则

干细胞研究中卵子、胚胎的获得，应严格遵循自愿、无偿、防止商业化的原则。一旦配子或胚胎走向商品化，将进一步加剧全球的卫生资源分配不公。一边是落后国家落后地区，成为依靠售卖配子或胚胎为生的弱势群体；一边是发达国家购买健康及享受高新科技的富人人群。庞大的买方市场必将催生一群威逼、贩卖人体配子或胚胎甚至组织工程器官的暴力犯罪集团，引发全球范围内的社会动荡。

具体的防止商业化的措施包括：医疗机构和医务人员对要求实施辅助生殖技术的夫妇，要严格掌握适应证，不能受利益驱动对有可能自然生殖的夫妇实施辅助生殖技术；供精、供卵、供胚胎应以捐赠助人为目的，禁止买卖；但是，可以给予捐赠者必要的误工费、营养费及必要的医疗补助费；人类辅助生殖机构和精子库对受者收费也要合理；禁止医疗机构和医务人员以商业化为目的的各种形式的夸大辅助生殖医学成功率（如临床妊娠率、出生率）的宣传活动；不能在人类精子库前面冠以“名人”等招揽供者和受者；辅助生殖术后的剩余胚胎与配子，应由胚胎与配子所有者决定如何处理，鼓励所有者将其捐赠，以用于不孕症或相关研究，但禁止用发育 14 d 以后的胚胎进行科学研究等。

5. 伦理审查原则

胚胎干细胞的来源是否符合伦理要求是伦理审查的重中之重。例如，在韩国的“卵子风波”中，国际社会对黄禹锡及其科研团队的质疑之一就是：在临床研究中存在过度取卵和胁迫下属供卵等伦理问题。伦理委员会开展对胚胎干细胞来源的审查应确认：①在现有的胚胎干细胞来源方式中，哪些是存在伦理争议的，哪些是得到伦理辩护的；②在那些可接受的来源方式中，研究者在采集和利用胚胎干细胞的过程中，是否真正贯彻了知情同意原则，是否有效预防了胚胎干细胞的商业化利用等。

6. 公平公正原则

公平公正原则主要体现在移植资源的分配方面，之前已有论述，在此不再赘述。

四、健全胚胎干细胞研究的法律法规

英国著名人类遗传学家奥特琳·布莱尔特女士在一次全球性的专题讨论会上大声呼吁：“19 世纪是蒸汽机的时代，20 世纪是原子和电子的时代，人类已经叩响了 21 世纪生物工程时代的大门，为了正确认识和利用大自然中最复杂、最精密的结晶——人体，全球范围的医学立法势在必行”。

2000 年，欧盟在《欧洲管治白皮书》中提出“善治”（good governance）的理念。所谓善治，就是要秉持公开、参与、负责、有效、一贯的管理原则，强调在管理过程中体现出尊严、自由、平等、团结、公民权和公正 6 种基本价值。在生物医学和生物技术研究和开发方面，善治应包括：①建立管治的框架或基础设施。②制定正式的法律、法规、条例、行政规定或准则。这些规定应涵盖实质性和程序性两个层面。实质性规定如伦理审查、知情同意、隐私保密、惠益分享、利益冲突、质量保证、研究人员义务、禁止和允许等；程序性规定包括资质审定、执照或许可证、登记、报告、干细胞产品检验、实验室向临床转化的必经程序等。③建立进行伦理审查的委员会。④贯彻执行这些相关的法律、法规、条例、行政规定或准则。⑤进行能力建设，如伦理教育、培训等。⑥有效的监督检查。⑦明确的奖惩办法。⑧专门的管治机构和配置专项经费。

下面将分析一下我国法规中现存的一些问题，并介绍一些来自英国的先进经验。

（一）我国现有法规存在的问题

2003 年，科技部和卫生部颁布《人胚胎干细胞研究伦理指导原则》（下面简称《原则》），《原则》中明确规定：“禁止买卖人类配子、受精卵、胚胎和胎儿组织”，“用于研究的人胚胎干细胞只能通过下列方式获得：①体外受精时多余的配子或囊胚；②自然或自愿选择流产的胎儿细胞；③体细胞核移植技术所获得的囊胚和单性分裂囊胚；④自愿捐献的生殖细胞”，“进行人胚胎干细胞研究，必须遵守以下行为规范：①利用体外受精、体细胞核移植技术、单性复制技术或遗传修饰获得的囊胚，其体外培养期限自受精或核移植开始不得超过 14d；②不得将前款中获得的已用于研究的人囊胚植入人或任何其他动物的生殖系统；③不得将人的生殖细胞与其他物种的生殖细胞结合”，“进行人胚胎干细胞研究，必须认真贯彻知情同意与知情选择原则，签署知情同意书，保护受试者的隐私”。

《原则》试图维持科学研究自由与伦理约束之间的微妙平衡，同时设法使科学研究自由最大化，使伦理和管理约束最小化。然而，时至今日，《原则》的不足之处也暴露出来（邱仁宗和翟晓梅，2009）。

首先，《原则》中没有任何条款提到干细胞研究机构和人员的资格认定、执照颁发、登记、报告、监督或违反时的惩罚原则。这意味着这个《原则》的实施是自愿的，没有强制的约束力。结果，这些规定并不能达到在科学研究自由与伦理/管理约束之间的平衡。

其次，《原则》也没有要求从事这方面研究的科学家和研究机构登记，递交年度报告，向管理机构登记报告卵母细胞或胚胎来源，干细胞系如何建立，克隆胚胎或杂合体和嵌合体如何形成和毁掉，因此很难对之进行有效管治。《原则》要求进行人胚干细胞研究必须经过伦理审查委员会的审查和批准，但没有对伦理委员会的资格和审查进行细致的规范。

再者，鉴于在杂合体和嵌合体方面科学的进展和伦理方面的进一步讨论和论证，《原则》有关禁止和许可的规定也应该与时俱进，适时加以修改。

管理的缺失说明，或许我们需要将《原则》升级为条例、规定或规范，包含有关干细胞研究及其临床应用的一切实质性和程序性要求，它们的实施应该具有更强的约束力，违反者应受到相应的处罚，这样才能使干细胞研究及其应用得到健康的发展，并真正维护患者和受试者的权利和利益。

值得庆幸的是，2009 年 3 月，卫生部发布了《医学技术临床应用管理办法》。该办法规定：“克隆治疗技术、自体干细胞和免疫细胞治疗技术、基因治疗技术、中枢神经系统手术戒毒、立体定向手术治疗精神病技术、异基因干细胞移植技术、瘤苗治疗技术等”技术“涉及重大伦理问题”，其“安全性、有效性尚需经规范的临床试验研究进一步验证”。此外，“异种干细胞治疗技术、异种基因治疗技术、人类体细胞克隆技术等医疗技术暂不得应用于临床”。按照这一规定，干细胞应用于临床前必须进行临床试验，这个《办法》强调医学技术临床应用的安全性、有效性、伦理审查、知情同意，这些都有利于保证干细胞治疗的科学性并保护患者的权利和利益。

（二）英国的胚胎干细胞研究监管程序

英国主要是通过三重机构来管理人类干细胞（包括胚胎干细胞）。它们分别是“人类人工授精和胚胎管理局”（HFEA）、“英国国家干细胞库”（UKSCB）、地区性“科研伦理委员会”（UC）（许志伟，2006b）。在实际操作时，这三重机构相互关联、重叠运作（图 9.1）。下面分别介绍这一三重机构在胚胎干细胞方面的监管内容及措施（许志伟，2006b）。

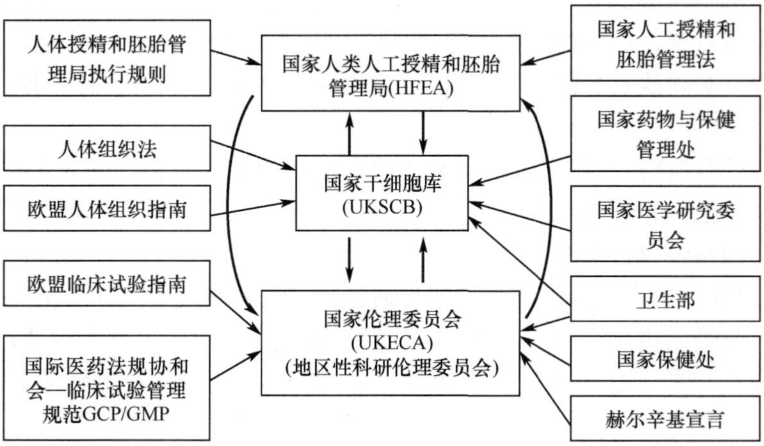

图 9.1　英国胚胎干细胞研究监管程序（许志伟，2006b）

1. 上游机构：人类人工授精和胚胎管理局（HFEA）

HFEA 是英国国会在 1990 年成立的一个法定机构，负责审核与批准全国所有胚胎的产生和使用。在应用方面，审核“体外受精与胚胎转殖”辅助生育（IVF-ET）、利用“体外受精”或“核转殖”技术专门为了分离干细胞而产生胚胎的研究项目，以及胚胎植入前诊断的申请。而在科研方面，审核不育原因、流产与避孕方法的研究、胚胎发育成长的研究、利用胚胎增进有关疾病知识的研究，以及利用胚胎发展治疗方法的研究等。在英国境内，任何政府或私人资助的人类胚胎的研究活动，包括从胚胎抽取干细胞，都必须首先获得 HFEA 签发的一个有期限（通常 1 年）的准许证，否则便是违法。在准许证核发之前或捐赠胚胎之前，HFEA 必须严格审核所有配子或胚胎捐赠人的知情同意书，严格执行知情同意。若产生的胚胎不是为生育而是特别为研究之用的话，更应严格审查研究项目的每个细节，以确保项目的科学价值是值得专为该项目而特别产生胚胎。HFEA 审核的每一个项目都是公开进行，获批准的项目更应及时向社会公布。

2. 中间机构：国家干细胞库（SCB）

SCB 成立于 2003 年 1 月，全国所有种类的干细胞株必须集中存放在 SCB，以保证所有干细胞株的来源符合伦理标准，更保证所有干细胞系的品质，促进各研究中心共享有统一品质控制的干细胞株，避免研究实验不必要的重复，直接减低采用（毁灭）胚胎的数量。统一干细胞株伦理与品质管理的标准，也让不同单位的干细胞研究成果可以作出可靠的比较。

SCB 的操作由一个具有全国代表性的“管理委员会”（Steering Committe）负责。其成员包括科学家、医学家、神学家、伦理学家、社会人士、政府监管机构代表、政府及私人科研资助机构代表。管理委员会具有独立运作权力，但每年需要向 4 个政府部门提交年报，包括国家卫生部、国家医学研究委员会、HFEA 和国家医药与保健产品管理处，并且回答政府各部门大臣的任何询问。SCB会议程序、讨论过程及做出的决定都会向社会公开，保持对公众的高透明度。SCB制定有《采用人类干细胞系指南》，指南内容参照以上4个政府部门既有的相关规条，包括英国2004年通过的《人体组织法》，以及欧盟国家（包括英国）在2004年通过的《人体组织指南》。

干细胞株必须经同级评审后认为有科学上或医学上的价值，并对所有参与干细胞研究的群体有贡献才会被接受存放。干细胞株的品质按不同的标准，区分为“研究级”干细胞株与“医疗级”干细胞系株，不同等级不可混淆。此外，SCB的一项重要的任务就是确保人类干细胞匿名捐赠者与受赠者之间的可追溯性，以保证捐赠双方的健康安全，这些都是欧盟与英国在2004年通过的《人体组织指南》所要求的。

值得注意的是，从SCB的职责范围与运作机制中，我们可以看见它与HFEA之间的特殊关系。例如，HFEA只审核与胚胎有关的申请，而不参与监管人类干细胞的研究项目。然而，HFEA要求所有关于从人类胚胎中分离干细胞、培养干细胞的研究人员或单位，必须同意在干细胞株培养成功后，把其中一株存放在SCB内，并严格遵循SCB的要求，否则不会获批准采用胚胎。同时，SCB要求所有申请存放干细胞株的人或机构，必须提供干细胞的来源与出处，并符合HFEA和SCB共同制定的知情同意标准。此外，如果研究者向SCB申请采用库内存放的干细胞株，也必须完全符合HFEA的2001年修订法例所允许的研究范围。很明显，SCB与HFEA之间是一种紧密的分工合作、相辅相成的关系，对全国与人类干细胞相关的活动，集中地做出严格而有效力的监督与管理。

虽然SCB不是英国唯一的干细胞库，但它为在英国本土和海外的干细胞研究人员，提供质量最具保证、来源最可靠的干细胞株。事实上，如果英国的干细胞研究人员采用从SCB之外、包括在英国本土之外获得干细胞株做研究之用，他们还得向SCB申请许可证。对SCB以外的干细胞株，它的来源与用途也必须符合HFEA的标准，才会获得批准作为研究之用。同时，在英国本土以外发展出来的干细胞株，只要它们能够符合HFEA和SCB的标准，也可以申请储存在SCB，成为“SCB注册”的干细胞株。这种把全国的人类干细胞来源、细胞株的质量和用途都集中统一管理的意图是极为明显且相当有效的。

3. 下游机构：国家伦理委员会（UKECA）

2004年5月，英国政府成立了“国家伦理委员会”（UKECA），把各地的审核任务集中在一个中央机构策划与执行，审核内容涵盖所有的临床研究，包括人类干细胞在人体中进行的一切研究与测验。各地已经成立的“地区性科研伦理委员会”（LREC）的资格、新成立LREC的审核以及委员的委任都由UKECA负责与控制，确保全国的标准得到统一。

发展至此，英国的人类干细胞的研究与人体试验按其工作的上、中、下三游分设三个局分管，但三局亦是相互关联、相辅相成，形成了一个中央统一、综合监管的机制。

五、构建正确的舆论导向

目前，胚胎干细胞研究只是处于初级阶段，为了避免误导不知情的捐赠者及患者，必须避免不切实际的宣传和诱导。研究者有必要让即将供卵者及患者认识到科学研究与临床治疗间的距离，即使从研究的前沿角度来看，目前干细胞对人类的治疗作用尚未被证明。

捐赠者多来自有疾病或残疾的个体或者其家人和朋友。这些迫切希望从干细胞研究中受益的患者或家人较所谓的普通捐赠者具有更高的自愿性。研究者有必要与这些自愿者进行交流，让自愿者充分了解到干细胞研究的临床价值需要几年或几十年才能实现。在其捐卵之前，必须充分说明要面临很多的风险，且这些危险可能大于眼前可能获得的利益。当然，对于那些为了推动干细胞研究不断向前发展而自愿捐卵的女性，她们的行为是允许和值得赞美的。但如果研究者单纯为了使研究得以顺利进行而用不切实际的宣传手段来诱导这些自愿的患者或其家人和朋友，这样做是错误的（王毅娜和张云山，2006）。

对于接受治疗的患者，描述干细胞研究领域的语言常强调“治疗性”这样的错误概念，误导受试对象相信该项研究的目的是治疗，并且将其说成是所谓的“基因治疗”研究中的一个重要问题，更被描述为“基因转移研究”。这种宣传有误导性，因此，不要用“治疗”来代替“研究”。此外，把干细胞研究说成是“治疗性克隆”也值得商榷。更别说“细胞治疗”即将实现云云。甚至某些研究者、医疗机构、药品企业为了达到某些不可告人的目的，片面强调干细胞的好处，很少提及其副作用和可能带来的风险，这些都是有违伦理的行为。

最后，虽然科学是把双刃剑，但我们不能低估人类理性的强大力量。随着生命科学技术的发展和国际文化交流与合作的推进，世界各国在科学和伦理学的争论中扬利抑弊，通过立法手段使干细胞组织工程研究走向健康的研究轨道，使生命科学更好地造福于人类。我们相信，科学技术的发展将是解决伦理争论的根本途径。

（刘丽宏　陈　慧）

参考文献

华璐. 2010-02-10. 干细胞移植中国之旅：“领跑”背后的监管难题. 南方都市报. AT02

康亚妮，刘皓. 2004. 人类胚胎干细胞来源引发的伦理问题. 中国医学伦理学，17（1）：15

李虎军. 2007-12-08. 干细胞尖峰时刻. 财经，200：93～116

李天冬，陈桂芳. 2006. 人胚胎干细胞研究的伦理学问题. 绵阳师范学院院报，25（3）：98～101

庞乐君，吴曙霞，刁天喜. 2007. 国外人胚胎干细胞研究政策解析. 中国医学伦理学，20（3）：42～44

彭磊，胡蕴玉，徐华梓. 2005. 浅述组织工程技术应用的医学伦理问题. 医学与社会，18（8）：42～45

邱达明. 2008. 国内器官抑制供体不足的伦理原因分析. 中国组织工程研究与临床康复，12（40）：7909～7912

邱仁宗，翟晓梅. 2009. 关于干细胞研究及其临床应用伦理管治的回顾与展望. 中国医学伦理学，22（5）：3～9

邱仁宗. 2006. 生物医学前沿中的伦理问题. 基础医学与临床，26（5）：449～155

涂玲，贺静，卢光琇. 2009. 人与非人动物“嵌合体”研究的伦理学分析与思考. 医学与哲学（人文社会医学版），30（4）：16～18

王延光. 2006. 论干细胞研究中胚胎的道德地位. 中国医学伦理学，19（2）：6～10

王毅娜，张云山. 2006. 供卵用于胚胎干细胞研究的相关伦理问题. 国外医学计划生育/生殖健康分册，25（5）：244～247

许志伟. 2006a. 人类干细胞之伦理原则与监管政策（上）. 医学与哲学，27（2）：1～5

许志伟. 2006b. 人类干细胞之伦理原则与监管政策（下）. 医学与哲学，27（3）：20～23

翟晓梅，邱仁宗. 2005. 生命伦理学导论. 北京：清华大学出版社

张瑞莹，周郦楠. 2007. 胚胎干细胞应用及其伦理学问题. 中国组织工程研究与临床康复，11（15）：2919～2922

朱希山，赵春华. 2006. 胚胎干细胞研究的伦理之争. 中国医学伦理学，19（6）：57～59

Altman Lawrence K. 1990-04-15. Should alcoholics get new livers. The Edmonton Journal. E6

Atala A，Vacanti JP，Peters CA，et al. 1992. Formation of urothelial structures *in vivo* from dissociated cells attached to biodegradable polymer scaffolds *in vitro*. J Urol. 148（2）：658～662

Bonadio J，Smiley E，Patil P，et al. 1999. Localized，direct plasmid gene delivery *in vivo*：prolonged therapy results in reproducible tissue regeneration. Nat Med，5（7）：753～759

Brash J L. 2005. Biomaterials in Canada：The first four decades. Biomaterials，26：7209～7720

Chamberlain LJ，Yannas IV，Hsu HP，et al. 2000. Near-terminus axonal structure and function following rat sciatic nerve regeneration through a collagen-GAG matrix in a ten-millimeter gap. J Neurosci Res，60（5）：666～677

Cho SW，Park HJ，Ryu JH，et al. 2005. Vascular patches tissue-engineered with autologous bone marrow-derived cells and decellularized tissue matrices. Biomaterials，26（14）：1915～1924

Holmes T C，de Lacalle S，Su X，et al. 2000. Extensive neurite outgrowth and active synapse formation on self-assembling peptide scaffolds. Proc Natl Acad Sci U S A. 97（12）：6728～6733

Ishikawa N，Suzuki Y，Ohta M，et al. 2007. Peripheral nerve regeneration through the space formed by a chitosan gel sponge. J Biomed Mater Res A，83（1）：33～40

Kaushal S，Amiel GE，Guleserian KJ，et al. 2001. Functional small-diameter neovessels created using endothelial progenitor cells expanded *ex vivo*. Nat Med，7（9）：1035～1040

Kim S，von Recum HA. 2010. Endothelial progenitor populations in differentiating embryonic stem cells. II. Drug selection and functional characterization. Tissue Eng Part A，16（3）：1065～1074

Kiyotani T，Teramachi M，Takimoto Y，et al. 1996. Nerve regeneration across a 25-mm gap bridged by a polyglycolic acid-collagen tube：a histological and electrophysiological evaluation of regenerated nerves. Brain Res，740（1-2）：66～74

Labhasetwar V，Bonadio J，Goldstein S，et al. 1998. A DNA controlled-release coating for gene transfer：transfection in skeletal and cardiac muscle. J Pharm Sci，87（11）：1347～1350

Levenberg S，Golub JS，Amit M，et al. 2002. Endothelial cells derived from human embryonic stem cells. Proc Natl Acad Sci U S A，99（7）：4391～4396

Lietz M，Dreesmann L，Hoss M，et al. 2006. Neuro tissue engineering of glial nerve guides and the impact of different cell types. Biomaterials，27（8）：1425～1436

Matsumura G，Miyagawa-Tomita S，Shin'oka T，et al. 2003. First evidence that bone marrow cells contribute to the construction of tissue-engineered vascular autografts *in vivo*. Circulation，108（14）：1729～1734

Paolo D C，Georg B J，Minhaj S M，et al. 2007. Isolation of amniotic stem cell lines with potential for therapy. Nature Biotechnology，25：100～106

Papenburg BJ，Vogelaar L，Bolhuis-Versteeg LA，et al. 2007. One-step fabrication of porous micropatterned scaffolds to control cell behavior. Biomaterials，28（11）：1998～2009

Pelttari K，Wixmerten A，Martin I. 2009. Do we really need cartilage tissue engineering? Swiss Med Wkly. Oct 17；139（41-42）：602～609

Ron W. 2009-01-23. First embryonic stem-cell trial gets approval from the FDA. The Wall Street Journal. A12

Sodek J, Overall CM. 1992. Matrix metalloproteinases in periodontal tissue remodelling. Matrix Suppl, 1: 352～362.

Suzanne H. 2002. The human embryonic and stem cell debate. England: The MIT Press: 73～74

Tsukagoshi T, Yenidunya MO, Sasaki E, et al. 1999. Experimental vascular graft using small-caliber fascia-wrapped fibrocollagenous tube: short-term evaluation. J Reconstr Microsurg, 15 (2): 127～131

Wang D, Liu W, Han B, et al. 2005. The bioreactor: a powerful tool for large-scale culture of animal cells. Curr Pharm Biotechnol, 6 (5): 397～403

Wang JS. 1996. Basic fibroblast growth factor for stimulation of bone formation in osteoinductive or conductive implants. Acta Orthop Scand Suppl, 269: 1～33

Weinberg CB, Bell E. 1986. A blood vessel model constructed from collagen and cultured vascular cells. Science, 231 (4736): 397～400

第十章　组织工程面临的技术挑战与发展前景

人类进入 21 世纪后，对自身有了更进一步的认识。迄今为止，已经知道，人作为自然界最高级的生命体具有的功能至少包括：①自我调节（self-adjusting）；②自我诊断（self-diagnosis）；③自我恢复（self-recovery）；④自我修理（self-repair）；⑤自我监控（self-monitor）；⑥灵敏性（sensitivity）；⑦简单性（simplicity）；⑧稳定性（stability）；⑨耐久性（surviability），这些功能通常称为生命体的 9s 功能。正因为人体具有这么多无与伦比的优良功能，依赖人工环境的组织工程生产的组织或器官难免有这样或那样的问题。

事实上，经过 20 多年的发展，组织工程已经取得了可喜的成果，但很重要的是，迄今为止，还没有任何真正意义的组织工程技术或其他方法能够成功再生出一个自身没有再生能力的组织。工程化人体组织的发展尚存在许多未能解决的问题，包括应用管理问题以及组织工程产品本身存在的问题等。

第一节　组织工程医疗产品管理问题

随着组织工程的迅速发展，一些组织工程产品已经问世并开始应用于临床。然而，由于组织工程产品既不同于普通药品也不同于传统生物制品，它的生产和应用管理面临着空前挑战，需要制定相应的标准、政策和法规。

一、组织工程医疗产品管理与分类

组织工程已进展到可向修复重建医学提供新的医疗产品和治疗方法的阶段，同样处于进展中的是相关产品的监督管理和分类研究。

（一）组织工程医疗产品的概念

组织工程除用于生产各种医疗产品外（图 10.1），也可用于生产非人用和非治疗用产品。组织工程医疗产品（tissue engineering medical product）是由生物制品和（或）药品、器械成分的结合而形成的一种复合产品（combination product），用于修复、改善或重建细胞、组织、器官和（或）其结构与功能。组织工程医疗产品通过各种组成部分单独使用或多种形式的联合使用而具有治疗作用。

组织工程医疗产品组分包括生物产品（如细胞、器官、组织、衍生和加工的生物制剂），生物材料（如基质和支架），生物分子，装置和药物等。组织工程医疗产品可体内、离体或体外使用来治疗疾病和损伤，用于选择性手术或诊断等。组织工程医疗产品不同于传统的器官移植，它不包括器官或组织的直接移植或为移植直接保存的生物制品。

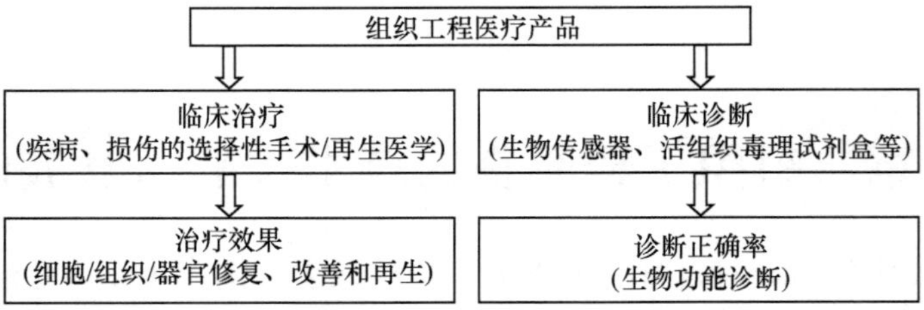

图 10.1　组织工程医疗产品概况

组织工程医疗产品在细胞、无细胞生物材料、药品和基因之间实现了一种新颖的结合。当生物医学不断发展，带来能治疗疾病和促进健康的新医疗产品时，对这些新医疗产品的相关管理法规、质量规范、评审指南等的建立和发展成为必不可少的环节（陈亮等，2009；奚廷斐等，2003；奚廷斐和冯晓明，2000）。

（二）对组织工程医疗产品的监督管理

由于组织工程医疗产品属于复合产品，产品中可含有细胞、生物材料和生长因子等，涉及多个学科，具有特殊的复杂性，目前的药品或医疗器械的管理法规都不足以完全覆盖，这就决定了组织工程医疗产品在管理上不同于传统的医疗器械、生物制品或药品，各国需要重新制定一些管理办法。

1. 美国

在美国，FDA 负责组织工程医疗产品的市场准入与上市后监督管理。对于组织工程医疗复合产品，其主要作用方式决定了产品的管理模式。FDA 对这个问题的判断往往参照以前审批过的产品审批模式。如果复合产品中既含有生物活性成分，又含有器械，FDA 一般对生物活性成分部分按生物制品的相关技术要求交由生物制品审评与研究中心（CBER）进行审评。如果复合产品的主要作用方式不能确定，或复合产品具有两种完全不同的作用方式，而彼此无从属关系时，就依照整体安全性和有效性与其相似的复合产品的监督管理来确定其相应部门；若不存在与其整体安全性和有效性相似的复合产品，FDA 将把权限分配给最具有评价该复合产品重大安全性和有效性问题专门知识的部门。

1993 年，FDA 组建了组织工程产品工作组（TEWG），对组织工程医疗产品采用基于产品危险等级的管理方法进行内部联合审评。该工作组由来自医疗器械和放射卫生中心（CDRH）、生物制品审评与研究中心（CBER）、药物审评与研究中心（CDER）、食品安全和实用营养中心（CFSAN）与兽医学中心（CVM）5 个中心的研究和评审人员及 FDA 办公室官员组成。目的是加强对组织工程医疗产品的研究、审评和管理人员之间的交流与合作，通过网络机制促进 FDA 内部对组织工程产品管理的协调一致。

1997 年，FDA 颁布了基于人体细胞和组织的产品的管理办法，认为组织工程产品应包括移植人体组织或器官（自体或异体组织），动物组织或器官（转基因动物或异种移植器官)，带有或不带有生物材料和哺乳动物细胞培养，选择或扩展（体细胞和遗传细胞治疗品)，以及仿生设计的全合成材料。细胞和组织培养技术、生物材料、工程、计算机和外科领域的进展有助于组织工程发展，为临床提供更好的医疗产品。

FDA 的 TEWG 认为组织工程医疗产品应是带细胞的医疗器械，应由 CDRH 主持审批，CBER 参与协同审批。2000 年以来 CDRH 正式按 III 类医疗器械审批了 OrCel（表 10.1）、Dermagraft（表 10.2）、Apligraft、Epicel 等组织工程皮肤产品。

表 10.1　FDA 的 CDRH 审批 OrCel 简报

美国食品药品管理局医疗器械和放射卫生中心医疗器械认证
产品名称：OrCel™双层膜细胞基质
生产者：Ortec Internation 公司
地址：3960 Broadway，New York，NY10032
许可日期：2001108131
许可函：http://www. fda. gov/cdrh/pdf/p010016a pdf
它是什么？OrCel™是一种用于保护和促进伤口愈合的敷料，由牛胶原和两种人体皮肤活细胞制成。
它怎样工作？本产品包含的人体皮肤活细胞能够产生对伤口愈合有利的蛋白质，可刺激患者皮肤愈合。
何时使用？当烧伤患者的健康皮肤被移植到伤口上，或用它来帮助愈合被移去健康皮肤的伤口。
有何优点？它比其他敷料更能帮助伤口快速愈合。
有何禁忌？OrCel™不能用于：已感染的伤口；对任何动物产品（如牛胶原）过敏的患者；对青霉素、链霉素、庆大霉素或两性霉素 B 过敏的患者。

表 10.2　FDA 的 CDRH 审批 Dermagraft 简报

美国食品药品管理局医疗器械和放射卫生中心医疗器械认证
产品名称：DERMAGRAFT®
生产者：Advanced Tissue Sciences
地址：10933 North Torrey Pines Road，LaJolla，CA9203721005
许可日期：2001109128
许可函：http://www. fda. gov/cdrh/pdf/p000036a. pdf
它是什么？DERMAGRAFT®是一种用于糖尿病足溃烂伤口愈合的皮肤替代物。它是由人体成纤维细胞制得的。
它怎样工作？当 DERMAGRAFT®用于溃烂处，捣碎的材料被充分吸收，人体细胞长入替代受损的皮肤。DERMAGRAFT®中的活细胞产生许多与健康皮肤相同的蛋白质及生长因子，这些蛋白质及生长因子帮助替代和重建糖尿病足溃烂受损组织。
何时使用？DERMAGRAFT®用于：已发现 6 w 以上的糖尿病足溃烂；深入皮肤有血管地方的溃烂，但不包括肌腱、肌肉、关节和骨。
有何优点？DERMAGRAFT®可以帮助愈合 6 w 以上还未愈合的糖尿病足溃烂。
有何禁忌？DERMAGRAFT®不能用于已感染的溃烂处或有凹槽（沟状）的溃烂；不能用于对源自牛的产品过敏的患者，因为包装液中含牛血清。
备注：SSED 和标签见 http://www. fda. gov/cdrh/pdf/p000036. html

CDRH 对组织工程医疗产品的监督管理贯穿于产品的整个寿命周期，包括：构思，设计，实验研究/毒理学/动物实验和临床实验（可行性/预实验/主体实验），上市前评审和产品批准，临床使用（上市后研究)，改进，淘汰。

上市前产品评审是采用个案的方法，评价其安全性和有效性，主要包括：产品的制造，体外和体内测试，临床性能和产品标识等。在产品的制造方面，应说明细胞、组织和生物材料的来源及处理，产品处理过程中和最终产品的检测，外加试剂和杂质清除，批量产品的一致性，质量控制程序等。体外和体内测试包括毒性和生殖毒性，生物材料相容性，免疫原性，炎症反应，产品有效性的评价模型，产品的吸收和降解。产品的安全和临床性能研究需确定研究对象群体，研究和控制处理措施，研究终点，研究的管理监督，数据分析等。

CDRH 监管的产品，包括肝、肾、胰等代谢支持系统，或用于心血管、软骨和骨、角膜、肌肉、神经等组织的修复或替代物。FDA 建议实施一种全面的方法，适于更广范围的产品监督管理，从而保障公众健康，同时不给产品的改进造成不必要的限制和负担，FDA 倾向采用基于产品危险等级的管理方法，即产品危险性较小，监管力度较低。

鉴于此，在组织工程医疗产品与公众健康相关的问题上，FDA 主要考虑以下 5 个方面。①传染疾病的传播；②防止污染的处理和保持产品的完整和功能；③临床使用安全性和有效性；④销售要求和产品标识；⑤行业监督和教育。

2. 欧盟

由于欧盟各成员国在组织工程产品监督管理上有各自不同的方式，不利于组织工程的发展，欧盟委员会企业总署（DG enterprise）分别在 2002 年、2004 年、2005 年发出“欧盟组织工程产品法规框架”草案咨询意见，于 2005 年 11 月将“新治疗技术医药品法规”提案送交了欧盟理事会和欧洲议会。提案规定了组织工程产品及其相关定义。在该提案中，高级治疗（advanced therapies）包括基因治疗、体细胞治疗及组织工程治疗。组织工程产品（tissue engineered product）的定义为包含或由工程化的细胞或组织组成的产品，且具有再生、修复或替代人体组织的性能，或用于人体可以再生、修复或替代人体组织。组织工程产品可以含有人或动物、或两者来源的细胞或组织；细胞或组织可以是活性或非活性的；可含有其他物质，如细胞产物、生物分子、生物材料、化学物质、支架或基质等。提案还规定，同时处于“组织工程产品”和“体细胞治疗药品”范围的产品应被认为是组织工程产品。

欧盟医药产品和医疗器械科学委员会认为，组织工程医疗产品的管理应该延续现行标准和规则，或借鉴这些标准和规则，包括：医疗器械生物学评价标准［（the standards for testing the biological safety of medical devices），（ISO 10993)］；质量控制体系［（the standards for quality assurance systems），(ISO 9001 & ISO 13485)］；临床试验指南［（the guidelines for clinical trials），(EU 2001/20/EC)］；医疗器械和药品管理规程［（the regulatory procedures for medical devices and pharmaceutical products）(EU 93/42/EEC & EU 65/65/EEC)］。为制定监督管理组织工程医疗产品的标准和规则，欧盟将成立新的组织工程管理机构，该机构的管理设想包括以下几点。①为组织工程产品制定科学的严格的定义，提供可行和明确的方法以区分组织工程和其他治疗方法。②组织工程医疗产品应根据临床应用的危险性进行分级，逐步确立分级的方法，但需先确定低度危险和高度危险等级。具有高度危险的产品包括应用在心血管系统、感觉器官、中枢神经系统或肌骨骼系统中主要部位的组织工程医疗产品，应有监督管理的标准和规则，确保这些产品在应用于临床前具有适宜的安全性。③临床试验应遵循临床试验指令(the clinical trial directive)。④组织工程管理机构制定的评价和认证体系应不同于目前的医疗器械规范。⑤管理规则应包括质量保障体系，反映原始材料和处理技术的最佳实践方法，并重视可跟踪性、运输、保存和标识等。⑥任何与组织工程医疗产品相关的组织和机构应获得许可证或通过批准和相关标准认证。

3. 日本

日本厚生省对组织工程监督管理也持积极态度。2000 年发布了关于“利用细胞和组织的医疗器械和医疗产品的质量和安全要求”的文件，并且将“组织工程及生物材料和设备的有效性、安全性和质量评价方法”列入科学研究计划。2001 年，药物评估中央委员会也开始起草“利用细胞和组织的医疗产品的销售和使用的有关要求”、“人源细胞和组织生产的医疗产品的质量和安全要求指南”等法规文件。

4. 中国

中国对组织工程医疗产品的定义为“用组织工程技术和工艺制备的，用于修复、改善、再生组织或器官结构与功能的医用产品。组织工程医疗产品不包括传统的组织和器官移植，以及体细胞及基因治疗产品”。中国明确组织工程医疗产品中带细胞医疗器械的由国家食品药品监督管理局医疗器械司受理、审批，并由中国药品生物制品检定所进行检测和评价。

（三）组织工程医疗产品的分类

目前所有的医疗产品归为三类：器械、药品和生物产品（联合制品）。美国 FDA 将以治疗为目的的人体组织划为器械类和生物制品类，因此工程化人体组织产品可划为器械类和生物制品类。工程化人体组织的分类按 FDA 的规范，既可以划为器械，也可划为生物制品，为防止在管理中引起混乱，FDA 建议定义为“联合产品”，但这种分类方法还存在争议。

在中国，2007 年颁布了组织工程医疗产品的通用分类标准（YY/T0606.3—2007）。组织工程医疗产品根据产品组成成分、作用点、治疗靶标、治疗效果、作用模式、治疗周期及产品寿命等进行分类（表 10.3）。

表 10.3　组织工程医疗产品分类

分类依据	种类
产品成分	生物材料、细胞、生物分子
作用点	体内（系统/局部）、离体（系统/局部）、体外
治疗靶标	心血管（瓣膜、血管），消化（肝脏、食管），内分泌（胰岛、甲状腺），造血（血液、骨髓），覆盖物（烧伤、溃疡），肌骨骼（骨、肌腱、肌肉、软骨），神经（脊髓、视网膜），生殖（乳房、前列腺），呼吸（肺、气管），泌尿（肾、膀胱）等

续表

分类依据	种类
治疗效果	恢复功能、改善功能
作用模式	结构或物理机制（填充物、屏障、支持物），生物化学机制（生长因子、细胞外基质、DNA、电化学）
治疗周期	小时计、天计、月计、年计
组织工程医疗产品寿命	短于治疗时间、和治疗时间相等、长于治疗时间

二、组织工程医疗产品标准

鉴于组织工程产品的复杂性，需要明确组织工程产品的属性，制定相关的标准和使用管理规范，从组织工程进入临床初期就应沿有序规范的方向发展。

（一）理想组织器官移植物的标准

作为一种理想的组织器官移植物，临床上应满足以下标准。

1. 组织相容性好

组织相容性是植入物能否长期存留在体内的决定因素。目前常用的羟基磷灰石、注射性胶原、硅橡胶等都有因发生排斥反应而被排除的报道。化学合成的高分子材料（PLA、PGA 等）相容性虽有所提高，但也有排异反应的报道，并且多数病例没有进行长期随访，非最终报道，同时还有个别临床报道显示，极少数支架材料及其降解产物在体内具有致癌性、炎性和毒性反应。作为临床使用的最基本条件，还应开发相容性更好的材料。

2. 支架材料的生物降解速率可控

工程化组织内部的支架材料，应在体内适时降解并逐渐被新生组织替代形成新的有功能的器官，最终完成使命。如果不能降解则会影响新生器官的质量和功能，无法完全达到利用组织工程修复组织器官的目的。支架材料的降解速率能根据移植细胞类型进行调整，与新生组织的生长速率达到一种平衡，同时，降解产物应对机体及微环境无毒。

3. 易于塑型

由于患者个体及疾病差异，组织工程产品要高度个性化，能方便地塑成各种结构、形状，并能方便地进行剪裁。支架材料不能脆性过大、过硬。复合材料要解决断面封闭问题。计算机和三维成像技术可应用于支架材料的个性化设计和制备。

4. 易于消毒

组织工程产品消毒方法简单，或可用常规方法消毒。

5. 易于保存

组织工程产品可于常温、常湿等自然条件下保存，且经长期保存后不发生变化。

6. 理想的支架材料结构

现有支架材料有封闭式结构和开放式结构两种类型。开放式结构为多孔性的系统。封闭式结构分三种类型：①细胞被置于一个管状的膜支架周围（直径 1 mm），管内可以流通血液；②细胞被置于一些鞘状、杆状或圆盘状的大胶囊之中（直径≥ 0.5～1.0 mm）；③细胞被包埋于一些可注射的球状小珠（直径<0.5 mm），称为微型胶囊。理想的封闭式结构，应具有可供套接血管的进出口，内部又具有独立的类似毛细血管的网状结构，细胞可置于系统的网状结构之外，接受来自进口的动脉血的直接营养，将排泄物直接排出出口。

（二）组织工程医疗产品的各种相关标准

针对不同的组织工程医疗产品应制定不同的标准。在美国，FDA 委托全球最大的标准化研究机构——美国材料试验协会（American Society for Testing and Material, ASTM）组织研究、制定组织工程医疗产品的相关标准，还有美国标准技术研究所（NIST）、ISO（International Organization for Standardization, ISO）的 TC150 和 TC168 委员会参与。ASTM 的 F04 委员会具体负责各种组织工程医疗产品标准的制定。

1998 年，ASTM 开始研究组织工程标准。ASTM 将组织工程医疗产品定义为用于修复、改善或重建细胞、组织、器官和（或）其结构与功能的医疗产品。组织工程医疗产品的组分包括生物产品（如细胞、器官、组织，衍生和加工的生物制剂），生物材料（如基质和支架），生物分子，装置和药物等。ASTM 研究的组织工程医疗产品的各种标准包括：组织工程医疗产品的生产环境、条件具备的标准；终产品的生物学标准；组织工程产品的原材料标准；组织工程产品的工艺标准；终产品的市场准入标准等。

2001 年，ASTM F04 委员会正式成立组织工程医疗产品标准分委会，设置 10 个工作组（术语学、生物学、组织表征、支架材料、细胞、生物分子、缓释系统、评价、临床研究和微生物安全性），计划研制 46 项标准。至 2008 年 ASTM 正式发布了 17 个组织工程方面的标准，早期发布的 3 个标准已经作废，有了更新的相应标准（表 10.4）。

表 10.4　美国材料和试验协会（ASTM）F04 委员会制定实施的组织工程医疗产品标准

发布时间	标准状态	标准号	标准名称
2000	现行	ASTM F 2027—2000	组织工程医疗产品用衬底材料特征描述和试验的标准指南
2000	现行	ASTM F 2064—2000	生物医学和组织工程医学产品用的作为原材料的藻酸盐的特性和测试标准指南
2001	现行	ASTM F 2103—2001	作为生物化学和组织工程医疗产品原材料的脱乙酰壳多糖盐的表征和试验标准指南
2001	作废	ASTM F 2150—2001	组织工程医疗产品中使用的生物材料支架的表征和试验标准指南

续表

发布时间	标准状态	标准号	标准名称
2002	现行	ASTM F 2210—2002	组织工程医疗产品中使用的细胞、组织和器官处理的标准指南
2002	作废	ASTM F 2211—2002	组织工程医疗产品的标准分类
2002	作废	ASTM F 2212—2002	作为组织工程医疗产品用外科植入物和底层原材料的Ⅰ型胶原特性的标准指南
2003	现行	ASTM F 2347—2003	生物医疗和组织工程医疗产品中使用的作为初始材料的透明质酸盐的表征和试验标准指南
2004	现行	ASTM F 2450—2004	组织工程医疗产品中使用的聚酯类支架的微观结构评估的标准指南
2004	现行	ASTM F 2211—2004	组织工程医疗产品的标准分类
2004	现行	ASTM F 2450—2004	组织工程医疗产品中使用的聚酯脚手架的微观结构评估的标准指南
2004	现行	ASTM F 2312—2004	组织工程医疗产品的相关标准术语
2004	现行	ASTM F 2386—2004	组织工程医疗产品的保存的标准指南
2005	现行	ASTM F 2383—2005	组织工程医疗产品中附加剂评定的标准指南
2007	现行	ASTM F 2150—2007	组织工程医疗产品中使用的生物材料支架的表征和试验用标准指南
2008	现行	ASTM F 2212—2008	组织工程医疗产品中使用的作为初始材料的外科植入物和底层原材料的Ⅰ型胶原特性的标准指南

2005 年，ASTM 对标准的制定进行了反思性讨论，决定将 10 个工作组变为 6 个工作组：F04.41 分类和术语学；F04.42 生物材料和生物分子；F04.43 细胞和组织工程化构建物；F04.44 评价；F04.45 外源性因子安全性；F04.46 细胞信号，并将制定计划压缩为 23 个标准。在 2006 年，ISO TC 150，即外科植入物技术委员会也成立了 7 个组织工程医疗产品分委员会，同时 ISO TC 194 也在讨论组织工程医疗产品的安全性评价标准。

在参照美国 ASTM 组织工程医疗产品标准的基础上，中国在“十一五”期间，在国家“863”计划支持下正在制定的 10 个组织工程医疗产品标准是：①干细胞及组织工程用细胞质量控制指南；②组织工程医疗产品保存指南；③组织工程医疗产品的定义；④组织工程医疗产品外源性因子评价指南；⑤可降解支架相容性评价指南；⑥活细胞/组织海藻酸钠凝胶固定或微囊化指南；⑦支架孔隙结构评价指南；⑧细胞黏附实验指南；⑨免疫毒性评价指南；⑩修复、替代骨组织缺损的植入物骨形成活性评价指南。

2007 年 1 月 31 日，中国发布了 5 个组织工程医疗产品标准；2008 年又发布了 4 个组织工程医疗产品标准（表 10.5，新的标准仍在制定或审批中）。各种组织工程医疗产品标准的发布实施，大大促进了组织工程发展。

表 10.5　中国制定实施的组织工程医疗产品标准

发布日期	实施日期	标准号	标准名称
2007-01-31	2008-01-01	YY/T 0606.3—2007	组织工程医疗产品　第 3 部分：通用分类
2007-01-31	2008-01-01	YY/T 0606.4—2007	组织工程医疗产品　第 4 部分：皮肤替代品（物）的术语和分类
2007-01-31	2008-01-01	YY/T 0606.5—2007	组织工程医疗产品　第 5 部分：基质及支架的性能和测试
2007-01-31	2008-01-01	YY/T 0606.9—2007	组织工程医疗产品　第 9 部分：透明质酸钠

续表

发布日期	实施日期	标准号	标准名称
2007-01-31	2008-01-01	YY/T 0606.12—2007	组织工程医疗产品　第 12 部分：细胞、组织、器官的加工处理指南
2008-01-01	2009-12-01	YY/T 0606.7—2008	组织工程医疗产品　第 7 部分：壳聚糖
2008-04-25	2009-12-01	YY/T 0606.8—2008	组织工程医疗产品　第 8 部分：海藻酸钠
2008-04-25	2009-06-01	YY/T 0606.10—2008	组织工程医疗产品　第10 部分：修复或再生关节软骨的植入物体内评价指南
2008-04-25	2009-06-01	YY/T 0606.13—2008	组织工程医疗产品　第 13 部分：细胞自动计数法

三、组织工程医疗产品安全性

1996 年，在加拿大召开第五届世界生物材料大会期间，FDA 就主办了“生物技术生物材料：对组织工程产品的全球管理”研讨会，强调了组织工程产品安全的重要性。2004 年 3 月 11 日，英国 *Nature* 杂志特别编辑了“中国专辑”（China Vision），其中“新的丝绸之路”（The New Silk Road）和“胚胎国家”（An Embryonic Nation）对干细胞问题进行了专题阐述，建议人们审慎地开展干细胞与组织工程研究。因而，随着组织工程研究的深入和组织工程产品开始应用于临床，组织工程医疗产品的安全性日益引起了人们的重视。

（一）组织工程研究涉及的安全问题

在组织工程研究中，工程化组织或器官的构建通常需要支架材料、种子细胞、生长因子等成分。从种子细胞在支架材料内三维培养、增殖、分化，到构建的工程化组织器官的保存、运输，再到产品最终在临床上植入患者体内，每个环节都存在安全问题，需要对工程化组织或器官整体、工程化组织或器官所含成分及其相互作用进行安全性评价。

1. 组织工程支架材料的安全性

在组织工程中广泛应用的支架材料，包括聚乳酸（PLA）、聚乙醇酸（PGA）、聚乳酸羟基乙酸共聚物（PLGA）、聚原酸酯（POE）、聚己内酯（PCL）、聚氨酯（PEU）、生物玻璃等可降解高分子材料，还有胶原、纤维蛋白、透明质酸、明胶、细胞外基质等生物组织衍生材料，以及甲壳素、壳聚糖、海藻酸钠等天然生物材料，这些材料的安全性评价可按以下方面进行。

（1）GB/T 16886—ISO 10993 系列标准

GB/T 16886 系列标准（表 10.6）是中国全国医疗器械生物学评价标准化技术委员会（SAC/TC248）参照国际 ISO 10993 系列标准制定的，组织工程支架材料的安全性应按这些标准进行生物学试验和评价。

表 10.6　全国医疗器械生物学评价标准化技术委员会（SAC/TC248）发布的《医疗器械生物学评价》系列标准

标准编号	标准名称	采标情况
GB/T 16886.1—2001	医疗器械生物学评价 第 1 部分：评价与试验	ISO 10993-1：1997，IDT
GB/T 16886.2—2000	医疗器械生物学评价 第 2 部分：动物保护要求	ISO 10993-2：1992，IDT
GB/T 16886.3—2008	医疗器械生物学评价 第 3 部分：遗传毒性、致癌性和生殖毒性试验	ISO 10993-3：2003，IDT
GB/T 16886.4—2003	医疗器械生物学评价 第 4 部分：与血液相互作用试验选择	ISO 10993-4：2002，IDT
GB/T 16886.5—2003	医疗器械生物学评价 第 5 部分：体外细胞毒性试验	ISO 10993-5：1999，IDT
GB/T 16886.6—1997	医疗器械生物学评价 第 6 部分：植入后局部反应试验	ISO 10993-6：1994，IDT
GB/T 16886.7—2001	医疗器械生物学评价 第 7 部分：环氧乙烷灭菌残留量	ISO 10993-7：1995，IDT
GB/T 16886.9—2001	医疗器械生物学评价 第 9 部分：潜在降解产物的定性和定量框架	ISO 10993-9：1999，IDT
GB/T 16886.10—2005	医疗器械生物学评价 第 10 部分：刺激与迟发型超敏反应试验	ISO 10993-10：2002，IDT
GB/T 16886.11—1997	医疗器械生物学评价 第 11 部分：全身毒性试验	ISO 10993-11：1993，IDT
GB/T 16886.12—2005	医疗器械生物学评价 第 12 部分：样品制备与参照样品	ISO 10993-12：2002，IDT
GB/T 16886.13—2001	医疗器械生物学评价 第 13 部分：聚合物医疗器械的降解产物的定性与定量	ISO 10993-13：1998，IDT
GB/T 16886.14—2003	医疗器械生物学评价 第 14 部分：陶瓷降解产物的定性与定量	ISO 10993-14：2001
GB/T 16886.15—2003	医疗器械生物学评价 第 15 部分：金属与合金降解产物的定性与定量	ISO 10993-15：2000，IDT
GB/T 16886.16—2003	医疗器械生物学评价 第 16 部分：降解产物和可溶出物的毒代动力学研究设计	ISO 10993-16：1997，IDT
GB/T 16886.17—2005	医疗器械生物学评价 第 17 部分：可沥滤物允许限量的建立	ISO 10993-17：2002，IDT

评价试验主要包括细胞毒性试验、致敏试验、全身毒性试验（急性、亚急性、慢性）、遗传毒性试验、植入试验和降解试验等，以保证支架材料及其降解产物不会对人体造成危害。由于要求支架材料在体内降解，因此必须进行降解试验，以明确降解产物的代谢途径及其对人体的危害。

目前大多数支架材料都具有较好的生物相容性，但也有材料存在一些问题。比如，聚偶磷氮，它具有较好的生物相容性，已用于药物控释载体，有人用它做骨细胞培养支架，但试验表明，它的不完全水解产物有一定的毒性；胶原是常用的支架材料，但目前采用异种胶原，存在一定的免疫反应问题，对种子细胞会有一定影响；壳聚糖做成骨钉后，其周围炎症反应较明显，以淋巴细胞、中性粒细胞和异物巨噬细胞为主，并偶尔可见小浮肿形成。

(2) 支架材料对种子细胞、生长因子的影响

支架材料表面的化学和物理性能对种子细胞或生长因子会造成一定影响，会影响种子细胞的黏附和增殖，也可能影响种子细胞或生长因子的功能。同时，支架材料基本都

在体内降解，其降解过程或产物也会影响种子细胞或生长因子。例如，PLA 和 PGA 在降解过程中，会在局部形成酸性微环境，产生无菌性炎症，并影响种子细胞增殖或生长因子活性。

2. 组织工程种子细胞的安全性

组织工程医疗产品除含有生物材料外，不同来源的细胞也是其重要组成成分。组织工程种子细胞可来源于自体、同种异体和异种组织。种子细胞来源的细胞种类包括胚胎干细胞、各种成体干细胞及一些分化了的体细胞，如骨髓细胞、成骨细胞、软骨细胞、肌腱细胞、半月板细胞、内皮细胞等。

种子细胞自身的来源是否安全对组织工程至关重要。种子细胞是否来源于有遗传缺陷或免疫缺陷的机体，这会直接关系到日后的临床应用效果。种子细胞在分离、纯化、培养、传代、扩增、分化、保存及运输等过程中是否受到了微生物污染，会关系到组织工程产品能否成功构建及构建好的产品的安全性。可感染种子细胞的微生物包括细菌、真菌、病毒等，尤其是支原体和朊病毒，需要特别重视。支原体是细胞培养中常见的微生物，由于自身生长缓慢，放其潜伏期长，不易发现。朊病毒就更可怕，它可来源于污染了朊病毒的作为支架材料的牛胶原及作为培养基添加成分的牛血清。

种子细胞在整个组织工程实施过程中的结构和功能是否发生了变异，也是安全重要的方面。种子细胞在培养过程中受到整个外环境的影响，包括支架材料、培养环境等，需要对它们的结构、功能进行评价。比如，观察种子细胞的染色体在培养传代过程中有没有丢失、染色体 DNA 的结构是否发生了变化；在培养传代过程中种子细胞的功能有没有发生改变；对于胚胎干细胞，在培养增殖过程中有没有形成肿瘤的倾向等。

3. 组织工程生长因子的安全性

为了使种子细胞更好地增殖分化，需要加入一些生物活性因子，包括生长因子、细胞因子、激素、干扰素、白细胞介素等。某些多肽生长因子，如 IGF-1、NGF、TGF-β、BMP 等，对种子细胞的增殖分化具有重要的调控作用。但是，不同的生物活性因子组合可能具有协同效应或拮抗作用，生物活性因子的加入量也会影响细胞增殖分化行为的调控，如果加入的生物活性因子过量或是加入了存在拮抗作用的不同生物活性因子，不但无益，反而有害。鉴于此，不同生物活性因子的加入量如何控制，会不会发生副作用，周围环境会不会影响这些生物活性因子的活性，都需要进行研究，并且应有相应的检测方法。

4. 组织工程医疗产品的安全性

组织工程医疗产品主要由生物材料支架和经过增殖分化的细胞构成。当植入患者体内后，产品中包含的生物材料、异体细胞、异体细胞分泌物、过客抗原呈递细胞、死细胞或碎片都有可能诱发宿主机体发生反应，包括对生物材料的（异物）炎症反应和对细胞的免疫反应，而且对生物材料的炎症反应和对细胞的免疫反应可能是相互影响的过程。

生物材料引起的炎症反应具有佐剂效果，巨噬细胞等抗原呈递细胞将局部出现，因与生物材料接触或吞噬生物材料降解产物而活化。炎症反应结果是巨噬细胞、白细胞活化，释放细胞因子、生长因子、蛋白溶酶、活性氧类和活性氮类等，调节炎症反应的免疫细胞因子是炎症反应和免疫反应相互影响的环节之一。巨噬细胞等被激活后可分泌细胞因子，如 IL-1、IL-6、IL-12、IL-18 和 TNF-α、IFN-γ 等，可促进 T 细胞增殖，增强细胞毒性，进而影响植入的种子细胞的存活和功能。这些细胞因子还可直接作用于产品中的细胞，诱发免疫反应。例如，IFN 可以诱导间充质干细胞表达 MHCII 类抗原。

值得特别注意的是，每一种组织工程医疗产品都具有独特性，其特有的生物材料支架和细胞的组合引起的炎症反应和免疫反应，以及两者的相互作用也是不同的，需要进行具体的免疫学评价。

5. 培养基中血清成分的安全性

胎牛血清是大多数组织工程用种子细胞培养扩增中培养液的重要组分，也是许多组织工程产品保存液中的必要组分之一。但是，蛋白质，特别是异种来源的蛋白质是最可能具有免疫原性的物质，当组织工程医疗产品植入人体时，残留的牛血清成分作为异种来源的蛋白质，可能引起机体的免疫反应。例如，BSA（bovine serum albumin）是牛血清中的主要成分（35～50 mg/ml），已被用于构建家兔 C-BSA 膜性肾小球肾炎模型、家兔和大鼠关节炎模型等，可通过检测残留 BSA 的含量确定清洗程序的有效性，并作为这类组织工程产品安全性评价的重要指标。

然而，目前对于组织工程产品中残留 BSA 的限量还没有统一规定。2000 版中国药典对疫苗产品的规定为应小于或等于 50 ng/ml。2005 版中国药典规定为每件产品应小于等于 50 ng。对于疫苗产品而言，由于临床接种量的变异范围较窄，无论是 50 ng/ml 还是每件 50 ng 均可基本控制进入人体的 BSA 总量在安全范围内。但是，不同组织工程医疗产品的规格尺寸差异较大，其在临床的实际使用量也会因创伤不同而发生很大变化。鉴于此，对于组织工程医疗产品而言，制定统一的单件产品 BSA 残留限量是不现实的，也不能达到控制进入人体内 BSA 总量的目的。但是，根据组织工程医疗产品在使用上的特点，以 BSA 的免疫原性研究结果为依据，对进入人体的 BSA 总量作出限定，故以此为基础制定相应的组织工程产品残留 BSA 的限量要求应该是较为合理的，相关研究目前仍在进行中。

迄今为止，组织工程医疗产品的危险因素尚未完全阐明。组织工程医疗产品在组成、性能上比医疗器械和药品具有更大的可变性，这在产品标识及说明书中应该得到体现。

（二）组织工程医疗产品的危险等级

从其他医疗产品的情况来看，组织工程医疗产品最重要的危险因素是与疾病传播、生物相容性和功效相关的。目前尚没有组织工程医疗产品的安全管理标准。对组织工程医疗产品的危险控制措施来自于目前医药制品、血和血制品、医疗器械规则和标准中可以通用于组织工程医疗产品的部分。主要办法是根据预计的危险大小对组织工程医疗产品进行分级（表 10.7），对不同危险等级的组织工程医疗产品应用不同的评审规则。相同策略已经在欧洲的医疗器械管理和美国 FDA 对基于细胞和组织产品的建议管理方法中应用，几项用于包含细胞的医疗产品的危险等级分类指标已经被提出。初步的组织工程医疗产品危险等级分类指标如表 10.7 所示。

表 10.7　组织工程医疗产品的危险等级分类指标

项目	低度危险	高度危险
细胞供者-受者的关系	自体	同种异体
免疫隔离能力	高	低
细胞处理	最低限度	超过最低限度
细胞组分的天然功能-细胞组分的应用功能	同源性使用	非同源性使用
作用	结构（局部）	代谢（全身）
接触部位	体外/皮下/肌肉内	腹腔内/血管内/中枢神经系统
恢复能力	有	无
曝露时间	短	长
使用指导信息	充分	不足
使用者（医疗人员）技术/经验	高	低

基于组织工程医疗产品危险等级管理方法的具体操作包括以下几个方面。

(1) 传染病传播

如果细胞和组织在一次单独的外科操作中使用，即未与其他细胞和组织共同存储，控制传染没有特殊要求；自体作用的细胞和组织，推荐某些供者测试和筛选程序；同种异体来源的细胞和组织，需要有供者测试和筛选程序。

(2) 防止污染和保持产品完整和功能的处理控制

如果细胞、组织在一次单独的外科操作中使用，这些产品完全符合公众健康服务法令（Public Health Service Act，PHS Act）361 款管理时（即产品满足以下 4 个条件：最低限度的处理；同源化应用；不与药物或装置联合应用；无全身作用或代谢活性，如果有，仅用于自体，1～2 代直系亲属或生殖用途），建议应用优良组织实践（the good tissue practice，GTP）预防污染和保持组织结构完整和功能；如果产品受 FD&C Act 或 PHS Act351 款（PHS Act 注册程序）严格管理，必须要遵循 GTP 和优良制造实践（the good manufacturing practice，GMP）或有效的质量控制体系，由 FDA 进行审批。

(3) 临床安全性和有效性

如果产品受 PHS Act361 的管理，就不需要提交给 FDA，即不需要上市前批准；受 FD&C Act 或 PHS Act351 款严格管理，就需提交给 FDA，且需获得上市批准。在产品的标识方面也是如此。

在执行方面，提出了 3 项规则建议，包括：①确定、登记和列入注册表规则（the

establishment，registration and listing rule）(63 FR 26744)；②供者适宜性的决定规则（Suitability Determination for Donors）（64 FR52696)；③最新优良组织实践（current Good Tissue Practice，cGTP）(66 FR 1508)。

最近，通过了一项最终规则：人细胞、组织或基于细胞、组织的产品的确定、登记和列入注册表规则（66FR 5447)。在确定、登记和列入注册表规则中，明确了“基于人细胞或组织产品、同源性使用和最低限度处理”的概念，“产品完全置于公众健康服务法令 361 款管理”的 4 个条件。在供者适宜性的决定规则中，规定了对相关的特殊传染疾病的供者检测和筛选、供者适宜性资料的保存、供者适宜性确定前的检疫要求、供者不适宜时相关产品的处理等。最新优良组织实践规则集中在质量控制程序上，涉及机构和人员、操作程序、设施、环境控制、仪器和试剂、过程控制、标签控制、储存和销售及产品追踪等。

（三）组织工程医疗产品安全评价的策略

目前对组织工程医疗产品还没有整体的管理办法及评价方法，仍按医疗器械管理的三个阶段进行安全性评价。

1. 临床前评价

临床前安全评价包括：生物或生物材料产品成分的来源；遵守与使用自体组织有关的安全预防措施；对异体、异基因细胞或组织采用适当的捐献人的筛选程序，防止病毒的传染；毒性试验（局部与全身的急性和慢性试验）；对被同种抗原和异种抗原或对生物、生物材料化合作用的免疫反应造成的潜在致癌或免疫性试验；生物降解产品的毒副作用；灭菌对产品的影响等。

特别要注意以下几点。①生物或生物材料成分的结构功能特性及生物相容性评价，评价依据主要是 ISO 10993 系列标准；②体外和动物模型必须适用于产品的治疗模型，并必须考虑免疫性和药理不相容性交叉物种问题，鉴于同种异基因及异种细胞和组织的应用，必须确保免疫相容性，最大限度减少或清除不利的免疫反应或炎症反应；③对于组织工程产品的分子或细胞成分，必须考虑对细胞增生、分化的控制和所需表达的调节，并有适当的监测试验方法。

2. 临床研究

FDA 的新药临床研究（IND）分为三期，新医疗器械临床研究（IDE）分为二期。TEWG 认为，组织工程医疗产品的临床研究可为二期。在临床研究设计过程中，应考虑疾病或疾病过程的发展史及交替治疗手术的情况，如合适的受试对象；确保安全的监控方法；临床功效的确定；有关对照组的选择等。

3. 上市后监督

由于组织工程医疗产品的特殊性，应加强产品上市后的监督，生产企业应尽可能建立细胞或组织捐献者与最终产品接受者的详细记录及保持相关联系的记录，并且及时提供不良反应或不良事件报告。FDA 认识到组织工程产品的复杂性，会涉及器械、药物、生物制品等的评价，这需要跨部门的合作审查，以保证产品的安全性。

（四）组织工程产品评价实例

中国国家食品药品管理局（SFDA）对组织工程医疗产品的监督管理日益重视，明确组织工程医疗产品按带细胞医疗器械由国家食品药品管理局医疗器械司受理、审批，并由中国药品生物制品检定所进行检测和评价。以某企业申报的“含有重组人骨形态发生蛋白-2（recombinant human bone morphogenetic protein-2，rhBMP-2）的骨修复材料”产品为例，说明其检测评价内容。该产品是利用基因重组技术，优化并合成人的 BMP-2 成熟肽基因片段，构建原核表达 rhBMP-2 质粒，经大肠杆菌转化后，筛选得到高产工程菌株，产生 rhBMP-2。

该产品按医疗器械申报，由中国药品生物制品检定所进行检测评价。主要检测评价内容如下。

（1）rhBMP-2 的鉴定

主要指标包括 rhBMP-2 的纯度测定，结构分析（等电点检测、氨基酸组成分析、质谱分析、免疫印迹检测等），N 端序列分析，氨苄残留量分析等。

（2）rhBMP-2 的生物活性

需要对 rhBMP-2、修复材料中的 rhBMP-2，以及存放一定时间后修复材料中的 rhBMP-2 进行生物活性检测。生物活性检测包括体外细胞培养测活和体内测活。

（3）修复材料中 rhBMP-2 的含量测定

在修复材料中的 rhBMP-2 含量要达到一定水平后才能发挥功能。若不控制含量，太多会诱发骨肿瘤，产生副作用。

（4）修复材料的生物学评价

按照 ISO 10993（GB/T 16886）系列标准要求，对含有 rhBMP-2 骨修复材料进行生物学评价，包括细胞毒性试验、致敏试验，亚慢（亚急）性毒性试验、遗传毒性试验和植入试验等。

（五）组织工程医疗产品的风险管理

组织工程医疗产品用于修复、改善和重建组织或器官的结构和功能。关于组织工程医疗产品的不良反应发表的报道极少，主要是因为缺少临床应用经历；其次是因为组织工程医疗产品缺乏管理，即对组织工程医疗产品没有报道临床使用结果的规则。表 10.8 中出现的与组织工程医疗产品有关的危险来源主要是从理论上估计或组织器官移植经验中得出的。与危险来源相关的一些具体危险因素也在表 10.8 中列出。

表 10.8　组织工程医疗产品的危险控制

危险来源	潜在危害	控制措施
1. 细胞和（或）培养基的微生物污染	局部/全身感染/疾病传染，可导致失去功能	来源的选择/筛选 除去污染的措施 无菌测试
2. 细胞和（或）培养基的病毒、寄生虫污染	局部/全身感染/疾病传染	来源的选择/筛选 灭活/消除处理 产品检疫处理
3. 细胞性质自然变异（如胰岛素的产生）	未能达到期望治疗效果（治疗不力/治疗过度）	原材料质量控制
4. 天然原材料的变异（胶原的类型/比例）	未能达到期望效果	原材料质量控制
5. 自体使用的细胞/组织与异体细胞污染	传播疾病 免疫反应/排斥导致失去功能	处理过程质量控制
6. 不必要的细胞类型污染	未能达到预期效果 副作用	细胞类型特异的培养条件
7. 内毒素污染	热源反应	内毒素检测
8. 细胞活性降低	未达到预期效果	细胞活性测试
9. 细胞基因表达改变，影响预期的合成	未达到预期效果 副作用	RNA 测试
10. 致肿瘤性	产品中无控制的细胞生长	过程监测
11. 处理中的残留物	毒性/免疫反应	处理中/终产品检测
12. 处理/操作：最小程度 vs 复杂	细胞功能改变	加强质量控制等级
13. 组织工程医疗产品的制造时间	患者状况恶化	应用标准
14. 组织工程医疗产品活性/代谢功能不足	潜在的全身效果	随访
15. 异源性使用（如输尿管周围出现软骨细胞）产品细胞类型与目标组织类型不相容性	未达到预期效果 局部组织反应	与同源性使用相比，加强控制
16. ECM 结构强度改变（如包囊型产品的膜失败）	未达到预期效果 包被物质大量释放致过量 免疫反应	力学测试 吸收速度测试
17. 组织不相容性	排斥，有可能失去功能 免疫抑制	HLA 配型
18. 生物材料（成分/代谢物），生物不相容性	副作用 交叉反应、自身免疫	生物相容性测试（细胞毒性、致突变性、血液相容性）
19. 致肿瘤性	患者新生物形成	随访
20. 吸收/扩散改变	未达到预期效果 物质积聚导致副作用	随访
21. 未能预见的危险		随访
22. 与使用相关的危险	多种多样	标识 训练

注：1～4 原始材料期；5～13 处理期；14～22 上市后期

目前，还不能对具体危险的程度进行量化，但从器官移植和生物材料相关产品应用经验判断，最重要的危险因素与疾病传播、生物相容性和产品效用相关。危险控制措施应贯穿于组织工程医疗产品寿命周期。虽然控制措施的性质多样，但都涉及 3 个基本方面，即在组织工程医疗产品寿命周期的哪一时期应用、应用什么措施和谁来应用。

在组织工程医疗产品安全评价中应该采用 BS EN ISO 14971-2009 标准（医疗器械生产企业风险管理），在产品设计时就采用风险管理程序（图 10.2）。风险管理程序是危险分析、评价、控制的一系列管理政策、程序、惯例的应用。

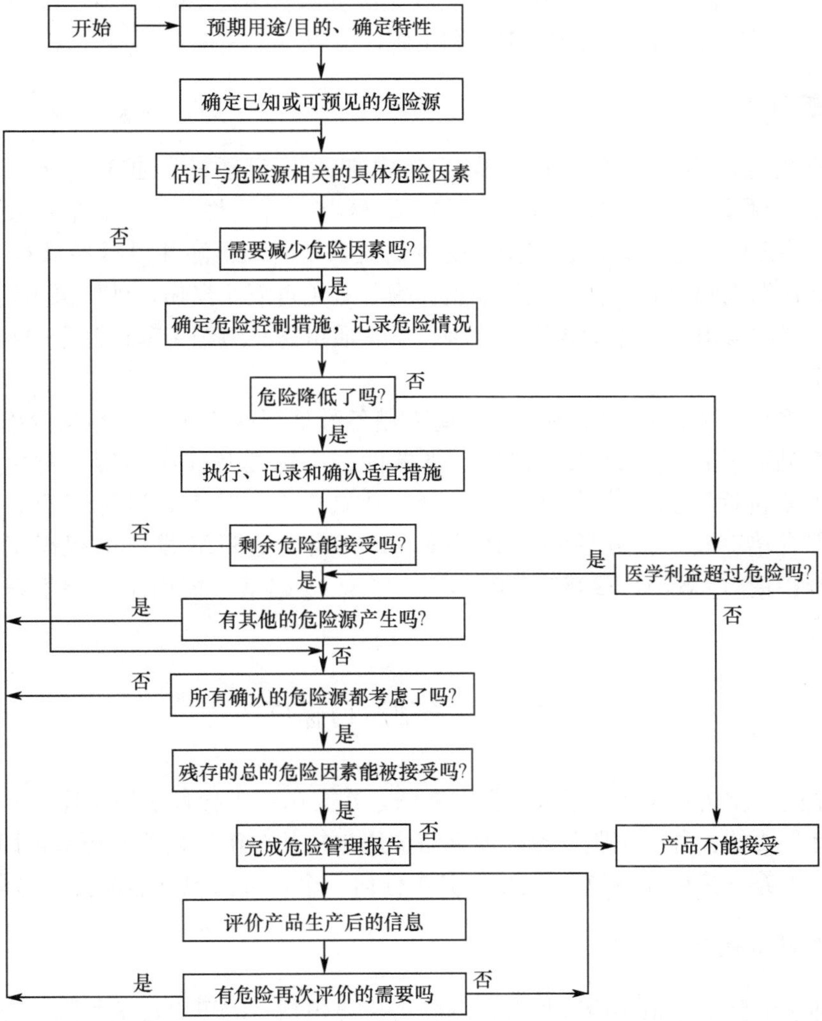

图 10.2　组织工程医疗产品风险管理程序

四、组织工程医疗产品保存

为了缩短工程化组织或器官构建所需时间，并且在临床急需组织器官移植时，能够及时提供可供移植的工程化组织或器官，需要解决组织工程产品的保存问题。

(一)组织工程医疗产品保存策略

1. 低温冷冻

低温是保存组织工程产品的重要方法。对于有活性的组织工程产品，在保存期间应尽量降低甚至停止所有的生化反应。温度是影响生化反应的重要因素，降低储存温度将极大地抑制组织内的生化反应。比如，在液氮温度条件（－196℃）下，几乎所有生化反应都停止，可以较长时间地保存细胞和组织。

2. 添加保护剂

为了防止组织器官损伤，可在保存液中加入一定量的保护剂，如 9％乙二醇（EG）、10％二甲基亚砜（DMSO）、10％甘油（Gly）等。许多移植器官损伤都是发生在缺血再灌注期间，也就是器官连接到受者供血系统时。再灌注可诱导氧自由基形成，这实际上是在细胞膜上刺开孔，杀死细胞。为了避免再灌注损伤，外科医生需要在保存溶液中加入吸收自由基的化学物质，这种化学物质可防止组织工程产品不受再灌注和局部缺血损伤。

目前，组织工程医疗产品的保存普遍采用各种低温冷冻技术。不同冷冻方法可直接影响到产品的性能，如结构完整性、机械性、生物性及代谢性等，对保存效果影响最大的因素包括降温、降温速率、升温、升温速率、冷冻、冷冻速率、融化、融化速率、保存培养基、预处理和后处理等。2004 年，ASTM 发布的组织工程医疗产品保存标准指南（ASTM F2386—2004，由 F04.43 起草）可用于指导组织工程医疗产品的保存。

(二)种子细胞的保存

从应用的角度讲，探索种子细胞保存方法、建立组织工程种子细胞库、需要时取出复苏是很有必要的。种子细胞的冷冻保存与应用包括几个密切相关的环节，即冷冻—储存—融冻—培养—接种或移植（检测），其中任何一个环节出现纰漏都会影响全局。

1. 种子细胞冷冻保存的优势

目前种子细胞普遍采用冷冻保存，其独特优势包括：①可以避免每隔一定时间就要传代保种，既节约开支，又减少工作量；②减少微生物污染机会；③避免细胞之间交叉混杂；④避免频繁传代可能引起的细胞遗传性状和生理生化特性的改变。

2. 种子细胞冻存的方法

以下是常用的种子细胞冷冻保存方法。

（1）程序降温法

利用程序降温仪（programmed freezer）按两步或三步法降温，即开始时以 1～3℃/

min 降温，降至－30℃时，恒温 2 min 后改为 5～7℃/min 降至－80℃或－90℃，再转入液氮中（－196℃）长期保存。或者开始降温速度严格控制在 1～3℃/min，在经过相变（－11～－15℃）热释放之后加速降温速度，余下各阶段对细胞存活影响不大。

在冷冻过程中，部分细胞会受到伤害。损伤的机制可能是：①物理损伤，当降温速度过快，细胞内水分丢失不充分，或当融冻升温过慢，细胞内形成冰晶，会导致细胞死亡；②化学损伤，这种损伤主要是在慢冻过程中结冰使游离水减少，盐溶液浓度升高，渗透压增大，细胞受到渗透性打击（osmotic shock），蛋白质变性，引起细胞死亡。

（2）过冷保存法

过冷状态（undercold）即液体在冰点以下的温度仍不结冰的一种物理状态。若人工制造过冷状态，需要在细胞悬液中加入高浓度的低温保护剂，如高浓度的二甲基亚砜、甘油等。利用深低温冰箱可进行种子细胞的过冷保存。这种保存方法简便，可使细胞有较高的存活率，但保存时间不如液氮长。

（3）玻璃化保存法

玻璃化保存（vitreous cryopreservation）是一种超速冷冻方法，它是以极快的速度降温冷冻细胞，使细胞内游离的水和胶体迅速玻璃化，而不形成冰晶。这种保存方法既避免了由于盐浓度升高（慢速降温时）对细胞造成的化学性损伤，又防止了由于冰晶形成（快速降温时）造成的物理性损伤，可获得高存活率。

3. 冷冻保存的相关技术

（1）低温保护剂

低温保护剂（cryoprotectant）是深低温保存细胞不可缺少的部分。目前常用的低温保护剂有二甲基亚砜、甘油、糖类等。根据对细胞膜穿透性大小，低温保护剂可分为穿透性（或细胞内）和非穿透性（或细胞外）两种。穿透性低温保护剂，如二甲基亚砜或甘油等，可通过在溶液中强烈结合水分子的水合作用，减少结冰的程度和减慢速度，减轻物理性损伤；并且通过对溶液束缚作用，避免和减慢细胞内溶液浓度的升高，减少蛋白质变性从而减轻化学性损伤；同时缩小细胞破坏的临界温度范围，避免在此阶段对细胞的破坏。低温保护剂有最佳使用浓度，二甲基亚砜为 10%，甘油为 10%～15%。冻存后必须对低温保护剂进行洗涤，从细胞悬液中清除，降低低温保护剂的毒性影响。非穿透性（或细胞外）低温保护剂，如聚乙烯吡咯酮、羟乙基淀粉及其他高分子化合物，其冷冻保护作用机制与抑制冰晶生长有关。几种低温保护剂混合使用可减轻毒性影响，提高细胞存活率。

（2）融冻

融冻是冻存组织工程种子细胞的重要步骤，要求有一定的温度、速度。一般采用快速融冻方法，防止融冻过程中冰晶再形成而产生有害作用。通常把冻存样本直接置于 37～42℃恒温水浴中，在 1～2 min 内快速融冻。融冻后的细胞在室温下逐步用含血清的培养液缓慢稀释 5～10 倍，用以冲淡低温保护剂的浓度，因为在室温下，许多低温保护剂对细胞有毒害作用，且温度越高，毒性越大，要求在 30 min 内完成。因低温保护剂稀释太快，渗透压发生巨大变化，细胞易受损伤。

(3) 冻存细胞的复苏

冻存的种子细胞复苏后，可有 3 种不同的结果。①部分细胞保持正常形态功能；②部分细胞受到严重伤害而死亡；③部分细胞受到损伤，可通过恢复培养或者移植到宿主体内恢复正常结构功能，受损伤细胞中，有一些能成活一段时间，但最终仍不能修复，逐渐衰老而趋向死亡。细胞具有自然修补遗传信息错误的能力。某些低温保护剂，可使冻存细胞的染色体畸变率增加，尤其是微核增多，但是，通过恢复培养后，细胞可以自行修正信息错误而恢复正常。将冻存细胞复苏后，在恢复培养期间，细胞对损伤的 DNA 进行修复，把变化部分逆转成正常或者去除损伤的部分。复苏后必须洗脱低温保护剂和细胞代谢产物，更换新鲜培养液，进行正确适宜的恢复培养，使其能维持正常的生命活动与生长速度。

4. 冷冻后种子细胞活力的检测方法

冻存后种子细胞活力是种子细胞冷冻保存的重要问题，也是种子细胞能否移植并构建有活性工程化组织的关键问题。

检测方法有以下几种。

(1) 细胞计数

把细胞悬液滴在计数板上计数，比较冷冻前后细胞计数，求得冻存后细胞回收率。此法的优点是简便易行，缺点是不能准确地反映细胞的增殖分化能力。

(2) 台盼蓝排斥试验

该法是间接反映细胞活力的活体染色法。原理是：死亡细胞膜的通透性发生改变，不能清除染料，活体染色后，能着色的细胞越多，表明死亡的细胞越多。此法敏感性不够，对轻度损伤细胞不能显示阳性反应，且对任何细胞无特异性，不能反映细胞增殖分化能力。但此法仍是一种简便、迅速的观察方法。

(3) ^{3}H-TdR 或 ^{14}C 标记

将冻融后经洗涤的细胞培养一定时间，加入 ^{3}H-TdR 或 ^{14}C，再培养一定时间，制备样品后，在液体闪烁计数仪上测量，计算每分钟的脉冲数。该法测定的是细胞进入 DNA 合成期的百分数，较敏感和可靠，但需经过放射性同位素标记与检测的一套程序，操作复杂。

(4) 荧光染色

吖啶橙染色后，存活的种子细胞在荧光显微镜下呈现绿色荧光，而死亡细胞为橙红色。此法可以较敏感地检测种子细胞的活力。

(5) 电镜观察

观察冷冻保存后种子细胞的超微结构。多数形态学改变为膜系统受影响，包括核膜的改变、高尔基体肿胀、线粒体嵴断等。细胞超微结构的观察能敏感而准确地反映冻存过程的损伤程度。

（三）支架材料保存

组织工程支架材料由于特有的降解性、生物活性（含有特定的生物活性分子）和表面修饰成分，批量生产后通常采用冷冻干燥法保存。这种保存方法的优势是：①可保持支架的原有形态、颜色和主要生物活性物质（酶、蛋白质等）；②干燥过程在低温条件下进行，有效保存了支架材料的降解性能；③冷冻干燥过程有助于材料分子间交联，从而改善支架理化性能；④干燥后支架重量轻，便于运输和储存；⑤支架含水量低，封存后不易污染、不易变性、吸水性好，可以在 4℃或常温条件下长期保存。因此，冷冻干燥法在组织工程支架材料保存中很受重视。

冷冻干燥法是使冰冻物质中的水分或其他蒸汽压力较高的物质，在低温真空系统中进行升华而使物质干燥，包括以下几个过程。

1. 预冻

在冷冻干燥之前，需要将支架放在低温下冻结起来，这个过程为预冻，目的是尽快停止或减少支架材料本身的生物化学变化，并使预冻好的支架在减压时不致产生泡沫和沸腾，以致悬液溢出或冲出。预冻后的支架材料物质结晶非常细小，结晶与结晶之间空隙增加，干燥时表面也相应增大，干燥进程就快；干燥后的支架成为多孔状，既增加了表面积，又增加了毛细孔中吸力，吸水性特别好。

2. 真空干燥除水

在真空状态下，冰产生的水蒸气必须用可靠的方法除去，使干燥进程顺利进行。常用方法是低温冷凝水蒸气法，即在冷冻干燥时，将逸出水分用很冷的表面来凝集。冷凝表面温度与被干燥支架材料表面温度梯度越大，干燥速度越快，且冷凝表面积越大效力越高。冷凝水蒸气冰冻厚度通常不超过 1.5 cm，过厚会使传冷效力减低，冷凝水蒸气效果变差。

3. 干燥过程及真空度测定

干燥过程可分两个阶段。第一阶段是将支架材料中大部分水升华；第二阶段除去支架材料中残余水分，使干燥的支架含水量达到最低。在第一阶段的干燥过程中，由于一定温度时冰的水蒸气压已有一定真空度，再提高真空度反而易使冷凝表面的冰蒸发，其水分将污染油泵，因此真空系统内真空度多少为冷凝表面温度所限制。这说明需要第二阶段的干燥来降低支架材料中的水分。真空系统中气体流动的速度与连接管长短、弯曲次数和程度及活塞开关大小有密切关系。冷冻干燥机上的真空传感器可测定真空度。

4. 干燥加热

为了加速干燥过程，促使被干燥支架内水分不因蒸发时吸收热量降低支架本身温度而影响水分进一步蒸发，以致延长干燥过程，当支架干燥到一定程度时，需要适当加热。冰冻支架内水分，在真空系统中不断蒸发需要热，这种热就是冰在该温度由固体变成气体所需要的热能。要求将此热能加于支架表面，使支架中的冰晶不致溶化而干燥的速度又可达到最快。现有的多数冻干机采用电热方法直接加热支架容器并控制加热的温度。

5. 残余含水量及其测定

干燥后支架中残余含水量是衡量被干燥支架质量的重要指标。残余含水量越低，储存时间越长，反之，储存时间越短，支架越容易繁殖微生物和变质。对组织工程支架，其最终含水量要求低于5%。在第二阶段干燥时，要提高其真空度，使真空度达到最佳状态；同时适当而安全地加热，并延长第二阶段干燥的时间。残余含水量的测定方法，通常是取一定质量的干燥支架，进行烘干，称质量至恒质量，计算损失质量百分比，即为残余含水量。

（四）工程化组织或器官的保存

在体外保存完整的工程化组织或器官产品，可随时供临床移植，不受时空限制，从而保证治疗质量，缩短治疗周期，最大限度地减少患者痛苦，降低患者治疗费用，有利于促进组织工程医疗产品的临床应用，同时建立工程化组织或器官的产品库，实现远距离运输，还可进行国际的交流应用。

工程化组织或器官属于有活性的细胞-材料复合体，植入体内可修复组织或器官缺损并具备相应功能。它是有生命的体内植入材料，既不同于一般细胞、组织、器官，又不同于一般“无生命”的医用生物材料。保存工程化组织或器官的关键是保存其中的细胞活性与功能、细胞与支架材料特异性黏附及支架材料的生物力学性能。在冻存、复苏过程中，细胞和细胞外基质间的物质和热量传递起着非常重要的作用，需要建立相应的理论模型。

迄今为止，较为理想的工程化组织器官保存方法是玻璃化保存技术。这种技术是将保存的工程化组织或器官置于玻璃化保存液中，液体在冷冻过程中不形成冰晶，只是呈现一种黏度不断增加的状态。玻璃化过程中不出现生物学变化。工程化组织或器官的玻璃化保存不需要限制降、复温速率，不会出现“化学损伤”和细胞内外物理损伤。比如，可采用玻璃化技术保存血管移植物。玻璃化技术的实施是使玻璃化温度高于液体冰点。在由低温保护剂和盐、水组成的玻璃化保存液中，随着低温保护剂浓度增加，玻璃化温度上升，冰点逐渐下降；当低温保护剂浓度增加到一定程度时，玻璃化状态就能实现。但是，高浓度的低温保护剂对组织具有潜在毒副作用，且这种毒副作用与低温保护剂浓度和温度密切相关。鉴于此，用玻璃化技术保存工程化组织或器官的关键是在可形成玻璃化状态的前提下，尽可能选择较低的低温保护剂浓度，并严格控制好整个玻璃化保存过程的操作环节，尽可能减小低温保护剂的毒副作用，达到保护工程化组织器官结构和功能的目的。不同的工程化组织器官的玻璃化保存液和保存过程存在差异，有关工程化组织器官玻璃化保存液的研制、保存过程、损害机制等需要进行深入研究。

（五）工程化组织或器官冻存需要解决的问题

目前，种子细胞和支架材料的保存方法已基本成熟，但是，工程化组织或器官仅限于个性化、小规模的应用，还停留在研究和实验室水平。要真正形成组织工程产业，必须解决工程化组织器官的保存问题，建立标准化的保存方法。

实现工程化组织或器官的长期保存，需要解决以下问题。

1）建立相应数学模型，来表征冻融过程的相变化、跨膜热传导和多种成分的物质扩散与传递。

2）弄清冻存对细胞-细胞、细胞-胞外基质间相互作用，以及对细胞活性和功能的影响。

3）建立检测冻存对细胞生物学活性和功能影响的生物学方法。

4）确定多种冷冻保护剂玻璃化保存的标准，以及获得相关的热力学数据的方法。

5）完善深低温保藏技术以便工程化组织或器官能冷冻到需要之时。

第二节 组织工程面临的技术挑战

随着现代组织工程研究的逐渐深入，在组织器官构建的各个层面，如种子细胞、支架材料、组织器官三维构建及临床移植应用等，都面临着一些急需解决的难题。

一、种子细胞存在的问题

迄今为止，用于组织工程的种子细胞包括各种干细胞及成体细胞。在组织工程中，成体干细胞是常用的种子细胞，也最具有临床应用潜力。在成体干细胞中，各种间充质干细胞，包括骨髓间充质干细胞、胎盘间充质干细胞、脐血间充质干细胞、脂肪间充质干细胞等，在组织工程中的研究应用将会越来越多。胚胎干细胞及近年来发明的诱导性多能干细胞（induced pluripotent stem cell，iPSC）也可用于组织工程研究。干细胞具有分化成不同成体细胞的潜能，作为组织工程种子细胞具有独特魅力。但一些成体细胞仍常用于组织工程，包括骨细胞、成骨细胞、软骨细胞、纤维细胞、内皮前体细胞(endothelial progenitor cell)、平滑肌细胞等。无论是干细胞还是成体细胞，作为组织工程种子细胞，都或多或少存在缺陷，需要人们去弥补。

（一）胚胎干细胞、造血干细胞及 iPS 细胞的致瘤性

在体外条件下，人胚胎干细胞可转化成分泌胰岛素的胰岛细胞、心肌细胞、神经细胞等，并成功地在动物模型中用于治疗糖尿病、心肌缺血、帕金森病等。但是，胚胎干细胞治疗仍面临许多挑战，除了存在伦理争议、异体移植的免疫排斥反应及群体倍增时间较长（人类胚胎干细胞约为 36～48 h）等问题外，致癌性是胚胎干细胞临床应用时

最为关注的，这是因为胚胎干细胞具有肿瘤细胞的某些特性。比如，对美国联邦政府准许培养的 9 种人类胚胎干细胞系进行系统检查发现，这些干细胞如果在早期就进行冷冻保存，变化不大，但如果对它们进行不断地传代、增殖培养，那么在细胞分裂几十次后，其中的 8 种干细胞系都会出现基因变异，而这些变异与人类癌细胞有关。残存于工程化组织中的游离的未分化的胚胎干细胞有可能形成畸胎瘤（Bongso et al.，2008）。形成畸胎瘤的现象在鼠胚胎干细胞移植治疗糖尿病（Fujikawa et al.，2005）、心肌缺血（Cao et al.，2006）及帕金森病（Schuldiner et al.，2001）中都有发现，尽管所用鼠胚胎干细胞成功分化成了胰岛细胞、心肌细胞及神经细胞并使患病鼠的病情有所改善。当人胚胎干细胞注入 SCID 小鼠（severe combined immunodeficiency mice）的四肢或肾小囊中，8～12 周后，形成了畸胎瘤（Richards et al.，2002）。但是，当人胚胎干细胞分化的神经细胞注射到免疫抑制的胎鼠中时，8 周后没有畸胎瘤形成（Yang et al.，2008）。在另一项研究中（Ben-hur et al.，2004），将由人胚胎干细胞成功衍化来的神经细胞植入帕金森病大鼠模型，12 周后也没有发现畸胎瘤。人胚胎干细胞在体外分化时间越久，移植后在机体内形成畸胎瘤的风险越小。所以，在以胚胎干细胞做种子细胞的组织工程医疗产品中，必须除去这些游离的未分化的胚胎干细胞，并建立灵敏度高的检测方法。

造血干细胞（hematopoietic stem cell）是所有造血细胞和免疫细胞的起源，它不仅可以分化为红细胞、白细胞和血小板，还可跨系统分化为各种组织器官的细胞。例如，在一定条件下可横向分化（trans-differentiation）为血管内皮细胞、肝细胞等。造血干细胞移植是目前治疗一系列特殊疾病的有效方法，如白血病、血细胞异常等。这些疾病会破坏患者骨髓中自有的正常干细胞，用捐赠的干细胞进行替代为治愈这些疾病带来了希望。为了评估造血干细胞移植风险及找到相关的影响因子，British Columbia 大学的 Genevieve 等分析了 926 名在 1985～2003 年期间接受过异体造血干细胞移植的患者的医疗记录，发现这些患者术后 10 年二次癌症发病率是 3.1%（95% CI 为 2%～5%；均为实体瘤）（Gallagher and Forrest，2007）。在排除了基底细胞癌和原位癌后，异体造血干细胞移植患者的二次癌症发病率是 2.3%，是正常人群的 1.85 倍。诊断的中值是移植后 7 年，最常见的癌症是皮肤癌（鳞状上皮），肺癌，口腔癌等癌症。他们还发现，在 40 岁后接受造血干细胞移植的患者发生二次癌症的风险是正常人的 3 倍以上，而接受女性捐赠的患者发生二次癌症的风险几乎是正常人的 4 倍，如果接受移植的是男性则这一风险还会更高。所以，造血干细胞作为组织工程种子细胞需要谨慎对待。

2006 年，Takahashi 等首次报道通过特定的转录因子把小鼠成纤维细胞重新编程为具有胚胎干细胞多能性的 iPS 细胞。之后，Takahashi 等（2007）又成功地将成人皮肤成纤维细胞（human dermal fibroblast）重编程诱导成 iPS 细胞。用于诱导小鼠体细胞直接重构为 iPS 细胞的转录因子组合包括 Oct4、Sox2、c-Myc、Klf4 4 种。转染上述因子或 Oct4、Sox2、Nanog、LIN28 4 种因子也能使人类体细胞重构为 iPS 细胞。iPS 细胞具有与人类胚胎干细胞相似的基本特征。然而，无论是作为上述转录因子载体的病毒，还是植入的基因都具有致癌风险，从而限制了 iPS 细胞的临床应用前景。最近，Kaji 等（2009）首次利用包含有 c-Myc、Klf4、Oct4 和 Sox2 编码序列的非病毒载体成功地将小鼠和人的成纤维细胞诱导成了 iPS 细胞。这种用非病毒载体获得的 iPS 细胞，避免了病毒载体诱导时可能引发的癌症风险，可作为组织工程种子细胞的新来源。

（二）干细胞的定向诱导分化

细胞分化（cell differentiation）是组织器官发育过程中同源细胞通过分裂发生形态、结构、功能特征稳定差异的过程。细胞分化的本质是细胞内的各种基因在时间和空间上的差别表达（differential expression）或顺序表达（sequential expression）。干细胞定向分化为期望的细胞类型并形成所需要的组织器官是组织工程研究应用的关键。在组织工程中，影响体外种子细胞分化的环境因素包括物理因素、化学因素和生物因素。

1. 物理因素

细胞所处的物理环境对其生长发育具有重要影响。首先，最熟悉也最容易掌握的物理因素是温度。细胞生长发育有一个最适温度，高于最适温度，细胞生长缓慢甚至死亡，低于最适温度，细胞生长停滞甚至休眠。利用低温冷冻技术保存种子细胞及工程化组织器官就是这个道理。其次，细胞所处微环境的空间位置和结构会影响细胞分化。当胚胎发育到一定时期，一部分细胞会影响相邻细胞使其向一定方向分化。如蛙胚发育到第 22 天时，前脑两侧向外凸出形成视泡，视泡将诱导与其接触的上方外胚层上皮形成晶状体。如将视泡切下，移到头部任何部位，可诱导其接触的上方外胚层发育为晶状体。位置信息对高等动物细胞分化有明显影响。例如，鸟类肢体发生，鸟类四肢由胚胎躯体两侧同时发生的肢芽分化而来，前肢芽分化为翅，后肢芽分化为腿。胚芽早期为舌状突起，表面覆盖外胚层表皮（具有分化为鳞片或羽毛两种潜能），内部为中胚层来源的间叶组织，决定外胚层表皮分化方向。若将后肢芽（腿）的间叶组织移到前肢芽（翅）的外胚层表皮下方，则在分化为翅的部分长出腿，且长出鳞片与爪。一般成体干细胞在组织中具有特殊的微环境三维空间结构。有人将这种微环境形象地比喻为“壁盒”（niche）结构。这种结构主要由“壁盒”细胞、基膜组成。“壁盒”细胞及相关分子控制着成体干细胞的自我更新和分化。在组织工程研究中，既需要设计种子细胞在支架材料中接种的空间位置，又需要设计支架材料本身的三维空间结构。再次，细胞所处的力学环境也会影响细胞分化。体外培养细胞所处的力学环境包括细胞与细胞的相互作用、细胞与支架材料的相互作用，以及细胞与所处培养环境中液体的相互作用。目前对种子细胞诱导分化的生物力学研究还不够。

2. 化学因素

影响干细胞分化的化学因素包括离子浓度、支架材料的化学组成及某些具有特殊功能的化学分子等。首先，pH（酸碱度，与 H^+、OH^- 离子浓度有关）是最熟悉的影响干细胞分化的化学因素。细胞增殖分化需要适宜的 pH，若 pH 变化过大，细胞生长就会停滞或死亡。其次，一些生物材料、纳米材料制作的组织工程支架有利于细胞的黏附、生长和分化，这与材料具有的特殊化学性质有关。再次，一些具有特殊功能的化学分子对干细胞分化具有重要的调控作用。这些分子包括整合素（integrin）、维生素 C、地塞米松、β-甘油磷酸钠、维甲酸（retinoic acid）、转铁蛋白、丙酮酸钠等。例如，在含有胎牛血清的低糖 DMEM 培养基中加入地塞米松、β-甘油磷酸钠、维生素 C 或碱性成纤维生长因子（bFGF）和骨形态发生蛋白可以诱导间充质干细胞向成骨细胞分化。在高糖 DMEM 培养基中加入胰岛素、转铁蛋白、牛血清蛋白、丙酮酸钠、亚油酸、维生素 C 等可诱导间充质干细胞向成软骨细胞分化。在基础培养基中加入胰岛素、地塞米松、吲哚美辛可诱导间充质干细胞向脂肪细胞分化。整合素家族是介导成体干细胞与细胞外基质黏附的最主要的受体，它通过直接激活多种生长因子受体，从而为成体干细胞的增殖提供适当的微环境。细胞外基质通过调节 β1 整合素的表达和激活，调节基底膜成分的变化和干细胞微环境中分泌因子的浓度，从而影响成体干细胞的分布和分化方向。

3. 生物因素

一些生长因子、激素等对基因的差别表达具有重要的调控作用。在组织工程中，某些生长因子对细胞分化的影响作用已经比较明确，如转化生长因子 TGF 和 Wnt（编码一组调节胚胎发育的分泌蛋白质）家族。在角膜干细胞分化中，TGF 作用于角膜缘干细胞周围的间质细胞，诱导间质细胞分泌各种细胞因子包括血小板衍生生长因子（PDGF）和白血病抑制因子（LIF）等，对角膜缘干细胞的增殖与分化具有调节作用。胶质细胞衍生的神经营养因子（GDNF），不仅能够促进多种神经元的存活和分化，还对精原细胞的再生和分化有决定作用。Wnts 的作用机制是通过阻止一种细胞黏附分子 β-Catenin 的分解从而激活转录因子 Tcf/Lef 的表达，促进干细胞的分化。激素对细胞分化的影响可看作远距离细胞间相互作用。激素调节作用是通过使某些基因开放，合成特异性蛋白质实现的。如甲状腺激素（thyroid hormone）可加速两栖类变态，其作用机制是通过与相应受体结合来调节某些基因的表达。

影响干细胞分化的因素复杂多样，建立适宜的干细胞定向诱导分化方法无疑是解决组织器官再生难题的金钥匙。这需要深入认识影响干细胞体外诱导分化的物理、化学和生物学因素，以及这些因素的相互作用机制。只有弄清这些机制，才能稳定地调控干细胞诱导分化为所需要的特定发育阶段的组织细胞类型。

（三）种子细胞多次传代后的老化

各种干细胞在体外培养环境下，长期培养或连续多次传代会发生老化现象。例如，传代晚期的猪骨髓间充质干细胞会表现出特定的细胞老化现象，包括肌动蛋白聚集、基质黏附减少、β-脂酸牛乳糖活性增加等。传代早期的间充质干细胞保持了多向分化潜能，如向骨细胞、软骨细胞、脂肪细胞的分化。但传代晚期的间充质干细胞只能向脂肪细胞分化，并且分化能力增强。同时，传代晚期的间充质干细胞骨形态发生蛋白-7（BMP-7）表达水平下降，碱性磷酸酶活性降低，造血粒细胞集落刺激因子（G-CSF）、白血病抑制因子（LIF）、干细胞因子（SCF）合成减弱。再如内皮细胞，在体外培养一段时间后，细胞极易老化而丧失抗凝和黏附功能（如脐静脉内皮细胞最多可传 6～7 代）。针对体外培养的种子细胞老化问题，目前采取的措施主要有：①采用细胞生长因子和端粒酶来调节和延缓细胞功能老化；②通过转基因技术提高种子细胞功能。2000 年，Khalid 等通过转基因技术使牛主动脉内皮细胞的 NO 合成酶（cNOS）过表达，体外研究表明此种内皮细胞使血小板凝集率下降了 46％，牛主动脉平滑肌细胞增生反应下降了 67.2％。

（四）干细胞的大量安全扩增

干细胞来源有限，数量少，妨碍了它在组织工程中的应用。在体外利用培养瓶、普通微载体技术连续传代培养扩增，又容易老化，或者产生致瘤倾向，因此，需要探索安全有效的扩增方法。采取的策略主要有：①向培养基中添加生长因子或采用端粒酶技术可以抑制干细胞衰老，并保持多种分化潜能；②利用生物材料制成的内部具有三维网络结构的多孔微载体培养扩增干细胞可以有效地抑制干细胞致瘤性。生物材料载体具有较好的生物相容性，表面含有调控细胞生长增殖的信息，培养扩增的干细胞质量好，安全性高。

（五）同种异体或异种细胞的免疫原性

组织工程的种子细胞来源理论上包括异种、同种异体及自体细胞（体细胞或干细胞），其中同种异体或异种的种子细胞用于临床移植治疗时会有免疫原性。间充质干细胞主要存在于骨髓，但也可从脐带血、脂肪或其他组织分离获得。研究表明，狒狒的间充质干细胞不会引起同种异体淋巴细胞增殖，人的间充质干细胞在混合淋巴细胞反应中可抑制 T 淋巴细胞增殖，抑制程度与间充质干细胞数量具有量效关系。主要组织相容性抗原复合体（major histocompatibility complex，MHC）II 类在人间充质干细胞具有较强的表达，在单向混合淋巴培养试验中，经射线照射或多聚甲醛处理的间充质干细胞可以促进同种异体 T 淋巴细胞的增殖；但在单向混合淋巴细胞培养试验中，间充质干细胞作为第三方细胞却可以抑制淋巴细胞增殖，并表现出了否定样（veto-like）细胞的功能，即对同种异体抗原引起的细胞毒性作用有抑制效果，而对记忆抗原（recall antigen）引起的免疫反应无影响，这种区别反应能力对间充质干细胞的临床应用是有帮助的。但在同种异体小鼠肿瘤移植试验中发现，间充质干细胞具有的免疫抑制作用有利于肿瘤生长。间充质干细胞可抑制单核细胞来源的树突状细胞的分化和功能，并在一定条件下抑制自然杀伤细胞的增殖、细胞因子分泌，以及对 HLA-I 类抗原的细胞毒性作用。在组织工程中，为避免免疫排斥反应，应优先选用患者自体细胞作为种子细胞。当自体细胞难以获取或本身具有遗传缺陷时，可考虑选用免疫原性低的间充质干细胞，以避免移植治疗后的免疫排斥反应。

（六）干细胞是否健康

作为组织工程的种子细胞是否健康直接影响到对患者的治疗效果。对于微生物（包括细菌、真菌、病毒等）污染、遗传缺陷或免疫缺陷的细胞，不能作为组织工程种子细胞使用。在细胞培养和组织再生过程中，要始终重视病原微生物的污染，尤其是支原体、乙肝病毒、艾滋病毒和朊病毒等的污染。支原体是一种大小介于细菌和病毒之间的微生物，约有1%可通过滤菌器。支原体无细胞壁，形态呈高度多态性，可为球形、丝状、分支状或梨形，在光镜下不易看清内部结构。细胞培养（特别是传代细胞）被支原体污染是个世界性问题。在细胞培养中支原体感染率高达63%，支原体感染后能改变细胞的DNA、RNA及蛋白质表达，不能通过可视法进行检测，并且对细胞的生长率影响较小，不易引起注意。乙肝病毒、艾滋病毒具有较长的潜伏期，可通过血液途径感染。朊病毒的本质是一种蛋白质性质的致病因子，可通过培养基中添加的牛血清等途径感染。在组织工程实验室或工厂里，有必要建立有效的检测方法，以使种子细胞不会遭受微生物污染、没有遗传及免疫缺陷，确保种子细胞质量。各种病毒的检测可采用PCR技术，支原体可用相差显微镜或荧光显微镜检测。

（七）干细胞数量与再生能力的关系

在组织工程中，向支架材料中接种的干细胞数与组织再生能力具有一定关系。若接种的干细胞数太少，会影响组织再生速率，若接种的太多，容易聚集成团，使内部细胞坏死。在干细胞移植治疗中，大多数动物实验和临床研究使用的干细胞数介于10^5～10^8数量级之间，但哪个数量级最佳，以及不同类型细胞需要的细胞数并无定论。在体外组织工程中，由于人工环境的随意性、简单性和不稳定性，就更需要根据具体情况而定。干细胞接种数量应根据干细胞类型，以及组织工程支架的体积、形态和内部几何结构等因素综合确定，以保证干细胞再生组织的能力。

（八）干细胞种类及来源的选择

根据发育进程，干细胞可分为胚胎干细胞和成体干细胞。胚胎干细胞有人来源的，也有动物来源的。而成体干细胞无论是来源还是种类均具有更多的选择性。成体干细胞可来源于自体、同种异体和异种。成体干细胞存在于人及哺乳动物体内，在胎儿、儿童和成人组织中都有成体干细胞。成体干细胞的种类包括造血干细胞、皮肤干细胞、神经干细胞、间充质干细胞等。间充质干细胞又分为骨髓间充质干细胞、脐血间充质干细胞、胎盘间充质干细胞、羊膜间充质干细胞、脂肪间充质干细胞等。在具体的组织构建过程中，究竟选择哪种干细胞、哪种来源的干细胞无疑是一大难题。胚胎干细胞具有比成体干细胞更好的全能性，单纯从这个角度讲，更适合做种子细胞，但是胚胎干细胞存在伦理争议及安全性问题。如果在研究中确实需要利用胚胎干细胞构建组织，应该选择动物来源的还是人来源的？由于胚胎干细胞难以从自体获取，别人的胚胎干细胞会有或多或少的免疫原性，动物来源的胚胎干细胞虽存在免疫原性但取材相对方便，种类也多，所以在实际临床应用中，选择起来有一定困难。成体干细胞取材方便，种类丰富，而且有一个很大的优势就是可以从患者自体取材，没有伦理争议。所以，在组织工程实践中，成体干细胞具有更好的发展前景。由于人源的成体干细胞取材方便，种类丰富，动物源成体干细胞的临床应用就显得没有意义。但是，虽然人的成体干细胞种类和来源十分丰富，在具体的组织构建中究竟如何选择才能达到较好的组织再生效果仍需要进行探索。

二、支架材料存在的问题

（一）支架材料对机体免疫系统的影响

组织工程支架材料单独植入机体后，作为异物会引起炎症反应，这是目前局部反应评价试验的主要内容，但近年来已有研究表明，一些植入的生物材料可影响免疫系统。

1. 胶原

胶原（主要是Ⅰ型胶原）大量存在于多种生物组织内，是一类起着结构和功能作用的蛋白质。虽然已被广泛认为是一种安全有效的生物材料，但动物来源的胶原有可能引起免疫反应（陈亮等，2009）。胶原的抗原决定簇包括胶原分子三螺旋结构构象本身、胶原螺旋结构中的氨基酸序列和胶原非螺旋末端肽段三种。虽然胶原非螺旋末端的氨基酸在种间的变异可达到50%以上，在一些供者、受者组合的动物试验（牛/兔、大鼠/兔）中发现主要的抗原决定簇位于这些区域，但在其他不同的供者/受者组合的动物试验中发现主要抗原决定簇在于三螺旋结构构象本身（牛/大鼠、牛/小鼠）或是螺旋结构中的氨基酸序列（大鼠/鸡），由此说明胶原分子主要抗原决定簇的定位取决于供者和受者的种间组合。研究表明，胶原在人体使用后，酶解制备的牛胶原的抗原决定簇位于三螺旋结构和氨基酸序列。动物来源的胶原，即使是通过酶解去除了高度变化的末端肽段的胶原，也应详细研究在人体引起的免疫反应。胶原引起的免疫反应包括体液免疫和细胞免疫，但两者相对作用还不清楚。研究发现，胶原引起免疫反应同样取决于供者和受者的种间组合。临床通过检测循环抗体的水平来评估胶原免疫反应风险。目前研究最充分的胶原产品可能是注射型胶原充填剂。相关资料表明，人群中对牛胶原的超敏反应发生率约为2%，使用胶原产品后会增加1%左右，不良反应发生率较低。但是，新的胶原材料及新的应用方式不断增加，如皮肤替代物、骨填充物、心血管支架材料、止血材料等。已有报道在这些应用中出现了稍微增高的变态反应发生率和肉芽肿异物反应。用牛Ⅰ型胶原密封的多孔聚酯血管在猪体内植入后，观察期内胶原抗体阳性率为41%～68%，引起了对胶原引发体液免疫反应和植入局部炎症反应间关联性的关注。以胶原为支架材料与种子细胞复合，对此应用中的胶原应进行免疫学评价，同时对胶原引发的免疫反应在整个胶原-细胞复合物引起宿主反应中的作用也应进行评价。

2. 细胞外基质

细胞外基质（extracellular matrix）也是在组织工程中广泛应用的生物支架材料，如经处理的猪小肠黏膜下层（small intestinal submucosa）、膀胱黏膜下层、人羊膜等。细胞外基质除主要由胶原构成外，还含有其他抗原性蛋白，且取决于脱细胞处理方法。由于完全除去细胞膜、细胞核物质是困难的，或是不可能的，基质中可能残留有细胞成分，会引起免疫反应的发生。以非交联的猪小肠黏膜下层（无细胞的）进行的动物试验中出现了 Th2 型免疫反应，再次植入后增强了 Th2 型反应，但未出现致敏。研究表明，猪小肠黏膜下层含有少量半乳糖（α-gal）抗原决定簇，虽然半乳糖决定簇的含量和分布，或产生的抗体未导致补体活化，猪小肠黏膜下层在人体应用后也未检测到抗半乳糖抗体增加，但也反应了这类细胞外基质材料具有免疫原性的事实。非交联的猪小肠黏膜下层降解代谢迅速（28 d 单层降解约 90％，90～120 d 多层完全降解），也许这是猪小肠黏膜下层未引起排斥性反应的原因。低剂量半乳糖决定簇的持续存在是异种移植慢性排斥的原因，降解缓慢或经交联处理的细胞外基质材料可能会存在同样的问题，已有报道显示光氧化交联的心包组织引起的抗体反应长达 2 年。组织工程构建的组织器官的多样化，决定了用于不同目的的细胞外基质具有不同性质，包括降解性能和是否需要交联加强力学强度等，也决定了免疫学评价的必要性。

3. 聚合物

在组织工程中应用较多的可降解聚合物支架材料包括聚乳酸（PLA）、聚乙醇酸（PGA）、聚羟基烷基酸酯（PHA）等。通常评价支架植入后的生物相容性是基于发生异物炎症反应的程度，即组织反应的纤维化和血管化的程度。目前认为这些材料植入后局部反应是可以接受的。但新的研究表明，这类聚合物材料对机体免疫系统也有影响。很直接的证据来自疫苗方面的研究，利用聚乳酸或聚乳酸-聚乙醇酸（PLGA）制成可降解微球，包被抗原性蛋白，可以作为单次性疫苗而产生免疫作用。聚合物是作为免疫佐剂发挥作用的，这种聚合物微球形式的抗原促进了抗原呈递细胞对其吞噬，增强了巨噬细胞、树突状细胞的活化。但是，在临床上为了避免排斥反应和免疫炎症反应，工程化组织器官应避免刺激免疫系统。聚合物材料的免疫佐剂效应可能是不需要的副作用。已有研究表明，这样的免疫佐剂效应在聚乳酸作为支架材料时也可能发生，模式抗原蛋白与聚乳酸多孔支架共同植入后，引起的抗体反应虽与完全弗氏免疫佐剂有差异，但也显著高于单纯的抗原蛋白注射，且与聚乳酸微球效应相似。进一步研究显示，聚乳酸-聚乙醇酸可以促进单核细胞来源的树突状细胞成熟，该作用与聚乳酸-聚乙醇酸形状有关，免疫佐剂作用的进一步机理还有待研究。甲基丙烯酸-2-羟基乙酯的免疫佐剂效应也有报道，在动物试验中引起了对内源性蛋白的自身抗体。目前聚合物的抗原性已被证实，动物试验中检测出了抗聚酯 Dacron 的抗体。以聚合物作为支架材料时，它的免疫学评价应成为工程化组织安全性、有效性的研究内容。

4. 天然生物材料

壳聚糖是从虾蟹的壳中提取的多糖或是在一些酵母菌、霉菌中合成，通过发酵得到。壳聚糖作为生物材料得到了广泛应用，它具有良好的生物活性，可制成膜、海绵、微粒、凝胶等。研究也显示壳聚糖具有免疫刺激活性，能活化非特性免疫系统的成分（如巨噬细胞等），在疫苗中作为佐剂来增强免疫。虽然报道过针对几丁质产生的抗体，但在植入后未检测到针对壳聚糖的抗体。壳聚糖是否存在抗原性还需要进一步研究。

海藻酸钠是 1,4-糖苷键连接的 β-D-甘露糖醛酸和 α-L-古洛糖醛酸构成的共聚物，也是应用广泛的天然生物材料，多从褐藻中提取，也可通过微生物发酵生产。研究报道海藻酸盐微囊在疫苗配方中可发挥佐剂的作用。由甘露糖醛酸含量高的海藻酸钠植入小鼠后检测到了海藻酸钠抗体的产生。而由海藻酸钠衍生的低聚糖-寡聚甘露糖醛酸酯（oligo-mannuronate）对活化的免疫细胞反应性氧化物的产生有抑制作用。这些结果表明了海藻酸钠对免疫系统可能存在的影响。海藻酸钠微囊作为异种或异体细胞的免疫隔离包囊是组织工程中一类重要方法。在这样的应用中，微囊发挥的细胞隔离效果、微囊的分子质量截断产生的阻滞效应、微囊植入产生的炎症反应都是决定微囊化细胞是否发挥作用时需要评价的免疫学方面的影响因素。

（二）支架材料是否携带病原菌

对所有动物来源的支架材料来说，一个潜在的问题是他们可能携带危险的病原菌。Kuijer 等（2007）报道，在 228 个植入新西兰白兔的组织工程支架中，有 10 个发生了微生物感染，其中 6 个没有接种细胞，4 个接种了细胞。感染发生在试验中不同类型的聚合物支架上，而与聚合物成分和孔大小无关。感染因素可能是普通微生物，也可能是特殊的病原菌。传播性海绵状脑病（transmissible spongiform encephalopathy，TSE）是能够跨物种传播的最令人担心的病原菌。伴随着跨物种传播到人类的朊病毒介导的海绵状脑病的出现，更加重了这种担心。尽管用极端的 pH 或温度可以摧毁许多致病因子，但是朊病毒（TSE 的病因）对化学或物理降解具有极强的抵抗力。现在正在进行巨大的努力来加强动物来源产品的 TSE 检验，以及创造人工重组胶原蛋白。其他病毒也可能在动物来源的支架材料中作为病原体而携带。

（三）支架材料的组织诱导性

长期以来，组织工程研究的主要手段是种子细胞种植到支架材料上，在体外静态或动态（生物反应器）培养这种细胞/支架复合物，最后进行体内移植实验或应用。多年来的研究表明，这种手段依赖于种子细胞，耗时、费用昂贵、组织工程产品的生物功能不够理想，难以实现临床应用。近年来，科研人员提出了组织诱导性生物材料的新概念。基于对材料的微观孔结构设计、化学修饰和复合生物活性分子，赋予材料诱导组织再生的活性，使组织再生和修复在体内完成。由此产生“组织诱导性生物材料”的概念。赋予材料组织诱导性，充分调动机体自我康复的潜能，实现病损组织的形态、结构再生，功能重建，是当今生物材料设计发展的重要目标。

通过材料自身组成和结构优化制备的组织诱导性生物材料，目前还存在以下几方面的问题。①生物材料的组织诱导性机理还不清楚；②影响诱导活性的材料学因素还需要弄清；③与诱导相关的体内细胞的细胞生物学特征及诱导的生物学机制还需要深入了解；④在分子水平上组织诱导性材料的生物安全性还了解不多；⑤诱导效果的体内评价方法的建立。随着这些问题的解决，组织诱导性生物材料将具有更好的应用前景。

（四）支架材料的物理特性

目前大多数支架材料的物理结构还不够理想，需要进行相应改进（Moroni et al.，2006）。存在的主要问题是机械强度或弹性模量与天然组织不相符，以及支架材料的内部结构不够合理等。

骨组织工程对材料的基本要求是要有一定的机械强度。不同于其他组织的构建，骨组织因其本身所具有的负重功能而对材料有着相应要求，虽然可用外固定架和内固定器材进行桥式固定，但在负重时仍会有相当的外力作用于材料。因此需要材料有相当的强度，以使其不至于在体内因受外力而受到破坏，以至塌陷，不能起细胞支架的作用。支架材料还要有骨诱导和骨传导的能力，这对骨愈合是至关重要的，它可协助种子细胞在体内分裂分化成骨，从而促进形成有功能的骨组织。在血管组织工程中，支架材料除了需要一定机械强度外，还需要有良好的顺应性。因此，兼顾生物学和力学性能，对人体的天然组织器官进行仿真，是组织工程支架材料研究追求的目标。

支架材料在结构上应能提供最大限度的空间和面积以利于容纳最大限度的细胞贴附，这就需要材料有高度的多孔率，应达 90%，同时还要保证材料的强度。材料几何形态要有整体合理性和表面合理性，以利于增加孔隙率和材料表面积与体积之比，同时利于植入体内后的血管长入。现已知细胞与最近的毛细血管间的距离为几百微米时就可能死亡。因此使血管以最快速度长入，保证材料深部的细胞不至于因缺少氧及养分而死亡是非常关键的。

过去在组织工程支架材料研究中，更多是注重支架材料的多孔微环境，忽视组织结构框架的整体性。近年来发展的 SFF（solid freeform fabrication）技术可工程化地构建与细胞外基质结构相类似的材料，分子组成结构能满足间充质细胞在化学和力学性质的要求，以及组织的生理学要求，使构建的组织工程产品更接近正常生理结构和功能。

（五）支架材料的化学特性

目前支架材料在化学特性方面存在的最大问题是降解吸收速率与组织器官形成速率不相适应。若支架材料降解过快，势必起不到支架作用，若降解过慢，残留在组织内会有副作用。因此，支架材料的降解速率必须和组织器官形成速率达到平衡。制造这种可以达到平衡的智能型生物可降解材料仍是一个需要长期努力的课题。可通过材料的表面修饰来改变材料的化学特性，使之更适合做组织工程支架。材料的处理应能够有利于细胞的贴附，为细胞在其表面生长繁殖、分泌基质提供良好的环境。就目前来说，可以调整基质表面化学及微结构的修饰、整合上一些特异的细胞表面受体识别物质，以利于细胞的黏附，促进细胞的分裂、形态发生和分化。并且，也可通过提高材料表面的亲水性来提高细胞的贴附和分化。

组织工程支架材料问题的解决，还有赖于对人体自身组织器官认识的不断深入及支架制作材料和制备技术的发展。

三、生物活性因子存在的问题

生物活性因子是人体维持正常生命活动必需的，在组织修复及再生过程中，有多种生长因子参与活动。在组织工程研究中，生物活性因子的作用非常重要也非常复杂，许多问题仍不清楚。例如，在软骨组织工程中，软骨细胞发生的详细过程有哪些因素和因子参与，哪些生长因子控制或刺激软骨细胞分化和细胞外基质的表达及各种基质成分是如何结构化地组装在一起的，目前还不清楚。在体外组织器官再生过程中，通常不是单一因子在起作用。多种因子的有序作用及作用的先后顺序、信号传递通路、给药途径及剂量等还需要深入研究。

在工程化组织构建中，一次性给予某个剂量只能在组织修复的早期起作用，在后期很难维持其作用的有效性。一方面是由于因子本身的半衰期短，很快失效；另一方面，容易被体液稀释、吸收，使局部难以达到有效浓度；同时也存在剂量过大、吸收太多、引起全身作用的危险。这是各种生物活性因子应用安全性必须解决的问题。将各种因子的基因通过转染技术，使其在种子细胞内表达。目前将这种转染细胞用于组织工程构建，在实验研究中已获得成功。例如，将 BMP-2 · BMP-4 · BMP-7 基因转染成骨细胞，可加速成骨过程及骨修复能力。但是存在的问题是：如何提高转染率使细胞能高效表达。此外，对这种细胞的安全性也需要进行监控。

四、组织器官构建存在的问题

正常组织、器官是在特定的应力微环境下维持其生理功能的。在体外进行组织器官构建的一个缺陷是组织形成时缺乏生物力学微环境。现已知生物力学作用能有效地调节细胞行为和机能。例如，在应力条件下进行组织构建可使细胞沿应力方向延长，黏附能力增强，细胞功能增强。因此，在组织器官形成时，对细胞形态结构有着显著影响。

由种子细胞、生物材料支架构建组织器官再生的三维环境，细胞、可吸收支架材料及营养支持系统所构成的三维空间结构及其相互作用的生物力学环境会影响组织或器官再生。细胞对环境物质相互作用的反应包括细胞增殖和基质的生物合成。实现体外组织构建的关键是尽可能模拟组织的体内微环境。体内微环境是一个复杂的综合体，除了各种细胞分泌的生长因子、细胞外基质、细胞间相互作用及局部酸碱平衡等因素以外，局部物理学刺激也是一个重要因素。研究表明，力学刺激在组织形成、重塑和成熟过程中起着重要作用、而不同组织生理状态下所受的力学刺激也是各不相同的。例如，生理状态下，肌腱主要受的是牵张力的刺激，而血管受的是搏动扩张力和流体冲刷力的刺激。但由于对大部分肌腱、血管等组织在体内形成时的机械环境了解不够，对大部分组织的体外培养，很难创造一个与体内仿真的环境。

在体外构建的骨骼肌肉组织植入后需要进行组织整合，这就要求工程化的组织能够与周围结构在力学上匹配，植入组织与受体组织的融合需要在植入体和受体组织的界面发生重塑——降解和新组织形成，因此，植入组织的重塑性对其功能的发挥至关重要。对骨骼肌肉组织，有效的构建方法是使组织在体内营养环境及生物力学条件影响下形成。最近出现了一种新趋势，即在体外进行细胞扩增后，将细胞在手术中注入到支架材料上。在体内构建组织工程产品，使其在体内的应力及微环境下继续生长，最终修复组织缺损，称为内部操作的选择性细胞固定技术（intra-operative selective cell retention technique）。该技术已在动物骨长段缺损的实验中获得成功。

有人通过与力学家、工程学家、机械制造学家的合作研制出了适用于肌腱、血管等组织构建的反应器，在体外培养过程中对肌腱施以牵拉刺激，对血管施以搏动性扩张刺激，成功地在体外构建出了具有一定组织结构和力学强度的肌腱和血管组织。然而，对于反应器作用力的大小、刺激频率等参数仍然缺乏深入的了解。目前如何正确模拟生理状态下的物理学刺激并能顺应不同构建阶段的需求是个难题。为了解决这一难题，也可以考虑将人胚胎干细胞注入家养动物的胚胎内，使其发育为一个带有人器官的人-动物嵌合体，再取人器官部分供临床器官移植用，这或许是人器官体外再生的一种有效策略。

在体外组织器官构建的另一个缺陷是植入体内后各种组织之间缺乏必须的协同作用，组织与周围的结构相结合。近年来产生了一个新名词——“医学重建”（medical construction），它指的是组织的体内重建及外科手术过程。利用体内生理力学环境作用，在体内培养特定组织（如肌肉、骨骼、膀胱等）是一种有效的方法，不过，重建的组织在完全形成之前，可能由于生理机械作用，受到降解乃至破坏。这也是目前组织工程学科必须致力攻克的一个技术难题。

在体外组织器官重建中，了解怎样调节细胞行为是一个重大挑战。活系统的复杂程度是难以置信的。例如，人肝就包含组织成称为小叶的显微序列的 6 种不同细胞类型，每个细胞都能完成数百种不同的生化反应。更为重要的是，每个细胞的生化活动常常依赖于同其他细胞间的相互关系和遍布每种组织的细胞外基质网络。举例来说，密执安大学的 Mooney 揭示，肝细胞会根据它们赖以生长的物质的黏性状况而产生不同数量的某一特定蛋白质。为了开发出这类器官，如可以移植的生物人工肝，研究人员必须更好地了解怎样在不同的情况下培育肝细胞和肝中其他细胞，使其发挥正常生理作用的功能达到最优。了解“重构”对制造将要成为接受者一个永久部分的生物人工器官和组织是极其必要的。在组织工程产品的大多数成功的实验室试验中，组织工程移植物都促进了受者自身细胞和组织的生长，并最终取代了人工聚合物和移植物的移植细胞。同波士顿儿童医院 Shinoka 和 Mayer 的合作表明，一旦把由人工聚合物、羔羊上皮细胞和肌成纤维细胞（一种有助于伤口愈合的细胞）构成的心瓣膜小叶移植给羊，它就变得更牢固、更富弹性、更薄。而且，11 周之后，小叶就不再含有人工聚合物，它已被重构而只含有羊细胞外基质。不过，控制这种重构过程的生化信号和生长因子依然基本未知。

体外构建组织器官与生物反应器密不可分，随着各类生物反应器的逐步优化与完善，将进一步提高体外构建组织的效果，使之更接近天然组织的形态结构并发挥正常的生理功能。

五、工程化组织器官临床应用存在的问题

组织工程产品在临床上能否移植成功与多种因素有关，如患者的年龄、性别、种族等，在移植前都要进行风险评估，确定有一定把握才能实施移植。在组织工程治疗中，判断移植是否成功的标准是：移植体是否与受体组织融合并发挥生理功能；受损后有没有自修复能力。比如，体外构建的组织工程活性肌腱，它还需要接受受体的神经支配，传导冲动并使肌肉产生收缩。但这是十分困难的，因为体外环境难以模拟人体的三维张力环境，在这种情况下再生的肌腱很难行使正常人体肌腱的功能。Cao 等（1994）用小牛肌腱细胞与聚羟基乙酸纤维复合培养 1 周后植入小鼠皮下，术后 12 周生物力学才达到正常肌腱的 57%。显然，组织工程化肌腱植入体内后，抗拉强度达不到正常肌腱生物力学要求，急需专门性的深入研究。不过，对于大多数组织工程产品来说，受损后一般都有一定的自修复能力，这是由干细胞本身具有的分化潜能决定的。

移植体只有与受体组织融合才能长期存在于体内而不被排斥，其关键是移植体与受体之间血管网络的形成。从根本上说，组织工程是一个仿生过程，在体外构建的工程化组织器官中建立一套血管网以传输氧气、营养物质、生物活性因子及排泄废物是至关重要的。目前以生物材料支架、种子细胞、生物活性因子为基础的组织工程研究在很大程度上受制于移植体缺乏血管网导致的细胞营养障碍。在体外的细胞和材料的复合培养中，营养物质和氧气的供应主要依赖渗透和扩散作用。当植入体内时，远离毛细血管 200 μm 以上的细胞会因为缺乏养分和氧气而不能存活。一般体外构建的工程化组织不能太大，比如，人工骨的大小在 5 mm×5 mm×5 mm 以下，这样大小的骨远远不能满足临床要求。骨是微血管网非常丰富的器官，在正常的骨愈合过程中，血管网密集、血供丰富部位的新生骨组织的形成比血供较差的部位要快得多，血供很差的地方骨折不能愈合。在胚胎骨组织形成过程中，正常的血管化是基础和前提，血管组织形成的障碍将导致肢体先天畸形。在工程化组织或器官临床应用中，在移植后早期，细胞通过融合而吸取受体组织渗液存活，但是其后的生存却与血管能否生成有关。移植的脂肪复合体可通过两种途径获得血液供应。①再血管化，即血管从受体区长入移植体，也可用富含血管和组织的网膜包裹移植体实现再血管化。目前已可用富含血管和脂肪细胞的网膜包裹移植体植入体内。②血管吻合，即两条或多条毛细血管互相连接，是决定移植组织是否成活的关键因素。应用在组织工程技术上，先将微血管内皮细胞植入支架上，或是先将组织替代物在体外培养后再植入体内，实现血管吻合。另外，也可通过生长因子与细胞外基质的分泌促进血管生长。

在组织工程研究应用中，另一个尚未引起足够重视的问题是形成组织的收缩。在组

织工程软骨研究中发现，经过体外构建的组织植入体内后成为成熟软骨，但体积明显变小，这是因为材料降解后，由软骨细胞分泌的基质产生了收缩力。Spector（2001）的研究发现，非肌肉细胞的结缔组织细胞（如成骨细胞、软骨细胞等）均表达 α-平滑肌肌动蛋白（α-smooth muscle actin）基因，这是引起组织收缩的主要原因。这种作用也可在肌腱、韧带、半月板、椎间盘、骨及软骨等组织中出现。这种收缩作用的程度在对多孔胶原-氨基葡聚糖为支架的关节软骨组织工程研究中得到证实。它所带来的问题是使组织工程和再生医学所用支架材料的孔隙塌陷而变小，不仅使植入物变形，还影响细胞的生长、代谢及血管化。为了防止由于肌动蛋白的收缩作用，一方面可以对材料进行改性处理以增加其抗收缩力，另一方面可以对细胞进行基因改造，但目前这方面的研究还很少。

第三节 组织工程发展趋势与未来前景

随着组织工程各个层面技术难题的逐渐解决，组织工程的内涵和外延也在不断拓展，传统组织工程的概念正在发生改变。总体上讲，现代组织工程研究仍处于初级阶段，目前仅仅是走通了应用组织工程技术修复临床简单组织缺损这条路，还有许多制约组织工程应用与发展的基本科学问题没有阐明。这些问题的解决，有助于加快组织工程的产业化进程，使组织工程具有更加广阔的临床应用前景。

一、组织工程概念的不断发展

近年来，组织工程正成为医学科学中欣欣向荣的新领域。过去人体组织只能通过从捐献者那里直接移植或利用由塑料、金属和计算机芯片制造的完全人工部件进行替换，许多人认为由活细胞与自然或人工聚合物融合创造的完整生物人工器官永远不能制造出来，人类移植器官的短缺问题只能通过动物器官解决，但现在世界各地实验室进行的创新性和富于想象力的工作表明，制造生物混合器官是完全可行的，并已形成了产业。

据统计，1995～2002 年，组织工程领域累计投入 45 亿美元，产业综合规模年扩增率为 11%。到 2002 年底，16 个国家从事组织工程产业的公司有 89 家、人数达 2611 人。组织工程产品分为 4 类：细胞类（如干细胞/治疗性克隆、微囊化细胞治疗）；代谢类（如生物人工肝、生物人工肾、生物人工胰腺）；结构类（如皮肤、血管、骨骼肌）；其他类型。细胞类公司发展最为迅速，几乎占组织工程产业公司总数的 50%。到 2002 年，美国 FDA 批准上市的产品中有 5 个组织工程皮肤（Apligraft、Dermagraft、Or-Cel、Transcyte 及 Integra）和 1 个组织工程软骨（Carticle），并形成约 5000 万美元产值。随后欧盟、中国等也批准类似的组织工程皮肤和软骨产品上市。但从 2003 年以来，各国组织工程研究未出现突破，FDA 也再未批准任何组织工程医疗产品，组织工程研究和产业化从初始的狂热转入低潮。

2007 年，美国在调研基础上，推出了《推动组织科学与工程：多机构参与的战略计划》。根据这份战略计划，造成 2002 年以后组织工程研究和产业化降温的主要原因是一些基本问题尚未解决，发展遇到了瓶颈，例如，细胞在工程化基质中如何实现功能、干细胞来源的产业化等。

针对这些问题，美国在 2007 年确定了 8 个今后优先发展的方向。①理解细胞机器。在分子水平上理解物理、化学和生物学环境如何指导细胞组装，并维持复杂群体和功能化三维组织。②辨别并验证生物标记物及分析方法。鉴别在组织工程构建物中的细胞特异表达的生物标记物，评价其生理状态和（或）情况，如它们的分化状态。开发高性能、高容量的分析方法，收集多参数数据，并使这些数据结果与生物学显著结果具有相关性。③先进的成像技术。开发高清晰度、非侵入式成像技术，对工程化组织进行实时体内和体外功能评价。④阐述细胞/环境的相互作用。从本质上和定量上理解细胞如何在生理环境下对分子信号产生应答，并将多个信息整合后产生一个假定的应答，从而提出新材料的设计原则。在体内或体外条件下测试新基质的生物相容性和宿主整合性。⑤建立计算机模型系统。建立预测（生理、生物、力学）计算机模型，可用于重复构建工程化组织。这些工具将推动从机体水平分析理解细胞组织和器官。⑥组装和维持复杂组织。设计新颖的工具和生物反应器，精确控制干细胞和始祖细胞的快速增殖及化学和力学环境，实现组织的三维生长和功能。⑦改进组织的保存和储藏。优化可以长期、低成本并确保细胞、组织可恢复活力和功能的保存方法。开发更好的储存、运输、包装技术。⑧促进实际应用和商品化。推动满足 GMP 标准要求的高效生产并规模化，满足广泛范围内的应用。

按最初设想，工程化组织是用于修复病损组织和器官，并重建其功能。但目前美国认为在深入研究的基础上，组织工程的应用应更广泛。于是，在组织工程概念基础上进一步提出了组织科学与工程的概念。

组织科学与工程的定义为：利用物理、化学、生物和工程学方法控制和调控细胞的聚集行为。组织科学与工程还包括了组织工程非医疗方面的应用。例如，基于组织的生物传感器可检测生物和（或）化学危险物、组织工厂用于工业化规模生产高质量蛋白质等。组织工程产品的应用还涉及医学非治疗方面的应用，包括作为药物开发、毒物筛选、药理基因组学研究的动物模型等。

组织科学与工程包含 4 个总体目标。①理解和控制细胞应答。理解细胞在构建并维持组织过程中如何从微环境中获取信号并做出响应。②阐述生物材料的支架功能和组织基质环境。支持细胞并维持组织形状的支架，同时也是决定细胞命运的重要信号来源库，从生物学角度深入理解该问题，将促进更有效的组织设计和工程化。③开发促成工具。评估组织和组织细胞状态需要复杂的多参数信息，高通量分析方法及仪器、成像模式、制作工艺、计算模型、生物信息学等方面的进步将提供这方面的信息。组织保存和生物反应器技术将加速组织的生产。④推动大规模生产、转化和商业化。仅仅展现工程化组织的美好前景是远远不够的，要真正实现组织工程科学的优势需要庞大的生产力、组织产品耐用性及用户友好性，从而推动产品的商业化。

随着组织科学与工程的发展，将来还将诞生器官科学与工程。

二、组织工程发展趋势

（一）种 子 细 胞

1. 现有种子细胞的缺陷

种子细胞的来源、数量和质量目前依然是困扰组织工程发展的重要因素。组织工程的种子细胞可以来自自体、同种异体或异种组织，也可以来自胚胎干细胞、成体干细胞、细胞系或转基因细胞系。自体来源的细胞由于具有体内移植后不引起免疫排斥反应的优势而广泛受到研究人员青睐，是目前研究最多的组织工程种子细胞。然而，自体细胞作为种子细胞来源存在明显的局限性，例如，自体组织因取材小而难以达到应有的细胞数量；在体外难以大量培养扩增并存在去分化现象；当自体细胞经过长时间体外培养再移植到体内后，仍有可能发生免疫排斥现象等。在自体细胞数量不足的情况下，同种异体的体细胞也是种子细胞来源的选择之一，但仍面临着来源不足及配型的问题。另一种种子细胞是来源于动物的异种细胞。由于人体许多组织都缺乏自身细胞供应，在这种情况下异种细胞也可能作为种子细胞来源。美国马塞诸塞州 Diacrin 公司开展了相关研究，希望获得异种“万能供体”细胞系，即通过去除或掩盖细胞表面识别“异体”细胞的蛋白质，以克服免疫排斥反应问题。但异种细胞进行体内移植也存在明显的限制，如容易引起动物源病原体向人体的传播、免疫排斥等。所以自体细胞和同种异体、异种细胞作为种子细胞来源都存在许多难以克服的限制性因素。近年来，科研人员开始将注意力转移到干细胞研究领域。

干细胞作为种子细胞的主要来源已经得到普遍认可。目前组织工程的干细胞来源主要有骨髓、各种成体组织（如脂肪、肌肉、皮肤）、妊娠组织（如脐带、卵黄囊、羊水）、着床前早期囊胚内细胞团（胚胎干细胞）、胎儿性腺（相当于胚胎干细胞功能的胚胎生殖细胞）、能逆转已分化细胞成为具有干细胞特征的多能细胞提取物（如受精卵、未受精的卵母细胞或其他干细胞）、将经过重新编码的基因转入人皮肤细胞使其具有类似胚胎干细胞功能等。但干细胞作为种子细胞也不是没有缺陷，如胚胎干细胞体外培养时存在致瘤倾向及伦理争议等。因此，不同来源的种子细胞各有千秋，临床应用时应根据患者具体情况进行选择。

2. 种子细胞今后的发展趋势

鉴于目前组织工程种子细胞存在的不足，今后发展应包括以下几个方面。

（1）利用微创外科技术获取自体干细胞作为种子细胞

可由穿刺法获取骨髓间充质干细胞，通过定向诱导分化为所需要的功能细胞，用于构建组织工程产品，或直接用骨髓间充质干细胞治疗疾病。微创技术切取自体组织，分离培养细胞，再回植入受体修复组织缺损也是一个发展方向。这方面最成功的例子是美国 FDA 批准的通过关节镜技术切取少量非负重部位的关节软骨，由细胞公司培养扩增到需要的数量，再通过关节镜回植于有病变的关节软骨缺损区，以取得较好的临床治疗效果。用类似的技术可以分离培养成骨细胞、成肌细胞等用于治疗骨折不愈合及防止肌萎缩，达到个体化治疗的目的。

(2) 建立免疫原性小并具有多种分化潜能的同种异体组织工程种子细胞库

适合临床应用的种子细胞需要达到产业化要求，有必要建立标准化的种子细胞系，使研究工作有更好的可比性和科学性。自体细胞具有很多优点，但不能用于急症患者，也不能适应群体化治疗的需要。同种异体的间充质干细胞（如人骨髓间充质干细胞、人羊膜间充质干细胞、人脐血间充质干细胞等）由于免疫原性小、不易被宿主免疫系统识别而具有自体细胞移植的优点，且间充质干细胞具有多种分化潜能（表 10.9）。为方便用于临床应用，可以建立标准化的间充质干细胞库，作为种子细胞的稳定来源。目前，采用同种异体来源种子细胞的组织工程，已有少数组织细胞有望获得成功，如软骨组织的组织工程培养等。

表 10.9 骨髓间充质干细胞体外分化诱导条件

分化形成的细胞类型	诱导因素
脂肪细胞	地塞米松，胰岛素，1-甲基-3-异丁基黄嘌呤，indomethacin
软骨细胞	TGFβ1，2，3＋抗坏血酸
成骨细胞	地塞米松＋抗坏血酸＋s-磷酸甘油
腱	BMP-12
骨骼肌细胞	5-氮胞苷
平滑肌细胞	PDGF-BB
心肌细胞	bFGF
星形胶质细胞	二甲基亚砜＋地塞米松
少突角质细胞	PDGF＋EGF＋亚油酸
肝细胞	地塞米松＋HGF＋bFGF
神经元	β-巯基乙醇或二甲基亚砜/丁羟茴香醚

(3) 安全有效的种子细胞培养扩增技术

模拟体内细胞生长环境，利用微载体、灌流培养（Sailon et al.，2009）等技术，在生物反应器内大量培养扩增种子细胞，以建立种子细胞高效高质量扩增的有效方法。利用各种高科技手段，增加细胞的增殖能力，延长细胞的生命期，提高细胞的分泌能力，并建立确保细胞质量的有效检测技术。

(4) 通过延长细胞端粒长度等手段解决种子细胞长期体外培养时的老化问题

每一种组织细胞都有其特定的生命期，随着有丝分裂的进行，细胞会出现老化，并逐渐凋亡。从组织工程产业化考虑，需要用同一个来源的细胞构建大批量组织工程产品，达到产业化，这就需要研究延长细胞生命期及连续传代的技术。正常细胞的生命期是由细胞的端粒长度决定的，如果能延长细胞端粒长度，就有可能逆转细胞老化及凋亡。端粒酶被认为是一种能延长端粒长度的核酸蛋白酶，由蛋白质和 RNA 组成。可以其自身的内源性 RNA 为模板，发挥 RNA 指导 DNA 合成的作用。向端粒末端添加 $(TTAGGG)_n$ 序列，使端粒延长，就能延长细胞寿命，这一技术已经在成纤维细胞、成骨细胞、软骨细胞、成肌细胞中获得成功，这可能是同种异体细胞移植或进行组织工程化构建的一条可行途径。但细胞端粒长度也不能无限延长，应研究一种安全有效的调控机制，防止肿瘤化倾向，才能保证临床应用的安全性。另外，添加生长因子也可以调节和延缓细胞衰老，这也是在组织重建时要应用生长因子的一个原因。

（5）利用各种组学技术检测评价种子细胞及工程化组织质量

细胞对各种化学信号、细胞与基质黏附产生的物理应力的综合应答，以及细胞对内外环境空间/时间改变的综合应答决定细胞的表型和功能，因此要在分子水平上研究物理、化学和生物学环境如何调控细胞组装成三维组织，并维持复杂群体发挥功能。确定能对工程化组织的细胞进行定性评价的生物标记物，用于评估细胞的生理状态（包括分化状态）、干细胞定性和研究细胞发展成功能组织的细胞内指导机制。利用基因组学、蛋白质组学、代谢组学的方法测定细胞或组织的功能状态，确定分子标签和组织功能之间的相关性。

（6）干细胞工程技术的应用

干细胞工程是通过对间充质干细胞、胚胎干细胞、血管-造血干细胞、神经干细胞和皮肤、肌肉等前体细胞，进行体外分离纯化、定向诱导分化、转基因及核移植、大量扩增和整合构建，在体外制造人骨、软骨、肌肉、肌腱、瓣膜、脂肪、真皮、基质、神经、血管、皮肤、角膜，以及造血和免疫等组织。它作为现代组织工程的“上游”技术，对未来的组织器官修复和替代具有极其重要的作用和深远的影响。基于干细胞技术的现代组织工程，在组织器官的细胞来源、细胞扩增与定向诱导分化、重构组织器官的种类、重构效率、重构组织器官的植入等方面，与传统的组织工程相比均有着明显的不同和优势。

（7）其他

优选不同组织来源的同一功能的最佳种子细胞、同种异体与异种移植的免疫学、细胞与人工细胞外基质的相互作用及影响因素等，也是今后组织工程种子细胞的研究方向。

（二）支 架 材 料

1. 现有支架材料的缺陷

支架材料作为人工细胞外基质是组织工程研究的重要内容，它在体内组织再生过程中发挥的作用包括：在结构上加强缺损部位的强度；阻碍周围组织长入；作为体外接种的细胞在体内扩增和增殖的支架；利用与细胞整合素及受体的相互作用，作为一种可能的细胞功能调节因子；作为细胞、生长因子和基因的生物载体。由于人体结构的复杂性，目前尚不能确定哪一种材料是构建组织工程产品的最佳材料。

随着组织工程研究的深入，支架材料的选择已由过去的就易取材转变为现在的选择取材，即根据特定应用所需要的性能来选择支架材料。早期组织工程使用的合成聚合物材料虽具有生物相容性、生物降解性，具有适宜的强度、弹性、韧性和多孔性，但这些材料对细胞无益处。例如，很多研究者都采用 PLA、PGA、聚己内酯及其衍生物作为支架材料，主要是因为这些材料已被证明是安全的，它们的降解产物是普遍的代谢产物（乙醇酸或乳酸），并且已得到美国 FDA 的批准可用于体内植入，但这些材料与细胞不相容，仍需大力开发具有更好力学、化学、生物学性能及本体和表面性能的新材料。在 20 多年中，已对合成高分子材料、钙磷类无机材料、高分子与无机材料的复合材料、生物源材料及生物源材料与其他材料的复合材料等进行了大量研究，大多数在实验研究中都证明有良好生物相容性、适宜组织构建的理化性质和降解速率，但均未达到体内降解速率与新组织形成速率一致。有学者提出了一个具有参考价值的公式：$t_b/t_h=1$。式中，t_b 代表材料降解速率，t_h 代表新组织形成速率，其比值如果等于 1，则是理想的组织工程支架材料，若小于 1，表明材料降解太快，新组织尚未形成，达不到修复目的；若大于 1，表明材料降解太慢，阻碍新组织形成。虽已对组织工程支架材料进行了十分广泛的研究，但均没有一种材料能完全做到在材料降解的同时，发生同步化组织再生，这将是组织工程研究中需要突破的重要技术瓶颈之一。

2. 支架材料今后的发展趋势

今后，组织工程支架材料的发展趋势包括以下几个方面。

（1）支架材料的降解吸收速率与组织或器官的再生速率相适应

降解吸收速率既不能太快也不能太慢。如果降解吸收速率太快，会起不到支架的作用，降解吸收速率太慢，组织或器官成熟后仍残留在体内，会诱发机体炎症反应。所以，需要通过专门的材料配比与设计来控制材料的降解吸收速率，使之与组织或器官的再生速率相适应。

（2）表面修饰与多孔性

当前有些支架材料与细胞间的亲和力及抗凝血能力差，其最大不足是聚合物基质表面没有细胞识别位点，需要对生物材料进行表面修饰，如用胎牛血清白蛋白修饰（Danielsson et al.，2006）。为了进一步促进组织生长，用生物材料做成的支架应具有足够的表面积以供一定量的细胞贴附，解决这一问题的途径一般是应用多孔的支架材料。例如，在泡沫材料中，其孔径尺寸应适度，以利于细胞向孔内部生长，并且应保证孔之间的相互联合，以利于深层细胞与结构间的营养供应及废物排泄。在细胞外基质研究中，由于细胞是直接与生物支架接触，生物材料支架表面因其理化性质不同将影响细胞吸附、增殖、分化等一系列功能。对材料表面进行修饰分子生物学设计，将与细胞功能有关的物质（如酶、细胞因子、黏附蛋白等）固定在材料表面，促进细胞的定向分化、增殖和细胞间的信号传递，以及细胞外基质的合成与组装，从而启动机体的再生系统。多孔材料支架有利于细胞渗透生长、细胞外基质分泌、血管生成和组织再生（Gong et al.，2007）。

（3）支架材料的生物活性化和智能化

通过分子设计，制备合乎人体细胞外基质需要的、能对生理环境变化产生响应的、可在分子水平上激活基因诱导细胞组织分化，从而实现器官修复和组织重建的新一代支架材料（Mieszawska and Kaplan，2010；Hench and Polak，2002）。

(4) 支架材料内部的几何特性

为了出现理想的细胞分化，就必须存在具有促进细胞-基质和细胞-细胞间几何结构形成的物理特性的基质。从基质传导来的机械力的几何分布影响细胞的形状，甚至决定细胞是死还是活。所以，今后生物材料内部的几何特性将会受到越来越多的重视。

(5) 制备精细结构的多孔支架

结构精细的多孔支架材料可以保证细胞在大支架内部能够正常迁移、生长和增殖，最终获得功能正常的组织（van Lenth et al.，2007）。

(6) 仿生纳米材料支架

利用纳米技术构建与人类天然组织相类似微环境的仿生纳米材料，研制适合细胞生长的纳米级三维聚合体支架，并对其表面进行修饰，使其具有黏附、识别、引导、诱导等作用，再生与人体组织器官相似的组织工程化替代组织（Xu et al.，2010；Beachley and Wen，2010；Wei and Ma，2008；Ma，2008）。纳米技术是指在1～100 nm尺度范围内对物质材料进行研究和应用原子、分子结构特征及其相互作用的高新科学技术。纳米材料最大的特点就是比表面积大，导致其表面能和活性的增大，具有独特的小尺寸效应和表面或界面效应等，表现出许多优异性能和全新功能。它可以制成组织工程支架，以及伤口包覆材料、功能性隔膜、人造导管等生物医用制品。纳米支架材料具有较高的表面与体积比，它可以大大增加细胞的黏附和生物相容性，从而可以增加细胞的迁移、增殖及分化功能，利用纳米材料的生物医学特性，促进干细胞分化和组织器官的三维再生。

(7) 携带生物信息的材料

生物材料表面携带大量生物信息（如特殊氨基酸序列），有利于细胞的贴附、生长、增殖和分化（Rossello and H，2010）。

(8) 具有生物电传导能力的聚合物支架材料

研制具有生物电传导能力的聚合物支架材料，这将有益于神经组织的生物工程化，包被生长因子、血管生成趋化因子将有利于组织的增殖、分化。这些快速成形的聚合物在可注射生物人工产品中是有用的，这些产品包括可用来填充断骨的产品。

(9) 制造可生物降解且不会诱导瘢痕组织形成的新支架材料

这种新支架材料是组织工程的一个新兴领域，提出了许多挑战。目前用于组织工程支架的材料主要包括合成材料和天然材料。合成材料的主要优点是强度、降解速率、微结构和渗透性均可在生产过程中进行控制，天然材料的主要优点是生物相容性好、更易于细胞附着。可以综合两类材料的主要优点来设计具有特别需要的特性的新一代材料。例如，制造具有模拟特定组织天然细胞外基质生物活性区域的可生物降解聚合物，其中包含RGD，即细胞外基质蛋白质纤维连接素的一部分。RGD是用构成它的三种氨基酸，即精氨酸（R）、甘氨酸（G）和天冬酰胺（D）的单字母缩写命名的。许多类型的细胞通常都通过附着到RGD而附着到纤维连接素上，包含RGD的聚合物能够为生长细胞提供更自然的环境，有助于减少瘢痕形成。

（三）组织工程反应器

1. 现有组织工程反应器的缺陷

生物反应器是安装了将营养物、气体（如 O_2、CO_2）和代谢废物控制在适当水平的搅拌器和传感器的培养室，可在体外大量培养细胞，生产细胞产品或用于细胞本身扩增。现有生物反应器培养产生的细胞数量往往太少，或者产生的组织片常常比需要的薄。即使能够培育出足够厚的软骨片，一旦软骨生长超过了一定厚度，中心的软骨细胞就会因离生长载体过远而吸收不到营养物和气体，无法对生长调节的化学和物理信号做出反应，或者不能排去废物。

因此，现有的极少量组织工程反应器还不成熟，处于初级阶段，需要模拟人体组织器官的形态、结构和生理功能及组织器官再生机制，设计制作专门的组织工程反应器。当然，由于人体组织器官的结构较复杂、形态差别较大，组织工程反应器远比普通生物反应器难设计，也很难用一种组织工程反应器培养所有类型的组织或器官。

2. 组织工程反应器的发展趋势

根据组织工程实践，今后组织工程反应器的设计发展趋势如下所述。

（1）模拟组织器官在人体内的生物力学微环境

反应器的培养室需要模拟组织器官所处生理条件下的生物力学微环境（Freytes et al.，2009），培养细胞在三维立体空间中生长、分化，以使再生的组织器官具有较好的生理功能。麻省理工学院 Freed 等（2006）在生物反应器中利用三维聚合物载体培养软骨细胞。该载体相对疏松的结构和生物反应器的搅拌作用确保所有细胞均匀地附着于载体材料并得到营养物质的滋润。随着组织在生物反应器中生长，使其机械特性达到最佳将是极为关键的问题，因为许多组织在受到扩展、拉动或压缩作用时会做出反应，进行重构或改变它们的总体结构。例如，当组织工程软骨在把正在发育的组织暴露在流体作用力不断变动的转动器皿中进行培养时，它就会变得更大，从而包含更多的形成细胞外基质的胶原和其他蛋白质基质。基质是类似蜘蛛网的网状结构，作用是支撑细胞生长和构成组织。以这种方式培育的软骨，由于包含了细胞外基质蛋白质，从而使其更稳固，更持久，对外力更易做出生理反应。同样，加州大学圣迭戈分校的 Frangos（2002）也揭示，在生物反应器中受到搅拌作用的珠状胶原载体上培育的成骨细胞比在平坦静止的盘中培育的成骨细胞形成更多的骨无机物。杜克大学的 Niklason 等（2001）证实，如果让组织工程小动脉的培养基产生脉动（类似于搏动心脏所产生的血压），那么这些由血管内皮细胞和平滑骨细胞构成的管状组织工程小动脉就能展现更接近于自然管的机械特性。

（2）应有检测控制各种关键培养参数的相应配套设施

反应器应有相应的各种配套设备，如支架材料、精确控制的灌流培养装置和检测控制再生组织器官中某些关键性理化环境条件（温度、pH 等），营养物（如葡萄糖、谷氨酰胺、O_2 等）浓度及代谢废物（如乳酸、NH_4^+ 等）含量等的传感器（Wang et al.，

2005)。支架材料是细胞载体，可提供组织器官再生的细胞外基质环境。灌流培养装置可以保证培养的组织器官及时获得需要的营养物质及排除代谢废物，使组织细胞始终处于良好的增殖分化状态。各种传感器可以保证细胞始终处于适宜的生长发育条件。

(3) 工程化组织器官的实时功能评价

开发高清晰度的非侵入成像技术，用来实时检测三维培养的工程化组织器官体内和体外的生理功能。

(4) 预留血管神经发育的空间

反应器及其中接种了细胞的支架材料，应预留有血管、神经自然发育的空间，以利于形成有功能的复杂的组织或器官。

(5) 健康动物机体反应器的开发

对于某些组织器官的再生，也可以借助健康大型动物的身体作为反应器，也就是利用原位组织工程技术，其优势是无需对培养环境进行精细的控制，可以降低成本。

(四) 复杂器官的构建

从组织器官构建方式讲，组织工程可分为组织替代工程（tissue substitutite engineering）和组织再生工程（tissue regenerative engineering）。

组织替代工程是由异体或异种细胞与免疫隔离膜一起来构建一种功能性组织器官，用以替代患者受损或缺失的组织器官。这种组织器官的构建体是由“生物体”和“非生物体”结合而成，称为杂合性人工器官（hybrid artificial organ）或生物性人工器官(biological artificial organ)。目前杂合性的胰脏和肝脏已经接近开发成功，有望不久实现产业化（Nichols et al.，2009；Sharma et al.，2010)。虽然组织替代是具有现实意义的人体组织工程，但它与纯天然的人体器官还有差距，无法完美地实现真正人体器官的生理功能。组织再生工程多由自体细胞借助可降解性生物材料支架（人工细胞外基质）及生长因子经分裂、增殖、分化以重新构建患者自己的组织。这一技术领域是当今人体组织工程发展的主流，发展也很快。例如，组织工程皮肤、组织工程软骨等已在临床上应用。但是，这些产品绝大部分是比较简单的人体组织，复杂的人体组织或器官（如气管、胃肠等，具有不止一种组织类型）重建成功的报道还非常少。

早在30多年前，英国医学家威尔逊就预言：人类将在自己身上安装各种人造器官。所谓人造器官，就是指用来替代人体某一器官功能的人工装置。自20世纪80年代以来，由于新材料、化学工程、电子技术及自动控制技术的发展和进步，人造器官犹如雨后春笋。目前，除了脑、肠之外，几乎所有的人体器官都可用人造器官来替代。威尔逊的预言将逐步成为现实，未来的人体器官将像汽车零件一样可以进行更换。人体中的大部分“零件”都有备件，可供随时更换，但是这种机械电子式的人工器官常常失灵，导致患者丧命。

利用组织工程技术再生的组织或器官则安全有效的多，它将最终逐渐取代机械电子的人工器官。借鉴组织替代工程方法，运用组织再生工程的原理和技术使结构和功能极其复杂的胰脏、肝脏、脑组织得以再生和重建，还需要相当长的时间，然而这是今后组织工程发展的方向。

将来，随着复杂器官构建的成功，会诞生一门新兴学科——器官工程学，它以现有组织工程学为基础，是更高级的学科。

（五）工程化组织器官的植入

工程化组织器官植入患者体内后，早期只能从组织液中获取营养。有学者曾提出一个公式：$S=RL^2/DCo$（式中，R 为细胞代谢率，Co 为营养物浓度，D 为营养液扩散速率，L 为营养物质扩散到达细胞的距离）。如果渗出液中营养物质浓度、扩散速率及细胞代谢率不变，营养物质扩散的距离就成为细胞的生命线（S）。为使细胞获得更好的营养，必须使植入体紧密接触受体部位，理论上其距离应在 100 μm 之内。这就提示：大块的组织工程植入物有一部分细胞可能会死亡。任何促血管生长的方法都需要 5～7 d 以上时间才能使植入细胞获得血液供应，在这段时间内，如果细胞能从组织液或添加外源性营养物质中获得足够营养，再加上支架材料的适时降解，依靠细胞的增殖、分化，仍能获得良好的组织修复与再生。为了解决这一问题，今后需要改进组织器官再生的工艺条件。比如，开发新型的三维立体细胞培养技术，或在体外培养时降低细胞的营养条件（如氧耗量等），使其植入后能够耐受相对长时间的低营养状态而继续保持正常的增殖、分化能力。

（六）多学科交叉融合发展

组织工程产品的构建涉及种子细胞、生物材料支架、生长因子、产品的工程化设计、生物反应器及其控制，体内植入又涉及免疫、新陈代谢、血液供应、神经支配、功能调节、生长发育及老化等问题，这些问题很难由一个学科、一个研究单位完成，需要材料学、细胞生物学、分子生物学、免疫学、组织胚胎学、发育生物学、临床医学（外科学）、生物力学、工程学、信息科学、计算机科学等学科的有机结合，共同攻关才能解决。在这一过程中，必然有知识的交融，极其容易产生新思想，这就为学科发展提供了一种新的机会。组织工程学就是在这种背景下诞生的一门新兴边缘学科，它是众多学科交叉融合发展的产物。组织工程学的研究可以带动一个国家多种相关交叉学科甚至生命科学的整体进步，并促进相关高技术领域的交叉、渗透和发展，演化或派生出新的高技术产业，与此同时，组织工程学的研究与发展又需要吸收相关学科的最新设备及研究成果，需要不同领域的科学家共同合作。实际上，多学科的交叉与融合已成为组织工程发展的重要趋势。

（七）组织器官的个性化设计与制造

随着计算机在现代医学及口腔医学中的不断发展，三维激光扫描测量技术结合 CAD/CAM（计算机辅助设计/计算机辅助制造）为临床快捷而逼真地制作义耳提供了可能，而这正是真正意义上的个性化组织器官设计与制造。

如何在非接触条件下精确地采集组织器官的三维数据，一直是人们期待解决的问题。激光三维扫描仪较好地解决了这一问题，它是目前国际上较先进的获取软组织数据技术之一。非接触三维测量技术是研究物体特别是软组织表面形态的基础，其主要根据激光三角测距原理。在三维扫描仪中设计了一个装配有激光二极管和线阵列光电耦合组件（CCD）的旋转框，该旋转框在沿头颅做圆周运动的同时可沿长轴做精细的轴向运动，准确地采集出颜面部各点的三维信息，并通过计算机进行数据转换，三维重建和测量分析。经过运算，计算机可以显示出能任意方向旋转、逼真的颜面立体形体图、颜面等高线图、颜面部横剖面和纵剖面图、两侧轮廓的重叠图及颌面表面形态高程图。目前，这种技术已应用于颜面部的测量。在激光扫描用于头面部测量时，使用一种低能量系统（小于 0.000 08 W），照射时间少于 0.2 s，对视力无影响。三维激光测量术是目前国际上最先进的软组织测量技术，它具有精度高、抗干扰能力强、立体重构快捷、逼真、适用范围广、对人体无害等优点，是今后颌面部软组织测量方法的主要发展方向。

这种方法是真正意义上的软组织三维重建，可以把患者面部皮肤质地显示于重建的三维立体模型之中，极为逼真，且模型可以在计算机中旋转和放大，并且可以进行三维测量。Aung 等（2000）将激光扫描测量手段与直接测量面部解剖标志的精确度相比较，认为激光扫描能简单快速地获得图像，并立刻显现出来，在测量上精确可靠，尤其是在鼻部和口周区，是一种非常有价值的测量方法。Coward 等（2002）在激光扫描的图形上对耳廓和面部定了 21 个点，这些点的确定使立体测量耳廓及其在面部的位置成为可能。

微型模块技术也将会成为组织构建中的一种有效方法。近年来体外组织构建领域最重要的进展就是促进细胞微型化技术方面的发展。这些被用于半导体工业以生产计算机芯片的技术，可以精确地将细胞定位于某表面的特定位置。这些方法目前仅限于二维平面，但已有人将这种方法应用组织工程学原理和技术方法对创伤或病损的组织、器官进行修复重建，是一种全新的研究和治疗思路，超越了以往组织与器官修复重建的思维模式和技术手段，为组织与器官的修复重建带来了一场理论和技术方法上的革命，具有广阔的临床应用前景。其发展有赖于细胞生物学、免疫学、分子生物学及材料科学的协作攻关。

三、组织工程前景展望

组织工程研究意义重大，人类既可以从细胞和分子水平认识生命本质，又可以从整体上优化生命质量，把握生命进程。组织工程研究，虽然仅有短短 20 多年的历史，但由于其重大的科学意义、巨大的临床应用前景、潜在的商业价值，使世界各国科学家、企业家、政府官员都非常重视，成为十分热门的研究课题，获得了一些国家政府的大力支持与资助。

美国对组织工程各个领域的研究全面而深入，是世界的领头羊，研发的组织工程产品无论种类还是数量都最多，临床应用也最多，主要包括皮肤、软骨、心血管、肌肉、骨、神经等产品。欧盟目前正在资助的与再生医学有关的组织工程课题有：用胚胎干细胞修复肝组织的临床前模型开发；生物活性玻璃治疗伤口感染的临床前模型开发；新重组蛋白，如胶原、纤连蛋白、乳铁传递蛋白的临床前开发；干细胞生长和维持，包括用于临床试验细胞的实际加工处理和特定类型细胞的大规模生产；各种来源的自体细胞治疗心脏缺血的临床试验；异源胰岛移植治疗糖尿病的临床试验。在组织工程领域，中国与美国还有一定差距，而与欧盟和日本的总体水平相当。中国的组织工程研究以组织构建和临床应用为特色，并且探讨了以诱导性生物材料为支架的原位组织工程（*in situ* tissue engineering）研究。日本和韩国在组织工程的各个领域进行了大量研究，取得了一些成果，总体居世界先进水平。

经过 20 多年的研究积累，组织工程的一些研究成果已趋于商品化，形成了价值 60 亿美元的产业，并以每年 25％的速度递增。组织工程化皮肤、软骨产品已经实现商品化，正式进入临床应用。培育的血管、肌腱、韧带、肌肉及神经组织正在进行体内实验。再造的肝脏、胰脏、乳房、心脏、手指、角膜等正在实验室里生长成形。临时的助肝装置正在进行临床实验，组织工程化骨产品即将面世。个别器官再造研究领域已经取得了明显进展，如气管、膀胱等已用于临床治疗。

近年来全球医疗器械企业发展很快，每年以 5％～8％的速度递增。中国医疗器械行业发展也不例外，发展速度基本保持在 12％～15％。随着医疗器械药业的快速发展，组织工程医疗产品和医用生物材料的研制取得很多重大突破。仅 2008 年中国生物医用材料全行业总产值就达 800 多亿元，和前年同期相比增长 15％，产值超过亿元的企业有四五十家。到 2002 年，美国 FDA 批准上市的产品有 5 个组织工程皮肤和一个组织工程软骨，随后欧盟也批准了类似的产品。中国从 1999 年开始，10 年间对干细胞和组织工程研究投入超过 5 亿元人民币，2007 年批准了“安体肤”组织工程皮肤上市。2007 年 4 月出版的《基因工程与生物技术信息》中，有篇文章是《再生医学进入实质性领域》。在文中，Nina Flanagan 根据美国健康和人类服务部“2020——新视角：再生医学的未来”，提出在未来 20 年内，再生医学市场潜力将超过 5000 亿美元。组织工程与干细胞是再生医学的核心研究内容。因而，市场潜力很大。

虽然总体而言，组织工程的开发研究还处于初级阶段。因为目前仅仅是走通了应用组织工程技术修复临床简单组织缺损这条路，还有许多制约组织工程应用与发展的基本科学问题没有阐明。除了要拓展种子细胞来源，加快组织特异性材料的开发，研制特定组织生物反应器，以及探索复杂器官的重建以外，还必须开展组织工程基础问题的研究。例如，工程化组织在体外或体内形成过程中的演变规律；这些演变规律与正常组织发育、再生及创伤修复等的异同；影响工程化组织形成与成熟过程的相关因素及作用机制等。这些问题涉及组织工程技术临床应用的有效性、稳定性和安全性，只有系统地阐明组织工程化组织形成、成熟及体内转归过程中的一系列重要问题的内在机制，才能真正实现组织工程的临床应用与产业化。但是，与传统的自体或异体组织、器官移植相比，组织工程克服了以创伤修复创伤、供体来源不足等缺陷，将从根本上解决组织、器官缺损的修复和功能重建等问题。

目前组织工程已成为生命科学最具挑战性的前沿领域，标志着复制再生组织与器官时代的来临。组织工程为再生医学的崛起开辟了崭新道路。从移植组织器官到制造组织器官，组织工程理论与传统的治疗观念相比，是一个质的飞跃，具有划时代意义。正如美国生物学家、诺贝尔奖获得者沃特·吉尔伯特（Walter Gilbert）所预言的："用不了50年，人类将能培育出人体所有的器官"。

未来，组织工程将具有良好的发展前景和广阔的市场空间。

（王佃亮 姜合作 王烈明）

参考文献

陈亮，奚廷斐，王春仁. 2009. 组织工程医疗产品免疫学评价研究. 组织工程与重建外科杂志，5（1）：56～60

奚廷斐，陈亮，赵鹏，等. 2003. 组织工程医疗产品监督管理与标准研究. 中国修复重建外科杂志，17（6）：480～487

奚廷斐，冯晓明. 2000. 组织工程医疗产品的安全性评价和标准化研究. 中国创伤骨科杂志，2（4）：280～283

Aung SC，Foo CL，Lee ST. 2000. Three dimensional laser scan assessment of the Oriental nose with a new classification of Oriental nasal types. Br J Plast Surg，53（2）：109～116

Beachley V，Wen X. 2010. Polymer nanofibrous structures：Fabrication，biofunctionalization，and cell interactions. Prog Polym Sci，35（7）：868～892

Ben-hur T，Idelson M，Khaner H，et al. 2004. Transplantation of human embryonic stem cell-derived neural progenitors improves behavioural deficit in parkinsonian rats. Stem Cells，22：1246～1255

Bongso A，Fong C Y，Gauthaman K. 2008. Taking stem cells to the clinic：major challenges. J Cell Biochem，105：1352～1360

Cao F，Lin S，Xiaoyan X，et al. 2006. *In vivo* visualization of embryonic stem cell survival，proliferation and migration after cardiac delivery. Circulation，113：1005～1014

Cao Y，Vacanti JP，Ma X，et al. 1994. Generation of neo-tendon using synthetic polymers seeded with tenocytes. Transplant Proc.，26（6）：3390～3392

Caunday O，Bensoussan D，Decot V，et al. 2009. Regulatory aspects of cellular therapy product in Europe：JACIE accreditation in a processing facility. Biomed Mater Eng，19（4～5）：373～379

Coward TJ，Scott BJ，Watson RM，Richards R. 2002. Identifying the position of an ear from a laser scan：the significance for planning rehabilitation. Int J Oral Maxillofac Surg，31（3）：244～251

Danielsson C，Ruault S，Simonet M et al. 2006. Polyesterurethane foam scaffold for smooth muscle cell tissue engineering. Biomaterials，(27)：1410～1415

Flanagan N. 2007. Regenerative medicine enters realm of reality. Genetic Engineering & Bio technology News，27（7）：1～52

Frangos JA. 2002. The mechanism of mechanosensing by bone. J Biomech，35（3）：387～389

Freed L E，Guilak F，Guo X E，et al. 2006. Advanced tools for tissue engineering：scaffolds，bioreactors，and signaling. Tissue Eng，12（12）：3285～3305

Freytes D O，Wan L Q，Vunjak-Novakovic G. 2009. Geometry and force control of cell function. J Cell Biochem，108（5）：1047～1058

Fujikawa T，Oh S H，Pi L，et al. 2005. Teratoma formation leads to failure of treatment for type 1 diabetes using embryonic stem cell-derived insulin-producing cells. Am J Pathol，166：1781～1791

Gallagher G，Forrest D L. 2007. Second solid cancers after allogeneic hematopoietic stem cell transplantation. Cancer，109（1）：84～92

Gong Y，Zhou Q，Gao C，et al. 2007. *In vitro* and *in vivo* degradability and cytocompatibility of poly（L-lactic acid) scaffold fabricated by a gelatin particle leaching method. Acta Biomaterialia, (3): 531～540

Hench L L, Polak J M. 2002. Third-generation biomedical materials. Science, 295: 1014～1017

Kaji K, Norrby K, Paca A, et al. 2009. Virus-free induction of pluripotency and subsequent excision of reprogramming factors. Nature, 458 (7239) : 771～775

Kuijer R, Jansen E J P, Pieter J. et al. 2007. Assessing infection risk in implanted tissue-engineered devices . Biomaterials, 28: 5148～5154

Ma P X. 2008. Biomimetic materials for tissue engineering. Advanced Drug Delivery Reviews, (60): 184～198

Mieszawska A J, Kaplan D L. 2010. Smart biomaterials-regulating cell behavior through signaling molecules. BMC Biol, 8: 59

Moroni L, de Wijna J R, van Blitterswijk C A. 2006. 3D fiber-deposited scaffolds for tissue engineering: Influence of pores geometry and architecture on dynamic mechanical properties. Biomaterials, 27 : 974～985

Nichols J E, Niles J A, Cortiella J. 2009. Design and development of tissue engineered lung: Progress and challenges. Organogenesis, 5 (2): 57～61

Niklason L E, Abbott W, Gao J, et al. 2001. Morphologic and mechanical characteristics of engineered bovine arteries. J Vasc Surg, 33 (3): 628～638

Richards M, Fong C Y, Chan W K, et al. 2002. Human feeders support prolonged undifferentiated growth of human inner cell masses and embryonic stem cells. Nat Biotech, 20: 933～936

Rossello R A, H D. 2010. Cell communication and tissue engineering. Commun Integr Biol, 3 (1): 53～56

Sailon A M, Allori A C, Davidson E H, et al. 2009. A novel flow-perfusion bioreactor supports 3D dynamic cell culture. J Biomed Biotechnol, 2009: 873816

Schuldiner M, Eiges R, Eden A, et al. 2001. Induced neuronal differentiation of human embryonic stem cells. Brain Res, 913: 201～205

Sharma R, Greenhough S, Medine C N, et al. 2010. Three-dimensional culture of human embryonic stem cell derived hepatic endoderm and its role in bioartificial liver construction. J Biomed Biotechnol, 2010: 236147

Spector M. 2001. Musculoskeletal connective tissue cells with muscle: expression of muscle actin in and contraction of fibroblasts, chondrocytes, and osteoblasts. Wound Repair Regen, 9 (1): 11～18

Takahashi K, Tanabe K, Ohnuki M, et al. 2007. Induction of pluripotent stem cells from adult human fibroblasts by defined factors. Cell, 131 (5): 861～872

Takahashi K, Yamanaka S. 2006. Induction of pluripotent stem cells from mouse embryonic and adult fibroblast cultures by defined factors. Cell, 126 (4): 663～676

van Lenthe G H, Hagenmüller H, Bohner M, et al. 2007. Nondestructive micro-computed tomography for biological imaging and quantification of scaffold-bone interaction *in vivo*. Biomaterials, (28): 2479～2490

Wang D L, Liu W S, Han B Q, et al. 2005. The Bioeactor: A powerful tool for large-scale culture of animal cells. Curr Pharm Biotechnol, 6 (5): 35～41

Wei G, Ma P X. 2008. Nanostructured biomaterials for regeneration. Adv Funct Mater, 18 (22): 3566～3582

Xu Q, Lu H, Zhang J, et al. 2010. Tissue engineering scaffold material of porous nanohydroxyapatite/polyamide 66. Int J Nanomedicine, 5: 331～335

Yang D, Zhang Z J, Oldenburg M, et al. 2008. Human embryonic stem cell-derived dopaminergic neurons reverse functional deficit in Parkinsonian rats. Stem Cells, 26: 55～63

附　录

一、支架材料的性能和测试方法

1. 对于组织工程医疗产品（tissue engineered medical product），需要明确规定测试支架材料的方法

支架的主要作用是支持和输送生物分子或活细胞直到完成组织工程医疗产品的功能。因此，本部分的目的是概述已知的基质和支架的安全性和功能性的测试方法。当组织工程医疗产品相关技术有进展时，需要发展新的和适宜的特定组织或器官构建物功能测试方法。

2. 本部分的目的在于给出一个框架去评价可能用作支架的材料，包括金属、陶瓷、聚合物和复合物等，包括可吸收和不可吸收的材料

关于这些生物医用材料本体和表面性能的评价，ISO、ASTM 等标准化组织已经发布了许多测试方法，所以本部分致力于囊括这些方法。但组织工程医疗产品可应用的材料数量如此之多，以至于没有一项通用准则去选择应进行的材料测试。本部分没有列出所有有关的支架安全要求，因此需要确立特定用途支架的安全要求。

3. 支架孔隙率的意义和表征

支架的孔隙结构将影响细胞和组织在支架内的生长。支架的通透性将影响细胞、细胞营养物和废物经支架的运输和分布。组织响应因素，如氧分压和微血管形成等，也将受植入支架的孔隙大小和孔隙相互连通程度的影响。与简单的切片技术相比，渗透技术能评价完整支架内孔隙连通的尺寸和程度。因而，渗透技术能表征支架孔隙的空间性质和相关的细胞组织穿透能力。

渗透技术中的流动和侵入是评价支架孔隙渗透特征的两种基本方法。流动测定，也就是孔隙测定，通常应用可完全经过孔隙结构的气体和（或）液体的流动来表征支架孔隙特性。然而，孔隙率测量，即液体侵入开放孔隙的测量，就不仅限于完全穿透的孔隙，对半通孔和通孔都进行了测量。因此，支架的特性有可能造成这两种测定方法的孔隙率数据明显不同，在结果中应注明孔隙率测定的试验方法。

但这两种测试方法数据的结合，可相当程度地了解影响植入物氧分压和微血管形成的半通孔的存在情况。

流动孔隙测定法只限于测量允许气体或液体通过的通孔。因为试验气体或液体必须完全通过，所以孔隙测量法描述了孔隙最窄连通处的特性，代表性的结果为平均孔径和孔径分布。由于孔隙测定法测量最狭窄处，因此这种方法不能提供包含孔隙最狭窄处两端孔隙的孔隙总体积的有关信息。而且孔隙测定法不能测量闭孔或半通孔的尺寸和空间

分布。孔隙测定法的结果确定了试样作为屏障对微粒的有效性。典型的孔隙测定法能测量 0.013～500 μm 的孔径，具体决定于设备的精度和材料的特性。孔隙测定法是非破坏性、无毒的试验方法。

侵入测试方法测量支架对外开放能被液体（典型液体为水银）渗透的孔隙。随着压力增加，液体侵入更多的小孔隙，从而可测量侵入液体的体积变化。这样的侵入不能区分半通孔和通孔，两者都被测量。而且，这种侵入模式限定测量仅通过小孔隙与外部相通的内部孔隙的体积。因为也测量了穿过孔隙的液体体积，所以这种测试方法能得到某一结构向外开放的孔隙总体积，及支架的孔隙表面积和表观密度/群积密度。侵入测试方法能测量 0.0035～500μm 的孔径，具体取决于设备的精度和材料的特性。

二、补充的基质性能和测试方法

1. 补充的基质性能和测试方法见附表 1。每种基质材料有独特的性质和特征，除附表 1 补充的测试方法外，可能还需要特殊的表征方法。

附表 1　补充的基质性能和测试方法

生物材料种类	性能和测试方法
陶瓷	ASTM F1538：2003 植入用玻璃和玻璃陶瓷生物材料规格
	ASTM F1873：1998 外科植入用高纯致密钇稳定四方氧化锆多晶规格
金属	ASTM F90：2001 外科植入物用锻造钴-20 铬-15 钨-10 镍合金规格
	ASTM F136：2002 外科植入物用锻造钛 6 铝-4 钒 ELI 合金规格
	ASTM F138：2003 外科植入物锻造 18 铬-14 镍-2.5 钼不锈钢棒和丝的规格（UNS S31673）
	ASTM F139：2003 外科植入物锻造 18 铬-14 镍-2.5 钼不锈钢棒和条的规格（UNS S31673）
	ASTM F562：2002 外科植入物用锻造钴-35 镍-20 铬-10 钼合金规格
	ASTM F713：2003 外科植入物用锻造钛-13 铌-13 锆合金规格
聚合物	ASTM F602：1998 可植入热固性环氧塑料标准
	ASTM F619：2003 医用塑料萃取规范
	ASTM F639：1998 医用聚乙烯塑料规格
	ASTM F648：2004 超高分子质量聚乙烯粉末和外科植入物规格
	ASTM F754：2000 可植入聚四氟乙烯片、管和棒状物的规格

三、补充的支架材料性能和测试

1. 补充的支架化学试验（附表 2）

附表 2　补充的美国药典（24）化学试验

试验号	试验描述	页数
(381)	注射弹性体封闭剂——物理化学测试程序	1867～1868
(736)	质谱——纯度或元素分析	1954～1958
(761)	核磁共振——纯度或成分分析（如共聚物）	1959～1965
(851)	分光光度法和光散射（分子质量）	1992～1997

2. 补充的支架物理试验（附表 3）

附表 3　补充的美国药典（24）物理试验

试验号	试验描述	页数
(616)	容积密度和摇实密度	1913～1914
(661)	容器——生物学测试（聚酯、聚乙烯和服用聚合物）	1930～1934
(699)	固体的密度	1940
(701)	分解	1941
(741)	融程或温度	1958～1959
(776)	光学显微镜	1965～1967
(786)	分析筛选测颗粒尺寸分布	1969～1970
(846)	特定表面积	1990～1992
(941)	X 射线衍射——结晶度	2005～2007
(1045)	生物技术衍生物品（也许对天然材料有用）	2011～2025
(1181)	扫描电镜（表面表征）	2125～2128

3. 补充的支架机械试验（附表 4）

附表 4　补充的美国药典（24）机械试验

试验号	试验描述	页数
(881)	抗张强度（纤维或膜）	1998～1999

4. 补充的生物学试验（附表 5）

附表 5　补充的美国药典（24）生物学试验

试验号	试验描述	页数
(87)	生物学活性体外试验，包括聚合材料可浸提物	1831～1832
(88)	生物学反应性——体内	1833～1836
(1045)	生物技术衍生生物品（可用于天然材料）	2011～2026
(1211)	物品灭菌和无菌保证	2143～2148

四、重金属含量检测

1. 原理

壳聚糖或壳聚糖盐经强酸消化后，铅离子与硫代乙酰胺作用显色。

2. 试液

乙酸盐缓冲液（pH 3.5）：取乙酸铵 25 g，加水 25 ml 溶解后，加 7 mol/L 盐酸溶液 38 ml，用 2 mol/L 盐酸溶液或 5 mol/L 氨溶液准确调节 pH 至 3.5（电位法指示）．用水稀释至 100 ml，即得。

硫代乙酰胺试液：取硫代乙酰胺 4 g，加水使溶解成 100 ml，至冰箱中保存。临用前取混合液（由 1 mol/L 氢氧化钠溶液 15 ml、水 5.0 ml 及甘油组成）5.0 ml，加上述硫代乙酰胺溶液 1.0 ml，置水浴锅中加热 20 s，冷却，立即使用。

标准铅溶液：称取硝酸铅 0.160 g 至 1000 ml 容量瓶中，加硝酸 5 ml 与水 50 ml 溶解后，用水稀释至刻度，摇匀，作为储备液。

临用前，精密量取储备液 10 ml，至 100 ml 容量瓶中，加水稀释至刻度，摇匀，即得（每 1 ml 相当于 10 μg 的 Pb）。

配制与储存用的玻璃容器均不得含铅。

3. 测定步骤

称取壳聚塘或壳聚糖盐 1.0 g 于一干燥、清洁的 100 ml 定氮瓶中，配制硫酸和硝酸的混合液（硫酸，8 ml；硝酸，10 ml），加入混合液几毫升直至完全浸湿样品，缓慢加热直至溶液开始反应，待反应变缓时将定氮瓶移离火源加入一定量的混合液，继续加热，重复上述操作几次，直至 18 ml 混合液全部加完为止。提高加热温度，煮沸至溶液变黑，冷却，加入 2 ml 硝酸继续加热直至溶液变黑，重复上述过程直至溶液不再变黑为止，然后再提高加热温度，浓缩样品，直至产生白烟，冷却，小心加入 5 ml 蒸馏水，逐渐加热煮沸浓缩样品，当产生白烟时继续加热至溶液减少到 2～3 ml。冷却，小心加入 5 ml 蒸馏水并观察溶液颜色。如果呈黄色，则小心加入 1 ml 浓过氧化氢溶液，继续加热浓缩至产生白烟且溶液体积减少至 2～3 ml。如果溶液仍呈黄色，重复加入 5 ml 蒸馏水和 1 ml 浓过氧化氢溶液，加热浓缩直至溶液呈无色。冷却，用蒸馏水稀释，并冲洗，将溶液转移至 50 ml 比色管中，注意溶液体积不能超过 25 ml。加入浓氨水，用小范围 pH 试纸调节溶液 pH 至 3.0～4.0（如果需要，可以使用稀释过的氨水进行 pH 微调），用蒸馏水将溶液稀释至 40 ml 并混匀。加入 pH 为 3.5 的缓冲液（乙酸盐缓冲液）2 ml和 1.2 ml 硫代乙酰胺试液，迅速混匀。用蒸馏水稀释至 50 ml，混匀。

取 1 ml 标准铅溶液（10 ppm）同时做同样处理。

4. 结果判定

将比色管置于白色背景中，2 min 后待测样品溶液如出现褐色，不应比对照溶液颜色更深。

五、蛋白质含量测定

1. 原理

考马斯亮蓝 G-250 具有两种色调，在游离状态下呈红色，与蛋白质结合后转为青色，其颜色深浅与蛋白质的浓度成正比。

2. 设备

分析天平，紫外分光光度计或相当设备，旋涡式混合器或相当设备。

3. 溶液制备

考马斯亮蓝 G-250 试液：称取考马斯亮蓝 G-250 100 mg 溶解于 50 ml 的 95%乙醇中，再加入 85%（m/V）的磷酸 100 ml。并用蒸馏水稀释至 1000 ml，置于棕色瓶内，室温储存。

蛋白质标准液：精确吸取 5%人血清白蛋白标准液 0.2 ml 于 1000 ml 容量瓶中，用蒸馏水稀释至刻度，4℃下储存。

实验所用试剂均为分析纯。

4. 样品准备

取壳聚糖 0.01 g，精确称重，置于试管中，加 1 g 蒸馏水后精确称重。充分振荡混匀，使其完全溶解。按下式计算样品管中壳聚糖含量（μg/g）。

$$p_1 = m_1/m_2$$

式中，m_1 为壳聚糖质量（去除水分后的质量），μg；m_2 为壳聚糖和蒸馏水的质量，g。

5. 测定步骤

第一，按附表 6 制备蛋白质标准液系列。

附表 6　制备蛋白质标准溶液系列

试管号	0	1	2	3	4	5
蛋白质标准溶液/ml	0	0.1	0.2	0.4	0.8	1.0
蒸馏水/ml	1.0	0.9	0.8	0.6	0.2	0
蛋白质浓度/ml	0	1	2	4	8	10

第二，在标准液系列的各试管及样品试管中分别加入 5 ml 的考马斯亮蓝 G-250 溶液。用漩涡式混合器使试管中溶液充分混合，并在室温（20±10)℃下放置 15 min。用 0 号管做对照，用分光光度计测定 595 nm 处各标准管和样品管的吸光度。

第三，用标准管绘制吸光度—浓度曲线，根据样品的吸光度从标准曲线上查得样品管的蛋白质含量。

6. 结果表示

按下式计算壳聚糖蛋白质含量 p_3（%）：$p_3 = p_2/p_1 \times 100\%$

式中，p_1 为样品管中壳聚糖含量，μg/g；p_2为样品管中蛋白质含量，μg/g。

六、乙醇残留量测定（气相色谱法）

1. 原理

采用顶空气相色谱法使要测定的乙醇与其他组分分开，用氢火焰离子化检测器检测，并将得到的乙醇色谱峰与外标物得到的色谱峰相比较。

2. 设备

配有氢火焰离子化检测器与毛细管柱系统的气相色谱仪，要求仪器对所测定的乙醇在最低检测浓度下产生的信号大于仪器噪声的 2 倍；色谱数据处理机；石英毛纸柱：SE-30 50 m×0.53 mm×3.0 μm 或相同分离效果的其他色谱柱；微量注射器；电热恒温干燥箱；无水乙醇：色谱纯（纯度＞99.5%）。

3. 乙醇标准溶液制备

取色谱纯无水乙醇适量置于容量瓶中，精密称定，用纯化水稀释至刻度，摇匀，制成每 1 ml 含 1 mg 的标准储备溶液。在 4℃下储存，有效期为 1 个月。临用前，取上述标准储备溶液稀释成 50～500 μg/ml 的系列标准溶液。

4. 样品制备

壳聚糖或壳聚糖盐分别用 1%乙酸溶液或蒸馏水溶解至 0.010 g/g。

5. 操作条件

柱温：50℃，保持 2 min，以 10℃/min 的速率升至 160℃，保持 5 min。汽化、检测室温度：180℃。

6. 步骤

取壳聚糖溶液 1 g，精密称量，置 10 ml 顶空瓶中，准确加入纯化水 1.0 ml，混合均匀。另精密量取乙醇标准溶液各 1.0 ml，置 10 ml 顶空瓶中，准确加入纯化水 1.0 ml，混合均匀。各瓶在 80℃的干燥箱中加热 30 min，用在同一温度下加热的注射器抽取顶空气体各 100 μl，在规定的色谱分析条件下，注入气相色谱仪，待乙醇色谱峰流出后，量取乙醇峰的面积值，作为外标的定量标准。

7. 结果计算

壳聚糖中乙醇的浓度 C_i 可按下式计算

$$C_i = \frac{M_i \times 10^{-6}}{m \times c} \times 100\%$$

式中：C_i 为壳聚糖中乙醇的浓度，以%表示；M_i 为标准曲线上查得的壳聚糖溶液中乙醇残留量，以微克表示。

七、壳聚糖资料

1. 概述

壳聚糖是一种由葡糖胺（GlcN）和 *N*-乙酰葡糖胺（GlcNAc）单元通过 β（1-4）方式连接而组成的线性聚合物。葡糖胶（GlcN）和 *N*-乙酰葡糖胺（GlcNAc）在聚合物链中随机分布。这种壳聚糖不溶于水，但能用酸（如乙酸、盐酸和有机酸）溶液溶解，在溶液中，壳聚糖盐将通过葡糖胺上的自由氮基基团的质子化作用而带有一个正电荷。与表面负电荷的反应率是壳聚糖上正电荷密度的直接作用。壳聚糖的阳离子特性赋予该种聚合物具有黏附的性质（附图 1）。

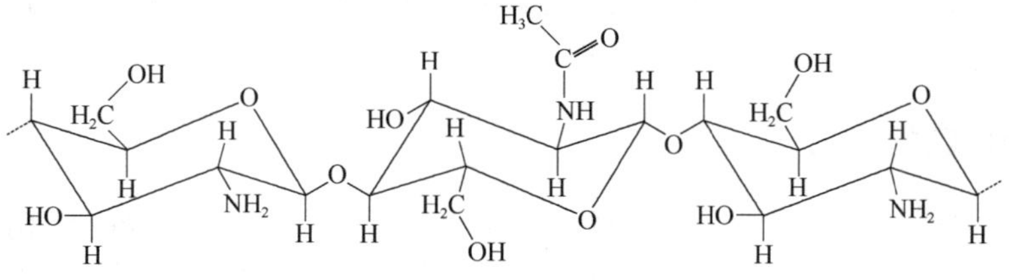

附图 1　壳聚糖化学结构式

2. 壳聚糖产品的原料

所有工业制造的壳聚糖都来自于从甲壳纲动物的甲壳中提取的聚合物，由于壳聚糖也可作为一种细胞外物质在一些酵母菌和霉菌中合成，故通过发酵也能得到这种聚合物。

3. 壳聚糖功能特性和应用

（1）功能特性

多数生物医学应用的壳聚糖的最重要的功能特性是其生物黏性。壳聚塘的黏性（增稠性）是一种分子质量的作用和壳聚糖分子在溶液中的构型。在溶液中与其他分子的相互作用和高浓度的壳聚糖对水的竞争作用将影响到壳聚糖溶液的流动性。凝胶化性质是一种脱乙酰作用。壳聚糖的凝胶化性能和增稠性都依赖于不同材料的加入次序。溶解性、膨胀性和成膜性是生物制品和药品应用中所利用的其他特性。壳聚糖的溶解性是与壳聚糖分子的解离作用率相关的。膜可以通过将壳聚糖溶解中的溶剂蒸发掉而轻易获得。壳聚糖分子质量需要高于某一最低限，以便获得成膜性和避免脆性。通过将壳聚糖溶液喷涂到一个黏性表面可以在原地很容易地获得膜。

（2）医学应用

壳聚糖及其制品可用于人。

八、海藻酸钠的结构组成和序列结构的 ^{1}H-核磁测试方法

1. 范围

本检测方法用于制备组织工程医疗产品及外科植入物的海藻酸钠。描述海藻酸钠的参数，包括 F_G（G 含量）、F_M（M 含量）、M/G、$N_{G>1}$（连续 G 单元的平均数量大于 1 的数值，即不包括-MGM-在内的 G 单元的平均长度）等。

2. 使用和有效性

采用[1] H-NMR 的方法进行测定时，海藻酸钠溶液的黏性有可能导致 NMR 谱线加宽，从而影响测定结果。因此在测定前，需要先通过条件温和的部分水解降低海藻酸钠样品溶液的黏性。把海藻酸钠溶解于 99% D_2O 中之后冻干，再将其溶解于 99.9% D_2O 再冻干，从而制备低 ^1H_2O 含量的样品。三乙烯四胺六乙酸（TTHA）被用作螯合剂以防止二价阳离子与海藻酸钠反应，这种反应可以导致谱线加宽及信号强度的选择性丢失。

3. 材料

（1）化学物质

海藻酸钠样品；去离子水；HCl 溶液（1 mol/L，0.1 mol/L）；NaOH 溶液（1 mol/L，0.1 mol/L）；D_2O（99%～99.9%，99.9%）；三乙烯四胺六乙酸（TTHA，D_2O 中 0.3 mol/L，DCl 或 NaOD 调 pH 至 5～5.5）。

（2）仪器

分析天平（0.1 mg）；振荡器；pH 计；水浴（100℃）；冻干装置；NMR 仪（推荐 300 MHz 区域强度或更高）。

4. 步骤

（1）样品制备

1）制备 100 ml 1 mg/ml 海藻酸钠水溶液。

2）HCl 溶液（1 mol/L，0.1 mol/L）调 pH 为 5.6，将其置于 100℃水浴中 1 h。

3）HCl 溶液（1 mol/L，0.1 mol/L）调 pH 为 3.8，将其置于 100℃水浴中 30 min。

4）NaOH 溶液（1 mol/L，0.1 mol/L）调 pH 为 7～8，冻干样品过夜。

5）在 99%～99.9% D_2O 5 ml 中溶解海藻酸钠样品，再次冻干。

6）在 99.9% D_2O 1 ml 中溶解海藻酸钠样品 10～12 mg。

7）在 NMR 样品管中加入 0.7 ml 海藻酸钠样品，再加入 20 μl，0.3 mol/L TTHA。

（2）技术参数

海藻 ^{1}H-NMR 参数

^{1}H-NMR 应在 80℃，20 Hz 的标准一维脉冲中获得。

原子核	^{1}H
质子谱带宽度（δ）	−0.5→9.5
扫描次数	64
弛豫时间	2 s
质子脉冲角度	90°

扫描时间　　　　　　　　　　　　4.096 s

取得样品数据点的数量取决于谱带宽度（Hz）和扫描时间；32 768（400 Hz 时）推荐使用数字式滤器，以及适合的数字信号处理器以获得良好的基线。

（3）计算

第一，^{1}H-NMR 数据由一系列方程式或影响因素进行计算。这些因素包括：①数据的最高平均数；②保证黏度（如 $F_M = F_{MM} + F_{MG}$）。在[1]H-NMR 中 A、B_1、B_2、B_3、B_4 和 C 这些信号的意义如下：

red-a：	alpha reducing-ends
A：	G
red-b：	beta reducing-ends
B_1：	$\mathrm{G\ \underline{G}M}$
B_2：	$\mathrm{M\ \underline{G}M}$
B_3：	$\mathrm{\underline{M}G}$
B_4：	$\mathrm{\underline{M}M}$
C：	$\mathrm{\underline{G}G}$

海藻酸钠的化学成分和序列结构取决于信号的强度，它反映了各个成分的量。

第二，相关公式如下

$$\mathrm{G} = 0.5[A + C + 0.5(B_1 + B_2 + B_3)] \tag{1}$$

$$\mathrm{M} = B_4 + 0.5(B_1 + B_2 + B_3) \tag{2}$$

$$\mathrm{GG} = 0.5[A + C - 0.5(B_1 + B_2 + B_3)] \tag{3}$$

$$\mathrm{MG} = \mathrm{GM} = 0.5(B_1 + B_2 + B_3) \tag{4}$$

$$\mathrm{MM} = B_4 \tag{5}$$

$$\mathrm{GGM} = \mathrm{MGG} = (B_1)0.5(B_1 + B_2 + B_3)/(B_1 + B_2) \tag{6}$$

$$\mathrm{MGM} = (B_2)0.5(B_1 + B_2 + B_3)/(B_1 + B_2) \tag{7}$$

$$\mathrm{GGG} = \mathrm{GG} - \mathrm{GGM} \tag{8}$$

$$F_G = \mathrm{G}/(\mathrm{M} + \mathrm{G}) \tag{9}$$

$$F_M = \mathrm{M}/(\mathrm{M} + \mathrm{G}) \tag{10}$$

$$F_{\underline{G}G} = \mathrm{GG}/(\mathrm{M} + \mathrm{G}) \tag{11}$$

$$F_{\underline{M}M} = \mathrm{MM}/(\mathrm{M} + \mathrm{G}) \tag{12}$$

$$F_{\underline{G}M} = F_{\underline{M}G} = \mathrm{MG}/(\mathrm{M} + \mathrm{G}) \tag{13}$$

$$F_{G\underline{G}G} = \mathrm{GGG}/(\mathrm{M} + \mathrm{G}) \tag{14}$$

$$F_{M\underline{G}M} = \mathrm{MGM}/(\mathrm{M} + \mathrm{G}) \tag{15}$$

$$F_{G\underline{G}M} = F_{M\underline{G}G} = \mathrm{GGM}/(\mathrm{M} + \mathrm{G}) \tag{16}$$

$$N_G = F_G/F_{\underline{G}M} \tag{17}$$

$$N_{G>1} = (F_G - F_{M\underline{G}M})/F_{G\underline{G}M} \tag{18}$$

$$N_M = F_M/F_{\underline{M}G} \tag{19}$$

如果 reducing end signals 也被积分（“red-a” 和 “red-b”），则平均聚合度的评估公式如下

$$DP_n = (M + G + \text{red-a} + \text{red-b})/(\text{red-a} + \text{red-b}) \quad \cdots\cdots\cdots\cdots\cdots (20)$$

式中，G 为 α-L-古罗糖醛酸；M 为 β-D-甘露糖醛酸；GG、GGG 为 α-L-古罗糖醛酸聚合嵌段；MM、MMM 为 β-D-甘露糖醛酸聚合嵌段；MG、GGM、MGM 为 α-L-古罗糖醛酸和 β-D-甘露糖醛酸聚合嵌段；F_G 为 α-L-古罗糖醛酸含量；F_M 为 β-D-甘露糖醛酸含量；$F_{\underline{G}G}$、$F_{G\underline{G}G}$ 为 α-L-古罗糖醛酸聚合嵌段含量；$F_{\underline{M}M}$ 为 β-D-甘露糖醛酸聚合嵌段含量；$F_{\underline{G}M}$、$F_{M\underline{G}M}$、$F_{G\underline{G}M}$ 为 α-L-古罗糖醛酸和 β-D-甘露糖醛酸聚合嵌段含量；N_G 为连续的 α-L 为古罗糖醛酸单体的平均数量；$N_{G>1}$ 为连续的 α-L 为古罗糖醛酸单体的平均数量大于 1 的数值，即不包括 *MGM* 在内的 *G* 单元的平均长度；N_M 为连续的 β-D 为甘露糖醛酸单体的平均数量；DP_n 为平均聚合度。

5. 标准偏差和结果

1）F_G 及其标准偏差（SD）应精确到 0.01。

2）*G* 含量高的海藻酸钠应给出 G 含量，如 F_G 为 0.68（标准偏差＝±0.01）；M 含量高的海藻酸钠应给出 *M* 含量，如 F_M 为 0.66（标准偏差＝±0.01）。

九、海藻酸钠平均分子质量及其分子质量分布的测试方法

1. 概述

海藻酸钠的分子质量决定着它的某些特性，如黏度和（或）胶体拉伸率等。由于上述原因及这些特性的不同对最终用途的影响，采用直接或间接的方法测定海藻酸钠的分子质量是十分必要的。海藻酸钠是一个确定分子质量范围的多分散体系。分子质量可用数均分子质量（M_n）和重均分子质量（M_w）来表示。可以通过下述方式来测定。

2. 依据特性黏数测定海藻酸钠分子质量

特性黏数是描述单位质量聚合物在溶液中的流体力学体积，表征聚合物在特定溶剂和温度条件下的一种特性，与浓度无关，与聚合物的平均分子质量成比例。特性黏数的计算公式为：Mark-Houwink-Sakurada 方程$[\eta]=KM^{\alpha}$，式中，K 为常数，*M* 为平均分子质量，α 为描述聚合物组成的经验常数，通常为 0.5～1。当 $\alpha=1$ 时，$M_\eta=M_W$。

对海藻酸钠而言，在离子强度为 0.1 时（如 0.1 mol/L NaCl 溶液），其指数 α 接近于 1。通过测定特性黏数，并已知样品的 *K* 和 α 值，则可确定聚合物的黏均分子质量。特性黏数可以通过乌氏黏度计测定。整个测定过程应确保温度恒定在 20℃，含有 0.1 mol/L NaCl 溶液和足够低的海藻酸钠浓度等条件下进行。

其具体操作方法如下。精密称取 105℃干燥 6 h 的海藻酸钠 0.2 g，置于约 50 ml 的 0.1 mol/L NaCl 溶液中（内含 0.05％乙二胺四乙酸二钠），放置 24 h 后溶解并稀释至 100 ml，按《中华人民共和国药典》（2005 版，二部）附录 VI G 第三法测定特性黏数（η）［温度控制在（20±5)℃］，其中 $K=2.0\times10^{-5}$，$\alpha=1$，代入 Mark-Houwink-Sakurada 方程，即可计算得到海藻酸钠的平均分子质量。

3. 用凝胶渗透色谱（GPC）与多角度激光散射测定仪（SEC-MALLS）测定海藻酸钠平均分子质量及其分子质量分布

多角度激光散射测定仪作为测分子质量用的附加检测器，不需标准品校准，克服了样品与标准品的化学组成、分子结构及大小不同带来的误差。由于通常无法获得海藻酸钠的标准品，GPC 结合 SEC-MALLS 方法为测定其平均分子质量提供了新的途径。

色谱条件如下：采用 TSK G4000Pwx 色谱柱；多角度激光检测器及示差折光检测器；流动相为 0.1 mol/L $NaNO_3$ 溶液；流速为 0.5 mol/min。

采用 GPC 结合 SEC-MALLS，在 690.0 nm 的波长和 25℃下测定散射光强。海藻酸钠溶液的溶剂为超纯水。将样品按上述色谱条件进样，测定分子质量及其分子质量分布。由 Z_{imm}图用外推法计算 M_n、M_W 及分子质量分布指数M_W/M_n。

十、海藻酸钠蛋白质含量测定

1. 原理

考马斯亮蓝 G-250 具有两种色调，在游离状态下呈红色，与蛋白质结合后转为青色，且其色深浅与蛋白质的浓度成正比。

2. 设备

分析天平；分光光度计；旋涡式混合器。

3. 溶液制备

1）考马斯亮蓝 G-250 试液：称取考马斯亮蓝 G-250 100 mg 溶解于 50 ml 的 95%乙醇中，再加入 85%（体积分数）的磷酸 100 ml，并用蒸馏水稀释至 1000 ml，置于棕色瓶内，室温储存。

2）蛋白质标准液：精确吸取 5%人血清白蛋白标准液 0.2 ml 于 1000 ml 容量瓶中，用蒸馏水稀释至刻度，4℃下储存。

实验所用试剂均为分析纯。

4. 样品准备

取海藻酸钠约 5 mg，精确称重，置于试管中，加 1000 ml 蒸馏水后精确称重。充分振荡混匀，使其完全溶解。按式（1）计算样品管中海藻酸钠含量（μg/g）。

$$\rho_1 = m_1 \times c/m_2 \times d \quad (1)$$

式中，m_1 为海藻酸钠质量，单位为 μg；m_2 为海藻酸钠和蒸馏水的质量，单位为 g；c 为海藻酸钠测定浓度值，单位为%；d 为该浓度下测得的海藻酸钠密度，单位为 g/ml。

5. 测定步骤

1）按附表 7 制备蛋白质标准液系列。

附表 7　蛋白质标准管溶液系列浓度

试管号	0	1	2	3	4	5
蛋白质标准溶液/ml	0	0.1	0.2	0.4	0.8	1.0
蒸馏水/ml	1.0	0.9	0.8	0.6	0.2	0
蛋白质浓度/（μg/ml）	0	1	2	4	8	10

2）在标准液系列的各试管及样品试管中分别加入 5 ml 的考马斯亮蓝 G-250 溶液。用旋涡式混合器使试管中溶液充分混合，并在温度（20±10)℃下放置 15 min。用 0 号管做对照，用分光光度计测 595 nm 处各标准管和样品管的吸光度。

3）用标准管绘制吸光度—浓度曲线，根据样品的吸光度值从标准曲线上查得样品管的蛋白质含量。

6. 结果表示

按式（2）计算海藻酸钠蛋白质含量 ρ_4（%）

$$\rho_4 = \rho_2/\rho_1 \times 100 \tag{2}$$

式中，ρ_1 为样品管中海藻酸钠含量，单位为 μg/g；ρ_2 为样品管中蛋白质含量，单位为 μg/g。

十一、海藻酸钠资料

1. 背景

“海藻酸盐”是指 1,4-糖苷键连接的 β-D-甘露糖醛酸（M）和 α-L-古罗糖醛酸（G）单元非支链二元共聚物家族。两种糖醛酸单体的数量及它们的排布序列的不同取决于海藻酸盐的来源。糖醛酸单元沿着聚合物链排列成一系列的嵌段，嵌段形式是 G 单元均聚嵌段（G 嵌段），M 单元均聚嵌段（M 嵌段），以及 M 和 G 单元共存交替系列嵌段（MG 嵌段）。因此，海藻酸盐分子不能单独用单体来描述。需要海藻酸盐链中 M 和 G 单元嵌段的 NMR 特征用于计算不同嵌段含量。NMR 的检测结果也表明海藻酸盐不具有规则的重复单体（附图 2）。海藻酸盐会在制造过程中发生自然降解。海藻酸钠成品的分子质量很少超过 500 000 g/mol，相当于聚合度大约为 2500。

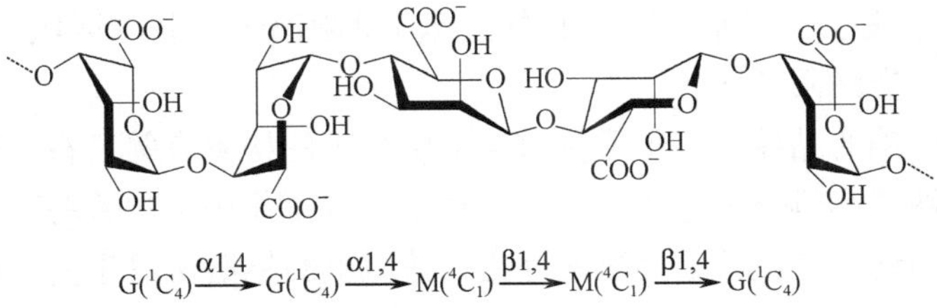

附图 2　海藻酸钠化学结构式

2. 海藻酸钠产品的原料

(1) 概述

目前，大部分海藻酸钠是由褐藻中提取出来的，同时，细菌合成也可被用来制备海藻酸钠，已经建立了切实可行的发酵办法来制造一定等级的海藻酸钠。海藻主要自然生长在温带，但是大量的海藻在远东地区养殖，特别是靠近中国和日本的海岸线。植物的坚硬程度反应了G嵌段的含量。钙与海藻酸钠的结合可以提高海藻酸钠的交联度，使G嵌段长度的增加可以导致水凝胶强度的提高。

(2) 海藻酸钠的化学组成和序列结构的变化

海藻酸钠的化学组成和序列结构的变化与提取海藻酸钠的海草和海藻种类有关。附表8罗列了由不同海藻中提取的海藻酸钠成分的差别，同时表明在生物医药和组织工程医疗产品应用中，必须规定和描述海藻酸钠的组成范围。依据最终用途的不同，海藻酸钠的化学组成和序列结构的范围可以增大或缩小。

附表8　不同海藻中提取的海藻酸钠成分

海藻	M/G	M/%	G/%	MM/%	GG/%
寒带昆布属植物（茎）	0.45	30	70	18	58
寒带昆布属植物（叶）	1.22	55	45	36	26
寒带昆布属指状植物	1.22	55	45	39	29
巨型囊肿梨形植物	1.50	60	40	40	20
Lessonia nigrescens	1.50	60	40	43	23
Ascophyllum nodosum	1.86	65	35	56	26
Lminaria japonica	1.86	65	35	48	18
Durvillea antarctica	2.45	71	29	58	16
Durvillea potarum	3.33	77	23	69	13

(3) 海藻酸钠的功能特性和应用

第一，对于大多数用于生物医药的海藻酸钠来说，其最重要的功能特性是黏性。可溶性、可膨胀性和成膜性是在生物医药应用中开拓的其他特性。

第二，凝胶化特性是与M/G和M与G序列结构相关的功能。连续古罗糖醛酸单体形成G嵌段，它提供了海藻酸钠分子中能与多价阳离子交联的区域。在实际应用中，钙离子是最常用于交联阳离子。

第三，海藻酸钠的黏性与分子质量和溶液中分子的构象有关。在高浓度的海藻酸钠溶液中，海藻酸钠与其他分子的相互作用和对水的竞争作用影响着海藻酸钠溶液的流动特性。由于少量的钙离子或其他因素的存在，使海藻酸钠溶液发生交联而黏性增加。加入多价螯合剂可以避免这一现象的发生。

第四，不同原料加入的顺序也可导致海藻酸钠的凝胶化性质的改变。

第五，海藻酸钠的可溶性与海藻酸钠分子的分散度有关。pH＜3时，海藻酸钠以海藻酸的形式存在。

第六，降解。就如 3.2 节中描述的那样，断裂糖苷键可使海藻酸钠发生降解。与其他糖相比，在强酸中（通常用来将多糖转化成单糖的条件下），糖醛酸中的糖苷键几乎不发生水解。pH<1 时，降解速率直接与质子浓度相关。当 pH 接近于海藻酸钠的 pK_a（即 pH 1～4）时，降解速率不完全依赖于 pH。在这个范围内，除了由质子引起的原因外，M 和 G 的质子化形式对水解也有贡献。由于这个原因，在 pH1～5 时，海藻酸钠不如其他的一些聚合物（如甲基纤维素）稳定。在 pH7～8 时，海藻酸钠最稳定。pH>8 时，会发生其他的降解反应。在绝大多数情况下，降解导致溶液黏度降低。

十二、透明质酸钠葡萄糖醛酸含量测定

（一）原　　理

透明质酸钠水解后，葡萄糖醛酸与咔唑试剂作用产生红紫色，生成的颜色深浅与葡萄糖醛酸含量成正比。

（二）设　　备

分析天平；紫外分光光度计或相当设备；旋涡式混合器或相当设备。

（三）溶液制备

1. 0.1%的咔唑乙醇液

取 0.1 g 咔唑，加无水乙醇 100 ml 溶解。移至深棕色瓶中，4℃下储存，有效期为 12 个月。

2. 葡萄糖醛酸（GA）标准溶液

精确称取 10 mg 葡萄糖醛酸于 100 ml 容量瓶中，稀释至刻度，摇匀，4℃下储存。

3. 0.025 mol/L 的四硼酸钠硫酸溶液

称取 9.54 g 的四硼酸钠（$Na_2B_4O_7 \cdot 10H_2O$），加入 1L 浓硫酸中，加盖。不定时地振摇，直至四硼酸钠完全溶解。室温下储存，有效期为 12 个月。

试验所用试剂均为分析纯。

（四）样品准备

取透明质酸钠约 0.06 g 置于 50 ml 容量瓶中，精确称重，加蒸馏水稀释至刻度。充分振荡混匀，使其完全溶解，从中吸出 1 ml 置于试管中。按式（1）计算样品管中透明质酸含量 ρ_1（μg/g）。

$$\rho_1 = m_1/m_2 \tag{1}$$

式中，m_1 为透明质酸钠质量，单位为 μg；m_2 为透明质酸钠和蒸馏水质量，单位为 g。

（五）测定步骤

1）按附表 9 制备葡萄糖醛酸标准液系列。

附表 9　葡萄糖醛酸（GA）标准液系列浓度

试管号	0	1	2	3	4	5
GA 标准溶液/ml	0	0.2	0.4	0.6	0.8	1.0
蒸馏水/ml	1.0	0.8	0.6	0.4	0.2	0
GA 含量/（μg/ml）	0	20	40	60	80	100

2）标准液系列各试管和样品试管一起置于冰水浴中，用酸式滴定管缓慢地向每管中加入 0.025 mol/L 四硼酸钠硫酸（使用之前在 4℃冰箱内储存至少 2 h）5 ml，边加边摇匀。加毕后混匀并置沸水浴中煮沸 20 min 后取出，冷却至室温。各试管内均加入咔唑乙醇溶液 0.2 ml，充分摇匀后，置于沸水浴中煮沸 20 min 后取出，冷却至室温。各试管内加入咔唑乙醇溶液 0.2 ml，充分摇匀后，置于室温（20±10)℃，2 h。用 0 号管做对照，用分光光度计测定 550 nm 处各标准管和样品管的吸光度。

3）用标准管绘制吸光度—浓度曲线，根据样品管的吸光度值从标准曲线上查样品管相应葡萄糖醛酸含量。

（六）结果表示

按式（2）计算透明质酸钠葡萄糖醛酸含量 ρ_3（%）。

$$\rho_3 = \rho_2/\rho_1 \tag{2}$$

式中，ρ_2 为样品管中透明质酸钠含量，单位为 μg/g；ρ_1 为样品管中葡萄糖醛酸含量，单位为 μg/g。

十三、透明质酸钠蛋白质含量测定

（一）福林酚法

1. 原理

福林酚试液能够与溶液中的蛋白质发生有色反应，且其颜色深浅与蛋白质的浓度成正比。

2. 设备

分析天平；紫外分光光度计或相当设备；漩涡式混合器或相当设备。

3. 溶液制备

试剂 A：称取 1.0 g 水合硫酸铜（$CuSO_4 \cdot 5H_2O$），加水溶解并稀释至 100 ml。

试剂 B：称取 2.0 g 水合酒石酸钠（$NaC_4H_4O_6 \cdot H_2O$），加水溶解并稀释至 100 ml。

试剂 C：称取 25.0 g 碳酸钠及 5.0 g 氢氧化铝，加水溶解后稀释至 250 ml。

试剂 D：临用前，将等量的试剂 A 及试剂 B 混合。

试剂 E：临用前，将 1 份试剂 D 及 10 份试剂 C 混合。

试剂 F：临用前，取福林酚试液（Folin-酚试液）进行 10 倍稀释。

实验所用试剂均为分析纯。

4. 标准溶液

1）精密称取经 P_2O_5 真空干燥的牛血清白蛋白对照品约 50 mg，加水溶解并稀释至 250 ml（约 200 μg/ml）。

2）精密称取上述标准溶液 0.5 ml、1.0 ml、2.0 ml、4.0 ml、5.0 ml、10.0 ml 稀释至 100 ml（浓度约为 1 μg/ml、2 μg/ml、4 μg/ml、8 μg/ml、10 μg/ml、20 μg/ml）。

5. 测定步骤

1）精密移取上述各标准溶液 1.0 ml，空白管精密移取蒸馏水 1.0 ml，样品管精密称取透明质酸钠 0.01 g。

2）于上述各管中加入试剂 E 1.0 ml，经旋涡振荡器混合室温放置 10 min。加入 3.0 ml试剂 F，经旋涡振荡器混合后，在 50℃水浴放置 10 min，于 750 nm 处测定吸光度。

6. 结果表示

用直线回归法计算结果，按下式计算透明质酸钠蛋白质含量 ρ_3(质量分数)

$$\rho_3 = \rho_2/\rho_1 \times 100\%$$

式中，ρ_1 为样品管中透明质酸钠含量，单位为 μg/g；ρ_2 为样品管中蛋白质含量，单位为 μg/g。

（二）考马斯亮蓝法

1. 原理

考马斯亮蓝 G-250 具有两种色调，在游离状态下呈红色，与蛋白质结合后转为青色，且其色深浅与蛋白质的浓度成正比。

2. 设备

分析天平；紫外分光光度计或相当设备；旋涡式混合器或相当设备。

3. 溶液制备

1）考马斯亮蓝 G-250 试液：称取考马斯亮蓝 G-250 100 ml 溶解于 50 ml 95%乙醇中，再加入 85%的磷酸 100 ml，并用蒸馏水稀释至 1000 ml，置于棕色瓶内，室温储存。

2）蛋白质标准液：精确吸取 5%人血清白蛋白标准液 0.2 ml 于 1000 ml 容量瓶中，用蒸馏水稀释至刻度，4℃储存。

实验所用试剂均为分析纯。

4. 样品准备

取透明质酸钠约 0.1 g，精确称重，加蒸馏水 10 ml 使其完全溶解。充分振荡混匀，使其完全溶解，从中吸出 1 ml 置试管中。按下式计算样品管中透明质酸含量 ρ_1（μg/g）。

$$\rho_1 = m_1/m_2 \times c$$

式中，m_1 为透明质酸钠质量，单位为 μg；m_2 为透明质酸钠和蒸馏水的质量，单位为 g；c 为透明质酸钠测定浓度值，单位为%。

5. 测定步骤

1）按附表 10 制备蛋白质标准液系列。

附表 10　蛋白质标准管溶液系列浓度

试管号	0	1	2	3	4	5
蛋白质标准溶液/ml	0	0.1	0.2	0.4	0.8	1.0
蒸馏水/ml	1.0	0.9	0.8	0.6	0.2	0
蛋白质浓度（μg/ml）	0	1	2	4	8	10

2）在标准液系列的各试管及样品试管中分别加入 5 ml 的考马斯亮蓝 G-250 溶液。用旋涡式混合器使试管中溶液充分混合，并在室温（20±10)℃下放置 15 min。用 0 号管作对照，用分光光度计测定 595 nm 处各标准管和样品管的吸光度。

3）用标准管绘制吸光度浓度曲线，根据样品的吸光度从标准曲线上查得样品管的蛋白质含量。

6. 结果表示

按下式计算透明质酸钠蛋白质含量 ρ_4（%）：

$$\rho_4 = \rho_2/\rho_1 \times 100\%$$

式中，ρ_1 为样品管中透明质酸钠含量，单位为 μg/g；ρ_2 为样品管中蛋白质含量，单位为 μg/g。

十四、透明质酸钠中乙醇残留量测定（顶空气相色谱法）

（一）原　　理

在一定温度下，用萃取剂——水萃取样品中的乙醇，然后顶空抽取试样通过色谱柱，使要测定的乙醇与其他组分分开，用氢火焰离子化检测器检测，并将得到的乙醇色谱峰与外标物得到的色谱峰相比较。

（二）设　　备

配有氢火焰离子化检测器与毛细管柱系统的气相色谱仪，要求仪器对所测定的乙醇，在最低检测浓度下产生的信号大于仪器噪声的2倍；色谱数据处理机；石英毛细柱：SE-30 50 m×0.53 mm×3.0 μm或相同分离效果的其他色谱柱；1000 μl微量注射器、100 μl微量注射器；10 ml顶空瓶；恒温干燥箱；无水乙醇：色谱纯。

（三）乙醇标准储备液的配制

取外部干燥的100 ml容量瓶，加入约60 ml蒸馏水，加瓶塞，称重，精确到0.1 mg。用100 μl微量注射器注入约60μl色谱纯无水乙醇，不加瓶塞，轻轻摇匀，盖好瓶盖，称重，前后两次称重之差，即为溶液中所含无水乙醇重量，加水全刻度配制成500 μg/ml，作为储备液。4℃下储存，有效期1个月。

（四）样品制备

精密称取透明质酸钠0.1 g加0.85％生理盐水配制成1.0％的水凝胶，再从中精密称取1 g水凝胶置于10 ml顶空瓶中，加蒸馏水1 ml封盖。置于80℃恒温干燥箱中放置20 min。

（五）操作条件

1）柱温50℃，保持2 min，以10℃/min的速率升至160℃，保持5 min。
2）汽化检测温度：180℃。
3）载气：氮气，0.03 MPa，25 cm/s。

（六）测定方法

1）用储备液配制 100～500 μg/ml 5 个系列浓度的标准溶液。各取 1 ml，至 10 ml 顶空瓶中，加入蒸馏水 1.0 ml，混匀。置于 80℃恒温干燥箱中放置 20 min。

2）依次从平衡后的标准样和试样中迅速抽取顶空气体 100 μl，在规定的色谱分析条件下，注入气相色谱仪，记录峰高或面积。

注：①在一个分析中尽量一人操作，并使用同一注射器；②注射器预先恒温到样品相同温度；③每一样品（包括标样）在尽可能短的时间内进行多次重复分析。在 0.01 mg/ml 浓度范围，相对标准偏差不大于 10%。

（七）结果计算

1）用标准样所测数据，通过线性回归求出标准曲线（X 为乙醇浓度，μg/ml；Y 为峰高或面积）。

2）从标准曲线上求出样品相应浓度。如果所测样品结果不在标准曲线范围内，应改变标准溶液的浓度重新作标准曲线。

十五、透明质酸资料

（一）基本原理

天然存在的聚合物在生物医学、制药和组织工程化的医药产品（组织工程医疗产品）中的应用与日俱增。这一标准指南计划给用于这些用途的透明质酸的表征和测试参数予以指导。关于透明质酸物理和化学性能的了解，如分子质量，将帮助最终用户选择符合他们特定用途的正确的透明质酸。这些参数的了解同样将会确保使用者能要求和从供应者处获得与记录相类似的材料。最后，透明质酸的特性决定了透明质酸适合某种应用或最终产品的功能性。另一些已被确认的试验也可替代本指南用于完成同一目的的检测。而这些测试都不适合最终产品的表征和功能确认。

（二）背景

1）透明质酸是一种由葡萄糖醛酸和 *N*-乙酰氨基葡萄糖为结构单元重复交替所构成的无支链多糖（附图 3）。聚合物链的长度在天然状态下的确比较长，但是在制造过程中会缩减。透明质酸是最简单的黏多糖并且不具有硫酸盐基团。它是所有体液和组织的构成要素，在眼睛玻璃体液和关节滑液中以高浓度存在。透明质酸溶液非常黏稠而且十分滑

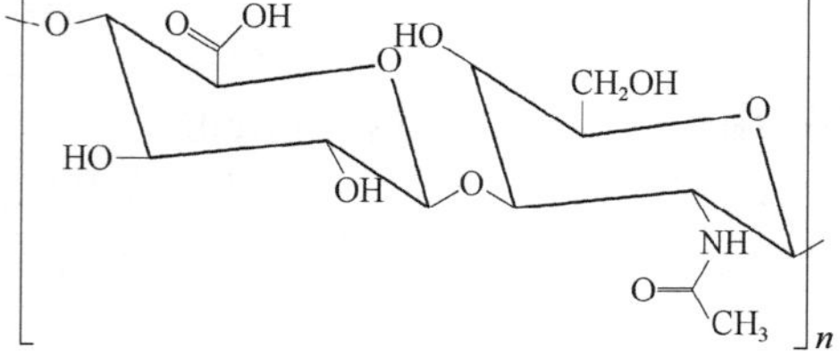

附图 3　透明质酸结构单元

润。商品化透明质酸分子质量可能为 100 000～3 000 000 g/mol，相当于大约 2500 左右的聚合程度（DP）。

2）透明质酸生产的原材料。透明质酸既可以从哺乳动物的组织中提取，也可以用微生物培养的方法来进行商品化的生产。

第一，哺乳动物来源。这一类包括了鸟类来源（公鸡和母鸡的鸡冠）、牛玻璃体液和牛滑液。这些来源的透明质酸可能混有蛋白多糖。透明质酸也可以从人体的脐带中提取，但是这一来源并不适用于大规模的商品化生产，而只用于小规模的研究。

第二，细菌发酵。Lancefield A 组和 C 组链球菌，它们天然产生一种透明质酸的黏液荚膜。另一种用于透明质酸细菌发酵的微生物是枯草杆菌。

3）新陈代谢。

第一，透明质酸在血液中的半衰期非常短，仅有几分钟。

第二，透明质酸参与各种细胞合成和分解代谢，如软骨中的软骨细胞。透明质酸在软骨中的半衰期大约是 2～3 周。表皮中的角质化细胞也能合成和分泌透明质酸。在皮肤中，透明质酸半衰期大约为 1 d。

第三，关节组织，如衬于膝关节囊内的细胞，合成透明质酸并释放到关节滑液中。滑液通过淋巴系统再进入血液。

第四，衬于淋巴系统内的网状内皮细胞去除了几乎 90%的透明质酸，剩余物再进入血管系统。

第五，测试结果表明大约占体内总含量 1/3 的透明质酸每 24 h 通过新陈代谢被替换并去除。

4）透明质酸的功能特性和应用。

第一，对于大多数生物医药应用而言，透明质酸最重要的功能特性与透明质酸的分子质量有关。透明质酸的黏性特性直接与分子质量有关联。溶解性、溶胀性和黏弹性是其他一些在生物医药和制药应用中被加以利用的特性。

第二，透明质酸的羧基基团在 pH7 时可以完全离子化。

第三，溶液中的透明质酸使水分子和其分子上邻近的羧基及 *N*-乙酰基之间形成氢键，氢键的形成导致该聚合物增进水结合能力。

第四，眼科学。透明质酸被用于眼科黏弹性外科手术，在手术过程中提供保护和维持眼睛的形状。

第五，骨关节炎。透明质酸被用于替代骨关节炎关节中的滑液，从而缓解疼痛。

第六，防粘连。透明质酸被用来减少术后粘连的发生率和严重程度。

第七，组织工程。透明质酸被作为一种基质材料用于骨修复和骨移植物。交联的透明质酸被用来构成支架。但是，交联是一种通过引入外来分子（交联剂）来修饰透明质酸的化学反应，所形成交联的透明质酸需要通过本标准之外所列出方法来加以测试。

第八，化妆品和皮肤应用。透明质酸基皮肤移植物能用于提供唇部增进或修补轮廓缺陷（如皱纹或疤痕）。透明质酸与水结合的能力也被用于许多的润肤剂配方中。

组织工程大事年表

1980 年，Yannas 以胶原和黏多糖为原料设计和制造出人造皮肤类似物。

1984 年，Wolter 首先提出“tissue engineering”（组织工程）一词，特指血管组织的体外构建。

1986 年，Weinberg 等用胶原凝胶和体外培养的牛主动脉血管内皮细胞、平滑肌细胞及外膜成纤维细胞首次成功构建了组织工程血管。

1987 年，美国麻省理工学院的化学工程师 Robert Langer 和美国马萨诸塞州立大学医院的临床医师 Joseph P. Vacanti 首次提出组织工程（tissue engineering）的概念，并得到了美国国家科学基金会正式确立和一系列资助。美国国家科学基金会提出并界定组织工程为重点科技，并于次年在加州太后湖举行了第一次组织工程会议。美国国立卫生研究院建立了 4 个组织工程研究中心，大力推动这一学科发展。从此组织工程学诞生并发展。

1988 年，组织工程软骨研制成功，随后这种技术便在气管替代的研究中得以应用。

1990 年，在美国举办了第一届组织工程学术研讨会。

1991 年，Jauregi 和 Gann 在中空纤维中培养肝细胞。Cima 将培养的软骨细胞同聚羟基乙酸（polyglycolic acid，PGA）结合进行软骨组织的培养工作，从此拉开了软骨组织工程学研究的序幕，并很快扩展到骨、韧带、肌腱等其他组织。

1992 年，Nakahava 首先开展骨组织工程学的研究，并取得可喜成果，为骨缺损、骨融合带来曙光。

1993 年，Vacanti 等将小牛骨膜细胞接种于 PGA 支架移植到裸鼠体内，形成了新生骨。

1994 年，中国组织工程学研究正式起步，先后由国家自然科学基金、国家教委、卫生部及国家“863”计划、“973”重大基础研究计划基金资助，进行了组织工程相关的基础性研究。

1995 年，组织工程领域的专业期刊“*Tissue Engineering*”（《组织工程》）正式发行。Shinoka 等应用聚乳酸聚乙醇酸（PGLA）支架构建组织工程心脏瓣膜并将其植入羊肺动脉瓣获得初步成功，提示组织工程心脏瓣膜的研制有了一个良好的开端。Crane 等全面提出骨组织工程研究的概念、方法和前景。

1996 年，我国青年学者曹谊林博士在 Vacanti 的实验室中，在世界上第一个成功地在裸鼠身上培养制成了人形耳廓软骨支架。

1997 年，美国加州 Advanced Tissue Sciences 公司开发的世界上第一个组织工程产品——含有成纤维细胞的组织工程真皮 Dermagraf 和 Dermagraft-TC，由美国食品药品管理局批准上市，用于治疗 II 级和 III 级烧伤。Freed 和 Vunjak-Novakovic 将新生鼠心肌细胞接种到可降解聚合物支架——PGA 支架上，形成两者的复合体，并将复合体在旋转生物反应器内进行培育，体外培育数周后，在生物反应器内形成了具有收缩能力的心肌组织。美国食品药品管理局批准自体软骨细胞移植修复关节软骨缺损，现已形成产业。上海成立中国第一个组织工程实验室——上海组织工程研究重点实验室。组织工程课题在中国国家自然科学基金正式立项，标志着组织工程研究受到了中国国家层面的重视。

1998 年，美国材料试验协会（American Society for Testing and Material，ASTM）开始研究组织工程标准。美国 Organogenesis 公司生产 Apligraf，它是目前最成熟的组织工程复合皮。Shimizu 首先提出原位组织工程技术（*in situ* tissue engineering technique）的概念。原位组织工程技术的基本方法是运用组织工程学基本原理，通过各种方法诱导缺损组织局部细胞（包括体细胞及成体干细胞）发生迁移、增殖与分化，形成新生组织修复缺损。美国的两个实验小组分别建立了人类胚胎干细胞系，这一成功被认为是人类发育生物学研究的重大技术突破，该成果被评为美国 1999 年十大科技成果之首。中国国家“973”重点基础研究计划正式立项研究“组织工程的基本科学问题”，标志着国家已将组织工程研究列为高新技术领域的重点发展项目。

1999 年，美国《科学》杂志评出十大进展，干细胞研究名列第一，它可再生新的组织器官。

2001 年，美国成立了组织工程学会，并逐渐成为全球性的学术组织，多次组织召开了国际组织工程学术大会。中国国家“863”高技术研究发展计划对组织工程的应用研究与产品开发进行了持续资助，标志着中国已将组织工程作为生物领域的国家性产业发展方向。

2004 年，清华大学崔福斋教授研制的骨组织工程框架材料获国家食品药品监督管理局（SFDA）的三类植入产品试生产注册证［国食药监械（试）字 2004 第 3060281 号］。

2005 年，美国 ASTM 正式发布 14 个组织工程方面的标准。法国医生为患者伊莎贝尔·迪诺尔（Isabel Dinoire）实行了世界上第一例换脸手术，成为当时轰动世界的头条新闻。时年 38 岁的迪诺尔换上了新的鼻子、嘴和下巴。但 3 年后，迪诺尔仍对新器官缺乏本体感（sense of identity），感觉不是自己的。

2006 年，《人体器官移植技术临床应用管理暂行规定》施行。美国科学家 Atala 在实验室里用患者自身干细胞培育出了膀胱并成功移入患者体内。7 名接受了新膀胱移植的患者恢复了器官功能。

2007 年，国际组织工程学会与再生医学学会合并后的“组织工程再生医学学会”，创办了 *Journal of Tissue Engineering and Regenerative Medicine*（《组织工程与再生医学杂志》），极大地拓展了组织工程的内涵、研究内容和应用领域。美国战略计划，在组织工程概念基础上从更广泛的角度扩展，提出了组织科学与工程概念，并做出相应定义：利用物理、化学、生物和工程学方法控制和调控细胞的聚集行为。组织科学与工程还包括了组织工程非医疗方面的应用，如生物传感器。中国国家食品药品管理局 11 月份下发注册证书，批准中国第一个组织工程产品上市，商品名为“安体肤”，由第四军医大学口腔医学院组织工程中心金岩教授主持研制，陕西艾尔肤公司参与。

2008 年，一支由多国科研人员组成的医疗队在西班牙完成了全球首例“人造气管”移植手术，“人造气管”采用自身干细胞培养而成。术后 5 个月，这名 30 岁女患者彻底康复。

2009 年，美国总统奥巴马撤销布什发布的限制胚胎干细胞研究的行政命令，美国食品药品管理局（FDA）批准了全球首宗人类胚胎干细胞治疗临床实验，在一定程度上为胚胎干细胞作为组织工程种子细胞扫除了障碍。

后　　记

本书在编写过程中，由于时间仓促和编著者水平所限，书中错误、疏忽在所难免，敬请专家、同行不吝指正，再版时将予以更正。

彩 版

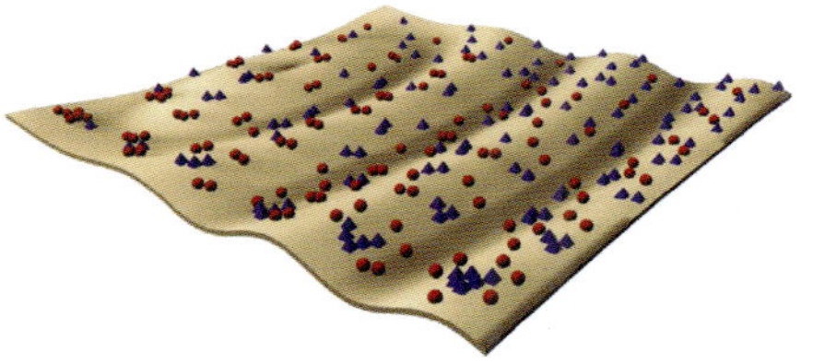

图 4.1　组织中分子梯度分布和细胞外基质硬度及形态的模式图

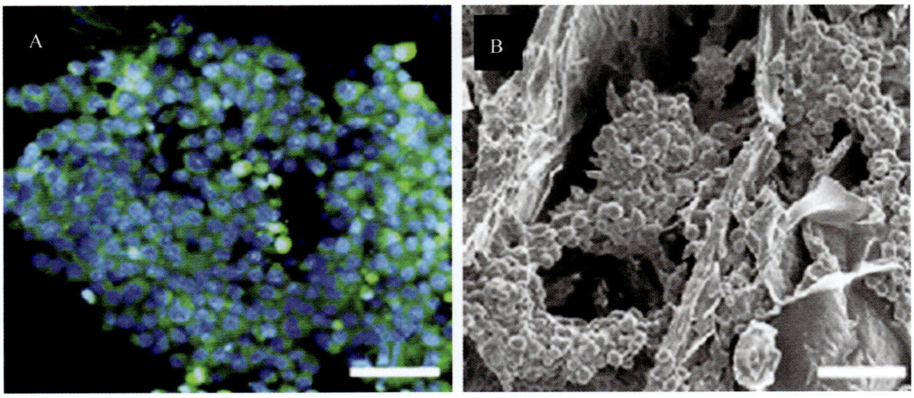

图 4.7　壳聚糖-海藻酸钠支架上培养的 hESC

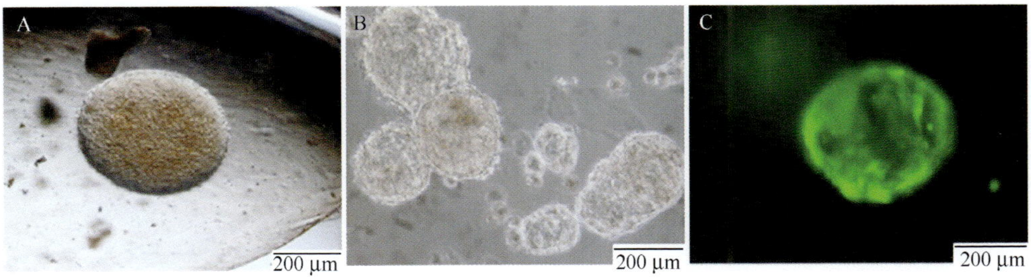

图 4.8　hESC 用海藻酸水凝胶微囊化培养后的形态和活力

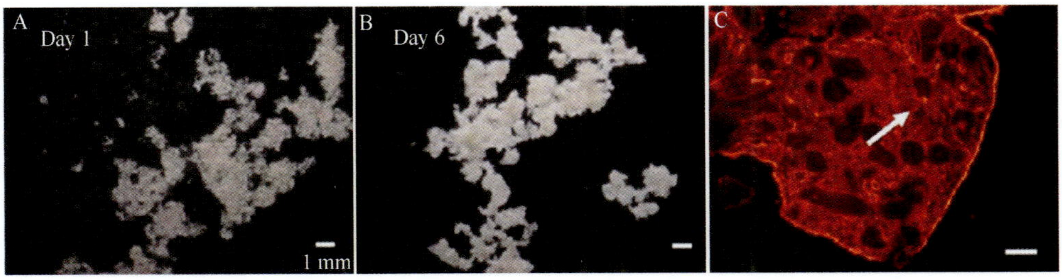

图 4.9　微载体培养 hESC

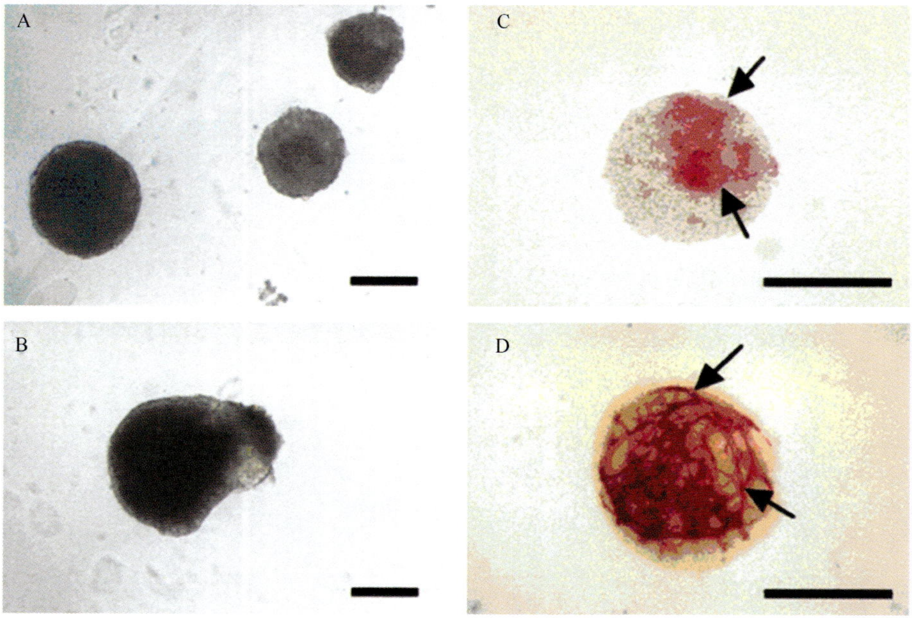

图 4.11　hESC 在 EB 中自发分化血管源性的 $CD31^+$ 细胞并组装成网络状毛细血管样结构

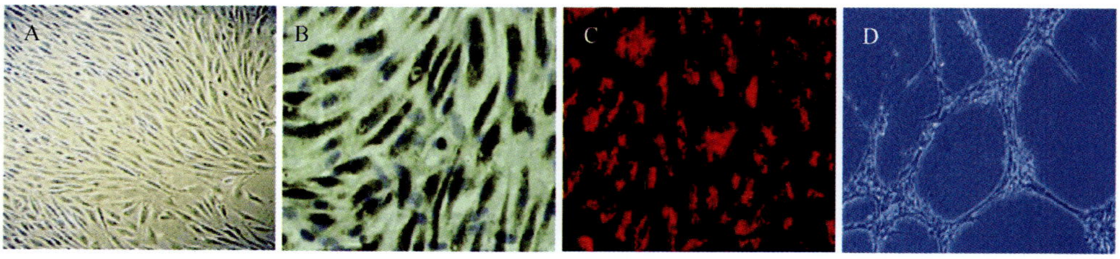

图 4.13　hEPC 的免疫组化鉴定和三维培养

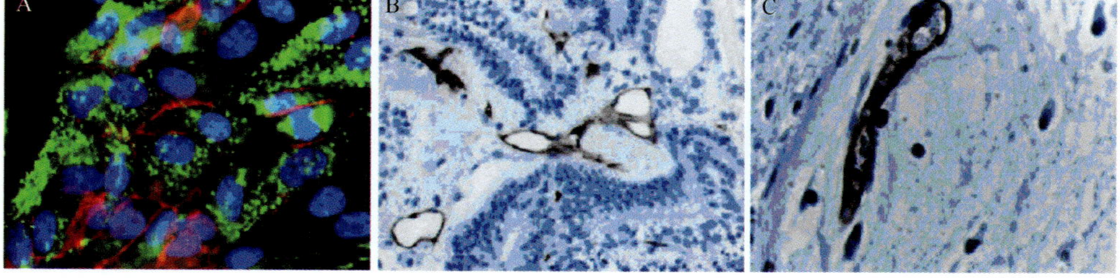

图 4.14　hESC 来源的内皮细胞的血管发生潜力

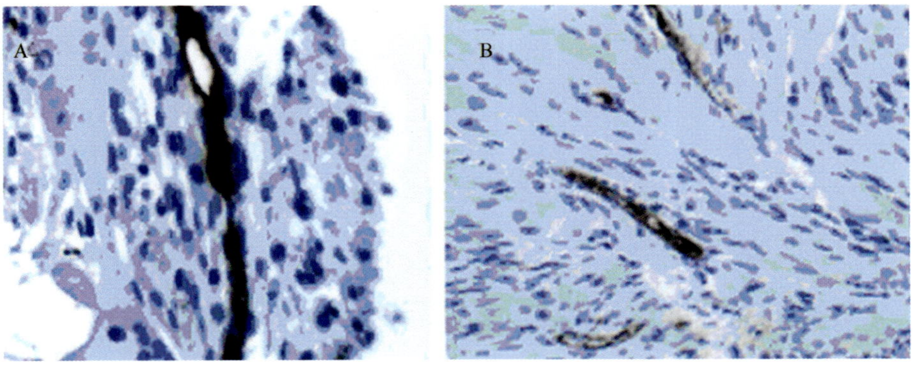

图 4.15 工程化骨骼肌组织的体外(A)和体内(B)血管化

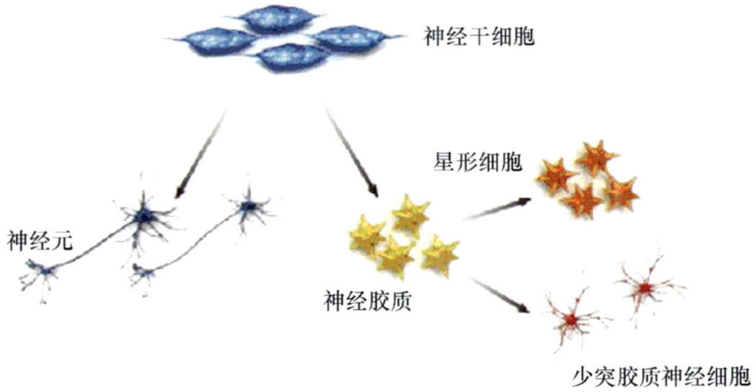

图 4.16 神经干细胞的分化特性

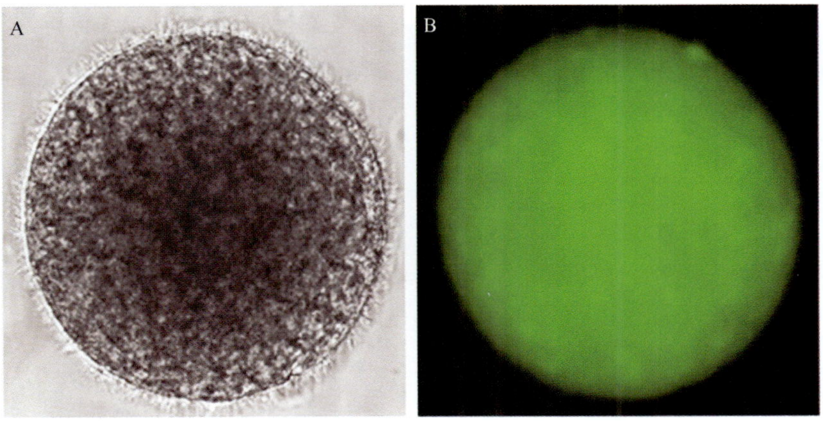

图 4.17 神经细胞悬浮培养形成的神经球

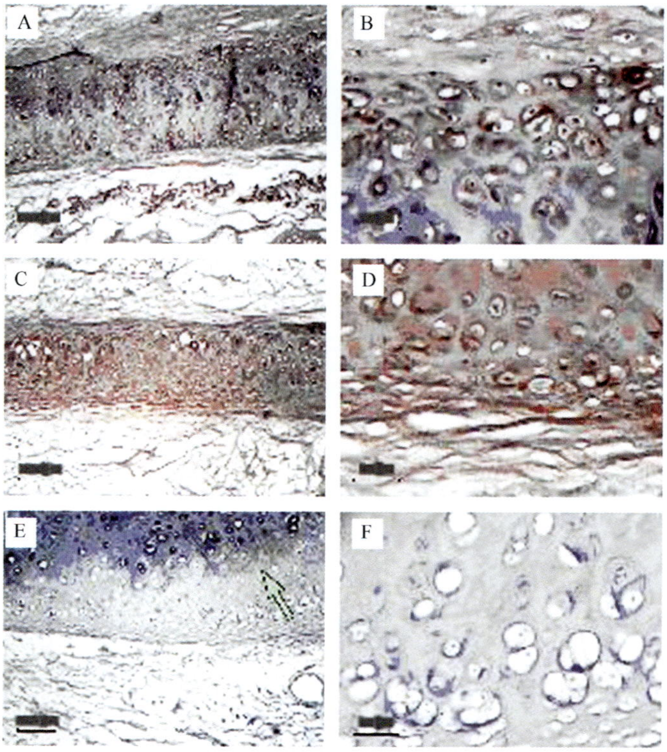

图 7.5　正常气管、17 次循环酶洗涤及 25 次循环酶洗涤时
气管移植物管壁切片的免疫组化表现

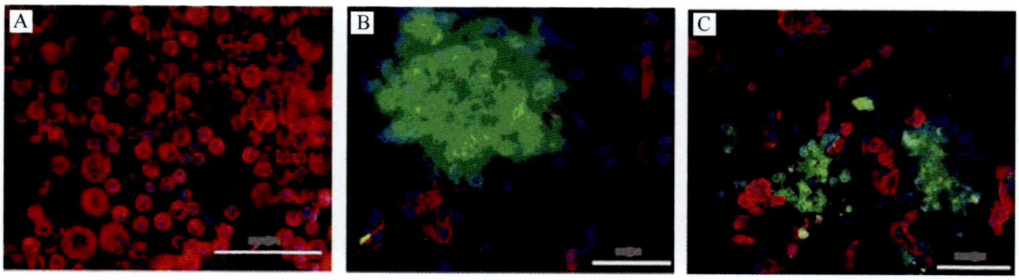

图 7.7　彩色免疫细胞化学表现